SOCIOLOGIA

SOCIOLOGIA
6ª EDIÇÃO

Richard T. Schaefer
University of South Carolina Beaufort

Tradução
Eliane Kanner
Maria Helena Ramos Bononi

Revisão Técnica
Noêmia Lazzareschi
Sérgio José Schirato
Docentes da
Pontifícia Universidade Católica – PUC/SP

Adaptação
Noêmia Lazzareschi

Bangcoc   Beijing   Bogotá   Caracas   Cidade do México
Cingapura   Londres   Madri   Milão   Montreal   Nova Delhi   Nova York
Santiago   São Paulo   Seul   Sydney   Taipé   Toronto

6ª Edição
ISBN-10: 858-68-0462-2
ISBN-13: 978-858-68-0462-5

Nenhuma parte desta publicação poderá ser reproduzida ou distribuída de qualquer forma ou por qualquer meio, ou armazenada em um banco de dados ou sistema de recuperação, sem o consentimento, por escrito, da Editora, incluindo, mas não limitado a, qualquer rede ou outro dispositivo eletrônico de armazenamento ou transmissão ou difusão para ensino a distância.

Todos os direitos reservados. © 2006 de McGraw-Hill Interamericana do Brasil Ltda.
Av. Engenheiro Luís Carlos Berrini, 1.253 – 10º andar
04571-010 – São Paulo – SP

Tradução do original em inglês *Sociology: a brief introduction*
Copyright © 2006, 2004, 2002, 2000, 1997, 1994 de The McGraw-Hill Companies, Inc.
ISBN da obra original: 0-07-296161-9 (annotated instructor´s edition)

Diretor-geral: *Adilson Pereira*
Editora de Desenvolvimento: *Ada Santos Seles*
Preparação de Texto: *Marcos Soel Silveira Santos*
Pesquisa de Fotos: *PhotoSearch, Inc.*
Capa: *Diana Ong/SuperStock*
Finalização de Capa e Editoração Eletrônica: *PC Editorial Ltda.*

Dados Internacionais de Catalogação na Publicação (CIP)
(Câmara Brasileira do Livro, SP, Brasil)

Schaefer, Richard T.
  Sociologia / Richard T. Schaefer ; tradução Eliane Kanner, Maria Helena Ramos Banoni ; revisão técnica Sérgio José Schirato, Noêmia Lazzareschi ; Adaptação Noêmia Lazzareschi. -- 6. ed. -- São Paulo : McGraw-Hill, 2006.

  Título original: Sociology : a brief introduction.
  ISBN 85-8680462-2

  1. Sociologia I. Lazzareschi, Noêmia. II. Título.

06-6281
CDD-301

Esta publicación se terminó de imprimir durante el mes de Febrero de 2007, en los talleres de Impresiones Precisas Alfer, S.A. de C.V.
Calle 2 No 103 Col. Leyes de Reforma Iztapalapa, C. P. 09310 México, D.F.

Índice para catálogo sistemático:
1. Sociologia 301

Se você tem dúvidas, críticas ou sugestões, entre em contato pelo endereço eletrônico *mh_brasil@mcgraw-hill.com*. Em Portugal, use o endereço *servico_clientes@mcgraw-hill.com*.

Sobre o Autor

Levando a Sociologia *para o* Trabalho

RICHARD T. SCHAEFER: Professor, DePaul University
B.A. Northwestern University
M.A., Ph.D. University of Chicago

Por crescer em Chicago em uma época em que a vizinhança passava por transições na sua composição étnica e racial, Richard T. Schaefer ficou cada vez mais intrigado com o que acontecia, com as reações das pessoas, e como aquelas mudanças afetavam os bairros e o trabalho de todos. Seu interesse pelos problemas sociais o levou a fazer cursos de Sociologia na Northwestern University, onde acabou bacharelando-se em Sociologia.

"Quando entrei na faculdade, pensava em estudar Direito e me tornar um advogado. Mas depois de fazer alguns cursos de Sociologia, percebi que queria aprender mais sobre os sociólogos que tinha estudado. Eu ficava fascinado com o tipo de questões que eles levantavam." Essa fascinação influenciou em sua decisão de fazer mestrado e doutorado em Sociologia na University of Chicago. O interesse contínuo do Dr. Schaefer pelas relações entre as raças foi o responsável pelo tema de sua dissertação de mestrado – a respeito dos membros da Ku Klux Klan – e por sua tese de doutoramento sobre o preconceito racial e as relações entre as raças na Grã-Bretanha.

O Dr. Schaefer hoje é professor de Sociologia e ensina na DePaul University em Chicago, onde se tornou titular dessa cadeira em 2004 em reconhecimento pelo seu trabalho com os alunos da faculdade e com os bolsistas. Há mais de trinta anos ele ensina Introdução à Sociologia a estudantes em faculdades, em programas de educação de adultos, programas de enfermagem, e até mesmo em uma prisão de segurança máxima. A paixão do Dr. Schaefer é visível em sua interação com os estudantes: "Estou constantemente aprendendo com os alunos nas minhas aulas, e com o que eles escrevem. Os seus *insights* sobre o material que lemos ou sobre as atualidades que discutimos com freqüência se tornam parte do material dos meus futuros cursos, ou mesmo acabam entrando nos meus ensaios".

O Dr. Schaefer é autor das nove edições das obras *Sociology* (McGraw-Hill, 2005) e *Sociology Matters* (McGraw-Hill, 2004). Escreveu também *Racial and Ethic Groups*, agora em sua 10ª edição, e *Race and Ethnicity in the United States*, na 3ª edição. Seus artigos e críticas de livros aparecem em diversas publicações especializadas, como *American Journal of Sociology; Phylon: A Review of Race and Culture; Contemporary Sociology; Sociology and Racial Research; Sociological Quarterly;* e *Teaching Sociology*. O Dr. Schaefer foi presidente da Midwest Sociological Society de 1994 a 1995.

Seu conselho aos estudantes é que "Analisem o material e estabeleçam relações com a sua própria vida e suas experiências. A Sociologia fará que vocês se tornem observadores mais atentos de como as pessoas interagem e funcionam em grupos. Além disso, ela vai torná-los mais conscientes das diferentes necessidades e interesses das pessoas – e talvez torná-los mais aptos para trabalhar para o bem comum, e ao mesmo tempo reconhecer a individualidade de cada pessoa".

Sumário

Prefácio xv

1 ENTENDENDO SOCIOLOGIA 1

O QUE É SOCIOLOGIA? 3
   A Imaginação Sociológica 3
   Ensaio Fotográfico: Você É o Que Você Tem? 4
   A Sociologia e as Ciências Sociais 6
   Sociologia e Senso Comum 7

O QUE É TEORIA SOCIOLÓGICA? 8

O DESENVOLVIMENTO DA SOCIOLOGIA 9
   Os Primeiros Pensadores 10
   Émile Durkheim 11
   Max Weber 11
   Karl Marx 12
   Desenvolvimentos Modernos 13

AS PERSPECTIVAS TEÓRICAS MAIS IMPORTANTES 14
   Perspectiva Funcionalista 14
   Perspectiva do Conflito 15
   Perspectiva Interacionista 17
   A Abordagem Sociológica 18
   Pesquisa em Ação: Observando os Esportes de Três Perspectivas Teóricas 20

DESENVOLVENDO A IMAGINAÇÃO SOCIOLÓGICA 19
   A Teoria na Prática 19
   Pesquisa em Ação 19
   A Importância da Desigualdade Social 21
   Conversando Sobre Raça, Sexo e Fronteiras Nacionais 21
   A Política Social no Mundo 21
   Sociologia na Comunidade Global: As Mulheres em Locais Públicos no Mundo 22
   APÊNDICE: Carreiras em Sociologia 25

2 PESQUISA SOCIOLÓGICA 27

O QUE É MÉTODO CIENTÍFICO? 29
   Definição do Problema 30
   Revisão da Literatura 31
   Formulação da Hipótese 31
   Coleta e Análise de Dados 31
   Desenvolvimento da Conclusão 34
   Resumindo: O Método Científico 35

OS PROJETOS DE PESQUISA MAIS IMPORTANTES 35
   Levantamentos 35
   Observação 36
   Pesquisa em ação: Pesquisa em Bagdá 37
   Experimentos 39
   Uso das Fontes Existentes 40

ÉTICA DA PESQUISA 41
   Sociologia no Campus: Estudar Muito Resulta em Melhores Notas? 42
   Confidencialidade 43
   Fundos de Pesquisa 43
   Neutralidade Axiológica ou de Valor 44

TECNOLOGIA E PESQUISA SOCIOLÓGICA 45
   Levando a Sociologia para o Trabalho: Dave Eberbach, Coordenador de Pesquisa, United Way of Central Iowa 46

POLÍTICA SOCIAL E PESQUISA SOCIOLÓGICA:
Estudando a Sexualidade Humana 47

3
CULTURA 52

CULTURA E SOCIEDADE 54
Ensaio fotográfico: Você É o Que Você Come? 56

DESENVOLVIMENTO DA CULTURA PELO MUNDO 55
Universais Culturais 55
Inovação 55
Globalização, Difusão e Tecnologia 55
Sociologia na Comunidade Global: A Vida na Vila Global 59
Sociobiologia 60

ELEMENTOS DA CULTURA 61
Língua 61
Normas 64
Sanções 65
Valores 66

CULTURA E IDEOLOGIA DOMINANTE 67

VARIAÇÃO CULTURAL 68
Sociologia no Campus: Uma Cultura de Enganação? 68
Aspectos da Variação Cultural 69
Atitudes em Relação à Variação Cultural 70

POLÍTICA SOCIAL E CULTURA: Bilingüismo 72

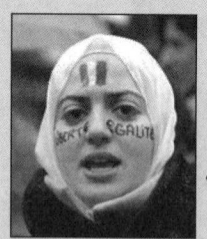

4
SOCIALIZAÇÃO 78

O PAPEL DA SOCIALIZAÇÃO 80
Ambiente Social: O Impacto do Isolamento 80
As Influências da Hereditariedade 82

O *SELF* E A SOCIALIZAÇÃO 83
Abordagens Sociológicas do *Self* 83
Sociologia no Campus: Administração de Impressões pelos Alunos 86
Abordagens Psicológicas do *Self* 86

A SOCIALIZAÇÃO E O CURSO DA VIDA 88
O Curso da Vida 88
Socialização Antecipada e Ressocialização 90

AGENTES DE SOCIALIZAÇÃO 91
Família 91
Sociologia na Comunidade Global: Educando Crianças Amish 92
Escola 93
Grupo de Amigos 93
Meios de Comunicação de Massa e Tecnologia 94
Local de Trabalho 95
O Estado 96

POLÍTICA SOCIAL E SOCIALIZAÇÃO:
As Creches Pelo Mundo 97

5
INTERAÇÃO SOCIAL E ESTRUTURA SOCIAL 101

INTERAÇÃO SOCIAL E REALIDADE 103
Definindo e Reconstruindo a Realidade 104
Ordem Negociada 104

ELEMENTOS DA ESTRUTURA SOCIAL 105
Status 105
Desigualdade Social: A Deficiência como um Status-Mestre 107
Papéis Sociais 108
Grupos 109
Redes Sociais e Tecnologia 112
Ensaio Fotográfico: Por Que nos Reunimos? 110
Pesquisa em Ação: Redes Sociais entre Mulheres de Baixa Renda 113
Instituições Sociais 114

ESTRUTURA SOCIAL NA PERSPECTIVA GLOBAL 116
A Solidariedade Mecânica e Orgânica Segundo Durkheim 117
Gemeinschaft e *Gesellschaft* de Tönnies 117
A Abordagem da Evolução Sociocultural de Lenski 118

POLÍTICA SOCIAL E ESTRUTURA SOCIAL:
A Crise da Aids 122

Sumário ix

6 GRUPOS E ORGANIZAÇÕES 127

ENTENDENDO OS GRUPOS 129

Tipos de Grupos 129

Pesquisa em Ação: Os Entregadores de Pizza como um Grupo Secundário 130

Estudando Pequenos Grupos 133

ENTENDENDO AS ORGANIZAÇÕES 134

Organizações Formais e Burocracias 134

Características de uma Burocracia 135

Sociologia na Comunidade Global: Amway à Moda chinesa 138

A Burocracia e a Cultura Organizacional 138

Associações Voluntárias 139

ESTUDO DE CASO: A BUROCRACIA E A NAVE ESPACIAL COLUMBIA 141

O LOCAL DE TRABALHO EM MUTAÇÃO 141

Reestruturação Organizacional 141

Trabalho a Distância 142

Comunicação Eletrônica 143

POLÍTICA SOCIAL E ORGANIZAÇÕES:
A Situação dos Sindicatos 143

7 OS MEIOS DE COMUNICAÇÃO DE MASSA 149

PERSPECTIVAS SOCIOLÓGICAS NOS MEIOS DE COMUNICAÇÃO 151

Visão Funcionalista 151

Visão do Conflito 155

Desigualdade Social: A Cor da Rede de TV 158

Visão Feminista 159

Visão Interacionista 160

A AUDIÊNCIA 161

Quem Está na Audiência? 161

A Audiência Segmentada 162

Comportamento da Audiência 162

A INDÚSTRIA DOS MEIOS DE COMUNICAÇÃO 162

Concentração dos Meios de Comunicação 163

Sociologia na Comunidade Global: Al Jazeera Está no Ar 164

O Alcance Global dos Meios de Comunicação 164

POLÍTICA SOCIAL E MEIOS DE COMUNICAÇÃO DE MASSA:
Violência nos Meios de Comunicação 166

8 DESVIO E CONTROLE SOCIAL 171

CONTROLE SOCIAL 173

Conformidade e Obediência 174

Controle Social Formal e Informal 176

Lei e Sociedade 177

Sociologia no Campus: Bebedeiras 178

DESVIO 179

O Que É Desvio? 179

Ensaio Fotográfico: Quem É Desviado? 182

Explicando o Desvio 184

Desigualdade Social: Justiça Discricionária 189

CRIME 190

Tipos de crime 191

Levando a Sociologia para o Trabalho: Tiffany Zapata-Mancilla, Especialista em Testemunhos de Vítimas, Ministério Público Estadual do Condado de Cook 192

Estatísticas Criminais 194

POLÍTICA SOCIAL E CONTROLE SOCIAL:
Controle de Armas 196

9 A ESTRATIFICAÇÃO NOS ESTADOS UNIDOS E NO MUNDO 200

ENTENDENDO A ESTRATIFICAÇÃO 202

Sistemas de Estratificação 202

Sociologia na Comunidade Global: Sob Pressão – O Sistema de Castas na Índia 204

Perspectivas sobre Estratificação 206

A Estratificação É Universal? 208

ESTRATIFICAÇÃO POR CLASSE SOCIAL 211

Medindo a Classe Social 211
Riqueza e Renda 213
Pobreza 214
Pesquisa em Ação: Quando os Empregos Desaparecem 217
Oportunidades na Vida 218

MOBILIDADE SOCIAL 219
Sistemas de Estratificação Abertos *Versus* Fechados 219
Tipos de Mobilidade Social 220
Mobilidade Social nos Estados Unidos 220

ESTRATIFICAÇÃO NO SISTEMA MUNDIAL 221
A Herança do Colonialismo 223
Corporações Multinacionais 224

ESTRATIFICAÇÃO DENTRO DOS PAÍSES: UMA PERSPECTIVA COMPARATIVA 227
ESTUDO DE CASO: ESTRATIFICAÇÃO NO MÉXICO 228

POLÍTICA SOCIAL E ESTRATIFICAÇÃO:
Repensando o Bem-Estar Social na América do Norte e na Europa 233

10 DESIGUALDADE ÉTNICA E RACIAL 239

GRUPOS MINORITÁRIOS, RACIAIS E ÉTNICOS 241
Grupos Minoritários 241
Raça 242
Etnia 244

PRECONCEITO E DISCRIMINAÇÃO 245
Preconceito 245
Comportamento Discriminatório 245
Pesquisa em Ação: Preconceito em Relação a Árabes e Muçulmanos Norte-americanos 246
Os Privilégios da Classe Dominante 248
Discriminação Institucional 249

ESTUDANDO RAÇA E ETNIA 250
Perspectiva Funcionalista 251
Perspectiva de Conflito 251
Levando a Sociologia para o Trabalho: Prudence Hannis, Pesquisadora e Ativista Comunitária, Quebec Native Women 252
Perspectiva Interacionista 252

PADRÕES DE RELAÇÕES INTERGRUPAIS 252
Amalgamação 253
Assimilação 253
Segregação 254
Pluralismo 255

RAÇA E ETNIA NOS ESTADOS UNIDOS 255
Grupos Raciais 255
Grupos Étnicos 261
Desigualdade Social: Classe Média dos Latinos 262

POLÍTICA SOCIAL E RAÇA E ETNIA:
Imigração Global 265

11 ESTRATIFICAÇÃO POR SEXO E IDADE 270

CONSTRUÇÃO SOCIAL DO SEXO 272
Os Papéis dos Sexos nos Estados Unidos 273
Perspectiva Cultural Cruzada 276

EXPANDINDO A ESTRATIFICAÇÃO PELO SEXO 277
A Visão Funcionalista 277
A Resposta do Conflito 277
A Perspectiva Feminista 278
A Abordagem Interacionista 278

MULHERES: A MAIORIA OPRIMIDA 278
Sexismo e Discriminação Sexual 279
Pesquisa em Ação: Diferenças Entre os Sexos na Comunicação de Médicos com Pacientes 280
Assédio Sexual 280
A Condição da Mulher no Mundo 280
As Mulheres na Força de Trabalho dos Estados Unidos 282
Mulheres: Emergência de uma Consciência Coletiva 285

ENVELHECIMENTO E SOCIEDADE 286

EXPLICANDO O PROCESSO DO ENVELHECIMENTO 287
Abordagem Funcionalista: Teoria do Desligamento 287
Sociologia na Comunidade Global: O Envelhecimento no Mundo – Problemas e Conseqüências 288
Abordagem Interacionista: Teoria da Atividade 288
A Abordagem do Conflito 290

ESTRATIFICAÇÃO POR IDADE NOS ESTADOS UNIDOS 290
A "América de Cabelos Brancos" 290

Riqueza e Renda 291

Preconceito de Idade 291

Concorrência na Força de Trabalho 292

Os Idosos: Surgimento de uma Consciência Coletiva 293

POLÍTICA SOCIAL E ESTRATIFICAÇÃO PELO SEXO: A Batalha do Aborto de uma Perspectiva Global 294

12 A FAMÍLIA E OS RELACIONAMENTOS ÍNTIMOS 300

VISÃO GLOBAL DA FAMÍLIA 302

Composição: O Que É a Família? 302

Padrões de Parentesco: De Quem Somos Parentes? 303

Padrões de Autoridade: Quem Manda? 304

ESTUDANDO A FAMÍLIA 305

Teoria Funcionalista 305

Teoria do Conflito 305

Sociologia na Comunidade Global: Violência Doméstica 306

Teoria Interacionista 306

Teoria Feminista 307

CASAMENTO E FAMÍLIA 307

Paquera e Seleção de Parceiros 307

Variações na Vida Familiar e Relacionamentos Íntimos 310

Padrões de Criação dos Filhos na Vida Familiar 311

Ensaio Fotográfico: O Que É uma Família? 314

DIVÓRCIO 317

Tendências Estatísticas Referentes ao Divórcio 317

Fatores Associados ao Divórcio 317

O Impacto do Divórcio sobre os Filhos 317

DIVERSOS ESTILOS DE VIDA 318

Pesquisa em Ação: O Impacto Duradouro do Divórcio 318

Coabitação 319

Ficar Solteiro 320

Casamento sem Filhos 320

Relacionamentos Lésbicos e *Gays* 321

POLÍTICA SOCIAL E FAMÍLIA: Casamento Gay 321

13 RELIGIÃO E EDUCAÇÃO 327

DURKHEIM E A ABORDAGEM SOCIOLÓGICA DA RELIGIÃO 329

AS RELIGIÕES DO MUNDO 331

O PAPEL DA RELIGIÃO 334

A Função de Integração da Religião 335

Religião e Apoio Social 335

Ensaio Fotográfico: Por Que os Sociólogos Estudam a Religião? 332

Religião e Mudança Social 336

Desigualdade Social: O "Teto de Vidro" 337

Religião e Controle Social: Teoria do Conflito 337

COMPORTAMENTO RELIGIOSO 338

Crença 338

Ritual 338

Experiência 339

ORGANIZAÇÃO RELIGIOSA 340

As Igrejas 340

Denominações (Religiosas) 341

Seitas 341

Novos Movimentos Religiosos ou Cultos 342

Comparando Formas de Organização Religiosa 343

ESTUDO DE CASO: A RELIGIÃO NA ÍNDIA **344**

PERSPECTIVAS SOCIOLÓGICAS SOBRE EDUCAÇÃO 345

A Visão Funcionalista 346

A Visão da Teoria do Conflito 348

A Visão Interacionista 350

Sociologia no Campus: O Debate sobre o Título IX 351

AS ESCOLAS COMO ORGANIZAÇÕES FORMAIS 352

A Burocratização das Escolas 352

Professores: Funcionários e Docentes Universitários 353

Subculturas dos Alunos 354

Educação Escolar em Casa 355

POLÍTICA SOCIAL E RELIGIÃO: A Religião nas Escolas 356

14 GOVERNO, ECONOMIA E MEIO AMBIENTE 361

SISTEMAS ECONÔMICOS 363
 Capitalismo 364
 Socialismo 365
 A Economia Informal 366
 ESTUDO DE CASO: CAPITALISMO NA CHINA 367

PODER E AUTORIDADE 369
 Poder 369
 Tipos de Autoridade 370

COMPORTAMENTO POLÍTICO NOS ESTADOS UNIDOS 371
 Participação e Apatia 371
 As Mulheres na Política 372

MODELOS DA ESTRUTURA DE PODER NOS ESTADOS UNIDOS 374
 Modelos de Elite do Poder 374
 Pesquisa em Ação: Por Que os Jovens Não Votam? 373
 O Modelo Pluralista 375

GUERRA E PAZ 376
 Guerra 376
 Paz 377
 Levando a Sociologia para o Trabalho: Richard J. Hawk, Vice-presidente e Consultor Financeiro da Smith Barney 378
 Terrorismo 379

A ECONOMIA MUTANTE 379
 As Mudanças na Face da Força de Trabalho 379
 Desindustrialização 380
 Sociologia na Comunidade Global: Transferindo Serviços para o Exterior 381

O MEIO AMBIENTE 382
 Problemas Ambientais: Uma Visão Geral 382
 O Funcionalismo e a Ecologia Humana 383
 A Visão dos Teóricos do Conflito das Questões Ambientais 384
 Justiça Ambiental 385

POLÍTICA SOCIAL E ECONOMIA: Ação Afirmativa 386

15 POPULAÇÃO, COMUNIDADES E SAÚDE 391

DEMOGRAFIA: O ESTUDO DA POPULAÇÃO 394
 A Teoria de Malthus e a Resposta de Marx 394
 Levando a Sociologia para o Trabalho: Kelsie Lenor Wilson-Dorsett, Vice-diretora do Departamento de Estatística do Governo das Bahamas 395
 Estudando a População Hoje 395
 Elementos de Demografia 396

PADRÕES DA POPULAÇÃO MUNDIAL 396
 Transição Demográfica 397
 A Explosão Populacional 398
 Sociologia na Comunidade Global: A Política Populacional na China 399

PADRÕES DE FERTILIDADE NOS ESTADOS UNIDOS 400
 O *Baby Boom* 400
 Aumento Estável da População 400

COMO SURGIRAM AS COMUNIDADES? 401
 As Primeiras Comunidades 401
 Cidades Pré-industriais 402
 Cidades Industriais e Pós-industriais 402

URBANIZAÇÃO 403
 Teoria Funcionalista: Ecologia Urbana 404
 Teoria do Conflito: Nova Sociologia Urbana 402

TIPOS DE COMUNIDADE 406
 Cidades Centrais 407
 Subúrbios 409
 Comunidades Rurais 411
 Pesquisa em Ação: Guerra das Lojas 412

PERSPECTIVAS SOCIOLÓGICAS NA ÁREA DE SAÚDE E DOENÇAS 412
 Abordagem Funcionalista 413
 Abordagem do Conflito 414
 Abordagem Interacionista 415
 Abordagem do Rótulo 416

EPIDEMIOLOGIA SOCIAL E SAÚDE 417
 Classe Social 418
 Raça e Etnia 418
 Gênero 419
 Idade 420

POLÍTICA SOCIAL E SAÚDE: Financiando a Assistência Médica em Todo o Mundo 420

16 MOVIMENTOS SOCIAIS, MUDANÇA SOCIAL E TECNOLOGIA 427

MOVIMENTOS SOCIAIS 429
  Privação Relativa 430
  Mobilização de Recursos 431
  Os Sexos e os Movimentos Sociais 431
  Sociologia no Campus: Protestos Antiguerra 432
  Novos Movimentos Sociais 433

TEORIAS DE MUDANÇAS SOCIAIS 433
  Teoria Evolucionista 434
  Teoria Funcionalista 434
  Teoria do Conflito 435
  Mudanças Sociais Mundiais 435

RESISTÊNCIA ÀS MUDANÇAS SOCIAIS 436
  Fatores Econômicos e Culturais 437
  Resistência à Tecnologia 437

A TECNOLOGIA E O FUTURO 438
  Informática 438
  Biotecnologia 439
  Pesquisa em Ação: O Projeto Genoma Humano 442

A TECNOLOGIA E A SOCIEDADE 441
  Cultura e Interação Social 442
  Controle Social 443
  Estratificação e Desigualdade 444

POLÍTICA SOCIAL E TECNOLOGIA: Privacidade e Censura na Aldeia Global 445

Glossário 450
Referências Bibliográficas 458
Agradecimentos 482
Créditos de Fotografias 484
Índice Onomástico 486
Índice Remissivo 493

Prefácio

Sem dúvida alguma, você já pensou sobre assuntos relacionados à sociologia antes de abrir este livro. Você ou seus amigos de infância já passaram por uma creche? Seus pais são divorciados? Ou os pais de um amigo seu são divorciados? Você sabe de alguém que possui uma arma? Já teve conhecimento de um problema de plágio na sua faculdade? Você já participou de manifestações contra a guerra? É quase certo que você já tenha vivenciado algumas ou todas essas experiências. Se for como a maioria dos estudantes, você já passou um bom tempo pensando sobre a sua futura carreira. Se estiver cursando Sociologia, quais as carreiras que poderá seguir?

Existem apenas alguns tópicos de interesse pessoal imediato que são abordados neste livro. Os sociólogos também trabalham com assuntos mais abrangentes, da educação bilíngüe à existência da escravidão no século XXI. A sociologia inclui o estudo da imigração, de moradores de rua, da superpopulação e do processo e dos problemas do envelhecimento nas diferentes culturas. Depois de 11 de setembro de 2001 a sociologia foi convocada a explicar as conseqüências sociais dos ataques terroristas – como as pessoas lidaram com a situação depois deles e como elas reagiram diante das minorias. Esses assuntos, juntamente com vários outros, são de grande interesse para mim, mas são as explicações sociológicas para eles que considero especialmente interessantes. As aulas de Introdução à Sociologia são um laboratório ideal, onde se pode estudar a nossa própria sociedade e aquelas dos nossos vizinhos globais.

Depois de mais de 30 anos ensinando sociologia a estudantes na universidade, em programas de educação para adultos, em programas de enfermagem, em um programa no exterior com base em Londres, e até mesmo em uma prisão de segurança máxima, estou plenamente convencido de que a disciplina pode desempenhar um papel valioso no ensino das capacidades do pensamento crítico. A sociologia pode ajudar os estudantes a compreenderem melhor o funcionamento das suas próprias vidas, bem como o da sociedade em que vivem e de outras culturas. Essa ênfase distinta na política social encontrada neste texto mostra aos estudantes como usar a imaginação sociológica para examinar assuntos de políticas públicas como o assédio sexual, a crise da Aids, a reforma do sistema de bem-estar social, a pena de morte e a privacidade e censura na era da eletrônica.

Tenho esperança de que, pela leitura deste livro, os estudantes comecem a pensar como sociólogos, e sejam capazes de usar as teorias e os conceitos sociológicos para avaliar as interações e as instituições humanas. Da introdução do conceito de imaginação sociológica no Capítulo 1 – que nos leva à análise de C. Wright Mills do divórcio como uma preocupação social –, este texto realça a forma diferenciada pela qual os sociólogos examinam e questionam até mesmo os padrões mais comuns do comportamento social.

Este livro traz a pesquisa para o século XXI e apresenta uma variedade de características projetadas para estimular os estudantes de hoje mantendo o foco constante em três pontos particularmente importantes:

- **Cobertura equilibrada e abrangente das perspectivas teóricas em todo o texto.** O Capítulo 1 apresenta, define e compara as perspectivas interacionistas, do conflito e funcionalista. Exploramos essas visões distintas de tais tópicos como instituições sociais (Capítulo 5), desvio (Capítulo 8), família (Capítulo 12), educação (Capítulo 13) e saúde (Capítulo 15). Além disso, a perspectiva feminista é apresentada no Capítulo 1. Outras abordagens teóricas específicas de certos tópicos estão presentes em capítulos posteriores.
- **Forte cobertura de assuntos relacionados a gênero (sexo), idade, raça, etnia e classe em todos os capítulos.** Exemplos de tal cobertura incluem seções da política social sobre bilingüismo (Capítulo 3), segurança social (Capítulo 9), imigração (Capítulo 10) e ação afirmativa (Capítulo 14); uma abertura de capítulo sobre o "mito da beleza" (Capítulo 11); quadros sobre pobreza e desemprego (Capítulo 9), preconceito em relação

aos árabes e aos muçulmanos norte-americanos (Capítulo 10), e violência doméstica (Capítulo 12); e as seções sobre o entendimento social de raça (Capítulo 10) e igualdade dos sexos na educação (Capítulo 13).

- **Cobertura integrada de materiais de culturas diversas e globais em todo o texto.** O Capítulo 9 trata do tópico da estratificação de uma perspectiva global, apresentando uma análise de sistemas mundiais e a teoria da dependência e examinando as empresas multinacionais e a economia global. Todos os capítulos apresentam materiais globais e ilustram com exemplos de diferentes culturas. A seguir, alguns dos tópicos abordados:
  - A controvérsia sobre a proibição dos lenços na cabeça das alunas muçulmanas de escolas públicas da França (Capítulo 4)
  - A globalização da "Sociedade McDonaldizada" (Capítulo 6)
  - A situação das mulheres no mundo (Capítulo 11)
  - Problemas do envelhecimento no mundo (Capítulo 11)
  - A transmissão dos valores culturais por meio da educação (Capítulo 13)
  - Ação afirmativa na Malásia e no Brasil (Capítulo 14)
  - A política populacional da China (Capítulo 15)
  - A mudança social global (Capítulo 16)

Procurei tomar muito cuidado ao introduzir esses conceitos básicos e ao pesquisar métodos da sociologia, bem como ao reforçar esse material em todos os capítulos. Os dados mais recentes foram incluídos, tornando este livro mais atual do que as edições anteriores.*

CARACTERÍSTICAS ESPECIAIS

Pôster

Cada capítulo é aberto com uma reprodução de um pôster ou alguma ilustração do tema-chave ou do conceito do capítulo. Legendas ajudam os leitores a entenderem a importância dessa arte para o capítulo.

Excertos de Abertura dos Capítulos

Os textos de abertura dos capítulos traduzem a emoção e a importância do questionamento sociológico por meio de excertos de textos cheios de vida de sociólogos e outros que exploram tópicos sociológicos. Esses excertos são projetados para expor aos estudantes um texto vivo sobre uma ampla variedade de tópicos, e para estimular a imaginação sociológica. Por exemplo, o Capítulo 1 inicia-se com um relato de Barbara Ehrenreich sobre a sua experiência de vida como trabalhadora de baixa renda, extraído de seu *best-seller Nickel and Dimed* (Miséria à Americana). O Capítulo 3 abre com um esboço de J. A. English-Lueck de uma manhã típica de um engenheiro de *software* imigrante que vive em Silicon Valley, Califórnia. O Capítulo 5 começa com a descrição de um estudo falso sobre a prisão, hoje um clássico. E, no início do Capítulo 16, Howard Rheingold estabelece uma ligação entre a queda do presidente Joseph Estrada das Filipinas e a invenção da mensagem em texto.

Visão Geral do Capítulo

O texto de abertura é seguido por uma visão geral do capítulo que faz uma ponte entre o excerto e seu conteúdo. Além disso, a visão geral faz perguntas e descreve o conteúdo do capítulo de forma narrativa.

Termos-chave

Tomei cuidado especial com as definições de cada termo-chave, procurando apresentá-las de forma precisa e compreensível. Esses termos estão destacados em negrito e itálico, quando são apresentados. Existe uma lista de termos-chave e definições – com referência da página onde se encontram – no final de cada capítulo. Há, ainda, um glossário no final do livro com as definições dos termos-chave ampliadas.

Pesquisa em Ação

Essas seções apresentam descobertas sociológicas sobre tópicos, tais como divórcio, apatia política entre os jovens e preconceito em relação aos árabes e muçulmanos norte-americanos.

Sociologia na Comunidade Global

Essa seção apresenta uma perspectiva global de tópicos, como envelhecimento, violência doméstica e empregos que são transferidos para outros países (*offshoring*).

Desigualdade Social

Essas seções ilustram vários tipos de estratificação social. Os tópicos apresentados incluem justiça discricionária, o latino da classe média e o limite imaginário que enfrentam as mulheres das ordens religiosas que as impedem de atingir seus objetivos.

---

* NE: As inserções de dados sobre o Brasil, feitas pela socióloga brasileira Noêmia Lazzareschi, reforçam essa característica de atualidade da obra.

Levando a Sociologia para o Trabalho

Essas seções mostram indivíduos que se formaram em Sociologia e usam seus princípios no trabalho. Apesar de atuarem em diversas ocupações e profissões, essas pessoas compartilham da convicção de que a sua formação em Sociologia é valiosa para suas carreiras.

Sociologia no Campus

Essas seções aplicam a perspectiva sociológica a assuntos de interesse imediato dos estudantes de hoje. O Título IX, o plágio, e as manifestações contra a guerra estão entre os tópicos apresentados.

Use a Sua Imaginação Sociológica

Dentro do espírito de C. Wright Mills, essas seções curtas, que instigam o pensamento, encorajam os estudantes a aplicar os conceitos sociológicos que aprenderam no mundo à sua volta. Por meio de questões abertas os estudantes assumem a posição de pesquisadores, famosos sociólogos e pessoas de outras culturas e gerações.

Ilustrações

As fotografias, histórias em quadrinhos, figuras e tabelas estão muito ligadas aos temas dos capítulos. Os mapas, intitulados Mapeamento da Vida nos Estados Unidos e Mapeamento da Vida em Todo o Mundo, mostram a prevalência das tendências sociais.

Pense Nisto

Tabelas e figuras selecionadas incluem perguntas estimulantes para ajudar os alunos a interpretar os dados, e a pensar sobre o seu significado mais profundo. Os estudantes buscam tendências nos dados, refletem sobre as razões subjacentes dessas tendências, e aplicam os resultados em suas próprias vidas.

Ensaios Fotográficos

Seis ensaios fotográficos dão vida ao texto. Cada um dos ensaios começa com uma pergunta que pretende induzir os estudantes a verem alguma parte da vida diária com novos olhos – os olhos de um sociólogo. Por exemplo, o ensaio no Capítulo 1 pergunta "Você É o Que Você Tem?" e o ensaio no Capítulo 8 pergunta "Quem É Desviado?". As fotos e as legendas apresentadas em seguida sugerem a resposta à pergunta.

Seções de Política Social

As seções de política social que encerram todos os capítulos, exceto um, desempenham um papel importante para ajudar os estudantes a pensarem como sociólogos. Elas aplicam princípios e teorias sociológicas a assuntos sociais e políticos importantes que estão sendo debatidos por aqueles que elaboram as políticas e pelo público em geral.

Ícone de Referência Cruzada

Quando a discussão do texto se refere a um conceito apresentado anteriormente no livro, um ícone aparece na margem informando ao leitor a página exata onde o assunto é abordado.

Resumo do Capítulo

Cada capítulo inclui um breve resumo numerado para ajudar os estudantes na revisão de temas importantes.

Questões de Pensamento Crítico

Depois do resumo, cada capítulo traz perguntas de pensamento crítico que ajudam os estudantes a analisarem o mundo social do qual participam. O pensamento crítico é um elemento essencial na imaginação sociológica.

Termos-Chave

Cada capítulo inclui uma lista de termos-chave e suas definições. Para facilidade de uso, as definições são seguidas de referências cruzadas com as discussões de texto onde os termos são mencionados pela primeira vez.

Exercícios na Internet

Os exercícios em cada capítulo remetem os estudantes à Internet para analisar problemas sociais relevantes aos tópicos do capítulo. Em todo o texto um ícone sinaliza onde mais informações e/ou atualizações estão disponíveis no site do livro.

AGRADECIMENTOS

Betty Morgan desempenhou papel fundamental na preparação desta edição. Seus esforços enriqueceram enormemente minha apresentação da imaginação sociológica.

Agradeço sinceramente as contribuições para este livro oferecidas por meus editores. Rhona Robbin, diretora de desenvolvimento e tecnologia de mídia na McGraw-

Hill, já me desafiou diversas vezes a tornar cada edição melhor do que a anterior.

Recebi forte apoio e encorajamento de Phillip Butcher, editor; Sherith Pankratz, editor-executivo; e Dan Loch, gerente sênior de *marketing*. Orientação e apoio adicionais me foram oferecidos por Amy Shaffer, coordenadora editorial; e Trish Starner, assistente editorial; Diane Folliard, gerente de projeto sênior; Laurie Entringer, designer; Jessica Bodie, produtora de mídia; Nora Agbayani, Deborah Bull e Jen Sanfilippo, editores de imagens; Emma Ghiselli, diretora de arte; e Judy Brody, editora de direitos de publicação.

Gostaria também de agradecer as contribuições das seguintes pessoas: Rebecca Matthews, da University of Iowa; Gene Bryan Johnson, Thom Holmes e Jessica Bodie, bem como a John Tenuto, do Lake County College, Illinois, Clayton Steenberg, da Arkansas State University, Lynn Newhart, do Rockford College, e a Gerry Williams.

Como fica evidente nestes agradecimentos, a preparação de um livro de textos é de fato um esforço de equipe. Um apoio muito valioso vem de minha mulher, Sandy, que me dá a força necessária para as minhas atividades criativas e eruditas.

Tive a felicidade de poder, por muitos anos, apresentar estudantes à sociologia, e eles foram extremamente receptivos para incentivar minha própria imaginação criativa. Assim, embora não possa agradecer plenamente a todos eles, suas perguntas em classe e seus questionamentos nos corredores encontraram seu caminho para este livro.

Richard T. Schaefer
www.schaefersociology.net
schaeferrt@aol.com

REVISORES ACADÊMICOS

Esta edição beneficiou-se das avaliações profundas e construtivas feitas pelos sociólogos tanto das instituições de quatro anos quanto das de dois anos.

Robert Boyd
Mississippi State University

Andrew Cho
Shoreline Community College

Jack Estes
Borough of Manhattan Community College

Kathleen French
Windward Community College

Kathryn Hadley
California State University, Sacramento

Mark Hardt
Montana State University, Billings

Norma Hendrix
East Arkansas Community College

Louis Hicks
St. Mary's College of Maryland

Xuemei Hu
Union County College

David Kyle
University of California, Berkeley

Diane Levy
University of North Carolina, Wilmington

John S. Mahoney
Virginia Commonwealth University

Frank Phillips
Cumberland County College

Ralph Pyle
Michigan State University

Kristin Sajadi
University of Memphis

Lenny Steverson
South Georgia College

Linda Treiber
North Carolina State University

Chaim Waxman
Rutgers University

Keith Whitworth
Texas Christian University

Dale Yeatts
University of North Texas

capítulo

ENTENDENDO SOCIOLOGIA

1

O que é sociologia?

O que é teoria sociológica?

O desenvolvimento da sociologia

As perspectivas teóricas mais importantes

Desenvolvendo a imaginação sociológica

Apêndice: Carreiras em sociologia

Quadros
PESQUISA EM AÇÃO: Observando os esportes de três perspectivas teóricas
SOCIOLOGIA NA COMUNIDADE GLOBAL: As mulheres em locais públicos no mundo

A Sociologia engloba uma vasta gama de assuntos que vão de problemas sociais globais à cultura popular de uma determinada sociedade. As revistas em quadrinhos mostradas aqui lotam as prateleiras das bancas próximas à estação ferroviária de Bombaim, na Índia. Os sociólogos podem aprender muito sobre os valores e costumes estudando a mídia impressa e outras formas de entretenimento que as pessoas apreciam.

Eu, é claro, sou muito diferente das pessoas que normalmente ocupam cargos mais simples na América, e isso tanto me ajudou quanto me impôs um limite. Evidentemente, estava apenas visitando um mundo em que outros habitam durante a maior parte de suas vidas. Com todos os bens que consegui amealhar até a idade madura – uma conta no banco, uma boa aposentadoria, plano de saúde, uma casa confortável –, o cenário que me aguardava, de forma alguma incluiria experimentar a pobreza, ou descobrir como uma pessoa realmente se sente quando se é um trabalhador de baixa renda. Minha meta era muito mais direta e objetiva – verificar apenas se conseguiria pagar as minhas contas, como as pessoas realmente pobres tentam fazer todos os dias...

Em Portland, Maine, quase consegui fazer que a minha renda fosse suficiente para pagar as despesas, mas só porque trabalhava sete dias por semana. Com os meus dois empregos, ganhava US$ 300 líquidos por semana e pagava um aluguel de US$ 480 por mês, ou seja, 40% dos meus rendimentos, o que era razoável. Ajudava também o fato de que o gás e a eletricidade estavam incluídos no aluguel, e que tinha duas ou três refeições grátis por semana em uma casa de repouso. Mas a alta estação já havia terminado. Se tivesse ficado até junho de 2000, teria encarado um aluguel de verão no Blue Heaven de US$ 390 por semana, o que estava fora de questão. Assim, para sobreviver durante o ano todo, teria que ter economizado entre os meses de agosto de 1999 a maio de 2000 o suficiente para acumular o valor do primeiro aluguel e do depósito de um apartamento. Acho que poderia ter feito isso – economizado de US$ 800 a US$ 1.000 – se nenhum problema com o carro ou com a saúde interferisse no meu orçamento. Entretanto, não tenho certeza se teria sido possível manter aquele sistema de trabalhar sete dias por semana, todos os meses, ou que teria conseguido evitar os problemas físicos que meus companheiros de trabalho tinham com o trabalho de limpeza doméstica.

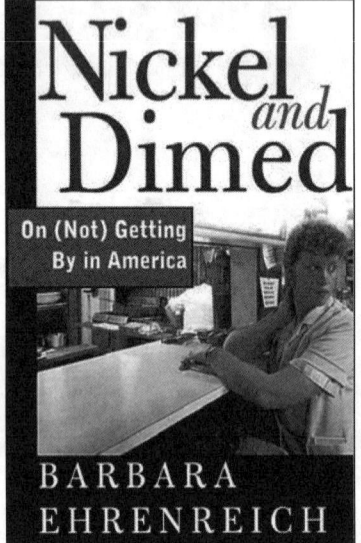

Em Minneapolis – bom, aqui podemos apenas especular. Se tivesse conseguido encontrar um apartamento por US$ 400 mensais ou menos, meu salário no Wal-Mart – US$ 1.120 brutos por mês – poderia ter sido suficiente, embora o custo de viver em um hotel enquanto procurava um apartamento pudesse ter tornado impossível economizar o suficiente para o primeiro aluguel e o depósito. Um emprego de fim de semana em um supermercado que quase aceitei, que pagava por volta de US$ 7,75 por hora, teria ajudado, mas eu não poderia garantir que fosse possível conciliar meu horário no Wal-Mart com as folgas dos finais de semana. Se tivesse aceitado o emprego no Menards e se o pagamento fosse US$ 10 a hora por 11 horas de trabalho diárias, ganharia algo em torno de US$ 440 líquidos semanalmente – o suficiente para pagar um quarto no hotel, e ainda sobraria para economizar os custos iniciais de um apartamento. Mas será que eles pagariam US$ 10 a hora? E será que eu agüentaria ficar em pé onze horas por dia, durante cinco dias por semana? Se tivesse, portanto, feito algumas escolhas diferentes, provavelmente poderia ter sobrevivido em Minneapolis. Mas não vou voltar lá para conferir. *(Ehrenreich, 2001, n. 6, p. 197–198)* ∎

Nas suas tentativas de sobreviver disfarçada em uma trabalhadora de baixa renda disfarçada em diferentes cidades dos Estados Unidos, a jornalista Barbara Ehrenreich desvendou padrões de interação humana e usou métodos de estudo relacionados à investigação sociológica. Esse excerto do seu livro *Nickel and Dimed: On (Not) Getting By in America* [*Miséria à americana*] descreve como Ehrenreich deixou sua casa confortável e assumiu a identidade de uma dona-de-casa divorciada de meia-idade, sem diploma universitário, e com pouca experiência de trabalho. Ela foi em busca de um emprego que pagasse melhor e de uma forma de vida mais econômica para ver se conseguiria sobreviver. Meses depois, completamente exausta e desmoralizada pelas regras de trabalho, Ehrenreich pôde confirmar o que já suspeitava antes de começar: sobreviver naquele país como um trabalhador de baixa renda é uma aposta difícil de ganhar.

O estudo de Ehrenreich revelou uma sociedade desigual, o que constitui um tópico central da sociologia. A desigualdade social tem uma influência determinante nas interações e instituições humanas. Certos grupos de pessoas controlam recursos escassos, usam o poder e recebem tratamento especial. A foto que abre este capítulo ilustra outro foco comum dos sociólogos, os elementos da cultura que definem uma sociedade. Na Índia, as histórias em quadrinhos são uma forma muito popular de mídia que reflete valores culturais centrais.

Embora possa ser interessante saber como um indivíduo faz para pagar suas contas, ou mesmo pode ser afetado pelos conteúdos de uma revista de aventura em quadrinhos, os sociólogos se preocupam em saber como grupos inteiros de pessoas são afetados por esses fatores, e como a própria sociedade pode ser alterada por eles. Assim, os sociólogos não estão preocupados com o que um indivíduo faz ou deixa de fazer, mas com o que as pessoas fazem como membros de um grupo, ou na interação com os outros, e o que isso significa para os indivíduos e para a sociedade como um todo.

Como campo de estudo, a sociologia tem uma abrangência extremamente ampla. Você verá neste livro a gama de tópicos que os sociólogos investigam – do suicídio ao hábito de ver televisão, da sociedade Amish aos padrões econômicos globais, da pressão entre os pares às técnicas de bater carteira. A sociologia observa como os outros influenciam o nosso comportamento; como as grandes instituições sociais, como o governo, a religião e a economia, nos afetam; e como nós mesmos afetamos outros indivíduos, grupos ou até organizações.

Como se desenvolveu a sociologia? De que forma ela é diferente das outras ciências sociais? Este capítulo vai explorar a natureza da sociologia como um campo de pesquisa e como um exercício de "imaginação social". Olharemos para a disciplina como uma ciência e considerar sua relação com as outras ciências sociais. Conheceremos três pensadores pioneiros – Émile Durkheim, Max Weber e Karl Marx – e examinaremos as perspectivas teóricas que se desenvolveram a partir do trabalho deles. Por fim, vamos considerar as formas como a sociologia nos ajuda a desenvolver uma imaginação sociológica. ■

O QUE É SOCIOLOGIA?

"O que a sociologia tem a ver comigo ou com a minha vida?" Como estudante, você também poderia ter feito essa pergunta ao se matricular no curso de Introdução à Sociologia. Para obter a resposta, considere estes pontos: Você é influenciado pelo que vê na televisão? Você usa a Internet? Você votou nas últimas eleições? Você participa das bebedeiras no *campus*? Você usa medicina alternativa? Essas são apenas algumas das situações do dia-a-dia descritas neste livro, sobre as quais a sociologia traz alguma luz. Mas, como indica o texto de abertura, a sociologia também observa grandes problemas sociais. Usamos a sociologia para investigar por que milhares de empregos migraram dos Estados Unidos e foram para países em desenvolvimento, que forças sociais promovem o preconceito, o que leva alguém a se juntar a um movimento social e a trabalhar por mudanças sociais, como o acesso à tecnologia da computação pode reduzir a desigualdade, e por que as relações entre homens e mulheres em Seattle são diferentes daquelas em Cingapura, por exemplo.

A *sociologia* é, de modo bem simples, o estudo sistemático do comportamento social e dos grupos humanos. Ela focaliza as relações sociais, como essas relações influenciam o comportamento das pessoas, e como as sociedades, a soma de tais relações, se desenvolvem e mudam.

A Imaginação Sociológica

Na tentativa de entender o comportamento social, os sociólogos se baseiam em um tipo incomum de pensamento criativo. Um importante sociólogo, C. Wright Mills, descreve tal pensamento como a *imaginação sociológica* – uma consciência da relação entre o indivíduo e a sociedade mais ampla. Essa consciência permite

Você É o Que Você Tem?

Use sua imaginação sociológica para analisar o "mundo material" de três sociedades diferentes. As fotos são do livro *Material World: A Global Family Portrait* [Mundo material: um retrato da família global]. Os fotógrafos selecionaram uma família "estatisticamente média" em cada país que visitaram e fotografaram essas famílias com todos os seus bens, na casa onde moram. São mostradas, aqui, famílias nos Estados Unidos (Texas), em Mali e na Islândia.

O que os bens materiais nos revelam sobre o tipo de transporte, os alimentos, o tipo de moradia e o estilo de vida de cada cultura? Como o clima interfere nos bens que as pessoas possuem? Que influência teria o tamanho da família na posição econômica ocupada por essa família? Que bens se destinam ao lazer, e quais à subsistência? Como essas famílias empregam os recursos naturais? Que meios de comunicação estão disponíveis para cada uma delas? Por que você acha que a família de Mali tem tantas panelas, cestos e utensílios para servir alimentos? O que os livros e a Bíblia da família norte-americana (Texas) nos revelam sobre sua história e seus interesses? Como você acha que cada família reagiria se passasse a viver com os pertences das outras duas famílias?

Essas fotos nos informam que, quando olhamos para os bens materiais das pessoas, aprendemos algo sobre os fatores sociais, econômicos e geográficos que influenciam seu modo de vida. As fotos também podem nos levar a pensar sociologicamente sobre os nossos próprios bens materiais, e o que eles revelam sobre nós e nossa sociedade (Menzel, 1994).

A família Skeen em Pearland, Texas, nos Estados Unidos.

A família Natoma (incluindo o marido, duas esposas e os pertences das esposas) em Kouakourou, Mali.

A família Thoroddsen em Hafnarfjördur, Islândia.

que todos nós (não apenas os sociólogos) compreendamos as ligações existentes entre o nosso ambiente social pessoal imediato e o mundo social impessoal que nos circunda e que colabora para nos moldar. Barbara Ehrenreich certamente usou a imaginação sociológica quando estudou os trabalhadores de baixa renda (Mills [1959], 2000a).

Um elemento-chave da imaginação sociológica é a capacidade de uma pessoa poder ver a sua própria sociedade como uma pessoa de fora o faria, em vez de fazê-lo apenas da perspectiva das experiências pessoais e dos preconceitos culturais. Tomemos como exemplo algo bem simples, os esportes. No Brasil, centenas de milhares de pessoas de todos os níveis sociais vão semanalmente aos estádios torcer por seus times de futebol e gastam milhares de reais em apostas. Em Bali, Indonésia, dezenas de espectadores se juntam ao redor de um ringue para apostar em animais bem-treinados que participam das rinhas de galos. Em ambos os exemplos os espectadores exaltam os méritos dos seus favoritos e apostam nos melhores resultados das competições que são consideradas normais em uma parte do mundo, mas pouco comuns em outra.

A imaginação sociológica nos permite ir além das experiências e observações pessoais para compreender temas públicos de maior amplitude. O divórcio, por exemplo, é um fato pessoal inquestionavelmente difícil para o marido e para a esposa que se separam. Entretanto, C. Wright Mills defende o uso da imaginação sociológica para ver o divórcio não apenas como um problema pessoal de um indivíduo, mas sim como uma preocupação da sociedade. Usando essa perspectiva, podemos notar que um aumento na taxa de divórcio na verdade redefine uma instituição social fundamental – a família. Os lares hoje com freqüência incluem padrastos, madrastas e meio-irmãos cujos pais se divorciaram e casaram novamente.

A imaginação sociológica é uma ferramenta que nos proporciona poder. Ela nos permite olhar para além de uma compreensão limitada do comportamento humano, ver o mundo e as pessoas de uma forma nova, através de uma lente mais potente do que o nosso olhar habitual. Pode ser algo tão simples como entender por que um colega de quarto prefere música sertaneja ao *hip-hop*, ou essa outra forma de olhar as coisas poderá revelar uma maneira totalmente diferente de compreender as outras populações do mundo. Por exemplo, depois dos ataques terroristas aos Estados Unidos em 11 de setembro de 2001, vários cidadãos passaram a querer entender como os muçulmanos em todo o mundo percebiam o país deles, e o porquê desses ataques. Este livro vai oferecer a você a oportunidade de exercitar a sua imaginação sociológica em diversas situações. Vamos começar com uma que talvez lhe seja mais familiar.

Use a Sua Imaginação Sociológica

Você está caminhando por uma rua da sua cidade. Ao olhar à sua volta, não pode deixar de notar que metade das pessoas, ou mais, está acima do peso. Como você explica sua observação? Se você fosse C. Wright Mills, como acha que explicaria isso?

A Sociologia e as Ciências Sociais

A sociologia é uma ciência? O termo *Ciência* se refere a um corpo de conhecimentos obtidos por métodos baseados na observação sistemática. Da mesma forma que outras disciplinas científicas, a sociologia envolve o estudo sistemático e organizado dos fenômenos (nesse caso, o comportamento humano) para ampliar a compreensão. Todos os cientistas, estejam eles estudando cogumelos ou assassinos, tentam coletar informações precisas por meio de métodos de estudo que sejam os mais objetivos possível. Eles se baseiam no registro cuidadoso das observações e na coleta de dados.

Evidentemente, há uma grande diferença entre sociologia e física, entre ecologia e astronomia. *Ciências naturais* são o estudo das características físicas da natureza e das maneiras pelas quais elas interagem e mudam. A astronomia, a biologia, a química, a geologia e a física são todas ciências naturais. *Ciências sociais* são o estudo das características sociais dos seres humanos, e das maneiras pelas quais eles interagem e mudam. As ciências sociais incluem a sociologia, a antropologia, a economia, a história, a psicologia e as ciências políticas.

Essas disciplinas das ciências sociais têm um foco comum no comportamento social das pessoas, mesmo que cada uma delas tenha uma orientação particular. Os antropólogos geralmente estudam culturas passadas e sociedades pré-industriais que existem até hoje, bem como as origens dos seres humanos. Os economistas exploram as maneiras pelas quais as pessoas produzem e trocam mercadorias e serviços, bem como o dinheiro e outros recursos. Os historiadores estão preocupados com as pessoas e os eventos do passado, e seu significado para nós hoje. Os cientistas políticos estudam as relações internacionais, os atos do governo e o exercício do poder e da autoridade. Os psicólogos investigam a personalidade e o comportamento individual. Então, o que fazem os *sociólogos*? Eles estudam a influência que a sociedade tem nas atitudes e nos comportamentos das pessoas, bem como na maneira como as pessoas interagem e formam a sociedade. Como os seres humanos são animais sociais, os sociólogos examinam cientificamente as nossas relações sociais com os outros.

Vamos considerar como as diferentes ciências sociais podem abordar o tema polêmico da pena de morte. Os historiadores estariam interessados no desenvolvimento da pena capital do período colonial até o presente. Os economistas poderiam fazer uma pesquisa para comparar os custos das pessoas encarceradas durante toda a vida com as despesas das apelações que ocorrem nos casos de pena de morte. Os psicólogos observariam os casos individuais e avaliariam o impacto da pena de morte na família da vítima e na do preso executado. Os cientistas políticos estudariam as diferentes posições assumidas pelos políticos eleitos e as implicações dessas posições em suas campanhas para reeleição.

E qual seria a abordagem dos sociólogos? Eles poderiam verificar como a raça e a etnia afetam o resultado dos casos de pena de morte. De acordo com um estudo publicado em 2003, 80% dos casos de pena de morte nos Estados Unidos envolvem vítimas de cor branca, apesar de apenas 50% de todas as vítimas de assassinato serem brancas (ver Figura 1-1). Parece que a raça da vítima influencia a decisão sobre se o réu será condenado à pena capital (ou seja, assassinato punível com a morte) e se ele realmente será executado no final. Assim, o sistema de justiça criminal parece tender a impor penas mais pesadas quando as vítimas são brancas, do que quando elas pertencem a uma das minorias.

Os sociólogos colocam sua imaginação sociológica para funcionar em diversas áreas – incluindo as áreas do envelhecimento, da família, da ecologia humana e da religião. Neste livro você vai ver como os sociólogos desenvolvem teorias e fazem pesquisas para estudar e entender melhor as sociedades. E você será encorajado a usar a sua imaginação sociológica para examinar os Estados Unidos e o Brasil (além de outras sociedades) como uma pessoa de fora – de maneira respeitosa, mas sempre questionando.

Sociologia e Senso Comum

A sociologia focaliza o estudo do comportamento humano. Entretanto, todos nós temos experiências com o comportamento humano, e pelo menos algum conhecimento sobre ele. Todos nós também podemos ter teorias sobre por que uma pessoa vai viver na rua, por exemplo. As nossas teorias e opiniões geralmente se baseiam em nosso "senso comum" – ou seja, nas nossas experiências e conversas, naquilo que lemos, ou que vemos na televisão e assim por diante.

Em nossa vida diária, confiamos no nosso senso comum para resolver situações não-familiares. Entretanto, esse conhecimento chamado senso comum, embora seja preciso algumas vezes, não é sempre confiável, porque ele se baseia em crenças comumente aceitas, e não na análise sistemática dos fatos. No passado constituía senso comum aceitar que a Terra era plana – uma visão questionada corretamente por Pitágoras e Aristóteles. Noções incorretas consideradas de senso comum não pertencem apenas a um passado distante, mas permanecem até hoje.

Nos Estados Unidos, hoje o "senso comum" diz que as pessoas jovens vão ao cinema onde está sendo exibido *A paixão de Cristo* ou a concertos de rock cristão porque a religião está se tornando mais importante para elas. Contudo, essa noção particular de "senso comum" – como a noção de que a Terra era plana – não é verdadeira, e não se baseia na pesquisa sociológica. Em 2003, pesquisas anuais feitas com universitários do primeiro ano mostram um declínio na porcentagem de pessoas que freqüentam serviços religiosos, mesmo ocasionalmente. Um número crescente de universitários declara não ter preferência religiosa. A tendência inclui não apenas religiões organizadas, mas também outras formas de espiritualidade. Poucos estudantes rezam ou meditam mais hoje do que no passado, e poucos consideram seu nível de espiritualidade muito alto (Sax et al., 2003). O Brasil não é exceção. A evangelização de jovens foi o tema principal da 44ª Assembléia Geral da Conferência Nacional dos Bispos do Brasil (CNBB). No maior país católico do mundo, onde dos 34 milhões de jovens que se confessam, católicos menos de 10% freqüentam os serviços religiosos.

Da mesma forma, os desastres em geral não produzem pânico. Logo após uma catástrofe, como uma explosão, por exemplo, grandes organizações e estruturas sociais surgem para lidar com os problemas da comunidade. Nos Estados Unidos, por exemplo, um grupo de operações de emergência freqüentemente coordena serviços públicos e mesmo certos serviços em geral desempenhados pelo setor privado, como a distribuição de alimentos. O processo decisório torna-se mais centralizado nos momentos de crise. No Brasil, por exemplo, a

FIGURA 1-1

Raças das Vítimas nos Casos de Pena de Morte

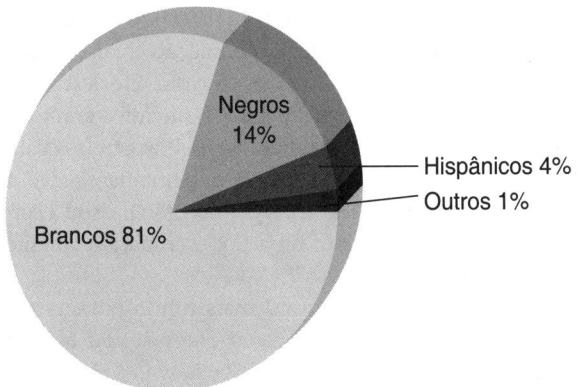

Obs.: Esses dados referem-se a todos os casos de pena de morte de 1976 a 30 de janeiro de 2004.

Fonte: Death Penalty Information Center, 2004.

A pena de morte tende a ser imposta quando a vítima é branca. Nos Estados Unidos, 50% de todas as vítimas de assassinatos são brancas, mas nos casos julgados com possibilidade de pena de morte, a porcentagem de vítimas brancas é de mais de 80%.

Estudantes universitários freqüentam menos cerimônias religiosas hoje do que no passado, apesar da presença de ministros no *campus*, tal como este do centro de jesuítas na Fairfield University, em Connecticut. A pesquisa sociológica confirma uma tendência de queda na prática de uma religião.

defesa civil assume a responsabilidade por este trabalho de atendimento às vítimas de catástrofes, como grandes incêndios e inundações, coordenando as ações de resgate e as operações de emergência em conjunto com o Corpo de Bombeiros e a Polícia.

Como outros cientistas sociais, os sociólogos não aceitam algo como um fato porque "todo mundo sabe disso". Ao contrário, cada informação precisa ser testada e registrada, e depois analisada em relação a outras informações. Os sociólogos se baseiam nos estudos científicos para descrever e compreender o ambiente social. Às vezes, as descobertas dos sociólogos podem parecer simples senso comum, porque eles lidam com facetas familiares da vida diária. A diferença é que tais descobertas foram testadas pelos pesquisadores. O senso comum agora nos diz que a terra é redonda. Mas essa noção particular de senso comum baseia-se em séculos de trabalhos científicos que começaram com as descobertas feitas por Pitágoras e Aristóteles.

O QUE É TEORIA SOCIOLÓGICA?

Por que as pessoas cometem suicídio? A resposta tradicional de senso comum é que a pessoa herda o desejo de se matar. Um outro ponto de vista é que as manchas escuras do sol levam as pessoas a se matarem. Essas explicações podem não parecer particularmente convincentes para os pesquisadores contemporâneos, mas elas representam as crenças da maior parte das pessoas até 1900.

Os sociólogos não estão particularmente interessados na razão pela qual um indivíduo comete suicídio; eles estão mais preocupados com a identificação das forças sociais que sistematicamente levam algumas pessoas a se suicidarem. Para fazer essa pesquisa, os sociólogos desenvolvem uma *teoria* que oferece uma explicação geral sobre o comportamento suicida.

Podemos pensar que as teorias são tentativas de explicar, de uma forma abrangente, eventos, forças materiais, idéias ou comportamentos. Em sociologia, uma **teoria** é um conjunto de afirmações que busca explicar problemas, ações, ou comportamentos. Uma teoria efetiva pode ter um poder explicativo e de previsão. Ou seja, ela pode nos ajudar a ver a relação entre fenômenos aparentemente isolados, bem como a entender como um tipo de mudança em um ambiente leva a outras mudanças.

A World Health Organization [Organização Mundial da Saúde] (2002) calculou que 815 mil pessoas cometeram suicídio em 2000. Mais de cem anos antes, um sociólogo tentou olhar para o suicídio de forma científica. Émile Durkheim ([1897] 1951) desenvolveu uma teoria bastante original sobre a relação entre suicídio e fatores sociais. Ele estava basicamente preocupado não com as personalidade das vítimas do suicídio, mas sim com as taxas de suicídio e como elas variavam de um país para outro. Como resultado, quando observou o número de suicídios informados na França, Inglaterra e Dinamarca em 1869, comparou também a população total de cada país para determinar a sua taxa de suicídio. Ele descobriu que, enquanto na Inglaterra apenas 67 suicídios eram informados por milhão de habitantes, na França eles eram 135 a cada milhão de habitantes; e na Dinamarca, 277 a cada milhão de habitantes. A pergunta então passou a ser: "Por que a Dinamarca tem uma taxa comparativamente alta de suicídios informados?".

Durkheim foi ainda muito mais fundo em sua investigação das taxas de suicídio, o que resultou no seu trabalho considerado um marco, *O suicídio*, publicado em 1897. Ele se recusou a aceitar explicações sobre o suicídio que não fossem comprovadas, incluindo as crenças de que forças cósmicas ou tendências hereditárias provocavam tais mortes. Ao contrário, Durkheim manteve seu foco nos fatores sociais, tais como na coesão dos grupos religiosos, sociais e de trabalho.

A pesquisa de Durkheim sugeria que o suicídio, embora fosse um ato solitário, estava relacionado à vida

Os desastres produzem pânico ou uma resposta estruturada e organizada? O senso comum poderia nos dizer que a resposta é pânico, mas, na realidade, os desastres requerem muita estrutura e organização para lidar com os seus resultados. Quando o ataque terrorista de 11 de setembro de 2001 destruiu o centro de comando de emergências da cidade de Nova York, os funcionários rapidamente restabeleceram esse centro para dirigir as buscas e os esforços para resgate das pessoas.

em grupo. Os protestantes tinham uma taxa de suicídio muito mais alta do que os católicos, as pessoas solteiras apresentavam uma taxa muito mais alta do que as casadas, e os soldados tendiam a se matar mais do que os civis. Além disso, parecia haver taxas mais altas de suicídio em períodos de paz do que em momentos de guerra ou revolução, e mais nos períodos de instabilidade econômica e recessão do que em tempos de prosperidade. Durkheim concluiu que as taxas de suicídio de uma sociedade refletem a medida em que as pessoas estão ou não integradas na vida de grupo da sociedade.

Émile Durkheim, como muitos outros cientistas sociais, desenvolveu uma *teoria* para explicar como o comportamento individual pode ser compreendido em um contexto social. Ele apontou a influência dos grupos e das forças sociais sobre algo que sempre havia sido notado como um ato eminentemente pessoal. Com certeza, Durkheim ofereceu uma explicação mais *científica* para as causas do suicídio do que as manchas escuras do Sol ou as tendências hereditárias. Sua teoria trouxe um poder de previsão, uma vez que sugere que as taxas de suicídio aumentam ou diminuem em conjunto com certas mudanças econômicas e sociais.

Evidentemente, uma teoria – mesmo a melhor delas – não é uma afirmação final sobre o comportamento humano. A teoria do suicídio de Durkheim não é exceção. Os sociólogos continuam a examinar os fatores que contribuem para as diferenças nas taxas de suicídio em todo mundo e a taxa de suicídios de uma determinada sociedade. Por exemplo, embora a taxa de suicídio geral da Nova Zelândia seja apenas marginalmente mais alta do que a taxa dos Estados Unidos, a taxa de suicídio entre pessoas jovens é 41% mais alta na Nova Zelândia. Os sociólogos e os psiquiatras daquele país sugerem que a sua sociedade, composta de grupos esparsos em regiões remotas, mantém padrões exagerados de masculinidade que são particularmente difíceis para os jovens rapazes. Os adolescentes homossexuais que não conseguem se adaptar às preferências de seus pares nos esportes ficam particularmente vulneráveis ao suicídio (Shenon, 1995). No Brasil, a taxa de suicídio é relativamente baixa, mantendo-se em torno de 0,056% de toda a população há muitas décadas. Por isso, o suicídio no País não é, na linguagem de Émile Durkheim, um fato social patológico, dada a baixa regularidade com que se apresenta.

Use a Sua Imaginação Sociológica

Se você fosse o sucessor de Durkheim na sua pesquisa sobre o suicídio, como investigaria os fatores que podem explicar o aumento das taxas de suicídio entre jovens nos Estados Unidos hoje?

O DESENVOLVIMENTO DA SOCIOLOGIA

As pessoas sempre mostram-se curiosas sobre temas sociológicos – como nos relacionamos com os outros, o que fazemos para viver, quem selecionamos para nossos líderes. Filósofos e autoridades religiosas das sociedades antigas e medievais fizeram inúmeras observações sobre o comportamento humano. Eles não testavam ou verificavam cientificamente essas observações; e, mesmo assim, suas observações com freqüência se tornavam o fundamento dos códigos morais. Muitos filósofos antigos previram que o estudo sistemático do comportamento humano seria realidade no futuro. A partir do século XIX, os teóricos europeus deram contribuições pioneiras para o desenvolvimento de uma ciência do comportamento humano.

Harriet Martineau, uma das pioneiras da sociologia, estudou o comportamento social tanto da sua terra natal, a Grã-Bretanha, quanto dos Estados Unidos.

Os Primeiros Pensadores

Augusto Comte

O século XIX foi um período tumultuado na França. A monarquia francesa havia sido deposta na revolução de 1789, e Napoleão tinha sido derrotado na sua tentativa de conquistar a Europa. No meio daquele caos, os filósofos pensavam como a sociedade poderia ser melhorada. Augusto Comte (1798–1857), considerado o filósofo mais influente do início do século XIX, acreditava que uma ciência teórica da sociedade e uma investigação sistemática do comportamento eram necessárias para melhorar a sociedade. Ele definiu o termo *Sociologia* aplicando-o à ciência do comportamento humano.

De acordo com o que escreveu durante o século XIX, Durkheim temia que os excessos da Revolução Francesa tivessem prejudicado permanentemente a estabilidade da França. Mesmo assim, ele esperava que o estudo sistemático do comportamento social finalmente levasse a interações humanas mais racionais. Na hierarquia das ciências de Comte, a sociologia ficava no topo. Ele a chamava de "rainha", e os seus praticantes, de "sacerdotes-cientistas". Esse teórico francês não apenas batizou a sociologia como também apresentou um desafio muito ambicioso para a disciplina que nascia.

Harriet Martineau

Os estudiosos refletiram sobre os trabalhos de Comte principalmente por meio das traduções da socióloga inglesa Harriet Martineau (1802–1876). Martineau era também uma pioneira. Ela realizou observações perspicazes sobre os costumes e as práticas sociais tanto da sua terra natal, a Grã-Bretanha, quanto dos Estados Unidos. O livro de Martineau, *Society in America* A sociedade ([1837] 1962), abordou a religião, a política, a educação das crianças e a imigração naquela jovem nação. Ela dá atenção especial às distinções das classes sociais e a fatores como gênero (sexo) e raça. Martineau ([1838] 1989) também escreveu o primeiro livro sobre os métodos sociológicos.

Os escritos de Martineau enfatizaram o impacto que a economia, a lei, o comércio, a saúde e a população podiam ter sobre os problemas sociais. Ela pregou a favor dos direitos das mulheres, da emancipação dos escravos e da tolerância religiosa. Mais tarde, a surdez não a impediu de ser uma ativista. Na visão de Martineau (1877), os intelectuais e os estudiosos não deviam apenas oferecer observações sobre as condições sociais; eles deviam *agir* em relação às suas convicções de uma forma que beneficiasse a sociedade. É por isso que ela fez pesquisas acerca da natureza dos empregos femininos e apontou para a necessidade de investigações mais aprofundadas sobre o assunto (Deegan, 2003; Hill e Hoecker-Drysdale, 2001).

Herbert Spencer

Outra importante contribuição para a disciplina da sociologia foi dada por Herbert Spencer (1820–1903). Um inglês vitoriano relativamente próspero, Spencer (diferentemente de Martineau) não se sentia compelido a corrigir ou a melhorar a sociedade; ao contrário, ele simplesmente esperava entendê-la melhor. Buscando bases no estudo de Charles Darwin – *Sobre a origem das espécies* –, Spencer aplicou o conceito de evolução das espécies nas sociedades para explicar como elas mudam ou evoluem com o passar do tempo. Da mesma forma, ele adaptou a visão revolucionária de Darwin sobre a "sobrevivência do mais forte" argumentando que é "natural" que algumas pessoas sejam ricas e outras, pobres.

A abordagem da mudança na sociedade feita por Spencer foi extremamente popular durante sua vida. Diferentemente de Comte, ele sugeria que, uma vez que as sociedades mudariam no final, ninguém precisava ser muito crítico sobre os arranjos sociais atuais, ou trabalhar ativamente por mudanças sociais. Esse ponto de vista agradou muitas pessoas influentes na Inglaterra e nos Estados Unidos, que tinham interesse na manutenção do *status quo* e não confiavam nos pensadores sociais que endossavam mudanças.

FIGURA 1-2
Primeiros Pensadores Sociais

	Émile Durkheim 1858–1917	Max Weber 1864–1920	Karl Marx 1818–1883
Estudos acadêmicos	Filosofia	Direito, economia, história, filosofia	Filosofia, direito
Palavras-chave	1893 – Da divisão do trabalho social 1897 – O suicídio 1912 – As formas elementares da vida religiosa	1904–1905 – A ética protestante e o espírito do capitalismo 1922 – Economia e sociedade	1848 – Manifesto do Partido Comunista 1867 – O capital

Émile Durkheim

Émile Durkheim propôs diversas contribuições pioneiras para a sociologia, inclusive o seu importante trabalho teórico sobre o suicídio. Filho de um rabino, Durkheim (1858–1917) foi educado na França e na Alemanha. Ele atingiu uma impressionante reputação acadêmica e foi indicado como um dos primeiros professores de Sociologia na França. Acima de tudo, Durkheim será lembrado por sua insistência que os comportamentos precisam ser entendidos em um contexto social mais amplo, não apenas em termos individuais.

Como exemplo dessa ênfase, Durkheim ([1912] 2001) desenvolveu uma tese fundamental para ajudar a explicar todas as formas de sociedade. Mediante o estudo intensivo dos "aruntas", uma tribo australiana, ele focalizou as funções que a religião desempenhava e reduziu a importância do papel da vida em grupo na definição do que consideramos religioso. Durkheim concluiu que, como outras formas de comportamento de grupo, a religião reforça a solidariedade no grupo.

Outro principal interesse de Durkheim foi estudar as conseqüências do trabalho nas sociedades modernas. Na visão dele, a divisão crescente do trabalho nas sociedades industriais, à medida que os trabalhadores se tornavam muito mais especializados em suas tarefas, levava ao que chamou de *anomia*. O termo *anomia* se refere à perda de direção sentida em uma sociedade quando o controle social do comportamento individual se torna ineficiente. O estado de anomia ocorre quando as pessoas perdem o senso de propósito ou de direção, geralmente durante um período de mudança social profunda. Em um período de anomia, as pessoas tornam-se tão confusas e incapazes de lidar com o novo ambiente social que resolvem pôr fim à própria vida.

Durkheim se preocupava com os perigos que a alienação, a solidão e o isolamento representam nas sociedades industriais modernas. Ele compartilhava da crença de Comte de que a sociologia deveria fornecer uma direção para a mudança social. Como resultado, Durkheim defendia a criação de novos grupos sociais – mediadores entre a família do indivíduo e o Estado – que deveriam despertar o sentimento de pertencimento nos membros de sociedades enormes e impessoais. Os sindicatos deveriam ser um exemplo de tais grupos.

Como muitos outros sociólogos, Durkheim não limitou seus interesses a um aspecto do comportamento social. Adiante, neste livro, você vai estudar o seu pensamento sobre crime e castigo, religião e local de trabalho. Poucos sociólogos exerceram um impacto tão significativo sobre tantas áreas diferentes dentro da disciplina.

Max Weber

Max Weber foi outro teórico importante. Nascido na Alemanha, Weber (1864–1920) estudou direito, história e economia, mas gradualmente desenvolveu o interesse pela sociologia. Tornou-se professor em várias universidades alemãs. Weber ensinava a seus alunos que eles deveriam aplicar o **Verstehen**, palavra alemã para *com-*

preensão ou *insight*, em seu trabalho intelectual. Ele dizia que não podemos analisar nosso comportamento social com os mesmos critérios objetivos que usamos para medir o peso ou a temperatura. Para entender totalmente o comportamento, precisamos aprender os significados subjetivos que as pessoas atribuem suas ações – como eles mesmos vêem e explicam o seu comportamento.

Por exemplo, suponhamos que um sociólogo estivesse estudando a posição social dos indivíduos em uma fraternidade. Weber esperaria que o pesquisador empregasse o *Verstehen* para determinar a importância da hierarquia social da fraternidade para os seus membros. O pesquisador examinaria os efeitos dos esportes, das notas, capacidades sociais ou tempo de permanência na posição do indivíduo dentro da fraternidade. Ele buscaria aprender como os membros da fraternidade se relacionam com os outros membros de *status* mais elevado ou mais baixo. Na investigação dessas questões, o pesquisador levaria em conta as emoções das pessoas, seus pensamentos, suas crenças e atitudes (L. Coser, 1977).

Temos também que dar crédito a Weber por uma ferramenta conceitual-chave: o tipo ideal. Um **tipo ideal** é um modelo para avaliar casos específicos. Em seus próprios trabalhos, Weber identificou várias características da burocracia como um tipo ideal (discutido em detalhes no Capítulo 6). Ao apresentar esse modelo de burocracia, Weber não estava descrevendo nenhum negócio em particular, nem usava o termo *ideal* de uma forma que sugerisse uma avaliação positiva. Ao contrário, seu objetivo era fornecer um padrão útil para a medição de quanto uma organização atual é burocrática (Gerth e Mills, 1958). Mais adiante, neste livro, vamos usar o conceito de *tipo ideal* para estudar a família, a religião, a autoridade e os sistemas econômicos, bem como para analisar a burocracia.

Embora as suas carreiras profissionais coincidam, Émile Durkheim e Max Weber nunca se encontraram e provavelmente não tinham conhecimento da existência um do outro, e muito menos de suas idéias. Mas isso não aconteceu em relação ao trabalho de Karl Marx. O pensamento de Durkheim sobre o impacto da divisão do trabalho nas sociedades industriais estava relacionado aos escritos de Marx, ao passo que as preocupações de Weber por uma sociologia objetiva, sem valores, era uma resposta direta às mais profundas convicções de Marx. Assim, não e surpreende que Marx seja visto como a maior figura do desenvolvimento da sociologia, bem como de diversas outras ciências sociais (ver Figura 1–2).

Karl Marx

Karl Marx (1818–1883) compartilhava com Durkheim e Weber de um duplo interesse nos temas filosóficos abstratos e na realidade concreta da vida cotidiana. Diferente dos outros, entretanto, Marx era tão crítico em relação às instituições existentes, que uma carreira acadêmica convencional era, para ele, impossível. Marx passou a maior parte da sua vida longe da Alemanha, no exílio.

A vida pessoal de Marx foi uma luta difícil. Quando o jornal que escrevia foi proibido, ele fugiu para a França. Em Paris, encontrou-se com Friedrich Engels (1820–1895), com quem estabeleceu uma amizade para toda a vida. Eles viveram em um momento em que a vida econômica norte-americana e a européia estavam sendo dominadas cada vez mais pelas fábricas, em substituição às fazendas.

Enquanto estavam em Londres em 1847, Marx e Engels iam a reuniões secretas de uma coalizão ilegal de sindicatos trabalhistas conhecida como Liga Comunista. No ano seguinte, eles prepararam uma plataforma chamada *Manifesto Comunista*, no qual argumentavam que as massas de pessoas sem outros recursos além do seu próprio trabalho (a quem eles chamavam *proletariat*) deveriam unir-se e lutar para derrubar as sociedades capitalistas. Nas palavras de Marx e Engels:

> "A história de toda sociedade existente até hoje tem sido a história das lutas de classes. ... Os proletários não têm nada a perder, exceto os seus grilhões. E têm o mundo a ganhar. TRABALHADORES DE TODOS OS PAÍSES, UNI-VOS! (Feuer, 1989, v. 7, p. 41)

Depois de terminar o *Manifesto Comunista*, Marx voltou à Alemanha, de onde foi expulso novamente. Mudou-se então para a Inglaterra, onde continuou a escrever livros e ensaios. Marx vivia em extrema pobreza. Chegou a empenhar a maior parte de seus bens, e vários dos seus filhos morreram por desnutrição e doenças. Marx claramente era um excluído da sociedade britânica, um fato que pode muito bem ter colorido a sua visão das culturas ocidentais.

Nas análises de Marx, a sociedade se dividia fundamentalmente em duas classes que entravam em conflito na busca de seus interesses. Quando examinou as sociedades industriais do seu tempo, como as da Alemanha, da Inglaterra e dos Estados Unidos, ele viu a fábrica como o centro do conflito entre os exploradores (os proprietários dos meios de produção) e os explorados (os trabalhadores). Marx via essas relações de modo sistemático, ou seja, ele acreditava que um sistema de relações políticas, sociais e econômicas mantinha o poder e o domínio dos proprietários sobre os trabalhadores. Conseqüentemente, Marx e Engels argumentavam que a classe trabalhadora deveria *derrubar* o sistema de classes existente. A influência de Marx sobre o pensamento contemporâneo é significativa. Seus escritos inspiraram aqueles que mais tarde liderariam as revoluções comunistas na Rússia, na China, em Cuba, no Vietnã e em outros lugares.

Mesmo fora do âmbito das revoluções políticas que seu trabalho desencadeou, a importância de Marx é

Nesta foto tirada em aproximadamente 1930, a reformadora social Jane Addams lê para as crianças na Escola Mary Crane. Ela foi uma das pioneiras tanto na sociologia quanto no movimento de assistência social.

profunda. Ele enfatizou as identificações e associações de *grupo* que influenciam o lugar de um indivíduo na sociedade. Essa área de estudo é o foco mais importante da sociologia contemporânea. Neste livro vamos considerar como ser membro de uma determinada classificação por gênero (sexo), faixa etária, grupo racial ou classe econômica afeta as atitudes e o comportamento de uma pessoa. É importante que possamos rastrear essa maneira de entender a sociedade até o trabalho pioneiro de Karl Marx.

Desenvolvimentos Modernos

Atualmente, a sociologia baseia-se nos fundamentos desenvolvidos por Émile Durkheim, Max Weber e Karl Marx. Entretanto, a área não permaneceu estagnada durante os últimos cem anos. Enquanto os europeus continuaram elaborando contribuições para a disciplina, sociólogos em todo o mundo, e especialmente nos Estados Unidos, avançaram na pesquisa e na teoria sociológica. Seus *insights* nos ajudaram a aprimorar a compreensão sobre a maneira como a sociedade funciona.

Charles Horton Cooley

Charles Horton Cooley (1864–1929) foi um exemplo típico de sociólogo que se tornou proeminente no início do século XX. Nascido em Ann Arbor, Michigan, Cooley formou-se em economia, tornando-se, porém, mais tarde, professor de Sociologia na University of Michigan. Como outros sociólogos antes dele, interessou-se por essa "nova" disciplina enquanto trabalhava em uma área de estudo relacionada.

Cooley compartilhava o desejo de Durkheim, Weber e Marx de aprender mais sobre a sociedade. Mas para fazê-lo de forma eficiente, preferiu usar a perspectiva sociológica para observar primeiro as unidades menores – grupos íntimos, que conviviam de forma próxima, tais como famílias, gangues e redes de amizade. Ele via aqueles grupos como a semente da sociedade, no sentido de que eles davam forma aos ideais, às crenças, aos valores e à natureza social das pessoas. O trabalho de Cooley aumentou nosso entendimento sobre grupos relativamente pequenos.

Jane Addams

No início do século XX, muitos sociólogos importantes dos Estados Unidos se percebiam como reformadores sociais e dedicavam-se sistematicamente ao estudo e à conseqüente melhoria de uma sociedade corrupta. Eles estavam preocupados com a vida dos imigrantes nas cidades norte-americanas em crescimento, tanto dos imigrantes que vinham da Europa como daqueles provenientes da área rural da América do Sul. As primeiras sociólogas, tiveram um papel ativo nas áreas urbanas pobres como líderes de centros comunitários conhecidos como *settlement houses*. Jane Addams (1860–1935), por exemplo, membro da Sociedade Sociológica Norte-Americana, foi co-fundadora de um famoso centro social de Chicago, a Hull House.

Addams e outras sociólogas pioneiras combinavam pesquisa intelectual, trabalho social e ativismo político – tudo com o objetivo de auxiliar os desfavorecidos e criar uma sociedade mais igualitária. Por exemplo, trabalhando com a jornalista e educadora negra Ida Wells-Barnett, Addams conseguiu evitar a segregação racial nas escolas públicas de Chicago. Os esforços de Addams para estabelecer um sistema de tribunal juvenil e um sindicato de mulheres revelam o foco prático do seu trabalho (Addams, 1910, 1930; Deegan, 1991; Lengermann e Niebrugge-Brantley, 1998).

Na metade do século XX, entretanto, o foco da disciplina havia mudado. A maioria dos sociólogos se limitava a teorizar e a reunir informações; o objetivo de transformar a sociedade foi deixado para os assistentes e ativistas sociais. Esse distanciamento da reforma social foi acompanhado por um comprometimento crescente com os métodos científicos de pesquisa, e com a interpretação dos dados com neutralidade axiológica. Mas nem todos os sociólogos estavam satisfeitos com essa ênfase. Uma nova organização, a Society for the Study of Social Problems, foi criada em 1950 para lidar mais diretamente com a desigualdade social e outros problemas sociais.

Robert Merton

O sociólogo Robert Merton (1910–2003) deu uma importante contribuição à disciplina quando combinou com sucesso teoria e pesquisa. Filho de imigrantes eslavos,

Merton nasceu na Filadélfia e mais tarde ganhou uma bolsa de estudos na Temple University. Continuou seus estudos em Harvard, onde foi despertado seu interesse pela sociologia, o qual permaneceu por toda a sua vida. Ele fez sua carreira de professor na Columbia University.

Merton (1968) produziu uma teoria sobre o comportamento desviado que é uma das explicações citadas com maior freqüência. Ele percebeu maneiras diferentes pelas quais se busca atingir o sucesso na vida. Em sua opinião, alguns podem seguir a meta aprovada socialmente de acumular bens materiais, ou o meio aceito socialmente para atingir tal meta. Por exemplo, no esquema de classificação de Merton, "inovadores" são aqueles que aceitam a meta de buscar a riqueza material, mas usam meios ilegais para fazê-lo, incluindo roubo, assalto e extorsão. Merton baseou sua explicação para o crime no comportamento individual que é influenciado pelas metas e meios aprovados pela sociedade, embora ela tenha aplicações mais amplas. A teoria ajuda a explicar as altas taxas de criminalidade nas nações pobres, que podem não ter esperança de progredir pelos caminhos tradicionais para o sucesso. O Capítulo 8 discute a teoria de Merton em mais detalhes.

Robert Merton enfatizou que a sociologia deveria aproximar as abordagens nos níveis "macro" e "micro" para o estudo da sociedade. A *Macrossociologia* concentra-se nos fenômenos em grande escala ou em civilizações inteiras. O estudo cruzado de culturas de Émile Durkheim sobre o suicídio é um exemplo de pesquisa em nível macro. Mais recentemente, macrossociólogos examinaram as taxas de crimes internacionais (ver Capítulo 8), o estereótipo dos ásio-americanos como modelo de minoria (ver Capítulo 10) e os padrões de população nos países em desenvolvimento (ver Capítulo 15). Em contraposição, a *Microssociologia* enfatiza o estudo de grupos pequenos, geralmente por meios experimentais. A pesquisa sociológica em nível micro inclui estudos a respeito de como homens e mulheres divorciados abandonam papéis sociais importantes (ver Capítulo 5); de como a conformidade pode influenciar a expressão de atitudes preconceituosas (ver Capítulo 8); e de como as expectativas dos professores podem afetar o desempenho acadêmico dos alunos (ver Capítulo 13).

Hoje a sociologia reflete as diferentes contribuições dos primeiros teóricos. Conforme os sociólogos abordam tópicos como o divórcio, o vício das drogas e os cultos religiosos, eles podem se basear nos *insights* teóricos dos pioneiros da disciplina. Um leitor cuidadoso pode ouvir Comte, Durkheim, Weber, Marx, Cooley, Addams e muitos outros falando por meio das páginas de uma pesquisa atual. A sociologia também se ampliou além dos confins intelectuais da América do Norte e da Europa. Contribuições para a disciplina agora vêm de sociólogos que estudam e pesquisam o comportamento humano em outras partes do mundo. Ao descrever os trabalhos dos sociólogos, devem-se examinar as várias abordagens teóricas que os influenciam (também conhecidas como *perspectivas*).

AS PERSPECTIVAS TEÓRICAS MAIS IMPORTANTES

Os sociólogos vêem a sociedade de maneiras distintas. Alguns vêem o mundo basicamente como uma entidade estável e em andamento. Ficam impressionados com a resistência da família, da religião organizada e de outras instituições sociais. Outros sociólogos vêem a sociedade como composta de vários grupos em conflito, competindo por recursos escassos. E para outros, ainda, os aspectos mais fascinantes do mundo social são as interações de rotina, diárias, entre os indivíduos que às vezes aceitamos como verdadeiras. Essas três visões, as mais usadas pelos sociólogos, são as perspectivas funcionalista, de conflito e interacionista. Juntas, essas abordagens forneceram uma visão introdutória da disciplina.

Perspectiva Funcionalista

Pense na sociedade como um organismo vivo no qual cada parte do organismo contribui com a sua sobrevivência. Essa visão é a *perspectiva funcionalista*, que enfatiza a maneira pela qual as partes de uma sociedade são estruturadas para manter a sua estabilidade.

Talcott Parsons (1902–1979), sociólogo da Harvard University, figura-chave no desenvolvimento da teoria funcionalista, foi muito influenciado pelos trabalhos de Émile Durkheim, Max Weber e outros sociólogos europeus. Por mais de quatro décadas Parsons dominou a sociologia nos Estados Unidos com a sua defesa do funcionalismo. Ele via qualquer sociedade como uma vasta rede de partes conectadas, cada uma delas ajudando a manter o sistema como um todo. A abordagem funcionalista defende que se um aspecto da vida social não contribui para a estabilidade ou sobrevivência da sociedade – se não funciona como uma função útil identificável, ou não promove um consenso de valores entre os membros de uma sociedade –, não será passado de uma geração para outra.

Vamos examinar a prostituição como um exemplo da perspectiva funcionalista. Por que uma prática tão condenada continua a mostrar tanta persistência e vitalidade? Os funcionalistas sugerem que a prostituição satisfaz necessidades que poderiam não ser atendidas tão rapidamente por meio das formas socialmente aceitas da expressão sexual, tais como o namoro ou o casamento. O "comprador" recebe sexo sem nenhuma responsabilidade quanto a procriação ou vínculo sentimental; ao mesmo tempo, o "vendedor" ganha sua vida por meio da troca.

Essa observação nos leva a concluir que a prostituição realmente desempenha certas funções que a sociedade parece necessitar. Entretanto, isso não é sugerir que a prostituição seja uma forma legítima ou desejada de comportamento social. Os funcionalistas não fazem tais julgamentos. Ao contrário, eles defendem a esperança da perspectiva funcionalista de explicar como um aspecto da sociedade que é tão freqüentemente atacado pode, mesmo assim, sobreviver (K. Davis, 1937).

Funções Manifesta e Latente

Um prospecto universitário geralmente informa as várias funções da instituição. Ele poderá informar, por exemplo, que pretende "Oferecer aos alunos informações amplas sobre o pensamento clássico e contemporâneo, sobre humanidades, ciências e artes". Entretanto, seria uma surpresa descobrir um prospecto que dissesse "Esta universidade foi fundada em 1895 para manter as pessoas entre 18 e 22 anos fora do mercado de trabalho, e assim reduzir o desemprego." Nenhum prospecto universitário vai afirmar que esse é o objetivo da universidade. Contudo, as instituições de uma sociedade têm diversas funções, algumas bastante sutis. A universidade, *de fato*, acaba atrasando a entrada das pessoas no mercado de trabalho.

Robert Merton (1968) fez uma importante distinção entre funções manifestas e latentes. As *funções manifestas* das instituições são abertas, declaradas e conscientes. Elas envolvem as conseqüências reconhecidas e pretendidas de um aspecto da sociedade, tal como o papel da universidade de certificar a competência e a excelência acadêmicas. Ao contrário, as *funções latentes* são inconscientes ou não-pretendidas, que podem refletir objetivos subjacentes de uma instituição. Uma função latente das universidades é diminuir o desemprego, outra, é funcionar como um local de encontro para pessoas procurando parceiros para o casamento.

Disfunções

Os funcionalistas reconhecem que nem todas as partes de uma sociedade contribuem para a sua estabilidade o tempo todo. Uma *disfunção* refere-se a um elemento ou processo de uma sociedade que pode realmente perturbar o sistema social, ou reduzir sua estabilidade.

Observamos vários padrões de comportamento disfuncionais como indesejáveis, como o homicídio, por exemplo. Mesmo assim, não devemos interpretá-los automaticamente dessa forma. A avaliação de uma disfunção depende dos valores da própria pessoa, ou da "posição" em que ela se encontra naquele momento. Por exemplo, a visão oficial sobre as prisões dos Estados Unidos é que as gangues de prisioneiros deveriam ser erradicadas, porque elas são disfuncionais para o bom andamento das operações. Mesmo assim, alguns guardas chegam a ver as gangues das prisões como uma parte funcional do trabalho deles. O perigo imposto pelas gangues, porque são uma "ameaça à segurança", acaba exigindo mais vigilância e horas extras dos guar-

das, assim como pessoal especializado para lidar com esse tipo de problema (G. Scott, 2001).

Perspectiva do Conflito

Onde os funcionalistas vêem estabilidade e consenso, os sociólogos do conflito vêem um mundo social em luta contínua. A *perspectiva do conflito* considera que o comportamento social é mais bem compreendido em relação a conflito ou tensão entre grupos concorrentes. Tal conflito não precisa ser violento; ele pode tomar a forma de negociações trabalhistas, partidos políticos, concorrência entre grupos religiosos pela aquisição de novos membros, ou disputas pelo orçamento federal.

Desde o início do século XX, a perspectiva funcionalista tinha um papel dominante na sociologia nos Estados Unidos. Entretanto, a abordagem do conflito foi se tornando cada vez mais persuasiva a partir do final da década de 1960. O desassossego social generalizado resultante das lutas pelos direitos civis, de visões amargas sobre a guerra do Vietnã, o levante dos movimentos feministas e a liberação homossexual, o escândalo político do Watergate, os conflitos urbanos e os confrontos nas clínicas de aborto deram suporte à abordagem do conflito – a visão de que nosso mundo social é caracterizado pela luta contínua entre grupos concorrentes. Atualmente, a disciplina da sociologia aceita a teoria do conflito como uma forma válida de obter *insights* sobre uma sociedade.

A Visão Marxista

Como vimos anteriormente, Karl Marx considera a luta entre as classes sociais inevitável como resultado da exploração dos trabalhadores sob o capitalismo. Expandindo as idéias de Marx sobre o trabalho, os sociólogos e outros cientistas sociais chegaram a ver os conflitos não apenas como um fenômeno de classes, mas como parte da vida diária em todas as sociedades. Ao estudar qualquer cultura, uma organização, ou um grupo social, os sociólogos querem saber quem se beneficia, quem sofre e quem domina à custa dos outros. Eles se preocupam com os conflitos entre homens e mulheres, pais e filhos, cidade e subúrbios e brancos e negros, só para mencionar alguns. Os teóricos do conflito estão interessados na forma pela qual as instituições da sociedade – incluindo a família, o governo, a religião, a educação e a mídia – podem ajudar a preservar os privilégios de alguns grupos e a manter outros em uma posição subserviente. A ênfase na mudança social e na redistribuição de recursos torna os teóricos do conflito mais "radicais" e "ativistas" do que os funcionalistas (Dahrendorf, 1959).

Uma Visão Afro-americana: W. E. B. Du Bois

Uma importante contribuição da teoria do conflito é que ela incentiva os sociólogos a olharem a sociedade por

Selo em homenagem a W. E. B. Du Bois, que desafiou o *status quo* nos círculos acadêmico e político. A primeira pessoa negra a receber um doutorado da Harvard University, Du Bois mais tarde ajudou a organizar a National Association for the Advancement of Colored People (NAACP).

meio dos olhos dos segmentos da população que raramente influenciam as decisões. Alguns dos primeiros sociólogos negros, incluindo W. E. B. Du Bois (1868–1963), fizeram pesquisas que eles esperavam que ajudassem na luta por uma sociedade racialmente igualitária. Du Bois acreditava que o conhecimento é essencial no combate ao preconceito e para a obtenção de tolerância e justiça. A sociologia, argumentava ele, tem de se basear nos princípios científicos para estudar os problemas sociais, como aqueles vivenciados pelos negros nos Estados Unidos e também no Brasil. Du Bois trouxe uma grande contribuição para a sociologia por meio dos seus estudos aprofundados sobre a vida urbana, tanto dos brancos quanto dos negros. Importantes sociólogos brasileiros também trataram da discriminação contra os negros. Dentre eles destacam-se Florestan Fernandes e Fernando Henrique Cardoso, cujas obras principais sobre o tema são, respectivamente, *O negro no mundo dos brancos* (1972), *A integração do negro na sociedade de classes* (1965), *Capitalismo e escravidão* (1962), *Cor e mobilidade social em Florianópolis: aspectos das relações entre negros e brancos numa comunidade do Brasil Meridional*, em colaboração com Octávio Ianni (1960).

Du Bois tinha pouca paciência com teóricos como Herbert Spencer, que pareciam satisfeitos com o *status quo*. Du Bois pregava a pesquisa básica sobre a vida dos negros para separar a opinião dos fatos. Dessa forma, ele documentava seu *status* relativamente baixo em Filadélfia e Atlanta. Du Bois acreditava que conceder direitos políticos plenos aos negros era essencial para o seu progresso social e econômico nos Estados Unidos. Como muitas das suas idéias desafiavam o *status quo*, ele não encontrou um público receptivo nem dentro do governo nem no mundo acadêmico. Como resultado, Du Bois envolveu-se cada vez mais com organizações cujos membros questionavam a ordem social estabelecida. Ele ajudou a fundar a National Association for the Advancement of Colored People, mais conhecida como NAACP (D. Lewis, 1994, 2000).

A intensificação de diferentes pontos de vista dentro da sociologia nos últimos anos levou a pesquisas valiosas, especialmente sobre os afro-americanos. Durante muitos anos, os afro-americanos estavam compreensivelmente cansados de participar de estudos de pesquisas médicas, porque esses estudos eram usados para justificar a escravidão, ou para determinar o impacto da sífilis não-tratada. Hoje, entretanto, os sociólogos afro-americanos e outros cientistas sociais estão trabalhando para envolver os negros em pesquisas médicas étnicas úteis sobre o diabetes e a anemia falciforme, caracterizada pelas células vermelhas em forma de foice, duas doenças que atacam as populações negras de uma maneira particularmente violenta (A. Young Jr. e Deskins Jr., 2001).

Uma Visão Feminista

Os sociólogos começaram a abraçar a perspectiva feminista apenas na década de 1970, embora ela tenha uma longa tradição em muitas outras disciplinas. A **visão feminista** vê a injustiça dos sexos como um ponto central em todo comportamento e organização. Por focalizar um aspecto da desigualdade, ela é freqüentemente associada à perspectiva do conflito. As proponentes da perspectiva feminista tendem a focalizar no nível macro, exatamente como fazem os teóricos do conflito. Baseando-se no trabalho de Marx e Engels, as teóricas feministas contemporâneas vêem a subordinação da mulher como inerente às sociedades capitalistas. Algumas teóricas radicais, entretanto, vêem a opressão da mulher como inevitável em *todas* as sociedades dominadas pelos homens, sejam elas a *capitalista*, a *socialista* ou a *comunista*.

Um dos primeiros exemplos dessa perspectiva (muito antes de o rótulo ser usado pelos sociólogos) encontra-se na vida e nos escritos de Ida Wells-Barnett (1862–1931). Após suas publicações pioneiras na década de 1890 sobre a prática do linchamento de norte-americanos negros, ela se tornou uma advogada da campanha dos direitos das mulheres, especialmente na luta pelo voto feminino. Como as teóricas feministas que a antecederam, Wells-Barnett usava a sua análise da sociedade como um meio para resistir à opressão. Ela pesquisou o que significava

Ida Wells-Barnett explorou o que significava ser uma mulher negra vivendo nos Estados Unidos. Seu trabalho a consolidou como uma das primeiras teóricas feministas.

ser afro-americana, uma mulher nos Estados Unidos e uma mulher negra nos Estados Unidos (Wells-Barnett, 1970).

O conhecimento a respeito do feminismo na sociologia ampliou nosso entendimento do comportamento social, levando-o para além do ponto de vista de um homem branco. Por exemplo, a situação social de uma família não mais se define somente pela posição e pela renda do marido. Estudiosas feministas não apenas desafiam a estereotipação de mulheres e homens, elas querem um estudo do equilíbrio entre os sexos em uma sociedade em que as experiências e contribuições das mulheres sejam tão visíveis quanto as dos homens (England, 1999; Komarovsky, 1991; Tuchman, 1992).

A perspectiva feminista deu aos sociólogos novas pistas sobre o comportamento social familiar. Por exemplo, pesquisas antigas sobre o crime raramente consideravam as mulheres e, quando o faziam, tendiam a focalizar crimes "tradicionalmente" cometidos por mulheres, como furtar em lojas. Tal visão tendia a ignorar o papel que as mulheres desempenham em todos os tipos de crimes, bem como o papel desproporcional que elas desempenham como *vítimas* dos crimes. A pesquisa feita por Meda Chesney-Lind e Noelie Rodriguez (1993) mostrou que quase todas as mulheres presidiárias tinham sofrido abuso físico e/ou sexual quando jovens; a metade delas havia sido estuprada. As contribuições de ambas as feministas e estudiosas das minorias enriqueceram todas as perspectivas sociológicas.

Use a Sua Imaginação Sociológica

Você é um sociólogo que usa a perspectiva do conflito para estudar os vários aspectos da sociedade brasileira. Como você acredita que interpretaria a prática da prostituição? Compare sua visão com a perspectiva funcionalista. Você considera que seus comentários seriam diferentes se tivesse uma visão feminista? Em caso positivo, como?

Perspectiva Interacionista

Trabalhadores interagem no seu trabalho, pessoas que se encontram em locais públicos, como paradas de ônibus e parques, o comportamento em pequenos grupos – todos esses aspectos da microssociologia chamam a atenção dos interacionistas. Enquanto os teóricos funcionalistas e do conflito analisam os padrões de comportamento da sociedade em larga escala, os teóricos que aplicam a *perspectiva interacionista* generalizam sobre formas diárias de interação social para explicar a sociedade como um todo. Na década de 1990, por exemplo, as atividades de um júri se tornaram sujeitas ao escrutínio público. Julgamentos famosos terminavam em veredictos que deixavam algumas pessoas balançando a cabeça. Muito antes de os membros de um júri serem entrevistados nos seus jardins depois de um julgamento, os interacionistas tentaram entender melhor o comportamento de um pequeno grupo que se senta em uma sala para deliberar o resultado de um julgamento.

O interacionismo é uma estrutura sociológica para observar os seres humanos como seres que vivem em um mundo de objetos com significados. Esses "objetos" podem incluir coisas materiais, ações, outras pessoas, relacionamentos e mesmo símbolos. Pelo fato de os interacionistas considerarem os símbolos uma parte especialmente importante da comunicação humana, a perspectiva interacionista é às vezes chamada *Perspectiva Interacionista Simbólica*. Os membros de uma sociedade compartilham os significados sociais dos símbolos. Nos Estados Unidos, por exemplo, uma saudação simboliza respeito, enquanto um punho fechado significa desafio. Outra cultura poderá usar gestos diferentes para passar o sentimento de respeito ou de desafio. O gesto de OK nos Estados Unidos, por exemplo, é deselegante e um insulto no Brasil. Esses tipos de interação simbólica são classificados como formas de **comunicação não-verbal**, que podem incluir vários outros gestos, expressões faciais e posturas.

Os símbolos na forma de tatuagens ganharam uma importância especial depois do 11 de Setembro. As lojas que fazem tatuagens no sul de Manhattan não conseguiam atender aos pedidos de vários grupos por desenhos com uma significação simbólica para eles. Os bombeiros da cidade de Nova York solicitaram tatuagens com os nomes dos seus colegas que morreram no ataque; os po-

Os interacionistas estavam interessados no significado social dos mascotes e dos símbolos de times esportivos. Esse índio norte-americano está protestando contra o uso da palavra *Indians* por um importante time de beisebol. Ao inventar outros nomes para times usando nomes que outros grupos podem considerar ofensivos, ele convida você a se colocar no lugar dele.

liciais encomendaram desenhos incorporando o brasão do Departamento de Polícia de Nova York; os trabalhadores da recuperação do Nível Zero das torres queriam tatuagens que incorporassem imagens de uma cruz de aço gigante, os restos de uma viga dos prédios do World Trade Center. Por meio de símbolos, tais como essas tatuagens, as pessoas comunicam seus valores e crenças aos que estão à sua volta (Scharnberg, 2002).

Enquanto as abordagens funcionalista e do conflito começaram na Europa, o interacionismo se desenvolveu primeiro nos Estados Unidos. George Herbert Mead (1863-1931) é considerado o fundador da perspectiva interacionista. Mead ensinou na University of Chicago de 1893 até sua morte. Sua análise sociológica, como a de Charles Horton Cooley, com freqüência focalizava as interações humanas em situações de dois indivíduos ou de pequenos grupos. Mead estava interessado em observar as formas sutis de comunicação – sorrisos, testas franzidas, pequenos assentimentos com a cabeça – e em entender o quanto os comportamentos individuais são influenciados por um contexto maior de um grupo ou sociedade. Apesar de seus pontos de vista inovadores, Mead produziu poucos artigos e nunca escreveu um livro. Ele era um professor extremamente popular; de fato, a maioria dos seus *insights* chegou até nós por meio dos volumes editados de suas conferências que seus alunos publicaram após sua morte.

À medida que os ensinamentos de Mead foram-se tornando mais conhecidos, os sociólogos expressaram maior interesse pela perspectiva interacionista. Muitos haviam se distanciado do que pode ter sido uma preocupação excessiva com o nível de larga escala (macro) do comportamento social, e tinham redirecionado a atenção para o comportamento que ocorre em pequenos grupos (nível micro).

Erving Goffman (1922-1982) popularizou um determinado tipo de método interacionista conhecido como a **Abordagem da Dramaturgia**, no qual as pessoas são vistas como atores no palco. O dramaturgo compara a vida diária a um cenário de teatro e ao palco. Da mesma forma que os atores projetam certas imagens, todos nós buscamos apresentar características particulares da nossa personalidade e camuflar outras. Assim, em uma aula, podemos sentir a necessidade de projetar uma imagem séria; em uma festa, queremos parecer descontraídos e amistosos.

A Abordagem Sociológica

Que perspectiva deve um sociólogo usar para estudar o comportamento humano? Funcionalista? Do conflito? Interacionista? Na realidade, os sociólogos empregam todas as perspectivas resumidas na Tabela 1-1, pois cada uma delas oferece *insights* únicos sobre o mesmo assunto. Só temos a ganhar com uma compreensão mais ampla da nossa sociedade, baseando a nossa análise em todas as perspectivas mais importantes, observando onde elas se sobrepõem e onde divergem.

Embora nenhuma das abordagens seja correta por si só, os sociólogos se baseiam nelas para atingir diferentes objetivos. Muitos tendem a favorecer uma determinada perspectiva em detrimento das demais. A orientação teórica de um sociólogo influencia a sua abordagem do problema da pesquisa de uma maneira importante – na escolha do que estudar, como estudar aquele assunto, que perguntas formular (ou não formular). (Ver Quadro 1-1 para exemplo de como um pesquisador estudaria os esportes de diferentes perspectivas.) Seja qual for o objetivo do trabalho dos sociólogos, suas pesquisas sempre serão

Resumindo

Tabela 1-1 — Comparação das Perspectivas Teóricas mais Importantes

	Funcionalista	Conflito	Interacionista
Visão da sociedade	Estável, bem integrada	Caracterizada por tensão e luta entre os grupos	Ativa ao influenciar e afetar a interação social cotidiana
Conceito-chave	Funções manifestas Funções latentes Disfunções	Desigualdade Capitalismo Estratificação	Símbolos Comunicação não-verbal Interação presencial
Nível de análise enfatizado	Macro	Macro	Micro, como uma forma de entender os fenômenos macro maiores
Visão do indivíduo	As pessoas são socializadas para cumprir funções sociais	As pessoas são moldadas pelo poder, coerção e autoridade	As pessoas manipulam os símbolos e criam suas próprias palavras sociais pela interação
Visão da ordem social	Mantida por meio da cooperação e do consenso	Mantida por meio da força e da coerção	Mantida por entendimentos compartilhados do comportamento diário
Visão da mudança social	Previsível, reforçadora	A mudança ocorre sempre e pode ter conseqüências positivas	Reflete-se na posição social das pessoas e nas suas comunicações com os outros
Exemplo	Punições públicas reforçam a ordem social	As leis reforçam as posições daqueles no poder	As pessoas respeitam as leis e as desobedecem com base em suas próprias experiências passadas
Proponentes	Émile Durkheim Talcott Parsons Robert Merton	Karl Marx W. E. B. Du Bois Ida Wells-Barnett	George Herbert Mead Charles Horton Cooley Erving Goffman

orientadas pelos seus pontos de vista teóricos. Os resultados das pesquisas, como as teorias, iluminam uma parte do palco, deixando as demais em relativa escuridão.

DESENVOLVENDO A IMAGINAÇÃO SOCIOLÓGICA

Neste livro vamos ilustrar a imaginação sociológica de diversas maneiras – mostrando a teoria na prática e a pesquisa em ação; explorando a importância da desigualdade social; falando sobre raça, gênero (sexo) e fronteiras nacionais; e realçando a política social em todo o mundo.

A Teoria na Prática

Vamos ilustrar como as perspectivas sociológicas mais importantes são úteis para a compreensão dos problemas de hoje, da pena de morte à crise da Aids. Os sociólogos não necessariamente declaram "aqui estou usando o funcionalismo", mas as suas pesquisas e abordagens tendem a se basear em uma ou mais estruturas teóricas, como vai se tornar claro nas páginas a seguir.

Pesquisa em Ação

Os sociólogos investigam ativamente diversos assuntos e comportamentos sociais. Já vimos que a pesquisa pode lançar luz sobre os fatores sociais que afetam as taxas de suicídio, bem como sobre a decisão de um júri. A pesquisa sociológica tem atualmente aplicações diretas na melhoria da vida das pessoas, como no caso do aumento da participação dos afro-americanos nos testes de diabetes. Em todo o restante do livro, as pesquisas feitas por sociólogos e outros cientistas sociais vão lançar luz sobre o comportamento de todos os tipos de grupo.

Pesquisa em Ação
1-1 OBSERVANDO OS ESPORTES DE TRÊS PERSPECTIVAS TEÓRICAS

Assistimos a competições esportivas. Falamos sobre esportes. Gastamos dinheiro com esportes. Muitos de nós vivem e respiram esportes. Para que os esportes ocupem tanto do nosso tempo e direta ou indiretamente consumam e gerem muito dinheiro, não é surpresa que contenham componentes sociológicos que podem ser analisados de várias perspectivas teóricas.

Visão Funcionalista

Ao examinar qualquer aspecto da sociedade, os funcionalistas vêem os esportes como uma instituição quase religiosa, que usa rituais e cerimônias para reforçar os valores comuns de uma sociedade. Os esportes:

- socializam os jovens com valores como a competição e o patriotismo;
- ajudam a manter o bem-estar físico das pessoas;
- servem como uma válvula de escape tanto para os participantes quanto para os espectadores, que podem extravasar sua energia agressiva e a tensão de uma forma socialmente aceitável;
- congregam os membros de uma comunidade (torcem por atletas e times locais) ou mesmo de uma nação (como se vê na Copa do Mundo e nos Jogos Olímpicos) e promovem um sentimento generalizado de unidade e solidariedade social.

Visão do Conflito

Os teóricos do conflito argumentam que a ordem social se baseia na coerção e na exploração. Eles enfatizam que os esportes refletem e até exacerbam muitas das divisões da sociedade e que:

- são uma forma de negócio, em que os lucros são mais importantes do que a saúde e a segurança dos trabalhadores (atletas);
- perpetuam a falsa idéia de que o sucesso pode ser atingido simplesmente por meio do trabalho duro, enquanto a falha deve ser atribuída somente ao indivíduo (em vez de às injustiças do sistema social mais amplo);
- também funcionam como o "ópio" que encoraja as pessoas a buscarem uma "viagem", um "barato" temporário em lugar de focalizar os problemas pessoais e os conflitos sociais;
- reservam um papel subordinado aos negros e aos latinos, que batalham como atletas, e que muito raramente são vistos em posição de comando, como treinadores, diretores ou proprietários.

Apesar das suas diferenças, os funcionalistas, os teóricos do conflito e os interacionistas concordam que os esportes envolvem muito mais coisas do que apenas exercício ou recreação.

- ressaltam que as expectativas relacionadas aos sexos incentivam as atletas a serem passivas e gentis, qualidades que não combinam com a ênfase na competitividade dos esportes.

Visão Interacionista

Ao estudar a ordem social, os interacionistas estão particularmente interessados na compreensão compartilhada do comportamento diário. Os interacionistas examinam os esportes em nível micro, focalizando como o comportamento social diário é moldado por normas, valores e exigências distintas do mundo dos esportes:

- os esportes normalmente intensificam o envolvimento entre pais e filhos; eles podem provocar nos pais expectativas sobre a participação e o sucesso dos seus filhos (às vezes de uma forma irrealista);
- a participação nos esportes forma redes de amizade que podem permear a vida cotidiana;
- independentemente das diferenças de classe, raça e religião, os membros de um time podem atuar juntos harmoniosamente, muitas vezes deixando de lado estereótipos e preconceitos comuns;
- as relações no mundo dos esportes são definidas pelas posições sociais que as pessoas ocupam como jogadores, treinadores e juízes – bem como pelo *status* alto ou baixo que os indivíduos possuem em decorrência do seu desempenho e de sua reputação.

Apesar das suas diferenças, os funcionalistas, os teóricos do conflito e os interacionistas concordam que os esportes envolvem muito mais do que apenas exercício ou recreação. Eles também estão de acordo que os esportes e outras formas populares de cultura são temas valiosos para estudos sérios por parte dos sociólogos.

Vamos Discutir

1. Você já vivenciou ou testemunhou discriminação nos esportes, com base em gênero (sexo) ou raça? Como você reagiu? A representação dos negros e das mulheres nos times é um assunto controverso no *campus* da sua faculdade? Como?
2. Qual a perspectiva que você acha mais útil na observação da sociologia dos esportes? Por quê?

Fontes: Acosta e Carpenter, 2001; H. Edwards, 1973; Eitzen, 2003; Fine, 1987.

A Importância da Desigualdade Social

Quem tem poder? Quem não o tem? Para quem ele faz falta? Talvez o tema mais importante para análise na sociologia hoje seja a **desigualdade social**, uma condição na qual os membros da sociedade detêm diferentes quantidades de riqueza, prestígio ou poder. A pesquisa de Barbara Ehrenreich entre os trabalhadores de baixa renda revelou alguns aspectos da desigualdade social. Seja usando uma perspectiva funcionalista seja por meio de uma perspectiva feminista, focalizando o Arizona ou o Afeganistão, considerando um clube de jardinagem ou o mercado global, um sociólogo sempre tem em mente que o comportamento é moldado pela desigualdade social.

Alguns sociólogos, buscando compreender o efeito da desigualdade, acabam formando um caso de justiça social. W. E. B. Du Bois ([1940] 1968, p. 418) observou que o maior poder na Terra não é "o pensamento ou a ética, mas a riqueza". Como já vimos, as contribuições de Karl Marx, Jane Addams e Ida Wells-Barnett também abordam a desigualdade e a justiça sociais. Joe Feagin (2001) parte desses sentimentos quanto à importância avassaladora da desigualdade social em um discurso na American Sociological Association.

Ao longo deste livro vamos realçar os trabalhos dos sociólogos sobre a desigualdade social. Vários capítulos também apresentam um quadro com o tema.

Conversando sobre Raça, Gênero e Fronteiras Nacionais

Os sociólogos incluem em seu trabalho homens e mulheres, pessoas de diversas etnias, origens nacionais e religiosas. Eles buscam chegar a conclusões comuns sobre todas as pessoas – não apenas sobre os ricos ou poderosos. Nem sempre é fácil fazer isso. Os *insights* sobre como uma empresa pode aumentar seus lucros capta mais atenção e apoio financeiro do que, por exemplo, os méritos de um programa de distribuição de agulhas descartáveis para pessoas de baixa renda em cidades do interior. Mesmo assim, a sociologia hoje, mais do que nunca, busca melhorar o entendimento das experiências de todas as pessoas. No Quadro 1-2 podemos observar como o papel da mulher nos locais públicos é definido de forma diferente do papel do homem em diversas partes do mundo.

A Política Social no Mundo

Uma maneira importante de usar a imaginação sociológica é aprimorar o nosso entendimento dos atuais problemas sociais no mundo. A partir do Capítulo 2, os capítulos terminarão com uma discussão sobre um tema contemporâneo da política social. Em alguns casos, vamos abordar um assunto específico que alguns governos vêm enfrentando. Por exemplo, o apoio financeiro do governo às creches será discutido no Capítulo 4, Socialização; a política de imigração, no Capítulo 10, Desigualdade Étnica e Racial; e a religião nas escolas, no Capítulo 13, Religião e Educação. Essas seções de política social vão demonstrar como os conceitos sociológicos fundamentais podem aprimorar a nossa capacidade de pensar criticamente, e vão nos ajudar a melhorar o entendimento dos debates atuais sobre as políticas públicas que acontecem no mundo todo.

Além disso, a sociologia é usada para avaliar o sucesso de programas, o impacto de mudanças causadas por elaboradores de políticas e pelos ativistas políticos. Por exemplo, o Capítulo 9, A Estratificação nos Estados Unidos e no Mundo, inclui uma discussão sobre a eficiência e as experiências de reforma da seguridade social. Tais discussões realçam as diversas aplicações práticas da teoria e das pesquisas sociológicas.

Os sociólogos esperam que os próximos 25 anos sejam um período mais crítico e estimulante para a história da disciplina. Isso porque existe um reconhecimento crescente – nos Estados Unidos e em todo o mundo – que os problemas sociais atuais *precisam* ser tratados antes que a sua magnitude deixe as sociedades humanas perplexas. Podemos esperar que os sociólogos tenham um papel crescente no governo por meio da pesquisa e do desenvolvimento de alternativas de políticas públicas. Parece natural que este livro aborde a relação entre os trabalhos dos sociólogos e as difíceis perguntas que põem em confronto os elaboradores de políticas e as pessoas nos Estados Unidos e em todo o mundo.

Sociologia na Comunidade Global
1-2 AS MULHERES EM LOCAIS PÚBLICOS NO MUNDO

Por definição, um local público, como uma calçada ou um parque, está aberto a todas as pessoas. Mesmo alguns estabelecimentos privados, como restaurantes, pretendem estar abertos às pessoas em geral. Entretanto, os sociólogos e outros cientistas sociais descobriram que as sociedades definem o acesso a esses locais de forma diferente para homens e mulheres.

Nas sociedades do Oriente Médio, as mulheres são proibidas de freqüentar locais públicos, ficam limitadas a certos cômodos da casa. Em tais sociedades, os cafés e os mercados são considerados áreas masculinas. Algumas outras sociedades, como a malagaxe, limitam estritamente a presença das mulheres em locais públicos, embora permitam que elas pechinchem ao fazer compras nas feiras-livres. Em algumas sociedades do oeste da África, as mulheres na verdade controlam o mercado. Em vários países do Leste Europeu e na Turquia, as mulheres parecem ser livres para se movimentar nos lugares públicos, mas os cafés permanecem um local exclusivo dos homens. Isso contrasta com os cafés da América do Norte, onde homens e mulheres se misturam livremente e conversam naturalmente mesmo sem se conhecerem.

Ainda que os lugares públicos e privados dos Estados Unidos possam parecer, a um simples observador, neutros quanto a sexo, existem clubes exclusivos para os homens, e mesmo em espaços públicos as mulheres experimentam certas desigualdades. Erving Goffman, um interacionista, desenvolveu alguns estudos clássicos sobre os espaços públicos. Ele descobriu que existem lugares para interações de rotina, tal como "balcões de informação", para o caso de uma pessoa se perder e buscar ajuda. Mas a socióloga Carol Brooks Gardner fez uma crítica

> *As mulheres sabem bem que uma possível gentileza masculina em um lugar público pode facilmente favorecer indesejáveis assédios sexuais.*

feminista ao trabalho de Goffman: "Goffman raramente enfatiza o enorme medo que as mulheres podem sentir em público em relação aos homens, e muito menos a trepidação rotineira experimentada pelas minorias étnicas e raciais e por pessoas com limitações físicas" (1989, p. 45). As mulheres sabem muito bem que uma possível gentileza masculina em um lugar público pode facilmente favorecer indesejáveis assédios sexuais.

Enquanto Goffman sugere que as "cantadas" às mulheres nas ruas raramente acontecem – e que, de modo geral, não representam implicações ameaçadoras ou desagradáveis –, Gardner (1989, p. 49) conta que "especialmente para as mulheres jovens... os lugares públicos as expõem a uma constante avaliação, o que, na verdade, não são realmente 'elogios', mas sim insultos grosseiros ou vulgares se acaso essas mulheres forem desejadas pelos homens". Ela acrescenta que essas abordagens às vezes são acompanhadas por cutucões, beliscões ou mesmo tapas, que acabam revelando a hostilidade latente de muitas dessas "cantadas".

Segundo Gardner, muitas mulheres têm um medo bastante fundamentado de assédio sexual, violência e estupro, que podem ocorrer mesmo em lugares públicos. Ela conclui que "os lugares públicos são uma arena para a concretização da desigualdade na vida diária das mulheres e de muitos outros" (1989, p. 56).

Vamos Discutir

1. Em que se diferencia um café na Turquia de um café em uma cidade cosmopolita do Brasil como São Paulo? Qual poderia ser a causa dessas diferenças?
2. Você conhece alguma mulher que tenha sofrido assédio sexual em um lugar público? Como ela reagiu? O comportamento social dessa mulher mudou depois dessa experiência?

Fontes: Cheng e Liao, 1994; C. Gardner, 1989, 1990, 1995; Goffman, 1963b, 1971; Rosman e Rubel, 1994.

RECURSOS DO CAPÍTULO

Resumo

A *sociologia* é um estudo sistemático do comportamento social e dos grupos humanos. Neste capítulo abordamos a natureza das teorias sociológicas, os fundadores da disciplina, as perspectivas teóricas da sociologia contemporânea e as formas de exercitar a "imaginação sociológica".

1. A *imaginação sociológica* é a consciência da relação entre o indivíduo e a sociedade mais ampla. Baseia-se na capacidade de ver a nossa sociedade com uma pessoa de fora o faria, em vez da perspectiva das nossas experiências limitadas e dos preconceitos culturais.
2. Ao contrário das outras *ciências sociais*, a sociologia enfatiza a influência que os grupos podem ter sobre o comportamento e as atitudes das pessoas, e as maneiras pelas quais as pessoas moldam a sociedade.
3. O conhecimento que se baseia no "senso comum" não é sempre confiável. Os sociólogos devem testar e analisar cada informação que utilizam.
4. Os sociólogos empregam *teorias* para examinar as relações entre as observações ou dados que podem parecer completamente sem relação.
5. Os pensadores do século XIX que contribuíram com seus *insights* sociológicos foram: Augusto Comte, filósofo francês; Harriet Martineau, socióloga inglesa; e Herbert Spencer, erudito inglês.
6. Outras figuras importantes do desenvolvimento da sociologia foram Émile Durkheim, que realizou um trabalho pioneiro sobre suicídio; Max Weber, que postulou a necessidade da compreensão no trabalho intelectual; e Karl Marx, que enfatizou a importância da economia e do conflito social.
7. No século XX, a disciplina Sociologia foi grata aos sociólogos norte-americanos Charles Horton Cooley e Robert Merton.
8. A *Macrossociologia* se concentra nos fenômenos em larga escala, ou em civilizações inteiras, ao passo que a *Microssociologia* enfatiza o estudo dos pequenos grupos.
9. A *perspectiva funcionalista* enfatiza a maneira pela qual as partes de uma sociedade são estruturadas para manter sua estabilidade.
10. A *perspectiva do conflito* considera que o comportamento social é mais bem compreendido em relação ao conflito ou à tensão entre grupos concorrentes.
11. A *perspectiva interacionista* está basicamente preocupada com as formas fundamentais ou áreas de interação, incluindo os símbolos e os outros tipos de comunicação não-verbal.
12. Os sociólogos utilizam as três perspectivas, uma vez que cada uma delas oferece *insights* únicos sobre o mesmo assunto.
13. Este livro utiliza a imaginação sociológica mostrando a teoria na prática e a pesquisa em ação; focalizando a importância da desigualdade social; falando sobre raça, gênero e fronteiras nacionais; e enfatizando a política social em todo o mundo.

Questões de Pensamento Crítico

1. Que aspectos do ambiente social e de trabalho de um restaurante *fast-food* ofereceriam um interesse particular para a sociologia por causa da sua "imaginação sociológica"?
2. Quais são as funções manifestas e latentes de uma academia de ginástica?
3. Como um interacionista poderia estudar um lugar onde você trabalhou, ou uma organização da qual você é membro?

Termos-chave

Abordagem da dramaturgia – Uma visão da interação social onde as pessoas são vistas como atores em um palco. (p. 18)

Anomia – Perda de direção sentida em uma sociedade quando o controle social do comportamento individual se torna ineficiente. (p. 11)

Ciência – O corpo de conhecimentos obtido por métodos baseados na observação sistemática. (p. 6)

Ciências naturais – O estudo das características físicas da natureza e das maneiras pelas quais elas interagem e mudam. (p. 6)

Ciências sociais – O estudo das características sociais dos seres humanos e das formas pelas quais eles interagem e mudam. (p. 6)

Comunicação não-verbal – O envio de mensagens pelo uso de gestos, expressões faciais e posturas. (p. 17)

Desigualdade social – Uma condição na qual os membros da sociedade possuem diferentes quantidades de riqueza, prestígio ou poder. (p. 21)

Disfunção – Um elemento ou processo de uma sociedade que pode perturbar o sistema social ou reduzir sua estabilidade. (p. 15)

Função latente – Uma função inconsciente ou não-intencional que pode refletir objetivos escondidos. (p. 15)

Função manifesta – Uma função consciente, aberta e declarada. (p. 15)

Imaginação sociológica – A consciência da relação entre o indivíduo e a sociedade mais ampla. (p. 3)

Macrossociologia – Investigação sociológica que se concentra nos fenômenos em larga escala ou em civilizações inteiras. (p. 14)

Microssociologia – Investigação sociológica que enfatiza o estudo de grupos menores, com freqüência por meio de meios experimentais. (p. 14)

Perspectiva do conflito – Uma abordagem sociológica que considera ser o comportamento social mais bem compreendido em relação aos conflitos ou às tensões entre grupos concorrentes. (p. 15)

Perspectiva funcionalista – Uma abordagem sociológica que enfatiza a maneira pela qual as partes de uma sociedade são estruturadas para manter sua estabilidade. (p. 14)

Perspectiva interacionista – Uma abordagem sociológica que generaliza sobre as formas diárias de interação social para explicar a sociedade como um todo. (p. 17)

Sociologia – O estudo sistemático do comportamento social e dos grupos humanos. (p. 3)

Teoria – Em sociologia, um conjunto de afirmações que busca explicar problemas, ações ou comportamentos. (p. 8)

Tipo ideal – Um modelo para casos específicos de avaliação. (p. 12)

Verstehen – Palavra alemã para "compreensão" ou *insight*, usada para enfatizar a necessidade dos sociólogos de levar em conta o significado subjetivo que as pessoas atribuem às suas ações. (p. 11)

Visão feminista – Uma abordagem sociológica que considera a injustiça entre os sexos como ponto central de todo comportamento e organização. (p. 16)

Apêndice

CARREIRAS EM SOCIOLOGIA

Um diploma universitário em sociologia não funciona apenas como uma excelente preparação para um trabalho de pós-graduação nessa área. Significa também um valioso currículo em artes liberais para cargos iniciais em negócios, serviço social, fundações, organizações comunitárias, grupos sem fins lucrativos, trabalho policial e inúmeros tipos de cargos públicos. Várias áreas – entre elas marketing, relações públicas e rádio e TV – agora exigem capacidades investigativas e um entendimento dos diversos grupos encontrados no ambiente multinacional e multiétnico de hoje. Além disso, um diploma em sociologia exige uma boa capacidade de comunicação oral e escrita, capacidades interpessoais, solução de problemas e pensamento crítico – capacidades essas relacionadas ao trabalho que podem oferecer às pessoas formadas em sociologia uma vantagem a mais em relação àquelas com uma graduação mais técnica (Benner e Hitchcock, 1986; Billson e Huber, 1993).

Assim, enquanto poucas carreiras exigem especificamente um diploma universitário em sociologia, essa formação acadêmica pode ser um ponto importante para o primeiro emprego em muitas profissões (American Sociological Association, 1993, 2002). Para enfatizar esse aspecto, vários capítulos deste livro apresentam um profissional da vida real que descreve como o estudo da sociologia o ajudou em sua carreira. Procure nos quadros "Levando a sociologia para o trabalho".

Os números do gráfico na coluna ao lado resumem as fontes de empregos para quem tem um diploma universitário em sociologia. O gráfico mostra quais áreas em serviço social, educação, negócios e cargos públicos oferecem grandes oportunidades de carreira para os formandos em sociologia. As pessoas que estudam sociologia e que sabem exatamente em que área estão interessadas em desenvolver sua carreira devem se matricular nos cursos de sociologia e suas especialidades que melhor se adaptem aos seus interesses. Por exemplo, os estudantes que desejam se tornar planejadores na área da saúde devem fazer cursos de sociologia médica; e os estudantes que buscam trabalho como assistentes de pesquisa em ciências sociais devem focar os cursos de estatísticas e métodos. Estágios, como colocações em órgãos municipais de planejamento e organizações de pesquisa, representam outra forma de os estudantes de sociologia se prepararem para suas carreiras. Estudos mostram que os estudantes que escolhem

Campos profissionais de pessoas diplomadas em sociologia

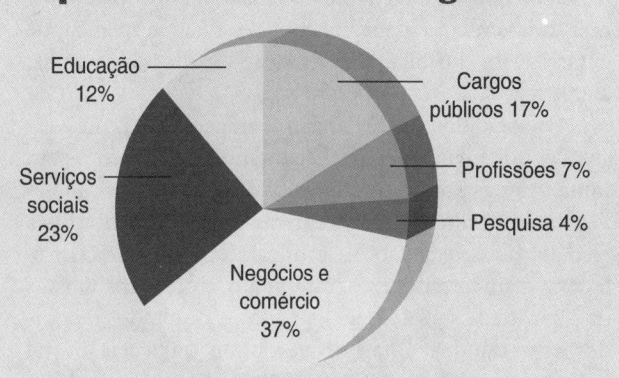

- Educação 12%
- Cargos públicos 17%
- Profissões 7%
- Pesquisa 4%
- Negócios e comércio 37%
- Serviços sociais 23%

Fonte: Schaefer, 1998b.

fazer um estágio encontram menos dificuldades para conseguir trabalho, obter empregos melhores e encontrar mais satisfação em seu trabalho do que os estudantes que não o fazem (Salem e Grabarek, 1986).

Muitos estudantes consideram serviço social o campo mais associado à sociologia. Tradicionalmente, os assistentes sociais são preparados na faculdade em sociologia e áreas associadas, tais como psicologia e aconselhamento. Depois de alguma experiência prática, os assistentes sociais geralmente buscam fazer um mestrado em serviço social para poderem se candidatar a cargos de supervisão ou administração. Hoje em dia, entretanto, alguns estudantes preferem (quando disponível) obter um diploma de graduação em serviço social. Esse diploma prepara os estudantes para cargos de serviço direto, tal como trabalhar com casos ou trabalhar com grupos.

Vários estudantes continuam seus estudos sociológicos depois do diploma universitário. Mais de 250 universidades nos Estados Unidos possuem programas de pós-graduação em sociologia e oferecem doutoramento e/ou mestrado. Esses programas são bastante diferentes quanto às áreas de especialização, pré-requisitos para o curso, preços, oportunidades de pesquisa e ensino disponíveis para alunos pós-graduados. Aproximadamente 55% dos pós-graduados são mulheres (American Sociological Association, 2004; Spalter-Roth e Lee, 2000). No Brasil, quase todas as universidades públicas, federais e estaduais, oferecem cursos de pós-graduação em Ciências Sociais que incluem mestrado ou doutorado em Sociologia, Política ou Antropologia, embora o diploma seja de pós-graduação em Ciências Sociais. Os cursos de doutorado em Ciências Sociais concentram-se no Sul e Sudeste do País, onde também se concentram os cursos oferecidos por instituições particulares de ensino superior, como as Pontifícias Universidades Católicas.

A educação universitária é uma fonte importante de trabalho para sociólogos com pós-graduação. Nos Estados Unidos, cerca de 83% das pessoas que recentemente fizeram seu doutoramento em sociologia buscam emprego em faculdades e universidades. Esses sociólogos lecionam não apenas em cursos relacionadas à sociologia, mas também em cursos voltados para a área médica, de enfermagem, jurídica, entre outras (Spalter-Roth et al., 2000).

Os sociólogos que lecionam em faculdades e universidades podem usar seu conhecimento e treinamento para influenciar as políticas públicas. Por exemplo, o sociólogo Andrew Cherlin (2003) recentemente fez comentários a respeito do debate sobre a proposição de financiamento federal para promover o casamento entre pensionistas da seguridade social. Mencionando os resultados de dois dos seus estudos, Cherlin questionou a eficácia de tal política para o reforço das famílias de baixa renda. Uma vez que muitas mães solteiras casam com um homem que não necessariamente seja o pai dos seus filhos – e muitas vezes por uma boa razão –, essas crianças em geral crescem com um padrasto ou uma madrasta. A pesquisa de Cherlin mostra que as crianças não estão em melhor situação que aquelas que crescem em famílias com um pai ou apenas com a mãe solteira. Ele vê nessa tentativa do governo de promover o casamento uma política voltada para a proteção de valores sociais tradicionais, em uma sociedade cada vez mais diversificada.

Para os pós-graduados em uma carreira acadêmica, o caminho para o doutoramento pode ser longo e difícil. Um doutorado implica competência em pesquisa original, e o candidato deve preparar um estudo do porte de um livro, desenvolvido como tese. De modo geral, uma pessoa em fase de doutoramento dedicará de quatro a sete anos de sua vida ao desenvolvimento e escrita de sua tese. Mesmo todo esse esforço, contudo, não lhe garantirá um emprego como professor de sociologia.

A boa notícia é que, nos Estados Unidos, nos próximos 10 anos, espera-se um aumento na demanda de professores universitários em razão dos altos índices de aposentadoria entre os acadêmicos da geração *babyboom*, como também se espera um crescimento lento, mas constante, da população de estudantes universitários (American Sociological Association, 2002; Huber, 1985). No Brasil, ao contrário, espera-se um grande crescimento da população universitária, graças ao ProUni (Universidade para todos), programa de integração à universidade de jovens negros, índios e de baixa renda. Mesmo assim, qualquer um que decida começar uma carreira acadêmica deve estar preparado para muitas incertezas e para uma concorrência considerável no mercado de trabalho.

Nem todos trabalham como professores de sociologia ou chegam a fazer um doutorado. Vejamos o governo, por exemplo. Os órgãos governamentais envolvidos com o Census Bureau contam com pessoas com formação em sociologia para interpretar os dados para os demais órgãos públicos e para o público em geral. Praticamente todos os órgãos dependem da pesquisa – um campo em que os estudantes de sociologia podem se especializar – para avaliar tudo, das necessidades da comunidade às questões relativas ao serviço público. Além disso, as pessoas com formação em sociologia empregam seus conhecimentos acadêmicos efetivamente nas áreas relacionadas à saúde, ao desenvolvimento da comunidade e aos serviços de lazer. Algumas pessoas que trabalham para o governo ou no setor privado têm mestrado em sociologia ou apenas diploma universitário.

Hoje em dia, aproximadamente 22% dos membros da American Sociological Association empregam seus conhecimentos em sociologia fora do mundo acadêmico, em órgãos de serviço social ou ocupando cargos na área de marketing em empresas privadas. Um número crescente de sociólogos com pós-graduação trabalha nas áreas de negócios, nas indústrias, em hospitais e organizações sem fins lucrativos. Estudos mostram que muitas pessoas pósgraduadas estão redirecionando suas carreiras da área do serviço social para a de negócios e comércio. Com um diploma universitário, a sociologia representa uma excelente preparação para cargos nas mais diversas áreas comerciais (American Sociological Association, 2001). No Brasil, tal como nos Estados Unidos, há trabalho para sociólogos, doutores ou não, nas mais diferentes áreas da vida econômica e não apenas no magistério de nível superior ou nos institutos de pesquisa, como IBGE (Instituto Brasileiro de Geografia e Estatística), Fundação Seade, Dieese (Departamento de Estudos Socioeconômicos) etc. Cada vez mais, são contratados sociólogos nas empresas privadas e nas organizações não-governamentais (ONGs).

Se você fez algum curso de sociologia ou chegou a se formar na área, irá se beneficiar das capacidades do pensamento crítico desenvolvidas nesta disciplina. Os sociólogos se reconhecem capazes de analisar, interpretar e funcionar dentro de diversas situações de trabalho, o que é uma vantagem em qualquer carreira. Além disso, por causa da rápida mudança tecnológica e da economia global em expansão, todos nós vamos precisar nos adaptar a uma substancial mudança social, mesmo em nossas próprias carreiras. A sociologia fornece uma rica estrutura conceitual que pode funcionar como base para o desenvolvimento flexível de uma carreira, e pode ajudar você a tirar vantagem de novas oportunidades de trabalho (American Sociological Association, 1995, 2002).

capítulo

PESQUISA SOCIOLÓGICA

2

Os dados que os cientistas sociais coletam normalmente confirmam o que as pessoas pensam, mas às vezes – como sugere este *outdoor* de 1992 – eles nos surpreendem. Hoje, o percentual de lares nos Estados Unidos com dois filhos, um pai que trabalha fora e uma mãe dona-de-casa permanece relativamente o mesmo.

O que é método científico?

Os projetos de pesquisa mais importantes

Ética da pesquisa

Tecnologia e pesquisa sociológica

Política social e pesquisa sociológica: Estudando a sexualidade humana

Quadros
PESQUISA EM AÇÃO: Pesquisa em Bagdá
SOCIOLOGIA NO CAMPUS: Estudar muito resulta em melhores notas?
LEVANDO A SOCIOLOGIA PARA O TRABALHO: Dave Eberbach, coordenador de pesquisa, United Way of Central Iowa

Visto que as interações públicas geralmente se dão por apenas alguns segundos, as pessoas estão condicionadas a dar pouca atenção aos olhares, às conversas, ao comportamento público, ao sexo ou à cor daqueles que compartilham o mesmo ambiente... A estratégia central de segurança nas ruas é evitar a proximidade de homens negros estranhos...

Muitos homens negros percebem a tensão dos brancos em público. Eles estão atentos ao contato visual destes. Em geral, os homens negros são menos olhados que os homens brancos. Os brancos tendem a não manter "contato" visual com uma pessoa negra. É bem comum negros e brancos estranhos buscarem os olhos uns dos outros por apenas alguns segundos, e depois mudarem abruptamente a direção do olhar. Tal comportamento parece dizer "Estou consciente da sua presença", e nada mais. As mulheres em especial sentem que o contato visual suscita situações indesejáveis, mas alguns homens brancos sentem o mesmo e querem, com isso, deixar clara a sua intenção. Esse olhar é uma maneira de estabelecer distância, particularmente com finalidades sociais e de segurança. Assim, muitos negros se surpreendem ao encontrar uma pessoa branca que os encare mais do que o normal, de acordo com as regras no espaço público. Como disse uma mulher branca de meia-idade:

Hoje cedo vi um homem [negro] quando fui à venda do Sr. Chow para comprar leite, às 7h15. A gente sempre cumprimenta as pessoas que encontra na rua pela manhã, olha para elas e sorri. E ele disse "Olá" ou "Bom-dia", ou qualquer coisa assim. Sorri novamente. Ele ficou visivelmente surpreso com aquilo...

Muitas pessoas, em especial aquelas que se acham mais privilegiadas economicamente do que as outras na comunidade, são cuidadosas e não deixam o olhar vagando, para evitar uma situação desconfortável. Se estão andando na rua, fingem que não vêem os outros pedestres, olhando diretamente para a frente sem falar, um comportamento que muitos negros consideram ofensivo...

Além disso, os brancos no Village normalmente trazem no rosto uma expressão de irritação ou desconforto que visa manter os jovens negros a uma distância física e social. Quando eles se aventuram para fora das ruas do Village, e com menor freqüência para além da Northton, levam esse olhar no rosto para isolar aqueles que poderiam lhes fazer mal. Essa expressão facial de desconforto dos brancos pode ser comparada à estratégia dos negros de assumirem uma expressão facial de desafio para enfrentar a situação (fazendo cara de "durões"). Às vezes, independentemente do grupo a que pertencem, essas pessoas assumem uma expressão que não tem nada a ver com as circunstâncias, como se estivessem se preparando para um clima ruim. Mas nas ruas do Village nem sempre o clima é tão ruim, e se essas "capas" protegem do sol, podem também proteger da chuva, frustrando, assim, muitas tentativas de comunicação humana espontânea *(Anderson, 1990, p. 208 e 220–221).* ■

Este estudo sobre as "atividades do olho" fez parte de uma extensa pesquisa sobre a vida nas ruas, que o sociólogo Elijah Anderson desenvolveu em dois bairros adjacentes da Filadélfia – "Village", uma região racialmente misturada, habitada por pessoas com diferentes condições financeiras, e "Northton", uma vizinhança negra de baixa renda. Anderson ficou intrigado com a natureza da interação social entre estranhos nas ruas logo que se mudou para a comunidade do Village, em 1975. Durante 14 anos ele desenvolveu um estudo formal. Usando a perspectiva interacionista, estudou como um grupo tão diverso de pessoas se relacionava na vida diária. Seu interesse maior se voltava para o "comportamento público", incluindo a maneira como as pessoas articulavam o contato visual nos seus encontros diários.

Como todo bom cientista, Anderson foi cuidadoso em sua pesquisa. Entrevistou os moradores, filmou cenas nas ruas, tomou notas, fotografou locais e perambulou por várias horas cada vez que ia aos bares locais, às lavanderias automáticas e lojas em geral durante a sua observação. Como negro, Anderson foi capaz de se basear em suas próprias experiências com os brancos no seu bairro. Ele acompanhou sistematicamente como as mudanças sociais – incluindo a chegada de novos moradores de maior poder aquisitivo a áreas anteriormente de baixa renda, o crescente uso de drogas e aumento da criminalidade e a decadência dos serviços públicos – afetaram as relações sociais e as maneiras como as pessoas negociavam os espaços públicos. Três dos seus livros, *A Place on the corner* (1978), *Streetwise* (1990) e *Code of the Streets* (1999) resultaram dessa pesquisa, e Anderson espera que outros pesquisadores façam uso do seu banco de dados em seus próprios estudos.

A pesquisa sociológica eficiente pode desencadear muitas idéias. Pode sugerir várias perguntas novas sobre as interações sociais e exigir mais estudos como: por que fazemos suposições sobre as intenções de uma pessoa baseados simplesmente no seu sexo, idade e raça? Em alguns casos, em vez de levantar mais perguntas, um estudo simplesmente confirma crenças e descobertas anteriores. A pesquisa sociológica também pode ter aplicações práticas. Por exemplo, resultados de pesquisa que não confirmam crenças aceitas sobre o casamento e a família podem provocar mudanças na política pública.

Este capítulo examinará o processo de pesquisa usado para o desenvolvimento de estudos sociológicos. Como os sociólogos estabelecem um projeto de pesquisa? Como podem garantir que os resultados da pesquisa sejam confiáveis e precisos? Os sociólogos conseguem desenvolver seus estudos sem violar os direitos daqueles que são objetos de estudo?

Observaremos primeiro os passos que compõem o método científico usado em pesquisa. Depois, vamos dar uma olhada em várias técnicas geralmente usadas na pesquisa sociológica, tais como experiências, observações e questionários. Vamos prestar especial atenção ao desafio ético que os sociólogos enfrentam ao estudar o comportamento humano, e ao debate levantado pela exigência de Max Weber de "neutralidade axiológica" nas pesquisas das ciências sociais. Vamos também examinar o papel que a tecnologia desempenha na pesquisa hoje. A seção de política social considera as dificuldades de pesquisar o tema controverso da sexualidade humana.

Qualquer que seja a área da questão sociológica e a perspectiva dos sociólogos – funcionalista, teórico do conflito ou interacionista –, existe um requisito crucial: uma pesquisa tem que ser responsável, criativa e observar os mais altos padrões éticos e científicos. ■

O QUE É MÉTODO CIENTÍFICO?

Como todos nós, os sociólogos estão interessados nas perguntas mais importantes do nosso tempo. A família está se dissolvendo? Por que há tantos crimes em países como Estados Unidos e Brasil? O mundo não está conseguindo alimentar sua população cada vez maior? Esses problemas preocupam a maioria das pessoas, diplomadas ou não. Entretanto, diferente de um cidadão comum, o sociólogo tem o compromisso de usar o ***método científico*** para estudar a sociedade. O método científico é uma série organizada e sistemática de passos que garante a máxima objetividade e uniformidade à pesquisa de um problema.

Muitos de nós jamais faremos uma pesquisa científica. Então, por que é importante entender o método científico? A resposta é que o método desempenha um papel importante nas operações da nossa sociedade. Constantemente somos bombardeados com "fatos" ou "dados". Os noticiários de TV informam que "de cada dois casamentos no país, um termina em divórcio"; no Capítulo 12, contudo, mostraremos que essa suposição se baseia em estatísticas enganosas. Quase todos os dias anunciantes citam supostos estudos científicos para provar que seus produtos são superiores aos demais. Essas informações, contudo, podem ser precisas ou exageradas. Poderemos avaliá-las melhor – e não seremos enganados

FIGURA 2-1

O Método Científico

```
         ┌─────────────────────────────────────┐
         ▼                                     │
  Definição do problema                        │
         │                                     │
         ▼                                     │
  Revisão da literatura                        │
         │                                     │
         ▼                                     │
  Formulação de uma hipótese que possa ser testada
         │                                     │
         ▼                                     │
  Escolha de um tipo de pesquisa               │
  Coleta e análise dos dados                   │
    ┌────┬──────┬────────┬──────┐              │
    ▼    ▼      ▼        ▼      ▼              │
Questionário Observação Experimento Fontes existentes
                │                              │
                ▼                              │
  Desenvolvimento da conclusão                 │
                    │                          │
                    ▼                          │
              Idéias para ────────────────────┘
              outras pesquisas
```

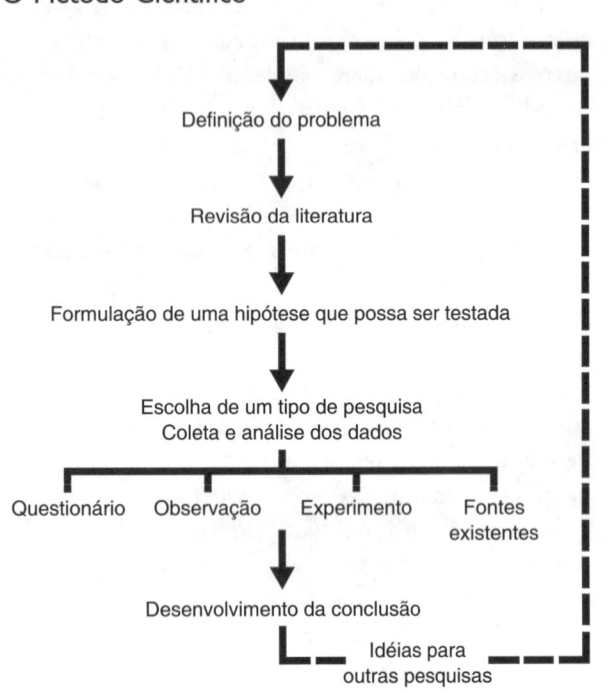

O método científico permite aos sociólogos avaliar objetiva e logicamente os dados que eles coletam. Suas descobertas podem sugerir idéias para pesquisas sociológicas futuras.

tão facilmente – se estivermos familiarizados com os padrões da pesquisa científica, os quais são bastante rígidos e exigem a maior adesão possível.

O método científico exige uma preparação rigorosa para o desenvolvimento de uma pesquisa útil. Se não for assim, os dados coletados da pesquisa podem não ser precisos. Os sociólogos e outros pesquisadores seguem os cinco passos básicos do método científico: 1. definição do problema; 2. revisão da literatura; 3. formulação da hipótese; 4. seleção do tipo de pesquisa e posterior coleta e análise de dados; e 5. desenvolvimento da conclusão (ver Figura 2-1). Vamos usar um exemplo real para ilustrar o funcionamento do método científico.

Definição do Problema

Vale a pena "fazer" faculdade? Algumas pessoas fazem grandes sacrifícios e trabalham muito para poder entrar em uma faculdade. Pais pedem dinheiro emprestado para pagar as mensalidades dos filhos. Estudantes arranjam empregos de meio período, ou mesmo de período integral e vão à escola à noite, ou freqüentam aulas nos finais de semana. Tudo isso vale a pena? Existe um retorno financeiro desse diploma?

O primeiro passo em qualquer projeto de pesquisa é afirmar, o mais claramente possível, o que você espera investigar – ou seja, a *definição* do *problema*. Nesse caso, estamos interessados em saber como a escolaridade se relaciona com a renda. Queremos descobrir os ganhos de pessoas com diferentes níveis de educação formal. Para começar, um pesquisador de ciências sociais deve desenvolver uma definição operacional de cada conceito a ser estudado. Uma **definição operacional** é a explicação de um conceito abstrato que seja suficientemente específico para permitir que um pesquisador avalie aquele conceito. Por exemplo, um sociólogo interessado em *status* social deverá usar a associação a clubes *privés* como uma definição operacional de *status*. Alguém que estude o preconceito deverá considerar a resistência de uma pessoa em contratar ou trabalhar com membros de grupos de minorias como uma definição operacional de preconceito. No nosso exemplo, precisamos desenvolver duas definições operacionais – educação e rendimentos – para estudar se vale a pena obter um diploma superior. Vamos definir educação como um determinado número de anos de escolaridade que uma pessoa tem, e rendimentos como a renda que uma pessoa declara ter recebido no ano anterior.

Inicialmente, abordaremos o assunto da perspectiva funcionalista (embora possamos terminar por incorporar outras abordagens). Questionaremos se as oportunidades

Seria razoável considerar que esses formandos da Columbia University vão ganhar mais do que formandos de nível médio. Mas como você testaria essa hipótese?

de ganhar mais estão relacionadas ao nível de escolaridade e se as escolas preparam os estudantes para o trabalho.

Revisão da Literatura

Ao fazer uma *revisão da literatura* – estudos e informações escolares mais significativos –, os pesquisadores refinam o problema que está sendo estudado, esclarecem as técnicas que podem ser usadas na coleta de dados e eliminam ou reduzem os problemas que podem ser evitados. Em nosso exemplo, examinaríamos informações sobre os salários em diferentes ocupações. Observaríamos se os empregos que exigem formação superior são mais bem pagos. Também seria adequado revisar outros estudos sobre a relação entre educação e renda.

A revisão da literatura logo nos mostraria que muitos outros fatores, além dos anos de escolaridade, influenciam o potencial dos rendimentos. Por exemplo, veríamos que os filhos de pais ricos tendem a freqüentar mais a faculdade do que aqueles de origem mais modesta, e então poderíamos considerar a possibilidade de que esses mesmos pais poderiam ajudar seus filhos a garantir empregos que pagam melhor.

Poderíamos também observar dados em nível macro, tais como comparações dos níveis de renda e educação nos diferentes estados. Em um estudo de nível macro, baseado nos dados do censo, pesquisadores descobriram que nos estados em que os moradores tinham um nível relativamente alto de educação, os níveis de renda também eram altos (ver Figura 2-2). Essa descoberta sugere que a escolaridade pode muito bem estar relacionada à renda, embora ela não mostre a relação em nível micro à qual estamos interessados. Ou seja, queremos saber se os *indivíduos* que têm mais escolaridade são também os mais bem pagos.

Formulação da Hipótese

Depois de revisar pesquisas anteriores e baseando-se nas contribuições dos teóricos da sociologia, os pesquisadores podem então *formular uma hipótese*. A **hipótese** é uma afirmação especulativa sobre a relação entre dois ou mais fatores conhecidos como variáveis. A renda, a religião, a ocupação e o sexo podem servir como variáveis em um estudo. Pode-se definir uma **variável** como uma característica mensurável que está sujeita a mudanças sob diferentes condições.

Os pesquisadores que formulam hipóteses geralmente devem sugerir como um aspecto do comportamento humano influencia ou afeta os demais. A variável na hipótese que deverá causar ou influenciar outra variável é denominada **variável independente**. A segunda variável é chamada de **variável dependente**, porque sua ação "depende" da influência da variável independente.

A nossa hipótese é que, quanto mais alto o grau de escolaridade de uma pessoa, mais dinheiro ela ganhará. A variável independente a ser medida é o nível de escolaridade. A variável considerada "dependente" dela – renda – também deve ser medida.

A identificação das variáveis dependentes e independentes é um passo crítico na explicação das relações de causa e efeito. Como mostrado na Figura 2-3, a **lógica causal** envolve a relação entre uma condição ou variável e uma determinada conseqüência, em que um evento leva a outro. Por exemplo, o fato de uma pessoa estar menos integrada na sociedade pode estar diretamente relacionado ou gerar maior probabilidade de suicídio. Da mesma forma, o tempo que os estudantes gastam revisando a matéria para um teste pode estar diretamente relacionado ou gerar maior probabilidade de produzir notas altas no teste.

A **correlação** existe quando uma mudança em uma variável coincide com uma mudança na outra. As correlações são uma indicação de que *pode* existir causalidade; elas não necessariamente indicam causa. Por exemplo, dados indicam que mães que trabalham fora têm maior probabilidade mais a ter filhos delinqüentes do que aquelas que não trabalham fora. Essa correlação é causada na realidade por uma terceira variável: a renda familiar. Os lares de baixa renda têm maior probabilidade mães que trabalham período integral; ao mesmo tempo, as taxas de delinqüência informadas são mais altas nessa classe do que nos outros níveis econômicos. Conseqüentemente, o fato de a mãe trabalhar fora do lar está relacionado à delinqüência, mas ele não *causa* a delinqüência. Os sociólogos buscam identificar o vínculo *causal*; esse vínculo causal é geralmente descrito na hipótese.

Coleta e Análise de Dados

Como testar uma hipótese para determinar se ela deve ser aceita ou rejeitada? Você precisa coletar informações usando uma das formas de pesquisa descritas a seguir neste capítulo, uma vez que ela orienta o pesquisador na coleta e análise dos dados.

Seleção da Amostra

Na maioria dos estudos, os cientistas sociais devem escolher cuidadosamente o que se chama de amostra. Uma **amostra** é uma seleção feita de uma população maior, que é estatisticamente representativa daquela população. Existem muitos tipos de amostras, mas os cientistas sociais usam com maior freqüência a amostra aleatória. Em uma **amostra aleatória**, todos os membros da população em estudo têm a mesma chance de serem selecionados. Assim, se os pesquisadores quiserem examinar as opiniões das pessoas na lista telefônica de assinantes de uma cidade (uma lista que, diferente dos guias de endereços comerciais, fornece todos os telefones residenciais), poderão usar um computador para selecionar aleatoriamente os nomes dessa lista. Os resultados seriam uma amostra aleatória. A vantagem de usar técnicas especializadas de

FIGURA 2-2

Nível Educacional e Renda Familiar NOS ESTADOS UNIDOS

Mapeando a Vida NOS ESTADOS UNIDOS

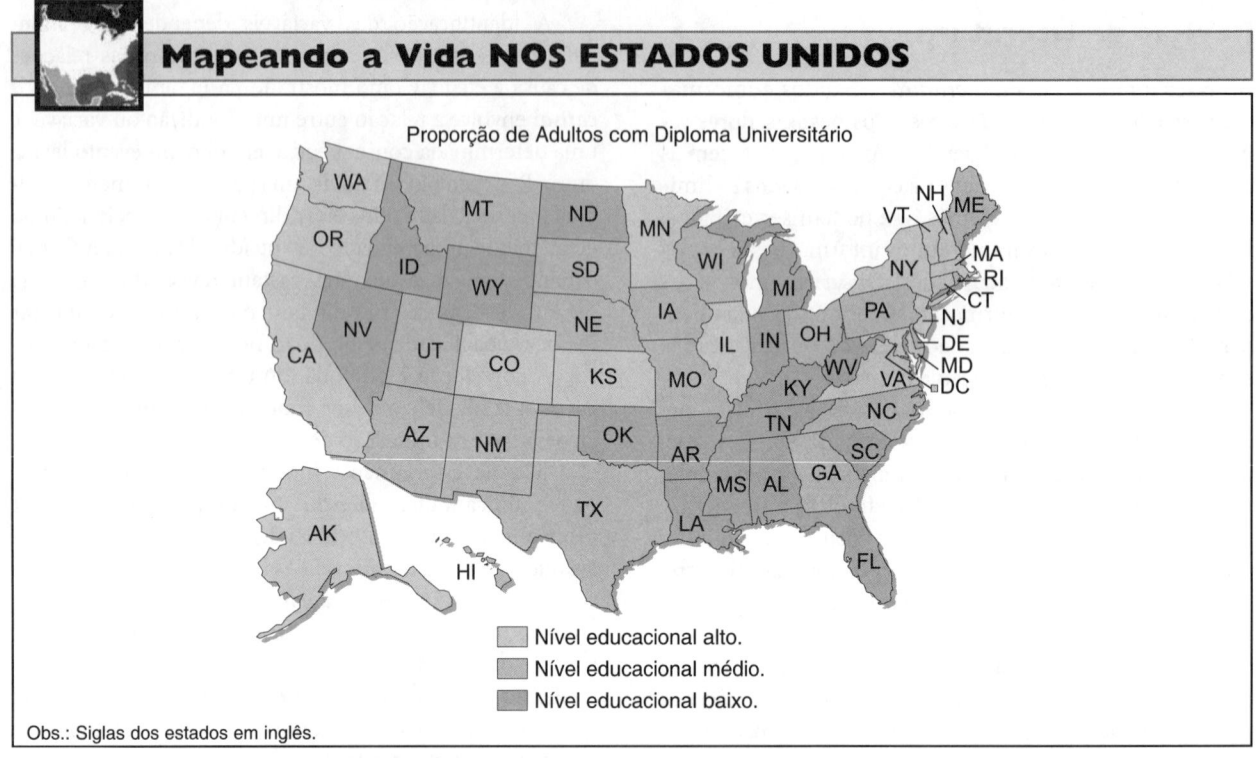

Proporção de Adultos com Diploma Universitário

- Nível educacional alto.
- Nível educacional médio.
- Nível educacional baixo.

Obs.: Siglas dos estados em inglês.

Obs.: Estas figuras estão disponíveis, coloridas, na página do livro, no site da Editora: *www.mcgraw-hill.com.br*.

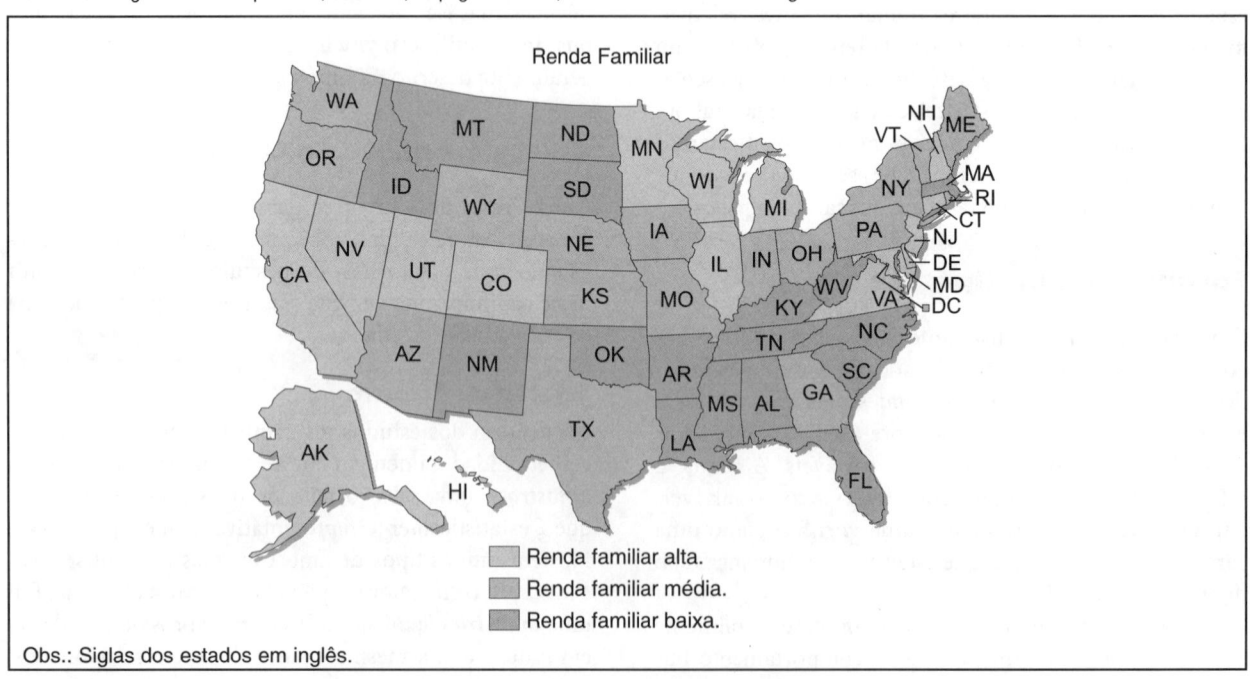

Renda Familiar

- Renda familiar alta.
- Renda familiar média.
- Renda familiar baixa.

Obs.: Siglas dos estados em inglês.

Em geral, os estados com níveis educacionais altos (topo) também têm renda familiar alta (embaixo).

Obs.: Os dados sobre educação referem-se a 2000. Os limites fixados para os níveis educacionais alto/médio e médio/baixo foram de 27% e 23% da população com diploma universitário, respectivamente; a média do país inteiro foi de 25,6%. Os dados sobre a renda são as médias nos dois anos 2000–2001. Os limites fixados para os níveis de renda familiar alto/médio e médio/baixo foram de US$ 44.000 e US$ 39.000, respectivamente; a renda média familiar nacional foi de US$ 42.695.

Fontes: Bureau of the Census, 2002a, p. 141; DeNavas-Walt e Cleveland, 2002, p. 11.

FIGURA 2-3

Lógica Causal

Variável independente		Variável dependente
x	→	y
Nível de grau educacional	→	Nível de renda
Grau de falta de integração social	→	Probabilidade de suicídio
Freqüência dos pais à igreja	→	Freqüência dos filhos à igreja
Tempo gasto preparando-se para um teste	→	Desempenho no teste
Renda dos pais	→	Pobabilidade de os filhos cursarem uma faculdade

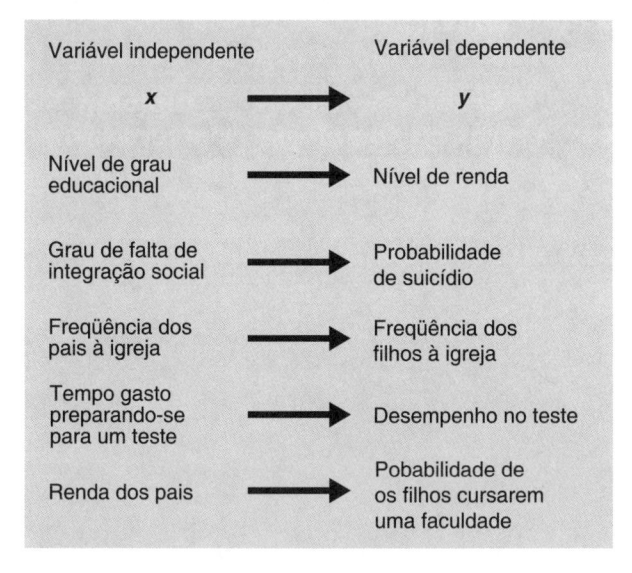

Na *lógica causal* uma variável independente (em geral designada por um símbolo x) influencia uma variável dependente (em geral chamada de y); assim, x leva a y. Por exemplo, pais que vão à igreja regularmente (x) têm maior probabilidade de ter filhos que também vão à igreja (y). Observe que os dois primeiros pares de variáveis foram extraídos de estudos já descritos neste livro.

Pense nisto
Identifique duas ou três variáveis dependentes que podem ser influenciadas por essa variável independente: o número de drinques alcoólicos ingeridos.

amostragem é que os sociólogos não precisam fazer perguntas a todos os indivíduos de uma população.

É fácil também confundir as técnicas científicas cuidadosas usadas na amostragem representativa com diversas pesquisas *não-científicas* que recebem muito mais atenção da mídia. Por exemplo, telespectadores e ouvintes de rádio são incentivados a mandar suas opiniões sobre as manchetes dos jornais ou sobre eventos políticos. Tais pesquisas não refletem nada mais do que a visão daqueles que por acaso assistiam àquele programa de televisão (ou programa de rádio) e gastaram algum tempo, e talvez até algum dinheiro, para registrar a sua opinião. Esses dados não refletem necessariamente (e podem realmente distorcer) a visão da população como um todo. Nem todos têm acesso à televisão ou ao rádio, nem tempo para assistir ou ouvir programas, ou meios ou inclinação para enviar e-mails. Problemas semelhantes são causados por questionários que as pessoas devem devolver pelo correio, encontrados em diversas revistas, e aqueles aplicados por "pesquisadores de *shopping center*", que pedem às pessoas que falem sobre algum assunto. Mesmo quando essas técnicas incluam respostas de centenas de milhares de pessoas, elas serão bem menos precisas do que uma amostra representativa cuidadosamente selecionada de 1.500 participantes.

Para os objetivos da nossa pesquisa-exemplo, vamos usar as informações coletadas pelo GSS – General Social Survey. A partir de 1972, o NORC – National Opinion Research Center (Centro Nacional de Pesquisa de Opinião) fez essa pesquisa nacional 23 vezes, a última em 2002. Nessa pesquisa, uma amostra representativa da população adulta foi entrevistada sobre diversos tópicos durante uma hora e meia. O autor deste livro examinou as respostas de 1.875 pessoas entrevistadas em 2002 sobre o seu nível de educação e de renda.

Garantia de Validade e Confiabilidade

O método científico exige que os resultados de uma pesquisa sejam válidos e confiáveis. A **validade** se refere ao grau em que uma medida ou escala reflete realmente o fenômeno em estudo. Uma medida válida de renda depende da coleta de dados precisos. Vários estudos mostram que as pessoas são razoavelmente precisas quando informam quanto ganharam no último ano. A **confiabilidade** refere-se a até que ponto uma medida produz resultados consistentes. Um problema da confiabilidade é que algumas

"And don't waste your time canvassing the whole building young man. We think alike."

Ao desenvolver um estudo, o pesquisador deverá cruzar cuidadosamente os dados representativos em geral da população.

Tabela 2-1 Educação e Renda

Renda por Educação
(Porcentagem de Pessoas Formadas em cada Grupo de Renda)

Grupo de Renda	Sem Nível Médio	Nível Médio	Técnico	Graduação em Letras ou Sociologia	Diploma Universitário
Abaixo de US$ 15.000	50%	31%	11%	17%	11%
US$ 15.000–US$ 24.999	25	22	18	12	8
US$ 25.000–US$ 34.999	14	26	32	22	17
US$ 35.000–US$ 59.999	7	15	18	23	25
US$ 60.000 ou mais	4	6	21	26	39
Total	100%	100%	100%	100%	100%

Obs.: N = 1.875.
Fonte: Análise do autor do General Social Survey, 2002, in J. A. Davis et al., 2003.

pessoas podem não revelar informações precisas, mas a maioria o faz. No GSS apenas 5% dos participantes recusaram-se a informar a sua renda, ou indicaram que não sabiam quanto ganhavam. Isso significa que 95% dos participantes informaram sua renda, o que podemos assumir como razoavelmente preciso (considerando suas respostas sobre ocupação e anos de trabalho).

Desenvolvimento da Conclusão

Estudos científicos, incluindo os desenvolvidos por sociólogos, não pretendem responder a todas as perguntas que podem ser levantadas sobre um determinado assunto. Portanto, a conclusão de um estudo de pesquisa representa tanto um fim quanto um começo. Ela encerra uma fase específica da investigação, mas também deverá gerar idéias para futuros estudos.

Hipóteses Sustentadas

Em nosso exemplo, descobrimos que os dados sustentam nossa hipótese: as pessoas com mais educação formal ganham mais do que as outras. Pessoas com nível médio completo ganham mais do que aquelas que não terminaram esse nível de ensino, mas aquelas com um diploma técnico ganham mais do que as que completaram o nível médio. A relação continua em níveis mais avançados de escolaridade, de forma que as pessoas com graduação são as que ganham mais (ver Tabela 2-1).

A relação não é perfeita. Algumas pessoas que abandonam o nível médio acabam por ter uma renda alta, ao passo que outras com graus mais avançados têm rendas mais modestas, conforme mostra a Figura 2-4. Um empresário bem-sucedido, por exemplo, pode não ter muita educação formal, ao passo que uma pessoa com um doutorado pode resolver trabalhar em uma instituição sem fins lucrativos por um salário bem baixo. Os sociólogos estão interessados tanto no padrão geral que emerge dos seus dados quanto nas suas exceções.

Os estudos sociológicos nem sempre geram dados que sustentam a hipótese original. Em vários casos, uma hipótese é refutada, e os pesquisadores precisam reformular suas conclusões. Resultados inesperados também podem levar os sociólogos a reexaminarem sua metodologia e fazerem mudanças no tipo de pesquisa.

Controle de Outros Fatores

Uma *variável de controle* é um fator mantido constante para testar o impacto relativo de uma variável independente. Por exemplo, se os pesquisadores quiserem saber como os adultos nos Estados Unidos se sentem sobre as restrições de fumar em locais públicos, provavelmente deverão tentar usar o comportamento de um fumante como uma variável de controle. Ou seja, como fumantes *versus* não-fumantes se sentem sobre fumar em locais públicos? Os pesquisadores teriam que compilar dados estatísticos separados sobre como fumantes e não-fumantes se sentem em relação às leis antitabagismo.

Nosso estudo da influência da educação sobre a renda sugere que todos não têm as mesmas oportunidades de estudar, uma disparidade que constitui uma das causas da desigualdade social. Uma vez que a educação afeta a renda da pessoa, podemos nos basear na perspectiva do conflito para ir mais fundo nesse tópico. Que impacto tem a raça ou o sexo de uma pessoa? Uma mulher com nível universitário tende a ganhar o mesmo que um homem com o mesmo nível de escolaridade? Adiante, neste livro, vamos considerar esses outros fatores e variáveis. Ou seja, vamos examinar o impacto que

Doonesbury
BY GARRY TRUDEAU

Painel 1: ...AND A NATIONAL SURVEY, COMMISSIONED ESPECIALLY FOR THE TOBACCO INDUSTRY, FOUND THAT A MAJORITY OF AMERICANS DO **NOT** SUPPORT MORE RESTRICTIVE ANTI-SMOKING MEASURES!

Painel 2: YOU'VE BEEN LISTENING TO THE BASSO PROFUNDO OF DEAR OLD DAD, RECENTLY ANOINTED COMMUNICATIONS DIRECTOR FOR THE R.J. REYNOLDS COMPANY!

Painel 3: YOU KNOW, DAD, THIS POLL CONTRADICTS EVERY OTHER SURVEY IN RECENT YEARS. MIND IF I TAKE A LOOK? / BE MY GUEST!

Painel 4: "DO YOU FAVOR GESTAPO-STYLE POLICE TACTICS TO PREVENT SMOKING IN PUBLIC?" / OH, SURE, WE COULD QUIBBLE OVER WORDING...

Pense nisto
Como formularíamos uma pergunta menos preconceituosa para uma pesquisa sobre o fumo?

---

a escolaridade tem sobre a renda quando controlamos variáveis como gênero e raça.

Resumindo: O Método Científico

Vamos resumir de uma forma breve o processo do método científico por meio de uma revisão do exemplo. Nós *definimos um problema* (se vale a pena ter um diploma universitário), *revisamos a literatura* (outros estudos da relação entre educação e renda) e *formulamos uma hipótese* (quanto maior o nível educacional de uma pessoa, mais dinheiro ela vai ganhar), *coletamos e analisamos os dados*, garantindo que a amostra fosse representativa e os dados, válidos e confiáveis. Finalmente, *desenvolvemos a conclusão*: os dados realmente sustentam a nossa hipótese da influência da escolaridade sobre a renda.

OS PROJETOS DE PESQUISA MAIS IMPORTANTES

Um aspecto importante da pesquisa sociológica é decidir como coletar dados. O **projeto de pesquisa** é um plano ou método detalhado para a obtenção de dados de uma maneira científica. A seleção do tipo de pesquisa geralmente se baseia nas teorias e hipóteses iniciais do pesquisador (Merton, 1948). A escolha exige criatividade e engenho, porque ela influencia diretamente tanto o custo do projeto, quanto o tempo necessário para coletar os dados. Os tipos de pesquisa que os sociólogos geralmente usam para gerar dados incluem levantamentos, observação, experiências e fontes existentes.

Levantamentos

Quase todos nós já respondemos a algum tipo de levantamento. As perguntas podem ter sido sobre que tipo de detergente preferimos, em

FIGURA 2-4

Impacto do Nível Universitário sobre a Renda

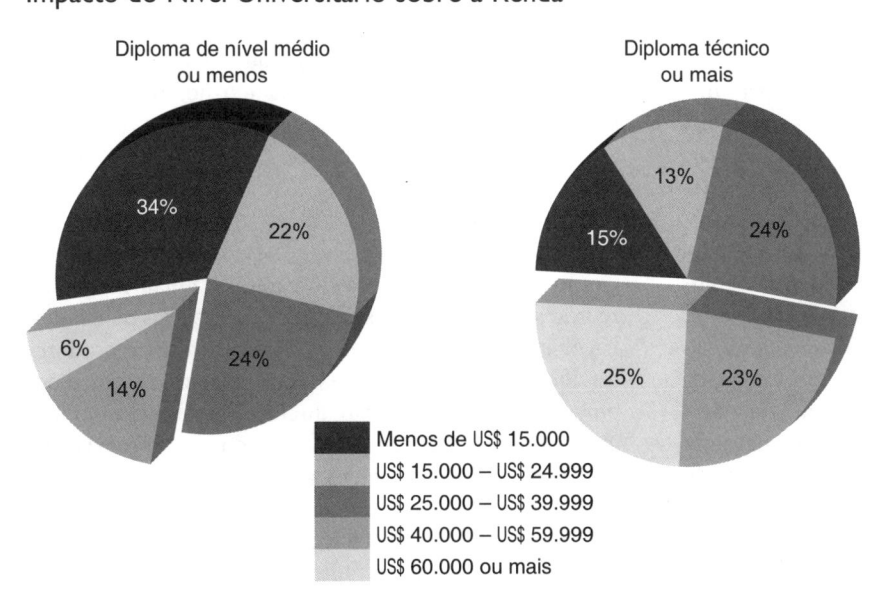

Diploma de nível médio ou menos: 34%, 22%, 24%, 14%, 6%

Diploma técnico ou mais: 13%, 24%, 23%, 25%, 15%

- Menos de US$ 15.000
- US$ 15.000 – US$ 24.999
- US$ 25.000 – US$ 39.999
- US$ 40.000 – US$ 59.999
- US$ 60.000 ou mais

Fonte: Análise do autor do General Social Survey, 2002, in J. A. Davis et al., 2003.

56% das pessoas com um diploma do nível médio ou menos (esquerda) ganham menos de US$ 25.000 por ano, enquanto apenas 20% ganham US$ 40.000 ou mais. Inversamente, 48% das pessoas com um diploma técnico ou mais (direita) ganham US$ 40.000 ou mais, enquanto apenas 28% ganham menos de US$ 25.000.

qual candidato à presidência pretendemos votar, ou qual é o nosso programa de televisão favorito. Um **levantamento** é um estudo, geralmente na forma de entrevista ou questionário, que fornece aos pesquisadores informações sobre como as pessoas pensam e agem. Entre as pesquisas de opinião mais conhecidos dos Estados Unidos estão o Gallup e a Harris. No Brasil, os institutos de pesquisa de opinião mais renomados são o IBOPE, o Data Folha, o Gallup, o Census/CNI, muito conhecidos sobretudo por ocasião das eleições quando divulgam as intenções de voto. Como todo mundo que assiste às notícias em períodos de campanha presidencial sabe, essas pesquisas entre os eleitores se tornaram uma área fundamental da vida política.

Quando pensamos em pesquisa, lembramos de já termos visto entrevistas de "pessoas na rua" no noticiário da televisão. Embora tais entrevistas possam ser bastante interessantes, elas não são necessariamente uma indicação precisa da opinião pública. Primeiro, porque refletem as opiniões apenas daquelas pessoas que por acaso se encontravam em determinados lugares. Essa amostra pode ser tendenciosa e favorecer as pessoas que voltam do trabalho para casa ou vice-versa, consumidores da classe média, ou trabalhadores de fábrica, dependendo da rua ou da área que o pessoal da reportagem selecionou. Segundo, porque as entrevistas na televisão tendem a atrair pessoas exibidas, que querem aparecer na televisão, ao mesmo tempo que assustam outras pessoas que se sentem intimidadas por uma câmera. Como já vimos, um levantamento deve se basear em uma amostragem representativa e precisa, se desejarmos que reflita corretamente uma ampla faixa da população.

Ao se preparar para fazer um levantamento, os sociólogos devem não apenas desenvolver amostras representativas; eles precisam ser muito cuidadosos na formulação das perguntas. Para ser eficiente, a pergunta deve ser simples e clara para que as pessoas a entendam. Ela também precisa ser específica para que não haja problemas na interpretação dos resultados. Perguntas em aberto ("O que você acha da programação da TV educativa?") devem ser formuladas cuidadosamente para solicitar o tipo de informação desejada. Os levantamentos podem ser uma fonte de informações indispensáveis, mas apenas se a amostragem for feita de modo adequado, e as questões forem formuladas com precisão e sem nenhuma tendência. O Quadro 2-1 (seção Pesquisa em Ação) descreve os desafios especiais enfrentados em uma pesquisa de opinião pública no Iraque, feita depois da derrota do regime de Saddam Hussein em 2003.

Existem duas formas principais de levantamento: a *entrevista*, na qual o pesquisador obtém informações pessoalmente ou por meio de perguntas feitas pelo telefone, e o **questionário,** no qual o pesquisador usa um formulário escrito ou impresso para obter informações dos participantes. As duas formas têm suas vantagens particulares. Um entrevistador pode obter uma taxa de resposta mais alta porque as pessoas acham mais difícil recusar um pedido pessoal para uma entrevista do que jogar fora um questionário escrito. Além disso, um entrevistador habilidoso pode ir além das perguntas escritas e sondar os sentimentos e motivos subjacentes de um participante. Os questionários, por sua vez, têm a grande vantagem de ser mais baratos, especialmente quando se trata de grandes amostras.

Estudos já mostraram que as características de um entrevistador causam um impacto sobre os dados do levantamento. Por exemplo, uma mulher entrevistando tende a receber respostas mais feministas de participantes mulheres do que pesquisadores homens, e entrevistadores afro-americanos tendem a receber respostas mais detalhadas sobre assuntos relacionados à raça de participantes negros do que entrevistadores brancos. O possível impacto do gênero e da raça indica, mais uma vez, o quanto um pesquisador social tem de ser cuidadoso (D. W. Davis, 1997; Huddy et al., 1997).

O levantamento em questão é um exemplo de **pesquisa quantitativa**, que coleta e informa dados basicamente de forma numérica. A maioria das pesquisas desse tipo, discutidas até agora neste livro, foi quantitativa. Embora esse tipo de pesquisa possa usar grandes amostras, não é capaz de oferecer maior profundidade e detalhes sobre um tópico. Por essa razão, os pesquisadores usam também a **pesquisa qualitativa**, que se baseia no que é observado em campo ou em situações naturais, e normalmente focaliza grupos pequenos e comunidades, em vez de grupos grandes ou nações inteiras. A forma mais comum de pesquisa qualitativa é a observação, que trataremos a seguir. Neste livro, você vai encontrar pesquisas tanto quantitativas quanto qualitativas, pois ambas são muito utilizadas. Alguns sociólogos preferem um tipo de pesquisa em detrimento de outro, mas aprendemos mais quando nos baseamos em várias e diferentes formas de pesquisa, e não nos limitamos apenas a um tipo em particular.

Observação

Como vimos na abertura do capítulo, Elijah Anderson reuniu suas informações sobre a vida nas ruas da Filadélfia *observando* as interações diárias entre os moradores do local. Os investigadores que coletam informações por meio da participação direta e/ou observando um grupo ou comunidade estão fazendo uma **observação**. Esse método permite que os sociólogos examinem certos comportamentos de comunidades que não poderiam ser investigados por outras técnicas de pesquisa.

Uma forma de pesquisa qualitativa em sociologia que está se tornando cada vez mais popular é a etnografia. A **etnografia** se refere aos esforços para descrever um ambiente social completo por meio da observação sistemática estendida. Em geral, a descrição enfatiza

Pesquisa em Ação
2-1 PESQUISA EM BAGDÁ

Em 2003, quando o exército norte-americano começou a guerra no Iraque, os pesquisadores observavam cuidadosamente o índice de aprovação do presidente George W. Bush. Essas medições periódicas do pulso do público se tornaram rotina nos Estados Unidos, uma área já considerada obrigatória na política presidencial. Mas no Iraque, um estado totalitário governado durante 24 anos por Saddam Hussein, pesquisar a opinião pública sobre assuntos políticos e sociais era algo desconhecido até agosto de 2003, quando os representantes do Instituto Gallup começaram a fazer pesquisas regulares com os moradores de Bagdá. Posteriormente, durante a ocupação, o Gallup expandiu a sua pesquisa a outras regiões do Iraque.

É desnecessário dizer que fazer uma pesquisa científica em uma cidade devastada pela guerra apresentava desafios inéditos. Os planejadores começaram considerando que nenhuma estatística de Censo estaria disponível, então eles usaram imagens de satélite para estimar a população em cada bairro de Bagdá. Mais tarde, localizaram informações e estatísticas detalhadas sobre uma boa parte de Bagdá, que empregaram em seu procedimento de amostragem. Planejadores do Gallup também esperavam precisar contratar entrevistadores treinados fora do Iraque, mas tiveram a sorte de encontrar alguns funcionários públicos que conheciam os bairros de Bagdá do período em que faziam pesquisas sobre consumidores. Para treinar e supervisionar aquelas entrevistas, o Gallup contratou dois executivos experientes do Pan Arab Research Center de Dubai.

Para administrar a pesquisa, o Gallup escolheu o método já testado de entrevistas pessoais particulares nas casas das pessoas. Esse método não apenas deixa os entrevistados à vontade; ele permite que as mulheres participem da pesquisa em um momento em que sair às ruas poderia ser perigoso para elas. Ao todo, os funcionários do Gallup fizeram 3.400 entrevistas pessoais dentro das casas dos iraquianos. Os pesquisadores descobriram que os participantes estavam ansiosos para dar suas opiniões, e conversavam com eles por um longo tempo. Apenas

> É desnecessário dizer que fazer uma pesquisa científica em uma cidade devastada pela guerra apresentava desafios inéditos.

3% das pessoas incluídas na amostragem se recusaram a ser entrevistadas.

Os resultados da pesquisa são importantes, pois mais de 6 milhões de pessoas representam um quarto da população no Iraque. Quando perguntaram a esses participantes que formas de governo seriam aceitáveis, um número igual deles escolheu: 1. uma democracia parlamentar multipartidária; e 2. um sistema de governo que incluísse a consulta aos líderes islâmicos. Poucos participantes endossaram uma democracia constitucional ou um reino islâmico. Quando os representantes do povo do Iraque se juntarem para estabelecer uma nova forma de governo para a nação, esse tipo de informação vai se revelar de valor inestimável.

Vamos Discutir

1. A taxa de 97% de respostas dos entrevistados obtida nessa pesquisa é extremamente alta. Por que, em sua opinião, a taxa de resposta foi tão alta, e o que você acha que ela informa aos analistas políticos sobre os moradores de Bagdá?
2. Quais poderiam ser as limitações dessa pesquisa?

Um funcionário do Gallup entrevista um veterano do exército iraquiano em sua casa em Bagdá. Os pesquisadores tiveram que estimar cuidadosamente a população dos diversos distritos, subdistritos e bairros de Bagdá para obter uma amostra representativa dos participantes.

Fonte: Gallup, 2003; 2004; e Saad, 2003.

como os próprios participantes vêem o seu ambiente social. Os antropólogos confiam muito na etnografia. Da mesma forma que um antropólogo busca compreender as pessoas de algumas ilhas da Polinésia, os sociólogos, como etnógrafos, buscam compreender e apresentar a forma completa da vida em um determinado ambiente. O estudo de Anderson buscou compreender não apenas o comportamento dos pedestres, mas todas as facetas da vida em dois bairros da cidade (P. Adler e Adler, 2003).

Em alguns casos, um sociólogo se junta realmente a um grupo por um período para obter uma percepção precisa de como ele funciona. Essa abordagem é chamada de *observação participante*. Nos estudos sobre trabalhadores de baixa renda descritos no Capítulo 1 e no estudo de Anderson sobre as "atividades do olho", o pesquisador é um observador participante.

No final da década de 1930, em um exemplo clássico de pesquisa de observação participante, William F. Whyte mudou-se para um bairro italiano de baixa renda em Boston. Durante quase quatro anos ele foi um membro do círculo social dos "rapazes da esquina" que ele descreve em *Street Corner Society*. Whyte revela a sua identidade a esses homens e se junta às suas conversas, ao boliche e a outras atividades de lazer. Sua meta era obter um *insight* maior sobre a comunidade que aqueles homens haviam estabelecido. Escutando Doc, o líder do grupo, Whyte (1981, p. 303) "aprendeu as respostas de perguntas que eu não teria a sensibilidade de fazer se estivesse procurando obter informações apenas por meio de entrevistas". O trabalho de Whyte foi particularmente valioso, uma vez que naquele momento o mundo acadêmico tinha muito pouco conhecimento direto sobre os pobres, e tendia a confiar em informações encontradas em registros de órgãos de serviço social, hospitais e tribunais (P. Adler et al., 1992).

O desafio inicial que Whyte teve de enfrentar – como todo observador participante – foi ser aceito por um grupo desconhecido. Não é uma tarefa simples, para um sociólogo formado, ganhar a confiança de um grupo religioso ou de uma gangue de jovens, de uma comunidade pobre, ou de um círculo de moradores de áreas decadentes de uma cidade. É necessário que o observador tenha muita paciência e um tipo de personalidade nada ameaçadora, que aceite as pessoas.

A pesquisa de observação apresenta desafios complexos para o investigador. Os sociólogos devem ser capazes de compreender completamente o que estão observando. De certa forma, então, os pesquisadores precisam aprender a ver o mundo como o grupo o vê, para poder compreender completamente os fatos que acontecem à sua volta.

Isso cria um sério problema. Para que a pesquisa tenha sucesso, o observador não pode permitir que a proximidade ou mesmo as amizades que acabam inevitavelmente se formando influenciem o comportamento dos participantes, ou as conclusões do estudo. Anson Shupe e David Bromley (1980), dois sociólogos que usaram a observação participante, compararam esse desafio ao ato de caminhar equilibrando-se em uma corda bamba. Mesmo trabalhando duro para ganhar a aceitação do grupo a ser estudado, o observador participante *precisa* manter certo grau de distanciamento.

A perspectiva feminista na sociologia chamou a atenção para uma dificuldade da pesquisa etnográfica. Durante a maior parte da história da sociologia, estudos foram feitos com participantes homens, ou com grupos e institutos liderados por homens, e as descobertas foram generalizadas para todos. Por exemplo, durante muitas décadas os estudos sobre a vida urbana tinham como foco as esquinas, os bares do bairro, os clubes de boliche – lugares onde os homens se encontram. Embora os *insights* obtidos fossem valiosos, eles não passavam uma impressão verdadeira da vida na cidade porque deixavam de lado as áreas onde as mulheres provavelmente se reuniam, tais como *playgrounds*, armazéns e varandas das casas. A perspectiva feminista focaliza essas arenas.

Como as pessoas reagem quando são observadas? Evidentemente, esses operários na fábrica de Hawthorne gostaram da atenção dada a eles quando os pesquisadores os observaram trabalhar. Não importava que variáveis fossem alteradas, os trabalhadores aumentavam sua produtividade, mesmo quando a iluminação foi *diminuída*.

As pesquisadoras feministas também tendem a envolver e consultar os participantes das suas pesquisas mais do que outros pesquisadores, e elas são mais voltadas para a busca de mudança, aumento da consciência, e para afetar as políticas. Além disso, as pesquisadoras feministas são particularmente abertas a uma abordagem multidisciplinar, tais como algumas evidências históricas ou estudos jurídicos, bem como a teoria feminista (Baker, 1999; L. Lofland, 1975; Reinharz, 1992).

Experimentos

Quando os sociólogos querem estudar uma relação de causa e efeito, podem fazer experimentos. Um *experimento* é uma situação criada artificialmente que permite a um pesquisador manipular variáveis.

No método clássico de fazer experimentos, dois grupos de pessoas são selecionados e combinados por suas características semelhantes, como idade ou escolaridade. Os pesquisadores então dividem os participantes em dois grupos: o grupo experimental e o grupo controle. O *grupo experimental* é exposto a uma variável independente; e o *grupo controle*, não. Assim, se os cientistas estiverem testando um novo tipo de antibiótico, eles vão ministrar o agente a um grupo experimental, mas não ao grupo controle.

Os sociólogos geralmente não usam essa forma clássica de experiência porque ela costuma envolver a manipulação do comportamento humano de uma maneira inadequada, especialmente em um ambiente de laboratório. Entretanto, eles recriam condições experimentais em campo. Por exemplo, os sociólogos podem comparar o desempenho acadêmico de crianças em duas escolas com currículos diferentes. Uma outra área de investigação que já conduziu a vários estudos experimentais em campo é a eficiência relativa de programas de tratamento para homens condenados por situações repetidas de violência doméstica. No condado de Broward, Flórida, e no Brooklyn, Nova York, pesquisadores compararam as taxas de reincidência da violência entre os participantes-controle que não receberam o tratamento e as taxas de participantes que tinham passado por um programa de curta duração (oito semanas) ou por um programa de longa duração (26 semanas). Eles descobriram que, embora nenhum dos programas impedisse que a violência se repetisse, os participantes que terminaram um programa de longa duração apresentavam taxas de reincidência de violência doméstica menores que as dos demais. Também descobriram que o percentual de homens que terminaram o programa era mais alto nos programas de curta duração do que nos de longa duração, embora não fossem altas o suficiente para recomendá-los para programas de longa duração. Os pesquisadores sugeriram o desenvolvimento de mais programas de tratamento de longa duração, juntamente com métodos para melhorar as taxas de participação (S. Jackson et al., 2003).

Em alguns experimentos, exatamente como na pesquisa de observação, a presença de um cientista social ou de um outro observador pode afetar o comportamento das pessoas em estudo. O reconhecimento desse fenômeno veio de uma experiência realizada durante as décadas de 1920 e 1930 na fábrica de Hawthorne da Western Electric Company. Os pesquisadores resolveram determinar como melhorar a produtividade dos operários na fábrica. Os investigadores manipularam variáveis como iluminação ou horas de trabalho para verificar o impacto que as mudanças teriam sobre a produtividade. Para surpresa geral, descobriram que *todas* as medidas que tomavam pareciam aumentar a produtividade. Mesmo as medidas que aparentemente deveriam ter um efeito oposto, como a redução da iluminação na fábrica, provocavam uma produtividade mais alta.

Por que os operários da fábrica trabalhavam mais, mesmo sob condições menos favoráveis? O comportamento aparentemente era influenciado pelo volume maior de atenção a eles dispensado durante a pesquisa, pela novidade de participarem de uma experiência. Desde aquele tempo, os sociólogos usam a expressão **efeito Hawthorne** para se referir a uma influência não-intencional que os observadores de experimentos podem ter sobre seus participantes (S. Jones, 1992; Lang, 1992; Pelton, 1994).

Use a Sua Imaginação Sociológica

Você é um pesquisador interessado no efeito da televisão sobre as notas das crianças em idade escolar. Como organizaria uma experiência para medir esse efeito?

A análise dos conteúdos de filmes recentes revela esta mensagem não declarada: fumar é "descolado". Nesta cena do filme *O diário de Bridget Jones*, de 2001, Renee Zellweger fuma um cigarro com prazer. Se a indústria do cinema tomasse consciência da freqüência com que tais cenas e tais mensagens são enviadas ao público jovem, talvez os executivos tentassem modificar essas mensagens.

Resumindo

Tabela 2-2 | Fontes Existentes Utilizadas na Pesquisa Sociológica

Fontes Utilizadas com Maior Freqüência
Dados de Censo

Estatísticas de crimes

Estatísticas sobre nascimento, morte, casamento, divórcio e saúde

Outras Fontes
Jornais e periódicos

Escritos pessoais, diários, e-mails e cartas

Registros e materiais de arquivo de organizações religiosas, companhias e outras

Transcrições de programas de rádio

Videoteipes de filmes e programas de televisão

Páginas da Internet, *blogs* e salas de bate-papo

Letras de música

Registros científicos (por exemplo, registros de patentes)

Discursos de figuras públicas (por exemplo, políticos)

Votos em eleições de propostas específicas no Legislativo, ou votos de políticos nessas eleições

Registros de presença em eventos públicos

Videoteipes de protestos ou campanhas de cunho social

Literatura, incluindo folclore

Uso das Fontes Existentes

Os sociólogos não precisam necessariamente coletar dados novos para fazer uma pesquisa e testar hipóteses. A expressão ***análise secundária*** refere-se a diversas técnicas que utilizam informações e dados previamente coletados e disponíveis ao público. Por exemplo, dados de censos são compilados para usos específicos pelo governo federal, mas também estão disponíveis para os especialistas de marketing poderem localizar tudo, de lojas de bicicleta a casas de repouso.

Para os sociólogos, a análise secundária é *não-reativa*, pois ela não influencia o comportamento das pessoas. Como exemplo, podemos citar de Émile Durkheim a análise estatística do suicídio, que não aumentou nem diminuiu a capacidade de autodestruição humana. Então, pesquisadores podem evitar o efeito Hawthorne usando a análise secundária.

Existe, entretanto, um problema inerente à análise secundária: o pesquisador que se baseia nos dados coletados por outra pessoa pode não encontrar exatamente o que precisa. Os cientistas sociais que estudam a violência em família podem usar as estatísticas da polícia e dos órgãos de serviço social sobre casos *notificados* de violência contra esposa e crianças. Mas quantos casos não são notificados? Os órgãos governamentais não possuem dados precisos sobre *todos* os casos de violência.

Muitos cientistas sociais consideram útil estudar documentos culturais, econômicos e políticos, incluindo jornais, periódicos, gravações de rádio e televisão, Internet, roteiros, diários, músicas, folclore e documentos legais, só para mencionar alguns exemplos (ver Tabela 2-2). Ao examinar essas fontes, os pesquisadores empregam uma técnica chamada ***análise de conteúdo***, que consiste na codificação sistemática e registro objetivo de dados dirigida por alguma base racional.

Empregando a análise de conteúdo, Erving Goffman (1979) fez uma exploração pioneira sobre como a propaganda retrata a mulher. Os anúncios em geral mostravam a mulher como um ser subordinado ou dependente de terceiros, ou como se fossem dirigidas pelos homens. As mulheres tendem a ser mais carinhosas e a demonstrar mais afeto do que os homens. Mesmo quando retratadas em posição de liderança, elas eram mostradas em poses muito sedutoras, com o olhar perdido no espaço.

Os pesquisadores que analisam o conteúdo de filmes têm verificado um aumento de situações de pessoas fumando durante as cenas, apesar da grande preocupação

Resumindo

Tabela 2-3 — Tipos de Pesquisa mais Importantes

Método	Exemplos	Vantagens	Limitações
Levantamento	Questionários Entrevistas	Fornece informações sobre assuntos específicos	Pode ser cara e demorada
Observação	Etnografia	Fornece informações detalhadas sobre grupos ou organizações específicas	Envolve meses ou mesmo anos de trabalho intenso reunindo dados
Experimento	Manipulação deliberada do comportamento social das pessoas	Fornece medidas diretas do comportamento das pessoas	Limitações éticas quanto ao grau em que o comportamento dos participantes pode ser manipulado
Fontes existentes / Análise secundária	Análise de dados do Censo ou sobre a saúde Análise de filmes ou comerciais de TV	Relação custo / benefício	Limitado aos dados coletados para algum outro objetivo

com a saúde pública. Por exemplo, uma análise de 2003 mostrou o uso do tabaco em 54% dos filmes mais vistos. Um em cada cinco desses filmes exibe menores ou mulheres grávidas fumando. Esse tipo de análise de conteúdo pode ter implicações claras sobre a política social se conseguir chamar a atenção da indústria cinematográfica para a mensagem que os filmes podem estar transmitindo, especialmente para os jovens: fumar é aceitável e mesmo desejável (American Lung Association, 2003).

A Tabela 2-3 resume as formas de pesquisa mais importantes. Freqüentemente, essas formas misturam técnicas diferentes. No estudo descrito no Quadro 2-2 (Sociologia no *Campus*), os pesquisadores combinaram o levantamento feito por meio de questionários/entrevistas com fontes existentes para investigar a relação entre o comportamento dos universitários e as suas realizações acadêmicas.

ÉTICA DA PESQUISA

Um bioquímico não pode injetar uma droga em um ser humano sem que ela tenha sido totalmente testada antes, e sem que ele concorde com a aplicação. Agir de outra forma seria não apenas antiético, como também ilegal. Os sociólogos apenas precisam, ainda, obedecer a certos padrões específicos quando fazem pesquisa, os quais são chamados de **código de ética**. A associação profissional da disciplina nos Estados Unidos, a American Sociological Association (ASA) publicou o *Código de Ética* da associação em 1971 e o revisou mais recentemente, em 1997. Esse código estabelece os seguintes princípios básicos:

1. Manter a objetividade e a integridade da pesquisa.
2. Respeitar os direitos dos participantes à privacidade e à dignidade.
3. Proteger os participantes contra danos pessoais.
4. Preservar a confidencialidade.
5. Buscar o consentimento informado quando os dados forem coletados dos participantes da pesquisa, ou quando o comportamento ocorrer em um contexto privado.
6. Reconhecer a colaboração e a ajuda na pesquisa.
7. Revelar todas as fontes de apoio financeiro (American Sociological Association, 1997).

No Brasil, as pesquisas também obedecem a um código de ética, cujos princípios básicos são semelhantes aos aqui apresentados.

Os princípios básicos estabelecidos pela ASA parecem bem claros. Como poderiam levar a desentendimentos ou controvérsias? Ainda assim, muitas questões éticas delicadas não podem ser resolvidas simplesmente com a leitura desses sete princípios. Por exemplo, um sociólogo que está envolvido em uma pesquisa de observação participante deve sempre proteger a confidencialidade dos participantes? E se os participantes forem membros de um culto religioso supostamente envolvido em atividades antiéticas e possivelmente ilegais? E se um sociólogo que estiver entrevistando ativistas políticos for questionado pelas autoridades governamentais sobre a pesquisa?

Como a maioria das pesquisas sociológicas usa *pessoas* como fonte de informação – respondendo a questionários, sujeitos a observação, ou participando de

Sociologia no *Campus*
2-2 ESTUDAR MUITO RESULTA EM MELHORES NOTAS?

Uma ética de trabalho sério resulta em melhores notas? O sociólogo William Rau queria encontrar a resposta para essa pergunta. Trabalhando com Ann Durand, uma ex-aluna então empregada no departamento de pesquisa da State Farm Insurance Companies, Rau desenhou um estudo de pesquisa. A variável dependente era fácil de medir – eles poderiam usar uma fonte de dados já existente, as notas médias dos alunos (GPA – Grade Point Average – Nota Média). Mas como eles poderiam medir a variável independente, a ética de trabalho de um aluno?

Depois de considerar várias possibilidades, os dois pesquisadores decidiram abordar o comportamento em relação à bebida dos estudantes e seus hábitos de estudo. Eles desenvolveram uma escala composta de vários itens, no qual os alunos classificavam seu comportamento em relação à bebida e aos estudos. Em um extremo estavam várias horas de estudo diárias e os dias de abstenção alcoólica. No outro extremo encontravam-se bebida alcoólica freqüente – mesmo nos finais de semana – e estudos pouco freqüentes, geralmente apenas uma "rachada" antes dos testes. A definição operacional da ética de trabalho dos estudantes tornou-se as informações dos próprios estudantes sobre seu comportamento em relação à bebida e aos estudos em resposta a uma série de perguntas.

> *De modo geral, os estudantes que bebiam menos e estudavam mais do que os outros tinham um desempenho acadêmico melhor.*

Rau e Durand aplicaram a sua escala de comportamento em 255 estudantes e depois compararam as notas na escala das médias dos estudantes. De modo geral, os estudantes que bebiam menos e estudavam mais do que os outros tinham um desempenho melhor, de acordo com as suas médias escolares. Os pesquisadores foram cuidadosos ao controlar os níveis de capacidade dos alunos usando duas outras fontes de dados existentes, as classificações na classe dos estudantes no ensino médio e suas notas nos exames vestibulares. Essas fontes indicaram que os abstêmios não chegavam à faculdade mais bem preparados do que os outros estudantes. Estudar bastante *realmente* resulta em notas melhores.

Vamos Discutir

1. Onde o seu comportamento em relação às bebidas e aos estudos está na escala de comportamento de Rau e Durand? Quais são suas notas médias? Seu desempenho acadêmico está no mesmo patamar que seu comportamento em relação às bebidas e aos estudos?
2. Existem outras formas de medir a ética do trabalho de um estudante que os pesquisadores poderiam ter considerado? Você tem idéia de outra variável além do nível de capacidade do estudante que poderia distorcer os resultados do estudo?

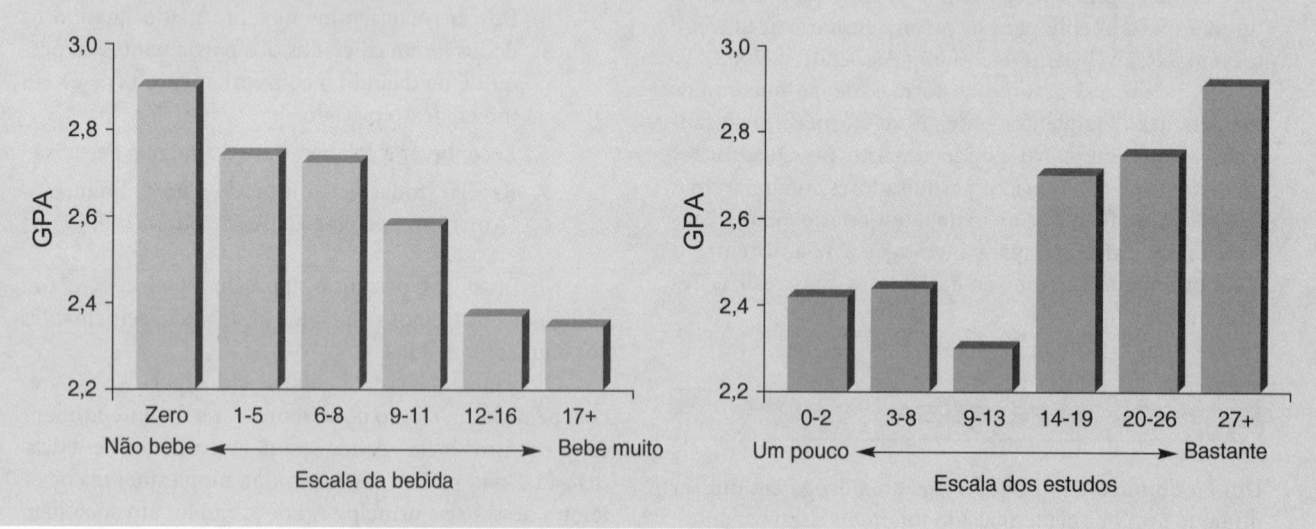

Fonte: Rau e Durand, 2000.

experiências –, os tipos de perguntas são importantes. Em todos os casos, os sociólogos precisam ter certeza de que não estão invadindo a privacidade dos participantes. De maneira geral, eles o fazem garantindo aos participantes anonimato e assegurando confidencialidade às suas informações pessoais. Além disso, nos Estados Unidos, propostas de pesquisa que envolve sujeitos humanos agora precisam ser supervisionadas por um grupo de revisão, cujos membros procuram assegurar que os participantes não sejam colocados em um nível de risco além do razoável. Se necessário, esse grupo de supervisão pode pedir que os pesquisadores mudem a forma da pesquisa para atender ao Código de Ética.

Podemos avaliar a seriedade dos problemas éticos que os pesquisadores enfrentam considerando a experiência do sociólogo Rik Scarce descrita na próxima seção. O compromisso de Scarce de proteger a confidencialidade dos seus participantes acarretou-lhe um grande problema com a lei.

Confidencialidade

Como os jornalistas, os sociólogos ocasionalmente se encontram sujeitos a ter de responder às perguntas das autoridades por causa de informações que obtiveram durante o seu trabalho. Essa situação desconfortável levanta profundas questões éticas.

Em maio de 1993, Rik Scarce, um candidato ao doutoramento em Sociologia na Washington State University, foi preso por desacato à autoridade. Scarce negou-se a contar a um grande júri federal o que sabia – ou mesmo se sabia alguma coisa – sobre uma invasão ocorrida em 1991 no laboratório de pesquisa da universidade por ativistas dos direitos dos animais. Nessa época, Scarce estava fazendo uma pesquisa para um livro sobre protestos ambientais e conhecia pelo menos um dos suspeitos da invasão. Curiosamente, embora punido de forma severa por um juiz federal, Scarce conquistou o respeito dos outros prisioneiros, que o consideravam um homem que "não era dedo-duro" (Monaghan, 1993, p. A8).

A American Sociological Association apoiou a posição de Scarce quando ele apelou da sentença. Scarce manteve o seu silêncio. Por fim, o juiz decidiu que ninguém ganharia nada se ele fosse mantido na prisão, e o sociólogo foi solto depois de passar 159 dias na cadeia. Em janeiro de 1994, a corte suprema dos Estados Unidos recusou-se a ouvir o seu caso na apelação. A recusa do tribunal em ouvir o seu caso levou Scarce (1994, 1995) a argumentar que a legislação federal é necessária para esclarecer os direitos dos estudiosos e dos membros da imprensa de preservar a confidencialidade daqueles que eles entrevistam.

Fundos de pesquisa

Às vezes revelar todas as fontes dos fundos obtidos para um estudo, como exigido no princípio 7 do *Código de Ética* da ASA, não é suficiente para garantir uma conduta ética. Especialmente no caso de fundos tanto particulares quanto públicos, que a verba para o apoio de pesquisa básica pode vir com restrições. Aceitar fundos de organizações particulares, ou mesmo de um órgão governamental que pretende se beneficiar dos resultados do estudo, pode pôr em risco a objetividade e a integridade do pesquisador (princípio 1).

O apoio da Exxon Corporation a pesquisa sobre veredictos de júris é um bom exemplo desse tipo de conflito de interesses. Em 24 de março de 1989, o navio petroleiro Valdez, da Exxon, chocou-se com um recife na costa do Alasca, derramando mais de 11 milhões de galões de petróleo em Prince William Sound. Uma década e meia mais tarde, o desastre do Valdez ainda é visto como o pior desastre de derramamento de petróleo do mundo por causa do seu impacto ambiental. Em 1994, um tribunal federal condenou a Exxon a pagar US$ 5,3 bilhões em danos pelo acidente. Ao apelar da sentença, a Exxon passou a abordar os estudiosos de direito, sociólogos e psicólogos que desejassem estudar as deliberações dos júris. O objetivo da corporação era desenvolver o apoio acadêmico para o argumento dos seus advogados de que as sentenças punitivas em tais casos resultam de deliberações erradas, e não são eficientes para deter os criminosos.

Uma barreira de contenção flutuante envolve o petroleiro Valdez, da Exxon, depois de ele atingir um recife da costa do Alasca. Os executivos da Exxon gastaram US$ 1 milhão para custear pesquisas acadêmicas que, esperavam, pudessem apoiar os esforços dos advogados para reduzir a sentença de US$ 5,3 bilhões contra a companhia por negligência no desastre ambiental.

Alguns estudiosos tinham questionado a adequação de aceitar fundos naquelas circunstâncias, ainda que a fonte fosse informada. Em pelo menos um caso, um empregado da Exxon contou a um sociólogo que a companhia oferece apoio financeiro aos estudiosos que revelam a tendência de expressar uma posição similar à da companhia. Também se pode argumentar que a Exxon estava tentando estabelecer as agendas de pesquisa dos estudiosos com o seu imenso fundo de guerra. Em vez de oferecer financiamentos para estudos sobre o aperfeiçoamento das tecnologias de limpeza, ou para a determinação de custos ambientais de longo prazo, a Exxon escolheu mudar a atenção dos cientistas para a validade das sentenças legais em casos ambientais.

A foto mostra uma mulher que vive nas ruas de Chicago. O sociólogo Peter Rossi foi atacado pela Aliança de Chicago para os Moradores de Rua porque descobriu em um estudo cuidadosamente realizado que a população de rua da cidade era muito menor do que a estimativa feita pela Aliança. A Aliança, então, acusou Rossi de prejudicar os seus esforços para a reforma social.

Os estudiosos que aceitaram o apoio da Exxon negam que isso tenha influenciado seu trabalho, ou mudado suas conclusões. Alguns receberam apoio de outras fontes também, como da National Science Foundation e do Olin Center for Law, Economics, and Business da Harvard University. Muitas das suas descobertas foram publicadas em revistas acadêmicas de renome depois de uma revisão feita por um júri de equivalência. Ainda assim, pelo menos um pesquisador que participou dos estudos recusou o apoio monetário da Exxon para evitar até mesmo a sugestão de um conflito de interesses.

Até hoje a Exxon já gastou aproximadamente US$ 1 milhão em pesquisas, e pelo menos uma compilação de estudos com o mesmo ponto de vista da Exxon já foi publicada. Como exigência dos princípios éticos, os acadêmicos que fizeram os estudos revelaram o papel da Exxon no custeio das pesquisas. Em 2001, baseados naqueles estudos, os advogados da Exxon conseguiram persuadir os tribunais de apelação a reduzir o pagamento de danos que a corporação havia sido inicialmente condenada de US$ 5,3 para US$ 4 bilhões. A Exxon apelou novamente em uma tentativa de reduzir ainda mais o pagamento de danos (Sunstein et al., 2003; Zarembo, 2003).

Neutralidade axiológica ou de valor

As considerações éticas dos sociólogos baseiam-se não apenas nos métodos que usam e nos financiamentos que aceitam, mas também na maneira como interpretam seus resultados. Max Weber ([1904] 1949) reconheceu que os valores pessoais influenciam as perguntas que um sociólogo seleciona para uma pesquisa, e que isso é perfeitamente aceitável, mas em hipótese alguma um pesquisador deveria permitir que os seus sentimentos pessoais influenciassem a *interpretação* dos dados. Como disse Weber, os sociólogos devem praticar a **neutralidade axiológica ou de valor** nas suas pesquisas.

Como parte dessa neutralidade, os investigadores têm a obrigação ética de aceitar as descobertas da pesquisa mesmo quando os dados vão contra as suas próprias convicções pessoais, ou contra explicações teóricas ou crenças aceitas. Por exemplo, Émile Durkheim desafiou as concepções populares quando afirmou que as forças sociais (e não sobrenaturais) eram um fator importante no suicídio.

Alguns sociólogos acreditam que a neutralidade é impossível. Eles temem que a insistência de Weber na neutralidade axiológica ou de valor pode levar o público a aceitar conclusões sociológicas sem explorar os preconceitos dos pesquisadores. Outros, baseados na perspectiva do conflito como Alvin Gouldner (1970), já sugeriram que os sociólogos podem usar a objetividade para justificar a falta de crítica a respeito das instituições existentes e dos centros de poder. Esses argumentos são ataques não tanto ao próprio Weber, mas sim à maneira pela qual as suas metas são mal interpretadas. Como vimos, Weber foi bastante claro ao afirmar que os sociólogos podem trazer valores próprios aos seus temas de pesquisa. Entretanto, de acordo com seu ponto de vista, eles não devem confundir os seus próprios valores com a realidade social em estudo (Bendix, 1968).

Vamos considerar o que aconteceria se os pesquisadores trouxessem os seus próprios preconceitos para uma investigação. Uma pessoa que investigasse o impacto dos esportes entre universidades sobre as contribuições dos alunos, por exemplo, poderia focalizar apenas os esportes que rendem muito dinheiro, como o futebol norte-americano e o basquete, e negligenciar os chamados esportes menores, como o tênis ou o futebol, que têm maior probabilidade de envolver atletas mulheres. Apesar dos primeiros trabalhos de W. E. B. Du Bois e Jane Addams, os sociólogos ainda precisam ser lembrados de que a disciplina com freqüência deixa de considerar de maneira adequada o comportamento social de todas as pessoas.

Em seu livro *The death of white sociology* (1973), Joyce Ladner chamou a atenção para a tendência das principais correntes sociológicas de tratar a vida dos afro-americanos como um problema social. Mais recentemente, a socióloga feminista Shulamit Reinharz (1992) argumentou que a pesquisa sociológica não devia apenas ser inclusiva, mas também estar aberta à causa de mudanças sociais e abordagens de pesquisas importantes feitas por outros profissionais que não sociólogos. Tanto Reinharz quanto Ladner argumentam

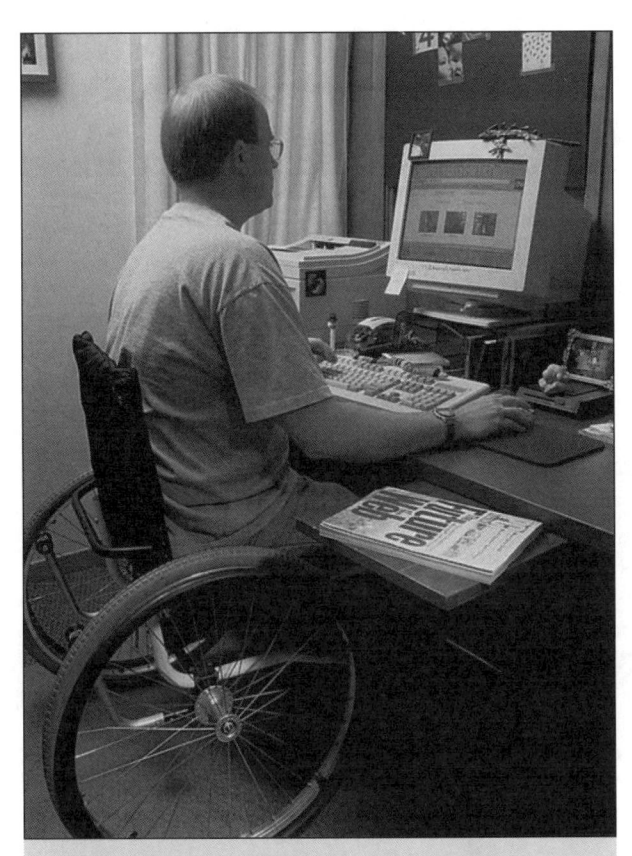

Os computadores ampliaram de uma forma impressionante a gama e a capacidade da pesquisa sociológica, tanto ao permitir que grandes quantidades de dados sejam armazenadas e analisadas, quanto pela facilidade de comunicação com outros pesquisadores via Internet, grupos de notícias e e-mail.

que as pesquisas devem analisar se o *status* social desigual da mulher afeta de alguma forma os seus estudos. Por exemplo, uma pessoa poderia ampliar o estudo do impacto da escolaridade sobre a renda para considerar as implicações da situação dos salários desiguais para homens e mulheres. O tema da neutralidade axiológica não significa que os sociólogos não podem ter uma opinião, que eles precisam trabalhar para superar qualquer preconceito que possam trazer, mesmo de forma não-intencional, para a sua análise de uma pesquisa.

Peter Rossi (1987) admite que foram suas inclinações liberais que o dirigiram aos campos de estudos que escolheu. Ainda alinhado com a visão da neutralidade axiológica de Weber, o comprometimento de Rossi com métodos de pesquisa rigorosos e interpretação objetiva dos dados algumas vezes o levaram à descoberta de controvérsias que não apoiavam necessariamente os seus valores liberais. Por exemplo, a sua medição do número de pessoas vivendo na rua em Chicago na metade da década de 1980 era muito menor do que as estimativas feitas pela Aliança de Chicago para os Moradores de Rua. Os membros da Aliança atacaram Rossi brutalmente acusando-o de prejudicar seus esforços para reformas sociais ao minimizar o número de pessoas que vivem nas ruas. Rossi (1987, p. 79) concluiu que "em curto prazo, a boa pesquisa social geralmente é recebida como uma traição desta ou daquela controvérsia em particular".

TECNOLOGIA E PESQUISA SOCIOLÓGICA

Os avanços da tecnologia afetam todos os aspectos de nossas vidas, e a pesquisa social não é exceção. A velocidade e a capacidade crescente dos computadores possibilitam aos sociólogos trabalharem com conjuntos de dados cada vez maiores. Em um passado recente, apenas as pessoas com subsídios ou verbas institucionais podiam trabalhar facilmente com os dados do Censo norte-americano. Hoje em dia, qualquer um que tenha um computador e um modem pode acessar as informações do Censo e se informar mais sobre o comportamento social. Além disso, os dados de países estrangeiros sobre estatísticas criminais e assistência médica às vezes encontram-se tão disponíveis quanto outras informações sobre os Estados Unidos.

Os pesquisadores em geral se baseiam no computador para lidar com dados quantitativos – ou seja, medidas numéricas –, mas a tecnologia eletrônica também ajuda com dados qualitativos, tais como informações obtidas em pesquisas de observação. Vários programas de software, como o Ethnograph e o NUD*IST permitem que o pesquisador não só registre observações, como também identifique padrões comportamentais comuns ou temas semelhantes expressos em entrevistas. Por exemplo, depois de observar os estudantes em uma lanchonete de uma universidade por várias semanas e registrar suas observações no computador, um pesquisador agrupou as informações de acordo com certas variáveis, tais como "irmandade" ou "grupo de estudo".

A Internet é uma excelente oportunidade de comunicação com outros pesquisadores, bem como para localizar informações úteis sobre assuntos sociais que foram disponibilizados em sites na Web. Seria impossível calcular todas as informações sociológicas colocadas nos sites ou nas listas de endereços da Internet. Evidentemente, os pesquisadores precisam aplicar o mesmo discernimento crítico ao material da Internet que eles usam em relação a qualquer fonte impressa.

A Internet é de fato útil para fazer pesquisa? Isso ainda não está claro. É fácil enviar um questionário ou disponibilizá-lo eletronicamente em um site. Essa é uma forma econômica de atingir um grande número de participantes potenciais e obter uma resposta rápida. Entretanto, existem alguns dilemas óbvios. Como proteger o anonimato do participante? Como definir um público potencial? Mesmo que você saiba para quem vai enviar

Levando a Sociologia para o Trabalho

DAVE EBERBACH Coordenador de Pesquisa, United Way of Central Iowa

Como um especialista pesquisador, Dave Eberbach usa sua formação em sociologia para trabalhar pela mudança social. Eberbach focaliza pequenos centros de pobreza que se encontram geralmente escondidos nas estatísticas de um estado ou município. Focalizando as condições em bairros específicos, ele fornece elementos para que órgãos municipais e estaduais trabalhem em nome dos desprivilegiados.

Eberbach, que trabalha em Des Moines, Iowa, foi contratado para estabelecer um *data warehouse* com estatísticas sociais para o United Way local. Parte do trabalho dele é demonstrar às instituições como as informações no banco de dados podem ser úteis para elas. "Eliminamos gráficos das nossas apresentações e usamos mapas do município, da cidade e do bairro", explica ele. "Isso permite que as pessoas vejam realmente o contexto maior."

Quando Eberbach entrou na Grinnell College em 1985, já havia feito um curso de sociologia e sabia que o assunto o interessava. Mesmo assim, ele não poderia prever todos os usos práticos que teria para o que aprendeu. "A gente nunca sabe quando vai precisar de alguma coisa que aprendeu (inclusive estatística)", aconselha ele. "A vida tem uma maneira engraçada de trazer as coisas de volta."

Na Grinnell College, Eberbach pôde contar com vários professores-visitantes que o expuseram a uma variedade de perspectivas culturais e raciais. Seu relacionamento pessoal com esses professores completou os conceitos que ele estava aprendendo nas aulas de Sociologia. Hoje, Eberbach se baseia nas suas experiências na United Way, onde seu trabalho o coloca em contato com um grupo diverso de pessoas.

A sociologia também ajudou Eberbach na especialidade que ele escolheu, a pesquisa. "Acredito que sou uma pessoa melhor em relação aos dados, por causa da minha história em sociologia", diz ele. "O contexto humano nos dados é tão importante e pode se perder se for mal direcionado pela estatística pura", explica ele. "Meu conhecimento de sociologia me ajuda a fazer as perguntas corretas para poder promover mudanças eficientes na nossa comunidade."

Vamos Discutir

1. Você sabe o que deseja fazer em dez anos? Se sim, como o conhecimento da estatística poderia ajudá-lo em sua futura ocupação?
2. Que tipo de dados estatísticos específicos você poderia encontrar no *data warehouse* da United Way? De onde eles viriam?

---

um questionário, a pessoa que deverá responder poderá encaminhá-lo a outras pessoas.

As pesquisas baseadas na Web ainda estão em um estágio inicial. Mesmo assim, os primeiros resultados são promissores. Por exemplo, a InterSurvey criou um *pool* de participantes na Internet, selecionados inicialmente por telefone, para funcionar como uma mostra diversificada e representativa. Usando métodos similares para localizar 50 mil participantes adultos entre 33 países, a National Geographic Society fez uma pesquisa on-line focalizando a mineração e a cultura regional. Os cientistas sociais estão monitorando de perto essas novas abordagens que poderão revolucionar um tipo de formato de pesquisa (Bainbridge, 1999; Morin, 2000).

Essa nova tecnologia é interessante, mas existe uma limitação básica na metodologia: a pesquisa na Web funciona apenas para aqueles que acessam a Internet e estão on-line. Para alguns pesquisadores de mercado, tal limitação é aceitável. Por exemplo, se você estiver interessado no desejo dos usuários de Internet em encomendar livros e fazer reservas de viagem on-line, limitado apenas à amostra da população que já está on-line, faz sentido. Entretanto, se você estiver pesquisando o público em geral sobre seus planos para comprar um computador novo no ano que vem, o seu ponto de vista sobre um determinado candidato, sua pesquisa on-line precisaria ser complementada por um procedimento de amostragem tradicional, como questionários pelo correio.

Já vimos que os pesquisadores confiam em diversas ferramentas, de pesquisa de observação já testada e fontes existentes até as mais recentes tecnologias de computação. A seção de política social, a seguir, descreve os esforços dos pesquisadores para pesquisar a população em geral sobre um aspecto controverso do comportamento social: a sexualidade humana. Essa investigação foi complicada pelas suas implicações potenciais na política social. Como no mundo real, a pesquisa sociológica pode ter conseqüências de longo alcance sobre as políticas públicas e o bem-estar público. Cada um dos capítulos apresentados a seguir fecha com uma seção de política social.

POLÍTICA SOCIAL e PESQUISA SOCIOLÓGICA

Estudando a Sexualidade Humana

O Tema

Os *reality shows* na TV freqüentemente tentam criar uma relação ou mesmo um casamento entre dois estranhos. Em locações pitorescas, um solteiro ou uma solteira entrevista parceiros potenciais – todos bonitos – e gradualmente elimina os considerados não tão promissores. As perguntas feitas perante a câmera podem ser explícitas. "Quantos parceiros sexuais você já teve?", "Com que freqüência você pretende fazer sexo?"

A Kaiser Family Foundation faz um estudo do conteúdo sexual na televisão a cada dois anos. O último relatório, publicado em 2003, mostra que mais de dois terços de todos os programas na televisão incluem algum conteúdo erótico, 50% a mais do que todos os programas dos quatro anos anteriores (Figura 2-5). As representações do comportamento sexual na mídia são importantes porque as pesquisas com adolescentes e jovens adultos nos mostram que a televisão é, para eles, uma fonte de informações prioritária e idéias sobre sexo; exerce mais influência do que a escola, os pais, ou amigos.

Essa época de doenças devastadoras transmitidas sexualmente constitui um momento muito importante para aumentarmos o nosso conhecimento científico sobre a sexualidade humana. Como veremos, entretanto, esse é um tópico difícil de se pesquisar por causa de todos os preconceitos, mitos e crenças que as pessoas trazem para o assunto da sexualidade. Como se pode fazer uma pesquisa científica sobre um tópico tão controverso e pessoal?

O Cenário

Os sociólogos têm poucos dados nacionais confiáveis sobre os padrões de comportamento sexual nos Estados Unidos. Até recentemente, o único estudo abrangente sobre o comportamento sexual era o famoso *Kinsey Report*, de dois volumes, feito na década de 1940 (Kinsey et al., 1948, 1953). Embora o *Kinsey Report* ainda seja mencionado constantemente, os voluntários entrevistados para aquele relatório não eram representativos da população adulta do país. A cada dois anos o público em geral é entrevistado como parte do General Social Survey financiado pelo governo federal norte-americano, que fornece algumas informações úteis sobre as atitudes sexuais. Por exemplo, a Figura 2-6 mostra como as atitudes sobre o comportamento sexual antes do casamento mudaram desde o início da década de 1970.

Em parte, faltam-nos dados sobre os padrões de comportamento social porque é difícil para os pesquisadores obterem informações precisas sobre esse assunto

FIGURA 2-5

Porcentagem de Shows da TV com Conteúdos Eróticos

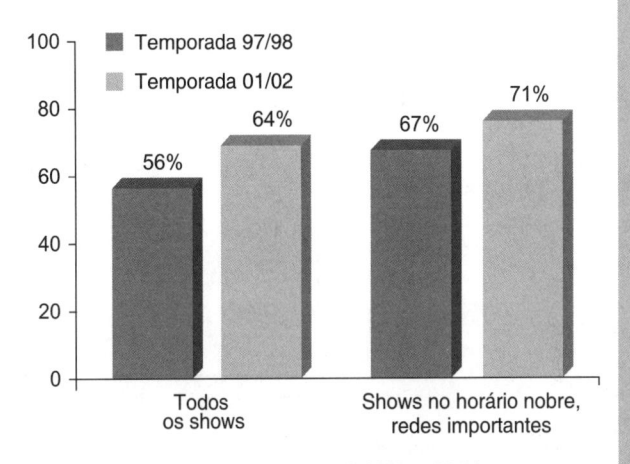

	Todos os shows	Shows no horário nobre, redes importantes
Temporada 97/98	56%	67%
Temporada 01/02	64%	71%

Fonte: Kaiser Family Foundation, 2001, p. 2, 2003, p. 38-40.

delicado. Além disso, até o surgimento da Aids na década de 1980, existia pouca demanda científica por dados sobre o comportamento sexual, exceto sobre temas específicos, como a contracepção. Finalmente, embora a crise da Aids tenha atingido graves proporções (que serão discutidas na seção de política social do Capítulo 5), os financiamentos governamentais para estudos do comportamento sexual são controversos. Como General Social Survey se ocupa das atitudes sexuais e não do comportamento, os financiamentos para ela não foram prejudicados.

Insights Sociológicos

A controvérsia em torno da pesquisa sobre o comportamento sexual humano levanta o tema da neutralidade axiológica, que se torna especialmente delicado quando se considera a relação da sociologia com o governo. O governo federal norte-americano se tornou uma fonte importante de financiamentos para a pesquisa sociológica. Mesmo assim, Max Weber defendia que a sociologia deve permanecer uma disciplina autônoma, que não seja indevidamente influenciada por nenhum outro segmento da sociedade. De acordo com o ideal de Weber da neutralidade axiológica, os sociólogos devem se manter livres para revelar informações que sejam embaraçosas para o governo ou, ao contrário, que sustentam as instituições governamentais. Assim, os pesquisadores que estão investigando uma rebelião na prisão devem estar prontos para examinar objetivamente não apenas o comportamento

FIGURA 2-6

Opiniões Sobre Sexo Antes do Casamento

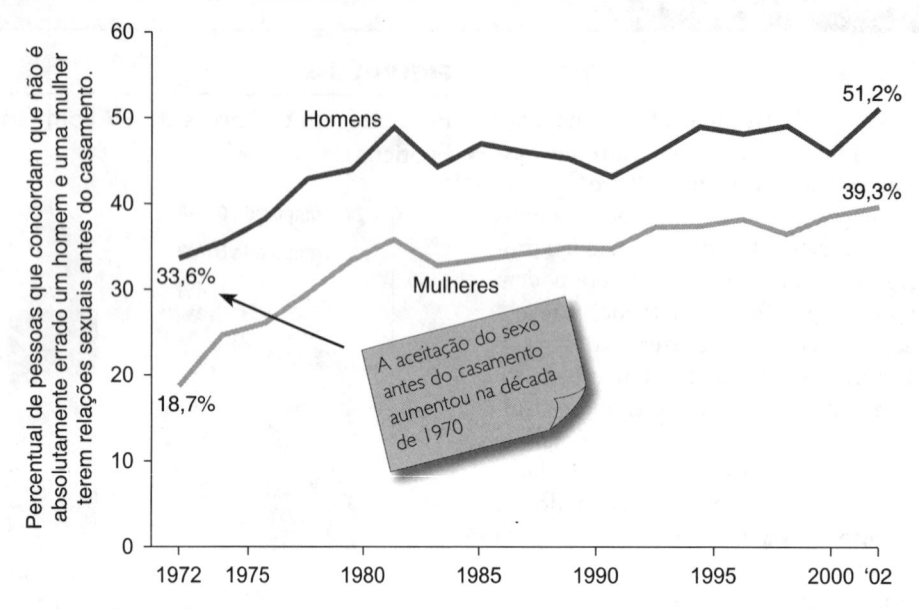

[Gráfico: Percentual de pessoas que concordam que não é absolutamente errado um homem e uma mulher terem relações sexuais antes do casamento. Eixo X: 1972 a 2002. Homens: 33,6% em 1972 a 51,2% em 2002. Mulheres: 18,7% em 1972 a 39,3% em 2002. Nota: "A aceitação do sexo antes do casamento aumentou na década de 1970"]

Fonte: Análise do autor de General Social Surveys, 1972-2002; ver J. A. Davis et al., 2003.

dos presos, mas também a conduta dos funcionários e diretores da prisão antes e durante a rebelião. Manter a objetividade pode ser difícil, se os sociólogos temerem que descobertas comprometedoras para as instituições governamentais prejudiquem sua chance de obter subsídio federal para novos projetos de pesquisa.

Embora o *Código de Ética* da American Sociological Association exija que os sociólogos revelem todas as fontes de financiamento, ele não diz se os sociólogos que aceitam financiamentos de um determinado órgão ou corporação podem também aceitar a perspectiva desse órgão sobre o que precisa ser estudado. Conforme demonstrado em nossa discussão da pesquisa financiada pela Exxon Corporation (p. 43-44), essa questão é complicada. Como veremos na próxima seção, a pesquisa sociológica aplicada à sexualidade humana tem esbarrado em obstáculos construídos pelos órgãos de financiamento governamentais.

Iniciativas Políticas

Em 1987, o National Institute of Child Health and Human Development estava procurando propostas para uma pesquisa nacional sobre o comportamento sexual. Vários sociólogos participaram com vários planos que um painel de cientistas de revisão aprovou para financiamento. Entretanto, em 1991, liderado pelo senador Jesse Helms e outros conservadores, o Senado norte-americano votou 66 contra 34 para proibir o financiamento de qualquer pesquisa sobre as práticas sexuais dos adultos. Helms apelou para os medos populares, argumentando que tais pesquisas pretendiam "legitimar estilos de vida homossexuais" e apoiar a "decadência sexual". Dois anos antes, um debate semelhante na Grã-Bretanha havia conduzido à rejeição de um financiamento governamental para uma pesquisa nacional sobre sexo (A. Johnson et al., 1994; Laumann et al., 1994a, p. 36).

Apesar do voto do Senado norte-americano, os sociólogos Edward Laumann, John Gagnon, Stuart Michaels e Robert Michael desenvolveram a pesquisa NHSLS (National Health and Social Life Survey) para entender melhor as práticas sexuais dos adultos nos Estados Unidos. Os pesquisadores levantaram US$ 1,6 milhão de fontes de financiamento *particulares* para conseguir fazer o estudo (Laumann et al., 1994a, 1994b).

Os pesquisadores da NHSLS se esforçaram muito para garantir a privacidade durante as entrevistas, bem como a confidencialidade e segurança na manutenção dos arquivos de dados. Talvez por causa desse esforço cuidadoso, os entrevistadores não tiveram de enfrentar os problemas típicos para obter respostas, mesmo que as perguntas fossem sobre o comportamento sexual dos entrevistados. Todas as entrevistas foram feitas pessoalmente, embora um formulário de confidencialidade incluísse perguntas sobre temas delicados, tais como renda familiar e masturbação. Os pesquisadores usaram diversas técnicas para testar a precisão das respostas dos participantes, como fazer perguntas redundantes em momentos diferentes e de formas diversas, durante a entrevista que durava 90 minutos. Esses procedimentos cuidadosos ajudaram a estabelecer a validade das descobertas da NHSLS.

A pesquisa que lida com a sexualidade humana continua a receber uma atenção especial do Congresso. Em julho de 2003, a Câmara dos Deputados por pouco (por 212 contra 210 votos) derrotou uma tentativa de bloquear financiamentos aprovados para o Instituto Nacional da Saúde. Os financiamentos eram alvos certos de rejeição porque pretendiam coletar dados sobre o risco sexual que as pessoas correm, os hábitos sexuais dos homens mais velhos, o uso de drogas e a bissexualidade. Mas a batalha está longe de terminar. Os opositores colocaram as propostas para investigar a sexualidade humana em uma "lista de projetos visados" que precisam ser justificados perante o Congresso, e precisam da aprovação de uma comunidade científica (Associated Press, 2003; Waxman, 2003).

Apesar dessas batalhas políticas, os autores da NHSLS acreditam que a pesquisa é importante. Argumentam que os dados de sua pesquisa permitem abordar mais facilmente problemas de políticas públicas, como Aids, assédio sexual, reforma da previdência, discriminação sexual, aborto, gravidez na adolescência e planejamento familiar. Além disso, as descobertas da pesquisa ajudam a identificar algumas noções consideradas de "senso comum". Por exemplo, contrariamente à crença popular que as mulheres usam o aborto regularmente para controle da natalidade e que adolescentes pobres pertencem ao grupo socioeconômico com maior probabilidade de fazer abortos, os pesquisadores descobriram que três quartos de todos os abortos são feitos por mulheres para controle da natalidade, e que as mulheres universitárias e ricas têm maior probabilidade de fazer mais abortos do que as adolescentes pobres (Sweet, 2001).

Estudiosos chineses que conhecem a NHSLS começaram a colaborar com sociólogos nos Estados Unidos para fazer um estudo semelhante na China. Os dados estão começando a ser analisados agora, mas as respostas até o momento indicam diferenças drásticas no comportamento sexual das pessoas na faixa dos 20 anos, em comparação com os resultados informados pelas pessoas que agora estão na faixa dos 50 anos sobre quando tinham aquela idade. Os chineses da geração mais jovem são mais ativos sexualmente e têm mais parceiros do que tiveram seus pais. Parcialmente, como resposta a esses resultados preliminares, o Ministério da Saúde chinês buscou a assistência dos Estados Unidos na prevenção e pesquisa do HIV/Aids (Braverman, 2002).

Esse *outdoor* sensualmente provocante veiculado em Beijing anuncia telefones celulares da Coréia do Sul. As empresas multinacionais estão cada vez mais apelando para o sexo a fim de vender produtos de consumo sofisticados à geração mais jovem de chineses.

Vamos Discutir

1. Você vê mérito na posição daqueles que se opõem ao financiamento do governo para pesquisas sobre o comportamento sexual? Explique suas razões.
2. Como os resultados da pesquisa sobre o comportamento sexual humano podem ser usados para controlar as doenças sexualmente transmissíveis?
3. Compare a questão da neutralidade axiológica em uma pesquisa financiada pelo governo e em uma pesquisa financiada por uma companhia. O problema de um conflito de interesses é mais ou menos sério em relação ao financiamento do governo?

RECURSOS DO CAPÍTULO

Resumo

Os sociólogos estão comprometidos com o uso do método científico em suas pesquisas. Neste capítulo, examinamos os princípios básicos do método científico, e estudamos várias técnicas usadas pelos sociólogos para fazer pesquisa.

1. Existem cinco passos básicos no *método científico*: definição do problema, revisão da literatura, formulação da hipótese, coleta e análise de dados e desenvolvimento da conclusão.
2. Sempre que os pesquisadores desejam estudar conceitos abstratos, como inteligência ou preconceito, precisam desenvolver *definições operacionais* para serem aplicadas.
3. Uma *hipótese* geralmente afirma uma relação possível entre duas ou mais variáveis.
4. Usando uma *amostra*, os sociólogos evitam ter de entrevistar todos em uma população.
5. De acordo com o método científico, os resultados de uma pesquisa devem possuir *validade* e *confiabilidade*.
6. Uma parte importante da pesquisa científica é delinear um plano para a coleta de dados, chamado de *tipo de pesquisa*. Os sociólogos usam quatro tipos de pesquisa mais importantes: levantamentos, observação, experimentos e fontes existentes.
7. As duas formas principais de *levantamento* são a *entrevista* e o *questionário*.
8. A *observação* permite que os sociólogos estudem certos comportamentos de comunidades que não podem ser investigados pelos métodos de pesquisa por questionário ou entrevista.
9. Quando os sociólogos querem estudar uma relação de causa e efeito, podem realizar uma *experimento*.
10. Os sociólogos também podem usar as fontes existentes na *análise secundária* e na *análise de conteúdo*.
11. O *Código de Ética* da American Sociological Association exige objetividade e integridade nas pesquisas, confidencialidade e informação de todas as fontes de apoio financeiro.
12. Max Weber estimulou os sociólogos a praticarem a *neutralidade axiológica* nas suas pesquisas, garantindo assim que seus sentimentos pessoais não influenciem a interpretação dos dados.
13. A tecnologia hoje desempenha um papel importante na pesquisa sociológica, seja por meio do banco de dados de um computador seja por informações obtidas na Internet.
14. Apesar de não terem conseguido obter financiamento do governo norte-americano, os pesquisadores desenvolveram a National Health and Social Life Survey (NHSLS) para entender melhor as práticas sexuais dos adultos nos Estados Unidos.

Questões de Pensamento Crítico

1. Imagine que o professor de sociologia pediu que você faça um estudo sobre os moradores de rua. Qual técnica de pesquisa (levantamento, observação, experimento ou fontes existentes) você acha mais útil? Como você usaria essa técnica para realizar sua tarefa?
2. Como um sociólogo pode efetivamente manter a neutralidade axiológica quando estuda um grupo que ele considera repugnante (por exemplo, uma organização de supremacia branca, um culto satânico, ou um grupo de estupradores presos)?
3. As novas tecnologias beneficiam a pesquisa sociológica facilitando a análise estatística e encorajando a comunicação entre estudiosos. Você conseguiria indicar desvantagens potenciais que essas novas tecnologias podem ter para a investigação sociológica?

Termos-chave

Amostra. A seleção de uma população maior que é estatisticamente representativa daquela população. (p. 31)

Amostra aleatória. Uma amostra na qual cada membro de uma população inteira tem a mesma chance de ser selecionado. (p. 31)

Análise de conteúdo. A codificação sistemática e o registro objetivo dos dados dirigidos por uma base racional. (p. 40)

Análise secundária. Diversas técnicas de pesquisa que usam informações e dados coletados anteriormente e acessíveis ao público. (p. 40)

Código de Ética. Os padrões de comportamento aceitáveis desenvolvidos pelos membros de uma profissão. (p. 41)

Confiabilidade. Até onde uma medida produz resultados consistentes. (p. 33)

Correlação. Uma relação entre duas variáveis cuja mudança em uma coincide com uma mudança na outra. (p. 31)

Definição operacional. Uma explicação de um conceito abstrato que seja específico o suficiente para permitir que um pesquisador avalie o conceito. (p. 30)

Efeito Hawthorne. Influência não-intencional que os observadores de um experimento podem exercer sobre os participantes. (p. 39)

Entrevista. Perguntas feitas pessoalmente ou por telefone a um participante para obter as informações desejadas. (p. 36)

Etnografia. O estudo de um ambiente social completo mediante a observação sistemática estendida. (p. 36)

Experimento. Uma situação criada artificialmente que permite ao pesquisador manipular as variáveis. (p. 39)

Grupo controle. Os participantes de um experimento que não são informados sobre uma variável independente pelo pesquisador. (p. 39)

Grupo experimental. Os participantes de um experimento que são expostos a uma variável independente introduzida por um pesquisador. (p. 39)

Hipótese. Uma afirmação especulativa sobre a relação entre duas ou mais variáveis. (p. 31)

Levantamento. Um estudo, geralmente na forma de entrevista ou questionário, que fornece aos pesquisadores informações sobre como as pessoas pensam ou agem. (p. 36)

Lógica causal. A relação entre uma condição ou variável e uma determinada conseqüência, com um evento levando ao outro. (p. 31)

Método científico. Uma série de passos organizados e sistemáticos que garante máxima objetividade e uniformidade na pesquisa de um problema. (p. 29)

Neutralidade axiológica ou de valor. Expressão utilizada por Max Weber para se referir à objetividade dos sociólogos na interpretação dos dados. (p. 44)

Observação. Uma técnica de pesquisa na qual um investigador coleta informações por meio da participação direta e/ou observação próxima de um grupo ou comunidade. (p. 36)

Pesquisa qualitativa. Pesquisa que se baseia no que é visto em campo ou em ambientes naturalistas mais do que em dados estatísticos. (p. 36)

Pesquisa quantitativa. Pesquisa que coleta e informa dados basicamente na forma numérica. (p. 36)

Projeto de pesquisa. Um plano ou método detalhado para a obtenção científica de dados. (p. 35)

Questionário. Um formulário escrito ou impresso usado para obter informações de um participante. (p. 36)

Validade. Até que ponto uma medida ou escala reflete verdadeiramente o fenômeno estudado. (p. 33)

Variável de controle. Um fator que é mantido constante para testar o impacto relativo de uma variável independente. (p. 34)

Variável dependente. A variável em uma relação causal que está sujeita à influência de outra variável. (p. 31)

Variável independente. Uma variável em uma relação causal que provoca ou influencia uma mudança na segunda variável. (p. 31)

Variável. Um traço ou característica mensurável que está sujeita à mudança sob condições diversas. (p. 31)

RECURSOS TECNOLÓGICOS

Conexão com a Internet*

Obs.: Embora os endereços dos sites relacionados a seguir tenham sido atualizados durante a edição deste livro, eles costumam mudar com grande freqüência em razão da natureza dinâmica da Internet.

1. A história oral é um tipo de pesquisa qualitativa usado com freqüência em estudos etnográficos. Visite o site www.oralhistory.org.uk, da Oral History Society e leia a seção que traz o processo do registro de uma história oral.

2. Substance Abuse and Mental Health Services Administration (SAMHSA) faz uma pesquisa nacional sobre abuso de drogas. Para ler sobre o uso do ecstasy por adolescentes e jovens adultos, visite http://oas.samhsa.gov/2k3/ecstasy/ecstasy.htm.

---

* NE: Sites no idioma inglês.

capítulo

CULTURA

3

LA AND THE SOUTH PACIFIC UNITED

THREE DAILY NONSTOPS TO THE SOUTH PACIFIC.

Cada cultura tem suas formas próprias de expressão individual, como ilustra esse *outdoor* da United Airlines. A jovem de Los Angeles mostra o *piercing* na língua, o ilhéu do Pacífico Sul exibe a face com tatuagens cerimoniais.

Cultura e Sociedade

Desenvolvimento da Cultura pelo Mundo

Elementos da Cultura

Cultura e Ideologia Dominante

Variação Cultural

Política Social e Cultura: Bilingüismo

Quadros
   SOCIOLOGIA NA COMUNIDADE GLOBAL: A Vida na Vila Global
   SOCIOLOGIA NO *CAMPUS*: Uma Cultura de Enganação?

Asok é um engenheiro de *software* que trabalha para uma das companhias-vitrina em Silicon Valley, um brilhante edifício de vidro e ladrilhos. Ele e sua mulher nasceram na Índia. Como muitos dos seus amigos, ele freqüentou a Stanford University para se formar e encontrar um emprego em uma grande empresa, onde permaneceu por três anos codificando e aprendendo o jeito norte-americano, e descobriu que as hierarquias políticas nas empresas do país eram muito diferentes daquelas que ele conhecia na Índia. Ansioso e entusiasmado, ele dedicou-se de corpo e alma ao seu primeiro projeto. Seus companheiros de equipe eram como a sua família. Trabalhavam juntos horas sem fim, perfazendo de 80 a 100 horas por semana nos períodos mais difíceis. Faziam piqueniques no Burgess Park e emprestavam dinheiro uns aos outros. Foi uma experiência inebriante. De repente, o produto sobre o qual o projeto se baseava saiu de circulação. O grupo foi dissolvido e seus colegas de equipe foram distribuídos em diversos outros projetos...

Priyesh e sua mulher, Sima, antigos amigos de Asok, estão tomando o café-da-manhã. Sima conta a Priyesh que os parentes dela estavam perguntando se eles iriam voltar para a Índia em breve. Eles sacodem a cabeça, pensando por que iriam querer voltar. Ela diz: "Eu não sinto saudades da Índia... qualquer coisa indiana que eu queira, encontro aqui – lojas de alimentos, templos, programas culturais, revistas hindus. Existem três cinemas na Bay Area que exibem filmes indianos sete dias por semana. Só sinto saudades da minha família". Priyesh contou-lhe que em Silicon Valley se encontram todas as partes boas da Índia – as pessoas e a cultura – sem ter de tolerar a burocracia decadente e a infra-estrutura cheia de falhas. Meio brincando, eles se perguntaram se viviam de fato em um mundo indiano. Ela diz que, embora muitos dos seus amigos sejam indianos, incluindo um primo que imigrou recentemente, Priyesh ainda tem de trabalhar com muitas pessoas que não são indianas.

Sima acrescenta que ela precisa interagir com culturas muito diferentes na escolinha do filho deles – onde se celebram o Ano-Novo chinês e o *Cinco de Maio*. Ela faz uma pausa e observa que essa situação não é muito diferente de interagir com todas as religiões e culturas distintas na Índia. Priyesh ri de todo o problema. Toda essa diversidade cultural não é relevante para ele. Quando está trabalhando, só a tecnologia importa...

Priyesh volta para o escritório que mantém em casa. Ele tem o hábito de trabalhar em casa todos os dias das 6 às 9 horas da manhã... onde passa esse tempo revisando os cerca de cinqüenta a cem e-mails que recebe diariamente. Muitos são relacionados ao trabalho, mas outros o conectam a listas de correio eletrônico ou de pessoas interessadas em investimentos em ações de tecnologia, pessoas que gostam de tocar música indiana ou de jogar tênis. Elas mandam mensagens rápidas umas para as outras para marcar horários de reunião, ou para anunciar a chegada de um determinado artista. E também utilizam o e-mail para se manter em contato com a família na Índia uma vez que ele é o meio mais conveniente para se comunicar quando existe diferença de fuso horário. *(English-Lueck, 2002, p. 1–3)* ∎

Neste trecho do livro *Cultures@Silicon Valley*, de Jan English-Lueck, a antropóloga descreve a vida diária de alguns residentes típicos do mundialmente famoso centro das mais modernas tecnologias, na Califórnia. English-Lueck é professora titular do Departamento de Antropologia da San Jose State University. Fascinada com a miscigenação de culturas e o espírito empreendedor que alimenta a economia da alta tecnologia de sua região, a antropóloga passou dez anos fazendo pesquisa etnográfica sobre engenheiros de *software* que imigram da Índia e da Irlanda para trabalhar nas corporações que inventaram a Era da Informação. Ela vê a comunidade como um microcosmo da globalização, onde novas tecnologias interceptam interesses comerciais internacionais e uma força de trabalho transnacional e multicultural.

A cultura do Silicon Valley revelada pela difícil pesquisa de English-Lueck é um mosaico de múltiplas camadas de tradições étnicas, valores corporativos, consumismo e mídia de massa global. Os imigrantes com formação superior que trabalham nos departamentos de desenvolvimento de *software* do Silicon Valley mantêm redes étnicas fechadas, que dão uma sensação de estabilidade que falta no seu negócio de alto risco. Esses imigrantes aceitam a justificativa do lucro das corporações, o que significa que seus empregos são seguros apenas na medida em que conseguem desenvolver novas tecnologias. Consideram as demandas de aprendizado para viver com pessoas de outras nacionalidades uma troca que vale a pena pelo conforto e eficiência da vida em um país desenvolvido. E permitem que as engenhocas tecnológicas que criam alterem a maneira como vivem suas próprias vidas, modificando as formas como trabalham e se comunicam com os outros.

Embora a indústria da alta tecnologia tenha sofrido recentemente uma recessão econômica, os imigrantes ainda são atraídos ao Silicon Valley, e as corporações instaladas ali ainda estão desenvolvendo novas tecnologias para integrar culturas diferentes. No futuro os Estados Unidos continuarão a depender de pessoas talentosas de todo o mundo. Na nossa cultura que se globaliza rapidamente, compreender outras culturas é vital para nosso bem-estar nacional. Como as culturas diferem e como são iguais? Como a nossa cultura muda quando encontramos uma cultura muito diferente da nossa? O que é responsável pela variação cultural entre as sociedades e dentro delas? Quais são as implicações culturais da tendência à globalização?

Neste capítulo vamos estudar o desenvolvimento da cultura ao redor do mundo, incluindo os efeitos culturais da tendência mundial à globalização. Vamos ver o quanto o estudo da cultura é básico para a sociologia. Vamos examinar o significado de cultura e sociedade, bem como o desenvolvimento da cultura a partir de suas raízes na experiência humana da pré-história até os avanços tecnológicos de hoje. Vamos definir e explorar os aspectos mais importantes da cultura, incluindo língua, normas, sanções e valores. Vamos ver como as culturas desenvolvem uma ideologia dominante, e como os teóricos funcionalistas e do conflito vêem a cultura. Nossa discussão vai abordar tanto as práticas culturais gerais encontradas em todas as sociedades quanto as amplas variações que distinguem uma sociedade da outra. Na seção de política social, vamos observar os conflitos dos valores culturais subjacentes aos debates atuais sobre o bilingüismo. ■

CULTURA E SOCIEDADE

Cultura é a totalidade dos costumes, conhecimentos, objetos materiais e comportamentos aprendidos e transmitidos socialmente. Isso inclui idéias, valores e artefatos (por exemplo, DVD, histórias em quadrinhos e dispositivos para controle da natalidade) de grupos de pessoas. A ligação patriótica à bandeira dos Estados Unidos é um aspecto da cultura norte-americana, como também o é a paixão nacional pelo tango, na Argentina e pelo futebol e carnaval no Brasil.

Às vezes, nos referimos a uma determinada pessoa definindo-a como alguém que "tem muita cultura", ou a uma cidade que tem "muita cultura". Esse uso do termo *cultura* é diferente do empregado neste livro. Em termos sociológicos, *cultura* não se refere somente às belas artes e a um gosto intelectual refinado. Ela é composta de *todos* os objetos e idéias dentro de uma sociedade, desde sorvete de casquinha, passando pelo rock, até a gíria. Os sociólogos consideram tanto um retrato pintado por Rembrandt quanto o trabalho dos grafiteiros nas ruas aspectos da cultura. Uma tribo que cultiva o solo manualmente tem tanta cultura quanto uma pessoa que trabalha com uma máquina operada por computador. Cada povo tem uma cultura distinta, com suas formas características próprias de combinar e preparar os alimentos, construir casas, estruturar a família e promover padrões de certo e errado.

O fato de compartilhar uma cultura semelhante com outros nos ajuda a definir a que grupo ou sociedade pertencemos. Diz-se que um grupo razoavelmente grande de pessoas constitui uma *sociedade* quando essas pessoas vivem em um mesmo território, são relativamente independentes das pessoas fora da sua área, e compartilham uma cultura comum. A área metropolitana de Los Angeles é mais populosa do que pelo menos 150 países, embora os sociólogos não a considerem uma sociedade em si. Ao contrário, eles a vêem como parte – e dependente – de uma sociedade maior, que é a dos Estados Unidos.

Uma sociedade é a maior forma que um grupo humano pode tomar. Ela é composta de pessoas que compartilham uma herança e uma cultura comuns. Os membros da sociedade aprendem essa cultura e a transmitem de uma geração para a outra. Ela preserva a sua cultura diferente por meio da literatura, da arte, de gravações de vídeo e outros meios de expressão. Se não fosse pela transmissão social da cultura, cada geração teria de reinventar a televisão, para não falar da roda.

Uma cultura comum também simplifica muitas interações diárias. Por exemplo, quando você vai comprar uma passagem aérea, sabe que não precisa levar dinheiro. Você pode pagar com um cartão de crédito. Quando se pertence a uma sociedade, consideram-se garantidos diversos pequenos (e importantes) padrões culturais. Consideramos que os teatros vão fornecer cadeiras para o público, que os médicos não vão revelar informações confidenciais, e que os pais terão cuidado ao atravessar a rua com seus filhos pequenos. Essas três suposições refletem valores básicos, crenças e costumes de uma cultura.

A língua, elemento essencial de uma cultura, distingue os humanos das demais espécies. Os membros de uma sociedade geralmente compartilham uma linguagem comum, o que facilita as trocas diárias com os outros. Quando pedimos uma lanterna a um vendedor de uma casa de ferramentas, não precisamos desenhar o instrumento, pois compartilhamos o mesmo termo cultural para uma pequena luz portátil que funciona com pilhas. Entretanto, se você estiver na Inglaterra e precisar de uma lanterna, vai precisar pedir uma *electric torch* (tocha elétrica). Evidentemente, mesmo dentro de uma mesma sociedade, um termo pode ter vários sentidos diferentes. Nos Estados Unidos, *grass* (grama) significa tanto a planta comida pelos animais que pastam quanto uma droga que provoca intoxicação.

■ DESENVOLVIMENTO DA CULTURA PELO MUNDO

Percorremos um longo caminho a partir da nossa herança pré-histórica. A espécie humana produziu grandes feitos, como as composições musicais *ragtime* de Scott Joplin, a poesia de V. S. Naipaul, as pinturas de Johannes Vermeer, os romances de Jane Austen e os filmes de Akira Kurosawa. Ao começar este novo milênio, podemos transmitir um livro inteiro mundo afora pela Internet, podemos clonar telefones celulares, e prolongar a vida por meio do transplante de órgãos. Podemos observar os pontos mais longínquos do universo, ou analisar nossos sentimentos mais profundos. De todas as formas, somos diferentes das outras espécies do reino animal.

Universais Culturais

Todas as sociedades desenvolveram algumas práticas e crenças comuns, conhecidas como *universais culturais*. Muitos universais culturais são, na realidade, adaptações para atender às necessidades humanas, como a necessidade que as pessoas têm de comida, abrigo e roupas. O antropólogo George Murdock (1945, p. 124) compilou uma lista de universais culturais, que inclui esportes atléticos, cozinha, funerais, remédios, casamento e restrições sexuais.

As práticas culturais que Murdock relacionou podem ser universais, mas a maneira pela qual elas são expressas varia de uma cultura para outra. Por exemplo, uma sociedade pode permitir que seus membros escolham seus parceiros para o casamento, outra pode promover casamentos arranjados pelos pais.

A expressão dos universais culturais não apenas varia de uma sociedade para outra, como pode mudar drasticamente com o passar do tempo, dentro de uma mesma sociedade. A cada geração, todos os anos a maioria das culturas humanas muda e expande mediante processos de inovação e difusão.

Inovação

O processo de introduzir uma nova idéia ou objeto em uma cultura é conhecido como *inovação*. A inovação interessa aos sociólogos por causa das conseqüências sociais da introdução de algo novo. Existem duas formas de inovação: descoberta e invenção. A *descoberta* envolve tornar conhecida ou compartilhar a existência de um aspecto da realidade. A descoberta da molécula do DNA e a identificação de uma nova lua de Saturno são atos da descoberta. Um fator importante no processo da descoberta é compartilhar o conhecimento recém-descoberto com os demais. Ao contrário, uma *invenção* é o resultado de itens culturais existentes que são combinados de uma forma que não existia antes. O arco e a flecha, o automóvel e a televisão são exemplos de invenções, como também o são o protestantismo e a democracia.

Globalização, Difusão e Tecnologia

É época de Natal e as festas estão a todo vapor. A cidade está cheia de guirlandas e árvores de Natal, homens de

Você É O Que Você Come?

Os alimentos que as pessoas comem, juntamente com os costumes que elas seguem na preparação e consumo das suas refeições, dizem muito sobre a sua cultura. Em algumas culturas, como na de Papua Nova Guiné, porco assado é uma especialidade reservada para festas, em outras, é um alimento proibido. Na cultura norte-americana, os alimentos geneticamente modificados são aceitos sem muitos questionamentos, mas na Europa eles são proibidos. Como o povo sueco valoriza muito os alimentos naturais orgânicos, 99% das mães na Suécia amamentam seus bebês – uma taxa muito mais alta do que a dos Estados Unidos.

Em algumas culturas, como a francesa, a cozinha refinada é uma instituição cultural. Os franceses preferem produtos locais frescos, preparados cuidadosamente e consumidos devagar, durante uma boa conversa e acompanhados de uma garrafa de vinho. Para os franceses e para os *gourmets* em todo o mundo, grandes *chefs* são celebridades.

Dada a sua reverência à comida, os franceses não tendem a participar de um concurso para ver quem engole mais *hot-dogs*. Nos Estados Unidos e no Japão, esses eventos públicos são muito populares. Mas, embora os japoneses admirem a cultura norte-americana, eles não copiam o hábito de comer *fast-food* na rua enquanto correm de um lugar para outro. Os japoneses compram comida de um vendedor de rua, mas não andam enquanto comem, isso mostraria falta de respeito para com a pessoa que preparou a comida.

Hong Kong

Coney Island, Nova York

Paris

No Vietnã, Papai Noel anda em uma bicicleta carregada de presentes. Festejar os feriados ocidentais em países não-ocidentais é um sinal da globalização.

neve e sinos prateados. Nas ruas, as pessoas vão às compras passando pelas vitrinas repletas de tentadoras guloseimas de Natal. O *Messias* de Haendel será tocado hoje à noite no teatro. Não, isso não é Nova York, Londres ou Berlim, isto é Beijing. A China, o país que exporta muitos dos brinquedos que terminam debaixo das árvores de Natal nos Estados Unidos, foi contagiada pelo espírito natalino. Mas não vamos encontrar muitos presépios ali, onde as pessoas que levam a mensagem do Natal a sério ainda são perseguidas. Para os chineses, o Natal é simplesmente um costume ocidental chique, uma oportunidade bem-vinda de relaxar com a família e os amigos (Marquand, 2002).

Não apenas na China, mas também no Vietnã, na Coréia do Sul e nas Filipinas, festejar os feriados ocidentais é mais um sinal de acelerada globalização. A **globalização** é a integração em âmbito mundial das políticas governamentais, culturas e movimentos sociais e mercados financeiros por meio do comércio e da troca de idéias. Enquanto a discussão pública da globalização é relativamente recente, os intelectuais andam ponderando as suas conseqüências sociais no longo prazo. Karl Marx e Friedrich Engels avisaram em *Manifesto do Partido Comunista* (escrito em 1848) que um mercado mundial levaria a produção ocidental para terras distantes, eliminando as relações de trabalho existentes.

Hoje, os desenvolvimentos fora de um país tendem a influenciar a vida das pessoas tanto quanto as mudanças dentro de casa. Por exemplo, embora a maior parte do mundo já estivesse em recessão em setembro de 2001, os ataques terroristas de Nova York e Washington provocaram uma queda imediata na economia mundial não apenas nos Estados Unidos. Um exemplo do impacto global maciço foi a quebra do turismo internacional, que durou pelo menos dois anos. Os efeitos foram sentidos por pessoas que viviam muito distante dos Estados Unidos, incluindo guardas florestais na África a motoristas de táxi na Ásia. Alguns observadores vêem a globalização e seus efeitos como um resultado natural dos avanços da tecnologia da comunicação, particularmente a Internet e as transmissões via satélite de meios de comunicação de massa. Outros são mais críticos e a vêem como um processo que permite às corporações multinacionais se expandirem sem controle. Vamos examinar esse assunto em maior profundidade no Quadro 3-1 (Sociologia na Comunidade Global) [Chase-Dunn et al., 2000; Feketekuty, 2001; Feuer, 1989; Pearlstein, 2001; Ritzer, 2004b].

Como mostra a comemoração dos feriados ocidentais, cada vez mais expressões e práticas culturais cruzam as fronteiras nacionais e têm um efeito sobre as tradições e os costumes das sociedades expostas a elas. Os sociólogos usam o termo **difusão** para se referir ao processo pelo qual um determinado item cultural se difunde de um grupo para outro, ou de uma sociedade para outra. A difusão pode ocorrer por vários meios, entre eles a exploração, a conquista militar, o trabalho missionário, a influência dos meios de comunicação de massa, o turismo e a Internet.

O sociólogo George Ritzer cunhou a expressão "McDonaldização da sociedade" para descrever como os princípios dos restaurantes de *fast-food* desenvolvidos nos Estados Unidos dominam mais e mais setores das sociedades em todo o mundo. Por exemplo, salões de cabeleireiro e clínicas médicas agora aceitam atender sem hora marcada. Em Hong Kong, clínicas oferecem um menu de variedades que vão desde aumento de fertilidade até métodos para aumentar a possibilidade de ter um filho de determinado sexo. Grupos religiosos – de pregadores evangélicos em TVs locais ou sites, até padres no Centro de Televisão do Vaticano – usam técnicas de marketing semelhantes àquelas empregadas para vender "sanduíches especiais".

A "McDonaldização" está associada à mistura de culturas, por meio da qual vemos um aumento crescente de semelhanças na expressão cultural. No Japão, por exemplo, empresários africanos encontraram um mercado ativo para a moda *hip-hop* popularizada pelos adolescentes nos Estados Unidos. Na Áustria, o próprio

Sociologia na Comunidade Global
3-1 A VIDA NA VILA GLOBAL

Imagine um "mundo sem fronteiras", no qual a cultura, as trocas, o comércio, o dinheiro e mesmo as pessoas se movimentam livremente de um lugar para outro. A cultura popular é compartilhada, seja o sushi japonês sejam os tênis norte-americanos, e a pessoa que responde no telefone às suas dúvidas sobre a conta do seu cartão de crédito poderá estar na Índia, na Irlanda ou nos Estados Unidos. Nesse mundo, mesmo a soberania das nações está em risco, desafiada pelos movimentos políticos e pelas ideologias que ligam os países.

Não há necessidade de imaginar esse mundo, porque já estamos vivendo a era da globalização. Jovens de tribos africanas usam camisetas do Michael Jordan; adolescentes tailandeses dançam música *techno*, crianças norte-americanas colecionam cartões Pokémón, acessórios étnicos se tornaram moda nos Estados Unidos, e as artes marciais asiáticas estão em todo o mundo.

Como chegamos a esse ponto? Primeiro, os sociólogos observam os avanços das comunicações. TV por satélite, telefones celulares, Internet e similares permitem que as informações fluam livremente em todo o mundo, e servem para ligar os mercados globais. Segundo, as corporações nas nações industrializadas se tornaram multinacionais, com fábricas e mercados nos países em desenvolvimento. As companhias líderes gostam da oportunidade de vender bens de consumo em países populosos como a China e a Índia. Finalmente, essas companhias multinacionais cooperam com instituições financeiras globais, organizações e governos para promover o livre-comércio – um comércio sem restrições, ou com pequenas restrições através das fronteiras nacionais.

A globalização não é bem-vinda universalmente. Muitos críticos vêem o predomínio dos "negócios sem fronteiras" como um benefício para os ricos, em particular os muito ricos em países industrializados, à custa dos pobres em nações menos desenvolvidas. Eles consideram a globalização o sucessor do imperialismo e do colonialismo que oprimiram as nações do Terceiro Mundo durante séculos.

Outra crítica à globalização vem de pessoas que se sentem oprimidas pela cultura global. Os líderes de opinião em geral estão muito longe cultural e espacialmente da vida diária dos indivíduos. E quando a mudança cultural pode vir de qualquer parte da vila global, nenhum estilo único pode dominar uma comunidade local por muito tempo. Embutida no conceito de globalização está a noção da dominação cultural das nações subdesenvolvidas pelas nações mais influentes.

> *Mesmo os filmes de James Bond e Britney Spears podem ser vistos como ameaças às culturas nativas, se eles dominam a mídia em detrimento de formas locais de arte.*

Simplificando, as pessoas perdem os seus valores tradicionais e começam a se identificar com a cultura das nações dominantes. Elas poderão descartar ou negligenciar seu idioma e a maneira original de se vestir ao tentar copiar o uso e os ícones da indústria do entretenimento e da moda do mercado de massa. Mesmo os filmes de James Bond e Britney Spears podem ser vistos como ameaças às culturas nativas, se eles dominam a mídia em detrimento de formas locais de arte. Como disse Sembene Ousmane, um dos mais proeminentes escritores e diretores de cinema da África, "[Hoje] estamos mais familiarizados com os contos de fadas europeus do que com as nossas próprias histórias tradicionais" (World Development Forum, 1990, p. 4).

Algumas sociedades tentam se proteger da invasão de um excesso de cultura de outros países, especialmente dos Estados Unidos, que é economicamente dominante. No Brasil, por exemplo, um fabricante de brinquedos desafiou a popularidade da boneca Barbie criando a boneca chamada Suzi, que se parece mais com as meninas brasileiras. Com o busto ligeiramente menor, quadris maiores e mais morena do que a Barbie, seu guarda-roupas inclui os minúsculos biquínis que se vêem nas praias brasileiras, bem como uma saia com estampa verde-amarela exaltando a seleção brasileira de futebol. Os brasileiros adoraram: no Brasil, cinco bonecas Suzi são vendidas para cada duas Barbies.

Evidentemente, a globalização tem o seu lado positivo também. Muitas nações em desenvolvimento estão ocupando seu lugar no mundo do comércio e obtendo receitas muito necessárias. A revolução das comunicações ajuda as pessoas a se manter conectadas, dando-lhes acesso ao conhecimento que pode melhorar os padrões de vida e mesmo salvar vidas. Por exemplo, pessoas que sofrem de doenças têm acesso a programas de tratamento que foram desenvolvidos fora do sistema médico do seu país. A chave disso tudo parece estar no equilíbrio entre as novas e velhas formas – tornar-se moderno sem deixar para trás tradições culturais importantes.

Vamos Discutir

1. Como você é afetado pela globalização? Qual é o item da cultura popular proveniente de outros países que você mais aprecia? Que aspectos da globalização você considera vantajosos, e quais você acredita serem desfavoráveis?
2. Como você se sentiria se os costumes e tradições nos quais você cresceu fossem substituídos pela cultura ou pelos valores de outro país? Como você tentaria proteger sua cultura?

Fontes: Dodds, 2000; Downie, 2000; Giddens, 1991; Hansen, 2001; Hirst e Thompson, 1996; Legrain, 2003; Ritzer, 2004b; Sernau, 2001.

McDonald's baseou-se na paixão dos austríacos por café, bolos e conversas para criar o McCafe, uma parte nova da sua cadeia de *fast-food*. Muitos observadores críticos acreditam que a "McDonaldização" e a globalização servem para diluir os aspectos distintos da cultura de uma sociedade (Alfino et al., 1998; Ritzer, 2002, 2004a).

As diversas formas de tecnologia aumentaram a velocidade da difusão cultural e ampliaram a distribuição dos elementos culturais. O sociólogo Gerhard Lenski definiu **tecnologia** como as "informações culturais sobre como usar os recursos materiais do ambiente para satisfazer as necessidades e os desejos humanos" (Nolan e Lenski, 2004, p. 37). Os desenvolvimentos tecnológicos hoje não esperam mais a publicação na imprensa especializada de circulação limitada. Coletivas de imprensa, em geral feitas simultaneamente pela Internet, anunciam os novos desenvolvimentos.

A tecnologia não apenas acelera a difusão das inovações científicas, como também transmite cultura. No Capítulo 16, vamos discutir a preocupação em diversas partes do mundo de que a língua inglesa e a cultura norte-americana dominem a Internet e a World Wide Web. Tal controle, ou pelo menos domínio de tecnologia influencia a direção da difusão da cultura. Os sites na Web abrangem até mesmo aspectos mais superficiais da cultura norte-americana, mas oferecem poucas informações sobre os problemas graves enfrentados pelos cidadãos de outras nações. Pessoas em todo o mundo acham mais fácil visitar salas de bate-papo eletrônico sobre *shows* da TV norte-americana que passam durante o dia do que se informar sobre as políticas do seu próprio governo relativas à educação e à nutrição infantis.

O sociólogo William F. Ogburn (1922) estabeleceu uma importante distinção entre os elementos da cultura material e imaterial. **Cultura material** se refere aos aspectos físicos ou tecnológicos da nossa vida diária, incluindo alimentos, casas, fábricas e matérias-primas. A ***cultura imaterial*** se refere às formas de usar objetos materiais e costumes, crenças, filosofias, governos e padrões de comunicação. De uma forma geral, a cultura imaterial é mais resistente às mudanças do que a cultura material. Conseqüentemente, Ogburn introduziu a expressão **hiato, atraso ou defasagem cultural** (*cultural lag*) para se referir ao período que a cultura imaterial precisa para se adaptar a novas condições materiais. Por exemplo, a ética no uso da Internet, particularmente em assuntos envolvendo privacidade e censura, ainda não acompanha a explosão no uso e na tecnologia desse veículo (ver seção de política social no Capítulo 16).

Use a Sua Imaginação Sociológica

Se você crescesse na geração de seus pais – sem computadores, e-mails, Internet, *pagers* e telefones celulares – como sua vida diária seria diferente da que você vive hoje?

Sociobiologia

Enquanto a sociologia enfatiza a diversidade e a mudança na expressão da cultura, uma outra escola de pensamento, a sociobiologia, enfatiza os aspectos universais da cultura. A ***Sociobiologia*** é o estudo sistemático de como a biologia afeta o comportamento social humano. Os sociobiólogos defendem que muitos dos traços culturais que os humanos apresentam – como a expectativa quase universal de que as mulheres são seres que nutrem e os homens são provedores – não são aprendidos, mas estão enraizados na nossa composição genética.

A sociobiologia baseia-se na teoria da evolução de Charles Darwin (1859). Viajando pelo mundo, Darwin observou pequenas variações nas espécies – por exemplo, na forma do bico de um pássaro – de uma região para outra. Ele teorizou que durante centenas de gerações, variações aleatórias na composição genética tinham ajudado certos membros de uma espécie a sobreviver em determinado ambiente. Por exemplo, um pássaro com um bico de formato diferente poderia ser mais eficiente para juntar sementes do que outros da espécie. Na reprodução, esses indivíduos de sorte passaram seus genes privilegiados para as gerações seguintes. Finalmente, dada a sua vantagem para a sobrevivência, os indivíduos com aquela variação começaram a ser em maior número do que os outros membros da espécie. A espécie foi se adaptando lentamente ao seu ambiente. Darwin chamou esse processo de adaptação ao ambiente por meio de variação genética aleatória de *seleção natural*.

Os sociobiólogos aplicam o princípio da seleção natural de Darwin ao estudo do comportamento social. Eles consideram que formas particulares de comportamento se tornam geneticamente ligadas a uma espécie se elas contribuírem para a sobrevivência dos mais fortes (Van den Berghe, 1978). Em sua forma extrema, a sociobiologia sugere que *todos* os comportamentos resultam de fatores genéticos ou biológicos, e que as interações sociais não desempenham nenhum papel na formação da conduta das pessoas.

Os sociobiólogos não buscam descrever o comportamento individual nos termos de "por que o Fred é mais agressivo que o Jim?". Ao contrário, eles consideram como a natureza humana é afetada pela composição genética de um *grupo* de pessoas que compartilham certas características (por exemplo, homem ou mulher, ou membros de grupos tribais isolados). De maneira geral, os sociobiólogos enfatizam a herança genética básica de que *todos* os seres humanos compartilham, e mostram pouco interesse em especular sobre supostas diferenças entre grupos raciais ou nacionalidades (E. Wilson, 1975, 1978).

Alguns pesquisadores insistem que o interesse intelectual da sociobiologia vai apenas desviar o estudo sério das influências mais importantes sobre o comportamento humano, o ambiente social. Mesmo assim, Lois Wladis Hoffman (1985), no seu discurso de posse na presidência da Society for the Psychological Study of Social Issues, argumentou que a sociobiologia faz um desafio valioso aos cientistas sociais para que documentem melhor suas pesquisas. Os interacionistas, por exemplo, poderiam mostrar como o comportamento social não é programado pela biologia humana, mas sim que ele se adapta continuamente às atitudes e respostas dos outros.

A maior parte dos cientistas sociais concorda com certeza que existe uma base biológica para o comportamento social, mas há pouco apoio às suposições extremas de certos defensores da sociobiologia. Os interacionistas, os teóricos do conflito e os funcionalistas acreditam que é o comportamento das pessoas, e não a sua estrutura genética, que define a realidade social. Os teóricos do conflito temem que a abordagem sociobiológica possa ser usada como um argumento contra os esforços para ajudar as pessoas necessitadas, tais como crianças em idade escolar que não conseguem competir bem com as outras (Guterman, 2000; Segerstråle, 2000; E. Wilson, 2000).

ELEMENTOS DA CULTURA

Cada cultura considera "naturais" suas maneiras próprias de lidar com tarefas básicas da sociedade. Mas, na realidade, métodos de educação, cerimônias de casamento, doutrinas religiosas e outros aspectos da cultura são aprendidos e transmitidos pela interação humana dentro de cada sociedade específica. Os pais na Índia estão acostumados a arranjar casamentos para seus filhos; os pais tanto nos Estados Unidos como no Brasil relegam aos filhos a decisão quanto ao casamento. Pessoas que sempre moraram em Nápoles acham natural falar italiano; assim como pessoas que sempre moraram em Buenos Aires acham natural falar espanhol. Vamos verificar os aspectos mais importantes da cultura que moldam a maneira pela qual os membros de uma sociedade vivem: o idioma, as normas, as sanções e os valores.

Língua

A língua inglesa faz uso extensivo de palavras relacionadas à guerra. Fala-se em "conquistar" o espaço, "lutar" pelo orçamento, "declarar guerra" às drogas, fazer uma "matança" no mercado, e levar "bomba" no exame. Um observador de uma cultura completamente diferente e sem experiência de guerra poderia medir que importância a guerra e os aspectos militares têm nas vidas dos norte-americanos simplesmente reconhecendo a importância que os termos militares têm no inglês. Já no Velho Oeste, palavras como *castrado, garanhão, égua, malhado* e *alazão* são todas usadas para descrever um animal – o cavalo. Mesmo se não soubéssemos quase nada daquele período da história, poderíamos concluir da lista de termos referentes a cavalos que eles eram importantes para aquela cultura. Da mesma forma, os índios slaves do norte do Canadá, que vivem em um clima frio, têm 14 termos para descrever o gelo, incluindo oito para diferentes tipos de "gelo sólido", e outros para "gelo com fissura", "gelo quebrado" e "gelo flutuante". Claramente, a língua reflete as prioridades de uma cultura (Basso, 1972; Haviland, 2002).

A *língua*, na verdade, é a fundação de todas as culturas, é um sistema abstrato de significados de palavras e símbolos para todos os aspectos da cultura. Ela inclui o discurso, os caracteres escritos, os números, os símbolos e os gestos e expressões não-verbais. A Figura 3-1 mostra os locais onde as línguas mais importantes do mundo são faladas.

Como a língua é o fundamento de todas as culturas, a capacidade de falar outros idiomas é essencial para as relações interculturais. Durante toda a Guerra Fria, que começou na década de 1950 e continuou até a década de 1970, o governo norte-americano incentivava o estudo do russo criando escolas de idiomas especiais para diplomatas e conselheiros militares que lidavam com a União Soviética. Depois do 11 de setembro, a nação reconheceu que havia poucos tradutores competentes de árabe e de outros idiomas falados nos países muçulmanos. O idioma rapidamente se tornou essencial não apenas para a localização de potenciais terroristas, mas também para construir pontes diplomáticas com os países muçulmanos que desejassem ajudar na guerra contra o terrorismo.

Enquanto o idioma é um universal cultural, diferenças impressionantes no uso dos idiomas são evidentes em todo o mundo. Isso acontece mesmo quando dois países usam a mesma linguagem falada. Por exemplo, uma pessoa que fala o inglês americano e esteja visitando Londres pode se confundir quando um amigo inglês diz pela primeira vez *"I'll ring you up"*, ele teria dito *"I'll call you on the telephone"* [Eu vou telefonar para você].

Hipótese de Sapir-Whorf

Um idioma é mais do que uma descrição da realidade, ele também serve para moldar a realidade de uma cultura. Por exemplo, a maioria das pessoas nos Estados Unidos não consegue fazer distinções verbais facilmente a respeito do gelo como o fazem as pessoas da cultura dos índios slaves. Conseqüentemente, elas têm menor probabilidade de tais diferenças.

A *hipótese de Sapir-Whorf*, assim chamada em homenagem a dois sociólogos, descreve o papel do idioma na formação da nossa interpretação da realidade. De acordo com Sapir e Whorf, as pessoas podem conceituar o mundo apenas por meio do idioma, o idioma *precede* (gera) o pensamento. Assim, os símbolos das palavras e a gramática de um idioma organizam o mundo para nós. A hipótese de Sapir-Whorf também afirma que o idioma não é dado. Ao contrário, ele é determinado culturalmente e encoraja uma interpretação distinta da realidade focalizando a nossa atenção em certos fenômenos.

FIGURA 3-1
Os Idiomas no Mundo

Mapeando a Vida EM TODO O MUNDO

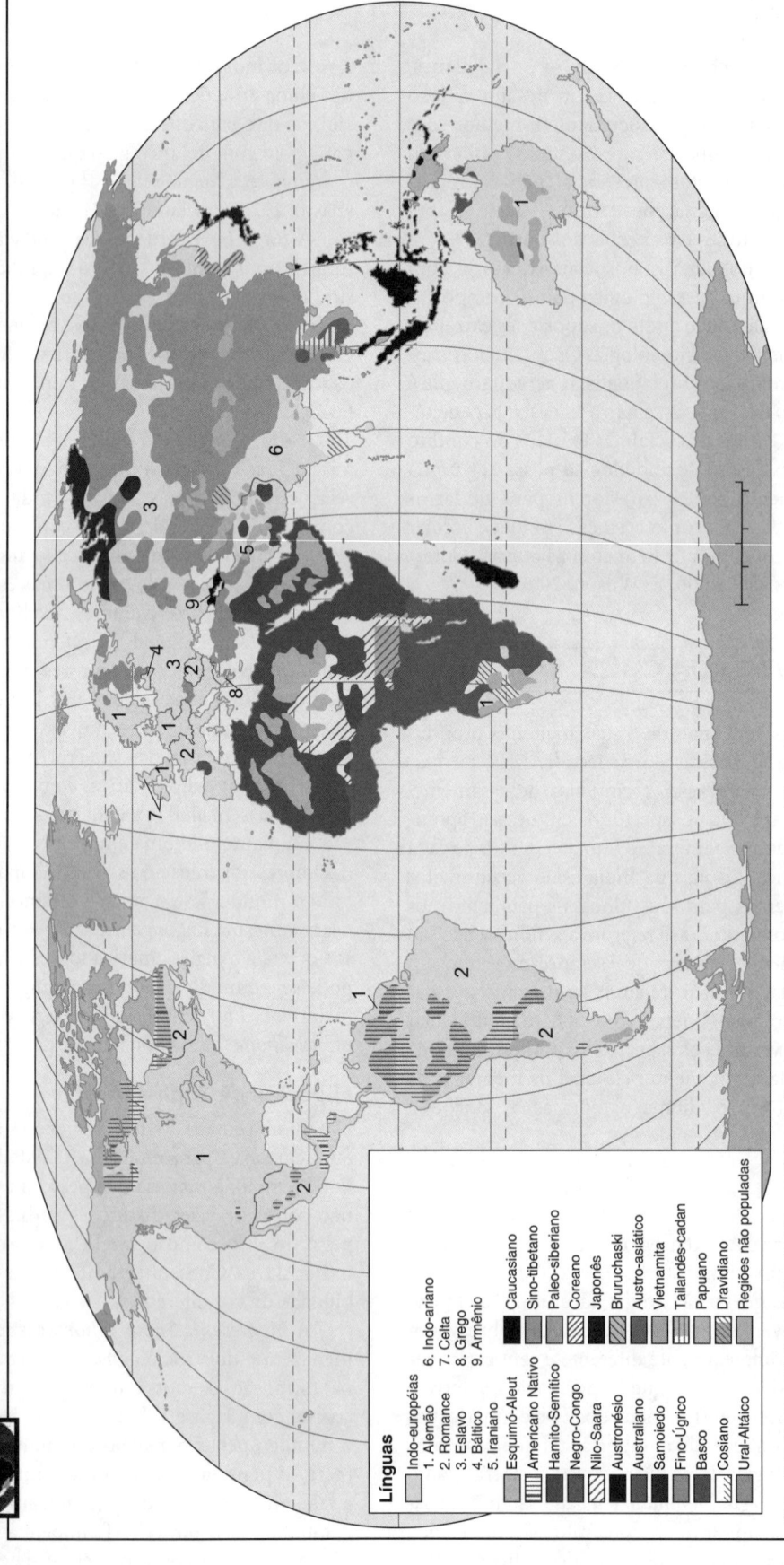

Línguas

Indo-européias
1. Alemão
2. Romance
3. Eslavo
4. Báltico
5. Iraniano
6. Indo-ariano
7. Celta
8. Grego
9. Armênio

Esquimó-Aleut
Americano Nativo
Hamito-Semítico
Negro-Congo
Nilo-Saara
Austronésio
Australiano
Samoiedo
Fino-Úgrico
Basco
Cosiano
Ural-Altáico
Caucasiano
Sino-tibetano
Paleo-siberiano
Coreano
Japonês
Bruruchaski
Austro-asiático
Vietnamita
Tailandês-cadan
Papuano
Dravidiano
Regiões não populadas

Obs.: Esta figura está disponível, colorida, na página do livro, no site da Editora: *www.mcgraw-hill.com.br*.

Fonte: J. Allen, 2003.

Pense nisto
Por que você acha que as pessoas nos Estados Unidos são menos prováveis de falar mais do que um idioma, ao contrário das pessoas que vivem em outras partes do mundo?

Sinais com as mãos têm significados diversos em diferentes culturas. O crítico de cinema norte-americano Roger Ebert usa um sinal com o polegar para cima para recomendar um filme novo, mas na Austrália esse gesto seria mais uma ofensa do que um elogio. No Brasil, o polegar para cima também é usado para expressar que tudo está bem, legal.

Em um sentido literal, o idioma poderá colorir a forma com que vemos o mundo. Berlin e Kay (1991) observaram que os seres humanos possuem a capacidade física de fazer distinção entre milhões de cores, e os idiomas diferem quanto ao número de cores reconhecidas. A língua inglesa distingue entre o amarelo e o laranja, mas algumas línguas não o fazem. No idioma dugum dani das Terras Altas Ocidentais da Nova Guiné, existem apenas dois termos básicos para cores – *modla*, para "branco" e *mili* para "preto". Em contrapartida, no inglês existem 11 termos básicos. Em russo e em húngaro existem 12 termos para as cores. Os russos têm termos para azul-claro e azul-escuro, enquanto os húngaros têm termos para duas tonalidades diferentes de vermelho (Roberson et al., 2000).

As feministas observaram que a linguagem relacionada ao sexo pode refletir – embora por si mesma não possa determinar – a aceitação tradicional dos homens e mulheres em certas ocupações. Cada vez que usamos o termo policial, fica implícito (principalmente para as crianças) que essa ocupação pode ser apenas de homens. Embora muitas mulheres trabalhem como policiais – o fato é que está sendo cada vez mais reconhecido e legitimado o uso de uma linguagem sem definição de gênero.

A língua também pode transmitir estereótipos relacionados à raça. Procure os significados do adjetivo *preto/negro* nos dicionários publicados nos Estados Unidos. Você vai encontrar significados como *sombrio, deprimente ou proibido, destituído de luz moral ou bondade, atroz, mau, ameaçador, anuviado pela raiva*. Em contrapartida, os dicionários trazem entre os significados de *branco* os adjetivos *puro* ou *inocente*. Por meio de tais padrões de linguagem, a cultura norte-americana reforça as associações positiva ao termo *branco* (e com a cor da pele), e de associações negativas ao *preto/negro*. Portanto, será que é surpreendente que uma lista de pessoas que não pode trabalhar em uma determinada profissão é chamada de *lista negra*, enquanto alguém que tem autorização para fazer tudo o que for necessário recebe *carta branca*?

O idioma pode moldar a forma como vemos, experimentamos, cheiramos, sentimos e ouvimos. Pode também influenciar a forma como pensamos as pessoas, as idéias e objetos à nossa volta. A língua comunica às pessoas as mais importantes normas, os valores e as sanções de uma cultura. É por isso que a introdução de uma nova língua em uma sociedade é um assunto tão delicado em diversas partes do mundo (ver seção de política social no final deste capítulo).

Comunicação Não-verbal

Se você não gosta da maneira como uma reunião está se desenvolvendo, pode repentinamente se encostar em sua cadeira, cruzar os braços e torcer a boca em desaprovação. Quando você vê um amigo chorando, pode dar-lhe um abraço rápido. Depois de ganhar uma grande partida, um norte-americano fará um *high-five* com seus companheiros de equipe. Esses são todos exemplos de *comunicação não-verbal*, o uso de gestos, expressões faciais e outras imagens visuais para se comunicar.

Não nascemos com essas expressões. Nós as aprendemos, da mesma maneira como aprendemos outras formas de linguagem com as pessoas que compartilham a nossa cultura. Isso é válido tanto para expressões básicas de felicidade e de tristeza, como para emoções mais complexas como a vergonha ou a aflição (Fridlund et al., 1987).

Assim como outras formas de linguagem, a comunicação não-verbal não é a mesma em todas as culturas. Por exemplo, pesquisas sociológicas de documentos em nível micro mostram que as pessoas de diferentes culturas se tocam umas às outras mais ou menos vezes durante uma interação social normal. Mesmo viajantes experientes às vezes se assustam com tais diferenças. Na Arábia Saudita, um homem de meia-idade pode andar de mãos dadas com outro homem depois de fechar um negócio com ele. O gesto, que espantaria um homem de negócios norte-americano, é considerado um cumprimento naquela cultura. O significado dos sinais de mão é outra forma de comunicação não-verbal que pode diferir de uma cultura para outra. Na Austrália, um sinal do polegar para cima é considerado, ofensivo (Passero, 2002). No Brasil, esse mesmo sinal é utilizado para expressar que algo está bem, ok, que é legal.

Normas

"Lave as mãos antes de comer." "Não matarás." "Respeite os mais velhos." Todas as sociedades têm maneiras de incentivar e exigir o que consideram um comportamento adequado, enquanto desaprovam e execram o que consideram um comportamento inadequado. As **normas** são padrões de comportamento estabelecidos por uma sociedade.

Para que uma norma se torne importante, ela precisa ser compartilhada e entendida por todos. Por exemplo, nos cinemas, esperamos que as pessoas fiquem quietas durante a exibição do filme. Evidentemente, a aplicação dessa norma pode variar, dependendo do filme que estiver sendo projetado e do tipo de audiência. As pessoas que assistem a um filme de arte provavelmente insistirão mais no cumprimento da norma do silêncio do que aquelas que assistem a uma comédia ou a um filme de horror.

Tipos de Normas

Os sociólogos distinguem as normas de dois modos. Primeiro, as normas são classificadas como formais ou informais. **Normas formais** são normas escritas e especificam sanções rigorosas aos infratores. Tanto nos Estados Unidos como no Brasil, com freqüência as normas são formalizadas em leis, que são bem precisas ao definir os comportamentos adequados e inadequados. O sociólogo Donald Black (1995) chamou a **lei** de "controle social governamental", querendo dizer que elas são normas formais aplicadas pelo Estado. As leis são apenas exemplo das normas formais. As exigências para uma especialização na faculdade e as regras do baralho também podem ser consideradas normas formais.

As **normas informais**, por sua vez, são em geral entendidas, mas não são registradas. Os padrões de como se vestir adequadamente são exemplos comuns de normas informais. A sociedade não tem uma punição ou uma sanção para uma pessoa que vá para a escola, por exemplo, usando macacão. Fazer gozações sobre o estudante destoante seria a resposta mais provável.

As normas também são classificadas pela sua importância relativa para a sociedade. Quando classificadas desta maneira, elas são chamadas de **costumes** e **usos**. Os **costumes** são normas consideradas muito necessárias para o bem-estar de uma sociedade, porque elas são os princípios mais respeitados de um povo. Cada sociedade exige obediência aos seus costumes, infringi-los pode levar a penalidades duras. Assim, países como os Estados Unidos e o Brasil têm costumes arraigados contra o assassinato, a traição e o abuso infantil, que foram institucionalizados como normas formais.

Os **usos** são normas que regem o comportamento diário. Elas desempenham um papel importante na formação do comportamento diário dos membros participantes de uma cultura. A sociedade não tende a formalizar seus usos como os seus costumes, e infringi-los causa menos preocupação. Por exemplo, subir uma escada rolante que desce em uma loja de departamentos desafia nossos padrões de comportamento adequado, mas não resultará em multa ou prisão.

Em muitas sociedades do mundo os usos existem para reforçar os padrões da dominação masculina. Vários usos revelam a posição hierárquica superior dos homens em relação às mulheres em áreas tradicionais budistas no sudeste da Ásia. Nos vagões-leito dos trens, as mulheres não dormem nas camas de cima dos beliches, acima dos homens. Os hospitais que abrigam os homens no primeiro andar não colocam pacientes mulheres no segundo andar. Mesmo nos varais, a cultura dita a dominância masculina: roupas femininas são penduradas abaixo das roupas masculinas (Bulle, 1987).

> **Use a Sua Imaginação Sociológica**
>
> Você é o diretor de uma escola de nível médio. Que normas você gostaria que regessem o comportamento dos estudantes? Como essas normas difeririam daquelas adequadas para estudantes universitários?

Aceitação de Normas

As pessoas não seguem as normas, sejam elas costumes, sejam tradições – em todas as situações. Em alguns casos, elas podem burlar a norma por saberem que não lhes serão cobradas. Nos Estados Unidos é ilegal adolescentes consumirem bebidas alcoólicas, mas eles consomem no país inteiro. Na realidade, o alcoolismo na adolescência é um sério problema social em vários países.

Em algumas situações, um comportamento que parece infringir as normas da sociedade pode, na realidade, representar a adesão às normas de um determinado grupo. Os adolescentes que bebem estão se comportando de acordo com padrões dos pares em seu grupo quando infringem normas que condenam a bebida para menores. Da mesma forma, os executivos que usam técnicas duvidosas de contabilidade podem estar respondendo a uma cultura corporativa que exige a maximização dos lucros a qualquer custo, mesmo enganando investidores e órgãos reguladores do governo.

As normas são infringidas às vezes em algumas situações por serem conflitantes com outras. Por exemplo, suponha que você more em um prédio e comece a ouvir, durante a noite, gritos provenientes do apartamento vizinho, em que o marido está batendo na mulher. Se você interferir tocando a campainha ou chamando a polícia,

Alguém está a fim de uma briga de galo? Elas são legais apenas no Novo México, Louisiana e Oklahoma (na foto), mas é praticada a portas fechadas em todos os demais estados norte-americanos. O que isso nos diz sobre as normas sociais?

estará infringindo a norma de que "cada um deve cuidar da sua vida", mas, ao mesmo tempo, estará atendendo à norma de ajudar uma vítima de violência.

Mesmo que as normas não entrem em conflito, sempre há exceções a uma norma. A mesma norma, sob diferentes circunstâncias, pode fazer que uma pessoa seja vista como um herói ou como um vilão. Grampear secretamente conversas telefônicas é considerado ilegal ou condenável. Entretanto, isso pode ser feito com uma ordem judicial para obter provas válidas em um julgamento. Elogiamos um agente do governo que usa tais métodos para prender um figurão do crime organizado. Na nossa cultura, tolera-se matar outro ser humano em defesa própria. Nos Estados Unidos, chega-se a recompensar o ato de matar em uma guerra.

A aceitação das normas está sujeita a mudanças conforme as condições políticas, econômicas e sociais de uma cultura em transformação. Até a década de 1960, por exemplo, normas formais em quase todos os estados norte-americanos proibiam o casamento entre pessoas de grupos raciais diferentes. Durante os últimos 50 anos, entretanto, tais proibições legais foram deixadas de lado. O processo de mudança pode ser visto hoje com a crescente aceitação de mães ou pais solteiros, bem como com o crescente apoio à legalização do casamento entre pessoas do mesmo sexo (ver Capítulo 12). No Brasil, país cujas instituições são mais conservadoras, começa-se a discutir a união entre pessoas do mesmo sexo.

Quando as circunstâncias exigem uma violação súbita de normas culturais bem antigas, a mudança pode perturbar uma população inteira. No Iraque, onde os costumes muçulmanos proíbem estritamente que um estranho toque um homem, e sobretudo as mulheres, a guerra que começou em 2003 trouxe numerosas violações diárias dessa norma. Do lado de fora das mesquitas mais importantes, escritórios governamentais e outras instalações visadas pelos terroristas, os visitantes agora são revistados e suas bolsas são inspecionadas pelos guardas de segurança iraquianos. Para reduzir o desconforto causado pelo procedimento, as mulheres são revistadas por policiais femininas e os homens, por policiais masculinos. Apesar dessa concessão, e do fato de que muitos iraquianos admitem ou mesmo insistem na necessidade de tais medidas, as pessoas ainda se sentem mal quando a sua privacidade individual é invadida. Como reação às revistas, as mulheres iraquianas começaram a limitar os conteúdos das bolsas que carregam, ou a deixá-las em casa (Rubin, 2003).

Sanções

Suponha que o técnico de um time de futebol coloque mais um jogador em campo, além dos 11 normalmente escalados. Imagine uma situação em que um colega recém-formado compareça a uma entrevista de emprego em um grande banco usando shorts, ou um motorista que não preencha a ficha de zona azul ao estacionar em local em que ela é exigida. Essas pessoas violaram normas que são compartilhadas e compreendidas. O que acontecerá então? Em cada uma dessas situações a pessoa vai receber sanções se o seu comportamento for percebido.

As *sanções* são penalidades ou recompensas por condutas relativas a uma norma social. O conceito de *recompensa* está incluído nessa definição. A obediência a uma norma pode levar a sanções positivas, tais como um aumento de salário, uma medalha, uma palavra de gratidão ou um tapinha nas costas. As sanções negativas incluem multas, ameaças, prisão e olhares de desprezo.

A Tabela 3-1 resume a relação entre normas e sanções. Como você pode ver, as sanções associadas às normas formais (aquelas que são escritas e codificadas) também tendem a ser formais. Se um técnico de futebol norte-americano mandar jogadores demais para o campo, a equipe será penalizada em 15 jardas. O motorista que deixar de preencher a ficha de zona azul vai receber uma multa que terá de pagar. Mas as sanções pelas violações

Tabela 3-1	Normas e Sanções	
Normas	**Sanções**	
	Positivas	Negativas
Formais	Aumento de salário	Perder o cargo
	Jantar de reconhecimento	Ser despedido do emprego
	Medalha	Sentença de prisão
	Diploma	Expulsão
Informais	Sorriso	Testa franzida
	Elogio	Humilhação
	Brindes	Menosprezo

de normas informais variam. Se um recém-formado for a uma entrevista de emprego em um banco usando short, não terá nenhuma chance de ficar com o emprego; ele poderá, entretanto, ser tão brilhante que os executivos do banco poderão ignorar sua roupa nada convencional para o momento e o lugar.

Todo rol de normas e soluções de uma cultura reflete os valores e as prioridades dessa cultura. Os valores considerados mais importantes são os que receberão sanções mais pesadas; assuntos considerados menos fundamentais terão sanções leves e informais.

Valores

Embora possamos ter nosso próprio conjunto de padrões – que poderá incluir o cuidado, a aptidão ou o sucesso nos negócios –, também compartilhamos um conjunto geral de objetivos como membros de uma sociedade. Os *valores* culturais são essas concepções coletivas do que é considerado bom, desejável e adequado – ou mau, indesejável e inadequado – em uma cultura. Eles indicam o que as pessoas em uma determinada cultura preferem, bem como o que elas consideram importante e moralmente correto (ou errado). Os valores podem ser específicos, como honrar os pais, ser dono de uma casa, ou eles podem ser mais gerais, como os relacionados à saúde, ao amor e à democracia. Evidentemente, os membros de uma sociedade não compartilham os seus valores de maneira uniforme. Debates políticos exaltados e *outdoors* que promovem causas conflitantes nos revelam isso.

Os valores influenciam o comportamento das pessoas e funcionam como critérios para avaliar as ações das outras. Os valores, as normas e as sanções de uma cultura com freqüência estão diretamente relacionados. Por exemplo, se a cultura valoriza muito a instituição do casamento, poderá ter normas (e sanções rigorosas) que proíbam o ato do adultério ou tornem o divórcio difícil. Se uma cultura considera a propriedade privada um valor básico, ela provavelmente terá leis rígidas contra roubo e vandalismo.

Os valores de uma cultura podem mudar, mas a maioria permanece relativamente estável durante o período de vida de uma pessoa. Valores que são compartilhados e sentidos intensamente são uma parte fundamental de nossas vidas. O sociólogo Robin Williams (1970) ofereceu uma lista de valores básicos, que incluem as realizações, a eficiência, o conforto material, o nacionalismo, a igualdade e a supremacia da ciência e da razão sobre a fé. Evidentemente, nem todos concordam com todos esses valores, e não devemos considerar essa lista como se ela fosse algo mais do que um ponto de partida para a definição do caráter nacional norte-americano. Mesmo assim, uma revisão das 27 tentativas diferentes de escrever o "Sistema de valores norte-americano", incluindo os trabalhos da antropóloga Margaret Mead e do sociólogo Talcott Parsons, revelou uma semelhança geral com os valores identificados por Williams (Devine, 1972).

Todos os anos mais de 276 mil estudantes que entram nas 413 faculdades dos Estados Unidos preenchem um questionário sobre suas atitudes. Como essa pesquisa focaliza diversos assuntos, crenças e metas de vida, ela geralmente é citada como um termômetro dos valores da nação. Pergunta-se aos participantes quais os valores que são particularmente importantes para eles. Durante os últimos 36 anos, o valor "estar muito bem de vida" mostrou ser o mais popular; a proporção de estudantes no primeiro ano da faculdade que consideram esse valor "essencial" ou "muito importante" subiu de 44%, em 1967, para 74%, em 2003 (ver Figura 3-2). Em contrapartida, o valor que tem declinado entre os estudantes é "desenvolver uma filosofia de vida significativa". Enquanto esse valor foi o mais popular na pesquisa de 1967, apoiado por mais de 80% dos participantes, ele caiu nove pontos na lista de 2003, quando apoiado por menos de 40% dos estudantes que entravam na faculdade.

Durante as décadas de 1980 e 1990, o apoio aos valores relacionados a dinheiro, poder e *status* cresceu. Ao mesmo tempo, o apoio a certos valores relacionados à consciência social e ao altruísmo, como "ajudar os outros", caiu. De acordo com a pesquisa nacional de 2003, apenas 39% dos alunos no primeiro ano da faculdade disseram que "influenciar os valores sociais" era essencial, ou uma meta muito importante. A proporção de alunos para quem "ajudar a promover entendimento racial" era uma meta essencial ou importante atingiu a alta porcentagem de 42%, em 1992, mas caiu para 31%, em 2003. Como outros aspectos da cultura, como o idioma e as normas, os valores de uma nação não são necessariamente fixos.

Recentemente, o plágio se tornou um assunto quente nos *campi* universitários. Os professores que lançam

FIGURA 3-2

Metas de Vida dos Estudantes do Primeiro Ano da Faculdade nos Estados Unidos, 1966–2003

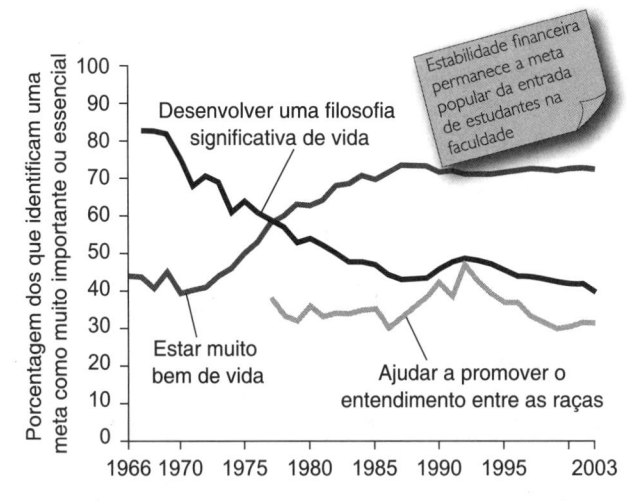

Estabilidade financeira permanece a meta popular da entrada de estudantes na faculdade

Fonte: Higher Education Research Institute da UCLA, como informado em Astin et al., 1994; Sax et al., 2003, p. 27.

Pense nisto
Por que você acha que os valores mudaram entre os estudantes universitários nas últimas décadas? Quais desses valores são importantes para você? Os valores mudaram depois dos ataques de 11 de setembro de 2001?

mão de sistemas de busca pela Internet, como o Google, para identificar um plágio ficaram chocados ao constatar quantos trabalhos dos seus alunos eram plágio total ou parcial de textos ali registrados. O Quadro 3-2 examina a mudança nos valores que realça esse declínio da integridade acadêmica.

Outro valor que começou a mudar recentemente, não apenas entre os estudantes, mas entre o público em geral, é o do direito à privacidade. Os norte-americanos sempre valorizaram a sua privacidade e se ressentiram das ingerências do governo na sua vida pessoal. Depois dos ataques terroristas de 11 de setembro, entretanto, vários cidadãos pediram mais proteção contra a ameaça do terrorismo. Em resposta, o governo norte-americano ampliou seus poderes de vigilância e aumentou sua capacidade de monitorar o comportamento das pessoas sem a aprovação de um tribunal. Em 2001, logo depois dos ataques, o Congresso aprovou o *Patriot Act* (Lei Patriota), que dá poderes ao Federal Bureau of Investigation (FBI) de acessar registros médicos, de bibliotecas, de alunos e de telefone dos indivíduos sem informação prévia, ou sem obter um mandado judicial. Vamos discutir a ambivalência sentida pelos norte-americanos após a intensificação da vigilância do governo e da ameaça que isso significa à privacidade das pessoas na seção de política social no Capítulo 16.

CULTURA E IDEOLOGIA DOMINANTE

Tanto os funcionalistas quanto os teóricos do conflito concordam que a cultura e a sociedade se reforçam mutuamente, mas por razões diversas. Os funcionalistas dizem que a estabilidade exige consenso e apoio dos membros da sociedade, vem daí a necessidade de valores centrais fortes e normas comuns. Essa visão da cultura tornou-se popular na sociologia no início da década de 1950. Foi emprestada dos antropólogos britânicos que pensavam que a função de todos os traços da cultura era estabilizar a cultura. Da perspectiva funcionalista, um traço ou prática social persistirá se suas funções cumprirem o que a sociedade parece precisar ou se ele contribuir para a estabilidade e consenso social como um todo. Essa visão ajuda a explicar por que práticas sociais condenadas, como a prostituição, continuam a sobreviver.

Os teóricos do conflito concordam que a cultura comum pode existir, mas argumentam que ela serve para manter os privilégios de certos grupos. Além disso, enquanto protegem os seus próprios interesses, grupos poderosos podem manter os outros em uma posição subserviente. A expressão ***ideologia dominante*** descreve um conjunto de crenças e práticas culturais que ajuda a manter poderosos interesses políticos, econômicos e sociais. Esse conceito foi usado pela primeira vez pelo marxista húngaro Georg Lukacs (1923) e pelo marxista italiano Antonio Gramsci (1929), mas não conquistou público nos Estados Unidos até o início da década de 1970. Na visão de Karl Marx, a sociedade capitalista tem uma ideologia dominante que serve aos interesses da classe dominante.

Da perspectiva do conflito, a ideologia dominante tem grande importância social. Não apenas os grupos e instituições mais poderosos da sociedade controlam a riqueza e a propriedade, eles controlam os meios de produção de crenças sobre a realidade por meio da religião, da educação e da mídia. As feministas argumentariam que se todas as instituições mais importantes da sociedade dizem às mulheres que elas devem ser subservientes em relação aos homens, essa ideologia dominante ajuda a controlar as mulheres e a mantê-las em uma posição subserviente.

Um número crescente de cientistas sociais acredita que não é fácil identificar a "cultura central" dos Estados Unidos. Como sustentação, eles indicam a falta de consenso sobre valores sancionais, a difusão dos traços culturais, a diversidade dentro da cultura e os pontos de vista mutantes dos jovens (ver novamente a Figura 3-2). Mesmo assim, não há como negar que certas expressões de valores exercem mais influência do que outras, mesmo em uma sociedade tão complexa como a dos Estados Unidos (Abercrombie et al., 1980, 1990; Robertson, 1988).

Sociologia no *Campus*
3-2 UMA CULTURA DE ENGANAÇÃO?

Em 21 de novembro de 2002, depois de publicar diversos avisos, oficiais da Academia Naval Norte-americana confiscaram os computadores de mais de 100 aspirantes suspeitos de baixar filmes e músicas ilegalmente da Internet. Talvez os oficiais da escola tenham agido de uma forma excessivamente rigorosa para evitar responsabilidades para o governo norte-americano, proprietário dos computadores que os estudantes estavam usando. Mas por todo o país, administradores de universidades estão tentando impedir que os estudantes baixem diversão pirata de graça. A prática é tão difundida que está reduzindo a velocidade das redes dos poderosos computadores das faculdades e universidades dos quais elas dependem para fazer pesquisas e admissões.

Baixar entretenimento ilegal é apenas um dos aspectos do crescente problema de violação de direitos autorais tanto fora quanto dentro dos *campi*. Agora que os alunos universitários podem usar computadores pessoais para surfar na Internet, a maioria faz pesquisa *on-line*. Aparentemente, a tentação de recortar e colar trechos dos conteúdos de um site e passá-los para os outros como seus é irresistível para muitos. As pesquisas feitas pelo Centro de Integridade Acadêmica mostram que, de 1999 a 2001, a porcentagem de estudantes que aprovam esse tipo de plágio aumentou de 10% para 41%. Ao mesmo tempo, a porcentagem que considera recortar e colar conteúdos da Internet como uma forma grave de enganação caiu de 68% para 27%.

Outras formas de trapacear estão se tornando difundidas. O Centro de Integridade Acadêmica estima que na maioria das escolas mais de três quartos dos estudantes fazem algum tipo de trapaça. Os alunos não apenas recortam trechos da Internet e os colam em seus trabalhos sem citar as fontes, como também compartilham perguntas e respostas nos exames, colaboram nas tarefas que deveriam resolver sozinhos, e chegam a falsificar os resultados das suas próprias experiências em laboratórios. E, o que é pior, muitos professores começam a se acostumar com o problema e estão parando de denunciar os alunos que fazem isso.

> *Trapacear em testes e trabalhos é bem menos comum nas escolas que mantêm um código de honra do que em escolas que não mantêm esse tipo de código.*

Para abordar o que consideram uma tendência alarmante, várias escolas estão reescrevendo ou adotando novos códigos de honra acadêmica. De acordo com o Centro de Integridade Acadêmica, trapacear em testes e trabalhos é bem menos comum nas escolas que mantêm um código de honra do que em escolas que não mantêm esse tipo de código. A Cornell, a Duke e a Kansas State University são três de um número crescente de escolas que estão instituindo e reforçando os seus códigos de honra em uma tentativa de limitar as trapaças dos estudantes.

Essa ênfase renovada na honra e na integridade destaca a influência dos valores culturais no comportamento social. Observadores discutem que o aumento das trapaças estudantis reflete as situações divulgadas da trapaça na vida pública, que serve para criar um conjunto alternativo de valores em que os meios justificam os fins. Quando os jovens vêem heróis dos esportes, autores, personalidades da TV e executivos de corporações denunciados por essa ou aquela trapaça, a mensagem parece ser "É certo trapacear desde que você não seja pego trapaceando". Mais do que impedir a cola nos exames ou confiar nos motores de busca para identificar plágio, educar os alunos sobre a necessidade da honestidade acadêmica parece reduzir a incidência de trapaças. "A sensação de ser tratado como um adulto e responder como tal", diz o professor Donald McCabe da Rutgers University, "é clara para muitos alunos. Eles não querem violar a confiança".

Vamos Discutir

1. Você conhece alguém que já plagiou pela Internet? E que cola em testes ou falsifica resultados de laboratório? Se sim, como a pessoa justifica essas formas de desonestidade?
2. Mesmo que os trapaceiros não sejam pegos, que efeitos negativos sua desonestidade acadêmica exercem sobre eles? Que efeito ela exerce nos estudantes que são honestos? Uma faculdade ou uma universidade inteira poderia sofrer com a desonestidade dos estudantes?

Fontes: Argetsinger e Krim, 2002; Center of Academic Integrity, 2004; R. Murray Thomas, 2003; Zernike, 2002.

VARIAÇÃO CULTURAL

Cada cultura tem um caráter único. As tribos inuits do norte do Canadá, embrulhadas em peles de animais e comendo gordura de baleia, não têm muito em comum com os fazendeiros do sudeste das Ásia, que se vestem para se proteger do calor e subsistem principalmente do arroz que cultivam em seus campos encharcados. As culturas se adaptam para atender conjuntos de circunstâncias específicas, tais como o clima, o nível tecnológico, a população e a geografia. Essa adaptação a diferentes condições pode ser vista nas diferenças de todos os elementos de uma cultura, incluindo normas, sanções, valores e língua. Assim, apesar da presença dos universais culturais como a corte (judicial) e a religião, existe uma grande diversidade entre as várias culturas no mundo. Além do mais, mesmo dentro de um único país, certos segmentos da população desenvolvem padrões culturais que são diferentes dos padrões da sociedade dominante.

Aspectos da Variação Cultural

Subculturas

Os peões boiadeiros, os moradores de uma comunidade de aposentados, os trabalhadores de plataformas de petróleo – todos são exemplos do que os sociólogos denominam *subcultura*. Uma **subcultura** é um segmento da sociedade que difere do padrão da sociedade maior. De certa forma, uma subcultura pode ser vista como uma cultura que existe dentro de uma cultura maior dominante. A existência de várias subculturas é uma característica de sociedades complexas, como a dos Estados Unidos.

Os membros de uma subcultura participam da cultura dominante e, ao mesmo tempo, têm formas distintas e únicas de comportamento. Freqüentemente, uma subcultura desenvolve um *argot* (gíria, jargão), ou um

As culturas variam quanto ao gosto por filmes. Os europeus e os norte-americanos gostam do exotismo de *O tigre e o dragão* (mostrado na foto), que não foi bem recebido na China. O público chinês achou que o filme tinha um ritmo muito lento, e se aborreceu especialmente pelo mandarim muito mal falado pelos atores, que estavam mais acostumados com os papéis falados em cantonês.

FIGURA 3-3

A Gíria e os Batedores de Carteiras*

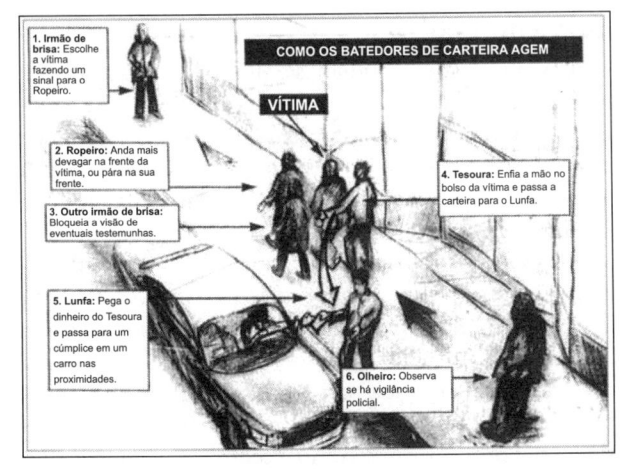

Fonte: Gearty, 1996.

---

* NT: Esses termos foram encontrados na Internet (Dicionário de gíria de malandro), mas alguns policiais consultados informaram que os termos usados realmente pelos ladrões, no Brasil, são apenas *pivete, trombadinha* e *olheiro*; e que embora exista a distribuição de tarefas no momento de "bater uma carteira", os nomes para identificação das atividades dos participantes não são diferenciados.

idioma especializado, que a distingue da sociedade maior. Por exemplo, se quiser se juntar a um bando de batedores de carteira, você deverá aprender o que devem fazer o *tesoura*, o *ropeiro* e o *olheiro** (ver Figura 3-3).

A gíria permite que os participantes do grupo – os membros da subcultura – entendam as palavras com significados especiais. Também estabelece padrões de comunicação que as pessoas de fora não podem entender. Os sociólogos com uma perspectiva interacionista enfatizam que a linguagem e os símbolos oferecem uma forma poderosa de a subcultura se sentir coesa e de manter sua identidade.

Os fãs de música geralmente formam subculturas dedicadas a um determinado tipo de música ou a um músico. Um exemplo é o surgimento de uma subcultura chamada Phishheads, nome originado da banda de rock de Vermont Phish. O grupo é semelhante aos Deadheads, devotos do Grateful Dead.

As subculturas se desenvolvem de diferentes maneiras. Freqüentemente, uma subcultura surge porque um segmento da sociedade tem problemas ou mesmo privilégios únicos quanto à sua posição. As subculturas podem estar baseadas em uma idade comum (adolescentes ou pessoas mais velhas), região (os appalaches), herança étnica (cubanos norte-americanos), ocupação (bombeiros), ou crenças (ativistas surdos trabalhando para preservar a cultura dos surdos). Certas subculturas, como a dos *hackers* de computadores, se desenvolvem porque têm um interesse ou *hobby* em comum. Ainda em outras subculturas, como a de prisioneiros, os membros podem ter sido excluídos da sociedade convencional e se vêem forçados a desenvolver formas alternativas de sobrevivência.

Os funcionalistas e os teóricos do conflito concordam que existe variação dentro de uma cultura. Os funcionalistas percebem as subculturas como variações de um determinado ambiente social, e como prova das diferenças existentes de uma cultura comum. Entretanto, os teóricos do conflito sugerem que as variações geralmente refletem a desigualdade dos arranjos sociais dentro de uma sociedade. A perspectiva do conflito veria o desafio das normas sociais dominantes pelos ativistas afro-americanos, o movimento feminista e os movimentos dos direitos dos portadores de deficiência como um reflexo da desigualdade baseada em raça, sexo e incapacidade física/mental. Os teóricos do conflito também argumentam que as subculturas às vezes emergem quando a sociedade dominante tenta sem sucesso suprimir uma prática, tal como o uso de drogas ilegais.

Contraculturas

No final da década de 1960 surgiu uma extensa subcultura nos Estados Unidos composta de jovens motivados por uma sociedade que julgavam muito materialista e tecnológica. Esse grupo incluía basicamente radicais políticos e "hippies", que tinham "abandonado" as instituições sociais dominantes. Esses jovens, homens e mulheres, rejeitavam a pressão para se acumular cada vez mais carros, casas cada vez maiores e um conjunto sem-fim de bens materiais. Expressavam, em contrapartida, o desejo de viver em uma cultura baseada em valores mais humanos, dividindo amor e vivendo em harmonia com a natureza. Politicamente, essa subcultura se opôs ao envolvimento dos Estados Unidos na guerra do Vietnã e pregou a resistência ao alistamento militar obrigatório (Flacks, 1971; Roszak, 1969).

Quando uma subcultura se opõe de maneira clara e deliberada contra certos aspectos da cultura maior, ela é chamada de **contracultura**. As contraculturas, em geral, surgem entre os jovens, que fizeram até o momento o menor investimento na cultura existente. Na maioria dos casos, um jovem de 20 anos pode se ajustar a novos padrões culturais mais facilmente do que alguém que já viveu 60 anos seguindo os padrões da cultura dominante (Zellner, 1995).

Logo depois dos ataques terroristas do 11 de Setembro as pessoas nos Estados Unidos souberam da existência de grupos terroristas operando como contraculturas dentro do seu país. Muitas gerações já haviam experimentado essa situação na Irlanda no Norte, em Israel e no território palestino, e em muitas outras partes do mundo. Mas células terroristas não são necessariamente alimentadas apenas por pessoas de fora. Em geral, as pessoas ficam desencantadas com as políticas do seu próprio país e algumas acabam tomando medidas violentas.

Choque Cultural

Qualquer pessoa que se sinta desorientada, incerta, fora de contexto ou mesmo com medo quando está envolvida em uma cultura não-familiar pode experimentar um *choque cultural*. Por exemplo, um norte-americano que visita certas regiões da China e deseja comer um prato da culinária local poderá se surpreender ao saber que a especialidade é carne de cachorro. Da mesma forma, uma pessoa proveniente de uma cultura islâmica muito rigorosa poderá se chocar ao ver pela primeira vez os vestidos com modelos comparativamente provocantes, bem como as demonstrações abertas de afeto que são comuns nas Américas e em diversas culturas européias.

Todos nós, até certo ponto, achamos que as práticas culturais da nossa sociedade são as adequadas. Como resultado, pode ser surpreendente e mesmo perturbador perceber que outras culturas não acompanham a nossa forma de vida. A verdade é que os costumes que nos parecem estranhos são considerados normais e adequados em outras culturas, onde as pessoas podem achar estranhos os nossos próprios costumes e tradições.

> **Use a Sua Imaginação Sociológica**
>
> Você chega em um país africano em desenvolvimento como voluntário do Corpo de Paz. A que aspectos de uma cultura muito diferente como essa seria mais difícil se ajustar? O que os cidadãos desse país poderiam considerar chocante em relação à sua cultura?

Atitudes em Relação à Variação Cultural

Etnocentrismo

Muitas afirmações cotidianas refletem a nossa atitude imbuída da certeza de que a nossa própria cultura é a melhor. Usamos termos como *subdesenvolvido*, *retrógrado* e *primitivo* para nos referirmos a outras sociedades. Nossa fé é professada em uma religião; a crença dos outros é superstição e mitologia.

É tentador avaliar as práticas de outras culturas baseados na nossa própria perspectiva. O sociólogo William Graham Sumner (1906) cunhou o termo **etnocentrismo** para se referir à tendência de assumir que a nossa própria cultura e forma de vida representam a norma ou são superiores a todas as outras. Uma pessoa etnocêntrica considera seu próprio grupo como o centro ou o ponto de definição da cultura propriamente dita e compreende todas as outras culturas como desvios do que seria o "normal". Os ocidentais que acreditam que o gado é usado para alimento podem desprezar a religião e a cultura hindu, da Índia, para quem as vacas são sagradas. Ou pessoas de uma dada cultura poderão rejeitar como impensável a seleção de parceiros sexuais ou as práticas de educação de crianças de outra cultura.

"IT'S ENDLESS. WE JOIN A COUNTER-CULTURE; IT BECOMES THE CULTURE. WE JOIN ANOTHER COUNTER-CULTURE; IT BECOMES THE CULTURE..."

Mudança nas culturas. As modas que uma vez consideramos inaceitáveis – como homens usando brincos e pessoas vestindo jeans no local de trabalho – ou associadas a grupos marginais (como homens e mulheres com tatuagens) são hoje aceitas por todos. Essas práticas contraculturais foram absorvidas pela cultura principal.

Os teóricos do conflito dizem que os julgamentos de valor etnocêntricos servem para desvalorizar os grupos, e para negar oportunidades iguais. O psicólogo Walter Stephan observa um exemplo típico de etnocentrismo nas escolas do Novo México. As duas culturas, a hispânica e a americana, ensinam as crianças a olharem para baixo quando forem criticadas pelos adultos, embora diversos professores "anglo" (brancos, não-hispânicos) acreditem que você deva olhar uma pessoa diretamente nos olhos quando está sendo criticado. "Os professores anglo poderão achar que esses estudantes estão sendo desrespeitosos", observa Stephan. "Este é o tipo de mal-entendido que pode resultar em um estereótipo e preconceito" (Goleman, 1991, p. C8).

Julgamentos de valor etnocêntricos também complicaram os esforços dos Estados Unidos na reforma democrática do governo iraquiano. Antes da guerra de 2003 no Iraque os planejadores norte-americanos consideravam que os iraquianos se adaptariam a uma nova forma de governo, da mesma maneira como se deu com os alemães e os japoneses depois da Segunda Guerra Mundial. Mas na cultura iraquiana, diferente das culturas alemã e japonesa, a lealdade à família e aos clãs estendidos vem antes do patriotismo e do bem comum. Em um país onde quase metade de todas as pessoas, mesmo aquelas que vivem nas cidades, casa com um primo de primeiro ou segundo grau, os cidadãos estão predispostos a favorecer os seus parentes nas lidas comerciais e governamentais. Por que confiar em uma pessoa de fora da família? O que os ocidentais criticam sobre o nepotismo é, na realidade, uma prática aceitável, e mesmo admirada, dos iraquianos (J. Tierney, 2003).

Os funcionalistas, por sua vez, argumentam que o etnocentrismo serve para manter um senso de solidariedade, promovendo o orgulho do grupo. Desmerecer outras nações e culturas pode aumentar os nossos sentimentos e crenças patrióticas de que o nosso estilo de vida é superior. Esse tipo de estabilidade, contudo, é conseguido à custa de outras pessoas. O etnocentrismo não se limita aos cidadãos dos Estados Unidos. Os visitantes de diversas culturas africanas ficam surpresos com a falta de respeito com que as crianças norte-americanas tratam seus pais. As pessoas na Índia podem repelir nosso costume de viver com cães e gatos dentro de casa. Muitos fundamentalistas islâmicos no mundo árabe e na Ásia vêem os Estados Unidos como um país corrupto, decadente e fadado à destruição. Todas essas pessoas podem se sentir confortadas por pertencerem à sua própria cultura que, em sua opinião, é superior à norte-americana.

Relativismo Cultural

Enquanto o etnocentrismo avalia as culturas estrangeiras tendo a cultura familiar do observador como padrão de comportamento correto, o *relativismo cultural* vê o comportamento das pessoas da perspectiva da cultura dessas pessoas. Isso coloca a prioridade no entendimento das outras culturas, em vez de considerá-las "estranhas" ou "exóticas". Diferentemente do etnocentrismo, o relativismo cultural emprega o tipo de neutralidade de valor do estudo científico que Max Weber via como tão importante.

p. 44

O relativismo cultural enfatiza que os contextos sociais diferentes geram diferentes normas e valores. Assim, devemos examinar práticas como poligamia, touradas e monarquia dentro de contextos particulares das culturas em que elas se encontram. Dessa forma, o relativismo cultural não sugere que devamos aceitar incondicionalmente todas as variações culturais, exige, sim, um esforço sério e sem preconceito na avaliação das normas, valores e costumes à luz das diferentes culturas.

Uma extensão interessante do relativismo cultural é conhecida como xenocentrismo. O *Xenocentrismo* é a crença de que os produtos, estilos ou idéias de uma sociedade são inferiores àqueles produzidos em outro lugar. Em certo sentido, é o reverso do etnocentrismo. Por exemplo, as pessoas nos Estados Unidos em geral consideram a moda francesa e os produtos eletrônicos japoneses superiores aos norte-americanos. São mesmo? Ou as pessoas ficam encantadas pela atração que as mercadorias de lugares exóticos produzem? Tal fascinação pelos produtos de outros países pode prejudicar os concorrentes nos Estados Unidos. Algumas empresas norte-americanas reagem a isso criando produtos que parecem europeus, como os sorvetes Häagen-Dazs (feito em Teaneck, Nova Jérsey). Os teóricos do conflito mais provavelmente consideram o impacto econômico do xenocentrismo nos países em desenvolvimento. Os consumidores nos países em desenvolvimento

Resumindo

Tabela 3-2 — As Mais Importantes Perspectivas Teóricas da Cultura

	Perspectiva Funcionalista	Perspectiva do Conflito	Perspectiva Interacionista
Normas	As normas reforçam os padrões da sociedade	As normas reforçam os padrões dominantes	As normas são mantidas por meio de interações pessoais
Valores	Os valores são concepções coletivas do que é bom	Os valores podem perpetuar a desigualdade social	Os valores são definidos e redefinidos por meio da interação social
Cultura e sociedade	A cultura reflete os valores centrais fortes da sociedade	A cultura reflete a ideologia dominante da sociedade	A cultura central da sociedade é perpetuada por meio de interações sociais
Variação cultural	As subculturas servem aos interesses dos subgrupos; o etnocentrismo reforça a solidariedade do grupo	As contraculturas questionam a ordem social dominante; o etnocentrismo desvaloriza os grupos	Os costumes e tradições são transmitidos pelo contato entre os grupos e pela mídia

com freqüência viram as costas às mercadorias produzidas na localidade e compram itens importados da Europa e da América do Norte (Warner Wilson et al., 1976).

A Tabela 3-2 resume as mais importantes perspectivas sociológicas sobre a cultura. O modo como uma pessoa vê uma cultura – se de um ponto de vista etnocêntrico ou pelas lentes do relativismo cultural – tem importantes conseqüências na área da política social. Um assunto muito discutido hoje é até que ponto um país deve acomodar as pessoas que não falam seu idioma patrocinando programas bilíngües. Vamos analisar esse assunto com mais detalhe na próxima seção.

POLÍTICA SOCIAL e CULTURA — Bilingüismo

O Tema

No Sri Lanka, as pessoas que falam a língua tamil tentam se distinguir da maioria que fala cingalês. A rádio romena anuncia que, em regiões onde 20% dos moradores falam húngaro, sinais de trânsito e municipais passaram a ser bilíngües. Nas escolas de Miami, passando por Boston, até Chicago, os administradores lutam para educar os seus alunos haitianos que falam o creole. Em todo o mundo os países enfrentam o desafio de lidar com as minorias que ali residem, que falam um idioma diferente da maioria do país. Embora a imigração alemã, italiana, polonesa, ucraniana data do final do século XIX e início do século XX, a população de muitas pequenas cidades do Rio Grande do Sul, Santa Catarina e Paraná ainda falava a língua de seus antepassados e é, portanto, bilíngüe, além de conservar suas tradições, costumes e culinária cuja divulgação se dá nas inúmeras festas, como a Octoberfest, que agitam a região para onde se dirigem brasileiros de todos os demais estados.

O *bilingüismo* se refere ao uso de dois ou mais idiomas em um determinado ambiente, como o local de trabalho ou a sala de aula, tratando ambos os idiomas como igualmente legítimos. Assim, um professor que trabalha com educação bilíngüe ensinará as crianças na sua língua materna, e gradualmente os apresentará ao idioma da sociedade que os recebe. Se o currículo for também bilíngüe, ele vai ensinar às crianças os usos e costumes tanto de uma cultura como da outra. Até que ponto as escolas nos Estados Unidos apresentam um currículo em outro idioma que não o inglês? Esse assunto tem provocado muitos debates entre educadores e elaboradores de políticas.

O Ambiente

Os idiomas não conhecem fronteiras políticas. Apesar da apresentação dos idiomas dominantes na Figura 3-1, os idiomas das minorias são comuns em muitos países. Por exemplo, o hindu é o idioma mais falado na Índia, e o inglês é muito usado para fins oficiais, mas 18 outros idiomas são reconhecidos oficialmente naquele país de cerca de um bilhão de pessoas. De acordo com o Censo de 2000, 47 milhões de habitantes nos Estados Unidos com idade superior a cinco anos – que representam 18% da população – falam idiomas diferentes do inglês como primeira língua. De fato, 32 idiomas diferentes são falados por pelo menos 200 mil habitantes no país (Bureau of the Census, 2003d; Shin e Bruno, 2003).

Escolas em todo o mundo precisam lidar com novos alunos que falam vários idiomas diferentes. Os programas bilíngües dos Estados Unidos ajudam essas crianças a aprender inglês? É difícil chegar a conclusões bem-fundadas porque os programas bilíngües em geral variam demais quanto à qualidade e à abordagem. Eles diferem na duração para a transição para o inglês, e também no tempo que permitem que os alunos permaneçam em salas de aula bilíngües. Além disso, os resultados estão misturados. Nos anos depois que a Califórnia desmantelou efetivamente o seu programa de educação bilíngüe, as notas de leitura e de matemática dos alunos com proficiência limitada em inglês cresceram significativamente, em especial nas séries mais baixas. Mesmo assim, uma importante revisão de 17 diferentes estudos feita na Johns Hopkins University descobriu que os alunos que freqüentaram aulas tanto em inglês quanto na sua língua materna fizeram mais progressos do que as crianças que foram ensinadas apenas em inglês (Slavin e Cheung, 2003).

Insights Sociológicos

Durante muito tempo as pessoas nos Estados Unidos exigiram conformidade com uma única língua. Essa exigência coincidiu com a visão funcionalista de que a língua serve para unificar os membros de uma sociedade. Os filhos dos imigrantes da Europa e da Ásia – incluindo jovens italianos, judeus, poloneses, chineses e japoneses – deviam aprender inglês quando entravam na escola. Em alguns casos, os filhos dos imigrantes eram proibidos de falar sua língua nativa dentro da escola. Pouco respeito era dedicado às tradições culturais dos imigrantes; um jovem era ridicularizado com freqüência por causa do seu nome "engraçado", seu sotaque ou sua maneira de se vestir.

As décadas recentes testemunharam desafios a esse padrão de obediência forçada à ideologia dominante. A partir da década de 1960, subculturas ativas de movimentos do orgulho negro e orgulho étnico insistiram que as pessoas considerassem legítimas e importantes as tradições de todas as subculturas raciais e étnicas. Os teóricos do conflito explicam esse desenvolvimento como um caso de minorias de língua subordinadas que buscam oportunidades de auto-expressão. Graças em parte a esses desafios, as pessoas começaram a ver o bilingüismo como um bem. Parecia que ele era uma forma sensível de atender milhões de pessoas que não falavam inglês nos Estados Unidos e de fazê-las aprender inglês para que atuassem de maneira mais eficiente na sociedade.

Nessa escola norte-americana de Acoma Pueblo, Novo México, as crianças aprendem a ler e escrever em sua língua materna tão bem como no inglês.

A perspectiva da teoria do conflito também nos ajuda a entender alguns ataques feitos aos programas bilíngües. Muitos deles se originam de um ponto de vista etnocêntrico, que afirma que qualquer desvio da maioria é visto como mau. Essa atitude tende a ser expressa por aqueles que desejam eliminar as influências estrangeiras sempre que elas ocorrem, especialmente em nossas escolas. Ela não leva em consideração que o sucesso da educação bilíngüe pode dar bons resultados, como o número decrescente de jovens que abandonam o nível médio, e o número crescente de hispânicos nas faculdades e universidades.

Iniciativas Políticas

O bilingüismo tem implicações políticas principalmente em duas áreas: nos esforços para manter a pureza da língua e nos programas para melhorar a educação bilíngüe. Os países variam muito quanto à

FIGURA 3-4

Estados com Leis de Proteção à Língua Inglesa

Mapeando a Vida NOS ESTADOS UNIDOS

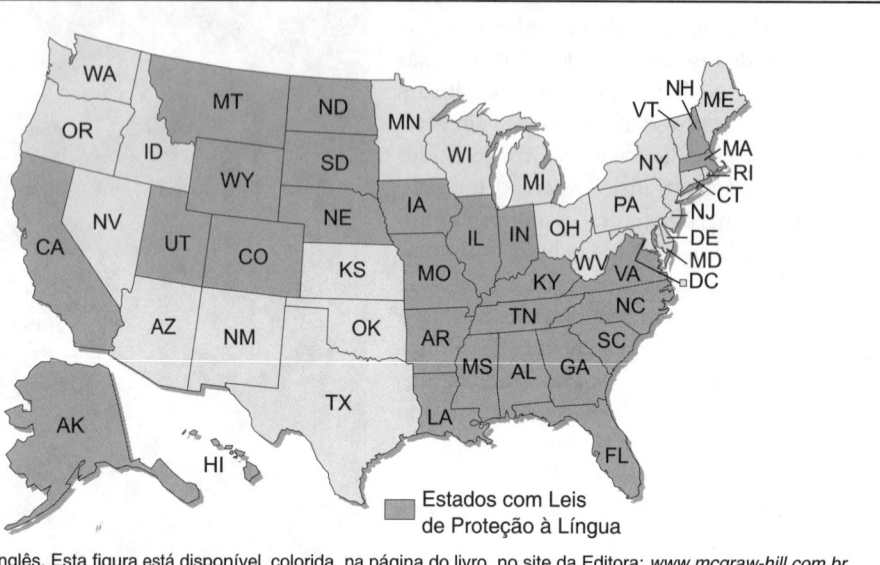

Estados com Leis de Proteção à Língua

Obs.: Siglas dos estados em inglês. Esta figura está disponível, colorida, na página do livro, no site da Editora: www.mcgraw-hill.com.br.

Fonte: U.S. English, 2004.

sua tolerância em relação à variedade de idiomas. A China continua a apertar o seu controle cultural no Tibete estendendo a instrução em mandarim, um dialeto chinês, do ensino médio para o fundamental, que será agora bilíngüe para os tibetanos. Ainda mais violenta é a Indonésia, que tem uma grande maioria que fala chinês; lá, foram banidos todos os sinais ou livros em chinês. Ao contrário, em Cingapura, que fica ali perto, estabeleceu-se o inglês como meio de instrução, mas os alunos podem estudar sua língua materna como segunda língua, seja chinês, malaio ou tamil (Farley, 1998).

Em muitos países, o predomínio de um idioma é assunto regional – por exemplo, em Miami ou ao longo da fronteira entre o Texas e o México, prevalece o espanhol. O bilingüismo é particularmente problemático no Quebec, a província canadense que fala francês. Os "québécois", como são chamados, representam 83% da população da província, mas constituem apenas 25% da população total do Canadá. Uma lei de 1978 exigiu o ensino em francês para todas as crianças do Quebec, exceto para aquelas cujos pais ou irmãos aprenderam inglês em outra região do Canadá. Embora leis especiais como essa tenham promovido um avanço do francês na província, os "québécois" insatisfeitos tentaram formar um país independente do Canadá. Em 1995, a população do Quebec votou a favor da permanência da nacionalidade canadense, ainda que esses votos tenham tido uma margem muito estreita (50,5%). A língua e as regiões culturais relacionadas tanto unem como dividem essa nação de 32 milhões de habitantes (Krauss, 2003; Schaefer, 2004).

Os elaboradores de políticas nos Estados Unidos também são ambivalentes quando lidam com o problema do bilingüismo. Em 1965, a Lei do Ensino Primário e Secundário [ESEA – Elementary and Secondary Education Act] dispôs sobre a educação bilíngüe e bicultural. Na década de 1970, o governo federal teve um papel ativo no estabelecimento da forma adequada dos programas bilíngües. Entretanto, mais recentemente, as decisões federais vêm dando menos apoio ao bilingüismo, e as escolas locais têm sido forçadas a bancar sozinhas seus programas bilíngües. Esses programas, contudo, são uma despesa que várias comunidades e estados não pretendem assumir, cortando-as dos orçamentos. Em 1998 os eleitores da Califórnia aprovaram uma proposta que eliminava a educação bilíngüe: ela exigia o ensino em inglês para 1,4 milhão de pessoas que não são fluentes no idioma.

Nos Estados Unidos, muitos esforços foram feitos para introduzir uma emenda constitucional declarando o inglês a língua oficial do país. Uma importante organização em âmbito nacional empenhada nos esforços para restringir o bilingüismo é a U. S. English, fundada em 1983, e que hoje conta com 1,7 milhão de membros associados. Seus membros dizem que se sentem como estrangeiros em seus bairros, alienígenas em seu próprio país. Os líderes hispânicos, por sua vez, consideram a campanha norte-americana pelo inglês uma velada expressão de racismo.

Apesar dos desafios, a U.S. English parece estar fazendo progresso em seus esforços de se opor ao bilingüismo. Até 2004, 27 estados declararam o inglês sua língua oficial (ver Figura 3-4). O impacto real dessas medidas, além do seu simbolismo, é pouco claro.

Vamos Discutir

1. Você já freqüentou ou conhece alguém que já tenha freqüentado uma escola cujo inglês fosse a segunda língua para vários de seus alunos? Se sim, essa escola possuía um programa especial bilíngüe? O programa era eficiente? Qual é a sua opinião sobre tais programas?
2. A meta fundamental dos programas apenas em inglês e bilíngüe é que os alunos nascidos no estrangeiro se tornem proficientes em inglês. Por que o tipo de programa que os alunos freqüentam importa tanto para tantas pessoas? Faça uma lista de todas as razões que você pode imaginar que sejam contrárias ou favoráveis a tais programas. Em sua opinião, qual é a razão disso?
3. Além do bilingüismo, você tem alguma idéia de outro problema que tenha se tornado controverso recentemente por causa do choque cultural? Analise o assunto com base em um ponto de vista sociológico.

■ RECURSOS DO CAPÍTULO

Resumo

A *cultura* é a totalidade dos costumes, conhecimentos, objetos materiais e comportamentos aprendidos e socialmente transmitidos. Este capítulo aborda os elementos básicos que compõem uma cultura, as práticas sociais comuns a todas as culturas e as variações que distinguem uma cultura da outra.

1. A cultura compartilhada ajuda a definir o grupo ou a sociedade à qual pertencemos.
2. O antropólogo George Murdock compilou uma lista de *universais culturais* ou práticas gerais encontradas em todas as culturas, incluindo casamento, esportes, cozinha, remédios e restrições sexuais.
3. A cultura humana está constantemente se expandindo pelo processo da *inovação*, que inclui tanto a *descoberta* quanto a *invenção*.
4. A *difusão* – a transferência dos itens culturais de um lugar para outro – propiciou a *globalização*. Mas as pessoas resistem às idéias que parecem estrangeiras demais, como também àquelas percebidas como ameaçadoras aos seus próprios valores e crenças.
5. A *língua*, um importante elemento da cultura, inclui a fala, os caracteres escritos, os números e os símbolos, bem como os gestos e outras formas de comunicação não-verbal. A língua tanto descreve quanto molda uma cultura.
6. Os sociólogos distinguem as *normas* de duas maneiras, classificando-as com *formais* ou *informais*, ou como *costumes* ou *usos*.
7. As normas formais de uma cultura vão receber *sanções* mais pesadas; as normas informais vão receber sanções mais leves.
8. A *ideologia dominante* de uma cultura é um conjunto de crenças e práticas culturais que ajudam a manter poderosos interesses sociais, econômicos e políticos.
9. Em certo sentido, uma *subcultura* pode ser vista como uma pequena cultura que existe dentro de uma cultura dominante maior. *Contraculturas* são subculturas que deliberadamente se opõem a aspectos da cultura maior.
10. As pessoas que medem outras culturas pelos padrões da sua própria cultura estão aplicando o *etnocentrismo*. Em contraposição, o *relativismo cultural* é a prática de ver as pessoas pela perspectiva da cultura delas.
11. A política social do *bilingüismo* exige o uso de duas ou mais línguas, tratando-as como igualmente legítimas. Essa política apoiada por aqueles que querem facilitar a transição de pessoas que não falam línguas maternas na sociedade que os recebe. A ela se opõem aqueles que querem uma única tradição cultural e uma única língua.

Questões de Pensamento Crítico

1. Escolha três universais culturais da lista de George Murdock (ver p. 55) e analise-os com base na perspectiva funcionalista. Por que essas práticas existem em todas as culturas? Qual é a função delas?
2. Com base nas teorias e nos conceitos apresentados neste capítulo, aplique a análise sociológica a uma subcultura que você conhece. Descreva as normas, os valores, a gíria e as sanções evidentes nessa subcultura.
3. De que forma a ideologia dominante dos Estados Unidos é evidente na literatura do país, em sua música, seus filmes, teatro, programas de televisão e eventos esportivos?

Termos-chave

Argot (Jargão, gíria) Linguagem especializada empregada pelos membros de um grupo ou subcultura. (p. 69)

Bilingüismo Uso de duas ou mais línguas em um determinado ambiente, como local de trabalho ou sala de aula, tratando cada língua como igualmente legítima. (p. 72)

Choque cultural Sensação de surpresa e desorientação que as pessoas experimentam quando encontram práticas culturais diferentes das suas. (p. 70)

Contracultura Uma subcultura que se opõe deliberadamente a certos aspectos da cultura dominante. (p. 70)

Costumes Normas consideradas altamente necessárias para o bem-estar de uma sociedade (p. 64)

Cultura A totalidade dos costumes, conhecimentos, objetos materiais e comportamentos aprendidos e transmitidos socialmente. (p. 54)

Cultura material Os aspectos físicos e tecnológicos da nossa vida diária. (p. 60)

Cultura imaterial Formas de usar objetos materiais, bem com os costumes, crenças, filosofias, governos e padrões de comunicação. (p. 60)

Descoberta Processo de conhecimento ou compartilhamento da existência de um aspecto da realidade. (p. 55)

Difusão Processo pelo qual um item cultural é transferido de um grupo para outro, ou de uma sociedade para outra. (p. 58)

Etnocentrismo Tendência a considerar a sua própria cultura ou forma de vida como a norma, ou superior às dos outros. (p. 70)

Globalização Integração mundial de políticas governamentais, culturas, movimentos sociais e mercados financeiros por meio do comércio e da troca de idéias. (p. 58)

Hiato, atraso ou defasagem cultural (*cultural lag*) Período de desajuste quando a cultura imaterial ainda luta para se adaptar a novas condições materiais. (p. 60)

Hipótese de Sapir-Whorf Hipótese a respeito do papel do idioma como molde de nossa interpretação da realidade. Afirma que o idioma é determinado culturalmente. (p. 61)

Ideologia dominante Conjunto de crenças e práticas culturais que mantém poderosos interesses sociais, econômicos e políticos. (p. 67)

Inovação O processo de introduzir uma idéia ou objeto novo em uma cultura pela descoberta ou invenção. (p. 55)

Invenção A combinação de itens culturais existentes em uma forma que não existia antes. (p. 55)

Lei Controle social feito pelo governo. (p. 64)

Língua Um sistema abstrato de significados e símbolos de palavras para todos os aspectos da cultura; inclui gestos e outras comunicações não-verbais. (p. 61)

Norma Um padrão estabelecido de comportamentos mantidos por uma sociedade. (p. 64)

Norma formal Norma que foi escrita, especificando sanções rigorosas aos transgressores. (p. 64)

Norma informal Uma norma que é em geral entendida, mas não exatamente registrada. (p. 64)

Relativismo cultural Considerar o comportamento das pessoas da perspectiva da cultura dessas pessoas. (p. 71)

Sanção Penalidade ou recompensa por conduta relacionada a uma norma social. (p. 65)

Sociedade Abrange o maior número de pessoas que vivem no mesmo território, são relativamente independentes das pessoas fora da sua área, e compartilham uma cultura comum. (p. 55)

Sociobiologia Estudo sistemático de como a biologia afeta o comportamento social humano. (p. 60)

Subcultura Um segmento da sociedade que compartilha diferentes padrões de costumes, usos e valores que são diferentes do padrão dominante da sociedade. (p. 69)

Tecnologia Informações culturais sobre como usar os recursos materiais do ambiente para satisfazer as necessidades e desejos humanos. (p. 60)

Universal cultural Prática ou crença comum encontrada em todas as culturas. (p. 55)

Usos Norma que governa o comportamento cotidiano cuja violação causa menos preocupação. (p. 64)

Valor Concepção coletiva do que é considerado bom, desejável e adequado ou mau, indesejável ou inadequado em uma cultura. (p. 66)

Xenocentrismo Crença de que produtos, estilos ou idéias da própria sociedade são inferiores àqueles procedentes de outros países. (p. 71)

RECURSOS TECNOLÓGICOS

Conexão com a Internet*

Obs.: Embora os endereços dos sites relacionados a seguir tenham sido atualizados durante a edição deste livro, eles costumam mudar com muita freqüência em razão da natureza dinâmica da Internet.

1. Um dos exemplos mais interessantes de gíria vem da subcultura das prisões. Para ver um glossário completo dos termos usados pelos presidiários, visite "Other Side of the Wall" (*www.prisonwall.org*) e clique em "Prisioner's Dictionary". Utilize uma ferramenta de busca da Internet para encontrar outros sites de gíria, em português.

2. A sociedade norte-americana recentemente desenvolveu um novo conjunto de normas para regular o comportamento na Internet. Você conhece essas regras? Teste os seus conhecimentos sobre comportamentos adequados explorando o site "Netiquette" (*www.albion.com/netiquette/index.html*). Utilize uma ferramenta de busca da Internet para encontrar outros sites que tratem de Netiqueta, em português.

---

* NE: Sites no idioma inglês.

capítulo 4
SOCIALIZAÇÃO

As escolas às vezes podem ser arenas estressantes de socialização. O pôster mostrado aqui informa às crianças japonesas que elas podem ligar para uma *hotline* e receber conselhos sobre estresse, provocação de colegas e castigos corporais de seus professores.

O Papel da Socialização

O *Self* e a Socialização

A Socialização e o Curso da Vida

Agentes de Socialização

Política Social e Socialização: As Creches pelo Mundo

Quadros

SOCIOLOGIA NO *CAMPUS*: Administração de Impressões pelos Alunos

SOCIOLOGIA NA COMUNIDADE GLOBAL: Educando Crianças Amish

Charisse... tem 17 anos de idade e mora com a mãe e a irmã mais nova, Deanne, em frente à Igreja e Escola Católica de Santa Maria. A mãe de Charisse é assistente administrativa em uma universidade de Chicago e está fazendo faculdade. O Sr. Baker é um bombeiro de Chicago. Embora os pais sejam separados, Charisse vê seu pai várias vezes por semana depois das aulas de basquete que ele supervisiona no ginásio de Santa Maria. O casal não vive junto, mas se dá bem, e Charisse tem uma relação de amor com ambos. O Sr. Baker é presente tanto quanto os outros pais, comparece às festas escolares, nunca perde nenhum evento e visita as meninas com freqüência.

Os vizinhos de Charisse e sua irmã participam de sua criação, colaborando com seus pais biológicos. "Nós somos muito ligados. Todos os nossos vizinhos nos conhecem porque meu pai cresceu aqui. Desde a década de 1960." Charisse é uma moradora de Groveland de terceira geração, assim como Neisha Morris. Seus avós se mudaram para Groveland com o pai de Charisse, adolescente na época, quando a vizinhança se abriu para os afro-americanos... Charisse se beneficia dos amigos que a sua família fez ao longo dos anos de residência em Groveland, principalmente os membros da Igreja de Santa Maria, que fazem o papel de pais substitutos. Quando Charisse estava no 1º grau na Escola de Santa Maria, sua falecida avó era a secretária da escola. Assim, as meninas Baker sempre estiveram sob o olhar atento da avó e do pessoal da escola, que era amigo dela. À noite a mãe de Charisse levava a ela e a sua irmã para ensaiar no coro, onde elas ganharam uma série de pais e mães.

Depois do ensino fundamental em Santa Maria, Charisse foi para a Escola Católica de Santa Agnes para Moças, escolha de seu pai. Localizada em um subúrbio de Chicago, Santa Agnes é uma escola católica integrada e sólida na qual 100% das meninas se formam e 95% vão para a faculdade...

A maioria das amigas íntimas de Charisse cursou a Escola de Santa Maria e agora freqüenta a Santa Agnes com ela, mas o seu grupo de amigos revela alguns indícios de rebeldia... Muitos dos garotos por quem Charisse se interessa são mais velhos do que ela e não possuem emprego fixo – embora alguns deles entrem e saiam da escola. Ela encontra muitos deles perambulando pelo *shopping center*. Certa noite, os integrantes jovens do coro da igreja se sentaram para conversar sobre seus relacionamentos. Charisse falou com carinho de seu namorado atual, que havia acabado de se formar no ensino médio, mas não tinha emprego e estava inseguro quanto ao seu futuro. Ao dizer isso, Charisse começou a falar de outro garoto que havia acabado de conhecer. "Charisse troca de namorado como quem troca de roupa", disparou sua irmã, indicando a impetuosidade dos relacionamentos adolescentes (Pattillo-McCoy, 1999, p. 100–102). ∎

sse trecho de *Black Picket Fences: Privilege and Peril among Black Middle Class* descreve a educação de uma jovem moradora de Groveland, uma comunidade afro-americana em Chicago. A autora, a socióloga Mary Pattillo-McCoy, conheceu Charisse quando morou nos arredores de Groveland, onde ela fazia pesquisa etnográfica. A infância de Charisse é semelhante à de outros jovens em muitos aspectos. Independentemente da raça ou da classe social, o desenvolvimento de um jovem envolve uma série de influências dos pais, avós e irmãos, bem como de amigos e colegas de escola, professores e diretores, vizinhos e freqüentadores da igreja – mesmo de jovens que freqüentam os *shopping centers*. No entanto, em alguns aspectos a infância de Charisse é influenciada especificamente pela sua raça e classe social. O contato com a família e com os membros da comunidade, por exemplo, sem dúvida a preparou para lidar com o preconceito e com a falta de imagem positiva dos afro-americanos na mídia.

Os sociólogos se interessam pelos padrões de comportamento e pelas atitudes que surgem *durante* a vida, da infância até a velhice. Esses padrões são parte do processo de **socialização**, no qual as pessoas aprendem as atitudes, os valores e os comportamentos adequados para os membros de uma determinada cultura. A socialização ocorre por meio da interação humana. Aprendemos muito com pessoas que são as mais importantes em nossas vidas – família imediata, melhores amigos e professores. Mas aprendemos também com as pessoas na rua, na televisão, na Internet, nos filmes e nas revistas. Do ponto de vista microssociológico, a socialização nos ajuda a descobrir como nos comportar "adequadamente" e o que devemos esperar dos outros se seguirmos (ou desafiarmos) as normas e os valores da sociedade. Do ponto de vista macrossociológico, a socialização garante a transmissão de uma cultura de uma geração para outra, e, portanto, a continuidade de uma sociedade em longo prazo.

A socialização também molda a nossa auto-imagem. Por exemplo, em países como Estados Unidos e Brasil, uma pessoa considerada "muito gorda" ou "muito baixa" não está de acordo com o padrão cultural ideal de atratividade. Esse tipo de avaliação desfavorável pode influenciar significativamente a auto-estima da pessoa. Nesse sentido, as experiências de socialização podem ajudar a pessoa a moldar a sua personalidade. No discurso cotidiano, o termo **personalidade** é utilizado para fazer referência aos padrões de atitude, às necessidades, às características e aos comportamentos típicos da pessoa.

Quanto da personalidade da pessoa é moldado pela cultura em oposição aos traços inatos? De que forma a socialização continua na idade adulta? Quem são os agentes mais poderosos da socialização? Neste capítulo analisaremos o papel da socialização no desenvolvimento humano. Começaremos pela interação da hereditariedade e os fatores ambientais. Daremos atenção especial à maneira como as pessoas desenvolvem percepções, sentimentos e crenças sobre si mesmas. O capítulo vai, também, explorar a característica do processo de socialização, ao longo de toda a vida, bem como agentes importantes da socialização, entre eles a família, a escola, os colegas e a mídia. Por fim, a seção sobre política social se concentrará na experiência de socialização da assistência grupal às crianças pequenas. ■

O PAPEL DA SOCIALIZAÇÃO

O que nos faz ser o que somos? Os genes com os quais nascemos ou o ambiente no qual crescemos? Os pesquisadores tradicionalmente têm discordado quanto à importância relativa da hereditariedade biológica e de fatores ambientais no desenvolvimento humano – um conflito denominado *natureza versus criação* (ou *hereditariedade versus meio ambiente*). Hoje, a maior parte dos cientistas sociais vai além desse debate, reconhecendo no seu lugar a *interação* dessas variáveis na construção do desenvolvimento humano. Contudo, podemos apreciar melhor como a hereditariedade e os fatores ambientais interagem e influenciam o processo de socialização se examinarmos as situações nas quais um fator age quase que totalmente sem o outro (Homans, 1979).

Ambiente Social: O Impacto do Isolamento

No filme *Nell*, de 1994, Jodie Foster interpretava uma jovem garota que viveu, desde o nascimento, escondida pela mãe em uma cabana no mato. Criada sem conviver socialmente, Nell agacha-se como um animal, grita selvagemente e fala ou sinaliza em uma língua própria. Esse filme baseou-se em um relato real de um menino emaciado de 16 anos de idade, que apareceu misteriosamente em 1828 na praça de Nuremberg, Alemanha (Lipson, 1994).

O Caso de Isabelle

Alguns espectadores podem ter achado a história de Nell difícil de acreditar, mas a infância sofrida de Isabelle foi real demais. Nos primeiros seis anos de sua vida, Isabelle viveu em retiro quase total em um quarto escuro. Ela teve pouco contato com outras pessoas, exceto com a mãe, que não falava nem ouvia. Os pais da mãe de Isabelle ficaram tão envergonhados com o nascimento espúrio da menina que a mantiveram oculta do mundo. As autoridades finalmente descobriram a criança em 1938, quando a mãe de Isabelle escapou da casa dos pais, levando-a com ela.

Quando foi descoberta aos seis anos de idade, Isabelle não sabia falar. Ela conseguia apenas grasnar. Sua única comunicação com a mãe eram gestos simples. Isabelle havia sido privada das interações típicas e das experiências de socialização da infância. Como tinha visto poucas pessoas, ela inicialmente demonstrou um grande medo de estranhos e reagia quase como um animal selvagem quando confrontada com uma pessoa não-familiar. À medida que ela foi se acostumando a ver certas pessoas, sua reação mudou para uma extrema apatia. No início, os observadores pensavam que Isabelle fosse surda, mas ela logo começou a reagir a sons próximos. Nos testes de maturidade, sua pontuação revelou tratar-se de uma criança pequena em vez de uma menina de seis anos de idade.

Os especialistas desenvolveram um programa de treinamento sistemático para ajudar Isabelle a se adaptar aos relacionamentos humanos e à socialização. Após alguns dias de treinamento, ela fez a sua primeira tentativa de verbalização. Embora tenha começado lentamente, Isabelle logo passou por seis anos de desenvolvimento. Em pouco mais de dois meses ela estava falando frases inteiras. Nove meses depois, Isabelle conseguia identificar palavras e frases. Antes de atingir a idade de nove anos, ela estava pronta para ir à escola com outras crianças. Aos 14 anos Isabelle freqüentava a sexta série, ia bem na escola e se mostrava emocionalmente equilibrada.

Sem, contudo, ter tido a oportunidade de vivenciar a socialização nos seus primeiros seis anos de vida, Isabelle dificilmente poderia ser considerada humana no sentido social quando foi descoberta. Sua incapacidade de se comunicar na época em que foi encontrada – apesar do seu potencial físico e cognitivo de aprender – e seu extraordinário progresso nos anos que se seguiram salientam o impacto da socialização no desenvolvimento humano (K. Davis, 1940, 1947).

A experiência de Isabelle é importante para os pesquisadores porque é apenas um entre tantos casos de crianças criadas em total isolamento. Infelizmente há muitos casos de crianças educadas em circunstâncias sociais de extrema negligência. Agora, a atenção tem sido voltada para crianças em orfanatos dos então países comunistas da Europa Oriental. Por exemplo, nos orfanatos romenos, os bebês ficam nos seus berços de 18 a 20 horas por dia, enrolados com suas mamadeiras, recebendo poucos cuidados dos adultos. Essa atenção mínima persiste por cinco anos. Muitas delas têm medo do contato humano e são propensas a imprevisíveis comportamentos anti-sociais. Essa situação veio à tona quando famílias norte-americanas decidiram adotar muitas dessas crianças. Os problemas de adaptação para cerca de 20% delas eram tão graves, que as famílias que as adotavam sofriam de complexo de culpa de serem pais adotivos inadequados. Muitas dessas famílias pediram ajuda para lidar com as crianças. Lentamente, têm havido esforços para que essas crianças carentes conheçam sentimentos de apego que nunca experimentaram antes (Groza et al., 1999; Talbot, 1998).

Os pesquisadores estão enfatizando cada vez mais a importância das primeiras experiências de socialização para as crianças que crescem em um ambiente mais normal. Sabemos que não é suficiente cuidar das necessidades físicas de uma criança, os pais também precisam se preocupar com o desenvolvimento social de seus filhos. Se, por exemplo, as crianças forem desincentivadas a ter amigos, elas irão perder interações sociais com pessoas da mesma idade que são essenciais para o crescimento emocional.

Estudos de Primatas

Os estudos de animais criados em isolamento também ratificam a importância da socialização no desenvolvimento. Harry Harlow (1971), um pesquisador no laboratório de primatas da University of Wisconsin, realizou testes com macacos da Índia que haviam sido criados longe de suas mães e do contato com outros macacos. Como no caso de Isabelle, os macacos da Índia criados em isolamento eram temerosos e se assustavam facilmente. Eles não cruzavam, e as fêmeas que foram inseminadas artificialmente se tornaram mães que maltratavam seus filhotes. Aparentemente, o isolamento havia causado um efeito pernicioso nos macacos.

Um aspecto criativo do experimento de Harlow foi o seu uso de "mães artificiais". Em um desses experimentos Harlow apresentou macacos que haviam sido criados em isolamento a mães substitutas – uma réplica feita de tecidos e uma moldada em arames, com a capacidade de oferecer leite. Os macacos foram se dirigindo para a mãe em aramado buscando o leite provedor de vida; passaram muito mais tempo apegados ao boneco de tecido com aparência materna. Parece que os filhotes de macaco desenvolveram um apego social maior quanto à necessidade de calor, conforto e intimidade do que em relação à necessidade de leite.

Embora os estudos de isolamento que acabamos de discutir possam aparentemente sugerir que a hereditariedade pode ser descartada como um fator no desenvolvimento social dos seres humanos e dos animais, os estudos de gêmeos oferecem um *insight* no tocante a uma interação fascinante entre os fatores hereditários e ambientais.

> **Use a Sua Imaginação Sociológica**
>
> Que fatos vividos por você causaram uma forte influência na pessoa que você é hoje?

As Influências da Hereditariedade

Os gêmeos idênticos Oskar Stohr e Jack Yufe foram separados após o nascimento e criados em continentes diferentes, em cenários culturais bastante distintos. Oskar foi criado como um católico fervoroso pela sua avó materna no Sudetenland da República Checa. Como membro do movimento da Juventude de Hitler na Alemanha nazista, ele aprendeu a odiar os judeus. Opostamente, seu irmão foi criado em Trinidad pelo pai judeu. Jack se associou a um kibutz (uma comunidade) israelense quando tinha 17 anos e depois serviu no exército israelense. Mas quando os gêmeos foram reunidos na meia-idade surgiram algumas semelhanças surpreendentes: ambos usavam óculos com aro de metal e bigodes. Os dois gostavam de comida picante e licores doces, eram distraídos, davam a descarga na privada antes de usá-la, guardavam elásticos em seus pulsos e embebiam torrada com manteiga no café (Holden, 1980).

Os gêmeos também diferiam em aspectos importantes: Jack era obcecado por trabalho, Oskar gostava de atividades de lazer. Enquanto, por um lado, Oskar era um conservador que gostava de mandar nas mulheres, Jack era um político liberal que aceitava muito mais o feminismo. Por fim, Jack tinha muito orgulho de ser judeu, ao passo que Oskar nunca mencionou sua herança judaica (Holden, 1987).

Oskar e Jack são um ótimo exemplo da interação entre a hereditariedade e o meio ambiente. Há vários anos o Minnesota Twin Family Study vem acompanhando pares de gêmeos idênticos separados para determinar que semelhanças eles apresentam nos traços de personalidade, comportamento e inteligência. Os resultados preliminares dos estudos de gêmeos disponíveis indicam que *tanto* os fatores genéticos *quanto* as experiências de socialização influenciam o desenvolvimento humano. Determinadas características, como temperamento, padrão de voz e hábitos nervosos, são surpreendentemente semelhantes mesmo em gêmeos separados, o que sugere que essas qualidades podem ser associadas a causas hereditárias. No entanto, gêmeos idênticos separados diferem mais em suas atitudes, seus valores, quanto a parceiros escolhidos e até em relação ao hábito de beber. Aparentemente, essas qualidades são influenciadas por fatores ambientais. Examinando agrupamentos de traços de personalidade entre esses gêmeos, pesquisadores descobriram semelhanças marcantes na sua tendência para a liderança ou dominância, porém diferenças significativas na sua necessidade de intimidade, conforto e assistência.

Os pesquisadores também ficaram impressionados com as pontuações semelhantes nos testes de inteligência de gêmeos separados em cenários sociais *mais ou menos semelhantes*. A maioria dos gêmeos idênticos registra pontuações ainda mais próximas do que o esperado se a mesma pessoa fizesse um teste duas vezes. Porém, ao mesmo tempo, gêmeos idênticos criados em ambientes sociais *significativamente diferentes* obtiveram pontuações bastante distintas em testes de inteligência – dado que corrobora o impacto da socialização no desenvolvimento humano (McGue e Bouchard, 1998; Minnesota Twin Family Study, 2004).

É preciso tomar cuidado quando se revisam estudos de pares de gêmeos e outras pesquisas relevantes. Resultados amplamente divulgados em geral se baseiam em amostras muito pequenas e análises preliminares. Por exemplo, um estudo (não envolvendo pares de gêmeos) foi citado como confirmando ligações genéticas com o comportamento. No entanto, os pesquisadores tiveram de voltar atrás em suas conclusões depois de aumentarem

Harry Harlow com um dos seus macacos da Índia olhando para sua mãe substituta em aramado.

a amostra e reclassificarem dois dos casos originais. Após essas mudanças, os resultados iniciais deixaram de ser válidos.

Os críticos acrescentam que os estudos de pares de gêmeos não forneceram informações satisfatórias quanto até que ponto os gêmeos tiveram contato um com o outro, apesar de terem sido criados separadamente. Essas interações – sobretudo se forem freqüentes – poderiam colocar em dúvida a validade dos estudos de gêmeos. À medida que esse debate continua, podemos prever vários esforços para retomar a pesquisa e esclarecer a interação entre hereditariedade e fatores ambientais no desenvolvimento humano (Horgan, 1993; Plomin, 1989).

As crianças imitam as pessoas ao seu redor, em especial os membros da família com os quais interagem continuamente durante o *estágio preparatório* descrito por George Herbert Mead.

O *SELF* E A SOCIALIZAÇÃO

Todos nós temos várias percepções, sentimentos e crenças no tocante a quem somos e de que gostamos. Como os desenvolvemos? Eles mudam à medida que envelhecemos?

Não nascemos com essas compreensões. Com base no trabalho de George Herbert Mead (1964b), os sociólogos reconhecem que criamos a nossa própria designação: o *self*. O *self* é uma identidade distinta que nos distingue dos outros. Ele não é um fenômeno estático, ao contrário, continua se desenvolvendo e mudando durante toda a nossa vida.

Tanto os sociólogos quanto os psicólogos expressaram interesse na maneira como o indivíduo desenvolve o sentido de *self* como resultado da interação social. O trabalho dos sociólogos Charles Horton Cooley e George Herbert Mead, pioneiros da abordagem da interação, foi particularmente útil no aprofundamento da nossa compreensão dessas importantes questões.

Abordagens Sociológicas do *Self*

Conceito de Cooley: "Self-Espelho"

No início da década de 1900, Charles Horton Cooley avançou na crença de que aprendemos quem somos interagindo com os outros. A nossa visão de nós mesmos, portanto, vem não só da contemplação direta de nossas qualidades pessoais, mas também das nossas impressões de como os outros nos vêem. Cooley utilizou a expressão ***self-espelho*** (ou *self* refletido) para enfatizar que o *self* é um produto das nossas interações sociais.

O processo de desenvolvimento de uma identidade ou de um conceito do *self* tem três fases. Primeira, imaginamos como nos apresentamos para os outros – parentes, amigos e até estranhos na rua. Segunda, imaginamos como os outros nos avaliam (atraentes, inteligentes, tímidos ou estranhos). Terceira, desenvolvemos um tipo de sentimento sobre nós mesmos, tal como respeito ou vergonha, como resultado dessas impressões (Cooley, 1902; Howard, 1989).

Um aspecto sutil, mas essencial do *self-espelho* de Cooley, é que o *self* é resultado da "imaginação" da pessoa de como os outros a vêem. Conseqüentemente, podemos desenvolver identidades de *self* com base em percepções *incorretas* de como os outros nos vêem. Um(a) aluno(a) pode reagir energicamente a uma crítica do(a) professor(a) e acreditar (erroneamente) que esse(a) o(a) considera burro(a). Essa percepção errônea pode se transformar em uma identidade negativa de *self* por meio do seguinte processo: 1. o(a) professor(a) me criticou, 2. o(a) professor(a) deve achar que sou burro(a), 3. Eu *sou* burro(a). Porém, as identidades do *self* também estão sujeitas a mudanças. Se o(a) aluno(a) tirar nota 10 no final do curso, ele(a) provavelmente não se sentirá mais burro(a).

Mead: As Fases do Self

George Herbert Mead continuou a exploração da teoria da interação de Cooley. Mead (1934, 1964a) desenvolveu um modelo útil do processo pelo qual surge o *self*, que é definido por três fases distintas: preparatória, de representação e da brincadeira e do jogo.

A Fase Preparatória. Na *fase preparatória* as crianças simplesmente imitam as pessoas ao seu redor, em especial membros da família com os quais interagem com freqüência. Conseqüentemente, uma criança pequena baterá em um pedaço de madeira enquanto o pai faz um trabalho de carpintaria, ou tentará jogar uma bola se um irmão mais velho estiver fazendo isso perto dele.

À medida que vão ficando mais velhas, as crianças vão se tornando mais hábeis na utilização de símbolos para se comunicar com os outros. Os *símbolos* são os gestos, os objetos e as palavras que formam a base da comunicação humana. Interagindo com parentes e amigos, bem como assistindo a desenhos animados na televisão e vendo livros com fotos, as crianças na fase preparatória começam a entender a questão dos símbolos. Elas continuarão utilizando essa forma de comunicação durante toda a vida.

Como as línguas faladas, os símbolos variam de uma cultura para outra, e até mesmo de uma subcultura para outra. Na América do Norte, assim como no Brasil, levantar a sobrancelha pode indicar surpresa ou dúvida. No Peru, esse mesmo gesto significa "dinheiro" ou "me pague", e pode ser um pedido não-verbal de propina. No país de Tonga, uma ilha do Pacífico, sobrancelhas levantadas significam "sim" ou "eu concordo" (Axtell, 1990).

Nas sociedades multiculturais, essas diferenças no significado dos símbolos criam uma possibilidade de conflito. Por exemplo, o simbólico lenço na cabeça usado pelas mulheres muçulmanas recentemente se tornou uma importante questão social na França. Durante anos, as escolas públicas francesas baniram sinais ostensivos de religião, tais como grandes cruzes, solidéus e lenços na cabeça. Os alunos muçulmanos que violavam esse código informal de vestimenta eram expulsos. Em 2003, no meio de uma controvérsia cada vez maior, um conselho governamental recomendou que o Parlamento francês fortalecesse a expulsão transformando-a em lei. Essa questão é particularmente espinhosa em razão dos conflitantes significados culturais desses símbolos. Para muitos franceses, o lenço na cabeça simboliza a submissão das mulheres – uma conotação não bem-vinda em uma sociedade que valoriza o igualitarismo, para outros representa um desafio ao modo de vida francês, 69% dos franceses pesquisados sobre essa questão apoiavam a expulsão. Porém, para os muçulmanos, o lenço na cabeça simboliza modéstia e respeitabilidade. Os alunos muçulmanos levam esse símbolo muito a sério (*The Economist*, 2004a).

A Fase de Representação. Mead foi um dos primeiros a analisar a relação entre os símbolos e a socialização. À medida que as crianças vão desenvolvendo habilidades, de comunicação por meio de símbolos, gradativamente vão ficando mais cientes dos relacionamentos sociais. Conseqüentemente, durante a *fase de representação* elas começam a fingir que são outras pessoas. Assim como um ator se "torna" um personagem, uma criança se torna um médico, pai ou mãe, super-herói ou um capitão de navio.

Mead, na realidade, observou que um aspecto importante da fase de representação é adotar um papel. ***Adotar a atitude ou o papel*** do outro é o processo de assumir mentalmente o ponto de vista do outro e reagir partindo dessa perspectiva. Por exemplo, por meio desse processo uma criança pequena aprende gradativamente quando é melhor pedir favores ao pai ou à mãe. Se o pai ou a mãe volta do trabalho de mau humor, a criança irá esperar até depois do jantar, quando a pessoa está mais relaxada e mais propensa a ser abordada.

A Fase da Brincadeira e do Jogo. Nessa terceira fase de Mead, a criança de oito ou nove anos não mais apenas representa papéis, mas começa a cogitar em várias tarefas e relacionamentos reais simultaneamente. A essa altura do desenvolvimento, as crianças captam não só a sua

De acordo com George Herbert Mead, as crianças começam a se comunicar por meio de símbolos com pouco tempo de vida e continuam a fazê-lo por toda a vida. A moça francesa nesta foto está protestando contra uma lei que proíbe alunos de escolas públicas de usar lenços na cabeça e outras insígnias religiosas. A proibição do ato simbólico de cobrir a cabeça provocou uma considerável controvérsia na França.

própria posição social, mas também a das pessoas ao seu redor – assim como em um jogo de futebol, os jogadores têm que entender a sua posição e a dos outros. Imagine um(a) menino(a) que esteja em um grupo de escoteiros em uma caminhada pelas montanhas no fim de semana. A criança tem que entender o que se espera que ela faça, mas também reconhecer as responsabilidades dos outros escoteiros e dos líderes. Essa é a fase final do desenvolvimento no modelo de Mead. A criança agora pode responder a vários membros do ambiente social.

Mead utiliza a expressão **outro generalizado** para se referir às atitudes, aos pontos de vista e às expectativas da sociedade como um todo, que a criança leva em consideração no seu comportamento. Simplificando, esse conceito sugere que quando uma pessoa age, ela leva em consideração todo um grupo de pessoas. Por exemplo, uma criança não irá agir educadamente só para agradar ao pai ou à mãe. Em vez disso, a criança entende que a cortesia é um valor social difundido, endossado pelos pais, professores e líderes religiosos.

Na fase da brincadeira e do jogo, as crianças têm uma visão mais sofisticada das pessoas e do ambiente social. Elas agora entendem o que são as profissões e as posições sociais específicas, e não associam mais o Sr. Williams ao papel de "bibliotecário" ou a Sra. Sanchez somente ao papel de "diretora". Ficou claro para a criança que o Sr. William pode ser bibliotecário, pai e maratonista, e que a Sra. Sanchez é uma das várias diretoras da nossa sociedade. Conseqüentemente, a criança atingiu um novo nível de satisfação nas suas observações das pessoas e das instituições.

Mead: A Teoria do Self

Mead (1964b) é mais conhecido pela sua teoria do *self*. Segundo ele, o *self* começa em uma posição privilegiada e central no mundo de uma pessoa. Crianças pequenas se vêem como o foco de tudo ao seu redor e têm dificuldade de levar em consideração os pontos de vista dos outros. Por exemplo, quando lhes mostraram uma paisagem montanhosa e perguntaram o que um observador do outro lado da montanha poderia ver (tal como um lago ou caminhante), crianças pequenas descreveram apenas objetos visíveis do seu ponto de vista. Essa tendência infantil de nos colocarmos no centro dos eventos nunca desaparece totalmente. Muitas pessoas que têm medo de viajar de avião pressupõem que, se algum avião cair, será aquele no qual elas estão. E quem é que lê a seção de horóscopo sem ler o seu primeiro? Por que é que compramos bilhetes de loteria se não nos imaginamos ganhando?

Mesmo assim, à medida que as pessoas vão amadurecendo, os *selfs* mudam e começam a refletir uma preocupação com as reações dos outros. Pais, amigos, colegas de trabalho, treinadores e professores estão entre as pessoas que têm um papel importante no ato de moldar o *self* da pessoa. A expressão **outro significativo** é utilizada para nos referirmos àquelas pessoas que são as mais importantes no desenvolvimento do *self*. Muitos jovens, por exemplo, se sentem atraídos pelo mesmo tipo de trabalho em que seus pais estão envolvidos (Sullivan, [1953]1968).

Em alguns casos, os estudos sobre os outros significativos geraram controvérsias entre os pesquisadores. Por exemplo, alguns pesquisadores afirmaram que os adolescentes afro-americanos são mais "voltados para os membros do seu grupo" do que os adolescentes brancos em razão de supostas fraquezas nas famílias negras. Porém, investigações indicam que essas conclusões precipitadas se basearam em estudos limitados que se concentravam em negros menos influentes. Na verdade, aparentemente, há pouca diferença na maneira de os afro-americanos e os brancos de situação econômica semelhante considerarem seus pares importantes (Giordano et al., 1993; Juhasz, 1989).

> **Use a Sua Imaginação Sociológica**
>
> Quem foram os seus outros significativos? Você é o outro importante de alguém?

Goffman: Apresentação do Self

Como controlamos o nosso "*self*"? Como mostramos aos outros quem somos? Erving Goffman, um sociólogo associado à perspectiva da interação, sugere que muitas das nossas atividades diárias envolvem tentativas de transmitir impressões de quem somos. Suas observações ajudaram a entender as maneiras às vezes sutis, mas essenciais, pelas quais aprendemos a nos apresentar socialmente. Elas também oferecem exemplos concretos desse aspecto da socialização.

Logo no início da vida, as pessoas aprendem a dissimular a sua apresentação do *self* para criar aparências distintas e satisfazer públicos específicos. Goffman (1959) se referia a essa alteração da apresentação do *self* como **administração de impressão**. O Quadro 4-1 descreve um exemplo cotidiano desse conceito – a maneira como os alunos se comportam depois de receberem as notas nas provas. Ao analisar essas interações sociais cotidianas, Goffman faz tantos paralelos ao teatro que a sua teoria foi denominada **abordagem dramatúrgica**. Segundo essa teoria, as pessoas se assemelham a artistas em ação. Por exemplo, um balconista pode tentar parecer mais ocupado do que realmente está se estiver sendo observado por seu superior. Um cliente em um bar de solteiros pode tentar fazer parecer que está esperando uma determinada pessoa.

Goffman (1959) também chamou atenção para um outro aspecto do *self* – o **trabalho de face**. Quantas vezes você começa um tipo de comportamento de salvar as aparências quando se sente embaraçado(a) ou rejeitado(a)? Como reação a uma rejeição em um bar de solteiros, uma pessoa pode se envolver em um trabalho de face dizendo: "Não existe nenhuma pessoa interessante em toda essa multidão". Sentimos a necessidade de manter

Sociologia no Campus
4-1 ADMINISTRAÇÃO DE IMPRESSÕES PELOS ALUNOS

Quando recebe uma prova de volta, você reage de modo diferente com colegas, dependendo das notas que tirou. Isso tudo é parte da *administração de impressões*, como demonstraram os sociólogos Daniel Albas e Cheryl Albas. Os dois exploraram as estratégias que os alunos universitários utilizam para criar as aparências desejadas depois de receber notas de provas. Albas e Albas dividiram esses encontros em três categorias: todos aqueles que tiraram notas altas (encontros entre alunos nota dez); aqueles que receberam notas altas e os que receberam notas baixas ou até foram reprovados (encontros entre alunos nota 10 e alunos fracos) e todos aqueles alunos que receberam notas baixas (encontro entre alunos fracos).

Os *encontros entre alunos nota 10* ocorrem em uma atmosfera relativamente aberta porque é reconfortante compartilhar uma nota alta com um outro bom aluno. É até aceitável violar a norma da modéstia e gabar-se com outros alunos nota dez, já que, como admitiu um aluno, "é muito mais fácil admitir uma nota alta para alguém que se saiu melhor ou pelo menos tão bem quanto você".

Os *encontros entre alunos nota 10 e alunos fracos* em geral são sensíveis. Os alunos fracos normalmente tentam evitar essas trocas porque "você... acaba aparecendo como o bobo" ou "se sente como se fosse preguiçoso ou não-confiável". Quando forçados a interagir com alunos nota 10, os alunos fracos tentam parecer graciosos e gentis. Os alunos nota 10 em geral oferecem solidariedade e apoio aos alunos fracos insatisfeitos e até racionalizam as suas próprias notas altas como se fosse um "golpe de sorte". Para evitar que

> *Quando forçados a interagir com alunos nota 10, os alunos fracos tentam parecer graciosos e gentis.*

os alunos fracos fiquem constrangidos, os alunos nota 10 enfatizam a dificuldade e a injustiça da prova.

Os *encontros entre alunos fracos* tendem a ser fechados, o que reflete o esforço do grupo em evitar o temido desprezo dos outros. No entanto, dentro da segurança desses encontros, os alunos fracos compartilham abertamente o seu desapontamento e se envolvem em expressões de autopiedade mútuas que eles mesmos chamam de "festas de piedade". Eles inventam desculpas para o seu desempenho ruim, tais como "eu não estava me sentindo bem a semana toda" ou "tive quatro provas e dois trabalhos para entregar esta semana". Se a distribuição de notas em uma turma for de notas particularmente baixas, os alunos fracos podem culpar o professor, atacá-lo como sádico ou como incompetente.

Como fica evidente nessas descrições, as estratégias de administração das impressões dos alunos estão de acordo com as normas informais da sociedade no tocante à modéstia e consideração por colegas menos bem-sucedidos. No ambiente da sala de aula, assim como no ambiente de trabalho e em outros tipos de interações humanas, os esforços de controlar as impressões são mais intensos quando os diferenciais de *status* são pronunciados, tal como ocorre entre os alunos nota 10 e os alunos fracos.

Vamos Discutir

1. Como você reage com aqueles que tiraram notas mais altas ou mais baixas do que as suas?
2. Que normas sociais regem as estratégias de administração das impressões dos alunos?

Fonte: Albas e Albas, 1988.

---

uma imagem adequada do *self*, se quisermos continuar a interação social.

Em algumas culturas, as pessoas se envolvem em mentiras criadas para não ficarem constrangidas. No Japão, por exemplo, onde o emprego vitalício era a norma até recentemente, os "homens de empresa" que foram demitidos em razão de uma profunda recessão econômica podem fingir estar empregados, levantando como de costume pela manhã, vestindo terno e gravata e "indo" para o local de trabalho. Porém, em vez de ir para o escritório, eles se reúnem em locais, como a Biblioteca Hibiya de Tóquio, onde passam o tempo lendo antes de voltar para casa na hora de costume. Muitos desses homens estão tentando proteger os membros da família, que ficariam envergonhados se os vizinhos descobrissem que o provedor da família está desempregado. Outros estão enganando suas mulheres e suas famílias também (French, 2000).

O trabalho de Goffman sobre o *self* representa uma evolução lógica dos estudos sociológicos iniciados por Cooley e Mead sobre como a personalidade é adquirida por meio da socialização, e como controlamos a apresentação do *self* para os outros. Cooley enfatizou o processo pelo qual criamos um *self*, Mead se concentrou na forma como o *self* se desenvolve à medida que interagimos com os outros, Goffman enfatizou as formas pelas quais criamos, de modo consciente, imagens de nós mesmos para os outros.

Abordagens Psicológicas do *Self*

Os psicólogos compartilham dos interesses de Cooley, Mead e outros sociólogos no desenvolvimento do *self*. Os primeiros estudos de psicologia, tais como o de Sigmund Freud (1856-1939), enfatizaram o papel dos impulsos inatos – entre eles o impulso da gratificação sexual – na canalização do comportamento humano. Mais recentemente, psicólogos, como Jean Piaget, enfatizaram as fases pelas quais os seres humanos passam conforme o *self* vai se desenvolvendo.

Como Charles Horton Cooley e George Herbert Mead, Sigmund Freud era de opinião que o *self* é um produto social e que os aspectos da personalidade de uma pessoa são influenciados por outras pessoas (especialmente os pais). No entanto, ao contrário de Cooley e Mead, Freud sugeriu que o *self* tinha componentes que operam em oposição uns aos outros. Segundo ele, os nossos impulsos instintivos naturais estão em conflito com as restrições sociais. Parte de nós busca o prazer ilimitado, enquanto a outra apóia o comportamento racional. Ao interagir com outros, aprendemos quais são as expectativas da sociedade e depois selecionamos o comportamento mais adequado para a nossa própria cultura. (Evidentemente, como Freud sabia muito bem, às vezes distorcemos a realidade e nos comportamos de maneira irracional.)

Pesquisas realizadas com recém-nascidos, pelo psicólogo infantil suíço Jean Piaget (1896-1980), enfatizaram a importância das interações sociais no desenvolvimento de um senso de *self*. Piaget descobriu que os recém-nascidos não têm *self* no sentido de uma imagem no espelho. Porém, ironicamente, eles são bastante autocentrados, os recém-nascidos demandam que todas as atenções sejam dirigidas para eles. Os bebês ainda não se separaram do universo do qual são parte. Para eles, a frase "você e eu" não tem significado, esses bebês só entendem "eu". No entanto, conforme vão amadurecendo, as crianças são gradativamente socializadas nas relações sociais, mesmo dentro do seu mundo autocentrado.

Na sua conhecida ***teoria cognitiva do desenvolvimento***, Piaget (1954) identificou quatro estágios no desenvolvimento dos processos de raciocínio da criança. No primeiro, ou estágio *sensório-motor*, as crianças pequenas utilizam os seus sentidos para fazer descobertas. Por exemplo, pelo tato elas descobrem que suas mãos na verdade são parte delas. No segundo, ou estágio *pré-operatório*, as crianças começam a utilizar as palavras e os símbolos para distinguir objetos e idéias. No marco do terceiro, ou estágio *operatório concreto*, as crianças se envolvem em um raciocínio mais lógico. Elas aprendem que mesmo quando um monte de barro sem forma é transformado em uma cobra, continua sendo o mesmo barro. Por fim, no quarto, ou *operatório formal*, os adolescentes são capazes de um raciocínio abstrato sofisticado e de lidar com idéias e valores de uma maneira lógica.

Piaget sugeriu que o desenvolvimento moral se torna uma parte importante da socialização à medida que as crianças vão desenvolvendo a capacidade de pensar de uma maneira mais abstrata. Quando aprendem as regras de um jogo, como damas ou cartas, as crianças aprendem a obedecer às normas da sociedade. As crianças com menos de oito anos apresentam um grau de moralidade

Pintar o corpo é um ritual que marca a passagem para a puberdade entre os jovens na Libéria, no oeste da África.

bem básico: regras são regras e não existe o conceito de "circunstâncias atenuantes". À medida que vão amadurecendo, elas adquirem mais autonomia e começam a vivenciar dilemas morais e dúvidas quanto ao que é um comportamento adequado.

Segundo Jean Piaget, a interação social é a chave para o desenvolvimento. Conforme vão crescendo, as crianças começam a prestar mais atenção à forma de pensar dos outros e por que elas agem de determinadas maneiras. Para desenvolver uma personalidade distinta, cada um de nós precisa de oportunidades de interagir com os outros. Como vimos anteriormente, Isabelle foi privada da chance de interações sociais normais e as conseqüências foram graves (Kitchener, 1991).

Vimos que vários pensadores consideraram a interação social a chave para o desenvolvimento do senso de *self* de uma pessoa. Como geralmente é verdade, podemos entender melhor esse tópico recorrendo a uma série de teorias e pesquisas. A Tabela 4-1 resume a rica literatura, tanto sociológica quanto psicológica, sobre o desenvolvimento do *self*.

Resumindo

Tabela 4-1 — Abordagens Teóricas do Desenvolvimento do *Self*

Estudioso	Conceitos-chave e Contribuições	Pontos Principais da Teoria
Charles Horton Cooley 1864-1929 sociólogo (EUA)	*Self*-espelho	Fases de desenvolvimento indistintas; os sentimentos em relação a nós mesmos surgem por meio da interação com os outros
George Herbert Mead 1863-1931 sociólogo (EUA)	O *self* O outro generalizado	Três fases distintas de desenvolvimento; o *self* se desenvolve à medida que as crianças captam os papéis dos outros em suas vidas
Erving Goffman 1922-1982 sociólogo (EUA)	Administração das impressões Abordagem dramatúrgica Trabalho de face	O *self* se desenvolve por meio das impressões que transmitimos aos outros e para os grupos
Sigmund Freud 1856-1939 psicoterapeuta (Áustria)	Psicoterapia	O *self* é influenciado pelos pais e pelos impulsos inatos, como, por exemplo, o de gratificação sexual
Jean Piaget 1896-1980 psicólogo infantil (Suíça)	Teoria cognitiva do desenvolvimento	Quatro estágios do desenvolvimento cognitivo; o desenvolvimento moral está associado à socialização

A SOCIALIZAÇÃO E O CURSO DA VIDA

O Curso da Vida

Entre o povo kota do Congo africano, os adolescentes se pintam de azul. As meninas norte-americanas de origem mexicana fazem um retiro religioso que dura um dia inteiro antes de dançar a noite toda. As mães egípcias pisam em seus bebês recém-nascidos sete vezes, e os alunos da Academia Naval jogam os seus chapéus para o ar. Essas são formas de celebrar **ritos de passagem**, uma maneira de dramatizar e valorizar mudanças no *status* de uma pessoa. O ritual de Kota com a cor azul, considerada a cor da morte, simboliza o fim da infância. As meninas hispânicas celebram o fato de se tornarem mulheres com uma cerimônia de *quinceañera* aos 15 anos de idade. Na comunidade cubana em Miami, a popularidade da *quinceañera* sustenta uma rede de organizadores de festas, bufês, estilistas e o concurso de Miss Latina. Durante milhares de anos, as mães egípcias vêm dando as boas-vindas aos seus recém-nascidos ao mundo na cerimônia Soboa de pisar sete vezes no bebê de sete dias. E os veteranos da Academia Naval comemoram a sua formatura da faculdade jogando chapéus para o ar (Cohen, 1991; Garza, 1993; McLane, 1995; Quadagno, 2002).

Essas cerimônias específicas marcam fases do desenvolvimento no curso da vida. Elas indicam que o processo de socialização continua por todas as fases do ciclo da vida. Na verdade alguns pesquisadores optaram por se concentrar na socialização como um processo que

Cadetes calouros no Instituto Militar da Virgínia engatinham em uma colina lamacenta, na doutrinação persistente da escola na severa disciplina militar, um rito de passagem na escola.

Tabela 4-2 Marcos na Transição para a Idade Adulta		
Evento da Vida	**Idade Esperada**	**Porcentagem de Pessoas que Consideram Esse Evento Muito Importante**
Independência financeira dos pais/responsáveis	20,9 anos	80,9%
Morar separado dos pais	21,1	57,2
Emprego de período integral	21,2	83,8
Conclusão da escolaridade formal	22,3	90,2
Capacidade de sustentar uma família	24,5	82,3
Casamento	25,7	33,2
Ser pai ou mãe	26,2	29,0

Obs.: Baseado no General Social Survey de 2002, entre 1.398 pessoas.
Fonte: T. Smith, 2003.

Pense nisto
Por que um número tão pequeno de pessoas considera importante o casamento e o fato de ser pai ou mãe? Que marcos você considera mais importantes?

dura a vida toda. Os sociólogos e outros cientistas sociais que seguem essa ***abordagem do curso da vida*** examinam detalhadamente os fatores sociais que influenciam as pessoas durante a sua vida, desde o nascimento até a morte. Eles reconhecem que mudanças biológicas moldam, mas não ditam o comportamento humano.

Na cultura norte-americana, cada pessoa tem uma "biografia pessoal" que é influenciada por acontecimentos na família e na sociedade maior. Embora, por um lado, eventos, como a conclusão de confirmações religiosas, formaturas, casamento, ser pai ou mãe, possam ser todos considerados ritos de passagem na nossa sociedade, as pessoas não os vivenciam necessariamente ao mesmo tempo. O momento em que eles ocorrem depende de fatores, como sexo, classe social, local de residência (centro da cidade, subúrbio ou região rural) e até hora de nascimento da pessoa.

Vários acontecimentos da vida marcam a passagem para a idade adulta. Evidentemente, esses momentos decisivos variam de uma sociedade e até de uma geração para outra. De acordo com uma pesquisa feita em 2002, hoje nos Estados Unidos, o evento-chave aparentemente é a conclusão da escolaridade formal (ver Tabela 4-2). Em média, os norte-americanos esperam que esse marco ocorra até o 23º aniversário da pessoa. Espera-se que os outros eventos importantes no curso da vida, tais como casar-se ou tornar-se pai ou mãe, ocorram dois ou três anos mais tarde. Um fato interessante é que, comparativamente, poucas pessoas que responderam ao levantamento consideraram importante o casamento ou o fato de ser pai ou mãe.

Encontramos alguns dos desafios de socialização (e ritos de passagem) mais difíceis nos últimos anos de vida. Avaliar as próprias conquistas, lidar com a decadência das habilidades físicas, viver a aposentadoria e enfrentar a inevitabilidade da morte pode levar a adaptações dolorosas. A velhice é complicada, também pela forma negativa com que muitas sociedades, incluindo a norte-americana, encaram a morte e tratam os idosos. Os estereótipos comuns dos idosos como pessoas indefesas e dependentes podem muito bem enfraquecer a auto-imagem de uma pessoa de mais idade. No entanto, como iremos explorar mais detalhadamente no Capítulo 11, muitas pessoas idosas continuam a viver uma vida ativa, produtiva, realizada – seja com trabalho remunerado, seja como aposentadas.

Use a Sua Imaginação Sociológica
Qual foi o último rito de passagem do qual você participou? Era um rito formal ou informal?

As prisões são centros de ressocialização, onde as pessoas são colocadas sob a pressão de livrar-se de padrões de comportamento antigos e aceitar novos. Esses prisioneiros estão aprendendo a usar pesos para aliviar a tensão e exercer a sua força – um método socialmente aceitável de lidar com impulsos anti-sociais.

Socialização Antecipada e Ressocialização

O desenvolvimento de um *self* social é literalmente uma transformação que dura a vida toda, começa no berço e continua conforme a pessoa vai se preparando para a morte. Dois tipos de socialização ocorrem em vários momentos da vida: a socialização antecipada e a ressocialização.

A **socialização antecipada** se refere aos processos de socialização nos quais a pessoa "ensaia" para futuros cargos, profissões e relacionamentos. Uma cultura pode trabalhar de maneira mais eficiente e tranqüila se os seus membros se familiarizarem com as normas, os valores e o comportamento associados a uma determinada posição social antes de realmente assumir esse referido *status*. O preparo para vários aspectos da vida adulta começa com a socialização antecipatória na infância e na adolescência e continua por toda a nossa vida conforme vamos nos preparando para novas responsabilidades.

Você pode ver o processo de socialização antecipada ocorrer quando alunos do nível médio começam a pensar em qual faculdade querem entrar. Antigamente, isso significava examinar publicações recebidas pelo correio ou visitar o *campus*, porém, com a tecnologia disponível hoje, uma quantidade cada vez maior de alunos está utilizando a Internet para começar a sua vivência universitária. As faculdades estão investindo mais tempo e dinheiro na elaboração de sites atraentes por meio dos quais os alunos podem fazer caminhadas "virtuais" pelo *campus* e ouvir *clips* de áudio sobre tudo, desde o hino da faculdade até uma amostra de uma aula de zoologia.

Às vezes, assumir uma nova posição social ou profissional requer que *desaprendamos* uma orientação antiga. A **ressocialização** é o processo pelo qual nos livramos de padrões de comportamento antigos, aceitando padrões novos como parte de uma transição na vida da pessoa. A ressocialização geralmente ocorre durante um esforço explícito de transformar uma pessoa, como ocorre nas escolas reformistas, grupos de terapia, prisões, ambientes de conversões religiosas e campos de doutrinação política. O processo de ressocialização envolve um estresse considerável para a pessoa – muito mais do que a socialização em geral ou a socialização antecipada (Gecas, 1992).

A ressocialização é particularmente eficaz quando ocorre em uma instituição total. Erving Goffman (1961) cunhou a expressão **instituição total** para se referir a uma instituição, como uma prisão, as forças militares, um hospital para doentes mentais ou um convento que regula todos os aspectos da vida de uma pessoa sob uma única autoridade. Como a instituição total em geral é isolada do resto da sociedade, ela atende a todas as necessidades dos seus membros. Literalmente, a tripulação de um navio comercial no mar torna-se parte de uma instituição total. Suas exigências são tão minuciosas, abrangem tanto suas atividades, que uma instituição total em geral representa uma sociedade em miniatura.

Goffman (1961) identificou quatro traços comuns das instituições totais:

- Todos os aspectos da vida ocorrem no mesmo local sob o controle de uma única autoridade.
- Todas as atividades dentro da instituição são realizadas na companhia de outros nas mesmas circunstâncias – por exemplo, recrutas do exército ou noviças em um convento.
- As autoridades criam regras e programam atividades sem consultar os participantes.
- Todos os aspectos da vida dentro de uma instituição total visam atender à finalidade da organização. Conseqüentemente, as atividades em um mosteiro podem ser voltadas para a oração e a comunhão com Deus (Davies, 1989; P. Rose et al., 1979).

As pessoas com freqüência perdem a sua individualidade nas instituições totais. Por exemplo, uma pessoa que entra na prisão pode passar pela humilhação de uma **cerimônia de degradação** quando lhe tiram as roupas, jóias e outros pertences pessoais. A partir daí, as rotinas diárias programadas permitem pouca ou nenhuma iniciativa. A pessoa se torna secundária e relativamente invisível no ambiente social autoritário (Garfinkel, 1956).

AGENTES DE SOCIALIZAÇÃO

Como vimos, a cultura norte-americana é definida por movimentos bem graduais de uma fase de socialização para a próxima. O processo contínuo e vitalício de socialização envolve várias forças sociais diferentes que influenciam nossas vidas e alteram nossa auto-imagem.

A família é o agente de socialização mais importante nos Estados Unidos, principalmente para as crianças. Damos também uma atenção especial neste capítulo a cinco outros agentes de socialização: a escola, o grupo de amigos da mesma idade, os meios de comunicação de massa, o local de trabalho e o Estado. O papel da religião na socialização dos jovens no tocante às normas e aos valores da sociedade será explorado no Capítulo 13.

Família

As crianças nas comunidades amish são criadas de uma forma muito estruturada e disciplinada. Mas elas não são imunes às tentações impostas por seus amigos do mundo não-amish – atos de "rebeldia", como dançar, beber e andar de carro. Porém, as famílias amish não se preocupam muito, elas sabem a forte influência que exercem sobre seus filhos (ver Quadro 4-2). O mesmo se aplica à família. É tentador dizer que o "grupo de amigos" ou até a "mídia" criam os filhos nos dias de hoje, principalmente quando se colocam em destaque jovens envolvidos em tiroteios e crimes de ódio. No entanto, quase todas as pesquisas disponíveis mostram que nunca se pode exagerar o papel da família na socialização da criança (W. Williams, 1998; para uma visão diferente ver J. Harris, 1998).

O processo vitalício do aprendizado tem início logo após o nascimento. Como os recém-nascidos ouvem, vêem, cheiram, sentem o gosto e sentem calor, frio e dor, eles estão constantemente orientando-se com base no mundo ao seu redor. Os seres humanos, sobretudo os membros da família, são uma parte importante do seu ambiente social. As pessoas atendem às necessidades dos seus bebês alimentando, limpando, carregando e consolando esses bebês.

Influências Culturais

Como observaram Charles Horton Cooley e George Herbert Mead, o desenvolvimento do *self* é um aspecto essencial dos primeiros anos de vida de uma pessoa. Mas a forma como as crianças desenvolvem esse senso de *self* varia de uma sociedade para outra. Por exemplo, a maioria dos pais, em países como Estados Unidos e Brasil, não manda seus filhos de seis anos sozinhos para a escola. Mas essa é a norma no Japão, onde os pais incentivam seus filhos a irem para a escola sozinhos desde muito pequenos. Em cidades como Tóquio, os alunos têm que aprender a negociar ônibus, metrôs e longas caminhadas. Para garantir a sua segurança, os pais estipulam regras cuidadosamente: não falar com estranhos, verificar com um funcionário da estação se descer no ponto errado; se perder o ponto, ficar no fim da linha; preferir escadas fixas às escadas rolantes; não cair no sono. Alguns pais equipam seus filhos com celulares ou bips. Uma mãe reconhece que se preocupa, "mas depois dos seis anos de idade, as crianças devem ficar independentes de suas mães. Se você continua levando seus filhos à escola depois do primeiro mês, todo mundo começa a olhar esquisito para eles" (Tolbert, 2000, p. 17).

Ao considerarmos o papel da família na socialização, precisamos lembrar que as crianças não têm um papel passivo. Elas são agentes ativos, influenciam e alteram as famílias, escolas e comunidades das quais fazem parte (Corsaro, 1997).

O Impacto da Raça e do Gênero

Nos Estados Unidos e no Brasil, países com forte preconceito racial, o desenvolvimento social inclui a exposição a suposições culturais referentes ao gênero e à raça. Os pais afro-americanos, por exemplo, ficaram sabendo que crianças de até dois anos conseguem absorver mensagens negativas sobre os negros em livros infantis, brinquedos e

A empresária Yla Eason posa com bonecas étnicas que sua empresa cria e comercializa. Como as meninas aprendem sobre si mesmas e seus papéis sociais brincando com bonecas, elas se beneficiam com a exposição a bonecas que representam uma variedade de raças e etnias.

> **Sociologia na Comunidade Global**
> ## 4-2 EDUCANDO CRIANÇAS AMISH

Jacob é um adolescente típico na sua comunidade amish no Condado de Lancaster, Pensilvânia. Com 14 anos, ele está no último ano escolar. Nos próximos anos ele se tornará um trabalhador de período integral na fazenda da família, com somente três horas de pausa toda manhã para os serviços religiosos. Quando ficar um pouco mais velho, poderá trazer uma namorada para a comunidade "cantando" em sua charrete. Mas ele está proibido de namorar fora de sua comunidade, e só poderá se casar com o consentimento do diácono.

Jacob está bem ciente do estilo de vida diferente dos "ingleses" (o termo amish usado para pessoas que não são da seita amish). Em um verão, tarde da noite, ele e seus amigos pegaram carona até uma cidade próxima para assistir a um filme, quebrando vários tabus amish. Seus pais ficaram sabendo dessa aventura, mas como a maioria dos amish, confiam que seu filho irá optar pelo estilo de vida amish. Como é esse estilo de vida e como os pais podem ter tanta certeza do seu apelo?

Jacob e sua família vivem de uma maneira muito semelhante à dos seus ancestrais, membros da igreja conservadora Menomita que migraram da Europa para a América do Norte nos séculos XVIII e XIX. Cismas na igreja depois de 1850 levaram a uma divisão entre aqueles que queriam preservar a "ordem antiga" e aqueles que eram a favor de uma "nova ordem", com métodos e uma organização mais progressistas. Atualmente os amish da ordem antiga vivem em cerca de 50 comunidades nos Estados Unidos e no Canadá. As estimativas dizem que eles são 80 mil, com aproximadamente 75% morando em três estados – Ohio, Pensilvânia e Indiana.

A ordem Amish antiga vive uma vida simples e rejeita a maioria dos aspectos da modernização e da tecnologia contemporânea. É por isso que eles rejeitam comodidades como eletricidade, automóveis, rádio e televisão. Os amish mantêm suas próprias escolas e tradições e não querem que suas crianças se familiarizem com

> *A ordem Amish antiga vive uma vida simples e rejeita a maioria dos aspectos da modernização e da tecnologia contemporânea.*

várias normas e valores da cultura dominante dos Estados Unidos. Aqueles que se distanciam demais dos costumes amish podem ser excomungados e evitados por todos os outros membros da comunidade – uma prática de controle social denominada *Meiding*. Os sociólogos às vezes utilizam a expressão "minorias separatistas" para se referir a grupos como os amish, que rejeitam a assimilação e convivem com o resto da sociedade basicamente em seus próprios termos.

A socialização dos jovens amish os incentiva a se absterem de filmes, rádio, televisão, cosméticos, jóias, instrumentos musicais de qualquer tipo e veículos motorizados. Como Jacob, no entanto, os jovens amish muitas vezes testam as fronteiras da sua subcultura durante um período de descoberta denominado *rumspringe*, um termo que significa "socializar". Os jovens amish freqüentam bailes em estábulos onde tabus, como beber, fumar e dirigir carro, são em geral quebrados. Os pais costumam reagir ignorando. Por exemplo, quando ouvem sons de rádio de um estábulo ou de uma motocicleta entrando na sua propriedade no meio da noite, eles não investigam nem castigam seus filhos imediatamente. Em vez disso, eles fingem não notar, seguros de que seus filhos quase sempre voltarão para as tradições do seu estilo de vida. Pesquisas mostram que apenas cerca de 20% dos jovens amish abandonam o redil, com freqüência para fazer parte de um grupo Menomita mais liberal. Raramente um adulto batizado deserta. A socialização dos jovens amish, os leva a suave mas firme de maneira a se tornarem adultos amish.

Vamos Discutir

1. O que torna os pais amish tão seguros de que seus filhos irão optar por permanecer na comunidade amish?
2. Se você vivesse em uma comunidade amish, como a sua vida diferiria da de hoje? Na sua opinião, quais seriam as vantagens e desvantagens desse estilo de vida?

Fontes: Meyers 1992; Remnick, 1998b; Zellner, 2001.

---

programas de televisão – os quais são desenvolvidos basicamente para consumidores brancos. Ao mesmo tempo, as crianças negras estão mais expostas que as outras à cultura de gangues de jovens dentro da cidade. Como as crianças negras, mesmo aquelas de classe média, vivem perto de vizinhanças pobres, crianças como Charisse (ver o texto de abertura do capítulo) são suscetíveis a essas influências, apesar dos rígidos valores familiares de seus pais (Linn e Poussaint, 1999; Pattillo-McCoy, 1999).

A expressão **papel dos sexos** se refere às expectativas no tocante ao comportamento, às atitudes e atividades adequadas de homens e mulheres. Por exemplo, tradicionalmente pensamos em "firmeza" como algo masculino e desejável apenas nos homens – ao passo que consideramos a "ternura" algo apenas feminino. Como veremos no Capítulo 11, as outras culturas não necessariamente atribuem essas qualidades a cada um dos sexos como a cultura norte-americana e a brasileira o fazem.

Como principais agentes da socialização das crianças, os pais têm um papel fundamental na orientação de seus filhos para os papéis dos sexos considerados adequados em uma sociedade. Outros adultos, irmãos e irmãs mais velhos, meios de comunicação de massa e instituições religiosas e educacionais também têm um impacto considerável na familiarização da criança com as normas femininas e masculinas. Uma cultura ou subcultura pode exigir que um sexo ou outro assuma a responsabilidade pela socialização dos filhos, sustento da família ou liderança religiosa ou intelectual.

Os sociólogos da interação nos lembram que a socialização não diz respeito somente à masculinidade ou feminilidade, mas também ao casamento; ser pai ou mãe começa na infância como parte da vida familiar. As crianças observam seus pais quando eles expressam afeto, lidam com as finanças, brigam, se queixam dos parentes etc., isso representa um processo informal de socialização antecipada. A criança desenvolve um modelo provisório do que é ser casado e ser pai ou mãe. (Vamos explorar a socialização para o casamento e para ser pai ou mãe no Capítulo 12.)

Geralmente, diz-se que os pais têm um efeito positivo na socialização dos seus filhos, mas nem sempre isso ocorre. Uma pesquisa com cerca de 600 adolescentes em Nova York, no Texas, na Flórida e na Califórnia indicou que 20% deles tinham compartilhado drogas diferentes do álcool com seus pais, e cerca de 5% haviam sido efetivamente apresentados às drogas por suas mães ou seus pais. Cerca de 1,5 milhão de adolescentes com menos de 18 anos, ou 2% da juventude norte-americana, tem o pai ou a mãe em uma prisão estadual ou federal em alguma época do ano. Seja positiva ou negativa, a socialização na família é um processo poderoso (Leinwand, 2000; Mumola, 2000).

Escola

Onde você aprendeu o hino nacional? Quem lhe ensinou sobre os heróis da história? Onde você testou os conhecimentos de sua cultura pela primeira vez? Tal como a família, as escolas têm determinação explícita para familiarizar, principalmente as crianças, com as normas e os valores culturais do país.

Como observaram os teóricos do conflito Samuel Bowles e Herbert Gintis (1976), as escolas norte-americanas apóiam a competição por meio de sistemas integrados de recompensa e castigo, tais como notas e avaliações por parte dos professores. Conseqüentemente, uma criança em fase de aprendizagem pode se sentir ignorante e malsucedida. Entretanto, à medida que o *self* amadurece, as crianças se tornam mais capazes de fazer avaliações cada vez mais realistas do seu intelecto, do seu físico e suas aptidões sociais.

Os funcionalistas assinalam que as escolas, como agentes da socialização, exercem a sua função de ensinar às crianças os valores e costumes de uma sociedade maior. Os teóricos do conflito concordam, mas acrescentam que as escolas podem reforçar os aspectos que dividem a sociedade, principalmente os de classe social. Por exemplo, o ensino superior nos Estados Unidos é caro, apesar da existência de programas de ajuda financeira. Os alunos de famílias com maior poder aquisitivo têm uma vantagem quanto ao acesso a universidades e treinamento profissional. Ao mesmo tempo, jovens menos privilegiados financeiramente podem jamais receber o preparo que os qualificaria para trabalhos que paguem melhor e tenham mais prestígio. O contraste entre as abordagens funcionalistas e de conflito da educação será discutido mais detalhadamente no Capítulo 13.

Ensinando aos alunos os valores e os costumes da sociedade maior, as escolas prepararam as crianças para os papéis tradicionais dos sexos. Os professores de educação Myra Sadker e David Sadker (1985, p. 54; 2000) observaram que "embora muita gente ache que o sexismo desapareceu no início da década de 1970, ele ainda está presente". Um relatório da American Association of University Women, que resumiu vários estudos sobre garotas na escola, concluiu que as meninas de escolas norte-americanas enfrentam alguns desafios especiais.

Segundo esse relatório, as escolas estão progredindo na direção de um tratamento igualitário de homens e mulheres, mas a preocupação continua. As mulheres se sobressaem em redação, línguas estrangeiras e literatura, mas ficam bem atrás em treinamento tecnológico, que hoje está muito mais em demanda no mercado de trabalho. Os homens superam as mulheres na proporção de 3 para 1 nos Testes de Colocação Avançados em informática, por exemplo. Particularmente significativo, de acordo com esse relatório, é o fato que as mulheres são mais vulneráveis à violência e ao assédio sexual do que os homens tanto em casa quanto na escola, o que certamente ameaça o seu sucesso na educação formal (American Association of University Women, 1998).

Em outras culturas as escolas também exercem a função de socialização. Até a deposição de Saddam Hussein em 2003, os livros didáticos da sexta série utilizados nas escolas iraquianas se concentravam quase que totalmente nas forças militares e seus valores de lealdade, honra e sacrifício. As crianças aprendiam que seus inimigos eram o Irã, os Estados Unidos, Israel e aqueles que os apoiavam, além da OTAN, aliança militar européia. Depois de meses da queda do regime, o currículo foi reformulado para que fosse retirada a doutrinação pró-Hussein, o seu exército e o seu partido socialista Baath (Marr, 2003).

"Grupo de Amigos"

Pergunte a jovens de 13 anos o que é mais importante em suas vidas e eles provavelmente responderão "amigos". À medida que a criança fica mais velha, a família se torna menos importante no desenvolvimento social. Em vez disso os "grupos de amigos" assumem o papel dos outros significativos de Mead. Nesse grupo os jovens se associam a pessoas, com aproximadamente a mesma idade e que

Tabela 4-3	Popularidade no Ensino Médio		
O que torna as meninas do ensino médio populares?		**O que torna os meninos do ensino médio populares?**	
Segundo os universitários:	Segundo as universitárias:	Segundo os universitários:	Segundo as universitárias:
1. Atributos físicos	1. Notas/inteligência	1. Participação nos esportes	1. Participação nos esportes
2. Notas/inteligência	2. Participação nos esportes	2. Notas/inteligência	2. Notas/inteligência
3. Participação nos esportes	3. Sociabilidade geral	3. Popularidade com as garotas	3. Sociabilidade geral
4. Sociabilidade geral	4. Atributos físicos	4. Sociabilidade geral	4. Atributos físicos
5. Popularidade com os rapazes	5. Roupas	5. Carro	5. Clubes da escola/governo

Nota: Perguntou-se aos alunos das universidades listadas a seguir como os adolescentes nas suas escolas de ensino médio haviam ganhado prestígio com seus colegas: Cornell University, Louisiana State University, Southeastern Louisiana University, State University of New York de Albany, State University of New York de Stony Brook, University of Georgia e University of New Hampshire.
Fonte: Suitor et al., 2001, p. 445.

com freqüência têm um *status* social semelhante (Giordano, 2003).

Os "grupos de amigos" facilitam a transição para as responsabilidades de adulto. Em casa, os pais tendem a dominar; na escola, os adolescentes têm que lidar com professores e administradores. Mas no "grupo de amigos" cada um dos membros pode se afirmar de uma maneira que não seria possível em outro lugar. Mesmo assim, quase todos os adolescentes na cultura norte-americana continuam dependentes, em termos financeiros, de seus pais e a maioria deles é dependente emocionalmente também. No Brasil, os adolescentes das classes baixa e média baixa iniciam mais cedo no trabalho, ganhando um certo grau de dependência emocional.

Os amigos podem ser fonte de perseguição e de apoio. Esse problema recebeu uma atenção considerável no Japão, onde a provocação na escola é um fato constante. Os grupos de alunos agem juntos para humilhar ou perseguir determinado aluno, uma prática conhecida no Japão como *ijime*. A maioria dos alunos adere à provocação com medo de ser, em algum momento, o alvo. Em alguns casos o *ijime* levou ao suicídio da criança humilhada. Em 1998 a situação se tornou tão desesperadora que uma associação voluntária criou em Tóquio uma linha telefônica de ajuda que funcionava 24 horas só para atender crianças (ver o pôster de abertura do capítulo). O sucesso desse esforço convenceu o governo a patrocinar um sistema nacional de *hotline* (Matsushita, 1999; Sugimoto, 1997).

As diferenças entre os sexos são dignas de nota entre adolescentes. Meninos e meninas são socializados pelos seus pais, amigos e pela mídia para identificar os muitos caminhos existentes para a popularidade, mas em níveis diferentes. A Tabela 4-3 compara os relatórios de universitários a respeito de como moças e rapazes que eles conheceram se tornaram populares no nível médio. Os dois grupos citaram os mesmos caminhos de popularidade, mas lhes deram uma ordem de importância diferente. Embora nem os homens nem as mulheres tenham mencionado atividade sexual, uso de drogas ou uso de álcool como um dos cinco caminhos, os universitários tinham uma probabilidade muito maior de mencionar esses comportamentos como um meio de se tornarem populares para rapazes e moças.

Meios de Comunicação de Massa e Tecnologia

Nos últimos oitenta anos as inovações da mídia – rádio, cinema, música gravada, televisão e Internet – tornaram-se agentes importantes de socialização. A televisão e, cada vez mais, a Internet são forças essenciais na socialização das crianças. Em uma pesquisa nacional nos Estados Unidos, 47% dos pais relataram que pelo menos um dos seus filhos tem um aparelho de televisão no quarto. Uma em cada quatro crianças de dois a cinco anos tem um aparelho de televisão no quarto e 43% das crianças com menos de dois anos assistem à televisão todos os dias. Um outro estudo, cujos resultados são mostrados na Figura 4-1, indicou que um terço dos jovens de 10 a 17 anos usam a Internet diariamente (V. Rideout et al., 2003; E. Woodward, 2000). Não há dados precisos sobre o tempo a que ficam expostos crianças e jovens à televisão e/ou a Internet no Brasil. No entanto, sabe-se que crianças e jovens despendem pelo menos três horas, em média, assistindo à televisão, muito embora a grande maioria não disponha de um aparelho de TV em seus quartos, dado o baixo nível de vida da população.

Esses meios de comunicação, no entanto, nem sempre são uma influência socializadora negativa. Os programas de televisão e até os comerciais podem apresentar aos jovens estilos de vida não-familiares em "terras distantes", mas as crianças das metrópoles aprendem sobre a vida das crianças que vivem em fazendas e vice-versa. O mesmo se aplica a crianças de outros países.

Os sociólogos e outros cientistas sociais também começaram a levar em consideração o impacto da tecnologia na socialização, principalmente no tocante à vida familiar. O Silicon Valley Cultures Project começou, em 1991, o estudo de famílias do Silicon Valley (um corredor tecnológico), na Califórnia, por um período de dez anos. Embora essas famílias não sejam típicas, representam um estilo de vida do qual uma quantidade cada vez maior de lares irá se aproximar com o decorrer do tempo. Esse estudo descobriu que a tecnologia na forma de e-mail, páginas da Web, telefones celulares, correio de voz, organizadores digitais e bips permite aos donos desses lares delegar a terceiros todas as atividades, desde a compra de comida até o transporte solidário. Os pesquisadores também estão descobrindo que as famílias realizam multitarefas (fazer mais de uma coisa ao mesmo tempo) como norma social; dedicar toda a atenção a uma tarefa – mesmo comer e dirigir – está ficando cada vez menos comum em um dia típico (Silicon Valley Culture Project, 2003).

Local de Trabalho

Aprender a se comportar de maneira adequada em uma profissão é um aspecto fundamental da socialização humana. Nos Estados Unidos, trabalhar período integral confirma o *status* de adulto, isso indica que a fase da adolescência passou. De certa maneira, a socialização em uma profissão pode representar tanto uma realidade dura ("eu tenho que trabalhar para comprar comida e pagar o aluguel") quanto a concretização de uma ambição ("eu sempre quis ser piloto de avião") (W. Moore, 1968, p. 862).

Se antes ir trabalhar começava com o final dos nossos estudos formais, hoje esse não é mais o caso, pelo menos nos Estados Unidos e no Brasil. Os jovens estão trabalhando cada vez mais, e não só para o pai, a mãe ou um parente. Os adolescentes geralmente procuram emprego para ganhar um extra para suas despesas. Nos Estados Unidos, 80% dos alunos do terceiro ano do ensino médio dizem que pouco ou nada do que eles ganham vão para despesas da família. E esses adolescentes raramente consideram o seu emprego um meio de explorar os interesses vocacionais ou obter treinamento prático.

Alguns observadores entendem que a quantidade cada vez maior de adolescentes que começam a trabalhar mais cedo e por mais horas atualmente consideram o local de trabalho um agente de socialização quase tão importante quanto a escola. Na verdade, vários educadores se queixam que o tempo dedicado pelo aluno ao trabalho está afetando negativamente o trabalho escolar. O nível de emprego de adolescentes nos Estados Unidos é o maior entre os países industrializados, o que pode ser uma explicação da razão pela qual os alunos norte-americanos do ensino médio ficam para trás em relação aos alunos de outros países em testes internacionais de desempenho.

A socialização no local de trabalho muda quando envolve uma alteração mais permanente de um emprego após as aulas para um emprego de período integral. A

FIGURA 4-1

Uso da Internet, Idades de 10-17 anos

Porcentagem de jovens de 10 a 17 anos que ficam on-line

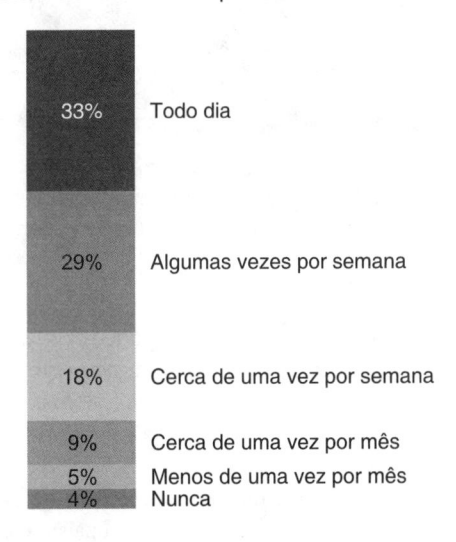

- 33% Todo dia
- 29% Algumas vezes por semana
- 18% Cerca de uma vez por semana
- 9% Cerca de uma vez por mês
- 5% Menos de uma vez por mês
- 4% Nunca

Tempo gasto on-line a *cada semana*

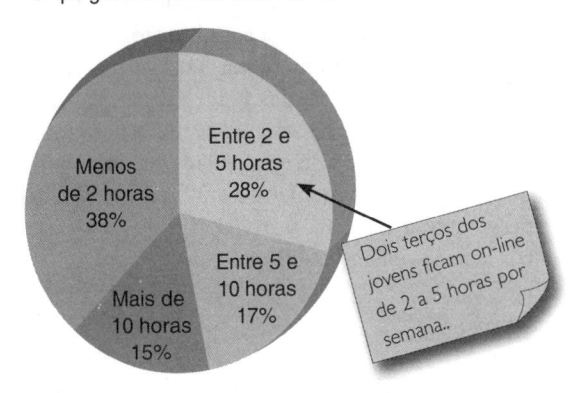

- Menos de 2 horas 38%
- Entre 2 e 5 horas 28%
- Entre 5 e 10 horas 17%
- Mais de 10 horas 15%

Dois terços dos jovens ficam on-line de 2 a 5 horas por semana.

Notas: As respostas "Não sei" não estão incluídas. O gráfico mostra o uso entre os 80% dos respondentes que afirmaram ficar on-line uma vez por semana ou mais. Baseado em um levantamento de 804 jovens selecionados aleatoriamente, Silicon Valley, fim de 2002.

Fonte: Kaiser Family Foundation/*San Jose Mercury News*, 2003.

Pense nisto
Como o uso que você fazia da Internet quando era mais jovem se compara aos resultados desse levantamento?

O dia da garota não termina quando a escola a libera. O fato de tantos adolescentes trabalharem depois das aulas faz que o trabalho se torne um outro agente importante da socialização para essa faixa etária.

socialização ocupacional pode ser mais intensa durante a transição da escola para o emprego, mas ela continua durante todo o histórico profissional. Os avanços tecnológicos podem alterar as exigências do cargo e precisa-se de algum grau de ressocialização. Hoje em dia, homens e mulheres mudam de profissão, ou de locais de trabalho durante a idade adulta. A socialização continua no decorrer da atuação da pessoa no mercado de trabalho.

Os alunos universitários reconhecem que a socialização ocupacional não é a socialização de uma profissão vitalícia. Eles prevêem passar por vários empregos. O Bureau of Labor Statistics (2002) descobriu que dos 18 aos 36 anos uma pessoa em geral tem dez empregos diferentes. A alta taxa de rotatividade no emprego se aplica indistintamente a homens e mulheres, e tanto para as pessoas com diploma universitário quanto para aquelas com apenas ensino médio.

O Estado

Cientistas sociais têm reconhecido cada vez mais a importância do governo ("o Estado") como agente de socialização em decorrência de seu impacto cada vez maior no curso da vida. Os membros da família vinham servindo tradicionalmente como os principais cuidadores na cultura norte-americana. Porém, no século XX, a função protetora da família foi aos poucos transferida para agências externas, tais como hospitais, clínicas para doentes mentais e seguradoras. O Estado ou dirige muitas dessas agências ou as licencia e as regula (Ogburn e Tibbits, 1934).

Além disso, no passado, os chefes de família e os grupos locais, como organizações religiosas, influenciavam o curso de vida de forma mais significativa. Porém, atualmente os interesses nacionais estão influenciando cada vez mais o indivíduo como cidadão e ator financeiro. Os sindicatos trabalhistas e os partidos políticos, por exemplo, servem de intermediários entre o indivíduo e o Estado.

O Estado norte-americano teve impacto digno de nota no curso da vida reinstituindo ritos de passagem que haviam desaparecido das sociedades agrícolas ou durante o período inicial da industrialização. Por exemplo, as normas governamentais estipulam a idade a partir da qual uma pessoa pode dirigir carro, beber álcool, votar nas eleições, casar-se sem permissão dos pais, trabalhar horas extras e aposentar-se. Essas normas não constituem rígidos ritos de passagem: a maioria das pessoas com 18 anos de idade opta por não votar e a maior parte das pessoas escolhe a idade de sua aposentadoria sem observar o que o governo estipula. No entanto, o Estado molda o processo de socialização regulamentando o curso da vida até certo ponto e influenciando os nossos conceitos de comportamento apropriado em determinadas idades (Mayer e Schoepflin, 1989).

Na seção sobre política social apresentada a seguir, vamos ver que o governo está sendo pressionado a se tornar provedor de assistência à criança, o que lhe daria um novo papel direto na socialização das crianças e dos jovens.

POLÍTICA SOCIAL e SOCIALIZAÇÃO

As Creches pelo Mundo

O Tema

O aumento da quantidade de famílias sustentadas só pelo pai ou só pela mãe, a quantidade crescente de oportunidades para as mulheres e a necessidade de uma renda familiar adicional impulsionaram um número cada vez maior de mães de crianças pequenas no setor de mão-de-obra remunerada nos Estados Unidos. Em 2002, 55% das mulheres que haviam dado à luz no ano anterior estavam de volta ao mercado de trabalho. Quem toma conta dos filhos dessas mulheres enquanto elas estão trabalhando?

Para 35% de todas as crianças em idade pré-escolar com mães empregadas, a solução se tornou os programas de assistência à criança em grupo. As creches passaram a ser o equivalente funcional da família nuclear, exercendo algumas das funções de alimentação e socialização que antes eram exercidas apenas por membros da família. Mas como a assistência à criança em grupo se compara aos cuidados em casa? E qual é a responsabilidade do Estado de assegurar cuidados de alto nível (Fields, 2003; Smith, 2000)?

O Cenário

Poucas pessoas, em países como os Estados Unidos e o Brasil, podem se dar ao luxo de ter o pai ou a mãe em casa ou de pagar por uma babá qualificada. Para milhões de pais e mães, encontrar o tipo certo de assistência à criança é um desafio para o ato de ser pai ou mãe e para o bolso.

Os pesquisadores descobriram que creches de alta qualidade não afetam negativamente a socialização das crianças. Na verdade, uma boa creche as beneficia. O valor dos programas pré-escolares foi documentado em uma série de estudos realizados nos Estados Unidos pela National Institute of Child Health and Human Development. Os pesquisadores não encontraram nenhuma diferença significativa entre crianças que haviam recebido cuidados não maternais por muito tempo e aquelas que haviam sido cuidadas somente por suas mães. Eles também relataram que uma quantidade cada vez maior de crianças nos Estados Unidos está sendo colocada em creches e que, no geral, a qualidade desse arranjo é melhor do que a observada em estudos anteriores. No entanto, é difícil generalizar sobre assistência à criança, uma vez que existe uma grande variabilidade entre os cuidadores e mesmo entre as políticas de um Estado para outro (M. Gardner, 2001; S. Loeb et al., 2004; Nichd, 1998).

Insights Sociológicos

Os estudos que avaliam a qualidade da assistência à criança fora de casa refletem o nível micro da análise e o interesse dos sociólogos da interação no impacto da interação presencial. Esses estudos exploram também as implicações no nível macro para o funcionamento das instituições sociais como a família. No entanto, algumas das questões sobre as creches também têm sido de interesse daqueles que apóiam a teoria do conflito.

Nos Estados Unidos e no Brasil creches de alta qualidade não estão igualmente disponíveis para todas as famílias. Os pais que moram em vizinhanças ricas têm mais facilidade em encontrar escolas do que os que moram em comunidades pobres ou de classe operária. Encontrar pessoas que cuidem de crianças a *um preço que se possa pagar* também é um problema. Do ponto de vista da teoria do conflito, os custos de cuidar de

Na Suécia, as pessoas pagam impostos mais altos do que os cidadãos norte-americanos, mas elas têm acesso a ótimas escolas maternais por um custo baixo ou sem nenhum custo.

uma criança são um fardo particularmente pesado para as famílias das classes mais baixas. As famílias mais pobres gastam 25% da sua renda para cuidar de crianças em idade pré-escolar, ao passo que as famílias que *não* são pobres pagam apenas 6% ou menos da sua renda para creches.

As feministas compartilham da preocupação dos teóricos do conflito de que a assistência de alta qualidade à criança recebe pouco apoio do governo por ser considerada "meramente uma maneira de deixar as mulheres trabalharem". Quase todas as pessoas que trabalham em assistência à criança (97%) são mulheres. Em geral, pessoas que servem comida, mensageiros, frentistas ganham mais do que aquelas que trabalham em assistência à criança, cuja maioria ganha menos de US$ 8 por hora. Não é de admirar, portanto, que a rotatividade entre os funcionários de assistência à criança seja de cerca de 30% ao ano (Bureau of Census, 2001a, p. 380; Clawson e Gerstel, 2002).

Iniciativas Políticas

As políticas referentes à assistência à criança fora de casa variam pelo mundo. A maioria dos países em desenvolvimento não tem a base econômica para oferecer assistência subsidiada à criança. As mães que trabalham dependem em grande parte de parentes ou de levar seus filhos para o trabalho. Nos países industrializados, da Europa Ocidental, comparativamente ricos, o governo oferece assistência à criança como um serviço básico. Mas mesmo esses países com programas subsidiados por impostos às vezes não conseguem atender à necessidade de assistência de qualidade à criança.

Quando os que elaboram políticas decidem que a assistência à criança é desejável, eles precisam estipular até que ponto os contribuintes deveriam subsidiá-lo.

Em 2001, na Suécia e na Dinamarca, de um terço a metade das crianças com menos de três anos estavam em programas de assistência período integral subsidiados pelo governo. Nos Estados Unidos, onde os subsídios governamentais são muito limitados, o custo total de assistência à criança pode facilmente ser de US$ 5.000 a US$ 10.000 por família anualmente (Mencimer, 2002).

Temos um longo caminho a percorrer para tornar a assistência de alta qualidade à criança algo que as pessoas possam pagar e ser mais acessível, não só nos Estados Unidos mas no mundo. Na tentativa de reduzir os gastos governamentais, a França está cogitando cortar os orçamentos de berçários subsidiados, mesmo existindo uma lista de espera e o povo francês não aprovando esses cortes. Na Alemanha, a reunificação reduziu as opções de assistência à criança que as mães da Alemanha Oriental estavam acostumadas, financiada pelo governo (Hank, 2001; King, 1998).

Especialistas em desenvolvimento infantil consideram esses relatórios lembretes vívidos da necessidade de maior apoio do governo e do setor privado à assistência à criança.

Vamos Discutir

1. Você já esteve alguma vez em um programa de creche? Você se recorda dessa experiência como boa ou má? No geral, você considera desejável expor crianças pequenas à influência socializadora das creches?
2. Na opinião dos teóricos do conflito, a assistência à criança recebe pouco apoio do governo porque é "meramente uma maneira de deixar as mulheres trabalharem". Você teria outra explicação?
3. Os custos dos programas de creche devem ser pagos pelo governo, pelo setor privado ou totalmente pelos pais?

RECURSOS DO CAPÍTULO

Resumo

Socialização é o processo pelo qual as pessoas aprendem as atitudes, os valores e os atos adequados para os membros de determinada cultura. Este capítulo discutiu o papel da socialização no desenvolvimento humano; a maneira pela qual as pessoas criam percepções, sentimentos e crenças sobre si mesmas; o caráter vitalício do processo de socialização e seus agentes importantes.

1. A socialização afeta as práticas culturais gerais de uma sociedade, ela também molda as imagens que temos de nós mesmos.
2. A hereditariedade e os fatores ambientais interagem para influenciar o processo de socialização.
3. No início da década de 1900, Charles Horton Cooley promoveu a crença de que aprendemos o que somos interagindo com os outros, um fenômeno denominado ***self-espelho*** (ou *self* refletido).

4. George Herbert Mead, mais conhecido pela sua teoria do *self*, argumentava que, à medida que as pessoas vão amadurecendo, elas começam a expressar a sua preocupação com as reações dos outros – tanto os *outros generalizados* quanto os *outros significativos*.
5. Erwing Goffman mostrou que em muitas das nossas atividades diárias tentamos transmitir impressões distintas sobre quem somos, um processo denominado *administração de impressões*.
6. A socialização prossegue por toda a vida. Algumas sociedades marcam fases de desenvolvimento com *ritos de passagem* formais. Na cultura norte-americana, eventos, como o casamento e ser pai ou mãe, servem para mudar o *status* da pessoa.
7. Como principais agentes da socialização, os pais têm papel fundamental na orientação dos filhos para os *papéis dos sexos* considerados adequados em uma sociedade.
8. Como a família, as escolas nos Estados Unidos têm uma determinação explícita de socializar as pessoas – especialmente as crianças – quanto às normas e aos valores da nossa cultura.
9. Os "grupos de amigos" e os meios de comunicação de massa, especialmente a televisão, são agentes importantes da socialização de adolescentes.
10. A socialização no local de trabalho começa com o emprego de meio período enquanto estudamos e continua quando passamos a trabalhar período integral e mudamos de emprego no decorrer de nossas vidas.
11. O Estado molda o processo de socialização regulando o curso da vida e influenciando os nossos conceitos de comportamento adequado em determinadas idades.
12. Na medida em que um número cada vez maior de mães de crianças pequenas entrou no mercado de trabalho, a demanda de assistência à criança aumentou drasticamente, colocando questões de política para vários países do mundo.

Questões de Pensamento Crítico

1. Deve-se fazer pesquisas sociais sobre questões como a influência da hereditariedade e do meio ambiente, embora investigadores considerem esse tipo de análise possivelmente negativo para muitas pessoas?
2. Com base na abordagem dramatúrgica de Erving Goffman, discuta como os grupos a seguir se envolvem no controle das imagens: atletas, professores universitários, pais, médicos e políticos.
3. Como os funcionalistas e os teóricos divergem na sua análise da socialização pelos meios de comunicação de massa?

Termos-chave

Abordagem do curso da vida Orientação de pesquisas na qual os sociólogos e outros cientistas sociais analisam detalhadamente os fatores sociais que influenciam as pessoas durante as suas vidas desde o nascimento até a morte. (p. 89)

Abordagem dramatúrgica Teoria da interação social na qual as pessoas são vistas como atores teatrais. (p. 85)

Administração de impressão A mudança da apresentação do *self* para criar aparências diferentes e satisfazer determinados públicos. (p. 85)

Adotar o papel do outro O processo de assumir mentalmente o ponto de vista de uma outra pessoa e reagir com base nesse ponto de vista imaginado. (p. 84)

Cerimônia de degradação Aspecto do processo de socialização dentro de algumas instituições totais, no qual as pessoas são submetidas a rituais humilhantes (p. 90).

Instituição total Instituição que regula todos os aspectos da vida de uma pessoa sob uma única autoridade, como uma prisão, as forças militares, um hospital para doentes mentais ou um convento. (p. 90)

Outro generalizado As atitudes, os pontos de vista e as expectativas da sociedade como um todo que a criança leva em consideração no seu comportamento. (p. 85)

Outro significativo Uma pessoa que é muito importante no desenvolvimento do *self*, tal como o pai ou a mãe, um(a) amigo(a) ou um(a) professor(a). (p. 85)

Papel dos sexos As expectativas no tocante ao comportamento, às atitudes e atividades adequadas dos homens e das mulheres. (p. 92)

Personalidade Os padrões típicos de atitudes, necessidades, características e comportamento de uma pessoa. (p. 80)

Ressocialização O processo de livrar-se de padrões antigos de comportamento e aceitar novos como parte de uma transição na vida. (p. 90)

Rito de passagem Ritual que marca a transição simbólica de uma posição social para outra. (p. 88)

Self Uma identidade distinta que nos diferencia dos outros. (p. 84)

***Self*-espelho** (ou *self* **refletido**) Conceito que enfatiza o *self* como produto das nossas interações sociais. (p. 83)

Símbolo Gesto, objeto ou palavra que compõe a base da comunicação humana. (p. 84)

Socialização antecipada Os processos de socialização nos quais uma pessoa "ensaia" para cargos, profissões e relacionamentos futuros (p. 90).

Socialização Processo vitalício no qual as pessoas aprendem atitudes, valores e comportamentos para os membros de determinada cultura. (p. 80)

Teoria cognitiva do desenvolvimento Teoria segundo a qual o raciocínio infantil evolui em quatro estágios de desenvolvimento. (p. 87)

Trabalho de face Os esforços que as pessoas fazem para manter a imagem adequada a fim de evitar o embaraço em público. (p. 85)

RECURSOS TECNOLÓGICOS

Conexão com a Internet*

Obs.: Embora os endereços dos sites relacionados a seguir tenham sido atualizados durante a edição deste livro, eles costumam mudar com muita freqüência em razão da natureza dinâmica da Internet.

1. Os pais são agentes-chave da socialização. A National Fatherhood Initiative (*www.fatherhood.org*) é uma organização que tem por finalidade educar os pais quanto ao seu papel crucial na socialização dos seus filhos. Explore esse site para saber mais sobre os esforços da organização.

2. Os brinquedos podem ser um meio de preparar as crianças para os seus papéis de adulto. Entre no Inuit, explore a exposição on-line do Museu de Antropologia da State University de Washington (*libarts.wsu.edu/anthro/museum/virtual%20exhibits/inuit%20toys/inuit_toys.htm*).

---

* NE: Sites no idioma inglês.

capítulo 5

INTERAÇÃO SOCIAL E ESTRUTURA SOCIAL

Interação Social e Realidade

Elementos da Estrutura Social

Estrutura Social na Perspectiva Global

Política Social e Estrutura Social: A Crise da Aids

Quadros
   DESIGUALDADE SOCIAL:
   A Deficiência como um *Status*-mestre

   PESQUISA EM AÇÃO:
   Redes Sociais entre Mulheres de Baixa Renda

If this picture offends you, we apologize. If it doesn't, perhaps we should explain. Because, although this picture looks innocent enough, to the Asian market, it symbolizes death. But then, not everyone should be expected to know that.

That's where we come in. Over the last 7 years Intertrend has been guiding clients to the Asian market with some very impressive results. Clients like California Bank & Trust, Disneyland, GTE, JCPenney, Nestlé, Northwest Airlines, Sempra Energy, The Southern California Gas Company and Western Union have all profited from our knowledge of this country's fastest growing and most affluent cultural market. And their success has made us one of the largest Asian advertising agencies in the country.

We can help you as well. Give us a call or E-mail us at jych@intertrend.com. We can share some more of our trade secrets. We can also show you how we've helped our clients succeed in the Asian market. And that's something that needs no apology.

InterTrend Communications
19191 South Vermont Ave., Suite 400
Torrance, CA 90502
310.324.6313   fax 310.324.6848

OOOOPS.

Nas nossas interações sociais com as outras culturas, é importante saber que regras se aplicam. No Japão, por exemplo, é falta de educação deixar os seus pauzinhos espetados na tigela de arroz – um símbolo de morte para os japoneses e um insulto aos seus ancestrais mortos. Este pôster foi criado por uma agência de publicidade que pretende alertar seus clientes norte-americanos para não cometerem esse tipo de gafe.

A quietude de uma manhã de domingo de verão em Palo Alto, Califórnia, foi quebrada pelo som de uma sirene, enquanto a polícia percorria a cidade prendendo em massa estudantes universitários em uma operação surpresa. Cada suspeito foi acusado de um delito e informado de seus direitos constitucionais, recebeu ordens para ficar de braços e pernas abertos contra o carro, sendo revistado, algemado e conduzido no assento traseiro da radio patrulha à delegacia para ser fichado.

Após registrar as impressões digitais e preencher formulários para o seu dossiê (arquivo central de informações), cada prisioneiro foi isolado em uma cela a fim de que penssasse no que havia feito para ter se metido nessa encrenca. Em seguida, com os olhos vendados, os presos foram conduzidos à Prisão do Condado de Stanford. Lá teve início o ritual para se tornar prisioneiro – despir-se, passar por revista, ter a cabeça raspada e depois receber uniforme, roupa de cama, sabonete e toalha. No final da tarde, quando nove dessas prisões haviam se consumado, esses jovens "réus primários" encontravam-se atordoados, sentados em silêncio nas camas de lona das suas celas.

Eles estavam em uma prisão bastante atípica, uma prisão experimental ou simulada, criada por psicólogos sociais com o intuito de estudar intensivamente os efeitos do encarceramento em sujeitos voluntários de pesquisa. Quando planejamos a nossa simulação da vida na prisão durante duas semanas, estávamos preocupados principalmente em entender o processo pelo qual as pessoas se adaptam a um ambiente novo e estranho no qual esses supostos "prisioneiros" perdem sua liberdade, seus direitos civis, sua independência e privacidade, enquanto os supostos "guardas" ganham poder social aceitando a responsabilidade pelo controle e pela administração das vidas dos seus prisioneiros dependentes.

A nossa primeira amostra de participantes (10 prisioneiros e 11 guardas) foi selecionada entre mais de 75 voluntários recrutados por meio de anúncios nos jornais da cidade e do *campus*... Metade das pessoas foi designada aleatoriamente para fazer o papel de guardas e a outra metade, o de prisioneiros. Conseqüentemente, não havia diferenças mensuráveis entre os guardas e os prisioneiros no início desse experimento...

Passados apenas seis dias, tivemos de fechar a nossa prisão simulada porque o que vimos foi assustador. Para a maioria dos sujeitos (ou para nós) já não estava claro onde terminava a realidade e onde começavam seus papéis. Eles haviam se tornado verdadeiramente prisioneiros ou guardas, não conseguiam mais diferenciar claramente entre o papel que estavam representando e o *self*. Houve mudanças drásticas em quase todos os aspectos do seu comportamento, raciocínio e sentimentos. Em menos de uma semana, a experiência do encarceramento desfez (temporariamente) uma vida inteira de aprendizagem de valores humanos, o autoconceito de cada um foi posto em questão e o lado patológico humano mais feio e primário veio à tona. Ficamos horrorizados porque vimos alguns rapazes (guardas) tratarem os demais como se estes fossem animais desprezíveis, sentindo prazer na crueldade, enquanto outros rapazes (prisioneiros) se tornavam robôs servis e desumanizados que só pensavam em fugir, na sua própria sobrevivência e nutriam um ódio crescente pelos guardas (Zimbardo et al., 1974, p. 61, 62, 63; Zimbardo, 1972, p. 4). ∎

Nesse estudo dirigido e descrito pelo psicólogo social Philip Zimbardo, os alunos adotaram os padrões de interação social entre guardas e prisioneiros quando foram colocados em uma prisão simulada. Os sociólogos utilizam o termo ***interação social*** para se referirem às formas como as pessoas reagem umas às outras, pessoalmente, por telefone ou por computador. Na prisão simulada, a interação social entre guardas e prisioneiros era muito impessoal. Os guardas se dirigiam aos prisioneiros chamando-os pelo número e não pelo nome, e usavam óculos para impedir o contato visual.

Como em muitas prisões reais, a prisão simulada na Stanford University obedecia a uma estrutura social na qual os guardas tinham controle quase que total sobre os prisioneiros. A expressão ***estrutura social*** refere-se à maneira como uma sociedade se organiza em relacionamentos previsíveis. A estrutura social da prisão simulada de Zimbardo influenciou a maneira de interagir de guardas e prisioneiros. Zimbardo et al. (2003, p. 546) observaram que ela era uma prisão de verdade "na cabeça dos carcereiros e de seus presos". Seu experimento de prisão simulada, realizado pela primeira vez há 30 anos, foi repetido depois (com resultados semelhantes) tanto nos Estados Unidos como em outros países. De fato, em 2002 a British Broadcoasting Company (BBC) criou um programa de televisão tipo *reality-show* denominado *The Experiment*, no qual, sob os protestos de Zimbardo e de outros estudiosos, os produtores tentaram recriar a prisão simulada. Felizmente, a presença das câmeras de TV atenuou o tratamento duro dos prisioneiros.

Os conceitos de interação social e estrutura social são fundamentais para os estudos sociológicos, pois estão intimamente ligados à socialização (ver Capítulo 4), o processo pelo qual as pessoas aprendem atitudes, valores e comportamentos adequados para a sua cultura. Quando os alunos participantes do estudo de Zambardo entraram na prisão simulada, iniciaram um processo de ressocialização. Nesse processo, adaptaram-se a uma nova estrutura social e aprenderam novas regras para interação social.

Neste capítulo, vamos estudar a estrutura social e o seu impacto em nossas interações sociais. O que determina o *status* de uma pessoa na sociedade? Como os nossos papéis sociais afetam nossas interações sociais? Que lugar as instituições sociais, como a família, a religião e o governo, ocupam em nossa estrutura social? Começaremos discutindo como as interações sociais moldam nossa maneira de ver o mundo ao nosso redor. Depois examinaremos os cinco elementos básicos da estrutura social: os *status* sociais, os papéis sociais, os grupos, as redes sociais e as instituições sociais. Os grupos são importantes porque muitas das nossas interações sociais ocorrem neles. Instituições sociais, como a família, a religião e o governo, constituem um aspecto básico da estrutura social. Como veremos, os funcionalistas, os teóricos do conflito e os interacionistas abordam essas instituições de modos bem distintos. Vamos ainda comparar nossa estrutura social moderna com formas mais simples utilizando tipologias desenvolvidas por Émile Durkheim, Ferdinand Tönnies e Gerhard Lenski. Por fim, na seção de política social, analisaremos a crise da Aids e suas implicações para as instituições sociais em todo o mundo. ■

INTERAÇÃO SOCIAL E REALIDADE

Quando alguém na multidão o empurra, você automaticamente empurra de volta? Ou pondera as circunstâncias do incidente e a atitude do provocador antes de reagir? Provavelmente, sua reação será a segunda alternativa. Segundo o sociólogo Herbert Blumer (1969, p. 79), o que diferencia a interação social entre as pessoas é que "os seres humanos interpretam ou 'definem' os atos uns dos outros em vez de apenas reagirem aos atos dos outros". Em outras palavras, nossa resposta ao comportamento de uma pessoa baseia-se no *significado* que associamos aos seus atos. A realidade é amoldada por nossas percepções, avaliações e definições.

Esses significados em geral refletem as normas e os valores da cultura dominante e de nossas experiências de sociabilização na cultura em questão. A realidade social é literalmente construída das nossas interações sociais (Berger e Luckmann, 1966).

Símbolos de *status* e de poder, tais como as togas dos juízes, tendem a reforçar a posição dos grupos na sociedade. Quando esses símbolos são associados a um membro de uma minoria social, eles questionam os estereótipos raciais predominantes, mudando o que o interacionista William I. Thomas denominou como "a definição da situação".

Definindo e Reconstruindo a Realidade

Como definimos nossa realidade social? Pense, por exemplo, em algo simples como a forma como encaramos uma tatuagem. Ainda há poucos anos, nos Estados Unidos, a maioria de nós considerava as tatuagens estranhas ou malucas e as associávamos a grupos contraculturais marginais, tais como roqueiros *punk*, gangues de *bike* e *skinheads*. Para muitas pessoas uma tatuagem provocava uma resposta negativa automática. Hoje, porém, tantos indivíduos fazem tatuagem – incluídos formadores de opinião e figuras importantes do esporte – e o ritual da tatuagem ganhou tanta legitimidade que a cultura tradicional passou a encará-la de uma maneira diferente. Assim, como resultado de uma interação social cada vez maior com pessoas tatuadas, vemos as tatuagens com naturalidade em muitos ambientes.

A capacidade de definir a realidade social reflete o poder de um grupo no interior de uma sociedade. De fato, um dos aspectos mais cruciais da relação entre os grupos dominantes e subordinados é a capacidade de o grupo dominante ou da maioria de definir os valores de uma sociedade. O sociólogo William I. Thomas (1923), um dos primeiros críticos das teorias das diferenças entre raças, gêneros, reconheceu que a "definição da situação" pode amoldar a maneira de pensar e a personalidade da pessoa. De uma perspectiva interacionista, Thomas observou que as pessoas reagem não só às características objetivas de uma pessoa ou de uma situação, mas também ao *significado* que a pessoa ou a situação tem para elas. Por exemplo, no experimento da prisão simulado por Philip Zimbardo, os alunos "guardas" e os "prisioneiros" aceitaram a definição da situação (incluindo os papéis e comportamentos tradicionais associados ao fato de serem guardas ou prisioneiros) e agiram de acordo com ela.

Como vimos nos últimos 50 anos – primeiro no movimento dos direitos civis da década de 1960 e depois em grupos de mulheres, idosos, *gays*, lésbicas e portadores de deficiências –, um aspecto importante do processo de mudança social envolve a redefinição ou reconstrução da realidade social. Os membros dos grupos subordinados questionam as definições tradicionais e começam a perceber e a vivenciar a realidade de uma maneira nova. Por exemplo, o campeão mundial de boxe, Muhammad Ali, começou sua carreira como produto de um sindicato de homens brancos, que patrocinou as suas primeiras lutas, quando ele ainda era conhecido como Cassius Clay. Mas não demorou muito para que o jovem lutador de boxe se revoltasse contra aqueles que pretendiam subjugá-lo ou à sua raça. Rompeu os velhos estereótipos de atleta negro autodestrutivo, reafirmando seus pontos de vista políticos (incluindo a recusa em servir na Guerra do Vietnã), sua religião (negro muçulmano) e seu nome (Muhammad Ali). Ali não apenas mudou o mundo dos esportes, como também ajudou a mudar o mundo das relações raciais (Remnick, 1998a). Do ponto de vista sociológico, Ali, naquele momento, estava redefinindo a realidade social ao se rebelar contra o raciocínio e a terminologia racistas que impunham limites a ele e outros negros afro-americanos.

Ordem Negociada

Como acabamos de ver, as pessoas podem reconstruir a realidade social mediante um processo de mudança interna, encarando o comportamento cotidiano de uma maneira diferente. Porém, as pessoas também remodelam a realidade *negociando* mudanças nos padrões de interação social. O termo **negociação** refere-se à tentativa de chegar a um acordo com outros em torno de algum objetivo. A negociação não envolve coerção, e recebe vários nomes, incluindo *barganha*, *compromisso*, *troca*, *mediação* e *colusão*. Mediante a negociação como forma de interação social, a sociedade cria sua estrutura social (A. Strauss, 1977; ver também Fine, 1984).

A negociação ocorre de várias maneiras. Como ressaltam os interacionistas, algumas situações sociais, como comprar comida, não envolvem mediação, ao passo que outras requerem negociação. Podemos negociar com

FIGURA 5-1

Status Sociais

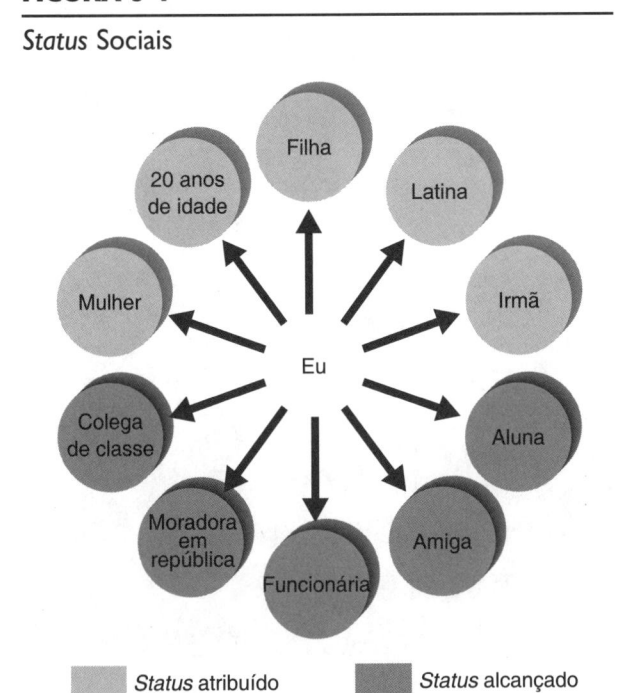

Status atribuído — Status alcançado

Status: Filha, Latina, Irmã, Aluna, Amiga, Funcionária, Moradora em república, Colega de classe, Mulher, 20 anos de idade, Eu

Pense nisto
A jovem dessa figura – "eu" – ocupa várias posições na sociedade, cada uma das quais envolve um *status* diferente. Como você definiria seus *status*? Quais os que têm mais influência na sua vida?

outros o horário ("A que horas chegaremos?"), local ("Poderíamos nos encontrar na sua casa?") ou mesmo a distribuição de lugares na fila enquanto se espera por ingressos para um concerto. Nas sociedades tradicionais, a iminência de um casamento normalmente leva a negociações entre as famílias da noiva e do noivo. Por exemplo, o antropólogo Ray Abrahams (1968) descreveu como o povo de Labwor na África negocia para que o gado passe da família do noivo para a família da noiva no momento do casamento. Na visão do povo de Labwor, essa barganha envolvendo vacas e ovelhas culmina não só em um casamento, mas, o que é mais importante, na união de dois clãs ou famílias.

Se essa barganha entre famílias comum nas culturas tradicionais, a negociação pode assumir formas muito mais elaboradas nas sociedades industriais modernas. Pense sobre os programas de bolsa de estudo para o ensino superior. Do ponto de vista sociológico, esses programas são acordos formais (que se refletem em práticas e procedimentos estabelecidos para conceder ajuda a estudantes universitários). Além disso os programas são revistos através de resultados negociados envolvendo muitos interesses, incluindo fundações, bancos, o setor de admissões e corpo docente. No nível individual, o aluno solicitante mediará com representantes do setor de bolsas da faculdade. Ocorrerão mudanças na situação da pessoa por meio dessas negociações. (Maines, 1977, 1982; J. Thomas, 1984).

As negociações estão por trás de grande parte do nosso comportamento. Como a maioria dos elementos da estrutura social não é estática, eles estão sujeitos a mudanças por meio da barganha e da troca. Os sociólogos usam *ordem negociada* para ressaltar o fato que a ordem social está sendo permanentemente construída e alterada pela negociação. A **ordem negociada** refere-se à estrutura social cuja existência depende das interações sociais mediante as quais as pessoas definem e redefinem o seu caráter.

Podemos acrescentar a negociação à nossa lista das universalidades culturais, pois todas as sociedades estabelecem diretrizes ou normas dentro das quais as
◀ p. 55 negociações se efetuam. O papel recorrente da negociação na interação e na estrutura social ficará evidente à medida que formos examinando os principais elementos da estrutura social (A. Strauss, 1977).

ELEMENTOS DA ESTRUTURA SOCIAL

Podemos examinar relacionamentos sociais previsíveis em termos de cinco elementos: *status*, papéis sociais, grupos, redes sociais e instituições sociais. Esses elementos compõem a estrutura social do mesmo modo que os alicerces, as paredes e o teto compõem a estrutura de um edifício. Os elementos da estrutura social se desenvolvem ao longo do processo ininterrupto de socialização que descrevemos no Capítulo 4.

Status

Normalmente pensamos no *status* de uma pessoa relacionando-a à influência, riqueza e fama. No entanto, os sociólogos utilizam o termo **status** para se referir a qualquer uma das várias posições definidas socialmente dentro de um grande grupo ou sociedade, da mais baixa à mais alta. Na sociedade norte-americana, uma pessoa pode ocupar o *status* de presidente dos Estados Unidos, de fruticultor(a) de filho(a), de violinista, de adolescente, de morador(a) de Minneapolis, de dentista ou de vizinho(a). Uma pessoa pode ter muitos *status* ao mesmo tempo.

Status Atribuído e Alcançado

Os sociólogos consideram alguns *status atribuídos* e outros *alcançados* (ver Figura 5-1). Um **status atribuído** é aquele que a sociedade concede a uma pessoa sem levar em consideração seus talentos ou características particulares. Geralmente, essa atribuição ocorre no nascimento; assim, a raça, o gênero e a idade são todos considerados *status* atribuídos. Embora essas características sejam biológicas na sua origem, são relevantes sobretudo por seu significado *social* na nossa cultura. Os teóricos do conflito estão interessados particularmente nos *status* atribuídos, na medida em que eles costumam conferir privilégios ou refletir a participação da pessoa em um grupo subordinado. Os significados sociais de raça e etnicidade, de gênero e de idade serão analisados mais detalhadamente nos Capítulos 10 e 11.

Em muitos casos, pouco se pode fazer para mudar um *status* atribuído, mas podemos tentar mudar as restrições associadas tradicionalmente a esses *status*. Por exemplo, os Panteras Cinza – grupo político ativista fundado em 1971 para trabalhar pelos direitos dos idosos – tentaram mudar os estereótipos negativos e segregadores que a sociedade relaciona às pessoas idosas (ver Capítulo 11). Como resultado do trabalho desse e de outros grupos de defesa de cidadãos idosos, o *status* atribuído de "velho" já não pesa tanto para milhões de pessoas idosas.

Um *status* atribuído não tem necessariamente o mesmo significado social em todas as sociedades. Em um estudo comparativo entre culturas, Gary Huang (1988) confirmou a idéia antiga de que o respeito pelos mais velhos é uma norma cultural importante na China. Em muitos casos, o prefixo "velho" é usado respeitosamente: chamar alguém de "velho professor" ou de "velho senhor" é como chamar um juiz de "meritíssimo". Huang salienta que as conotações positivas relacionadas são incomuns nos Estados Unidos, assim, a expressão *homem velho* é mais um insulto do que uma homenagem à velhice e à sabedoria.

Ao contrário dos *status* atribuídos, os **status alcançados**, na maioria das vezes, são frutos de nossos próprios esforços. Tanto o *status* de "presidente do banco" como o de "carcereiro" são *status* alcançados, e também o de "advogado", "pianista", "membro de uma fraternidade", "condenado" e "operário". Precisamos fazer algo para ter um *status* alcançado – ir à escola, aprender uma habilidade, criar uma amizade, inventar um novo produto. Mas, como veremos na próxima seção, nosso *status* atribuído influencia muito o nosso *status* alcançado. Por exemplo, o fato de ser homem diminuiria a probabilidade de pensar em cuidar de crianças como uma carreira.

Status-Mestre

Cada pessoa tem vários *status* diferentes que, às vezes, entram em conflito, alguns conotam uma posição social mais elevada e outros uma posição mais baixa. Qual seria então a posição social do ponto de vista dos outros? Segundo o sociólogo Everett Hughes (1945), as sociedades resolvem as inconsistências admitindo que determinados *status* são mais importantes do que outros. Um **status-mestre** é um *status* que predomina sobre os outros e, conseqüentemente, determina a posição geral de uma pessoa na sociedade. Por exemplo, Arthur Ashe, que morreu de Aids em 1993, teve uma carreira notável

Quem você vê nessa foto: uma funcionária de uma lanchonete, uma velha que trabalha em uma lanchonete ou uma velha? Os nossos *status* alcançados e atribuídos determinam como os outros nos vêem.

como astro do tênis, mas, no final da sua vida, seu *status* de personalidade famosa com Aids parece ter ofuscado seu *status* de atleta aposentado, escritor e ativista político. Em todo o mundo, pessoas portadoras de deficiência percebem que o seu *status* de "deficiente" tem um peso excessivo, ofuscando sua habilidade real que lhes permite ter um bom desempenho em um emprego importante (ver Quadro 5-1).

A sociedade em geral dá tanta importância à raça e ao gênero que muitas vezes eles acabam dominando nossas vidas. Esses *status* atribuídos costumam influenciar o nosso *status* alcançado. O ativista negro Malcolm X (1925-1965), um eloqüente e polêmico defensor do poder e do orgulho negro, no início da década de 1960, lembrou que esses sentimentos tinham mudado drasticamente desde a época em que cursava a oitava série. Quando seu professor de inglês, um homem branco, lhe disse que seu desejo de se tornar advogado era "uma meta irrealista para um negro" e o aconselhou a se tornar carpinteiro, Malcolm X (1964, p. 37) descobriu que sua posição de homem negro (*status* atribuído) era um obstáculo ao seu sonho de se tornar advogado (*status* alcançado). Nos Estados Unidos, os *status* atribuídos de raça e gênero podem funcionar como *status*-mestre incidindo fortemente sobre o potencial de uma pessoa para alcançar os *status* profissional e social desejados.

Desigualdade Social
5-1 A DEFICIÊNCIA COMO UM *STATUS*-MESTRE

Quando os policiais em New Hampshire requisitaram a instalação de uma rampa de acesso para pessoas portadoras de deficiência em um abrigo nas montanhas, foram ridicularizados por desperdiçar o dinheiro dos contribuintes. Quem poderia escalar uma montanha em uma cadeira de rodas?, perguntavam os críticos. No verão de 2000, esse desafio impeliu um grupo de alpinistas arrojados, alguns em cadeiras de rodas, a empreender uma caminhada de 12 horas sobre as pedras de uma trilha inóspita até chegar triunfante ao abrigo. Como resultado de feitos como esse, os estereótipos sobre os portadores de deficiência estão desaparecendo gradativamente. No entanto, o *status* de "deficiente" ainda carrega um estigma.

Ao longo da história e em todo o mundo, as pessoas portadoras de deficiência são submetidas muitas vezes a um tratamento cruel e desumano. Por exemplo, no século XX, os portadores de deficiência eram vistos por muitos como criaturas subumanas que representavam uma ameaça à sociedade. No Japão, entre 1945 e 1955, mais de 16 mil mulheres portadoras de deficiência foram esterilizadas contra sua vontade, com a aprovação do governo. A Suécia recentemente se desculpou por ter cometido esse mesmo ato contra 62 mil pessoas na década de 1970.

Esse tratamento abertamente hostil aos portadores de deficiência resultou na criação do *modelo médico*, que considerava essas pessoas como pacientes crônicos. Cada vez mais, no entanto, os defensores dos direitos dos portadores de deficiência vêm criticando esse modelo também. Segundo eles, são as barreiras desnecessárias e discriminatórias presentes no ambiente – tanto físicas quanto atitudinais – que dificultam a passagem das pessoas portadoras de deficiência, mais do que qualquer limitação biológica. Aplicando um *modelo de direitos civis*, os ativistas enfatizam que essas pessoas enfrentam preconceito, discriminação e segregação amplamente difundidos. Por exemplo, a maioria dos locais de votação é inacessível para usuários de cadeira de rodas e não se oferecem alternativas de cédulas para pessoas que não conseguem ler.

Com base nos primeiros trabalhos de Erving Goffman, os sociólogos contemporâneos dizem que a sociedade confere um estigma a cada forma de deficiência, e que esse estigma induz a um tratamento preconceituoso. Os portadores de deficiência costumam dizer que os outros os vêem apenas como cegos, usuários de cadeira de rodas etc., e não como seres

> *No Japão, entre 1945 e 1955, mais de 16 mil mulheres portadoras de deficiência foram esterilizadas contra sua vontade, com a aprovação do governo.*

humanos complexos com pontos fortes e fracos, cuja cegueira ou uso de cadeira de rodas é apenas um aspecto de suas vidas. Uma revisão dos estudos com portadores de deficiência revelou que a maior parte das pesquisas acadêmicas sobre essa questão não diferencia sexo, o que perpetua o conceito de que uma deficiência anula outras características pessoais. Portanto a deficiência serve como um *status*-mestre.

Indubitavelmente os portadores de deficiência – mesmo aquelas menos visíveis, como deficiência na aprendizagem – ocupam posições subalternas nos Estados Unidos. Contudo em 1970, um forte movimento político pelos direitos dos portadores de deficiência irrompeu em todo o país. Homens e mulheres envolvidos nesse movimento trabalham para refutar a imagem negativa dos portadores de deficiência e para modificar a estrutura social, reformulando leis, instituições e ambientes a fim de que essas pessoas sejam totalmente integradas à sociedade.

A discriminação dos portadores de deficiência ocorre em todo o mundo. Na China, embora exista uma lei que proíba as universidades de recusar alunos em razão de uma deficiência física, muitas o fazem. De fato, nos últimos cinco anos, nas dezenas de universidades só de Beijing, foram aceitos apenas 236 alunos com algum tipo de deficiência, por menor que fosse. O preconceito com relação aos deficientes parece aprofundar-se na China, onde muitas universidades recorrem a uma determinação de promover o desenvolvimento físico como desculpa para deixar de fora os portadores de deficiência.

A constituição do Quênia diz que é ilegal a discriminação com base em características, como raça, gênero, tribo, local de origem, credo e religião, mas não menciona deficiência. Mas um outro país africano, Botsuana, tem planos para ajudar os portadores de deficiência em áreas rurais e que necessitem de serviços especiais que garantam sua mobilidade e seu desenvolvimento econômico. Em muitos países, ativistas dos direitos dos portadores de deficiência estão discutindo questões fundamentais para que corrijam esse *status*-mestre e se tornem cidadãos completos, incluindo emprego, moradia, educação e acesso a edifícios públicos.

Vamos Discutir

1. O *campus* da sua universidade impõe barreiras para alunos deficientes? Se a resposta é sim, que tipo de barreiras – físicas, atitudinais ou ambos? Descreva algumas delas.
2. Por que você acha que os outros consideram a deficiência a característica mais importante de um portador de deficiência? O que pode ser feito para ajudar essas pessoas a vislumbrarem além da cadeira de rodas e do cão-guia?

Fontes: Albrecht et al., 2001; Goffman, 1963a; D. Murphy, 1997; *Newsday*, 1997; E. Rosenthal, 2001; Shapiro, 1993; Waldrop e Stern, 2003; Willet e Deegan, 2000.

Papéis Sociais

O que são Papéis Sociais?

No decorrer de nossas vidas, adquirimos o que os sociólogos chamam de papéis sociais. Um *papel social* é um conjunto de expectativas em relação às pessoas que ocupam uma determinada posição ou *status* social. Assim, nos Estados Unidos, espera-se que os motoristas de táxi conheçam a cidade, que as recepcionistas sejam confiáveis para dar recados e que os policiais intervenham em defesa de um cidadão ameaçado. Para cada *status* social distinto atribuído ou alcançado – espera-se um papel particular. Contudo, o desempenho em si varia de pessoa para pessoa. Uma secretária pode assumir amplas responsabilidades administrativas, enquanto outra pode limitar-se ao dia-a-dia do escritório. Da mesma maneira, no experimento da prisão simulada de Zimbardo, alguns alunos foram guardas brutais e sádicos ao passo que outros não.

Os papéis são um componente significativo da estrutura social. Da perspectiva funcionalista, os papéis contribuem para a estabilidade da sociedade e permite a seus membros prever o comportamento dos outros, assim como padronizar suas próprias ações de forma ajustada. Mas, os papéis sociais também podem ser disfuncionais, quando se restringem às interações e aos relacionamentos das pessoas. Se vemos uma pessoa *apenas* como um "policial" ou "supervisor", será difícil nos relacionarmos com ela como amigo ou vizinho.

Conflito de Papéis

Imagine a situação delicada de uma mulher que trabalhou por uma década na linha de montagem de uma fábrica de artigos elétricos e que acaba de ser nomeada supervisora de sua unidade. Como se espera que essa mulher se relacione com suas amigas e colegas de trabalho de longa data? Deve continuar almoçando diariamente com elas, como há muitos anos? Cabe a ela recomendar a demissão de uma velha amiga que não consegue atender às demandas da linha de montagem?

O *conflito de papéis* ocorre quando surgem expectativas incompatíveis de duas ou mais posições sociais ocupadas pela mesma pessoa. O desempenho dos papéis associados a um determinado *status* pode infringir diretamente os papéis associados a um segundo *status*. No exemplo anterior, a supervisora recém-promovida provavelmente viverá um lancinante conflito entre os seus papéis social e profissional.

Esses conflitos de papéis podem impor escolhas éticas importantes. A nova supervisora terá de tomar uma decisão difícil entre a lealdade que deve à amiga e a lealdade que deve aos patrões que lhe confiaram as responsabilidades da supervisão.

Um outro tipo de conflito de papéis ocorre quando as pessoas mudam para profissões que não são comuns entre aquelas com o seu *status* atribuído. Professores de maternal e jardim de infância do sexo masculino e policiais do sexo feminino vivenciam esse tipo de conflito de papéis. No caso das mulheres policiais, precisam fazer grande esforço para conciliar seu papel profissional na aplicação da lei e a visão que a sociedade tem do papel da mulher, que não inclui muitas habilidades necessárias ao trabalho policial. E, embora as policiais sofram assédio sexual, do mesmo modo que as mulheres que compõem a força de trabalho, devem obedecer a um "código de silêncio", uma norma informal que as impede de denunciar seus colegas por má conduta (C. Fletcher, 1995; S. Martin, 1994).

Policiais podem enfrentar conflito de papéis quando tentam estabelecer relações positivas com a comunidade e, ao mesmo tempo, manter uma posição de autoridade.

Use a Sua Imaginação Sociológica

Se você é enfermeiro, que aspectos do conflito de papéis vivencia? Agora imagine que você seja uma lutadora de boxe profissional. Que expectativas conflitantes isso envolveria? Nos dois casos, você acha que lida bem com o conflito de papéis?

Tensão Decorrente do Papel

O conflito de papéis descreve a situação de uma pessoa que enfrenta o desafio de ocupar duas posições sociais simultaneamente. No entanto, mesmo uma única posição pode causar problemas. Os sociólogos usam a expressão **tensão decorrente do papel** (*role strain*) para descrever a dificuldade que surge quando a mesma posição impõe demandas e expectativas conflitantes.

No exemplo da abertura do capítulo, o psicólogo social Philip Zimbardo se viu inesperadamente diante de uma tensão decorrente do papel. No início, ele concebia a si mesmo como um mero professor universitário dirigindo um experimento criativo no qual os alunos representavam os papéis de guarda ou de prisioneiro. Mas, logo percebeu que, como professor universitário, também

O estudante universitário na Índia decorou seu dormitório com fotos de mulheres bonitas e carros velozes. Elas podem significar uma tentativa de criar uma nova identidade, última etapa de sua vivência no papel de aluno do ensino médio que vive com os pais.

se espera dele que cuide do bem-estar dos alunos ou, pelo menos, que não os coloque em perigo. Ele acabou resolvendo a tensão tomando a decisão difícil de encerrar o experimento. Vinte e cinco anos mais tarde, em uma entrevista para a televisão, Zimbardo ainda refletia sobre o desafio do seu papel (CBS News, 1979).

Abandono de Papel

Em geral, quando pensamos em assumir um papel social, nosso foco se dirige para a preparação e socialização prévia que uma pessoa realiza com esse objetivo. Isso é verdade quando a pessoa está se preparando para se tornar advogado, chefe de cozinha, cônjuge ou pai. Porém, até recentemente os cientistas sociais não se interessavam muito pela adaptação envolvida no abandono dos papéis sociais.

A socióloga Helen Rose Fuchs Ebaugh (1988) cunhou a expressão **abandono de papel** (*role exit*) para descrever o processo de desligamento de um papel que é fundamental para a auto-identidade da pessoa a fim de criar um novo papel e uma nova identidade. Com base em entrevistas com 185 pessoas – entre elas ex-condenados, homens e mulheres divorciados, alcoólatras em recuperação, ex-freiras, ex-médicos, aposentados e transexuais –, Ebaugh (ela mesma uma ex-freira) estudou o processo de abandono voluntário de papéis sociais relevantes.

Ela descreve um modelo de abandono de papel em quatro estágios. O primeiro estágio começa com a *dúvida*. A pessoa sente frustração, cansaço ou apenas desconforto com um *status* habitual e com os papéis associados à posição social. O segundo estágio envolve uma *busca de alternativas*. Uma pessoa insatisfeita com sua carreira pode se licenciar, um casal insatisfeito com o casamento pode dar um tempo, e assim por diante.

O terceiro estágio do abandono de papel é o *da ação* ou *de partida*. Ebaugh descobriu que a ampla maioria dos entrevistados era capaz de identificar claramente o momento decisivo em que perceberam que era fundamental tomar uma decisão definitiva, seja a de deixar o emprego, de terminar o casamento, seja de se envolver em qualquer outro tipo de abandono de papel. Para 20% dos entrevistados, o abandono de papel foi um processo gradual e progressivo, e não um momento decisivo.

O último estágio do abandono de papel envolve a *criação de uma nova identidade*. Muitos de vocês tiveram uma experiência de abandono de papel na transição do ensino médio para a faculdade. Deixaram para trás o papel de filhos ao sair de casa e assumiram o papel de estudante universitário relativamente independente que foi morar com os amigos. O sociólogo Ira Silver (1996) estudou o papel central que os objetos materiais têm nessa transição. Os objetos que os estudantes decidem deixar em casa (como bichos de pelúcia e bonecas) estão associados às suas identidades anteriores. Eles podem continuar profundamente apegados a esses objetos, mas não querem que façam parte das suas novas identidades na faculdade. Os objetos que trazem consigo simbolizam o modo como se vêem naquele momento e como querem ser vistos. Os CDs e pôsteres nas paredes, por exemplo, parecem dizer: "Esse sou eu".

Grupos

Em termos sociológicos, um *grupo* é qualquer número de pessoas que compartilham as mesmas normas, valores e expectativas e que interagem umas com as outras regularmente. Os membros de uma equipe de basquete feminino, da administração de um hospital, de uma sinagoga ou de uma orquestra sinfônica formam um grupo. Já os moradores de um bairro de subúrbio não seriam considerados um grupo, pois raramente interagem uns com os outros.

Toda sociedade é composta de muitos grupos nos quais se dá a interação social cotidiana. Estamos sempre à procura de grupos para fazer amizades, atingir determinadas metas e desempenhar os papéis sociais que adquirimos.

Por Que Nos Reunimos?

Em todo o mundo, as pessoas se agrupam em pontos de ônibus, nas escolas e em locais de culto. Outras se reúnem em *shopping centers*, cinemas e em instituições governamentais. E o fazem por vários motivos – para ganhar a vida, para receber educação ou simplesmente para se divertir. Mas existe um motivo maior para essas reuniões. Os seres humanos são criaturas sociais com um vínculo social que é mantido pelo toma-lá-dá-cá até dos encontros mais corriqueiros. As pessoas que encontramos, os locais onde nos reunimos, nossos propósitos ao buscar a companhia dos outros são as pedras fundamentais da nossa sociedade.

Nossas interações sociais se definem também pelas estruturas sociais nas quais se desenvolvem. As interações sociais podem ser relativamente causais e desestruturadas, como no caso de um grupo de amigos que decidem gastar seu tempo juntos indo às compras. Ou podem ser cuidadosamente organizadas, como no caso de músicos tribais que disputam o título de melhor círculo ao redor do tambor no *powwow* (conferência entre índios), ou ainda no caso de alpinistas que tentam atingir o cume do pico mais alto do mundo. Em todos esses casos, a interação social é definida pela estrutura social maior, seja pelos comerciantes, pelos organizadores da competição intertribal ou pelo governo que dá autorização aos alpinistas para subir até o pico.

Base de apoio de expedição ao Monte Everest

Foto de adolescentes em um *shopping center* em Poughkeepsie, Nova York.

Círculo ao redor do tambor em um *powwow* intertribal.

112 Capítulo 5

No Kwait, os homens se reúnem em grupos denominados *diwaniyas*, que significa "pequena casa de hóspedes" em árabe. Centenas de reuniões são realizadas todas as noites. Os *diwaniyas* podem se centrar na família, mas também podem ser organizados em torno de um negócio, de uma profissão específica ou da política. Os homens se reúnem para bater papo ou trocar idéias nesses grupos, que podem ter apenas cinco ou seis membros ou até bem mais do que 100. As reuniões podem durar uma hora ou estender-se noite adentro. Os *diwaniyas* têm uma história rica no Kwait, que remonta a mais de 200 anos. Recentemente, vários *diwaniyas* passaram a admitir a participação de mulheres – uma importante quebra de costume para esse tipo de grupo social. Examinaremos detalhadamente os vários tipos de grupos em que as pessoas interagem no Capítulo 6, onde se analisam também investigações sociológicas do comportamento grupal (T. Marshall, 2003).

A Internet acrescentou uma nova e enorme dimensão à interação social – mesmo que você não saiba ao certo com quem está "conversando".

Os grupos têm um papel vital na estrutura social de uma sociedade. Grande parte da nossa interação social ocorre dentro de grupos e é influenciada por suas normas e sanções. Ser um adolescente ou um aposentado assume um significado especial quando interagimos em grupos criados para pessoas com esse *status* específico. As expectativas associadas a vários papéis sociais, incluindo aqueles que acompanham os *status* de irmão, irmã e estudante, são definidas mais claramente no contexto de um grupo.

A nova tecnologia ampliou a definição de grupos para incluir as pessoas que interagem eletronicamente. Nem todas as "pessoas" com as quais conversamos on-line são reais. Em alguns sites da Internet – *chatterbots* – correspondentes fictícios criados por programas de inteligência artificial – respondem a perguntas como se fossem seres humanos. Quando as questões se referem a produtos ou serviços, o *chatterbot* começa a "conversar" com um consumidor on-line sobre a família ou o tempo. Essas conversas podem acabar se transformando em um grupo de bate-papo incluindo interlocutores on-line, tanto reais quanto artificiais. Novos grupos organizados em torno de interesses antigos, tais como colecionar antiguidades ou jogar boliche, já surgiram desse tipo de realidade virtual (Van Slambrouck, 1999).

Para o participante humano, essas trocas on-line oferecem uma nova oportunidade de alterar a imagem da pessoa – o que Goffman (1959) chama de administração de impressão. Como você poderia se apresentar a um grupo de discussão on-line?

Redes Sociais e Tecnologia

Os grupos não servem apenas para definir outros elementos da estrutura social, como papéis e *status*, mas também ligam a pessoa à sociedade maior. Todos nós pertencemos a uma série de grupos diferentes, e por meio das pessoas que conhecemos fazemos conexões com outros círculos sociais diferentes. Essas conexões são conhecidas como uma **rede social** – isto é, uma série de relacionamentos sociais que ligam a pessoa a outras diretamente e, por meio delas, a muitas outras indiretamente. As redes sociais tanto podem oprimir as pessoas, restringindo assim suas possibilidades de interação, como podem fortalecê-las, colocando à sua disposição vastos recursos (Lin, 1999).

O envolvimento em redes sociais é particularmente útil para arranjar emprego. Albert Einstein só conseguiu encontrar trabalho quando o pai de um colega de escola o colocou em contato com seu futuro empregador. Esses tipos de contato – mesmo os fracos e distantes – podem ser cruciais para criar redes e facilitar a transmissão de informações.

No local de trabalho, a existência de rede compensa mais para homens do que para mulheres, em razão da presença tradicional dos homens nos cargos de liderança.

Pesquisa em Ação
5-2 REDES SOCIAIS ENTRE MULHERES DE BAIXA RENDA

Se, por um lado, os sociólogos dedicam merecidamente uma boa dose de atenção às "redes de velhos camaradas", por outro, começam a demonstrar um interesse cada vez maior pelas redes sociais criadas por mulheres. As pesquisas mostram que essas redes sociais não se restringem às profissionais que promovem almoços para trocar informações confidenciais ou identificar possíveis clientes. A rede é popular igualmente entre mulheres de condição bem mais modesta.

A socióloga Pierrette Hondagneu-Sotelo realizou uma pesquisa de observação e entrevistas com mulheres hispânicas (basicamente imigrantes mexicanas) que vivem em San Francisco e trabalham como diaristas em casas de classe média e de classe alta. O pagamento pelo trabalho em geral é baixo, não inclui transporte e não oferece benefícios de assistência médica.

À primeira vista, poderíamos imaginar que as mulheres que trabalham sob esse regime se mantivessem isoladas umas das outras, já que trabalham sozinhas. No entanto, Hondagneu-Sotelo constatou que as hispânicas criaram fortes redes sociais. Por meio de interações em vários cenários sociais, como piqueniques, chás-de-bebê, eventos da igreja e reuniões em casas, elas compartilham informações valiosas como dicas de limpeza, remédios para doenças relacionadas ao trabalho, táticas para negociar uma remuneração melhor e gratificações, e ainda conselhos sobre como sair de empregos indesejáveis.

As sociólogas Silva Domínguez e Celeste Watkins desenvolveram um trabalho de campo com mulheres de baixa renda em Boston e descobriram que muitas mães mais jovens dependiam bastante de redes sociais baseadas na família. As duas pesquisadoras também documentaram a força das redes baseadas na amizade e nas instituições. Entre essas últimas estavam

> As mulheres que faziam parte de uma rede certamente dispunham de mais recursos do que aquelas mais isoladas.

as ligações com serviços de assistência social, que muitas vezes foram ignoradas em estudos semelhantes. As ligações com esses serviços são particularmente importantes quando as redes baseadas na família e na amizade não estão disponíveis ou são ineficazes. Domínguez e Watkins constataram, que eles ofereciam ajuda às mães em forma de assistência à criança, apoio emocional e pequenos empréstimos.

No passado, alguns sociólogos chegaram a suspeitar que essas redes de mulheres de baixa renda se limitassem a ajudar seus membros a sobreviver, ao invés de melhorar suas vidas. Muitas vezes, temiam que as participantes das redes consumissem muito tempo em relações com mulheres que tinham problemas piores do que os seus. No entanto, Domínguez e Watkins verificaram que as mulheres que faziam parte de uma rede dispunham de mais recursos do que aquelas mais isoladas. As redes permitiram que muitas das mulheres pesquisadas progredissem social e economicamente.

Vamos Discutir

1. Você pertence a uma rede social informal? Se a resposta é sim, descreva os membros e a finalidade da sua rede. Os membros moram todos perto uns dos outros ou moram afastados? Como vocês se mantêm em contato? Que tipo de ajuda proporcionam uns aos outros?
2. Alguma vez você chegou a investir tempo e energia para ajudar um membro da rede com problemas? Se a resposta é sim, explique as circunstâncias. Pesando os prós e contras, vale a pena fazer parte da rede apesar do tempo e do esforço que isso requer?

Fontes: Domínguez e Watkins, 2003; Hondagneu-Sotelo, 2001; Romero, 1988.

Um levantamento com executivos revelou que 63% dos homens utilizavam a rede para encontrar um novo emprego, contra 41% das mulheres; e que 31% das mulheres recorriam a anúncios classificados para encontrar emprego, contra apenas 13% dos homens. Mas já se observa que mulheres em todos os níveis da força de trabalho remunerada estão começando a utilizar as redes sociais. Um estudo com mulheres que estavam saindo da lista da Previdência Social para entrar no mercado de trabalho revelou que a rede era uma ferramenta eficaz na sua busca de emprego. A rede informal também as ajudava a conseguir atendimento para as crianças e melhores condições de moradia – que são fundamentais para se conseguir um bom emprego. Como mostra o Quadro 5-2, mesmo as mulheres com poucos recursos podem tirar proveito das redes sociais (Carey e McLean, 1997; Henly, 1999).

Com os avanços tecnológicos, já é possível manter redes sociais eletronicamente, sem a necessidade de contatos pessoais. Em 2004, surgiram as empresas on-line de formação de redes oferecendo os seus serviços gratuitamente no início. As pessoas entram nesses sites e criam um perfil. Ao invés de se manterem anônimas, como nos sites de namoro on-line, os usuários são identificados pelo nome e incentivados a indicar amigos e até mesmo amigos de seus amigos de confiança – que podem servir de contato profissional, dar conselhos ou simplesmente compartilhar de um interesse. Um site cria "tribos" de pessoas que compartilham uma mesma característica

– uma religião, um *hobby*, preferência musical ou faculdade (B. Tedeschi, 2004).

Para o sociólogo Manuel Castells (1997, 1998, 2000), essas redes sociais eletrônicas que estão surgindo são fundamentais para novas organizações e para o crescimento dos negócios e das associações existentes. Uma dessas redes em particular está mudando a maneira como as pessoas interagem. O *texting* é a troca de e-mails pelo telefone celular. Começou na Ásia em 2000 e agora decolou na América do Norte e na Europa. No início, o envio de mensagens de texto era mais popular entre os usuários jovens, que enviavam mensagens cifradas como "WRU" ("Where are you?") (Onde está você) e "CU2NYT" ("See you tonight") (Vejo você à noite). Mas agora, o mundo dos negócios descobriu as vantagens de transmitir e-mails por telefone celular ou PalmPilots. O problema, como advertem os sociólogos, é que esses dispositivos criam uma jornada de trabalho interminável e as pessoas passam mais tempo checando seus celulares do que conversando com as pessoas ao seu redor.

Em 2003, com a operação das tropas norte-americanas no Oriente Médio, aumentou a confiança de muitas pessoas no e-mail. Hoje, fotos digitais e arquivos de som acompanham as mensagens por e-mail entre os soldados e suas famílias e amigos. Foram criadas redes bem estruturadas para ajudar novatos em comunicação eletrônica a se conectarem à Internet.

Use a Sua Imaginação Sociológica

Se você fosse surdo, que impacto a mensagem teria sobre você?

Instituições Sociais

Os meios de comunicação de massa, o governo, a economia, a família e o sistema de saúde são exemplos de instituições sociais que encontramos em nossa sociedade. **Instituições sociais** são padrões organizados de crenças e comportamento centrados em necessidades sociais básicas, tais como substituir pessoas (a família) e preservar a ordem (o governo).

Olhando mais de perto as instituições, os sociólogos têm uma visão mais profunda da estrutura de uma sociedade. Pense na religião, por exemplo. A instituição religiosa adapta-se ao segmento da sociedade a que atende. O trabalho da igreja tem significados bem diferentes para padres ou pastores que servem em zonas marginalizadas e para os que servem em comunidades de classe média suburbana. Os líderes religiosos designados para uma missão em uma zona marginalizada se preocuparão em atender os doentes e em providenciar comida e abrigo. Já nas áreas mais ricas, o clero tratará de dar conselhos a quem está pensando em se casar ou divorciar, de organizar atividades para a juventude e supervisionar eventos culturais.

Visão Funcionalista

Uma das maneiras de entender as instituições sociais é ver como preenchem funções essenciais. O antropólogo David E. Aberle e colaboradores (1950) e os sociólogos Raymond Mack e Calvin Bradford (1979) identificaram cinco principais tarefas ou pré-requisitos funcionais que uma sociedade ou um grupo relativamente permanente deve cumprir se quiser sobreviver:

1. *Substituir pessoas.* Qualquer grupo ou sociedade deve substituir pessoas quando morrem, vão embora ou ficam incapacitadas. Essa tarefa é cumprida por meios, como imigração, anexação de grupos vizinhos, compra de escravos ou reprodução sexual. Os Shakers, uma seita religiosa que veio para os Estados Unidos em 1774, são um exemplo notável de um grupo que *não conseguiu* substituir pessoas. Suas crenças religiosas obrigam os Shakers ao celibato; para sobreviver o grupo tem de recrutar novos membros. No início, os Shakers se revelaram bastante capazes de atrair membros, atingindo um pico de cerca de 6 mil membros nos Estados Unidos na década de 1840. No entanto, a partir de 2004, a única comunidade Shaker que restava nos Estados Unudos era uma fazenda em Maine com cinco membros – três homens e duas mulheres (Sabbathday Lake, 2004).

2. *Ensinar novos recrutas.* Nenhum grupo ou sociedade pode sobreviver se muitos de seus membros rejeitarem o comportamento e as responsabilidades estabelecidas do grupo. Por isso, não basta descobrir ou criar novos membros, o grupo ou a sociedade também precisa incentivar os recrutas a aprender e a aceitar seus valores e costumes. Essa aprendizagem pode ser formal, realizada em escolas (onde aprender é uma função notória), ou informal, por meio da interação e da negociação em grupos de iguais (onde a instrução é uma função latente).

3. *Produzir e distribuir bens e serviços.* Qualquer grupo ou sociedade relativamente permanente precisa prover e distribuir bens e serviços que seus membros desejam. Cada sociedade estabelece um conjunto de regras para a alocação de recursos financeiros e outros. O grupo precisa satisfazer as necessidades da maioria dos seus membros em uma certa extensão, para não correr o risco de gerar descontentamento, que pode levar à desordem.

4. *Preservar a ordem.* Os nativos da Tasmânia, uma grande ilha bem ao sul da Austrália, foram extintos. No século XIX, foram devastados pelos grupos de caça dos conquistadores europeus, que consideravam os tasmanianos semi-humanos. Sua aniquilação ressalta uma função crítica de todo grupo ou sociedade – preservar a ordem e proteger-se de ataques. Os tasmanianos não consegui-

Essa homenagem às vítimas do ataque terrorista de 11 de setembro de 2001 incorporou muitos elementos patrióticos, que ajudaram os nova-iorquinos a manter um senso de determinação em momentos muito difíceis.

ram se defender contra a tecnologia de guerra mais desenvolvida dos europeus, por isso um povo foi exterminado.

5. *Prover e manter um senso de determinação.* As pessoas precisam se sentir motivadas para continuar como membros de um grupo ou de uma sociedade a fim de que se cumpram as quatro primeiras exigências. Depois de 11 de setembro de 2001 os ataques às cidades de Nova York e Washington, D.C, homenagens e manifestações públicas em todo o país permitiram às pessoas reafirmar sua lealdade à nação e curar as feridas psíquicas provocadas pelos terroristas. Assim, o patriotismo ajuda as pessoas a desenvolver e a manter um senso de determinação. Para outras, as identidades tribais, os valores religiosos ou os códigos morais pessoais são particularmente significativos. Seja qual for o pretexto, em qualquer sociedade permanece uma realidade comum e essencial: se uma pessoa não tiver um senso de determinação, não se sentirá motivada a contribuir para a sobrevivência de uma sociedade.

Essa lista de pré-requisitos funcionais não especifica *como* uma sociedade e as suas respectivas instituições sociais desempenharão cada tarefa. Por exemplo, uma sociedade pode se proteger de ataques externos acumulando um enorme arsenal de armas, enquanto outra pode empenhar-se em manter a neutralidade na política mundial e para promover relações de cooperação com seus vizinhos. Independentemente de qual seja sua estratégia, qualquer sociedade ou grupo relativamente permanente deve tentar cumprir todos esses pré-requisitos funcionais se quiser sobreviver. Se falhar em uma única condição, como os tasmanianos, a sociedade correrá o risco de extinção.

Visão do Conflito

Os teóricos do conflito não concordam com o conceito funcionalista de instituições sociais. Embora os proponentes de ambos os pontos de vista concordem que as instituições são organizadas para atender a necessidades sociais básicas, os teóricos do conflito discordam da conclusão de que o resultado é necessariamente eficiente e desejável.

Do ponto de vista do conflito, a organização atual das instituições sociais não é um mero acidente. As instituições importantes, como a educacional, ajudam a manter os privilégios dos indivíduos e grupos mais poderosos em uma sociedade, ao mesmo tempo que contribuem para a falta de poder de outros. Para dar um exemplo, as escolas públicas nos Estados Unidos são financiadas em grande parte pelos impostos sobre a propriedade. Essa disposição permite que as áreas mais ricas assegurem às suas crianças escolas mais bem equipadas e professores mais bem pagos do que as áreas de baixa renda podem proporcionar. O resultado é que as crianças de comunidades prósperas estão mais bem preparadas para competir no meio acadêmico do que as crianças de comunidades pobres. A estrutura do sistema educacional do país permite e até estimula esse tratamento desigual das crianças na escola.

Os teóricos do conflito argumentam que instituições sociais, tais como a educacional, têm uma natureza inerentemente conservadora. De fato, não tem sido fácil implantar reformas educacionais que promovam igualdade de oportunidades – educação bilíngüe, o fim da segregação na escola ou a integração de alunos portadores de deficiência. De uma perspectiva funcionalista, a mudança social pode ser disfuncional, já que freqüentemente leva à instabilidade. No entanto, do ponto de vista do conflito, por que nós deveríamos preservar a estrutura social existente se ela é injusta e discriminatória?

As instituições sociais também operam em ambientes sexistas e racistas, como salientaram tanto teóricos do conflito, como feministas e interacionistas. Nas escolas, escritórios e instituições governamentais, as suposições sobre o que as pessoas são capazes de fazer refletem o sexismo e o racismo da sociedade em geral. Por exemplo, muitos acreditam que as mulheres não conseguem tomar decisões difíceis – mesmo as que atingiram os mais altos cargos nas empresas. Outros imaginam que todos os alunos negros de faculdades de elite representam seu ingresso por meio de ações afirmativas (*affirmative action admission*), devido aos fundamentos jurídicos de igualdade de oportunidade. A desigualdade baseada em gênero, situação econômica, raça e etnia floresce nesse ambiente – ao qual podemos acrescentar a discriminação baseada em idade, deficiência física e orientação sexual. A verdade dessa assertiva pode ser confirmada em decisões rotineiras por parte de empregadores sobre como anunciar empregos, ou ainda se devem ou não fornecer benefícios adicionais como creche e licença-maternidade.

Use a Sua Imaginação Sociológica

As redes sociais seriam mais importantes para um trabalhador migrante na Califórnia do que para uma pessoa política e socialmente influente? Por quê?

Visão Interacionista

As instituições sociais afetam nosso comportamento cotidiano, quer estejamos no trânsito quer em longa fila no supermercado. O sociólogo Mitchell Duneier (1994a, 1994b) estudou o comportamento social das digitadoras que trabalhavam no serviço de atendimento de um grande escritório de advocacia de Chicago. Duneier estava interessado nas normas sociais informais que surgiram nesse ambiente de trabalho e na rica rede social criada por essas funcionárias.

O Centro de Rede, como é chamado, consiste apenas de uma sala simples e sem janela em um grande edifício comercial onde o escritório de advocacia ocupa sete andares. O centro tem dois turnos de digitadoras que trabalham das 16 horas à meia-noite e da meia-noite às 8 horas. Cada digitadora trabalha em um cubículo onde só cabem o computador, a impressora e o telefone. As tarefas são colocadas em uma cesta central e executadas de acordo com procedimentos precisos.

À primeira vista poderíamos imaginar que essas mulheres tinham pouco contato social no trabalho, fora os curtos intervalos e as conversas ocasionais com seus supervisores. No entanto, com base na visão interacionista, Duneier constatou que, apesar de trabalhar em um grande escritório, essas mulheres encontravam momentos para conversar (em geral nos corredores ou nos banheiros) e para criticar os advogados e as secretárias do escritório. Inclusive, as digitadoras afirmavam com freqüência que suas tarefas representavam trabalhos que as secretárias "preguiçosas" deveriam ter feito durante o expediente normal de trabalho. Duneier (1994b) conta que uma digitadora não gostava da atitude arrogante dos advogados e se recusava a cumprimentar ou a falar com qualquer um deles que não se dirigisse a ela pelo nome.

Os teóricos da interação enfatizam que o nosso comportamento social é condicionado pelos papéis e *status*

As instituições sociais afetam nosso comportamento. Como os devotos nessa mesquita no Egito poderiam interagir de outra maneira na escola ou no trabalho?

que aceitamos, pelos grupos aos quais pertencemos e pelas instituições dentro das quais operamos. Por exemplo, os papéis sociais associados à condição de juiz ocorrem dentro do contexto mais amplo do sistema da justiça criminal. O *status* de "juiz" se destaca em relação aos demais, como os de promotor, autor da ação, advogado de defesa e testemunha, e também às instituições sociais do governo. Embora os tribunais e as prisões tenham grande importância simbólica, o valor permanente do sistema judicial decorre dos papéis que as pessoas desempenham nas interações sociais (Berger e Luckmann, 1966).

ESTRUTURA SOCIAL NA PERSPECTIVA GLOBAL

As sociedades modernas são complexas, principalmente se comparadas às ordenações sociais anteriores. Os sociólogos Émile Durkheim, Ferdinand Tönnies e Gerhard Lenski criaram maneiras de contrastar as sociedades modernas com formas mais simples de estrutura social.

A Solidariedade Mecânica e Orgânica segundo Durkheim

Em *Division of Labor* [Da divisão do trabalho social] ([1893] 1933), Durkheim argumentava que a estrutura social depende da divisão de trabalho em uma sociedade – em outras palavras, da maneira como as tarefas são desempenhadas. Assim, uma tarefa como fornecer alimento pode ser realizada quase totalmente por um indivíduo ou pode ser dividida entre várias pessoas. Esse último padrão é típico das sociedades modernas, nas quais o cultivo, o processamento, a distribuição e a comercialização de um único item da alimentação mobilizam literalmente centenas de pessoas.

Em sociedades nas quais se tem uma divisão mínima do trabalho, desenvolve-se uma consciência coletiva que enfatiza a solidariedade grupal. Durkheim denominou esse estado de espírito coletivo de **solidariedade mecânica**, que significa que todas as pessoas realizam as mesmas tarefas. Nesse tipo de sociedade ninguém precisa perguntar: "O que é que os seus pais fazem?", já que todos desempenham o mesmo trabalho. Cada um prepara a comida, caça, confecciona roupa, constrói casas etc. Visto que as pessoas têm poucas opções com relação ao que fazer de suas vidas, preocupação com as necessidades individuais é mínima. A força dominante na sociedade é a vontade do grupo. Tanto a interação social quanto a negociação se baseiam em contatos sociais estreitos, íntimos, pessoais. Como há pouca especialização, existem poucos papéis sociais.

À medida que as sociedades se tornam mais avançadas tecnologicamente, dependem de uma maior divisão do trabalho. A pessoa que corta madeira não é a mesma que monta o telhado. Com a especialização crescente, várias tarefas diferentes devem ser executadas por várias pessoas diferentes – mesmo na fabricação de um único artigo, como um rádio ou um fogão. No geral, as interações sociais tornam-se menos pessoais do que nas sociedades caracterizadas pela solidariedade mecânica. As pessoas começam a se relacionar umas com as outras com base em suas posições sociais ("açougueiro", "enfermeira"), e mais do que em suas qualidades humanas distintivas. Dado que a estrutura social geral continua mudando, o *status* e os papéis sociais estão em um fluxo permanente.

Em uma sociedade mais complexa e com uma maior divisão do trabalho, nenhuma pessoa pode dar conta do trabalho sozinha. A dependência dos outros se torna fundamental para a sobrevivência do grupo. Nos termos de Durkheim, a solidariedade mecânica é substituída pela **solidariedade orgânica**, uma consciência coletiva baseada na necessidade que os membros de uma sociedade têm uns dos outros. Durkheim escolheu a expressão *solidariedade orgânica* porque, segundo ele, as pessoas se tornam interdependentes de uma maneira muito semelhante aos órgãos do corpo humano.

A *Gemeinschaft* e *Gesellschaft* de Tönnies

O alemão Ferdinand Tönnies (1855–1936) ficou espantado com o crescimento de uma cidade industrial de seu país no final do século XIX. Para ele, essa cidade marcava uma mudança drástica do ideal de uma comunidade muito unida, que Tönnies denominou *Gemeinschaft*, para uma sociedade de massa impessoal, conhecida como *Gesellschaft* (Tönnies [1887] 1988).

A *Gemeinschaft* é típica da vida rural. Trata-se de uma pequena comunidade na qual as pessoas têm histórias e experiências de vida semelhantes. Quase todos se conhecem e as interações sociais são íntimas e familiares, como se fossem parentes. Nessa comunidade, há um compromisso com o grupo social maior e um senso de companheirismo entre os membros. As pessoas se relacionam umas com as outras de uma maneira pessoal, e não só como "balconista" ou "gerente". No entanto, com essa interação pessoal existe pouca privacidade: sabemos da vida de todo mundo.

O controle social na *Gemeinschaft* é mantido por meios informais, como a persuasão moral, a intriga ou mesmo gestos. Essas técnicas são eficazes porque as pessoas se preocupam verdadeiramente com o que as outras pensam delas. A mudança social é relativamente limitada

Em pequenas comunidades, como as dos Quechua no Peru, as pessoas mantêm o controle social por meios informais, como a intriga. Tönnies referiu-se a esse tipo de comunidade como *Gemeinschaft*.

Tabela 5-1 — Comparação entre *Gemeinschaft* e *Gesellschaft*

Resumindo

Gemeinschaft	*Gesellschaft*
A vida rural tipifica essa forma.	A vida urbana tipifica essa forma.
As pessoas compartilham um sentido de comunidade que é resultado de suas histórias e experiências de vida semelhantes.	As pessoas têm pouco sentido de coletividade. Suas diferenças parecem mais relevantes do que as semelhanças.
As interações sociais, incluindo negociações, são íntimas e familiares.	As interações sociais, incluindo as negociações, provavelmente são impessoais e limitam-se a uma tarefa específica.
As pessoas mantêm um espírito de cooperação e unidade de vontades.	Predomina o interesse próprio.
Não se pode separar o trabalho das relações pessoais.	A tarefa que se realiza é prioritária; as relações são secundárias.
As pessoas dão pouca importância à privacidade individual.	Valoriza-se a privacidade.
Predomina o controle social informal.	O controle social formal é evidente.
As pessoas são pouco tolerantes aos desvios.	As pessoas são mais tolerantes aos desvios.
A ênfase é dada aos *status* atribuídos.	A ênfase é dada aos *status* alcançados.
A mudança social é relativamente limitada.	A mudança social é bem evidente, inclusive em uma geração.

Pense nisto
Como você classificaria as comunidades com as quais está familiarizado? Elas são mais *Gemeinschaft* ou *Gesellschaft*?

---

na *Gemeinschaft*; as vidas dos membros de uma geração podem ser muito parecidas com as dos seus avós.

A **Gesellschaft**, ao contrário, é uma comunidade ideal característica da vida urbana moderna. Nessa comunidade, a maioria das pessoas não se conhece e não tem quase nada em comum com os outros habitantes. As relações são regidas por papéis sociais que emergem de tarefas imediatas, como adquirir um produto ou organizar uma reunião de negócios. O interesse próprio predomina e há pouco consenso quanto a valores ou compromisso com o grupo. Assim, o controle social deve se apoiar em técnicas mais formais, tais como leis e sanções estabelecidas legalmente. A mudança social é um aspecto importante da vida na *Gesellschaft*, e pode ser muito marcante em uma mesma geração.

A Tabela 5-1 resume as diferenças entre a *Gemeinschaft* e a *Gesellschaft*. Os sociólogos utilizaram esses termos para comparar estruturas sociais que valorizam relações estreitas e aquelas que enfatizam as ligações menos pessoais. A *Gemeinschaft* é vista muitas vezes com nostalgia, como um modo de vida muito melhor do que esse "saco de gatos" da existência contemporânea. No entanto, as relações mais íntimas da *Gemeinschaft* têm um preço. O preconceito e a discriminação existentes podem ser muito limitativos; os *status* atribuídos, como o histórico familiar, freqüentemente ofuscam os talentos e as realizações singulares da pessoa. Além disso, a *Gemeinschaft* tende a desconfiar dos indivíduos que tentam ser criativos ou apenas diferentes.

A Abordagem da Evolução Sociocultural de Lenski

O sociólogo Gerhard Lenski tem uma visão bem diferente da sociedade e da estrutura social. Em vez de distinguir entre dois tipos opostos de sociedade, como Tönnies, Lenski vê as sociedades humanas em um processo de mudança caracterizado por um padrão predominante conhecido como *evolução sociocultural*. Essa expressão se refere ao "processo de mudança e desenvolvimento nas sociedades humanas que resulta do crescimento cumulativo de suas reservas de informações culturais" (Lenski et al., 2004, p. 366).

Na visão de Lenski, o nível tecnológico de uma sociedade é determinante para a maneira como é organizada. Lenski define *tecnologia* como "informações culturais sobre como utilizar os recursos materiais do meio ambiente para satisfazer as necessidades e os desejos humanos" (Nolan e Lenski, 2004, p. 37). A tecnologia disponível não define totalmente a forma que assumem uma sociedade particular e sua estrutura social. Mesmo assim, um baixo nível tecnológico pode limitar o grau de dependência de uma sociedade de coisas como irrigação ou maquinário complexo. À medida que a tecnologia vai avançando, diz Lenski, uma comunidade evolui de uma sociedade pré-industrial para uma sociedade industrial e, finalmente, para uma sociedade pós-industrial.

Sociedades Pré-Industriais

Como uma sociedade pré-industrial organiza sua economia? Se soubermos isso, poderemos categorizá-la. O primeiro tipo de sociedade pré-industrial que surgiu na história humana foi a ***sociedade de caçadores-recoletores***, na qual as pessoas dependem apenas dos alimentos e fibras facilmente disponíveis. A tecnologia nessas sociedades é mínima. Organizadas em grupos, as pessoas estão permanentemente mobilizadas na busca de alimento. Há pouca divisão do trabalho em tarefas especializadas.

As sociedades de caçadores-recoletores são compostas por grupos pequenos bastante dispersos. Cada grupo consiste quase inteiramente em pessoas da mesma família. Assim, os laços de parentesco são a fonte de autoridade e influência, e a instituição social familiar assume um papel particularmente importante. Tönnies com certeza consideraria essas sociedades exemplos de *Gemeinschaft*.

A diferenciação social na sociedade de caçadores-recoletores baseia-se em *status* atribuídos, tais como gênero, idade e história familiar. Dado que os recursos são escassos, há relativamente pouca desigualdade em termos de bens materiais. No final do século XX, as sociedades de caçadores-recoletores haviam quase desaparecido (Nolan e Lenski, 2004).

As ***sociedades de olericultura***, nas quais as pessoas semeiam e plantam em vez de dependerem apenas dos alimentos disponíveis, surgiram há cerca de 10 mil a 12 mil anos. Os membros das sociedades de olericultura são muito menos nômades do que os caçadores e recoletadores. Eles dão muito mais ênfase à produção de ferramentas e utensílios domésticos. Mas a tecnologia ainda é limitada nessas sociedades, e seus membros utilizam ferramentas para cavar e enxadas para plantar (Wilford, 1997).

A última fase do desenvolvimento pré-industrial é a da ***sociedade agrária***, que surgiu há cerca de 5 mil anos. Assim como nas sociedades de olericultura, os membros das sociedades agrárias se mobilizam basicamente na produção de alimentos. No entanto, inovações tecnológicas como o arado permitem aos fazendeiros incrementar significativamente o rendimento de suas safras. Podem cultivar os mesmos campos por gerações, o que favorece o surgimento de povoados maiores.

A sociedade agrária continua dependendo da energia física dos seres humanos e dos animais (em oposição à energia mecânica). Contudo, sua estrutura social tem papéis mais definidos do que as sociedades de olericultura. As pessoas se concentram em tarefas especializadas, como consertar redes de pescar ou trabalhar com ferro. À medida que os povoados humanos se estabelecem e se tornam mais estáveis, as instituições sociais tornam-se mais elaboradas e os direitos de propriedade ganham importância. Com mais estabilidade e maiores excedentes, a sociedade agrária possibilita que seus membros criem artefatos, como estátuas, monumentos públicos e objetos de arte, que passam de uma geração para outra.

A Tabela 5-2 resume as três fases da evolução sociocultural de Lenski, bem como as fases seguintes, que descrevemos aqui.

Sociedades Industriais

Embora a Revolução Industrial não tenha derrubado nenhum rei, produziu mudanças tão significativas quanto as que decorreram de revoluções políticas. A Revolução Industrial, que ocorreu basicamente na Inglaterra no período de 1760 a 1830, foi uma revolução científica que centrou-se na utilização de fontes de energia não animais (mecânicas) para executar tarefas. Uma ***sociedade industrial*** é aquela que depende da mecanização para produzir seus bens e serviços. As sociedades industriais dependem de novas invenções que facilitem a produção agrícola e industrial, e de novas fontes de energia, como o vapor.

À medida que a Revolução Industrial avançava, surgiu uma nova forma de estrutura social. Muitas sociedades passaram inexoravelmente de uma economia voltada à agricultura para uma economia de base industrial. Uma pessoa ou uma família já não fazia todo um produto inteiro. Em vez disso, a especialização das tarefas e da fabricação dos bens era cada vez mais comum. Os traba-

"I'd like to think of you as a person, David, but it's my job to think of you as personnel."

Em uma *Gesellschaft* as pessoas tendem a se relacionar umas com as outras mais em termos de seus papéis do que de suas relações.

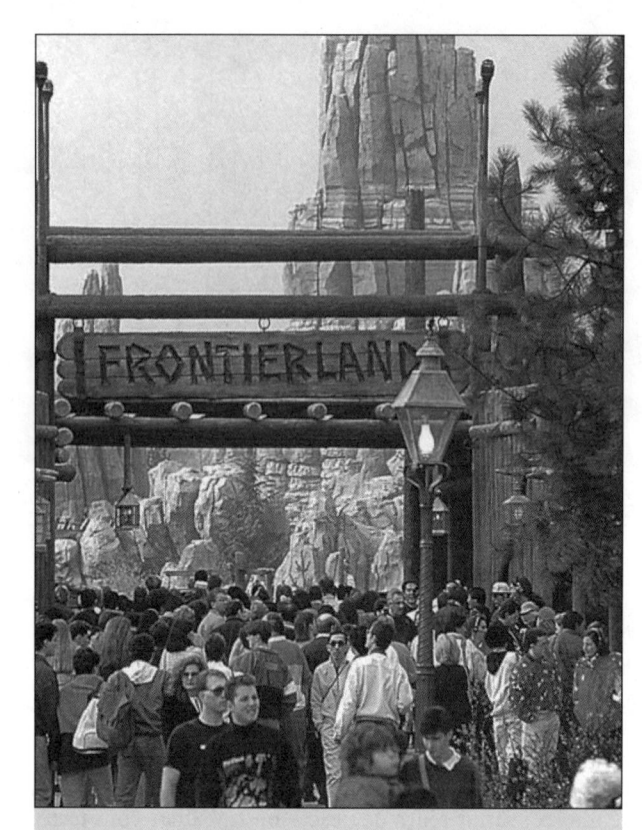

Em uma sociedade pós-moderna as pessoas consomem em massa bens, informações e imagens de mídia. Em Paris, a Disneyworld está popularizando as imagens da mídia norte-americana no exterior, o que ilustra outra característica das sociedades pós-modernas – a globalização.

lhadores, homens, mas também mulheres e até crianças, deixaram as residências de sua família para trabalhar em locais centrais, como fábricas.

O processo de industrialização teve conseqüências sociais diversas. As famílias e as comunidades já não podiam continuar funcionando como unidades auto-suficientes. As pessoas, os vilarejos e as regiões começaram a trocar bens e serviços, e foram se tornando interdependentes. À medida que as pessoas passaram a depender do trabalho de membros de outras comunidades, a família perdeu a sua posição de única fonte de poder e autoridade. A necessidade de conhecimentos especializados levou a uma escolaridade mais formal, e a educação surgiu como uma instituição social diferente da família.

Sociedades Pós-Industriais e Pós-Modernas

Quando Lenski propôs pela primeira vez a teoria da evolução sociocultural, na década de 1960, ele não deu muita atenção às mudanças que podem ocorrer nas sociedades industrializadas em processo de amadurecimento com a emergência de formas ainda mais avançadas de tecnologia. Mais recentemente, ele e outros sociólogos se dedicaram a estudar as grandes mudanças que ocorrem na estrutura ocupacional das sociedades industriais quando elas passam de economias manufatureiras para economias de serviço. Na década de 1970, o sociólogo Daniel Bell analisou as **sociedades pós-industriais** avançadas, cujo sistema econômico se organiza em torno do processamento e controle de informações. Os principais produtos de uma sociedade pós-industrial são serviços, e não bens manufaturados. Há uma grande quantidade de pessoas envolvidas em ocupações voltadas ao ensino, geração ou disseminação de idéias. Empregos em áreas, como publicidade, relações públicas, recursos humanos e sistemas de informática, seriam típicos de uma sociedade pós-industrial (D. Bell, 1999).

Bell considera a transição de uma sociedade industrial para uma sociedade pós-industrial como um desenvolvimento positivo. Ele vê um declínio generalizado dos grupos organizados da classe trabalhadora e uma ascensão dos grupos de interesse envolvidos com questões nacionais, como saúde, educação e o meio ambiente. A abordagem de Bell é funcionalista, porque ele concebe a sociedade pós-industrial como basicamente consensual. Acredita que quanto mais as organizações e os grupos de interesse se envolvem em um processo aberto e competitivo de tomada de decisões, o grau de conflito entre os diversos grupos tende a diminuir, assegurando a estabilidade social.

Os teóricos do conflito discordam da análise funcionalista da sociedade pós-industrial de Bell. Por exemplo, Michael Harrington (1980), alertou a nação para os problemas dos pobres em seu livro *The other América*, questionou a importância atribuída por ele à crescente classe dos trabalhadores de colarinho branco. Harrington admitia que cientistas, engenheiros e economistas estavam envolvidos em decisões políticas e econômicas relevantes, mas discordava da afirmação de Bell de que eles participam da tomada de decisões independentemente dos interesses dos ricos. Seguindo a tradição de Marx, Harrington argumentava que o conflito entre as classes sociais perduraria na sociedade pós-industrial.

Mais recentemente, os sociólogos avançaram da discussão da sociedade industrial para o ideal da sociedade pós-moderna. Uma **sociedade pós-moderna** é uma sociedade tecnologicamente sofisticada preocupada com o consumo de bens e de imagens da mídia (Brannigan, 1992). Essas sociedades consomem bens e informações em massa. Os teóricos pós-modernos, de uma perspectiva global, observam as maneiras como a cultura cruza fronteiras nacionais. Por exemplo, pessoas que moram nos Estados Unidos podem ouvir *reggae* da Jamaica, comer *sushi* e outras comidas japonesas e usar tamancos da Suécia (Lyotard, 1993).

A ênfase dos teóricos pós-modernos está na observação e descrição de novas formas e padrões culturais emergentes de interação social. Dentro da sociologia, a

Resumindo

Tabela 5-2 — Fases da Evolução Sociocultural

Tipo de sociedade	Surgimento	Características
Caçadores-recoletores	Início da vida humana	Nômade, dependência de alimentos e fibras prontamente disponíveis
Olericultura	Há cerca de 10 mil a 12 mil anos	Mais estabelecida; desenvolvimento da agricultura e tecnologia limitada
Agrária	Há cerca de 5 mil anos	Mais ampla; assentamentos mais estáveis; tecnologia aperfeiçoada, maior produtividade das safras e especialização do trabalho
Industrial	1760–1850	Dependência da energia mecânica e de outras fontes de energia, locais de trabalho centralizados; interdependência econômica; educação formal
Pós-industrial	Década de 1960	Dependência de serviços, principalmente do processamento e do controle de informações; classe média expandida
Pós-moderna	Final da década de 1970	Alta tecnologia; consumo em massa de bens de consumo e de imagens da mídia; integração de culturas

visão pós-moderna permite integrar as percepções de várias perspectivas teóricas – funcionalismo, teoria do conflito, feminismo, interacionismo e a teoria do rótulo – e, ao mesmo tempo, incorporar outras abordagens contemporâneas. As sociólogas feministas argumentam com otimismo que, por sua indiferença às hierarquias e distinções, a sociedade pós-moderna descartará os valores tradicionais predominantemente masculinos em favor da igualdade de gênero. Outros afirmam que, apesar das novas tecnologias, as sociedades pós-industriais e pós-modernas devem apresentar os mesmos problemas de desigualdade que assolam as sociedades industriais (Ritzer, 1995; Sale, 1996; Smart, 1990; B. Turner, 1990; Van Vucht Tijssen, 1990).

Durkheim, Tönnies e Lenski apresentam visões diferentes da estrutura social da sociedade. Apesar de suas divergências, todas são úteis, e por isso analisaremos as três aqui. A teoria da evolução sociocultural enfatiza uma perspectiva histórica. Ela não concebe tipos de estruturas sociais distintas coexistindo em uma mesma sociedade. Portanto, não se espera que uma única sociedade inclua caçadores e recoletores ao lado da cultura pós-moderna. Ao contrário, as teorias de Durkheim e Tönnies admitem a existência de diferentes tipos de comunidade – como *Gemeinschaft* e *Gesellschaft* – na mesma sociedade. Assim, uma comunidade rural em New Hampshire, situada a 150 quilômetros de Boston, pode estar ligada à cidade pela tecnologia moderna de informação. A principal diferença entre as duas teorias é uma questão de ênfase. Enquanto Tönnies enfatizava a preocupação predominante em cada tipo de comunidade – o interesse próprio ou o bem-estar de toda a sociedade – Durkheim enfatizava a divisão (ou a falta de divisão) do trabalho.

A obra desses três pensadores nos lembra que um dos principais focos da sociologia sempre foi identificar mudanças na estrutura social e as conseqüências para o comportamento humano. No nível macro, vemos a sociedade caminhar para formas mais avançadas de tecnologia. A estrutura social torna-se cada vez mais complexa e surgem novas instituições sociais para assumir funções que antes eram exercidas pela família. No nível micro, essas mudanças afetam a natureza das interações sociais. Cada pessoa assume vários papéis sociais e as pessoas dependem mais das redes sociais e menos dos laços de parentesco. E quanto mais complexa se torna a estrutura social, mais os relacionamentos entre as pessoas se tornam impessoais, passageiros e fragmentados.

No item sobre política social a seguir, examinaremos o impacto da crise da Aids na estrutura social e na interação social nos Estados Unidos e em outros países.

POLÍTICA SOCIAL e ESTRUTURA SOCIAL
A Crise da Aids

O Tema

Em seu romance *A Peste* (1948), Albert Camus escreveu: "Na história houve tantas pestes quanto guerras; no entanto, as pestes e as guerras sempre pegam as pessoas de surpresa". Considerada por muitos como a peste característica da era moderna, a Aids com certeza pegou de surpresa as principais instituições sociais – particularmente o governo, o sistema de saúde e a economia – quando foi notificada pelos médicos pela primeira vez na década de 1970. Desde então, espalhou-se pelo mundo. Embora se tenham desenvolvido novas terapias bastante animadoras para seu tratamento, a medicina ainda não dispõe de meios para erradicar a doença. Portanto, é fundamental proteger as pessoas reduzindo a transmissão do vírus fatal. Mas, como fazer isso e de quem é a responsabilidade? Qual é o papel das instituições sociais na tarefa de impedir a propagação da Aids?

O Cenário

Aids é a sigla de *síndrome de imunodeficiência adquirida*. Não se trata propriamente de uma doença, mas sim de uma predisposição a doenças, que é provocada por um vírus, o vírus da imunodeficiência humana (HIV). Esse vírus destrói gradativamente o sistema imunológico do organismo, deixando seu portador vulnerável a infecções, como a pneumonia, às quais as pessoas com um sistema imunológico saudável em geral conseguem resistir. A transmissão do vírus de uma pessoa a outra aparentemente requer contato sexual íntimo ou troca de sangue ou de fluidos corporais (seja por agulhas ou seringas hipodérmicas contaminadas, por transfusão de sangue infectado ou por transmissão da mãe infectada para o filho na gestação ou durante o parto).

Os primeiros casos de Aids nos Estados Unidos foram relatados em 1981. Embora o número de novos casos e de mortes venha apresentando sinais de declínio, estima-se que no início de 2003 cerca de 950 mil pessoas conviviam com a Aids ou o HIV, das quais 25% não sabiam que estavam infectadas. As mulheres são responsáveis por uma proporção crescente de novos casos; e as minorias raciais e étnicas, por 74%. Essa doença está em ascensão em todo o mundo, com uma estimativa de 40 milhões de pessoas infectadas e mais de 3 milhões de mortes por ano (ver Figura 5-2). A Aids não está distribuída homogeneamente e representa um grande desafio para os países em desenvolvimento da África subsaariana – os menos preparados para lidar com ela (Centers for Disease Control and Prevention, 2003; Maugh, 2003; UNAIDS, 2003).

Insights Sociológicos

Crises graves, como a epidemia de Aids, tendem a provocar certas transformações na estrutura social de uma sociedade. De uma perspectiva funcionalista, se as instituições sociais estabelecidas não conseguem atender a uma necessidade crucial, é provável que surjam novas redes sociais para realizar essa função. No caso da Aids, foram organizados grupos de auto-ajuda – principalmente nas comunidades *gay* das grandes cidades – para cuidar dos doentes e orientar os outros, e para exigir políticas públicas mais incisivas.

O rótulo de "aidético" ou "soropositivo" funciona como um *status*-mestre. Na verdade, as pessoas portadoras de Aids ou infectadas pelo vírus enfrentam um duplo e poderoso estigma: por serem associadas a uma doença letal e contagiosa e porque sua doença afeta desproporcionalmente grupos já estigmatizados, como os *gays* e usuários de drogas intravenosas. Essa ligação com grupos estigmatizados atrasou o reconhecimento da gravidade da epidemia de Aids. Enquanto a doença parecia disseminar-se apenas na comunidade *gay*, a mídia não se interessou muito por ela.

Do ponto de vista da teoria do conflito, os desenvolvedores de políticas demoraram a reagir à crise da Aids, porque os indivíduos pertencentes aos grupos de alto risco – *gays* e usuários de drogas intravenosas – tinham pouco poder de pressão. Além disso, um estudo divulgado em 2002 mostrou que as mulheres e os grupos minoritários tinham menos probabilidade do que outros de receber tratamentos experimentais para infecção pelo HIV (Gifford et al., 2002).

No nível micro da interação social, inúmeros observadores previram que a Aids levaria a um comportamento sexual mais conservador – tanto entre os homossexuais quanto entre os heterossexuais –, e que as pessoas seriam muito mais cautelosas nos envolvimentos com novos parceiros. No entanto, parece que muitos indivíduos sexualmente ativos nos Estados Unidos não deram atenção nas precauções do "sexo seguro". Pesquisas realizadas no início da década de 1990 indicaram uma displicência crescente com relação à Aids, mesmo entre os mais vulneráveis (Centers for Disease Control and Prevention, 2002; UNAIDS, 2003, p. 23-24).

Os interacionistas se preocupam também com o enorme impacto que tem na rotina de uma pessoa tomar diariamente os remédios indicados. Dezenas de milhares de pacientes com Aids foram obrigados a reordenar as suas vidas em torno dos seus regimes médicos. Mesmo os pacientes infectados que não apresentam sintomas da Aids consideram extenuante o esforço concentrado ne-

FIGURA 5-2

Pessoas com HIV/Aids, 2003

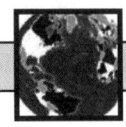

Mapeando a Vida EM TODO O MUNDO

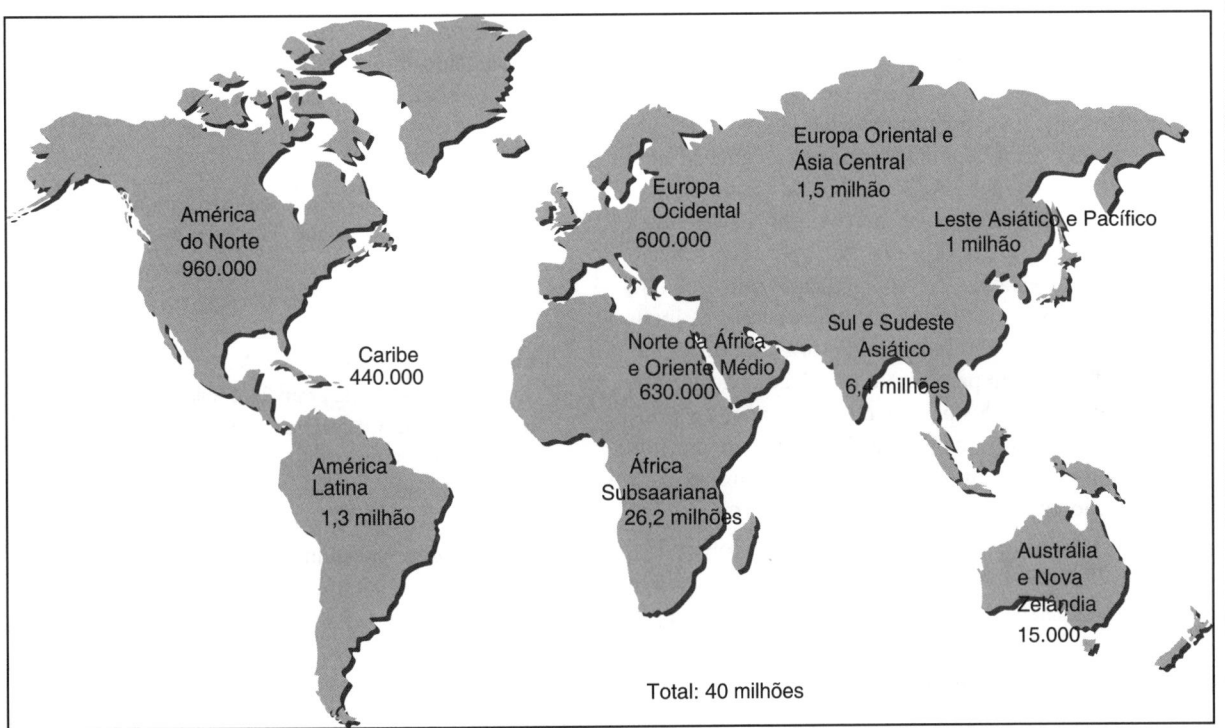

- América do Norte: 960.000
- Caribe: 440.000
- América Latina: 1,3 milhão
- Europa Ocidental: 600.000
- Europa Oriental e Ásia Central: 1,5 milhão
- Norte da África e Oriente Médio: 630.000
- África Subsaariana: 26,2 milhões
- Leste Asiático e Pacífico: 1 milhão
- Sul e Sudeste Asiático: 6,4 milhões
- Austrália e Nova Zelândia: 15.000

Total: 40 milhões

Nota: Baseado em estimativas médias. O espectro mundial é de 34–46 milhões de casos.
Fonte: UNAIDS, 2003, p. 37.

cessário para combater a doença – tomar 95 doses de 16 remédios diferentes todos os dias. Pense um pouco sobre o efeito que esse tipo de regime teria sobre sua vida, desde a alimentação e o sono até o trabalho, o estudo, os cuidados de uma criança e o lazer.

Dada a dificuldade de seguir um regime tão complicado, alguns representantes do governo questionam se os tratamentos com remédios podem ser eficazes em países em desenvolvimento. Em 2001, o diretor da Agência Norte-Americana para o Desenvolvimento Internacional declarou que os remédios "não funcionariam" na África porque muitos pacientes não sabiam ver as horas. No entanto, estudos recentes sobre o dia-a-dia de pessoas com Aids não corroboram essa afirmação etnocêntrica. Pesquisas realizadas em quatro países africanos revelaram que, na verdade, os pacientes africanos tomam cerca de 90% dos seus remédios para Aids. Nos Estados Unidos essa taxa de observância é de 70% em média, e ainda menor entre os sem-teto e os usuários de droga (McNeil, 2003, p. A5).

Iniciativas Políticas

A Aids atingiu todas as sociedades, mas nem todos os países reagem da mesma maneira. Estudos feitos nos Estados Unidos mostraram que as pessoas com Aids que recebem o tratamento médico adequado estão vivendo mais do que no passado. Esse avanço pode aumentar a pressão sobre os planejadores de políticas para que levem em conta os problemas criados com a disseminação da Aids.

Em alguns países, as práticas culturais podem impedir as pessoas de encarar de forma realista a epidemia da Aids, de modo que eles não adotarão as medidas preventivas necessárias, incluindo uma discussão aberta sobre sexualidade, homossexualidade e uso de drogas. A prevenção parece estar funcionando entre os grupos-alvo, como usuários de drogas, mulheres grávidas e homossexuais, mas nos países em desenvolvimento as medidas preventivas são poucas e com intervalos longos entre uma e outra. O tratamento prescrito para reduzir a transmissão da Aids da mãe para o bebê custa

US$ 300. Essa quantia equivale mais ou menos à renda anual média em grande parte do mundo, onde o risco da doença é maior, como na África, que é responsável por 77% das mortes por Aids no mundo. E os remédios para os pacientes adultos com HIV são mais caros ainda (McNeil, 2003; UNAIDS, 2003, p. 5).

O alto custo dos programas de tratamento à base de medicamentos gerou uma forte pressão em todo o mundo para que as grandes indústrias farmacêuticas baixassem os preços nos países em desenvolvimento, principalmente na África subsaariana. Em 2001, cedendo a essa pressão, muitas empresas concordaram em fornecer o coquetel AZT a preço de custo. Porém, mesmo com a redução de preços nos países mais pobres, menos de 5% dos doentes que necessitavam de tratamento estavam sendo medicados no final do primeiro semestre de 2004. Em muitos países, as instituições sociais não têm sequer estrutura para distribuir remédios para quem precisa. No Brasil, ao contrário, os dados disponibilizados pelo Sistema Nacional de Notificação do Ministério da Saúde (SINAM) revelam que a epidemia de Aids entre nós está em um processo de estabilização, tendo sido registrado um total de 362.364 casos no período de 1980 a 2004. A mortalidade por Aids foi 2% maior em 2003 do que a registrada em 2002, porém, após a introdução da política de acesso universal ao tratamento anti-retroviral, observou-se queda nos índices de mortalidade. A partir de 2000, evidencia-se estabilização em cerca de 6,3 óbitos por mil. Além disso, entre 1993 e 2003, observou-se um aumento de cerca de cinco anos na idade média dos óbitos por Aids, refletindo um aumento na sobrevida dos pacientes. A política de prevenção e controle da epidemia de Aids no Brasil tem sido um exemplo de sucesso e tem recebido prêmios e aplausos de todos os países do mundo.

Vamos Discutir

1. As pessoas que você conhece mudaram o comportamento sexual em razão do perigo de contaminação com o vírus da Aids? Justifique sua resposta.
2. Veja o mapa na Figura 5-2. Por que você acha que no norte da África e no Oriente Médio havia apenas 630 mil pessoas convivendo com Aids, em 2003, enquanto na África subsaariana eram 26,2 milhões? Enumere o maior número possível de fatores que possam ser os responsáveis por essa disparidade.
3. À parte os motivos humanitários óbvios, por que os Estados Unidos deveriam ajudar os países em desenvolvimento na luta contra a Aids?

RECURSOS DO CAPÍTULO

Resumo

A *interação social* refere-se às maneiras como as pessoas reagem umas às outras. A *estrutura social* refere-se à maneira como a sociedade se organiza em relacionamentos previsíveis. Este capítulo examina os elementos básicos da estrutura social: *status*, papéis sociais, grupos, redes e instituições.

1. As pessoas amoldam sua realidade social com base no que aprendem em suas interações sociais. A mudança social decorre da redefinição ou da reconstrução da realidade social. Às vezes, é resultado de uma **negociação**.
2. Um **status atribuído** é o que a pessoa geralmente recebe ao nascer, ao passo que um **status alcançado** é obtido em grande medida graças ao esforço da própria pessoa.
3. Nos Estados Unidos, os *status* atribuídos, como raça e gênero, podem funcionar como **status-mestre**, que têm um impacto importante no potencial de uma pessoa para alcançar o *status* profissional e social desejado.
4. A cada *status* – seja atribuído ou alcançado – correspondem determinados **papéis sociais**, o conjunto de expectativas em relação às pessoas que ocupam esse *status*.
5. Grande parte do nosso comportamento padronizado ocorre em **grupos** e é influenciada pelas normas e sanções estipuladas por eles. Os grupos servem como elos com as **redes sociais** e seus vastos recursos.
6. Os meios de comunicação de massa, o governo, a economia, a família e o sistema de saúde são exemplos de **instituições sociais**.
7. Uma maneira de entender as instituições sociais é se perguntar como elas cumprem funções básicas, como substituir pessoas, treinar novos recrutas e preservar a ordem.
8. Os teóricos do conflito argumentam que as instituições sociais ajudam a manter os privilégios dos poderosos, ao mesmo tempo que contribuem para a falta de poder dos outros.

9. Os teóricos interacionistas enfatizam a idéia que o nosso comportamento social é condicionado pelos papéis e pelo *status* que assumimos, pelos grupos aos quais pertencemos e pelas instituições nas quais operamos.
10. Émile Durkheim considerava que a estrutura social depende da divisão do trabalho em uma sociedade. Segundo sua teoria, as sociedades com uma divisão mínima do trabalho têm uma consciência coletiva denominada **solidariedade mecânica**; as que têm maior divisão do trabalho apresentam uma interdependência denominada **solidariedade orgânica**.
11. Ferdinand Tönnies diferenciou a comunidade fortemente unida de **Gemeinschaft** da sociedade de massa impessoal, conhecida como **Gesellschaft**.
12. Gerhard Lenski sustenta que a estrutura social de uma sociedade se modifica à medida que sua cultura e sua tecnologia se tornam mais sofisticadas, processo que ele chama de **evolução sociocultural**.
13. A crise da Aids mudou a estrutura social da sociedade, exigindo a criação de novas redes para cuidar dos doentes e orientar os sadios. Os desenvolvedores de política demoraram a reagir à crise no seu início porque os grupos de alto risco afetados pela doença tinham pouco poder de pressão.

Questões de Pensamento Crítico

1. Em determinadas profissões, as pessoas parecem ser mais suscetíveis ao conflito de papéis. Por exemplo, os jornalistas costumam viver conflitos de papéis em situações angustiantes, como desastres e crimes. Eles devem prestar socorro a quem precisa ou cobrir a notícia? Escolha duas outras profissões e discuta os conflitos de papéis que as pessoas podem vivenciar nelas.
2. As perspectivas funcionalista, do conflito e interacionistas podem ser utilizadas na análise das instituições sociais. Quais são os pontos fortes e os pontos fracos de cada uma delas para essa análise?
3. De que modo o HIV ajuda a reforçar as questões de raça, classe e gênero nos Estados Unidos atualmente?

Termos-chave

Abandono de papel O processo de desligamento de um papel central para a auto-identidade a fim de estabelecer um novo papel e uma nova identidade. (p. 109)

Conflito de papéis Situação que ocorre quando surgem expectativas incompatíveis entre duas ou mais posições ocupados pela mesma pessoa. (p. 108)

Estrutura social Forma como a sociedade se organiza em relações previsíveis. (p. 103)

Evolução sociocultural Processo de mudança e desenvolvimento em sociedades humanas decorrente do crescimento cumulativo de seus estoques armazenamento de informações culturais. (p. 118)

Gemeinschaft Comunidade fechada, mais presente nas zonas rurais, cujos membros são ligados por fortes vínculos pessoais. (p. 117)

Gesellschaft Comunidade ampla e impessoal, geralmente urbana, em que não há muito compromisso com o grupo ou consenso sobre valores. (p. 118)

Grupo Qualquer quantidade de pessoas com normas, valores e expectativas similares, e que interagem umas com as outras regularmente. (p. 109)

Instituição social Padrão organizado de crenças e comportamento centrado nas necessidades sociais básicos. (p. 114)

Interação social As formas pelas quais as pessoas reagem umas às outras. (p. 103)

Negociação Esforço para chegar a um acordo em torno de um objetivo. (p. 104)

Ordem negociada Estrutura social que deriva sua existência das interações sociais pelas quais as pessoas definem e redefinem o seu caráter. (p. 105)

Papel social Expectativas em relação a pessoas que ocupam uma determinada posição ou *status* social. (p. 108)

Rede social Uma série de relações sociais que ligam uma pessoa diretamente a outras e, indiretamente, a um número ainda maior de pessoas. (p. 112)

Sociedade agrária A forma mais avançada tecnologicamente de uma sociedade pré-industrial. Seus membros dedicam-se basicamente à produção de alimentos, e já utilizam inovações tecnológicas, como o arado, para aumentar o rendimento das suas safras. (p. 119)

Sociedade de caçadores-recoletores Sociedade pré-industrial em que as pessoas dependem dos alimentos e fibras disponíveis para sobreviver. (p. 119)

Sociedade de olericultura Sociedade pré-industrial em que as pessoas plantam e colhem, em vez de depender apenas dos alimentos disponíveis. (p. 119)

Sociedade industrial Sociedade que emprega máquinas para produzir seus bens e serviços. (p. 119)

Sociedade pós-industrial Sociedade cujo sistema econômico se organiza basicamente em torno do processamento e do controle de informações. (p. 120)

Sociedade pós-moderna Sociedade tecnologicamente sofisticada que se preocupa com o consumo de bens e de imagens da mídia. (p. 120)

Solidariedade mecânica Consciência coletiva que enfatiza a solidariedade grupal, característica das sociedades com uma divisão de trabalho mínima. (p. 117)

Solidariedade orgânica Consciência coletiva que se baseia na interdependência mútua, característica das sociedades com uma divisão de trabalho complexa. (p. 117).

Status Termo utilizado pelos sociólogos para designar uma das posições definidas socialmente dentre um grande grupo ou sociedade. (p. 105).

Status **alcançado** Posição social que uma pessoa alcança em grande parte por seu próprio esforço. (p. 106)

Status **atribuído** Posição social atribuída a uma pessoa pela sociedade sem levar em consideração seus talentos ou características peculiares. (p. 105)

Status-**mestre** *Status* que predomina sobre os outros e, conseqüentemente, determina a posição geral da pessoa em uma sociedade. (p. 106)

Tecnologia Informações culturais sobre como utilizar os recursos materiais do meio ambiente para satisfazer necessidades e desejos humanos. (p. 118)

Tensão decorrente do papel Dificuldade que surge quando a mesma posição social impõe exigências e expectativas conflitantes. (p. 108)

RECURSOS TECNOLÓGICOS

Conexão com a Internet*

Obs.: Embora os endereços dos sites relacionados a seguir tenham sido atualizados durante a edição deste livro, eles costumam mudar com grande freqüência em razão da natureza dinâmica da Internet.

1. A expressão *geração sanduíche* refere-se ao conflito de papéis vividos por muitas pessoas quando têm de atender ao mesmo tempo às necessidades de cuidado de duas gerações diferentes – seus filhos e seus pais. Para saber mais sobre esse conflito de papéis, visite o site da Sandwich Generation (*www.thesandwichgeneration.com*).

2. De que modo o *status* de ser surdo influencia as interações sociais de uma pessoa? A National of the Deaf (*www.nad.org*) é uma organização de defesa dos surdos e portadores de deficiência auditiva. Explore a seção "Advocacy" (Defesa) deste site e saiba mais sobre algumas questões sociais que são importantes para quem não ouve.

---

* NE: Sites no idioma inglês.

capítulo 6

GRUPOS E ORGANIZAÇÕES

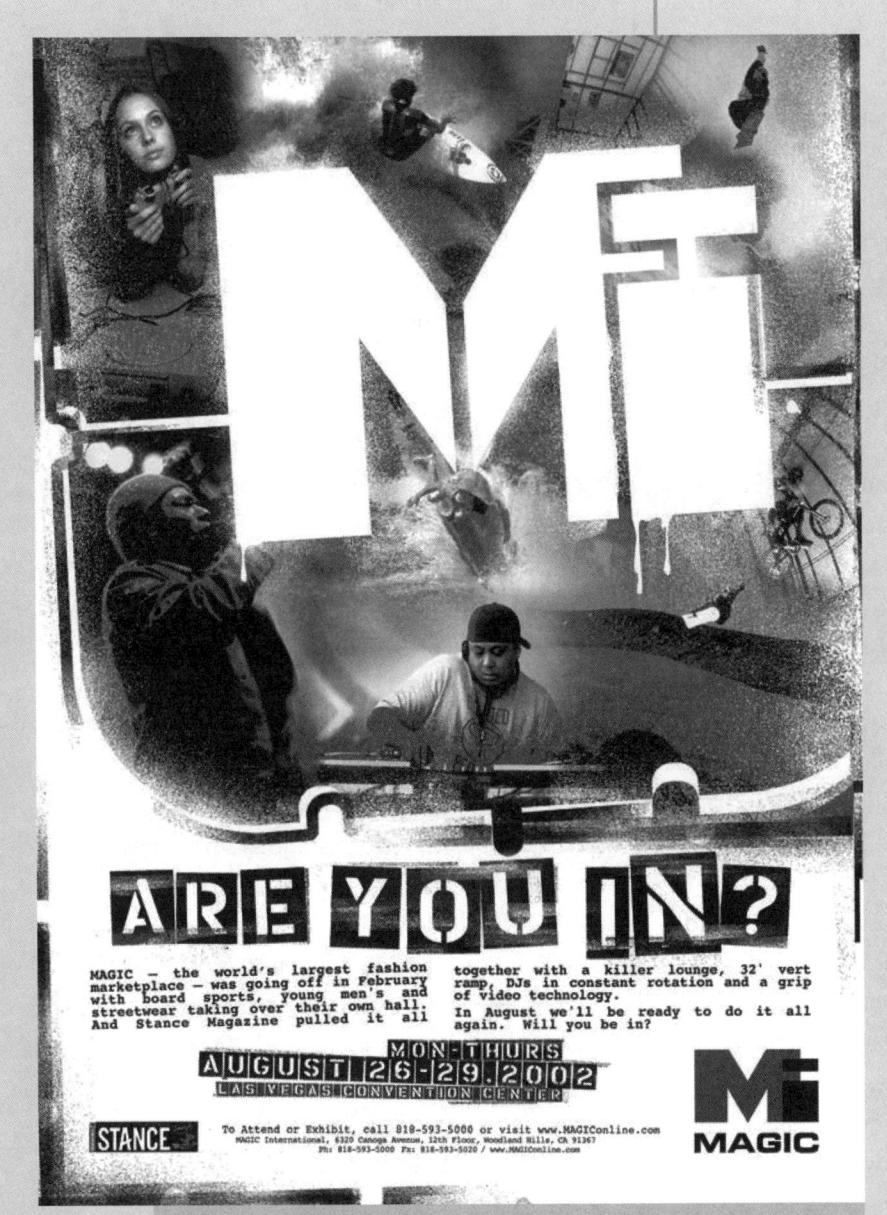

Entendendo os Grupos

Entendendo as Organizações

Estudo de Caso: A Burocracia e a Nave Espacial *Columbia*

O Local de Trabalho em Mutação

Política Social e Organizações: A Situação dos Sindicatos

Quadros

A SOCIOLOGIA NA COMUNIDADE GLOBAL: Amway à Moda Chinesa

PESQUISA EM AÇÃO: Os Entregadores de *Pizza* como um Grupo Secundário

Os grupos podem ser de qualquer tamanho e abranger uma vasta gama de interesses. Esse pôster é dirigido a um grupo de pessoas interessadas no mercado de moda para os jovens. Ele estampa a pergunta: "Você está *in*?"

Ray Kroc (1902–1984), o gênio por trás da franquia dos restaurantes McDonald's, era um homem de grandes idéias e muita ambição. Mas nem ele poderia prever o impacto impressionante de sua criação. O McDonald's está na base de uma das evoluções mais influentes da sociedade contemporânea. Suas repercussões vão muito além de suas origens nos Estados Unidos no setor de *fast-food*. Inspirou inúmeros empreendimentos, e mesmo o estilo de vida, em grande parte do mundo. E, apesar de suas dificuldades econômicas atuais, amplamente propaladas, esse impacto deve continuar expandindo-se de forma acelerada.

Bem, mas este *não* é um livro sobre o McDonald's nem sobre o setor de *fast-food*... Se o McDonald's está recebendo aqui tanta atenção é porque ele é o exemplo principal e o paradigma para um processo mais amplo que chamo de *McDonaldização*... Como você verá, a "McDonaldização" afeta não apenas o setor de restaurantes, mas também a educação, o trabalho, o sistema de justiça criminal, a assistência à saúde, viagens, lazer, dieta, política, família, religião e praticamente todos os outros aspectos da sociedade. A "McDonaldização" tem todos os indícios de ser um processo inexorável, que se alastra por instituições e regiões do mundo aparentemente impenetráveis.

Cada vez mais, outros tipos de negócios adaptam os princípios da indústria de *fast-food* às suas necessidades. O vice-presidente da Toys "R" Us chegou a declarar: "Queremos ser vistos como uma espécie de McDonald's dos brinquedos."

Alguns países criaram suas próprias variantes dessa instituição norte-americana. Por exemplo, a cidade de Paris, que imaginaríamos estar imune ao *fast-food* por seu reconhecido amor pela boa cozinha, conta hoje com uma grande quantidade de lojas de *croissant* de tipo *fast-food*. Até o famoso pão francês foi "McDonaldizado"! A Índia tem uma cadeia de restaurantes *fast-food*, a Nirula's, que, além de comida local, vende hambúrgueres de carneiro (cerca de 80% da população da Índia é hinduísta e não come carne de vaca). No Japão, a Mos Burger, uma cadeia com mais de 1.500 restaurantes, oferece não apenas a comida tradicional, mas também hambúrgueres de frango Teriyaki e Oshiruko com bolo de arroz integral.

O McDonald's é um modelo tão poderoso que muitos negócios adotaram nomes começando com *Mc*, por exemplo, "McDentistas" e "McMédicos", clínicas do tipo *drive-in* que tratam de pequenos problemas odontológicos e médicos de forma rápida e eficiente; ou então "McCrianças", as creches que atendem emergências; e ainda "McEstábulos", designando a operação em nível nacional "McJornal", descrevendo o *USA Today* e assim por diante (*Ritzer, 2004a, p. 1-4, 10-11*). ∎

Nesse excerto de *The McDonaldization of society*, o sociólogo George Ritzer analisa a enorme influência da famosa organização de *fast-food* sobre a cultura moderna e a vida social. Ele define a **McDonaldização** como o "processo pelo qual os princípios do restaurante de *fast-food* vêm dominando cada vez mais setores da sociedade norte-americana e do resto do mundo" (Ritzer, 2004a, p. 1). E mostra como os princípios comerciais nos quais se fundamenta a indústria de *fast-food* – eficiência, possibilidade de cálculo, previsibilidade e controle – mudaram não só a forma de fazer negócios, como também a maneira de viver dos norte-americanos. Atualmente, as famílias que trabalham dependem de refeições rápidas e o McDonald's acabou tornando-se um local de encontro para grupos sociais diversos, de adolescentes a idosos.

Apesar do sucesso crescente do McDonald's, de seus imitadores e das vantagens que esse tipo de empresa proporciona para milhões de pessoas em todo o mundo, Ritzer condena seu impacto sobre a sociedade. Critica particularmente dois aspectos negativos: o lixo e a degradação ambiental produzidos por bilhões de embalagens descartáveis e as rotinas de trabalho desumanas a que são submetidos os empregados. O mundo moderno seria melhor se fosse menos "McDonaldizado"?, pergunta Ritzer.

Este capítulo avalia o impacto dos grupos e das organizações sobre a interação social. Nosso comportamento é diferente em grupos grandes e em grupos pequenos? Como administrar as grandes organizações? Qual o efeito das mudanças sociais em curso na estrutura dos grupos? Vamos começar mostrando a diferença entre os vários tipos de grupos, dando uma atenção especial à dinâmica dos pequenos grupos. Em seguida, examinaremos como e por que surgiram as organizações formais e descreveremos o modelo de burocracia moderna de Max Weber. Em um estudo de caso sobre a perda da nave espacial *Columbia*, veremos como a cultura burocrática da Nasa contribuiu para esse desastre. Por último, observaremos as mudanças recentes no local de trabalho, algumas delas destinadas a combater as falhas da burocracia. A seção de política social no final do capítulo trata da situação atual da mão-de-obra organizada. ■

ENTENDENDO OS GRUPOS

A maioria de nós utiliza o termo *grupo* indiscriminadamente para descrever qualquer reunião de indivíduos, sejam três estranhos em um elevador ou centenas de pessoas em um concerto de *rock*. No entanto, em termos sociológicos, um **grupo** é qualquer quantidade de pessoas com normas, valores e expectativas similares que interagem umas com as outras regularmente. Os grêmios universitários femininos e masculinos, as companhias de dança, as associações de inquilinos e os clubes de xadrez são considerados exemplos de grupos. O importante é que os membros de um grupo compartilhem algum sentido de pertencimento. Essa característica diferencia os grupos dos meros *agregados* de pessoas, como passageiros que por acaso estão no mesmo vôo, ou de *categorias* de pessoas – que têm uma característica comum (aposentados, por exemplo), mas, fora isso, não fazem nada juntas.

Considere o caso de um grupo do coral da igreja. Ele concorda com valores e normas sociais. Todos os membros querem desenvolver suas habilidades de cantar e planejam muito as apresentações. Além disso, o coral, como muitos grupos, tem uma estrutura formal e outra informal. Seus membros se reúnem regularmente para ensaiar, escolhem líderes para dirigir os ensaios e cuidar de seus negócios. Ao mesmo tempo, alguns membros do grupo podem assumir uma liderança não-oficial treinando novos membros em técnicas de canto e habilidades de apresentação.

O estudo de grupos tornou-se uma parte importante da investigação sociológica, pelo papel-chave que desempenham na transmissão da cultura. Quando interagimos com os outros, passamos adiante a nossa maneira de pensar e agir – da linguagem e os valores até a maneira de vestir e atividades de lazer.

Tipos de Grupos

Os sociólogos estabeleceram várias distinções muito úteis entre tipos de grupos: primário e secundário, endogrupo (*in-group*) e exogrupo (*out-group*) e de referência.

Grupos Primário e Secundário

Charles Horton Cooley (1902) cunhou a expressão **grupo primário** para designar um pequeno grupo caracterizado pela associação e colaboração íntima e direta. Os membros de uma gangue de rua constituem um grupo primário, do mesmo modo que os membros de uma família que vivem na mesma casa e o grupo de companheiras de um grêmio universitário feminino.

Pesquisa em Ação
6-1 OS ENTREGADORES DE *PIZZA* COMO UM GRUPO SECUNDÁRIO

Como é o trabalho do entregador de *pizza*? Em nossa grande maioria, damos pouca importância a essa questão, mas os sociólogos Patrick Kinkade e Michael Katovich fizeram um estudo científico a respeito. Por 18 meses, um deles trabalhou como entregador em três restaurantes diferentes de Fort Worth, Texas. De uma perspectiva interacionista, esse observador participante explorou as relações sociais que se desenvolveram entre eles durante o trabalho, enquanto esperavam pelos pedidos ou quando iam para um bar depois do expediente. Das observações e entrevistas, os dois pesquisadores constataram que os entregadores formavam uma rede sólida baseada em experiências compartilhadas – tanto as atividades ordinárias quanto as eventuais situações de perigo que faziam parte do trabalho.

Dentro da sua cultura, os entregadores de *pizza* correm riscos e ganham muito mal. Os ataques de que são vítimas costumam ser divulgados pela imprensa, mas não há dados estatísticos sobre isso. Eles próprios sabem muito bem dos perigos a que estão expostos e conversam bastante a respeito entre si. Durante o período de observação, dois entregadores foram assaltados e outros oito foram "perseguidos", o que resultou em quatro acidentes de trânsito.

Os pesquisadores observaram que o mundo desse grupo secundário é "hipermasculino", com conotações racistas e sexistas. Havia unanimidade entre os entregadores de que os perigos à sua segurança vinham de membros de comunidades raciais e étnicas, mesmo quando não havia provas disso. Eles costumavam gabar-se de suas façanhas sexuais, e não cansavam de contar seus "casos" com clientes.

Entre os 106 motoristas estudados pelos pesquisadores, destacaram-se cinco tipos:

- *O comediante*. Usa o humor para

> Dentro da sua cultura, os entregadores de pizza correm riscos e ganham muito mal.

conter ou minimizar a ansiedade por ter de circular em áreas consideradas de alto risco.
- *O aventureiro*. Esse tipo alega que atrai problemas, mas na verdade anseia por testar-se em situações perigosas.
- *O negador*. Tenta conter a ansiedade afirmando que o problema não existe ou que há exagero.
- *O fatalista*. Reconhece e admite a existência do perigo, mas simplesmente se conforma, sem fazer nenhum esforço para neutralizá-lo.
- *O profissional*. Tem um longo histórico no ramo de entregas, e já trabalhou para vários serviços de *pizza*, eventualmente como assistente de gerência ou até mesmo como gerente de uma unidade.

Quando estavam em atividade, os entregadores lembravam uma "família" (um grupo primário), mas sua interação se restringia ao trabalho. Aceitavam sua identidade de entregadores e assumiam o papel no qual se sentiam mais à vontade. Kinkade e Katovich constataram que, de maneira geral, os membros desse grupo obtinham mais satisfação de seu companheirismo do que das recompensas financeiras. O estudo mostra que, principalmente em ambientes urbanos, as pessoas utilizam sua ligação a um grupo secundário para criar um nicho no universo social mais amplo.

Vamos Discutir

1. Pense em um grupo secundário ao qual você pertence. Consegue identificar tipos de papéis comuns? Em caso afirmativo, descreva-os.
2. Se você tivesse de fazer uma pesquisa como a de Kinkade e Katovich, que grupo escolheria para estudar?

Fonte: Kinkade e Katovich, 1997.

Os grupos primários têm um papel fundamental tanto no processo de socialização (ver Capítulo 4) quanto na criação de papéis e *status* (ver Capítulo 5). Na verdade, os grupos primários podem ser muito úteis no dia-a-dia de uma pessoa. Quando sentimos uma forte identidade com um grupo, provavelmente se trata de um grupo primário.

Nós também participamos de vários grupos que não se caracterizam por laços estreitos de amizade, como as grandes classes das universidades e as associações comerciais. A expressão **grupo secundário** designa um grupo formal e impessoal no qual existe pouca intimidade social ou entendimento mútuo (ver Quadro 6-1). A distinção entre grupos primário e secundário nem sempre é muito clara. Alguns clubes sociais podem tornar-se tão grandes e impessoais que deixam de ser grupos primários.

Os grupos secundários costumam surgir no local de trabalho entre aqueles que compartilham as mesmas idéias sobre sua ocupação. Quase todos nós já tivemos um contato com um entregador de *pizza*. Utilizando uma pesquisa de observação, dois sociólogos nos ajudaram a entender melhor os vínculos de grupo secundário que emergem nessa profissão (ver Tabela 6-1).

Endogrupos e Exogrupos

Um grupo pode ter um significado especial para os seus membros por relacionar-se com outros grupos. Por exemplo, as pessoas de um grupo às vezes se sentem hostilizadas ou ameaçadas por um outro grupo, sobretudo quando seu grupo é visto como cultural ou racialmente diferente. Para identificar esses sentimentos de "nós" e "eles", os sociólogos utilizam duas expressões que foram empregadas primeiro por William Graham Sumner (1906): *in-group* (endogrupo) e *out-group* (exogrupo).

Um **endogrupo** pode ser definido como qualquer grupo – ou categoria – ao qual as pessoas se sentem vinculadas. Em síntese, ele é composto de todos que são vistos como "nós" ou "nosso". Pode ser tão pequeno como uma turma de adolescentes ou tão amplo como uma sociedade inteira. A própria existência de um endogrupo implica a existência de um **exogrupo**, que é visto como "eles". Um exogrupo é um grupo – ou uma categoria – ao qual as pessoas *não* se sentem vinculadas.

Os membros do endogrupo geralmente se julgam diferentes e superiores, e se acham melhores do que as pessoas do exogrupo. O comportamento adequado para o endogrupo é considerado inaceitável para o exogrupo. Esse duplo padrão reforça o senso de superioridade. O sociólogo Robert Merton (1968) descreveu esse processo como a conversão das "virtudes do endogrupo" nos "defeitos do exogrupo". Podemos observar esse padrão diferencial nas discussões sobre o terrorismo em todo o mundo. Quando um grupo ou um país comete agressões, em geral as justifica como necessárias, mesmo que resultem em ferimentos e mortes de civis. Os opositores logo reagem qualificando essas atitudes de *terroristas*, termo carregado de conotações emocionais, e pedem sua condenação pela comunidade mundial. Mas essas mesmas pessoas podem reagir com atos que também atingem civis, e então será o primeiro grupo que as condenará.

O conflito entre endogrupos e exogrupos pode tornar-se violento tanto em âmbito pessoal quanto no campo político. Em 1999, dois estudantes insatisfeitos do Colégio Columbine em Littleton, Colorado, lançaram um ataque à escola que deixou 15 mortos entre professores e alunos, incluindo eles próprios. Os agressores, membros de um exogrupo que os outros chamavam de Máfia da "Capa de Chuva", aparentemente se aborreceram com as chacotas de um endogrupo denominado "Os Jóqueis". Nos Estados Unidos, episódios semelhantes ocorrem em escolas de todo o país, onde adolescentes rejeitados, oprimidos por problemas pessoais e familiares, pressão do grupo, responsabilidades escolares ou imagens de violência da mídia, se voltam contra colegas menos favorecidos economicamente.

Os membros do endogrupo que provocam ativamente membros do exogrupo devem ter seus próprios problemas, incluindo a falta de tempo e atenção de pais que trabalham. Os sociólogos David Stevenson e Barbara Schneider (1999), que pesquisaram sete mil adolescentes, concluíram que, apesar das oportunidades de fazer parte de um grupo, os jovens passam em média três horas e meia sozinhos todos os dias. Embora os jovens digam

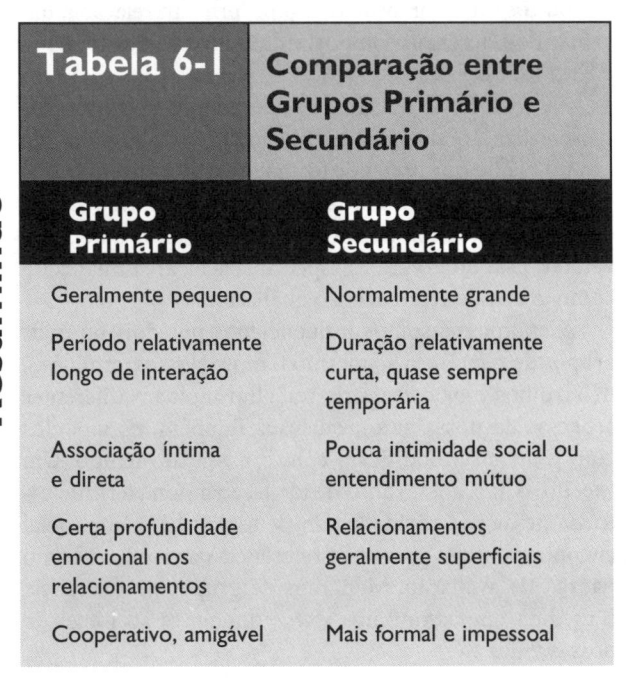

"So long, Bill. This is my club. You can't come in."

Um clube social exclusivo é um endogrupo cujos membros se consideram superiores aos outros.

Resumindo

Tabela 6-1	Comparação entre Grupos Primário e Secundário
Grupo Primário	**Grupo Secundário**
Geralmente pequeno	Normalmente grande
Período relativamente longo de interação	Duração relativamente curta, quase sempre temporária
Associação íntima e direta	Pouca intimidade social ou entendimento mútuo
Certa profundidade emocional nos relacionamentos	Relacionamentos geralmente superficiais
Cooperativo, amigável	Mais formal e impessoal

George Clooney no filme *A tempestade*. A Warner Brothers mudou a cena final do filme quando grupos de discussão reagiram negativamente ao desfecho original, que revelava os últimos pensamentos do pescador condenado.

que gostam de privacidade, também precisam de atenção, e parece que uma maneira de conseguir isso é atacando membros de um endogrupo ou de um exogrupo, por serem do grupo do sexo, da raça ou da amizade errado.

Use a Sua Imaginação Sociológica

Tente colocar-se no lugar de um membro do exogrupo. Qual a impressão que você tem do seu endogrupo dessa perspectiva?

Grupos de Discussão

Um outro tipo de grupo inclui pessoas que não interagem regularmente. Um **grupo de discussão** ou **de foco** é composto de 10 a 15 pessoas reunidas por um pesquisador para discutir um tema predeterminado, como um novo produto de consumo ou as necessidades de uma comunidade. Orientados por um moderador, os membros do grupo, que constituem uma amostra representativa do público em geral, manifestam suas opiniões sobre o tema e reagem aos pontos de vista dos outros. Os membros dos grupos de discussão geralmente são remunerados por sua participação e sabem que suas opiniões estão sendo registradas.

Os grupos de discussão foram desenvolvidos inicialmente por Robert Merton (1987) e seus colegas da Columbia University no começo da década de 1940 para avaliar a eficácia relativa da publicidade de rádio. Atualmente, os publicitários e as empresas dependem muito desse método de pesquisa, que Merton chamou de *entrevista focada*. Embora o mundo corporativo tenha sido o principal usuário dos grupos de discussão nas últimas seis décadas, recentemente os sociólogos resgataram esse método para investigar a opinião da comunidade e o moral no local de trabalho. Eles utilizam as informações que recebem dos grupos para elaborar pesquisas qualitativas ou quantitativas mais amplas.

Grupos de Referência

Tanto os endogrupos quanto os grupos primários podem influenciar muito a maneira de pensar e de se comportar de uma pessoa. Os sociólogos chamam de **grupo de referência** aqueles que os indivíduos utilizam como padrão para avaliarem a si próprios e seu comportamento. Por exemplo, um aluno do ensino médio que aspira a fazer parte de um fã-clube de *hip-hop* irá pautar o seu comportamento pelo comportamento do grupo. Passará a se vestir como seus pares, a ouvir os mesmos CDs e a freqüentar os mesmos clubes e lojas.

São duas as finalidades básicas dos grupos de referência. Eles exercem uma função normativa, estabelecendo e impondo padrões de conduta e de crença: o estudante que deseja a aprovação da turma de *hip-hop* terá de seguir os preceitos do grupo, pelo menos até certo ponto. E também exercem uma função comparativa, servindo de padrão para que as pessoas possam medir a si mesmas e aos outros: um ator avaliará a si próprio em relação a um grupo de referência composto de outros atores (Merton e Kitt, 1950).

Os grupos de referência podem ajudar no processo de socialização antecipatória. Por exemplo, um aluno de ensino médio que pretende formar-se em Economia pode ler um jornal de economia, estudar os relatórios anuais das empresas e acompanhar o noticiário sobre a bolsa de valores. Esse aluno utiliza especialistas na área financeira como grupo de referência ao qual aspira.

Geralmente, somos influenciados por dois ou mais grupos de referência ao mesmo tempo. Nossos familiares, os vizinhos e os colegas de trabalho moldam diferentes aspectos da nossa auto-avaliação. Também, os vínculos com grupos se modificam com o passar do tempo. Um executivo que, aos 45 anos de idade, abandona o ritmo estressante de sua atividade para se tornar assistente social encontrará novos grupos de referência para utilizar como padrão de avaliação. Mudamos de grupos de referência à medida que assumimos *status* diferentes ao longo de nossas vidas.

Grupos e Organizações **133**

Há grupos de todo tipo e tamanho. Os membros desse grupo de Manchester, Vermont, pertencem ao clube nacional de colecionadores de bicicletas antigas, chamado Wheelmen. Eles saem para passear com suas bicicletas da era vitoriana, geralmente vestindo roupas do final do século XIX, como mostrado aqui.

Estudando Pequenos Grupos

A pesquisa sociológica realizada em âmbito micro e a pesquisa que adota a perspectiva interacionista geralmente se concentram no estudo de pequenos grupos. A expressão *pequeno grupo* designa um grupo suficientemente reduzido para que todos os seus membros possam interagir ao mesmo tempo – isto é, conversar uns com os outros ou pelo menos se conhecerem bem. Certos grupos primários, como a família, também podem ser classificados de pequeno grupo. No entanto, muitos pequenos grupos diferem dos grupos primários no sentido de que não oferecem necessariamente as relações pessoais íntimas que caracterizam esses últimos. Por exemplo, um fabricante pode reunir seus sete representantes de vendas regionais duas vezes por ano para uma conferência intensiva. Os vendedores, que vivem em cidades diferentes e as vezes se vêem em outras ocasiões, constituem um pequeno grupo secundário e não um grupo primário.

Podemos considerar os pequenos grupos como informais e não-padronizados. No entanto, como revelaram os pesquisadores interacionistas, processos evidentes e previsíveis interferem no funcionamento dos pequenos grupos. Um estudo etnográfico de longo prazo sobre as gangues de rua de Chicago revelou uma estrutura elaborada semelhante à de uma empresa familiar. Elas são compostas de várias unidades geográficas, chamadas de pontos, e cada uma tem um líder, escalões intermediários e subalternos. Ao mesmo tempo que arregimentam pessoas para a rede econômica do comércio de drogas, os membros da gangue se aliam às lideranças dos inquilinos em projetos de casas populares e participam de atividades sociais não-delinqüentes, importantes para preservar sua autoridade na vizinhança (Venkatesh, 2000).

Tamanho de um Grupo

Em que momento um conjunto de pessoas se torna grande demais para ser chamado de pequeno grupo? Isso não está claro. Em um grupo com mais de 20 membros, é difícil para os indivíduos interagirem com idade regular de forma direta e íntima. Mas, mesmo na faixa de duas a 20 pessoas, o tamanho do grupo pode alterar substancialmente a qualidade das relações sociais. Por exemplo, à medida que a quantidade de participantes do grupo aumenta, os comunicadores mais ativos se tornam ainda mais ativos em relação aos outros. Assim, uma pessoa que domina um grupo de três a quatro membros terá um poder relativamente maior em um grupo de 15 pessoas.

O tamanho do grupo também tem outras implicações sociais notáveis para os membros que não assumem papéis de liderança. Em um grupo maior, os indivíduos têm menos tempo para falar, mais pontos de vista para absorver e operam em uma estrutura mais elaborada. Ao mesmo tempo, possuem mais liberdade para ignorar certos membros ou pontos de vistas do que teriam em um grupo menor. É mais difícil ignorar alguém em uma força-tarefa de quatro pessoas do que em um escritório com 30 funcionários; é mais difícil ignorar alguém em um quarteto de cordas do que em uma banda universitária com 50 componentes.

O sociólogo alemão Georg Simmel (1858–1918) teria sido o primeiro a enfatizar a importância dos processos interativos nos grupos e a observar como os grupos mudam à medida que seu tamanho se altera. O mais simples de todos os grupos sociais ou relacionamentos é a *díade*, ou um grupo de duas pessoas. Um casal constitui uma díade, do mesmo modo que uma parceria comercial ou uma dupla de cantores. A díade possibilita um grau de intimidade particular, que não pode ser reproduzido em grupos maiores. No entanto, como observou Simmel ([1917] 1950), uma díade, ao contrário de qualquer outro grupo, pode deixar de existir com a perda de um único membro, e por isso, talvez, a ameaça de dissolução pesa mais sobre uma relação diádica do que sobre qualquer outra.

A introdução de outra pessoa em uma díade, obviamente, provoca uma transformação radical na natureza do pequeno grupo. A díade se transforma em um grupo

Survivor: All-Stars reuniu 18 ex-vencedores do popular *reality show*. A formação de coalizões de curto prazo é uma das chaves do sucesso da suposta luta pela sobrevivência.

de três membros, ou *tríade*. O terceiro membro tem muitas maneiras de interagir com o grupo e de interferir em sua dinâmica. A nova pessoa pode ter um papel *unificador* na tríade. Quando um casal tem o primeiro filho, o bebê pode servir para aproximar ainda mais o grupo. Um recém-chegado também pode ter um papel *mediador* em um grupo de três pessoas. Se dois colegas de quarto estão sempre brigando entre si, um terceiro pode tentar um bom entendimento com ambos e conseguir soluções de compromisso para os problemas. Por fim, um membro de uma tríade pode optar pela estratégia do *dividir para governar*. É o caso, por exemplo, do treinador que, para ter um controle maior sobre dois assistentes, instiga a rivalidade entre eles (Nixon, 1979).

Coalizões

Quando os grupos passam a ter três membros ou mais, começam a se formar coalizões. Uma **coalizão** é uma aliança temporária ou permanente voltada para um objetivo comum. As coalizões podem ter uma base ampla ou restrita e ter em vista vários objetivos. O sociólogo William Julius Wilson (1999b) descreveu as organizações comunitárias no Texas formadas de norte-americanos brancos e imigrantes latinos e seus descendentes, trabalhadores e ricos que se uniram para lutar por calçadas melhores, melhores sistemas de drenagem e pavimentação de todas as ruas. Wilson tem esperança de que nasça um entendimento inter-racial desse tipo de coalizão.

Algumas coalizões têm intencionalmente uma vida breve. A formação de coalizões de curto prazo é a chave do sucesso dos populares *reality shows*, como *Survivor*. Na primeira temporada da série, transmitida em 2000, os quatro membros da "aliança Tagi" se articularam para votar pela expulsão de outros náufragos da ilha. O mundo político também é cenário de muitas coalizões temporárias. Por exemplo, em 1997, grandes indústrias de cigarro se uniram a grupos antifumo para fechar um acordo mediante o qual os estados norte-americanos seriam reembolsados por despesas médicas relacionadas ao cigarro. Logo após o anúncio do acordo, os membros da coalizão retomaram a luta de décadas de uns contra os outros (Pear, 1997).

O efeito do tamanho e o das coalizões na dinâmica do pequeno grupo são apenas dois dos vários aspectos estudados pelos sociólogos. No Capítulo 8 é examinado outro aspecto, conformidade e desvio. Se é verdade que os encontros do pequeno grupo têm uma influência considerável sobre as nossas vidas, é fato também que somos profundamente afetados por grupos bem maiores de pessoas, como veremos na próxima seção.

ENTENDENDO AS ORGANIZAÇÕES

Organizações Formais e Burocracias

À medida que as sociedades contemporâneas foram incorporando formas mais avançadas de tecnologia e suas estruturas foram tornando-se mais complexas, nossas vidas passaram a depender cada vez mais de grandes grupos secundários, denominados *organizações formais*. Uma **organização formal** é um grupo designado para cumprir uma finalidade particular e estruturado para obter o máximo de eficiência. Os correios, o McDonald's, uma orquestra e uma faculdade são todos exemplos de organizações formais. Embora as organizações variem quanto ao tamanho, à especificidade de objetivos e ao grau de eficiência, todas são estruturadas para facilitar a gestão de operações em grande escala, e têm uma forma burocrática de funcionamento, que é descrita no próximo item.

Em nossa sociedade, as organizações formais atendem a uma enorme variedade de necessidades pessoais e sociais e moldam a vida de cada um de nós. De fato, elas se converteram em uma força tão dominante que temos de criar organizações para supervisionar organizações. É o caso da Comissão de Valores Mobiliários, criada para regular as corretoras. Embora soe muito melhor dizer que vivemos na "era da informática" do que na "era da organização formal", essa última é, provavelmente, a descrição mais precisa dos nossos tempos (Azumi e Hage, 1972; Etzioni, 1964).

A estridente Colleen Rowley, agente do FBI, tentou sem êxito alertar seus superiores para um franco-marroquino que se matriculara em uma escola de aeronáutica local para um curso de treinamento de pilotos e que desejava muito operar um 747. Posteriormente, esse homem utilizou o que aprendeu no treinamento para colidir um avião seqüestrado contra o World Trade Center. Rowley foi fotografada quando testemunhava perante o Comitê de Justiça do Senado em junho de 2002.

Os *status* atribuídos, como gênero, raça e etnia, podem influenciar a maneira como nos vemos nas organizações formais. Por exemplo, um estudo com advogadas dos maiores escritórios de advocacia dos Estados Unidos revelou diferenças significativas quanto à sua auto-imagem dependendo da relativa presença ou ausência de mulheres em cargos de poder. Nos escritórios em que as mulheres representavam menos de 15% dos sócios, as advogadas tinham mais probabilidade de achar que os traços "femininos" eram fortemente desvalorizados e que masculinidade era sinônimo de sucesso, como se expressa na seguinte frase de uma delas: "Vamos encarar os fatos: esse é um ambiente masculino, particularmente o meu escritório". Já nos escritórios onde eram mais bem representadas em cargos de poder, as advogadas tinham mais vontade e maiores expectativas de ser promovidas (Ely, 1995, p. 619).

Características de uma Burocracia

Uma *burocracia* é um componente da organização formal que utiliza normas e classificação hierárquica para obter eficiência. Fileiras de mesas com pessoas aparentemente sem rosto, linhas e formas intermináveis, uma linguagem indescritivelmente complexa e contatos frustrantes com o "tapete vermelho" – todas essas imagens desagradáveis se combinaram para fazer da *burocracia* um palavrão e um alvo fácil nas campanhas políticas. Por isso, ninguém gosta de ser chamado de "burocrata", embora todos nós realizemos várias tarefas burocráticas. A burocracia está presente em quase todas as ocupações na sociedade industrial.

Max Weber ([1913–1922]) 1947) foi o primeiro a chamar a atenção dos pesquisadores para a importância da estrutura burocrática. Em um importante avanço da sociologia, enfatizou a semelhança básica observada na estrutura e no processo de atividades tão diferentes em outros aspectos, como religião, governo, educação e negócios. Weber considerava a burocracia como uma forma de organização bem diferente de um negócio administrado pela família. Para fins de análise, desenvolveu um tipo ideal de burocracia que refletia os aspectos mais característicos de todas as organizações humanas. Weber entendia como **tipo ideal** um constructo ou modelo para avaliar casos específicos. Burocracias perfeitas não existem de verdade; nenhuma organização da vida real corresponde exatamente ao tipo ideal descrito por ele.

Segundo Weber, quer se trate de administrar uma igreja, uma empresa ou um exército, a burocracia ideal apresenta cinco características básicas. A seguir, discutimos essas características, assim como as disfunções de uma burocracia. A Tabela 6-2 sintetiza a discussão.

1. Divisão do trabalho (especialização). Especialistas realizam tarefas específicas. Na burocracia de uma faculdade, o responsável pelas admissões não faz o trabalho de secretário e o orientador não cuida da manutenção do prédio. Trabalhando em uma tarefa específica, as pessoas têm maior probabilidade de se tornarem altamente qualificadas e de executarem um trabalho com a máxima eficiência. Essa ênfase na especialização é tão elementar em nossas vidas que talvez nem percebamos que se trata de uma evolução relativamente recente na cultura ocidental.

O lado negativo da divisão do trabalho é que sua fragmentação em tarefas cada vez menores pode dividir os trabalhadores e cortar qualquer vínculo que possam ter com o objetivo geral da burocracia. Em *O manifesto comunista* (escrito em 1848), Karl Marx e Friedrich Engels afirmavam que o sistema capitalista reduz os trabalhadores a um mero "apêndice da máquina" (Feuer, 1989). Segundo eles, essa forma de organização do trabalho produz uma **alienação** extrema – uma condição de estranhamento ou dissociação da sociedade ao redor. Tanto Marx como os teóricos do conflito sustentam que, ao se restringir os trabalhadores a tarefas muito pequenas, fragiliza-se sua segurança no emprego, pois é muito fácil treinar novos empregados para substituí-los.

Embora a divisão do trabalho tenha inegavelmente melhorado o desempenho de muitas burocracias complexas, em alguns casos ela pode levar à **incapacidade**

Resumindo

Tabela 6-2 Características de uma Burocracia

Característica	Consequência Positiva	Consequência Negativa Para o Indivíduo	Consequência Negativa Para a Organização
Divisão do trabalho	Produz eficiência em uma empresa de grande escala	Produz incapacidade treinada	Cria uma perspectiva estreita
Hierarquia de autoridade	Esclarece quem está no comando	Priva os funcionários do direito a voz na tomada de decisões	Permite a ocultação de erros
Normas e regulamentos	Permite aos trabalhadores saber o que se espera deles	Sufoca a iniciativa e a criatividade	Leva à revisão de metas
Impessoalidade	Reduz desvios	Contribui para a sensação de alienação	Desestimula a lealdade à empresa
Emprego baseado em qualificações técnicas	Desestimula o favoritismo e reduz as pequenas rivalidades	Desestimula a ambição de se desenvolver em outro lugar	Adota o "Princípio de Peter"

treinada, isto é, os trabalhadores se tornam tão especializados que criam pontos cegos e não conseguem perceber problemas óbvios. Pior ainda, eles podem não prestar atenção ao que está acontecendo no departamento ao lado. Alguns observadores consideram esse processo responsável por tornar os trabalhadores dos Estados Unidos menos produtivos no emprego.

Em alguns casos, a divisão burocrática do trabalho pode ter resultados trágicos. Na esteira dos ataques coordenados ao World Trade Center e ao Pentágono em 11 de setembro de 2001, os norte-americanos se perguntavam como era possível que o FBI e a CIA não tivessem detectado a operação tão bem planejada dos terroristas. O problema, em parte, revelou-se ser a divisão de trabalho entre o FBI, que se concentra em assuntos internos, e a CIA, que atua no exterior. Os agentes dessas organizações de inteligência, ambas enormes burocracias, são famosos por ocultar informações uns dos outros por ciúmes. As investigações subsequentes revelaram que eles sabiam sobre Osama Bin Laden e sua rede de terroristas Al-Qaeda já desde 1990. Infelizmente, cinco agências federais – a CIA, o FBI, a Agência Nacional de Segurança, a Agência de Inteligência de Defesa e o Departamento Nacional de Reconhecimento – se omitiram de compartilhar as indicações que tinham sobre a rede. Ainda que não fosse possível prever o seqüestro dos quatro aviões comerciais utilizados nos ataques conjuntos, a divisão burocrática do trabalho certamente prejudicou os esforços para a defesa contra o terrorismo e, de fato, abalou a segurança nacional dos Estados Unidos.

2. Hierarquia de autoridade. As burocracias seguem o princípio da hierarquia, isto é, cada cargo está sob a supervisão de uma autoridade superior. Um diretor comanda a burocracia da faculdade: seleciona os membros da administração e esses, por sua vez, contratam sua própria equipe. Na Igreja Católica Apostólica Romana, o papa é a autoridade suprema, abaixo dele estão os cardeais, os bispos e assim por diante.

3. Normas e Regulamentos. E se um professor de sociologia desse A para um aluno só porque ele tem um sorriso simpático? Os outros estudantes poderiam pensar que isso não é justo, que é contra as regras.

Normas e regulamentos, como todos sabemos, são uma característica importante das burocracias. Idealmente, por meio desses procedimentos, uma burocracia assegura um desempenho uniforme de todas as tarefas. Portanto, o aluno não pode ter um A por um belo sorriso, porque as regras garantem que todos os estudantes recebam essencialmente o mesmo tratamento.

Por meio de normas e regulamentos escritos, as burocracias em geral oferecem aos empregados padrões claros para um desempenho adequado (ou excepcional). Além disso, os procedimentos asseguram um valioso senso de continuidade em uma burocracia. Trabalhadores individuais entram e saem, mas a estrutura e as realizações passadas da organização lhe dão uma vida própria, que sobrevive aos serviços de qualquer burocrata.

É claro que as normas e os regulamentos podem ofuscar as metas maiores de uma organização a ponto de se tornarem disfuncionais. Um médico de pronto-socorro poderia omitir-se de atender uma pessoa gravemente ferida porque ela não tem um documento válido de cidadania brasileira? Quando são aplicadas cegamente, as normas deixam de ser um meio para atingir um objetivo e se tornam importantes (talvez importantes demais) por si mesmas. Robert Merton (1968) utilizou a expressão **buscar outros objetivos** (*goal displacement*) para se referir à conformidade excessiva às normas oficiais.

4. Impessoalidade. Max Weber escreveu que, em uma burocracia, o trabalho é executado *sine ira et studio* ("sem ira e sem paixão"). As normas burocráticas determinam que os agentes cumpram seus deveres sem dar satisfação às pessoas como indivíduos. Embora essa norma pretenda garantir tratamento igual para todos, também contribui bastante para o sentimento de frieza e desamparo associado às organizações modernas. Sempre que pensamos em burocracias impessoais nos vêm à mente grandes governos e grandes negócios. Em certas situações, a impessoalidade associada à burocracia pode ter resultados trágicos, como mostra o estudo de caso do desastre da nave espacial *Columbia*. Na maioria das vezes, produz frustração e insatisfação. Atualmente, mesmo as pequenas empresas utilizam centrais telefônicas.

5. Emprego baseado em qualificações técnicas. Na burocracia ideal, a contratação se baseia mais em qualificações técnicas do que no favoritismo, e o desempenho é medido em relação a padrões específicos. As políticas de RH determinam quem deve ser promovido, e normalmente as pessoas têm direito de apelar se julgarem que determinadas regras foram violadas. Esses procedimentos protegem os burocratas contra demissão arbitrária, dão uma certa segurança e incentivam a lealdade à organização.

Nesse sentido, a burocracia "impessoal" pode ser considerada como um avanço em relação às organizações não-burocráticas. Os membros do corpo docente da faculdade, por exemplo, são contratados e promovidos de acordo com as suas qualificações profissionais, incluindo títulos obtidos e pesquisas publicadas, e não por suas relações pessoais. Quando adquirem estabilidade, seus empregos estão protegidos contra os caprichos de um diretor ou reitor.

Embora toda burocracia deva valorizar a competência técnica e profissional, as decisões sobre o quadro de pessoal nem sempre seguem esse padrão ideal. As disfunções nas burocracias têm sido bastante divulgadas, principalmente depois do trabalho de Laurence J. Peter. De acordo com o **princípio de Peter**, todo funcionário ou funcionária em uma hierarquia tende a subir até seu nível de incompetência (Peter e Hull, 1969). Essa hipótese, que não foi testada direta ou sistematicamente, reflete um possível resultado disfuncional da promoção por mérito. As pessoas talentosas recebem uma promoção após outra, até que algumas delas acabam atingindo posições que, lamentavelmente, não conseguem lidar com a sua competência habitual (Blau e Meyer, 1987).

As cinco características da burocracia, apresentadas por Max Weber há mais de 80 anos, descrevem um modelo ideal, mas não definem com precisão uma burocracia concreta. As organizações formais não terão necessariamente as cinco características de Weber. De fato, há grandes variações entre as organizações burocráticas existentes.

A Burocratização como Processo

Você alguma vez já teve de passar por 10 ou 12 indivíduos em uma empresa ou em um órgão público só para descobrir quem é o funcionário que tem jurisdição sobre um determinado problema? Ou já foi mandado de um departamento a outro até se cansar e acabar desistindo? Os sociólogos adotaram a expressão **burocratização** para designar o processo pelo qual um grupo, organização ou movimento social se torna cada vez mais burocrático.

Normalmente, pensamos em burocratização em termos de grandes organizações. Mas a burocratização também existe no contexto de pequenos grupos. A socióloga Jennifer Bickman Mendez (1998) estudou empregadas domésticas alocadas por uma franquia nacional na região central da Califórnia. Ela constatou que as tarefas domésticas eram definidas minuciosamente, a tal ponto que as empregadas tinham de seguir 22 etapas expressas para limpar um banheiro. As reclamações e os pedidos especiais não eram dirigidos às trabalhadoras, e sim a um gerente da agência.

Oligarquia: Comando de Poucos

Teóricos do conflito analisaram a burocratização dos movimentos sociais. O sociólogo alemão Robert Michels (1915) estudou os partidos socialistas e os sindicatos de trabalhadores na Europa antes da Primeira Guerra Mundial e observou que essas organizações estavam tornando-se cada vez mais burocráticas. Os líderes emergentes dessas organizações – mesmo das mais radicais – tinham um interesse explícito em se manter no poder. Se perdessem seus cargos de direção, teriam de retornar ao trabalho em tempo integral como trabalhadores braçais.

Ao longo de sua pesquisa, Michels concebeu a idéia da **lei de ferro da oligarquia**, segundo a qual até mesmo uma organização democrática pode evoluir para uma burocracia comandada por poucos (chamada de oligarquia). Por que surgem as oligarquias? As pessoas que assumem papéis de direção em geral têm as habilidades, o conhecimento ou o carisma (como observou Weber) para dirigir, ou mesmo controlar, os outros. Michels argumentou que os militantes de um movimento ou organização procuram líderes para dirigi-los e, assim, reforçam o processo de comando por poucos. Além disso, os membros de uma oligarquia são fortemente motivados para manter seus cargos de direção, seus privilégios e seu poder.

As percepções de Michels continuam sendo importantes ainda hoje. Os atuais sindicatos de trabalhadores nos Estados Unidos e na Europa Ocidental, assim como no Brasil, guardam pouca semelhança com aqueles que eram organizados espontaneamente por trabalhadores explorados. Os teóricos do conflito chamaram a atenção para a longevidade dos líderes sindicais, que nem sempre aten-

Sociologia na Comunidade Global
6-2 AMWAY À MODA CHINESA

A Amway surgiu em 1959, quando dois jovens de Michigan deram início a um sistema de venda de mercadorias pessoa a pessoa. Atualmente, mais de 3,6 milhões de indivíduos em 80 países distribuem cosméticos, produtos para o lar e suplementos alimentares da Amway. Os distribuidores normalmente reúnem amigos e vizinhos em uma festa organizada para convencê-los a comprar os produtos da empresa ou, melhor ainda, para que também se tornem distribuidores. A habilidade dos distribuidores de arregimentar clientes que se tornarão eles próprios distribuidores e que, por sua vez, arregimentarão novos clientes e distribuidores foi fundamental para o sucesso da Amway. Assim, os vínculos do grupo primário se tornaram a ferramenta para construir uma grande organização burocrática.

A Amway entrou na China em 1995, seguida de perto por seus rivais diretos, como a Avon e a Mary Kay. A população de mais um bilhão de habitantes da China e a crescente aceitação das práticas comerciais do capitalismo fizeram do país um mercado atraente para esses comerciantes ocidentais. E a ênfase da Amway em criar redes de vendas envolvendo parentes e amigos parecia ajustar-se perfeitamente à cultura chinesa, na qual as recomendações pessoais são consideradas muito convincentes. Em apenas dois anos, a Amway já contava com 80 mil distribuidores na China. Mas, em 1998, inesperadamente o governo chinês proibiu a atividade da Amway, acusando a empresa de fomentar "cultos suspeitos, tríades, grupos supersticiosos e vandalismo".

O que teria ocorrido? Aparentemente, o sucesso da Amway havia produzido uma horda de imitadores, alguns deles charlatães que vendiam mercadorias de origem duvidosa. Os porta-vozes do go-

> *Para atuar globalmente, a Amway conseguiu reinventar seu modelo de negócio.*

verno condenavam ainda o estardalhaço promocional nas reuniões de venda da Amway, com músicas próprias, *slogans* e outras atividades de estilo ocidental destinados a incentivar o vínculo organizacional. Para os chineses, essas atividades inofensivas sugeriam o fervor de um culto.

Em razão da perda do seu investimento na China, a Amway e outras empresas de vendas diretas solicitaram a intervenção do departamento de comércio norte-americano. Após intensa pressão, o governo chinês concordou em rever em parte a proibição das vendas diretas. De acordo com a nova regulamentação anunciada em 1998, a Amway, a Avon e a Mary Kay tinham permissão para vender seus produtos em pontos de varejo convencionais. Estavam autorizadas também a contratar pessoas para venda de porta em porta, mas esses vendedores não podiam receber nenhuma gratificação para arregimentar novos distribuidores. Apesar desse impedimento, a China é atualmente o quarto maior mercado da Amway no mundo. Em 2002, as vendas foram quatro vezes maiores do que antes da proibição pelo governo das vendas diretas. Para atuar globalmente, a Amway conseguiu reinventar seu modelo de negócio.

Vamos Discutir

1. Você alguma vez já comprou mercadoria de uma empresa de venda direta como a Amway, eventualmente em uma festa? Se a resposta é sim, quem o apresentou à organização? Você se sentiu à vontade com os métodos de venda? Explique.
2. Ocorre-lhe um outro tipo de organização burocrática, que não seja uma empresa, que explore os vínculos de seus membros com grupos primários para se expandir? Analise a organização e os seus métodos operacionais de um ponto de vista sociológico.

Fontes: Amway 1999, 2003; L. Chang, 2003; C. Hill, 2003; Wonacott, 2001.

---

dem às necessidades e demandas dos filiados e parecem mais preocupados em preservar suas próprias posições e seu poder. (A seção sobre política social no fim deste capítulo trata do *status* dos sindicatos de trabalhadores hoje.)

A Burocracia e a Cultura Organizacional

Como a burocratização afeta a pessoa comum que trabalha em uma organização? Os primeiros teóricos das organizações formais tendiam a negligenciar essa questão. Max Weber, por exemplo, centrou a atenção nos quadros de gerência dentro das burocracias, mas não acrescentou muito sobre os trabalhadores na indústria ou empregados em órgãos públicos.

De acordo com a **teoria clássica** das organizações formais, também conhecida como a **abordagem do gerenciamento científico**, os trabalhadores são motivados quase exclusivamente por benefícios econômicos. Essa teoria enfatiza que apenas restrições físicas dos trabalhadores limitam sua produtividade. Portanto, os trabalhadores podem ser tratados como um recurso, como as máquinas que começaram a substituí-los no século XX. Segundo a abordagem do gerenciamento científico, os gestores tentam obter o máximo de eficiência no trabalho mediante o planejamento científico, padrões específicos de desempenho e a supervisão atenta dos trabalhadores e da produção. O planejamento envolve estudos de eficiência, mas não estudos das atitudes dos trabalhadores ou da satisfação no emprego.

A AARP, uma associação voluntária de pessoas na faixa etária de 50 anos ou mais, aposentadas e trabalhadoras, que defende os direitos dos idosos nos Estados Unidos, é uma organização vastíssima, que tem sido fundamental para a manutenção dos benefícios da Previdência Social para os aposentados. Aqui, os voluntários da AARP fazem contatos por telefone em um esforço pela obtenção do direito de voto em Des Moines, Iowa.

Só depois que os trabalhadores organizaram sindicatos – e forçaram a gerência a reconhecer que não eram objetos – é que os teóricos das organizações formais começaram a rever a abordagem clássica. Assim como gerentes e administradores, os cientistas sociais se conscientizaram de que os grupos informais de trabalhadores produzem um forte impacto nas organizações (Perrow, 1986). Uma forma alternativa de analisar a dinâmica burocrática, a *abordagem das relações humanas*, enfatiza o papel das pessoas, a comunicação e a participação em uma burocracia. Esse tipo de análise reflete o interesse dos teóricos interacionistas pelo comportamento em um grupo pequeno. Diferentemente do planejamento segundo a abordagem do gerenciamento científico, o planejamento baseado na perspectiva das relações humanas focaliza os sentimentos, as frustrações e as necessidades emocionais de satisfação no emprego dos trabalhadores.

O deslocamento gradual do foco apenas nos aspectos físicos da execução de determinado trabalho – para as preocupações e necessidades dos trabalhadores – levou defensores da abordagem das relações humanas a enfatizar os aspectos menos formais da estrutura burocrática. Os grupos informais e as redes sociais dentro das organizações se desenvolvem, em parte, como um resultado da capacidade das pessoas de criarem formas mais diretas de comunicação do que na estrutura formal. Charles Page (1946) utilizou a expressão *outra face da burocracia* para se referir às atividades e interações não-oficiais que constituem um aspecto tão essencial do dia-a-dia da organização. Como mostra o Quadro 6-2, algumas empresas de venda direta capitalizaram a existência de grupos informais e de redes sociais para construir as suas organizações – embora na China tenham enfrentado problemas com a burocracia formal do governo.

Uma série de estudos clássicos ilustra o valor da abordagem das relações humanas. Os estudos de Hawthorne alertaram os sociólogos para o fato que os sujeitos pesquisados podem alterar seu comportamento para corresponder às expectativas do pesquisador. O foco principal do trabalho de Hawthorne, no entanto, era o papel dos fatores sociais na produtividade dos trabalhadores. Um aspecto da pesquisa dizia respeito à sala de montagem de terminais para estações telefônicas, onde 14 homens confeccionavam peças da estação telefônica. Os pesquisadores descobriram que esses trabalhadores estavam produzindo bem abaixo de suas capacidades físicas. A descoberta foi particularmente surpreendente porque os homens poderiam ganhar mais se produzissem mais peças.

O que causava essa inexplicável limitação da produção? Os homens temiam que, se produzissem peças com mais rapidez, seu salário poderia diminuir, ou alguns deles poderiam perder o emprego. Diante disso, esse grupo de trabalhadores estabeleceu seu próprio padrão aceitável (não-oficial) para um dia de trabalho e criou regras e punições informais para impô-lo. No entanto, a gerência desconhecia essas práticas e acreditava realmente que eles estavam trabalhando no limite de sua capacidade (Roethlisberger e Dickson, 1939).

Atualmente, a pesquisa sobre organizações formais está tomando novos rumos. Em primeiro lugar, a proporção de mulheres e de membros de grupos minoritários em cargos de alto escalão nas empresas ainda é bem menor do que se poderia esperar, dada sua presença na força de trabalho. Os pesquisadores agora estão começando a perceber o impacto que esse desequilíbrio de gênero e racial/étnico pode ter no pensamento gerencial, tanto formal quanto informal. Em segundo lugar, a estrutura de poder na empresa reflete-se apenas parcialmente em seus esquemas organizacionais formais. Na prática, costumam emergir pequenos núcleos que dominam o processo de tomada de decisões. As grandes corporações – por exemplo, General Electric ou Procter & Gamble – podem ter centenas de núcleos interligados, sendo que cada um deles desempenha um papel-chave em sua divisão ou região (Kleiner, 2003).

Associações Voluntárias

Em meados do século XIX, o escritor francês Alexis de Tocqueville observou que as pessoas nos Estados Unidos estão "permanentemente formando associações". Em 2003, havia mais de 444 mil associações voluntárias cadastradas em um banco de dados nacional. **Associações voluntárias** são organizações estabelecidas tendo em vista um interesse comum, cujos membros aderem voluntariamente ou até pagam para participar. As Escoteiras da América, a Congregação Judaica Americana, o Clube Kiwanis e a Liga das Eleitoras são consideradas associações voluntárias, assim como a American Association of Aardvark Aficionados, o Grupo de Estudo de Gatos em Selos, os Mikes da América, o Clube Corset de Nova York e a Associação William Shatner (Gale Groop, 2003).

As categorias "organizações formais" e "associações voluntárias" não são mutuamente exclusivas. Grandes associações voluntárias, como o Lions Clube e a maçonaria, têm estruturas semelhantes às das corporações com fins lucrativos. Ao mesmo tempo, certas organizações formais, como a Associação Cristã de Moços e o Corpo da Paz, têm objetivos filantrópicos e educacionais encontrados nas associações voluntárias. O Partido Democrata e a União dos Trabalhadores Rurais são considerados exemplos de associações voluntárias. Embora a filiação a um partido político ou sindicato possa ser uma condição de emprego e, portanto, não verdadeiramente voluntária, os partidos políticos e sindicatos de trabalhadores estão incluídos nas discussões sobre associações voluntárias.

A participação em associações voluntárias não é exclusiva dos Estados Unidos. O autor deste livro assistiu a uma exibição de *bungee-jumping* em um parque de diversões em Londres em que os participantes deviam saltar de uma altura de 6 metros. Os mais temerosos recebiam garantias da segurança do equipamento sendo informados que o proprietário pertencia a uma associação voluntária: a Associação Britânica de Esportes com Corda Elástica. Uma análise de 15 países industrializados, incluindo os Estados Unidos, mostrou que a filiação ativa em associações voluntárias aumentou particularmente nas décadas de 1980 e 1990. Apenas as filiações relativamente inativas em organizações religiosas e sindicatos de trabalhadores apresentaram algum declínio. Assim, de maneira geral, as associações voluntárias são bastante sólidas (Baer et al., 2000). No Brasil, também encontramos muitas associações voluntárias. A Associação de Pais e Amigos dos Excepcionais (Apae) e a Associação de Assistência à Criança Deficiente (AACD) são as mais conhecidas.

As associações voluntárias podem ajudar pessoas em sociedades pré-industriais. No período após a Segunda Guerra Mundial, a migração de áreas rurais da África para as cidades foi acompanhada de um aumento das associações voluntárias, incluindo sindicatos, agências de empregos e organizações de ajuda mútua criadas com base nas antigas origens tribais. À medida que as pessoas se transferiam da *Gemeinschaft* do campo para a *Gesellschaft* da cidade, essas associações voluntárias lhes proporcionavam substitutos para os grupos de parentesco de seus vilarejos (Little, 1988).

Nos Estados Unidos, as associações voluntárias são bastante segregadas por gênero. Metade delas é composta exclusivamente de mulheres, e um quinto, apenas de homens. Como as associações exclusivamente masculinas tendem a ser maiores e mais heterogêneas, em termos de perfil dos membros, elas têm mais probabilidade de formar redes do que os grupos constituídos apenas de mulheres. Embora a participação seja variável entre a população norte-americana, a maioria das pessoas pertence a pelo menos uma associação voluntária (ver Figura 6-1), enquanto mais de um quarto é filiado a três ou mais.

A importância das associações voluntárias – e principalmente dos seus trabalhadores não-remunerados (ou voluntários) – é cada vez mais reconhecida. Tradicionalmente, a sociedade desvaloriza o trabalho não-remunerado, embora, na maioria dos casos, as exigências quanto a níveis de aptidão, experiência e treinamento sejam as mesmas que para o trabalho assalariado. Vista da perspectiva do conflito, a diferença estava em que grande parte do trabalho voluntário é realizado por mulheres. As feministas e os teóricos do conflito concordam que, do mesmo modo que o trabalho não-remunerado de cuidar das crianças e da casa, o esforço voluntário foi quase sempre ignorado por estudiosos – e obteve muito pouco reconhecimento do conjunto da sociedade – por ser visto como 'trabalho de mulher". Não reconhecer o voluntariado feminino obscurece uma contribuição essencial das mulheres para a estrutura de uma sociedade (Daniels, 1987, 1988).

FIGURA 6-1

Filiação a Associações Voluntárias nos Estados Unidos

- Nenhuma 30%
- Uma 26%
- Duas 17%
- Três 15%
- Quatro ou mais 12%

Quase metade das pessoas pertence a duas ou mais organizações

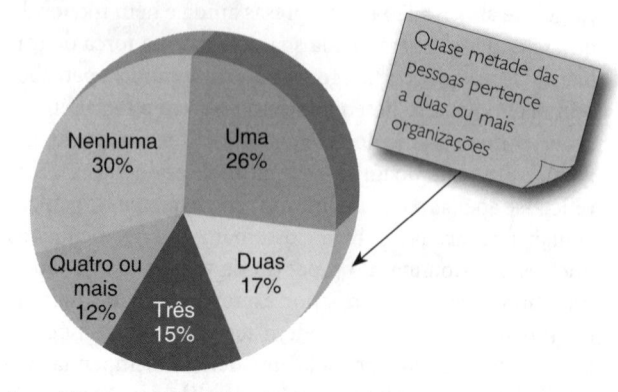

Fonte: J. Davis e Smith, 2001, p. 347.

Pense nisto
A qual (quais) associação(ões) voluntária(s) você pertence? Qual(quais) a(s) função(ões) dela(s)?

ESTUDO DE CASO: A BUROCRACIA E A NAVE ESPACIAL *COLUMBIA*

Em fevereiro de 2003, a nave espacial *Columbia* se desintegrou ao reingressar na atmosfera terrestre. Sete astronautas morreram no acidente, inicialmente atribuído a uma peça de espuma com menos de um quilo que se soltou da cobertura da nave e bateu em sua asa durante a decolagem. Mas, em agosto, a Comissão de Investigação do Acidente da *Columbia* (2003) identificou uma segunda causa: a cultura organizacional burocrática da Nasa.

O relatório bombástico da comissão menciona a ênfase da Nasa nas normas e nos regulamentos burocráticos em detrimento da segurança dos astronautas. Embora os engenheiros tenham expressado sua preocupação com a segurança durante anos, principalmente depois da explosão da *Challenger* em 1986, seus memorandos quase nunca chegavam ao topo da hierarquia da Nasa, cuja prioridade absoluta eram os custos e a programação. Na verdade, a cultura organizacional desencorajava as manifestações de preocupação com a segurança (Vaughan, 1996, 1999). Quando os engenheiros tentaram obter imagens exclusivas da asa da *Columbia* durante o seu último vôo para poder averiguar o dano, as chefias recusaram seu pedido. À parte a preocupação com o custo, os diretores possivelmente não estavam dispostos a admitir que alguma coisa tinha dado errado. Em geral, as organizações hierárquicas tendem a estimular a ocultação dos erros.

Outro aspecto do problema era que, em cerca de 10% dos lançamentos da Nasa ao longo dos anos, resíduos de espuma tinham caído durante a decolagem sem causar desastres. Os diretores inclusive previam a possibilidade de ocorrer uma chuva de detritos e referiam-se a ela como um "risco aceitável". Em vez de tratar disso como uma questão de segurança, rotulavam-no como um problema de manutenção. Assim, as normas e os regulamentos burocráticos que deveriam alertar para um risco tão sério podem ter servido involuntariamente para encobri-lo.

Os investigadores tinham condenado a atitude de "risco aceitável" após a explosão da *Challenger* em 1986, mas a cultura organizacional da Nasa não mudara. Em uma organização burocrática, efetuar mudanças reais pode ser muito difícil. Conseqüentemente, na esteira do segundo desastre, os membros da Comissão de Investigação do Acidente da *Columbia* (2003, p. 13) previram: "As mudanças que recomendamos dificilmente serão feitas – e enfrentarão resistência interna".

O LOCAL DE TRABALHO EM MUTAÇÃO

O trabalho de Weber sobre a burocracia e os pensamentos de Michels sobre a oligarquia ainda são aplicados à estrutura organizacional e à cultura do local de trabalho. Mas as fábricas e os escritórios atuais estão passando por mudanças rápidas e profundas não previstas há um século ou mais tempo. Além do impacto de grande alcance dos avanços tecnológicos, como a computadorização, os trabalhadores têm de lidar com a reestruturação organizacional. Esta seção irá detalhar as mudanças drásticas evidentes nos locais de trabalho de hoje em dia.

Reestruturação Organizacional

Até um certo ponto, os negócios individuais, as organizações comunitárias e os órgãos governamentais estão sempre mudando, nem que seja apenas pela rotatividade do pessoal. Porém, desde o final do século XX, as organizações formais vêm fazendo experiências com novas maneiras de executar os trabalhos, algumas das quais

Em um hangar no Centro Espacial Kennedy, membros da equipe encarregada de reconstruir a nave espacial *Columbia* examinam o que restou do trem de aterrissagem frontal. O dano às placas protetoras da nave, que poderia ter sido prevenido por uma observância mais estrita dos padrões de segurança, causaram o desastre. Historicamente, a atenção insuficiente aos riscos à segurança é um problema na Nasa, uma gigantesca burocracia governamental que enfatiza custo e eficiência.

alteraram significativamente o local de trabalho.

A *tomada de decisão coletiva* ou o envolvimento de grupos de funcionários para solução de problemas na gestão de empresas começou a se tornar popular nos Estados Unidos na década de 1980. Os gurus da administração observaram o espantoso sucesso dos fabricantes japoneses de carros e dos produtos para consumo. Ao estudar essas empresas, descobriram que a formação de grupos para solução de problemas era um dos segredos para o sucesso. No início, esses grupos se concentravam em pequenos problemas em pontos específicos da linha de produção. Hoje em dia, porém, eles geralmente cruzam as fronteiras departamentais e divisionais para atacar os problemas enraizados na divisão burocrática da mão-de-obra. Conseqüentemente, requerem um ajuste significativo por parte dos funcionários que têm longa experiência em trabalhar na burocracia (Ouchi, 1981).

Outra inovação no local de trabalho, denominada *hierarquia mínima*, substitui a hierarquia burocrática tradicional de autoridade por uma estrutura organizacional mais plana. A hierarquia mínima oferece aos trabalhadores mais acesso àqueles que têm autoridade, dando-lhes uma oportunidade de expressar preocupações que poderiam não ser ouvidas em uma burocracia tradicional. Essa nova estrutura organizacional supostamente minimiza a possibilidade de omissões burocráticas custosas e perigosas. Evidentemente, as barreiras hierárquicas à expressão das preocupações dos trabalhadores contribuíram para os desastres da *Challenger* e da *Columbia*.

Por fim, as *equipes de trabalho* organizacionais se tornaram cada vez mais comuns, mesmo em organizações menores. Existem dois tipos de equipes de trabalho. As *equipes de projeto* abordam os problemas atuais (nos Estados Unidos, por exemplo, a segurança ou conformidade com a Lei dos Norte-Americanos com Deficiência). As *forças-tarefa* dedicam-se a questões não-recorrentes, como uma grande reforma do prédio. Em ambos os casos, os membros da equipe são liberados até um certo ponto dos seus deveres comuns, contribuindo para os esforços de toda a organização (W. Scott, 2003).

A finalidade comum das equipes de trabalho, da hierarquia mínima e da tomada de decisão coletiva é dar poder aos trabalhadores. Por esse motivo, essas novas estruturas organizacionais podem ser motivos de entusiasmo para os funcionários que delas participam. Mas essas inovações raramente atingem o vasto número de trabalha-

Equipes de trabalho passam a ser uma forma cada vez mais comum de reestruturação organizacional. Os membros dessa equipe estão pensando em formas de abordar as necessidades dos deficientes.

dores que executam tarefas rotineiras em fábricas e escritórios. Nos Estados Unidos, os 22 milhões de funcionários que trabalham meio período e o 1 milhão de funcionários que trabalham em período integral que ganham salário mínimo ou menos sabem pouco sobre reestruturação organizacional (Bureau of Labor Statistics, 2004b).

Trabalho a Distância

Nos países industrializados, cada vez mais os trabalhadores estão tornando-se pessoas que trabalham a distância. *Trabalhadores a distância* são funcionários que trabalham período integral ou meio período em casa e não em escritórios e estão ligados a seus supervisores e colegas por terminais de computador, telefone e máquinas de fax (ver Capítulo 16). Uma pesquisa nacional revelou que, em seguida à reivindicação mais comum, que é a creche no serviço, a maioria dos trabalhadores quer escritórios virtuais que lhes permitam desempenhar sua função fora do local de trabalho. Não é de surpreender que a quantidade de trabalhadores a distância tenha aumentado de 8,5 milhões em 1995 para 28 milhões em 2001 (Donald B. Davis e Polonko, 2001).

Quais são as implicações sociais dessa mudança para o escritório virtual? Do ponto de vista interacionista, o local de trabalho é uma grande fonte de amizade, restringir as oportunidades sociais pessoais pode destruir a confiança criada por "acordos de aperto de mão". Conseqüentemente, o trabalho a distância pode levar a sociedade a caminhar mais na direção de transição de *Gemeinschaft* para *Gesellschaft*. Em uma nota mais positiva, o trabalho a distância pode ser a primeira mudança social que impulsiona pais e mães de volta para casa em vez de afastá-los dela. Se essa tendência continuar, deverão aumentar também a autonomia e a satisfação com o emprego de muitos funcionários (Castells, 2001; DiMaggio et al., 2001).

> **Use a Sua Imaginação Sociológica**
>
> Se o seu primeiro emprego de período integral após a faculdade envolvesse trabalhar a distância, quais seriam, para você, as vantagens e desvantagens de trabalhar fora de um escritório, em casa? Você acha que ficaria satisfeito ou não como um trabalhador a distância? Por quê?

Comunicação Eletrônica

A comunicação eletrônica no local de trabalho tem gerado algum incômodo ultimamente. No entanto, enviar *e-mail* é uma maneira conveniente de fazer mensagens circularem, principalmente com o botão CC (cópia carbono). É democrático também: os funcionários com *status* mais baixo têm mais probabilidade de participarem de discussões por *e-mail* do que na comunicação pessoal, dando à organização o benefício de suas experiência e opiniões (DiMaggio et al., 2001).

Mas *e-mails* não transmitem a linguagem corporal, que na comunicação pessoal pode amenizar frases insensíveis e tornar mensagens desagradáveis (como reprimendas) mais fáceis de serem aceitas. Eles também deixam um registro escrito, o que pode ser um problema se as mensagens forem redigidas de maneira impensada. Em um caso antitruste que o governo norte-americano moveu contra a Microsoft em 1998, os promotores utilizaram como prova *e-mails* enviados para e pelo presidente-executivo da Microsoft, Bill Gates. Por fim, como vamos analisar em detalhes no Capítulo 16, as empresas podem monitorar *e-mails* como meio de "vigiar" seus funcionários. O professor de Dartmouth, Paul Argenti, aconselha aqueles que utilizam *e-mail*: "Pense antes de escrever. A coisa mais importante a saber é o que não escrever" (Gwynne e Dickerson, 1997, p. 90).

POLÍTICA SOCIAL e ORGANIZAÇÕES — A Situação dos Sindicatos

O Tema

Quantas pessoas que você conhece pertencem a um sindicato? Nos Estados Unidos, atualmente as pessoas conhecem muito menos membros de sindicatos do que alguém conhecia há 50 anos. Em 1954, os sindicatos representavam 39% dos trabalhadores do setor privado da economia norte-americana; em 2002, representavam apenas 13%. O que aconteceu para que se reduzisse a importância da mão-de-obra organizada hoje em dia? Os sindicatos sobreviverão à diminuição de sua utilidade em uma economia global que muda rapidamente, dominada pelo setor de serviços (AFL-CIO, 2001; Bureau of Labor Statistics, 2004a)?

Membros do Sindicato dos Carpinteiros do Sul da Flórida se unem para apoiar uns aos outros e demonstrar a sua força. Nas últimas décadas, as mudanças econômicas eliminaram muitos cargos nos sindicatos, reduzindo a filiação de membros e enfraquecendo o seu poder de barganha.

O Cenário

Os **sindicatos de trabalhadores** são compostos de trabalhadores organizados que compartilham a mesma aptidão (como em eletrônica, por exemplo) ou o mesmo empregador (como no caso dos funcionários dos correios). Os sindicatos começaram a surgir na Revolução Industrial, na Inglaterra, no século XVII. Grupos de trabalhadores se juntaram para extrair concessões dos

FIGURA 6-2

Filiação a Sindicatos nos Estados Unidos

Mapeando a Vida NOS ESTADOS UNIDOS

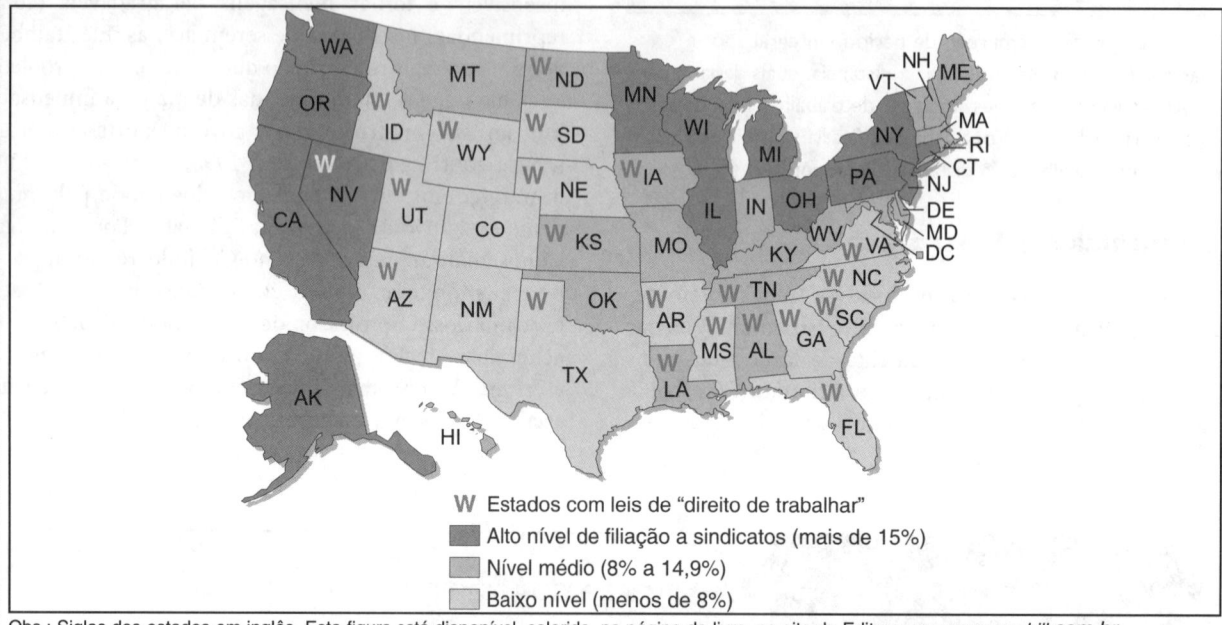

W Estados com leis de "direito de trabalhar"
■ Alto nível de filiação a sindicatos (mais de 15%)
■ Nível médio (8% a 14,9%)
□ Baixo nível (menos de 8%)

Obs.: Siglas dos estados em inglês. Esta figura está disponível, colorida, na página do livro, no site da Editora: *www.mcgraw-hill.com.br*.

Nota: Direito de trabalhar significa que legalmente não se pode exigir que os trabalhadores se filiem a um sindicato ou paguem taxas sindicais.
Fonte: Elaborado pelo autor com base em dados do Bureau of Labor Statistics, 2003; National Right to Work Legal Defense Foundation, 2004.

Pense nisto
Qual é a relação entre o grau de filiação a sindicatos em um determinado estado norte-americano e a presença de leis de direito de trabalhar?

---

empregadores (por exemplo, condições de trabalho mais seguras, uma semana de trabalho mais curta) e para proteger seus empregos. Tentaram proteger seus empregos restringindo a entrada na sua profissão com base no gênero, raça, etnia, cidadania, idade e, por vezes, medidas bem arbitrárias de grau de aptidão. Atualmente, diminuiu essa proteção de interesses especiais, mas os sindicatos de trabalhadores ainda são alvos de acusações de discriminação, assim como o são os empregadores.

O poder dos sindicatos varia muito de um país para outro. Em alguns países, como a Inglaterra e o México, os sindicatos exercem um papel-chave na base do governo. Em outros, como Japão e Coréia, o seu papel na política é muito limitado, e mesmo a sua capacidade de influenciar o setor privado é relativamente fraca. Os sindicatos nos Estados Unidos às vezes podem ter uma influência significativa sobre os funcionários e representantes eleitos, mas o seu impacto varia dependendo do tipo de indústria e até da região do país (ver Figura 6-2) (M. Wallerstein e Western, 2000).

Poucas pessoas hoje contestariam o fato que a filiação a sindicatos está diminuindo. Qual é a causa desse declínio? Entre os motivos possíveis estão os seguintes:

1. Mudanças no tipo de indústria. Os ofícios de manufatura, tradicionalmente o núcleo dos sindicatos, vêm declinando, dando espaço para ofícios de serviço na era pós-industrial.

2. Aumento de empregos de meio período. Entre 1982 e 1998, a quantidade de empregos temporários nos Estados Unidos aumentou 577%, enquanto o total de empregos fixos aumentou apenas 41%. Somente em 2000 as leis que regiam as negociações coletivas permitiram que trabalhadores temporários se filiassem a sindicatos.

3. O sistema jurídico. Os Estados Unidos não facilitaram aos sindicatos o caminho da organização e da reivindicação, aliás, algumas medidas governamentais tornaram isso ainda mais difícil. Um exemplo foi a demissão de 11 mil controladores de tráfego aéreo pelo presidente Reagan em 1981, quando seu sindicato ameaçou abandonar o emprego enquanto buscava um novo contrato.

4. Globalização. A ameaça de empregos saírem do país minou a capacidade de os líderes sindicais organizarem trabalhadores nos Estados Unidos. Algumas pessoas dizem que as exigências dos sindicatos para aumento de salários e benefícios adicionais impulsionaram o êxodo de empregos para determinados países em desenvolvimento nos quais os salários são consideravelmente mais baixos e os sindicatos quase não existem.

5. Ofensivas do empregador. Empregadores cada vez mais hostis vêm tomando medidas jurídicas para bloquear os esforços dos sindicatos para representarem os seus membros.

6. Rigidez dos sindicatos e burocratização. O trabalho tem sido lento em acolher mulheres, minorias e imigrantes. Além disso, em alguns sindicatos, a eleição de líderes aparentemente domina as atividades da organização (AFL-CIO, 2001; Clawson e Clawson, 1999; Cornfield, 1991; S. Greenhouse, 2000a; *Migration News*, 2001).

Talvez como resultado de todos esses fatores, a confiança nos sindicatos é baixa. Só uma em cada 10 pessoas nos Estados Unidos expressa grande confiança nos sindicatos – mais do que nas grandes corporações e no governo, mas bem menos do que nas instituições educacionais e religiosas (Bureau of the Census, 2001a, p. 249).

Insights Sociológicos

Os marxistas e os funcionalistas considerariam os sindicatos uma resposta lógica ao surgimento de organizações impessoais, de grande escala, formais e freqüentemente alienadoras. Esse ponto de vista certamente caracterizou o aumento de sindicatos em grandes indústrias de produtos manufaturados com uma divisão bem definida da mão-de-obra. No entanto, como o processo de manufatura que emprega mão-de-obra em larga escala diminuiu, os sindicatos tiveram de procurar outro lugar para crescer (Cornfield, 1991).

Hoje em dia, os sindicatos nos Estados Unidos e na Europa têm pouca semelhança com os seus antecessores organizados por trabalhadores explorados. Segundo o modelo oligárquico exposto por Robert Michels (ver p. 137), os sindicatos foram ficando cada vez mais burocratizados sob uma liderança que se auto-servia. Os teóricos do conflito poderiam assinalar que, quanto mais tempo os líderes sindicais ficam no cargo, menos respostas oferecem às necessidades e demandas das pessoas comuns, e mais se preocupam em manter os seus cargos e o poder. No entanto, pesquisas revelam que, sob certas circunstâncias, as lideranças sindicais podem mudar bastante. Sindicatos menores são mais vulneráveis a mudanças na liderança, assim como o são os sindicatos cuja composição de sócios muda de predominantemente branca para negra ou latina (Cornfield, 1991; Form, 1992).

Muitos funcionários de sindicatos deparam com conflitos de papéis. Por exemplo, podem concordar em fornecer um serviço necessário e depois organizar uma greve para retê-lo. O conflito de papéis fica evidente nos assim chamados cargos de assistência: magistério, assistência social, enfermagem, polícia e bombeiros. Esses trabalhadores podem sentir-se divididos entre cumprir as suas responsabilidades sociais e suportar condições de trabalho que consideram inaceitáveis (Aronowitz e Di Fazio, 1994).

Iniciativas Políticas

A legislação norte-americana concede aos trabalhadores o direito de se auto-organizarem por meio de sindicatos. Porém, os Estados Unidos são os únicos entre as democracias industrializadas que permitem que os empregadores se oponham ativamente à decisão de seus funcionários de se organizar (Comstock e Fox, 1994).

Existe uma grande barreira ao crescimento dos sindicatos nos 21 estados que têm as chamadas leis de direito de trabalhar (ver Figura 6-2). Nesses estados, não se pode *exigir* que os trabalhadores se filiem ou paguem taxas a um sindicato. A própria expressão *direito de trabalhar* reflete a visão anti-sindicalista de que o trabalhador não deve ser forçado a se filiar a um sindicato, mesmo que esse sindicato possa negociar a seu favor e consiga resultados que o beneficiem. É pouco provável que essa situação mude, isto é, os estados com direito de trabalhar vão continuar assim e aqueles sem essas leis geralmente têm uma forte tradição sindicalista ou restringem as atividades sindicais de outras maneiras.

Em âmbito nacional, o poder dos sindicatos está enfraquecendo nos Estados Unidos. No reforço de segurança que se seguiu aos ataques terroristas de 11 de setembro de 2001, os agentes federais criaram vários novos cargos e reorganizaram os órgãos existentes no Departamento de Segurança Nacional. Ao fazerem isso, especificaram que cerca de 170 mil trabalhadores não teriam direito de negociação coletiva e que 56 mil inspetores de segurança de aeroportos recém-federalizados não poderiam sindicalizar-se. Embora essas determinações possam ou não ser questionadas juridicamente, muitos observadores as vêem como outro sinal de um sentimento anti-sindicalista cada vez maior em todos os níveis do governo (Borosage, 2003).

No entanto, alguns sindicatos, como o Sindicato dos Funcionários de Hotéis e Restaurantes, têm conseguido crescer adotando novas estratégias. Em seu esforço de recrutamento, esses sindicatos enfatizam a necessidade da diversidade, independentemente da raça ou da cidadania do trabalhador. Os organizadores complementam seus esforços criando alianças na comunidade maior e abordando questões sociais, como a imigração (Voss e Fantasia, 2004).

Na Europa, os sindicatos tendem a ter um papel importante nas eleições políticas. (O partido de situação na Grã-Bretanha na verdade é chamado de Partido Trabalhista.) Embora os sindicatos tenham um papel político menor nos Estados Unidos, recentemente têm enfrentado ataques devido às suas grandes contribuições financeiras para as campanhas políticas. O debate sobre a reforma do financiamento das campanhas políticas no Congresso em 2001 levantou a questão de se os sindicatos devem poder utilizar cotas para financiar um determinado candidato ou promover um cargo via "anúncios de questões" que favoreçam um partido, geralmente o Democrata.

A estrutura sindical brasileira é qualificada de corporativa por suas características específicas: primeiro, os sindicatos foram compulsoriamente criados por decreto-lei; segundo, unicidade sindical, isto é, há um só sindicato por categoria profissional, com base territorial; terceiro, imposto sindical, ou seja, mesmo que o trabalhador não se filie espontaneamente ao sindicato de sua categoria profissional, paga compulsoriamente a contribuição sindical (imposto, portanto), recolhida em folha de pagamento e correspondente a um dia de trabalho. O governo federal redistribui as contribuições entre os sindicatos. A legislação sindical data de 1943 e foi promulgada, com a Consolidação das Leis Trabalhistas, por Getúlio Vargas, que governou o País por duas décadas, dos anos 1930 a 1945 e, depois, de 1950 a 1954, quando se suicidou.

Vamos Discutir

1. Que sindicatos são representados na sua faculdade? Você está ciente da atividade sindical? Houve alguma oposição aos sindicatos por parte da administração?
2. Você acha que enfermeiros(as) devem poder entrar em greve? Justifique. E professores ou policiais?
3. Se um sindicato está trabalhado em nome de todos os trabalhadores de uma empresa, todos os funcionários deveriam ser obrigados a fazer parte do sindicato e pagar a contribuição?

RECURSOS DO CAPÍTULO

Resumo

A interação social entre os seres humanos é necessária para a transmissão da cultura e para a sobrevivência de toda sociedade. Este capítulo analisa o comportamento de *grupos*, *organizações formais* e *associações voluntárias*.

1. Quando nos identificamos muito com um grupo, esse é provavelmente um *grupo primário*. Um *grupo secundário* é mais formal e impessoal.
2. As pessoas tendem a ver o mundo em termos de *endogrupos* e *exogrupos*, uma percepção geralmente estimulada pelos próprios grupos aos quais pertencem.
3. Os *grupos de referência* estipulam e colocam em prática padrões de conduta e servem como fonte de comparação para as pessoas avaliarem a si mesmas e às outras.
4. Os pesquisadores interacionistas observaram processos evidentes e previsíveis no funcionamento dos *pequenos grupos*. O grupo mais simples é uma *díade* composta de dois membros. As *tríades* e os grupos maiores aumentam as formas de interagir e permitem a formação de *coalizões*.
5. À medida que as sociedades ficaram mais complexas, grandes *organizações formais* se tornaram mais poderosas e difundidas.
6. Max Weber argumentou que, na sua forma ideal, toda **burocracia** tem cinco características básicas: divisão do trabalho, autoridade hierárquica, normas e regulamentos, impessoalidade e emprego com base nas qualificações técnicas.
7. A burocracia pode ser entendida tanto como um processo quanto como uma questão de grau. Conseqüentemente, uma organização pode ser mais ou menos burocrática do que outras.
8. Quando os líderes de uma organização solidificam o seu poder, o resultado pode ser uma *oligarquia* (o domínio exercido por poucos).
9. A estrutura informal de uma organização pode minar e redefinir políticas burocráticas oficiais.
10. As pessoas se filiam a **associações voluntárias** por uma série de finalidades – por exemplo, compartilhar atividades ou obter ajuda para problemas pessoais.
11. A reestruturação organizacional e as novas tecnologias transformaram o local de trabalho por meio de inovações como a *tomada de decisão coletiva* e o *trabalho a distância*.
12. Os *sindicatos* estão em declínio em razão de importantes mudanças na economia.

Questões de Pensamento Crítico

1. Pense em como o comportamento é moldado por grupos de referência. Que diferentes grupos de referência moldaram a sua perspectiva e as suas metas em períodos distintos da sua vida? Como eles fizeram isso?
2. Existe a probabilidade de se encontrar grupos primários, grupos secundários, *endogrupos*, *exogrupos* e grupos de referência em uma organização formal? Que funções esses grupos exercem em uma organização formal? Que problemas podem decorrer da sua presença?
3. Max Weber identificou cinco características básicas da burocracia. Selecione uma organização de verdade que lhe seja familiar (por exemplo, a sua faculdade, um local de trabalho ou uma instituição religiosa ou associação cívica à qual você pertença) e aplique as cinco características de Weber a essa organização. Até que ponto ela corresponde ao tipo ideal de burocracia de Weber?

Termos-Chave

Abordagem das relações humanas Uma abordagem do estudo das organizações formais que enfatiza o papel das pessoas, a comunicação e a participação em uma burocracia e tende a se concentrar na estrutura informal de uma organização. (p. 139)

Abordagem do gerenciamento científico Outro nome para a teoria clássica das organizações formais. (p. 138)

Alienação Uma situação de afastamento ou dissociação da sociedade ao redor. (p. 135)

Associação voluntária Uma organização constituída com base no interesse comum, cujos membros se oferecem voluntariamente ou até pagam para participar. (p. 140)

Burocracia Um componente da organização que utiliza normas e classificação hierárquica para conseguir eficiência. (p. 135)

Burocratização O processo pelo qual um grupo, uma organização ou movimento social se tornam cada vez mais burocráticos. (p. 137)

Buscar outros objetivos (*goal displacement*) Conformidade excessiva com as normas oficiais de uma burocracia. (p. 137)

Coalizão Aliança temporária ou permanente voltada para uma meta comum (p. 134).

Díade Grupo composto por dois membros. (p. 133)

Endogrupo Qualquer grupo ou categoria a que as pessoas acham que pertencem. (p. 131)

Exogrupo Um grupo ou uma categoria a que a pessoa sente que não pertence. (p. 131)

Grupo Qualquer quantidade de pessoas com normas, valores e expectativas semelhantes que interagem umas com as outras regularmente. (p. 129)

Grupo de discussão ou de foco Grupo composto por 10 a 15 pessoas, reunido por um pesquisador para discutir um assunto predeterminado, orientado por um moderador. (p. 132)

Grupo de referência Todo grupo que as pessoas tomam como padrão para avaliar a si mesmas e seu próprio comportamento. (p. 132)

Grupo primário Um pequeno grupo caracterizado por uma associação e cooperação pessoal e íntima. (p. 129)

Grupo secundário Um grupo formal e impessoal no qual há pouca intimidade social ou entendimento mútuo. (p. 130)

Incapacidade treinada A tendência dos trabalhadores de uma burocracia de se tornarem tão especializados que criam pontos cegos e deixam de notar problemas óbvios. (p. 135)

Lei de ferro da oligarquia Um princípio da vida organizacional segundo o qual até mesmo as organizações democráticas acabam transformando-se em uma burocracia governada por uns poucos indivíduos. (p. 137)

"McDonaldização" Processo pelo qual os princípios do restaurante de *fast-food* estão passando a dominar cada vez mais setores da sociedade norte-americana e do resto do mundo. (p. 129)

Organização formal Grupo criado para um fim especial e estruturado para o máximo de eficiência. (p. 134)

Pequeno grupo Um grupo suficientemente pequeno para todos os membros interagirem simultaneamente – isto é, falarem uns com os outros ou pelo menos se conhecerem bem. (p. 133)

Princípio de Peter Princípio da vida organizacional segundo o qual todo funcionário em uma hierarquia tende a se elevar até o seu nível de incompetência. (p. 137)

Sindicato dos Trabalhadores Composto por trabalhadores organizados que compartilham a mesma aptidão ou o mesmo empregador. (p. 143)

Teoria clássica Uma abordagem do estudo das organizações formais que vê os trabalhadores como sendo motivados quase que exclusivamente por recompensas econômicas. (p. 138)

Tipo ideal Um conceito ou modelo para avaliar casos específicos. (p. 135)

Trabalhador a distância Um funcionário que trabalha em período integral ou meio período em casa e não em um escritório e que está ligado ao supervisor e aos colegas por terminais de computador, telefone e fax. (p. 142)

Tríade Grupo composto por três membros. (p. 134)

RECURSOS TECNOLÓGICOS

Conexão com a Internet*

Obs.: Embora os endereços dos sites relacionados a seguir tenham sido atualizados durante a edição deste livro, eles costumam mudar com grande freqüência em razão da natureza dinâmica da Internet.

1. O *site* da Illinois Labor History Society (*www.kentlaw.edu/ilhs/index.html*) contém amplas informações sobre sindicatos, greves e desastres do passado e do presente no estado de Illinois. Visite o *site* para uma visão geral da história da Força de Trabalho em Illinois.

2. O Advocacy Project (*www.advocacynet.org*) é uma organização sem fins lucrativos que dá suporte a outras organizações que trabalham pela paz e pelos direitos humanos. Analise esse *site* para entender melhor as inter-relações freqüentemente complexas entre as organizações.

---

* NE: Sites no idioma inglês.

capítulo 7

OS MEIOS DE COMUNICAÇÃO DE MASSA

Perspectivas Sociológicas nos Meios de Comunicação

A Audiência

A Indústria dos Meios de Comunicação

Política Social e Meios de Comunicação de Massa: Violência nos Meios de Comunicação

Quadros
SOCIOLOGIA NA COMUNIDADE GLOBAL: Al Jazeera Está no Ar
DESIGUALDADE SOCIAL: A Cor da Rede de TV

Os filmes são uma forma influente de meios de comunicação de massa, que reflete e cria costumes sociais. Os sociólogos estão interessados na influência de outras formas também, incluindo a televisão, os jornais, as revistas e os conteúdos on-line.

Em todos os lugares, o fluxo dos meios de comunicação desafia as fronteiras nacionais. Essa é uma das suas óbvias e ao mesmo tempo incríveis características. Uma torrente global não é, evidentemente, a metáfora principal à qual nos acostumamos. Estamos mais acostumados com a *aldeia global* de Marshall McLuhan. Aqueles que usam essa metáfora esquecem que, se o mundo é uma aldeia global, alguns vivem em mansões nas colinas enquanto outros vivem em cabanas. Alguns enviam imagens e sons para toda a cidade ao toque de um botão; outros os recebem ao toque dos *seus* botões. Mas mesmo assim a imagem de McLuhan revela uma meia-verdade. Se existe uma aldeia, ela fala inglês norte-americano, veste calças *jeans*, bebe refrigerantes tipo cola, come nos arcos dourados do McDonald's, caminha com tênis silenciosos, toca guitarra elétrica, conhece Mickey Mouse, James Dean, E.T., Bart Simpson, R2-D2 e Pamela Anderson...

O entretenimento é um dos artigos mais exportados dos Estados Unidos. Em 1999, de fato, filmes, televisão, músicas, rádio, propagandas, publicações e programas de computador juntos eram os itens mais exportados, quase US$ 80 bilhões, e só os programas de computador eram responsáveis por US$ 50 bilhões desse total, e alguns deles também constituem entretenimento — por exemplo, videogame e pornografia. Quase ninguém está livre da força das imagens e dos sons norte-americanos... A cultura popular dos Estados Unidos é a nêmese que centenas de milhões — ou bilhões — de pessoas amam e amam odiar. O antagonismo e a dependência são inseparáveis, porque o fluxo dos meios de comunicação — essencialmente norte-americana em sua origem, e quase ilimitada em seu alcance — representa, gostemos ou não, a imaginação comum.

Como vamos entender uma camiseta em Hong Kong que diz "I Feel Coke" (Eu me sinto Coca-Cola)? Ou a pequena japonesa que pergunta ao visitante norte-americano com toda inocência: "Existe mesmo uma Disneylândia nos Estados Unidos"? (Ela conhece a de Tóquio). Ou a experiência de um repórter da televisão alemã enviado à Sibéria para filmar a vida local, e que depois de voar de Moscou e viajar durante dias em barco, ônibus e jeep, chega perto do mar Ártico onde a tribo dos tungus vive, conhecida pelos etnólogos em razão seus rituais de nudismo. Na loja da comunidade está sentado um avô com seu neto nos joelhos. O avô veste roupas tradicionais dos tungus. O neto tem na cabeça um boné de beisebol com a aba para trás...

A resposta fácil e enganosa à pergunta como as imagens e os sons dos norte-americanos se tornaram onipresentes é: o imperialismo dos Estados Unidos. Mas as imagens não são de forma alguma alimentadas à força pelas companhias norte-americanas, pela sua política ou pelo poder militar. O império ataca tanto de dentro do espectador quanto de fora. Essa é uma questão difícil que merece ser abordada com respeito se quisermos entender o fato de Mickey Mouse e Coca-Cola serem reconhecidos em todos os lugares e freqüentemente todo mundo gostar deles. Na unificação peculiar do trabalho em todo o mundo, certamente há o lado da oferta, mas não existe apenas a oferta. Algumas coisas são verdade, mesmo se são as companhias multinacionais que dizem: existe a demanda *(Gitlion, 2002, p. 176-179).* ∎

No seu livro Mídias sem limite, o sociólogo Todd Gitlin foca no que chama de "a verdade óbvia, mas difícil de se perceber (...) que viver com os meios de comunicação é hoje uma das coisas mais importantes para os norte-americanos e para muitos outros seres humanos" (2002, p. 5). Estamos imersos em imagens e sons. E como ele observa no texto de abertura, o entretenimento é um dos itens de exportação mais importantes dos Estados Unidos para o resto do mundo.

Por *meios de comunicação de massa* os sociólogos referem-se aos meios impressos e eletrônicos de comunicação que levam mensagens a audiências espalhadas. A mídia impressa inclui jornais, revistas, livros; a mídia eletrônica inclui rádio, televisão, filmes e Internet. A publicidade, que entra em ambas as categorias, é também uma forma de mídia de massa.

A capacidade de penetração dos meios de comunicação de massa é óbvia. Consideremos exemplos. Jantares diante da TV foram inventados para acomodar os milhões de telespectadores viciados em TV que não toleram perder seus programas de televisão favoritos. Hoje o *tempo na tela* inclui não apenas o tempo gasto vendo televisão, mas também jogando videogame e surfando na Internet. Candidatos a cargos políticos confiam nos consultores de mídia para projetar uma imagem vencedora tanto nas mídias impressas quanto nas eletrônicas. Os líderes mundiais usam todas as formas de comunicação para tirar vantagens políticas, seja para ganhar eleitores, seja para tentar recepcionar os jogos olímpicos. Em algumas partes da Ásia e da África, os projetos de educação para a Aids devem muito do seu sucesso às campanhas dos meios de comunicação. Durante a guerra no Iraque em 2003, os governos britânico e norte-americano permitiram que os jornalistas se misturassem nas tropas de frente como um meio de "contar sua história".

Poucos aspectos da sociedade são tão centrais como os meios de comunicação de massa. Por intermédio deles expandimos nossos conhecimentos sobre povos e eventos muito além do que vivenciamos pessoalmente. A mídia nos informa sobre diferentes culturas e estilos de vida, e sobre as mais recentes tecnologias. Para os sociólogos, as perguntas-chave são como os meios de comunicação de massa afetam nossas instituições sociais, e como elas influenciam nosso comportamento social.

Por que os meios de comunicação têm tanta influência? Quem se beneficia da sua influência e por quê? Como mantemos padrões culturais e éticos perante as imagens negativas nas mídias? Neste capítulo vamos considerar as maneiras como a sociologia nos ajuda a responder a essas questões. Primeiro, vamos observar como os proponentes de diferentes perspectivas sociológicas vêem os meios de comunicação. Depois, examinaremos quem compõe as audiências, e também como operam, especialmente quanto ao seu alcance global. Na seção de política social, vamos considerar se a violência mostrada nos meios de comunicação provoca comportamentos violentos na audiência. ■

PERSPECTIVAS SOCIOLÓGICAS NOS MEIOS DE COMUNICAÇÃO

Na última década, novas tecnologias disponibilizaram formas inéditas de meios de comunicação de massa nos lares norte-americanos e de muitos outros países. Essas novas tecnologias mudaram os hábitos de ver e ouvir das pessoas. Como a Figura 7-1 mostra, durante a última década, o tempo que os norte-americanos gastavam vendo TV a cabo quase dobrou, enquanto o tempo que dispensavam à TV aberta diminuiu. Eles agora passam menos tempo ouvindo músicas gravadas do que há apenas alguns anos, gastam mais tempo surfando na Internet. Entretanto, esses padrões tendem a variar de acordo com a faixa etária. Entre 18 e 34 anos, por exemplo, o tempo gasto assistindo ao horário nobre da TV – TV aberta e TV a cabo – caiu 19% entre 1991 e 2003, uma vez que os videogames e a Internet ocupam a maior parte do seu tempo de mídia. O que significam essas mudanças nos hábitos de ver e ouvir das pessoas? Nas seções a seguir vamos examinar o impacto dos meios de comunicação de massa e as mudanças em seus padrões de uso das três perspectivas sociológicas mais importantes (E. Nelson, 2004).

No Brasil, em 2006, já são mais de 25 milhões de internautas, apesar da profunda desigualdade social que caracteriza o País e que possibilita o acesso à Internet apenas a uma parcela da sociedade.

Visão Funcionalista

Uma função nova dos meios de comunicação de massa é divertir. Exceto pelos programas de notícias ou educacionais, com freqüência pensamos que seu propósito explícito é ocupar o nosso tempo de lazer – dos quadrinhos às palavras cruzadas nos jornais, até as últimas novidades em músicas na Internet. Embora isso seja verdade, os meios de comunicação têm outras funções importantes: também nos socializam e reforçam normas sociais, conferem *status*, promovem o consumo e nos mantêm informados sobre o nosso ambiente social. Uma importante disfunção dos meios de comunicação de massa é que podem agir como um narcótico, tirando nossa sensibilidade em relação a eventos dolorosos (Lazarsfeld e Merton, 1948; C. Wright, 1986).

Agente de Socialização

Os meios de comunicação aumentam a coesão social apresentando uma visão comum, mais ou menos padronizada, da cultura, por meio da comunicação de massa. O sociólogo Robert Park (1922) estudou como os jornais ajudaram os imigrantes dos Estados Unidos a se ajustar, mudando seus hábitos e ensinando as opiniões das pessoas do seu novo país. Sem dúvida, os meios de comunicação de massa desempenham papel importante no fornecimento de uma experiência coletiva para os membros de uma sociedade. Pense em como congregam os membros de uma comunidade, ou mesmo de uma nação, transmitindo eventos e cerimônias importantes (como inaugurações, conferências de imprensa, funerais importantes e os Jogos Olímpicos) e cobrindo catástrofes.

Como as pessoas se conectaram depois da tragédia de 11 de setembro de 2001? A televisão e o telefone foram os meios básicos pelos quais as pessoas se uniram nos Estados Unidos. Mas a Internet também desempenhou um papel importante. Aproximadamente metade dos usuários da Internet – mais de 53 milhões de pessoas – recebeu algum tipo de notícia on-line sobre os ataques. Quase três quartos dos usuários da Internet se comunicaram por *e-mails* para mostrar seu patriotismo, discutir eventos com suas famílias, ou reconectar-se com velhos amigos. Mais de um terço dos usuários da Internet leram ou colocaram materiais em fóruns on-line. Só nos primeiros 30 dias, a biblioteca do Congresso norte-americano coletou de um site da Internet mais de meio milhão de páginas relacionadas aos ataques terroristas. Como o diretor da biblioteca notou, "a Internet se tornou para muitos um lugar onde as pessoas podem se encontrar e conversar" (D. L. Miller e Darlington, 2002; Mirapaul, 2001, p. E2; Rainie, 2001).

Os efeitos socializantes dos meios de comunicação promovem trocas religiosas e também patrióticas, unindo crentes de todo o mundo. Em 1995, um programa em hindu na Índia mostrou os fiéis fazendo uma oferta simbólica de leite ao deus com cabeça de elefante, Gamesh.

FIGURA 7-1

Horas por Semana Gastas com os Meios de Comunicação, 1997–2008 (Projetadas)

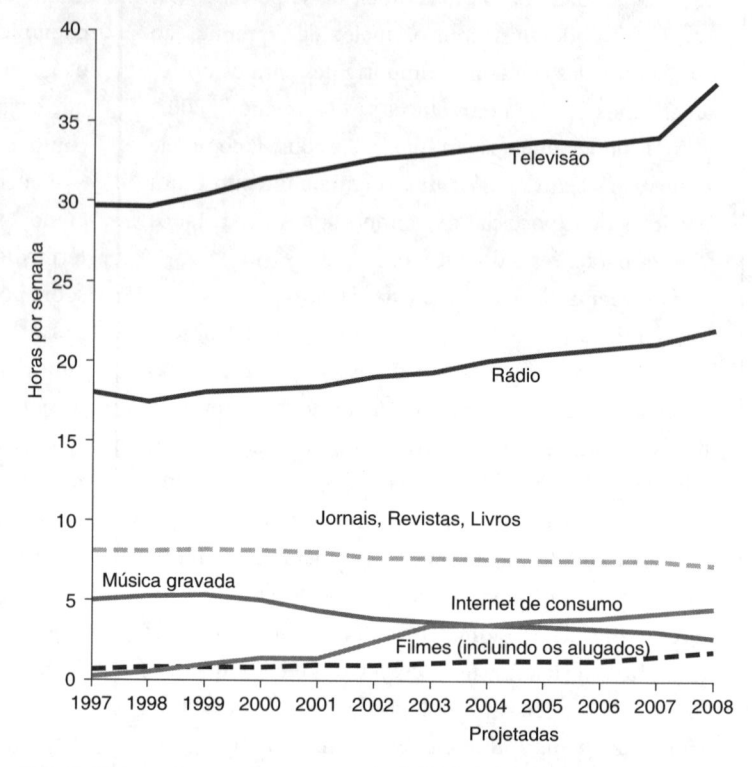

Nota: As idades variaram por pessoa pesquisada. Rádio inclui rádio por satélite. Música gravada exclui MP3s e baixadas da Internet (incluídas em Internet).
Fonte: Veronis Suhler Stevenson LLC, 2003, p. 166-167 para o ano de 1997; 2004, p. 184-185 para todos os outros dados.

Em poucos dias, o alcance global da televisão a cabo tinha transmitido esse evento ao mundo. Logo, os fiéis na Inglaterra, no Canadá e nos Estados Unidos estavam fazendo sacrifícios semelhantes ao deus hindu (Rajagopal, 2001).

Precisamente porque os efeitos socializantes dos meios de comunicação são tão poderosos, a sua programação pode se tornar controversa. Em janeiro de 1989, a rede aberta de televisão na Índia passou a transmitir um programa baseado no épico hindu *Ramayan*. A decisão violava uma política antiga de evitar tomar partido religioso na programação em um país profundamente dividido, onde as lutas entre hindus e muçulmanos são comuns. Como resultado da veiculação, o nacionalismo hindu desabrochou e as políticas indianas se tornaram mais polarizadas (Rajagopal, 2001).

Existem outros problemas inerentes à sua função de socialização. Por exemplo, muitas pessoas se preocupam com o efeito de usar a televisão como babá e o impacto da programação violenta no comportamento do telespectador (ver seção de política social). Alguns adotam a postura que a culpar as mídias, imputando a elas a responsabilidade por tudo o que dá errado, especialmente com os jovens.

Os meios de comunicação de massa podem servir para reforçar o comportamento adequado, mas também podem reforçar atividades ilícitas, como corridas de carro nas ruas, como mostra essa cena do filme *Velozes e furiosos*.

Reafirmação das Normas Sociais

Freqüentemente, os meios de comunicação reafirmam o comportamento adequado ao mostrar o que acontece com as pessoas quando elas reagem de uma forma que contrarie as expectativas da sociedade. Essas mensagens são transmitidas quando o bandido leva uma surra nos desenhos animados, ou quando ele vai para a cadeia. Mas as mídias às vezes glorificam comportamentos não-aprovados, ou seja, a violência física, o desrespeito a um professor ou o uso de drogas.

Os meios de comunicação desempenham um papel fundamental na formação da percepção das pessoas sobre os riscos de usar drogas. O aumento do consumo de drogas entre jovens durante a década de 1990 era relacionado à diminuição de avisos e mensagens antidrogas na mídia, à proliferação de mensagens a favor do uso de drogas na indústria do entretenimento e aos altos índices de propagandas e promoções de produtos de tabaco e álcool. A análise do conteúdo mostra que, nos 200 filmes mais populares de locação em 1996 e 1997, o uso do álcool aparece em 93%, o de tabaco em 89%, e o de drogas ilícitas em 22%, sendo o consumo da maconha e da cocaína aquele que apresentava maior freqüência. Uma análise das mil músicas mais populares durante o mesmo período revelou que 27% faziam apologias ao álcool ou a drogas ilícitas. Em 1999, 44% dos programas de entretenimento veiculados pelas quatro maiores redes de televisão dos Estados Unidos exibiram o uso do tabaco em pelo menos um episódio (Ericson, 2001; D. F. Roberts et al., 1999).

Em 1997, uma lei federal norte-americana exigiu que, para cada minuto que o governo comprasse, as redes de televisão lhe dessem um minuto grátis, a fim de que pudesse realizar um serviço público de anúncios veiculando mensagens antidrogas. As redes posteriormente persuadiram o governo a abandonar os minutos grátis em troca de mensagens antidrogas agressivas incluídas em seus programas, como na série "Plantão Médico". Alguns se opuseram, dizendo que as redes estavam fugindo da sua responsabilidade legal decorrente do uso de concessões públicas de TV, mas as críticas realmente cresceram quando se soube que os órgãos governamentais haviam passado a verificar os roteiros previamente e até mesmo a mudar as histórias. Muitos críticos sentiram que essa prática poderia abrir caminho para que o governo pudesse "plantar" mensagens sobre outros tópicos também, como o aborto ou o controle de armas (Albiniak, 2000).

Conferência de Status

Os meios de comunicação de massa conferem *status* às pessoas, organizações e aos assuntos públicos. Seja um tema como os moradores de rua, seja uma celebridade como Cameron Diaz, elas elegem um entre milhares de outros assuntos e pessoas semelhantes e o tornam importante. A Tabela 7-1 revela com que freqüência certas figuras públicas são mostradas de forma proeminente nas capas das revistas semanais. Obviamente, a revista *People* não foi a única responsável por transformar a princesa Diana em uma figura mundial. Entretanto, coletivamente, todos os meios de comunicação criaram a notoriedade que por exemplo a princesa Vitoria da Suécia não desfruta.

Outra forma de a mídia conferir *status* de celebridade aos indivíduos é por meio da publicação de informações sobre a freqüência das buscas na Internet. Alguns jornais e sites mostram listas regularmente atualizadas das pessoas e dos assuntos mais buscados na semana. Os meios podem ter mudado desde que a primeira edição da revista *Time* chegou às bancas em 1923, mas a mídia ainda confere *status* – com freqüência, eletronicamente.

Promoção do Consumo

Vinte mil por ano – esse é o número de comerciais a que uma criança média nos Estados Unidos assiste na televisão, de acordo com a Academia Americana de Pediatria.

Tabela 7-1 — *Status* Conferido por Revistas

Posição/Pessoa	Nº de vezes na capa da revista *Time*	Posição/Pessoa	Nº de vezes na capa da revista *Time*	Posição/Pessoa	Nº de vezes na capa da revista *Ebony*
1. Richard Nixon	59	1. Princesa Diana	52	1. Muhammad Ali	15
2. Ronald Reagan	36	2. Julia Roberts	29	1. Janet Jackson	15
3. Bill Clinton	30	3. Michael Jackson	15	1. Michael Jackson	15
4. Dwight Eisenhower	22	3. Elizabeth Taylor	15	4. Whitney Houston	14
4. Lyndon Johnson	22	5. Jennifer Anniston	14	5. Halle Berry	12
4. Gerald Ford	22	6. John F. Kennedy, Jr.	13	6. Diahann Carroll	11
7. George W. Bush	21	6. Madonna	13	6. Lena Horne	11
8. Jesus Cristo	19	6. Jackie Onassis	13	6. Sidney Poitier	11
8. George H. W. Bush	19	6. Cher	13	9. Bill Cosby	10
8. Jimmy Carter	19	10. John Travolta	9	10. Sammy Davis, Jr.	9
		10. Princesa Caroline (Mônaco)	9		

Fonte: Análise do autor dos conteúdos da primeira capa sujeitos à contagem completa dos periódicos começando pela revista *Time*, 3 de março de 1923; *People*, 4 de março de 1974; e *Ebony*, de novembro de 1945 até 1º de julho de 2004. Em casos de empate, a pessoa na capa mais recente foi colocada primeiro.

Pense nisto
Como essas revistas diferenciam os tipos de pessoas que apresentam em suas capas? Que tipos você acha que têm maior *status*? Por quê?

Os jovens não conseguem escapar das mensagens comerciais. Elas aparecem no quadro de avisos da escola, nos concertos de *rock* e nos *banners* das páginas da Web. Até vêm embutidas em filmes (lembra-se do Reese's Pieces no *E.T.: o extraterrestre* de 1982?). Essa *colocação de produto* não é nada nova. Em 1951, *The african queen* mostrava o Gordon's Gin a bordo do barco que levava Katherine Hepburn e Humphrey Bogart. Mas as promoções comerciais se tornaram muito mais comuns hoje. Além disso, os anunciantes tentam desenvolver a fidelidade a marcas e logotipos em pessoas cada vez mais jovens (Lasn, 2003; Quart, 2003).

A publicidade nos meios de comunicação tem várias funções claras: ativar a economia, fornecer informações sobre os produtos e pagar o custo da mídia. Em alguns casos, a publicidade se torna parte da indústria do entretenimento. Uma pesquisa nacional mostrou que 14% dos que assistiram ao Super Bowl de 2003 o fizeram *apenas* pelos comerciais. Assim, relacionadas a essas funções estão as disfunções. A publicidade nos meios de comunicação contribui para a cultura do consumo que cria "necessidades" e expectativas irrealistas do que é necessário para ser feliz ou ficar satisfeito. Além disso, como a mídia depende muito da receita da publicidade, os anunciantes podem influenciar o seu conteúdo (Fair, 2001; Horovitz, 2003).

Vigilância do Ambiente Social

A *função de vigilância* se refere à coleta e distribuição de informações a respeito de eventos no ambiente social. Os meios de comunicação coletam e distribuem fatos sobre diversos eventos, incluindo movimentos na bolsa de valores e o tempo que vai fazer amanhã, bem como cam-

O merchandising editorial é uma fonte cada vez mais importante de receitas para os filmes. Essa cena de *Austin Powers: O agente Bond Cama* (1999) também é um comercial da Starbucks.

panhas eleitorais, estréias de teatro, eventos esportivos e conflitos internacionais.

Mas o que constitui exatamente um fato? Quem é mostrado como um herói, um vilão, um patriota, um terrorista? Os meios de comunicação definem esses personagens para a audiência usando um conceito que reflete os valores e a orientação das pessoas que tomam as decisões.

Use a Sua Imaginação Sociológica

Você é um viciado em notícias. De onde você tira seus fatos ou informações – de jornais, revistas, noticiário da TV ou da Internet? Por que o escolheu?

Disfunção: O Efeito Narcotizante

Além das funções mencionadas, os meios de comunicação têm uma *disfunção*. Os sociólogos Paul Lazarsfeld e Robert Merton (1948) criaram a expressão **disfunção narcotizante** para se referirem ao fenômeno no qual os meios de comunicação fornecem quantidades tão grandes de informações que a audiência perde a sensibilidade e não reage a elas, independentemente da importância do assunto. Os cidadãos interessados podem até receber informações, mas não agirão em função delas.

Vamos considerar a freqüência com que os meios de comunicação iniciam ações de apoio filantrópico em resposta a desastres naturais ou crises de família. Mas o que acontece depois? A pesquisa mostra que, com o decorrer do tempo, os espectadores ficam cansados. As audiências ficam adormecidas, insensíveis ao sofrimento, e podem mesmo concluir que a solução para a crise já foi encontrada (Moeller, 1999).

É o caso das duas últimas CPIs (Comissões Parlamentares de Inquérito) no Brasil, a dos Correios e a dos Bingos, ao longo de 2005 e 2006. Os depoimentos dos muitos envolvidos nos escândalos de corrupção, além de freqüentes e muito longos, nada esclareciam, provocando cansaço e adormecimento nos telespectadores, que, no entanto, foram muito atingidos e prejudicados enquanto cidadãos com o desvio do dinheiro público. Passado algum tempo, novas denúncias de corrupção continuam a acontecer, mas o público já não acompanha com o mesmo interesse.

A disfunção narcotizante dos meios de comunicação foi identificada 50 anos atrás, quando existia televisão apenas em algumas casas – muito antes do advento do meio eletrônico. Naquele tempo, não se percebia a disfunção, mas hoje comentadores apontam os efeitos maléficos de ver muita televisão e usar muito a Internet, particularmente entre os jovens. Crimes na rua, sexo explícito, guerra e HIV/Aids são tópicos tão avassaladores que pessoas da audiência podem sentir que tomaram uma atitude – ou pelo menos aprenderam tudo o que precisavam saber – apenas recebendo as notícias.

Visão do Conflito

Os teóricos do conflito enfatizam que os meios de comunicação refletem e, freqüentemente, exacerbam as divisões em nossa sociedade e em nosso mundo, inclusive aquelas baseadas no gênero, raça, etnia e classe social. Eles apontam para a capacidade dos meios de comunicação de decidir o que é transmitido mediante um processo chamado mediação (*gatekeeping*).

Mediação

Que história aparece na primeira página do jornal da manhã? Que filme está passando em três salas em vez de em uma no multiplex local? Que filme não foi lançado? Por trás dessas decisões existem figuras poderosas – publicitários, editores e outros influentes dos meios.

Os meios de comunicação de massa constituem-se em grandes negócios para os quais os lucros são mais importantes do que a qualidade da programação. Um número relativamente pequeno de pessoas controla o que chega às audiências por meio de um processo chamado **mediação**. Esse termo descreve como os materiais devem passar por diversos pontos de verificação (ou portões) até chegar a um público. Assim, alguns eleitos decidem que imagens vão ser levadas para as grandes audiências. Em diversos países, o governo desempenha um papel de mediador. Um estudo feito pelo Banco Mundial revelou que, em 97 países, 60% das cinco principais estações de TV e 72% das estações de rádio mais importantes pertencem ao governo (World Bank, 2001, p. 183).

A mediação domina em todos os tipos de comunicação. Como observou o sociólogo C. Wright Mills ([1956] 2000b), o poder real dos meios de comunicação é controlar o que está sendo apresentado. Na indústria fonográfica, os mediadores poderão rejeitar uma banda local popular porque ela vai competir com um grupo que já grava para eles. Mesmo se a banda conseguir gravar, os programadores de rádio poderão rejeitá-la porque ela não combina com o "som" daquela estação. Os programadores de televisão poderão manter um piloto para uma nova série de TV fora do ar porque os mediadores acreditam que ela não apela ao público-alvo (que, às vezes, é determinado pelo patrocinador anunciante). Decisões semelhantes são tomadas pelos mediadores na indústria editorial (R. Hanson, 2005).

A mediação não é dominante em pelo menos um meio de comunicação de massa, a Internet. Você pode mandar qualquer mensagem para um quadro de avisos eletrônicos, criar uma página na Web ou em um *blog* (*weblog*) para apresentar qualquer argumento, inclusive um insistindo que a terra é plana. A Internet é um meio de disseminação rápida de informações (ou desinformações) que não passa por qualquer processo importante de mediação.

Mesmo assim, a Internet não é isenta de restrições. Em muitos países, as leis regulam os conteúdos de assuntos, como jogo, pornografia e mesmo política. Provedores populares de serviços de Internet cancelam contas por comportamento ofensivo. Depois dos ataques terroristas de 2001, o eBay não permitia que as pessoas vendessem partes do World Trade Center em leilões on-line. Um estudo do Banco Mundial descobriu que 17 países têm bastante controle sobre os conteúdos da Internet. Por exemplo, a China bloqueia rotineiramente motores de busca, como o Google e o AltaVista, quanto ao acesso a grupos ou indivíduos que criticam o governo (Ni, 2002; World Bank, 2001, p. 187).

Os críticos dos conteúdos dos meios de comunicação de massa argumentam que o processo de proteger os portões reflete o desejo de maximizar os lucros. Se não fosse por isso, indagam eles, por que uma atriz de cinema, como a Julia Roberts, apareceria na capa da revista *Time* mais do que o líder palestino Yasser Arafat? Adiante neste capítulo vamos considerar o papel que a estrutura corporativa desempenha nos conteúdos e na entrega dos meios de comunicação de massa. Outra crítica ao processo de mediação é que os conteúdos que passam por eles não refletem a diversidade da audiência.

Ideologia Dominante: Construindo a Realidade

Os teóricos do conflito dizem que os meios de comunicação de massa mantêm os privilégios de certos grupos. Além disso, enquanto protegem seus próprios interesses, grupos poderosos limitam a representação de outros. A expressão ***ideologia dominante*** descreve um conjunto de crenças e práticas que ajudam a preservar interesses sociais, econômicos e políticos poderosos. Os meios de comunicação transmitem mensagens que definem o que consideramos o mundo real, ainda que suas imagens com freqüência sejam diferentes daquelas vivenciadas pela sociedade como um todo.

As pessoas que tomam decisões nos meios de comunicação de massa são, em sua imensa maioria, brancas, do sexo masculino e ricas. Então, não é surpresa que os meios de comunicação tendam a ignorar as vidas e ambições dos grupos subordinados, entre eles os operários, afro-americanos, hispânicos, *gays*, pessoas com deficiências físicas ou mentais, com excesso de peso, e as mais velhas. Pior ainda, os conteúdos criam falsas imagens ou estereótipos desses grupos, aceitos como retratos rigorosos da realidade. ***Estereótipos*** são generalizações não-confiáveis de todos os membros de um grupo e que não reconhecem as suas diferenças individuais.

Os conteúdos da televisão são um exemplo básico dessa tendência de ignorar a realidade. De quantos personagens com excesso de peso você se lembra? Embora na vida real uma em cada quatro mulheres seja obesa (15 quilos ou mais acima do peso ideal), apenas três em cada 100 personagens de TV são mostradas como obesas. Os personagens gordos da TV têm poucos romances, falam menos sobre sexo, comem mais e são com mais freqüência objeto de ridículo do que as suas contrapartes magras (Hellmich, 2001).

Grupos de minorias são estereotipados nos *shows* de TV. Quase todos os papéis principais são de pessoas brancas, mesmo em programas com histórias urbanas, como o *Friends*, que se situa no universo etnicamente diverso da cidade de Nova York. Ásio-americanos e norte-americanos nativos raramente aparecem em papéis principais; os negros tendem a ser mostrados mais em dramas de crimes; e os latinos são praticamente ignorados. O Quadro 7-1 discute a imagem distorcida da sociedade norte-americana apresentada nos programas de televisão no horário nobre. E nas novelas brasileiras, atores negros são empregados domésticos, bandidos ou escravos mesmo, raramente desempenhando papéis importantes e principais, até quando a história aborda o tema da escravatura.

Outra preocupação em relação aos meios de comunicação, da perspectiva do conflito, é que a televisão distorce o processo político. Até que o sistema de financiamento de campanhas norte-americano seja realmente reformado e a lei, aplicada, os candidatos com mais dinheiro (em geral apoiados por grupos lobistas poderosos) poderão comprar exposição aos eleitores e saturar o ar com comerciais atacando seus oponentes.

Quando os executivos dos meios de comunicação buscam a ajuda dos poderosos, a influência da ideologia dominante pode ser explícita. Os produtores que desejam que seus filmes sobre militares pareçam autênticos buscam a ajuda dos consultores do Pentágono. Mas, às vezes, o governo se recusa a cooperar, porque os militares são mostrados de uma maneira indesejável. Em alguns casos, a indústria cinematográfica *muda* o filme para poder ter acesso às bases e aos equipamentos militares (Robb, 2001; Suid, 2002).

Por exemplo, quando a Paramount Pictures buscou ajuda para o *A Soma de Todos os Medos*, um filme de 2002 sobre terrorismo nuclear, os escritores tiveram de fazer algumas mudanças no texto. O roteiro original exigia que um avião de transporte norte-americano fosse destruído por mísseis de cruzeiro, mas os oficiais do Pentágono ficaram perturbados com a idéia de mostrá-lo tão vulnerável. O texto foi revisado para que o avião de transporte ficasse intacto enquanto outras operações de vôo eram destruídas. Esse tipo de exploração na produção de filmes de guerra é mútua: os produtores obtêm equipamentos militares e assistência técnica por um custo mínimo, enquanto os militares conseguem projetar uma imagem positiva que atrai recrutas e aumenta os orçamentos de defesa (Seelye, 2002).

Ideologia Dominante: Cultura de Quem?

A globalização estende o alcance do domínio dos meios de comunicação norte-americanos ao resto do mundo. Os filmes produzidos nos Estados Unidos são responsáveis por 65% da bilheteria global. Revistas variadas, como a *Cosmopolitan* e *Seleções*, vendem duas cópias no exterior para cada cópia negociada nos Estados Unidos. Essas exportações culturais minam as tradições distintas e as formas de arte de outras sociedades, e encorajam a dependência cultural e econômica em relação aos Estados Unidos. Países em todo o mundo falam mal das exportações norte-americanas, dos filmes até à linguagem do Bart Simpson. No texto de abertura deste capítulo, Todd Gitlin descreve a cultura popular norte-americana como algo que "as pessoas amam e amam odiar" (2001, p. 177; Farhi e Rosenfeld, 1998).

Os meios de comunicação norte-americanos de hoje se apóiam no mercado externo. Muitos filmes geraram mais receita no exterior do que no país. Desde 2004, por exemplo, o *Titanic* teve um faturamento recorde de US$ 600 milhões nos Estados Unidos e US$ 1,2 bilhão nas bilheterias do exterior. Não é de estranhar que Hollywood desenhe seus *trailers* em ressonância com as culturas locais. Por exemplo, nos Estados Unidos, os *trailers* de *Moulin rouge* mostravam Nicole Kidman em uma dança sensual, girando com seu amante. No Japão, onde o amor trágico é considerado nobre e honrado, os *trailers* mostravam a atriz dando seu último suspiro com um jovem homem de coração partido soluçando ao seu lado. Alguns filmes de Hollywood, entretanto, são tão insensíveis que não conseguem beneficiar-se de qualquer gerenciamento de impressões. O filme de James Bond *Um Novo Dia para Morrer* apresentava um coronel enlouquecido da Coréia do Norte, um personagem que até muitos coreanos do *sul* acharam inaceitável, um pequeno boicote recebeu o seu lançamento em Seul em 2003 (Brooke, 2003a; Eller e Muñoz, 2002).

Também a televisão brasileira, sobretudo a Rede Globo, exporta para um grande número de países quase todas as novelas produzidas, cujo sucesso é incontestável, tornando o País o maior produtor do mundo desse gênero de entretenimento. A novela *A escrava Isaura* fez tanto sucesso na China que tornou a sua atriz principal, Lucélia Santos, uma verdadeira celebridade naquele país.

Os norte-americanos arriscam ser etnocêntricos se enfatizarem em excesso o domínio dos Estados Unidos. Por exemplo, *Survivor*, *Who wants to be a millionaire* e *Iron chef* – programas populares na TV norte-americana – são originários da Suíça, do Reino Unido e do Japão, respectivamente. As novelas quentes do México e de outros países que falam espanhol devem muito pouco

Os programadores da televisão capitalizam no apelo dos *reality shows* (como o *Survivor*) para os jovens telespectadores. *The Bachelor* é uma série que conseguiu passar pelo processo de mediação. No programa, um grande grupo de mulheres jovens busca a atenção de um solteiro, que a cada semana elimina candidatas até que sobra apenas uma. Ressalte-se o grande sucesso de um *reality show* brasileiro, o Big Brother Brasil, cuja audiência foi sempre muito alta apesar do horário avançado, geralmente depois das 23 horas.

Desigualdade Social
7-1 A COR DA REDE DE TV

Antes da temporada de outono de 2002 da TV, os executivos das maiores redes de TV renovaram o seu compromisso de diversificar quem aparece na televisão e quem é responsável pelo seu conteúdo. Foi difícil manter esse compromisso. Apenas duas entre as 26 novas séries tinham uma pessoa de alguma minoria em um papel principal. Além disso, o relatório dos diretores da Guild of America indicavam que, de todos os 826 episódios das 40 séries mais populares de 2001, 80% eram dirigidos por homens brancos e 11% por mulheres brancas – ou seja apenas 9% das séries eram dirigidas por negros, latinos e ásio-americanos, que, coletivamente, eram responsáveis por mais de 25% dos telespectadores.

Quando atores de minorias aparecem na televisão ou em outro tipo de meios de comunicação, seus papéis tendem a reforçar os estereótipos associados aos seus grupos étnicos ou raciais. A talentosa atriz hispânica Lupe Ontiverus já interpretou o papel de empregada 150 vezes. As latinas agora são apresentadas como empregadas em *Will and Grace* (Rosario), *Dharma and Greg* (Celia), e mesmo na animação *King of the hill* (Lupino), só para mencionar três *shows* de TV.

Na temporada de 1999–2000, os papéis principais em todas as 26 séries do horário nobre eram interpretados por brancos os mediadores pareceram surpresos com a novidade. Produtores, escritores, executivos e anunciantes culparam-se uns aos ou-

> *Marc Hirshfeld, um executivo da NBC, revelou que alguns produtores brancos lhe disseram que não sabem como escrever para personagens negros.*

tros pelo lapso. A programação da televisão foi ditada pelos anunciantes, reclamou um antigo executivo, se eles dissessem que queriam uma programação claramente preconceituosa, as redes os atenderiam. Jery Isenberg, presidente da Caucus for Producers, Writers & Directors, culpou as redes, dizendo que os escritores produziriam uma série com marcianos de três cabeças se elas mandassem.

Além dessas desculpas, razões reais também podem ser encontradas para o abandono da diversidade exibida nos *shows* e em temporadas do passado. Nos últimos anos, o aumento no número de redes, da TV a cabo e a Internet fragmentou o mercado do entretenimento transmitido, tirando os espectadores das séries e dos dramas de audiência geral. As redes UPN e WB produzem comédias de situações e mesmo noites inteiras dirigidas a audiências afro-americanas. Com a proliferação dos canais de TV a cabo, como o Black Entertainment Television (BET), e o Telemundo e o Univision falados em espanhol, bem como dos *sites* na Web que atendem a todos os gostos imagináveis, parece não haver mais necessidade de séries populares e amplas como o *The Cosby show*, com o tom e os conteúdos que apelavam tanto aos brancos quanto aos negros de uma forma que as séries mais novas não fazem. O resultado dessas mudanças tecnológicas radicais é uma divergência aguda na preferência dos espectadores.

Enquanto isso, executivos, produtores e escritores das principais redes continuam incrivelmente brancos, em sua

Fontes: Bielby e Bielby, 2002; Braxton e Calvo, 2001; Children Now, 2002; Directors Guild of America, 2002; A. Hoffman, 1997; M. Navarro, 2002; Poniewozik, 2001; Soriano, 2001; D. B. Wood, 2000.

---

da sua origem às novelas da televisão norte-americana. Diferentemente dos filmes, a televisão está se distanciando de maneira gradual do domínio norte-americano, e provavelmente será produzida localmente. Até 2003, todos os maiores *shows* da TV britânica eram produzidos no próprio país. *The West Wing* é veiculado na televisão de Londres, mas só tarde da noite. Mesmo as produções conjuntas de TVs norte-americanas, como Disney, MTV e CNN, aumentaram de forma drástica sua programação no exterior produzida localmente. As introduções da MTV Romênia e da MTV Indonésia em 2003 atingiram um número de 38 diferentes versões locais do canal de música popular (*The Economist*, 2003b).

As nações que sentem uma perda de identidade podem tentar defender-se da invasão cultural de países estrangeiros, em especial dos Estados Unidos, economicamente dominante. Muitas nações em desenvolvimento defendem um fluxo melhor em duas mãos de notícias e informações entre os países industrializados e os em desenvolvimento. Reclamam que as notícias do Terceiro Mundo são poucas, e as que existem refletem de forma desfavorável as nações em desenvolvimento. Por exemplo, o que os norte-americanos sabem sobre a América do Sul? A maioria deles vai mencionar dois tópicos que predominam nas notícias sobre os países ao sul da fronteira: revolução e drogas, uma vez que grande parte sabe pouco mais do que isso sobre o continente. Para remediar esse desequilíbrio, uma resolução para monitorar as notícias e os conteúdos que cruzam as fronteiras de países em desenvolvimento foi aprovada pela Organização das Nações Unidas para a Educação, a Ciência e a Cultura (Unesco) na década de 1980. Os Estados Unidos discordaram da proposta, que se tornou um fator na sua decisão de se retirarem da Unesco na metade dos anos de 1980 (Dominick, 2002).

Uma visão rara na televisão: em *The Parkers*, da UPN, quase todos os papéis principais são desempenhados por afro-americanos.

maioria, vivem longe dos bairros que possuem diversidade racial e étnica e tendem a escrever e produzir histórias sobre pessoas como eles. Marc Hirshfeld, um executivo da NBC, conta que alguns produtores brancos lhe disseram que não sabem escrever para personagens negros. Stephen Bochco, produtor de *NYPD Blue*, é uma rara exceção. Sua série *City of Angels* apresentava um elenco formado por uma grande maioria de atores negros, como as pessoas com quem ele cresceu nos bairros da cidade. Vinte e três episódios da série foram ao ar antes de ela ser cancelada em 2000.

No longo prazo, os observadores dos meios de comunicação acreditam que as maiores redes precisarão integrar os níveis dos mediadores antes de conseguirem uma diversidade verdadeira na sua programação. Adonis Hoffman, diretor do Corporate Policy Institute, incentivou os executivos das redes a abrirem seus estúdios e salas da diretoria para as minorias. Hoffman entende que uma mudança assim possibilitaria aos escritores e produtores negros a oportunidade de apresentar um retrato da vida real dos afro-americanos. Há alguns sinais de aceitação nas redes. Segundo Doug Herzog, presidente da Fox Entertainment, progresso real significa incorporar diversidade a partir de dentro.

Por que nos deveríamos importar com o fato de os grupos das minorias não serem visíveis na maior rede de televisão, se são representados em outros canais, como UPN, WB, BET e Univision? O problema é que os brancos, como as minorias, vêem uma imagem distorcida da sua sociedade cada vez que acessam as redes de TV. Nas palavras de Hoffman, "Os afro-americanos, latinos e asiáticos, enquanto mostrados como são, não são apenas pessoas que passam pela nossa sociedade – eles estão dentro do tecido que faz de nós um grande país" (A. Hoffman, 1997, p. M6).

Vamos Discutir

1. Você assiste à TV aberta? Se sim, você acha que ela representa bem a diversidade da sociedade norte-americana e brasileira?
2. Você assistiu recentemente a algum filme ou *show* de TV que mostrasse membros de um grupo de minoria de uma forma sensível e realista – como pessoas reais em vez de estereótipos, ou meros passantes? Em caso afirmativo, descreva o programa.

Visão Feminista

As feministas compartilham a visão dos teóricos do conflito de que os meios de comunicação de massa estereotipam e representam mal a realidade social. Dessa perspectiva, os meios de comunicação influenciam de forma poderosa como olhamos para homens e mulheres, e suas imagens dos sexos comunicam percepções irreais, estereotipadas e limitantes. A seguir, três problemas que as feministas acreditam resultar da cobertura dos meios de comunicação (J. T. Wood, 1994):

1. As mulheres são menos representadas, o que sugere que os homens constituem o padrão cultural e as mulheres são insignificantes.
2. Homens e mulheres são representados de forma a refletir e perpetuar a visão estereotipada do sexo. As mulheres, por exemplo, com freqüência são mostradas em perigo, precisando ser salvas por um homem – raramente ao contrário.
3. As demonstrações dos relacionamentos homem–mulher enfatizam os papéis tradicionais dos sexos e normalizam a violência contra as mulheres.

Educadores e cientistas sociais há muito tempo notaram a forma estereotipada de mostrar homens e mulheres nos meios de comunicação de massa. As mulheres são mostradas como pessoas pouco profundas e preocupadas com sua beleza; com mais freqüência do que os homens, estão em estado de nudez, perigo ou sofrendo agressão física. Respondendo à maneira como a publicidade e o entretenimento objetificam e mesmo desumanizam as mulheres, Jean Kilbourne argumenta em seus escritos e documentários que "nós (mulheres) somos o produto". A feminista Vivian Gornick ressalta que a forma como as mulheres são mostradas nos meios de comunicação reflete "incontáveis pequenos assassinatos da mente e do espírito que acontecem diariamente" (1979, p. ix; Cortese, 1999; Goffman, 1979; Kilbourne, 2000a, 2000b).

Fazer filmes sobre os militares ou órgãos governamentais é bem mais fácil quando os produtores podem contar com a cooperação do governo. *Apollo 13*, que glorificava o programa espacial da Nasa, ganhou facilmente a aprovação do governo. Mas *Até o Limite da Honra*, não obteve a mesma aprovação ao mostrar Demi Moore como uma *fuzileira naval* da marinha norte-americana que sacodia militares de alta patente e oficiais do governo.

Um problema contínuo e perturbador para as feministas e para a sociedade como um todo é a pornografia. As feministas tendem a apoiar a liberdade de expressão e a autodeterminação, qualidades que são negadas às mulheres com maior freqüência do que aos homens. Mas a pornografia apresenta as mulheres como objetos sexuais, e parece tornar aceitável essa visão. Contudo, a preocupação com a pornografia não se limita a esses tipos de objetificação e imagens, nem ao apoio implícito da violência contra as mulheres. A indústria que cria imagens de pornografia levemente chocantes para vídeos, DVDs e Internet quase não é regulamentada, colocando em risco os que atuam na área. Uma pesquisa de saúde de 2002 sobre filmes proibidos para menores de 18 anos, como a indústria pornográfica se denomina, descobriu que 40% dos atores e atrizes eram portadores de pelo menos uma doença sexualmente transmissível, contra 0,1% da população em geral. A curta duração da carreira dessas mulheres (e desses homens) é de quase 18 meses, mas os lucros da indústria são contínuos e enormes (Huffstutter, 2003).

Como em outras áreas da sociologia, as pesquisadoras feministas avisam sobre o fato de assumirmos como verdadeiro para todos o que é verdade para o comportamento dos homens. Por exemplo, pesquisadores estudaram as diferentes formas como as mulheres e os homens utilizam a Internet. De acordo com dados de 2001, o uso da Internet pelas mulheres está aumentando mais rapidamente do que o dos homens. As mulheres também tendem mais a considerar os *e-mails* como um meio de manter contato com amigos e parentes. A utilização que elas fazem dos *sites* na Web difere de maneira fundamental daquela feita pelos homens. As mulheres tendem a buscar informações sobre saúde e religião, procurar um emprego novo e jogar on-line. Os homens tendem a usar a rede para ver as notícias, comprar, buscar informações financeiras e participar de leilões on-line (Fox e Rainie, 2001; Rainie e Kohut, 2000).

Visão Interacionista

Os interacionistas estão especialmente interessados no entendimento compartilhado do comportamento diário. Esses estudiosos examinam os meios de comunicação em um âmbito micro para ver como elas modelam o comportamento social no dia-a-dia. Os pesquisadores cada vez mais apontam para os meios de comunicação de massa como uma fonte de atividade diária importante, alguns dizem que a televisão funciona como um grupo primário para muitos indivíduos que compartilham a atividade de ver TV. Outra participação não é necessariamente conjunta. Por exemplo, ouvimos rádio ou lemos jornal como uma atividade solitária, embora seja possível compartilhá-la com outros (Cerulo et al., 1992; Waite, 2000).

As redes da amizade podem emergir do hábito compartilhado de ver TV ou da lembrança de séries de TV queridas do passado. Os membros da família e os amigos muitas vezes se reúnem para festas centradas em eventos populares transmitidos, como a Copa do Mundo, as novelas ou a entrega do Oscar. E, como já afirmamos, a televisão freqüentemente funciona como uma babá ou companheira de jogos para crianças e mesmo bebês.

O poder dos meios de comunicação de massa encoraja os líderes políticos e figuras do entretenimento a manipularem cuidadosamente suas imagens por meio de aparecimentos em público chamados oportunidade para fotos. Ao abraçar símbolos (posar com celebridades ou em frente a marcos famosos), os participantes desses eventos preparados tentam passar definições que servem a suas próprias definições de realidade social (M. Weinstein e Weinstein, 2002).

O surgimento da Internet facilitou novas formas de comunicação e interação social. Os avós agora se comunicam com seus netos por *e-mail*. *Gays* e lésbicas adolescentes têm recursos on-line para apoio e informação. As pessoas podem mesmo achar seus parceiros para toda a vida em serviços de encontros por computador.

Os primeiros usuários da Internet estabeleceram uma subcultura com normas e valores específicos. Esses pioneiros se ressentiam das regras formais para a comunicação na rede, acreditando que o acesso à informação deveria ser livre e sem limites, e desconfiavam dos esforços de centralizar o controle da Internet. Sua subcultura desenvolveu termos de um jargão próprio como *flaming* (conversa "pesada" on-line), *salas de bate-papo* (quadros de avisos para pessoas com interesses comuns) e *hacking* (usar o próprio computador para entrar em arquivos eletrônicos de outros).

Um problema perturbador sobre a vida diária foi levantado pela Internet. Deveríamos tomar alguma providência em relação aos terroristas e outros grupos extremistas que usam a Internet para trocar mensagens de ódio e mesmo receitas para fazer bombas? Deveríamos tomar alguma atitude no que diz respeito ao problema da expressão sexual na Internet? Como podemos proteger as crianças disso? As "conversas quentes" e os clipes pornográficos deveriam ser censurados? Ou a expressão deve ser completamente livre? O impacto da mudança tecnológica sobre a privacidade e a censura será examinado no Capítulo 16.

Mais e mais pessoas nos Estados Unidos e em todo o mundo usam a Internet, mas é preciso perceber que as informações não são distribuídas uniformemente pela população. Em sua imensa maioria, as pessoas que têm problemas de saúde e poucas oportunidades de trabalho são deixadas de lado na grande rodovia das informações.

Por fim, a perspectiva dos interacionistas nos ajuda a compreender melhor um aspecto importante de todo o sistema dos meios de comunicação de massa – a audiência. Como participamos ativamente dos eventos dos meios de comunicação? Como construímos com os outros o significado das mensagens dos meios de comunicação?

Bandeiras coloridas dos Estados Unidos e do Reino Unido compuseram uma impressionante oportunidade para foto para o presidente George Bush e o primeiro-ministro britânico Tony Blair em abril de 2003, quando buscavam apoio para a guerra do Iraque.

A AUDIÊNCIA

Uma noite, há alguns anos, estava assistindo a um jogo do Chicago Bulls no campeonato da NBA, quando Michael Jordan roubou a bola espetacularmente para fazer a cesta que ganharia o jogo. Eu gritei, no entanto, aquilo de que mais me lembro eram os gritos de outras pessoas de Chicago que ouvi pela janela aberta. No início daquele ano, meu filho estava assistindo a *Beverly Hills 90210* no seu quarto da faculdade, quando ouviu uma personagem dizer que iria para a faculdade dele. Enquanto ele e seus amigos gritavam, animados, ouviram outros gritos no *campus*. De uma forma pouco usual, ambos lembramos que fazíamos parte de uma audiência maior.

Quem Está na Audiência?

Os meios de comunicação de massa são diferentes de outras instituições sociais pela presença necessária de uma audiência. Pode ser um grupo finito, identificável, como a audiência de um clube de *jazz* ou de um musical na Broadway, ou um grupo muito maior, indefinível, como os espectadores do VH-1 ou leitores da mesma edição do *USA Today*. A audiência pode ser um grupo secundário reunido em um auditório grande ou um grupo primário, como uma mãe e seu filho assistindo ao último vídeo da Disney em casa.

Podemos analisar uma audiência dos pontos de vista *microssociológico* ou *macrossociológico*. Em âmbito micro, vamos considerar como os membros de uma audiência interagindo entre si responderiam aos meios de comunicação, ou, no caso de espetáculos ao vivo, como eles influenciariam os atores. Em âmbito macro, examinamos consequências sociais mais amplas, como os ensinamentos às crianças pequenas feitos por programas como Vila *Sesame*.

Mesmo que a audiência esteja espalhada por uma ampla área geográfica e os membros não se conheçam, ainda será distinta em termos de idade, gênero, renda, partido político, escolaridade, raça e etnia. A audiência de um espetáculo de balé, por exemplo, seria bastante diferente da audiência de um espetáculo de música alternativa.

> **Use a Sua Imaginação Sociológica**
>
> Pense na última vez que você fez parte de uma audiência. Os outros membros da audiência eram iguais a você ou diferentes? Quais seriam essas similaridades ou diferenças que você notou?

A Audiência Segmentada

Cada vez mais, os meios de comunicação estão se vendendo a uma audiência em *particular*. Quando uma estação de rádio ou uma revista, identifica uma audiência, dirige-se àquele grupo. Até certo ponto, essa especialização é conduzida pela publicidade. Os especialistas dos meios de comunicação afiaram sua habilidade por meio de pesquisas para identificar audiências-alvo em particular. Como resultado, a Nike mais provavelmente promoverá uma nova linha de tacos de golfe no Golf Cable Channel, por exemplo, do que em um episódio de *Bob Esponja*. As diversas opções que a Internet e os canais via satélite oferecem às audiências também são especializadas. Os membros dessas audiências tendem a esperar conteúdos dirigidos a seus interesses.

O planejamento de atingir audiências levou alguns estudiosos a questionarem a "massa" dos meios de comunicação de massa. As audiências estão tão segmentadas que as audiências grandes, coletivas, são uma coisa do passado? Isso ainda não está claro. Embora pareça que estejamos vivendo em uma era de computadores *pessoais* e assistentes *pessoais* digitais (PDAs), grandes organizações formais transmitem mensagens públicas que atingem uma audiência espalhada, heterogênea e que pode ser dimensionada (Dominick, 2002).

Comportamento da Audiência

Os sociólogos pesquisam como as audiências interagem umas com as outras, e como compartilham informações depois de um evento dos meios de comunicação. O papel dos membros da audiência como formadores de opinião intriga os pesquisadores sociais. Um *formador de opinião* é alguém que influencia as opiniões e as decisões dos outros mediante contatos pessoais ou comunicações diários. Um filme ou um crítico de teatro funcionam como um formador de opinião. O sociólogo Paul Lazarsfeld e seus colegas (1948) fizeram um estudo pioneiro de formadores de opinião em sua pesquisa sobre o comportamento nas eleições norte-americanas da década de 1940. Eles descobriram que os formadores de opinião encorajavam parentes, amigos e colegas de trabalho a pensar de forma positiva sobre um determinado candidato, empurrando-os, talvez, para ouvir os discursos do político ou ler os materiais da campanha.

Hoje, os críticos de cinema com freqüência atribuem o sucesso dos filmes independentes, com baixo orçamento, à informação boca a boca. Isso é outra forma de dizer que os meios de comunicação de massa influenciam os formadores de opinião, que, por sua vez, influenciam os outros. A audiência, então, não constitui um grupo passivo de pessoas, mas consumidores ativos que são impelidos a interagir com os outros depois de um evento (Croteau e Hoynes, 2003; C. R. Wright, 1986).

Apesar do papel dos formadores de opinião, os membros de uma audiência não interpretam todos os meios de comunicação da mesma maneira. As suas respostas são influenciadas por suas características sociais, como ocupação, raça, educação e renda. Tomemos o exemplo da cobertura das notícias televisionadas sobre as agitações na cidade de Los Angeles em 1992. Os conflitos foram uma resposta raivosa à liberação de dois policiais brancos acusados de espancar um motorista negro. O sociólogo Darnell Hunt (1997) imaginou como a composição social dos membros da audiência poderia afetar a maneira de interpretar a cobertura da reportagem. Ele juntou 15 grupos da área de Los Angeles cujos membros estavam divididos igualmente em brancos, afro-americanos e latinos. Mostrou a cada grupo um clipe de 17 minutos da cobertura da TV dos conflitos e pediu aos membros que discutissem como descreveriam o que tinham acabado de ver a um garoto de 12 anos de idade. Ao analisar as discussões, Hunt descobriu que o sexo e a classe social não foram a causa de muitas variações nas respostas, mas a raça sim.

Hunt foi além de simplesmente notar diferenças raciais nas percepções, ele também analisou como as diferenças foram manifestadas. Por exemplo, os espectadores negros têm mais probabilidade de se referir aos eventos em termos como "nós" e "eles" do que os latinos e os brancos. Outra diferença foi que os espectadores negros e os latinos mostravam-se mais animados e críticos do que os brancos quando assistiam ao clipe. Os espectadores brancos tendiam a se sentar quietos, sem se mexer ou fazer perguntas, sugerindo que estavam mais confortáveis com a cobertura da reportagem dos que os negros ou hispânicos.

A INDÚSTRIA DOS MEIOS DE COMUNICAÇÃO

"My heart will go on", a música de sucesso do filme *Titanic*, agradou as multidões. Mas como uma música começa a existir? Isso exige observar a indústria fonográfica do ponto de vista que os pesquisadores chamam de *perspec-*

tiva da produção, que enfatiza o processo da produção do produto específico dos meios de comunicação. O processo de produção musical exige a contribuição de um músico que escreva a música, alguém que a toque/cante, um produtor de trilha sonora do filme, um diretor do vídeo da música, publicitários e promotores, para citar apenas alguns dos participantes (Croteau e Hoynes, 2001, 2003).

Concentração dos Meios de Comunicação

Quem é o dono do processo de produção dos meios de comunicação? Mesmo que haja milhares de meios independentes em cada Estado do país, há uma clara tendência de centralização nos Estados Unidos. Inúmeras corporações multinacionais dominam a indústria de publicação, transmissão e de filmes, embora seja difícil a sua identificação, uma vez que os conglomerados globais administram diversos nomes de produtos. Só a Walt Disney tem 16 canais de televisão que atingem 140 países. Os meios de comunicação provavelmente se tornarão ainda mais concentrados se a decisão da Federal Communications Commission (FCC) for aceita. A regra relaxa as restrições quanto à propriedade de mais de um meio de comunicação na mesma área do mercado (Carter e Rutenberg, 2003; Rutenberg, 2002).

Um exemplo básico da concentração dos meios de comunicação foi a fusão em 2001 da AOL e da Time Warner, criando uma nova corporação que permeia quase todos os setores das comunicações. A rede AOL, junto com o navegador Netscape Internet, opera os *sites* mais populares da Internet e diz ter mais de 32 milhões de assinantes on-line em todo o mundo. A Time Warner é a maior editora de revistas dos Estados Unidos em termos de receita de publicidade. As subsidiárias da Time Warner, Warner Brothers e New Line Cinema, estão classificadas entre as dez maiores produtoras de filmes. Os artistas da Warner Music Group foram responsáveis por 17% de todas as vendas de discos em 2002. E a Time Warner Cable tem diversos dos canais mais populares, incluindo HBO, TBS, CNN, TNT, Nickelodeon e a rede WB (AOL Time Warner, 2003; Time Warner, 2004).

A AOL Time Warner é apenas *um* gigante dos meios de comunicação. Acrescentem-se à lista: Walt Disney (que inclui as redes ABC, ESPN e Lifetime); News Corporation of Australia, de Rupert Murdoch (Fox Network Television, editora de livros, diversos jornais e revistas e a 20th Century Fox); Sony do Japão (Columbia Pictures, IMAX, CBS Records e Columbia Records); e a Viacom (Paramount, MTC, CBS, UPN, Black Entertainment Television, Simon and Schuster e Blockbuster). Essa concentração de gigantes permite consideráveis promoções cruzadas. Por exemplo, o lançamento do filme da Warner Brothers *Matrix Reloaded* em 2003 foi promovido agressivamente tanto pela CNN quanto pela revista *Time*. Na realidade, a *Time* conseguiu dedicar sua capa ao lançamento do filme no meio da guerra do Iraque.

Preocupações semelhantes foram levantadas sobre a situação em países, como China, Cuba, Iraque e Coréia do Norte, onde os partidos da situação são donos dos meios de comunicação e os controlam. A diferença – considerável – é que nos Estados Unidos o processo de mediação está nas mãos de indivíduos que desejam maximizar seus lucros. Em outros países, esse processo pertence aos líderes políticos, que desejam manter o controle do governo.

Devemos notar uma exceção importante na centralização e concentração dos meios de comunicação – a Internet. Atualmente, a rede é acessível por meio de saídas independentes para milhões de produtores de conteúdos de mídia. O produtor precisa ter capacidade tecnológica e acesso a um computador, mas, comparada com outros meios, a Internet está disponível imediatamente. Os conglomerados de comunicação, conscientes desse potencial, já estão fornecendo seus materiais pela Web. Ainda assim, por enquanto a Internet possibilita que um indivíduo se torne um empresário de comunicação com uma audiência potencial de milhões.

Moradores butaneses assistem ao programa *Oprah Winfrey Show* na sua televisão novinha em folha. A aldeia global de Marshall McLuhan se tornou uma realidade no remoto reino da Ásia, onde os governantes estão preocupados com o impacto cultural dos meios de comunicação ocidental.

Sociologia na Comunidade Global
7-2 AL JAZEERA ESTÁ NO AR

Uma rede de notícias da televisão que fica 24 horas no ar e dá pequenos boletins a cada hora, seguidos de uma montagem rápida de clipes de notícias – tudo transmitido globalmente por estações a cabo via satélite. Poderia ser a CNN, mas é a *Al Jazeera*, a rede de televisão com notícias transmitidas em árabe com base no pequeno Estado do Golfo Pérsico, Qatar. O nome Al Jazeera significa "ilha" ou "península" em referência ao país de sua origem. Fundado em 1996, o canal agora tem 60 correspondentes e uma audiência de aproximadamente 35 milhões de árabes em todo o mundo, incluindo 150 mil árabes norte-americanos.

A maioria das pessoas nos Estados Unidos nunca tinha ouvido falar de Al Jazeera até 7 de outubro de 2001 ocasião em que o canal veiculou as primeiras mensagens das muitas em videoteipe de Osama Bin Laden, o mentor que está por trás da rede terrorista Al-Qaeda. Os meios de comunicação norte-americanos inicialmente veicularam as mensagens, até que o governo dos Estados Unidos vetou a transmissão das convocações de Osama Bin Laden à violência contra os cidadãos norte-americanos.

A Al Jazeera se recusou a atender o pedido do governo invocando a sua bandeira de "A opinião, e a opinião dos outros também". Os executivos da Al Jazeera insistiram que promoviam um fórum para um diálogo e um debate independentes, prática incomum no mundo árabe, onde a maioria dos meios de comunicação são controlados pelo Estado. Na verdade, diversos países árabes, incluindo a Arábia

> *"Devemos apoiar a Al Jazeera, mesmo que às vezes tenhamos de torcer o nariz."*

Saudita, a Jordânia e Bahrain, baniram ou restringiram a Al Jazeera por causa da sua cobertura crítica de assuntos nesses países. Outras nações árabes criticam a Al Jazeera por dar muito espaço para as notícias norte-americanas.

Embora muitos observadores vejam a Al Jazeera como preconceituosa, muitos telespectadores em todo o mundo talvez também vejam a CNN, a ABC e a Fox News como preconceituosas. Por exemplo, em quase todos os meios de comunicação nos Estados Unidos, a imoralidade das bombas suicidas palestinas é aceita sem discussão. Entretanto, as pessoas no mundo árabe veriam tal postura como fundamentalmente errada. Da mesma forma, a maioria dos muçulmanos em todo o mundo questionaria por que o respeitado noticiário da CBS, o *60 minutos*, mostrou Jerry Falwell, que chamou o profeta Maomé de terrorista. De acordo com Kenton Keith, antigo embaixador norte-americano no Qatar, a Al Jazeera tem uma tendência, mas não mais do que outras organizações de notícias. Ocorre que se trata de uma tendência com a qual a maioria dos norte-americanos não se sente confortável.

A Al Jazeera apresenta opiniões diversas. Em seu popular programa de entrevista *A opinião contrária*, duas mulheres debatem acaloradamente a poligamia entre os homens muçulmanos. Em outro programa popular, *Sharia* (a lei islâmica) *e a vida*, o apresentador ousou reafirmar às mulheres muçulmanas que o *Alcorão* não as força a se casarem com os homens indicados por seus pais. O embaixador Keith acredita que, "pela importância e o largo alcance da liberdade de imprensa no Oriente Médio e as vantagens que isso trará ao Ocidente, devemos apoiar a Al

Fontes: Al Jazeera, 2004; Barr, 2002; Daniszewski, 2003; Department of State, 2004; MediaGuardian, 2001; H. Rosenberg, 2003; Rutenberg, 2003; Stack, 2004; Urbana, 2002.

O Alcance Global dos Meios de Comunicação

A chegada dos meios eletrônicos criou a "aldeia global"? Isso foi predito há 40 anos pelo lingüista canadense Marshall McLuhan. Hoje, a distância física não é mais uma barreira, e mensagens cruzam instantaneamente o mundo. Os meios de comunicação de massa criaram uma aldeia global. Nem todos os países estão conectados da mesma forma, como mostra a Figura 7-2, mas o progresso é impressionante, considerando-se que a transmissão de voz começou há apenas cem anos (McLuhan, 1964; McLuhan e Fiore, 1967).

O sociólogo Todd Gitlin considera "torrente global" uma metáfora mais correta para o alcance dos meios de comunicação do que "aldeia global" (ver abertura do capítulo). Os meios de comunicação permeiam todos os aspectos da vida cotidiana. Vamos considerar a publicidade, por exemplo. Os bens de consumo são vendidos em todo o planeta, de várias maneiras, de comerciais em carrinhos de aeroporto até impressos nas areias das praias. É um pequeno milagre que as pessoas ao redor do mundo sejam fiéis a uma marca – como Nike, Coca-Cola, Harley Davidson – e que a tragam como se fosse a insígnia do seu time favorito de futebol ou beisebol (Gitlin, 2002; N. Klein, 1999).

Uma parte bastante visível dos meios de comunicação, seja a impressa ou a eletrônica, são as notícias. A maioria das pessoas nos Estados Unidos, entretanto, está pouco familiarizada com canais de notícias fora do país, com a possível exceção da Reuters britânica e da BBC News. Como muitas outras coisas, tudo mudou depois de 11 de setembro de 2001, quando a rede de notícias árabe ganhou o centro do palco (ver Quadro 7-2).

Um funcionário da Al Jazeera monitora as notícias na central da rede no Qatar. A rede Al Jazeera foi apresentada no filme-documentário *Control room* (Sala de controle), de 2004.

Jazeera, mesmo que às vezes tenhamos de torcer o nariz" (Barr, 2002, p. 7).

Para avaliar a influência da Al Jazeera, em 2004, o Departamento de Estado norte-americano estabeleceu sua própria rede de satélite, Al Hurra, no Oriente Médio. Sediada em Springfield, na Virgínia, e com jornalistas árabes veteranos, a nova rede promete informar de forma equilibrada e objetiva os assuntos e eventos regionais. Seu propósito básico, entretanto, é conquistar o coração e a mente de uma população que está profundamente desconfiada dos Estados Unidos. Paga como parte de um pacote de ajuda de US$ 87 bilhões para o Iraque e o Afeganistão, a Al Hurra, cujo nome significa "O livre", é a última de uma série de tentativas dos Estados Unidos de melhorar as relações públicas com o mundo islâmico. Observadores informados, entretanto, vêem o esforço com certo ceticismo. Considerando-se a falha norte-americana de não resolver o conflito Israel-Palestina – fonte básica da tensão no Oriente Médio por décadas – e a invasão do Iraque de 2003, eles duvidam que uma nova rede terá um grande efeito.

Vamos Discutir

1. Você acha que as redes de notícias norte-americanas são preconceituosas? Por quê?
2. O que você pensa da nova rede Al Hurra no Oriente Médio? Ela pode conquistar os corações e as mentes dos espectadores nos Estados Unidos? O governo norte-americano deveria usar o dinheiro dos contribuintes para financiar o esforço?

A chave para criar uma rede realmente global que atinja os locais de trabalho, escolas e lares foi a introdução da Internet. Embora boa parte da transmissão on-line hoje seja limitada a textos impressos e fotos, o potencial de enviar áudio e vídeo pela Internet aumentará em todo o mundo. A interação social, então, realmente acontecerá em escala global.

A Internet também facilitou outras formas de comunicação. Materiais de referência e bancos de dados estão agora acessíveis além das fronteiras nacionais. As informações relacionadas a finanças internacionais, *marketing*, comércio e fabricação se encontram a um passo de distância. Estamos assistindo à emergência de mídias de notícias verdadeiramente mundiais e à promoção de uma música mundial que não se identifica claramente com nenhuma cultura em particular. Mesmo o pensador mais voltado para o futuro acharia incrível o crescimento dos meios de comunicação de massa nas sociedades pós-industriais e pós-modernas (Castells, 2000, 2001, Croteau e Hoynes, 2001, 2003).

A inexistência de um âmbito estritamente nacional para as diversas formas de meios de comunicação de massa levanta um problema potencial para os usuários. As pessoas se preocupam com as influências não-saudáveis e até com crimes que estejam ocorrendo na aldeia global eletrônica hoje, e que existe pouco ou nenhum controle sobre isso. Por exemplo, os líderes do Butão se preocupam com o impacto que as programações de televisão introduzidas recentemente têm sobre a sua cultura e o seu povo. Da mesma forma, em países industrializados, incluindo os Estados Unidos, os executivos estão preocupados com tudo, do videopôquer à pornografia on-line, passando pela ameaça que os *hackers* representam. Na seção de política social a seguir, vamos considerar como a violência exibida nos meios de comunicação pode ter uma má influência na sociedade.

FIGURA 7-2

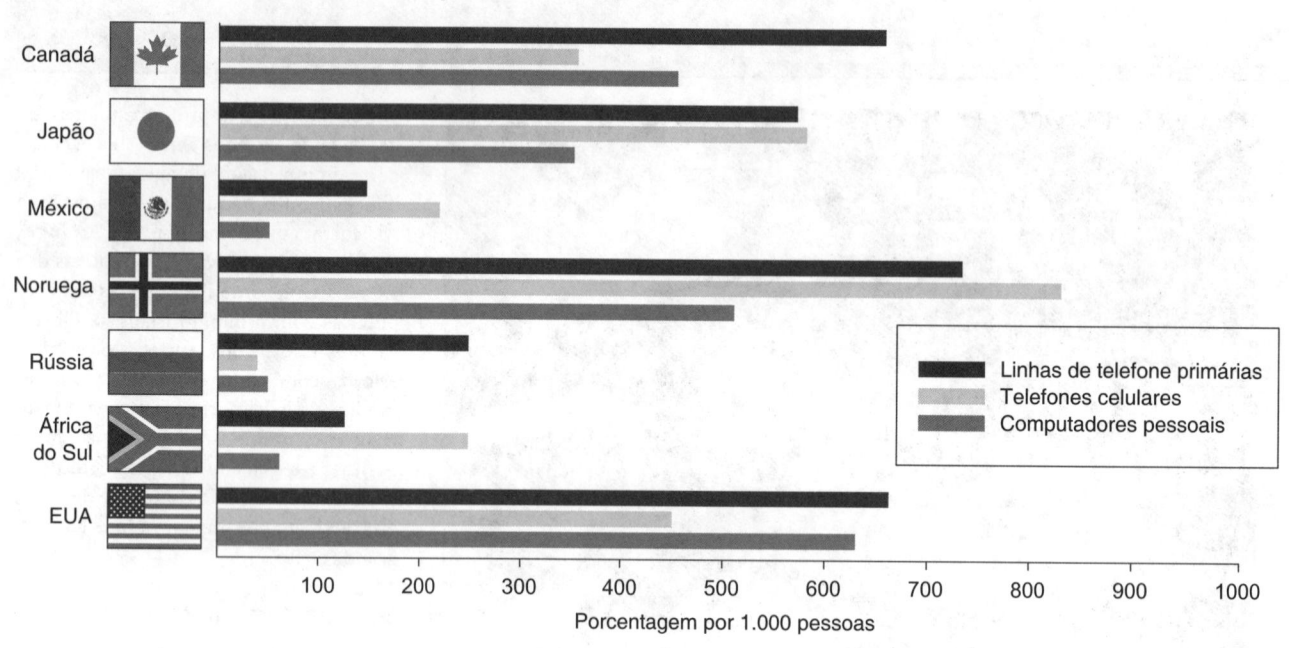

Penetração dos Meios de Comunicação em Países Selecionados

- Canadá
- Japão
- México
- Noruega
- Rússia
- África do Sul
- EUA

Legenda:
- Linhas de telefone primárias
- Telefones celulares
- Computadores pessoais

Porcentagem por 1.000 pessoas

Fonte: Bureau of the Census, 2003a, p. 870.

Pense nisto
Qual é a importância econômica e política da penetração dos meios de comunicação?

POLÍTICA SOCIAL e MEIOS DE COMUNICAÇÃO DE MASSA
Violência nos Meios de Comunicação

O Tema

O filme conta a história de 42 alunos da 9ª série, raptados e levados a uma ilha remota onde foram forçados a jogar o último jogo para sobreviver: matar ou morrer até que restasse apenas um. Em detalhes sangrentos, são mostrados professores eliminando seus alunos, meninas assassinando admiradores tímidos, e os estudantes populares despachando seus rivais com machadinhas e granadas, veneno e metralhadoras. O filme, *Battle royale*, dirigido pelo conhecido diretor japonês Kinji Fukasaku, retrata um Japão que está se desfazendo no século XXI. Milhões estão desempregados, os burocratas perderam o controle, e os executivos do governo estão convencidos de que esse jogo mortal é a única forma de ensinar aos jovens desordeiros uma lição (Magnier, 1999).

Que efeito esse filme e muitos outros como ele têm nas audiências? Mostrar a violência não se limita aos filmes, mas é comum na televisão, nos sites da Internet e nos videogames também. O videogame *Grand theft auto III* (GTA3) vendeu sete milhões de cópias em 2002, é um jogo virtual de guerra urbana. O site Companion da Internet encoraja os jogadores a atropelar pedestres, atirar nos paramédicos que aparecem e roubar os corpos para encontrar alguns trocados. A seqüência de 2003, *Vice city*, se passa em Miami por volta de 1986 e mostra capangas com armas adaptadas em sacolas matando e roubando carros com lançadores de foguetes e coquetéis Molotov (Grossman, 2002).

A violência nos meios de comunicação leva as pessoas, especialmente os jovens, a se tornarem mais violentas? Essa questão vem sendo levantada desde os primeiros dias das histórias em quadrinhos, quando POW! e SPLAT! eram acompanhados por imagens vívidas de lutas. Hoje os meios de comunicação de massa mostram cenas muito mais violentas e sangrentas, e a cada ano a quantidade de violência parece crescer. Uma comparação entre os filmes mais violentos de 2000 e os de 1998 mostra que aqueles feitos em 2000 tinham 6% mais episódios de violência, apesar de serem classificados como PG-13. Da mesma forma, um estudo recente da televisão em rede mostrou um aumento na violência durante todo o horário nobre na TV – ver Figura 7-3, (Lichter et al., 2002).

FIGURA 7-3

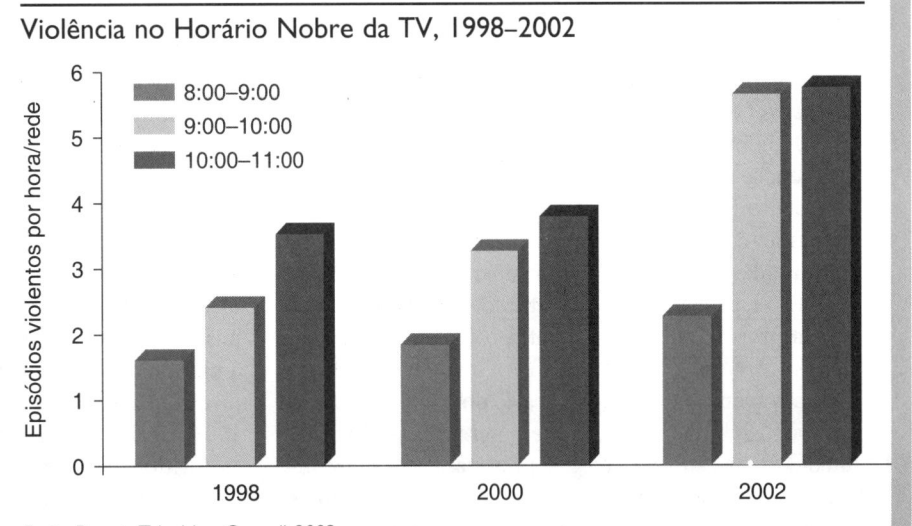

Violência no Horário Nobre da TV, 1998–2002

Fonte: Parents Television Council, 2003.

Nota: Análise de conteúdo da programação das redes ABC, CBS, NBC, FOX, UPN e WB. Os horários são do tempo-padrão ocidental.

O Cenário

Gastamos bastante tempo com os meios de comunicação. De acordo com um estudo da indústria da comunicação, as pessoas passam 10 horas por dia com a televisão, filmes em videoteipe, jogos de computador, rádio e outros. Ao final da semana, o tempo médio é de 72 horas – bem mais do que uma semana completa de trabalho (Bureau of the Census, 2003a, p. 720).

Mas assistir a horas de imagens violentas pode fazer alguém se comportar de modo diferente? Essa pergunta das pesquisas é bastante complexa, uma vez que muitos fatores sociais influenciam o comportamento. Alguns pesquisadores usam um método experimental no qual os participantes são designados aleatoriamente para ver meios violentos ou não-violentos e depois são avaliados quanto a agressão. Outros pesquisam os hábitos dos participantes e os comportamentos ou atitudes agressivos. A análise mais abrangente de mais de 200 estudos sobre a violência nos meios de comunicação e o comportamento agressivo descobriu que a exposição à violência causa aumento de comportamentos agressivos nos jovens em curto prazo. Outro estudo mais recente descobriu que uma menor exposição à televisão e a outros meios está relacionada a uma menor agressão física observada. Mas essas descobertas de pesquisas também mostram que outros fatores estão relacionados ao comportamento agressivo. Testemunhar e vivenciar a violência em seu próprio lar e o encorajamento de outros também demonstraram estar relacionados ao comportamento violento (G. Anderson e Bushman, 2001; J. Johnson et al., 2002; Paik e Comstock, 1994; Robinson et al., 2001; U. S. Surgeon General, 2001).

Insights Sociológicos

A controvérsia sobre a violência e os meios de comunicação levanta algumas questões básicas sobre a sua função. Se as funções dos meios de comunicação são divertir, socializar e reforçar normas sociais, como a violência pode fazer parte dos seus programas, especialmente quando um infrator raramente sofre qualquer conseqüência?

Mesmo que um espectador não se torne necessariamente mais violento por assistir a imagens violentas, um tipo de dessensibilização poderá ocorrer. Partindo da premissa da disfunção narcotizante, pode-se sugerir que a exposição continuada a imagens violentas leva a maior tolerância e aceitação da violência em outros.

Tantos os teóricos do conflito quanto os do feminismo estão preocupados porque as vítimas das cenas de violência são aquelas que recebem menos respeito na vida real: mulheres, crianças, pobres, minorias raciais, cidadãos de países estrangeiros, e mesmo os portadores de deficiência física. Os meios de comunicação mostram estupro de uma forma que desvaloriza ainda mais as mulheres, elas protagonizam como prostitutas, até mesmo em filmes respeitados – de Giulieta Massina em *As noites de Cabíria* de Federico Fellini (1956) até Jodie Foster em *Taxi driver* (1976), Julia Roberts em *Uma Linda Mulher* (1990) e Elisabeth Shue em *Despedida em Las Vegas* (1995).

Os interacionistas estão interessados em saber se a violência nos meios de comunicação pode tornar-se um roteiro para o comportamento na vida real. Como a agressão é um produto da socialização, as pessoas podem moldar-se em um comportamento violento a que assistem, especialmente se as situações forem próximas da sua própria vida. Lutar contra o Green Goblin em *Homem-Aranha* é uma coisa, mas e a violência que representa apenas um pequeno desvio do comportamento normal? No filme de 1995 *The program*, jogadores de futebol americano do colegial provavam sua masculinidade deitando-se no meio da rodovia à noite. Depois de diversas mortes de jovens que tentavam provar sua própria masculinidade imitando a cena, a Touchstone Filmes mandou que o filme fosse recolhido.

Iniciativas Políticas

Os elaboradores de políticas respondem às ligações entre a violência nos meios de comunicação e a agressão na vida real em dois níveis. Nas declarações públicas, os políticos são rápidos em exigir conteúdos menos violentos, voltados para a família, mas, na atividade legislativa, ficam relutantes em iniciar algo que é visto como censura. Eles encorajam o meio de comunicação a se auto-regularem.

O relatório U.S. Surgeon General de 2001 sobre a violência entre os jovens nos Estados Unidos recomenda que os pais usem a tecnologia do V-chip para selecionar os programas de televisão a que seus filhos assistem. Apesar das suas preocupações, um estudo de 2001 mostrou que apenas 17% dos pais usam o V-chip para bloquear programas com conteúdos eróticos ou violentos. Em geral, a maioria dos observadores concorda que os pais deveriam desempenhar um papel mais forte no monitoramento do consumo dos meios de comunicação por seus filhos (Kaiser Family Foundation, 2001; U.S. Surgeon General, 2001).

São iniciados estudos governamentais depois de eventos violentos que desejamos desesperadamente explicar. O relatório Surgeon General de 2001 sobre a violência dos jovens resultou do tiroteio de 1999 da Columbine High School no Colorado. O Canadá lançou um olhar sério para a violência nos meios de comunicação depois do incidente de 1989 em uma universidade de Montreal, quando 14 moças foram mortas a tiros. Uma menina de cinco anos foi surrada sem qualquer motivo por três amigos na Noruega em 1994. Em todos esses casos, a exigência de regulamentos governamentais estritos levou à auto-regulamentação da indústria e a um maior envolvimento dos adultos nos padrões dos jovens quando assistem a programas na televisão (Bok, 1998; Health Canada, 1993).

Muito do nosso conhecimento sobre a violência nos meios de comunicação vem do estudo de crianças que assistem à programação tradicional da TV. Alguns estudos mais recentes tentam avaliar o impacto dos videogames. Não podemos perder de vista o fato que os meios de comunicação estão ficando cada vez mais diversificados, especialmente por causa do papel que a Internet agora desempenha na entrega de conteúdos. Muitos desses novos conteúdos são uma grande promessa de horizontes educacionais em expansão, mas, infelizmente, os novos meios de comunicação também oferecem uma dieta de violência (A. Alexander e Hanson, 2001, p. 44).

Vamos Discutir

1. Você conhece alguém cujo comportamento se tornou mais agressivo depois da exposição à violência nos meios de comunicação? Como foi expressa essa agressividade? Você já notou qualquer mudança em seu próprio comportamento?
2. Até que ponto o governo deveria agir como censor dos meios de comunicação, especialmente a respeito dos conteúdos violentos direcionados às pessoas jovens?
3. Que papel você acha que os pais têm no monitoramento dos hábitos de assistir aos meios de comunicação dos seus filhos? Você limitaria o acesso dos seus filhos? Que atividades alternativas poderiam ser oferecidas às crianças?

RECURSOS DO CAPÍTULO

Resumo

Os *meios de comunicação de massa* se referem aos instrumentos de comunicação impressos e eletrônicos que levam mensagens a audiências amplamente espalhadas. Elas penetram todas as instituições sociais, da diversão, passando pela educação, até a política. Este capítulo examina como esses meios afetam as instituições e influenciam o nosso comportamento social.

1. Da perspectiva dos funcionalistas, os meios de comunicação divertem, promovem o consumo e nos mantêm informados (*função de vigilância*). Elas podem ser disfuncionais na medida em que nos dessensibilizam para eventos e problemas sérios (a *disfunção narcotizante*).
2. Os teóricos do conflito vêem os meios de comunicação como espelhos que refletem e mesmo aprofundam as divisões da sociedade por meio de mediação – controlando os materiais que chegam ao público – e a divulgação da *ideologia dominante*, que define a realidade, sobrepujando as culturas locais.
3. As teóricas do feminismo apontam que as imagens dos sexos nos meios de comunicação comunicam percepções irreais, estereotipadas, limitantes e às vezes violentas das mulheres.
4. Os interacionistas examinam os meios de comunicação em âmbito micro para ver como elas moldam o comportamento social diário. Eles estudaram as pessoas que vêem televisão de forma compartilhada e aquelas que preparam aparecimentos em público que servem aos seus próprios propósitos de definição da realidade social.
5. Os meios de comunicação de massa exigem a presença de uma audiência – tanto faz se ela é pequena ou bem definida, ou grande e amorfa. Com o número crescente de meios de comunicação, elas se dirigem cada vez mais a audiências segmentadas (ou especializadas).
6. Pesquisadores sociais estudaram o papel dos *formadores de opinião* que influenciam as audiências.
7. A indústria da comunicação está se tornando cada vez mais concentrada, criando conglomerados. Essa concentração preocupa quanto ao fato que, conforme o grau de concentração, os meios de comunicação podem ser inovadores ou independentes. Em alguns países, os governos possuem e controlam os meios de comunicação.
8. A Internet é uma exceção importante à tendência de centralização, permitindo que milhões de pessoas produzam seus próprios conteúdos de comunicação.
9. Os meios de comunicação têm um alcance global graças à nova tecnologia de comunicação, especialmente a Internet. Algumas pessoas se preocupam com o fato que o alcance global dos meios de comunicação espalhará influências pouco saudáveis para outras culturas.
10. Os sociólogos estão estudando formas como as cenas de violência nos meios de comunicação podem promover comportamento agressivo e a dessensibilização à violência nos espectadores.

Questões de Pensamento Crítico

1. Que tipo de audiência é visada pelos produtores de luta livre profissional televisionada? Pelos criadores de um filme de animação? Por um grupo de *rap*? Que tipos de fatores determinam quem compõe uma determinada audiência?
2. Trace um processo de produção para uma nova série de comédias de situação (*sitcom*). Quem você acha que serão os mediadores no processo?
3. Use as perspectivas funcionalista, do conflito e interacionista para avaliar os efeitos da programação da TV global nos países em desenvolvimento.

Termos-chave

Disfunção narcotizante O fenômeno pelo qual os meios de comunicação fornecem quantidades enormes de informações que a audiência se torna adormecida e deixa de agir em relação às informações, independentemente do quanto elas sejam fortes. (p. 155)

Estereótipo Uma generalização não-confiável sobre todos os membros de um grupo que não reconhece diferenças individuais dentro do grupo. (p. 156)

Formadores de opinião Indivíduos que influenciam as opiniões e decisões de outros por meio de contatos pessoais e comunicações diários. (p. 162)

Função de vigilância Coleta e distribuição de informações a respeito de eventos no ambiente social. (p. 154)

Ideologia dominante Um conjunto de crenças e práticas culturais que ajudam a manter poderosos interesses sociais, econômicos e políticos. (p. 156)

Mediação O processo pelo qual um número relativamente pequeno de pessoas na indústria dos meios de comunicação controla que materiais atingem as audiências. (p. 155)

Meios de comunicação de massa Meios de comunicação impressos e eletrônicos que levam mensagens para audiências amplamente espalhadas. (p. 151)

RECURSOS TECNOLÓGICOS

Conexão com a Internet*

Obs.: Embora os endereços dos sites relacionados a seguir tenham sido atualizados durante a edição deste livro, eles costumam mudar com grande freqüência em razão da natureza dinâmica da Internet.

1. Numerosas organizações foram formadas com o objetivo de fornecer alternativas à corrente principal dos meios de comunicação de massa. A Paper Tiger Television (*www.papertiger.org*) é uma delas. Explore o site e conheça maneiras como a mediação dos meios de comunicação pode ser desafiada.

2. Na China, os meios de comunicação de massa são controladas pelo governo. Acesse a versão em inglês do principal jornal nacional da China, o *People's Daily* (*english.peopledaily.com.cn/*) para verificar como o controle do governo afeta a cobertura das notícias do jornal.

---

* NE: Sites no idioma inglês.

capítulo 8

DESVIO E CONTROLE SOCIAL

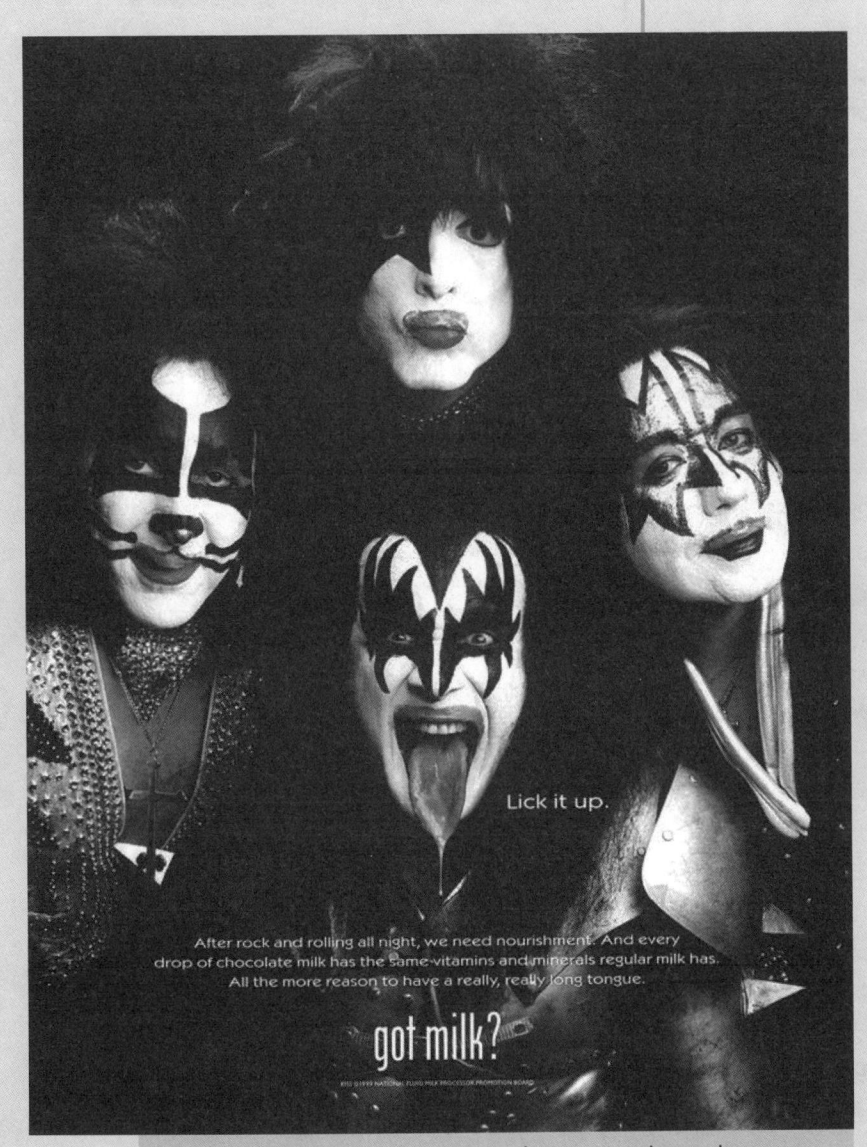

Controle Social

Desvio

Crime

Política Social e Controle Social: Controle de Armas

Quadros
  DESIGUALDADE SOCIAL: Justiça Discricionária
  SOCIOLOGIA NO *CAMPUS*: Bebedeiras
  LEVANDO A SOCIOLOGIA PARA O TRABALHO: Tiffany Zapata-Mancilla, Especialista em Testemunhos de Vítimas, Condado de Cook, Ministério Público Estadual

Desvio e conformidade são conceitos relativos que podem mudar com o passar do tempo. O Kiss era um grupo agressivo de rock na década de 1970, quando as suas roupas e a sua maquiagem teatral pareciam um desvio para alguns. Hoje, a imagem bem conhecida do grupo é menos chocante, e a indústria do leite o contratou para promover seu produto entre os consumidores jovens.

Wallbangin' é um termo das gangues que significa mais ou menos "balada nas paredes". Isso pode ser feito diretamente por escrito ou riscando os textos dos outros; em ambos os casos, estabelece as relações de poder entre as gangues. Os membros das gangues de Los Angeles geralmente reconhecem o *wallbangin'* como um termo genérico para a atividade de escrever nas paredes...

Qualquer tipo de produção cultural ou artística muda dependendo do ambiente. Na maioria das vezes, as pessoas seguem regras bem estabelecidas para as atividades de produção de cultura. Elas o fazem mediante o consumo de certos produtos de determinadas maneiras, ou criando símbolos da sua identidade dentro do escopo do que é legal para toda a sociedade. Em geral, os grafiteiros produzem cultura de uma maneira diferente. Não importa o que diga, a maneira pela qual um grafite é produzido define a posição grafiteiro como um "párea" e o aliena do resto da sociedade...

Os aspectos criminosos do grafite libertam os grafiteiros das limitações que as leis colocariam nas suas criações. Os grafiteiros forçam uma mudança no ambiente, mas sem recursos ou permissões. As suas marcas são como anúncios de grupos e indivíduos que podem, eles próprios, já estarem à margem da lei. Os grafiteiros não são pagos, nem pagam pelo privilégio de usar os espaços. Do ponto de vista da sociedade maior, o grafite é sempre feito "na balada": é uma produção cultural por meio da destruição.

Essa natureza anti-social do grafite faz da sua análise uma meta inerentemente social: o grafite é sempre sobre as pessoas. É sobre relacionamentos, indivíduos e motivos. Como pesquisador, você precisa compreender o sentido real de uma situação social para entender a história apresentada nas paredes...

Um jovem da 29th Street na área South Central de Los Angeles explicou isso da seguinte forma:

No fim a coisa toda é política... Grafite... para nós... o que escrevemos nas paredes... é para marcar o nosso território. Que já sabemos qual é. Uma forma de marcar o nosso território para que as outras pessoas saibam. Veja, neste momento nós poderíamos não estar aqui para representar o nosso bairro, mas as pessoas passam na frente disto e dizem "ah, veja, aqui é onde os caras tal e tal agiram". Tem uma função! É para isso que usamos o grafite. Mas às vezes tentamos fazer estilos diferentes e coisas diferentes. Porque, acredite se quiser, tentamos fazer o nosso bairro ficar bonito... Não queremos escrever nas paredes e deixá-las feias, queremos escrever nas paredes e deixá-las bonitas...

Seja em ruelas, em lugares de agito, parques, ruas principais ou importantes, os membros das gangues fazem grafites para si mesmos e para outros que entendem suas mensagens como atos de representação. Os membros das gangues usam o grafite para organizar os espaços nos quais vivem; no processo, cobrem as ruas com manifestações da sua própria identidade. Como sentinelas silenciosas, os grafites vigiam e informam os passantes sobre as afiliações e atividades que definem uma determinada área. *(S. A. Phillips, 1999, p. 21, 23, 135–135)* ∎

A antropóloga Susan Phillips estudou os grafites nos bairros de Los Angeles por um período de seis anos. Em seu livro *Wallbangin': graffiti and gangs in L.A.*, ela observa que o grafite é visto como vandalismo aos olhos da lei mas, na realidade, cumpre importantes objetivos sociais dos membros das gangues, que vão de fazer uma declaração política a identificar os territórios e "deixar o bairro bonito" (S. A. Phillips, 1999, p. 135).

Como Phillips deixa claro, o que deve ser considerado desviante nem sempre é óbvio. Escrever nas paredes, na realidade, tem uma história ilustre. Ela começa o livro com a descrição da escrita nas paredes de fontes literárias como a Bíblia, Mark Twain, Edgar Allan Poe e George Orwell. Mesmo hoje, aponta Phillips, autoridades do governo às vezes protegem o grafite. No porto de Los Angeles, os executivos não apagam os escritos dos marinheiros. Ao longo da Harlem River Parkway na cidade de Nova York, a parede de um *playground* com grafite do falecido artista Keith Haring (que começou como grafiteiro) é preservada como uma obra de arte.

Outro exemplo da dificuldade para determinar o que é ou não desviante é o problema das bebedeiras nas universidades. Por um lado, vemos as bebedeiras como um comportamento *desviante*, que viola os padrões de conduta das escolas e colocando em perigo a saúde das pessoas. Por outro, podemos considerar que esse comportamento está em *conformidade* com a cultura dos pares. Nos Estados Unidos, as pessoas são socializadas para terem sentimentos ambivalentes sobre o comportamento de conformidade e o de não-conformidade. O termo *conformidade* pode conjurar imagens de uma imitação sem crítica dos comportamentos dos pares do grupo – seja em um círculo de adolescentes usando *phat pants* (pantalonas de boca bem larga), ou em um grupo de executivos usando ternos cinza. E o mesmo termo pode também sugerir que uma pessoa é cooperativa, ou alguém que "trabalha em equipe". E os outros que não seguem os padrões? Eles podem ser respeitados como individualistas, líderes ou pensadores criativos que estão abrindo novos caminhos. Ou podem ser considerados "criadores de encrencas" e "esquisitos" (Aronson, 1999).

Este capítulo examina a relação entre conformidade, desvio e controle social. Quando a conformidade beira o desvio? E como uma sociedade faz para controlar seus membros e convencê-los a se comportarem de acordo com suas regras e leis? Quais são as conseqüências do desvio? Vamos começar por distinguir entre conformidade e obediência, e depois observar duas experiências sobre comportamento de conformidade e obediência à autoridade. A seguir, analisaremos os mecanismos formais e informais que as sociedades usam para encorajar a conformidade e desencorajar o desvio. Vamos prestar atenção especial à ordem jurídica e a como ela se reflete nos valores sociais subjacentes.

A segunda parte do capítulo focaliza as explicações teóricas do desvio, inclusive a abordagem funcionalista usada por Émile Durkheim e Robert Merton, teorias baseadas no interacionismo, teoria do rótulo, que se baseia tanto na perspectiva interacionista quanto na do conflito, e a teoria do conflito.

A terceira parte focaliza o crime, um tipo específico de comportamento desviante. Como uma forma de desvio que está sujeita a normas oficiais, o crime é uma preocupação especial dos elaboradores de políticas e do público em geral. Vamos observar diversos tipos de crimes encontrados nos Estados Unidos, as formas como o crime é medido, e as taxas internacionais de crimes. Finalmente, a seção de política social considera o tópico controverso do controle de armas e sua relação com os crimes violentos. ■

CONTROLE SOCIAL

Como vimos no Capítulo 3, cada cultura, subcultura e grupo tem normas distintas de governar os comportamentos adequados. As leis, códigos de vestuário, estatutos das organizações, exigências de um curso e regras dos esportes e jogos, tudo isso expressa normas sociais.

Como uma sociedade consegue a aceitação das normas básicas? a expressão **controle social** se refere a técnicas e estratégias para prevenir comportamentos humanos desviantes em todas as sociedades. O controle social ocorre em todos os níveis. Na família, somos socializados para obedecer a nossos pais simplesmente porque eles são nossos pais. Grupos de pares nos introduzem nas normas informais, como os códigos de vestuário, que regem o comportamento dos seus membros. As universidades estabelecem os padrões que esperam dos estudantes. Em organizações burocráticas, os trabalhadores encontram um sistema formal de regras e regulamentos. Finalmente, o governo de todas as sociedades legisla e aplica as normas sociais.

A maioria de nós respeita e aceita as normas sociais básicas e assume que os outros farão o mesmo. Mesmo sem pensar, obedecemos às instruções dos policiais, seguimos as regras diárias em nosso trabalho, e vamos para o fundo do elevador quando as pessoas entram. Tais comportamentos refletem um processo eficiente de socialização dos padrões dominantes de uma cultura. Ao mesmo tempo, sabemos bem que indivíduos, grupos e instituições *esperam* que ajamos de maneira "adequada". Essas expectativas carregam **sanções**, penalidades e recompensas por condutas a respeito de uma norma social. Se não cumprirmos uma norma, enfrentaremos punições por meio de sanções informais, como medo e ridículo, ou sanções formais, como sentenças de prisão ou multas.

O desafio de um controle social eficiente é que as pessoas com freqüência recebem mensagens contraditórias sobre como se comportar. Enquanto o Estado ou o governo claramente definem comportamentos aceitáveis, amigos ou colegas de trabalho podem encorajar padrões bastante diferentes de comportamento. Historicamente, as medidas legais destinadas a bloquear a discriminação baseada em raça, religião, gênero, idade e orientação sexual podem ser difíceis de implantar porque muitas pessoas, de uma maneira implícita, encorajam, a sua violação.

Os funcionalistas afirmam que as pessoas precisam respeitar as normas sociais se um grupo ou sociedade desejar sobreviver. Segundo essa perspectiva, as sociedades literalmente não podem funcionar se um número grande de pessoas desafiar os padrões da conduta apropriada. Ao contrário, os teóricos do conflito afirmem que o "funcionamento bem-sucedido" de uma sociedade beneficiará os poderosos e funcionará de forma desvantajosa para os outros grupos. Eles apontam o fato de, nos Estados Unidos, uma resistência muito difundida às normas sociais foi necessária para conquistar a independência da Inglaterra, para derrubar a escravatura, para permitir que as mulheres votem, para assegurar os direitos civis e forçar o final da guerra do Vietnã.

Conformidade e Obediência

As técnicas do controle social operam tanto no grupo quanto na sociedade. As pessoas que vemos como nossos pares ou iguais nos influenciam a agir de determinadas maneiras, isso também funciona para as pessoas que têm

Controle social no estilo finlandês. O jovem está descansando em sua cela na prisão, não em um dormitório da faculdade. Trinta anos atrás a Finlândia rejeitou o modelo soviético de prisão e adotou um sistema correcional mais suave destinado a moldar os valores dos prisioneiros, e encorajar um comportamento moral. Hoje a taxa de prisioneiros na Finlândia é menos da metade da Inglaterra e um quarto da encontrada nos Estados Unidos.

autoridade sobre nós, ou ocupam posições que inspiram admiração. Stanley Milgram (1975) fez uma distinção útil entre esses dois níveis importantes de controle social.

Milgram usou o termo **conformidade** com o significado de dar-se bem com os pares – indivíduos com o mesmo *status* que nós, que não têm um direito especial de dirigir o nosso comportamento. Ao contrário, **obediência** é a conformidade com as autoridades mais altas em uma estrutura hierárquica. Assim, um recruta entrando no serviço militar vai estar em *conformidade* com os hábitos e a linguagem dos outros recrutas e *obedecerá* às ordens dos oficiais superiores. Os estudantes estarão em *conformidade* com o comportamento de beber dos seus pares e *obedecerão* às solicitações dos guardas de segurança do *campus*.

Conformidade com o Preconceito

Com freqüência, pensamos em conformidade como algo que não causa danos, como quando os membros de uma academia cara usam as mesmas roupas esportivas caras. Mas os pesquisadores descobriram que as pessoas podem ficar em conformidade com atitudes e comportamentos dos seus pares mesmo quando isso significa expressar intolerância em relação aos outros. Fletcher Blanchard, Teri Lilly e Leigh Ann Vaughn (1991) fizeram uma experiência no Smith College e descobriram que as declarações que as pessoas ouviam dos outros influenciavam a expressão de suas opiniões sobre o assunto do racismo.

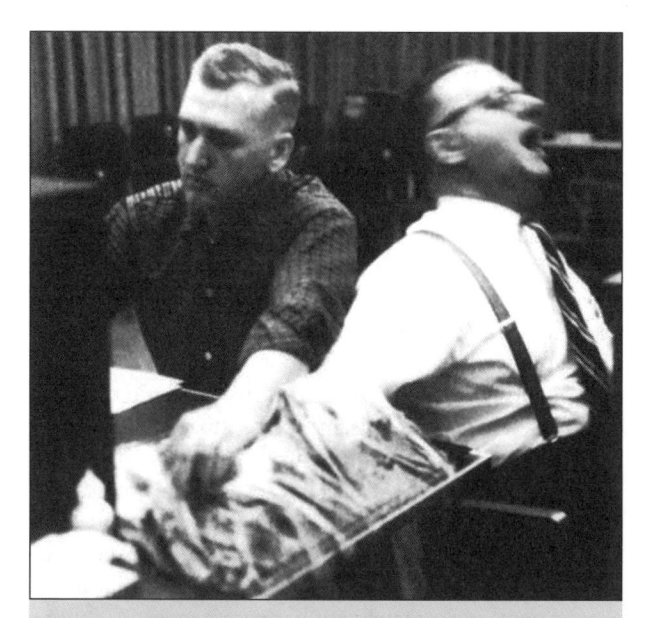

Em uma das experiências de Stanley Milgram, o "aluno" recebia um choque falso da placa elétrica quando respondia a uma pergunta de forma errada. No nível de 150 volts, o "aluno" pedia para ser libertado e se recusava a colocar as mãos na placa elétrica. O pesquisador então mandava o verdadeiro participante da experiência (o "professor") forçar a mão do "aluno" na placa, como se vê na foto. Embora 40% dos participantes verdadeiros tenham parado de atender a Milgram nesse ponto, 30% realmente forçaram a mão do "aluno" sobre a placa elétrica, apesar da agonia deste.

Na experiência, uma estudante que estava trabalhando com os pesquisadores (uma aliada) abordou 72 estudantes brancos quando andavam pelo *campus*. Ela dizia que estava fazendo uma pesquisa de opinião para uma aula. Ao mesmo tempo, parava uma segunda estudante branca – na verdade, uma colega de pesquisa – e perguntava se ela queria participar da pesquisa. A primeira pergunta era sobre como o Smith College deveria responder aos bilhetes racistas anônimos que haviam sido enviados a quatro estudantes afro-americanos em 1989. A colega da pesquisa sempre respondia antes. Em alguns casos, ela condenava os bilhetes, em outros, justificava-os.

Blanchard e seus colegas (1992, p. 102-103) concluíram que "ouvir pelo menos uma outra pessoa expressar opiniões fortemente anti-racistas produzia reações públicas anti-racistas muito mais fortes do que ouvir outras pessoas expressando opiniões equívocas ou opiniões tendendo a aceitar o racismo". Quando os aliados expressavam sentimentos que justificavam o racismo, os participantes da experiência tendiam muito menos a expressar opiniões anti-racistas do que aqueles que não tinham ouvido aquelas opiniões. Nessa experiência, o controle social influenciou as atitudes das pessoas, ou pelo menos a expressão de tais atitudes, pelo processo da conformidade. Na seção seguinte, veremos que o controle social pode alterar o comportamento das pessoas por meio do processo da obediência.

Obediência à Autoridade

Se mandassem você seguir as instruções de um pesquisador para dar choques elétricos dolorosos em um participante de uma experiência, você o faria? A maioria das pessoas diria não, mesmo assim, a pesquisa do psicólogo social Stanley Milgram (1963, 1975) sugere que a maioria de nós *obedeceria* a tal ordem. Nas palavras de Milgram (1975, p. xi), "comportamentos que seriam impensáveis para um indivíduo... agindo sozinho, poderão ser executados sem hesitação quando uma ordem é recebida".

Milgram colocou anúncios em jornais de New Haven, Connecticut, recrutando pessoas para uma experiência de aprendizado na Yale University. Os participantes incluíam funcionários administrativos do correio, engenheiros, professores do nível médio e operários. Foi-lhes dito que o objetivo da pesquisa era investigar os efeitos da punição no aprendizado. O pesquisador, vestindo um avental cinza de técnico, explicou que em cada teste um sujeito seria selecionado aleatoriamente como o "aluno", enquanto outro funcionaria como o "professor". Entretanto, as coisas foram arranjadas de forma que o sujeito "real" da pesquisa fosse sempre o professor, ao passo que um associado de Milgram se fingia de aluno.

A mão do aluno foi amarrada a um aparelho elétrico. O professor era levado a um "gerador de choques" com 30 interruptores em escala rotulados de 15 a 450 volts. Antes de começar a experiência, todos os sujeitos recebiam um choque de amostra de 45 volts, para convencê-los da autenticidade da experiência. O pesquisador então instruía o professor a aplicar os choques com voltagem crescente cada vez que o aluno desse uma resposta incorreta em um teste de memória. Só se dizia aos professores, que "embora os choques possam ser muito dolorosos, não causam um dano permanente aos tecidos". Na realidade, o aluno não recebia choque algum.

Em um *script* preparado com antecedência, o aluno deliberadamente dava respostas incorretas e expressava dor quando levava "choques". Por exemplo, a 150 volts, o aluno gritava "Me tira daqui!". A 270 volts, ele gritava desesperadamete. Ao receber um choque de 350 volts, ficava calado. Se o professor quisesse parar a experiência, o pesquisador insistiria que continuasse, usando afirmações como "A experiência exige que você continue" e "Você não tem escolha, precisa continuar" (Milgram, 1975, p. 19-23).

Os resultados dessa experiência incomum deixaram Milgram e outros cientistas sociais impressionados e desesperançados. Um grupo de psiquiatras tinha previsto que praticamente todos os sujeitos se recusariam a dar choques em vítimas inocentes. Do seu ponto de vista, uma "margem patológica" de menos de 2% continuaria ministrando os choques até o nível máximo. Ainda assim, *dois terços* dos participantes caíram na categoria de "sujeitos obedientes".

Por que os sujeitos obedeceram? Por que estavam querendo infringir choques aparentemente dolorosos em vítimas inocentes que nunca lhes tinham feito nenhum mal? Não existem provas de que esses sujeitos fossem sádicos poucos pareciam estar gostando de ministrar os choques. Ao contrário, na opinião de Milgram, a chave da obediência era o papel social da experiência de um "cientista" e "alguém que busca o conhecimento".

Milgram apontou que, no mundo industrializado moderno, estamos acostumados a submeter-nos a figuras de autoridade impessoais cujo *status* é indicado por seu título (professor, tenente, doutor), ou por um uniforme (avental de um técnico). Como vemos a autoridade como maior e mais importante do que o indivíduo, transferimos a responsabilidade pelo nosso comportamento para a figura da autoridade. Os sujeitos de Milgram freqüentemente diziam: "Se pudesse decidir, eu não daria os choques." Eles se viam como simplesmente cumprindo seu dever (Milgram, 1975).

Da perspectiva interacionista, um aspecto importante das descobertas de Milgram é o fato de que os sujeitos, nos estudos de acompanhamento, tendiam menos a infringir os supostos choques conforme chegavam mais perto fisicamente das suas vítimas. Além disso, os interacionistas enfatizam o efeito de ministrar doses adicionais *maiores* de 15 volts. De fato, o pesquisador negociou com o professor e o convenceu a continuar infringindo níveis mais altos de punição. Provavelmente, uma taxa de obediência tão alta de dois terços não seria atingida se o pesquisador tivesse dito aos professores para ministrarem 450 volts logo no início (B. Allen, 1978; Katovich, 1987).

Milgram lançou seu estudo experimental da obediência para entender melhor o envolvimento dos alemães no extermínio de seis milhões de judeus e milhões de outras pessoas durante a Segunda Guerra Mundial. Em uma entrevista realizada muito depois da publicação do seu estudo, ele sugeriu que "se campos de extermínio do tipo da Alemanha nazista fossem implantados nos Estados Unidos, seríamos capazes de encontrar pessoal suficiente para eles em qualquer cidade norte-americana de tamanho médio" (CBS News. 1979, p. 7-8).

Use a Sua Imaginação Sociológica

Se você fosse um participante da pesquisa de Milgram sobre conformidade, até que ponto acha que seguiria as ordens? Você vê algum problema ético com a manipulação feita pelo pesquisador dos sujeitos de controle?

Controle Social Formal e Informal

As sanções que são usadas para encorajar a conformidade e a obediência – e desencorajar a violação das normas sociais – são executadas por meio de controles formais e informais. Como está implícito na expressão, as pessoas usam o *controle social informal* casualmente para aplicar normas. Os exemplos incluem sorrisos, risadas, uma sobrancelha levantada e o ridículo.

Nos Estados Unidos e em muitas outras culturas, como a brasileira, os adultos com freqüência vêem os atos de bater nas crianças, dar tapas ou chutar como meios adequados e necessários de controle social informal. Os especialistas em desenvolvimento infantil rebatem dizendo que essas punições corporais não são adequadas porque ensinam as crianças a resolverem os problemas com a violência. Eles avisam que os atos de dar tapas e bater podem evoluir para formas mais sérias de abuso. Ainda assim, apesar da declaração de uma política em 1998 da American Academy of Pediatrics afirmando que a punição corporal não é eficiente e pode, na verdade, ser prejudicial, 59% dos pediatras apóiam a idéia da punição corporal, pelo menos em certas situações. A cultura norte-americana aceita de modo geral essa forma de controle social informal (Wolraich et al., 1998).

O *controle social formal* é exercido por agentes autorizados, como policiais, juízes, administradores de escolas, funcionários, militares e gerentes de um cinema. Funciona como um último recurso quando a socialização e as sanções sociais não causam o comportamento desejado. Um meio cada vez mais importante de controle social formal é prender as pessoas. Nos Estados Unidos, no decorrer de um ano, cerca de sete milhões de adultos passam por algum tipo de supervisão correcional – prisão, *sursis*, liberdade condicional. Em outras palavras, quase um em cada 30 adultos norte-americanos está sujeito a esse tipo formal de controle social todos os anos (Glaze, 2002).

Que comportamentos estão sujeitos a controle social formal, e qual a gravidade dessas sanções? As sociedades variam. Em Cingapura, não se deve mascar chicletes em público, alimentar os pássaros pode levar a multas de até US$ 640, e existe até uma multa de US$ 95 por não dar a descarga no banheiro. Cingapura tem que lidar com crimes graves de forma particularmente severa. A pena de morte é obrigatória para assassinato, tráfico de drogas e crimes cometidos com armas de fogo.

Depois dos ataques de 11 de setembro de 2001, novas medidas de controle social se tornaram norma nos Estados Unidos. Algumas delas, como segurança mais forte nos aeroportos e prédios altos, são totalmente visíveis para o público. O governo federal também incentivou publicamente os cidadãos a realizarem um controle social informal vigiando e denunciando pessoas que agissem de modo suspeito. Mas muitas outras medidas tomadas pelo governo aumentaram a vigilância disfarçada de arquivos e comunicações particulares.

Apenas 45 dias depois dos ataques de 11 de setembro, quase sem qualquer debate, o Congresso aprovou a Lei USA PATRIOT de 2001. (USA PATRIOT é uma sigla para "Unindo e Fortalecendo a América Fornecendo Ferramentas Adequadas para Interceptar e Obstruir o Terrorismo".) As seções dessa legislação radical revogaram as inspeções legais do poder dos órgãos de aplicação da lei. Sem um mandado ou causa provável, o Federal Bureau of Investigation (FBI) pode agora acessar secretamente os registros mais privados, incluindo registros médicos, contas de livraria e registros de estudantes. Em 2002, por exemplo, o FBI fez buscas nos registros de centenas de lojas e organizações de mergulho. Os agentes foram instruídos para identificar todas as pessoas que haviam tido aulas de mergulho nos últimos três anos, porque existiam especulações de que os terroristas poderiam tentar chegar aos alvos por baixo da água (Moss e Fessenden, 2002).

Muitas pessoas pensam que esse tipo de controle social vai longe demais. Os ativistas dos direitos civis advogam que também há preocupações quanto ao pedido de informações por parte do governo sobre atividades suspeitas poder encorajar a estereotipagem negativa dos muçulmanos e árabes norte-americanos. Voltaremos a esse tópico na seção de política social do Capítulo 16, que aborda a troca dos benefícios das novas tecnologias de vigilância pelo direito à privacidade.

O jogo interno entre o controle social formal e o informal pode ser complicado, especialmente se as pessoas são encorajadas a violar normas sociais. O Quadro 8-1 aborda as bebedeiras entre os estudantes universitários, que recebem mensagens conflitantes sobre a aceitação do comportamento das fontes de controle social formais e informais.

Lei e Sociedade

Algumas normas adquirem tanta importância para uma sociedade, que são formalizadas em leis que controlam o comportamento das pessoas. Uma *lei* pode ser definida como um controle social governamental (Black, 1995). Algumas leis, como a proibição do homicídio, são dirigidas a todos os membros da sociedade. Outras, como os regulamentos para pesca e caça, afetam basicamente determinadas categorias de pessoas. E outras, ainda, governam o comportamento das instituições sociais (por exemplo, a lei comercial e as leis a respeito da tributação de companhias sem fins lucrativos).

Os sociólogos vêem a criação de leis como um processo social. Como as leis são aprovadas em resposta às necessidades percebidas de controle social formal, os sociólogos buscam explicar como e por que tal percepção surge. Do seu ponto de vista, a lei não é simplesmente um corpo estático de regras passadas de uma geração à outra. Ao contrário, reflete padrões continuamente em mudança do que é certo e errado, de como as violações são determinadas, e de como as sanções deverão ser aplicadas (Schur, 1968).

Os sociólogos, representando diversas perspectivas teóricas, concordam que a ordem legal reflete os valores dos que se encontram em posição de exercer a autoridade. Portanto, a criação do direito civil e criminal pode ser uma matéria bastante controversa. Deveria ser contra a lei empregar imigrantes ilegais em uma fábrica (ver Capítulo 10), fazer um aborto (ver Capítulo 11), permitir preces em escolas públicas (Capítulo 13), ou fumar nos aviões? Tais assuntos já foram muito debatidos, porque exigem a escolha entre valores concorrentes. Não é surpreendente que leis norte-americanas muito impopulares – como as proibições, no passado, de bebidas alcoólicas de acordo com a 18ª Emenda, e o estabelecimento do limite geral de velocidade de 55 milhas por hora nas auto-

FIGURA 8-1

A Situação da Maconha Medicinal

Mapeando a Vida NOS ESTADOS UNIDOS

- Estados que permitem uso medicinal da maconha
- Esperando regulamentação
- Regulamentação não aprovada recentemente

Obs.: Siglas dos estados em inglês.

Obs.: A lei federal norte-americana impõe uma sentença de um ano de prisão para as pessoas que forem flagradas com posse de pequenas quantidades de maconha. Não se faz exceção para uso medicinal, mesmo que a lei estadual o permita, como na Califórnia.

Fonte: Desenvolvido pelo autor com base nos dados de *Americans for Medical Rights*, 2003.

Sociologia no *Campus*
8-1 BEBEDEIRAS

Scott Krueger se sobressaía como um estudante do nível médio, todos gostavam dele, era bem relacionado e inteligente. Cortejado pelas melhores escolas de engenharia – Penn, Cornell, Michigan, MIT –, Scott escolheu a MIT depois que uma visita com direito a pernoite o convenceu que "eles não eram todos esquisitões" lá.

Em setembro de 1997, Scott estava no MIT havia pouco mais de um mês, e contou à sua irmã pelo telefone que aquela seria uma grande noite, pois era o juramento da sua classe à fraternidade. Coletivamente, eles tinham de tomar uma grande quantidade de álcool. Várias horas depois, em coma, Scott deu entrada no pronto-socorro. O nível de álcool em seu sangue era de 4.1 – cinco vezes o padrão permitido para se dirigir em Massachusetts. Dias depois ele morreu, constituindo-se em mais outra vítima das bebedeiras dos universitários.

O comportamento de Scott não teve nada de extraordinário. De acordo com um estudo publicado pela Harvard School of Public Health em 2002, 44% dos estudantes universitários participam de bebedeiras (definidas como no mínimo cinco drinques seguidos para os homens, e quatro seguidos para as mulheres). Para os que vivem em uma fraternidade ou irmandade grega, as taxas são ainda mais altas – quatro em cada cinco participam de bebedeiras (ver figura). Esses números representam um aumento dos dados da década de 1990, apesar dos esforços de diversas universidades em todo o país para informar os estudantes sobre os riscos das bebedeiras. O problema não se limita aos Estados Unidos – Reino Unido, Rússia e África do Sul informam o hábito

---
44% dos estudantes universitários participam de bebedeiras

---

regular de consumo alcoólico de "beber até cair" entre os jovens.

As bebedeiras nas universidades representam um problema social difícil. Por um lado, podem ser consideradas *desviantes*, uma vez que violam os padrões de conduta esperados naqueles ambientes acadêmicos. Na verdade, os pesquisadores de Harvard consideram as bebedeiras como o problema de saúde pública mais sério que as universidades enfrentam. Não só causam 50 mortes por ano e centenas de casos de envenenamento por álcool, como também aumentam a possibilidade de falta de acompanhamento na escola, de ferimentos e de danos à propriedade.

A ingestão de bebidas alcoólicas por adolescentes e jovens universitários brasileiros tem-se tornado um problema social na medida em que quase sempre vem acompanhada do – ou é um primeiro passo para o – consumo de outras drogas, como maconha, cocaína, *crack* e drogas sintéticas, como o *ecstasy*, cujos efeitos são devastadores, tanto para o indivíduo quanto para a sociedade. Jovens bêbados são responsáveis por acidentes de trânsito – muitos fatais –, desavenças familiares, mau rendimento escolar, violência urbana etc., além de estarem sujeitos ao vício para sempre, causando enormes prejuízos para o erário público. Em 2003, a pesquisa "Violência, Drogas e Aids nas Escolas" demonstrou que 2,5 milhões de jovens brasileiros já consumiram ou consomem bebidas alcoólicas, dos quais 10% declararam beber com regularidade.

O outro lado desse comportamento potencialmente autodestrutivo é que a bebedeira representa *conformidade* com a cultura dos pares, especialmente em fraternidades e irmandades, que funcionam como centros sociais em diversas universidades. A maioria dos estudantes parece ter uma atitude de que "todo mundo faz – grande coisa!" em relação ao comportamento. Muitos acham que tomar cinco

Fontes: Glauber, 1998; Goldberg, 1998; Hoover, 2002; Leinwand, 2003; McCormick e Kalb, 1998; Wechsler et al., 2002.

---

estradas – tenham a sua aplicação dificultada quando não existe um consenso que as apóie.

Um debate atual e controverso sobre leis é o que se refere à legalização da maconha para fins médicos. Embora a maioria dos adultos norte-americanos consultados nas pesquisas nacionais apóie tal uso, os governos estaduais relutam em autorizar o direito à utilização da maconha para fins medicinais, ver Figura 8-1.

A socialização é, na verdade, a fonte primária dos comportamentos de conformidade e de obediência, inclusive a obediência à lei. De maneira geral, não é a pressão externa do grupo dos pares ou da figura da autoridade que nos faz seguir as normas sociais. Ao contrário, internalizamos tais normas como válidas e desejáveis, e nos comprometemos a segui-las. Em um sentido profundo, queremos nos ver (e ser vistos) como leais, cooperativos, responsáveis e respeitosos. Em geral, as pessoas são socializadas porque querem fazer parte da sociedade e têm medo de ser vistas como diferentes ou desviantes.

A **teoria do controle** sugere que a nossa ligação com os membros da sociedade nos leva sistematicamente à conformidade com as normas sociais. De acordo com o sociólogo Travis Hirschi e outros teóricos do controle, nossos vínculos com os membros da família, amigos e pares nos levam a seguir costumes e maneiras de agir da nossa sociedade. Pensamos muito pouco conscientemente se vamos ser punidos se não cumprirmos as regras. A socialização desenvolve o nosso autocontrole tão bem que não precisamos de mais pressão para obedecer às drinques em seguida é bastante comum. Como disse um estudante da Boston University, "qualquer um que vá a uma festa faz isso, ou pior. Se você conversar com qualquer pessoa em idade de cursar faculdade ela vai dizer que isso é normal".

Nos Estados Unidos algumas faculdades e universidades estão tomando providências para tornar as bebedeiras um pouco menos "normais" por meio do *controle social* – proibindo barris (de cerveja), fechando fraternidades e irmandades, encorajando os varejistas de bebidas alcoólicas a não vender (álcool) em grandes volumes aos estudantes, e expulsando estudantes depois de três infrações relacionadas ao álcool. Ainda assim, muitas faculdades toleram os organizadores de eventos da primavera que promovem festas de "beber tanto quanto conseguir" como parte do pacote.

Vamos Discutir

1. Em sua opinião, por que a maioria dos universitários vê as bebedeiras como algo normal e não como um comportamento desviante?
2. O que seria mais eficiente para combater as bebedeiras na sua universidade, o controle social formal ou o informal?

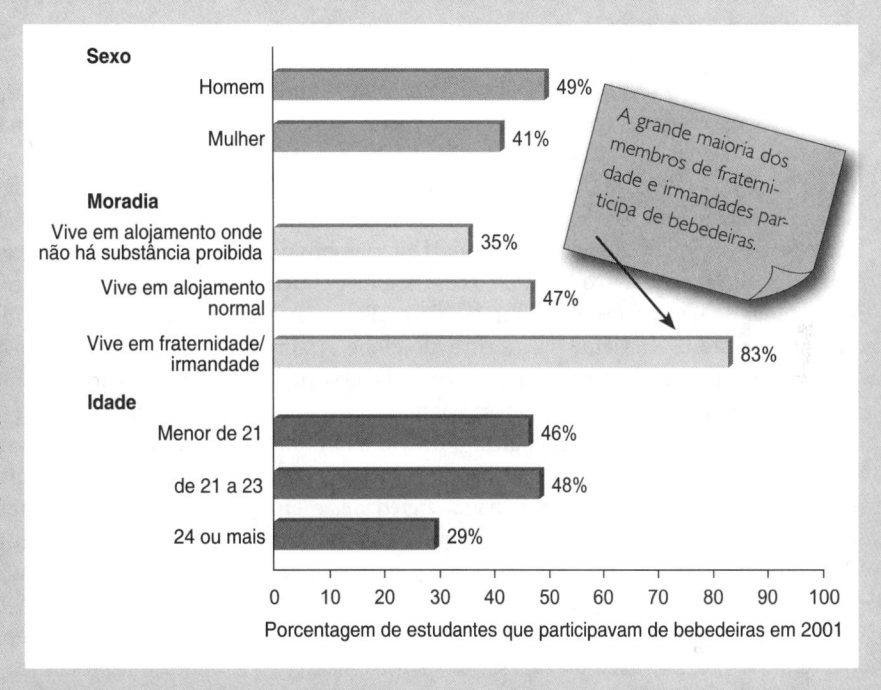

Sexo	
Homem	49%
Mulher	41%
Moradia	
Vive em alojamento onde não há substância proibida	35%
Vive em alojamento normal	47%
Vive em fraternidade/irmandade	83%
Idade	
Menor de 21	46%
de 21 a 23	48%
24 ou mais	29%

Porcentagem de estudantes que participavam de bebedeiras em 2001

A grande maioria dos membros de fraternidade e irmandades participa de bebedeiras.

Nota: Baseado em um levantamento nacional com mais de 10 mil universitários em 2001. Uma bebedeira foi definida como uma sessão de bebida de pelo menos cinco drinques para homens, e quatro drinques para mulheres, durante duas semanas antes do questionário auto-administrado.

Fonte: Wechsler et al., 2002, p. 208.

---

normas sociais. Embora a teoria do controle não explique com eficácia a base racional para cada ato, mesmo assim ela nos lembra que, a despeito dos meios de comunicação focalizar nos crimes e nas desordens, a maioria dos membros de grande parte das sociedades está em conformidade e obedece às regras básicas (Gottfredson e Hirschi, 1990; Hirschi, 1969).

DESVIO

O que é Desvio?

Para os sociólogos, o termo *desvio* não significa perversão ou depravação. Trata-se de um comportamento que viola os padrões de conduta ou expectativas de um grupo ou sociedade (Wickman, 1991, p. 85). Nos Estados Unidos, os alcoólatras, jogadores compulsivos e pessoas com doenças mentais seriam classificados como desviantes. Chegar atrasado à aula é classificado como um ato desviante, o mesmo vale para usar calças jeans em um casamento formal. Com base na definição sociológica, somos todos desviantes de vez em quando. Cada um de nós viola normas sociais comuns em determinadas situações.

Excesso de peso é um exemplo de desvio? Em muitas culturas, padrões irreais de aparência e imagem do corpo exercem uma imensa pressão sobre as pessoas – especialmente mulheres adultas e meninas – com base na sua aparência. A jornalista Naomi Wolf (1992) usou a expressão *mito de beleza* para se referir a um ideal de beleza exagerado, que está além do alcance de quase todas as mulheres e que traz consequências ruins. Para mudar sua imagem "desviante" e ficar em conformidade com normas sociais irreais, muitas mulheres e meninas se consomem tentando ajustar sua aparência. Mas o que é desviante em uma cultura pode ser celebrado em outra. Na Nigéria, por exemplo, ser gorda é considerado um sinal de beleza. Parte dos rituais de entrada na idade adulta exige que as meninas passem um mês em uma "sala de engorda". Entre os nigerianos, ser magra nessa altura da vida constitui um desvio (A. Simmons, 1998).

O desvio envolve a infração das normas do grupo, que podem ou não ser formalizadas em uma lei. Trata-se de um conceito abrangente que inclui não apenas comportamento criminoso, mas também várias ações que não estão sujeitas a processo jurídico. Um funcionário público que aceita propina está infringindo uma norma social definida, mas também o faz um estudante do ensino médio que se recusa a sentar-se em um lugar designado, ou que falta às aulas. Evidentemente, os desvios das normas nem sempre são negativos, e muito menos criminosos. Um membro de um clube social exclusivo que reclama contra uma política tradicional de não permitir a admissão de mulheres, negros e judeus está desviante das normas do clube, Assim como também o está um policial que denuncia a corrupção ou a brutalidade dentro do departamento.

De uma perspectiva sociológica, o desvio não é objetivo nem imutável. Ao contrário, ele está sujeito a uma definição social em uma determinada sociedade, e em um determinado momento, por isso, o que é considerado desviante pode mudar de uma era social para outra. Na maioria dos casos, os indivíduos e grupos com *status* mais alto e maior poder definem o que é aceitável e o que é desviante. Por exemplo, apesar dos avisos médicos contra os perigos do tabaco desde 1964, o ato de fumar continuou aceito por décadas – em grande parte por causa do poder dos plantadores de tabaco e dos fabricantes de cigarros. Apenas depois de uma longa campanha feita pela saúde pública e pelos ativistas contra o câncer, fumar está se tornando cada vez mais uma atividade desviante. Hoje, muitas leis estaduais e locais limitam onde as pessoas podem fumar.

Embora os desvios incluam decisões relativamente diárias, sem grande importância sobre o nosso comportamento pessoal, em alguns casos eles se tornam parte da identidade de uma pessoa. Esse processo é chamado de *estigmatização*.

Desvio e Estigma Social

Há muitas formas de uma pessoa adquirir uma identidade desviante. Por causa de características físicas ou comportamentais, alguns indivíduos inadvertidamente recebem papéis sociais negativos. Uma vez que eles recebem um papel desviante, enfrentam dificuldades para apresentar uma imagem positiva aos outros, ou podem mesmo ter uma baixa auto-estima. Grupos inteiros de pessoas – por exemplo, "baixinhos" ou "ruivos" – podem ser rotulados dessa forma. O interacionista Erving Goffman cunhou o termo **estigma** para descrever os rótulos que a sociedade usa para desvalorizar os membros de um determinado grupo social (Goffman, 1963a; Heckert e Best, 1997).

Expectativas que prevalecem quanto a beleza e forma do corpo podem impedir que pessoas vistas como feias ou obesas desenvolvam-se tão rapidamente quanto suas capacidades permitiriam. Supõe-se que tanto as pessoas com excesso de peso quanto as anoréxicas são fracas em termos de caráter, escravas do seu apetite, ou de imagens nos meios de comunicação. Como elas não estão em conformidade com o mito de beleza, podem ser vistas como tendo uma aparência "desfigurada" ou "estranha", portadoras do que Goffman chama de "identidade estragada". Entretanto, o que é ser desfigurado depende de interpretação. De um milhão de procedimentos estéticos feitos só nos Estados Unidos todos os anos, muitos são realizados em mulheres que seriam objetivamente definidas como tendo uma aparência normal. E como notou corretamente uma socióloga feminista, o mito de beleza faz que muitas mulheres se sintam desconfortáveis consigo mesmas, e que homens não tenham confiança em sua aparência. O número de homens que decidem fazer um procedimento estético aumentou drasticamente nos últimos anos, eles agora representam 20% dessas cirurgias, inclusive lipoaspiração (American Academy of Cosmetic Surgery, 2004).

O Brasil é um país campeão em cirurgias plásticas e de mais procedimentos estéticos tanto em homens quanto em mulheres. Um dos mais renomados cirurgiões plásticos do mundo é brasileiro, o médico Ivo Pitanguy, cuja clínica é procurada também por estrangeiros, sobretudo por celebridades do mundo do entretenimento. Segundo a Sociedade Brasileira de Cirurgia Plástica, em 2000, aproximadamente 350 mil pessoas submeteram-se ao bisturi por razões puramente estéticas. Desse total, 30% eram homens.

As pessoas também são estigmatizadas, muitas vezes como portadoras de comportamentos desviantes que elas podem nem ter mais. Os rótulos "jogador compulsivo", "ex-presidiário", "alcoólatra em recuperação" e "ex-paciente de sanatório" podem acompanhar uma pessoa por toda a vida. Goffman faz uma distinção útil entre um símbolo de prestígio que chama a atenção para um aspecto positivo da identidade de uma pessoa, como uma aliança de casamento ou um crachá, e um símbolo de estigma que tira a credibilidade ou as bases da identidade de uma pessoa, como alguém que foi preso por molestar crianças. Embora os símbolos do estigma nem sempre sejam óbvios, eles podem se tornar um assunto de conhecimento público. Desde 1994, muitos estados norte-americanos exigem que os condenados por crimes sociais se registrem no departamento de polícia local. Algumas comunidades publicam seus nomes e endereços e, em certos casos, até mesmo as fotos de pessoas envolvidas em crimes sexuais são colocadas na Internet.

Ninguém precisa ser culpado de um crime para ser estigmatizado. Quem é um sem-teto geralmente tem problemas para encontrar um emprego, porque os empregadores ficam preocupados com candidatos que não possuem um endereço. Além disso, é difícil disfarçar, uma vez que as agências usam o telefone para contatar os candidatos a uma vaga de emprego. Se um morador de rua tem acesso a um telefone em um abrigo, os funcionários do abrigo atendem ao telefone dizendo o nome da instituição – uma maneira certa de desencorajar potenciais empregadores. Ainda que se um morador de rua supere esses obstáculos e consiga arranjar um emprego, com freqüência acabará sendo despedido quando o empregador souber da sua situação. Independentemente dos atributos positivos de um morador de rua, os empregadores encaram a sua identidade estragada como razão suficiente para demiti-lo.

Enquanto alguns tipos de desvio estigmatizam uma pessoa, outros tipos não acarretam uma penalidade importante. Alguns bons exemplos de formas de desvio socialmente toleráveis podem ser encontrados no mundo da alta tecnologia.

Desvio e Tecnologia

As inovações tecnológicas, como os *pagers* e o correio de voz, podem redefinir as interações sociais e os padrões de comportamento relacionados a elas. Quando a Internet se tornou disponível ao público, não havia qualquer norma ou regulamento regendo seu uso. Como a comunicação on-line oferece um alto grau de anonimato, o comportamento grosseiro – falar coisas pesadas de outras pessoas, ou monopolizar as salas de bate-papo – tornou-se rapidamente comum. Os quadros de aviso on-line criados para itens de interesse comunitário se tornaram cheios de anúncios comerciais. Tais atos desviantes estão começando a provocar a exigência do estabelecimento de regras de comportamento on-line. Por exemplo, os legisladores começam a debater se devem regular os conteúdos dos sites na Web que contêm discursos expressando preconceito e pornografia (ver seção de política social no Capítulo 16).

Alguns usos desviantes da tecnologia são criminosos, embora nem todos os participantes vejam o assunto dessa maneira. A pirataria de *software*, filmes e músicas se tornou um grande negócio. Em convenções e encontros de trocas, cópias piratas de filmes, CDs e DVDs são vendidas abertamente. Alguns dos produtos são falsificações evidentes, mas muitos vêm em embalagens sofisticadas, com certificado de garantia. Os fornecedores dizem que apenas desejam ser compensados pelo seu tempo e pelo custo dos materiais, e que os softwares que copiam são de domínio público.

Da mesma forma, baixar da Internet músicas, que são protegidas por direitos autorais, é largamente aceito. Mas o compartilhamento de arquivos, como a pirataria de CDs e DVDs, aumentou até o ponto em que está ameaçando os lucros dos proprietários dos direitos autorais. Napster, o renegado site que permitiu que milhares de pessoas baixassem uma ampla seleção de arquivos de música grátis, foi fechado, vítima de um processo da indústria fonográfica. Mesmo assim, seu passageiro sucesso encorajou imitadores, muitos deles universitários que ro-

FIGURA 8-2

Pegando Ladrões de Música

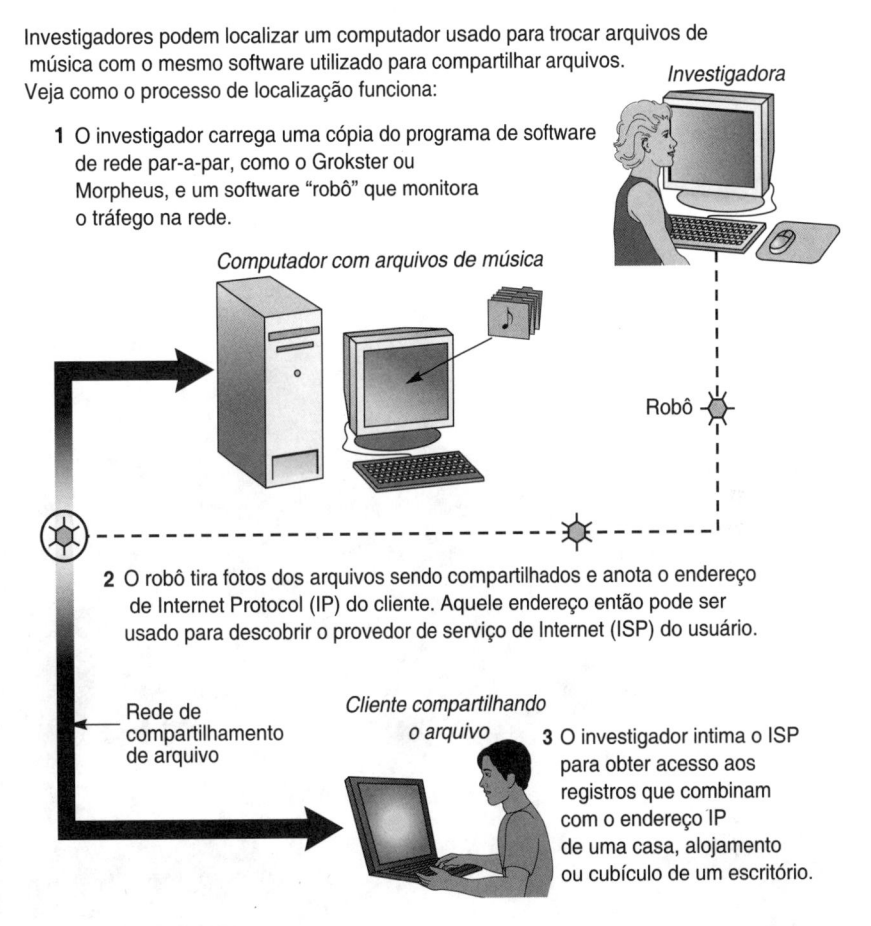

Investigadores podem localizar um computador usado para trocar arquivos de música com o mesmo software utilizado para compartilhar arquivos. Veja como o processo de localização funciona:

1 O investigador carrega uma cópia do programa de software de rede par-a-par, como o Grokster ou Morpheus, e um software "robô" que monitora o tráfego na rede.

2 O robô tira fotos dos arquivos sendo compartilhados e anota o endereço de Internet Protocol (IP) do cliente. Aquele endereço então pode ser usado para descobrir o provedor de serviço de Internet (ISP) do usuário.

3 O investigador intima o ISP para obter acesso aos registros que combinam com o endereço IP de uma casa, alojamento ou cubículo de um escritório.

Fonte: Healey, 2003, p. A21.

A pedido da indústria da música, as autoridades localizam indivíduos que montam servidores de Internet para compartilhar música ilegalmente. Universitários trabalhando em seus alojamentos estão entre os processados.

Quem É Desviado?

Saudação entre residentes do reino montanhoso do Butão

E se os seus professores saudassem a classe estendendo a língua e as mãos? E se a sua namorada começasse a alongar o pescoço colocando argolas pesadas de latão? Em sua opinião, eles não estariam comportando-se de maneira bizarra? Certamente, de acordo com os padrões de sociedades como as do Brasil e dos Estados Unidos, estariam sim. Mas não se você morasse no Butão, onde a forma de saudar é normalmente essa, ou entre as pessoas da tribo kayan, cujas meninas tradicionalmente usam 6,5 quilos de aros ao redor do pescoço como um sinal de beleza e de identidade tribal. Os desvios são interpretados socialmente e estão sujeitos a diferentes interpretações sociais com o decorrer do tempo e nas diferentes culturas.

Como mostram essas fotos, o que é desvio em uma cultura pode muito bem ser celebrado em outra: em países como a Espanha, Portugal e México, as touradas são um esporte popular. Mas imagine como os hindus, que consideram as vacas sagradas, reagiriam à dança da morte em uma praça de touros. Olhar as outras pessoas e culturas do ponto de vista delas e também do nosso nos ajuda a entender o desvio como uma construção social.

Meninas de pescoço longo da tribo kayan na Tailândia

Toureiro na praça de touros em Portugal

dam programas de compartilhamento de arquivo do seu quarto. A indústria fonográfica está reagindo ao exigir que as autoridades localizem os piratas e os processem (ver Figura 8-2).

Embora a maioria dessas atividades do mercado negro seja claramente ilegal, muitos consumidores e pequenos piratas estão orgulhosos do seu comportamento. Eles podem mesmo se considerar inteligentes por imaginar uma maneira de evitar os preços "injustos" cobrados pelas "grandes companhias". Poucas pessoas vêem a pirataria de um novo programa de software ou da estréia de um filme como uma ameaça ao bem público, como seria uma atividade de fraude bancária. Do mesmo modo, em sua maioria, os homens de negócio que "emprestam" software de outros departamentos, mesmo sem licença para o seu site, acham que não estão fazendo nada de errado. Nenhum estigma social é atribuído ao seu comportamento ilegal.

O desvio, então, é um conceito complexo. Pode ser tanto trivial como profundamente danoso. Às vezes é aceito pela sociedade e, em outras, claramente rejeitado. O que causa um comportamento desviante e a reação das pessoas a ele? Na próxima seção, vamos examinar quatro explicações teóricas do desvio.

Explicando o Desvio

Por que as pessoas infringem as normas sociais? Já vimos que os atos desviantes estão sujeitos ao controle social tanto formal quanto informal. A pessoa que não age em conformidade ou é desobediente enfrenta desaprovação, perde amigos, leva multas, ou até vai para a prisão. Então, por que acontece o desvio?

As primeiras explicações de desvio identificavam causas sobrenaturais ou fatores genéticos (como "sangue ruim" ou regressões evolutivas a ancestrais primitivos). No início do século XIX, foram feitos significativos esforços de pesquisa para identificar fatores biológicos que levassem ao desvio, e especificamente à atividade criminal. Enquanto tais pesquisas eram desacreditadas no século XX, estudos contemporâneos, basicamente de bioquímicos, buscavam isolar fatores genéticos que sugerissem a possibilidade de certos traços de personalidade. Embora a criminalidade (muito menos o desvio) seja uma característica da personalidade, os pesquisadores estavam focados nos traços de personalidade que pudessem levar ao crime, como a agressão. Evidentemente, a agressão também pode levar ao sucesso no mundo corporativo, nos esportes profissionais, ou em outros caminhos da vida.

O estudo contemporâneo de possíveis raízes biológicas da criminalidade é um aspecto de um debate mais amplo sobre a sociobiologia. De maneira geral, os sociólogos rejeitam qualquer ênfase nas raízes genéticas do crime e do desvio. As limitações dos conhecimentos atuais, a possibilidade de reforçar pressuposições de preconceito racial e de gênero e as implicações perturbadoras da reabilitação de criminosos levam os sociólogos a se basear em outras abordagens para explicar o desvio (Sagarin e Sanchez, 1988).

Perspectiva Funcionalista

De acordo com os funcionalistas, o desvio é uma parte comum da existência humana, com conseqüências positivas e negativas para a estabilidade social. O desvio ajuda a definir os limites do comportamento adequado. As crianças que vêem a mãe dar uma "bronca" no pai por arrotar à mesa aprendem sobre conduta aprovada. O mesmo acontece com o motorista que leva uma multa por excesso de velocidade, com o caixa do departamento que é despedido por gritar com o cliente, ou com o universitário que é penalizado por entregar seus trabalhos depois de várias semanas de atraso.

O Legado de Durkheim Émile Durkheim ([1895] 1964) focalizou suas investigações sociológicas especialmente nos atos criminosos, embora suas conclusões tenham implicações em todos os tipos de comportamento desviante. Na opinião de Durkheim, as punições estabelecidas em uma cultura (inclusive mecanismos formais e informais de controle social) ajudam a definir os comportamentos aceitáveis e, assim, contribuem para a estabilidade. Se os atos impróprios não fossem sancionados, as pessoas poderiam estender seus padrões para além do que constitui condutas apropriadas.

Kai Erikson (1966) ilustrou a função da manutenção dos limites do desvio em seu estudo dos puritanos do século XVII da Nova Inglaterra. Pelos padrões de hoje, os puritanos colocavam uma ênfase tremenda nos costumes convencionais. A perseguição e a execução de mulheres como bruxas representavam uma tentativa contínua de definir e redefinir os limites da sua comunidade. Com efeito, as suas normas sociais em mutação criaram "ondas de crimes" na medida em que pessoas cujo comportamento era anteriormente aceitável de repente enfrentavam punição por serem desviantes (Abrahamson, 1978; N. Davis, 1975).

Durkheim ([1897] 1951) introduziu o termo *anomia* na literatura sociológica para descrever a perda de direção sentida em uma sociedade quando o controle social do comportamento individual se torna ineficiente. A anomia é um estado de falta de normas que ocorre durante um período de profunda mudança social e desordem, como um momento de colapso econômico. As pessoas se mostram mais agressivas ou deprimidas, o que resulta em taxas mais altas de crimes violentos e suicídios. Uma vez que existe muito menos concordância sobre o que é um comportamento adequado em tempos de revolução, prosperidade súbita ou depressão econômica, a conformidade e a obediência passam a ser menos importantes como forças sociais. Também fica muito mais difícil dizer exatamente o que é desvio.

Protegidos pela escuridão, motoristas que disputam corridas nas ruas esperam pelo sinal de partida em uma via deserta de Los Angeles. Os conceitos de Sutherland de associação diferencial e transmissão cultural aplicaria-se à prática de corridas nas ruas da cidade.

A Teoria do Desvio de Merton O que um assaltante e um professor têm em comum? Cada um deles está "trabalhando" para obter dinheiro que possa então ser trocado pelas mercadorias que deseja. Como ilustra esse exemplo, o comportamento que infringe as normas aceitas (como assaltar pessoas) pode acontecer com os mesmos objetivos básicos em mente que aqueles que buscam estilos de vida mais convencionais.

Com base nesse tipo de análise, o sociólogo Robert Merton (1968) adaptou a noção de Durkheim de anomia para explicar por que as pessoas aceitam ou rejeitam as metas de uma sociedade, os meios aprovados socialmente para atingir suas aspirações, ou ambos. Merton diz que uma importante meta cultural nos Estados Unidos é o sucesso, geralmente medido em termos de dinheiro. Além de passar essa meta para as pessoas, a sociedade oferece instruções específicas de como ser bem-sucedido – ir à escola, trabalhar duro, não desistir, tirar vantagem das oportunidades e assim por diante.

O que acontece com indivíduos em uma sociedade com uma grande ênfase em riqueza como um símbolo básico de sucesso? Merton argumentou que as pessoas se adaptam de determinadas maneiras, ou agindo em conformidade com as expectativas culturais, ou desviando-se delas. A ***teoria do desvio e da anomia*** de Merton postula cinco formas básicas de adaptação (ver Tabela 8-1).

A conformidade com as normas sociais, a adaptação mais comum na tipologia de Merton, é o oposto do desvio. Envolve a aceitação tanto da meta social geral ("subir na vida") quanto dos meios aprovados para atingi-la ("trabalhar duro"). Do ponto de vista de Merton, precisa haver algum consenso a respeito das metas culturais aceitas e dos meios legítimos para atingi-las. Sem tal consenso, as sociedades só poderiam existir como coletividades de pessoas, em vez de culturas unificadas, e poderiam experimentar um caos contínuo.

Todos os outros quatro tipos de comportamento representados na Tabela 8-1 envolvem algum abandono da conformidade. O "inovador" aceita as metas da sociedade, mas as persegue com meios que são considerados inadequados. Por exemplo, o arrombador de cofres pode roubar dinheiro para comprar mercadorias de consumo e férias caras.

Na tipologia de Merton, o "ritualista" abandona a meta do sucesso material e se torna compulsivamente comprometido com os meios institucionais. O trabalho se torna apenas um meio de vida, em vez de um meio para atingir a meta do sucesso. Podemos citar como exemplo um burocrata que aplica regras e regulamentos cegamente, sem levar em conta metas maiores da organização. Isso também aconteceria se um assistente social se recusasse a ajudar uma família sem-teto porque sua última residência estava localizada em outro bairro.

Tabela 8-1 | Modos de Adaptação Individual

Modos	Meios Institucionalizados (Trabalho Duro)	Meta Social (Aquisição de Riqueza)
Não-desviante		
Conformidade	Aceita	Aceita
Desviante		
Inovação	Rejeita	Aceita
Ritualismo	Aceita	Rejeita
Retraimento	Rejeita	Rejeita
Rebelião	Substitui com novos meios	Substitui com novas metas

Fonte: Adaptado de Merton, 1968, p. 194.

O "retraído", como descrito por Merton, basicamente abandonou tanto as metas quanto os meios aprovados pela sociedade. Nos Estados Unidos, viciados em drogas e desocupados são mostrados como retraídos. Existe uma crescente preocupação de que viciados em álcool se tornem retraídos bem cedo.

A adaptação final identificada por Merton reflete as tentativas das pessoas de criar uma estrutura social *nova*. O "rebelde" se sente alienado dos meios e metas dominantes, e poderá buscar uma ordem social bastante diferente. Os membros de uma organização política revolucionária, como os grupos de milícia, podem ser incluídos na categoria de rebeldes de acordo com o modelo de Merton.

A teoria de Merton, embora popular, tem relativamente poucas aplicações. Não houve grandes esforços no sentido de determinar até que ponto todos os atos de desvio podem ser incluídos nos cinco modos. Além disso, essa teoria é útil para examinar certos tipos de comportamento, como jogo ilegal praticado por "inovadores" desprivilegiados, mas a sua formulação não explica as diferenças-chave nas taxas de criminalidade. Por exemplo, por que alguns grupos de pessoas desprivilegiadas têm uma taxa de criminalidade relatada mais baixa do que outros? Por que muitas pessoas em circunstâncias adversas rejeitam a atividade criminal como uma alternativa viável? A teoria do desvio de Merton não responde essas perguntas facilmente (Clinard e Miller, 1998).

Ainda assim, Merton deu uma contribuição importante para o entendimento sociológico do desvio, apontando que os desvios dos inovadores e ritualistas, por exemplo, têm muito em comum com as pessoas que agem em conformidade com os valores sociais. Um preso poderá ter as mesmas aspirações das pessoas sem um passado de crimes. A teoria nos ajuda a entender o desvio como um comportamento criado socialmente, e não como o resultado de impulsos patológicos momentâneos.

Perspectiva Interacionista

A abordagem do desvio dos funcionalistas explica por que a violação das regras continua a acontecer apesar da pressão para exigir conformidade e obediência. Entretanto, os funcionalistas não indicam como uma determinada pessoa comete um ato desviante, ou por que em algumas ocasiões crimes acontecem ou deixam de acontecer. A ênfase no comportamento diário, que é o foco da perspectiva interacionista, oferece duas explicações para o crime – transmissão cultural e teoria das atividades de rotina.

Transmissão Cultural Os grafiteiros descritos por Susan Phillips na abertura do capítulo aprendem uns com os outros. De fato, Phillips (1999) surpreendeu-se ao ver como era estável o foco deles com o passar do tempo. Ela também notou como outros grupos étnicos se baseiam em modelos das gangues afro-americanas e chicanas, sobrepondo símbolos do Camboja, da China ou do Vietnã.

Os seres humanos *aprendem* como se comportar nas situações sociais, adequada ou inadequadamente. Não existe uma maneira natural, inata, pela qual as pessoas interagem umas com as outras. Essas idéias simples já não são discutidas hoje em dia, mas esse não era o caso quando o sociólogo Edwin Sutherland (1883–1950) expressou pela primeira vez a idéia de que um indivíduo passa pelo mesmo processo de socialização básica no aprendizado dos atos de conformidade e dos atos desviantes.

As idéias de Sutherland são a força dominante na criminologia. Ele se baseou na escola da **transmissão cultural**, que enfatiza que uma pessoa aprende um comportamento criminoso interagindo com as demais. Tal aprendizado inclui não apenas técnicas de infringir a lei (por exemplo, como furtar um carro rápida e silenciosamente), mas também os motivos, estimulantes e racionalizações do criminoso. A abordagem da transmissão cultural também pode ser usada para explicar o comportamento daqueles que habitualmente abusam do álcool e das drogas.

Sutherland afirmava que, pelas interações com um grupo primário e outras pessoas importantes, os indivíduos adquirem as definições de comportamento adequado e inadequado. Ele usou a expressão **associação diferencial** para descrever o processo por meio do qual a exposição a atitudes *favoráveis* a atos criminosos leva à violação das regras. Pesquisas sugerem que essa visão de associação diferencial também se aplica a desvio não-criminoso como fumar, matar aulas e comportamento sexual precoce (E. Jackson et al., 1986).

Até que ponto uma determinada pessoa participará de atividades que sejam consideradas adequadas ou inadequadas? Para cada indivíduo, dependerá da freqüência, duração e importância de dois tipos de interação social – as experiências que apóiam um comportamento desviante e aquelas que promovem têm a aceitação das normas sociais. As pessoas provavelmente um comportamento de desafio se fizerem parte de um grupo ou subcultura que enfatiza valores desviantes, como as gangues de rua.

Sutherland dá o exemplo de um garoto que é sociável, comunicativo e atlético e vive em uma área com uma alta taxa de delinqüência. O jovem tem mais probabilidade de entrar em contato com pares que cometem atos de vandalismo, faltam à escola e assim por diante, e poderá, então, adotar tal comportamento. Entretanto, um garoto introvertido que vive no mesmo bairro poderá ficar longe dos seus pares e evitar a delinqüência. Em outra comunidade, um garoto extrovertido e atlético poderá entrar para a liga infantil do time de basquete, ou os escoteiros por causa de suas interações com os pares. Assim, Sutherland vê o comportamento impróprio como resultado dos tipos de grupos aos quais uma pessoa pertence e dos tipos de amizades que ela tem (Sutherland et al., 1992).

Na década de 1930, o Federal Bureau of Narcotics (Agência Federal de Narcóticos) lançou uma campanha para mostrar a maconha como uma droga perigosa, e não uma substância que induz ao prazer. Da perspectiva do conflito, os poderosos usam freqüentemente táticas para forçar os outros a adotarem um ponto de vista diferente.

De acordo com os críticos, no entanto, a abordagem da transmissão cultural pode explicar o comportamento desviante de delinqüentes juvenis ou grafiteiros, mas não a conduta de um ladrão de loja iniciante, ou a de uma pessoa empobrecida que furta por necessidade. Embora não seja uma explicação precisa do processo pelo qual uma pessoa se torna um criminoso, a teoria da associação diferencial direciona a nossa atenção para o papel fundamental da interação social no aumento da motivação de uma pessoa para ter um comportamento desviante (Cressey, 1960; E. Jackson et al., 1986; Sutherland et al., 1992).

Teoria das Atividades de Rotina (Routine Activities Theory). Outra explicação interacionista mais recente considera as condições necessárias para que um crime ou um ato desviante ocorram: deverá existir, ao mesmo tempo e no mesmo local, um criminoso, uma vítima e/ou uma propriedade. A *teoria das atividades de rotina* diz que a vitimação criminosa aumenta quando os criminosos motivados e alvos adequados convergem. Nem é preciso dizer que não pode haver um furto de carro sem carros, mas a maior disponibilidade de automóveis mais valiosos aos ladrões potenciais *aumenta* a possibilidade de ocorrer tal crime. Estacionamentos de universidades e aeroportos, onde os veículos são deixados em locais isolados por períodos longos, representam um novo alvo para crimes que não se conhecia na geração anterior. Esse tipo de atividade rotineira pode ocorrer mesmo em uma casa. Se o pai ou a mãe mantêm uma variedade de garrafas de bebida em um lugar facilmente acessível, os jovens podem retirar os conteúdos sem atrair a atenção para o seu "crime". O nome dessa teoria deriva do fato de os elementos de um ato criminoso ou desviante acompanham atividades normais, permitidas e rotineiras. Ela é considerada interacionista porque enfatiza o comportamento diário e as interações sociais em âmbito micro.

Os defensores dessa teoria vêem-na como uma explicação poderosa para o aumento dos crimes nos últimos cinqüenta anos, ou seja, as atividades de rotina mudaram, possibilitando mais crimes. As casas ficam vazias durante o dia, ou durante longos períodos de férias, tornando-se mais acessíveis como alvos do crime. A presença maior de mercadorias de consumo portáveis, como equipamentos de vídeo e computadores, é outra variável que aumenta a possibilidade de crimes (L. Cohen e Felson, 1979; Felson, 2002).

Algumas pesquisas importantes sustentam a teoria das atividades de rotina. Por exemplo, estudos feitos depois que o furacão Andrew passou na Flórida (1992) mostram que certos crimes aumentaram conforme os cidadãos e suas propriedades se tornaram mais vulneráveis. Estudos de crimes urbanos documentam a existência de "bocas quentes", como destinos de turistas e caixas automáticos, onde as pessoas têm maior probabilidade de ser vítimas de roubos por causa das suas idas e vindas rotineiras (Cromwell et al., 1995; Sherman et al., 1989).

Teoria do Rótulo

Os Saints e os Roughnecks eram dois grupos de meninos do ensino fundamental que estavam sempre envolvidos em grandes bebedeiras, dirigiam de forma agressiva, faltavam às aulas, cometiam pequenos furtos e vandalismo. Aqui terminavam as semelhanças. Nenhum dos Saints jamais foi preso, mas todos os garotos do grupo Roughnecks estavam freqüentemente envolvidos em problemas com a polícia e com as pessoas da cidade. Por que essa disparidade de tratamento? Com base em pesquisa de observação na sua escola, o sociólogo William Chambliss (1973) concluiu que a classe social desempenhava papel importante no destino diferente dos dois grupos.

Os Saints se escondiam atrás de uma fachada de respeitabilidade. Vinham de "boas famílias", eram ativos nas organizações da escola, pretendiam ir para a faculdade e tiravam boas notas. As pessoas geralmente viam os seus atos delinqüentes como casos isolados de excesso de energia.

Os Roughnecks não tinham essa aura de respeitabilidade. Eles dirigiam carros arrebentados pela cidade, não iam bem na escola de uma maneira geral e levantavam suspeitas independentemente do que fizessem.

É possível entender essas discrepâncias usando uma abordagem do desvio conhecida como **teoria do rótulo**. Diferentemente do trabalho de Sutherland, a teoria do rótulo não foca por que alguns indivíduos cometem atos desviantes. Ao contrário, tenta explicar por que certas pessoas (como os Roughnecks) são *vistas* como desviantes, delinqüentes, jovens maus, perdedores e criminosos, ao passo que outros cujo comportamento é semelhante (como os Saints) não são vistos de forma tão dura. Refletindo a contribuição dos teóricos do interacionismo, a teoria da rotulagem enfatiza como uma pessoa vem a ser tachada de desviante, ou a aceitar tal rótulo. O sociólogo Howard Becker (1963, p. 9; 1964), que popularizou essa abordagem, resumiu-a com a frase: "Comportamento desviante é o comportamento que as pessoas rotulam de desviante".

A teoria da rótulo também é chamada de **abordagem da reação social**, que nos lembra ser a *resposta* a um ato, e não um comportamento em si, que determina o desvio. Por exemplo, estudos mostram que funcionários de escolas e terapeutas expandem programas educacionais criados para estudantes com problemas de aprendizado de forma a incluírem alunos com problemas de comportamento. Portanto, um "encrenqueiro" pode ser rotulado de forma inadequada como um aluno com problemas de aprendizado, e vice-versa.

Tradicionalmente, pesquisas sobre desvio focalizam pessoas que violam as normas sociais. Ao contrário, a teoria do rótulo foca a polícia, os guardas de *sursis*, funcionários da administração das escolas, psiquiatras, juízes, professores e outros reguladores do controle social. Diz-se que esses agentes desempenham um papel importante na criação de identidades desviantes apontando certas pessoas (e não outras) como desviantes. Um importante aspecto da teoria do rótulo é o reconhecimento que alguns indivíduos ou grupos têm o poder de *definir* rótulos e aplicá-los aos outros. Essa visão está ligada à ênfase da perspectiva do conflito na importância social do poder.

Nos últimos anos, a prática do *perfil racial*, em que as pessoas são identificadas como suspeitos criminosos apenas com base na sua raça, está sob o escrutínio público. Estudos confirmam as suspeitas do público de que em algumas jurisdições os policiais tendem a parar mais homens afro-americanos do que homens brancos em transgressões de tráfego de rotina, na expectativa de encontrar drogas ou armas no carro. Os ativistas dos direitos civis se referem a esses casos sarcasticamente como transgressões DWB* (Driving While Black). A partir de 2001, a atividade de fazer perfil mudou quando pessoas que pareciam ser árabes ou muçulmanas começaram a despertar atenção especial.

A abordagem do rótulo não explica totalmente por que certas pessoas aceitam um rótulo, e outras dão um jeito de rejeitá-lo. Essa perspectiva pode exagerar a facilidade com que os julgamentos sociais são capazes de alterar a nossa auto-imagem. Os teóricos do rótulo de fato sugerem que o poder que uma pessoa tem sobre as outras é importante na determinação da capacidade de resistir a um rótulo indesejável. Abordagens diferentes não explicam (inclusive a de Sutherland) por que alguns desviantes continuam a ser vistos como conformistas em vez de como infratores das regras. De acordo com Howard Becker (1973), a teoria do rótulo não foi criada como uma explicação única do desvio, seus proponentes esperavam focalizar com maior atenção a importância inegável das ações das pessoas que possuem oficialmente a responsabilidade de definir o desvio (N. Davis, 1975; comparar com Cullen e Cullen, 1978).

A popularidade da teoria do rótulo se reflete na emergência de uma perspectiva relacionada, chamada construtivismo social. Segundo a **perspectiva do construtivismo social**, o desvio é o produto da cultura em que vivemos. Os construtivistas sociais focalizam especificamente o processo de tomada de decisões que cria uma identidade desviante. Eles apontam que "raptores de crianças", "pais preguiçosos", "assassinos periódicos" e "estupradores em encontros" sempre estiveram entre nós, mas às vezes se tornam um grande problema social dos elaboradores de políticas por causa da cobertura intensa dos meios de comunicação (Liska e Messner, 1999; E. R. Wright et al., 2000).

Use a Sua Imaginação Sociológica

Imagine que você seja um professor. Que rótulos usados livremente em círculos educacionais você daria a seus estudantes?

Teoria do Conflito

Os teóricos do conflito apontam que as pessoas com poder protegem seus próprios interesses e definem o desvio de forma a atender suas próprias necessidades. O sociólogo Richard Quinney (1974, 1979, 1980) é o expoente máximo da visão de que o sistema penal serve aos interesses dos poderosos. O crime, segundo Quinney (1970), é uma definição de conduta criada pelos agentes autorizados do controle social – como legisladores e policiais – em uma sociedade politicamente organizada. Ele e outros teóricos do conflito afirmam que fazer as leis é freqüentemente uma tentativa dos poderosos de impor aos outros a sua própria moralidade (ver também Spitzer, 1975).

---

*NT: A expressão nos Estados Unidos para dirigir alcoolizado é "Driving While Intoxicated" – DWI. Aqui há uma ironia com esse termo, e a tradução seria "Dirigindo enquanto (se é) Negro".

Desigualdade Social
8-2 JUSTIÇA DISCRICIONÁRIA

A raça importa no sistema penal. Os teóricos do conflito nos lembram que, apesar de o objetivo básico da lei ser manter a estabilidade e a ordem, ela na verdade perpetua a desigualdade. Em muitos casos, os policiais usam seus *poderes discricionários* – decisões tomadas a seu próprio critério quanto a se devem ou não apresentar uma queixa, se devem estabelecer fiança e de quanto, oferecer liberdade condicional ou negá-la – de forma preconceituosa. Os pesquisadores descobriram que as diferenças discricionárias na forma como o controle social é exercido colocam os afro-americanos e os latinos, tanto jovens quanto adultos, em desvantagem no sistema judiciário norte-americano. Dessa forma, Richard Quinney e outros teóricos do conflito argumentam que o sistema penal mantém pobres e oprimidos em sua posição de desfavorecidos.

> *Em média, os infratores brancos recebem sentenças menores em comparação com os infratores latinos e afro-americanos.*

Como os sociólogos determinam se os suspeitos ou infratores são tratados de forma diferente com base em sua raça, etnia e classe social? Uma maneira é observar os criminosos condenados e comparar as sentenças que receberam por crimes equivalentes. A tarefa pode ser complicada, porque os pesquisadores devem levar em consideração diversos fatores que afetam a sentença. Por exemplo, no seu estudo dos dados do tribunal federal, os sociólogos Darrell Steffensmeier e Stephen Demuth examinaram a gravidade do crime e o registro de prisões anteriores dos condenados. Mesmo depois de levarem em conta esse e outros fatores, eles descobriram que, em média, os infratores brancos recebem sentenças menores em comparação com os infratores latinos e afro-americanos.

A grande maioria da população brasileira é, como se sabe, constituída de afrodescendentes que continuam a sofrer discriminação em todas as dimensões da vida social, sobretudo no mercado de trabalho. Discriminados e quase sempre pobres, os negros no Brasil são muito desfavorecidos no direito penal por não terem acesso financeiro a bons advogados de defesa quando envolvidos em atos supostamente criminosos, o que implica aumento de suas penas e/ou condenações indevidas.

A raça desempenha um papel essencial nos casos de pena de morte, como mostra a figura. Os não-hispânicos brancos representam até 71% da população dos Estados Unidos, mas constituem apenas 45% dos criminosos condenados à morte. Os teóricos do conflito indicam que uma maioria devastadora de promotores em casos de pena de morte são brancos e não-hispânicos. A raça da vítima importa muito em tais casos também. Estudos mostram que um criminoso preso tem mais probabilidade de ser condenado à morte se a vítima for branca e não-hispânica do que se for não-branca ou hispânica.

Vamos Discutir

1. Você conhece alguém que foi tratado com clemência pelo sistema judiciário? Se sim, essa pessoa era branca? Por que você acha que a polícia ou outros policiais usaram seus poderes discricionários para desculpar a ofensa da pessoa ou reduzir as penalidades?
2. Além da raça, que outros fatores podem contribuir para as sentenças desproporcionalmente severas de réus negros e pobres? Explique.

Raça e Pena de Morte

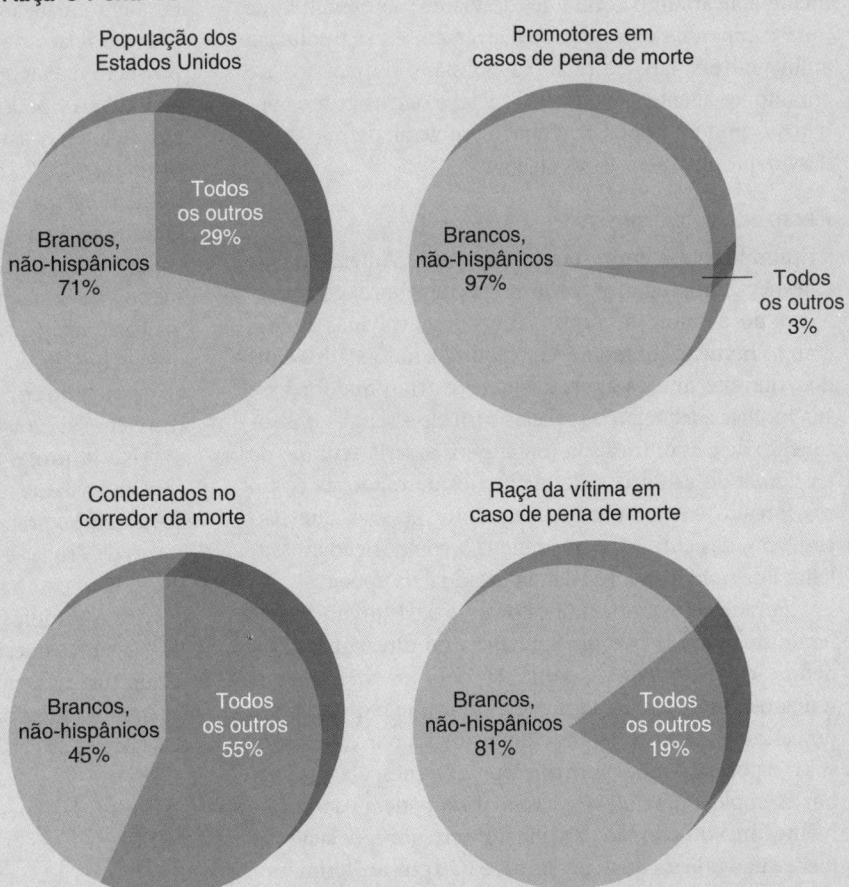

População dos Estados Unidos
- Brancos, não-hispânicos 71%
- Todos os outros 29%

Promotores em casos de pena de morte
- Brancos, não-hispânicos 97%
- Todos os outros 3%

Condenados no corredor da morte
- Brancos, não-hispânicos 45%
- Todos os outros 55%

Raça da vítima em caso de pena de morte
- Brancos, não-hispânicos 81%
- Todos os outros 19%

Nota: Os dados sobre a população são de 2000; dados sobre promotores, de 1998; dados sobre presos, de 1º de dezembro de 2003; e dados sobre vítimas, de 1977 a 1º de dezembro de 2003.
Fontes: Baseado no Bureau of the Census, 2003a; Death Penalty Information Center, 2004.

Fontes: Bushway e Piehl, 2001; Dighton, 2003; Hawkins et al., 2002; Liptak, 2004b; Quinney, 1974; Steffensmeier e Demuth, 2000.

Essa teoria ajuda a explicar por que a nossa sociedade tem leis contra o jogo, o uso de drogas e a prostituição, muitas das quais são transgredidas em grande escala (vamos examinar "crimes sem vítimas" adiante, neste capítulo). Segundo os teóricos do conflito, o direito penal não representa uma aplicação coerente dos valores sociais, ao contrário, reflete valores e interesses concorrentes. Assim, a maconha é proibida nos Estados Unidos e no Brasil porque se diz que faz mal aos usuários, embora os cigarros e o álcool sejam vendidos legalmente em quase todos os lugares. Da mesma forma, os teóricos do conflito discutem que todo o sistema penal dos Estados Unidos trata os suspeitos de forma diferenciada com base em sua raça, etnia ou classe social (ver Quadro 8-2).

A perspectiva defendida pelos teóricos do conflito e do rótulo cria um grande contraste com a abordagem funcionalista do desvio. Os funcionalistas vêem os padrões do comportamento desviante como meramente um reflexo das normas culturais; os teóricos do conflito e do rótulo apontam que os grupos mais poderosos de uma sociedade podem moldar leis e padrões para determinar quem será (ou não) processado como criminoso. Esses grupos dificilmente aplicariam o rótulo de "desviante" ao executivo de uma companhia cujas decisões levassem a uma poluição ambiental em larga escala. Na opinião dos teóricos do conflito, os agentes do controle social e outros grupos poderosos podem impor, ao público em geral, definições de desvio que atendem a seus objetivos.

Perspectiva Feminista

Criminologistas feministas, como Freda Adler e Meda Chesney-Lind, sugeriram que muitas das abordagens existentes do desvio e do crime foram desenvolvidas apenas com os homens em mente. Por exemplo, nos Estados Unidos, durante muitos anos, qualquer marido que forçasse sua mulher a ter relações sexuais com ele – sem o consentimento dela e contra a sua vontade – não seria acusado de ter cometido estupro. A lei definia estupro apenas como ato forçado em relações sexuais entre pessoas que não eram casadas entre si, o que refletia a composição avassaladora de homens da legislatura estadual da época.

Foram necessários muitos protestos das organizações feministas para conseguir mudanças no direito penal da definição de estupro. A partir de 1996, os maridos em todos os cinqüenta estados norte-americanos podem ser processados na maioria das circunstâncias por estupro de suas esposas. Ainda permanecem exceções alarmantes: por exemplo, no Tennessee, um marido poderá usar legalmente força ou coerção para manter relações com sua mulher se não utilizar qualquer arma, e não causar "ferimento corporal grave". Apesar de tais exceções, o movimento das mulheres levou a mudanças importantes na noção de criminalidade da sociedade. Por exemplo, juízes, legisladores e policiais agora consideram o fato de o homem bater em sua esposa e outras formas de violência doméstica como crimes sérios (National Center on Women and Family Law, 1996). No Brasil foram criadas Delegacias Especiais de Atendimento às Mulheres (Deam) para registrar e punir os responsáveis por atos de violência contra elas, e para protegê-las após as denúncias de estupro, agressão física e espancamento, muito comuns em todas as classes sociais. Segundo pesquisa da Fundação Perseu Abramo realizada em 2002, a cada 15 segundos uma mulher é agredida no Brasil, estimando-se que mais de dois milhões de mulheres sejam espancadas a cada ano por maridos, namorados, ou "ex". Mas a legislação brasileira para combater o espancamento de mulheres "endureceu" em meados de 2006. A pena máxima aumentou de 1 ano para 3 anos e não há mais a possibilidade de cumprir pena alternativa, como pagar cestas básicas.

Quando se trata de crime e desvio em geral, a sociedade tende a tratar as mulheres de maneira estereotipada. Por exemplo, as mulheres que têm vários e freqüentes parceiros sexuais têm mais probabilidade de ser vistas com mais desprezo do que homens que são promíscuos. As visões culturais e as atitudes em relação às mulheres influenciam como elas são percebidas e rotuladas. A perspectiva feminista também enfatiza que o desvio, incluindo o crime, tende a fluir das relações econômicas. Tradicionalmente, os homens possuem mais poder do que suas esposas. Como resultado, as mulheres podem relutar em informar atos de abuso às autoridades e, assim, perderem o que pode ser sua fonte primária ou talvez única de renda. No local de trabalho, os homens exercem muito mais poder do que as mulheres na determinação dos preços, na contabilidade e no controle dos produtos, o que lhe dá mais oportunidades de cometer crimes como desfalques e fraudes. Mas conforme as mulheres ganham um papel mais ativo e mais poder tanto em casa quanto nos negócios, as diferenças entre os sexos em relação ao desvio e ao crime com certeza diminuirão (F. Adler, 1975; F. Adler et al., 2004; Chesney-Lind, 1989).

No futuro, o número de estudiosas feministas deverá crescer bastante. Particularmente em áreas como crimes do colarinho branco, comportamento em relação à bebida, abuso de drogas e taxas de condenação diferentes entre os sexos, bem como na questão fundamental de como definir desvio, as estudiosas feministas terão muito a dizer.

Já vimos que, durante o último século, os sociólogos fizeram diversas abordagens diferentes do estudo do desvio, levantando algumas controvérsias no processo. A Tabela 8-2 resume as várias abordagens teóricas desse tópico.

CRIME

Um *crime* é uma transgressão do direto penal à qual algumas autoridades governamentais aplicam penalidades formais. Representa o desvio das normas sociais formais administradas pelo Estado. As leis dividem os crimes em diversas categorias, dependendo da gravidade da ofensa,

Resumindo

Tabela 8-2 — Abordagens ao Desvio

Abordagem	Perspectiva	Proponentes	Ênfase
Anomia	Funcionalista	Émile Durkheim, Robert Merton	Adaptação às normas da sociedade
Transmissão cultural/ Associação diferencial	Interacionista	Edwin Sutherland	Padrões aprendidos com os outros
Atividades de rotina	Interacionista	Marcus Felson	Impacto do meio social
Rótulo/ Construtivismo social	Interacionista	Howard Becker	Resposta da sociedade aos atos
Conflito	Conflito	Howard Quinney	Domínio de agentes autorizados; Justiça discricionária
Feminista	Conflito/Feminista	Freda Adler, Meda Chesney-Lind	Papel do sexo; Mulheres como vítimas e criminosas

da idade dos criminosos, da punição potencial e do tribunal que tem jurisdição sobre o caso.

Mais de 1,4 milhão de crimes violentos foram denunciados nos Estados Unidos em 2000, inclusive mais de 15.500 homicídios. Os ingredientes-chave na incidência dos crimes de rua parecem ter sido o uso de drogas e a presença difundida de armas de fogo. Segundo o FBI, 19% de todos os ataques graves denunciados, 42% dos roubos informados e 67% dos assassinatos em 2002 envolveram uma arma de fogo. Mesmo com o recente declínio nos crimes mais graves nos Estados Unidos, os níveis atuais excedem os da década de 1960 (Department of Justice, 2002c, p. 23, 35, 38).

Tipos de Crime

Em vez de se basearem somente nas categorias legais, os sociólogos classificam os crimes em termos de como são cometidos e como a sociedade vê as ofensas. Nesta seção, vamos examinar quatro tipos de crime diferenciados pelos sociólogos: crime profissional, crime organizado, crime do colarinho branco e crime sem vítimas.

Crime Profissional

Apesar de o ditado "O crime não compensa" soar familiar, muitas pessoas fazem uma carreira em atividades ilegais. Um **criminoso profissional** (ou que tem carreira criminal) é uma pessoa que pratica crimes como sua ocupação diária, desenvolvendo técnicas aperfeiçoadas e gozando de um determinado *status* entre outros criminosos. Alguns criminosos profissionais se especializam em violações, em arrombar cofres, roubar cargas, bater carteiras e furtar objetos em lojas. Essas pessoas adquiriram habilidades que reduzem as chances de ser apanhadas, condenadas e aprisionadas. Como resultado, elas podem ter longas carreiras na "profissão" que escolheram.

Edwin Sutherland (1973) teve *insights* pioneiros sobre o comportamento de criminosos profissionais e publicou um relatório com notas escrito por um ladrão profissional. Diferentemente das pessoas que praticam crimes uma vez ou duas, o negócio dos ladrões profissionais é roubar. Eles devotam todo o seu tempo de trabalho para planejar e executar crimes, e às vezes viajam por todo o país para executar seus "deveres profissionais". Como outras pessoas em seu trabalho normal, os ladrões profissionais consultam seus colegas a respeito de demanda de "trabalho", tornando-se parte de uma subcultura de indivíduos com o mesmo tipo de ocupação. Eles trocam informações sobre lugares para arrombar, receptadores de mercadorias roubadas e maneiras de garantir fiança se forem presos.

Crime Organizado

Em 1978, um relatório do governo dedicou três páginas para definir a expressão *crime organizado*. Para nossos objetivos, vamos considerar **crime organizado** como o trabalho de um grupo que regula as relações entre empreendimentos criminosos envolvidos em atividades ilegais, inclusive prostituição, jogo e contrabando e venda de drogas ilícitas. O crime organizado domina o mundo dos negócios ilegais da mesma forma que grandes companhias dominam o mundo dos negócios convencionais. Nos territórios alocados, estabelece preços de mercadorias e serviços, e age como um árbitro nas disputas internas. Atividade secreta, de conspiração, ela geralmente escapa aos agentes da lei. Toma posse de negócios legítimos, obtém influência nos sindicatos de trabalhadores, corrompe funcionários públicos, intimida testemunhas em processos criminais, e até "cobra taxas" dos comerciantes a troco de "proteção" (National Advisory Commission on Criminal Justice, 1976).

Levando a Sociologia para o Trabalho

TIFFANY ZAPATA-MANCILLA
Especialista em testemunhos de vítimas do Condado de Cook, Ministério Público Estadual

Um dia típico de Tiffany Zapata-Mancilla a coloca em contato com todas as formas de vítimas de crimes – aquelas que sobreviveram a tentativas de homicídio, ataques domésticos, abuso de crianças, roubos e outros crimes violentos – bem como com os membros da família que testemunharam um crime, uma vez que eles são chamados para testemunhar no processo. "Meu trabalho é tornar a experiência no tribunal tão confortável quanto possível para eles", diz ela. Isso significa oferecer profissionais para acompanhamento da crise, um acompanhante para o tribunal, orientações do tribunal, ajuda com declarações de impacto, assistência com restituição, serviços de proteção, transporte, cuidado de crianças, assistência financeira de emergência, ou apenas um almoço quente. Seus 500 casos vêm de quatro a oito tribunais para os quais ela é designada no Condado de Cook, Chicago.

"Minha formação de socióloga me ajuda em todas as situações diariamente", explica Zapata-Mancilla. Em particular, ajuda-a a reconhecer os problemas sociais subjacentes, mesmo no que parece ser um horrendo ato individual, e a ajudar as vítimas a reconhecer tais problemas também. "Eu não julgo os que vêm para o tribunal, eu só posso julgar a sociedade", afirma ela. Segundo Zapata-Mancilla, isto não significa que os indivíduos não tenham responsabilidade pessoal pela vida que escolhem. Mas auxilia a entender que as pessoas são condicionadas pelo ambiente e pela sociedade em que vivem. Um de seus casos envolvia um jovem que foi chamado para testemunhar sobre uma pessoa que matara seu irmão mais novo em um tiroteio de gangue. No período do julgamento, dois anos mais tarde, ele negou saber qualquer coisa sobre o assassinato, e depois foi comer com o réu. Parece que ofereceram a ele um emprego com drogas em troca de não testemunhar. Em lugar de tomar uma atitude de acordo com seu próprio julgamento, Zapata-Mancilla reconheceu a necessidade de sobreviver do jovem. Problemas sociais, como a pobreza, ditam, até certo ponto, as escolhas que as pessoas acreditam que precisam fazer.

Zapata-Mancilla se formou em sociologia na DePaul University depois de ser seduzida pelo seu curso introdutório. Prosseguiu seus estudos e obteve o mestrado em 2001 naquela universidade. "Eu estava muito interessada nos problemas da sociedade, como pobreza, crime, crime organizado, envolvimento de gangues, e como eles influenciam o estilo de vida e a psicologia dos indivíduos. Para mim, a sociologia oferece razões, não desculpas, para os indivíduos agirem e reagirem de determinadas maneiras", afirma. Zapata-Mancilla também acha que ganhou maior compreensão de si mesma como latina por meio dos estudos.

O seu conselho para os estudantes é: "Mantenha sua mente aberta e não julgue os outros."

Vamos Discutir

1. Você acha que testemunhas e vítimas precisam de atenção especial? Por quê?
2. Que aspecto do estudo sociológico você entende que melhor preparou Zapata-Mancilla para seu trabalho?

O crime organizado funciona como um meio de mobilidade social para grupos de pessoas que lutam para escapar da pobreza. O sociólogo Daniel Bell (1953) usava a expressão *sucessão étnica* para descrever a passagem seqüencial da liderança dos norte-americanos irlandeses no início do século XX para os norte-americanos judeus na década de 1920, e depois para os norte-americanos italianos no início da década de 1930. Recentemente, a sucessão étnica se tornou mais complexa, refletindo a diversidade dos últimos imigrantes nos Estados Unidos. Imigrantes colombianos, mexicanos, russos, chineses, paquistaneses e nigerianos estão entre os que começaram a desempenhar um papel importante nas atividades do crime organizado (Chin, 1996; Kleinknecht, 1996).

Sempre houve um elemento global no crime organizado. Mas os policiais e legisladores agora reconhecem a emergência de uma nova forma de crime organizado que tira vantagem dos avanços da comunicação eletrônica. O crime organizado *transnacional* inclui tráfico de drogas e armas, lavagem de dinheiro e tráfico de imigrantes ilegais e mercadorias roubadas, como automóveis (Lumpe, 2003; Office of Justice Programs, 1999).

No Brasil as duas maiores facções do crime organizado em São Paulo e no Rio de Janeiro se autodenominam Primeiro Comando da Capital (PCC) e Comando Vermelho (CV), respectivamente, e têm imposto o terror nessas duas cidades brasileiras. Ordenam rebeliões em presídios, execução de bandidos rivais e de policiais, fechamento do comércio e de escolas, incêndios em ônibus, provocando pânico na população constantemente ameaçada pelo fogo cruzado da verdadeira guerra entre traficantes e entre traficantes e autoridades policiais. Seu poder de enfrentamento das autoridades ficou demonstrado nos acontecimentos de maio de 2006, em São Paulo, quando foram executados mais de 40 policiais e registrados 293 atentados – (82) contra ônibus, (56) casas de policiais, (17) bancos e caixas eletrônicos, (1) estações de metrô, a (CET, 1) Companhia de Engenharia de Trânsito e (136) outros, além de 73 rebeliões em presídios paulistas, com nove presos mortos, segundo o jornal *O Estado de S. Paulo* de 19 de maio de 2006, Caderno C, p. 9. A repressão ao crime organizado é a causa dessa reação das facções criminosas.

Crimes do Colarinho Branco e Baseados na Tecnologia

Sonegação de imposto de renda, manipulação de estoques, fraude de consumidores, suborno e exigência de propinas, desfalques e publicidade enganosa – estes são exemplos de **crimes do colarinho branco**, atos ilegais cometidos na execução de atividades comerciais, geralmente por pessoas ricas e "respeitáveis". Edwin Sutherland (1949, 1983) equipara esses crimes ao crime organizado porque eles com freqüência são perpetrados por meio de papéis ocupacionais.

Um novo tipo de crime do colarinho branco surgiu nas últimas décadas: crimes de computador. O uso da alta tecnologia permite que os criminosos dêem desfalques ou cometam fraudes eletronicamente, em geral deixando poucas pistas, ou que ganhem acesso aos estoques de uma companhia sem sair de casa. Segundo um estudo de 2002 feito pelo FBI e pelo Computer Security Institute, 90% das companhias que contam com sistemas de computador detectaram quebras de segurança nos computadores no ano anterior, mas apenas 34% informaram os ataques às autoridades. Recentemente, uma proporção crescente de tais ataques – 65% em 2003 – tem chegado de fora dos Estados Unidos (Cha, 2003; R. Power, 2002).

Sutherland (1940) cunhou a expressão *crime do colarinho branco* em 1939 para se referir a atos executados por indivíduos, mas ela teve seu significado ampliado para incluir crimes cometidos por negócios e corporações também. *Crime corporativo*, ou qualquer ato praticado por uma corporação que seja punível pelo governo, toma muitas formas e inclui indivíduos, organizações e instituições entre suas vítimas. As corporações podem ter um comportamento adverso à concorrência, poluir o ambiente, sonegar impostos, fraudar e manipular ações, fraudar a contabilidade, produzir mercadorias não-seguras, subornar e corromper, e cometer infrações relacionadas à saúde e à segurança (Hansen, 2002; Jost, 2002a).

Durante muitos anos, os malfeitores de corporações se livraram com penas leves nos tribunais documentando sua longa história de contribuições caritativas e concordando em ajudar os policiais a encontrar outros criminosos do colarinho branco. Em 2003, nos Estados Unidos, dez companhias de investimentos e dois analistas de mercado coletivamente pagaram um acordo de US$ 1,4 bilhão por darem informações fraudulentas aos investidores. A magnitude da multa ganhou as manchetes em toda a nação, mas o que significa isso comparado com os milhões de investidores que foram atraídos a comprar bilhões de dólares em ações de companhias que o acusado sabia que estavam em dificuldade ou à beira do colapso? O fato é que ninguém foi preso como parte do acordo, e nenhuma companhia perdeu sua licença para fazer negócios. Os promotores em outras investigações de escândalos corporativos dizem que pedem sentenças de prisão para criminosos do colarinho branco, mas até hoje a maioria dos réus foi apenas multada (Labaton, 2003; J. O'Donnell e Willig, 2003).

Bancos e empresas envolvidos nos escândalos de corrupção que abalaram o Brasil em 2005/2006 continuam a desenvolver suas atividades e ninguém foi preso. E o partido político no poder – Partido dos Trabalhadores –, réu confesso de praticar caixa dois, isto é, receber dinheiro não-contabilizado, também não foi punido, tendo apenas procedido à expulsão de seu tesoureiro, Delúbio Soares.

A condenação por crime corporativo em geral não fere a reputação e as aspirações de carreira de uma pessoa, como uma condenação por crimes de rua. Aparentemente, o rótulo de "criminosos do colarinho branco" não carrega o estigma do rótulo "condenado por um crime violento". Os teóricos do conflito não consideram que tal diferença de tratamento seja uma surpresa. Dizem que o sistema penal não leva a sério os crimes cometidos pelos ricos e focalizam apenas nos crimes cometidos pelos pobres. Em geral, se um réu tem *status* e influência, seu crime é tratado como menos sério do que os cometidos por outros, e a sanção é muito mais suave.

> **Use a Sua Imaginação Sociológica**
>
> Como editor de um jornal, você trataria as reportagens sobre crime corporativo de forma diferente daquelas sobre crimes violentos?

Crimes sem Vítimas

Os crimes do colarinho branco e de rua põem em risco o bem-estar pessoal e econômico das pessoas contra a sua vontade (ou sem o seu conhecimento direto). Ao contrário, os sociólogos usam a expressão *crimes sem vítimas* para descrever a troca consciente, entre adultos, de mercadorias e serviços desejados, mas ilegais, como a prostituição (Schur, 1965, 1985).

Alguns ativistas estão trabalhando para descriminalizar muitas dessas práticas ilegais. Os que apóiam a descriminalização estão atrapalhados com a tentativa de legislar um código moral para adultos. Na visão deles, a prostituição, o abuso de drogas, o jogo e outros crimes sem vítimas são impossíveis de se evitar. O sistema penal já sobrecarregado deveria, ao contrário, dedicar seus recursos para os "crimes de rua" e outras ofensas com vítimas óbvias.

Apesar do amplo uso da expressão *crimes sem vítimas*, entretanto, muitas pessoas rejeitam a noção de que não existe uma vítima a não ser o próprio indivíduo que cometeu tais crimes. Beber em excesso, jogar compulsivamente e usar drogas ilícitas contribuem para um enorme número de danos pessoais e à propriedade. Um homem em estado de embriaguez pode bater em sua esposa ou filhos. Um jogador compulsivo ou usuário de drogas pode furtar para satisfazer sua obsessão. E as sociólogas feministas dizem que a prostituição, bem como os aspectos mais perturbadores da pornografia, reforçam o conceito errado de que as mulheres são "brinquedos" e podem ser tratadas como objetos e não como pessoas. De acordo com os críticos da descriminalização, a sociedade não pode dar sua aprovação tácita a condutas que têm conseqüências tão danosas (Flavin, 1998; Jolin, 1994; National Advisory Commission on Criminal Justice, 1976; Schur 1968, 1985).

A controvérsia sobre a descriminalização nos lembra importantes *insights* dos teóricos do rótulo e do conflito apresentados anteriormente. Subjacentes a esse debate há duas perguntas: quem tem o poder de definir o jogo, a prostituição e a bebedeira em público como "crimes"? E quem tem o poder de rotular tais comportamentos como "sem vítimas"? A resposta é: em geral os legisladores estaduais e, em alguns casos, a polícia e os tribunais.

Novamente, podemos ver que o direito penal não é simplesmente um padrão universal de comportamento combinado por todos os membros da sociedade. Ao contrário, ela reflete uma luta entre indivíduos e grupos concorrentes para ganhar o apoio governamental para os seus valores morais e sociais. Por exemplo, organizações como Mães Contra Dirigir Alcoolizado (Mothers Agains Drunk Driving – MADD) e Estudantes Contra Dirigir Alcoolizado (Students Against Drunk Driving – SADD) conseguiram modificar, nos últimos anos, as atitudes públicas em relação à bebida. Em vez de ser visto como um crime sem vítima, a embriaguez está sendo associada cada vez mais a perigos potenciais advindos do dirigir alcoolizado. Como resultado, os meios de comunicação de massa estão dando mais atenção (e fazendo mais críticas) às pessoas que são consideradas culpadas por dirigir depois de beber, e muitos estados já instituíram multas pesadas e períodos de prisão para uma ampla variedade de ofensas praticadas em estado de embriaguez.

Estatísticas Criminais

As estatísticas sobre crimes não detêm tanta precisão quanto os cientistas sociais gostariam. Entretanto, uma vez que elas lidam com um assunto que preocupa muito as pessoas em geral, são citadas como se fossem confiáveis. Tais dados realmente servem como uma indicação do nível de certos crimes. No entanto, seria um erro interpretá-los como uma representação exata da incidência dos crimes.

Compreendendo as Estatísticas Criminais

Os crimes denunciados são muitos nos Estados Unidos, e o público os vê como um importante problema social. Entretanto, depois de muitos anos de aumento, há um declínio significativo nos crimes violentos em toda a nação. Existem diversas explicações para isso, entre outras:

- Economia florescente e a queda das taxas de desemprego durante a maior parte da década de 1990.
- Programas de políticas orientados para a comunidade e de prevenção de crime.
- Novas leis de controle de armas.
- Aumento significativo da população prisional, que pelo menos evita que os criminosos cometam crimes fora da prisão.

Resta ainda saber se esse padrão vai continuar, mas mesmo com as quedas atuais, o número de crimes denunciados permanece bem acima do de outras nações, e excede as taxas informadas nos Estados Unidos de apenas 20 anos antes. Estudiosas feministas chamam a nossa atenção para uma variação importante: a proporção de crimes graves cometidos pelas mulheres aumentou. Em um período de dez anos (1993–2002), as prisões de mulheres por crimes graves denunciados aumentaram 14%, contra um decréscimo de 6% de prisões de homens (Department of Justice, 2002c, p. 232).

Os sociólogos têm vários modos de medir o crime. Historicamente, eles se baseavam nos dados da polícia, mas a falta de denúncia sempre foi um problema para as medidas. Como os membros dos grupos de minorias étnicas e raciais sempre desconfiaram da polícia, podem não chamá-la. As sociólogas feministas e outros sociólogos notaram que muitas mulheres não denunciam o estupro ou quando apanham do marido com medo de serem consideradas culpadas pelo crime.

Em parte por causa dessas deficiências nas estatísticas oficiais, o National Crime Victimization Survey (Levantamento Nacional de Vitimação do Crime) começou a ser feito em 1972. O Bureau de Estatísticas da Justiça, ao compilar esse relatório anual, busca informações da polícia, mas também entrevista membros de mais de 42 mil lares e pergunta se foram vítimas de um conjunto específico de crimes durante o ano anterior. Em geral, aqueles que realizam os **levantamentos de vitimação** fazem perguntas às pessoas comuns, não a policiais, para determinar se elas foram vítimas de um crime.

Infelizmente, como outras informações sobre crimes, esses levantamentos têm seus próprios limites, pois exigem que as vítimas entendam o que aconteceu com elas e desejem revelar tais informações aos entrevistadores. Fraude, sonegação de imposto de renda e chantagem são exemplos de crimes que provavelmente não serão informados em estudos de vitimação. Mesmo assim, 92% dos domicílios desejam cooperar com os investigadores do National Crime Victimization Survey. Como mostrado na Figura 8-3, as informações dessas pesquisas revelam uma taxa de crime flutuante com quedas significativas tanto na década de 1980 quando na de 1990 (Rennison e Rand, 2003).

Taxas Internacionais de Crimes

Se obter informações confiáveis sobre crimes é difícil nos Estados Unidos, fazer comparações úteis internamente, no país, é ainda mais difícil. Mesmo assim, com algum cuidado, é possível oferecer conclusões preliminares sobre como as taxas de crimes diferem em todo o mundo.

Durante as décadas de 1980 e 1990, crimes violentos eram muito mais comuns nos Estados Unidos do que na Europa Ocidental. Assassinatos, estupros e roubos eram denunciados à polícia em taxas muito mais altas nesse país. Mas a incidência de certos tipos de crime parece ser mais alta em outros lugares. Por exemplo, na Inglaterra, Itália, Austrália e Nova Zelândia há taxas mais altas de roubos de carros do que nos Estados Unidos. Países em desenvolvimento têm taxas altas de homicídios denunciados em conflitos civis e conflitos políticos entre civis (International Crime Victim Survey, 2004; World Bank, 2003a).

FIGURA 8-3

Taxas de Vitimação, 1973–2002

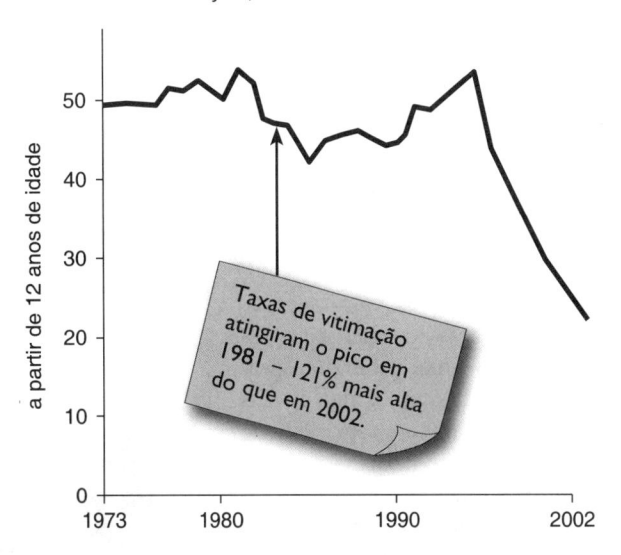

a partir de 12 anos de idade

Taxas de vitimação atingiram o pico em 1981 – 121% mais alta do que em 2002.

Fonte: Rennison, 2003, p. 1.

Por que as taxas de crimes violentos são tão mais altas nos Estados Unidos do que na Europa Ocidental? O sociólogo Elliot Currie (1985, 1998) sugeriu que a sociedade norte-americana coloca mais ênfase nas realizações econômicas individuais do que as outras sociedades. Ao mesmo tempo, muitos observadores notaram que a cultura norte-americana tolera, ou até apóia, certas formas de violência. Somados às diferenças drásticas, entre os cidadãos ricos e os pobres, alta taxa de desemprego, excesso de uso de álcool e de drogas, esses fatores combinam-se para produzir um clima que conduz ao crime.

Esses são também os fatores apontados pelo Núcleo de Estudos da Violência da Universidade de São Paulo para explicar o aumento da violência no Brasil. Em 2006, são 140 mil os presos só no estado de São Paulo, o mais rico do país, mas onde o crime organizado é poderoso.

Entretanto, aumentos perturbadores nos crimes violentos são evidentes em outras sociedades ocidentais. Por exemplo, o crime aumentou muito na Rússia desde a queda, em 1991, do Partido Comunista (com seus controles rigorosos de armas e criminosos). Em 1998, ocorreram menos de 260 homicídios em Moscou, mas hoje são mais de 1.000 por ano. O crime organizado preencheu um vácuo de poder em Moscou desde o final do comunismo; um dos resultados é que os tiroteios entre gangues e "assassinatos por encomenda" se tornaram comuns. Alguns políticos reformistas importantes também já foram alvos. A Rússia é a única nação no mundo que prende uma proporção mais alta de pessoas do que os Estados Unidos. O país prende 580 de cada 100 mil adultos em um dia típico, comparados com 550 nos Estados Unidos, menos de 100 no México ou Reino Unido, e apenas 16 na Grécia (Currie, 1998; Shinkai e Zvekic, 1999).

POLÍTICA SOCIAL e CONTROLE SOCIAL

Controle de Armas

Dois estudantes do nível médio foram pessoalmente aos escritórios centrais do Kmart. Eles não estavam procurando emprego. Sobreviventes do massacre da Columbine High School em 1999, eles ainda tinham balas alojadas em seu corpo – balas que os seus atacantes compraram no Kmart. Em um protesto simbólico, os dois jovens perguntaram ao representante do Kmart se podiam devolver as balas.

Essa cena foi mostrada no documentário *Bowling for Columbine*, que ganhou o Oscar. O diretor e produtor Michael Moore ficou assombrado quando, no dia seguinte à filmagem do encontro, o Kmart anunciou que pararia de vender munições.

Michael Moore compra munição em uma loja do Kmart em uma cena do seu documentário *Bowling for Columbine*, que ganhou o Oscar.

O Tema

Enquanto o número de crimes denunciados caiu nos últimos anos, o papel das armas de fogo nos crimes permaneceu o mesmo. Durante os últimos dez anos, dois terços de todos os assassinatos foram cometidos com armas de fogo. Embora os proprietários das armas de fogo insistam que precisam das suas armas para se proteger e proteger as pessoas que amam de crimes violentos, com o passar dos anos os assassinatos famosos de figuras públicas, como o presidente John F. Kennedy, senador Robert Kennedy, Dr. Martin Luther King Jr. e o *Beatle* John Lennon, forçaram os legisladores a considerar medidas mais rigorosas de controle de armas (Department of Justice, 2002a).

Em 1994, o Congresso norte-americano aprovou a lei chamada Brady Handgun Violence Prevention Act (Lei Brady de Prevenção de Violência com Armas de Fogo), assim chamada em homenagem ao secretário de imprensa da Casa Branca, que foi seriamente ferido na tentativa de assassinato feita contra o presidente Ronald Reagan. John Hinckley, o quase-assassino, tinha dado informações falsas sobre si mesmo na loja de penhores onde comprou a arma usada para atirar em Reagan e Brady. A Brady Act determina que os negociantes de armas verifiquem a ficha criminal das pessoas que desejam comprar armas. Aproximadamente 2% de todas as compras são recusadas como resultado de dessas verificações – quase 370 compras por dia (Bowling et al., 2003).

Os que apóiam o controle de armas afirmam ser necessária uma regulamentação ainda mais rigorosa, mas os oponentes dizem que o Brady Act apenas prejudica pessoas inocentes que desejam comprar armas, uma vez que aqueles indivíduos com intenção de cometer crimes podem encontrá-las em outras fontes. Em lugar do controle, os oponentes sugerem que se apliquem penalidades para o uso ilegal de armas.

O Cenário

Armas e munições são um grande negócio nos Estados Unidos, onde a Segunda Emenda à Constituição garante o "direito das pessoas de manter e portar armas". Atualmente, entre 30 e 35 milhões de pessoas nos Estados Unidos possuem armas, e quase 45% dos domicílios têm algum tipo de arma de fogo. Clubes informais de armas de natureza de grupo primário e secundário florescem em todo o país. Em âmbito nacional, organizações formais poderosas promovem a propriedade de armas. Claramente, possuir uma arma não é um ato desviante na sociedade norte-americana (National Rifle Association, 2004).

No Brasil, ao contrário, é crime portar arma sem licença, o que, no entanto, não tem diminuído o número de homicídios perpetrados com armas de fogo, pois é intenso o contrabando nas fronteiras, sobretudo na fronteira com o Paraguai. Em 2005, o plebiscito sobre a proibição de venda de armas foi derrotado com mais de 60% dos votos. Assim, a venda de armas não é proibida, mas portar armas sem licença é crime inafiançável e as lojas que comercializam armas só podem vendê-las para aqueles que têm licença.

Insights Sociológicos

Desde que o Brady Act entrou em vigor, o apoio a medidas mais rigorosas diminuiu. Ainda assim, as pesquisas nacionais mostram que aproximadamente metade de todos os adultos nos Estados Unidos é a favor de leis mais rigorosas para a venda de armas de fogo; por volta de um em cada 10 pessoas é favorável a leis mais brandas. Embora o apoio ao controle de armas seja muito mais significativo que o sentimento contra ele, o maior *lobby* contra o controle de armas, a National Rifle Association (NRA) usa um poder impressionante para bloquear ou diluir tais medidas (Peter Brown e Abel, 2002; Gallup, 2002).

Os teóricos do conflito dizem que grupos poderosos, como a NRA, podem dominar o processo legislativo por causa da sua capacidade de mobilizar recursos para se opor à vontade da maioria. Fundada em 1871, a NRA tem 3,8 milhões de membros; associações de armas estaduais, com 4 a 5 milhões de membros, apóiam muitas das metas da NRA. Ao contrário, o Handgun Control, uma organização-chave na batalha pelo controle das armas, tem apenas 400 mil membros. Comparados ao formidável poder de fogo da NRA, os recursos do Handgun Control são limitados.

Implicações Políticas

Os advogados de leis mais rigorosas de controle de armas identificam diversas medidas que gostariam de ver aprovadas:

- Proibição total de armas de assalto.
- Restrições mais rígidas a porte de arma não-ostensivo.
- Regulamentação de shows de armas, nos quais "vendedores particulares" geralmente comercializam armas de fogo não limitadas pelo Brady Act.
- Penalidades maiores por deixar armas de fogo em locais que possam ser alcançadas facilmente pelas crianças e por outros que possam vir a usá-las de forma inadequada.

Os esforços para aprovar essas medidas são feitos em todas as esferas de governo; municípios, estados e governo federal, todos têm autoridade para regular a posse e venda das armas de fogo (Brady Campaign, 2003).

As restrições legais propostas para a posse de armas encontram forte oposição da NRA e dos fabricantes de armas de fogo. A NRA tem conseguido um sucesso especial na derrota de candidatos políticos favoráveis a leis mais rigorosas, apoiando os que procuram enfraquecer tais restrições. Exceto em alguns poucos estados, candidatos a cargos políticos dificilmente tomam uma posição contra as armas. Alarmados pela retórica da NRA, muitos eleitores temem que a restrição à venda de armas de fogo possa prejudicar sua capacidade de se proteger, independentemente dos policiais. Considerando a preocupação crescente com o terrorismo nos Estados Unidos, o debate sobre as armas se voltou agora ao tema de permitir que os pilotos tenham armas no *cockpit* do avião (Tumulty e Novak, 2002).

O problema das armas de fogo não está limitado aos Estados Unidos. Na década de 1990, o Comitê Internacional da Cruz Vermelha expressou sua preocupação com o excessivo fornecimento de armas de fogo – uma arma para cada dez pessoas na Terra. Estima-se que quase 200 mil pessoas morrem vítimas de armas de fogo todos os anos resultantes de violência criminosa, suicídio ou acidente. Enquanto aumenta o apoio à regulamentação do tráfico de armas transnacional, o desafio do controle de armas nas fronteiras é muito mais difícil de ser resolvido do que os problemas que os países enfrentam dentro das suas próprias fronteiras (Lumpe, 2003).

Vamos Discutir

1. Você vê as armas como instrumentos que podem prejudicar sua segurança ou como proteção contra aqueles que poderiam feri-lo(a)? Que tipos de fontes formais ou informais de controle social podem influenciá-lo(a) para moldar essa atitude?
2. A Kmart mudou sua política de vender munições depois de ser visitado pelos sobreviventes do tiroteio da Columbine High School. Analise a decisão da companhia como um sociólogo. Se as políticas dos varejistas sobre a venda de munições fossem diferentes em 1999, o massacre da Columbine High poderia ter sido evitado?
3. Os ataques terroristas de 11 de setembro de 2001 nos Estados Unidos reforçam ou enfraquecem a defesa de controles mais rigorosos de armas de fogo? Explique sua posição.

RECURSOS DO CAPÍTULO

Resumo

Conformidade e ***desvio*** são duas formas pelas quais as pessoas respondem a pressões reais ou imaginárias dos outros. Neste capítulo, examinamos a relação entre conformidade, desvio e mecanismos de ***controle social***.

1. Uma sociedade usa o controle social para encorajar a aceitação de normas básicas.
2. Stanley Milgram definiu *conformidade* como acompanhar o comportamento dos pares; ***obediência*** é definida como seguir as ordens das autoridades mais altas em uma estrutura hierárquica.
3. Algumas normas são tão importantes para uma sociedade que ela as transforma em ***leis***. A socialização é uma fonte primária de comportamento de conformidade ou obediência, incluindo obediência à lei.
4. O comportamento desviante viola as normas sociais. Algumas formas de desvio carregam um ***estigma*** social negativo, ao passo que outras são mais ou menos aceitas.
5. Do ponto de vista funcionalista, o desvio e suas conseqüências ajudam a definir os limites do comportamento adequado.
6. Alguns interacionistas advogam que as pessoas aprendem o comportamento criminoso interagindo com os outros *(**transmissão cultural**)*. Para eles, o desvio resulta da exposição a atitudes que são favoráveis aos atos criminosos *(**associação diferencial**)*.
7. Outros interacionistas enfatizam que, para um crime ocorrer, é preciso existir a convergência de um criminoso motivado e alvos adequados do crime (***teoria das atividades de rotina***).
8. Um aspecto importante da ***teoria do rótulo*** é o reconhecimento de que algumas pessoas são vistas como desviantes, ao passo que outras com o mesmo comportamento não o são.
9. A perspectiva do conflito vê as leis e as punições como um reflexo dos interesses dos poderosos.
10. A perspectiva feminista enfatiza que as atitudes culturais e as relações econômicas diferenciadas ajudam a explicar as diferenças entre os sexos quanto a desvio e crime.
11. ***Crime*** representa um desvio das normas sociais formais administradas pelo Estado.
12. Os sociólogos diferenciam entre ***crime profissional***, ***crime organizado***, ***crime do colarinho branco*** e ***crime sem vítimas*** (como o uso de drogas e a prostituição).
13. As estatísticas criminais estão entre os dados sociais menos confiáveis, em parte porque muitos crimes não são denunciados à polícia. As taxas de crimes violentos são mais altas nos Estados Unidos do que em outras sociedades ocidentais, embora estejam caindo.
14. O tráfico de armas se tornou um grande problema não apenas nos Estados Unidos, mas em todo o mundo. Todos os anos, 200 mil pessoas morrem de ferimentos por arma de fogo resultantes de homicídios, suicídio ou acidente.

Questões de Pensamento Crítico

1. Que mecanismos de controle social formal e informal são evidentes nas aulas da faculdade e na sua vida diária, assim como nas interações sociais na sua escola?
2. Que abordagem a respeito do desvio você acha mais convincente: a dos funcionalistas, a dos teóricos do conflito, a dos interacionistas ou a dos teóricos do rótulo? Por que você considera tal abordagem mais convincente do que as outras três? Quais são os pontos fracos mais importantes de cada abordagem?
3. As taxas de crimes violentos nos Estados Unidos são mais altas do que as da Europa Ocidental, Canadá, Austrália e Nova Zelândia. Baseie-se nas teorias discutidas neste capítulo tanto quanto possível para explicar por que os Estados Unidos são uma sociedade tão violenta em comparação com as outras. E quanto ao Brasil, como você explicaria as altas taxas de crimes violentos?

Termos-Chave

Abordagem da reação social Outro nome para a *teoria do rótulo*. (p. 188)

Anomia Termo empregado por Durkheim para se referir à perda de direção sentida em uma sociedade quando o controle social do comportamento individual se tornou ineficiente. (p. 184)

Associação diferencial Uma teoria do desvio que diz que a violação das regras resulta da exposição a atitudes favoráveis a atos criminosos. (p. 186)

Conformidade Fazer o que fazem os pares – indivíduos do nosso nível que não têm direito especial de conduzir o nosso comportamento. (p. 174)

Controle social formal O controle social que é feito pelos agentes autorizados, como policiais, juízes, administradores escolares e funcionários. (p. 176)

Controle social informal Controle social que é feito casualmente por pessoas comuns por meios como a risada, sorrisos e a exposição ao ridículo. (p. 176)

Controle social Técnicas e estratégias para evitar o comportamento humano desviante em uma sociedade. (p. 173)

Crime. Uma infração do direito penal para a qual uma autoridade governamental aplica penalidades formais. (p. 190)

Crime do colarinho branco Atos ilegais cometidos por indivíduos influentes, "respeitáveis", durante suas atividades comerciais. (p. 193)

Crime organizado O trabalho de um grupo que regula as relações entre empreendimentos criminosos envolvidos em atividades ilegais, inclusive prostituição, jogo e contrabando e venda de drogas ilícitas. (p. 191)

Crime sem vítima Expressão usada pelos sociólogos para descrever a troca voluntária entre adultos de mercadorias e serviços muito desejados, mas ilícitos. (p. 194)

Criminoso profissional Uma pessoa que comete crimes como uma ocupação diária, desenvolvendo técnicas aperfeiçoadas e gozando de certo *status* entre outros criminosos. (p. 191)

Desvio Comportamento que viola os padrões de conduta ou as expectativas de um grupo ou sociedade. (p. 180)

Estigma Um rótulo usado para desvalorizar os membros de determinados grupos sociais. (p. 180)

Lei. Controle social governamental. (p. 177)

Levantamento da vitimação Um questionário ou entrevista dado a uma amostra de uma população para determinar se as pessoas foram vítimas de um crime. (p. 195)

Obediência Cumprimento das ordens de autoridades que estão acima em uma estrutura hierárquica. (p. 174)

Perspectiva do construtivismo social Uma abordagem ao desvio que enfatiza o papel da cultura na criação da identidade desviante. (p. 189)

Sanção. Uma penalidade ou uma recompensa por uma conduta relacionada a uma norma social. (p. 174)

Teoria do rótulo Uma abordagem do desvio que tenta explicar por que certas pessoas são vistas como desviantes, ao passo que outras com o mesmo comportamento não o são. (p. 188)

Teoria das atividades de rotina A noção de que a vitimação criminosa aumenta quando criminosos motivados e alvos adequados convergem. (p. 187)

Teoria do controle Uma visão da conformidade e desvio que sugere que a nossa conexão com os membros da sociedade nos leva a agir sistematicamente em conformidade com as normas sociais. (p. 178)

Teoria do desvio e da anomia A teoria do desvio de Robert Merton como uma adaptação às metas socialmente prescritas, ou aos meios que regulam as formas de atingi-las, ou ambos. (p. 185)

Transmissão cultural Uma escola de criminologia que diz que o comportamento criminoso é aprendido por meio das interações sociais. (p. 186)

RECURSOS DA TECNOLOGIA

Conexão com a Internet*

Obs.: Embora os endereços dos sites relacionados a seguir tenham sido atualizados durante a edição deste livro, eles costumam mudar com grande freqüência em razão da natureza dinâmica da Internet.

1. O United Nations Office on Drugs and Crime (*www.unodc.org/unodc/crime_cicp_sitemap.html*) mantém um site que descreve em seus programas anticrime e documentos a prevalência de diversos tipos de crime em todo o mundo. Visite o site e aprenda mais sobre o crime global.

2. O grafite demonstra muito bem que o desvio é relativo. Embora pintar com *spray* as propriedades públicas e privadas sem permissão seja oficialmente um crime, muitas pessoas vêem a prática como bonita e como uma forma de arte importante socialmente. Para uma alternativa à perspectiva dominante sobre o grafite, explore as imagens em Art Crimes (*www.graffiti.org*).

---

* NE: Sites no idioma inglês.

capítulo 9

A ESTRATIFICAÇÃO NOS ESTADOS UNIDOS E NO MUNDO

Esse cartaz do Unicef relembra aos consumidores ocidentais ricos que os *jeans* de grife que usam podem ser produzidos por trabalhadores explorados em países em desenvolvimento. Em oficinas abafadas em todo o mundo subdesenvolvido, costureiros não-sindicalizados – alguns ainda crianças – trabalham longas horas por salários muito baixos.

Entendendo a Estratificação

Estratificação por Classe Social

Mobilidade Social

Estratificação no Sistema Mundial

Estratificação dentro dos Países: Uma Perspectiva Comparativa

Estudo de Caso: Estratificação no México

Política Social e Estratificação: Repensando o Bem-Estar Social na América do Norte e na Europa

Quadros
SOCIOLOGIA NA COMUNIDADE GLOBAL: Sob Pressão: O Sistema de Castas na Índia
PESQUISA EM AÇÃO: Quando os Empregos Desaparecem

No início da década de 1990, a McDonalds Corporation lançou uma campanha de televisão mostrando um jovem negro chamado Calvin sentado em uma varanda no Brooklyn usando seu uniforme dos Arcos Dourados (símbolo do McDonald's) enquanto seus amigos lá embaixo, na calçada, faziam piadas dizendo que ele tinha um "Mcjob" ("Mc-emprego"). Depois de aceitar as brincadeiras de bom humor, Calvin é abordado por um dos jovens negros, que chega furtivamente até ele e lhe pergunta baixinho se poderia ajudá-lo a encontrar um emprego também. O jovem admite que precisa de dinheiro e que, apesar da gozação que fizera de Calvin, ele acha o uniforme muito legal — ou pelo menos que ter um emprego é muito legal...

Os norte-americanos sempre estiveram comprometidos com a máxima moral que diz que o trabalho define as pessoas. Eles têm na mente uma tabela que informa quais empregos devem ser respeitados, e quais devem ser desprezados, uma pirâmide organizada pela renda que um emprego traz, o tipo de credenciais exigidas para assegurar um determinado cargo, as qualidades dos ocupantes do cargo — e usam esse sistema de estratificação (violento, às vezes) para elogiar um determinado *status* e humilhar outros. Essa tendência de classificar as pessoas por sua ocupação está mais enraizada nos Estados Unidos do que em outras sociedades, nas quais existem outras formas de avaliar o valor pessoal dos indivíduos. Nessas sociedades, nascer em uma "boa família" conta bastante no cálculo da posição social. Na América, não existe outro sistema de medida que importe tanto quanto o tipo de emprego que uma pessoa tem.

Dada a tradição norte-americana de que valor moral é igual a emprego, é óbvio que a linha divisória mais profunda dessa cultura é a que separa uma pessoa que tem um trabalho de uma desempregada. Só depois de cruzar tal abismo começam a ser feitas gradações mais precisas que distinguem o trabalhador de colarinho branco do trabalhador braçal, o presidente da secretária. Atribuímos uma imensa lista de virtudes morais — autodisciplina, responsabilidade pessoal, maturidade — àqueles que encontraram um emprego e o mantêm, qualquer que seja o emprego, e rejeitamos os outros que não têm um emprego como preguiçosos ou irresponsáveis.

Vivemos em uma cultura que não perdoa, que é cega a muitas razões pelas quais algumas pessoas cruzam a barreira do emprego e outras são deixadas para trás. Embora lembremos por um momento que as taxas de desemprego estão altas, ou que determinadas áreas cortaram milhões de trabalhadores, ou que barreiras raciais ou atitudes negativas em relação aos adolescentes tornam mais difícil arranjar emprego em alguns momentos e para algumas pessoas, no final, a cultura norte-americana elimina a verdade histórica dos fatos em favor de uma dicotomia simples: pessoas de valor e pessoas sem valor, o trabalhador abnegado e o preguiçoso. *(K. Newman, 1999, p. 86, 86–87)* ■

Nesse texto do seu livro *No shame in my game*, Katherine Newman, uma antropóloga e professora de estudos urbanos na Harvard University, examina o papel do trabalho na definição da posição de uma pessoa, especialmente nos Estados Unidos. O livro é baseado na pesquisa de Newman, um estudo com 200 funcionários de restaurantes *fast-food* no Harlem, Nova York. Durante um ano e meio, usando entrevistas, visitas às casas das pessoas e escolas, fazendo observações no local de trabalho, Newman acompanhou os trabalhadores enquanto eles lutavam para conseguir um emprego e para mantê-lo, para equilibrar seu trabalho com a escola e a família, para agüentar longas horas de trabalho e clientes mal-educados. Em seu estudo, ela descreve a hierarquia social dos trabalhadores.

A meta de Newman ao pesquisar o trabalho nos restaurantes *fast-food* era salientar um segmento da população que é esquecido pelos cientistas sociais e elaboradores de políticas. Os trabalhadores pobres – negros, brancos e latinos – representam na verdade um importante segmento da força de trabalho, embora sejam invisíveis na maior parte do tempo para as pessoas que estão bem de vida, que comem nos restaurantes e ficam nos hotéis onde eles trabalham. Além disso, quase não existem para os legisladores que os representam. Ainda assim, como sugere o título do livro de Newman, eles ficam bastante orgulhosos do fato de poderem trabalhar. Socialmente, deram um salto sobre a profunda vala que separa aqueles que trabalham daqueles que não trabalham.

Desde a primeira vez que se começou a especular sobre a natureza da sociedade humana, nossa atenção foi atraída para as diferenças entre os indivíduos e grupos dentro de uma sociedade. A expressão ***desigualdade social*** descreve uma condição na qual os membros de uma sociedade têm diferentes quantidades de riqueza, prestígio e poder. Um certo nível de desigualdade social caracteriza todas as sociedades.

Quando um sistema de desigualdade social se baseia em uma hierarquia de grupos, os sociólogos se referem a isso como ***estratificação***: uma classificação estruturada de grupos inteiros de pessoas que perpetua recompensas econômicas e poder desiguais na sociedade. Essas recompensas desiguais são evidentes não apenas na distribuição da riqueza e da renda, mas até nas assustadoras taxas de mortalidade nas comunidades empobrecidas. A estratificação envolve as maneiras pelas quais uma geração passa desigualdades sociais para a próxima, produzindo grupos de pessoas organizadas em classificações que vão de baixa a alta.

A estratificação é um assunto essencial na investigação sociológica porque sua influência permeia as interações e instituições humanas. Inevitavelmente, ela resulta em desigualdade social, porque certos grupos de pessoas estão em posições sociais mais elevadas, controlam recursos escassos, usam o poder e recebem tratamento especial. Como veremos neste capítulo, as conseqüências da estratificação são evidentes na distribuição desigual da riqueza e da renda nas sociedades industriais. O termo ***renda*** refere-se a salários e pagamentos por jornadas de trabalho. Ao passo que ***riqueza*** inclui todas as propriedades materiais de uma pessoa, incluindo terra, ações e outros tipos de propriedade.

A desigualdade social é uma característica inevitável da sociedade? Como são distribuídas a riqueza e a renda, e quais as oportunidades que um trabalhador médio tem de ascender socialmente? Que condições econômicas e políticas explicam a divisão entre nações ricas e pobres? Este capítulo focaliza a distribuição desigual de recompensas socialmente valorizadas e suas conseqüências nos Estados Unidos e em todo o mundo. Vamos examinar quatro sistemas gerais de estratificação e estudar diversas perspectivas teóricas sobre a estratificação, dando atenção especial aos pensamentos de Karl Marx e Max Weber. Veremos como os sociólogos definem classe social e examinam as conseqüências da estratificação em termos de riqueza e renda, saúde e oportunidades de educação. Vamos abordar a questão da mobilidade social, tanto para cima quanto para baixo. Em âmbito internacional, examinaremos o impacto sobre os países em desenvolvimento do colonialismo e do neocolonialismo, da globalização e do aparecimento das corporações multinacionais. Em um estudo de caso especial, vamos olhar de perto a estratificação social no México. Finalmente, na seção de política social, vamos abordar o problema da reforma do bem-estar social na América do Norte e na Europa. ■

ENTENDENDO A ESTRATIFICAÇÃO

Sistemas de Estratificação

Observe os quatro sistemas gerais de estratificação examinados aqui – escravidão, castas, vassalagem e classes sociais – como tipos ideais úteis para os fins de uma análise. Um sistema de estratificação pode incluir elementos de mais de um tipo. Por exemplo, antes da Guerra Civil norte-americana, podia-se encontrar estados dos Estados Unidos com divisão de classes entre brancos e negros e escravidão institucionalizada dos negros.

A pintura de Jacob Lawrence, o número 9 da Série *Harriet Tubman*, ilustra graficamente o tormento da escravidão como antigamente era praticada nos Estados Unidos. A escravidão é a forma mais extrema de desigualdade social legalizada.

Para entender melhor esses sistemas, pode ser útil revisar a distinção entre *status atingido* e *status atribuído* como explicado no Capítulo 5. O **status atribuído** é uma posição social atribuída a uma pessoa sem levar em conta suas características e seus talentos únicos, ao passo que o **status alcançado** é uma posição social que uma pessoa atinge principalmente por meio de seus próprios esforços. Os dois estão ligados. As famílias mais ricas do país geralmente herdam riqueza e posição, enquanto muitos membros de minorias étnicas e raciais herdam um *status* desprivilegiado. A idade e o gênero também são *status* atribuídos que influenciam a riqueza e a posição social de uma pessoa.

Escravidão

A forma mais extrema de desigualdade social legalizada para os indivíduos ou grupos é a ***escravidão***. O que distingue esse sistema opressivo de estratificação é que os indivíduos escravizados são de *propriedade* de outras pessoas, que os tratam como se fossem animais ou instrumentos domésticos.

A escravidão varia na forma como é praticada. Na Grécia antiga, a maior fonte de escravos consistia na captura de pessoas na guerra ou em atos de pirataria. Embora gerações sucessivas pudessem herdar a condição de escravo, ela não era necessariamente permanente. A condição de uma pessoa podia mudar conforme uma cidade-estado vencesse um conflito militar. De fato, todos os cidadãos tinham o potencial de se tornar escravos ou de ser libertados, dependendo das circunstâncias históricas. Ao contrário, nos Estados Unidos e na América Latina, onde a escravidão era uma condição herdada, barreiras legais e raciais impediam a libertação dos escravos.

Hoje, a Declaração Universal dos Direitos Humanos, que obriga todos os membros das Nações Unidas, proíbe todas as formas de escravidão. Contudo, ao redor do mundo milhões de pessoas ainda vivem como escravas. Em muitos países em desenvolvimento, trabalhadores são prisioneiros de seus empregos por toda a vida, em alguns países, seres humanos são propriedades de outros. Mas a escravidão também existe na Europa e nos Estados Unidos, onde trabalhadores e imigrantes ilegais são forçados a trabalhar durante anos em condições terríveis para pagar dívidas, ou para evitar serem denunciados às autoridades da imigração (Cockburn, 2003).

Castas

As ***castas*** são níveis hereditários geralmente determinados pela religião, e que tendem a ser fixos e imóveis. O sistema de castas está associado ao hinduísmo na Índia e em outros países. Na Índia existem quatro castas mais importantes, chamadas *varnas*. Uma quinta categoria, denominada *intocáveis* ou *dalit*, é considerada tão baixa e impura que não tem um lugar no sistema de estratificação. Também existem diversas castas menores. Ser membro de uma casta é um *status* atribuído (ao nascer, as crianças assumem a mesma posição dos seus pais). Cada casta é definida com muita clareza, e espera-se que os membros se casem dentro da sua casta.

Nas últimas décadas, a industrialização e a urbanização enfraqueceram o rígido sistema de castas da Índia. O Quadro 9-1 examina as mudanças que estão acontecendo nessa antiga forma de estratificação.

Feudos

Um terceiro tipo de sistema de estratificação, denominado *feudo*, estava associado às sociedades feudais durante a Idade Média. O ***sistema feudal***, ou feudalismo, exigia que os camponeses trabalhassem a terra arrendada para eles pelos nobres em troca de proteção militar e outros serviços. A base desse sistema era a propriedade da terra pelos nobres, essencial para a sua condição superior e privilegiada. Como um sistema baseado em escravidão e casta, a posição que a pessoa herdava definia o sistema feudal. Os nobres herdavam seus títulos e propriedades, ao passo que os camponeses nasciam em uma posição subserviente em uma sociedade agrária.

Sociologia na Comunidade Global
9-1 SOB PRESSÃO: O SISTEMA DE CASTAS NA ÍNDIA

Em 2001, o assassinato de um jovem indiano na pequena vila de Kalvakol se tornou objeto de revolta internacional. O homem, um intocável, ou *dalit*, foi arrastado para um campo, torturado e morto pelos habitantes da vila que pertenciam a uma classe superior. Seu crime: ele tinha ousado expressar sua opinião na vila onde os intocáveis não podem ter opiniões. Os que foram presos pelo assassinato estavam revoltados. Um deles disse: "O que vocês esperam que façamos, que entreguemos a vila inteira para essa gente?"

O assassinato foi um sinal da tensão que cresce com o enfraquecimento do sistema de castas tradicional hindu. A Constituição da Índia, adotada em 1950, aboliu formalmente a discriminação contra os intocáveis, cuja condição de párias os levava a serem excluídos dos templos, escolas e da maior parte dos empregos. Mas o sistema de castas prevalece até hoje, porque ele não está fundamentado na lei, mas em costumes religiosos. É mais forte em vilas rurais, onde quase 90% dos intocáveis vivem, e mais fraco nas cidades que crescem, onde migrantes de castas mais baixas chegam do interior e se misturam nas populações irreconhecíveis das escolas públicas, dos hospitais e dos meios de transporte.

Historicamente, o sistema de castas não ficou imune à mudança. Durante o império da família Mogul, muitos intocáveis escaparam da sua condição de párias se convertendo ao islamismo. E quando os britânicos assumiram o governo no período colonial impondo o estilo ocidental de agricultura, indústria e burocracia no país, abriram novas oportunidades para indianos presos às castas. No século XX, os líderes do governo tentaram nivelar a situação para as castas mais baixas, mas seu sucesso foi limitado. As "reservas" do governo, um tipo de sistema de cotas, separavam uma certa porcentagem dos empregos públicos e oportunidades educacionais para aquelas castas – uma política que produziu uma forte revolta entre as castas superiores.

> *Os avanços tecnológicos e da urbanização trouxeram mais mudanças no sistema de castas da Índia do que o governo ou as políticas.*

A necessidade é maior entre os intocáveis – confinados a tarefas menores em empregos que estão desaparecendo –, que são proibidos de estudar e, portanto, impedidos de se preparar para empregos melhores. Hoje, esses 160 milhões de párias, que constituem aproximadamente um quarto da população da Índia, organizaram-se e estão fazendo que suas vozes sejam ouvidas na política eleitoral. Em 1997, pela primeira vez na história da Índia, a posição simbólica – mas de alto *status* – de presidente foi para um intocável, K. R. Narayanan.

No total, os avanços tecnológicos e da urbanização trouxeram mais mudanças ao sistema de castas da Índia do que o governo ou as políticas. Além disso, o anonimato da vida nas cidades – que tende a ocultar as fronteiras das castas – e a globalização da alta tecnologia abriram a ordem social da Índia, trazendo novas oportunidades para aqueles que têm capacidades e habilidades para capitalizá-las. Srinivas Rao, um indiano de uma casta baixa que começou a sua própria companhia de tecnologia da informação, é um exemplo do efeito liberalizante da mudança tecnológica. Embora Rao ainda sofra em assuntos menores por causa da sua casta, sua realização é um sinal impressionante da mudança social em um país onde tal ascensão era desconhecida na geração anterior.

Vamos Discutir

1. Se você fosse um funcionário do governo na Índia, favoreceria o sistema de "reservas" que visa reduzir a discriminação das pessoas de castas mais baixas? Se a sua resposta for não, que outra solução recomendaria?
2. Compare o sistema de castas da Índia, que se baseia em um costume religioso, com a forma de escravidão praticada nos Estados Unidos no passado, que se baseava em diferenças raciais. Qual seria a diferença entre a experiência de um ex-escravo e a de um intocável?

Fontes: Dugger, 1999; Gose, 2003; McGivering, 2001; National Campaign on Dalit Human Rights, 2003; O'Neill, 2003; Overland, 2004; Schmetzer, 1999; Seabrook, 2002.

Conforme o sistema feudal se desenvolveu, tornou-se mais diferenciado. Os nobres começaram a atingir graus diferentes de autoridade. No século XII, o clero já havia emergido na maior parte da Europa, e também as classes dos comerciantes e artesãos. Pela primeira vez, existiam grupos de pessoas cuja riqueza não dependia da propriedade da terra ou da agricultura. Essa mudança econômica teve conseqüências profundas conforme o sistema feudal terminava e um sistema de estratificação por classe começava a existir.

Classes Sociais

Um *sistema de classe* é uma condição social baseada sobretudo na posição econômica, e na qual as características atingidas podem influenciar a mobilidade social. Ao contrário da escravidão e dos sistemas de castas, os limites entre as classes são definidos de forma imprecisa, e uma pessoa pode ir de um estrato ou nível social para outro. Mesmo assim, os sistemas de classe mantêm hierarquias de estratificação estáveis e padrões de divisão de classes, e também são marcados pela distribuição de-

FIGURA 9-1

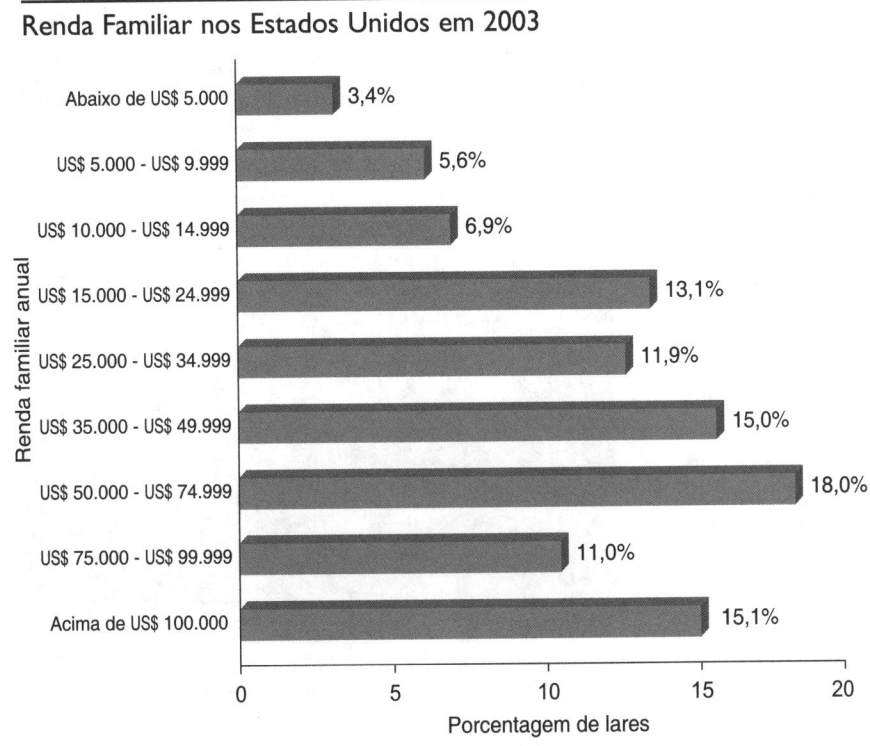

Renda Familiar nos Estados Unidos em 2003

Renda familiar anual	Porcentagem de lares
Abaixo de US$ 5.000	3,4%
US$ 5.000 – US$ 9.999	5,6%
US$ 10.000 – US$ 14.999	6,9%
US$ 15.000 – US$ 24.999	13,1%
US$ 25.000 – US$ 34.999	11,9%
US$ 35.000 – US$ 49.999	15,0%
US$ 50.000 – US$ 74.999	18,0%
US$ 75.000 – US$ 99.999	11,0%
Acima de US$ 100.000	15,1%

Nota: Os dados somados não perfazem 100% por causa dos arredondamentos.
Fonte: DeNavas-Walt et al., 2004, p. 27.

sigual da riqueza e do poder. A classe social, embora seja possível, depende muito da família e de fatores herdados, como raça e etnia.

A desigualdade da renda é uma característica básica de um sistema de classes. Em 2003, a renda média familiar nos Estados Unidos era de US$ 43.318. Em outras palavras, metade de todas as famílias tinha renda mais alta naquele ano e metade tinha renda mais baixa. Mas esse fato não revela a disparidade das rendas nessa sociedade. Como mostra a Figura 9-1, existe uma ampla variação da renda de uma família média. Além disso, muitas pessoas estão nos extremos. Em 2000, aproximadamente 240 mil declarações de renda informaram renda acima de US$ 1 milhão. Ao mesmo tempo, quase 20 milhões de famílias informaram renda abaixo de US$ 9 mil (Bureau of the Census, 2003a, p. 332; DeNavas-Walt et al., 2004).

Segundo dados do Censo de 2000 do Instituto Brasileiro de Geografia e Estatística (IBGE), a renda *per capita* brasileira está próxima de US$ 4 mil e os brasileiros que representam a camada dos 10% mais ricos detêm 50% da riqueza nacional. E para uma pessoa pertencer à classe A, isto é, dos ricos, basta ganhar R$ 2 mil mensais. Isso significa que os ricos ficam com a maior parte dos bens, mas para ser "rico" basta ganhar sete salários mínimos por mês.

O sociólogo Daniel Rossides (1997) usou um modelo de cinco classes para descrever o sistema de classes dos Estados Unidos: a classe alta, a classe média alta, a classe média baixa, a classe dos trabalhadores e a classe baixa. Embora as linhas separando as classes sociais nesse modelo não sejam tão precisas quanto as divisões entre as castas, os membros das cinco classes diferem de maneiras que vão além da renda.

De acordo com a classificação de Rossides, de 1% a 2% das pessoas nos Estados Unidos pertencem à *classe alta*, um grupo limitado de indivíduos muito ricos. Essas pessoas são sócias de clubes exclusivos e freqüentam círculos sociais fechados. Ao contrário, a *classe baixa*, representando cerca de 20% a 25% da população, é composta desproporcionalmente por negros, hispânicos, mães solteiras com filhos dependentes, e pessoas que não conseguem encontrar trabalho regular, ou precisam viver com um trabalho que paga muito mal. Essa classe não tem riquezas nem renda, e é fraca demais politicamente para exercer algum poder.

Essas duas classes, nos extremos opostos da hierarquia social da nação, refletem a importância do *status* atribuído e do *status* alcançado. Os *status* atribuídos, como a raça, por exemplo, influenciam a riqueza e a posição social de uma pessoa. O sociólogo Richard Jenkins (1991) pesquisou como o *status* atribuído de ser deficiente marginaliza uma pessoa no mercado de trabalho dos Estados Unidos. As pessoas deficientes são particularmente vulneráveis ao desemprego, mal pagas e, em muitos casos, ocupam o último degrau da escada ocupacional. Independentemente do seu desempenho real no trabalho, os deficientes são estigmatizados como incapazes de ganhar seu sustento. Esses são os efeitos do *status* atribuído.

Espremidas entre a classe alta e a baixa nesse modelo estão a classe média alta, a classe média baixa e a classe dos trabalhadores. A *classe média alta*, contando com de 10% a 15% da população, é composta por profissionais, como médicos, advogados e arquitetos. Eles participam ativamente da política e assumem papéis de liderança em associações voluntárias. A *classe média baixa*, com quase 30% a 35% da população, inclui profissionais menos ricos (como professores da escola primária e enfermeiros), proprietários de pequenos negócios e um bom número de funcionários administrativos. Embora nem todos os membros dessa classe variada tenham uma faculdade, eles compartilham a meta de mandar seus filhos para a faculdade.

Rossides descreve a *classe trabalhadora* – perto de 40% a 50% da população – como pessoas que têm um emprego regular braçal ou técnico. Certos membros dessa classe, como os eletricistas, podem ter renda mais alta do que pessoas da classe média baixa. Ainda que atinjam um certo nível de segurança econômica, tenderão a se identificar com os trabalhadores braçais e sua longa história de envolvimento com os movimentos trabalhistas dos Estados Unidos. Das cinco classes, a classe trabalhadora está decrescendo significativamente em tamanho. Na economia norte-americana, trabalhos técnicos e serviços estão substituindo aqueles envolvidos na produção e transporte atual de mercadorias.

A classe social é uma das variáveis independentes ou explicativas mais usadas pelos cientistas sociais para trazer à luz alguns assuntos. Em capítulos posteriores, vamos analisar a relação entre classe social e padrões de divórcio (Capítulo 12), comportamento religioso (Capítulo 13) e escolaridade (Capítulo 13), bem como outras relações em que a classe social é uma variável.

Perspectivas sobre Estratificação

Os sociólogos debateram intensamente a estratificação e a desigualdade social e chegaram a conclusões variadas. Nenhum teórico enfatizou a importância das classes para a sociedade – e para as mudanças sociais – mais que Karl Marx. Marx via a diferenciação entre as classes como um determinante essencial da desigualdade social, econômica e política. Em contraposição, Max Weber questionou a ênfase de Marx na importância superior do setor econômico, e afirmava que a estratificação deveria ser vista como tendo muitas dimensões.

A Visão de Karl Marx da Diferenciação das Classes

Karl Marx é descrito corretamente como um revolucionário e um cientista social. Marx preocupava-se com a estratificação em todos os tipos de sociedades humanas, a começar com as tribos agrícolas primitivas, passando pelo feudalismo. Mas o seu foco principal eram os efeitos da desigualdade econômica em todos os aspectos da Europa do século XIX. A reivindicação da classe trabalhadora fazia que ele sentisse ser fundamental lutar por mudanças na estrutura de classes da sociedade (Beeghley, 1978, p. 1).

Na visão de Marx, as relações sociais durante qualquer período da história dependem de quem controla os modos básicos de produção econômica, como a terra ou as fábricas. O acesso diferenciado a recursos escassos molda a relação entre os grupos. Assim, no sistema feudal, a maior produção era agrícola, e a terra pertencia à nobreza. Os camponeses não tinham outra escolha senão trabalhar de acordo com os termos ditados pelos proprietários da terra.

Karl Marx identificaria esses mineiros de carvão como membros do *proletariado*, ou classe trabalhadora. Durante gerações, os mineiros foram forçados a gastar seus baixos salários nas "lojas da companhia", cujos preços altos os mantinham perpetuamente em débito. A exploração da classe trabalhadora é um princípio central da teoria marxista.

Usando esse tipo de análise, Marx examina as relações sociais no *capitalismo* – um sistema econômico no qual os meios de produção são mantidos especialmente em mãos privadas, e o principal incentivo da atividade econômica é a acumulação de lucros (D. H. Rosenberg, 1991). Marx focalizou duas classes que começaram a emergir no sistema feudal declinante, a burguesia e o proletariado. A **burguesia**, ou classe capitalista, possui os meios de produção, como fábricas e máquinas, o **proletariado** é a classe trabalhadora. Nas sociedades capitalistas, os membros da burguesia maximizam os lucros na concorrência com outras empresas. No processo, exploram os trabalhadores, que precisam trocar seu trabalho por salários de subsistência. Na visão de Marx, os membros de cada classe compartilham uma cultura distinta. Marx estava mais interessado na cultura do proletariado, mas também examinou a ideologia da burguesia, com a qual essa classe justifica seu domínio sobre os trabalhadores.

De acordo com Marx, a exploração do proletariado inevitavelmente levaria à destruição do sistema capitalista, porque os trabalhadores se revoltariam. Mas primeiro a classe trabalhadora deveria desenvolver a **consciência de classe** – uma consciência subjetiva dos interesses comuns e da necessidade de uma ação política coletiva para concretizar a mudança social. Os trabalhadores com freqüência precisam superar o que Marx chamou de **falsa consciência**, ou a atitude mantida pelos membros de uma classe que não reflete precisamente a sua posição objetiva. Um trabalhador com falsa consciência pode adotar uma visão individualista em relação à exploração capitalista ("*Eu estou sendo explorado pelo meu patrão*"). Ao contrário, o trabalhador com consciência de classe percebe que todos os trabalhadores estão sendo explorados pela burguesia e têm um papel comum na revolução.

Para Marx, a consciência de classe é parte de um processo coletivo no qual o proletariado passa a identificar a burguesia como a fonte da sua opressão. Líderes revolucionários vão lidar com a classe trabalhadora em sua luta. Finalmente, o proletariado derrubará a ditadura da burguesia e do governo (que Marx vê como representando os interesses do capitalismo) e vai eliminar a propriedade privada dos meios de produção. Na visão bastante utópica de Marx, as classes e a opressão cessarão de existir no Estado pós-revolucionário dos trabalhadores.

Até que ponto as previsões de Marx foram precisas? Ele não previu a emergência dos sindicatos de trabalhadores, cujo poder em negociações coletivas enfraqueceu o estrangulamento que os capitalistas exercem sobre os trabalhadores. Além disso, como notam os teóricos do conflito contemporâneos, ele não previu a extensão em que as liberdades políticas e a relativa prosperidade podiam contribuir para uma falsa consciência. Muitos trabalhadores passaram a se ver como indivíduos lutando para melhorar sua condição nas sociedades livres que oferecem bastante mobilidade, em vez de membros maltratados que encaram um destino coletivo. Finalmente, Marx não previu que o Partido Comunista seria estabelecido e depois derrubado na antiga União Soviética e em toda a Europa do Leste. Mesmo assim, a abordagem marxista do estudo das classes é útil para enfatizar a importância da estratificação como um determinante do comportamento social e a separação fundamental em diversas sociedades entre dois grupos distintos, os ricos e os pobres.

A Visão da Estratificação de Max Weber

Diferentemente de Karl Marx, Max Weber insistia que nenhuma característica única (como a classe) definia totalmente a posição de uma pessoa no sistema de estratificação. Ao contrário, em seus escritos de 1916, ele identificou três componentes distintos da estratificação: classe, *status* e poder (Gerth e Mills, 1958).

Weber usou o termo **classe** para se referir a um grupo de pessoas que têm um nível similar de riqueza e renda. Por exemplo, certos trabalhadores nos Estados Unidos tentam sustentar suas famílias com empregos de salário mínimo. Segundo a definição de Weber, esses assalariados constituem uma classe, porque compartilham a mesma posição econômica e o mesmo destino. Embora Weber concordasse com Marx quanto à importância dessa dimensão econômica da estratificação, argumentava que as ações dos indivíduos e dos grupos não podiam ser compreendidas *somente* em termos econômicos.

Max Weber utilizou a expressão **grupo de status** para se referir a pessoas que têm o mesmo prestígio ou estilo de vida. Um indivíduo ganha *status* quando pertence a um grupo desejável, como a profissão médica. Mas o *status* não é o mesmo que classe econômica. Na nossa cultura, um batedor de carteira bem-sucedido poderá estar na mesma classe de renda de um professor universitário. Mas o ladrão será visto como membro de um grupo de *status* inferior, ao passo que o professor terá um *status* elevado.

Para Weber, o terceiro componente importante da estratificação era uma dimensão política. **Poder** é a habilidade de uma pessoa exercer sua vontade sobre as outras. Nos Estados Unidos, o poder vem da associação a determinados grupos influentes, como o conselho de administração das corporações, agências governamentais e grupos de interesse. Os teóricos do conflito concordam, em geral, que as duas fontes principais de poder – grandes negócios e governo – estão bastante relacionadas (ver Capítulo 14). Por exemplo, muitos dos chefes de importantes corporações também ocupam posições de poder no governo ou nas forças armadas.

Os executivos de corporações que lideram as companhias privadas nos Estados Unidos ganham os salários mais altos do país. Representam o topo não apenas da sociedade norte-americana, mas dos executivos corporativos de todo o mundo. A Figura 9-2 mostra o quanto os líderes das corporações norte-americanas ganham a mais do que os altos executivos (CEOs) de outros países industrializados. Entretanto, os salários pagos a esses altos executivos não estão necessariamente ligados a medidas convencionais de sucesso. Quando a economia dos Estados Unidos piorou em 2002, uma análise mostrou que os CEOs com salários mais altos eram aqueles que autorizavam os maiores cortes de pessoal (Klinger et al., 2002).

Resumindo, na visão de Weber, cada um de nós tem não apenas uma posição na sociedade, mas três. Nossa posição no sistema de estratificação reflete algumas combinações de classe, *status* e poder. Cada fator influencia os outros dois e, realmente, as posições dessas três dimensões tendem a coincidir. John F. Kennedy pertencia a uma família muito rica, freqüentou escolas preparatórias exclusivas, formou-se na Harvard University e se tornou o presidente dos Estados Unidos. Como Kennedy, muitas pessoas de origem abastada atingem *status* e poder impressionantes.

Visão Interacionista

Tanto Karl Marx quanto Max Weber viram a desigualdade basicamente de uma perspectiva macrossociológica, considerando a sociedade inteira, ou mesmo a economia

FIGURA 9-2

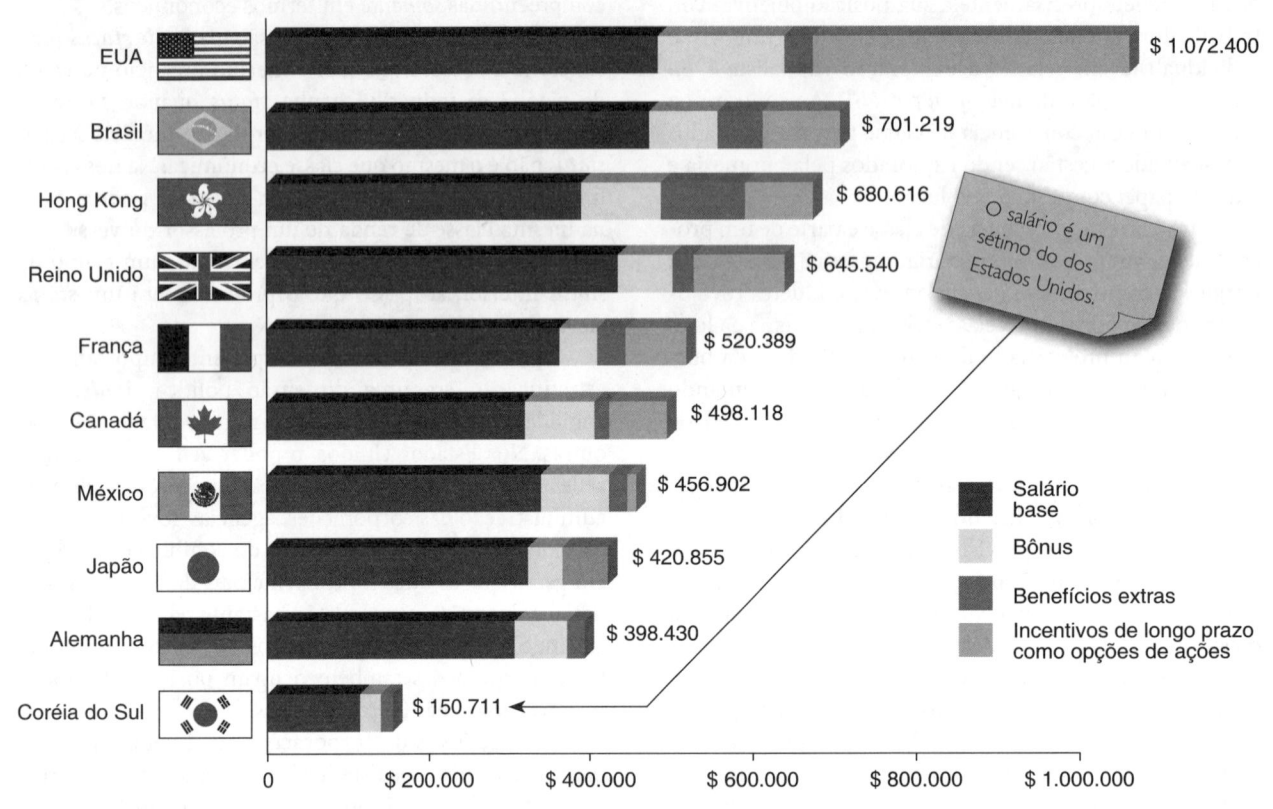

Ao Redor do Mundo: Quanto Vale um CEO?

País	Remuneração
EUA	$ 1.072.400
Brasil	$ 701.219
Hong Kong	$ 680.616
Reino Unido	$ 645.540
França	$ 520.389
Canadá	$ 498.118
México	$ 456.902
Japão	$ 420.855
Alemanha	$ 398.430
Coréia do Sul	$ 150.711

O salário é um sétimo do dos Estados Unidos.

Legenda: Salário base; Bônus; Benefícios extras; Incentivos de longo prazo como opções de ações

Nota: O pacote de pagamento anual médio de um CEO de uma companhia industrial com um faturamento anual de US$ 250 milhões a US$ 500 milhões em dez países. Os números se referem ao período de abril de 1998, e não são ponderados para compensar custos de vida ou os níveis de tributação diferentes.

Fonte: Towers Perrin, in Bryant, 1999, Seção 4, p. l.

Pense nisto
Por que os CEOs dos Estados Unidos ganham mais do que os de outros países?

---

global. Entretanto, Marx sugeriu a importância de uma análise mais microssociológica, quando enfatizou as maneiras pelas quais os indivíduos desenvolvem uma verdadeira consciência de classe.

Os interacionistas, bem como os economistas, estão há muito tempo interessados na importância da classe social na formação do estilo de vida das pessoas. O teórico Thorstein Veblen (1857–1929) salientou que aqueles que estão no topo da hierarquia social convertem parte da sua riqueza em *consumo conspícuo*, comprando mais carros do que podem dirigir, e construindo casas com mais dependências do que podem ocupar. Ou têm *lazer conspícuo*, tomando seus jatos e viajando para destinos remotos e permanecendo ali apenas o tempo suficiente para jantar ou ver o pôr-do-sol em um local histórico (Veblen [1899], 1964).

No outro extremo do espectro, o comportamento julgado típico da classe baixa está sujeito não apenas ao ridículo, mas também a ações judiciais. De tempos em tempos as comunidades proíbem que *trailers* sejam estacionados no jardim da frente da casa das pessoas, ou que sofás sejam colocados na varanda. Em algumas comunidades, é ilegal deixar um veículo utilitário em frente da residência durante a noite.

Use a Sua Imaginação Sociológica

Veja o estudo fotográfico nas p. 4-5. Como você acha que Thorstein Veblen responderia à pergunta feita no título? O que você acha que ele diria sobre as três famílias mostradas no ensaio?

A Estratificação É Universal?

Alguns membros de uma sociedade precisam receber mais recompensas que outros? As pessoas precisam se sentir social e economicamente superiores às outras? A

O estilo de vida caro desse casal ilustra o conceito de Thorstein Veblen de consumo conspícuo, um padrão de gastos comum para os que vivem no topo da escada social.

vida social pode ser organizada sem uma desigualdade estruturada? Essas questões são debatidas há séculos, especialmente entre os ativistas políticos. Socialistas utópicos, minorias religiosas e membros de grupos de contracultura recentes tentam estabelecer comunidades que até certo ponto abolem a desigualdade nas relações sociais.

Os cientistas sociais descobriram que a desigualdade existe em todas as sociedades – mesmo nas mais simples. Por exemplo, quando o antropólogo Gunnar Landtman ([1938] 1968) estudou os kiwai papuas, da Nova Guiné, inicialmente notou pequenas diferenciações entre eles. Todos os homens da vila faziam o mesmo trabalho e viviam em casas semelhantes. Entretanto, em uma inspeção mais minuciosa, Landtman observou que certos papuas – homens guerreiros, arpoadores e feiticeiros – eram descritos como "um pouco superiores" aos outros. Em contrapartida, as mulheres, os desempregados ou não-casados que habitavam as vilas eram considerados "um pouco inferiores" e não podiam possuir terras.

A estratificação é universal no sentido que todas as sociedades mantêm alguma forma de desigualdade entre seus membros. Dependendo dos seus valores, uma sociedade pode designar as pessoas a diferentes níveis baseados no seu conhecimento religioso, na sua habilidade de caçar, na beleza, na habilidade de negociar ou de fornecer cuidados de saúde. Mas por que essa desigualdade se desenvolveu nas sociedades humanas? E a diferenciação entre as pessoas, se houver, é realmente essencial?

Os funcionalistas e os sociólogos do conflito oferecem explicações para a existência e a necessidade da estratificação social. Os funcionalistas defendem que um sistema diferenciado de recompensas e punições é necessário para que a sociedade funcione de maneira eficiente. Os teóricos do conflito argumentam que a competição por recursos escassos resulta em significativa desigualdade social, política e econômica.

Visão Funcionalista

Alguém iria à escola por muitos anos para se tornar médico se pudesse ganhar a mesma quantidade de dinheiro e respeito trabalhando como varredor de rua? Os funcionalistas dizem que não, o que justifica em parte por que eles acreditam que uma sociedade estratificada é universal.

Na visão de Kingsley Davis e Wilbert Moore (1945), uma sociedade precisa distribuir seus membros entre as diversas posições sociais. Ela precisa garantir que essas posições sejam ocupadas, e também que as pessoas que as ocupam tenham talentos e habilidades adequados. As recompensas, incluindo dinheiro e prestígio, baseiam-se na importância de uma posição e na relativa escassez de pessoal qualificado. Mesmo assim, essa avaliação com freqüência desvaloriza o trabalho executado por certos segmentos da sociedade, como o trabalho doméstico das mulheres, ou ocupações em geral desempenhadas por mulheres, ou o trabalho de baixo *status* em cadeias de restaurantes de *fast-food*.

Davis e Moore argumentam que a estratificação é universal, e que a desigualdade social faz-se necessária para que as pessoas sejam motivadas a ocupar posições funcionalmente importantes. Mas os críticos dizem que recompensas desiguais não são a única maneira de encorajar as pessoas a ocuparem posições e desempenhar ocupações essenciais. O prazer pessoal, a satisfação intrínseca e a orientação aos valores também as motivam a ingressarem em uma determinada carreira. Os funcionalistas concordam, mas observam que a sociedade precisa usar algum tipo de recompensa para motivar seus membros a desempenharem tarefas desagradáveis ou perigosas, e a escolherem profissões que exigem um longo período de treinamento. Essa resposta não justifica os sistemas de estratificação em que o *status* é herdado, como o de escravos ou as sociedades com castas. Da mesma forma, é difícil explicar os altos salários que a nossa sociedade oferece aos atletas profissionais ou personalidades do mundo artístico baseando-se no critério que aqueles trabalhos são essenciais para a sobrevivência da sociedade. Mesmo que a estratificação seja inevitável, a argumentação dos funcionalistas para recompensas diferenciadas não explica a ampla disparidade entre os ricos e os pobres (Collins, 1975; Kerbo, 2003; Tumin, 1953, 1985).

Visão do Conflito

Os escritos de Karl Marx estão no coração da teoria do conflito. Marx [p. 12] via a história como uma luta constante entre opressores e oprimidos, que finalmente culminaria em uma sociedade igualitária sem classes. Em termos de estratificação, ele dizia que, no capitalismo, a classe dominante – a burguesia – manipula os sistemas econômico e político para manter o controle sobre o proletariado explorado. Marx não acreditava que a estratificação fosse inevitável, e realmente via a desigualdade e a opressão como inerentes ao capitalismo (E. Wright et al., 1982).

Como sugerem as canções e os filmes populares, os motoristas de caminhão são orgulhosos do seu trabalho de baixo prestígio. Segundo a perspectiva do conflito, as crenças culturais que formam a ideologia dominante de uma sociedade, como a imagem popular do caminhoneiro como um herói, ajudam os ricos a manter o seu poder e controle à custa das classes mais baixas.

Como Marx, os teóricos do conflito contemporâneos acreditam que os seres humanos tendem a entrar em conflito por recursos escassos, como a riqueza, o *status* e o poder. Entretanto, Marx focaliza sobretudo o conflito de classe; mais recentemente, os teóricos estenderam a análise para incluir conflitos baseados no gênero, raça, idade e outras dimensões. O sociólogo britânico Ralf Dahrendorf fez uma das mais importantes contribuições para a abordagem do conflito.

Dahrendorf (1959) modificou a análise de Marx da sociedade capitalista para aplicá-la às *modernas* sociedades capitalistas. Para Dahrendorf, as classes sociais são grupos de pessoas que compartilham interesses comuns resultantes das suas relações de autoridade. Ao identificar os grupos mais poderosos em uma sociedade, ele inclui não apenas os burgueses – os donos dos meios de produção – mas também os administradores das indústrias, o Poder Legislativo, o Poder Judiciário, os líderes da burocracia governamental e outros. Nesse assunto, Dahrendorf fundiu a ênfase de Marx sobre o conflito de classes com o reconhecimento de Weber de que o poder é um elemento importante da estratificação (Cuff et al., 1990).

Os teóricos do conflito, inclusive Dahrendorf, argumentam que os poderosos de hoje, como os burgueses do tempo de Marx, querem que a sociedade funcione tranqüilamente para que possam gozar as suas posições privilegiadas. Como o *status quo* serve aos que têm riqueza, *status* e poder, eles têm um interesse claro em evitar, minimizar ou controlar conflitos sociais.

Uma maneira de os poderosos manterem o *status quo* é definir e disseminar a ideologia dominante da sociedade. A expressão **ideologia dominante** descreve um conjunto de crenças e práticas sociais que ajuda a manter poderosos interesses sociais, econômicos e políticos. [p. 67] Para Karl Marx, a ideologia dominante em uma sociedade capitalista serve aos interesses da classe dominante. Da perspectiva do conflito, a importância social da ideologia dominante é que grupos e instituições mais poderosos controlam não só a riqueza e as propriedades, mais importante do que isso, eles controlam os meios de produzir crenças sobre a realidade por meio da religião, da educação e dos meios de comunicação (Abercrombie et al., 1980, 1990; Robertson, 1988).

Os poderosos, como os líderes do governo, também usam as reformas sociais para comprar os oprimidos e reduzir o perigo de desafios ao seu domínio. Por exemplo, as leis do salário mínimo e a remuneração dos desempregados, sem dúvida alguma, são uma ajuda valiosa aos homens e mulheres necessitados. Entretanto, essas reformas também servem para pacificar os que poderiam rebelar-se. É claro que, na visão dos teóricos do conflito, tais manobras nunca conseguem eliminar o conflito totalmente, uma vez que os trabalhadores continuarão a exigir igualdade, e os poderosos não vão renunciar ao seu controle sobre a sociedade.

Os teóricos do conflito vêem a estratificação como uma fonte importante de tensão e conflito social. E não concordam com Davis e Moore que a estratificação é

Resumindo

Tabela 9-1 — Perspectivas mais Importantes da Estratificação Social

	Funcionalista	Conflito	Interacionista
Objetivo da estratificação social	Facilita o preenchimento de posições sociais	Facilita a exploração	Infuencia os estilos de vida das pessoas
Atitude em relação à desigualdade social	Necessária até certo ponto	Excessiva e crescente	—
Análise dos ricos	Talentosos e capacitados, criando oportunidades para outros	Usam a ideologia dominante para promover seus próprios interesses	Exibição de consumo e lazer conspícuos

funcional para uma sociedade, ou que ela funciona como uma fonte de estabilidade. Ao contrário, os sociólogos do conflito argumentam que a estratificação leva inevitavelmente à instabilidade e à mudança social (R. Collins, 1975; L. Coser, 1977).

A Tabela 9-1 resume e compara as três perspectivas mais importantes da estratificação social.

O Ponto de Vista de Lenski

Vamos voltar à pergunta feita anteriormente – a estratificação é universal? – e considerar a resposta sociológica. Encontramos algumas formas de diferenciação em todas as culturas, das mais primitivas até as sociedades industriais mais avançadas do nosso tempo. O sociólogo Gerhard Lenski, em sua abordagem sociocultural da evolução, descreve como os sistemas econômicos mudam conforme seu nível tecnológico se torna mais complexo, começando por caçar e coletar, e culminando finalmente em uma sociedade industrial. Nas sociedades de caçadores e recoletores de subsistência, as pessoas focalizam [p. 111-128] a sobrevivência. Embora alguma desigualdade e diferenciação sejam evidentes, um sistema de estratificação baseado na classe social não emerge porque não existe uma riqueza real a ser reivindicada.

À medida que uma sociedade avança tecnologicamente, torna-se capaz de produzir um considerável excesso de mercadorias. A emergência das mercadorias excedentes expande muito a possibilidade de desigualdade de *status*, influência e poder, e permite o desenvolvimento de um sistema de classes sociais rígido, bem definido. Para minimizar greves, "operações tartaruga" e sabotagem industrial, as elites compartilham uma parte do excesso econômico, mas não o suficiente para reduzir o seu poder e os seus privilégios.

Como argumentou Lenski, a alocação das mercadorias e serviços excedentes controlada por aqueles com riqueza, *status* e poder reforça a desigualdade social que acompanha os sistemas de estratificação. Embora esse sistema de recompensa possa já ter servido aos objetivos gerais da sociedade, como argumentam os funcionalistas, o mesmo não se pode dizer das grandes diferenças que separam os que têm e os que não têm nas sociedades atuais. Na sociedade industrial contemporânea, o grau de desigualdade social e econômica excede de longe o que é necessário para fornecer mercadorias e serviços (Lenski, 1966; Nolan e Lenski, 2004).

ESTRATIFICAÇÃO POR CLASSE SOCIAL

Medindo a Classe Social

Avaliamos continuamente como são as pessoas ricas observando os carros que dirigem, as casas onde vivem, as roupas que usam e assim por diante. Ainda assim, não é fácil localizar um indivíduo nas nossas hierarquias sociais como seria em um sistema de estratificação como o de escravidão ou de castas. Para determinar a que classe uma pessoa pertence, os sociólogos em geral se baseiam no método objetivo.

Método Objetivo

No **método objetivo** de medição da classe social, a classe é vista como uma categoria estatística. Os pesquisadores atribuem os indivíduos às classes sociais com base em critérios, como profissão, escolaridade, renda e local de residência. A chave do método objetivo está em que é o *pesquisador*, e não a pessoa sendo classificada, que identifica a classe do indivíduo.

O primeiro passo para utilizar esse método é decidir quais indicadores ou fatores causais serão medidos objetivamente, se a riqueza, a renda, a escolaridade ou a ocupação. A classificação do prestígio das profissões já demonstrou ser um indicador útil da classe da pessoa, principalmente porque é muito mais fácil de ser determinado do que a renda ou a riqueza. O termo **prestígio** se refere ao respeito e à admiração que uma profissão goza na sociedade. "Minha filha, a física" diz algo muito diferente do que "minha filha, a garçonete". O prestígio é independente do indivíduo em particular que tem uma determinada profissão, uma característica que o distingue em termos de estima. A *estima* se refere à reputação que determinada pessoa ganhou em uma profissão. Portanto, pode-se dizer que a posição de presidente dos Estados Unidos tem alto prestígio, mesmo que ela seja ocupada por pessoas com graus de estima variados. Uma cabeleireira poderá ter a estima dos seus clientes, mas não terá o prestígio de um executivo corporativo.

A Tabela 9-2 classifica o prestígio de diversas profissões bem conhecidas. Em uma série de levantamentos nacionais, os sociólogos designaram classificações de prestígio a aproximadamente 500 profissões, variando de médico a jornaleiro. O prestígio mais alto recebeu uma nota 100 e o mais baixo, 0. Médicos, advogados, dentistas e professores universitários foram as profissões mais respeitadas. Os sociólogos usaram esses dados para designar classificações de prestígio a praticamente todos os trabalhos, e descobriram que existe uma estabilidade nas classificações desde 1925. Estudos semelhantes em outros países também desenvolveram classificações de prestígio úteis (Hodge e Rossi, 1964; Lin e Xie, 1988; Treiman, 1977).

Não se conhecem estudos semelhantes realizados no Brasil. No entanto, é bem possível que se atribua igual prestígio ao apontado pela classificação norte-americana às mesmas profissões, pois apesar das suas especificidades culturais, o Brasil acompanha as tendências das sociedades ocidentais industrializadas.

Tabela 9-2 Posições de Prestígio das Profissões

Profissão	Posição	Profissão	Posição
Médico	86	Secretária	46
Advogado	75	Agente de seguros	45
Dentista	74	Caixa de banco	43
Professor universitário	74	Auxiliar de enfermagem	42
Arquiteto	73	Fazendeiro	40
Clérigo	69	Funcionário de instituição correcional	40
Farmacêutico	68	Recepcionista	39
Enfermeiro registrado	66	Barbeiro	36
Professor do primeiro grau	66	Funcionário de creche	35
Contador	65	Funcionário administrativo de hotel	32
Piloto de avião comercial	60	Motorista de ônibus	32
Policial ou detetive	60	Motorista de caminhão	30
Professor de jardim da infância	55	Vendedor (sapatos)	28
Bibliotecário	54	Lixeiro	28
Bombeiro	53	Garçom e garçonete	28
Assistente social	52	Barman	25
Eletricista	51	Trabalhador agrícola	23
Agente funerário	49	Faxineiro	22
Carteiro	47	Jornaleiro	19

Nota: 100 é a mais alta e 0 é a mais baixa posição de prestígio possível.
Fonte: J. Davis et al., 2003.

Gênero e Prestígio Ocupacional

Por muitos anos, os estudos das classes sociais tenderam a negligenciar as profissões e a renda das *mulheres* como determinantes da posição social. Em um estudo exaustivo sobre 589 profissões, as sociólogas Mary Powers e Joan Holmberg (1978) examinaram o impacto da participação das mulheres na força de trabalho remunerada sobre o *status* ocupacional. Como as mulheres tendem a dominar as ocupações com remuneração relativamente baixa, como contadora e funcionária de creches, a sua participação na força de trabalho levou a um aumento geral do *status* das ocupações dominadas pelos homens. Pesquisas mais recentes feitas nos Estados Unidos e na Europa consideram as ocupações dos maridos *e* das esposas na determinação da classe das famílias (Sørensen, 1994). Com mais da metade das mulheres casadas agora trabalhando fora de casa (ver Capítulo 11), essa abordagem parece estar superada, mas levanta algumas questões. Por exemplo, como a classe ou o *status* devem ser julgados em famílias com duas carreiras – pela ocupação considerada de maior prestígio, pela média, ou uma combinação de ambas?

Os sociólogos – particularmente as sociólogas feministas da Grã-Bretanha – estão se baseando em novas abordagens para avaliar a posição das mulheres na classe social. Uma abordagem é focalizar no indivíduo (em vez de na família ou no domicílio) como base para determinar a classe da mulher. Assim, uma mulher seria classifi-

FIGURA 9-3

Comparação da Distribuição de Renda e Riqueza nos Estados Unidos

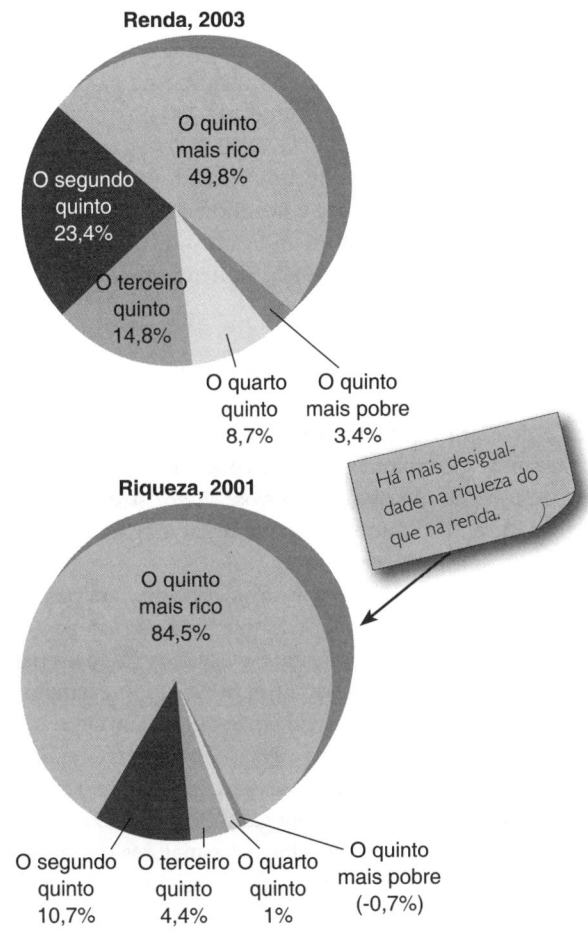

Renda, 2003

- O quinto mais rico: 49,8%
- O segundo quinto: 23,4%
- O terceiro quinto: 14,8%
- O quarto quinto: 8,7%
- O quinto mais pobre: 3,4%

Riqueza, 2001

- O quinto mais rico: 84,5%
- O segundo quinto: 10,7%
- O terceiro quinto: 4,4%
- O quarto quinto: 1%
- O quinto mais pobre: (-0,7%)

Há mais desigualdade na riqueza do que na renda.

Nota: Os dados não somam 100% por causa dos arredondamentos.
Fonte: Dados sobre renda (famílias) são do Bureau of the Census (DeNavas-Walt et al., 2004, p. 4). Dados sobre riqueza são de Wolff, 2002.

cada com base no *status* da sua própria profissão e não na do seu marido (M. O'Donnel, 1992).

Outro esforço das feministas para medir a contribuição das mulheres para a economia reflete uma agenda mais política. A International Women Count Network, uma organização global de raiz feminista, tenta dar um valor monetário ao trabalho não-pago da mulher. Além de comprovar o reconhecimento simbólico do papel da mulher no trabalho, esse valor também pode ser usado para calcular a pensão e outros benefícios que são baseados nos salários recebidos. A ONU colocou uma etiqueta de preço de US$ 11 trilhões no trabalho não-pago das mulheres, principalmente tomando conta das crianças, da casa e na agricultura. Seja qual for o número, a falta da contabilização contínua da contribuição de muitos trabalhadores com a economia da família e a economia como um todo significa que quase todas as medidas de estratificação precisam de reformas (United Nations Development Programme, 1995; Wages for Housework Campaign, 1999).

Note-se que, no Brasil, 24,9% dos lares são chefiados só por mulheres, segundo dados do IBGE (2000), sendo, portanto, considerável a sua contribuição para a economia formal e informal do País.

Medidas Múltiplas

Outro complicador na medição das classes sociais é que os avanços nos métodos estatísticos e na tecnologia da computação multiplicaram os fatores usados para definir a classe de acordo com o método objetivo. Os sociólogos não estão mais limitados à renda anual e à escolaridade para avaliar a classe a que uma pessoa pertence. Hoje, estudos utilizam como critérios o valor da moradia, fontes de renda, bens, anos na presente ocupação, vizinhanças, e considerações a respeito de duas carreiras. Acrescentar essas variáveis não vai necessariamente definir um outro quadro da diferenciação de classes nos Estados Unidos, mas permitirá que os sociólogos realizem a medição das classes de uma forma mais complexa e multidimensional.

Vale a pena reproduzir aqui os dados relativos à população residente no Brasil por classes de rendimento monetário e não-monetário mensal familiar para o período de 2002–2003 divulgados pelo IBGE, em reais:

Reais	Habitantes
Até 400	26.502.399
Mais de 400 a 600	23.799.796
Mais de 600 a 1.000	37.486.902
Mais de 1.000 a 1.200	13.189.129
Mais de 1.200 a 1.600	18.914.348
Mais de 1.600 a 2.000	12.342.652
Mais de 2.000 a 3.000	17.355.270
Mais de 3.000 a 4.000	8.994.135
Mais de 4.000 a 6.000	8.316.320
Mais de 6.000	8.945.013

Esses dados demonstram que aproximadamente 120 milhões de brasileiros viviam, em 2002–2003, em famílias com renda inferior a R$ 2.000.

Seja qual for a técnica usada para medir as classes, o sociólogo está interessado nas diferenças reais e geralmente drásticas de poder, privilégios e oportunidades em uma sociedade. O estudo da estratificação é um estudo sobre a desigualdade. Em nenhum outro campo a verdade dessa afirmação é mais evidente do que na distribuição da riqueza e da renda.

Riqueza e Renda

Por qualquer medida, a renda nos Estados Unidos é distribuída desigualmente. O economista vencedor do Prêmio Nobel Paul Samuelson descreveu a situação com as seguintes palavras: "Se fizermos uma pirâmide de renda com aqueles blocos de construção, cada camada representando US$ 500 de renda, o pico seria bem mais alto do que o monte Everest, mas a maioria das pessoas estaria a poucos centímetros do chão" (P. Samuelson e Nordhaus, 2001, p. 386).

Dados recentes apóiam a analogia de Samuelson. Como mostra a Figura 9-3, em 2003, os membros do quinto mais rico (ou os 20% do topo) da população ganharam US$ 86.867 ou mais, sendo responsáveis por quase 50% da renda total. Em contrapartida, os membros do um quinto mais baixo da população dos Estados Unidos ganharam apenas US$ 17.94 ou menos, sendo responsáveis por apenas 3% da renda total do país.

Os Estados Unidos testemunharam uma redistribuição modesta da renda durante os últimos 70 anos. De 1929 a 1970, as políticas econômicas e tributárias do governo deslocaram levemente a renda aos pobres. Entretanto, nas últimas três décadas – sobretudo durante a década de 1980 – as políticas tributárias federais favoreceram os ricos. O Federal Reserve (Banco Central norte-americano) informou em 2003 que embora uma maré econômica crescente tenha levantado os barcos de quase todas as famílias no final da década de 1990, ela também aumentou muito a diferença de riqueza entre os ricos e o restante da sociedade (Aizcorbe et al., 2003).

Dados de pesquisa mostram que apenas 38% das pessoas nos Estados Unidos acreditam que o governo deveria tomar medidas para reduzir a disparidade na renda entre ricos e pobres. Em contrapartida, 80% das pessoas na Itália, 66% da Alemanha e 65% na Grã-Bretanha apóiam os esforços do governo para reduzir a desigualdade na renda. Então, não é surpreendente que muitos países europeus tenham redes mais extensas para assistir e proteger os desprivilegiados. Ao contrário, o forte valor cultural colocado no individualismo nos Estados Unidos leva a maiores possibilidades tanto de sucesso quanto de fracasso econômico (Lipset, 1996).

A riqueza nos Estados Unidos é muito mais desigualmente distribuída do que a renda. Como mostra a Figura 9-3, em 2001 o quinto mais rico da população possuía 84,5% da riqueza na nação. Os dados do governo indicam que mais de uma em cada 100 famílias tem propriedades que valem mais de US$ 2,4 milhões, enquanto um quinto de todas as famílias está endividado e, portanto, tem uma renda líquida negativa. Os pesquisadores também descobriram uma enorme disparidade na riqueza entre os afro-americanos e os brancos. Essa disparidade é evidente mesmo quando os históricos educacionais são mantidos constantes: os domicílios de brancos com faculdade têm quase três vezes mais riquezas do que os de negros que cursaram faculdade (Oliver e Shapiro, 1995; Wolff, 2002).

Pobreza

Aproximadamente uma em cada nove pessoas nos Estados Unidos vive abaixo da linha de pobreza estabelecida pelo governo federal. Em 2003, 35,9 milhões de pessoas viviam na pobreza. Um relatório recente do Bureau of the Census mostrou que um em cada cinco domicílios tinha problemas para atender às suas necessidades básicas – de pagar as contas de luz e água a comprar comida para o jantar. Nesta seção, vamos considerar apenas como definimos *pobreza* e quem está incluído nessa categoria (Bauman, 1999; DeNavas-Walt et al., 2004).

Para uma população de 175.845.964, segundo dados do Censo IBGE de 2000, 26.502.399 de brasileiros viviam abaixo da linha de pobreza e, segundo o mesmo Instituto, dados divulgados em 2006 indicam que 14 milhões de pessoas sofrem de insuficiência alimentar no País.

Estudando a Pobreza

Os esforços dos sociólogos e outros cientistas sociais para entender melhor a pobreza são complicados pela dificuldade de defini-la. Esse problema é evidente mesmo nos programas governamentais que concebem a pobreza ou em termos absolutos ou relativos. **Pobreza absoluta** se refere a um nível mínimo de subsistência abaixo do qual nenhuma família deveria viver.

As políticas relacionadas ao salário mínimo, padrões de habitação ou programas de merenda escolar para os pobres implicam a necessidade de trazer os cidadãos para algum nível predeterminado de existência. Por exemplo, a taxa de salário mínimo federal norte-americano aumentou para US$ 5,15 por hora em 1997. Mesmo assim, quando consideramos a inflação, esse padrão está atualmente *abaixo* dos salários de trabalho garantidos em 1950. Hoje, mais de um milhão de trabalhadores maiores de 25 anos estão empregados ganhando salário mínimo ou menos. Para subir o nível de pobreza atual, um trabalhador sozinho precisaria trabalhar período integral ganhando US$ 7,05 por hora (Bureau of the Census, 2003a, p. 425).

Uma medida de pobreza absoluta usada normalmente é a *linha de pobreza* do governo federal, um número da renda monetária que é ajustado anualmente para refletir as exigências do consumo das famílias baseadas no seu tamanho e composição. A linha de pobreza funciona como uma definição oficial de que as pessoas são pobres. Em 2003, por exemplo, qualquer família de quatro pessoas (dois adultos e duas crianças) com uma renda combinada de US$ 18.660 ou menos estava abaixo da linha de pobreza nos Estados Unidos. Essa definição determina quais indivíduos e famílias se qualificam para receber certos benefícios governamentais (DeNavas-Walt et al., 2004, p. 39).

Embora, segundo padrões absolutos, a pobreza tenha diminuído nos Estados Unidos, permanece mais alta do que em diversas outras nações industrializadas. Como mostra a Figura 9-4, uma proporção comparativamente alta de domicílios norte-americanos é pobre, significando que seus membros são incapazes de comprar as mercadorias básicas de consumo. Essa comparação entre as nações, entre outras coisas, desvaloriza a extensão da

FIGURA 9-4

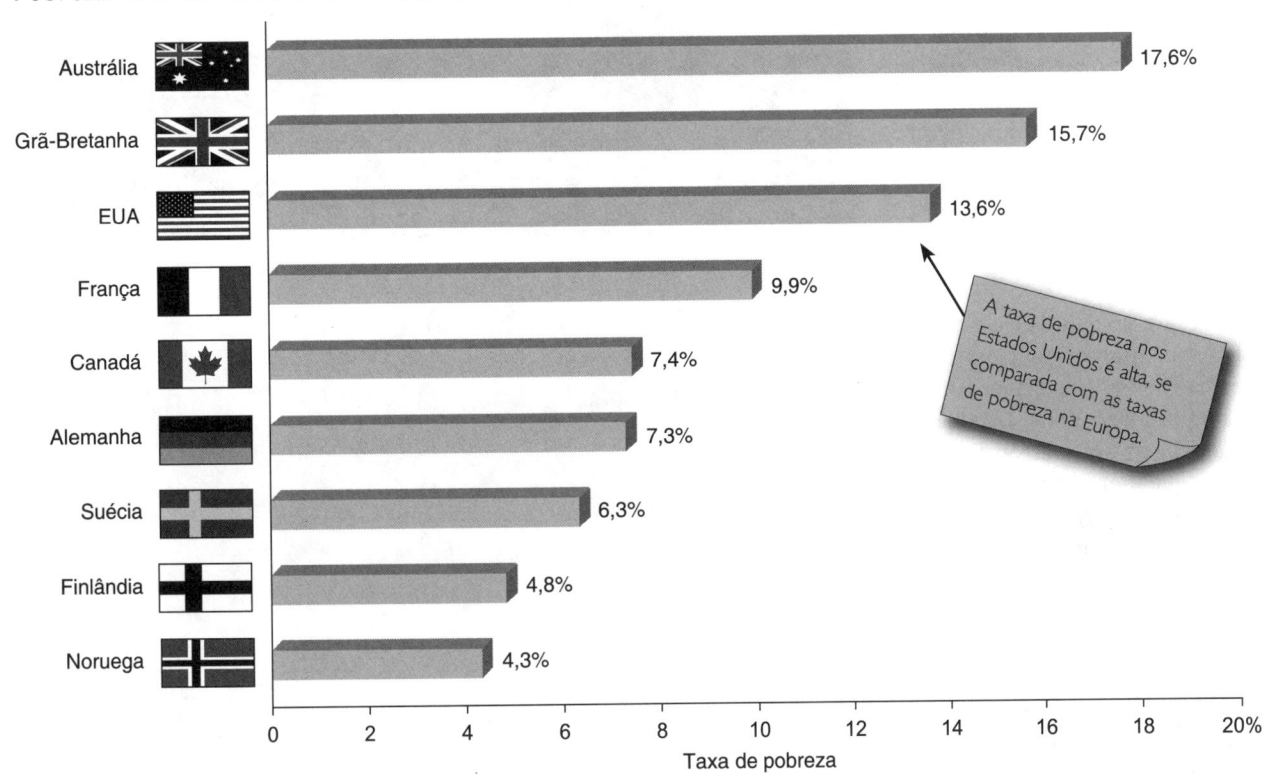

Pobreza Absoluta em Países Industrializados Selecionados

País	Taxa de pobreza
Austrália	17,6%
Grã-Bretanha	15,7%
EUA	13,6%
França	9,9%
Canadá	7,4%
Alemanha	7,3%
Suécia	6,3%
Finlândia	4,8%
Noruega	4,3%

A taxa de pobreza nos Estados Unidos é alta, se comparada com as taxas de pobreza na Europa.

Fonte: Smeeding et al., 2001, p. 51.

pobreza nos Estados Unidos, uma vez que os residentes desse país pagam mais por moradia, saúde, creche e educação do que os residentes de outras nações, onde tais despesas são com freqüência subsidiadas.

Ao contrário da pobreza absoluta, a ***pobreza relativa*** é um padrão flutuante de privação pelo qual as pessoas na base de uma sociedade, seja qual for seu estilo de vida, são consideradas como estando em desvantagem *em comparação com a nação como um todo*. Portanto, mesmo que os pobres em 2005 estejam em uma situação melhor em termos absolutos do que os pobres nas décadas de 1930 ou 1960, eles ainda serão vistos como merecedores de assistência especial.

Na década de 1990, cresceu o debate sobre a validade da linha de pobreza como uma medida da pobreza e um padrão para a alocação dos benefícios do governo. Alguns críticos argumentam que a linha de pobreza é baixa demais, observam que o governo federal continua a usar os padrões nutricionais de 20 anos atrás para avaliar o nível de pobreza nos Estados Unidos e, com isso, muitos cidadãos pobres necessitados não receberão benefícios.

Outros observadores contestam essa visão e argumentam que a linha de pobreza pode, na verdade, subestimar o número de pessoas com baixa renda porque não considera os benefícios que não são em dinheiro (planos de saúde, cestas básicas, alojamento, assistência médica e outros benefícios adicionais fornecidos por alguns empregadores). Como resposta, o Bureau of the Census considerou várias definições diferentes de pobreza, chegando a uma taxa no máximo 1,4% mais baixa. Ou seja, se o patamar oficial de pobreza coloca 13% da população na categoria de pobres, a estimativa da pobreza incluindo *todos* esses benefícios que não são em dinheiro alcançaria aproximadamente 11,6% da população (Brady, 2003; Short et al., 1999).

Quem São os Pobres?

A categoria dos pobres não apenas desafia qualquer definição simples, opõe-se aos estereótipos comuns sobre as "pessoas pobres" que Barbara Ehrenreich abordou em seu livro *Miséria à americana* (ver texto de abertura do Capítulo 1). Por exemplo, muitas pessoas nos Estados Unidos acreditam que a grande maioria dos pobres é capaz de trabalhar, mas não o faz. No entanto, uma grande parcela de adultos pobres trabalha fora, embora apenas uma pequena porção deles trabalhe período integral durante todo o ano. Em 2003, aproximadamente 30% de todos os adultos pobres trabalhavam período integral, comparados com 66% de todos os adultos. Entre esses adultos pobres que não trabalham, muitos são portadores de deficiências, ou estão ocupados na manutenção da casa (DeNavas-Walt et al., 2004).

Embora muitos dos pobres vivam na periferia ou em favelas urbanas, uma grande maioria vive fora dessas áreas de pobreza. A pobreza é conhecida em áreas rurais, de Appalachia às regiões agrícolas das reservas indígenas. A Tabela 9-3 fornece outras informações estatísticas sobre a população de baixa renda nos Estados Unidos.

Desde a Segunda Guerra Mundial, uma proporção crescente de pessoas pobres nos Estados Unidos é composta de mulheres, muitas das quais são divorciadas ou mães solteiras que nunca se casaram. Em 1959, as chefes de família mulheres representavam 26% dos pobres do país; em 2003, esse número já havia subido para 51% (ver Tabela 9-3). Essa tendência alarmante, conhecida como *feminização da pobreza*, é evidente não apenas nos Estados Unidos, mas em todo o mundo.

No Brasil, as mulheres negras ganham menos do que as mulheres brancas e, por isso, a feminização da pobreza atinge muito mais as mulheres negras. Segundo dados do Instituto de Pesquisa Econômica Aplicada (Ipea) de 2000, os homens brancos tinham uma renda mensal de R$ 726,89; as mulheres brancas, de R$ 572,86; e as mulheres negras, de R$ 289,22.

Quase metade de todas as mulheres vivendo na pobreza nos Estados Unidos está em transição, suportando uma crise econômica causada pela partida, incapacidade ou morte do marido. A outra metade tende a depender economicamente da Previdência Social ou de parentes que moram próximo. Um fator importante da feminização da pobreza é o aumento no número de famílias em que uma mulher é a única chefe de família (ver Capítulo 12). Em 2003, 28% dos domicílios chefiados por mães solteiras viviam na pobreza, contra 5,4% de casais casados nos Estados Unidos. Os teóricos do conflito e outros observadores localizam as altas taxas de pobreza entre as mulheres em três fatores diferentes: dificuldade de encontrar creches que possam pagar, assédio sexual e discriminação sexual no mercado de trabalho.

Em 2003, 51% das pessoas pobres nos Estados Unidos viviam em cidades centrais. Esses residentes urbanos altamente visíveis são o foco da maioria dos esforços governamentais para aliviar a pobreza. Mas, de acordo com diversos observadores, a situação da pobreza urbana está piorando em decorrência da relação devastadora entre escolaridade inadequada e perspectivas limitadas de emprego. As oportunidades de trabalho tradicionais no setor industrial estão fechadas para os pobres sem qualificações. A discriminação atual e a passada aumenta esses problemas para os residentes urbanos de baixa renda que são negros ou hispânicos (DeNavas-Walt et al., 2004).

O sociólogo William Julius Wilson (1980, 1987, 1989, 1996) e outros cientistas sociais usaram o termo *subclasse* para definir aqueles que são pobres há muito tempo e não têm nem escolaridade suficiente nem qualificações. Segundo uma análise dos dados do Census de 2000, 7,9 milhões de pessoas vivem em bairros de grande pobreza. Aproximadamente 30% da população desses bairros é constituída por negros, 29% por hispânicos e 24% por brancos. Nas cidades centrais, cerca de 49% da subclasse é composta por afro-americanos, 29% por hispânicos, 17% por brancos e 5% por "outros" (Jargowsky, 2003, p. 4-5; O'Hare e Curry-White, 1992).

Os teóricos do conflito, entre outros, expressam sua preocupação com a parte da população do país que vive nesse degrau mais baixo da escada da estratificação, e com a relutância da sociedade em analisar a falta de oportunidades econômicas dessas pessoas. Freqüentemente, o retrato dos indivíduos das subclasses parece culpar as vítimas por sua própria situação, enquanto ignoram outros fatores que empurram as pessoas para a pobreza.

Tabela 9-3 — Quem São os Pobres nos Estados Unidos

Grupo	Porcentagem da População dos Estados Unidos	Porcentagem de Pobres dos Estados Unidos
Menores de 18 anos	26	30
De 18 a 64 anos	61	54
65 anos e mais	13	10
Brancos (não-hispânicos)	83	44
Negros	12	25
Hispânicos	11	25
Asiáticos e ilhéus do Pacífico	4	4
Casais casados e famílias com chefes de família homem	82	49
Famílias com chefes de família mulher	18	51

Nota: Os dados são de 2003, como informado pelo Bureau of the Census em 2004.
Fonte: DeNavas-Walt et al., 2004, p. 10.

Pesquisa em Ação
9-2 QUANDO OS EMPREGOS DESAPARECEM

Woodlawn, um bairro da zona sul de Chicago, costumava vangloriar-se de ter mais de 800 estabelecimentos comerciais e industriais. Hoje, mais ou menos 50 anos depois, sobraram apenas 100: na maioria, barbearias, lojas de roupas usadas e pequenos negócios de catering. Um residente de Woodlawn descreveu as mudanças quando voltou para lá depois de vários anos: "Eu fiquei chocado... Aqueles recursos se foram, completamente... E... todo mundo se mudou, há lotes vagos em todos os lugares" (W. J. Wilson, 1996, p. 5). Outro residente da zona sul observou: "Havia muitos empregos no passado... Agora, já não se acha nada" (p. 36).

Passaram-se mais de 35 anos desde que o presidente Lyndon Johnson lançou diversos programas federais conhecidos como "guerra à pobreza", e a pobreza ainda está entre nós. Usando levantamentos, entrevistas e dados do censo de 1987 até o presente, o sociólogo e antigo presidente da American Sociology Association, William Julius Wilson, realizou um grande estudo sobre a pobreza, o Estudo da Pobreza Urbana e Vida da Família (UPFLS). Cada vez mais, Wilson e seus colaboradores notaram o predomínio da falta de empregos nos bairros de baixa renda de Chicago, alguns dos quais com taxas de pobreza de pelo menos 20%. A ausência de trabalhadores de período integral é especialmente notável nos bairros de afro-americanos, que se tornaram cada vez mais marginais da vida econômica, social e cultural da cidade. Wilson vê essa tendência como um movimento para longe do que o historiador Allan Spear (1967) denominou gueto institucional, no qual instituições sociais viáveis serviam a comunidade de minorais, em direção ao novo *gueto de desempregados*.

O que gera a tendência de uma crescente pobreza nas áreas urbanas? Segundo Wilson, é basicamente o êxodo dos empregos bem pagos, em especial no setor de produção. Durante várias das últimas décadas os fabricantes norte-americanos se basearam mais e mais na tecnologia aperfeiçoada e nos trabalhadores qualificados. Não contratam mais trabalhadores de linha de montagem sem qualificações, que no passado gozavam de benefícios dos sindicatos e de alguma proteção contra os cortes em massa. Na geração passada, o residente típico de um gueto trabalhava como operador de máquina ou montador, hoje, trabalha como garçom ou faxineiro – se é que trabalha.

Na opinião de Wilson, a economia, não os pobres, precisa ser reformada. Ele propôs algumas iniciativas, como padrões nacionais de educação, para elevar a capacitação dos jovens em áreas pobres. Sua pesquisa também mostra uma clara necessidade de expandir as creches e os serviços de apoio à família. E ele pede soluções metropolitanas que façam uma ponte entre as áreas centrais das cidades e os subúrbios. Wilson admite que essas abordagens não serão aceitas facilmente. Não existe uma solução simples para reduzir a pobreza quando os empregos desaparecem.

> *"Havia muitos empregos no passado. Você saía de casa e arranjava um emprego."*

William Julius Wilson, sociólogo da Harvard University, especializado no estudo da pobreza urbana.

Vamos Discutir

1. Os empregos já desapareceram da comunidade onde você vive, ou perto dali? Se sim, que mudanças ocorreram no seu bairro por causa disso?
2. Para onde foram os empregos nas linhas de montagem que já apoiaram os bairros das cidades do interior?

Fontes: Small e Newman, 2001; Spear, 1967; W. J. Wilson, 1996, 1999a, 2003a, 2003b.

O Quadro 9-2 considera a última pesquisa de Wilson sobre a persistência da pobreza urbana.

As análises dos pobres em geral revelam que eles não são uma classe social estática. A composição geral dos pobres muda continuamente, porque alguns indivíduos e algumas famílias perto do limite superior da pobreza ascendem o nível de pobreza depois de um ou dois anos, enquanto outros caem. Ainda assim, centenas de milhares de pessoas permanecem na pobreza por muitos anos. Os afro-americanos e os latinos tendem mais a permanecer pobres de maneira persistente do que os brancos. Durante um período de 21 anos, 15% dos afro-americanos e 10% dos latinos permaneceram persistentemente pobres, comparados com apenas 3% de brancos. Os latinos e os negros, menos provavelmente dos brancos, não tendem a deixar as listas da assistência social devido às reformas do bem-estar social discutidas na seção de política deste capítulo (Mangum et al., 2003).

Explicando a Pobreza

Por que a pobreza está infiltrada em uma nação com tantas riquezas como a norte-americana? O sociólogo Herbert Gans (1995), que aplicou a análise funcionalista à existência da pobreza, argumenta que vários segmentos da sociedade na verdade *se beneficiam* da existência dos pobres. Gans identificou várias funções sociais, econômicas e políticas que os pobres cumprem para a sociedade:

- A presença das pessoas pobres garante que o trabalho sujo da sociedade – tarefas fisicamente sujas ou perigosas, sem perspectivas e mal pagas, sem dignidade e sem importância – será executado a custo baixo.
- A pobreza cria empregos para ocupações e profissões que servem aos pobres – tanto legais (especialistas em saúde pública, assistentes sociais) quanto ilegais (traficantes de drogas, vendedores de apostas).
- A identificação e a punição dos pobres como desviantes sustentam a legitimidade das normas sociais convencionais e os valores aceitos pela maioria a respeito de trabalho duro, instituições de empréstimo e poupança, e honestidade.
- Em uma sociedade relativamente hierárquica, a existência de pessoas pobres garante o *status* mais alto dos mais ricos. O psicólogo William Ryan (1976) observou que as pessoas ricas justificam a desigualdade (e obtêm uma certa satisfação) responsabilizando as vítimas da pobreza por sua condição desprivilegiada.
- Por causa da falta de poder político, os pobres freqüentemente absorvem os custos da mudança social. Sob uma política de desinstitucionalização, os pacientes mentais foram soltos dos hospitais que os mantinham havia muito tempo e transferidos para comunidades e bairros de baixa renda. Da mesma forma, as casas para a reabilitação de drogados, rejeitados pelas comunidades mais ricas, acabam alojando-se em bairros mais pobres.

Na opinião de Gans, a pobreza e os pobres na verdade satisfazem funções positivas para muitos grupos não-pobres nos Estados Unidos.

Oportunidades na Vida

Max Weber via as classes como estreitamente relacionadas às **oportunidades na vida** das pessoas – ou seja, suas oportunidades de obter bens materiais, condições de vida positivas e experiências de vida favoráveis (Gerth e Mills, 1958). As oportunidades na vida se refletem em medidas, como moradia, escolaridade e saúde. Ocupar uma posição mais alta em uma sociedade melhora suas oportunidades na vida e proporciona acesso a recompensas sociais. Em contrapartida, as pessoas nas classes sociais mais baixas são forçadas a devotar uma proporção maior dos seus recursos limitados às necessidades de sobrevivência.

Em momentos de perigo, os ricos e os poderosos têm mais chances de sobreviver do que as pessoas com meios comuns. Quando o navio britânico Titanic, aquele que não afundaria nunca, atingiu um *iceberg* em 1912, não transportava um número suficiente de botes salva-vidas para acomodar todos os passageiros. Havia planos para evacuar apenas os passageiros da primeira e da segunda classes. Aproximadamente 62% dos passageiros da primeira classe sobreviveram ao desastre. Apesar da regra de que as mulheres e crianças sairiam primeiro, quase um terço daqueles passageiros era homens. Por sua vez, apenas 25% dos passageiros da terceira classe sobreviveram. A primeira tentativa de alertá-los sobre a necessidade de abandonar o navio veio pelo menos 45 minutos depois que os outros passageiros já haviam sido avisados (Butler, 1998; Crouse, 1999; Riding, 1998).

A classe também afeta a saúde diária das pessoas. De fato, a classe e a riqueza são cada vez mais vistas como indicadores importantes da saúde. Como mostra a Figura 9-5, quanto mais pobre o estrato social, maior a porcentagem de pessoas com saúde mais comprometida. Os ricos podem se permitir utilizar os avanços da medicina, mas tais avanços passam longe das pessoas pobres.

No filme *Titanic*, a fantasia romântica de um *affair* que rompe as barreiras das classes obscurece os efeitos perversos da divisão de classes sociais. Esse cartaz apareceu no Japão.

FIGURA 9-5

Situação da Saúde dos Pobres e dos Não-Pobres em 2000

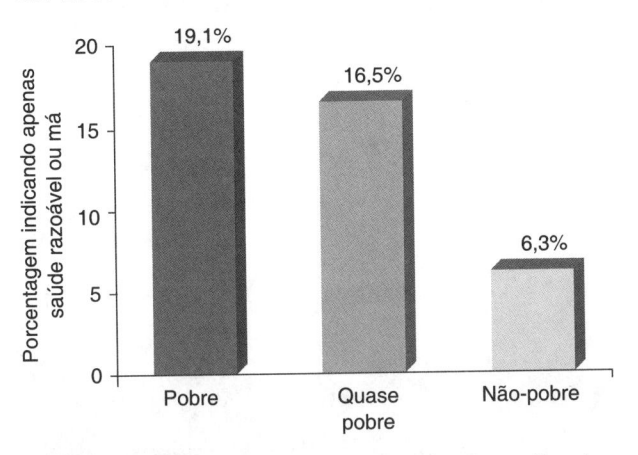

- Pobre: 19,1%
- Quase pobre: 16,5%
- Não-pobre: 6,3%

(Porcentagem indicando apenas saúde razoável ou má)

Nota: Respostas obtidas na National Health Interview Survey (Pesquisa Nacional de Entrevista sobre a Saúde).

Fonte: National Center for Health Statistics, 2002, p. 192.

As chances de uma criança morrer durante seu primeiro ano de vida são muito maiores em famílias pobres do que na classe média. Essa alta taxa de mortalidade infantil resulta, em parte, da nutrição inadequada recebida pelas mães gestantes com baixa renda. Mesmo quando os pobres sobrevivem à infância, eles tendem mais do que os ricos a sofrer graves doenças crônicas, como artrite, bronquite, diabetes, e cardíacos. Além disso, os pobres estão provavelmente menos protegidos dos altos custos das doenças com planos de saúde particulares. Podem ter empregos que não oferecem planos de saúde, trabalhar meio período e não se qualificar para receber os benefícios de saúde, ou podem ainda ser incapazes de pagar as mensalidades dos seguros-saúde (Huie et al., 2003; DeNavas-Walt et al., 2004).

Como a doença, o crime pode ser devastador quando ataca os pobres. Segundo a National Crime Victimization Survey de 2002, as pessoas das famílias de baixa renda tendem mais a ser assaltadas, estupradas ou roubadas do que as mais ricas. Além disso, se for acusado de um crime, alguém com baixa renda e baixo *status* tem mais probabilidade de ser representado por um defensor público com excesso de trabalho. Inocente ou culpado, o acusado poderá ficar na cadeia durante meses, sem conseguir pagar a fiança (Rennison e Rand, 2003).

Algumas pessoas esperavam que a revolução da Internet ajudasse a igualar a situação, tornando informações e mercados disponíveis de forma uniforme. Infelizmente, entretanto, nem todos têm acesso a essa "auto-estrada" de informações e, assim, um outro aspecto da desigualdade social emergiu – a *divisão digital*. Os pobres, as minorias e aqueles que vivem em comunidades rurais e cidades do interior não estão conectados nem em casa nem no trabalho. Um estudo recente do governo norte-americano descobriu que, apesar de os preços dos computadores estarem caindo, a distância da Internet entre os "que têm" e os que "não têm" não diminuiu. Por exemplo, enquanto 51% de todos os domicílios podiam acessar a Internet em 2001, cerca de 85% dos domicílios com renda familiar acima de US$ 75.000 e menos de 21% de domicílios com renda familiar menor do que US$ 5.000 desfrutavam tal acesso. As pessoas mais ricas começaram a comprar conexões com a Internet de alta velocidade, tornando-se capazes de tirar vantagem de serviços interativos ainda mais sofisticados, e a divisão digital cresce cada vez mais (Bureau of the Census, 2003a, p. 736).

Riqueza, *status* e poder podem não garantir a felicidade, mas com certeza oferecem mais maneiras de enfrentar problemas e desapontamentos. Por tal razão, a oportunidade de avanços – para a ascensão social – é particularmente importante para aqueles na base da sociedade. Essas pessoas querem as recompensas e os privilégios que são oferecidos aos membros das camadas altas de uma cultura.

> **Use a Sua Imaginação Sociológica**
>
> Imagine uma sociedade na qual não existam classes sociais – sem diferenças entre a riqueza, a renda e as oportunidades das pessoas. Como seria tal sociedade? Seria estável, ou sua estrutura social mudaria com o passar do tempo?

MOBILIDADE SOCIAL

No filme *Encontro de Amor*, Jennifer Lopez é a personagem principal de uma história moderna da Cinderela, que sai do *status* social mais baixo de arrumadeira em um hotel da cidade grande para se tornar a supervisora da companhia e namorada de um político de sucesso. A ascensão de uma pessoa de um meio pobre para uma posição de prestígio, poder ou recompensa financeira é um exemplo de mobilidade social. A expressão **mobilidade social** refere-se ao movimento dos indivíduos ou grupos de uma posição em um sistema de estratificação da sociedade para outra. Mas qual é a importância – a freqüência e a dramaticidade – da mobilidade em uma sociedade de classes como a dos Estados Unidos?

Sistemas de Estratificação Abertos *versus* Fechados

Os sociólogos usam as expressões *sistema de estratificação aberto* e *sistema de estratificação fechado* para indicar o grau de mobilidade social em uma sociedade. Um **sistema aberto** implica que a posição de cada indivíduo é influenciada pelo seu *status alcançado*. Esse sistema encoraja a competição entre os membros da sociedade. Os Estados Unidos estão se movendo em direção a esse tipo ideal, no qual o governo tenta reduzir as barreiras encontradas pelas mulheres, pelas minorias raciais e étnicas e pelas pessoas nascidas nas classes sociais mais baixas.

No outro extremo da mobilidade social está o *sistema fechado*, que permite mínima ou nenhuma possibilidade de mobilidade social individual. Os sistemas de estratificação da escravidão e de castas são exemplos de sistemas fechados. Em tais sociedades, a localização social se baseia no *status atribuído*, como raça ou histórico familiar, que não pode ser mudado.

Tipos de Mobilidade Social

Um piloto de avião comercial que se torna policial move-se de uma posição social para outra no mesmo nível. Essas profissões têm o mesmo nível de prestígio: 60 na escala de 0 a 100 (ver Tabela 9-2). Os sociólogos chamam este tipo de movimento de **mobilidade horizontal**. Entretanto, se o piloto se tornasse um advogado (classificação 75), experimentaria uma **mobilidade vertical**, o movimento de um indivíduo de uma posição social para outra em um nível diferente. A mobilidade vertical também envolve um movimento *para baixo* no sistema de estratificação de uma sociedade, como seria o caso se o piloto se tornasse caixa de banco (classificação 43). Pitirim Sorokin ([1927] 1959) foi o primeiro sociólogo a distinguir entre mobilidade horizontal e vertical. A maioria das análises sociológicas, entretanto, focaliza a mobilidade vertical e não a horizontal.

Uma maneira de examinar a mobilidade social vertical é contrastar a mobilidade intergeracional (entre as gerações) e intrageracional (em uma mesma geração). A **mobilidade intergeracional** envolve mudança na posição social dos filhos em relação a seus pais. Assim, um encanador cujo pai era médico é um exemplo de mobilidade intergeracional descendente. Uma estrela de cinema cujos pais eram trabalhadores em uma fábrica ilustra a mobilidade intergeracional ascendente.

A **mobilidade intrageracional** envolve mudanças na posição social durante a vida adulta de uma pessoa. Uma mulher que entra na força de trabalho remunerado como professora substituta e finalmente assume a direção da Delegacia Regional de Ensino experimenta uma mobilidade intrageracional ascendente. Um homem que se torna motorista de táxi depois que sua empresa de contabilidade vai à falência tem uma experiência de mobilidade intrageracional descendente.

Mobilidade Social nos Estados Unidos

A crença na mobilidade ascendente é um valor importante na sociedade norte-americana. Isso significa que os Estados Unidos são realmente a terra da oportunidade? Não, a menos que as características atribuídas, como raça, gênero e histórico familiar, cessem de ser impor-

Andrea Jung, presidente da Avon Corporation, é uma das poucas mulheres nos Estados Unidos que subiu ao topo da hierarquia corporativa. Apesar da aprovação de leis de oportunidades iguais, as barreiras ocupacionais ainda limitam a mobilidade social das mulheres.

tantes na determinação das perspectivas futuras de uma pessoa. Podemos ver o impacto desses fatores na estrutura ocupacional.

Mobilidade Ocupacional

Dois estudos sociológicos feitos com intervalo de uma década oferecem *insights* sobre o grau de mobilidade na estrutura ocupacional dos Estados Unidos (Blau e Duncan, 1967; Featherman e Hauser, 1978). Consideradas juntas, essas investigações levam a muitas considerações dignas de nota. Primeiro, a mobilidade ocupacional (tanto intergeracional quanto intrageracional) é comum entre os homens. Aproximadamente 60% a 70% dos filhos do sexo masculino estão empregados em ocupações com melhor classificação do que a de seus pais.

Segundo, embora exista bastante mobilidade nos Estados Unidos, a maioria é de pouca importância, ou seja, as pessoas que atingem um nível ocupacional acima ou abaixo daquele de seus pais em geral avançam ou regridem apenas um ou dois entre os oito níveis de ocupação possíveis. Assim, o filho de um trabalhador poderá tornar-se artesão ou técnico, mas provavelmente não se tornará gerente ou profissional liberal. As chances de atingir o topo são muito grandes, exceto se a pessoa vier de uma posição relativamente privilegiada.

O Impacto da Escolaridade

Outra conclusão de ambos os estudos é que a escolaridade desempenha papel fundamental na mobilidade social. O impacto da escolaridade formal na posição de um adulto é ainda maior do que o do histórico familiar (embora, como vimos, o histórico familiar influencie a possibilidade de uma pessoa receber educação superior). Além disso, a escolaridade representa um meio importante de mobilidade intergeracional. Três quartos dos homens com nível universitário nesses estudos atingiram alguma mobilidade ascendente, contra apenas 12% dos que não estudaram (ver também J. Davis, 1982).

Mas o impacto da escolaridade na mobilidade diminuiu um pouco na última década. Apenas um grau universitário – graduação – já não serve para garantir mobilidade ascendente tanto quanto no passado, simplesmente porque cada vez mais pessoas que entram no mercado de trabalho têm esse nível. Além disso, a mobilidade intergeracional está diminuindo, já que não existe mais uma diferença tão marcada entre as gerações. Nas décadas passadas, muitos pais que tinham o ensino médio conseguiram mandar seus filhos para a faculdade, mas os estudantes universitários de hoje têm maior probabilidade de ter pais com nível universitário.

O Impacto da Raça

Os sociólogos há muito documentaram o fato que o sistema de classes é mais rígido para os afro-americanos do que para membros de outros grupos raciais. Os homens negros que têm um bom emprego, por exemplo, têm menos probabilidade do que os homens brancos de ver seus filhos adultos atingirem o mesmo *status*. A desvantagem acumulada da discriminação desempenha um papel importante na disparidade entre as experiências dos dois grupos. Na comparação com os domicílios dos brancos, a riqueza relativamente modesta dos domicílios afro-americanos significa que os filhos adultos negros têm menos possibilidades do que os filhos adultos brancos de receber apoio financeiro de seus pais. Ao contrário dos casais brancos jovens, casais negros jovens têm mais probabilidade de ajudar seus pais – um sacrifício que dificulta sua mobilidade social.

A classe média afro-americana cresceu nas últimas décadas em decorrência da expansão econômica e dos benefícios do movimento pelos direitos civis da década de 1960. Mesmo assim, muitos domicílios dessa classe média têm poucas economias, um fato que os coloca em risco em momentos de crise. Estudos mostram que a mobilidade descendente é significativamente mais alta entre os negros do que entre os brancos (Oliver e Shapiro, 1995; Sernau, 2001; W. J. Wilson, 1996).

O Impacto do Gênero

Os estudos sobre a mobilidade, ainda mais que aqueles sobre as classes, tradicionalmente ignoram a importância do gênero, mas algumas descobertas de pesquisas que exploram a relação entre sexo e mobilidade agora estão disponíveis.

As oportunidades de trabalho das mulheres são muito mais limitadas do que as dos homens (ver Capítulo 11). Além disso, segundo pesquisa recente, as mulheres cujas capacidades excedem os empregos oferecidos a elas, têm mais do que os homens, a probabilidade de se retirarem completamente da força de trabalho remunerada. A sua saída viola a suposição comum dos estudos tradicionais sobre a mobilidade: de que a maioria das pessoas aspira à mobilidade ascendente e busca tirar o máximo de vantagem das suas oportunidades.

Diferentemente dos homens, as mulheres têm uma vasta gama de ocupações administrativas abertas para elas. Mas as faixas salariais modestas e poucas perspectivas de desenvolvimento em muitos desses cargos limitam a possibilidade da ascensão. O trabalho independente, como dono de lojas, empresário, profissional autônomo e similares – uma via importante para a ascendência dos homens – é mais difícil para as mulheres, que têm mais dificuldade em conseguir o financiamento necessário. Embora os filhos do sexo masculino em geral sigam os passos dos seus pais, as mulheres dificilmente vão ocupar o cargo do pai. Portanto, o sexo permanece um fator importante na composição da mobilidade social. As mulheres nos Estados Unidos (e em outras partes do mundo) têm mais probabilidade de ficarem presas na pobreza, incapazes de sair da sua situação de baixa renda (Heilman, 2001).

A população de mulheres no Brasil é de 86,3 milhões, segundo dados do IBGE, e elas constituem 51% do total de habitantes, com renda 30% menor do que a dos homens, isto é, as mulheres que trabalham fora do lar ganham em média um terço a menos dos salários pagos aos trabalhadores homens.

ESTRATIFICAÇÃO NO SISTEMA MUNDIAL

Kwabena Afari é um exportador de abacaxi em Gana. Por muitos anos os seus clientes tinham de mostrar muita engenhosidade para conseguir contatá-lo. Primeiro, precisavam telefonar para Accra, a capital. Alguém de lá telefonava para o correio na cidade natal de Afari, depois, o correio enviava um mensageiro até a casa dele. Afari resolveu o problema recentemente comprando um telefone celular, mas o seu dilema de tanto tempo simboliza as dificuldades de quase 600 milhões de pessoas que vivem na região subsaariana na África, que são deixadas para trás no comércio e nos investimentos estrangeiros que transformam a economia global. Como observou um empresário africano, "não é que nos deixaram para trás. É que nem sequer entramos na corrida" (Buckley, 1997, p. 8).

FIGURA 9-6

Renda Nacional Bruta *per capita* nos Estados Unidos em 2002

Mapeando a Vida EM TODO O MUNDO

Legenda:
RNB *per capita* em 2002

- US$ 2.220 e menos
- US$ 2.225 - US$ 6.995
- US$ 7.000 - US$ 14.995
- Acima de US$ 15.000
- Sem dados disponíveis

Nota: Tamanho baseado nas estimativas de população de 2000.

Obs.: Esta figura está disponível, colorida, na página do livro, no site da Editora: *www.mcgraw-hill.com.br*.

Fontes: Haub, 2003; Weeks, 2002, p. 22-23.

Esse mapa estilizado reflete os diferentes tamanhos das populações das nações do mundo. Cada tipo de destaque de cada país mostra a RNB estimada de 2001 (o valor total de mercadorias e serviços produzidos pelo país em um determinado ano) *per capita*. Alguns dos países mais populosos do mundo (ver mapa) – como Nigéria, Bangladesh e Paquistão – estão entre os que possuem o padrão de vida mais baixo, de acordo com a medida da renda nacional bruta *per capita* de cada país.

FIGURA 9-7

Análise dos Sistemas Mundiais no Início do Século XXI

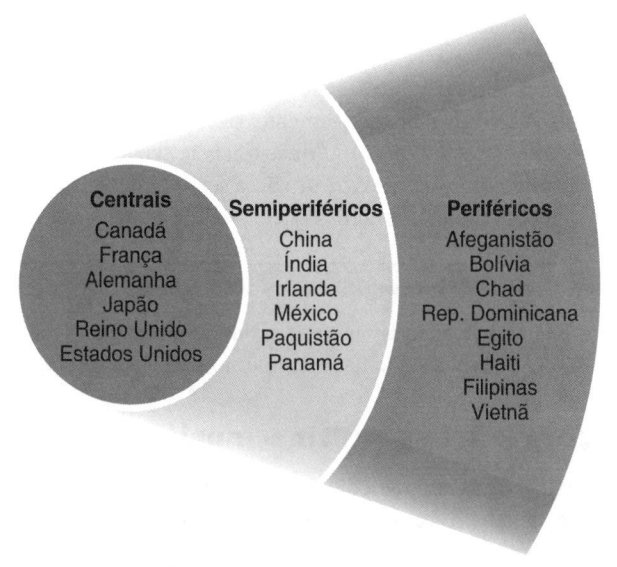

Centrais
Canadá
França
Alemanha
Japão
Reino Unido
Estados Unidos

Semiperiféricos
China
Índia
Irlanda
México
Paquistão
Panamá

Periféricos
Afeganistão
Bolívia
Chad
Rep. Dominicana
Egito
Haiti
Filipinas
Vietnã

Nota: A figura mostra apenas parte dos países da lista.

É verdade que a tecnologia, a via expressa da informação e as inovações nas telecomunicações tornaram o mundo um lugar menor e mais unificado. Mas enquanto o mercado mundial vai encolhendo gradualmente em termos de tempo de comunicação e nos seus gostos, os lucros comerciais não estão sendo compartilhados de modo eqüitativo. Uma significativa disparidade permanece entre as nações do mundo que "têm" e as que "não têm". Por exemplo, em 2002, o valor médio das mercadorias e dos serviços produzidos por cidadão (renda nacional bruta *per capita*) em países industrializados, como Estados Unidos, Japão, Suíça, Bélgica e Noruega, era de mais US$ 25 mil. Em pelo menos 13 países mais pobres, o valor era de US$ 800 ou menos. Realmente, o 1% da população do mundo composto pelos mais ricos recebe tanta renda quanto os 57% da população constituídos pelos mais pobres. A Figura 9-6 ilustra esse contraste flagrante. Três forças discutidas aqui são particularmente responsáveis pelo domínio do mercado mundial por poucas nações: a herança do colonialismo, o advento das corporações multinacionais e a modernização (Haub, 2003; United Nations Development Programme, 2001).

A Herança do Colonialismo

O *colonialismo* ocorre quando uma potência estrangeira mantém o domínio político, social, econômico e cultural sobre um povo por um longo período. Em termos simples, é o domínio exercido por estrangeiros. O longo domínio do Império Britânico sobre grande parte da América do Norte, partes da África e da Índia é um exemplo de domínio colonial. O mesmo se pode dizer do domínio francês sobre a Argélia, Tunísia e outras partes do norte da África. As relações entre a nação colonial e o povo colonizado são semelhantes àquelas entre a classe capitalista dominante e o proletariado, como descreveu Karl Marx.

Na década de 1980, o colonialismo já havia desaparecido em sua maior parte. A maioria das nações que eram colônias antes da Primeira Guerra Mundial tinha conseguido sua independência política e estabelecido seu próprio governo. Entretanto, para muitos daqueles países, a transição para a autogestão genuína ainda não terminara. O domínio colonial estabeleceu padrões de exploração econômica que continuaram mesmo depois de a libertação ter sido conquistada – em parte porque as antigas colônias eram incapazes de desenvolver sua própria indústria e tecnologia. Sua dependência das nações mais industrializadas, em relação à especialização técnica e administrativa, capital de investimento e mercadorias manufaturadas, mantinha as antigas colônias em uma posição subserviente. Essa dependência contínua e o domínio estrangeiro eram chamados de *neocolonialismo*.

As conseqüências econômicas e políticas do colonialismo e do neocolonialismo são bastante aparentes. Baseado na perspectiva do conflito, o sociólogo Immanuel Wallerstein (1974, 1979a, 2000) vê o sistema econômico global como um sistema dividido entre as nações que controlam a riqueza e as nações de onde os recursos são extraídos. Por meio da sua *análise dos sistemas mundiais*, Wallerstein descreveu a economia desigual e as relações políticas pelas quais certas nações industrializadas – como Estados Unidos, Japão e Alemanha – e suas corporações globais dominam o centro desse sistema (ver Figura 9-7). Na *semiperiferia* do sistema estão os países com um *status* econômico marginal, como Israel, Irlanda e Coréia do Sul. Wallerstein sugere que os países pobres subdesenvolvidos da Ásia, África e América Latina estão na *periferia* do sistema econômico do mundo. A chave da sua análise é a relação de exploração das nações centrais com as nações periféricas e semiperiféricas. As nações centrais e suas corporações controlam e exploram as economias das nações periféricas ou semiperiféricas. Ao contrário de outras nações, elas são relativamente independentes do controle externo (Chase-Dunn e Grimes, 1995).

A divisão entre as nações centrais e periféricas é importante e impressionantemente estável. Um estudo feito pelo Fundo Monetário Internacional (FMI) (2000) constatou pequena mudança *durante os últimos 100 anos* nas 42 economias analisadas. As únicas mudanças foram no movimento ascendente do Japão, entrando para o grupo dos países centrais, e o movimento descendente da China em direção às margens das nações semiperiféricas. Mas Wallerstein (2000) especula que o sistema mundial, como o entendemos atualmente poderá passar por mudanças imprevisíveis. O mundo está se tornando cada vez mais urbanizado, uma tendência que elimina aos poucos os grandes centros de trabalhadores de baixo custo nas áreas rurais. No futuro, as nações centrais terão de encontrar outras formas de reduzir seus custos trabalhistas. O empobrecimento do solo e a escassez dos recursos hídricos decorrente do desmatamento das florestas e da poluição também está elevando os custos de produção.

A análise dos sistemas mundiais de Wallerstein é a versão mais usada da *teoria da dependência*. Segundo essa teoria, mesmo quando os países em desenvolvimento fazem avanços econômicos, eles continuam fracos e subservientes aos países centrais e às corporações em uma economia global cada vez mais interligada. Essa interdependência permite que os países industrializados continuem a explorar os ganhos dos países em desenvolvimento. Em certo sentido, a teoria da dependência aplica a perspectiva do conflito em escala global.

A teoria da dependência no Brasil foi elaborada por Fernando Henrique Cardoso em colaboração com Enzo Faletto e publicada no conhecido livro *Dependência e desenvolvimento na América Latina – ensaio de interpretação sociológica*, em 1970.

Na visão da análise dos sistemas mundiais e da teoria da dependência, uma parte crescente de recursos humanos e naturais dos países em desenvolvimento está sendo redistribuída às nações industrializadas centrais. Essa redistribuição acontece em parte porque os países em desenvolvimento devem uma quantia astronômica às nações industrializadas como resultado de ajuda estrangeira, empréstimos e déficits comerciais. A crise do débito global intensificou a dependência do Terceiro Mundo que começou com o colonialismo, o neocolonialismo e o investimento multinacional. As instituições financeiras internacionais estão pressionando os países endividados para que tomem medidas duras com o objetivo de pagar os juros. O resultado é que as nações em desenvolvimento podem ser forçadas a desvalorizar suas moedas, congelar os salários dos trabalhadores, aumentar a privatização das empresas públicas e reduzir os serviços e empregos do governo.

Muito relacionada a esse problema encontra-se a *globalização*, ou a integração em todo o mundo das políticas governamentais, de culturas, movimentos sociais e mercados financeiros por meio do comércio e da troca de idéias. Como os mercados financeiros mundiais transcendem o governo pelos Estados convencionais dos países, organizações internacionais, como o Banco Mundial e o Fundo Monetário Internacional, emergiram como parceiros importantes na economia global. A função dessas instituições, que são profundamente financiadas e influenciadas pelas nações centrais, é encorajar a troca econômica e o desenvolvimento e garantir a operação tranqüila dos mercados financeiros internacionais. Como tal, elas são consideradas promotoras da globalização e defensoras sobretudo dos interesses das nações centrais. Os críticos chamam a atenção para uma variedade de problemas, incluindo violação dos direitos dos trabalhadores, destruição do meio ambiente, perda da identidade cultural e discriminação de grupos de minorias nas nações periféricas.

Alguns observadores vêem a globalização e seus efeitos como um resultado natural dos avanços da tecnologia das comunicações, em especial da Internet e das transmissões via satélite dos meios de comunicação de massa. Outros a vêem mais criticamente, como um processo que permite às corporações multinacionais se expandirem sem controle, como veremos na próxima seção (Chase-Dunn et al., 2000; Feketekuty, 2001; Feuer, 1989; Pearlstein, 2001).

Use a Sua Imaginação Sociológica

Você está viajando em um país em desenvolvimento. Que evidências você vê do neocolonialismo e da globalização?

Corporações Multinacionais

O papel-chave do neocolonialismo hoje é desempenhado pelas gigantes corporações em todo o mundo. A expres-

A influência das corporações multinacionais no exterior pode ser vista nessa cena de rua de Manila, capital das Filipinas.

Tabela 9-4 — Corporações Multinacionais Comparadas às Nações

Corporação	Receita (US$ milhões)	Nação Comparável	Produto Interno Bruto (US$ milhões)
1. Wal-Mart (EUA)	246.525	Suíça	239.800
2. General Motors (EUA)	186.763	Áustria	189.000
3. ExxonMobil (EUA)	182.466	Venezuela mais Paquistão	182.100
4. Royal Dutch/Shell Group (Holanda/Reino Unido)	179.431	Egito mais Filipinas	173.400
5. BP–British Petroleum (Reino Unido)	178.721	Arábia Saudita	173.300
6. Ford Motor (EUA)	163.871	Noruega	161.800
7. DaimlerChrysler (Alemanha)	141.421	Colômbia mais Peru	134.800
8. Toyota Motor (Japão)	131.754	África do Sul	125.900
9. General Electric (EUA)	131.698	Finlândia	121.500
13. Citigroup (EUA)	100.789	Irlanda	93.900
16. Nippon Telephone and Telegraph (Japão)	89.644	Malásia	89.700

Obs.: Os faturamentos são de 2002. Os dados sobre o PIB são de 2000, e se baseiam nas moedas locais convertidas pela taxa de câmbio predominante do dólar norte-americano. As corporações são classificadas por sua colocação na lista da *Fortune* 500 das corporações globais.
Fontes: Para os dados corporativos, *Fortune*, 2003; para dados sobre o PIB, United Nations Development Programme, 2002, p. 190-193.

Pense nisto
O que acontece com a sociedade quando as corporações ficam mais ricas do que os países e se espalham para além das fronteiras internacionais?

são **corporações multinacionais** refere-se a organizações comerciais que têm sua sede em um país, mas que fazem negócios em todo o mundo. Esse comércio privado e as relações de empréstimo não são novos; os mercadores fizeram negócios no exterior durante centenas de anos, comercializando pedras preciosas, especiarias, roupas e outras mercadorias. Entretanto, as gigantes multinacionais de hoje não estão simplesmente comprando e vendendo em outros países também estão *produzindo mercadorias* em todo o mundo (I. Wallerstein, 1974).

Além disso, as "fábricas globais" de hoje (fábricas em todo o mundo em desenvolvimento de propriedade de corporações multinacionais) podem ter um "escritório global" com elas. Multinacionais sediadas em países centrais estão começando a estabelecer serviços de reservas e centros de processamento de dados e reclamações de seguro nas nações periféricas. Como o setor de serviços se tornou uma parte muito importante do mercado internacional, muitas companhias estão chegando à conclusão que as suas operações de baixo custo no exterior compensam muito bem as despesas de transmitir informações ao redor do mundo.

Não se deve subestimar o tamanho dessas corporações globais. Como mostra a Tabela 9-4, a receita total dos negócios multinacionais é tão grande quanto o valor total de mercadorias e serviços trocados em *países inteiros*. As vendas no exterior representam uma fonte importante de lucros para as corporações multinacionais, o que as encoraja a se expandir para outros países (em muitos casos, países em desenvolvimento). A economia dos Estados Unidos depende muito do comércio exterior, grande parte do qual é feito pelas multinacionais. Mais de um quarto de todas as mercadorias e serviços nos Estados Unidos está relacionado à exportação de mercadorias para países estrangeiros, ou à importação de mercadorias de outros países (U.S. Trade Representative, 2003).

Visão Funcionalista

Os funcionalistas acreditam que as corporações multinacionais podem ajudar as nações em desenvolvimento no mundo. Elas trazem empregos e indústrias para áreas em que a agricultura de subsistência anteriormente funcionava como o meio de sobrevivência. As multinacionais também promovem um desenvolvimento rápido com a difusão de invenções e inovações dos países industrializados. Vista de uma perspectiva funcionalista, a combinação de tecnologia e administração competentes das multinacionais e a mão-de-obra relativamente barata disponível nas nações em desenvolvimento é ideal para a companhia global. As multinacionais podem ter o máximo de vantagens da tecnologia enquanto reduzem custos e aumentam os lucros.

Por meio dos seus laços internacionais, as corporações multinacionais também tornam as nações do mundo mais interdependentes. Esses laços podem evitar que determinadas disputas assumam proporções de conflitos graves. Um país não pode dar-se ao luxo de cortar relações diplomáticas com – ou declarar guerra a – uma nação que é a sede dos seus principais fornecedores comerciais, ou um comprador-chave das suas exportações.

Visão do Conflito

Os teóricos do conflito desafiam essa avaliação favorável do impacto das corporações multinacionais. Eles enfatizam que as multinacionais exploram os trabalhadores locais para maximizar seus lucros. A Starbucks – o varejista internacional de café sediado em Seattle – compra seu café de algumas fazendas da Guatemala. Mas, para ganhar dinheiro suficiente para comprar meio quilo do café Starbucks, um trabalhador guatemalteco teria de apanhar 225 quilos de grãos, representando cinco dias de trabalho (Entine e Nichols, 1996).

O *pool* de mão-de-obra barata no mundo em desenvolvimento permite que as multinacionais mudem suas fábricas dos países centrais. Um bônus adicional é que o mundo em desenvolvimento desencoraja sindicatos fortes. Nos países industrializados, a mão-de-obra organizada insiste em receber salários decentes e condições humanas de trabalho, mas os governos, buscando atrair ou manter as multinacionais, podem desenvolver um "clima pró-investimentos" que inclui leis repressivas antitrabalhistas, que limitam a atividade sindical e as negociações coletivas. Se as exigências da mão-de-obra se tornarem muito ameaçadoras, a companhia multinacional simplesmente mudará sua fábrica para outro lugar, deixando um rastro de desemprego. A Nike, por exemplo, mudou suas fábricas dos Estados Unidos para a Coréia, Indonésia e o Vietnã buscando mão-de-obra mais barata. Os teóricos do conflito concluem que, no total, as corporações multinacionais têm um impacto negativo sobre os trabalhadores *tanto* nas nações industrializadas *quanto* nas nações em desenvolvimento.

Os trabalhadores nos Estados Unidos e em outros países centrais estão começando a reconhecer que os seus próprios interesses serão atendidos se ajudarem a organizar os trabalhadores nos países em desenvolvimento. Enquanto as multinacionais puderem explorar a mão-de-obra barata em outros países, estarão em uma posição vantajosa para reduzir os salários e os benefícios nos países industrializados. Com isso em mente, na década de 1990 os sindicatos, organizações religiosas, grupos de universitários e outros ativistas realizaram campanhas públicas para pressionar companhias, como Nike, Starbucks, Reebok, Gap e Wal-Mart, a melhorarem os salários e as condições de trabalho em suas operações no exterior (Global Alliance for Workers and Communities, 2003; Gonzalez, 2003).

Muitos sociólogos que pesquisaram os efeitos dos investimentos estrangeiros das multinacionais concluíram que, embora eles possam contribuir inicialmente para a riqueza da nação hospedeira, acabam aumentando a desigualdade econômica nos países em desenvolvimento. Essa conclusão é válida tanto para a renda quanto para a propriedade da terra. As classes alta e média se beneficiam mais da expansão econômica, enquanto as classes mais baixas têm menos probabilidade de ser beneficiadas. As multinacionais investem em setores econômicos limitados, e em regiões limitadas de uma nação. Embora certos setores da economia da nação hospedeira, como hotéis e restaurantes caros, sejam expandidos, essa mesma expansão parece retardar o crescimento da agricultura e de outros setores econômicos. Além disso, as corporações multinacionais com freqüência compram empreendimentos e companhias locais ou forçam a sua saída, aumentando a dependência econômica e cultural (Chase-Dunn e Grimes, 1995; Kerbo, 2003; I. Wallerstein, 1979b).

FIGURA 9-8

Distribuição da Renda em Nove Países

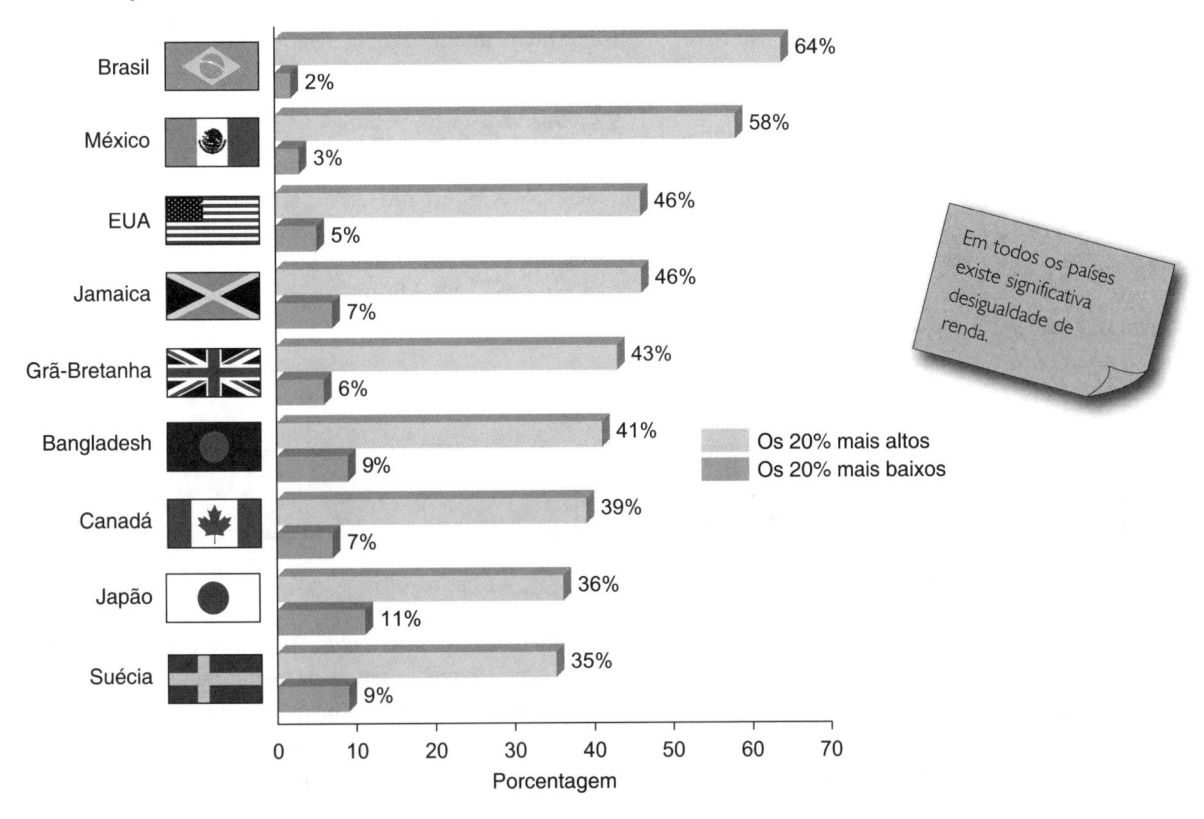

País	Os 20% mais altos	Os 20% mais baixos
Brasil	64%	2%
México	58%	3%
EUA	46%	5%
Jamaica	46%	7%
Grã-Bretanha	43%	6%
Bangladesh	41%	9%
Canadá	39%	7%
Japão	36%	11%
Suécia	35%	9%

Em todos os países existe significativa desigualdade de renda.

Nota: Os dados são considerados comparáveis, embora baseados em estatísticas que abrangem 1992 a 1997.
Fonte: World Bank, 2003b, p. 64-66.

ESTRATIFICAÇÃO DENTRO DOS PAÍSES: UMA PERSPECTIVA COMPARATIVA

Ao mesmo tempo que a distância entre as nações ricas e pobres fica cada vez maior, também aumenta a distância entre cidadãos ricos e pobres *dentro* das nações. Conforme discutido, a estratificação nos países em desenvolvimento está muito relacionada com sua posição dependente e relativamente fraca na economia global. As elites locais trabalham juntas com as corporações multinacionais e prosperam com tais alianças. Simultaneamente, o sistema econômico cria e perpetua a exploração dos trabalhadores industriais e agrícolas. É por isso que o investimento estrangeiro nos países em desenvolvimento tende a aumentar a desigualdade econômica (Bornschier et al., 1978; Kerbo, 2003). Mas a desigualdade dentro de uma sociedade também é evidente em países industrializados, como o Japão.

As disparidades na renda são talvez a melhor ilustração da estratificação dentro das nações. Em pelo menos 24 países ao redor do mundo, os 10% mais ricos da população recebem pelo menos 40% de toda a renda. A lista inclui a nação africana da Namíbia (a líder, com 65% de toda a renda), bem como Colômbia, México, Nigéria e África do Sul. A Figura 9-8 compara a distribuição da renda entre alguns países industrializados e países em desenvolvimento.

As mulheres nos países em desenvolvimento têm uma vida particularmente difícil. Karuna Chanana Ahmed, uma antropóloga da Índia que estuda as mulheres nesses países, diz que as mulheres são as pessoas mais exploradas e oprimidas. Já ao nascer, sofrem discriminação sexual. Em geral, recebem menos comida que os meninos, oportunidades de estudos lhes são negadas, e com freqüência são hospitalizadas apenas quando seu estado de saúde é crítico. Dentro e fora dos lares, o trabalho das mulheres é desvalorizado. Quando a economia entra em crise, como aconteceu nos países asiáticos no final da década de 1990, as mulheres são as primeiras a ser dispensadas do trabalho (E. Anderson e Moore, 1993; Kristof, 1998).

Levantamentos mostram um grau significativo de *infanticídio feminino* (assassinato de bebês do sexo feminino) na China e nas áreas rurais da Índia. Apenas um terço das escolas segregadas sexualmente são para meninas, e um terço dessas escolas não têm um prédio para funcionar. No Quênia e na Tanzânia, a lei não permite que as mulheres sejam proprietárias de imóveis. Na Arábia Saudita, as mulheres são proibidas de dirigir, andar sozinhas em público e ter contato social com homens fora da sua família (C. Murphy, 1993). Vamos explorar mais a situação de cidadãs de segunda classe das mulheres no mundo (Capítulo 11).

Estudos sobre a distribuição da riqueza e da renda em diversos países e as pesquisas entre diferentes culturas revelam de forma contínua que a estratificação baseada em classe, gênero e outros fatores aparece em uma ampla gama de sociedades. Uma visão mundial da estratificação precisa incluir não apenas o contraste agudo entre os países ricos e os empobrecidos, mas também as camadas de hierarquias *dentro* das sociedades industrializadas e dos países em desenvolvimento.

Use a Sua Imaginação Sociológica

Imagine que os Estados Unidos fazem fronteira com um país com um padrão de vida muito mais alto. Nesse país vizinho, os salários dos trabalhadores com nível universitário começam em US$ 120 mil por ano. Como seria a vida nos Estados Unidos?

ESTUDO DE CASO: A ESTRATIFICAÇÃO NO MÉXICO

Em maio de 2003, em um trecho da rodovia no sul do Arizona, as portas abertas de um caminhão *trailer* revelavam os corpos de 19 mexicanos. O caminhão transportava imigrantes ilegais pelo deserto de Sonora quando as pessoas nele escondidas começaram a sofrer com o intenso calor da região. Essa história não é incomum. Em 2002, quase cem imigrantes ilegais morreram tentando atravessar a fronteira entre o México e os Estados Unidos, naquele corredor quente e árido que liga o estado de Sonora, no México, ao Estado do Arizona, nos Estados Unidos.

Por que os mexicanos arriscam a vida para atravessar o perigoso deserto que se estende entre os dois países? A resposta pode ser encontrada na disparidade de renda entre ambas as nações – uma é um gigante industrial e a outra, um país parcialmente desenvolvido, ainda se recuperando de uma história de colonialismo e neocolonialismo. Nesta seção vamos estudar com certa profundidade a dinâmica da estratificação no México, um país de 102 milhões de habitantes. Desde o início do século XX, existe uma relação cultural, econômica e política entre o México e os Estados Unidos, mas é uma relação em que os Estados Unidos são claramente a parte dominante. Segundo a análise de Wallerstein, os Estados Unidos estão no centro, enquanto seu vizinho, o México, ainda se encontra na semiperiferia do sistema econômico mundial.

A ECONOMIA DO MÉXICO

O México fez muitos *lobbies* para ser aceito no Nafta (Acordo de Livre-Comércio da América do Norte) assinado em 1993, que determinava a derrubada de quase todas as barreiras comerciais entre Estados Unidos, Canadá e México. Os mexicanos esperavam que a economia do país recebesse um grande incentivo dessa ligação favorável com o maior mercado consumidor do mundo, os Estados Unidos. Em 1995 o México registrou seu primeiro

Um trabalhador limpa o espelho d'água onde se reflete o opulento Casa del Mar Hotel em San Jose del Cabo, México. Embora o turismo internacional seja um setor importante no México, a maioria dos mexicanos não se beneficia dele. Os trabalhadores mexicanos empregados no setor turístico ganham salários baixos, e seus empregos são prejudicados pelos freqüentes ciclos de crescimento e retração.

excedente comercial com os Estados Unidos desde 1990. Ainda assim, qualquer benefício que o Nafta possa ter gerado foi drasticamente reduzido pelo colapso do peso, a moeda mexicana, ocorrido em 1994. A partir dessa época, a competição pelos empregos da China e o choque que os ataques terroristas de 11 de setembro de 2001 causaram na economia dos Estados Unidos também reduziram os benefícios do Nafta. Embora o investimento norte-americano no México tenha crescido desde a assinatura do Nafta, a implantação do acordo significa pouco na luta econômica diária do mexicano médio (Kraul, 2003).

Se compararmos a economia do México com a dos Estados Unidos, as diferenças entre o padrão de vida e as oportunidades na vida são bastante grandes, embora o México seja considerado uma nação semiperiférica. O produto interno bruto – o valor de todas as mercadorias e serviços finais produzidos em um país – é uma medida comumente usada da média do bem-estar econômico do residente. Em 2003, o produto interno bruto *per capita* dos Estados Unidos chegou a US$ 34.280; no México, foi apenas US$ 8.240. Aproximadamente 87% dos adultos nos Estados Unidos terminam o ensino médio, comparados com apenas 22% no México. E apenas sete em cada 1.000 crianças nos Estados Unidos morrem no primeiro ano de vida, contra cerca de 23 no México (Bureau of the Census, 2003a, p. 847, 850; Haub, 2003).

Embora o México seja inquestionavelmente um país pobre, a diferença entre os cidadãos ricos e pobres é uma das maiores do mundo (ver Figura 9-8). Segundo o Banco Mundial, em 2003, 24% da população sobrevivia com US$ 2 por dia. Ao mesmo tempo, os 10% constituídos pelas pessoas mais ricas do México detinham 42% da renda total da nação. De acordo com um retrato feito pela revista *Forbes* dos indivíduos mais ricos do mundo, o México tem o quarto maior número de pessoas na lista – atrás apenas dos Estados Unidos, da Alemanha e do Japão (Castañeda, 1995; World Bank, 2003b, p. 59).

O cientista político Jorge Castañeda (1995, p. 71) chama o México de "sociedade polarizada com enormes distâncias entre ricos e pobres, cidade e campo, norte e sul, branco e pardos (ou *criollos* e *mestizos*)". E acrescenta que o país também se divide ao longo das linhas de classe, raça, religião, gênero e idade. A seguir, examinaremos a estratificação no México focalizando as relações raciais e a situação dos índios mexicanos, a condição das mulheres mexicanas, a imigração para os Estados Unidos e seu impacto nas áreas das fronteiras entre o México e aquele país.

RELAÇÕES RACIAIS NO MÉXICO: A HIERARQUIA DA COR

Em 1º de janeiro de 1994, os rebeldes de um grupo armado de insurgentes, chamado Exército de Libertação Nacional Zapatista, tomou quatro cidades no estado de Chiapas, no sul do México. Os rebeldes – que denominaram sua organização em homenagem a Emiliano Zapata, um fazendeiro e líder da revolução de 1910 contra uma ditadura corrupta – eram apoiados por 2 mil índios maias e camponeses com armas leves. Os líderes zapatistas declararam que haviam recorrido à insurreição armada para protestar contra as injustiças econômicas e a discriminação da população de índios da região. O governo mexicano mobilizou o exército para esmagar a revolta, mas foi forçado a se retirar quando as organizações de notícias veicularam em todo o mundo as fotografias do confronto. Embora um cessar-fogo tenha sido declarado depois de apenas 12 dias de luta, 196 pessoas morreram. As negociações entre o governo mexicano e o Exército de Libertação Nacional Zapatista têm sido difíceis desde essa ocasião.

Em resposta à crise, o Legislativo mexicano aprovou a Lei sobre os Direitos e Cultura dos Índios, que entrou em vigor em 2001. A lei permite que 62 grupos de índios reconhecidos apliquem seus costumes próprios na resolução de conflitos e na eleição dos líderes. Infelizmente, o Legislativo estadual precisa dar a aprovação final a essas disposições, uma exigência que limita muito os direitos de grandes grupos de índios cujos territórios se estendem por diversos estados. Cansados de esperar pela aprovação estadual, muitas comunidades indígenas em Chiapas declararam uma auto-regulamentação sem obter o reconhecimento oficial (Boudreaux, 2002; J. Smith, 2001).

Embora diversos fatores tenham contribuído para a revolta zapatista, o estado subordinado dos cidadãos indígenas do México, estimados em 14% da população do país, foi certamente importante. Mais de 90% da população indígena vive em casas sem esgoto, comparados com 21% da população como um todo. E enquanto apenas 10% dos mexicanos adultos são analfabetos, a proporção dos índios mexicanos é de 44% (Boudreaux, 2002; *The Economist*, 2004c; Thompson, 2001b).

A condição subordinada dos índios mexicanos é um reflexo da hierarquia de cor do país, que liga as classes sociais à aparência de pureza racial. No alto dessa hierarquia encontram-se os *criollos*, os 10% da população que é em geral branca, membros com nível superior das elites comerciais e intelectuais, com raízes familiares na Espanha. No meio, está a grande maioria empobrecida dos *mestizos*, a maioria dos quais tem pele parda e uma linha racial misturada, resultante de casamentos internos. Na base da hierarquia da cor estão a minoria dos índios mexicanos de sangue puro e um pequeno número de negros, alguns descendentes dos 200 mil escravos africanos trazidos para o México. Essa hierarquia de cor é uma parte importante da vida diária – tanto que alguns mexicanos nas cidades usam tinta para os cabelos, produtos para clarear a pele e lentes de contato azuis ou verdes para parecerem mais brancos e europeus. Entretanto, ironicamente, quase todos os mexicanos são considerados em parte índios em decorrência de séculos de casamentos internos (Castañeda, 1995; DePalma, 1995a).

Muitos observadores notam a negação geral do preconceito e da discriminação das pessoas de cor no México. Ensina-se para as crianças nas escolas que a eleição de Benito Juárez, um índio zapoteca, para presidente do México no século XIX prova que todos os mexicanos são iguais. Mas existe um crescimento acentuado, na última década, de organizações formais e associações voluntárias representando os índios locais. A revolta zapatista em Chiapas foi uma indicação ainda mais forte de que as pessoas estão cansadas da desigualdade e da injustiça com base na hierarquia de cor do México (DePalma, 1995a, 1996; Stavenhagen, 1994; Utne, 2003).

Em 2000, um grupo de mulheres mascaradas fez uma demonstração fora dos quartéis do Exército mexicano no Estado de Chiapas, exigindo que os soldados se retirassem. As mulheres apoiavam o Exército de Libertação Nacional Zapatista, um grupo insurgente que protesta contra as injustiças econômicas e a discriminação da população indígena em Chiapas.

A CONDIÇÃO DAS MULHERES NO MÉXICO

Em 1975, a Cidade do México foi sede da primeira conferência internacional da condição das mulheres promovida pelas Nações Unidas. O foco principal era a situação das mulheres nos países em desenvolvimento; a esse respeito, a situação é misturada. As mulheres agora constituem 42% da força de trabalho – um aumento de 34% nos últimos 20 anos, mas ainda menor do que nos países industrializados. Infelizmente, as mulheres mexicanas ocupam ainda mais os cargos com pagamento mais baixo do que suas contrapartes nas nações industrializadas. Na arena política, as mulheres raramente são vistas em cargos nos quais se tomam decisões, embora tenha aumentado sua representação no Legislativo nacional para 16%, colocando o México na 55ª posição entre as 181 nações do mundo (Bureau of the Census, 2003a, p. 859; Inter-Parliamentary Union, 2003).

Sociólogas feministas enfatizam que, mesmo quando as mulheres mexicanas trabalham fora de casa, não são reconhecidas como membros ativos e produtivos da família, ao passo que os homens são vistos como chefes de família. Como conseqüência, as mulheres têm dificuldade para obter crédito e assistência técnica em diversas partes do país, e para herdar terras nas áreas rurais. Nos setores de produção e serviços, as mulheres geralmente recebem pouco treinamento e tendem a trabalhar em empregos menos automatizados, que exigem menos capacitação – em boa parte porque existem poucas expectativas de que elas busquem avanços em suas carreiras, organizem-se para conseguir condições de trabalho melhores, ou se tornem ativas nos sindicatos (Kopinak, 1995; Martelo, 1996; ver também Young, 1993).

Nas últimas décadas, as mulheres mexicanas começaram a se organizar para tratar de diversos problemas econômicos, políticos e de saúde. Uma vez que continuam a ser administradoras do lar para as suas famílias mesmo quando trabalham fora de casa, as mulheres conhecem bem as conseqüências dos serviços públicos inadequados nos bairros urbanos de baixa renda. Em 1973, as mulheres em Monterrey – a terceira maior cidade do país – começaram a protestar contra as interrupções contínuas na distribuição da água na cidade. Depois de reclamações individuais na prefeitura e na secretaria de água e esgoto não funcionarem, redes sociais de ativistas mulheres começaram a surgir. Essas ativistas enviaram delegações para confrontar políticos, fizeram protestos públicos organizados e bloquearam o tráfego como um meio de chamar a atenção dos meios de comunicação. Embora seus esforços tenham trazido melhorias aos serviços de água de Monterrey, contar com um serviço de água confiável e seguro ainda é uma preocupação no México e em muitos países em desenvolvimento (Vivienne Bennett, 1995).

REGIÕES DE FRONTEIRA

A poluição das águas é uma das várias maneiras pelas quais os problemas do México e dos Estados Unidos se entrelaçam. É crescente o reconhecimento que as regiões perto da fronteira refletem a relação cada vez mais próxima e complexa entre esses dois países. A expressão **regiões de fronteira** refere-se à área de cultura comum ao longo da fronteira entre o México e os Estados Unidos. A emigração legal e ilegal do México para os Estados Unidos, a existência de trabalhadores diaristas que cruzam a fronteira regularmente para ir para o trabalho nos Estados Unidos, a implantação do Nafta e as trocas dos meios de comunicação na fronteira, tudo isso torna a noção de duas culturas separadas – a mexicana e a norte-americana – obsoleta no que se refere àquelas regiões de fronteira.

A posição econômica dessa região de fronteira é bastante complicada, representada pelo surgimento, no lado mexicano, das *maquiladoras* (ver Figura 9-9) – fábricas de propriedade de estrangeiros localizadas próximas da fronteira do México, nas quais as companhias proprietárias não precisam pagar impostos ou conceder seguro e benefícios aos trabalhadores. As *maquiladoras* atraíram empregos na área de produção de outras partes da América do Norte para o México. Até o outono de 2002, 1,1 milhão de pessoas trabalhavam nas *maquiladoras*, onde o pagamento diário inicial varia de US$ 4 a US$ 5. Como muitas dessas empresas vêm dos Estados Unidos e vendem seus produtos no vasto mercado doméstico mexicano, suas operações aprofundam o impacto da cultura de consumo norte-americano nas áreas urbanas e rurais do México (Thompson, 2001c).

As *maquiladoras* contribuíram para o desenvolvimento econômico do México, mas não sem um custo. Os teóricos do conflito observam que o crescimento

FIGURA 9-9

As Regiões de Fronteira

Mapeando a Vida EM TODO O MUNDO

Fonte: Preparado pelo autor com base em Ellingwood, 2001; Thompson, 2001a.

As *maquiladoras*, localizadas ao sul da fronteira entre o México e os Estados Unidos, empregam trabalhadores mexicanos sem seguro, por salários consideravelmente mais baixos do que os recebidos pelos trabalhadores norte-americanos. Em busca de salários mais altos, mexicanos sem documentos tentam com freqüência cruzar a fronteira ilegalmente, arriscando suas vidas no processo.

Pense nisto
Como os consumidores norte-americanos se beneficiam da construção de fábricas ao longo da fronteira entre os Estados Unidos e o México?

desregulado permite que os proprietários explorem os trabalhadores com empregos que não oferecem segurança, possibilidades de crescimento ou salários decentes. Além disso, muitas fábricas norte-americanas exigem que as candidatas mulheres façam um teste de urina para saber se estão grávidas – uma violação da lei mexicana e também do Nafta, responsável por numerosos casos de discriminação sexual. Ativistas sociais também reclamam que dezenas de milhares de mexicanos trabalham nas linhas de montagem das *maquiladoras* por salários muito baixos – em torno de US$ 1 por hora, tema abordado neste capítulo (Dillon, 1998; Dougherty e Holthouse, 1999).

Ironicamente, as *maquiladoras* agora estão enfrentando o mesmo desafio do comércio global que as fábricas norte-americanas. A partir de 2001, algumas companhias mudaram suas operações para a China. Embora os custos trabalhistas (salários mais benefícios) variem de apenas US$ 2 a US$ 2,50 a hora, os custos trabalhistas chineses são ainda mais baixos – de US$ 0,50 a US$ 1 por hora. Dos 700 mil empregos criados pelas *maquiladoras* nos primeiros sete anos do Nafta, 43% foram cortados entre 2000 e 2003 (*Migration News*, 2002c, 2004).

Quando as pessoas nos Estados Unidos pensam sobre as regiões de fronteira, em geral têm em mente a imigração. Como veremos na seção de política social do Capítulo 10, a imigração é um problema político controverso nos Estados Unidos – particularmente a imigração através da fronteira mexicana. O México, por sua vez, está preocupado com as prioridades e políticas do seu poderoso vizinho do norte. Do ponto de vista mexicano, com excessiva freqüência os Estados Unidos consideram o México uma simples reserva de mão-de-obra barata, assim encorajam os mexicanos a cruzarem a fronteira quando são necessários, e os desencorajam e agem para impedi-los de entrar no país quando entendem que não precisam deles. Portanto, algumas pessoas encaram a imigração mais como um problema de mercado de trabalho do que policial. Visto da perspectiva da análise dos sistemas mundiais e da teoria da dependência de Immanuel Wallerstein, aí temos outro exemplo de uma nação industrializada central explorando um país em desenvolvimento.

Como vimos no início deste caso, os riscos de imigrar são consideráveis. Depois de 11 de setembro de 2001, quando o governo dos Estados Unidos aumentou a fiscalização nos pontos comuns de entrada ao longo da fronteira, os migrantes sem documentação adequada foram para locais mais remotos e perigosos. Ao todo, muitas centenas de imigrantes ilegais perdem a vida todos os anos tentando cruzar a fronteira, muitos deles por sofrerem desidratação no intenso calor do deserto (Dellios, 2002).

O impacto social da emigração para os Estados Unidos é sentido em todo o México. Segundo a pesquisa sociológica, os primeiros emigrantes eram homens casados em idade produtiva que vinham do meio do sistema de estratificação. Tinham recursos financeiros suficientes para pagar os custos e os riscos da emigração, e enfrentavam pressões financeiras que tornavam a emigração para os Estados Unidos atraente. Com o passar do tempo, os laços de parentesco dos migrantes se multiplicaram e a emigração se tornou menos seletiva em termos de classe, com famílias inteiras a caminho dos Estados Unidos. Mais recentemente, os antecedentes ocupacionais dos emigrantes mexicanos se ampliaram ainda mais, refletindo não apenas as mudanças das políticas de imigração norte-americana, como também a contínua crise da economia mexicana (Massey, 1998).

Muitos mexicanos que foram para os Estados Unidos mandam parte dos seus ganhos através da fronteira para os membros da família que ainda estão no México. Esse fluxo substancial de dinheiro, às vezes chamado de **remessas** ou *migradólares*, está estimado em cerca de US$ 15 bilhões por ano, e só é menor do que o petróleo como fonte de renda. Se esses fundos fossem apenas para a compra de bens de consumo, não seriam incluídos na teoria da dependência, que afirma que a economia do México é pouco mais do que uma extensão da economia dos Estados Unidos. Na verdade, entretanto, alguns desses migradólares são usados pelos mexicanos para estabelecer e manter pequenas empresas comerciais, como oficinas de artesanato e fazendas. Portanto, a transferência dos migradólares estimula realmente a economia local e nacional mexicana (Thompson, 2003).

Como já visto, a desigualdade social é um problema não apenas dos países em desenvolvimento, como o México, mas também de países industrializados, como os Estados Unidos. Vamos agora comparar os sistemas de Bem-Estar Social nos Estados Unidos e na Europa. Veremos que nos Estados Unidos os esforços do governo para ajudar as pessoas na base da escala da renda foram complicados pelas atitudes da população em relação às pessoas que não trabalham.

■ Use a Sua Imaginação Sociológica

Imagine um dia em que a fronteira entre os Estados Unidos e o México fosse completamente aberta. Como seriam as economias dos dois países? Como seriam as sociedades?

| POLÍTICA SOCIAL e ESTRATIFICAÇÃO | Repensando o Bem-Estar Social na América do Norte e na Europa |

O Tema

- Em Milwaukee, uma mãe solteira de seis crianças acabou de perder seu emprego como guarda de segurança. Uma vez considerada uma história de sucesso do programa de reforma do bem-estar social, ela foi vítima de uma recessão econômica que se seguiu aos anos de expansão da década de 1990. Já que tinha vivido às custas da assistência social antes, ela não se qualifica mais para receber assistência do estado de Wisconsin. Como muitos outros trabalhadores que fizeram a transição da assistência para o trabalho no final da década de 1990, ela não se qualifica mais para receber os benefícios do desemprego; tudo com o que pode contar agora são os vales-alimentação (Pierre, 2002).
- Em Paris, Hélène Desegrais, outra mãe solteira, esperou quatro meses para colocar sua filha em uma creche subvencionada pelo governo. Agora ela pode procurar um emprego de período integral, mas está preocupada com as ameaças do governo de diminuir esses serviços para manter os impostos baixos (Simons, 1997).

Esses são os rostos das pessoas que vivem no limite – geralmente mulheres com filhos menores buscando uma oportunidade entre as políticas sociais em mutação. Os governos em todas as partes do mundo buscam uma solução correta para a assistência: quais subsídios devem ser fornecidos? Quais responsabilidades deveriam recair sobre os pobres?

O Cenário

Na década de 1990, um debate intenso aconteceu nos Estados Unidos acerca do problema da assistência social. Os programas sociais eram caros, e toda a população estava preocupada (embora sem razão) com o fato de que os pagamentos da assistência desencorajavam aqueles que os recebiam a procurar emprego. Tanto democratas quanto republicanos prometeram "eliminar a assistência como a conhecemos hoje".

No final de 1996, em uma mudança histórica da política federal, o Congresso aprovou a chamada Lei da Reconciliação entre Responsabilidade Pessoal e Oportunidade de Trabalho, terminando com a garantia federal já antiga de auxiliar todas as famílias pobres a atender as exigências de elegibilidade. A lei determina um limite de cinco anos durante toda a vida para os benefícios da assistência social, e exige que todos os adultos fisicamente capazes trabalhem depois de receber dois anos de benefícios (embora existam exceções em casos de necessidade graves). O governo federal concede fundos bloqueados para os estados usarem livremente na assistência aos pobres e residentes necessitados, e permite que os estados escolham as maneiras de excluir pessoas da dependência da assistência.

Outros países diferem muito no seu compromisso com os programas de serviço social. Mas os países mais industrializados devotam proporções maiores dos seus gastos com moradia, seguro social, assistência médica e salário-desemprego do que os Estados Unidos. Os dados disponíveis em 2002 indicavam que, na Irlanda, 76% dos gastos com saúde foram pagos pelo governo; na Suíça, 73%; no Canadá, 71%; mas nos Estados Unidos, apenas 44% (World Bank, 2002, p. 102-104).

Insights Sociológicos

Muitos sociólogos tendem a ver o debate acerca da reforma da assistência social nos países industrializados pela perspectiva do conflito: os que "têm", em posições de fazer políticas, ouvem os interesses dos que "têm", ao passo que os gritos dos que "não têm" são abafados. Os críticos da reforma da assistência acreditam que os gastos com bem-estar e com os pobres são injustamente responsabilizados pelos problemas econômicos da nação. Da perspectiva do conflito, esses ataques às pessoas que recebem benefícios refletem o medo e a hostilidade profundos em relação à subclasse urbana, predominantemente hispânica e afro-americana.

Os que criticam o ataque observam que aqueles que fazem do bem-estar o "bode expiatório" convenientemente ignoram os vultosos pagamentos feitos pelo governo federal a indivíduos e famílias ricas. Por exemplo, enquanto a ajuda federal para moradia para os pobres foi drasticamente reduzida na década de 1980, as deduções de impostos sobre juros de hipotecas e impostos sobre as propriedades mais que dobraram. A National Association of Home Builders (Associação Nacional de Construtores de Moradias), uma ardente defensora das deduções nas hipotecas, estima que esse subsídio custa ao governo federal US$ 60 bilhões por ano em impostos não-arrecadados. As deduções beneficiam os contribuintes ricos, que são donos de suas casas. Segundo um estudo, mais de 44% dos benefícios desses impostos não-pagos vão para 5% dos contribuintes com as rendas mais altas, que juntos economizam US$ 22 bilhões anualmente (Goodgame, 1993; Johnston, 1996).

Os que concordam com a perspectiva do conflito também incentivam os elaboradores de políticas e o público em geral a olhar mais de perto a ***assistência*** *corporativa* – os incentivos fiscais, pagamentos diretos e verbas que o governo concede às corporações – em vez de focar nas verbas comparativamente pequenas destinadas a mães e filhos que vivem da assistência. Mas qualquer sugestão de uma redução de tais verbas para as corporações causa uma resposta forte dos grupos especialmente interessados, que são mais poderosos do que qualquer coligação em nome dos pobres. Um exemplo da assistência corporativa é o projeto de lei de ajuda financeira às companhias aéreas depois dos ataques terroristas de 11 de setembro de 2001 nos Estados Unidos. Em 11 dias o governo federal aprovou a ajuda financeira, cujo impacto positivo foi sentido basicamente pelos executivos e acionistas das companhias aéreas. Os funcionários das companhias aéreas que são relativamente mal pagos foram dispensados e centenas de milhares de trabalhadores com salários baixos nos aeroportos, hotéis e setores relacionados receberam muito pouca ou nenhuma assistência. Os esforços para ampliar a assistência ao desemprego para ajudar esses trabalhadores marginalmente empregados falharam (Hartman e Miller, 2001).

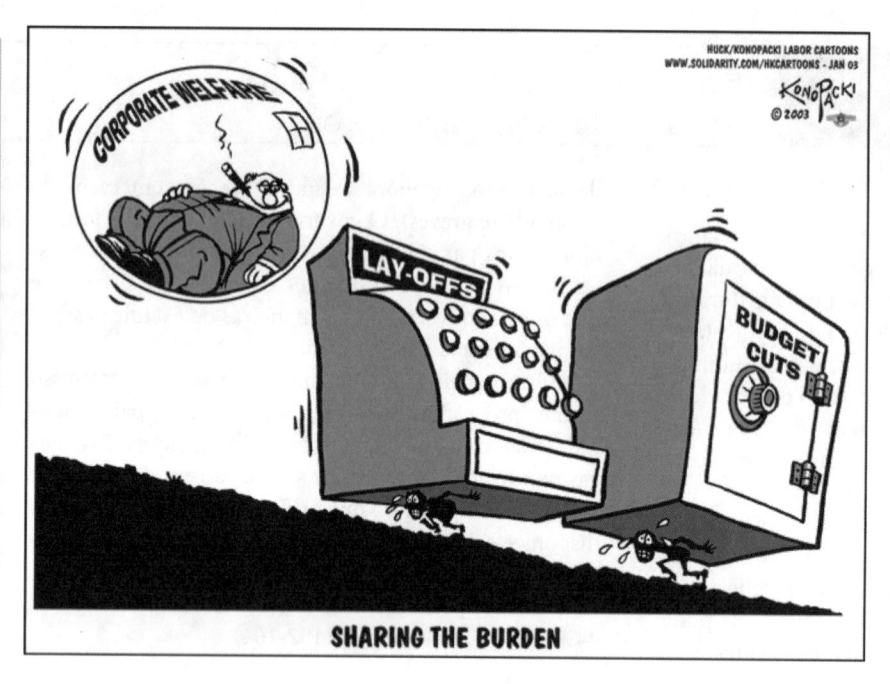

Iniciativas Políticas

O governo gosta de destacar as histórias de sucesso da reforma da assistência. Embora muitas pessoas que uma vez dependeram dos impostos pagos pelos contribuintes estejam agora trabalhando e pagando impostos também, é cedo demais para ver se a "assistência do trabalho" terá sucesso. Os novos empregos gerados pela expansão da economia norte-americana no final da década de 1990 representaram um teste irreal do sistema. As perspectivas para os desempregados crônicos – aquelas pessoas difíceis de serem treinadas, ou que têm problemas com drogas ou álcool, deficiência física ou necessitam de creches para seus filhos – desapareceram conforme a expansão estagnou e a economia entrou em recessão (A. Dworsky et al., 2003).

É verdade que menos pessoas permanecem na assistência norte-americana depois da regulamentação da lei da reforma em agosto de 1996. Até junho de 2003, 7,4 milhões de pessoas tinham deixado o sistema, reduzindo a folha de pagamento para menos de cinco milhões de pessoas. Ainda assim, a pesquisa mostra que a maioria dos adultos que haviam entrado para a assistência tinha conseguido empregos de baixos salários sem benefícios. Conforme saíram da assistência, a cobertura do seguro-saúde terminou, deixando-as sem o benefício. Também falta apoio para os pais que trabalham e precisam de creches de boa qualidade. E o auxílio aos imigrantes, mesmo os que são residentes legais, continua a ser limitado (Department of Health and Human Services, 2004; Ehrenreich e Piven, 2002).

Os governos europeus enfrentam muitas das mesmas necessidades dos cidadãos na América do Norte: manter os impostos baixos, mesmo que isso signifique reduzir a assistência aos pobres. Entretanto, os países na Europa central e do leste enfrentam um desafio especial desde o fim do comunismo. Embora os governos naqueles países tradicionalmente fornecessem um conjunto impressionante de serviços sociais, eram diferentes dos sistemas capitalistas em muitos aspectos importantes. Primeiro, o sistema comunista era baseado em empregos estáveis, assim, não havia necessidade de fornecer seguro-desemprego; os serviços sociais focalizavam os velhos e os deficientes. Segundo, os subsídios para moradia e mesmo os serviços públicos desempenhavam papel importante. Com a nova competição do Ocidente e orçamentos exíguos, alguns desses países estão começando a perceber que não podem mais dar cobertura universal, e que esta precisa ser substituída por programas com alvos definidos. Mesmo a Suécia, apesar da sua longa história de programas de bem-estar social, está sentindo a situação. Ainda assim, apenas modestos cortes foram feitos nos programas sociais europeus, permanecendo muito mais generosos dos que os dos Estados Unidos (J. Gornick, 2001).

Tanto na América do Norte quanto na Europa, as pessoas estão começando a se voltar para meios privados para se sustentarem. Por exemplo, elas investem dinheiro para a sua aposentadoria em vez de depender dos programas da Previdência Social do governo. Mas essa solução funciona apenas quando se tem um emprego e se pode economizar. Cada vez mais as pessoas estão vendo a distância entre elas e os ricos crescer, com menos programas do governo disponíveis para auxiliá-las. As soluções são freqüentemente deixadas para o setor privado, enquanto as iniciativas de políticas do governo em âmbito nacional desaparecem por completo.

Vamos Discutir

1. Você conhece alguém que depende (ou dependeu) da assistência pública, por exemplo, recebendo cestas básicas? Se sim, quais são (ou eram) as circunstâncias? Você precisaria de auxílio do governo se estivesse nessa situação?
2. Você acha que as pessoas que vivem da assistência deveriam ter de trabalhar? Se sim, que tipo de apoio deveriam receber? Deveria existir alguma exceção quanto a essa exigência de ter de trabalhar?
3. Por que você acha que os países da Europa ocidental e do norte têm programas de bem-estar social mais generosos do que os dos Estados Unidos?

RECURSOS DO CAPÍTULO

Resumo

Estratificação é uma classificação estruturada de grupos inteiros de pessoas que perpetua as recompensas econômicas e o poder desiguais em uma sociedade. Neste capítulo, examinamos quatro sistemas gerais de estratificação, as explicações oferecidas pelos funcionalistas e teóricos do conflito para a existência da **desigualdade social**, e a relação entre estratificação e **mobilidade social**. Em todo o mundo a estratificação pode ser vista como a diferença entre as nações ricas e pobres e a desigualdade que existe no interior dos próprios países. Estudamos as maneiras pelas quais a **globalização** e as ***corporações multinacionais*** contribuem para tais desigualdades.

1. Um certo nível de **desigualdade social** caracteriza todas as culturas.
2. Os sistemas de estratificação social incluem a ***escravidão**, **as castas**, **o sistema feudal*** e as classes sociais.
3. Karl Marx entendia que as diferenças no acesso aos meios de produção criavam desigualdade política, social e econômica e duas classes distintas, os proprietários e os trabalhadores.
4. Max Weber identificou três componentes de estratificação distintos: ***classe**, **grupo de status** e **poder***.
5. Os funcionalistas argumentam que a estratificação é necessária para motivar as pessoas a preencherem os cargos importantes da sociedade; os teóricos do conflito vêem a estratificação como uma fonte importante de tensão e conflito social. Os interacionistas enfatizam a importância da classe social na determinação do estilo de vida da pessoa.
6. Uma conseqüência das classes sociais nos Estados Unidos é que a **riqueza** e a **renda** são distribuídas desigualmente.
7. A categoria dos pobres desafia qualquer definição simples e contém estereótipos comuns sobre as pessoas pobres. Os pobres a longo tempo, que não têm treinamento e capacidades, formam uma **subclasse**.
8. Os funcionalistas entendem que os pobres satisfazem funções positivas para muitos dos não-pobres nos Estados Unidos.
9. As **oportunidades na vida** de uma pessoa – oportunidades de obter bens materiais, condições de vida positivas e experiências positivas na vida – estão relacionadas à sua classe social. Ocupar uma posição social alta aumenta as oportunidades na vida.
10. A **mobilidade social** é mais provável de ser encontrada em um *sistema aberto* que enfatiza o *status* alcançado do que em um *sistema fechado*, que focaliza as características atribuídas. Raça, gênero e histórico familiar são fatores importantes na mobilidade social.
11. Em todo o mundo, os países que foram colônias são mantidos em uma posição subserviente, sujeitos ao domínio estrangeiro, por meio do processo do **neocolonialismo**.
12. Baseando-se na perspectiva do conflito, os proponentes da ***análise dos sistemas mundiais*** do sociólogo Immanuel Wallerstein vêem o sistema econômico global como uma divisão entre as nações que

controlam a riqueza (*nações centrais*) e aquelas de onde o capital é extraído (*nações periféricas*).
13. Segundo a *teoria da dependência*, mesmo quando os países em desenvolvimento fazem avanços econômicos, permanecem pobres e subservientes aos países centrais e às corporações em uma economia global cada vez mais integrada.
14. A *globalização*, ou a integração mundial de políticas governamentais, culturas, movimentos sociais e mercados financeiros por meio do comércio e da troca de idéias, é uma tendência controversa que os críticos acusam de contribuir com a dominação cultural das nações periféricas pelas nações centrais.
15. As *corporações multinacionais* trazem empregos e indústrias para as nações em desenvolvimento, mas também tendem a explorar os trabalhadores para maximizar lucros.
16. A relação econômica entre o México, uma nação semiperiférica, e os Estados Unidos, uma nação central, é um bom exemplo da teoria da dependência. O estabelecimento das *maquiladoras* de propriedade dos Estados Unidos logo depois da fronteira mexicana não beneficiou os trabalhadores mexicanos tanto quanto as companhias que construíram suas fábricas.
17. Hoje, muitos governos lutam para decidir quanto da receita dos impostos deve ser gasto nos programas de bem-estar social. A tendência nos Estados Unidos é colocar para trabalhar as pessoas que recebem assistência.

Questões de Pensamento Crítico

1. O sociólogo Daniel Rossides conceituou o sistema de classes dos Estados Unidos usando um modelo de cinco classes. Segundo Rossides, a classe média alta e a classe média baixa juntas representam aproximadamente 40% da população do país. Mas estudos sugerem que uma proporção mais alta de pessoas pesquisadas se identifica com a classe média. Com base no modelo apresentado por Rossides, explique por que os membros tanto da classe alta quanto da classe trabalhadora preferem se identificar com a classe média.

2. Um estudo sociológico da estratificação é geralmente feito em âmbito macro e baseia-se muito nas perspectivas funcionalista e do conflito. Como os sociólogos poderiam usar a perspectiva *interacionista* para examinar as desigualdades das classes sociais em uma comunidade universitária?

3. Imagine que você tem a oportunidade de passar um ano no México estudando a desigualdade naquele país. Como você basearia os projetos de pesquisa (pesquisas por questionário ou entrevista, observação, experiência, fontes existentes) para compreender melhor e documentar a estratificação nesse país?

Termos-chave

Análise dos sistemas mundiais Uma visão do sistema econômico global como um só, dividido entre certos países industrializados que controlam as riquezas e os países em desenvolvimento, que são controlados e explorados. (p. 223)

Assistência corporativa Isenção de impostos, pagamentos diretos e verbas que o governo concede às corporações. (p. 233-234)

Burguesia Um termo empregado por Karl Marx para a classe capitalista, composta pelos proprietários dos meios de produção. (p. 206)

Capitalismo Um sistema econômico no qual os meios de produção são mantidos principalmente em mãos privadas, sendo a acumulação dos lucros o incentivo mais importante para a atividade econômica. (p. 206)

Casta Uma classificação hereditária, geralmente ditada pela religião, que tende a ser fixa e imóvel. (p. 203)

Classe Um grupo de pessoas que têm um nível semelhante de riqueza e renda. (p. 207)

Colonialismo A manutenção do domínio político, social e econômico sobre um povo por um poder estrangeiro durante um longo período. (p. 223)

Consciência de classe Na visão de Karl Marx, uma consciência subjetiva que os membros de uma classe têm a respeito dos seus interesses comuns e da necessidade de ação política coletiva para realizar a mudança social. (p. 206)

Corporação multinacional Uma organização comercial que é sediada em um país, mas faz negócios em todo o mundo. (p. 225)

Desigualdade social Uma condição em que os membros de uma sociedade têm diferentes quantidades de riqueza, prestígio ou poder. (p. 202)

Escravidão Um sistema de servidão forçada em que algumas pessoas pertencem a outras pessoas. (p. 203)

Estima A reputação que uma determinada pessoa ganhou exercendo uma profissão. (p. 212)

Estratificação Uma classificação estruturada de grupos inteiros de pessoas que perpetua recompensas econômicas e poder desiguais em uma sociedade. (p. 202)

Falsa consciência Uma expressão usada por Karl Marx para descrever uma atitude dos membros de uma classe que não reflete precisamente a sua posição objetiva. (p. 207)

Globalização A integração em todo o mundo das políticas governamentais, culturas, movimentos sociais e mercados financeiros através por meio do comércio e da troca de idéias. (p. 224)

Grupo de *status* Pessoas que têm o mesmo prestígio ou estilo de vida, independentemente da sua classe. (p. 207)

Ideologia dominante Um conjunto de crenças e práticas culturais que ajuda a manter poderosos interesses sociais, econômicos e políticos. (p. 210)

Método objetivo Uma técnica empregada para medir a classe social que atribui uma classe aos indivíduos com base em critérios, como ocupação, escolaridade, renda e local de residência. (p. 211)

Mobilidade horizontal O movimento de um indivíduo de uma posição social para outra no mesmo patamar. (p. 220)

Mobilidade intergeracional Mudanças na posição social dos filhos em relação aos seus pais. (p. 220)

Mobilidade intrageracional Mudanças na posição social durante a vida adulta de uma pessoa. (p. 220)

Mobilidade social Movimento de indivíduos ou grupos de uma posição para outra em um sistema de estratificação da sociedade para outra. (p. 219)

Mobilidade vertical O movimento de um indivíduo de uma posição social para outra em patamar diferente. (p. 220)

Neocolonialismo Dependência continuada a países estrangeiros por parte de antigas colônias. (p. 223)

Oportunidades na vida As oportunidades que as pessoas têm de se proporcionar bens materiais, condições de vida positivas e experiências de vida favoráveis. (p. 218)

Pobreza absoluta Um nível mínimo de subsistência abaixo do qual nenhuma família deveria viver. (p. 214)

Pobreza relativa Um padrão flutuante de privação pelo qual as pessoas na base de uma sociedade são consideradas desprivilegiadas *em comparação à nação como um todo*, seja qual for seu estilo de vida. (p. 215)

Poder A habilidade de impor a vontade de um sobre os outros. (p. 207)

Prestígio Respeito e admiração que uma profissão goza na sociedade. (p. 211)

Proletariado Termo de empregado por Karl Marx para a se referir à classe trabalhadora em uma sociedade capitalista. (p. 206)

Regiões de fronteira Uma área de cultura comum ao longo da fronteira entre o México e os Estados Unidos. (p. 231)

Remessas Os valores que os imigrantes mandam para as suas famílias de origem. Também chamadas *migradólares*. (p. 232)

Renda Salários e pagamentos. (p. 202)

Riqueza Um termo inclusivo que compreende todos os bens materiais de uma pessoa, inclusive terras, ações e outros tipos de propriedade. (p. 202)

Sistema aberto Um sistema social no qual a posição da cada indivíduo é influenciada por seu *status* alcançado. (p. 219)

Sistema de classe Uma classificação social baseada na posição econômica em que as características atingidas podem influenciar a mobilidade social. (p. 204)

Sistema fechado Um sistema social em que existe pouca ou nenhuma possibilidade de mobilidade social individual. (p. 220)

Sistema feudal Um sistema de estratificação no qual os camponeses precisam trabalhar a terra arrendada a eles pelos nobres em troca de proteção militar e outros serviços. Também conhecido como *feudalismo*. (p. 203)

***Status* alcançado** Uma posição social que a pessoa atinge geralmente com seus próprios esforços. (p. 203)

***Status* atribuído** Uma posição social atribuída a alguém pela sociedade sem levar em conta os talentos e características peculiares daquela pessoa. (p. 203)

Subclasse Os pobres a longo tempo que não têm escolaridade suficiente nem qualificação. (p. 216)

Teoria da dependência Uma abordagem da estratificação que afirma que os países industrializados continuam a explorar os países em desenvolvimento em seu próprio benefício. (p. 224)

RECURSOS DA TECNOLOGIA

Conexão com a Internet*

Obs.: Embora os endereços dos sites relacionados a seguir tenham sido atualizados durante a edição deste livro, eles costumam mudar com grande freqüência em razão da natureza dinâmica da Internet.

1. A questão de em que ponto definir a linha da pobreza é controversa nos Estados Unidos. O site do Economic Policy Institute (*www.epinotorg*) oferece algumas ferramentas que você pode utilizar para explorar o assunto. Usando as calculadoras on-line, descubra de quanto uma família consciente do seu orçamento em sua comunidade necessita para viver.

2. Os CEOs das corporações norte-americanas recebem salários mais altos do que os de outras nações industrializadas. A AFLCIO (*www.aflcio.org/corporateamerica/paywatch*) mantém um banco de dados extenso com os salários que as companhias oferecem aos seus executivos. Visite o site para descobrir quanto os CEOs estão ganhando nas companhias que você conhece. Compare a situação de uma família norte-americana com a de uma família brasileira nas mesmas condições.

---

* NE: Sites no idioma inglês.

capítulo 10
DESIGUALDADE ÉTNICA E RACIAL

Grupos Minoritários, Raciais e Étnicos

Preconceito e Discriminação

Estudando Raça e Etnia

Padrões de Relações Intergrupais

Raça e Etnia nos Estados Unidos

Política Social e Raça e Etnia: Imigração Global

Quadros
DESIGUALDADE SOCIAL:
A Classe Média dos Latinos

PESQUISA EM AÇÃO:
Preconceito em Relação a Árabes e Muçulmanos Norte-Americanos

LEVANDO A SOCIOLOGIA PARA O TRABALHO:
Prudence Hannis: Pesquisadora e Ativista Comunitária, Quebec Native Women

Esse anúncio para o American Indian College Fund desperta estereótipos comuns sobre os nativos norte-americanos com essa fotografia da índia Blackfeet Carly Kipp, uma candidata ao doutoramento em medicina veterinária. Historicamente, o preconceito e a discriminação dos membros de grupos minoritários impedem que eles atinjam todo seu potencial.

"Ah, então. Sem tíquete, sem lavagem. Sinto muito, sinto muito", com "sotaque" japonês.

Chinkee, Chink, Jap, Nip, zero, kamikaze, cara redonda, cara chata, nariz chato, olho puxado, cara descida, fenda, mamasan, lady dragão, Gook, VC, Flip Hindoo (apelidos dados aos asiáticos nos Estados Unidos).

Quando tinha dez anos, eu ouvia essas palavras tantas vezes que sentia que elas seriam pronunciadas antes mesmo de as pessoas abrirem a boca. Eu sabia que significavam algo grosseiro. Mesmo assim, não comentávamos esses incidentes em casa, apenas os aceitávamos como se fizessem parte de estarmos na América, algo que precisávamos aprender a superar.

Os piores nomes nem sequer eram compostos de palavras, constituíam uma seqüência de sons ininteligíveis revoltantes que as crianças – e os adultos – cuspiam, conforme fingiam falar chinês ou algum outro idioma asiático. Era uma gozação de como imaginavam que meus pais falavam comigo.

A verdade é que meu pai e minha mãe raramente falavam conosco em chinês, exceto para dar bronca ou nos chamar para jantar. Preocupado que pudéssemos desenvolver um sotaque, meu pai insistia que se falasse inglês em casa. Assim, explicava ele, teríamos menos problemas e seríamos mais facilmente aceitos como norte-americanos.

Nunca vou saber se a decisão de meu pai sobre o idioma foi correta. Por um lado, como a maioria dos ásio-americanos, já fui cumprimentada muitas vezes pelo meu inglês por pessoas que assumem que sou estrangeira. "Nossa, você fala um inglês tão bom", resmungam elas. "Sério? Bom, não faço mais que a minha obrigação!", penso eu, e me questiono : devo agradecer a elas por assumir que o inglês não é a minha língua materna? Ou devo corrigi-las pelo uso errado de "bem" e "bom"?

O que mais acontecia, entretanto, era que, em vez de me sentir grata pelo sotaque norte-americano, eu desejava poder entrar em um rápido diálogo em chinês, com volume alto e cuspindo fogo. Mas com um limitado vocabulário de *"Ni hao?"* (Como vai você) e *"Ting bu dong"* (Escuto, mas não entendo), pois diálogos cheios de significado eram realmente impossíveis. Às vezes me pego sorrindo e concordando com a cabeça como um desses cachorros que decoram o painel dos carros. Tenho inveja de muitas pessoas que conheço que cresceram falando um idioma asiático e que são capazes de conversar lindamente em inglês.

Armada com o meu inglês-padrão e o meu "a" de som plano de New Jersey, eu não podia escapar dos xingamentos. Fiquei familiarizada demais com outros nomes e faces que teoricamente combinavam com o meu – Fu Manchu, Suzie Wong, Hop Sing, Madame Butterfly, Charlie Chan, Ming, o Impiedoso –, os "asiáticos" produzidos para consumo de massa. Seus rostos me enchiam de vergonha sempre que os via na TV ou em algum filme. Eles definiam o meu rosto para o resto do mundo, o sinistro Fu, a promíscua Suzie, o subserviente Hop King, a patética Butterfly, o esperto Chan, e o guerreiro Ming. Todos incompreensivelmente orientais, nenhum deles americano. *(Zia, 2000)* ■

Helen Zia, jornalista e ativista comunitária que escreveu essas lembranças da sua infância, é uma bem-sucedida filha de imigrantes chineses nos Estados Unidos. Como mostra sua história, Zia vivenciou evidente preconceito em relação aos chineses norte-americanos, embora falasse um inglês perfeito. Realmente, todos os novos imigrantes e suas famílias enfrentaram estereótipos e hostilidade, fossem brancos ou não-brancos, asiáticos, africanos ou europeus do leste. Nessa sociedade multicultural, aqueles que são diferentes do grupo social dominante nunca foram bem-vindos.

Hoje, milhões de afro-americanos, ásio-americanos, hispano-americanos e muitas outras minorias raciais e étnicas continuam a experimentar o contraste em geral amargo entre o "sonho americano" e a sombria realidade da pobreza, do preconceito e da discriminação. Como a definição de classe, as definições sociais de raça e etnia ainda afetam o lugar e o *status* das pessoas em um sistema de estratificação, não apenas nos Estados Unidos, mas em todo o mundo. Rendas altas, bom domínio do inglês e credenciais profissionais conseguidas com muito suor nem sempre superam os estereótipos raciais e étnicos ou protegem os que nele se encaixam da mordida do racismo.

O que é preconceito e como ele está institucionalizado na forma de discriminação? De que maneiras a raça e a etnia afetam a experiência dos imigrantes de outros países? Quais são os grupos de minoria que crescem mais rapidamente nos Estados Unidos hoje? Neste capítulo, vamos focalizar o significado de raça e etnia. Começaremos identificando as características básicas de um grupo de minoria e distinguindo entre grupos raciais e étnicos. Depois, vamos examinar as dinâmicas do preconceito e da discriminação. Após considerar as perspectivas interacionista, funcionalista e do conflito sobre raça e etnia, verificaremos os padrões comuns das relações intergrupais. A seção a seguir descreve os maiores grupos raciais e étnicos nos Estados Unidos. Por fim, na seção de política social, serão explorados assuntos relacionados à imigração global. ■

GRUPOS MINORITÁRIOS, RACIAIS E ÉTNICOS

Os sociólogos com freqüência distinguem entre grupos raciais e étnicos. A expressão **grupo racial** descreve um grupo que está separado dos outros por causa de diferenças físicas óbvias. Brancos, afro-americanos e ásio-americanos são todos considerados grupos raciais nos Estados Unidos. Embora a raça evidencie diferenças físicas, é a cultura de determinada sociedade que constrói tais diferenças e lhes atribui significado social, como veremos adiante. Ao contrário dos grupos raciais, um **grupo étnico** é separado de outros basicamente por causa da sua origem nacional ou de padrões culturais diferentes. Nos Estados Unidos, os porto-riquenhos, judeus e poloneses norte-americanos são todos classificados como grupos étnicos (ver Tabela 10-1).

Grupos Minoritários

Uma minoria numérica é qualquer grupo que compõe menos da metade de uma população maior. A população dos Estados Unidos inclui milhares de minorias numéricas, incluindo atores de televisão, pessoas de olhos verdes, advogados tributários e descendentes dos peregrinos que chegaram ao país no navio Mayflower. Entretanto, essas minorias numéricas não são consideradas minorias no sentido sociológico, na realidade, o número de pessoas em um grupo não necessariamente determina seu *status* como uma minoria social (ou um grupo dominante). Quando os sociólogos definem um grupo de minoria, estão preocupados basicamente com o seu poder econômico e político – ou a falta desse poder. Um **grupo minoritário** é um grupo subordinado cujos membros têm significativamente menos controle ou poder sobre suas próprias vidas do que os membros de um grupo majoritário ou dominante têm sobre as suas.

Os sociólogos identificaram cinco propriedades básicas de um grupo minoritário: tratamento desigual, traços físicos ou culturais, *status* atribuído, solidariedade e casamentos dentro do grupo (Wagley e Harris, 1958):

1. Os membros de um grupo minoritário experimentam tratamento desigual na comparação com os membros de um grupo dominante. Por exemplo, a administração de um prédio de apartamentos poderá recusar-se a alugar imóveis a afro-americanos, hispânicos ou judeus. A desigualdade social pode ser criada ou mantida por meio de preconceito, discriminação, segregação ou mesmo extermínio.

2. Os membros dos grupos minoritários compartilham características físicas ou culturais que os

distinguem do grupo dominante. Cada sociedade arbitrariamente decide quais características são mais importantes na definição dos grupos.
3. Pertencer a um grupo minoritário (ou dominante) não é voluntário: as pessoas nascem nos grupos. **p. 105** Assim, raça e etnia são consideradas *status atribuído*.
4. Os membros dos grupos minoritários têm um sentido forte de solidariedade de grupo. William Graham Sumner, escrevendo em 1906, observou que as pessoas fazem distinções entre membros do seu próprio grupo (o *endogrupo*) e todos os outros (o **p. 131** *exogrupo*). Quando um grupo é objeto de preconceitos e discriminação de longo prazo, o sentimento de "nós contra eles" pode tornar-se, e com freqüência se torna, muito intenso.
5. Os membros de um grupo minoritário em geral se casam com outros do mesmo grupo, ao passo que os de um grupo dominante preferem não casar-se com alguém de um grupo de minoria considerado inferior. Além disso, o sentido de solidariedade do grupo minoritário encoraja o casamento dentro do grupo e desencoraja o casamento com pessoas de fora.

Raça

A expressão *grupo racial* se refere às minorias (e aos grupos dominantes correspondentes) separadas dos outros por diferenças físicas óbvias. Mas o que é "óbvio" em termos de diferença física? Cada sociedade determina que diferenças são importantes, e ignoram outras características que poderiam servir de base para a diferenciação social. Nos Estados Unidos, há diferenças tanto na cor da pele quanto na cor do cabelo. Ainda assim, as pessoas aprendem informalmente que as diferenças na cor da pele têm um importante significado social e político, ao passo que as diferenças na cor dos cabelos não.

Quando observam a cor da pele, as pessoas nos Estados Unidos tendem a agrupar as outras bastante casualmente nas tradicionais categorias "negros", "brancos" e "asiáticos". Diferenças mais sutis na cor da pele com freqüência passam despercebidas. Entretanto, esse não é o caso em outras sociedades. Em muitos países da América Central e na América do Sul, as pessoas reconhecem as graduações de cor de forma contínua, indo da clara até a escura. O Brasil tem aproximadamente 40 agrupamentos de cor, enquanto em outros países as pessoas podem ser descritas como "mestiço hondurenho", "mulato colombiano" ou "pana-

Tabela 10-1 Grupos Raciais e Étnicos nos Estados Unidos, 2000

Classificação	Número em Milhares	Porcentagem da População Total
Grupos raciais		
Brancos (inclui 16,9 milhões de brancos hispânicos)	211.461	75,1%
Negros/afro-americanos	34.658	12,3
Nativos norte-americanos, nativos do Alasca	2.476	0,9
Ásio-americanos	10.243	3,6
Chineses	2.433	0,9
Filipinos	1.850	0,7
Índios asiáticos	1.679	0,6
Vietnamitas	1.123	0,4
Coreanos	1.077	0,4
Japoneses	797	0,2
Outros	1.285	0,5
Grupos étnicos		
Ancestrais brancos (um só, ou misturado)		
Alemães	42.842	15,2
Irlandeses	30.525	10,8
Ingleses	24.509	8,7
Italianos	15.638	5,6
Poloneses	8.977	3,2
Franceses	8.310	3,0
Judeus	5.200	1,8
Hispânicos (ou Latinos)	35.306	12,5
Mexicanos norte-americanos	23.337	8,3
Americanos da América Central e do Sul	5.119	1,8
Porto-riquenhos	3.178	1,1
Cubanos	1.412	0,5
Outros	2.260	0,8
Total (todos os grupos)	281.422	

Nota: As porcentagens não somam um total de 100%, e os números nos subtítulos não somam o valor sob o título principal porque há sobreposição entre os grupos (por exemplo, judeus poloneses norte-americanos ou pessoas com ancestrais misturados, como irlandeses e italianos). Os hispânicos podem ser de qualquer raça.

Fontes: Brittingham e de la Cruz, 2004; Bureau of the Census, 2003a; Grieco e Cassidy, 2001; Therrien e Ramirez, 2001; United Jewish Communities, 2003.

FIGURA 10-1

Grupos Étnicos e Raciais nos Estados Unidos, 1500–2100 (Projetado)

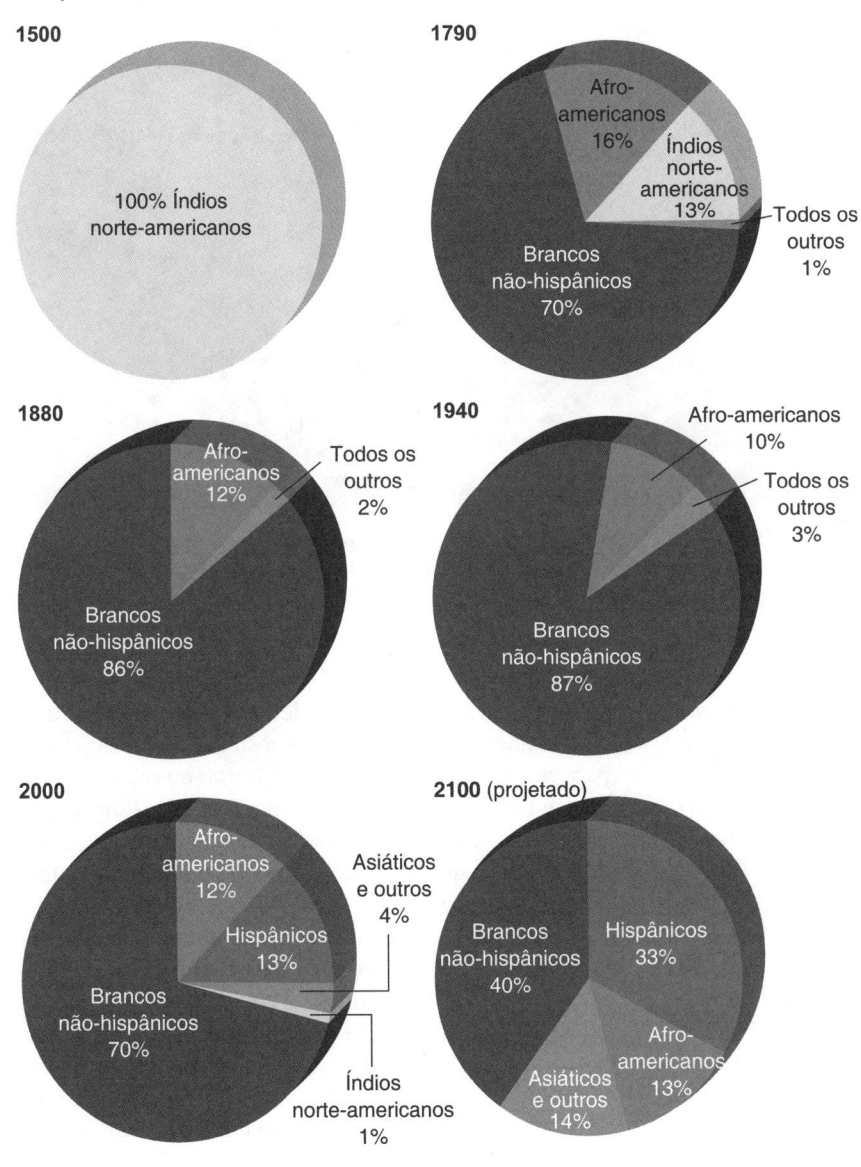

1500
- 100% Índios norte-americanos

1790
- Brancos não-hispânicos 70%
- Afro-americanos 16%
- Índios norte-americanos 13%
- Todos os outros 1%

1880
- Brancos não-hispânicos 86%
- Afro-americanos 12%
- Todos os outros 2%

1940
- Brancos não-hispânicos 87%
- Afro-americanos 10%
- Todos os outros 3%

2000
- Brancos não-hispânicos 70%
- Afro-americanos 12%
- Hispânicos 13%
- Asiáticos e outros 4%
- Índios norte-americanos 1%

2100 (projetado)
- Brancos não-hispânicos 40%
- Hispânicos 33%
- Afro-americanos 13%
- Asiáticos e outros 14%

Fontes: Estimativa do autor; Bureau of the Census, 1975, 2000c; Grieco e Cassidy, 2001; Thornton, 1987. Dados para 2000 e 2100, afro-americanos e asiáticos e outros são para não-hispânicos.

A composição étnica e racial do que são hoje os Estados Unidos foi mudando não apenas nos últimos 50 anos, mas durante os últimos 500 anos. Cinco séculos atrás a terra era povoada apenas pelos nativos norte-americanos.

menho africano". O que vemos como diferenças "óbvias" está sujeito às definições sociais de cada sociedade.

As maiores minorias raciais nos Estados Unidos são os afro-americanos (ou negros), nativos norte-americanos (ou índios norte-americanos) e os ásio-americanos (japoneses norte-americanos, chineses norte-americanos e outras pessoas asiáticas nascidas nos Estados Unidos). A Figura 10-1 fornece informações sobre a população de grupos étnicos e raciais nos Estados Unidos durante os últimos cinco séculos.

Importância Biológica da Raça

Visto de uma perspectiva biológica, o termo *raça* se refere a um grupo geneticamente isolado, com freqüência de genes distintos. Mas é impossível definir ou identificar de modo científico esses grupos. Contrariamente à crença popular, não existem "raças puras". Nem existem traços físicos – seja de cor da pele ou calvície – que possam ser usados para descrever um grupo excluindo todos os outros. Se os cientistas examinarem uma amostra de sangue humano no microscópio, não poderão dizer se o sangue veio de um chinês ou de um índio navajo, um havaiano ou um afro-americano. Na realidade, existem mais variações genéticas *dentro* das raças do que entre as raças.

A migração, a exploração e a invasão levaram à mistura das raças. As investigações científicas indicam que a porcentagem de negros norte-americanos com ancestrais brancos vai de 20% a 75%. Descobertas recentes sobre o DNA sugerem que alguns negros hoje podem mesmo dizer que Thomas Jefferson foi seu ancestral. Tais estatísticas minam a pressuposição fundamental da vida nos Estados Unidos: é possível categorizar cuidadosamente os indivíduos como "negros" ou "brancos" (Herskovits, 1930; D. Roberts, 1975).

Algumas pessoas gostariam de encontrar explicações biológicas para ajudar os cientistas sociais a entender por que certos povos no mundo chegaram o dominar outros (ver discussão sobre sociobiologia no Capítulo 3). Dada a ausência de grupos raciais puros, não podem existir respostas biológicas satisfatórias para essas questões sociais e políticas.

Construção Social da Raça

Na região sul dos Estados Unidos, existia uma regra conhecida como "regra de uma gota". Se uma pessoa tivesse uma só gota de "sangue negro", era definida e vista como negra, mesmo se *parecesse* branca. Evidentemente, a raça tinha uma importância social no sul, tanto que os legisladores brancos estabeleceram padrões oficiais sobre quem era "negro" e quem era "branco".

A regra da uma gota era um exemplo vívido da *construção social da raça* – o processo pelo qual as pessoas definem um grupo como uma raça em parte com base nas características físicas, e em parte com base nos fatores históricos, culturais e econômicos. Por exemplo, no século XIX, os grupos de imigrantes, como os dos italianos e irlandeses norte-americanos, não eram inicialmente vistos como "brancos", mas como estrangeiros em quem nem sempre se podia confiar. A construção social da raça é um processo em andamento que está sujeito a debate, especialmente em uma sociedade diversificada como a dos Estados Unidos, onde a cada ano um número crescente de crianças nasce de pais de raças diferentes.

Há poucos anos, esses filhos de mãe branca e pai afro-americano assumiriam a identidade racial do seu pai. Hoje, entretanto, alguns filhos de famílias de raça misturada se identificam como birraciais.

No censo de 2000, quase 7 milhões de pessoas nos Estados Unidos (ou cerca de 2% da população) informaram que tinham duas ou mais raças. Metade das pessoas classificadas como multirraciais tinha menos de 18 anos, sugerindo que esse segmento da população vai crescer nos próximos anos. A maioria das pessoas que declarou ter ancestrais brancos e índios norte-americanos pertencia ao grupo dos residentes multirraciais (Grieco e Cassidy, 2001).

Entretanto, as descobertas estatísticas de milhões de pessoas multirraciais obscurecem como os indivíduos lidam com a sua identidade. A construção social das raças que prevalece força as pessoas a escolher apenas uma raça, mesmo se reconhecem um histórico étnico-racial mais amplo. Por exemplo, os formulários para programas de governo em geral incluem apenas alguns históricos étnico-raciais. Essa abordagem da categorização racial faz parte de uma longa história que dita identidades de uma só raça. Mesmo assim, muitos indivíduos, sobretudo jovens adultos, lutam contra a pressão social de escolher apenas uma identidade, e abertamente abraçam heranças múltiplas. Tiger Woods, o mais famoso jogador profissional de golfe, se considera tanto asiático como afro-americano.

Um grupo dominante ou de maioria tem o poder não apenas de se definir legalmente, como também de definir os valores de uma sociedade. O sociólogo William I. Thomas (1923), um dos primeiros críticos das teorias das diferenças raciais e sexuais, constatou que a "definição da situação" pode moldar a personalidade do indivíduo. Em outras palavras, Thomas, escrevendo pela perspectiva interacionista, observou que os indivíduos respondem não só a características objetivas de uma situação ou pessoa, mas também ao *significado* que a situação ou pessoa tem para eles. Assim, criam-se imagens falsas ou estereotipadas que se tornam reais em suas conseqüências. **Estereótipos** são generalizações não-confiáveis sobre todos os membros de um grupo que não reconhecem diferenças individuais dentro do grupo.

Nos últimos 30 anos, os críticos apontaram o poder dos meios de comunicação de massa de perpetuar falsos estereótipos raciais e étnicos. A televisão é o principal exemplo: quase todos os papéis dramáticos principais são de atores brancos, mesmo em programas com base urbana, como *Friends* (ver Capítulo 7). Os negros tendem a ser apresentados principalmente em dramas de crime.

Use a Sua Imaginação Sociológica

Utilizando o controle remoto da TV, quanto tempo você demora para achar um programa de televisão em que todos os personagens têm a mesma raça e etnia que a sua? E um programa em que todos os personagens têm raça e etnia diferentes da sua – quanto tempo demora para encontrá-lo?

Etnia

Um grupo étnico, diferentemente de um grupo racial, é separado dos outros por causa de sua origem nacional ou padrões culturais distintos. Entre os grupos étnicos nos Estados Unidos estão pessoas que falam espanhol, coletivamente chamadas de *latinas* ou *hispânicas*, como os porto-riquenhos, mexicanos norte-americanos, cubanos norte-americanos e outros latino-americanos. Outros grupos étnicos no país incluem os judeus, irlandeses, italianos e norueguesos norte-americanos. Embora esses agrupamentos sejam convenientes, servem para disfarçar as diferenças *dentro* das categorias étnicas (como no caso dos hispânicos), bem como para ignorar a ancestralidade misturada de tantos povos étnicos nos Estados Unidos.

A distinção entre minorias raciais e étnicas não é sempre clara. Alguns membros das minorias raciais, como os ásio-americanos, podem ter significativas diferenças culturais de outros grupos raciais. Ao mesmo tempo, certas minorias étnicas, como os latinos, podem ter diferenças físicas óbvias que os separam de outros grupos étnicos nos Estados Unidos.

Apesar dos problemas de categorização, os sociólogos continuam a sentir que a distinção entre os grupos raciais e os grupos étnicos é socialmente significativa. Na maioria das sociedades, inclusive nos Estados Unidos, as diferenças físicas tendem a ser mais visíveis do que as diferenças étnicas. Em parte como resultado disso, a estratificação por razões raciais é mais resistente à mudança do que a estratificação por razões étnicas. Com o passar do tempo, os membros de uma minoria étnica podem tornar-se indistinguíveis da maioria – embora o processo possa levar gerações, e nunca incluir todos os membros do grupo. Ao contrário, os membros de uma minoria racial encontram muito mais dificuldades para se misturar com a sociedade maior e ganhar a confiança da maioria.

PRECONCEITO E DISCRIMINAÇÃO

Nos últimos anos, as universidades nos Estados Unidos são cenário de incidentes relacionados a preconceito. Os jornais e estações de rádio que os estudantes dirigem ridicularizam as minorias étnicas e raciais; literatura ameaçadora é posta por baixo das portas dos estudantes pertencentes às minorias; grafites apoiando os pontos de vista das organizações de supremacia branca, como a Ku Klux Klan, estão escritos nas paredes das universidades. Em alguns casos, existem confrontos violentos entre os grupos de estudantes brancos e negros (Bunzel, 1992; Schaefer, 2004). O que causa esses incidentes desagradáveis?

Preconceito

Preconceito é a manifestação de uma atitude negativa contra toda uma categoria de pessoas, geralmente minorias étnicas ou raciais. Se você se ressente porque seu companheiro de quarto é bagunceiro, você não é necessariamente preconceituoso. Mas, se você estereotipa seu colega de quarto imediatamente com base em características, como raça, etnia ou religião, isso será uma forma de preconceito. O preconceito tende a perpetuar definições falsas de indivíduos e grupos.

Às vezes o preconceito resulta do *etnocentrismo* – a tendência de alguém assumir que a sua cultura e a sua maneira de viver representam a norma ou são superiores a todas as outras. As pessoas etnocêntricas julgam as outras culturas por padrões de seu próprio grupo, o que leva ao preconceito em relação às culturas que elas consideram inferiores.

▶ p. 70

Uma forma importante e muito difundida de preconceito é o *racismo*, a crença de que uma raça é suprema e todas as outras são inferiores de forma inata. Quando o racismo prevalece em uma sociedade, os membros dos grupos subordinados geralmente estão sujeitos a preconceito, discriminação e exploração. Em 1990, conforme aumentava a preocupação com os ataques racistas nos Estados Unidos, o Congresso aprovou a Lei das Estatísticas de Crimes de Ódio. Essa lei leva o Departamento de Justiça a juntar dados sobre crimes motivados pela raça, religião, etnia ou orientação sexual da vítima. Só em 2002, mais de 8.800 crimes de ódio foram informados às autoridades. Por volta de 49% desses crimes contra as pessoas envolveram preconceito racial; 19%, preconceito religioso; 17%, preconceito de orientação sexual; e 15%, preconceito étnico. A maioria dos crimes foi cometida por indivíduos agindo isoladamente ou na companhia de alguns amigos (Department of Justice, 2003).

Um crime hediondo chegou às primeiras páginas dos jornais em 1998: em Jasper, Texas, três homens brancos com possíveis laços com grupos de ódio racial amarraram um homem negro, espancaram-no com correntes, e depois o arrastaram amarrado atrás de um caminhão até que o seu corpo se desmembrou. Numerosos grupos nos Estados Unidos são vítimas de crimes de ódio e também de preconceito generalizado. Após os ataques terroristas de 11 de setembro de 2001, os crimes de ódio contra ásio-americanos e muçulmanos norte-americanos aumentaram rapidamente. O Quadro 10-1 examina o preconceito em relação aos árabes e muçulmanos norte-americanos que vivem nos Estados Unidos.

Como mostra a Figura 10-2, existe um número perturbadoramente alto de grupos de ódio nos Estados Unidos. A sua atividade parece estar crescendo, tanto na realidade física quanto na realidade virtual. Embora apenas algumas centenas de tais grupos existam, milhares de sites advogam o ódio racial na Internet. Particularmente preocupantes são os sites disfarçados em videogames para jovens ou "sites educacionais" sobre as cruzadas contra o preconceito. A tecnologia da Internet permite que os grupos de ódio racial expandam bem mais do que suas bases tradicionais sulistas do país e atinjam milhões (*Intelligence Report*, 2003; Sandberg, 1999).

Comportamento Discriminatório

O preconceito com freqüência leva à *discriminação*, a negação de oportunidades e direitos iguais a indivíduos

Pesquisa em Ação
10-1 PRECONCEITO EM RELAÇÃO A ÁRABES E MUÇULMANOS NORTE-AMERICANOS

Como grupos marginais com pouco poder político, os árabes norte-americanos e os muçulmanos norte-americanos são vulneráveis ao preconceito e à discriminação. Nos primeiros cinco dias depois do ataque terrorista ao World Trade Center em setembro de 2001, esses grupos registraram mais de 300 ocorrências de perseguição e abuso, incluindo uma morte. Seis anos antes, quando as bombas que explodiram o prédio dos escritórios federais na cidade de Oklahoma foram erroneamente atribuídas ao terrorismo do Oriente Médio, muitas crianças árabes ou muçulmanas nas escolas foram culpadas pelo ataque. Disseram a um menino da 5ª série: "Volte para o lugar de onde veio!". A mãe dele, uma advogada da segunda geração de sírios norte-americanos, perguntou para onde seus filhos deveriam voltar. Um tinha nascido no Texas, e o outro, em Oklahoma.

Os sociólogos observaram duas tendências nos Estados Unidos durante os últimos 20 anos. Primeiro, o número de pessoas no país que são árabes ou praticam a fé islâmica aumentou muito. Segundo, o incremento da hostilidade desencorajou muitos árabes e muçulmanos norte-americanos de participarem da vida cívica. Em 2002, um ano depois do ataque ao World Trade Center, apenas 70 muçulmanos concorreram a cargos políticos nos Estados Unidos, comparado com 700 no ano de 2000.

A atividade de fazer o "perfil" de terroristas potenciais nos aeroportos colocou os árabes e muçulmanos norte-americanos sob vigilância especial. Várias companhias aéreas e a polícia usam a aparência e nomes que soam étnicos para identificar e separar árabes norte-

> *Disseram a um menino da 5ª série:*
> *"Volte para o lugar*
> *de onde você veio!"*

americanos (ou aqueles que combinam com o "perfil") e examinar seus pertences. Depois dos ataques terroristas de setembro de 2001, a crítica a essa prática diminuiu conforme a preocupação com a segurança pública aumentou.

As mulheres muçulmanas que decidem manter seus lenços de cabeça, ou *hijab*, de acordo com a tradição de se vestir com pudor, enfrentam perseguição por parte de estranhos nas ruas. Muitos empregadores insistem que as mulheres devem tirar os lenços se desejarem arranjar um emprego ou serem promovidas. Essas mulheres não conseguem entender tais atitudes em uma nação fundada na liberdade religiosa.

Muitas pessoas nos Estados Unidos identificam como de um mesmo grupo árabes americanos e muçulmanos. Embora esses grupos se sobreponham, muitos árabes norte-americanos são cristãos (como o são também muitos árabes que vivem no Oriente Médio), e muitos muçulmanos (como afro-americanos, iranianos e paquistaneses) não são árabes. Atualmente, estima-se que 870 mil árabes norte-americanos vivam nos Estados Unidos (ver mapa). Muitos permanecem apegados à cultura de seu país de origem, que pode variar consideravelmente entre as nações do norte da África e aquelas no Oriente Médio.

Hoje em dia, talvez 3 milhões de muçulmanos vivam nos Estados Unidos, dos quais cerca de 42% são afro-americanos, 24%, sul-asiáticos, 12%, árabes e 22%, "outros". Os muçulmanos seguem o Islamismo, a maior fé do mundo depois do Cristianismo. Sua religião se baseia nos ensinamentos encontrados no Alcorão (ou Al Qu'ran) dados pelo profeta Maomé. Os muçulmanos estão divididos em diversas fés e seitas, como os sunitas e os xiitas, que

Fontes: American Civil Liberties Union of Northern California, 2002; El-Badry, 1994; Henneberger, 1995; Lindner, 1998; Power, 1998; Shaheen, 1999; Tom Smith, 2001; H. Weinstein et al., 2001.

---

e grupos por causa do preconceito ou outras razões arbitrárias. Vamos imaginar que o presidente branco de uma corporação com preconceito em relação a ásio-americanos esteja procurando alguém para ocupar um cargo executivo. O candidato mais qualificado para o cargo é um vietnamita norte-americano. Se o presidente se recusar a contratar esse candidato e escolher um candidato inferior branco, esse será um ato de discriminação racial.

Um estudo recente da socióloga Devah Pager (2003) documenta esse tipo de discriminação racial. Pager solicitou quatro rapazes que fossem procurar um primeiro emprego em Milwaukee, Wisconsin. Todos os quatro eram estudantes universitários de 23 anos, mas se apresentaram como estudantes que haviam terminado o ensino médio com históricos de trabalho semelhantes. Dois jovens eram negros e dois eram brancos. Um candidato negro e um candidato branco disseram que tinham cumprido uma pena de 18 meses de cadeia por crime qualificado (posse de cocaína com intenção de distribuir).

Como se esperaria, as experiências dos quatro jovens com 350 empregadores potenciais foram muito diferentes. Previsivelmente, o candidato branco com a pretensa ficha criminal recebeu apenas metade dos telefonemas de retorno do outro candidato branco (17% contra 34%). Mas tão forte quanto o efeito de sua ficha criminal, porém mais significativo, foi o efeito de sua raça. Apesar da ficha criminal, ele recebeu alguns telefonemas de retorno a mais do que o negro *sem ficha criminal* (17% contra 14%).

às vezes se confrontam (da mesma forma que existem rivalidades religiosas entre cristãos e judeus).

Hoje, existem mais de 1.200 mesquitas nos Estados Unidos, 80% das quais construídas nos últimos 25 anos. O maior grupo de muçulmanos no país, os afro-americanos, está dividido entre aqueles que seguem a corrente principal da doutrina islâmica e os que seguem os ensinamentos da controversa Nação do Islã (chefiada pelo ministro Luis Farrakhan). A população muçulmana dos Estados Unidos está crescendo bastante por causa das taxas de natalidade, do aumento substancial da imigração e da conversão de não-muçulmanos.

Vamos Discutir

1. Você conhece ou teve conhecimento de algum árabe norte-americano ou um muçulmano norte-americano que teve de se sujeitar ao perfil étnico? Se sim, explique as circunstâncias. Qual foi a reação da pessoa?
2. O que pode ser feito para promover um melhor entendimento dos árabes e muçulmanos norte-americanos e contra o preconceito e a discriminação que sofrem?

Distribuição da População Árabe Norte-Americana por Estado, 2000

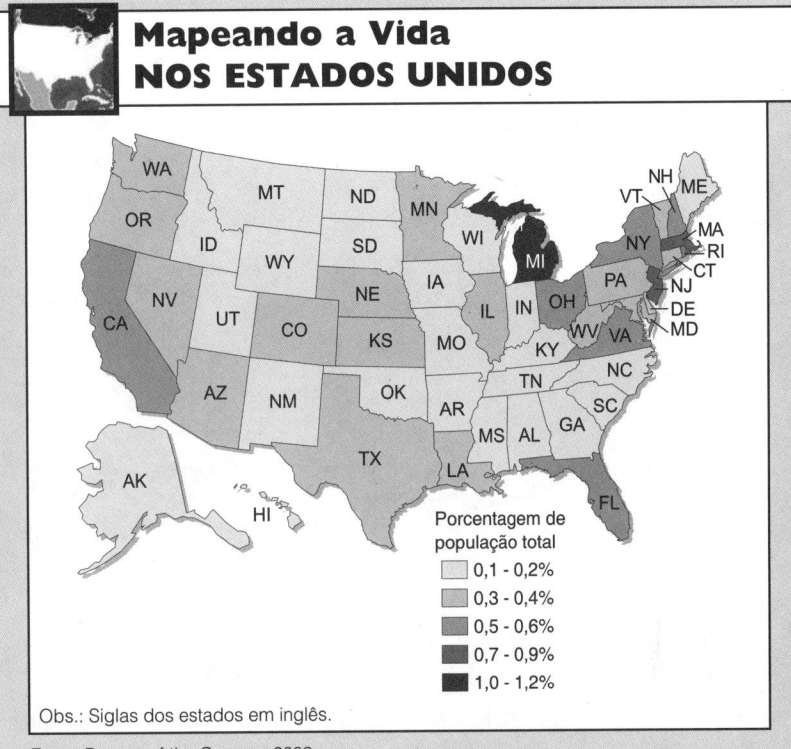

Mapeando a Vida NOS ESTADOS UNIDOS

Porcentagem de população total:
- 0,1 - 0,2%
- 0,3 - 0,4%
- 0,5 - 0,6%
- 0,7 - 0,9%
- 1,0 - 1,2%

Obs.: Siglas dos estados em inglês.

Fonte: Bureau of the Census, 2003c.

Parece que a raça preocupava mais os empregadores do que a ficha criminal do candidato (Pager, 2003).

A *atitude* preconceituosa não deve ser igualada ao *comportamento* discriminatório. Embora ambos estejam em geral relacionados, não são idênticos; cada uma das condições pode estar presente sem a outra. Uma pessoa preconceituosa nem sempre coloca em ação os seus preconceitos. O presidente branco, por exemplo, poderá decidir – apesar de seus estereótipos – contratar o vietnamita norte-americano. Isso seria preconceito sem discriminação. Por sua vez, o presidente branco, com uma visão completamente respeitosa sobre os vietnamitas norte-americanos, poderá recusar-se a contratá-los para cargos executivos por temer que clientes preconceituosos deixem de fazer negócios com a companhia. Nesse caso, a ação do presidente se constituiria em discriminação sem preconceito.

A discriminação persiste mesmo para os membros com mais escolaridade e qualificados dos grupos de minorias das melhores famílias. Apesar de seus talentos e experiência, eles às vezes encontram preconceitos de atitude ou organizacional que os impede de realizar seu potencial integralmente. A expressão *glass ceiling* (teto de vidro) se refere a uma barreira invisível que bloqueia a promoção de um indivíduo qualificado no ambiente de trabalho por causa de gênero, raça ou etnia (R. Schaefer, 2004; Yamagata et al., 1997).

No início de 1995, a Comissão Federal do *Glass Ceiling* publicou o primeiro estudo abrangente de barreiras à promoção nos Estados Unidos. A comissão descobriu que o

FIGURA 10-2

Grupos de Ódio Ativos nos Estados Unidos, 2002

Mapeando a Vida NOS ESTADOS UNIDOS

Legenda:
- ▲ Ku Klux Klan
- ⬤ Skinhead racistas
- ★ Separatistas negros
- ■ Outros
- 卍 Neonazistas
- Identidade
- ✸ Neoconfederados

Fonte: Southern Poverty Law Center, 2003.

Pense nisto
Por que motivo os legisladores estaduais fazem leis especiais para crimes de ódio abrangendo atos que já eram ilegais?

"teto de vidro" continua a impedir que mulheres e homens de grupos de minorias ocupem os cargos administrativos mais altos nos setores do país. Os homens brancos constituem 45% da força de trabalho remunerada, mas têm uma proporção muito mais elevada dos cargos mais altos. Mesmo na lista de 2002 das mais diversificadas companhias da revista *Fortune*, os homens brancos têm mais de 80% tanto dos cargos no conselho de administração quanto dos 50 cargos mais bem pagos das companhias. A existência desse "teto de vidro" resulta principalmente dos medos e preconceitos dos gerentes brancos do sexo masculino dos níveis administrativos médio e alto, que acreditam que a inclusão de mulheres e de homens de grupos de minorias nos círculos administrativos ameaçará suas próprias perspectivas de progresso (Bureau of the Census, 2003a, p. 385; Department of Labor, 1995a, 1995b; Hickman, 2002).

Os Privilégios da Classe Dominante

Um aspecto da discriminação freqüentemente ignorado são os privilégios que os grupos dominantes têm à custa dos outros. Por exemplo, tendemos a focar mais na dificuldade que as mulheres encontram para se promover no trabalho e cuidar da casa do que na facilidade com que os homens evitam as tarefas domésticas e abrem seu caminho no mundo. Da mesma forma, concentramo-nos mais na discriminação das minorias raciais e étnicas do que nas vantagens que os membros da maioria branca gozam. A maioria das pessoas brancas raramente pensa em sua "brancura", considerando sua posição como garantida. Mas os sociólogos e outros cientistas sociais estão cada vez mais interessados no que significa ser "branco", porque o privilégio de ser branco é o outro lado da proverbial moeda da discriminação racial.

A estudiosa feminista Peggy McIntosh (1988) interessou-se pelo privilégio branco depois de notar que a maioria dos homens não reconhecia que existem privilégios relacionados ao fato de ser homem – mesmo que concordassem que ser mulher tinha suas desvantagens. Será que as pessoas brancas tinham o mesmo ponto cego a respeito de seus privilégios raciais?, ela pensou. Intrigada, McIntosh começou a fazer uma lista das maneiras pelas quais se beneficiava do fato de ser branca. E logo percebeu que a lista de vantagens sobre as quais não se fala era longa e importante.

McIntosh descobriu que, como uma pessoa branca, raramente precisava sair da sua zona de conforto, não importava onde fosse. Se quisesse, podia passar mais tempo com as pessoas de sua raça. Podia encontrar um bom lugar para viver em um bairro agradável, comprar os alimentos que quisesse comer em quase todas as lojas de mantimentos, e arrumar o cabelo em quase todos os salões de beleza. Podia comparecer a reuniões públicas sem se sentir como não-pertencente àquele lugar, ou diferente de todos os outros presentes.

Ela descobriu também que a cor de sua pele lhe abria portas. Podia descontar cheques e usar cartão de crédito sem levantar suspeitas, olhar as coisas nas lojas sem ser acompanhada por guardas de segurança. Encontrava um lugar para sentar nos restaurantes sem dificuldades. Se pedisse para falar com o gerente, assumiria que ele era da mesma raça. Se precisasse de um médico ou de um advogado, conseguiria.

McIntosh também percebeu que o fato de ser branca tornava mais fácil o trabalho de ser mãe. Não precisava preocupar-se em proteger seus filhos das pessoas que não gostavam deles. Podia ter certeza de que os livros da escola mostrariam imagens de pessoas que se pareciam com eles, e que os livros de história descreveriam as realizações das pessoas brancas. E sabia que os programas de televisão a que eles assistiam incluiriam personagens brancos.

Finalmente, McIntosh teve de admitir que os outros não a avaliavam sempre em termos raciais. Quando aparecia em público, não tinha de se preocupar se as suas roupas ou o seu comportamento refletiriam mal nas pessoas brancas. Se fosse reconhecida por algum feito, aquilo seria visto como uma realização dela, não de uma raça inteira. E ninguém jamais assumiria que as opiniões pessoais que ela expressasse fossem de todas as pessoas brancas. Como McIntosh se misturava com as pessoas à sua volta, não estava sempre sendo observada.

Esses são apenas alguns dos privilégios que as pessoas brancas assumem como garantidos como resultado de sua participação no grupo racial dominante nos Estados Unidos. Como mostrou o estudo de Devah Pager (p. 246), as pessoas brancas que procuram um emprego têm uma vantagem tremenda sobre os negros igualmente bem qualificados – ou mesmo mais bem qualificados. O fato de ser branco *tem* realmente privilégios – muito mais do que a maioria das pessoas brancas percebe.

Discriminação Institucional

A discriminação é praticada não apenas pelos indivíduos em encontros entre duas pessoas, mas também por instituições em suas operações diárias. Os cientistas sociais estão particularmente preocupados com as maneiras pelas quais os fatores estruturais, como emprego, moradia, saúde e operações do governo, mantêm a importância social da raça e da etnia. A ***discriminação institucional*** se refere à negação de oportunidades e direitos iguais a indivíduos e grupos que resulta das operações normais de uma sociedade. Esse tipo de discriminação afeta de maneira categórica certos grupos raciais e étnicos mais do que outros.

A Comissão dos Direitos Civis (1981, p. 9-10) já identificou várias formas de discriminação institucional:

- Regras exigindo que seja falado apenas inglês no local de trabalho, mesmo quando não é uma necessidade comercial restringir o uso de outros idiomas.
- Preferências mostradas pelas faculdades de direito e de medicina por admitir filhos de ex-alunos influentes e ricos, quase todos brancos.
- Políticas restritivas de licenças do trabalho, associadas a proibições de trabalho de meio período, o que torna difícil para os chefes de famílias de só um adulto (a maioria dos quais é mulher) obter e manter um emprego.

Um exemplo recente de discriminação institucional ocorreu logo depois dos ataques terroristas de 11 de setembro de 2001 nos Estados Unidos. No calor das exigências para prevenir que terroristas assumam o controle de aviões comerciais, o Congresso aprovou a lei chamada Aviation and Transportation Security Act (Lei da Segurança nos Transportes e na Aviação), que pretendia reforçar os procedimentos de segurança nos aeroportos. A lei estipulava que todos os funcionários responsáveis por revistar pessoas e bagagens nos aeroportos fossem cidadãos norte-americanos. Em todo o país, 28% desses funcionários de todos os aeroportos eram residentes legais, mas não cidadãos dos Estados Unidos; como grupo, eram desproporcionalmente latinos, negros e asiáticos. Muitos observadores notaram que outros funcionários de aeroportos e companhias aéreas, inclusive pilotos, co-

Antes da aprovação da Lei dos Direitos Civis (1964), a segregação das instalações públicas era a norma em todo o sul dos Estados Unidos. Os brancos usavam os banheiros, salas de espera e mesmo bebedouros mais modernos, enquanto os negros ("de cor") deviam usar as instalações mais antigas em condição inferior. Tais arranjos separados, mas desiguais, eram um exemplo flagrante de discriminação institucional.

missários de bordo e mesmo homens armados da Guarda Nacional estacionados nos aeroportos não precisavam ser cidadãos. Agora estão se desenvolvendo esforços para testar a constitucionalidade da lei. O debate sobre a sua justiça, pelo menos, mostra que mesmo medidas judiciais com boas intenções podem ter conseqüências desastrosas para as minorias raciais e étnicas (H. Weinstein, 2002).

Em alguns casos, mesmo padrões institucionais ostensivamente neutros podem levar a efeitos discriminatórios. Estudantes afro-americanos em uma universidade estadual do meio-oeste protestaram contra uma política sob a qual as fraternidades e irmandades que desejassem usar as instalações do *campus* para um baile deveriam fazer um depósito de segurança de US$ 150 para cobrir possíveis danos. Os estudantes negros reclamaram que a política tinha um impacto discriminatório sobre as organizações de estudantes de minorias. A polícia do *campus* esperava que a política da universidade se aplicasse a todos os grupos de estudantes interessados em usar as instalações. Entretanto, como a esmagadora maioria das fraternidades e irmandades de brancos na escola tinha suas próprias casas, que usavam para seus bailes, a política na verdade afetava apenas os afro-americanos e outras organizações de minorias.

Já ocorreram tentativas para erradicar ou compensar a discriminação nos Estados Unidos. A década de 1960 assistiu à aprovação de muitas leis pioneiras dos direitos civis, inclusive o seu marco, o Civil Rights Act (Lei dos Direitos Civis) de 1964 (que proibia a discriminação nas instalações públicas e instalações de propriedade pública por raça, cor, credo, origem nacional e sexo). Em duas decisões importantes de 1987, a Corte Suprema estabeleceu que as proibições federais contra a discriminação racial protegem os membros de todas as minorias étnicas, inclusive hispânicos, judeus e árabes norte-americanos – mesmo que possam ser considerados brancos.

Por mais de 40 anos, programas de ação afirmativa foram instituídos para superar a discriminação do passado. A ***ação afirmativa*** se refere aos esforços positivos para recrutar membros de grupos de minorias ou mulheres para empregos, promoções e oportunidades educacionais. Muitas pessoas não gostam desses programas por considerarem que, ao protegermos a causa de um grupo, apenas transferimos a discriminação para outro grupo. Dando prioridade aos afro-americanos na admissão em escolas, por exemplo, acaba-se por eliminar candidatos brancos mais qualificados. Em muitas partes do país e em muitos setores da economia, a ação afirmativa está sendo retirada, mesmo quando já totalmente implantada. A seção de política social no Capítulo 14 discute a ação afirmativa em mais detalhes.

As práticas discriminatórias continuam a permear quase todas as áreas da vida nos Estados Unidos. Em parte, isso ocorre porque vários indivíduos e grupos na verdade se *beneficiam* da discriminação racial e étnica em termos de dinheiro, *status* e influência. A discriminação permite que os membros da maioria aumentem sua riqueza, seu poder e prestígio à custa de outros. Pessoas menos qualificadas obtêm empregos e promoções simplesmente porque pertencem a um grupo dominante. Tais indivíduos e grupos não vão desistir dessas vantagens com facilidade. Vamos agora examinar a análise funcionalista e as perspectivas do conflito e interacionista sobre raça e etnia.

ESTUDANDO RAÇA E ETNIA

As relações entre os grupos raciais e étnicos prestam-se para análise usando-se as três maiores perspectivas sociológicas. Vendo a raça do âmbito macro, os funcionalistas observam que o preconceito e a discriminação racial têm funções positivas para os grupos dominantes. Os teóricos do conflito vêem a estrutura econômica como um fator central na exploração das minorias. Em âmbito micro, os pesquisadores interacionistas enfatizam a maneira como o contato diário entre as pessoas de diferentes raças e etnias contribui para a tolerância ou para a hostilidade.

Perspectiva Funcionalista

Que utilidade pode ter o preconceito? Os teóricos funcionalistas apontam que o preconceito atende a funções positivas para os que praticam a discriminação, embora concordem que a hostilidade racial não deve ser admirada.

O antropólogo Manning Nash (1962) identificou três funções das crenças de preconceito racial para o grupo dominante:

1. As opiniões racistas fornecem uma justificativa moral para a manutenção de uma sociedade desigual que rotineiramente nega aos grupos de minorias seus direitos e privilégios. Os brancos do sul justificavam a escravidão afirmando que os africanos eram física e espiritualmente subumanos, e portanto não tinham alma (Hoebel, 1949).
2. As crenças racistas desencorajam as minorias subordinadas a tentar questionar o seu *status* mais baixo, o que colocaria em cheque as próprias bases da sociedade.
3. Mitos raciais sugerem que qualquer mudança importante na sociedade (como o final da discriminação) traria ainda mais pobreza para a minoria e abaixaria o padrão de vida da maioria. Como resultado, sugere Nash, o preconceito racial cresce quando o sistema de valores da sociedade é ameaçado (no caso de um sistema subjacente do império colonial, ou que perpetue a escravidão, por exemplo).

Embora o preconceito e a discriminação racial possam servir aos interesses dos poderosos, o tratamento desigual também pode ser disfuncional para uma sociedade e mesmo para o grupo dominante. O sociólogo Arnold Rose (1951) definiu quatro disfunções associadas ao racismo:

1. Uma sociedade que pratica a discriminação não usa os recursos de todos os indivíduos. A discriminação limita a busca por talentos e liderança para o grupo dominante.
2. A discriminação agrava os problemas sociais, como a pobreza, a delinqüência e o crime, e coloca uma carga financeira sobre o grupo dominante para aliviar esses problemas.
3. A sociedade precisa investir um bom tempo e dinheiro para defender suas barreiras à participação plena de todos os membros.
4. O preconceito e a discriminação racial com freqüência minam a boa vontade e as relações diplomáticas amigáveis entre as nações.

Perspectiva do Conflito

Os teóricos do conflito certamente concordariam com Arnold Rose que o preconceito e a discriminação racial têm muitas conseqüências danosas para a sociedade. Sociólogos, como Oliver Cox (1948), Robert Blauner (1972) e Herbert M. Hunter (2000), usaram a ***teoria da exploração*** (ou *teoria marxista das classes*) para explicar a base da subordinação racial nos Estados Unidos. Como vimos no Capítulo 9, Karl Marx considerava a exploração da classe proletária uma parte básica do sistema econômico do capitalismo. Do ponto de vista marxista, o racismo mantém as minorias nos empregos que pagam pouco e, assim, fornecem à classe capitalista dominante um *pool* de mão-de-obra barata. Além disso, forçando as minorias raciais a aceitar salários baixos, os capitalistas podem restringir os salários de *todos* os membros do proletariado. Os trabalhadores do grupo dominante que exigem salários mais altos podem sempre ser substituídos pelas minorias que não têm escolha e têm de aceitar os empregos com salários baixos.

A visão do conflito das relações das raças parece persuasiva em diversos aspectos. Os japoneses norte-americanos sofreram pouco preconceito até que começaram a obter empregos que os colocaram em competição com os brancos. O movimento para manter os imigrantes chineses fora dos Estados Unidos se tornou mais forte durante a última metade do século XIX, quando os chineses e os brancos lutavam pelas restritas oportunidades de trabalho. Tanto a escravização dos negros quanto o extermínio e a remoção dos nativos norte-americanos para o oeste foram, em grande parte, motivados pela economia.

No entanto, a teoria da exploração é muito limitada para explicar o preconceito em suas diversas formas. Nem todos os grupos minoritários são economicamente explorados da mesma maneira. Além disso, vários grupos (como os quakers e os mórmons) são vítimas de preconceito por razões diferentes das econômicas. Ainda assim, como conclui Gordon Allport (1979, p. 210), a teoria da exploração corretamente "aponta para um dos fatores envolvidos no preconceito (...) interesses próprios racionalizados da classe mais alta".

A prática da construção de perfil racial serve tanto para a perspectiva do conflito quanto para a teoria do rótulo. O ***perfil racial*** pode ser definido como uma ação arbitrária iniciada por uma autoridade com base na raça, etnia ou origem nacional, em vez de no comportamento de uma pessoa. Geralmente, o perfil racial é feito quando as autoridades policiais – agentes da imigração, pessoal de segurança dos aeroportos e a polícia – assumem que as pessoas que se encaixam em certas descrições provavelmente estão envolvidas em atividades ilegais. A cor da pele se tornou uma característica-chave dos perfis criminais a partir da década de 1980, com a emergência do mercado da cocaína na forma de *crack*. Mas fazer um perfil também envolve uso muito mais explícito de estereótipos. Por exemplo, a iniciativa federal antidrogas – Operation Pipeline (Operação Oleoduto) – encorajava os agentes a procurar pessoas usando *dreadlocks* e homens latinos viajando juntos.

Levando a Sociologia para o Trabalho

PRUDENCE HANNIS Pesquisadora e Ativista Comunitária, Quebec Native Women

Prudence Hannis é uma mulher Abenaki First Nations (Primeiras Nações Abenaki – nativa norte-americana) que trabalha com a organização Quebec Native Women, onde é responsável pelo portfólio da saúde das mulheres. O seu trabalho envolve organizar e facilitar diversas atividades, como seminários sobre abuso sexual em comunidades locais e produção de um manual de recursos sobre o assunto para os membros da comunidade. Prudence também trabalha no Centro de Excelência da Saúde da Mulher na Consortium Université de Montréal, onde lida com os problemas de saúde das mulheres das First Nations, como HIV e Aids, prostituição, pobreza, discriminação sexual, abuso de drogas e álcool e violência familiar.

Prudence se formou em sociologia na University of Quebec de Montreal. "A sociologia faz agora, mais do que nunca, parte do meu trabalho", diz ela. "O objetivo do meu trabalho é defender os problemas das mulheres das First Nations, ser sua porta-voz quando necessário, analisar situações críticas para nossas irmãs e, principalmente, determinar maneiras pelas quais as mulheres podem adquirir poder para si mesmas, para suas famílias e suas comunidades."

Vamos Discutir

1. Explique a ligação entre a etnia dos nativos norte-americanos e sua saúde.
2. Ao falar sobre conseguir poder para as mulheres das First Nations, em qual perspectiva sociológica você acha que Hannis está se baseando?

Em 2003 o presidente George W. Bush baniu os perfis das agências federais, mas liberou o pessoal de segurança. Assim, agentes da imigração podem continuar a exigir dos visitantes dos países do Oriente Médio que se registrem no governo, mesmo que visitantes de outros países não precisem se registrar. Os teóricos do conflito observam que, em todos esses casos, a maioria dominante privilegiada e poderosa determina de quem será feito um perfil e para quais fins (D. Harris, 1999; Lightblau, 2003; D. Ramirez et al., 2000).

Perspectiva Interacionista

Uma mulher hispânica é transferida de um trabalho na linha de montagem para uma posição semelhante e começa a trabalhar ao lado de um homem branco. Inicialmente, o homem branco tem uma atitude condescendente, assumindo que ela seja incompetente. Ela é fria e se mostra ressentida, mesmo quando precisa de ajuda, recusa-se a admiti-lo. Depois de uma semana, a tensão crescente entre os dois leva a uma discussão amarga. Mas, com o passar do tempo, cada um começa lentamente a apreciar as forças e os talentos do outro. Um ano depois que começaram a trabalhar juntos, esses dois trabalhadores se tornam amigos respeitosos. Essa história é um exemplo do que os interacionistas chamam de *hipótese do contato* em ação.

A **hipótese do contato** afirma que, em circunstâncias de cooperação, o contato inter-racial entre as pessoas de mesmo *status* faz que elas se tornem menos preconceituosos e abandonem velhos estereótipos. As pessoas começam a ver o outro como indivíduo, e descartam as generalizações amplas, características da estereotipia. Observe as expressões *circunstâncias de cooperação* e *mesmo status*. Na história da mulher hispânica e do homem branco, se ambos estivessem competindo por uma vaga de supervisor, a hostilidade racial entre eles poderia ter piorado (Allport, 1979; R. Schaefer, 2004; Sigelman et al., 1996).

Conforme os latinos e outras minorias lentamente ganham acesso a empregos mais respeitáveis com melhores salários, a hipótese de contato pode ter ainda maior importância. Há uma tendência na sociedade norte-americana de aumentar o contato entre indivíduos do grupo dominante com os do grupo subordinado. Isso pode ser uma forma de eliminar – ou pelo menos reduzir – a estereotipia étnica e o preconceito. Outra maneira pode ser estabelecer uma coligação inter-racial, uma idéia sugerida pelo sociólogo William Julius Wilson (1999b). Para funcionar, essas coligações precisariam ser construídas com base em papéis iguais para todos os membros.

O contato entre os indivíduos ocorre em âmbito micro. Vamos agora considerar as relações intergrupais em âmbito macro.

PADRÕES DE RELAÇÕES INTERGRUPAIS

Grupos raciais e étnicos podem se relacionar uns com os outros de diversas formas, que variam de amizade e casamentos entre si até hostilidade, de comportamentos que exigem aprovação mútua até comportamentos impostos pelo grupo dominante.

Um padrão devastador de relações intergrupais é o *genocídio* – o extermínio sistemático, deliberado, de um povo inteiro ou de uma nação. Essa expressão descreve o assassinato de 1 milhão de armênios pelos turcos desde 1915. Ela geralmente é aplicada ao extermínio pelos nazistas na Alemanha de 6 milhões de judeus, bem como de *gays*, lésbicas e ciganos (romenos) durante a Segunda Guerra Mundial. O termo *genocídio* também é adequado para descrever as políticas dos Estados Unidos em relação aos nativos norte-americanos no século XIX. Em 1800, a população de nativos norte-americanos (ou índios norte-americanos) dos Estados Unidos era de quase 600 mil; em 1850 ela tinha sido reduzida para 250 mil pelos conflitos com a cavalaria norte-americana, doenças e recolocação forçada em ambientes inóspitos.

A *expulsão* de um povo é outro meio extremo de praticar o prejuízo racial ou étnico. Em 1979, o Vietnã expulsou quase 1 milhão de pessoas com etnia chinesa, parcialmente como resultado dos séculos de hostilidades entre o Vietnã e sua vizinha China. Em um exemplo mais recente (que tem aspectos de genocídio), as forças da Sérvia começaram um programa de "limpeza étnica", em 1991, nos novos Estados independentes da Bósnia e Herzegovina. Em toda a antiga nação da Iugoslávia, os sérvios expulsaram mais de 1 milhão de croatas e muçulmanos de suas casas. Alguns foram torturados e mortos, outros sofreram abusos e também foram aterrorizados em uma tentativa de "purificar" a terra para a maioria sérvia. Em 1999, os sérvios novamente se tornaram o foco da condenação mundial quando procuravam "limpar" a província do Kosovo da etnia albanesa.

Genocídio e expulsão são comportamentos extremos. Relações intergrupais mais típicas seguem quatro padrões identificáveis: 1) amalgamação, 2) assimilação, 3) segregação e 4) pluralismo. Cada padrão define as ações do grupo dominante e as respostas do grupo minoritário. As relações intergrupais poucas vezes se restringem a apenas um dos quatro padrões, embora invariavelmente um tenda a dominar. Esses padrões podem ser vistos basicamente como tipos ideais.

Amalgamação

A *amalgamação* acontece quando um grupo de maioria e um grupo de minoria formam um novo grupo. Mediante casamentos intergrupais por diversas gerações, vários grupos da sociedade formam um novo grupo. Esse padrão pode ser expresso como A + B + C → D, com A, B e C representando grupos diferentes de uma sociedade, e D significando o resultado final, um grupo racial-cultural único, diferente de todos os grupos iniciais (W. Newman, 1973).

Freqüentemente as autoridades tratam os indivíduos de forma diferente com base apenas na sua raça ou etnia. Esse cartaz representa a injustiça do perfil racial, uma prática em que um homem que se parece com o reverendo Martin Luther King Jr. (esquerda) levantaria mais suspeitas do que o assassino de massa Charles Manson (direita).

A crença de que os Estados Unidos são um "caldeirão" (mistura de raças e etnias – *melting pot*) se tornou muito forte na primeira parte do século XX, especialmente porque essa imagem sugeria que a nação tinha uma missão quase divina de amalgamar diversos grupos em um povo. Entretanto, na realidade, muitos residentes não desejavam incluir os nativos norte-americanos, judeus, afro-americanos, ásio-americanos e irlandeses católicos romanos na mistura. Portanto, esse padrão não descreve adequadamente as relações dominantes-subordinados nos Estados Unidos.

Assimilação

Muitos hindus na Índia reclamam dos cidadãos indianos que copiam as tradições e os costumes da Grã-Bretanha. Na Austrália, os aborígines que se tornaram parte da sociedade dominante recusam-se a reconhecer seus avós de pele mais escura nas ruas. Nos Estados Unidos, alguns italianos norte-americanos, poloneses norte-americanos, hispânicos e judeus mudaram seus sobrenomes que soavam étnicos para sobrenomes mais tipicamente encontrados entre as famílias brancas protestantes.

A *assimilação* é o processo pelo qual cada pessoa renega sua própria tradição cultural para se tornar parte de uma cultura diferente. Geralmente, é praticada por um membro de um grupo minoritário que deseja se adequar aos padrões do grupo dominante. A assimilação pode ser descrita como um padrão em que A + B + C → A. A maioria, A, domina de tal forma que os membros das minorias B e C imitam-na e tentam tornar-se parte indistinguível dela (W. Newman, 1973).

A assimilação pode atacar nas próprias raízes da identidade de uma pessoa. Alphonso D'Abuzzo, por exemplo, mudou seu nome para Alan Alda. A atriz britânica Joyce Frankenberg mudou seu nome para Jane Seymour. Mudanças de nome, trocas de afiliação religiosa e o abandono de idiomas nativos podem disfarçar as raízes e a herança de uma pessoa. Contudo, a assimilação não necessariamente traz a aceitação para os indivíduos dos grupos de minorias. Uma chinesa norte-americana, como Helen Zia (ver texto de abertura deste capítulo), pode falar inglês fluentemente, atingir padrões educacionais altos e se tornar uma profissional ou negociante bem respeitada, e *ainda* assim ser diferente. Outros norte-americanos podem rejeitá-la em uma companhia, no bairro ou como parceira no casamento.

Um policial pára para conversar com três jovens residentes do conjunto habitacional Langston na região leste de Nova York. Embora os Estados Unidos sejam uma sociedade diversificada, as vizinhanças norte-americanas não o são. Os conjuntos habitacionais públicos com freqüência reforçam a segregação racial nas vizinhanças existentes, apesar de o governo federal ter tornado a discriminação nos conjuntos habitacionais ilegal.

Use a Sua Imaginação Sociológica

Você emigrou para outro país com uma cultura muito diferente. O que você precisa fazer para assimilá-la?

Segregação

Escolas separadas, assentos separados em ônibus e restaurantes, banheiros separados, e mesmo bebedouros separados – tudo isso fazia parte da vida dos afro-americanos no sul dos Estados Unidos quando a segregação dominava, no início do século XX. A *segregação* se refere à separação física de dois grupos de pessoas em termos de residência, local de trabalho e eventos sociais. Em geral, o grupo dominante impõe esse padrão ao grupo de minoria. A segregação raramente é completa. O contato intergrupos inevitavelmente acontece, mesmo nas sociedades mais segregadas.

De 1948 (quando se tornou independente) até 1990, a República da África do Sul restringiu de maneira severa os movimentos dos negros e outros não-brancos por meio de um sistema amplo de segregação conhecido por *apartheid*. O *apartheid* incluiu até a criação de uma terra natal onde os negros deveriam viver. Entretanto, décadas de resistência local ao *apartheid*, combinada com a pressão internacional, levou a marcantes mudanças políticas nos anos 90. Em 1994, o proeminente ativista negro Nelson Mandela foi eleito presidente da África do Sul na primeira eleição em que os negros (a maioria da população do país) puderam votar. Mandela tinha passado quase 28 anos nas prisões da África do Sul por suas atividades contra o *apartheid*. A sua eleição foi vista como o golpe final na política opressiva do *apartheid* na África do Sul.

No entanto, padrões sociais muito arraigados são difíceis de mudar. Nos Estados Unidos hoje, apesar das leis federais proibindo a discriminação nos conjuntos habitacionais, a segregação residencial ainda é a norma, como mostra uma análise recente dos padrões de vida nas áreas metropolitanas. Em toda a nação, os bairros permanecem divididos por raça e etnia. Uma pessoa branca de classe média mora em uma área onde existem pelo menos 83% de brancos, enquanto um afro-americano de classe média mora em um bairro que é predominantemente negro. Um latino típico mora em uma área que tem 42% de hispânicos. Ao todo, a segregação floresce no âmbito de bairros e comunidades, apesar da crescente diversidade da nação como um todo (Lewis Mumford Center, 2001).

Seja qual for o país, a segregação racial limita diretamente as oportunidades econômicas das pessoas. Os sociólogos Douglas Massey e Nancy Denton (1993), em um livro corretamente chamado *American apartheid*, observaram que a segregação separa as pessoas pobres de cor das oportunidades de trabalho e isola-as dos modelos de sucesso. Esse padrão se repete em todo o mundo, da área central de Los Angeles até Oldham, Inglaterra, e Soweto, na África do Sul.

Pluralismo

Em uma sociedade pluralista, o grupo subordinado não tem de abandonar seu estilo de vida e suas tradições. O *pluralismo* se baseia no respeito mútuo pela cultura de diversos grupos em uma sociedade. Esse padrão permite que um grupo minoritário expresse sua própria cultura e ainda participe, sem preconceito, da sociedade maior. Anteriormente, descrevemos a amalgamação como A + B + C → D, e a assimilação como A + B + C → A. Usando a mesma abordagem, podemos conceber o pluralismo como A + B + C → A + B + C. Todos os grupos coexistem em uma mesma sociedade (W. Newman, 1973).

Nos Estados Unidos, o pluralismo é mais um ideal do que uma realidade. Há diversos exemplos de pluralismo – os bairros étnicos em grandes cidades, como Koreatown, Little Tokyo, Andersonville (suecos norte-americanos), o Harlem espanhol – mas ainda existem limites à liberdade cultural. Para sobreviver, uma sociedade precisa promover certo consenso entre seus membros a respeito de ideais, crenças e valores básicos. Assim, se os imigrantes romenos nos Estados Unidos quiserem subir na escada ocupacional, vão ter de aprender a língua inglesa.

A Suíça é o exemplo do moderno Estado pluralista. Lá, a ausência tanto de um idioma nacional quanto de uma fé religiosa dominante leva à tolerância da diversidade cultural. Além disso, diversos dispositivos políticos salvaguardam os interesses dos grupos étnicos de uma maneira que não tem paralelo nos Estados Unidos. Ao contrário, a Grã-Bretanha tem encontrado dificuldades para atingir o pluralismo cultural em uma sociedade multirracial. Indianos do oeste, paquistaneses e negros do Caribe e da África vivenciam o preconceito e a discriminação na sociedade predominantemente branca. Alguns britânicos advogam a interrupção da imigração de asiáticos e negros, e outros até mesmo exigem a expulsão de pessoas não-brancas que vivem na Grã-Bretanha.

RAÇA E ETNIA NOS ESTADOS UNIDOS

Poucas sociedades têm uma população mais diversificada do que os Estados Unidos, o país é uma verdadeira sociedade multirracial e multiétnica. Evidentemente, nem sempre foi assim. A população do que são hoje os Estados Unidos mudou muito desde a chegada dos colonos europeus em 1600, como mostrado na Figura 10-1. A imigração, o colonialismo e, no caso dos negros, a escravidão determinaram a composição racial e étnica da sociedade norte-americana de hoje. A Figura 10-3, mostra onde as diversas minorias raciais e étnicas estão concentradas nos Estados Unidos.

Grupos Raciais

As minorias raciais que possuem mais integrantes nos Estados Unidos são os afro-americanos, nativos norte-americanos e ásio-americanos.

Afro-americanos

"Sou um homem invisível", escreveu o escritor negro Ralph Ellison em seu livro *Invisible man* (1952, p. 3). "Eu sou um homem de substância, de carne e osso, fibras e líquidos – e poderiam até dizer que possuo uma mente. Sou invisível, entendam, simplesmente porque as pessoas se recusam a me ver."

Mais de cinco décadas depois, muitos afro-americanos ainda se sentem invisíveis. Apesar de seu grande número, sempre foram tratados como cidadãos de segunda classe. Atualmente, pelos padrões do governo federal, mais de um em cada quatro negros – diferentemente de um em cada 12 brancos – é pobre. Aqui cabe um parêntese. O Brasil dos brancos exibe características de país rico; o dos negros tem, quando se cotejam, os mesmos indicadores de uma nação africana.

A discriminação institucional contemporânea e o preconceito individual em relação aos afro-americanos estão enraizados na história da escravidão nos Estados Unidos. Muitos outros grupos subordinados têm poucas riquezas e renda, mas, como observaram o sociólogo W. E. B. Du Bois (1909) e outros, os negros escravizados estavam em uma situação ainda mais opressiva, porque, pela lei, não podiam ter propriedades nem passar os benefícios do seu trabalho para seus filhos. Hoje, um número crescente de afro-americanos e brancos simpatizantes está exigindo *indenização para os escravos* como forma de compensar as injustiças da servidão forçada. As indenizações podem incluir a expressão oficial de desculpas dos governos, como o dos Estados Unidos, programas ambiciosos para melhorar a situação econômica dos afro-americanos, ou mesmo pagamentos diretos aos descendentes dos escravos (D. Williams e Collins, 2004).

O final da Guerra Civil não trouxe liberdade e igualdade genuínas aos negros. Os estados do sul aprovaram a lei "Jim Crow" para a aplicação da segregação oficial, e a Corte Suprema a sustentou como constitucional em 1896. Além disso, os negros enfrentavam o período de campanhas de linchamento, em geral lideradas pela Ku Klux Klan no final do século XIX e início do XX. Da

FIGURA 10-3

Censo 2000: A Imagem da Diversidade

Mapeando a Vida NOS ESTADOS UNIDOS

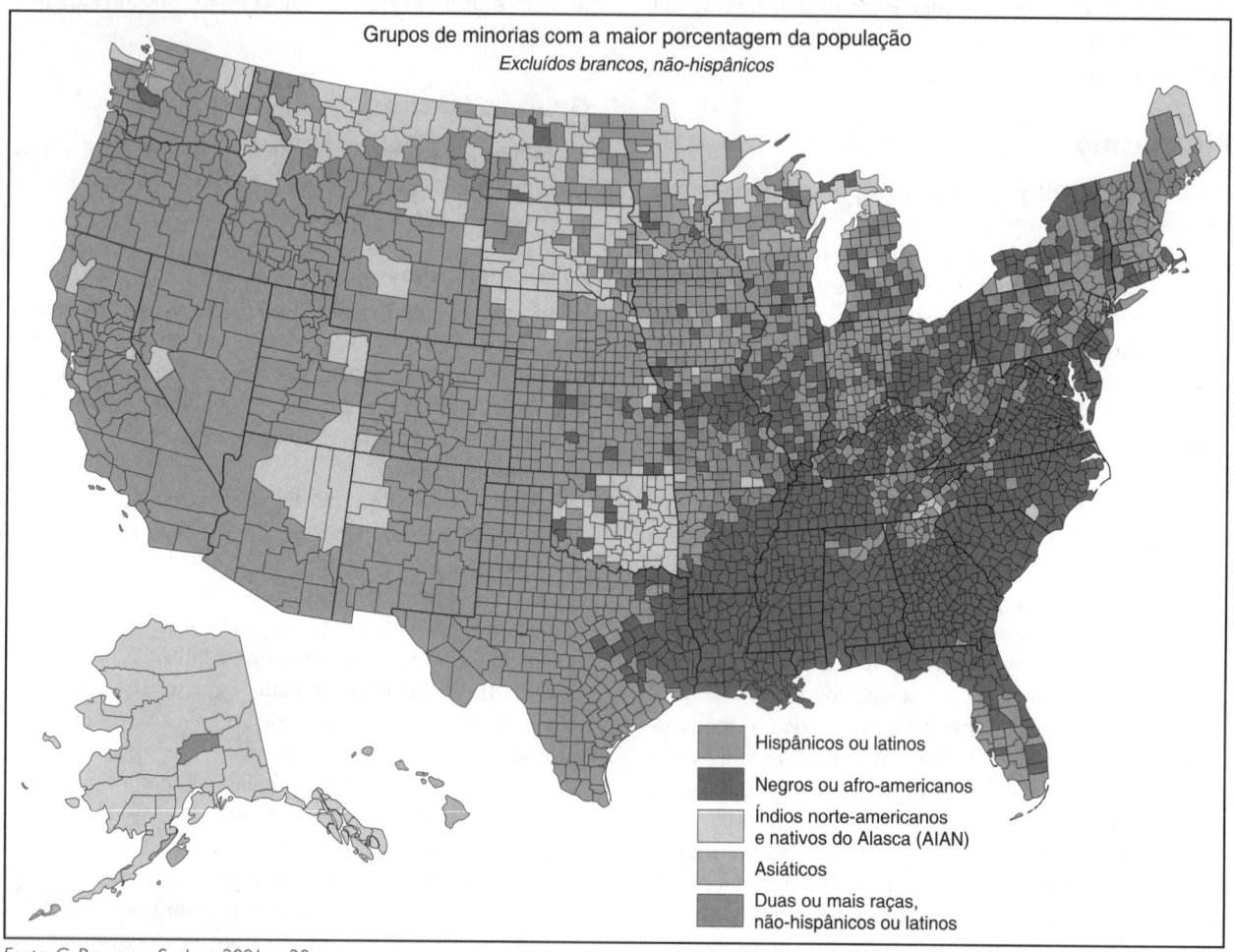

Grupos de minorias com a maior porcentagem da população
Excluídos brancos, não-hispânicos

- Hispânicos ou latinos
- Negros ou afro-americanos
- Índios norte-americanos e nativos do Alasca (AIAN)
- Asiáticos
- Duas ou mais raças, não-hispânicos ou latinos

Fonte: C. Brewer e Suchan, 2001, p. 20.

Pense nisto
Os Estados Unidos são uma nação diversificada. Por que em muitas partes do país as pessoas não podem ver essa diversidade em suas próprias cidades?

---

perspectiva do conflito, os brancos mantiveram o seu domínio formalmente com a segregação legalizada e informalmente por meio do terror e da violência dos "justiceiros" (Franklin e Moss, 2000).

Uma virada na luta pela igualdade dos negros aconteceu em 1954 com a decisão unânime da Corte Suprema no caso de *Brown versus Secretaria da Educação de Topeka, Kansas*. O tribunal decidiu pela ilegalidade da segregação dos estudantes nas escolas públicas, determinando que "instalações educacionais separadas são inerentemente desiguais". E na seqüência da decisão do caso *Brown*, houve um aumento do ativismo em favor dos direitos civis dos negros, inclusive boicotes a empresas de ônibus que praticavam a segregação e a restaurantes e balcões de bares que se recusavam a servir negros.

Durante a década de 1960, um grande movimento pelos direitos civis emergiu, com muitos fatores e estratégias que concorreram para a mudança. A Southern Christian Leadership Conference (SCLC – Conferência da Liderança Católica Sulista), fundada pelo Dr. Martin Luther King Jr., usou a desobediência civil não-violenta para se opor à segregação. A National Association for the

Tabela 10-2	Posições Econômicas e Políticas de Vários Grupos Étnicos e Raciais				
Características	Brancos	Afro-americanos	Nativos norte-americanos	Ásio-americanos	Hispânicos
Faculdade (4 anos), pessoas com 25 anos ou mais (2003)	27,6%	17,3%	11,5%	49,8%	11,4%
Renda familiar média (2003)	$46.400	$29.026	$32.116	$52.626	$33.103
Taxa de desemprego (2004)	4,9%	10,5%	—	5,3%	8,2%
Pessoas vivendo abaixo da linha de pobreza (2003)	8,0%	24,1%	25,7%	10,1%	21,8%

Nota: Dados sobre brancos, quando disponíveis, são para brancos não-hispânicos. Nas reservas, a renda familiar média estimada dos lares de nativos norte-americanos é de US$ 18.063. Dados sobre escolaridade e pobreza dos nativos norte-americanos são de 2000 e 1999, respectivamente. A taxa de desemprego dos ásio-americanos foi estimada pelo autor.

Fontes: Bauman e Graf, 2003, p. 5; Bishaw e Iceland, 2003; Bureau of the Census, 2003a, p. 44-47; De Navas-Walt et al., 2004, p. 29-31, 42-44; Department of Labor, 2004; McKinnon, 2003; Ramirez e de la Cruz, 2003; Reeves e Bennett, 2003; Stoops, 2004.

Pense nisto
Observe como a taxa de educação universitária é mais alta entre os ásio-americanos do que entre os brancos. Entretanto, a renda média dos ásio-americanos é apenas levemente mais alta do que a dos brancos. O que pode explicar essa disparidade?

Advancement of Colored People (NAACP – Associação Nacional para o Progresso das Pessoas de Cor) favoreceu o uso dos tribunais para pressionar por igualdade para os afro-americanos. Mas muitos líderes negros jovens, o mais notável sendo Malcolm X, voltaram-se para a ideologia do poder negro. Os proponentes do **poder negro** rejeitavam a meta da assimilação na sociedade branca da classe média. Defendiam a beleza e a dignidade das culturas negras e africanas, e apoiavam a criação de instituições políticas e econômicas controladas pelos negros (Ture e Hamilton, 1992).

Apesar das numerosas ações corajosas para conquistar os direitos civis dos negros, os cidadãos brancos e negros ainda estão separados, e continuam desiguais. Do nascimento à morte, os negros sofrem em termos de oportunidades na vida. A vida permanece difícil para milhões de negros pobres, que precisam tentar sobreviver em áreas de gueto, arrasadas pelo desemprego e pelos projetos habitacionais abandonados. A posição econômica dos negros nos Estados Unidos é mostrada na Tabela 10-2. A sua renda média familiar é ainda apenas 60% da dos brancos, e a taxa de desemprego entre eles é mais do que o dobro da dos brancos.

Segundo o *Boletim do Dieese* – Departamento Intersindical de Estatística e Estudos Sociais e Econômicos novembro de 2002 –, 48,4% dos pobres do Brasil são pardos, contra 22,6% dos brancos; 22,3% dos pardos são indigentes, contra 8,1% dos brancos. Quanto ao número de anos de escolaridade, o mesmo boletim informa que 52% dos brancos têm ensino fundamental completo, contra 43,1% dos pardos e 4,5% dos negros; no ensino médio completo, 65,3% dos estudantes são brancos; 30,1%, pardos, e apenas 3,3%, negros; no curso superior, apenas 1,4% do total é de negros.

Dados da Pesquisa Nacional por Amostra de Domicílios (PNAD) de 2001 – IBGE – demonstravam que a taxa de desemprego entre os negros era de 10,7%, contra 8,3% entre os brancos. Enquanto 40,5% das pessoas de cor branca ocupadas eram assalariadas com carteira assinada, somente 29,9% do total dos negros ocupados estavam nessa situação (população economicamente ativa – PEA – de 75 milhões de trabalhadores). Dos assalariados sem carteira, os negros representavam 21,4% e os brancos, 15,9%.

Alguns afro-americanos – especialmente homens e mulheres da classe média – conseguiram obter certos avanços nos últimos 50 anos nos Estados Unidos. Por exemplo, os dados compilados pela Secretaria do Trabalho mostram que o número de afro-americanos na administração aumentou em todo o país, de 2,4% do total em 1958, para 8,0% em 2002. Ainda assim, os negros representam apenas 5% ou menos de todos os médicos, engenheiros, cientistas, advogados, juízes e gerentes de marketing. Em uma outra ocupação importante para desenvolver modelos de papel, os afro-americanos e os hispânicos juntos são responsáveis por menos de 10% de todos os editores e repórteres nos Estados Unidos (Bureau of the Census, 2003a, p. 399).

Homens cabazon apresentam uma dança tradicional durante uma reunião tribal na Califórnia. Nos últimos anos, os nativos norte-americanos se acostumaram a fazer reuniões para reviver costumes que os brancos, tempos atrás, os encorajavam a abandonar.

Em muitos aspectos, o movimento dos direitos civis dos anos 60 deixou intocada a discriminação não-institucionalizada contra os afro-americanos. Conseqüentemente, nas décadas de 1970 e 1980, os líderes negros trabalharam para mobilizar o poder político dos afro-americanos como uma força para a mudança social. Entre 1970 e 2001, o número de afro-americanos eleitos para cargos políticos cresceu seis vezes. Mesmo assim, os negros permanecem com *pouca representação*. Essa representação insuficiente é especialmente perturbadora considerando-se o fato que o sociólogo E. B. Du Bois observou, 90 anos atrás, que os negros não podem esperar atingir oportunidades sociais e econômicas iguais sem primeiro ganhar direitos políticos (Bureau of the Census, 2003a, p. 268; Green e Driver, 1978).

No Brasil, um dos pouquíssimos negros no primeiro escalão do governo era o chefe da Polícia Federal, em 2000, que se afastou para tentar uma vaga na Câmara dos Deputados. Em 2006, havia um ministro de Estado e um juiz do Supremo Tribunal de Justiça de cor negra.

Nativos Norte-Americanos

Hoje, 2,5 milhões de nativos norte-americanos representam um conjunto diversificado de culturas que podem ser distinguidas pela língua, organização familiar, religião e meio de vida. As pessoas de fora que foram para os Estados Unidos – colonos europeus e seus descendentes – passaram a chamar os antepassados dessas pessoas nativas de "índios norte-americanos". Quando o Bureau of Indian Affairs (BIA) foi organizado como parte do Ministério da Guerra em 1824, as relações entre os índios e os brancos já continham três séculos de desentendimentos mútuos.

Durante o século XIX, diversas guerras sangrentas dizimaram uma parte significativa da população indígena norte-americana. No final do século, escolas para índios – operadas pelo BIA ou por missões religiosas – proibiram a prática das culturas nativas norte-americanas. Mas, ao mesmo tempo, aquelas escolas pouco fizeram para transformar efetivamente as crianças em concorrentes na sociedade branca.

Hoje, a vida ainda é difícil para os membros dos 554 grupos tribais dos Estados Unidos, vivam eles nas cidades ou nas reservas. Por exemplo, um adolescente nativo norte-americano em cada seis tenta o suicídio – uma taxa quatro vezes mais alta do que a taxa para outros adolescentes. Tradicionalmente, alguns nativos norte-americanos decidem assimilar e abandonar todos os vestígios de sua cultura tribal para escapar de certas formas de preconceito. Entretanto, na década de 1990, um número crescente de pessoas nos Estados Unidos passou a reivindicar a identidade de nativo norte-americano. Desde 1960, a conta dos índios norte-americanos feita pelo governo federal triplicou, passando para uma estimativa de 2,5 milhões. De acordo com o Census (2000), a população dos nativos norte-americanos aumentou 26% durante a década de 1990. Demógrafos acreditam que mais e mais nativos norte-americanos, que anteriormente escondiam sua identidade, não mais fingem ser brancos (Grieco e Cassidy, 2001).

A introdução do jogo nas reservas indígenas ameaça se tornar uma nova batalha entre os nativos norte-americanos e a sociedade branca dominantes. Cerca de um terço de todas as tribos aceita apostas para corridas em outros locais, jogos de cassino como vinte-e-um e caça-níqueis, bingo com apostas altas, apostas em esportes e videojogos. Os jogadores – a imensa maioria não é de nativos norte-americanos – viajam longas distâncias para apostar dinheiro em novos cassinos. Embora o jogo nas reservas gere US$ 16,2 bilhões anualmente, os lucros não são divididos igualmente entre as tribos. Muitos nativos norte-americanos não são tocados pelos assuntos dos cassinos. A natureza questionável desse dinheiro, com grandes lucros indo para apenas algumas tribos e investidores não indígena, é a razão de a situação econômica de imensa maioria dos nativos norte-americanos não ter mudado muito. Alguns deles são contra o jogo por razões morais, e atacam alegando que ele tem sido comercializado de uma maneira incompatível com a cultura nativa norte-americana. Mas algumas reservas conseguiram lucros jogando bem, e investiram esse lucro em projetos para a melhoria de toda a reserva. Ao mesmo tempo, os interesses de brancos estabelecidos no jogo, particularmente em Nevada e New Jersey, pressionam para que o Congresso limite os cassinos de nativos norte-americanos (P. Marshall, 2003; Schaefer, 2004).

No Brasil, a população indígena também tem um histórico de dizimação. Hoje há cerca de 350 mil índios vivendo em parques e reservas, mas estima-se que eram 5 milhões quando os portugueses chegaram ao País. No começo da década de 1980, havia 100 mil deles. A principal explicação para o aumento da população indígena brasileira é a demarcação de suas terras que agora representam 13% de todo o território nacional.

Um levantamento do governo brasileiro mapeou 45 tribos vivendo isoladas e o número total de índios selvagens pode chegar a 3 mil. A quantidade de dialetos falados nas tribos faz do Brasil um dos países com o maior número de línguas dentro de suas fronteiras. Mas, calcula-se que metade dos 350 mil índios saiba comunicar-se em português e 100 mil deles estejam matriculados na escola (Censo do IBGE, 2000). E conforme dados da Fundação Nacional do Índio (Funai), cerca de 25% dos índios vivem da venda de mercadorias manufaturadas ou mesmo industrializadas em pequenas oficinas nas aldeias.

Use a Sua Imaginação Sociológica

Você é um índio cuja tribo está para abrir um cassino em uma reserva. O cassino vai apressar a assimilação do seu povo na sociedade maior, ou vai encorajar o pluralismo?

Ásio-Americanos

Os ásio-americanos são um grupo diversificado, um dos segmentos que mais crescem na população norte-americana (69% entre 1999 e 2000). Entre os diversos grupos de norte-americanos de descendência asiática estão os vietnamitas, chineses, japoneses e coreanos (ver Figura 10-4).

Os ásio-americanos são considerados um *grupo-modelo* ou *minoria ideal*, supostamente porque, apesar dos sofrimentos passados em razão do preconceito e da discriminação, alcançaram sucesso econômico, social e educacional sem entrar em confrontos com os brancos. A existência de uma minoria-modelo parece reafirmar a noção de que todos podem progredir nos Estados Unidos com talento e muito trabalho, e implica que as minorias que não têm sucesso são, de alguma forma, responsáveis por seu fracasso. Vista da perspectiva do conflito, essa atitude é outro caso de "culpar a vítima" (Hurh e Kim, 1998).

Também no Brasil os asiáticos – sobretudo os japoneses, cuja imigração se deu no final do século XIX e início do século XX – podem ser considerados um grupo-modelo graças ao sucesso econômico e educacional alcançado. Mais recentemente, formou-se uma grande "colônia" de coreanos e de chineses comerciantes, muitos dos quais contrabandistas e pertencentes às "máfias" de seus países de origem.

O conceito de uma minoria-modelo ignora a diversidade entre os ásio-americanos: existem japoneses norte-americanos ricos e pobres, filipinos norte-americanos ricos e pobres, e assim por diante. Na realidade, os asiáticos do sudeste que vivem nos Estados Unidos têm a taxa mais alta de dependência de assistência do que qualquer outro grupo racial ou étnico. Como mostra a Tabela 10-2, os ásio-americanos têm muito mais escolaridade do que os outros grupos étnicos, mas sua renda média é apenas um pouco mais alta do que a dos brancos, e a sua taxa de pobreza é mais alta. Em 2003, para cada família ásio-americana com uma renda anual de US$ 100 mil ou mais, havia outra ganhando menos que US$ 25 mil por ano. Além disso, mesmo quando os ásio-americanos estão agrupados na parte do sistema de estratificação que recebe pagamentos mais altos, a barreira invisível (teto de vidro) limita até que ponto eles podem subir (De Navas-Walt et al., 2003, p. 20).

Vietnamitas norte-americanos Cada grupo de ásio-americanos tem sua própria história e cultura. Os vietnamitas norte-americanos, por exemplo, foram para os Estados Unidos sobretudo durante a Guerra do Vietnã e após seu fim – especialmente depois que os Estados Unidos retiraram suas tropas do conflito em 1975. Auxiliados por agências locais, os refugiados do governo comunista no Vietnã se estabeleceram por todo o país, dezenas de milhares deles em cidades pequenas. Mas, com o passar do tempo, os vietnamitas norte-americanos gravitaram em direção às áreas urbanas maiores, estabelecendo restaurantes e mercearias vietnamitas em seus enclaves étnicos ali.

Em 1995, os Estados Unidos reataram suas relações diplomáticas normais com o Vietnã. Aos poucos, os *viet kieus*, ou vietnamitas vivendo no exterior, começaram a voltar ao seu antigo país para visitas, mas em geral não fixavam residência. Hoje, cerca de 30 anos depois do final da Guerra do Vietnã, diferenças radicais de opinião ainda existem entre os vietnamitas norte-americanos, especial-

FIGURA 10-4

Principais Grupos de Ásio-Americanos nos Estados Unidos, 2000

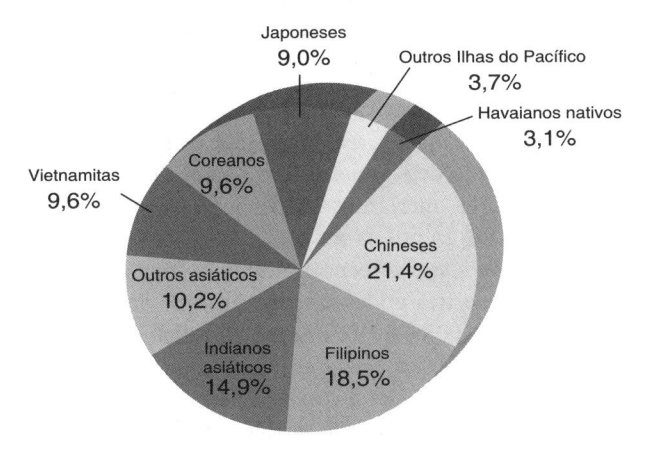

- Japoneses 9,0%
- Outros Ilhas do Pacífico 3,7%
- Havaianos nativos 3,1%
- Coreanos 9,6%
- Vietnamitas 9,6%
- Chineses 21,4%
- Outros asiáticos 10,2%
- Indianos asiáticos 14,9%
- Filipinos 18,5%

Fonte: Logan, 2001.

Pense nisto

Os ásio-americanos realmente têm uma identidade comum?

mente os mais velhos, a respeito da guerra e do governo atual do Vietnã (Lamb, 1997).

Chineses norte-americanos Diferentemente dos escravos africanos e dos nativos norte-americanos, os chineses foram encorajados a emigrar para os Estados Unidos. De 1850 a 1880, milhares de chineses imigraram para esse país, atraídos por oportunidades de trabalho criadas pela descoberta de ouro. Entretanto, conforme as possibilidades de trabalho diminuíram e a concorrência pelos empregos nas minas aumentou, os chineses se tornaram o alvo de uma amarga campanha para limitar o seu número e restringir seus direitos. Trabalhadores chineses foram explorados e depois descartados.

Em 1882, o Congresso norte-americano aprovou as Leis da Exclusão dos Chineses, que impediam a imigração de chineses e mesmo proibiam os chineses nos Estados Unidos de mandar buscar suas famílias. Como resultado, a população chinesa diminuiu de forma constante até depois da Segunda Guerra Mundial. Mais recentemente, os descendentes dos imigrantes do século XIX se juntaram a um novo influxo de Hong Kong e Taiwan. Esses grupos podem contrastar em seu grau de assimilação, desejo de viver em bairros chineses (Chinatowns), e sentimentos sobre as relações dos Estados Unidos com a República Popular da China.

Atualmente, cerca de 2,7 milhões de chineses norte-americanos vivem nos Estados Unidos. Alguns deles têm ocupações lucrativas, embora muitos imigrantes lutem para sobreviver em condições que dão uma falsa impressão do estereótipo da minoria-modelo. O bairro de Chinatown na cidade de Nova York está repleto de locais de trabalho ilegal onde os imigrantes – muitos deles, mulheres chinesas – trabalham por salários muito baixos. Mesmo em fábricas legais da indústria de roupas, as horas são muitas e as recompensas, limitadas. Uma costureira geralmente trabalha 11 horas por dia, 6 dias por semana, e ganha em média US$ 10 mil por ano. Outros trabalhadores, como pessoas que fazem barras e cortam os tecidos, ganham apenas US$ 5 mil por ano (Finder, 1995; Lum e Kwong, 1989).

Japoneses norte-americanos Cerca de 1,1 milhão de japoneses norte-americanos vive nos Estados Unidos. Como um povo, chegaram recentemente. Em 1880, apenas 148 japoneses viviam nos Estados Unidos, mas em 1920 havia mais de 110 mil. Os imigrantes japoneses – chamados *isseis*, ou primeira geração – eram em geral homens buscando oportunidades de trabalho. Muitos brancos os viam (junto com os imigrantes chineses) como um "perigo amarelo" e sujeitavam-nos ao preconceito e à discriminação.

Em 1941, o ataque a Pearl Harbor no Havaí teve repercussões graves para os japoneses norte-americanos. O governo federal norte-americano decretou que todos os japoneses que vivessem na costa oeste precisavam deixar suas casas e apresentar-se nos "campos de evacuação". Os japoneses norte-americanos se tornaram os bodes expiatórios para o ódio que outras pessoas nos Estados Unidos sentiram em razão do papel do Japão na Segunda Guerra Mundial. Em agosto de 1943, em uma aplicação sem precedentes de culpa em virtude da ancestralidade, 113 mil japoneses norte-americanos foram forçados a construir campos rapidamente. Em um contraste marcante, apenas alguns alemães norte-americanos e italianos norte-americanos foram enviados para os campos de evacuação (Hosokawa, 1969).

Essa detenção em massa custou caro aos japoneses norte-americanos. O Federal Reserve Board calcula que o total da renda e das propriedades perdidas foi de quase US$ 0,5 bilhão. Além disso, o efeito psicológico sobre esses cidadãos – incluindo a humilhação de serem rotulados de "desleais" – foi imensurável. Finalmente, as crianças nascidas nos Estados Unidos dos *isseis*, chamadas *nisseis*, puderam se alistar no Exército e servir na Europa em uma unidade de combate segregada. Outros se estabeleceram novamente no leste e no meio-oeste para trabalhar em fábricas.

Em 1983, uma comissão federal recomendou o pagamento de indenizações pelo governo para todos os sobreviventes japoneses norte-americanos que tinham ficado nos campos de evacuação. A comissão informou que a detenção foi motivada por "preconceito racial, histeria da guerra e falta de liderança política". Acrescentou ainda que "nenhum ato documentado de espionagem, sabotagem ou atividade de quinta coluna ficou comprovado como tendo sido cometido" pelos japoneses norte-americanos. Em 1988, o presidente Ronald Reagan assinou a Lei das Liberdades Civis, que exigia que o governo federal publicasse desculpas individuais por todas as violações dos direitos constitucionais dos japoneses norte-americanos, e estabelecesse um fundo de US$ 1,25 bilhão para pagar as indenizações de aproximadamente 77.500 japoneses norte-americanos, sobreviventes que tinham sido postos nos campos (Department of Justice, 2000).

Coreanos norte-americanos Com 1,2 milhão de indivíduos, a população de coreanos norte-americanos agora é maior do que a de japoneses norte-americanos. Mas os coreanos norte-americanos são freqüentemente superados por outros grupos da Ásia.

A comunidade coreana norte-americana de hoje é o resultado de três ondas de imigração. A onda inicial chegou entre 1903 e 1910, quando trabalhadores coreanos migraram para o Havaí. A segunda onda aconteceu depois do final da Guerra da Coréia em 1953; a maioria era composta de esposas de oficiais das forças armadas norte-americanas e órfãos de guerra. A terceira onda, que continua até hoje, reflete as prioridades de admissão estabelecidas pela Lei da Imigração de 1965. Esses imigrantes com escolaridade chegam aos Estados Unidos com qualificação profissional. Mas, por causa das dificuldades da língua e da discriminação, precisam se conformar, pelo menos inicialmente, com cargos de responsabilidades menores do que os que tinham na Coréia, e sofrem um período de desencanto. Desgaste, solidão e conflitos familiares podem acompanhar a dor da adaptação.

Como muitas outras mulheres ásio-americanas, as mulheres coreanas norte-americanas em geral participam da força de trabalho remunerada, embora na Coréia espere-se que as mulheres sejam apenas mães e donas de casa. Mesmo que esses papéis sejam transportados para os Estados Unidos, as mulheres norte-coreanas americanas também são pressionadas para sustentar suas famílias enquanto seus maridos lutam para estabelecerem-se financeiramente. Muitos homens coreanos norte-americanos começam com pequenos negócios de serviços e varejo, e gradualmente envolvem suas esposas no negócio. O que torna a situação ainda mais difícil é a hostilidade que os negócios geridos por coreanos norte-americanos encontram dos clientes potenciais (Hurh, 1994, 1998; Kim, 1999).

No início da década de 1990, a aparente discordância entre os coreanos norte-americanos e um outro grupo racial subordinado, os afro-americanos, atraiu a atenção do país. Nas cidades de Nova York, Los Angeles e Chicago, comerciantes coreanos norte-americanos confrontaram os negros que, dizia-se, os ameaçavam e roubavam suas lojas. Os bairros negros responderam com hostilidade ao que entendiam como desrespeito e arrogância dos comerciantes coreanos norte-americanos. No centro-sul de Los Angeles, as únicas lojas onde se podia comprar alimentos, bebidas ou gasolina pertenciam aos imigrantes coreanos, que tinham substituído os comerciantes brancos. Os afro-americanos estavam conscientes do papel dominante que os coreanos norte-americanos desempenhavam nos mercados varejistas locais. Nos conflitos de 1992 na área centro-sul de Los Angeles, pequenos negócios que pertenciam aos coreanos foram um alvo especial. Mais de 1.800 negócios de coreanos foram saqueados e queimados durante os conflitos (Kim, 1999).

O conflito entre os dois grupos foi representado no filme de Spike Lee *Faça a coisa certa*, de 1989. A situação deriva da posição dos coreanos norte-americanos como o último grupo de imigrantes que atende às necessidades das populações nas cidades do interior abandonadas pelos que galgaram a escada econômica. Esse tipo de atrito não é novo; gerações de comerciantes judeus, italianos e árabes encontraram hostilidade semelhante de uma origem que parece pouco provável para uma pessoa de fora – de outra minoria oprimida.

Grupos Étnicos

Diferentemente das minorias raciais, os membros de grupos étnicos subordinados em geral não são prejudicados pelas diferenças físicas na assimilação na cultura dominante dos Estados Unidos. Entretanto, os membros de grupos de minorias étnicas ainda enfrentam muitas formas de preconceito e discriminação. Vamos considerar os casos dos maiores grupos étnicos do país – latinos, judeus e brancos étnicos.

Latinos

Juntos, os diversos grupos incluídos na categoria geral de *latinos* representam a minoria mais numerosa nos Estados Unidos. Em 2002, havia mais de 37 milhões de hispânicos no país, inclusive 25 milhões de mexicanos norte-americanos, mais de 3 milhões de porto-riquenhos, e números menores de cubanos norte-americanos e pessoas da América Central e do Sul (ver Figura 10-5). O último grupo representa o segmento mais diversificado e de maior crescimento na comunidade hispânica.

De acordo com os dados do Census Bureau, a população de latinos atualmente supera a de afro-americanos em seis das dez maiores cidades dos Estados Unidos: Los Angeles, Houston, Phoenix, San Diego, Dallas e San Antonio. Os hispânicos são agora a maioria dos residentes em cidades, como Miami, Flórida; El Paso, Texas; e Santa Ana, Califórnia. O aumento da população hispânica nos Estados Unidos – alimentado por taxas de natalidade e níveis de imigração comparativamente altos – intensificou os debates sobre os problemas de políticas públicas, como o bilingüismo e a imigração.

Os diversos grupos latinos compartilham a herança do idioma e da cultura hispânica, o que pode causar sérios problemas na sua assimilação. Um estudante inteligente cuja primeira língua é o espanhol poderá ser tomado como lento ou mesmo rebelde pelos estudantes que

FIGURA 10-5

Os Mais Importantes Grupos Hispânicos nos Estados Unidos, 2002

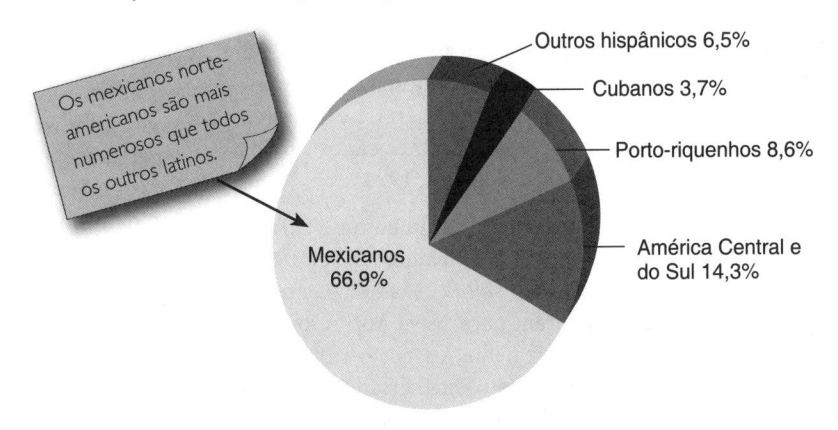

Os mexicanos norte-americanos são mais numerosos que todos os outros latinos.

- Mexicanos 66,9%
- América Central e do Sul 14,3%
- Porto-riquenhos 8,6%
- Outros hispânicos 6,5%
- Cubanos 3,7%

Fonte: R. Ramirez e de la Cruz, 2003, p. 1.

falam inglês na escola, e freqüentemente por professores que falam inglês também. Esse rótulo das crianças latinas, como não-brilhantes, com problemas de aprendizado ou perturbadas emocionalmente, pode funcionar como uma profecia que se realizará para algumas delas. A educação bilíngüe visa diminuir as dificuldades educacionais experimentadas pelas crianças hispânicas e outras cuja primeira língua não é o inglês.

As dificuldades educacionais dos estudantes latinos contribuem para a condição econômica geralmente baixa dos hispânicos. Em 2003, cerca de 19% de todos os domicílios hispânicos tinham uma renda inferior a US$ 15 mil, comparados a menos de 13% de domicílios brancos não-hispânicos. Até o ano de 2000, apenas 11% dos hispânicos adultos tinham faculdade completa, contra 28% de não-hispânicos. No mesmo ano, a taxa de pobreza para pessoas entre 18 e 64 anos era de 18,1% para os hispânicos, contra apenas 7,5% para brancos não-hispânicos. No total, os latinos não são tão ricos quanto os brancos não-hispânicos, mas a classe média está começando a emergir na comunidade latina: ver Quadro 10-2, (DeNavas-Walt et al., 2004, p. 29, 31; Proctor e Dalaker, 2003, p. 29, 32).

Mexicanos norte-americanos A maior população latina é composta de mexicanos norte-americanos, que, por sua vez, podem ser subdivididos em aqueles descendentes dos residentes dos territórios anexados depois da Guerra Mexicana-Americana de 1848, e aqueles que emigraram do México para os Estados Unidos. A oportunidade de um mexicano ganhar em uma hora o que ganharia em um dia inteiro no México empurra milhões de imigrantes legais e ilegais para o norte.

Além da família, a organização social mais importante na comunidade mexicana norte-americana (ou chicanos) é a Igreja, especificamente a Igreja Católica Apostólica Romana. Essa forte identificação com a fé católica reforça as já imensas barreiras entre os mexicanos norte-americanos e seus vizinhos predominantemente brancos e protestantes do sudoeste. Ao mesmo tempo, a Igreja Católica ajuda muitos imigrantes a desenvolver um sentimento de identidade e a assimilar as normas e os valores da cultura dominante dos Estados Unidos. A complexidade da comunidade mexicana norte-americana é realçada pelo fato de as igrejas protestantes – especialmente as que apóiam a adoração aberta e expressiva – atraírem um número crescente de mexicanos norte-americanos (Herrmann, 1994; Kanellos, 1994).

Porto-riquenhos O segundo maior segmento de latinos nos Estados Unidos são os porto-riquenhos. Desde 1917, residentes de Porto Rico têm o *status* de cidadãos norte-americanos, muitos migraram para Nova York e outros para cidades do leste. Infelizmente, os porto-riquenhos vivenciam intensa pobreza tanto nos Estados Unidos quanto na ilha. Os que vivem no continente mal ganham metade da renda de uma família de brancos. Como resultado, uma migração reversa começou na década de 1970, quando mais porto-riquenhos partiam para a ilha do que vinham para o continente (Lemann, 1991).

Politicamente, os porto-riquenhos nos Estados Unidos não são tão bem-sucedidos quanto os mexicanos norte-americanos na organização de seus direitos. Para muitos porto-riquenhos no continente – como muitos residentes da ilha – o problema político principal é o próprio destino de Porto Rico: deve continuar com o seu *status* atual na união dos estados, pedir para ser admitido nos Estados Unidos como o 51º Estado, ou tentar se tornar um país independente? Essa questão divide Porto Rico há décadas, e permanece o problema central nas eleições porto-riquenhas. Em um referendo de 1998, os eleitores apoiaram a opção "nenhuma das anteriores", favorecendo a continuação da sua condição na união em vez de se tornar um Estado ou obter a independência.

Cubanos norte-americanos A emigração cubana para os Estados Unidos data de 1831, mas acentuou-se depois que Fidel Castro assumiu o poder na revolução cubana (1959). A primeira onda de 200 mil cubanos incluía diversos profissionais liberais com níveis relativamente altos de escolaridade; esses homens e mulheres foram bem acolhidos como refugiados da tirania comunista. Entretanto, ondas mais recentes de imigrantes levantam preocupações crescentes, em parte porque não incluem profissionais treinados. Durante todas essas ondas de imigração, os cubanos norte-americanos foram encorajados a se fixar em diversos lugares nos Estados Unidos. Mesmo assim, muitos continuam a se fixar na (ou a retornar à) área metropolitana de Miami, Flórida, com seu clima quente e proximidade de Cuba.

A experiência cubana nos Estados Unidos é mista. Alguns detratores se preocupam com o veemente anticomunismo dos cubanos norte-americanos, e com o aparente crescimento de um sindicato do crime organizado que negocia drogas e promove violência de gangues. Recentemente, cubanos norte-americanos em Miami expressaram sua preocupação com o que eles vêem como a indiferença da hierarquia católica romana da cidade. Como outros hispânicos, os cubanos norte-americanos têm poucos representantes nas posições de liderança dentro da Igreja. Por último – apesar das muitas histórias de sucesso individual –, como um grupo, os cubanos norte-americanos em Miami ainda estão atrás dos "anglos" (brancos) em termos de renda, taxa de emprego e proporção de profissionais liberais (Gonzales-Pando, 1998).

Judeus Norte-Americanos

Os judeus constituem quase 3% da população dos Estados Unidos. Desempenham um papel importante na comunidade judaica internacional, porque os Estados Unidos têm a maior concentração de judeus do mundo. Como os japoneses, muitos imigrantes judeus foram para

Desigualdade Social
10-2 A CLASSE MÉDIA DOS LATINOS

Nenhum grupo racial ou étnico pertence a apenas uma classe social. Entre os latinos, como na sociedade como um todo, existe uma hierarquia de classes sociais. O aumento rápido recente da população hispânica, 58% na década de 1990, tem chamado a atenção do mercado para a crescente classe média dos latinos, que aumentou 71% no mesmo período. As revistas e os anúncios direcionados aos latinos, nem sempre publicados em espanhol, são um sinal do crescente poder econômico desse grupo. Os segmentos das comunidades mexicanas norte-americanas e cubanas norte-americanas começaram a mostrar os sinais típicos da classe média: renda de moderada a alta, escolaridade profissional e pós-graduação, e posses substanciais, incluindo casas em bairros de classe média e alta.

Os mexicanos norte-americanos foram os primeiros a ser classe média na América do Norte. Na década de 1960, os imigrantes que chegaram a San Antonio tinham um *status* quase aristocrático garantido pela coroa espanhola. Algumas dessas famílias antigas, bem como famílias hispânicas em outras partes do sudoeste, foram capazes de manter seu *status* elevado. No século XX, profissionais bem treinados que fugiram de Cuba depois da revolução criaram as comunidades de classe média no sul da Flórida.

Entre os outros latinos, a mobilidade social criou uma classe média inconfundível. Aproximadamente um em cada nove latinos agora tem formação universitária; um em cada seis latinos nascidos

> Um número crescente de latinos possui seus próprios negócios – mais de 1,2 milhão de empresas nos Estados Unidos.

nos Estados Unidos tem faculdade completa. Um número crescente de latinos possui seus próprios negócios – mais de 1,2 milhão empresas nos Estados Unidos. Os estabelecimentos de propriedade de latinos são responsáveis por quase um quarto de todos os negócios na área metropolitana de Los Angeles e San Diego, bem como no Estado do Novo México. As mulheres – ou seja, as *latinas* – são especialmente proeminentes nesses negócios, que em sua maioria, consiste em pequenas empresas familiares.

Esses latinos afluentes ou ricos continuarão a se preocupar com os problemas dos hispânicos de baixa renda? Embora muitos ainda apóiem leis de imigrações liberalizadas e educação bilíngue, alguns latinos afluentes começaram a apoiar políticas de imigração mais restritivas e a questionar a sabedoria de custear a educação bilíngue.

As crianças assimiladas da classe média dos latinos, como todos os filhos de imigrantes, ficam presas entre dois mundos. Quase a metade de todos os filhos de imigrantes latinos se considera pessoas que falam inglês. Até a próxima geração, a proporção crescerá para 78%. Conseqüentemente, alguns desses jovens adultos agora estão estudando espanhol para expandir suas carreiras, ou para se tornar mais familiarizados com suas raízes.

Vamos Discutir

1. Por que, na sua opinião, o pessoal de marketing direciona seus materiais promocionais a grupos étnicos e raciais específicos?

Fontes: Bean et al., 2001; Brischetto, 2001; Bureau of the Census, 2001b; Campo-Flores, 2000; Gonzales, 1997; R. Ramirez e de la Cruz, 2003; Romney, 1998; Suro e Passel, 2003.

---

os Estados Unidos e se tornaram profissionais de colarinho branco, apesar do preconceito e da discriminação.

O *anti-semitismo* – ou seja, preconceito em relação aos judeus – tem sido vicioso nos Estados Unidos, embora raramente tão disseminado e nunca formalizado como na Europa. Em muitos casos, os judeus já foram usados como bode expiatório para as falhas de outras pessoas. Não é surpresa que eles não tenham conseguido igualdade nos Estados Unidos. Apesar dos níveis altos de educação e treinamento profissional, ainda estão visivelmente ausentes da alta administração das grandes companhias (exceto em algumas firmas fundadas por judeus). Até o final da década de 1960, diversas universidades de renome mantinham cotas restritas que limitavam a matrícula de judeus. Clubes sociais e grupos de irmandades particulares limitam a associação de gentios (não judeus), uma prática sustentada pela Corte Suprema em 1964 no caso *Bell versus Maryland*.

A Liga Antidifamação (ADL) de B'nai B'rith custeia uma pesquisa anual sobre incidentes anti-semitas informados. Embora o número varie, a tabulação de 1994 atingiu o nível mais alto nos 19 anos que a ADL registra tais incidentes. O número total de ocorrências informadas de assédio, ameaças, vandalismo e violência física chegou a 1.559 em 2002. Alguns incidentes foram inspirados e realizados pelos *skinheads* neonazistas – grupos de pessoas jovens que defendem o racismo e ideologias anti-semitas. Tal comportamento ameaçador apenas intensifica o medo de muitos judeus norte-americanos, que acham difícil esquecer o Holocausto – o extermínio de 6 milhões de judeus pelo Terceiro Reich durante a Segunda Guerra Mundial (Anti-Defamation League, 2003).

Como as outras minorias discutidas neste capítulo, os judeus norte-americanos enfrentam a escolha de manter suas ligações com sua longa herança religiosa e cultural, ou se tornarem tão indistinguíveis quanto possível dos gentios. Muitos deles tendem à assimilação, como é evidente no aumento dos casamentos entre judeus e cristãos. Um estudo publicado em 2003 descobriu que 47% dos judeus que se casaram nos cinco anos anteriores o fizeram com não-judeus. Muitas pessoas na comunidade judaica se preocupam com a possibilidade de que o casamento cruzado leve a um rápido declínio daqueles que se identificam como "judeus". Mas quando lhes perguntaram qual era a maior ameaça à vida dos judeus nos Estados Unidos – casamentos cruzados ou anti-semitismo –, 41% dos entrevistados responderam que o casamento cruzado era a maior ameaça e 50% escolheram o anti-semitismo (American Jewish Committee, 2001; United Jewish Communities, 2003).

Para judeus praticantes, o idioma hebreu é uma parte importante do aprendizado religioso. Esse professor mostra cartões com o alfabeto hebreu para estudantes surdos.

Étnicos Brancos

Um significativo segmento da população dos Estados Unidos é composta de étnicos brancos cujos ancestrais chegaram da Europa no século passado. A população étnica branca do país inclui aproximadamente 43 milhões de pessoas que declaram pelo menos uma ancestralidade alemã parcial, 31 milhões de irlandeses norte-americanos, 16 milhões de italianos norte-americanos e 9 milhões de poloneses norte-americanos, bem como imigrantes de outros países europeus. Algumas dessas pessoas continuam a viver em bairros étnicos fechados, enquanto outras assimilaram amplamente e deixaram o "jeito antigo" para trás (Brittingham e de la Cruz, 2004). A população étnica branca do Brasil inclui especialmente portugueses, espanhóis, italianos, alemães, russos, ucranianos e poloneses que colonizaram o País.

Muitos étnicos brancos hoje se identificam apenas esporadicamente com sua herança. *Etnia simbólica* se refere à ênfase em assuntos, como alimentos étnicos ou questões políticas, em vez de laços mais profundos com a herança étnica de uma pessoa. Isso se reflete em uma imagem ocasional da família em uma padaria étnica, na celebração de uma cerimônia como o Dia de S. José entre os italianos norte-americanos, ou em preocupações sobre o futuro da Irlanda do Norte entre os irlandeses norte-americanos. Exceto nos casos em que nova imigração reforça velhas tradições, a etnia simbólica tende a declinar a cada geração (Alba, 1990; Gans, 1979).

As minorias étnicas e raciais sempre foram antagônicas entre si por causa da competição econômica – uma interpretação que concorda com a abordagem do conflito da sociologia. Conforme os negros, latinos e nativos norte-americanos emergem da classe baixa, precisam competir com os brancos da classe trabalhadora por empregos, moradia e oportunidades educacionais. Em tempos de elevado desemprego ou inflação, tal competição pode facilmente gerar intensos conflitos entre os grupos.

Em muitos aspectos, a condição dos étnicos brancos levanta os mesmos problemas básicos que de outros povos subordinados nos Estados Unidos. O quanto um povo pode ser étnico – quanto pode desviar-se das normas essencialmente brancas, anglo-saxônicas e protestantes – antes que a sociedade o puna pelo seu desejo de ser diferente? A sociedade parece recompensar as pessoas que assimilam. Mas, como já vimos, a assimilação não é garantia de igualdade ou de se estar livre da discriminação. Na seção de política social a seguir, vamos tratar da questão dos imigrantes, das pessoas que inevitavelmente enfrentam a questão de lutar ou não pela assimilação.

POLÍTICA SOCIAL e RAÇA E ETNIA

Imigração Global

O Tema

Em todo o mundo, a imigração está em seu maior momento. A cada ano, aproximadamente 2,3% da população mundial, ou 146 milhões de pessoas, mudam-se de um país para outro. Um milhão delas entra nos Estados Unidos legalmente, para se juntar aos 12% da população que nasceram no estrangeiro. Os números sempre crescentes de imigrantes e a pressão que provocam nas oportunidades de trabalho e na capacidade do sistema de seguro social nos países onde eles entram aumentam o montante de questões perturbadoras para muitas das potências econômicas mundiais. Por que devem permitir a entrada dessas pessoas? Em que momento a imigração deverá ser restringida (Schmidley e Robinson, 2003; Stalker, 2000)?

O Cenário

A migração não é uniforme no tempo ou no espaço. Em certos momentos, a guerra ou a fome podem precipitar grandes movimentos de pessoas, temporária ou permanentemente. Os deslocamentos temporários ocorrem quando as pessoas esperam até que seja seguro voltar para a sua área de residência. Contudo, mais e mais migrantes que não podem ganhar a vida de forma adequada em seu país de origem estão fazendo uma mudança permanente para os países desenvolvidos. Os maiores fluxos de migração são para a América do Norte, para as áreas ricas em petróleo no Oriente Médio, e para as economias industriais da Europa ocidental e Ásia. Atualmente, sete entre os países mais ricos do mundo (incluindo Alemanha, França, Reino Unido e os Estados Unidos) abrigam perto de um terço de toda a população de migrantes. Enquanto existirem disparidades nas oportunidades de trabalho entre os países, haverá poucas razões que levem a esperar que essa tendência internacional se reverta.

Os países que são há muito tempo o destino dos imigrantes, como os Estados Unidos, estabeleceram políticas para determinar quem tem preferência para entrar. Freqüentemente, preconceitos raciais e étnicos claros estão nessas políticas. Na década de 1920, a política norte-americana dava preferência a pessoas da Europa ocidental, enquanto dificultava a entrada de residentes da Europa oriental e do sul, da Ásia e da África. No final da década de 1930 e início dos anos 40, o governo federal recusou-se a retirar ou afrouxar as cotas restritivas de imigração para permitir que os refugiados judeus escapassem do terror do regime nazista. Alinhado com esta política, o navio SS *St. Louis*, com mais de 900 refugiados judeus a bordo, não teve permissão para atracar nos Estados Unidos em 1939, sendo forçado a voltar para a Europa, onde se estima que pelo menos algumas centenas de seus passageiros morreram mais tarde nas mãos dos nazistas (A. Morse, 1967; G. Thomas e Witts, 1974).

Desde a década de 1960, a política norte-americana encoraja a imigração dos parentes dos residentes nos Estados Unidos, bem como de pessoas com qualificações desejáveis. Essa mudança transformou significativamente o padrão das nações de onde chegam tais indivíduos. Antigamente, os europeus dominavam, mas nos últimos 40 anos, os imigrantes vêm da América Latina e da Ásia (ver Figura 10-6). Assim, uma proporção sempre crescente da população dos Estados Unidos será composta por asiáticos ou hispânicos (ver Figura 10-7). Em grande parte, o medo e o ressentimento da crescente diversidade racial e étnica são o fator-chave da oposição à imigração. Em muitos países, as pessoas estão preocupadas que as novas chegadas não reflitam a sua própria herança racial e cultural.

Pesquisas sugerem que os imigrantes se adaptam bem à vida dos Estados Unidos, tornando-se uma aquisição para a economia da nação. Em algumas áreas, a imigração intensa pode drenar os recursos da comunidade, mas em outras ela revitaliza a economia local. Uma pesquisa nacional feita em 2003 mostrou que nove em cada dez imigrantes acreditam que aprender inglês é muito importante. Oitenta e oito por cento julgam que os Estados Unidos são melhores do que o seu país de origem em oferecer "mais oportunidades para ganhar uma vida melhor" (Farkas et al., 2003; Fix et al., 2001; Smith e Edmonston, 1997).

Insights Sociológicos

Apesar do medo das pessoas, a imigração desempenha muitas funções valiosas. Para a sociedade que a recebe, alivia a escassez de mão-de-obra, como acontece nas áreas médica e tecnológica dos Estados Unidos. Em 1998, o Congresso debateu não se os indivíduos com qualificações tecnológicas deviam poder entrar no país, mas apenas em quanto deveriam aumentar a cota anual. Para o país que envia os indivíduos, a migração pode aliviar uma economia incapaz de suportar um grande número de pessoas. A grande quantidade de dinheiro que os imigrantes mandam *de volta* para seus países de origem, as chamadas *remessas*, geralmente é ignorada. Em todo o mundo, os imigrantes mandam mais de US$ 80 bilhões por ano de volta para casa para seus parentes – um valor que representa uma fonte de renda importante para os países em desenvolvimento (World Bank, 2003c).

FIGURA 10-6

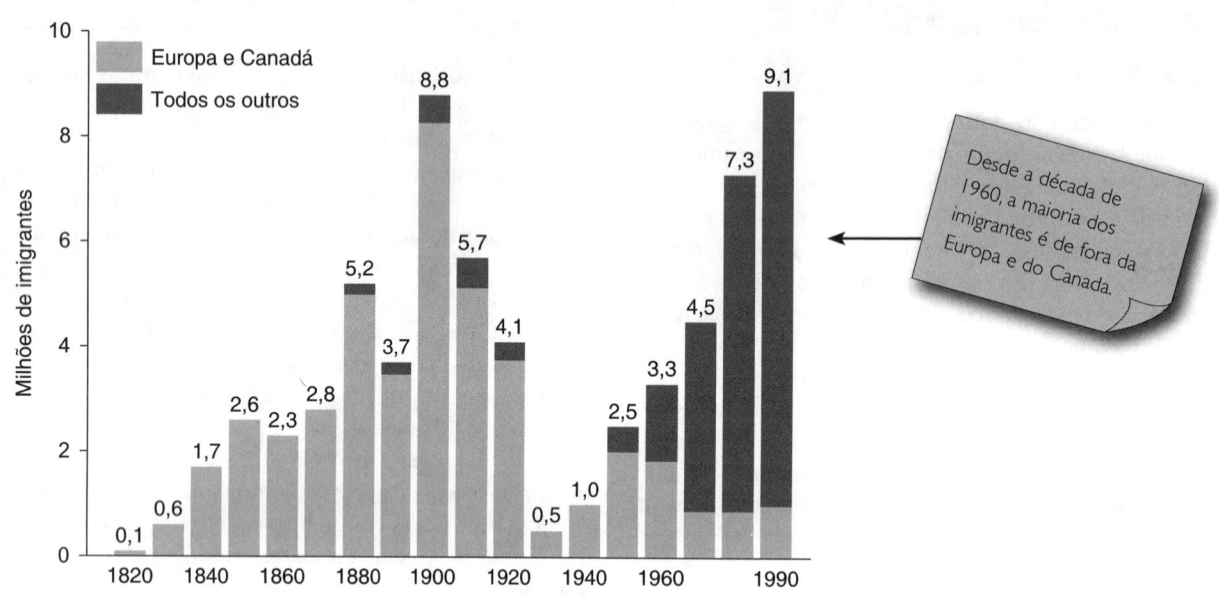

Imigração nos Estados Unidos, 1820–2000

[Gráfico de barras mostrando milhões de imigrantes por década:
- Europa e Canadá (cinza claro)
- Todos os outros (cinza escuro)

Valores: 1820: 0,1; 1840: 0,6; 1860: 1,7; 1880: 2,6; 1900: 2,3; 1920: 2,8; 1940: 5,2; 1960: 3,7; 1980: 5,7; 2000: 4,1 — valores aproximados conforme rótulos: 0,1 – 0,6 – 1,7 – 2,6 – 2,3 – 2,8 – 5,2 – 8,8 – 5,7 – 4,1 – 0,5 – 1,0 – 2,5 – 3,3 – 4,5 – 7,3 – 9,1]

Desde a década de 1960, a maioria dos imigrantes é de fora da Europa e do Canadá.

Fontes: Bureau of the Census, 2003a, p. II; Immigration and Naturalization Service, 1999a, 1999b.

A imigração pode ser disfuncional também. Embora os estudos geralmente mostrem que ela tem um impacto positivo na economia da nação que a recebe, as áreas que aceitam grandes concentrações de imigrantes podem achar difícil atender às necessidades de serviços sociais em curto prazo. E quando imigrantes com qualificações ou potencial educacional deixam os países em desenvolvimento, a sua partida pode ser disfuncional para esses países. Nenhum valor de pagamentos enviados para casa pode compensar a perda de valiosos recursos humanos para as nações pobres (P. Martin e Midgley, 1999; Mosisa, 2002).

Os teóricos do conflito observam o quanto o debate sobre a imigração é colocado em termos econômicos. Mas o debate se intensifica quando as chegadas são de indivíduos de raça e etnia diferentes da população que os recebe. Por exemplo, os europeus se referem a "estrangeiros", mas a expressão não significa necessariamente alguém nascido no exterior. Na Alemanha, "estrangeiros" são as pessoas com ancestrais não-alemães, mesmo se elas tiverem *nascido* na Alemanha; não se refere a pessoas de ancestrais alemães nascidas em outro país, que podem escolher voltar para o seu "país natal". O medo e o desagrado quanto a "novos" grupos étnicos dividem as nações em todo o mundo.

Iniciativas Políticas

A longa fronteira com o México dá amplas oportunidades para a imigração ilegal nos Estados Unidos. Durante toda a década de 1980, cresceu a percepção pública de que os Estados Unidos tinham perdido o controle das suas fronteiras. Sentindo a pressão para o controle da imigração, o Congresso terminou uma década de debates aprovando a Lei da Reforma e Controle da Imigração de 1986. A lei marcou uma mudança histórica na política de imigração do país. Pela primeira vez, contratar estrangeiros ilegais era proibido por lei, e os empregadores pegos violando a legislação se tornavam sujeitos a multas e até sentença de prisão. Uma outra mudança muito importante também foi a inclusão, na anistia e no *status* legal, de diversos imigrantes ilegais que já viviam nos Estados Unidos. Quase 20 anos mais tarde, entretanto, a lei parece ter resultados mistos. Números substanciais de imigrantes ilegais continuam a entrar no país todos os anos, a qualquer momento, e a sua presença estimada é de 8 a 9 milhões (FAIR US, 2003).

O mundo inteiro sente o impacto inevitável da globalização sobre os padrões de imigração. O acordo da União Européia de 1997 deu à autoridade comissionada para governar a possibilidade de propor uma política de imigração para toda a Europa: uma política da União Européia que permite aos residentes de um país-membro morar e trabalhar em outro país-membro. Os imigrantes da Turquia, predominantes muçulmanas, não são bem-vindos em diversos países da União Européia (Denny, 2004).

Depois dos ataques de 11 de setembro de 2001 ao World Trade Center e ao Pentágono, os procedimentos de imigração foram complicados pela necessidade de deter terroristas potenciais. Especialmente os imigran-

FIGURA 10-7

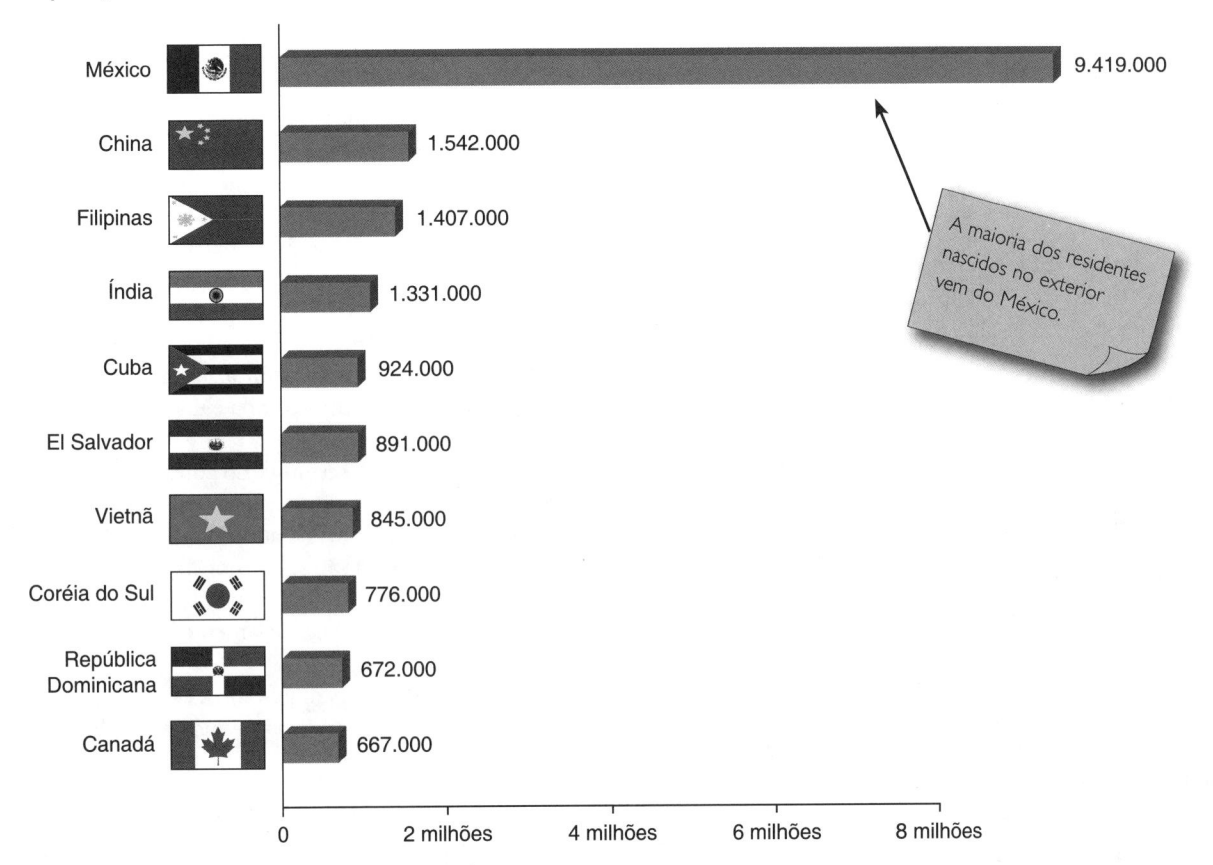

População dos Estados Unidos Nascida no Exterior de Dez Países Líderes, 2000

País	População
México	9.419.000
China	1.542.000
Filipinas	1.407.000
Índia	1.331.000
Cuba	924.000
El Salvador	891.000
Vietnã	845.000
Coréia do Sul	776.000
República Dominicana	672.000
Canadá	667.000

A maioria dos residentes nascidos no exterior vem do México.

Nota: Baseado nas médias anuais da Pesquisa da População atual; o total de chineses inclui Hong Kong e Taiwan.
Fontes: Schmidley e Robinson, 2003: Tabela A-3.

tes ilegais, mas mesmo os imigrantes legais, sentiram uma vigilância maior pelos agentes governamentais em todo o mundo. Para os imigrantes potenciais de diversas nações, a espera para receber o direito de entrar em um país – mesmo para se juntar aos parentes – aumentou substancialmente, uma vez que os agentes de imigração investigam em mais detalhes o que antes eram aplicações de rotina.

O intenso debate sobre a imigração reflete conflitos profundos de valores nas culturas de diversas nações. Uma vertente da cultura norte-americana, por exemplo, enfatiza tradicionalmente princípios igualitários e um desejo de ajudar as pessoas em momentos de necessidade. Ao mesmo tempo, a hostilidade contra imigrantes e refugiados em potencial – sejam eles chineses na década de 1980, judeus europeus nas décadas de 1930 e 1940, sejam mexicanos, havaianos e árabes hoje – reflete não apenas preconceito religioso, étnico e racial, mas também um desejo de preservar a cultura dominante do grupo interno mantendo excluídos os que são vistos como indivíduos de fora do grupo.

Vamos Discutir

1. Você, seus pais ou avós emigraram para o Brasil de um outro país? Se sim, quando e de onde sua família veio, e por quê?
2. Você mora, trabalha ou estuda com imigrantes recentes no Brasil? Se sim, eles são aceitos na sua comunidade, ou enfrentam preconceito e discriminação?
3. Na média, as funções da emigração para os Estados Unidos superam as disfunções?

RECURSOS DO CAPÍTULO

Resumo

As dimensões sociais da raça e etnia são fatores importantes que moldam a vida das pessoas nos Estados Unidos e em outros países. Neste capítulo, examinamos o significado da raça e da etnia e estudamos os maiores grupos raciais e étnicos dos Estados Unidos.

1. Um *grupo racial* é separado dos outros por diferenças físicas óbvias; um *grupo étnico* é separado basicamente pela origem nacional ou padrões culturais.
2. Quando os sociólogos definem um *grupo de minoria*, estão preocupados sobretudo com o poder político e econômico ou com a falta de poder do grupo.
3. Em um sentido biológico, não existem "raças puras", nem traços físicos que possam ser usados para descrever um grupo excluindo todos os outros.
4. O significado que as pessoas dão às diferenças físicas entre as raças confere importância social à raça, produzindo *estereótipos*.
5. O *preconceito* freqüentemente leva à *discriminação*, mas as duas coisas não são idênticas, cada uma delas pode estar presente sem a outra.
6. A *discriminação institucional* resulta das operações normais de uma sociedade.
7. Os funcionalistas observam que a discriminação é tanto funcional quanto disfuncional para uma sociedade. Os teóricos do conflito explicam a subordinação racial por meio da *teoria da exploração*. Os interacionistas fazem a *hipótese do contato* como um modo de reduzir o preconceito e a discriminação.
8. Quatro padrões descrevem as relações típicas entre os grupos na América do Norte e em outros lugares: *amalgamação*, *assimilação*, *segregação* e *pluralismo*. O pluralismo ainda é mais um ideal do que uma realidade.
9. O preconceito e a discriminação contemporâneos contra os afro-americanos estão enraizados na história da escravidão nos Estados Unidos.
10. Os ásio-americanos são vistos normalmente como uma *minoria ideal* ou *minoria-modelo*, um estereótipo que não é necessariamente benéfico aos membros desse grupo.
11. Os diversos grupos incluídos sob a expressão geral *latinos* representam a minoria étnica mais numerosa nos Estados Unidos.
12. O aumento da imigração em todo o mundo levanta questões em diversos países sobre como controlar o processo.

Questões de Pensamento Crítico

1. Por que a discriminação institucional é ainda mais poderosa do que a discriminação individual? Como os funcionalistas, teóricos do conflito e interacionistas estudam a discriminação institucional?
2. Examine as relações entre os grupos étnicos e raciais dominantes e subordinados em sua cidade natal ou faculdade. A comunidade na qual você cresceu ou a sua faculdade podem ser vistas como exemplos genuínos de pluralismo?
3. Quais são algumas similaridades e diferenças na posição dos afro-americanos e hispânicos nos Estados Unidos? Quais são algumas similaridades e diferenças na posição dos ásio-americanos e judeus norte-americanos?

Termos-chave

Ação afirmativa Esforços positivos para recrutar membros dos grupos de minoria ou mulheres para empregos, promoções e oportunidades educacionais. (p. 250)

Amalgamação O processo pelo qual um grupo de maioria e um grupo de minoria combinam para formar um novo grupo. (p. 253)

Anti-semitismo Preconceito contra judeus. (p. 263)

Apartheid Uma antiga política do governo sul-africano, desenhada para manter a separação dos negros e outros não-brancos dos brancos dominantes. (p. 254)

Assimilação O processo pelo qual uma pessoa abandona sua própria tradição cultural para fazer parte de uma cultura diferente. (p. 254)

Discriminação A negação de oportunidades e direitos iguais a indivíduos ou grupos por causa do preconceito ou outras razões arbitrárias. (p. 245)

Discriminação institucional A negação de oportunidades e direitos iguais a indivíduos e grupos que resulta das operações normais de uma sociedade. (p. 249)

Estereótipo Generalização não-confiável sobre todos os membros de um grupo que não reconhece diferenças individuais no grupo. (p. 244)

Etnia simbólica Uma identidade étnica que enfatiza preocupações como comidas étnicas ou problemas políticos em vez de laços mais profundos com a herança étnica de uma pessoa. (p. 264)

Etnocentrismo A tendência de assumir que a própria cultura e sua maneira de vida representam a norma ou são superiores a todas as outras. (p. 245)

Genocídio O extermínio sistemático e deliberado de um grupo inteiro ou nação. (p. 253)

Glass ceiling **(Teto de vidro)** Uma barreira invisível que bloqueia a promoção de um indivíduo qualificado em um ambiente profissional em razão do gênero, raça ou etnia. (p. 247)

Grupo étnico Um grupo que é separado dos outros basicamente por causa da sua origem nacional ou de padrões culturais distintos. (p. 241)

Grupo minoritário Um grupo subordinado cujos membros têm significativamente menos controle ou poder sobre suas próprias vidas do que os membros de um grupo dominante ou de maioria têm sobre as suas. (p. 241)

Grupo-modelo ou minoria ideal Nos Estados Unidos, um grupo minoritário que, apesar do passado de preconceito e discriminação, tem um bom desempenho econômico, social e educacional sem confrontar os brancos. (p. 259)

Grupo racial Um grupo que é separado dos outros por causa de diferenças físicas óbvias. (p. 241)

Hipótese do contato Uma perspectiva interacionista que afirma que, em circunstâncias de cooperação, o contato inter-racial entre as pessoas de mesmo *status* reduz o preconceito. (p. 252)

Isseis Imigrantes japoneses nos Estados Unidos. (p. 260)

Nisseis Filhos de isseis nascidos nos Estados Unidos, ou no Brasil. (p. 260)

Perfil racial Ação arbitrária iniciada por uma autoridade com base na raça, etnia ou origem nacional, e não no comportamento pessoal. (p. 251)

Pluralismo Respeito mútuo pelas culturas uns dos outros entre os vários grupos em uma sociedade, o que permite que as minorias expressem suas próprias culturas sem ter que enfrentar preconceito. (p. 255)

Poder negro Uma filosofia política promovida por muitos jovens negros na década de 1960 que apoiava a criação de instituições econômicas e políticas controladas pelos negros. (p. 257)

Preconceito Atitude negativa em relação a uma categoria inteira de pessoas, geralmente uma minoria racial ou étnica. (p. 245)

Racismo A crença de que uma raça é suprema e todas as outras são inatamente inferiores. (p. 245)

Segregação A separação física de dois grupos de pessoas em termos de residência, local de trabalho e eventos sociais; freqüentemente imposta sobre um grupo minoritário por um grupo dominante. (p. 254)

Teoria da exploração Uma teoria marxista que vê a subordinação racial nos Estados Unidos como uma manifestação do sistema de classes inerente ao capitalismo. (p. 251)

RECURSOS DA TECNOLOGIA

Conexão com a Internet*

Obs.: Embora os endereços dos sites relacionados a seguir tenham sido atualizados durante a edição deste livro, eles costumam mudar com grande freqüência em razão da natureza dinâmica da Internet.

1. O site Native (*www.nativeweb.org*) é um grande recurso de informações sobre os indígenas do mundo. Para mais links de tópicos específicos, clique em "Resource Center". Esta parte do site também relaciona centenas de grupos indígenas sob o título "Nations Index".

2. Como a experiência dos afro-americanos mudou nos últimos 30 anos? Uma mostra fotográfica sobre o site para o U.S. National Archives e Records Administration faz a crônica da vida diária entre os residentes afro-americanos de Chicago durante a década de 1970. Explore essas imagens em *www.archives.gov/exhibit_hall/portrait_of_black_chicago/introduction.html*.

---

* NE: Sites no idioma inglês.

capítulo 11
ESTRATIFICAÇÃO POR GÊNERO E IDADE

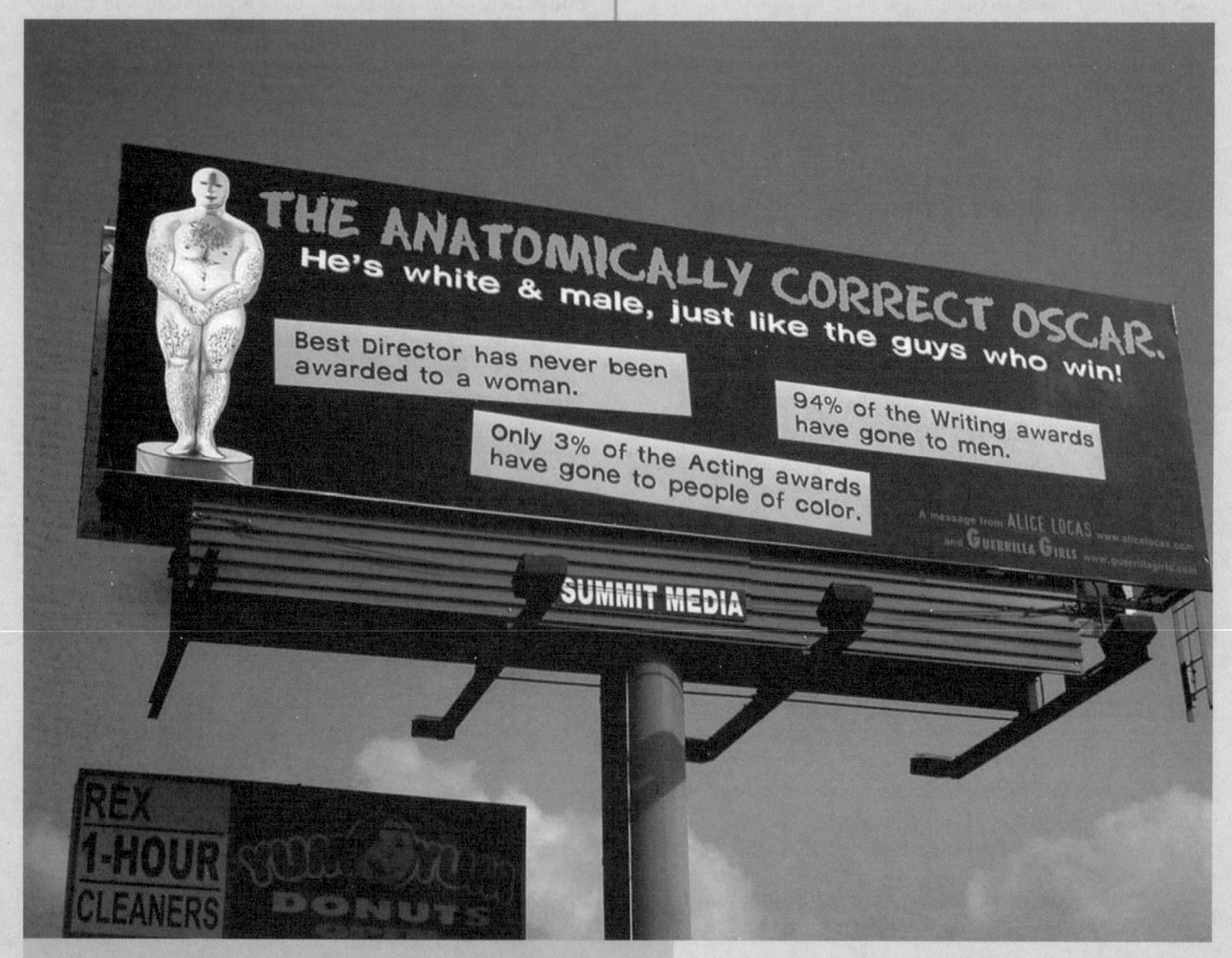

Esse *outdoor* em Hollywood, Califórnia, produzido pelo grupo feminista Guerrilla Girls, ressalta as desigualdades entre os sexos na indústria do cinema.

Construção Social do Sexo

Expandindo a Estratificação pelo Gênero

Mulheres: A Maioria Oprimida

Envelhecimento e Sociedade

Explicando o Processo do Envelhecimento

Estratificação por Idade nos Estados Unidos

Política Social e Estratificação pelo Gênero: A Batalha do Aborto de uma Perspectiva Global

Quadros
SOCIOLOGIA NA COMUNIDADE GLOBAL:
O Envelhecimento no Mundo: Problemas e Conseqüências

PESQUISA EM AÇÃO: Diferenças entre os Sexos na Comunicação de Médicos com Pacientes

Finalmente, depois de um longo silêncio, as mulheres saíram às ruas. Nas duas décadas de ação radical que seguiram o renascimento do feminismo no início da década de 1970, as mulheres ocidentais coquistaram direitos legais e reprodutivos, buscaram a educação superior, entraram nos negócios e nas profissões e combateram crenças antigas e reverenciadas sobre o seu papel social. Uma geração mais tarde, as mulheres se sentem realmente livres?

As mulheres ricas, educadas e liberadas do Primeiro Mundo, que podem gozar das liberdades que nunca estiveram disponíveis para o sexo feminino antes, não se sentem livres como gostariam. E não podem mais limitar a sua sensação inconsciente de que essa falta de liberdade tem algo a ver com assuntos aparentemente frívolos, coisas que na realidade não deveriam importar. Muitas têm vergonha de admitir que tais preocupações triviais — relacionadas com a aparência física, o corpo, o rosto, o cabelo, as roupas — importam tanto. Mas, apesar da vergonha, culpa e negação, cada vez mais mulheres estão questionando se... alguma coisa importante está realmente em jogo ligada à relação entre a liberação feminina e a beleza feminina.

Durante a última década, as mulheres desconstruíram a estrutura de poder, enquanto isso, as desordens alimentares cresceram exponencialmente e a cirurgia plástica se tornou a especialidade médica que mais cresce. Nos últimos cinco anos, os gastos com o consumo dobraram, a pornografia se tornou a principal categoria dos meios de comunicação, ultrapassando os filmes e discos legítimos combinados, e 33 mil mulheres norte-americanas contaram aos pesquisadores que preferem perder 7 kg a atingir qualquer outra meta. Mais mulheres tem mais dinheiro e poder, escopo e reconhecimento legal do que nunca; porém, em termos de como nos sentimos sobre nosso *físico*, podemos na verdade estar em situação pior do que as nossas avós não-liberadas. Uma pesquisa recente mostra que, no interior da maioria das mulheres ocidentais que trabalham fora, são bem-sucedidas, atraentes e controladas, existe um segredo "obscuro" envenenando a nossa liberdade; imbuídas de noções sobre a beleza, existe uma veia escura de raiva por si mesmas, obsessões físicas, terror do envelhecimento e o medo da perda do controle.

Não é por acaso que tantas mulheres potencialmente poderosas se sentem dessa forma. Estamos no meio de um violento ataque ao feminismo que usa imagens da beleza feminina como uma arma política contra o avanço das mulheres: o mito da beleza...

O mito da beleza conta uma história: a qualidade chamada "beleza" existe objetiva e universalmente. As mulheres devem querer personificá-la e os homens precisam querer possuir as mulheres que a personificam. Essa personificação é imperativa para as mulheres e não para os homens, cuja situação é necessária e natural por razões biológicas, sexuais e evolucionárias: homens fortes lutam pelas mulheres bonitas, e as mulheres bonitas têm mais sucesso na reprodução. A beleza das mulheres está relacionada à sua fertilidade, e uma vez que esse sistema se baseia na seleção sexual, é inevitável e não enfrenta desafios.

Nada disso é verdade. A "beleza" é um sistema de moeda como o padrão-ouro. Como qualquer economia, é determinada pela política, e na idade moderna no Ocidente ela é o último e mais acreditado sistema que mantém o domínio masculino intacto. *(Wolf, 1992, p. 9-10, 12)* ■

Nesse excerto do texto do livro de Naomi Wolf *O mito da beleza* (The beauty myth), a feminista confronta o poder de um ideal falso de feminilidade. Nas últimas décadas, as mulheres norte-americanas quebraram barreiras legais e institucionais que antigamente limitavam as suas oportunidades de educação e avanços na carreira. Mas psicologicamente, escreve Wolf, ainda estão escravizadas por padrões irreais de aparência. Quanto mais liberdade as mulheres conquistam, parece que, na realidade, mais obcecadas elas ficam com o ideal de uma supermodelo supermagra – um ideal que poucas mulheres podem esperar atingir, mesmo se estiverem dispostas a prejudicar sua saúde com dietas obsessivas e exercícios, cirurgia plástica, anorexia e bulimia.

Wolf diz que o mito da beleza é um mecanismo de controle da sociedade que se destina a manter as mulheres no seu lugar – subordinadas aos homens em casa e no trabalho. Mas os homens também estão presos a expectativas irreais a respeito da sua aparência física. Na esperança de atingir um físico bronzeado e musculoso, cada vez mais homens estão tomando esteróides ou fazendo cirurgias plásticas. Os meios de comunicação de hoje bombardeiam homens e mulheres com a necessidade de ter boa aparência em anúncios vendendo de tudo –, de suplementos nutricionais a fórmulas para tingir os cabelos, de equipamentos de exercícios caros até academias de ginástica. A última manifestação dessa tendência é o programa *Extreme Makeover* da ABC Television, que acompanha voluntários de ambos os sexos enquanto passam por diversas cirurgias cosméticas. Na seleção das 7 mil pessoas que responderam à convocação inicial do programa, entretanto, os produtores descobriram que a maioria esmagadora era de mulheres (P. Thomas e Owens, 2000).

O mito da beleza é apenas um exemplo de como as normas culturais podem levar à diferenciação baseada em um *status* atribuído, como o sexo de uma pessoa. Esse tipo de diferenciação é evidente em quase todas as sociedades humanas de que temos conhecimento. Como o sexo, a idade é um conceito construído socialmente usado como base para a diferenciação. É um *status* atribuído que domina a percepção social obscurecendo as diferenças individuais. Em vez de sugerir que uma pessoa mais velha em particular não tem mais condições de dirigir, por exemplo, podemos condenar todo o grupo etário: "Não deviam deixar esses velhotes dirigirem na estrada." Evidentemente, muitos dos procedimentos cosméticos que Naomi Wolf menciona em seu livro têm a intenção de disfarçar a idade de homens e mulheres.

Vimos nos Capítulos 9 e 10 que a maioria das sociedades estabelece hierarquias baseadas em classe social, raça e etnia. Este capítulo vai examinar as maneiras como as sociedades estratificam seus membros com base em sexo e idade. Os papéis dos sexos diferem de uma cultura para outra? As mulheres nos Estados Unidos ainda são oprimidas por causa do sexo, como diz Naomi Wolf? Como o envelhecimento afeta as oportunidades de trabalho? E quais são as implicações sociais do número crescente de idosos nos Estados Unidos? Para responder a essas e outras perguntas, primeiro veremos como as diferentes culturas designam às mulheres e aos homens determinados papéis sociais. Depois consideraremos explicações sociológicas para a estratificação pelo gênero. A seguir, vamos focalizar a situação única das mulheres como uma maioria oprimida. Na segunda parte do capítulo, observaremos o processo de envelhecimento em todo o mundo, focando basicamente os Estados Unidos. Vamos explorar diversas teorias do impacto do envelhecimento, prestando especial atenção aos efeitos do preconceito e da discriminação. O capítulo será fechado com a seção de política social sobre a controvérsia intensa e contínua quanto ao direito da mulher ao aborto.

CONSTRUÇÃO SOCIAL DO SEXO

Por que muitos passageiros de companhias aéreas se assustariam se ouvissem a voz feminina da comandante vindo da cabina? O que as pessoas pensam quando um pai diz que vai chegar tarde ao trabalho porque seu filho tem uma consulta de rotina no médico? Consciente ou inconscientemente, tendemos a assumir que pilotar um avião comercial é trabalho de *homem*, e os deveres com os filhos são da *mãe*. O sexo é uma parte tão rotineira das nossas atividades diárias que só o notamos quando alguém se desvia do comportamento e das expectativas convencionais.

Embora algumas pessoas comecem a vida com uma identidade sexual indefinida, a esmagadora maioria inicia a vida com um sexo definido, e rapidamente recebe mensagens da sociedade sobre como se comportar. De fato, muitas sociedades estabeleceram distinções sociais entre homens e mulheres que nem sempre resultam de diferenças biológicas entre os sexos (como a capacidade reprodutiva da mulher).

Ao estudar os sexos, os sociólogos estão interessados na socialização do papel do sexo que leva mulheres e homens a se comportarem de maneiras diferentes. No Capítulo 4, os *papéis dos sexos* foram definidos como expectativas relacionadas a comportamento, atitudes e atividades adequados dos homens e das mulheres. A aplicação dos papéis tradicionais aos sexos leva a muitas formas de diferenciação entre homens e mulheres. Ambos os sexos são fisicamente capazes de aprender a cozinhar e costurar, mas a maioria das sociedades ocidentais determina que as mulheres devem fazer essas tarefas. Homens e mulheres são capazes de aprender a soldar e pilotar aviões, mas essas funções são designadas em geral aos homens.

Os papéis dos sexos são evidentes não apenas em nosso trabalho e comportamento, mas também em como reagimos aos outros. Estamos constantemente "agindo de acordo com o nosso sexo" sem perceber. Se o pai que leva o filho ao médico senta-se na sala de espera com ele no meio de um dia de trabalho, é provável que vá receber olhares de aprovação da recepcionista e de outros pacientes. "Ele não é um pai maravilhoso?", pensam eles. Mas se é a mãe que sai do trabalho para levar o filho ao médico e senta-se na sala de espera do consultório médico, não receberá esse aplauso silencioso.

Construímos nosso comportamento social de forma a criar ou exagerar as diferenças entre homens e mulheres. Por exemplo, homens e mulheres existem em diversos tamanhos, alturas e idades. Mas as normas tradicionais a respeito do casamento e mesmo em relação a encontros ocasionais nos mostram que, entre os casais heterossexuais, o homem deve ser mais velho, mais alto e mais sábio do que a mulher. Como veremos neste capítulo, tais normas sociais ajudam a reforçar e legitimar os padrões do domínio masculino.

Nas últimas décadas, as mulheres desempenham cada vez mais as ocupações e profissões anteriormente dominadas por homens. Contudo, a nossa sociedade ainda focaliza as qualidades "masculinas" e "femininas", como se os homens e mulheres devessem ser avaliados nesses termos. Continuamos a "agir de acordo com o nosso sexo", e a nossa construção do sexo segue definindo expectativas significativamente diferentes para homens e mulheres (Lorber, 1994; Rosenbaum, 1996; West e Zimmerman, 1987).

Os papéis dos Sexos nos Estados Unidos

Socialização dos Papéis dos Sexos

Os bebês do sexo masculino têm cobertores azuis e do feminino, rosa. Espera-se que os meninos brinquem com caminhões, blocos e soldados de brinquedo; as meninas recebem bonecas e utensílios de cozinha. Os meninos devem ser masculinos – ativos, agressivos, durões, ousados e dominadores –, mas as meninas têm de ser femininas – delicadas, emocionais, doces e submissas. Esses padrões tradicionais do papel dos sexos influenciam a socialização das crianças nos Estados Unidos.

Um elemento importante nas formas de ver os comportamentos "masculinos" e "femininos" como adequados é a **homofobia**, o medo e o preconceito em relação à homossexualidade. A homofobia contribui significativamente para uma socialização com papéis sociais rígidos, uma vez que muitas pessoas associam de forma estereotipada a homossexualidade masculina a feminilidade e o lesbianismo a masculinidade. Portanto, homens e mulhe-

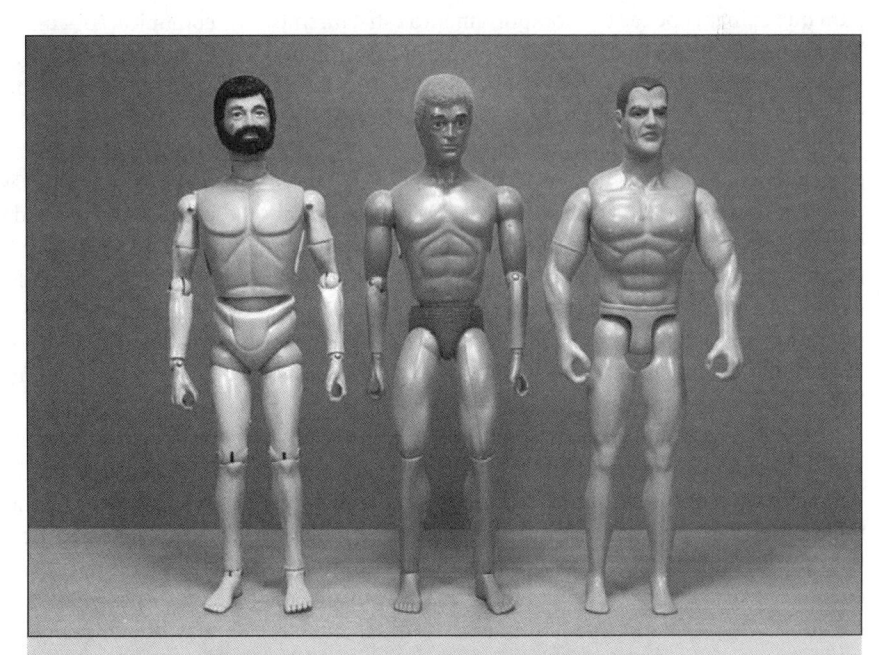

Com freqüência, a sociedade exagera as diferenças entre homens e mulheres na aparência e no comportamento. Em 1964, o boneco G. I. Joe (à esquerda) tinha uma aparência realista, mas em 1992 (no meio), começou a adquirir musculatura exagerada, uma característica dos lutadores profissionais (à direita). A mudança intensificou o contraste com as figuras femininas excessivamente magras, como a boneca Barbie (Angier, 1998).

Tabela 11-1	Uma Experiência sobre a Violação de Normas Sexuais por Estudantes Universitários
Violações de Normas por Mulheres	**Violações de Normas por Homens**
Mandar flores a um homem	Usar esmalte para as unhas
Cuspir em público	Fazer bordados em público
Usar o banheiro masculino	Fazer festas para vender utensílios plásticos
Comprar suporte atlético	Chorar em público
Comprar/mascar fumo	Fazer pedicure
Falar sobre carros com conhecimento	Oferecer-se para tomar conta de crianças
Abrir portas para homens	Raspar os pêlos do corpo

Fonte: Nielsen et al., 2000, p. 287.

Em uma experiência para testar os estereótipos dos papéis dos sexos, pediu-se a estudantes de sociologia que tivessem um comportamento que pudesse ser visto como de violação às normas sexuais, e que anotassem a reação das pessos. Essa é uma amostra de suas escolhas de comportamentos durante um período de sete anos. Você concorda que essas ações testam os limites do comportamento convencional dos sexos?

res que se desviam das expectativas tradicionais sobre os papéis dos sexos são considerados homossexuais. Apesar dos avanços feitos pelo movimento de liberação *gay*, o estigma associado à homossexualidade na nossa cultura ainda pressiona todos os homens (sejam eles *gays* ou não) para que exibam apenas um comportamento estritamente "masculino" e todas as mulheres (sejam lésbicas ou não) para que tenham um comportamento estritamente "feminino" (Seidman, 1994; ver também Lehne, 1995).

São os *adultos*, é claro, que desempenham o papel principal na orientação das crianças nos papéis dos sexos considerados adequados pela sociedade. Os pais em geral são os primeiros e os mais importantes agentes de socialização. Mas também outros agentes, como irmãos, meios de comunicação de massa e instituições religiosas e educacionais, também exercem uma influência importante na socialização do papel do sexo, nos Estados Unidos e em todos os demais países.

Não é difícil testar o quanto pode ser rígida a socialização do papel do sexo. Tente transgredir alguma norma sexual – digamos, fumar um charuto em público se você for mulher, ou carregar uma bolsa se você for homem. Essa foi exatamente a tarefa dada aos estudantes de sociologia na University of Colorado e no Luther College em Iowa. Os professores pediram aos estudantes que se comportassem de maneira que violassem as normas de como homens e mulheres devem agir. Os estudantes não tiveram problemas em conseguir fazer as transgressões das normas sexuais (ver Tabela 11-1), e mantiveram anotações cuidadosas sobre as reações dos outros ao seu comportamento, que variaram de divertida a um completo desagrado (Nielsen et al., 2000).

Papéis Sexuais da Mulher

Como uma menina desenvolve uma auto-imagem feminina, enquanto um menino desenvolve uma masculina? Em parte, eles o fazem identificando-se com as mulheres e os homens da sua família, na vizinhança e nos meios de comunicação. Se uma menina regularmente vê personagens femininos na televisão trabalhando como advogadas ou juízas, poderá acreditar que ela também deve tornar-se uma advogada. E não vai atrapalhar se acontecer de as mulheres que conhece – sua mãe, irmã, mães de amigos ou vizinhos – forem advogadas. Ao contrário, se essa menina vir as mulheres mostradas na televisão somente como modelos, enfermeiras e secretárias, a sua identificação e auto-imagem serão bem diferentes. Mesmo se ela se tornar uma profissional liberal, poderá secretamente se arrepender de não cumprir o estereótipo dos meios de comunicação – uma mulher com um belo corpo, atraente e jovem de biquíni.

A televisão não está sozinha na estereotipagem das mulheres. Estudos sobre livros infantis publicados nos Estados Unidos nas décadas de 1940, 1950 e 1960 descobriram que as mulheres eram significativamente menos representadas nos papéis principais e nas ilustrações. Quase todas as personagens femininas eram mostradas como desprotegidas, passivas, incompetentes e necessitando de fortes cuidados masculinos. Estudos das ilustrações dos livros publicados entre os anos 70 e 90 descobriram algumas melhorias, mas os homens ainda dominavam os papéis centrais. Enquanto eles eram mostrados em diversos personagens, as mulheres tendiam a aparecer principalmente em papéis tradicionais, como mãe, avó ou voluntária, mesmo se também desempenhassem papéis não-tradicionais, como uma profissional que trabalha fora (Etaugh, 2003).

A pesquisa social dos papéis dos sexos revela algumas diferenças persistentes entre homens e mulheres na América do Norte e na Europa. As mulheres tendem a sentir pressão tanto para se casarem quanto para serem mães. O casamento é visto como a entrada real na vida adulta, e espera-se que as mulheres não só se tornem mães, mas que elas *desejem* se tornar mães. Obviamente, os homens desempenham um papel no casamento e com os filhos, mas também esses eventos não parecem ser essenciais durante a vida de um homem. A sociedade define a identidade dos homens pelo seu sucesso econômico. E ainda que muitas mulheres hoje esperem ter suas carreiras e obter reconhecimento na força de trabalho, o sucesso no trabalho não é tão importante para a sua identidade quanto é para os homens (Doyle e Paludi, 1998; Russo, 1976).

Os papéis tradicionais dos sexos limitam as mulheres de maneira mais severa do que os homens. Este capítulo mostra como as mulheres foram confinadas a papéis subordinados nas instituições políticas e econômicas nos Estados Unidos. Mas também é verdade que os papéis dos sexos limitam os homens.

Papéis Sexuais dos Homens

Pais que ficam em casa? Até as últimas décadas, essa idéia era impensável. Mas em uma pesquisa nacional feita em 2002, 69% dos participantes disseram que, se um dos pais ficar em casa com os filhos, não faz diferença se for o pai ou a mãe. Apenas 30% acham que a mãe deve ficar em casa. Contudo, ainda que as concepções das pessoas dos papéis sexuais estejam realmente mudando, o fato é que homens ficarem em casa cuidando dos filhos ainda é um fenômeno incomum. Em 2001, para cada pai que ficava em casa havia aproximadamente sete mães casadas que ficavam em casa (Bureau of the Census, 2002a, p. 374; Robison, 2002).

Enquanto as visões em relação às atitudes dos pais estão mudando, estudos mostram poucas mudanças no papel sexual tradicional do homem. Os papéis dos homens são construídos socialmente da mesma forma que os papéis das mulheres. A família, os pares e os meios de comunicação influenciam como um menino ou um homem vai ver seu papel adequado na sociedade. Robert Brannon (1976) e James Doyle (1995) identificaram cinco aspectos do papel do sexo masculino:

- Elemento antifeminino – não mostra "frescuras", inclusive qualquer expressão de abertura ou vulnerabilidade.
- Elemento sucesso – prova a masculinidade no trabalho e nos esportes.
- Elemento agressividade – usa a força quando lida com os outros.
- Elemento sexual – inicia e controla todas as relações sexuais.
- Elemento autoconfiança – fica frio e não se altera.

Nenhuma pesquisa sistemática estabeleceu todos esses elementos como necessariamente comuns a todos os homens, mas estudos específicos confirmam os elementos individuais.

Os homens que não atendem ao papel sexual construído socialmente enfrentam críticas constantes e mesmo humilhação, tanto das crianças, quando são meninos, quanto de outros adultos, quando crescem. Ser tratado como "covarde" ou "fresquinho" na juventude pode ser terrível – sobretudo se tais comentários vierem do pai ou dos irmãos da pessoa. E homens adultos que têm ocupações não-tradicionais, como professor de jardim da infância ou enfermeiro, lidam constantemente com outras dificuldades e olhares estranhos. Em um estudo, entrevistadores descobriram que esses homens com freqüência precisam modificar seu comportamento para minimizar as reações negativas dos outros. Um enfermeiro de 35 anos informou que tinha de dizer que era "um marceneiro ou algo do gênero" quando "saía à noite", porque as mulheres não se interessavam por um enfermeiro. Os participantes também faziam arranjos semelhantes quando estavam conversando com outros homens (Cross e Bagilhole, 2002, p. 215).

Ao mesmo tempo, os meninos que se adaptam com sucesso aos padrões culturais da masculinidade podem crescer e ficar homens inexpressivos, que não sabem compartilhar seus sentimentos com os outros. Permanecem enérgicos e duros, mas, como resultado, ficam também fechados e isolados. Na realidade, um pequeno mas crescente corpo de estudos sugere que tanto para os homens quanto para as mulheres os papéis tradicionais dos sexos podem ser desvantajosos. Em muitas comunidades nos Estados Unidos, as meninas parecem estar superando os meninos no ensino médio, assumindo uma parte desproporcional das posições de liderança, de oradoras a monitoras da classe, até editoras do livro do ano – tudo, resumindo, exceto capitãs dos times atléticos dos meninos. A vantagem delas continua depois do ensino médio. Na década de 1980, as meninas, nesse país, começaram a tender mais a ir para a faculdade do que os meninos. Em 2001, as mulheres representavam mais de 57% dos estudantes universitários em toda a nação. E em 2002, pela primeira vez, mais mulheres do que homens nos Estados Unidos obtiveram seu doutoramento (Faludi, 1999; McCreary, 1994; Sheedy, 1999; Smallwood, 2003).

Algumas dessas discrepâncias na realização podem ser explicadas observando-se que os homens podem ganhar mais por hora com menos escolaridade formal do que as mulheres. Mas, por diversas medidas, as meninas parecem levar a escola mais a sério do que os meninos. Em 2002, por exemplo, o número de estudantes mulheres fazendo os testes de Advanced Placement (AP – Colocação Avançada) era mais alto do que o de estudantes homens, na proporção de 19 para 33 candidatos. Ao todo, foram responsáveis por 54% dos estudantes que fizeram os testes AP. Os profissionais da educação precisam observar mais atentamente o mau desempenho dos homens na escola, para não falar na sua excessiva participação nos crimes e no uso ilegal de drogas denunciados (Bureau of the Census, 2003a, p. 176, 183; Conlin, 2003; Rollins, 2003; Smallwood, 2003; Sommers, 2000).

Nos últimos 40 anos, inspirados em boa parte pelo movimento feminista contemporâneo (examinado

O condicionamento cultural é importante no desenvolvimento das diferenças nos papéis dos sexos. Entre os bororos, um povo seminômade da África Ocidental, o papel sexual dos homens inclui danças cerimoniais, pintura do corpo e outras formas de adorno pessoal.

descreve os comportamentos típicos de cada sexo em três culturas diferentes da Nova Guiné:

> "Em uma primeira tribo (os arapesh), tanto os homens quanto as mulheres agem como esperamos que as mulheres ajam – de uma forma levemente maternal; na segunda (os mundugumor), ambos agem como esperamos que os homens ajam – uma forma dura de iniciação; e na terceira (os tchambuli), os homens agem de acordo com o nosso estereótipo de mulher – são maliciosos, usam cachos e fazem compras – enquanto as mulheres são parceiras energéticas, administradoras e sem enfeites." (Prefácio da edição de 1950.)

Se a biologia determinasse todas as diferenças entre os sexos, então as diferenças entre as culturas, como as descritas por Mead, não existiriam. As suas descobertas confirmam o papel influente da cultura e da socialização na diferenciação do papel sexual. Parece que não existe qualquer razão inata ou biológica para atribuir papéis sexuais completamente diferentes a homens e mulheres.

Em qualquer sociedade, a estratificação pelo sexo exige não apenas socialização individual nos papéis sexuais tradicionais na família, mas também a promoção e o apoio daqueles papéis tradicionais por outras instituições sociais, como a religião e a educação. Além disso, mesmo com todas as instituições mais importantes socializando os jovens nos papéis sexuais convencionais, todas as sociedades têm homens e mulheres que resistem e se opõem aos estereótipos com sucesso: mulheres fortes que se tornam líderes ou profissionais liberais, homens gentis que tomam conta dos filhos e assim por diante. Parece claro que as diferenças entre os sexos não são ditadas pela biologia. Realmente, a manutenção dos papéis sexuais tradicionais exige controles sociais constantes – e tais controles nem sempre são eficientes.

Podemos ver a construção social dos papéis sexuais acontecendo nas sociedades desgastadas pela guerra e pelos conflitos sociais. No verão de 2004, um ano antes do começo da guerra do Iraque, jovens meninas em Bagdá raramente se aventuravam a sair para ir a parques ou piscinas. Quando o faziam, os pais certificavam-se de que se vestissem de forma conservadora, com roupas largas e talvez com um lenço na cabeça. A derrubada do regime secular de Saddam Hussein encorajou os fundamentalistas islâmicos, que começaram a visitar as escolas para incentivar as mulheres jovens a usar mangas compridas

adiante neste capítulo), um número crescente de homens nos Estados Unidos critica os aspectos restritivos do papel sexual tradicional masculino. Alguns homens tomam posições públicas fortes para apoiar a luta das mulheres por igualdade total, e até mesmo organizam associações voluntárias, como a National Organization for Men Against Sexism (Nomas), fundada em 1975, para apoiar mudanças positivas para os homens. Mesmo assim, o papel sexual masculino tradicional permanece bem arraigado como um elemento influente da nossa cultura (Messner, 1997; National Organization for Men Against Sexism, 2003).

Use a Sua Imaginação Sociológica

Se você vivesse em uma sociedade em que não existissem papéis sexuais, como seria a sua vida?

Perspectiva Cultural Cruzada

Em que medida as diferenças biológicas contribuem para as diferenças culturais associadas aos sexos? Essa pergunta nos leva de volta ao debate sobre "natureza *versus* criação" (*nature versus nurture*). Na avaliação das diferenças alegadas e reais entre homens e mulheres, é útil cruzar informações de diferentes culturas.

A pesquisa da antropóloga Margaret Mead indica a importância do condicionamento cultural – oposto ao biológico – na definição dos papéis de homens e mulheres. Em *Sex and temperament*, Mead ([1935], 2001; 1973) e cobrir a cabeça. Embora os responsáveis pelas escolas resistissem, muitas alunas saíram dessas instituições, algumas temendo pela própria segurança, e outras por dificuldades financeiras. Na atmosfera de violência e ausência de lei que se seguiu à invasão de 2003, as mulheres jovens ficavam imaginando o que o futuro lhes reservava e se algum dia teriam a oportunidade de se tornar profissionais com escolaridade, como suas mães (Sengupta, 2004).

EXPANDINDO A ESTRATIFICAÇÃO PELO GÊNERO

Estudos culturais cruzados indicam que as sociedades dominadas pelos homens são muito mais comuns do que aquelas em que as mulheres desempenham um papel decisivo. Os sociólogos recorreram a todas as perspectivas teóricas mais importantes para entender como e por que essas distinções sociais se estabelecem. Cada abordagem focaliza a cultura em vez da biologia como o primeiro fator determinante das diferenças sexuais. Mas, em outros aspectos, os defensores dessas perspectivas sociológicas discordam profundamente.

A Visão Funcionalista

Os funcionalistas defendem que a diferenciação sexual contribui para a estabilidade social como um todo. Os sociólogos Talcott Parsons e Robert Bales (1955) afirmam que, para funcionar com eficiência, a família exige que os adultos se especializem em determinados papéis. Eles vêem os papéis sexuais tradicionais como resultantes da necessidade de estabelecer uma divisão do trabalho entre os parceiros no casamento.

Parsons e Bales argumentam que as mulheres assumem o papel de apoio emocional, a expressividade, e os homens assumem o papel prático, instrumental, com os dois se completando. *Instrumentalidade* se refere à ênfase nas tarefas, ao foco em metas mais distantes e a uma preocupação com o relacionamento externo entre a família e outras instituições sociais. *Expressividade* denota preocupação com a manutenção da harmonia e os assuntos emocionais internos da família. De acordo com essa teoria, os interesses das mulheres em metas expressivas liberam os homens para as tarefas instrumentais, e vice-versa. As mulheres se tornam ancoradas na família como esposas, mães e administradoras do lar; os homens se tornam ancorados no mundo ocupacional fora da casa. Evidentemente, Parsons e Bales ofereceram essa estrutura na década de 1950, quando muito mais mulheres eram administradoras do lar em período integral do que hoje. Esses teóricos não apoiavam explicitamente os papéis dos sexos, mas afirmavam que dividir as tarefas entre os cônjuges era funcional para a família como uma unidade.

Dada a socialização típica de mulheres e homens nos Estados Unidos, a visão funcionalista inicialmente é convincente. Entretanto, ela nos levaria a esperar que as meninas e as mulheres que não têm interesse em crianças se tornassem babás e mães. Da mesma forma, homens que adoram passar o tempo com crianças poderiam ser programados para carreiras no mundo dos negócios. Tal diferenciação poderia prejudicar o indivíduo que não se encaixa nos papéis atribuídos, bem como subtrair da sociedade as contribuições de muitas pessoas talentosas que se sentem confinadas pelo estereótipo do sexo. Além disso, a abordagem funcionalista não explica de maneira convincente por que aos homens deve ser atribuído categoricamente o papel instrumental, e às mulheres, o papel expressivo.

A Resposta do Conflito

Vista da perspectiva do conflito, a abordagem funcionalista mascara as relações de poder subjacentes entre os homens e as mulheres. Parsons e Bales nunca apresentaram explicitamente os papéis expressivo e instrumental como tendo valor diverso para a sociedade, embora sua desigualdade seja evidente. Ainda que as instituições sociais façam propaganda das habilidades expressivas das mulheres, as habilidades instrumentais dos homens são muito mais bem recompensadas, em forma de dinheiro ou de prestígio. Portanto, segundo as feministas e os teóricos do conflito, qualquer divisão de trabalho por sexo em tarefas instrumentais e expressivas está longe de ser neutra no seu impacto sobre as mulheres.

Os teóricos do conflito argumentam que as relações entre homens e mulheres sempre foram de poder desigual, com os homens em posições dominantes em relação às mulheres. Os homens podem originalmente ter-se tornado poderosos nos tempos pré-industriais por causa do seu tamanho, força física e liberdade do dever de ter filhos, o que permitiu que dominassem as mulheres fisicamente. Nas sociedades contemporâneas, tais considerações não são tão importantes, embora as crenças culturais sobre os sexos tenham sido estabelecidas há muito tempo, como enfatizaram a antropóloga Margaret Mead e a socióloga feminista Helen Mayer Hacker (1951, 1974). Essas crenças suportam uma estrutura social que coloca os homens nas posições de controle.

Os teóricos do conflito vêem as diferenças entre os sexos como um reflexo da submissão de um grupo (mulheres) por outro grupo (homens). Se usarmos uma

◀ p. 12/206 analogia da análise de Marx do conflito de classes, poderemos constatar que os homens são como a burguesia, ou os capitalistas, controlam a maior parte da riqueza, do prestígio e do poder da sociedade. As mulheres tendem a ser o proletariado, ou os trabalhadores, podem adquirir recursos valiosos somente se seguirem o que mandam seus patrões. O trabalho dos homens é valorizado de maneira uniforme, o trabalho das mulheres

Em abril de 2002, um grupo de Mulheres Congressistas reuniu-se com Kofi Annan, secretário-geral das Nações Unidas, em seu escritório em Nova York. Apesar de obterem algumas vantagens, as mulheres ainda são pouco representadas no Congresso.

(seja a tarefa não-remunerada doméstica seja o serviço externo remunerado) é desvalorizado.

A Perspectiva Feminista

Um componente importante da abordagem do conflito à estratificação pelo gênero se baseia na teoria feminista. Embora o uso desse termo seja comparativamente recente, a crítica da posição das mulheres na sociedade e na cultura já data dos primeiros trabalhos que influenciaram a sociologia. Entre os mais importantes estão *A vindication of the rights of women*, de Mary Wollstonecraft (originalmente publicado em 1792), *The subjection of women*, de John Stuart Mill (originalmente publicado em 1869) e *The origin of the family, private property and the state*, de Friedrich Engels (originalmente publicado em 1884).

Engels, um colaborador de Marx, argumentava que a subjugação das mulheres coincidiu com o aumento da propriedade privada durante a industrialização. Apenas quando as pessoas estavam mais além da economia agrária os homens tinham o luxo do lazer e retinham as recompensas e os privilégios das mulheres. Baseados no trabalho de Marx e Engels, as teóricas feministas freqüentemente vêem a subordinação das mulheres como parte da exploração geral e da injustiça inerentes às sociedades capitalistas. Algumas teóricas feministas radicais, entretanto, vêem a opressão das mulheres como inevitável em *todas* as sociedades completamente dominadas pelos homens, seja ela rotulada de capitalista, socialista ou comunista (Feuer, 1989; Tuchman, 1992).

As sociólogas feministas não encontrariam muito para discordar da perspectiva dos teóricos do conflito, mas têm mais probabilidade de abraçar uma agenda política. As feministas também argumentam que, até recentemente, a simples discussão a respeito das mulheres e da sociedade, mesmo bem intencionada, era distorcida pela exclusão das mulheres do pensamento acadêmico, inclusive da sociologia. Observamos as muitas realizações de Jane Addams e Ida Wells-Barnett, mas elas em geral trabalharam fora da disciplina, focando no que agora chamaríamos de sociologia aplicada e trabalho social. No tempo dos seus esforços, embora valorizadas como humanitárias, eram vistas como não relacionadas à pesquisa e às conclusões atingidas nos círculos acadêmicos, que, claro, eram compostos por círculos acadêmicos masculinos (Andersen, 1997; J. Howard, 1999).

As teóricas feministas hoje (inclusive teóricos do conflito) enfatizam que, nos Estados Unidos, o domínio masculino vai bem além da esfera econômica. Neste livro vamos examinar aspectos perturbadores do comportamento dos homens em relação às mulheres: a triste realidade do estupro, mulheres que apanham do marido, assédio sexual e assédio nas ruas, tudo ilustrando e intensificando a posição subalterna da mulher. Mesmo que as mulheres consigam uma igualdade econômica com os homens, mesmo que obtenham uma representação igual no governo, a igualdade genuína entre os sexos não poderá ser atingida se esses ataques permanecerem tão comuns como são hoje.

Os teóricos funcionalistas, do conflito e feministas reconhecem que não é possível mudar os papéis dos sexos substancialmente sem fazer revisões profundas na estrutura social da cultura. Os funcionalistas percebem o potencial para a desordem social, ou pelo menos para conseqüências sociais desconhecidas, se todos os aspectos da tradicional estratificação pelo gênero forem perturbados. Mas, para os teóricos do conflito e feministas, nenhuma estrutura social é desejável na realidade se for mantida pela opressão da maioria dos cidadãos. Esses teóricos argumentam que a estratificação pelo gênero pode ser funcional para os homens – que têm o poder e os privilégios – mas dificilmente atende aos interesses das mulheres.

A Abordagem Interacionista

Enquanto os funcionalistas e os teóricos do conflito que estudam a estratificação por sexo focalizam as forças e instituições em um âmbito social macro, os pesquisadores interacionistas tendem a examinar a estratificação pelo gênero no âmbito micro do comportamento diário. Como um exemplo, estudos mostram que os homens promovem até 96% das interrupções em conversas entre sexos (homem-mulher). Os homens, mais do que as mulheres, tendem a mudar o assunto da conversa, ignorar os temas escolhidos pelos membros do sexo oposto, minimizar as contribuições e idéias dos membros do sexo oposto, e valorizar suas próprias contribuições. Esses padrões refletem o domínio conversacional dos homens (e, em um certo sentido, político). Além disso, mesmo quando as mulheres ocupam posições de prestígio, como a de médica, tendem a ser mais interrompidas do que seus equivalentes masculinos (Ridgeway e Smith-Lovin, 1999; Tannen, 1990; West e Zimmerman, 1983).

Essas descobertas a respeito das conversas entre os sexos são replicadas com freqüência. Elas têm uma implicação impressionante quando se consideram as dinâmicas do poder subjacente nas interações entre os sexos – empregador e candidata a um emprego, professor universitário e estudante, marido e mulher, só para mencionar alguns. De uma perspectiva interacionista, essas trocas diárias, simples, são mais um campo de batalha na luta pela igualdade dos sexos – conforme as mulheres tentam encaixar uma palavra no meio das interrupções promovidas pelos homens e do domínio verbal deles (Hollander, 2002; Okamoto e Smith-Lovin, 2001; Tannen, 1994a, 1994b).

MULHERES: A MAIORIA OPRIMIDA

Muitas pessoas – homens e mulheres – acham difícil conceber as mulheres como um grupo subordinado e oprimido. Mas basta dar uma olhada na estrutura política dos Estados Unidos: as mulheres permanecem incrivelmente pouco representadas. Em 2003, por exemplo, apenas seis entre os 50 estados tinham uma governadora (Arizona, Delaware, Havaí, Kansas, Michigan e Montana).

As mulheres têm feito um progresso lento, mas constante em certas arenas políticas. Em 1981, dos 535 membros do Congresso, apenas 21 eram mulheres: 19 na Câmara dos Deputados e duas no Senado. Em contraste, o Congresso que tomou posse em janeiro de 2003 tinha 72 mulheres: 59 na Câmara e 13 no Senado. Mas os membros e as lideranças do Congresso permanecem esmagadoramente masculinos (Center for American Women and Politics, 2003). No Brasil, é de 7% apenas a representatividade das mulheres no Congresso, e em 2006 só o Rio de Janeiro tinha uma governadora. A senadora Heloísa Helena, primeira mulher a candidatar-se oficialmente à Presidência da República no País, tecnicamente não tem nenhuma chance de ganhar as eleições de outubro de 2006.

Em outubro de 1981, Sandra Day O'Connor tomou posse como a primeira juíza da Corte Suprema. Ainda assim, nenhuma mulher foi presidente dos Estados Unidos, vice-presidente, presidente da Câmara, ou presidente da Corte Suprema.

No Brasil, em 2006, a juíza Ellen Gracie tornou-se a primeira mulher a ocupar o cargo de presidente do Supremo Tribunal Federal.

Sexismo e Discriminação Sexual

Da mesma forma que os afro-americanos são vítimas do racismo, as mulheres sofrem com o sexismo. *Sexismo* é uma ideologia que entende que um sexo é superior ao outro. Essa designação é em geral usada para se referir ao preconceito e à discriminação masculinas em relação às mulheres. No Capítulo 10, observamos que os negros podem sofrer atos de racismo individuais e discriminação institucional. A *discriminação institucional* foi definida como a negação de oportunidades e direitos iguais a indivíduos e grupos que resulta das operações normais de uma sociedade. No mesmo sentido, as mulheres sofrem atos de sexismo individual (como observações preconceituosas e atos de violência) e sexismo institucional.

O que acontece não é que os homens nos Estados Unidos, na vida privada, tenham preconceitos no seu tratamento com as mulheres, todas as instituições importantes dessa sociedade – incluindo o governo, as forças armadas, as companhias de grande porte, os meios de comunicação, as universidades e os estabelecimentos médicos – são controladas por homens. Essas instituições, em suas operações diárias normais, freqüentemente discriminam as mulheres e perpetuam o sexismo. Por exemplo, se o escritório central de um banco que tem agências em todo o território nacional estabelece uma política de que as mulheres solteiras são um grande risco para empréstimos – independentemente de sua renda e investimento –, aquele banco discriminará as mulheres em cada um dos estados. Ele o fará mesmo em agências onde os responsáveis pelos empréstimos não têm preconceito em relação às mulheres, mas estarão apenas "cumprindo ordens". O Quadro 11-1 afasta o mito preconceituoso de que as mulheres não podem ser boas médicas, que as escolas médicas usaram durante anos para justificar as suas políticas discriminatórias de admissão.

Nossa sociedade é dirigida por instituições dominadas por homens, mas, com o poder que flui para os homens, vêm a responsabilidade e o estresse. Os homens informam taxas mais altas de certos tipos de doenças mentais que as mulheres, e maior tendência de morte por enfarte ou derrame cerebral. A pressão sobre os homens para que tenham sucesso e depois permaneçam no topo do mundo competitivo do trabalho pode ser muito intensa. Isso não sugere que a estratificação pelo gênero seja tão nociva para os homens quanto para as mulheres. Mas está claro que o poder e o privilégio que os homens têm não são uma garantia de bem-estar pessoal.

Pesquisa em Ação
11-1 DIFERENÇAS ENTRE OS SEXOS NA COMUNICAÇÃO DE MÉDICOS COM PACIENTES

Quando Perri Klass contou para o seu filho de quatro anos que ia levá-lo ao pediatra, ele perguntou: "Ela é uma boa médica?" Klass, uma professora da faculdade de pediatria, ficou impressionada pela pressuposição inocente do menino de que, como a própria mãe, todas as pediatras eram mulheres. "Meninos também podem ser médicos", ela lhe disse.

Pouco tempo atrás, haveria pouca possibilidade de confusão por parte do filho dela. Klass provavelmente não teria sido aceita na escola de medicina, e menos ainda teria sido indicada como professora nessa área. Mas, desde o advento do movimento das mulheres, a profissão médica integra as mulheres em suas fileiras. Agora, mais de vinte estudos feitos durante as últimas três décadas e meia indicam que as mulheres não apenas são médicas competentes, como também, em alguns aspectos, são mais eficientes do que seus colegas homens.

A vantagem feminina é particularmente evidente na comunicação médico-paciente. As médicas de cuidados básicos gastam dois minutos a mais, ou 10%, do que colegas. Também fazem comunicações mais centradas no paciente, escutam mais, fazem perguntas sobre o bem-estar pessoal dos pacientes, e os aconselham sobre as preocupações que os trouxeram ao consultório. E – talvez o mais

> *As mulheres não apenas são médicas competentes, como tembém, em alguns aspectos, são mais eficientes do que seus colegas homens.*

importante – as médicas tendem a ver a sua relação com os pacientes como uma parceria ativa, na qual discutem diversas opções de tratamento com eles, em vez de recomendarem um único caminho. De um ponto de vista sociológico, essas diferenças entre médicos e médicas correspondem às diferenças de sexo no estilo de comunicação que os pesquisadores interacionistas observaram.

Em alguns aspectos, médicos e médicas não são diferentes. Os pesquisadores não observaram diferenças na qualidade ou na quantidade de tempo que os dois grupos despendem com assuntos puramente médicos, ou no tempo que despendem conversando socialmente com os pacientes.

Vamos Discutir

1. Em sua experiência, você já observou diferenças de sexo na forma como os médicos se comunicam com seus pacientes? Explique.
2. Por que a qualidade da comunicação do médico com os pacientes é importante? Qual seria o benefício do estilo superior da comunicação de uma médica?

Fontes: Carrol, 2003; Klass, 2003, p. 319; Roter et al., 2002.

Assédio Sexual

A justiça reconhece dois tipos de assédio sexual. Definido formalmente, ***assédio sexual*** é o comportamento que ocorre quando os benefícios do trabalho são condicionados a favores sexuais (como uma troca), ou quando passadas de mão, comentários lascivos, ou a exibição de material pornográfico criam um "ambiente hostil" no local de trabalho. Em 1998, a Corte Suprema decidiu que o assédio se aplica a pessoas do mesmo sexo e também às de sexo oposto. O assédio tipo "troca" é fácil de ser identificado no tribunal. Mas o problema do ambiente hostil se tornou objeto de um considerável debate nos tribunais e entre o público em geral (L. Greenhouse, 1998; Lewin, 1998).

O assédio sexual deve ser compreendido no contexto do preconceito e da discriminação contínuos em relação às mulheres. Se o assédio sexual ocorre na burocracia federal, no mundo corporativo, ou nas universidades, em geral ele acontece em organizações nas quais os homens brancos estão no alto da hierarquia de autoridade, e o trabalho das mulheres é menos valorizado do que o dos homens. Uma pesquisa no setor privado descobriu que as mulheres afro-americanas têm três vezes mais a probabilidade de sofrer assédio sexual do que as mulheres brancas. Da perspectiva do conflito, não é surpreendente que as mulheres – especialmente as mulheres negras – tenham mais probabilidade de ser vítimas do assédio sexual. Em termos de segurança no emprego, esses grupos são os funcionários mais vulneráveis das empresas (J. Jones, 1988).

Use a Sua Imaginação Sociológica

Como Naomi Wolf, autora de *The beauty myth* (O mito da beleza) interpretaria o problema do assédio sexual?

A Condição da Mulher no Mundo

Uma visão detalhada da condição das mulheres no mundo publicada pelas Nações Unidas em 2000 observou que mulheres e homens vivem em mundos diferentes – mundos que diferem em termos de acesso à educação e às oportunidades de trabalho, bem como à saúde, à segurança pessoal e aos direitos humanos. A cultura hindu da Índia, por exemplo, torna a vida particularmente difícil para as viúvas. Quando uma mulher hindu se casa, passa a fazer parte da família do marido. Se o marido morre, ela é uma "propriedade" daquela família. Em muitos casos, acaba trabalhando como uma empregada sem pagamento, em outros, simplesmente é abandonada sem um tostão. As escrituras antigas hindus descrevem as viúvas como "não-auspiciosas" e aconselha que "um homem sábio deve evitar os seus favores como veneno de cobra" (Burns, 1998, p. 10). (Embora as mulheres ocidentais tendam a ver as sociedades muçulmanas como ruins para as mulheres também, tal percepção é uma generalização excessiva. Os países muçulmanos são muito variados e complexos, nem sempre correspondendo aos estereótipos criados pelos meios de comunicação ocidental.)

Estima-se que as mulheres cultivem os alimentos da metade do mundo, mas raramente são donas da terra. Constituem um terço da força de trabalho assalariada do mundo, mas em geral são encontradas nos empregos que pagam menos. As famílias lideradas por mulheres sozinhas, que parecem estar aumentando em muitos países, são encontradas nas camadas mais pobres da população. A feminização da pobreza se tornou um fenômeno global. Como nos Estados Unidos, as mulheres em todo o mundo são pouco representadas politicamente.

Embora reconhecendo que muito tem sido feito para aumentar a consciência das pessoas sobre as desigualdades entre os sexos, um relatório publicado pela ONU em 2000 identificou diversos problemas que persistem:

- Apesar dos seus progressos na educação superior, as mulheres ainda enfrentam grandes barreiras quando tentam usar suas realizações educacionais para progredir no trabalho. Por exemplo, as mulheres raramente ocupam mais do que 1% a 2% dos altos cargos executivos.
- As mulheres quase sempre trabalham em ocupações com *status* e salários mais baixos do que os dos homens. Tanto nos países desenvolvidos quanto naqueles em desenvolvimento, muitas mulheres são trabalhadoras da família – sem salário (a Figura 11-1 mostra a participação das mulheres na força de trabalho assalariada em sete países industrializados).
- Apesar das normas sociais a respeito de apoio e proteção, muitas viúvas em todo o mundo recebem pouco apoio concreto das redes da família estendida.
- Em muitos países africanos e alguns asiáticos, a tradição manda cortar os genitais das mulheres, geralmente por praticantes que não usam instrumentos esterilizados. Essa prática leva a complicações imediatas e graves, que vão de infecção a problemas de saúde por longo tempo.
- Embora os homens sejam em maior número do que as mulheres entre os refugiados, as mulheres refugiadas têm necessidades únicas, como proteção contra abuso físico e sexual (United Nations, 2000).

FIGURA 11-1

Taxas da Participação da Força de Trabalho por Sexo e por País, 2001

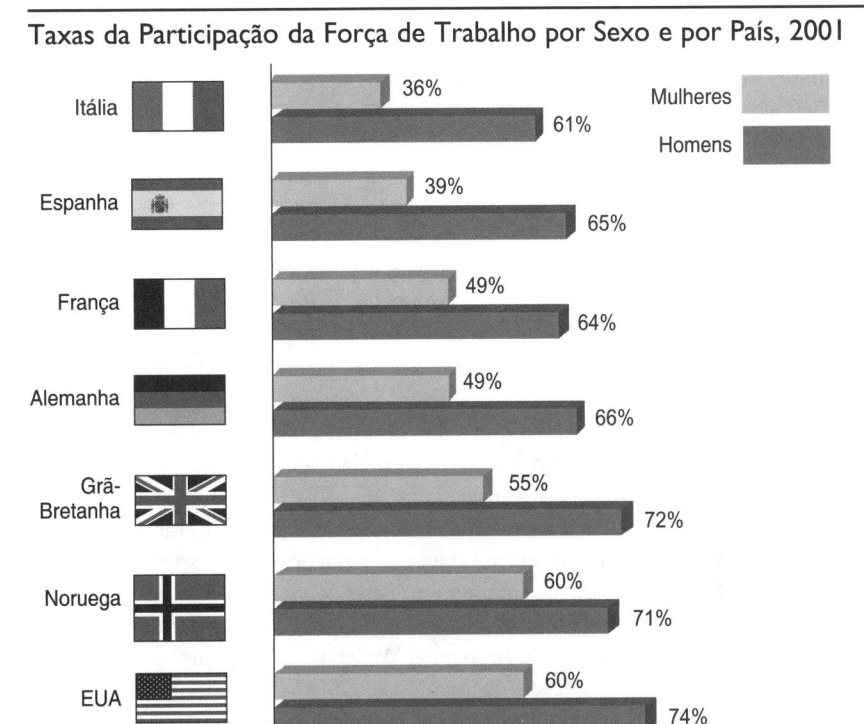

País	Mulheres	Homens
Itália	36%	61%
Espanha	39%	65%
França	49%	64%
Alemanha	49%	66%
Grã-Bretanha	55%	72%
Noruega	60%	71%
EUA	60%	74%

Fonte: Department of Labor, 2003b.

Pense nisto
Em todos os países, qual parece ser uma relação entre sexo e participação na força de trabalho? O que se pode dizer sobre a relação entre o país e a participação na força de trabalho?

Segundo dados do Instituto de Pesquisa Econômica Aplicada (Ipea), em 1998 havia 2,7 milhões de estudantes universitários no Brasil, dos quais 53% eram mulheres, sobretudo nos cursos de letras, pedagogia, fonoaudiologia, odontologia e ciências sociais. Havia 31 mil homens doutores, contra 10 mil mulheres, porém 31% das mulheres eram mestras, contra 25% dos homens.

282 Capítulo 11

Apesar desses desafios, as mulheres não estão respondendo passivamente, elas se mobilizam, individual e coletivamente. Dada a considerável sub-representação das mulheres no governo e no legislativo, entretanto, a tarefa é difícil, como veremos no Capítulo 14.

Que conclusão podemos tirar a respeito da desigualdade das mulheres no mundo?

Primeiro, como observou a antropóloga Laura Nader (1986, p. 383), mesmo em países relativamente mais igualitários do Ocidente, a subordinação das mulheres é "estruturada institucionalmente e racionalizada culturalmente, expondo-as a condições de condescendência, dependência, falta de poder e pobreza". Ainda que a situação das mulheres na Suécia e nos Estados Unidos seja significativamente melhor do que a das mulheres na Arábia Saudita e em Bangladesh, mesmo assim elas permanecem em uma posição de segunda classe nos países mais desenvolvidos e ricos do mundo.

Segundo, existe uma ligação entre a riqueza das nações industrializadas e a pobreza dos países em desenvolvimento. Visto da perspectiva do conflito ou pela ótica da análise dos sistemas do mundo de Immanuel Wallerstein, as economias dos países em desenvolvimento são controladas e exploradas pelos países industrializados e pelas corporações multinacionais sediadas nesses países. Muito da mão-de-obra explorada nos países em desenvolvimento, especialmente no setor não-industrial, compõe-se de mulheres. As mulheres em geral trabalham muitas horas por baixos salários, mas contribuem significativamente para a renda das suas famílias (Jacobson, 1993).

◀ p. 221-226

As Mulheres na Força de Trabalho dos Estados Unidos

Há quase 30 anos a United States Commission on Civil Rights (1976, p. 1) concluiu que a passagem na Declaração da Independência proclamando que "todos os homens são criados iguais" foi levada em conta muito literalmente, e por tempo demais – especialmente a respeito das oportunidades de trabalho das mulheres. Nesta seção, veremos como o preconceito sexual limita as oportunidades de trabalho das mulheres fora de casa, ao mesmo tempo que as força a uma carga desproporcional dentro do lar.

Visão Estatística

A participação das mulheres na força de trabalho assalariada dos Estados Unidos cresceu continuamente durante todo o século XX (ver Figura 11-2). A mulher adulta não é mais associada somente ao papel de dona de casa, ao contrário, milhões de mulheres – casadas e solteiras, com e sem filhos – integram a força de trabalho assalariada. Em 2002, 60% das mulheres adultas nos Estados Unidos tinham um emprego fora de casa, contra 38% em 1960. Entre as mães recentes, 56% voltam à força de trabalho dentro de um ano após o parto. Em 1975, apenas 29% voltavam ao trabalho (Bureau of the Census, 2003a, p. 390, 391).

FIGURA 11-2

Tendências da Participação das Mulheres na Força de Trabalho Assalariada nos Estados Unidos, 1890–2002

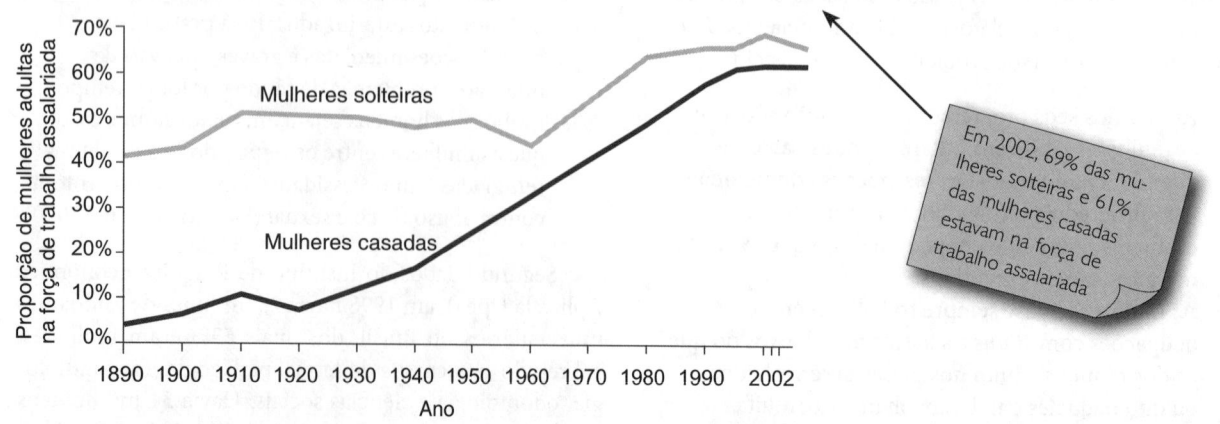

Em 2002, 69% das mulheres solteiras e 61% das mulheres casadas estavam na força de trabalho assalariada

Fonte: Bureau of the Census, 1975; 2003a, p. 390.

Em 2004, segundo a Síntese dos Indicadores Sociais do IBGE, havia 35,4 milhões de mulheres ativas no mercado formal de trabalho no Brasil, correspondendo a quase metade da população economicamente ativa (PEA).

Entretanto, as mulheres que estão entrando no mercado de trabalho encontram suas opções significativamente limitadas. Em especial danosa é a segregação ocupacional, ou confinamento aos "empregos para mulheres". Por exemplo, em 2001 as mulheres representavam 98% de todas as secretárias e assistentes de dentistas, e 86% de todas as bibliotecárias. Começar a trabalhar nessas ocupações "para mulheres" coloca as mulheres em papéis de "servir" que são paralelos ao padrão do papel tradicional do sexo em que as esposas "servem" seus maridos.

Tabela 11-2 — Mulheres Norte-americanas em Ocupações Selecionadas, 2002; Mulheres como Porcentagem de Todos os Trabalhadores em cada Ocupação

Sub-representadas		Super-representadas	
Bombeiros	3%	Professores do ensino médio	58%
Pilotos de avião	4	Assistentes sociais	74
Engenheiros	11	Caixas	77
Clérigos	14	Funcionários administrativos	82
Policiais	18	Bibliotecários	82
Dentistas	19	Professores primários	83
Analistas de sistemas	28	Enfermeiros registrados	93
Advogados	29	Recepcionistas	97
Carteiros	30	Trabalhadores de creches	98
Médicos	31	Profissionais da higiene bucal	98
Professores universitários	43	Secretárias	99

Fonte: Bureau of the Census, 2003a, p. 399–401.

As mulheres são *sub-representadas* em ocupações historicamente definidas como "trabalho de homem", que com freqüência têm recompensas financeiras muito maiores e muito mais prestígio do que os trabalhos das mulheres. Em 2001, as mulheres representavam cerca de 47% da força de trabalho assalariada dos Estados Unidos, mas constituíam apenas 11% de todos os engenheiros, 19% dos dentistas, 28% de todos os analistas de sistemas, e 31% de todos os médicos (ver Tabela 11-2).

Tal segregação ocupacional não acontece só nos Estados Unidos, ela é típica de países industrializados. Na Grã-Bretanha, por exemplo, apenas 29% dos analistas de informática são mulheres, enquanto 81% dos caixas e 90% dos enfermeiros são mulheres (Cross e Bagilhole, 2002).

As mulheres de todos os grupos e os homens dos grupos minoritários às vezes encontram preconceito de atitude ou da organização que os impedem de atingir seu pleno potencial. Como vimos no Capítulo 10, a expressão *glass ceiling (teto de vidro)* se refere a uma barreira invisível que bloqueia a promoção de indivíduos qualificados no ambiente de trabalho por causa do sexo, da raça ou etnia. Um estudo da *Fortune* sobre as 1.000 maiores corporações nos Estados Unidos mostrou que menos de 15% das cadeiras nos conselhos de administração eram ocupadas por mulheres em 2002 (G. Strauss, 2002).

Uma resposta ao "teto de vidro" e a outros tipos de preconceito sexual no mercado de trabalho é começar seu próprio negócio e trabalhar como autônomo. Essa rota para o sucesso, tradicionalmente tomada pelos homens de grupos de minorias raciais e imigrantes, tornou-se comum entre as mulheres, conforme buscam cada vez mais um trabalho fora de casa. Segundo os dados mais recentes, as mulheres possuem 5,4 milhões de negócios nos Estados Unidos, um número impressionante. Entretanto, muitas dessas operações são empresas bastante pequenas, onde as mulheres trabalham sozinhas. Apenas 16% dos negócios de propriedade de mulheres têm funcionários remunerados (Bureau of the Census, 2003a, p. 508).

Os padrões do mercado de trabalho descritos aqui têm um resultado crucial: as mulheres ganham menos dinheiro do que os homens na força de trabalho assalariada. Um estudo feito pelo General Accounting Office (2002) comparava os salários gerenciais de mulheres e homens em dez indústrias que empregam 70% de mulheres, incluindo as indústrias do entretenimento, seguro, varejo, administração pública e educação. As gerentes chegavam quase a ter salários equiparáveis aos dos homens na educação, em que aquelas com jornada de período integral ganhavam 91 centavos para cada dólar recebido pelos homens nas mesmas funções. Mas, em média, as mulheres ganhavam apenas 78 centavos para cada dólar pago aos homens. Particularmente perturbadora foi a descoberta que, na maioria dos setores, a diferença entre os ganhos de homens e mulheres realmente aumentou entre 1995 e 2000. A diferença permaneceu mesmo depois que os pesquisadores ajustaram suas descobertas para variáveis como educação, idade e estado civil. O "teto de vidro" estava bem firme.

No Brasil, as mulheres ganham, em média, 30% menos do que os homens, ocupando os mesmos cargos ou cargos muito próximos na estrutura hierárquica das empresas. Segundo a Síntese dos Indicadores Sociais do

FIGURA 11-3

Diferenças dos Sexos no Cuidado das Crianças e no Trabalho Doméstico, 1997

Horas cuidando das crianças

Dias úteis — Homens / Mulheres
- 1977: 1,8 / 3,3
- 1997: 2,3 / 3,0

Dias não-úteis
- 1977: 5,2 / 7,3
- 1997: 6,4 / 8,3

Horas fazendo trabalhos domésticos

Dias úteis — Homens / Mulheres
- 1977: 1,2 / 3,7
- 1997: 2,2 / 3,1

Dias não-úteis
- 1977: 4,2 / 7,2
- 1997: 5,1 / 6,1

As mulheres ainda gastam mais tempo cuidando das crianças e dos trabalhos domésticos do que os homens.

Fonte: Bond et al., 1998, p. 40-41, 44-45.

IBGE, em 2004, o rendimento médio mensal das mulheres brasileiras (R$ 644,80) representava 77,33% do rendimento médio dos homens (R$ 833,80), diminuindo um pouco, portanto, a diferença de 30% que se mantivera até então, e ao longo de décadas, entre os salários dos homens e das mulheres.

Enquanto as mulheres podem estar em desvantagem nas ocupações dominadas pelos homens, o mesmo não é verdade para os homens nas ocupações dominadas pelas mulheres. A socióloga Michelle Budig (2002) examinou um banco de dados nacional contendo informações coletadas durante 15 anos sobre as carreiras de mais de 12 mil homens. Ela descobriu que os homens tinham vantagens de maneira uniforme nas ocupações femininas. Embora os enfermeiros homens, professores do nível médio e bibliotecários enfrentem um certo desprezo da sociedade maior, tendem muito mais do que as mulheres a ser encorajados a se tornar administradores. Observadores da força de trabalho chamam essa vantagem dos homens em ocupações dominadas pelas mulheres de *escada de vidro* – um grande contraste com o "teto de vidro" (J. Jacobs, 2003; C. L. Williams, 1992, 1995).

Conseqüências Sociais do Trabalho das Mulheres

Hoje, muitas mulheres enfrentam o desafio de tentar conciliar trabalho e família. Sua situação tem muitas conseqüências sociais. Para começar, pressiona as instalações de cuidado de crianças, financiamento público de creches, e mesmo a indústria de alimentos prontos, que fornece muitas refeições que as mulheres costumavam preparar. Segundo, levanta questões sobre quais as responsabilidades que os homens que ganham o dinheiro têm dentro de casa.

Quem faz o trabalho de casa quando as mulheres começam a ganhar dinheiro de forma produtiva? Os estudos indicam que existe uma distância clara entre os sexos quanto ao trabalho de casa, embora ela esteja diminuindo. Ainda assim, como mostra a Figura 11-3, um estudo demonstrou que as mulheres trabalham mais em casa e gastam mais tempo cuidando das crianças do que os homens, seja nos dias de semana ou não. Tudo somado, o dia de trabalho de uma mulher tem mais trabalho do que o de um homem. Outro desenvolvimento recente durante os últimos 20 anos é o envolvimento das mulheres no cuidado dos idosos. De acordo com estudos nacionais norte-americanos, 60% dessas pessoas que cuidam dos idosos são mulheres que em geral gastam 18 horas por semana cuidando de um dos pais (Department of Labor, 1998; Kornblum, 2004).

A socióloga Arlie Hochschild (1989, 1990) usou a expressão ***dupla jornada (ou segundo turno)*** para descrever as tarefas dobradas – trabalho fora de casa seguido de cuidado das crianças e trabalho doméstico – que muitas mulheres enfrentam e que poucos homens compartilham de forma justa. Com base em entrevistas e observações de 52 casais durante um período de oito anos, Hochschild informou que as esposas (e não seus maridos) dirigem o carro para casa vindo do trabalho enquanto planejam cronogramas domésticos e horários de brincar para as crianças – e depois começam a sua jornada dupla. Com base em estudos nacionais, ela conclui que as mulheres gastam 15 horas a menos em atividades de lazer do que seus maridos. Em um ano, essas mulheres trabalham um mês a mais (de dias de 24 horas) por causa da jornada dupla; em 12 anos, trabalham um ano (de dias de 24 horas) a mais. Hochschild descobriu que os casais casados que estudou estavam desgastados, assim como suas carreiras e seu casamento. Com tais informações em mente, muitas feministas advogam maior suporte corporativo e governamental para o cuidado das crianças, mais políticas flexíveis de licença-família, e outras reformas projetadas para diminuir a carga dos pais em relação à sua família ◄ p. 97-98 (Mattingly e Bianchi, 2003).

A maioria dos estudos sobre sexo, cuidado de crianças e trabalho doméstico focaliza o tempo realmente gasto pelas mulheres e homens na realização desses deveres. Entretanto, a socióloga Susan Walzer (1996) estava interessada em saber se existem diferenças entre os sexos na quantidade de tempo que os pais gastam *pensando* no cuidado de seus filhos. Baseada nas entrevistas com 25 casais, Walzer descobriu que as mães estão muito mais envolvidas do que os pais no trabalho mental invisível associado ao cuidado de um bebê. Por exemplo, enquanto desempenham seu trabalho fora de casa, as mães tendem mais a pensar em seus bebês e a se sentir culpadas se ficam muito envolvidas nas exigências do trabalho e *não conseguem* pensar em seus bebês.

Mulheres: Emergência de uma Consciência Coletiva

O movimento feminista dos Estados Unidos nasceu no norte do Estado de Nova York, em uma cidade chamada Seneca Falls, no verão de 1848. Em 19 de julho, a primeira convenção dos direitos das mulheres começou com a presença de Elizabeth Cady Stanton, Lucretia Mott e outras pioneiras da luta pelos direitos das mulheres. A primeira onda de *feministas*, como hoje são conhecidas, enfrentou o ridículo e o desprezo enquanto lutava pela igualdade legal e política das mulheres, e essas mulheres não tinham medo de se arriscar à controvérsia em nome da sua causa; em 1872, Susan B. Anthony foi presa por tentar votar na eleição presidencial daquele ano.

Finalmente, as primeiras feministas conseguiram muitas vitórias, entre elas a aprovação e ratificação da 19ª Emenda da Constituição, que garantiu às mulheres o direito de votar nas eleições nacionais a partir de 1920. Mas o sufrágio não levou a outras reformas na posição social e econômica das mulheres, e no início e em meados do século XX o movimento das mulheres se tornou uma força muito menos poderosa em termos de mudança social. As mulheres brasileiras obtiveram o direito ao voto apenas na década de 1930, isto é, com a promulgação da Constituição de 1934.

A segunda onda do feminismo nos Estados Unidos emergiu na década de 1960 e entrou com força total na década seguinte. Em parte, o movimento foi inspirado por três livros pioneiros questionando os direitos das mulheres: *O segundo sexo*, de Simone de Beauvoir, *The feminine mystique*, de Betty Friedan, e *Sexual politics*, de Kate Millett. Além disso, em geral, os ativistas políticos da década de 1960 levaram as mulheres – muitas das quais trabalhavam pelos direitos civis dos negros ou contra a guerra do Vietnã – a reexaminar sua própria falta de poder. O sexismo freqüentemente encontrado nos círculos ditos progressistas e radicais convenceu muitas mulheres de que elas precisavam estabelecer seu próprio movimento pela sua liberação (Evans, 1980; S. Firestone, 1970; Freeman, 1973, 1975).

Conforme cada vez mais mulheres se tornam conscientes das atitudes e práticas sexistas, inclusive atitudes que elas mesmas aceitaram por meio da socialização dos papéis tradicionais do sexo, começam a desafiar o domínio masculino. Um sentido de irmandade, parecido com a consciência de classe que Marx esperava que emergisse do proletariado, tornou-se evidente. Mulheres individualmente identificaram seus interesses com aqueles das mulheres coletivamente. As mulheres não eram mais felizes nos seus papéis subordinados, de submissão ("falsa consciência" em termos marxistas).

No entanto, levantamentos nacionais feitos nos dias de hoje mostram que, embora as mulheres costumam apoiar posições feministas, não necessariamente aceitam o rótulo de *feministas*. Cerca de 40% das mulheres se consideravam feministas em 1989; a proporção caiu para quase 20% em 1998. O feminismo como uma causa política unificada, exigindo que a pessoa aceite uma posição semelhante em tudo, do aborto ao assédio sexual, da pornografia à assistência, caiu no mau gosto. Mulheres e homens preferem expressar suas opiniões nesses assuntos complexos individualmente, em vez de sob a conveniente proteção do feminismo. Assim, o feminismo ainda está

Kim Ng é vice-presidente e gerente-geral assistente dos Dodgers de Los Angeles. No mundo quase totalmente masculino da primeira divisão do basquete, ela venceu os preconceitos raciais, étnicos e sexuais, ganhando uma reputação de ser uma negociadora dura nos casos de arbitragem de jogadores.

muito vivo na aceitação crescente das mulheres no desempenho de papéis não-tradicionais, e mesmo no reconhecimento básico de que uma mãe casada não apenas trabalha fora de casa, mas talvez *pertença* à força de trabalho. Em sua maioria, as mulheres dizem que, se puderem escolher, preferem trabalhar fora do lar a ficar em casa e cuidar dos afazeres domésticos e da família, e aproximadamente um quarto das mulheres prefere o título de *Ms.* (o título independe do estado civil da mulher), enquanto *Miss* e *Mrs.* a identificam como solteira ou casada, respectivamente (Bellafante, 1998; Geyh, 1998).

O movimento das mulheres já realizou protestos públicos em relação a uma ampla variedade de assuntos. As feministas apoiaram a aprovação da emenda pelos direitos iguais, subsídios governamentais para creches (Capítulo 4), ação afirmativa pelas mulheres e minorias (Capítulo 14), legislação federal colocando na ilegalidade a discriminação na educação (Capítulo 13), maior representação das mulheres no governo (Capítulo 14), e o direito ao aborto legal (discutido na seção de política social deste capítulo).

Na Coréia, certos aniversários são celebrados como marcos, e complementados com refeições formais. Na celebração do 60º aniversário, por exemplo, todos os membros jovens da família fazem uma reverência perante o feliz ancião, um por um, por ordem de idade, e oferecem presentes. Mais tarde, competem uns com os outros na composição de poemas e interpretação de canções para marcar a ocasião. Infelizmente, nem todos os idosos têm essa sorte: em muitas outras culturas, ser idoso é quase o mesmo que estar morto.

ENVELHECIMENTO E SOCIEDADE

Os sherpas – um povo budista que fala tibetano no Nepal – vivem em uma cultura que idealiza a idade madura. Quase todos os membros idosos da cultura sherpa são donos da sua própria casa, e a maioria deles está em condições físicas relativamente boas. Em geral, os sherpas idosos valorizam sua independência e preferem não morar com seus filhos. Entre os fulani da África, entretanto, os homens e mulheres mais velhos mudam-se para o limite do local onde vive a família. Uma vez que é ali que as pessoas são enterradas, os idosos dormem sobre os seus próprios túmulos, porque são vistos socialmente como mortos. Como na estratificação pelo gênero, a estratificação pela idade varia de uma cultura para outra. Uma sociedade pode tratar as pessoas mais velhas com grande reverência, enquanto outras as vêem como improdutivas e "difíceis" (M. Goldstein e Beall, 1981; Stenning, 1958; Tonkinson, 1978).

É compreensível que todas as sociedades tenham um sistema de estratificação por idade que associa certos papéis sociais a distintos períodos da vida. Algumas dessas diferenciações por idade parecem inevitáveis; não faria sentido mandar uma criança para a guerra, ou esperar que a maioria dos cidadãos mais velhos desempenhasse tarefas que exigissem força física, como carregar cargas em navios. Mas, como no caso da estratificação pelo gênero, nos Estados Unidos a estratificação por idade vai bem além das limitações físicas dos seres humanos nas diferentes idades.

Nos Estados Unidos, "ser velho" é um *status* fundamental que ofusca todos os outros. Os *insights* da teoria do rótulo podem nos ajudar a analisar as conseqüências do envelhecimento. Uma vez que uma pessoa é rotulada de "velha", a designação tem um grande impacto sobre

p. 187-188 como os outros a percebem, e mesmo sobre como ela se vê. Estereótipos negativos quanto aos idosos contribuem para o seu posicionamento como um grupo de minoria sujeito à discriminação, como veremos posteriormente neste capítulo.

O modelo das cinco propriedades básicas de uma minoria ou grupo subordinado (introduzido no Capítulo 10) pode ser aplicado às pessoas mais velhas nos Es-

p. 241-242 tados Unidos para explicar a sua condição subordinada:

1. Os idosos enfrentam tratamento desigual no trabalho, e poderão enfrentar preconceito e discriminação.

2. Os idosos compartilham características físicas que os distinguem das pessoas jovens. Além disso, suas preferências culturais e atividades de lazer são diferentes das do resto da sociedade.
3. Pertencer a esse grupo desprivilegiado é involuntário.
4. As pessoas mais velhas têm um sentido forte de solidariedade de grupo, como se reflete no crescimento de centros de idosos, comunidades de aposentados e organizações de apoio.
5. As pessoas mais velhas geralmente são casadas com outras de idade semelhante.

Existe uma diferença crucial entre as pessoas mais velhas e os outros grupos subordinados, como minorias raciais e étnicas ou mulheres: *todos* nós, se vivermos o suficiente, finalmente assumiremos o *status* atribuído de uma pessoa mais velha (Barron, 1953; J. Levin e Levin, 1980; Wagley e Harris, 1958).

EXPLICANDO O PROCESSO DO ENVELHECIMENTO

O envelhecimento é um aspecto importante da socialização – o processo de toda a vida por meio do qual um indivíduo aprende as normas e os valores culturais de uma determinada sociedade. Não existem definições claras para os diferentes períodos do ciclo do envelhecimento nos Estados Unidos. A pessoa é considerada *idosa* a partir dos 65 anos, o que corresponde à idade da aposentadoria de muitos trabalhadores, mas nem todos nos Estados Unidos aceitam essa definição. Com o aumento da expectativa de vida, os escritores estão começando a se referir aos indivíduos acima de 60 anos como "jovens velhos", para distingui-los dos que têm 80 ou mais (os "velhos velhos"). O Quadro 11-2 considera algumas das conseqüências do crescimento desses dois grupos etários.

No Brasil, a "terceira idade" é a expressão utilizada para designar o pertencimento social daqueles que atingiram a idade de 65 anos ou mais.

Os problemas particulares dos idosos se tornaram o foco de um campo de pesquisa e investigação especializadas conhecidas por gerontologia. A *gerontologia* é o estudo científico dos aspectos sociológicos e psicológicos do envelhecimento e dos problemas dos idosos. Ela se iniciou na década de 1930, com o número crescente de cientistas sociais que se tornaram conscientes da condição dos idosos.

Os gerontologistas se baseiam muito nas teorias e nos princípios sociológicos para explicar o impacto do envelhecimento sobre o indivíduo e a sociedade. Também se baseiam na psicologia, antropologia, educação física, em aconselhamento e medicina nos seus estudos do processo do envelhecimento. Duas visões influentes do envelhecimento – teoria do desligamento e teoria da atividade – podem ser mais bem entendidas em termos das perspectivas sociológicas do funcionalismo e do interacionismo, respectivamente. A perspectiva do conflito também contribui para a nossa compreensão sociológica do envelhecimento.

Use a Sua Imaginação Sociológica

O tempo passou e você agora tem 70 ou 80 anos. Como a idade madura na sua geração se compara com a experiência dos seus pais ou avós quando tinham a sua idade?

Abordagem Funcionalista: Teoria do Desligamento

Depois de estudar as pessoas idosas com boa saúde e em uma situação econômica relativamente confortável, Elaine Cumming e William Henry (1961) apresentaram a sua *teoria do desligamento*, que implicitamente sugere que a sociedade e o indivíduo que envelhece rompem, mutuamente, muitas de suas relações. Alinhada com a perspectiva funcionalista, a teoria do desligamento enfatiza que a passagem dos papéis sociais de uma geração para a outra garante a estabilidade social.

Segundo essa teoria, a aproximação da morte força a pessoa a deixar de lado a maioria dos seus papéis sociais – incluindo os de trabalhador, voluntário, cônjuge, entusiasta de um *hobby* e mesmo de leitor. A pessoa que envelhece, dizem, retira-se para um estado de inatividade crescente enquanto se prepara para a morte. Ao mesmo tempo, a sociedade se retira do idoso segregando-o residenciais (em casas de repouso e comunidades de aposentados) de educação (programas desenhados apenas para a terceira idade) e em termos recreativos (centros para a terceira idade). Está implícita na teoria do desligamento a visão de que a sociedade deve *ajudar* as pessoas mais velhas a se retirarem dos seus papéis sociais habituais.

Desde que foi definida pela primeira vez, há mais de quatro décadas, a teoria do desligamento já gerou muita controvérsia. Alguns gerontologistas desaprovam a idéia ou afirmação de que os idosos querem ser ignorados e afastados – e mais ainda a idéia de que eles deveriam ser encorajados a se retirar dos papéis sociais importantes. Os críticos da teoria do desligamento insistem que a sociedade *força* os idosos a uma retirada involuntária e dolorosa da força de trabalho assalariada e das relações sociais significativas. Em vez de uma busca voluntária de desligamento, os funcionários mais velhos se vêem empurrados para fora dos seus empregos – em muitos casos, mesmo antes de terem direito aos benefícios máximos da aposentadoria (Boaz, 1987).

Embora seja funcionalista em sua abordagem, a teoria do desligamento ignora o fato de o trabalho depois da aposentadoria ter *crescido* nas últimas décadas. Nos

Sociologia na Comunidade Global
11-2 O ENVELHECIMENTO NO MUNDO: PROBLEMAS E CONSEQÜÊNCIAS

Uma chaleira elétrica para esquentar água precisa ficar ligada a fim de que as pessoas em outro lugar possam determinar se foi usada nas últimas 24 horas. Isso pode parecer uma forma absurda de usar uma tecnologia moderna, mas simboliza uma mudança que está ocorrendo em todo o planeta – as necessidades crescentes de uma população que está envelhecendo. A rede de assistência japonesa Ikebukuro Honcho instalou essas chaleiras conectadas para que os voluntários possam monitorar se os idosos usaram os dispositivos para preparar o seu chá da manhã. Uma chaleira que não é usada gera contatos para verificar se um idoso precisa de ajuda. Esse sistema de monitoramento tecnológico é uma indicação do tremendo crescimento da população de idosos no Japão e, particularmente, do número crescente de idosos que vivem *sozinhos*.

Em todo o mundo, existem mais de 442 milhões de pessoas com 65 anos ou mais, o que representa cerca de 7% da população. Significativamente, o envelhecimento da população do mundo representa uma história de sucesso importante que se desenrolou durante os últimos anos do século XX. Por meio de esforços de governos nacionais e órgãos internacionais, muitas sociedades reduziram drasticamente a incidência de doenças e as taxas de mortalidade. Portanto, esses países – especialmente os países industrializados da Europa e da América do Norte – agora têm uma proporção cada vez maior de membros mais velhos.

A população geral da Europa está mais velha do que a de qualquer outro continente. Conforme a proporção de pessoas mais velhas nesse continente continua a crescer, muitos governos que se orgulhavam de seus programas de aposentadoria reduzem os benefícios e aumentam a idade a partir da qual os trabalhadores aposentados podem receber os benefícios. Até 2050, há projeções

> *Uma chaleira que não é usada gera contatos para verificar se um idoso precisa de ajuda.*

que mostram que a população da Europa terá uma idade média acima de 52 anos, contra 35 nos Estados Unidos.

Na maioria dos países em desenvolvimento, as pessoas com mais de 60 anos tendem a ter mais problemas de saúde do que seus equivalentes nos países industrializados. Mesmo assim, poucos entre esses países estão em posição de oferecer um apoio financeiro extensivo aos idosos. Ironicamente, a modernização do mundo em desenvolvimento, enquanto traz consigo muitos avanços sociais e econômicos, reduziu o *status* tradicionalmente alto dos idosos. Em muitas culturas, o poder de ganhar dinheiro dos jovens adultos hoje excede o dos membros mais velhos da família.

Em todo o planeta, os governos estão começando a prestar atenção ao envelhecimento da população e à transformação social permanente que isso representa. Em 1940, dos 227 países com uma população de no mínimo 5 milhões de pessoas, apenas 33 tinham alguma forma de proteção à incapacidade por idade, ou programa para sobreviventes. Em 2001 esse número estava em 167, ou 74% daqueles 227 países.

Em 2000, havia 1,8 milhão de brasileiros com mais de 80 anos e os maiores de 65 eram apenas 5% da população de um pouco mais de 180 milhões, segundo a Revisão da Projeção da População realizada pelo IBGE em 2004, prevendo-se uma expectativa de vida de 70,4 anos. O Brasil, nesse aspecto, ocupa o 89º lugar entre os 192 países estudados pela ONU.

Vamos Discutir

1. Para uma pessoa mais velha, como a vida no Paquistão seria diferente da vida na França?
2. Você conhece uma pessoa idosa que viva sozinha? Quais as medidas disponíveis caso ela tenha uma emergência (ou as medidas que deveriam estar disponíveis)?

Fontes: AARP, 2004; Bernstein, 2003; Hani, 1998; Haub, 2003; Kinsella e Velkoff, 2001; R. Samuelson, 2001.

Estados Unidos, menos da metade de todos os funcionários ativos na verdade se aposentam do seu emprego em sua carreira. Ao contrário, a maioria vai para "empregos-ponte" – empregos que fazem uma ponte entre o período do fim da carreira de uma pessoa e sua aposentadoria. Infelizmente, os idosos podem ser facilmente vítimas de tais "empregos-ponte". A psicóloga Kathleen Christensen (1990), falando a respeito das "pontes sobre águas agitadas", enfatiza que os empregados mais velhos não querem terminar os seus dias de trabalho em empregos de salário mínimo fazendo atividades não relacionadas à sua carreira (Doeringer, 1990; Hayward et al., 1987).

Abordagem Interacionista: Teoria da Atividade

Pergunte a Ruth Vitow se ela gostaria de trocar seu negócio de luminárias feitas sob medida na cidade de Nova York por um apartamento em um condomínio na Flórida e você vai ouvir rapidamente essa resposta: "Nem morta! Eu ia odiar!". Vitow, com mais de 90 anos, jura "largar seu trabalho" quando ele "largar dela". James Russell Wiggins trabalha em um jornal semanal no Maine desde 1922. Aos 95 anos, ele agora é o editor. Vitow e Wiggins estão entre os 9% de homens e 3% das mulheres com 75 anos

Esses "surfistas prateados" ainda desfrutam a vida da mesma forma de quando eram jovens. Manter-se ativo e socialmente envolvido demonstra ser saudável, no caso da população mais velha.

ou mais que ainda participam da força de trabalho dos Estados Unidos (Himes, 2001).

É importante que as pessoas mais velhas se mantenham ativamente envolvidas, em um trabalho ou em outras buscas? Um desastre trágico em Chicago em 1995 mostrou que isso pode ser um caso de vida ou morte. Uma onda de calor intenso que durou mais de uma semana – com o termômetro passando dos 46º C em dois dias consecutivos – resultou em 733 mortes. Cerca de três quartos das pessoas que morreram tinham 65 anos ou mais. Uma análise posterior mostrou que as pessoas mais velhas que moram sozinhas correm maior risco, sugerindo que as redes de suporte para os idosos literalmente ajudam a salvar vidas. Hispânicos e ásio-americanos mais velhos tiveram taxas de mortalidade mais baixas na onda de calor do que outros grupos étnicos. As suas redes sociais fortes provavelmente levam a um contato mais regular com os membros da família e de amigos (Klinenberg, 2002; R. Schaefer, 1998a).

Vista como uma abordagem oposta à teoria do desligamento, a ***teoria da atividade*** sugere que os idosos que se mantêm ativos e envolvidos socialmente permanecerão mais bem ajustados. Os proponentes dessa perspectiva reconhecem que uma pessoa de 70 anos pode não ter a mesma capacidade ou desejo de desempenhar diversos papéis sociais que tinha aos 40 anos. Mas afirmam que as pessoas idosas têm essencialmente a mesma necessidade de interação social que qualquer outro grupo.

O estado de saúde melhor das pessoas mais velhas – um fator às vezes ignorado pelos cientistas sociais – reforça os argumentos dos teóricos da atividade. As diversas enfermidades e doenças crônicas não são mais o maior problema dos idosos. A ênfase nos exercícios, a disponibilidade de melhores cuidados médicos, maior controle das doenças infecciosas e a redução dos derrames cerebrais fatais e de enfartes se combinam para mitigar os traumas do envelhecer. Pesquisas médicas acumuladas também apontam para a importância de permanecer socialmente envolvido. Para os que estão perdendo as suas capacidades mentais mais tarde na vida, a deterioração é mais rápida entre aqueles que se retiram das relações sociais e das atividades. Felizmente, os idosos estão encontrando novas formas de permanecer socialmente ligados, como demonstra o uso crescente da Internet, sobretudo para se manterem em contato com a família e os amigos (Korczyk, 2002).

Sabemos que muitas atividades abertas aos mais velhos envolvem trabalho não-remunerado, pelo qual adultos jovens receberiam salário. Os trabalhadores idosos sem salário incluem voluntários em hospitais (*versus* auxiliares e ajudantes de enfermagem), motoristas de instituições de caridade como a Cruz Vermelha (*versus* motoristas profissionais), tutores (*versus* professores), e artesãos para bazares de caridade (*versus* carpinteiros e costureiras). Entretanto, algumas companhias recentemente lançaram programas para contratar aposentados para trabalhar período integral ou meio período.

Embora a teoria do desligamento sugira que as pessoas mais velhas encontrem satisfação em se retirar da sociedade, voltando para o fundo do palco e permitindo que a próxima geração assuma os papéis principais, os proponentes da teoria da atividade vêem essa retirada como nociva tanto para os idosos quanto para a sociedade. Os teóricos da atividade focalizam as contribuições potenciais que as pessoas mais velhas podem fazer para

Resumindo

Tabela 11-3 — Perspectivas Teóricas do Envelhecimento

Perspectiva Sociológica	Visão do Envelhecimento	Papéis Sociais	Retrato do Idoso
Funcionalista	Desligamento	Reduzidos	Isolado socialmente
Interacionista	Atividade	Mudados	Envolvido em novas redes
Conflito	Concorrência	Relativamente sem mudanças	Vítima, organizado para confrontar a vitimação

a manutenção da sociedade. Em sua opinião, os cidadãos que envelhecem se sentirão satisfeitos apenas enquanto puderem ser úteis e produtivos nos termos da sociedade – basicamente, trabalhando por um salário (Civic Ventures, 1999; Crosnoe e Elder Jr., 2002; Dowd, 1980; Quadagno, 2005).

A Abordagem do Conflito

Os teóricos do conflito criticam tanto os teóricos do desligamento quanto os teóricos da atividade porque não consideram o impacto da estrutura social sobre os padrões do envelhecimento e não abordam a questão de por que a interação social precisa mudar ou diminuir com a idade. Além disso, freqüentemente ignoram o impacto da classe social sobre a vida do idoso.

A classe média alta privilegiada em geral tem melhor saúde e mais vigor, e tende menos a ser dependente quando envelhece. Ser rico não atrasa o envelhecimento indefinidamente, mas pode suavizar as dificuldades econômicas que as pessoas enfrentam quando envelhecem. Embora planos de pensão, pacotes de aposentadoria e benefícios de seguro possam ser desenvolvidos para ajudar os idosos, aqueles cuja riqueza lhes permite ter acesso a fundos de investimento podem gerar maior renda para a sua velhice.

Ao contrário, a classe trabalhadora, com freqüência, enfrenta maiores dificuldades em termos de saúde e risco de incapacidade. Envelhecer é particularmente difícil para aqueles que sofrem ferimentos ou doenças relacionadas ao trabalho. As pessoas da classe trabalhadora também dependem mais dos benefícios da Previdência Social e dos programas de aposentadoria privada. Em tempos de inflação, as rendas relativamente fixas dessas fontes mal podem acompanhar o custo crescente de alimentação, moradia, serviços públicos e outras necessidades (Atchley, 1985).

Os teóricos do conflito observam que, nos países em desenvolvimento, a transição das economias agrícolas para a industrialização e o capitalismo nem sempre foi benéfica para os idosos. Conforme os métodos de produção de uma sociedade mudam, o papel tradicionalmente valorizado das pessoas mais velhas tende a diminuir. Sua sabedoria não é mais relevante na nova economia.

Segundo a abordagem do conflito, o tratamento das pessoas mais velhas nos Estados Unidos reflete as diversas divisões dessa sociedade. O *status* baixo dos idosos é demonstrado pelo preconceito e pela discriminação que eles sofrem, pela segregação por idade e pelas práticas injustas de emprego – nenhuma dessas questões diretamente tratada pela teoria do desligamento ou pela teoria da atividade.

Resumindo, as três perspectivas consideradas aqui têm visões diferentes dos idosos. Os funcionalistas mostram os idosos como socialmente isolados, com reduzidos papéis sociais; os interacionistas os vêem como envolvidos em novas redes e em papéis sociais em mudança; os teóricos do conflito os vêem como vítimas da estrutura social, com seus papéis sociais relativamente sem mudanças, mas desvalorizados. A Tabela 11-3 resume essas perspectivas.

ESTRATIFICAÇÃO POR IDADE NOS ESTADOS UNIDOS

A "América de Cabelos Brancos"

Quando Lenore Schaefer, uma dançarina de salão, tentou aparecer no *Tonight Show*, disseram-lhe que era "jovem demais": ela tinha 90 e poucos anos. Quando fez 101, foi aceita. Mas, mesmo naquela idade, Lenore não é mais alguém diferente na sociedade. Hoje, as pessoas com mais de 100 anos constituem, proporcionalmente, o grupo etário que mais cresce nos Estados Unidos. Elas fazem parte de uma proporção crescente da população norte-americana composta de pessoas mais velhas (Himes, 2001; Rimer, 1998).

Como mostra a Figura 11-4, no ano de 1900, homens e mulheres com 65 anos ou mais representavam apenas 4,1% da população do país, mas a projeção era que, em 2005, o grupo etário cresceria para 12,4%. Segundo as projeções atuais, o segmento de mais de 65 anos continuará a crescer durante este século, com o grupo dos "velhos velhos" (pessoas com 85 anos ou mais) crescendo em números a uma taxa ainda mais rápida.

Atualmente, 15,1% de brancos não-hispânicos têm mais de 65 anos, contra 8,2% de afro-americanos, 8,5%

FIGURA 11-4

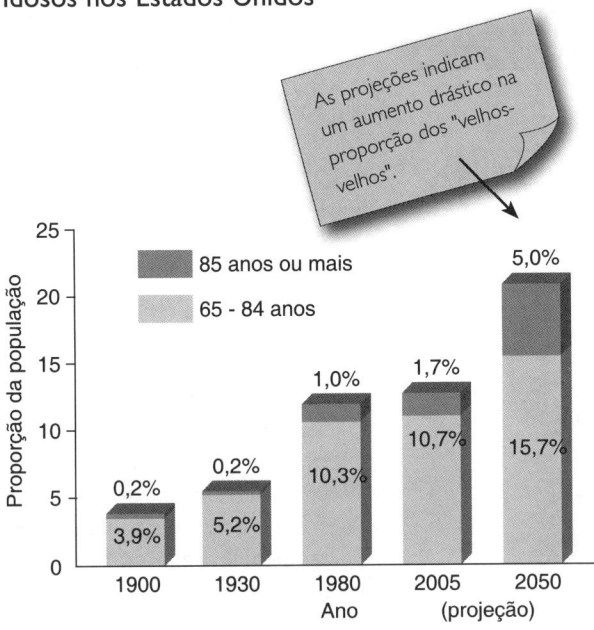

Crescimento Real e Projetado da População de Idosos nos Estados Unidos

As projeções indicam um aumento drástico na proporção dos "velhos-velhos".

Ano	65 - 84 anos	85 anos ou mais
1900	3,9%	0,2%
1930	5,2%	0,2%
1980	10,3%	1,0%
2005	10,7%	1,7%
2050 (projeção)	15,7%	5,0%

Fonte: Bureau of the Census, 1975, 2003a, p. 14.

de ásio-americanos, e 5,4 de hispânicos. Essas diferenças refletem ciclos de vida mais curtos desses últimos grupos, bem como os padrões de imigração entre os asiáticos e hispânicos, que tendem a ser jovens quando chegam aos Estados Unidos. Mas as pessoas não-brancas estão aumentando sua presença entre a população de idosos do país. Em 2050, 36% dos idosos serão não-brancos, contra apenas 16% em 2000 (Bureau of the Census, 2003a, p. 19; Graham, 2002).

As proporções mais altas de pessoas idosas nos Estados Unidos se encontram na Flórida, Pensilvânia, em Rhode Island, Iowa, Virginia do Leste e Arkansas. Entretanto, muitos outros estados enfrentam uma tendência de envelhecimento. Em 2000, a Flórida era o Estado com a maior população de idosos, tendo 17,6% da população com mais de 65 anos. Mas, como mostra a Figura 11-5, dentro de 20 anos mais da metade dos estados terão proporções maiores de idosos do que a Flórida tem hoje.

No Brasil, Santos e Rio de Janeiro são as cidades com a maior proporção de pessoas com mais de 65 anos.

Os Estados Unidos "de cabelos brancos" é um fenômeno que não pode mais ser ignorado pelos cientistas sociais nem pelos elaboradores de políticas do governo. Os defensores dos idosos estão falando sobre uma série de problemas, como veremos adiante neste capítulo. Os políticos cortejam os votos dos idosos, uma vez que é o grupo etário com maior tendência de se registrar para votar. De fato, na corrida presidencial de 2000, as pessoas de 60 anos ou mais representaram 22% do número total de votos (Berke, 2001).

Riqueza e Renda

Existe uma variação significativa na riqueza e na pobreza entre as pessoas mais velhas dos Estados Unidos. Alguns indivíduos e casais estão pobres parcialmente por causa das pensões fixas e dos custos médicos altíssimos (Capítulo 15). Mesmo assim, como um grupo, os idosos nos Estados Unidos não são nem homogêneos nem pobres. O idoso típico tem um padrão de vida que é muito mais alto hoje do que em qualquer outro momento do passado no país. As diferenças de classe entre os idosos permanecem evidentes, mas tendem a se reduzir um pouco: os idosos que tinham renda de classe média quando jovens tendem a estar em uma situação melhor depois da aposentadoria, mas menos do que antes (Denise Smith e Tillipman, 2000).

Até certo ponto, as pessoas mais velhas devem seu padrão de vida melhor, de uma maneira geral, a uma acumulação maior de riqueza – na forma de propriedade da casa, aposentadorias privadas e outros ativos financeiros. Mas muito da melhoria se deve aos benefícios mais generosos da Previdência Social. Embora pareçam modestos quando comparados aos programas de pensão de outros países, mesmo assim a Previdência Social fornece 40% de toda a renda recebida por pessoas mais velhas nos Estados Unidos. Ainda assim, aproximadamente 10% da população de idosos do país vivem abaixo da linha de pobreza. Nos extremos da pobreza estão os grupos que tendiam a ser mais pobres em momentos anteriores do ciclo de vida: domicílios liderados por mulheres e pelas minorias raciais e étnicas (AARP, 2001; Saad e Carroll, 2003; Denise Smith, 2003).

Visto da perspectiva do conflito, não é surpreendente que as mulheres mais velhas enfrentem uma jornada dupla; o mesmo vale para os membros mais velhos das minorias raciais e étnicas. Por exemplo, em 2003, a proporção de latinos mais velhos com rendas abaixo da linha de pobreza (19,5%) era mais que o dobro a proporção de brancos não-hispânicos mais velhos (8,0%). Além disso, 23,5% dos afro-americanos mais velhos estão abaixo da linha de pobreza do governo federal (DeNavas-Walt et al., 2004:Table POV01).

Preconceito de Idade

O médico Robert Butler (1990), há mais de 30 anos, começou a ficar preocupado quando soube que o conjunto habitacional perto de sua casa na área metropolitana de Washington, DC, não permitia idosos. Butler cunhou o termo ***ageism*** (**preconceito de idade**) para se referir ao preconceito e à discriminação com base na idade de uma pessoa. Por exemplo, podemos assumir que uma pessoa

FIGURA 11-5

Vinte e Seis Flóridas até 2025

Mapeando a vida NOS ESTADOS UNIDOS

Estados onde pelo menos 20% da população será de idosos
Obs.: Siglas dos estados em inglês.

Fonte: Bureau of the Census, em Yax, 1999.

Concorrência na Força de Trabalho

A participação no trabalho assalariado não é comum depois dos 65 anos. Em 2001, nos Estados Unidos, 31% dos homens e 20% das mulheres com idades entre 65 e 69 anos participavam da força de trabalho assalariada. Enquanto algumas pessoas vêem esses trabalhadores como colaboradores experientes da força de trabalho, outras os vêem como "ladrões de empregos", um julgamento preconceituoso semelhante àquele feito em relação aos imigrantes ilegais. Essa crença errada não apenas intensifica o conflito da idade, como também leva à discriminação da idade (Himes, 2001).

Embora seja uma violação da lei federal norte-americana despedir pessoas apenas por serem idosas, os tribunais sustentam o direito de despedir trabalhadores mais velhos por razões econômicas. Os críticos argumentam que, ultimamente, as empresas contratam trabalhadores jovens com salários mais baixos para substituir trabalhadores mais velhos experientes. Quando o crescimento econômico norte-americano começou a diminuir em 2001 e as companhias fizeram cortes de trabalhadores, as queixas de preconceito de idade aumentaram, conforme os trabalhadores mais velhos começaram a suspeitar que estavam suportando uma porcentagem desproporcional dos cortes de funcionários. Segundo a Comissão de Oportunidades Iguais de Trabalho, entre 1999 e 2004, as reclamações de discriminação por idade aumentaram mais de 41%. Entretanto, provas de uma tendência contrária apareceram. Algumas empresas pagam salários mais altos a trabalhadores mais velhos, para encorajar a aposentadoria com salários mais altos – uma tática que leva trabalhadores mais jovens a reclamarem por discriminação de idade (Novelli, 2004; Uchitelle, 2003).

Uma experiência controlada feita pela AARP (falaremos sobre essa associação adiante) confirmou que as pessoas mais velhas freqüentemente enfrentam discriminação quando se candidatam a empregos. Currículos comparáveis de dois candidatos – um de 57 anos e outro de 32 anos – foram enviados a 775 grandes empresas e agências de emprego nos Estados Unidos. Nas situações em que realmente existia uma vaga, o candidato mais jovem recebeu 43% das respostas favoráveis. Por sua vez, o candidato mais velho recebeu menos da metade de

não é capaz de ter um emprego difícil porque ela é "velha demais", ou nos recusarmos a dar um emprego com autoridade a alguém por ser "jovem demais".

O preconceito de idade é especialmente difícil para os idosos, porque as pessoas jovens que enfrentam o preconceito sabem que, com o passar do tempo, elas serão "velhas o suficiente". Para muitos, a velhice simboliza doença. Como o preconceito de idade é muito comum nos Estados Unidos, não é de surpreender que os indivíduos mais velhos sejam quase invisíveis na televisão. Em 2002, o Comitê Especial do Senado sobre o Envelhecimento fez um painel para analisar como os meios de comunicação mostram os mais velhos, e criticou violentamente eles e aos executivos de marketing por bombardearem as audiências com imagens negativas dos idosos. As conseqüências sociais de tais imagens são importantes. As pesquisas mostram que as pessoas mais velhas que têm percepções positivas do envelhecimento vivem em média 7,5 anos a mais do que quem possui percepções negativas (M. Gardner, 2003; Levy et al., 2002; E. Ramirez, 2002).

Use a Sua Imaginação Sociológica

É setembro e você está surfando pelos canais da TV, olhando as novas séries da estação do ano. Qual será a possibilidade de você encontrar um programa de TV que seja baseado em personagens idosos que passam bastante tempo juntos?

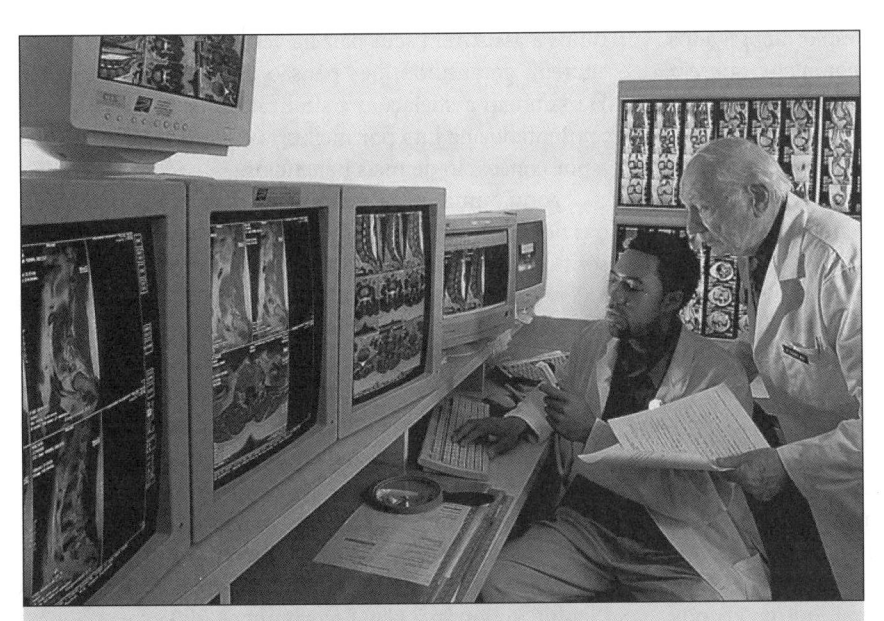

Cerca de 30% dos trabalhadores mais velhos decidem permanecer no emprego depois da idade normal de aposentadoria. As pesquisas mostram que eles podem ser treinados nas novas tecnologias e são mais confiáveis do que os trabalhadores jovens.

respostas favoráveis (apenas 17%). Uma das companhias listadas na revista *Fortune* 500 pediu ao funcionário mais jovem mais informações, e respondeu ao candidato mais velho que não tinha vagas (Bendick et al., 1993).

Em contraste com os estereótipos negativos, pesquisadores descobriram que os trabalhadores mais velhos podem ser uma *aquisição valiosa* para os empregadores. De acordo com um estudo publicado em 1991, os trabalhadores mais velhos podem ser treinados nas novas tecnologias, apresentam taxas mais baixas de falta ao trabalho do que os trabalhadores mais jovens e, com freqüência, são vendedores mais eficientes. O estudo focalizou duas corporações sediadas nos Estados Unidos (a cadeia de hotéis Days Inns of America e a *holding* Travelers Corporation of Hartford) e uma cadeia de varejo britânica – todas elas com grande experiência na contratação de trabalhadores com 50 anos ou mais. Um executivo do fundo privado que pediu o estudo concluiu que "temos aqui a primeira análise econômica sistemática bem fundamentada mostrando que os trabalhadores mais velhos são um bom investimento" (Telsch, 1991, p. A16).

No Brasil a rede de supermercados Pão de Açúcar tem contratado trabalhadores entre 50 e 60 anos como parte de seus programas de responsabilidade social, mas essa não é a regra no País.

Os Idosos: Surgimento de uma Consciência Coletiva

Na década de 1960, estudantes em faculdades e universidades em todo o país, lutando por "poder para os estudantes", coletivamente exigiram um papel na direção das instituições educacionais. Na década seguinte, muitas pessoas mais velhas tomaram consciência de que eram tratadas como cidadãos de segunda classe e agiram coletivamente.

A maior organização que representa os idosos nos Estados Unidos, a AARP, foi fundada em 1958 por um diretor de escola aposentado que estava encontrando dificuldade em conseguir seguro por causa do preconceito da idade. Muitos dos serviços da AARP envolvem descontos e seguro para seus 35 milhões de membros (44% dos norte-americanos com 50 anos ou mais), mas a organização também é um poderoso grupo lobista. Re-

Membros da Senior Action in a Gay Environment (Sage – Ação de Idosos em Ambiente Homossexual) tomam parte de uma passeata de *gays* na cidade de Nova York. Essa organização nacional focaliza as necessidades especiais de idosos homossexuais.

conhecendo que muitos idosos ainda estão empregados e ganhando, abandonou o seu nome completo, que era American Association of Retired Persons.

O poder potencial da AARP é enorme. Terceira maior associação voluntária dos Estados Unidos (atrás apenas da Igreja Católica Apostólica Romana e da American Automobile Association), representa um em cada quatro eleitores registrados no país. A AARP apóia campanhas para registrar eleitores, reformas em casas de repouso e reformas de pensão. Reconhecendo as suas dificuldades para recrutar membros dos grupos de minorias raciais e étnicas, a AARP recentemente lançou uma Iniciativa de Assuntos das Minorias. A porta-voz da iniciativa, Margaret Dixon, tornou-se a primeira presidente afro-americana da AARP, em 1996 (AARP, 2003).

As pessoas envelhecem de várias maneiras diferentes. Nem todos os idosos enfrentam os mesmos desafios, ou contam com os mesmos recursos. Enquanto a AARP faz *lobbies* para proteger os idosos em geral, outros grupos trabalham de formas mais específicas. Por exemplo, o National Committee to Preserve Social Security and Medicare, fundado em 1982, conseguiu fazer *lobbies* no Congresso para manter os benefícios do Medicare para idosos pobres e doentes. Outros grandes grupos de interesse especial representam funcionários públicos federais aposentados, professores aposentados e trabalhadores sindicais aposentados (Quadagno, 2005).

No Brasil, os idosos são assistidos pelo Estado, que não só lhes garante uma aposentadoria de pelo menos um salário mínimo, como também a gratuidade dos serviços de saúde e moradia, embora sejam poucos e precários os asilos públicos. Além disso, há uma lei que obriga os filhos a assistirem seus pais na velhice sempre que necessitarem, garantindo-lhes pensão alimentar e domiciliar. Há também associações e sindicatos que representam os aposentados na luta por melhoria de suas aposentadorias e por concessão de mais benefícios.

Ainda uma outra manifestação da nova consciência das pessoas idosas é a formação de organizações para idosos homossexuais. Um desses grupos, o Sernior Action in a Gay Environment (Sage) foi estabelecido na cidade de Nova York em 1977, e hoje fiscaliza uma rede nacional de grupos comunitários, bem como as organizações afiliadas no Canadá e na Alemanha. Como outros grupos mais tradicionais de cidadãos idosos, o Sage patrocina *workshops*, aulas, danças e entrega de alimentos para aqueles confinados em casa. Ao mesmo tempo, o grupo precisa lidar com assuntos especiais, como informar às pessoas homossexuais sobre seus direitos, apoiar homossexuais com Alzheimer e defender homossexuais que são despejados (Senior Action in a Gay Environment, 2003).

Os idosos nos Estados Unidos estão em uma situação melhor hoje tanto financeira quanto fisicamente do que jamais estiveram. Muitos deles possuem ativos financeiros sólidos e pacotes de cuidados médicos que podem resolver quase todas as suas necessidades de saúde. Mas, como já vimos, um segmento significativo está empobrecido, enfrentando a perspectiva de uma saúde em decadência e de crescentes contas médicas. E algumas pessoas mais velhas precisam agora somar o fato de envelhecer com uma vida inteira de desvantagens. Como em todas as outras fases do ciclo da vida, os velhos constituem um grupo diversificado nos Estados Unidos e em todo o mundo.

POLÍTICA SOCIAL e ESTRATIFICAÇÃO PELO GÊNERO
A Batalha do Aborto de uma Perspectiva Global

O Tema

Poucos assuntos causam um conflito mais intenso do que o aborto. Uma vitória fundamental na luta pela legalização do aborto nos Estados Unidos aconteceu em 1973, quando a Corte Suprema concedeu às mulheres o direito de pôr fim a uma gravidez. Essa decisão, conhecida como *Roe vs. Wade*, baseou-se no direito da mulher à privacidade, e foi aplaudida de forma geral pelos grupos a favor do direito à escolha, que acreditam que as mulheres devem ter o direito de tomar suas próprias decisões sobre seus corpos, e que devem ter acesso a abortos seguros e legais. Mas foi condenada amargamente pelos que se opõem a essa prática. Para os grupos pró-vida, o aborto é um problema moral e, com freqüência, religioso. Do seu ponto de vista, a vida humana começa no momento da concepção, e, portanto, o aborto é essencialmente um assassinato.

O Cenário

O debate que se seguiu a *Roe vs. Wade* gira em torno de proibir o aborto, ou de pelo menos limitá-lo. Em 1979, por exemplo, o Estado de Missouri exigiu o consentimento dos pais para menores que desejarem fazer um aborto, e a Corte Suprema manteve a lei. A notificação dos pais e seu consentimento se tornaram assuntos particularmente delicados no debate. Ativistas pró-vida argumentam que os pais dos adolescentes devem ter o direito de ser notificados sobre o aborto – e de permiti-lo ou proibi-lo. Do seu ponto de vista, a autoridade dos pais merece ser apoiada totalmente no momento em que

FIGURA 11-6

Restrições aos Fundos Públicos para Abortos

Mapeando a vida NOS ESTADOS UNIDOS

Circunstâncias nas quais os fundos públicos podem ser usados em abortos

- Com base em todas ou na maior parte das circunstâncias
- Perigo de vida, estupro, incesto e algumas circunstâncias de saúde
- Perigo de vida apenas, ou apenas perigo de vida, estupro ou incesto

Obs.: Siglas dos estados em inglês.

Fonte: NARAL Pro-Choice America, 2003, p. xxii–xxiii.

antes, 60% das pessoas são a favor do direito geral da mulher de abortar. Entretanto, apenas 40% sentem que o aborto deveria ser legalizado se uma família for muito pobre e não tiver meios de criar um filho (Graham, 2003).

Insights Sociológicos

Os sociólogos vêem o sexo e a classe social como aspectos definidores que cercam o aborto. O intenso conflito a respeito do aborto reflete diferenças maiores da posição da mulher na sociedade. A socióloga Kristin Luker (1984) estuda os ativistas dos movimentos pró-escolha e pró-vida. Luker entrevistou 212 ativistas na Califórnia, a imensa maioria composta de mulheres, que passaram pelo menos cinco horas nas últimas semanas trabalhando para um desses dois movimentos. Segundo Luker, cada grupo tem uma visão coerente, abrangente do mundo. As feministas envolvidas na defesa do direito ao aborto acreditam que homens e mulheres são essencialmente semelhantes, apóiam a participação total da mulher no trabalho fora de casa e se opõem a todas as formas de discriminação por sexo. Ao contrário, a maioria dos ativistas antiaborto acredita que homens e mulheres são fundamentalmente diferentes. Na visão deles, os homens estão mais bem preparados para o mundo público do trabalho, enquanto as mulheres estão mais bem preparadas para a tarefa exigente e crucial de criar os filhos. Esses ativistas estão preocupados com a crescente participação da mulher no mundo fora da casa, que percebem como destrutiva para a família e, em última análise, para a sociedade.

A respeito das classes sociais, a primeira restrição importante ao direito legal de pôr fim a uma gravidez afetou as pessoas pobres. Em 1976, o Congresso aprovou a Emenda Hyde, que proibia o uso do Medicaid e outros fundos federais para abortos. A Corte Suprema apoiou essa legislação em 1980. As leis estaduais também limitam o uso dos fundos públicos em abortos (ver Figura 11-6).

Outro obstáculo que os pobres enfrentam é o acesso aos serviços que realizam aborto. Por causa do senti-

a família nuclear tradicional está em cheque. Entretanto, os ativistas a favor do direito de escolha das mulheres revidam alegando que muitas adolescentes grávidas vêm de famílias problemáticas onde sofreram abusos. Essas jovens podem ter boas razões para evitar discutir um assunto tão explosivo com seus pais.

As mudanças tecnológicas têm seu impacto sobre o debate. As pílulas do "dia seguinte", que estão disponíveis em diversos países desde 1998, agora são receitadas nos Estados Unidos. Essas pílulas podem abortar um óvulo fertilizado no dia da concepção. Em 2000, o governo norte-norte-americano aprovou o RU-486, uma pílula que induz ao aborto, usada nas primeiras sete semanas de gravidez. O regime exige visitas ao médico, mas não tem procedimentos cirúrgicos. Além disso, os médicos, guiados pelo ultra-som, agora podem pôr fim a uma gravidez dentro de oito dias depois da concepção. Os ativistas pró-vida estão preocupados com o fato de a tecnologia de ultra-som poder ser usada para permitir que as pessoas abortem meninas nos países onde ter um filho homem traz uma recompensa para o casal.

A partir de 2004, as pessoas nos Estados Unidos parecem apoiar seu direito ao aborto legal, mas com reservas. De acordo com uma pesquisa nacional feita um ano

FIGURA 11-7

A Divisão Global sobre o Aborto

Mapeando a Vida EM TODO O MUNDO

Países onde o aborto é permitido quando solicitado

Nota: Data atual a partir de junho de 2001.

Fontes: Desenvolvidas pelo autor com base no Gonnut 2001 e na Divisão da População das Nações Unidas de 1998.

mento pró-vida verbalizado, cada vez menos hospitais em todo o mundo estão permitindo que os médicos façam abortos, exceto em casos extremos. A partir de 2001, apenas cerca de 6% dos especialistas em obstetrícia e ginecologia nos Estados Unidos estavam treinados e desejavam fazer abortos em qualquer circunstância, e a maioria desses médicos tinha entre 50 e 60 anos. Para evitar controvérsias, muitas escolas de medicina pararam de oferecer treinamento no procedimento. Além disso, alguns médicos que trabalham em clínicas, intimidados pelas ameaças reais de morte e assassinato, pararam de fazer abortos. Para as pessoas pobres em áreas rurais, essa redução no serviço torna ainda mais difícil localizar um lugar que as atenda e viajar até ele. Visto da perspectiva do conflito, essa é mais uma carga financeira que cai de forma particularmente pesada sobre as mulheres de baixa renda (T. Edwards, 2001; Villarosa, 2002).

Iniciativas Políticas

A Corte Suprema atualmente apóia o direito geral de pôr fim a uma gravidez por uma pequena maioria de 5 a 4. Embora os ativistas pró-vida continuem a ter esperanças de revogar a decisão *Roe vs. Wade*, enquanto esperam estão focalizados no enfraquecimento da decisão por meio de táticas como o limite do uso do tecido fetal em experiências médicas, e a proibição de certos abortos tardios, que chamam de abortos de "nascimento parcial". A Corte Suprema continua a ouvir casos envolvendo tais restrições. Em 1998, a Corte deu aos estados a autoridade (32 o fizeram) de proibir abortos no momento em que o feto seja visível fora do útero da mãe – um momento que continua a ser redefinido pelos novos desenvolvimentos na tecnologia médica (Biskupic, 2000).

Qual é a política nos outros países? Como nos Estados Unidos, muitos países europeus responderam à opinião pública e liberalizaram as leis do aborto na década de 1970, embora Irlanda, Bélgica e Malta continuem a proibir o aborto. Na Áustria, Dinamarca, Grécia, Holanda, Noruega e Suécia, a legislação permite que uma mulher faça aborto quando solicita. Outros países têm uma legislação muito mais restritiva, particularmente a respeito de abortos em fase adiantada da gravidez. Inspirados pelas suas contrapartes nos Estados Unidos, os ativistas antiaborto se tornaram mais falantes na Grã-Bretanha, França, Espanha, Itália e Alemanha.

As políticas dos Estados Unidos e das nações em desenvolvimento estão entrelaçadas. Durante as décadas de 1980 e 1990, os membros antiaborto do Congresso norte-americano freqüentemente conseguiam bloquear a ajuda estrangeira a países que pudessem usar os fundos para encorajar o aborto. E sabe-se que esses países em desenvolvimento em geral têm as mais rigorosas leis limitando o aborto. Como mostrado na Figura 11-7, basicamente na África, na América Latina e em partes da Ásia as mulheres não podem pôr fim à sua gravidez a pedido. Como é de esperar, os abortos ilegais são mais comuns nesses países. Estima-se que aproximadamente um quarto das mulheres do mundo vive em países onde o aborto é ilegal, ou é permitido apenas se a vida da mulher estiver em risco. Assim, 40% dos abortos em todo o mundo – cerca de 20 milhões de procedimentos por ano – são feitos ilegalmente (Joynt e Ganeshananthan, 2003).

No Brasil, o aborto é legalmente permitido apenas em determinadas situações: estupro, incesto, risco de vida para a mãe e feto anacefálico, isto é, sem cérebro.

Vamos Discutir

1. Você conhece alguém que já fez um aborto ilegal? Se sim, quais foram as circunstâncias? A saúde da mulher correu riscos por causa do procedimento?
2. Você acha que as adolescentes deveriam obter o consentimento dos pais antes de fazer um aborto? Por quê?
3. Em que circunstâncias o aborto deveria ser permitido? Explique seu ponto de vista.

RECURSOS DO CAPÍTULO

Resumo

Gênero e idade são *status* atribuídos que formam a base para a diferenciação social. Este capítulo examina a construção social do sexo, as teorias da estratificação por gênero, as mulheres como um grupo de maioria oprimido, as teorias do envelhecimento, a estratificação por idade e o **ageism** (*preconceito de idade*), e o crescente ativismo político dos idosos.

1. Nos Estados Unidos, a construção social do sexo continua a definir significativamente as diferentes expectativas em relação a homens e mulheres.
2. Os ***papéis dos sexos*** aparecem no nosso trabalho e no nosso comportamento, e na forma como reagimos aos outros.
3. Embora as mulheres sejam mais limitadas do que os homens pelos papéis tradicionais dos sexos, esses papéis também limitam os homens.
4. A pesquisa da antropóloga Margaret Mead aponta para a importância do condicionamento cultural e na definição dos papéis sociais de homens e mulheres.
5. Os funcionalistas afirmam que a diferenciação dos sexos contribui para a estabilidade social geral, mas os teóricos do conflito atacam alegando que o relacionamento entre homens e mulheres é uma relação de poder desigual, com os homens dominando as mulheres. Esse domínio aparece nas interações diárias.
6. As mulheres em todo o mundo são vítimas de **sexismo, discriminação institucional** e **assédio sexual**.
7. Como as mulheres gastam cada vez mais horas no trabalho remunerado fora de casa, estão conseguindo, com um sucesso parcial, fazer que os maridos assumam mais deveres domésticos, inclusive cuidar das crianças.
8. Muitas mulheres concordam com as posições do movimento feminista, mas rejeitam o rótulo de *feministas*.
9. Como em outras formas de estratificação, a estratificação por idade varia de uma cultura para a outra.
10. Nos Estados Unidos, ser velho é um *status* importante que parece superar todos os outros.
11. Os problemas particulares dos idosos se tornaram o foco de uma área especializada de pesquisa e verificação conhecida por **gerontologia**.
12. A **teoria do desligamento** sugere implicitamente que a sociedade deveria ajudar as pessoas mais velhas a se retirar dos seus papéis sociais tradicionais. Ao contrário, a **teoria da atividade** sugere que o idoso que permanece ativo e envolvido socialmente se ajustará melhor.
13. Da perspectiva do conflito, o baixo *status* das pessoas idosas se reflete no preconceito e na discriminação em relação a elas e em práticas injustas de emprego.
14. Uma proporção crescente da população dos Estados Unidos é composta de pessoas mais velhas.
15. O **preconceito de idade** reflete um desconforto profundo em relação ao envelhecimento por parte das pessoas mais jovens.
16. A AARP é um grupo lobista poderoso que apóia a legislação que beneficia os idosos.
17. O problema do aborto divide os Estados Unidos de forma amarga (bem como outros países), jogando ativistas pró-escolha contra ativistas pró-vida.

Questões de Pensamento Crítico

1. Imagine que você recebeu o sexo oposto ao seu quando nasceu, mas que a sua raça, etnia, religião e classe social permanecem os mesmos. Baseado nas informações deste capítulo, descreva como sua vida, como um membro do sexo oposto, seria diferente da vida que você leva hoje.
2. Você foi convidado para estudar o ativismo político entre as mulheres. Como poderá empregar pesquisas, observações, experiências e as fontes existentes para melhor entender esse ativismo?
3. Se contratassem você para dirigir o centro de idosos onde mora, como usaria o que aprendeu neste capítulo para melhorar a vida dos idosos da sua comunidade?

Termos-chave

Ageism **(Preconceito de idade)** Preconceito e discriminação baseados na idade da pessoa. (p. 291)

Assédio sexual Comportamento que ocorre quando benefícios no trabalho são condicionados a favores sexuais (como uma troca), ou quando passadas de mão, comentários de conotação sexual ou a exibição de material pornográfico criam um "ambiente hostil" no local de trabalho. (p. 280)

Discriminação institucional A recusa de oportunidades e direitos iguais a indivíduos e grupos que resulta das operações normais de uma sociedade. (p. 279)

Dupla jornada (ou segundo turno) A carga dupla – trabalho fora de casa mais cuidado das crianças e tarefas domésticas – que muitas mulheres enfrentam e poucos homens compartilham de forma justa. (p. 284)

Expressividade Preocupação com a manutenção da harmonia e assuntos emocionais internos da família. (p. 277)

Gerontologia Estudo científico dos aspectos sociológicos e psicológicos do envelhecimento e dos problemas dos idosos. (p. 287)

Glass ceiling (Teto de vidro) Barreira invisível que bloqueia a promoção de um indivíduo qualificado no ambiente de trabalho por causa de seu sexo, raça ou etnia. (p. 283)

Homofobia Medo e preconceito em relação ao homossexualismo. (p. 273)

Instrumentalidade Ênfase em tarefas, foco em metas mais distantes, e uma preocupação com o relacionamento externo entre a família e outras instituições sociais. (p. 277)

Papel do sexo Expectativas a respeito de comportamentos, atitudes e atividades adequados a homens e mulheres. (p. 273)

Sexismo A ideologia de que um sexo é superior ao outro. (p. 279)

Teoria da atividade Teoria interacionista do envelhecimento segundo a qual as pessoas mais velhas que permanecem ativas e envolvidas socialmente são mais bem ajustadas. (p. 289)

Teoria do desligamento Uma teoria funcionalista do envelhecimento que sugere implicitamente que a sociedade e o indivíduo que envelhece rompem mutuamente muitas de suas relações. (p. 287)

RECURSOS DA TECNOLOGIA

Conexão com a Internet*

Obs.: Embora os endereços dos sites relacionados a seguir tenham sido atualizados durante a edição deste livro, eles costumam mudar com grande freqüência em razão da natureza dinâmica da Internet.

1. Neste capítulo você aprendeu muito sobre a desigualdade entre os sexos baseada principalmente nas estatísticas sociais compiladas nos Estados Unidos. Para ter acesso aos dados sobre a estratificação pelo gênero em centenas de outros países, acesse a página do GenderStats no site do World Bank (*devdata.worldbank.org/genderstats/home.asp*). Como o *status* das mulheres nos Estados Unidos se compara com o das mulheres em outros países desenvolvidos? E ao *status* das mulheres no Brasil?

2. As necessidades da população que está envelhecendo variam de acordo com o grupo racial e étnico, como também varia o acesso aos recursos essenciais. Organizações, como o National Resource Center on Native American Aging da North Dakota University, reconhecem esses fatos e lutam para auxiliar os idosos de determinados grupos raciais e étnicos. Visite o site (*http://www.med.und.nodak.edu/depts/rural/nrcnaa/*). Para saber mais sobre as metas e atividades daquele Centro, clique em "Site Map" e consulte a lista de *links* em "National Resource Center on Native American Aging".

---

* NE: Sites no idioma inglês.

capítulo 12
A FAMÍLIA E OS RELACIONAMENTOS ÍNTIMOS

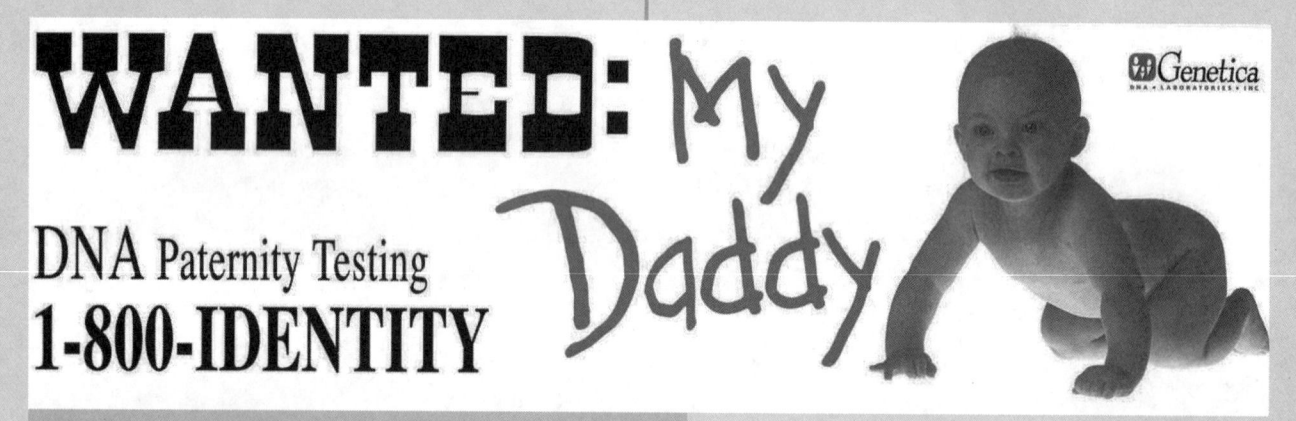

WANTED: My Daddy
DNA Paternity Testing
1-800-IDENTITY

Genetica

A tecnologia reprodutiva está mudando a nossa vida pessoal, levantando questões sobre a ética e a política social no processo. Pela primeira vez as mães podem identificar positivamente os pais de seus filhos, e homens e mulheres podem manipular os genes de seus filhos – uma perspectiva que muitos consideram perturbadora.

Visão Global da Família

Estudando a Família

Casamento e Família

Divórcio

Estilos de Vida Diversos

Política Social e Família: Casamento *Gay*

Quadros
   SOCIOLOGIA NA COMUNIDADE GLOBAL:
   Violência Doméstica
   PESQUISA EM AÇÃO: O Impacto Duradouro do Divórcio

Do rompimento do meu casamento com a mãe de Cliff em 1979 até o meu casamento com Elleni em 1990, fui forçado a lidar com uma série difícil mas normal de problemas. A minha ex-mulher obteve a custódia de Cliff, que tinha dois anos, e depois decidiu mudar-se para Atlanta. Eu não possuía recursos legais ou de outro tipo. No entanto, na minha luta para criar uma relação estreita com o meu filho, teria de lidar com um conjunto quase impossível de barreiras. Centenas de quilômetros me separavam de Cliff, e meus direitos de visita eram limitados — alguns poucos finais de semana especificados durante o ano e mais três meses no verão. Além disso, o que iria fazer com o meu filho durante o nosso precioso tempo juntos? As minhas casas de solteiro não ofereciam um contexto de apoio para uma criança de quatro ou nove anos — não havia crianças na vizinhança, nem cesta de basquete no quintal. Mas lutei contra esses problemas e com o decorrer do tempo criei uma estratégia que funcionou, embora não perfeitamente.

Encontrei uma ótima solução para os verões. Levei Cliff para viver em Sacramento, na casa calorosa e preparada para crianças, que havia sido tão boa para mim e para os meus irmãos na geração anterior. Isso requeria uma série de adaptações das regras, mas organizei a minha vida de tal forma que pudesse tirar dois meses e meio de férias por ano. Isso significava adiar os prazos dos livros e domar uma agenda de viagens quase impossível, mas valeu muito a pena. Esses verões em Sacramento se destacam como jóias na minha memória. A casa dos meus pais se revelou um local profundamente terapêutico no qual eu e Cliff nos aproximamos um do outro. Ela forneceu os profundamente necessários (e também tão difíceis de conseguir realizar) ritmos e rotinas de uma vida familiar normal. Três refeições por dia, hora de dormir, roupa limpa, um monte de primos — Kahnie, Phillip e Phyllis, Cornel e Erika — logo ali na esquina para brincar, bicicletas e equipamentos de beisebol na garagem prontos para serem colocados em uso sempre que um adulto estivesse disponível. E, rondando no quintal, avós carinhosos com olhos de águia... A refeição da noite era particularmente importante, visto que três gerações se reuniam para comer no quintal. A conversa e o riso fluíam, buscavam-se conselhos e ajuda era oferecida livremente, trocavam-se piadas e histórias, e as crianças, fascinadas, ficavam nos cantos absorvendo o espírito e o significado da vida familiar.

O resto do ano era uma batalha. Eu mantinha contato telefônico regular, ligando para ele várias vezes por semana só para ouvir a sua voz e fofocar. Mas nas visitas corridas e atormentadas perto do Dia de Ação de Graças, Natal e Páscoa, era difícil não cair no papel de ser um "pai divertido" enchendo-o de presentes na tentativa de compensar pela distância ou pela agenda tão cheia. *(Hewlett e West, 1998, p. 21-22)* ■

Nesse trecho de *The war against parents*, o estudioso de filosofia Cornel West enfatiza quão profundamente sua vida familiar foi modificada pelo divórcio, um dos muitos fatores sociais que gradativa mas inevitavelmente viraram a família nuclear de cabeça para baixo. A família de hoje não é o que era há um século ou mesmo na geração anterior. Novos papéis, novas distinções de sexo, novos padrões de criação de filhos se combinaram para criar formas inéditas de vida familiar. Hoje em dia, por exemplo, uma quantidade cada vez maior de mulheres está assumindo o papel de provedora, sejam elas casadas sejam mães solteiras. Famílias mistas – resultado do divórcio e de um novo casamento – são quase a regra. E muitas pessoas estão buscando relações íntimas fora do casamento, seja em uma parceria *gay* seja em acordos de coabitação.

Este capítulo discute a família e as relações íntimas nos Estados Unidos e em outras partes do mundo. Como veremos, os padrões de família diferem de uma cultura para outra e também na mesma cultura. No entanto, a família é universal – encontrada em todas as culturas. Uma *família* pode ser definida com um conjunto de pessoas ligadas por parentesco de sangue, por casamento ou algum outro tipo de relacionamento acordado, ou adoção, e que compartilha a responsabilidade básica de reprodução e cuidado dos membros da sociedade.

Como são as famílias nas várias partes do mundo? Como as pessoas selecionam os seus parceiros? Quando um casamento termina, como o divórcio afeta os filhos? Quais são as alternativas para a família nuclear, e o quanto elas predominam? Neste capítulo examinaremos a família e os relacionamentos íntimos dos pontos de vista funcionalista, do conflito e interacionista. Vamos examinar as variações nos padrões de estado civil e vida familiar, incluindo a criação de filhos, dando atenção especial à quantidade cada vez maior de pessoas em famílias com renda dupla ou de pai ou mãe solteiros. Analisaremos o divórcio nos Estados Unidos e vários estilos de vida, como a coabitação, o relacionamento entre lésbicas e entre *gays* e o casamento sem filhos. Na seção de política social, discutiremos a polêmica questão do casamento *gay*. ■

VISÃO GLOBAL DA FAMÍLIA

Entre os tibetanos, uma mulher pode estar casada com mais de um homem, geralmente irmãos. Esse sistema permite que filhos compartilhem a quantidade limitada de terra boa. Entre os betsileos de Madagáscar, um homem tem várias mulheres, cada uma delas morando em uma aldeia diferente onde ele cultiva arroz. Onde quer que ele tenha o melhor campo de arroz, a mulher morando nele é considerada a sua primeira mulher. Entre os ianomami do Brasil e da Venezuela, é considerado adequado ter relações sexuais com primos do sexo oposto se eles forem filhos do irmão da mãe ou da irmã do pai. Porém, se os primos do sexo oposto forem filhos da irmã da sua mãe ou do irmão do seu pai, essa mesma prática é considerada incesto (Haviland et al., 2005; Kottak, 2004).

Como esses exemplos ilustram, há diversas variações na família de uma cultura para outra. No entanto, a família como instituição social está presente em todas as culturas. Além disso, certos princípios gerais referentes a sua composição, padrões de parentesco e de autoridade são universais.

Composição: O Que É a Família?

Se baseássemos nossas informações sobre o que é uma família no que vemos na televisão, cenários muito estranhos poderiam aparecer. Os meios de comunicação nem sempre apresentam uma visão realista da família. Além disso, muitas pessoas ainda pensam na família em termos bem restritos – um casal casado e seus filhos solteiros morando juntos, como aquelas dos antigos programas de TV. Contudo, esse é apenas um tipo de família, que os sociólogos chamam de **família nuclear**. A expressão *família nuclear* é bastante apropriada, visto que esse tipo de família serve como núcleo ou centro do qual grupos familiares são construídos.

A maioria das pessoas nos Estados Unidos vê a família nuclear como o arranjo familiar preferível. No entanto, no ano 2000, apenas um terço dos domicílios norte-americanos se encaixava nesse modelo. A proporção de domicílios nos Estados Unidos que são compostos de casais casados com filhos morando junto diminuiu constantemente nos últimos 40 anos e estima-se que vá continuar diminuindo. Ao mesmo tempo, a quantidade de casas com pais ou mães solteiros aumentou (ver Figura 12-1).

Uma família na qual os parentes – avós, tias ou tios – moram na mesma casa é conhecida como **família estendida**. Embora não sejam comuns, esses arranjos de moradia oferecem certas vantagens em comparação com a família nuclear. Crises, como as provocadas por morte, divórcio e doença, exercem menos pressão sobre os membros da família, já que mais pessoas podem oferecer ajuda e apoio emocional. Além disso, a família estendida constitui uma unidade econômica maior do que a família nuclear. Se a família estiver envolvida em um empreendimento comum – uma fazenda ou um pequeno negócio –, os seus membros adicionais podem representar a diferença entre a prosperidade e o fracasso.

Considerando esses tipos de família diferentes, nós nos limitamos à forma de casamento característica dos Estados Unidos – a monogamia. O termo **monogamia** descreve uma forma de casamento na qual uma mulher e um homem são casados apenas um com ou outro. Alguns estudiosos, observando a alta taxa de divórcio nos Estados Unidos, sugeriram que uma "monogamia em série" é uma descrição mais precisa da forma que o casamento assume nesse país. Na **monogamia em série**, uma pessoa pode ter vários cônjuges ao longo de sua vida, porém apenas um cônjuge de cada vez.

Algumas culturas permitem que uma pessoa tenha vários maridos ou esposas simultaneamente. Essa forma de casamento é conhecida como **poligamia**. Na verdade, a maioria das sociedades no mundo, no passado e no presente, preferiu a poligamia à monogamia. O antropólogo George Murdock (1949, 1957) realizou uma amostragem com 565 sociedades e descobriu que, em mais de 80% delas, algum tipo de poligamia era a forma preferida. Embora a poligamia tenha diminuído constantemente durante a maior parte do século XX, em pelo menos cinco países na África 20% dos homens ainda têm casamentos polígamos (Population Reference Bureau, 1996).

Existem dois tipos básicos de poligamia. Segundo Murdock, a mais comum – endossada pela maior parte das culturas nas quais ele analisou amostras – é a poliginia. **Poliginia** se refere ao casamento de um homem com mais de uma mulher ao mesmo tempo. As esposas geralmente são irmãs, que se supõe tenham valores semelhantes e já viveram a experiência de morar na mesma casa. Nas sociedades polígmas, uma quantidade relativamente pequena de homens de fato tem várias esposas. A maioria das pessoas vive em famílias monogâmicas; ter várias esposas é visto como um sinal de *status*.

A outra principal variação da poligamia e á **poliandria**, na qual uma mulher tem mais de um marido ao mesmo tempo. Esse é o caso das culturas dos todas no sul da Índia. Porém, a poliandria é, hoje, cada vez mais rara. Ela vem sendo aceita por algumas sociedades muito pobres que praticam o infanticídio feminino (matança de bebês meninas) e, em razão disso, têm uma quantidade relativamente pequena de mulheres. Como várias outras sociedades, as culturas poliandras reduzem o valor social da mulher.

FIGURA 12-1

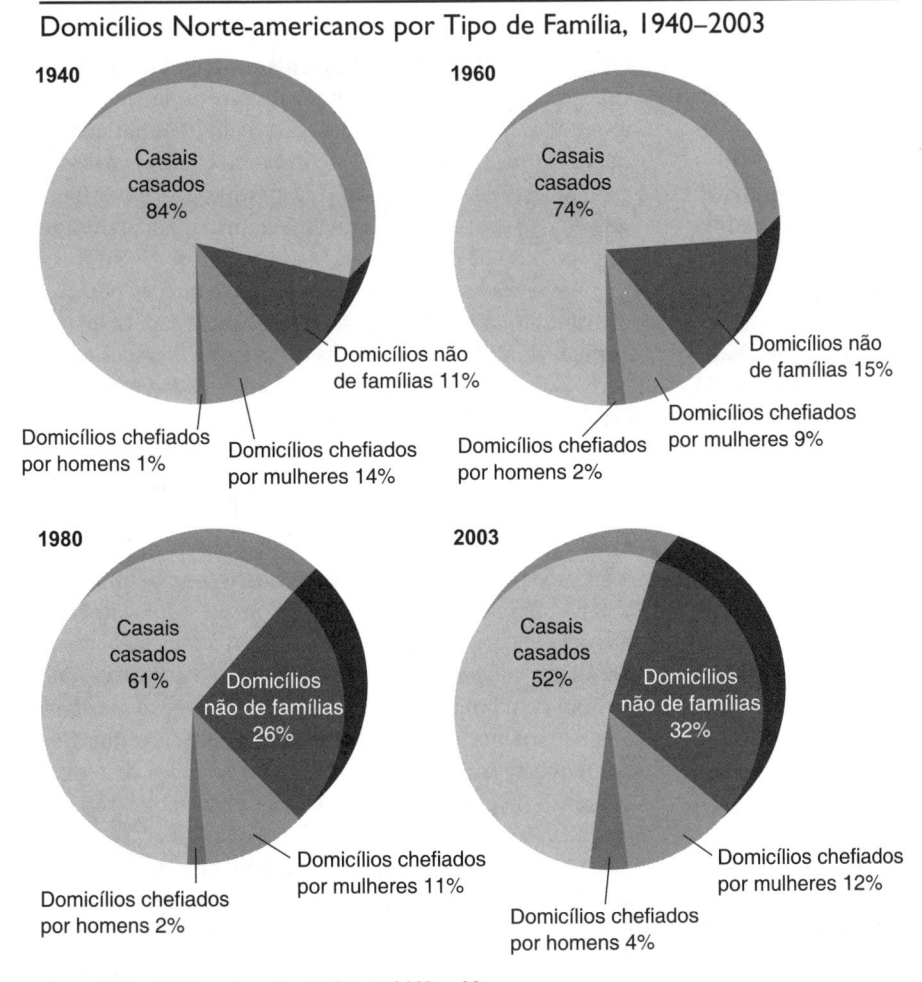

Domicílios Norte-americanos por Tipo de Família, 1940–2003

1940
- Casais casados 84%
- Domicílios não de famílias 11%
- Domicílios chefiados por homens 1%
- Domicílios chefiados por mulheres 14%

1960
- Casais casados 74%
- Domicílios não de famílias 15%
- Domicílios chefiados por homens 2%
- Domicílios chefiados por mulheres 9%

1980
- Casais casados 61%
- Domicílios não de famílias 26%
- Domicílios chefiados por homens 2%
- Domicílios chefiados por mulheres 11%

2003
- Casais casados 52%
- Domicílios não de famílias 32%
- Domicílios chefiados por homens 4%
- Domicílios chefiados por mulheres 12%

Fonte: Fields, 2003; ver também McFalls Jr., 2003, p. 23.

Padrões de Parentesco: De Quem Somos Parentes?

Muitos de nós podemos rastrear nossas raízes examinando uma árvore genealógica ou ouvindo os membros mais idosos da família – e as vidas dos nossos ancestrais que morreram muito antes de nascermos. No entanto, a linhagem de uma pessoa é muito mais do que simplesmente uma história pessoal: também reflete os padrões sociais que regem a descendência. Em todas as culturas, as crianças encontram parentes com os quais espera-se que tenham um vínculo emocional. A condição de ter laços com outras pessoas é chamada de **parentesco**. No entanto, o parentesco é aprendido de maneira cultural e não é totalmente determinado por laços biológicos ou de sangue. Por exemplo, a adoção cria um parentesco que é reconhecido legalmente e socialmente aceito.

A família e o grupo de parentes não são necessariamente a mesma coisa. Enquanto a família é uma unidade de pessoas que moram na mesma casa, os parentes nem sempre moram juntos ou atuam como um órgão coletivo todos os dias. Os grupos de parentes incluem tias, tios, primos, genros, noras, sogros, sogras etc. Em uma sociedade como a norte-americana, o grupo de parentes pode reunir-se apenas às vezes, para um casamento ou funeral. Mas os laços de parentesco com freqüência criam obrigações e responsabilidades. Podemos nos sentir impelidos a ajudar nossos parentes, ou nos sentir livres para recorrer a vários tipos de ajuda, incluindo empréstimos e cuidar de crianças.

Esse grupo de parentes turcos foi fotografado em Berlim, Alemanha. Embora os membros das três gerações mostradas aqui não morem todos na mesma casa, o apoio que dão uns aos outros lhes ajuda a superar os desafios especiais que enfrentam como imigrantes.

Como identificamos grupos de parentes? O princípio de descendência designa as pessoas com base na relação delas com a mãe ou com o pai. Existem três formas básicas de determinar a descendência. Os Estados Unidos e o Brasil seguem o sistema de *descendência bilateral*, o que significa que ambos os lados da família de uma pessoa são considerados igualmente importantes. Por exemplo, não se dá mais valor aos irmãos do pai do que aos da mãe.

A maioria das sociedades – segundo George Murdock, 64% – dá preferência a um lado ou outro da família quando rastreia a sua descendência. Na *descendência patrilinear* (do latim *pater*, pai), apenas os parentes do pai são importantes em termos de propriedade, herança e laços emocionais. Opostamente, nas sociedades que apóiam a *descendência matrilinear* (do latim, *mater*, mãe) só os parentes da mãe são importantes.

Novas formas de tecnologia reprodutiva irão promover uma nova maneira de encarar o parentesco. Hoje em dia, a combinação de processos biológicos e sociais pode "criar" um membro da família, o que requer que sejam feitas mais distinções sobre quem é parente de quem.

Padrões de Autoridade: Quem Manda?

Imagine que você se casou recentemente e tenha de começar a tomar decisões sobre o futuro da sua nova família. Você e seu(sua) parceiro(a) deparam com várias questões. Onde irão morar? Como irão mobiliar a casa? Quem vai cozinhar, fazer as compras e cuidar da limpeza? Os amigos de quem serão convidados para jantar? Toda vez que é preciso tomar uma decisão, uma questão é levantada: quem tem o poder de decidir? Simplificando, quem manda na família? Os teóricos do conflito analisam essas questões no contexto da estratificação tradicional

p. 278 dos sexos, na qual os homens têm assumido uma posição de domínio sobre as mulheres.

As sociedades variam na forma como o poder é distribuído na família. Uma sociedade que espera que os homens dominem em todas as tomadas de decisões familiares é denominada *patriarcal*. Nas sociedades patriarcais, como a iraniana, o homem mais velho em geral tem o maior poder, embora se espere que as esposas sejam tratadas com respeito e bondade. O *status* de uma mulher no Irã é definido pela relação com um parente do sexo masculino, quase sempre como esposa ou filha. Em muitas sociedades patriarcais, é mais difícil para as mulheres obter o divórcio do que para os homens. Opostamente, nas sociedades *matriarcais* as mulheres têm mais autoridade do que os homens. As sociedades matriarcais, que são pouco comuns, surgiram entre as sociedades tribais dos nativos norte-americanos e nos países nos quais os homens estavam ausentes por longos períodos de tempo em razão de guerra ou de expedições para obter comida (Farr, 1999).

Em um terceiro tipo de padrão de autoridade, a *família igualitária*, os cônjuges são considerados iguais. Porém, isso não significa que todas as decisões são compartilhadas nesse tipo de família. As mulheres podem ter autoridade em algumas esferas e os homens, em outras.

Muitos sociólogos acham que a família igualitária está começando a substituir a família patriarcal como norma social nos Estados Unidos.

ESTUDANDO A FAMÍLIA

Nós realmente precisamos da família? Há mais de um século, Friedrich Engels ([1884] 1959), um colaborador de Karl Marx, descreveu a família como a fonte suprema de desigualdade social por causa do seu papel na transferência de poder, propriedade e privilégios. Mais recentemente, os teóricos do conflito vêm argumentando que a família contribui para a injustiça social, nega às mulheres oportunidades que são dadas aos homens e limita a liberdade no tocante à expressão sexual e à seleção de parceiros. Por sua vez, a teoria funcionalista se concentra na maneira como a família atende às necessidades dos seus membros e contribui para a estabilidade social. A teoria interacionista leva em consideração os relacionamentos íntimos pessoais que ocorrem na família.

Teoria Funcionalista

A família exerce seis funções principais, que foram esboçadas pela primeira vez há 65 anos pelo sociólogo William F. Ogburn (Ogburn e Tibbits, 1934):

1. **Reprodução.** Para se manter, qualquer sociedade tem de substituir os membros que vão morrendo. Nesse sentido, a família contribui para a sobrevivência humana com a sua função de reprodução.
2. **Proteção.** Ao contrário dos filhotes de outras espécies animais, as crianças precisam de cuidados constantes e segurança econômica. Em todas as culturas, a família assume a responsabilidade máxima pela proteção e educação das crianças.
3. **Socialização.** Os pais e outros parentes monitoram o comportamento da criança e lhe transmitem as normas, os valores e o idioma da sua cultura.
4. **Regulação do comportamento sexual.** As normas sexuais estão sujeitas a mudanças com o decorrer do tempo (por exemplo, nos costumes referentes ao namoro) e entre culturas (compare a severa Arábia Saudita com a mais permissiva Dinamarca). No entanto, quaisquer que sejam a época e os valores culturais de uma sociedade, os padrões de comportamento social são definidos mais claramente no círculo familiar.
5. **Afeto e companheirismo.** Idealmente, a família oferece aos seus membros relacionamentos calorosos e íntimos, ajudando-os a se sentir satisfeitos e seguros. Evidentemente, o membro de uma família pode encontrar essas recompensas fora da família – nos colegas de escola e de trabalho – e pode até considerar a sua casa como um cenário desagradável ou injurioso. Mesmo assim, esperamos que nossos parentes nos entendam, importem-se conosco e nos apóiem se precisarmos deles.
6. **Dar *status* social.** Herdamos uma posição social decorrente do histórico social e da reputação dos nossos pais e irmãos. A família dá ao recém-nascido um *status* atribuído com base na raça e na etnia que ajuda a determinar o seu papel no sistema de estratificação da sociedade. Além disso, os recursos da família afetam a capacidade dos filhos de buscarem determinadas oportunidades, como educação superior e aulas especiais.

Tradicionalmente, a família tem exercido uma série de outras funções, como oferecer treinamento religioso, educação e lazer. Mas Ogburn argumentou que outras instituições sociais gradativamente assumiram muitas dessas funções. Em certa época, a educação era dada no seio da família. Hoje ela é responsabilidade de profissionais que trabalham em escolas e faculdades. Até mesmo a tradicional função recreativa da família foi transferida para grupos de fora, como os clubes atléticos e salas de bate-papo da Internet.

Teoria do Conflito

Os teóricos do conflito vêem a família não como uma entidade que contribui para a estabilidade social, mas como um reflexo da riqueza e do poder desiguais que observamos nas sociedades maiores. As feministas e os teóricos do conflito observam que a família legitimou e perpetuou o domínio masculino. Durante a maior parte da história humana – e em uma vasta gama de sociedades –, os maridos exerceram uma autoridade e um poder esmagadores na família. Só depois da primeira onda de feminismo contemporâneo nos Estados Unidos, na metade do século XIX, o *status* histórico das mulheres e das crianças como propriedade legal dos maridos foi questionado de maneira relevante.

Embora a família igualitária se tenha tornado um padrão mais comum nos Estados Unidos nas últimas décadas – decorrência, em grande parte, do ativismo das feministas no final da década de 1960 e início da década de 1970 –, a preponderância masculina na família não desapareceu. Os sociólogos observaram que as mulheres têm uma probabilidade muito maior de deixarem o seu emprego quando seus maridos encontram oportunidades de emprego melhores do que os homens quando suas mulheres recebem ofertas de emprego atraentes (Bielby e Bielby, 1992). E, infelizmente, muitos maridos reforçam o seu poder e controle sobre suas esposas e seus filhos com atos de violência doméstica. O Quadro 12-1 analisa dados sobre violência em casa em diversas culturas.

Os teóricos do conflito também encaram a família como uma unidade econômica que contribui para a in-

Sociologia na Comunidade Global
12-1 VIOLÊNCIA DOMÉSTICA

O telefone toca duas ou três dezenas de vezes por dia na Hotline Amigos da Família em San Salvador, a capital de El Salvador. Sempre que o *staff* recebe uma queixa de violência familiar, uma equipe para crises é despachada imediatamente para a casa da pessoa que ligou. Quem trabalha nos casos oferece consolo às vítimas e reúne provas para usar na acusação do agressor. Nos primeiros três anos de sua existência, o Amigos da Família lidou com 28 mil casos de violência doméstica.

Agredir fisicamente a mulher e outras formas de violência doméstica não são práticas restritas aos homens de El Salvador. Com base em estudos realizados no mundo todo, é possível fazer as seguintes generalizações:

- As mulheres correm mais risco de violência por parte de homens conhecidos.
- A violência contra as mulheres ocorre em todos os grupos socioeconômicos.
- A violência familiar é tão perigosa quanto ataques feitos por estranhos.
- Embora as mulheres às vezes apresentem comportamento violento em relação aos homens, a maioria dos atos violentos que pode causar ferimentos é praticada por homens contra mulheres.
- A violência em relacionamentos íntimos tende a aumentar com o decorrer do tempo.
- A agressão emocional e psicológica pode ser tão debilitadora quanto a agressão física.
- O uso de álcool exacerba a violência familiar, mas não a provoca.

Utilizando os modelos do conflito e feminista, pesquisadores descobriram

> A família pode ser um lugar perigoso não só para as mulheres, mas para as crianças e os idosos também.

que, nos relacionamentos nos quais a desigualdade entre homens e mulheres é grande, a probabilidade de ataque às esposas aumenta drasticamente. Essa descoberta indica que grande parte da violência entre pessoas que são íntimas, mesmo quando de natureza sexual, refere-se mais ao poder do que ao sexo.

A família pode ser um lugar perigoso não só para as mulheres, mas para as crianças e os idosos também. Em 2000, órgãos públicos nos Estados Unidos receberam mais de 3 milhões de queixas de violência e negligência praticadas contra crianças. Isso significa que foi realizada uma queixa para cada 25 crianças. Um outro estudo nacional descobriu que um milhão de crimes violentos por ano são cometidos por cônjuges, namorados ou namoradas atuais ou antigos.

No Brasil, os principais casos atendidos nas Delegacias Especializadas de Defesa da Mulher são: lesão corporal, estupro, atentado violento ao pudor, rapto, ameaça, calúnia, difamação e injúria. Pesquisa da Organização Mundial da Saúde divulgada em 2005 aponta que 29% das mulheres brasileiras relataram ter sofrido violência física ou sexual pelo menos uma vez na vida e 16% classificaram a agressão como violência grave, isto é, ser chutada, arrastada pelo chão ou ameaçada ou ferida com qualquer tipo de arma. Em 2005, só nas delegacias especializadas de atendimento à mulher de São Paulo foram registrados 310.058 boletins de ocorrência.

Vamos Discutir

1. Você conhece alguma família na qual já ocorreu violência doméstica? A(s) vítima(s) procurou(aram) ajuda de fora e, em caso afirmativo, ela foi eficaz?
2. Por que o grau de igualdade em um relacionamento pode estar ligado à probabilidade de violência doméstica? Como os teóricos do conflito explicam esse resultado?

Fonte: American Bar Association, 1999; Gelles e Gornell, 1990; Heise et al., 1999; Rennison e Welchans, 2000; Spindel et al., 2000; Valdez 1999; J. J. Wilson, 2000.

---

justiça social. A família é a base para a transferência de poder, propriedade e privilégios de uma geração para outra. Os Estados Unidos são vistos como uma terra de oportunidades, mas a mobilidade social é restrita de modo significativo. Os filhos herdam o *status* privilegiado ou menos privilegiado de seus pais (e, em alguns casos, de gerações anteriores também). Como assinalam os teóricos do conflito, a classe social dos pais influencia bastante as experiências de socialização dos filhos e o grau de proteção que recebem. Isso significa que o *status* socioeconômico da família de uma criança terá uma influência marcante na sua nutrição, assistência médica, moradia, nas oportunidades de educação e, em vários aspectos, nas suas oportunidades de vida na idade adulta. Por esse motivo, os teóricos do conflito argumentam que a família ajuda a manter a desigualdade.

Teoria Interacionista

Os interacionistas se concentram no âmbito micro da família e outros relacionamentos íntimos. Estão interessados na maneira como as pessoas interagem umas com as outras, ou parceiras de coabitação ou casais casados há muito tempo. Por exemplo, em um estudo de domicílios de brancos e negros com pai e mãe, os pesquisadores descobriram que, quando os pais estão mais envolvidos com seus filhos (lendo para eles, ajudando-os com a lição de

Os interacionistas estão particularmente interessados nas formas como os pais e as mães se relacionam uns com os outros e com os seus filhos. Essa mãe e os seus dois filhos estão expressando uma relação íntima e carinhosa, que é uma das bases de uma família forte.

casa ou restringindo o tempo que assistem à televisão), as crianças têm menos problemas de comportamento, dão-se melhor umas com as outras e são mais responsáveis (Mosley e Thomson, 1995).

Um outro estudo interacionista analisou o papel do padrasto ou da madrasta. A quantidade cada vez maior de pais e mães solteiros que se casam novamente despertou o interesse naqueles que estão ajudando a criar os filhos dos outros. Estudos revelaram que as madrastas têm mais probabilidade do que os padrastos de aceitar a culpa pelo mau relacionamento com os seus enteados. Os interacionistas são de opinião que os padrastos (como a maioria dos pais) podem não estar acostumados a interagir diretamente com crianças quando a mãe não está presente (Bray e Kelly, 1999; Furstenberg e Cherlin, 1991).

Visão Feminista

Pelo fato de o "trabalho de mulher" tradicionalmente ter-se concentrado na vida familiar, os sociólogos feministas se interessaram muito pela família como uma instituição social. Como vimos no Capítulo 11, as pesquisas sobre o papel dos sexos no cuidar dos filhos e nas tarefas domésticas foram vastas. Os sociólogos analisaram em particular detalhes como o fato de as mulheres trabalharem fora afetar o seu cuidado dos filhos e suas tarefas domésticas – deveres que Arlie Hochschild (1989, 1990) chamou de "segundo turno". Atualmente, os pesquisadores reconhecem que, para muitas mulheres, o segundo turno inclui cuidar dos pais que estão envelhecendo.

Os teóricos do feminismo exortaram os cientistas sociais e órgãos sociais a repensar o conceito que as famílias nas quais não há um homem adulto presente são automaticamente um motivo de preocupação ou até de problemas. Também contribuíram para pesquisas sobre mulheres solteiras, domicílios só com o pai ou só com a mãe e casais de lésbicas. No caso das mães solteiras, os pesquisadores se concentraram na resiliência de vários desses domicílios, apesar do estresse econômico. Segundo Velma McBride Murray e seus cols. (2001) na University of Georgia, esses estudos mostram que, entre os negros, as mães solteiras dependem muito dos parentes para obter recursos materiais, conselhos sobre o papel de mãe e apoio social. Analisando as pesquisas feministas sobre a família como um todo, um estudioso concluiu que a família é a "fonte da força das mulheres" (L. Richardson et al., 2004).

Por fim, as feministas enfatizam a necessidade de investigar tópicos negligenciados nos estudos sobre a família. Por exemplo, em uma quantidade pequena mas significativa de domicílios com duas rendas, a mulher ganha mais do que o marido. A socióloga Suzanne Bianchi estima que em 11% dos casamentos a mulher ganha pelo menos 60% da renda da família. Porém, além dos estudos de casos individuais, pouco se pesquisou sobre como essas famílias podem diferir daquelas nas quais o marido é o principal provedor (Tyre e McGinn, 2003, p. 47).

A Tabela 12-1 resume as quatro principais perspectivas teóricas sobre a família.

CASAMENTO E FAMÍLIA

Hoje, cerca de 90% de todos os homens e mulheres nos Estados Unidos se casam pelo menos uma vez na vida. Historicamente, o aspecto mais constante da vida familiar nesse país foi o alto índice de casamentos. Na verdade, apesar do alto índice de divórcios, há alguns indícios de um *miniboom* de casamentos tardios.

Nesta parte do capítulo, iremos analisar vários aspectos do amor, do casamento e de ser pai ou mãe nos Estados Unidos e compará-los com exemplos de outras culturas. Embora estejamos acostumados a pensar no romance e na seleção de parceiros como uma questão estritamente de preferência individual, a análise sociológica nos diz que as instituições sociais e normas e valores culturais distintos também têm um papel importante.

Paquera e Seleção de Parceiros

"Os meus parceiros de rúgbi se revirariam nos seus túmulos", diz Tom Buckley da sua paquera on-line e do

Resumindo

Tabela 12-1	Teorias Sociais sobre a Família
Perspectiva Teórica	**Ênfase**
Funcionalista	A família como entidade que contribui para a estabilidade social Papéis dos membros da família
Conflito	A família como entidade que perpetua a desigualdade Transmissão da pobreza ou da riqueza pelas gerações
Interacionista	Os relacionamentos entre os membros da família
Feminista	A família como entidade que perpetua o papel dos sexos Domicílios chefiados por mulheres

subseqüente casamento com Terri Muir. Mas Tom e Terri não estão sozinhos no ato de acessar a Internet para participar de serviços de namoro. Há uma ou duas gerações, os casais se conheciam no colégio ou na faculdade, mas agora que as pessoas estão se casando mais tarde, a Internet se tornou o novo local de encontro para quem está inclinado a um romance. Hoje em dia, milhares de sites se oferecem para ajudar as pessoas a encontrar parceiros e todo mês 45 milhões de acessantes só nos Estados Unidos os visitam. Não obstante as histórias de sucesso, como a dos Muirs, esses serviços de namoro on-line são tão bons quanto as pessoas que os utilizam: os perfis pessoais dos assinantes – a base para possíveis namoros – em geral contêm informações falsas ou enganosas (Harmon, 2003; B. Morris, 1991, p. D1).

O romance pela Internet é apenas a prática mais recente de paquera. No Uzbequistão, país da Ásia Central, e em várias outras culturas tradicionais desse continente, a paquera é definida, em grande parte, pela interação de dois casais de pais e mães, que arranjam casamentos para os seus filhos. Normalmente, uma jovem uzbequistanesa é educada para aguardar com ansiedade o seu casamento com um homem que viu apenas uma vez, ou seja, quando ele é apresentado à sua família no momento da inspeção final do dote dela. Nos Estados Unidos, por sua vez, a paquera é feita basicamente por pessoas que têm interesse romântico umas pelas outras. Nessa cultura, a paquera exige que os interessados se baseiem muito em jogos, gestos e sinais intrincados. Apesar dessas diferenças, seja nos Estados Unidos, no Uzbequistão ou em outro lugar, a paquera é influenciada pelas normas e pelos valores de uma sociedade maior (C. J. Williams, 1955).

Uma tendência inequívoca na seleção de parceiros é que o processo aparentemente está levando mais tempo hoje do que no passado. Uma série de fatores, incluindo a preocupação com a segurança financeira e a independência pessoal, contribuiu para esse adiamento do casamento. A maioria das pessoas hoje tem bem mais do que 20 anos quando se casam, tanto nos Estados Unidos quanto em outros países (ver Figura 12-2).

Aspectos da Seleção de Parceiros

Muitas sociedades têm normas explícitas ou implícitas que definem possíveis parceiros como aceitáveis ou inaceitáveis. Essas normas podem ser diferenciadas em termos de endogamia e exogamia. A **endogamia** (do grego *endom*, dentro) especifica os grupos nos quais se pode encontrar um parceiro e proíbe casamento com outros. Por exemplo, nos Estados Unidos, espera-se que as pessoas se casem dentro do seu próprio grupo racial, étnico ou religioso, e elas são firmemente dissuadidas ou até proibidas de se casarem fora do seu grupo. A endogamia visa reforçar a coesão do grupo sugerindo aos jovens que devem casar-se com alguém "do mesmo nível".

Opostamente, a **exogamia** (do grego *exo*, fora) exige que a seleção de parceiros seja feita fora de determinados grupos, geralmente fora da própria família ou de determinada parentela. O **tabu do incesto**, uma norma social comum a quase todas as sociedades, proíbe relacionamentos sexuais entre determinados parentes culturalmente especificados. Para as pessoas nos Estados Unidos e no Brasil, por exemplo, esse tabu significa que elas têm de se casar fora da família nuclear. Não podem casar-se com seus irmãos e, na maioria dos estados norte-americanos, é proibido o casamento entre primos de primeiro grau.

As restrições endogâmicas podem ser encaradas como preferências por um grupo em detrimento de outros. Nos Estados Unidos, essas preferências ficam mais evidentes nas barreiras raciais. Até a década de 1960, alguns estados declararam casamentos inter-raciais ilegais. Mesmo assim, a quantidade de casamentos entre negros e brancos no país aumentou mais de sete vezes nas últimas décadas, saltando de 51 mil em 1960 para 395 mil em 2002. Além disso, 25% das mulheres ásio-americanas e 12% dos homens ásio-americanos se casaram com alguém que não possui ascendência asiática. O casamento com outras etnias é ainda maior entre os hispânicos: 27% de todos os hispânicos casados têm um cônjuge não-hispânico. Porém, embora todos esses exemplos de exogamia racial sejam dignos de nota, a endogamia continua sendo a norma social nos Estados Unidos (Bureau of the Census, 1998, 2003a, p. 59).

O Relacionamento Amoroso

A geração atual de alunos universitários aparentemente tem maior probabilidade de "ficar" ou fazer cruzeiros em grandes pacotes do que seus pais e avós. Mesmo assim,

FIGURA 12-2

Porcentagem de Pessoas de 20 a 24 Anos que se Casaram pelo menos uma vez, Países Selecionados

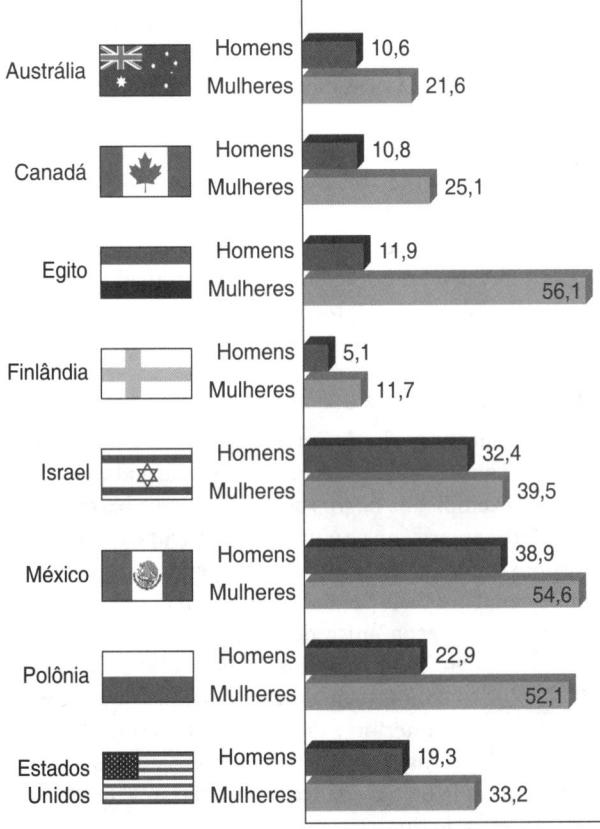

País		Homens	Mulheres
Austrália		10,6	21,6
Canadá		10,8	25,1
Egito		11,9	56,1
Finlândia		5,1	11,7
Israel		32,4	39,5
México		38,9	54,6
Polônia		22,9	52,1
Estados Unidos		19,3	33,2

Fonte: United Nations Population Division, 2001a.

> **Pense nisto**
> Por que a porcentagem de moças casadas é particularmente alta no Egito, no México e na Polônia? E particularmente baixa na Finlândia?

em algum momento da sua vida adulta, a grande maioria dos alunos de hoje irá encontrar alguém que ama e se envolver em um relacionamento de longo prazo que se concentra em criar uma família.

Os pais nos Estados Unidos tendem a valorizar o amor como justificativa para o casamento e incentivam seus filhos a criar relacionamentos íntimos com base no amor e no afeto. Músicas, filmes, livros, revistas, programas de televisão e até desenhos animados e histórias em quadrinhos reforçam o tema do amor. Ao mesmo tempo, a sociedade norte-americana espera que os pais e os colegas ajudem a pessoa a confinar a sua busca de um parceiro a membros "socialmente aceitáveis" do sexo oposto.

A maioria das pessoas nos Estados Unidos considera natural a importância de se apaixonar, mas a junção de amor e casamento não é de maneira nenhuma uma universalidade cultural. Muitas culturas do mundo dão prioridade à seleção de outros fatores além dos sentimentos românticos. Nas sociedades com *casamentos arranjados* pelos pais ou por autoridades religiosas, as considerações econômicas têm um papel importante. Supõe-se que o casal recém-constituído desenvolva um sentimento de amor *depois* da formalização da união legal, se é que tanto.

Mesmo nos Estados Unidos, algumas subculturas continuam com as práticas de casamento arranjado das suas culturas nativas. Entre os sikhs e os hindus que imigraram da Índia, entre os muçulmanos e os judeus hassídicos, os jovens permitem que seus pais ou casamenteiras designadas encontrem seu (sua) parceiro(a) em sua comunidade étnica. Como declarou um jovem sikh: "Eu, com certeza, vou me casar com a pessoa que meus pais querem que eu case. Eles me conhecem melhor do que eu me conheço". Jovens que emigraram sem as suas famílias geralmente recorrem à Internet para encontrar parceiros que tenham o seu histórico e suas metas. Os anúncios matrimoniais para a comunidade hindu são veiculados em sites, como *SuitableMatch.com* e *Indolink.com*. Como observou uma jovem judia hassídica, o sistema de casamentos arranjados "não é perfeito e não funciona para todo mundo, mas esse é o sistema que conhecemos e no

As uniões inter-raciais, cada vez mais comuns e aceitas, estão dificultando as definições de raça. Os filhos desse casal inter-racial seriam considerados negros ou brancos?

qual confiamos, a maneira como arrumamos parceiros e aprendemos a amar. Portanto, ele funciona para a maioria de nós (R. Segall, 1998, p. 48, 53).

> **Use a Sua Imaginação Sociológica**
>
> Os seus pais e/ou casamenteiras vão arranjar um casamento para você. Que tipo de pessoa vão selecionar? As chances de você ter um casamento bem-sucedido serão maiores ou menores do que se você próprio selecionasse seu cônjuge?

Variações na Vida Familiar e Relacionamentos Íntimos

Nos Estados Unidos, a classe social, a raça e a etnia criam variações na vida familiar. Estudar essas variações proporciona uma compreensão mais sofisticada dos estilos contemporâneos de família nesse país.

Diferenças de Classe Social

Vários estudos documentaram as diferenças na organização familiar entre as classes sociais nos Estados Unidos. Na classe mais alta, a ênfase é dada à linhagem e à manutenção da posição familiar. Se você pertence à classe alta, não é apenas um membro de uma família nuclear, mas um membro de uma tradição familiar maior (pense nos Rockfellers ou nos Kennedys). Portanto, as famílias da classe alta se preocupam muito com o que consideram um treinamento adequado para os seus filhos.

As famílias das classes mais baixas geralmente não têm o luxo de se preocupar com o "nome da família"; sua prioridade é lutar para pagar as contas e sobreviver a crises em geral associadas a uma vida de pobreza. A probabilidade de ter apenas um dos pais em casa é maior, o que cria desafios especiais no tocante ao cuidar dos filhos e às finanças. Os filhos das famílias da classe mais baixa geralmente assumem responsabilidades de adultos – incluindo o casamento e a maternidade ou paternidade – mais cedo do que as crianças de classe rica. Isso ocorre, parcialmente, porque podem não ter o dinheiro necessário para continuar na escola.

As diferenças de classes sociais na vida familiar são menos notáveis hoje em dia do que antigamente. No passado, os especialistas em família concordavam que o contraste nas práticas de educação das novas gerações era pronunciado. Observou-se que as famílias de classes mais baixas eram mais autoritárias na criação dos filhos e mais propensas a utilizar castigo físico. As famílias de classe média eram mais permissivas e mais contidas na punição a suas crianças. No entanto, essas diferenças podem ter diminuído à medida que uma quantidade cada vez maior de famílias de todas as classes sociais recorria aos mesmos livros, revistas e até programas de televisão para obter conselhos sobre como educar seus filhos (Kohn, 1970; Luster et al., 1989).

Entre os pobres, as mulheres têm um papel importante no apoio financeiro da família. Os homens podem ganhar salários baixos, estar desempregados ou totalmente ausentes da família. Em 2003, 28% de todas as famílias chefiadas por mulheres sem marido presente se encontravam abaixo da linha de pobreza do governo. Esse índice para os casais casados era de apenas 5,4% (DeNavas-Walt et al., 2004, p. 10).

Muitos grupos raciais e étnicos aparentemente têm características familiares distintas. Porém, os fatores raciais e de classe social, em geral, estão ligados. Quando se examina a vida familiar entre as minorias raciais e étnicas, é preciso ter em mente que determinados padrões podem resultar de fatores associados à classe social e culturais também.

Diferenças Raciais e Étnicas

O *status* subordinado das minorias raciais e étnicas nos Estados Unidos afeta profundamente suas vidas familiares. Por exemplo, os negros com renda mais baixa, os índios norte-americanos e a maioria dos grupos hispânicos e grupos asiáticos selecionados consideram criar e manter uniões matrimoniais bem-sucedidas uma tarefa difícil. A reestruturação econômica dos últimos 50 anos, descrita pelo sociólogo William Julius Wilson (1996) e outros, [p. 218] afetou principalmente as pessoas que moram em cidades do interior e áreas rurais desertas, como as reservas. Além disso, a política de imigração dos Estados Unidos complicou a mudança de famílias intactas da Ásia e da América Latina.

A família negra sofre de vários estereótipos negativos e errôneos. É verdade que, em uma proporção consideravelmente maior de famílias negras, o marido não está presente em casa (ver Figura 12-3). No entanto, as mães solteiras negras em geral pertencem a redes de parentes estáveis e funcionais, apesar das pressões do sexismo e do racismo. Os membros dessas redes – predominantemente parentes mulheres, como mães, avós e tias – aliviam a pressão financeira compartilhando bens e serviços. Além desses fortes laços familiares, a vida familiar dos negros vem enfatizando um profundo compromisso religioso e grandes aspirações de realização. Os pontos fortes dessas famílias ficaram evidentes durante a escravidão, quando os negros demonstraram uma extraordinária capacidade de manter laços familiares apesar do fato de não terem proteção legal e, na verdade, freqüentemente serem forçados a se separar (Willie e Reddick, 2003).

Como os negros, os índios norte-americanos se baseiam nos elos familiares para amortecer muitas das dificuldades que enfrentam. Na reserva navajo, por exemplo, ser pai ou mãe na adolescência não é encarado como crise no mesmo grau que em outras partes dos Estados Unidos. Os navajo delineiam a sua descendência matrilinearmente. Os casais moram com a família da mulher após o casamento, o que permite que os avós ajudem na criação de filhos. Embora os navajo não aprovem a gravidez na adolescência, o profundo compromisso emocional de suas famílias estendidas proporciona um ambiente caloroso em casa para as crianças sem pai (Dalla e Gamble, 2001).

Os sociólogos também observaram diferenças nos padrões familiares entre outros grupos raciais e étnicos. Por exemplo, os homens norte-americanos de origem mexicana são descritos como viris e tendo valor pessoal e orgulho da sua hombridade, o que é denominado *machismo*. Os norte-americanos de origem mexicana também são descritos como mais ligados à família do que várias outras subculturas. O *familismo* se refere ao orgulho da família estendida, que é expresso pela manutenção de laços estreitos e fortes obrigações para com os parentes fora da família imediata (o núcleo familiar). Tradicionalmente, os norte-americanos de origem mexicana colocam a proximidade com a sua família estendida acima de outras necessidades e desejos.

Porém, esses padrões familiares estão mudando em resposta às mudanças no *status* social, nos feitos na área de educação e nas profissões dos latinos. Como os outros norte-americanos, os latinos voltados para a carreira e em busca de parceiros mas com pouco tempo livre estão recorrendo aos sites da Internet. À medida que os latinos e outros grupos vão assimilando a cultura dominante nos Estados Unidos, a sua vida familiar adquire as características positivas e negativas associadas aos domicílios dos brancos (Becerra, 1999; Vega, 1995).

Padrões de Criação de Filhos na Vida Familiar

Os nayars do sul da Índia reconhecem o papel biológico dos pais, mas o irmão mais velho da mãe é responsável pelos filhos dela. Ao contrário, os tios têm apenas um papel periférico no cuidado das crianças nos Estados Unidos. Tomar conta de crianças é uma função universal da família. No entanto, a forma como as diversas sociedades atribuem essa função aos membros familiares pode variar muito. Mesmo nos Estados Unidos, os padrões de criação de filhos variam. Aqui iremos analisar o fato de ser pai, mãe, avô ou avó, a adoção, as famílias com duas rendas, as famílias de pais e mães solteiros e as famílias substitutas.

O Papel de Pai, Mãe, Avô e Avó

A socialização das crianças é fundamental para a manutenção de qualquer cultura. Conseqüentemente, ser pai ou mãe é um dos papéis sociais mais importantes (e que mais exige) nos Estados Unidos. A socióloga Alice Rossi (1968, 1984) identificou quatro fatores que complicam a transição para a condição de pai ou mãe e o papel da socialização. Primeiro, há pouca socialização antecipatória para o papel de cuidador(a). O currículo

FIGURA 12-3

Aumento de Famílias só com Pais ou só com Mães nos Estados Unidos, 1970–2000

Brancos
1970: 89%, 9%, 2%
2000: 79%, 16%, 5%

Afro-americanos
1970: 68%, 28%, 4%
2000: 45%, 47%, 8%

Hispânicos
1970: 81%, 15%, 4%
2000: 65%, 26%, 9%

Asiáticos ou das Ilhas do Pacífico
1980: 84%, 11%, 5%
2000: 79%, 14%, 7%

Como grupo, os domicílios dos norte-americanos de origem asiática são semelhantes aos dos brancos

▢ Famílias com pai e mãe
▨ Famílias só com a mãe sustentadas pela mãe
▪ Famílias só com o pai sustentadas pelo pai

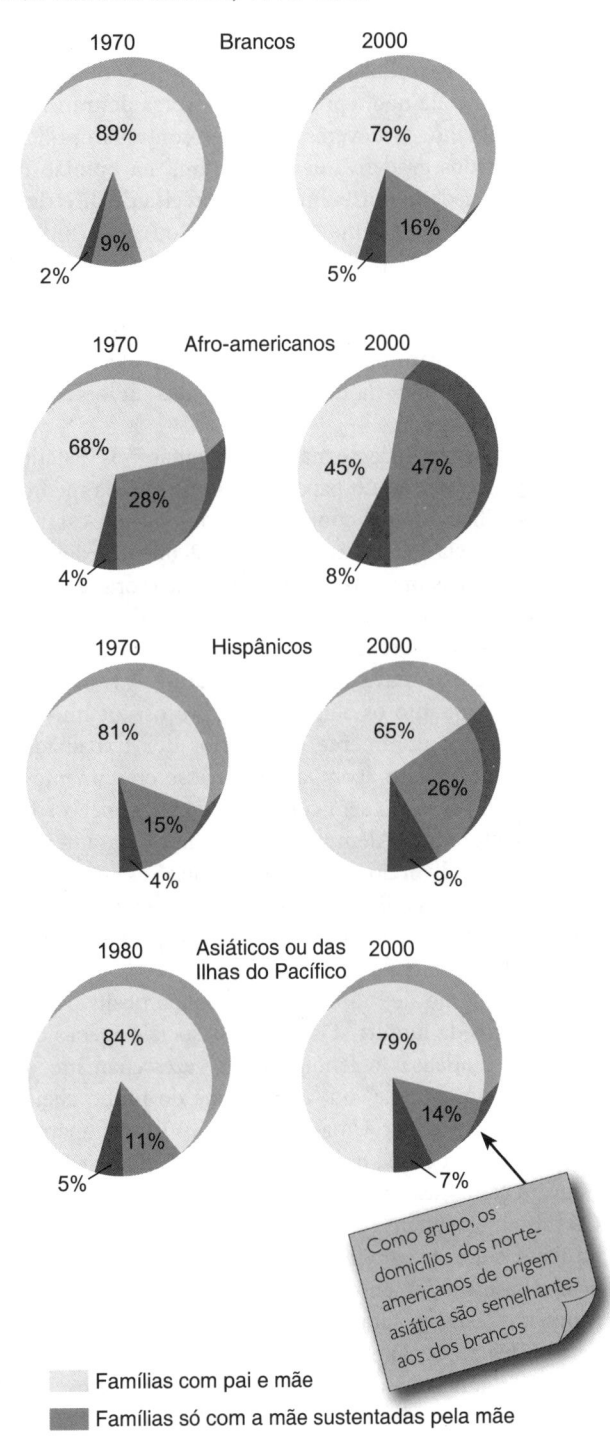

Nota: "Filhos" se referem a menores de 18 anos. Não estão incluídas pessoas sem parentesco que moram juntas sem a presença de crianças. Os dados iniciais sobre norte-americanos de origem asiática são de 1980.

Fonte: Bureau of the Census, 1944, p. 63; Fields, 2001, p. 7.

escolar normal dá atenção restrita aos assuntos mais importantes para a vida familiar bem-sucedida, como o cuidar de crianças e manter a casa. Em segundo lugar, há apenas um aprendizado limitado durante o período da gravidez em si. Em terceiro, a transição para a paternidade ou maternidade é bem abrupta. Ao contrário da adolescência, ela não é prolongada, diversa da transição para o trabalho, os deveres de tomar conta não podem ser cumpridos gradativamente. Por fim, na opinião de Rossi, a sociedade norte-americana precisa de diretrizes claras e úteis para uma paternidade ou maternidade bem-sucedida. Há pouco consenso quanto a como os pais podem criar filhos felizes e bem ajustados – ou mesmo sobre o que significa ser bem ajustado. Por esses motivos, o preparo para ser pai ou mãe envolve desafios difíceis para a maioria dos homens e das mulheres nos Estados Unidos.

Um avanço recente na vida familiar nos Estados Unidos é a extensão do papel de pai ou mãe, na medida em que filhos adultos continuam morando em casa ou voltam para ela após a faculdade. Em 2000, 56% dos homens e 43% das mulheres de 18 a 24 anos moravam com seus pais. Alguns desses filhos adultos ainda buscavam uma educação, porém, em muitos casos, as dificuldades financeiras estavam no âmago desses arranjos de moradia. Enquanto os aluguéis e os preços dos imóveis subiram assustadoramente, os salários dos trabalhadores mais jovens não acompanharam esse crescimento e muitos deles se vêem sem condições de pagar pelas suas próprias moradias. Além disso, com muitos casamentos acabando em divórcio – mais nos primeiros sete anos de união –, os filhos e filhas divorciados geralmente voltam a morar com seus pais, às vezes com seus próprios filhos (Fields, 2003).

Esse arranjo de moradia é um avanço positivo para os membros da família? Os cientistas sociais apenas começaram a analisar o fenômeno, às vezes chamado de "geração bumerangue" ou "a síndrome do ninho cheio" na imprensa popular. Uma pesquisa na Virgínia aparentemente mostrou que nem os pais nem os filhos adultos estavam contentes com o fato de continuar a viver juntos. Os filhos se sentiam ressentidos e isolados, mas os pais também sofriam: aprender a viver sem filhos em casa é uma fase fundamental da vida adulta e pode ser um momento decisivo para um casamento (*Berkeley Wellness Letter*, 1990; Mogelonsky, 1996).

Em algumas casas, o ninho cheio abriga netos. Em 2002, 5,6 milhões de crianças, ou 8% de todas as crianças nos Estados Unidos, moravam em uma casa com um avô ou uma avó. Em cerca de um terço desses domicílios, não havia pai ou mãe presentes para assumir a responsabilidade pelas crianças. Dificuldades especiais são inerentes nesses tipos de relacionamentos, incluindo preocupações legais com a custódia, questões financeiras e problemas emocionais tanto para os adultos quanto para os jovens.

Não é de admirar que tenham surgido grupos de apoio, como "Avós como Pais", para ajudar (Fields, 2003).

Adoção

No sentido legal, a ***adoção*** é um processo que permite a transferência dos direitos legais, das responsabilidades e dos privilégios de pai ou mãe "para novos pais ou mães" (E. Cole, 1985, p. 638). Em muitos casos, esses direitos são transferidos dos pais biológicos para os pais adotivos.

Da perspectiva funcionalista, o governo tem muito interesse em incentivar a adoção. Na verdade, os elaboradores de política têm interesse humanitário e financeiro no processo. Teoricamente, a adoção oferece um ambiente familiar estável para crianças que de outra maneira não receberiam cuidados satisfatórios. Além disso, os dados do governo mostram que as mães solteiras que ficam com os seus bebês tendem a ser de um *status* socioeconômico mais baixo e requerem ajuda pública para sustentar os seus filhos. Então, o governo poderia reduzir as suas despesas com assistência social se as crianças fossem transferidas para famílias auto-suficientes economicamente. Porém, da perspectiva interacionista, a adoção pode exigir que a criança se ajuste a um ambiente familiar e uma maneira de criar filhos muito diferentes.

Cerca de 4% de toda a população dos Estados Unidos é adotada, e cerca de metade dessas adoções foi feita por indivíduos sem parentesco com as pessoas adotadas na época do seu nascimento. Existem, nos Estados Unidos, dois métodos legais de se adotar uma pessoa que não é parente: a adoção pode ser feita por intermédio de uma agência licenciada ou, em alguns estados, mediante um acordo particular sancionado pelos tribunais. As crianças adotadas podem vir dos Estados Unidos ou do exterior. Em 2003, mais de 21 mil crianças entraram no país como filhos adotivos de cidadãos norte-americanos (Children's Bureau, 2003; Department of State, 2004; Fisher, 2003).

Em alguns casos, as pessoas que adotam não são casadas. Em 1995, uma importante decisão de um tribunal de Nova York determinou que um casal não tem de ser casado para adotar uma criança. De acordo com essa decisão, casais heterossexuais não-casados, casais de lésbicas e casais de *gays* podem adotar legalmente crianças em Nova York. Escrevendo para a maioria, a juíza Judith Kaye argumentou que, ampliando os limites de quem pode ser legalmente reconhecido como pai ou mãe, o Estado poderia ajudar mais crianças assegurando "o melhor lar possível". Com essa decisão, Nova York se tornou o terceiro Estado (depois de Vermont e Massachusetts) a reconhecer o direito de casais não-casados de adotar filhos (Dão, 1995).

Para cada criança adotada, muitas mais continuam nas alas de serviços de proteção à criança patrocinados pelo Estado. Em qualquer momento tomado para medição, mais de meio milhão de crianças nos Estados Unidos estão vivendo em lares adotivos. Essas crianças

O pai cuida do café da manhã enquanto a mãe se apressa para o trabalho nessa família de duas rendas. Uma proporção cada vez maior de casais nos Estados Unidos rejeita o modelo de família nuclear tradicional do marido como o provedor e a mulher como a pessoa que cuida da casa.

geralmente mudam de uma família para outra durante a sua infância e adolescência. Todo ano, cerca de 20 mil delas chegam à idade de 18 anos e entram na fase adulta sem o apoio financeiro ou emocional de uma família permanente (Children's Bureau, 2002; C. J. Williams, 1999).

Famílias de Duas Rendas

A noção de uma família ser composta de um marido que ganha salário e de uma mulher que fica em casa foi substituída pelo *domicílio de duas rendas*. Entre as pessoas casadas com 25 a 34 anos de idade, 92% dos homens e 75% das mulheres estavam no mercado de trabalho em 2002.

Por que houve um aumento na quantidade de casais com duas rendas? Um fator importante é a necessidade financeira. Em 2003, a renda média dos domicílios com ambos os cônjuges empregados era 99% mais do que nos domicílios nos quais apenas uma pessoa estava trabalhando fora de casa (US$ 71.496 contra US$ 35.977). Evidentemente, em razão das despesas relacionadas ao trabalho, como creche, nem todo o segundo salário de uma família é uma renda de fato adicional. Entre os outros fatores que contribuíram para o aumento do modelo de duas rendas estão a queda na taxa de natalidade, o aumento na proporção de mulheres com educação universitária, a mudança na economia norte-americana de indústria de fabricação para serviços e o impacto do movimento feminista na transformação da consciência das mulheres (DeNavas-Walt et al., 2004, tabela HINC-01).

Famílias só com o pai ou só com a mãe

Nos Estados Unidos, no final do século XIX, a imigração e a urbanização tornaram cada vez mais difícil manter as comunidades do tipo *Gemeinschaft*, onde todo mundo conhecia todo mundo e compartilhava a responsabilidade pelas mães solteiras e seus filhos. Em 1883, foram fundadas as Casas Florence Crittenton na cidade de Nova York – e posteriormente em todo o país – como refúgio para prostitutas (na época, estigmatizadas como "mulheres desonradas"). Em pouco tempo as casas Crittenton começaram a aceitar mães solteiras como moradoras. No início da década de 1900, o sociólogo W. E. B. Du Bois (1911) observou que a institucionalização das mães solteiras estava ocorrendo nas famílias segregadas. Na época em que ele estava escrevendo, havia sete casas para mães solteiras negras, bem como uma casa Crittenton para esse fim.

Nas últimas décadas, o estigma associado a mãe solteiras e outros pais solteiros diminuiu consideravelmente. As *famílias só com o pai ou só com a mãe*, nas quais só o pai ou só a mãe está presente para cuidar dos filhos, dificilmente pode ser considerada uma raridade nos Estados Unidos. Em 2000, cerca de 21% das famílias de brancos com filhos menores de 18 anos, 35% das famílias hispânicas com filhos e 55% das famílias negras com filhos (ver Figura 12-3) eram chefiadas só pelo pai ou só pela mãe.

As vidas dos pais e mães solteiros e seus filhos não são mais difíceis do que a vida em uma família nuclear tradicional. É errado pressupor que uma família só com

A maioria dos lares nos Estados Unidos não é composta de pai e mãe morando com seus filhos solteiros.

O Que É Uma Família?

O aclamado fotógrafo amador Milton Rogovin (1994) começou fotografando residentes do Lower West Side, uma vizinhança multiétnica profundamente pobre em Buffalo, Nova York, no ano de 1972. Nos três anos subseqüentes, fez mil retratos na área de seis quarteirões. Os residentes lentamente começaram a confiar nele e aguardavam ansiosamente as suas visitas e o próprio fotógrafo se apegou a eles. Duas vezes nas duas décadas seguintes, Rogovin voltou à vizinhança para fotografar as pessoas e documentar suas vidas e famílias em mudança (Burghart, 2003).

A famosa série de fotos de Rogovin mostra como as famílias mudam com o decorrer do tempo. Seus retratos em épocas diferentes destacam a dinâmica social da família à medida que ela vai formando-se, crescendo e evoluindo de uma geração para outra. Conforme um casal vai criando espaço para filhos, os vê amadurecer e gerar seus próprios filhos, o seu relacionamento um com o outro e com a sociedade maior muda juntamente com a sua família.

Em 1973, os quatro filhos desse casal ainda eram jovens. Quando Rogovin voltou em 1986, as crianças tinham crescido, mas ainda eram solteiras. Seis anos depois, em 1992, a família original de seis membros se tinha tornado uma família estendida com quatro netos.

1973

1986

1992

315

o pai ou só com a mãe é necessariamente carente, assim como é errado pressupor que uma família com o pai e a mãe seja sempre segura e feliz. Mesmo assim, a vida em uma família só com um dos pais pode ser muito estressante em termos tanto econômicos quanto emocionais. Uma família chefiada por uma mãe solteira enfrenta problemas particularmente difíceis quando se trata de mãe adolescente.

Por que meninas adolescentes de baixa renda desejariam ter filhos e enfrentar as óbvias dificuldades financeiras da maternidade? Da perspectiva interacionista, essas jovens tendem a ter baixa auto-estima e opções limitadas; uma criança pode dar um senso de motivação e objetivo a uma adolescente cujo valor econômico na nossa sociedade é, na melhor das hipóteses, limitado. Tendo em vista as barreiras que várias jovens enfrentam em razão de seu sexo, sua raça, etnia e classe social, muitas adolescentes consideram que têm pouco a perder e muito a ganhar com a maternidade.

De acordo com um estereótipo difundido, "mães solteiras" e "bebês tendo bebês" nos Estados Unidos são predominantemente da raça negra. Porém, esse conceito não é correto. As mulheres negras são responsáveis por uma parcela desproporcional de filhos de mãe solteiras, mas, em sua maioria, os bebês de mães solteiras adolescentes são filhos de adolescentes brancas. Além disso, desde 1980 a gravidez entre adolescentes negras vem diminuindo constantemente (B. Hamilton et al., 2003; J. Martin et al., 2003; Ventura et al., 2003).

Embora dos casos de pais e mães solteiros nos Estados Unidos 82% se refiram a mães, a quantidade de domicílios chefiados por pais solteiros aumentou mais do que quatro vezes no período de 1980 a 2000. Os estereótipos de pais solteiros dizem que eles criam apenas meninos ou crianças mais velhas. Mas, em 2002, cerca de 43% das crianças que viviam nesse tipo de família eram meninas e mais de um terço das crianças cuidados pelos pais estavam no jardim da infância e pré-primário. As mães solteiras geralmente criam redes sociais, mas os pais solteiros são mais isolados. Além disso, têm de lidar com escolas e agências de serviços sociais que estão mais acostumadas com mulheres como a pessoa que tem a custódia (Fields, 2003).

Famílias Substitutas

Cerca de 45% de toda a população norte-americana irá casar-se, divorciar-se e depois se casar novamente. O crescimento na quantidade de divórcios e segundos casamentos levou a um aumento significativo nos relacionamentos de famílias substitutas. Em 1991, 9,4% de todas as crianças viviam com um padrasto ou uma madrasta. Porém, apenas cinco anos depois, esse número aumentou para 16,5% (Furukawa, 1994, p. 4; Kreider e Fields, 2002).

A natureza exata das famílias mistas tem importância social tanto para os adultos quanto para as crianças. Certamente, é preciso uma ressocialização quando um adulto passa a ser um padrasto ou uma madrasta, ou quando uma criança se torna um enteado ou uma enteada. Além disso, é necessário fazer uma distinção importante entre as famílias substitutas de primeira viagem e lares nos quais houve repetidos divórcios, rompimentos ou mudanças nos acordos de custódia.

Quando avaliaram o aumento da quantidade de famílias substitutas, alguns observadores pressupuseram que as crianças se beneficiariam com um novo casamento porque estariam ganhando um segundo pai ou uma segunda mãe e possivelmente teriam mais segurança econômica. No entanto, depois de revisar vários estudos de famílias substitutas, o sociólogo Andrew J. Cherlin (2002, p. 476) concluiu que "o bem-estar das crianças nas famílias substitutas não é maior, na média, do que o bem-estar das crianças em casas de divorciados chefiadas só pelo pai ou pela mãe".

Padrastos e madrastas podem ter um papel valioso e singular nas vidas de seus enteados, porém o seu envolvimento não garante uma melhoria da vida familiar. Na verdade, os padrões podem baixar. Estudos sugerem que as crianças criadas em famílias com madrastas provavelmente terão menos assistência médica, educação e dinheiro gasto com a sua educação do que as crianças criadas pelas suas mães biológicas. As medições também são negativas para as crianças criadas por padrastos, porém só 50% em comparação com o caso das madrastas. Esses resultados não significam que as madrastas sejam "más" – pode ser que elas evitem envolver-se para não parecer intrometidas ou

FIGURA 12-4

Tendências Referentes ao Casamento e ao Divórcio nos Estados Unidos, 1920–2003

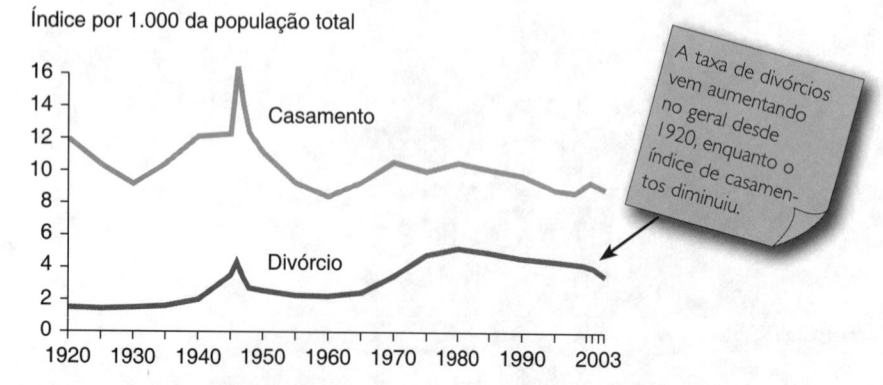

Índice por 1.000 da população total

A taxa de divórcios vem aumentando no geral desde 1920, enquanto o índice de casamentos diminuiu.

Fontes: Bureau of the Census, 1975, p. 64, 2000a; National Vital Statistics Reports, 2004.

dependam erroneamente do pai biológico para cumprir os seus deveres de pai e mãe (Lewin, 2000).

DIVÓRCIO

"Você promete amar, honrar e respeitar (...) até que a morte os separe?" Todo ano pessoas de todas as classes sociais e grupos raciais e étnicos fazem esse acordo legal. Porém, uma quantidade cada vez maior dessas promessas se despedaça em divórcio.

Tendências Estatísticas Referentes ao Divórcio

Quão comum é o divórcio? De maneira surpreendente, essa não é uma questão simples. É difícil interpretar as estatísticas referentes ao divórcio. Os meios de comunicação relatam que um em cada dois casamentos termina em divórcio. Mas esses números enganam, visto que muitos casamentos duram várias décadas. Eles se baseiam em uma comparação de todos os divórcios que ocorrem em um único ano (independentemente de quando os casais se casaram) com a quantidade de novos casamentos nesse mesmo ano.

Nos Estados Unidos e em vários outros países, o divórcio aumentou a partir do final da década de 1960, mas já começa a se estabilizar e tem até mesmo diminuído desde o final dos anos 80 (ver Figura 12-4). Essa tendência se deve em parte ao envelhecimento da população do *baby boom* e à correspondente redução da proporção de pessoas em idade de se casar. Contudo, também indica um aumento da estabilidade conjugal nos últimos anos.

No Brasil, dados da Síntese dos Indicadores Sociais de 2005 do IBGE indicam que o número de casamentos cresceu 7,7% e o número de divórcios sofreu uma queda de 3,7% no ano de 2004 em relação a 2003. Os casamentos duraram 11,5 anos em 2004; na década de 1990, o tempo médio dos casamentos era de 9,5 anos, e em 2000 de 10,5 anos. O primeiro casamento dos homens se dá na idade de 30 anos, e o das mulheres, de 27 anos.

Divorciar-se evidentemente não faz que as pessoas fiquem amargas em relação ao casamento. Cerca de 63% de todos os divorciados nos Estados Unidos se casaram novamente. As mulheres são menos propensas a se casar outra vez do que os homens porque muitas delas têm a custódia de seus filhos depois de um divórcio, o que complica um novo relacionamento adulto (Bianchi e Spain, 1996; Saad, 2004).

Algumas pessoas encaram o alto índice de novos casamentos como um endosso da instituição do casamento, mas ele não leva aos novos desafios de uma rede de parentes composta por relacionamentos conjugais presentes e passados. Essas redes podem ser particularmente complexas se houver filhos envolvidos ou se um ex-cônjuge tornar a se casar.

Fatores Associados ao Divórcio

Talvez o fator mais importante no aumento do divórcio nos últimos cem anos tenha sido a sua maior *aceitação* social. Não é mais considerado necessário agüentar um casamento infeliz. Mais importante, várias denominações religiosas relaxaram as suas atitudes negativas em relação ao divórcio, portanto, a maioria dos líderes religiosos não o trata mais como pecado.

A aceitação cada vez maior do divórcio é um fenômeno mundial. Há apenas uma década, Sunoo, a principal agência matrimonial da Coréia do Sul, não tinha clientes divorciados. Poucos coreanos se divorciavam e os que o faziam sentiam a pressão social de se resignar à vida de solteiro. Entretanto, nos últimos sete anos a taxa de divórcio na Coréia do Sul dobrou. Atualmente, 15% dos associados da Sunoo são divorciados (Onish, 2003).

Nos Estados Unidos, vários fatores contribuíram para a aceitação cada vez maior do divórcio:

- A maioria dos estados adotou leis de divórcio mais liberais nas últimas três décadas. As leis de divórcio não-baseado na falta, que permitem a um casal dissolver o seu casamento sem culpa de qualquer um dos lados (especificando adultério, por exemplo), foram responsáveis pelo aumento inicial na taxa de divórcios depois de introduzidas na década de 1970, porém aparentemente tiveram pouco impacto além disso.
- O divórcio se tornou uma opção mais prática nas famílias recém-formadas, já que elas tendem a ter menos filhos hoje do que no passado.
- Um aumento geral nas rendas das famílias significou que mais casais podem pagar pelos caros processos de divórcio; e também houve um crescimento da disponibilidade de assessoria jurídica gratuita para algumas pessoas pobres.
- À medida que a sociedade oferece mais oportunidades para as mulheres, uma quantidade cada vez maior de esposas está ficando menos dependente de seus maridos, tanto econômica quanto emocionalmente. Elas podem sentir-se mais aptas a sair de um casamento se esse parecer perdido.

O Impacto do Divórcio Sobre os Filhos

O divórcio é traumático para todos os envolvidos, como Cornel West deixou claro no trecho de abertura deste capítulo. Mas ele tem um significado especial para mais de 1 milhão de crianças cujos pais se divorciam todo ano (ver Quadro 12-2).

Evidentemente, para algumas dessas crianças o divórcio é o final bem-vindo de um relacionamento muito pro-

> **Pesquisa em Ação**
> **12-2** O IMPACTO DURADOURO DO DIVÓRCIO

O que acontece com os filhos do divórcio? As primeiras pesquisas sugeriam que os efeitos negativos do divórcio sobre os filhos estavam confinados aos primeiros anos após o rompimento. De acordo com esses estudos, a maioria dos filhos acabava adaptando-se à mudança na estrutura familiar e prosseguia tendo vidas normais. Porém, estudos recentes sugerem que os efeitos do divórcio podem durar muito mais tempo do que os estudiosos anteriormente suspeitavam, atingindo o seu pico na idade adulta, quando os filhos crescidos tentam estabelecer os seus próprios casamentos e famílias.

Uma das principais proponentes dessa teoria é a psicóloga Judith A. Wallerstein, que desde 1971 realiza pesquisas qualitativas sobre os efeitos do divórcio nas crianças. Wallerstein acompanha as 131 crianças do seu estudo original há 30 anos. Hoje, esses sujeitos têm de 28 a 43 anos. A psicóloga está convencida de que esses filhos adultos do divórcio tiveram mais dificuldade do que outros adultos para formar e manter relacionamentos íntimos porque nunca testemunharam o dar e receber diário de uma parceria conjugal bem-sucedida.

Um outro pesquisador, o sociólogo Paul R. Amato, concorda que o divórcio pode afetar as crianças na idade adulta, porém por um motivo diferente. Amato acha que a decisão dos pais de pôr fim ao seu casamento está na raiz do índice mais alto do que o normal de divórcio entre os seus filhos. Nesse estudo, com base em entrevistas por telefone, os filhos cujos pais haviam se divorciado tinham uma taxa de divórcio de 30% entre eles, a qual é de 12% a 13% mais alta do que a taxa de divórcio entre os filhos cujos pais *não* se haviam

> *Estudos recentes sugerem que os efeitos do divórcio podem durar muito mais tempo do que os estudiosos anteriormente suspeitavam.*

separado. Significativamente, os filhos de pais que não se haviam divorciado tinham mais ou menos a mesma taxa de divórcio, independentemente de quão alto ou baixo fosse o grau de conflito no casamento de seus pais. O exemplo dos pais de que um contrato de casamento pode ser rompido – e não a demonstração de pouca aptidão para relacionamentos – é o que torna um filho adulto mais vulnerável do que os outros ao divórcio, na opinião de Amato.

O sociólogo Andrew J. Cherlin admite que o divórcio pode ter efeitos duradouros, mas acha que o potencial de danos vem sendo exagerado. Cherlin, que fez análises quantitativas dos efeitos do divórcio em milhares de crianças, entende que o divórcio dos pais aumenta o risco de problemas emocionais, como abandono dos estudos e gravidez na adolescência. Mas a maioria dos filhos, enfatiza ele, não desenvolve esses problemas. Até Wallerstein admite que os efeitos perniciosos do divórcio não se aplicam em todos os casos. Algumas crianças tendem a se fortalecer com a crise, observa ela, e vivem vidas bem-sucedidas, em termos tanto pessoais quanto profissionais.

Vamos Discutir

1. Você conhece algum filho adulto do divórcio que teve dificuldade em manter um casamento bem-sucedido? Em caso afirmativo, qual foi o problema: incapacidade de lidar com conflitos ou falta de compromisso com o casamento?
2. Que conclusões práticas deveríamos tirar das pesquisas sobre os filhos do divórcio? Os casais devem ficar juntos pelos filhos?

Fontes: Amato, 2001; Amato e Sobolewski, 2001; Bumiller, 2000; Cherlin, 2005; J. Wallerstein et al., 2000. Para obter uma visão diferente, ver Hetherington e Kelly, 2002.

blemático. Uma amostra nacional feita pelos sociólogos Paul R. Amato e Alan Booth (1997) revelou que, em cerca de um terço dos divórcios nos Estados Unidos, os filhos se beneficiam da separação dos pais porque ela reduz a sua exposição a conflitos. Porém, em cerca de 70% dos divórcios, os pais se envolviam em um nível baixo de conflitos e, nesses casos, aparentemente era mais difícil, para as crianças, suportar a realidade do divórcio do que conviver com a infelicidade conjugal dos pais. Outros pesquisadores, utilizando definições diferentes de conflitos, descobriram mais infelicidade para as crianças que viviam em casas com divergências conjugais. Mesmo assim, seria simplista pressupor que as crianças ficam automaticamente em uma situação melhor depois do rompimento do casamento de seus pais. Os interesses dos pais não necessariamente atendem de forma satisfatória às crianças.

> **Use a Sua Imaginação Sociológica**
>
> Em uma sociedade que maximiza o bem-estar de todos os membros da família, quão fácil seria para os casais se divorciarem? Quão fácil seria casar-se?

ESTILOS DE VIDA DIVERSOS

O casamento não é mais a presumida trilha da adolescência para a idade adulta. Na verdade, ele perdeu muito do seu significado como rito de passagem. O índice nacional de casamentos caiu desde 1960 porque as pessoas estão adiando o casamento para mais tarde em suas vidas e porque mais casais, incluindo os do mesmo sexo, estão decidindo estabelecer parcerias sem formalizá-las.

FIGURA 12-5

Casas com Casais Não-casados por Estado

Mapeando a vida NOS ESTADOS UNIDOS

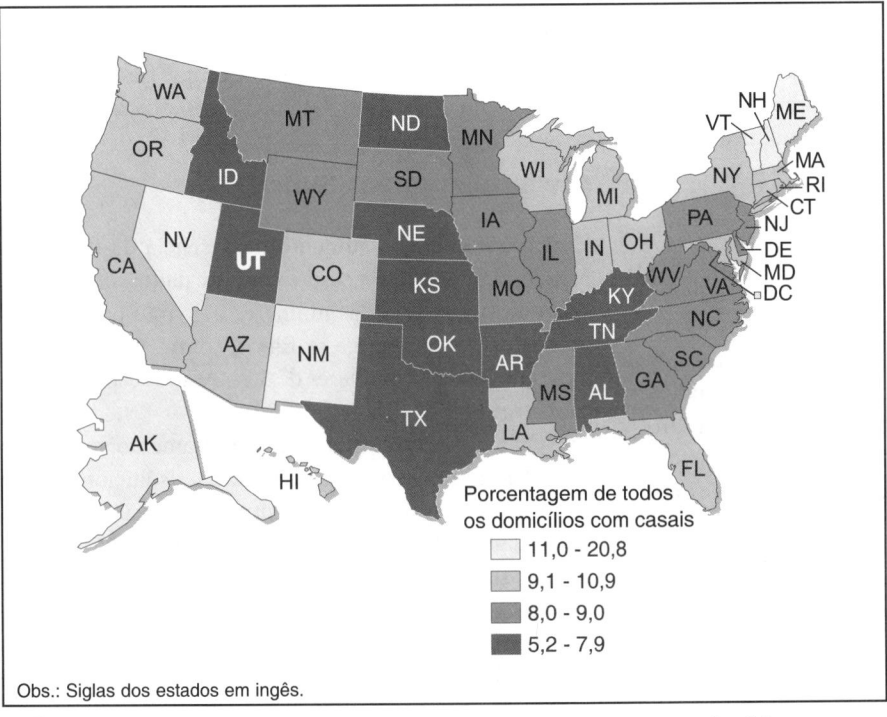

Porcentagem de todos os domicílios com casais
- 11,0 - 20,8
- 9,1 - 10,9
- 8,0 - 9,0
- 5,2 - 7,9

Obs.: Siglas dos estados em inglês.

Nota: Os dados são de 2000 e incluem parceiros do sexo oposto e do mesmo sexo. A média norte-americana é de 9,1%.

Fonte: T. Simmons e O'Connel, 2003, p. 4.

Coabitação

São Paulo certa vez escreveu: "É melhor casar do que queimar". No entanto, como sugeriu o jornalista Tom Ferrell (1979), mais pessoas do que nunca "preferem combustível ao paraíso conjugal". Uma das tendências mais significativas nos últimos anos tem sido o enorme aumento na quantidade de casais que optaram por viver juntos sem se casar, uma prática denominada *coabitação*.

Cerca de metade de todos os casais casados *no momento* diz que viveu junto antes do casamento. Essa porcentagem tende a aumentar. A quantidade de domicílios com casais não-casados nos Estados Unidos aumentou seis vezes na década de 1960 e mais 72% entre 1990 e 2000. Atualmente, mais de 8% dos casais de sexo oposto não são casados. A coabitação é mais comum entre os negros e os índios norte-americanos do que entre outros grupos raciais e étnicos, e é menos comum entre os norte-americanos de origem asiática. A Figura 12-5 mostra variações regionais na coabitação (K. Peterson, 2003; T. Simmons e O'Connel, 2003).

Em grande parte da Europa, a coabitação é tão comum que o sentimento geral parece ser: "Amor, sim; casamento, talvez". Na Islândia, 62% de todas as crianças são de mães solteiras; na França, Grã-Bretanha e Noruega, a proporção é de cerca de 40%. As políticas governamentais nesses países fazem poucas distinções legais entre casais casados e não-casados (Lyall, 2002).

As pessoas geralmente associam coabitação apenas a *campi* universitários ou experimentação sexual. Contudo, de acordo com um estudo feito em Los Angeles, os casais que trabalham têm duas vezes mais probabilidade de coabitar do que os alunos universitários. E dados do recenseamento mostram que, em 2000, 41% dos casais não-casados tinham um ou mais filhos presentes na casa. Essas pessoas que coabitam se assemelham mais a cônjuges do que a namorados. Além disso, ao contrário do conceito geral de que pessoas que moram juntas nunca se casaram, os pesquisadores relatam que cerca de metade de todas as pessoas envolvidas em coabitação nos Estados Unidos já foi casada. A coabitação serve como uma alternativa temporária ou permanente ao matrimônio para muitos homens e mulheres que passaram pelo seu próprio divórcio ou pelo divórcio dos seus pais (Fields, 2003; Popenoe e Whitehead, 1999).

Pesquisas recentes documentaram aumentos significativos na coabitação entre pessoas mais velhas nos Estados Unidos. Por exemplo, os dados do censo indicam que, em 1980, 340 mil casais heterossexuais que coabitavam tinham mais de 45 anos. Em 1999, havia 1.108.000 casais desse tipo – três vezes mais. Casais mais velhos podem optar por coabitar em vez de se casar em razão de diferenças religiosas, para preservar os benefícios da Previdência Social que recebem como solteiros ou por medo de compromisso, porque um dos membros ou ambos não são divorciados legalmente, para evitar aborrecer os filhos de casamentos anteriores ou porque um deles passou pela doença ou morte do cônjuge e não quer enfrentar essa situação novamente. Porém, alguns casais de mais idade não vêem necessidade de se casar e dizem que são felizes simplesmente morando juntos (Bureau of the Census, 2001a, p. 48).

Periodicamente, os legisladores tendem a reforçar a necessidade de um compromisso pela vida inteira com o casamento. Em 2002, o presidente George W. Bush concedeu recursos para uma iniciativa de promoção de casamento entre aqueles que recebem ajuda do governo. De acordo com a "Iniciativa do Casamento Saudável", os casais casados iriam receber bônus mensais especiais que não estavam disponíveis para os outros. Essa proposta obteve um apoio amplamente difundido, embora tenha despertado a oposição dos defensores das famílias de pais ou mães solteiros. O debate ficou mais acalorado quando os ativistas conseguiram legalizar o casamento *gay* no Estado de Massachusetts: ver a seção sobre política social no final deste capítulo (Cherlin, 2003).

Ficar Solteiro

Assistindo a programas de TV hoje em dia, você teria justificativas para pensar que a maioria dos domicílios é composta de pessoas solteiras. Embora esse não seja o caso, é verdade que a maioria das pessoas nos Estados Unidos está *adiando* o primeiro casamento. Em 2000, uma em cada quatro casas nos Estados Unidos (o que representa 28 milhões de pessoas) tinha apenas uma pessoa. Mesmo assim, menos de 4% dos homens e das mulheres nos Estados Unidos tendem a continuar solteiros pelo resto das suas vidas (Bureau of the Census, 2003a, p. 60-61).

A tendência de manter um estilo de vida de solteiro por um período mais longo está associada à independência econômica cada vez maior dos jovens. Essa tendência é particularmente significativa no tocante às mulheres. Liberadas das necessidades financeiras, as mulheres não precisam necessariamente se casar para ter uma vida satisfatória. O divórcio, o casamento tardio e a longevidade também se encaixam nessa tendência.

Há vários motivos pelos quais uma pessoa pode optar por não se casar. Alguns solteiros não desejam limitar a sua intimidade sexual a um único parceiro a vida toda. Determinados homens e mulheres não querem tornar-se dependentes de qualquer pessoa – e não querem ninguém dependendo deles. Em uma sociedade que valoriza a individualidade e a auto-realização, o estilo de vida dos solteiros oferece uma certa liberdade que os casais casados podem não ter.

Continuar solteiro representa um claro desvio das expectativas da sociedade. Na verdade, foi comparado com "ser solteiro na Arca de Noé". Um adulto solteiro tem de confrontar a idéia errônea de que está sempre solitário, é viciado em trabalho ou é imaturo. Esses estereótipos ajudam a alimentar a hipótese tradicional, nos Estados Unidos e na maioria das outras sociedades, que, para ser realmente feliz e realizada, a pessoa tem de se casar e criar uma família. Para lidar com essas expectativas da sociedade, os solteiros formaram numerosos grupos de apoio, como o Projeto Alternativo para o Casamento (*www.unmarried.org*).

A solteirice – viver sem um parceiro e sem filhos – também tem implicações sociais. Segundo Robert Putnan (2000), da Harvard University, as pessoas nos Estados Unidos estão menos ativas tanto política quanto socialmente do que na década de 1970, em razão de, em parte, uma quantidade maior delas estar vivendo vida de solteira. Os especialistas se preocupam com uma possível diminuição no apoio às escolas locais, bem como com um provável aumento na quantidade de idosos que irão precisar de atendimento ambulatorial domiciliar (Belsie, 2001).

Casamento sem Filhos

Houve um pequeno aumento na ausência de filhos nos Estados Unidos. De acordo com os dados do Census, cerca de 16% a 17% das mulheres hoje irão passar pelos seus anos férteis sem gerar filhos, contra 10% em 1980. Cerca de 20% das mulheres de 30 a 39 anos esperam continuar sem filhos (Clausen, 2002).

O fato de não ter filhos em um casamento vem sendo considerado um problema que pode ser solucionado por meios como a adoção e a inseminação artificial. Mas uma quantidade cada vez maior de casais hoje em dia opta por não ter filhos e se considera livre e não sem filhos. Eles não acham que o casamento deve ser necessariamente seguido de filhos e também não sentem que a reprodução é dever de todo casal casado. Os casais sem filhos criaram grupos de apoio (com nomes como *No Kidding*) e colocaram sites na Internet (Terry, 2000).

Questões econômicas contribuíram para essa mudança de atitude, já que filhos se tornaram algo bem caro. De acordo com uma estimativa do governo norte-americano feita em 2001, a família de classe média irá gastar US$ 161.430 para alimentar, vestir e abrigar uma criança desde o seu nascimento até os 18 anos. Se o filho for para a faculdade, esse valor pode dobrar, dependendo da instituição escolhida. Ciente das pressões financeiras, alguns casais estão tendo menos filhos do que teriam em outras circunstâncias e outros estão pesando as vantagens de um casamento sem filhos (Bureau of the Census, 2003a, p. 450).

Os casais sem filhos estão começando a questionar as práticas atuais no local de trabalho. Embora aplaudam os esforços dos empregadores de oferecer creche e horários de trabalho flexíveis, alguns expressam preocupação com a tolerância para com os funcionários que saem mais cedo para levar os filhos ao médico, a jogos de futebol ou aulas depois da escola. À medida que mais casais cujos dois membros trabalham vão entrando no mercado de trabalho remunerado e lutam para equilibrar a carreira profissional e as responsabilidades familiares, os conflitos com os funcionários que não têm filhos podem aumentar (Burkett, 2000).

> **Use a Sua Imaginação Sociológica**
>
> O que aconteceria na nossa sociedade se mais casais casados de repente decidissem não ter filhos? Como a sociedade mudaria se a coabitação e/ou solteirice se tornassem a regra?

Relacionamentos Lésbicos e *Gays*

Parke, um jovem de 21 anos no terceiro ano da faculdade, cresceu em uma família estável e carinhosa. Uma pessoa que se autodescreve como conservadora na área fiscal, ele credita aos seus pais a incursão de uma forte ética profissional. Ele se parece com um jovem comum de uma família comum? O único rompimento com as expectativas tradicionais nesse caso é que Parke é filho de um casal lésbico (P. I. Brown, 2004).

Os estilos de vida de homossexuais femininos e masculinos variam. Alguns vivem longos relacionamentos monogâmicos, outros vivem sozinhos ou com companheiros de quarto. Alguns permanecem em casamentos heterossexuais de fachada e não reconhecem publicamente a sua homossexualidade. Outros vivem com filhos de um casamento anterior ou adotivos. Com base em pesquisas de boca de urna, estudiosos da Pesquisa Nacional de Saúde e Vida Social e do Voter News Service estimam que 2% a 5% da população adulta se identifica como *gays* ou lésbicas. Uma análise do recenseamento de 2000 mostra um mínimo de pelo menos 600 mil domicílios homossexuais e uma população adulta de *gays* e lésbicas de cerca de 10 milhões (Lauman et al., 1994b, p. 293; David M. Smith e Gates, 2001).

Os casais *gays* e lésbicos enfrentam discriminação no âmbito tanto pessoal quanto no legal. A sua impossibilidade de se casarem nega-lhes vários direitos que casais casados têm como certos, da capacidade de tomar decisões por um parceiro impossibilitado até o direito de receber benefícios do governo para os seus dependentes, como pagamentos da Previdência Social. Embora os casais *gays* se considerem famílias, como as que vivem na vizinhança, eles muitas vezes são tratados como se não o fossem. Por exemplo, foi negado a um casal *gay* em Connecticut o direito de associar-se como família na piscina municipal (*New York Times*, 1998).

Exatamente em razão dessas desigualdades, muitos casais *gays* e lésbicos estão agora demandando o direito de se casar. Na seção de política social a seguir, analisaremos a questão polêmica do casamento *gay*.

POLÍTICA SOCIAL e FAMÍLIA

Casamento *Gay*

O Tema

Nos Estados Unidos, as atitudes em relação ao casamento são complexas. Como sempre, a sociedade e a cultura popular sugerem que um rapaz ou uma moça devem encontrar o(a) parceiro(a) perfeito(a), casar-se e viverem "felizes para sempre". Porém, os jovens também são bombardeados por mensagens que insinuam a freqüência do adultério e a aceitabilidade do divórcio. Nesse clima, a noção do casamento entre pessoas do mesmo sexo repercute nas pessoas apenas como o mais recente de vários ataques ao casamento tradicional. Para outras, parece um reconhecimento mais do que devido dos relacionamentos formais que casais *gays* fiéis e monogâmicos vêm mantendo há muito tempo.

Pecado ou direito civil? Manifestantes pró e contra o casamento *gay* entraram em conflito nessa demonstração em frente à Massachusetts State House em Boston.

FIGURA 12-6

Leis Discriminatórias sobre Casamento e contra Discriminação *dos Gays*

Mapeando a Vida NOS ESTADOS UNIDOS

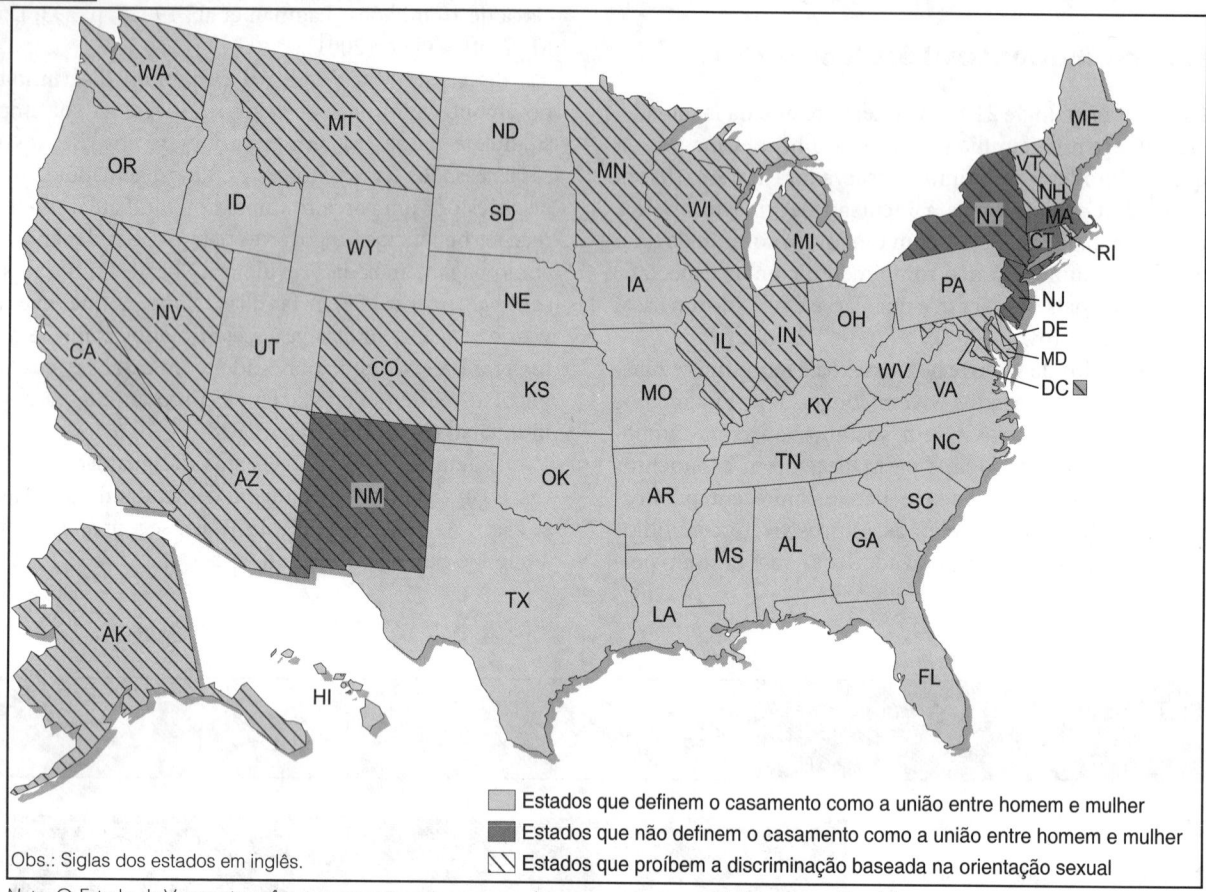

- ☐ Estados que definem o casamento como a união entre homem e mulher
- ■ Estados que não definem o casamento como a união entre homem e mulher
- ▨ Estados que proíbem a discriminação baseada na orientação sexual

Obs.: Siglas dos estados em inglês.

Nota: O Estado de Vermont proíbe o casamento entre pessoas do mesmo sexo, mas admite a sua união civil.
Fonte: Human Rights Campaign, 2004.

O Cenário

Em 2004, na sua mensagem do *State of the Union* (Discurso Anual à Nação), o presidente George W. Bush alertou os "juízes ativistas" contra as tentativas de ampliar a definição de casamento de forma que incluísse casamento entre pessoas do mesmo sexo. O único recurso contra essas tentativas, disse ele, seria uma emenda constitucional proibindo uniões entre pessoas do mesmo sexo.

O que tornou o casamento *gay* o foco da atenção nacional? Acontecimentos em dois estados trouxeram a questão para o primeiro plano. Em 1999, Vermont concedeu aos casais *gays* os benefícios legais do casamento por meio da união civil, mas não chegou a chamar de casamento esse arranjo. Depois, em 2003, a Suprema Corte de Massachusetts determinou por quatro votos contra três que, de acordo com a Constituição daquele Estado, os casais *gays* tinham o direito de se casar.

Insights Sociológicos

Os funcionalistas tradicionalmente vêm encarando o casamento como uma instituição social que está estreitamente ligada à reprodução humana. O casamento entre pessoas do mesmo sexo, à primeira vista, pareceria não se encaixar nessa visão. Porém, muitos casais de pessoas do mesmo sexo estão encarregados da socialização de crianças, quer o seu relacionamento seja ou não reconhecido pelo Estado. Os funcionalistas também se perguntam se as teorias religiosas sobre o casamento podem ser ignoradas. Os tribunais se concentraram no casamento civil, mas as teorias religiosas não são de maneira nenhuma irrelevantes, mesmo em um país como os Estados Unidos, que separa a religião do Estado. Na verdade, os ensinamentos religiosos levaram até alguns defensores firmes dos direitos dos *gays* a se oporem ao casamento entre pessoas do mesmo sexo no terreno espiritual.

Os teóricos do conflito argumentaram que a negação do direito a se casar reforça o *status* de cidadãos de segunda categoria dos *gays* e das lésbicas. Alguns deles chegaram a comparar a proibição do casamento *gay* a políticas passadas que proibiam casamentos inter-raciais em 32 estados (Liptak, 2004b).

Os interacionistas costumam evitar a questão política e se concentram na natureza dos casais de pessoas do mesmo sexo. Eles fazem muitas das mesmas perguntas sobre os relacionamentos entre *gays* e a criação de filhos que fazem sobre os casais convencionais. Evidentemente, muito menos pesquisas foram realizadas sobre parceiros do mesmo sexo do que sobre outros tipos de famílias, mas os estudos publicados até o momento levantam as mesmas questões que se aplicam aos casais casados convencionais, e mais algumas. Para os casais *gays*, o apoio ou a oposição da família, dos colegas de trabalho e dos amigos agigantam-se (Dundas e Kaufman, 2000; G. Dunne, 2000).

Recentemente, pesquisas nacionais sobre atitudes em relação ao casamento *gay* vêm mostrando mudanças voláteis na opinião pública. Em geral, as pessoas se opõem mais ao casamento do que à união civil *gay*: cerca de um terço dos respondentes é a favor do casamento *gay*, enquanto a mesma quantidade é a favor da união civil. No entanto, mais de metade da população endossa uma emenda constitucional para proibir o casamento *gay* (ABC News/*Washington Post*, 2004).

Iniciativas Políticas

Os Estados Unidos não são o primeiro país a considerar essa questão. O reconhecimento de parcerias de pessoas do mesmo sexo é comum na Europa, incluindo a Dinamarca, Holanda, França, Alemanha, Itália e Portugal. Em 2001, a Holanda transformou as suas "parcerias registradas entre pessoas do mesmo sexo" em casamentos completos, com provisões para divórcio. Cerca de 8% de todos os casamentos atuais são entre pessoas do mesmo sexo. A tendência é de reconhecimento na América do Norte também. Na província de Ontário, Canadá, em 2003, os casamentos entre pessoas do mesmo sexo foram considerados legais, com a expectativa de que a legislação proposta estendesse a política a todo o país (Lyall, 2004; Richburg, 2003).

No entanto, muitos países se opõem a esses tipos de medidas. Por exemplo, quando em 2004 Kofi Annan, secretário-geral da Organização das Nações Unidas (ONU), propôs estender os benefícios dos funcionários casados da ONU aos parceiros do mesmo sexo, tantos países protestaram que ele renegou a proposta. Annan decidiu que esses benefícios seriam estendidos apenas àqueles funcionários cujas nações-membro estendem os mesmos benefícios aos seus cidadãos. Dos 191 países-membro apenas dois – a Bélgica e a Holanda – estendem todos os benefícios do casamento aos casais do mesmo sexo (Farley, 2004). Mas, recentemente, mais dois países europeus – e membros da ONU –, Reino Unido e Espanha, legalizaram o casamento entre pessoas do mesmo sexo.

Nos Estados Unidos, muitas jurisdições locais aprovaram uma legislação que permite o registro de parcerias domésticas e estenderam os benefícios dos funcionários a esses relacionamentos. De acordo com essas políticas, uma **parceria doméstica** pode ser definida como dois adultos sem parentesco que têm uma relação de carinho mútuo, moram juntos e concordam em ser conjuntamente responsáveis pelos seus dependentes, gastos básicos e outras necessidades comuns. Os benefícios da parceria doméstica podem ser aplicados à herança do casal, ao papel de pai e mãe, a pensões, tributos, moradia, imigração, benefícios adicionais no trabalho e assistência médica. Embora o apoio mais veemente para a legislação da parceria doméstica seja proveniente de ativistas lésbicas e *gays*, a maioria das pessoas que teriam direito a esses benefícios seria de casais heterossexuais que coabitam.

Porém, essa legislação enfrenta uma forte oposição de grupos religiosos e políticos conservadores. Na visão dos que se opõem a ela, o apoio à parceria doméstica enfatiza a preferência histórica da sociedade pela família nuclear. Os defensores da parceria doméstica argumentam que os relacionamentos contemplados pela parceria doméstica exercem as mesmas funções da família tradicional, tanto para as pessoas envolvidas quanto para a sociedade. Conseqüentemente, elas deveriam ter as mesmas proteções legais e benefícios.

Nos Estados Unidos, o casamento tem ficado sob a jurisdição dos legisladores estaduais. Mas, recentemente, tem crescido a pressão para uma legislação nacional. A Lei da Defesa do Casamento, promulgada em 1996, dispõe que nenhum Estado é obrigado a reconhecer o casamento entre pessoas do mesmo sexo realizado em outro Estado. No entanto, os estudiosos duvidam que essa lei possa agüentar uma contestação constitucional, já que viola uma provisão da Constituição que exige que os estados reconheçam as leis uns dos outros. Portanto, em 2003, os opositores ao casamento *gay* propuseram uma emenda constitucional que limitaria o casamento aos casais heterossexuais. A medida foi introduzida no Senado em 2004, mas não recebeu apoio suficiente para ser submetida a votação.

Enquanto isso, como mostra a Figura 12-6, alguns estados apresentaram projetos para proibir o casamento entre pessoas do mesmo sexo, embora ainda proíbam a discriminação de *gays* e lésbicas. E, embora as jurisdições locais, como as da prefeitura de São Francisco, possam realizar cerimônias de casamento no meio de muita publicidade, as certidões de casamento que concedem aos casais *gays* são de legalidade duvidosa.

Vamos Discutir

1. Se o casamento é bom para casais heterossexuais e suas famílias, por que não é bom para os casais homossexuais e suas famílias?
2. Como os estudos interacionistas de casais *gays* e suas famílias informam os elaboradores de políticas que estão lidando com a questão do casamento *gay*? Dê um exemplo específico.
3. Quem são os depositários no debate sobre casamento *gay* e o que têm a ganhar ou a perder? Na sua opinião, os interesses de quem são mais importantes?

RECURSOS DO CAPÍTULO

Resumo

A *família*, nas suas várias formas, está presente em todas as culturas humanas. Este capítulo analisa o *status* do matrimônio, da família e de outros relacionamentos íntimos nos Estados Unidos e contempla alternativas para a família nuclear tradicional.

1. As famílias variam de uma cultura para outra e até na mesma cultura.
2. A estrutura da *família estendida* pode oferecer certas vantagens em relação à da *família nuclear*.
3. As sociedades determinam o *parentesco* por descendência do pai e da mãe (*descendência bilateral*), só do pai (*descendência patrilinear*) ou só da mãe (*descendência matrilinear*).
4. Os sociólogos não concordam quanto a se a *família igualitária* substituiu a família patriarcal como norma social nos Estados Unidos.
5. William F. Ogburn esboçou seis funções básicas da família: reprodução, proteção, socialização, regulação do comportamento sexual, companheirismo e a concessão do *status* social.
6. Os teóricos do conflito argumentam que a preponderância masculina da família contribui para a injustiça social e nega às mulheres oportunidades concedidas aos homens.
7. Os interacionistas se concentram na forma como as pessoas interagem em família e em outros relacionamentos íntimos.
8. As feministas enfatizam a necessidade de ampliar as pesquisas sobre a família. Como os teóricos do conflito, elas vêem o papel da família na socialização dos filhos como a fonte principal do sexismo.
9. Os parceiros são selecionados de várias maneiras. Alguns casamentos são arranjados, em outras sociedades, as pessoas escolhem seus próprios parceiros. Determinadas sociedades requerem que os parceiros sejam escolhidos dentro de um determinado grupo (*endogamia*) e outras, fora de determinados grupos (*exogamia*).
10. Nos Estados Unidos, a vida familiar varia de acordo com a classe social, raça e etnia.
11. Atualmente, na maioria dos casais casados nos Estados Unidos, tanto o marido quanto a mulher trabalham fora de casa.
12. As *famílias só com o pai ou só com a mãe* representam uma proporção cada vez maior das famílias norte-americanas.
13. Entre os fatores que contribuem para o aumento da taxa de divórcio nos Estados Unidos estão a maior aceitação social do divórcio e a liberalização das leis do divórcio em muitos estados.
14. Uma quantidade cada vez maior de pessoas está vivendo junto sem se casar, uma prática conhecida como *coabitação*. As pessoas também estão ficando solteiras por mais tempo e decidindo não ter filhos.
15. O movimento a favor do casamento *gay*, que concederia direitos iguais para os casais *gays* e lésbicos e seus dependentes, enfrenta forte oposição por parte dos grupos religiosos e políticos conservadores.

Questões de Pensamento Crítico

1. Em uma quantidade cada vez maior de casais nos Estados Unidos e no Brasil, ambos os parceiros trabalham fora de casa. Quais são as vantagens e desvantagens do modelo de duas rendas para as mulheres, os homens, as crianças e para a sociedade como um todo?
2. Pense no sistema de lares adotivos nos Estados Unidos. Tendo em vista o fato de que tantas crianças precisam de lares que tomem conta delas, por que tantos casais nos Estados Unidos procuram adotar crianças estrangeiras? Por que os órgãos estaduais freqüentemente negam aos casais de pessoas do mesmo sexo o direito de adotar? O que pode ser feito para melhorar o sistema de lares adotivos?
3. Dada a alta taxa de divórcio nos Estados Unidos, seria mais adequado encarar o divórcio como um problema ou como parte normal do seu sistema de casamento? Quais seriam as implicações de encarar o divórcio como um fato normal e não como um problema?

Termos-chave

Adoção No sentido legal, um processo que permite a transferência dos direitos legais, das responsabilidades e dos privilégios da paternidade e da maternidade para um novo pai ou uma nova mãe legais. (p. 312)

Coabitação A prática de morar junto como um casal de um homem e uma mulher sem se casar. (p. 319)

Descendência bilateral Sistema de parentesco no qual ambos os lados da família de uma pessoa são considerados igualmente importantes. (p. 304)

Descendência matrilinear Sistema de parentesco no qual só os parentes da mãe são importantes. (p. 304)

Descendência patrilinear Sistema de parentesco no qual só os parentes do pai são importantes. (p. 304)

Endogamia A restrição da seleção de parceiros a pessoas dentro do mesmo grupo. (p. 308)

Exogamia A exigência de que as pessoas escolham um parceiro fora de determinados grupos. (p. 308)

Família Um conjunto de pessoas com laços de sangue, casamento ou algum outro tipo acordado de relacionamento, ou adoção, que compartilham a responsabilidade básica de reprodução e de cuidar dos membros da sociedade. (p. 302)

Família estendida Uma família na qual parentes – como avós, tias ou tios – vivem na mesma casa dos pais e dos filhos. (p. 302)

Família igualitária Padrão de autoridade no qual os cônjuges são considerados iguais. (p. 304)

Família nuclear Um casal casado e seus filhos solteiros morando juntos. (p. 302)

Família só com o pai ou só com a mãe Família na qual só um dos pais está presente para cuidar dos filhos. (p. 313)

Familismo O orgulho pela família estendida, expresso pela manutenção de elos estreitos e fortes obrigações para com os parentes fora da família imediata (o núcleo familiar). (p. 311)

Machismo Senso de virilidade, valor pessoal e orgulho da masculinidade da pessoa. (p. 311)

Matriarcal Sociedade na qual as mulheres dominam na tomada de decisões familiares. (p. 304)

Monogamia Forma de casamento na qual uma mulher e um homem são casados somente um com o outro. (p. 303)

Monogamia em série Forma de casamento na qual uma pessoa pode ter vários cônjuges durante a vida, porém só um cônjuge por vez. (p. 303)

Parceria doméstica Dois adultos sem relação de parentesco que têm um relacionamento de carinho mútuo, moram juntos e concordam em ser conjuntamente responsáveis pelos seus dependentes, gastos básicos e outras necessidades comuns. (p. 323)

Parentesco A condição de ser parente de outras pessoas. (p. 303)

Patriarcal Sociedade na qual os homens dominam na tomada de decisões familiares. (p. 304)

Poliandria Forma de poligamia na qual a mulher pode ter mais de um marido ao mesmo tempo. (p. 303)

Poligamia Forma de casamento na qual uma pessoa pode ter vários maridos ou esposas simultaneamente. (p. 302)

Poliginia Forma de poligamia na qual um homem pode ter mais de uma esposa ao mesmo tempo. (p. 303)

Tabu do incesto A proibição de relações sexuais entre determinados parentes culturalmente especificados. (p. 308)

RECURSOS DA TECNOLOGIA

Conexão com a Internet*

Obs.: Embora os endereços dos sites relacionados a seguir tenham sido atualizados durante a edição deste livro, eles costumam mudar com grande freqüência em razão da natureza dinâmica da Internet.

1. Uma quantidade cada vez maior de famílias norte-americanas inclui dois provedores. Nessas casas, os cônjuges têm de encontrar uma maneira de conciliar os seus trabalhos com as obrigações familiares e conciliar as necessidades profissionais de cada um. O Employment and Family Careers Institute da Cornell University dedica-se ao estudo de famílias em que ambos os cônjuges trabalham. Explore o site do Instituto (*www.lifecourse.cornell.edu/cci/default.html*) para saber mais sobre essa tendência social.

2. As famílias norte-americanas passaram por mudanças rápidas nas últimas décadas. Para ler mais sobre as tendências mais recentes, vá ao site do Departamento de Recenseamento (*www.census.gov*). No menu Under Subjects A to Z, clique em "Families/Households and Families Data" e selecione o relatório mais recente intitulado "America's Families and Living Arrangements".

---

* NE: Sites no idioma inglês.

capítulo 13
RELIGIÃO E EDUCAÇÃO

Durkheim e a Abordagem Sociológica da Religião

As Religiões do Mundo

O Papel da Religião

Comportamento Religioso

Organização Religiosa

Estudo de Caso: A Religião na Índia

Perspectivas Sociológicas sobre Educação

As Escolas como Organizações Formais

Política Social e Religião: A Religião nas Escolas

Quadros
DESIGUALDADE SOCIAL: O "Teto de Vidro"
SOCIOLOGIA NO *CAMPUS*: O Debate sobre o Título IX

Nesse anúncio, a Volkswagen da França compara um acontecimento secular, o lançamento de um novo modelo ("Rejubilem-se, meus amigos, com o nascimento do novo Golf"), com um fato sagrado. Se, por um lado, esse tipo de ironia de teor religioso possa ofender os crentes, por outro lado, ele indica a importância permanente da religião, mesmo nas sociedades industrializadas modernas.

327

Tendo crescido em uma comunidade de sangue misto de setecentas pessoas no leste da Reserva Pine Ridge no Estado de Dakota do Sul, aceitei sem criticar a noção de que a antiga religião Dakota e o Cristianismo eram ambas "verdadeiras" e, de alguma maneira misteriosa, compatíveis uma com a outra. Certamente, havia fundamentalistas cristãos com a sua intolerância e os antigos índios tradicionais que mantinham as suas práticas ocultas, porém a grande maioria das pessoas na vizinhança mais ou menos pressupunha que se conseguira uma mistura satisfatória que garantia a nossa felicidade.

Embora meu pai fosse pastor episcopal com grande quantidade de capelas em um distrito missionário episcopal livremente organizado conhecido (pelos episcopais) como "Corn Creek", estava bem longe de ser um seguidor ortodoxo da religião do homem branco. Sempre tive a sensação de que no contexto amplo de "religião", no qual uma cidade fronteiriça significava o meio cristão, havia uma área especial na vida espiritual dele na qual as antigas crenças e práticas especiais Dakota reinavam supremas. Ele conhecia 33 canções, algumas delas sociais, outras antigas e muitas delas canções espirituais utilizadas em uma série de contextos cerimoniais. Dirigindo-se para suas capelas para realizar serviços cristãos, ele abria a janela do carro e batia na lateral com a sua mão marcando o ritmo canção após canção...

Na faculdade, fui exposto a uma tela muito maior de experiências humanas pelas quais várias sociedades haviam deixado a sua marca religiosa. A minha primeira reação foi a crença de que a maioria das tradições religiosas era simplesmente errada, que algumas poucas se aproximaram de descrever a realidade religiosa, mas que seriam necessários alguns estudos intensivos para determinar que tradições religiosas ajudariam mais a humanidade a ser bem-sucedida no mundo. Foi sorte minha ter como professor de religião e filosofia um místico cristão que estava tentando experimentar os mistérios mais profundos da fé. Ele também tinha alguns intensos problemas pessoais quanto a sua crença que emergiam vez em quando, indicando-me que a religião e a trilha de vida específica de cada indivíduo estão sempre entrelaçadas.

Durante vários anos e muitas conversas profundas, ele conseguiu demonstrar-me que cada tradição religiosa havia criado uma maneira singular de enfrentar alguns problemas e que elas tinham algo em comum, nem que fosse apenas a busca da verdade e a eliminação de várias trilhas falsas. Porém, a solução dele, após vários anos, tornou-se insustentável. Eu, em vez disso, via a religião apenas como um meio de organizar uma sociedade, articulando algumas verdades emocionais aparentes razoáveis, tornando-se no fim uma parte fixa dos estabelecimentos sociais que buscavam basicamente controlar o futuro comportamento humano, e não promover o desenvolvimento pessoal dos indivíduos. Parecia que essas religiões davam grande ênfase a determinados conceitos falhando exatamente nessas áreas as quais alegavam possuir *expertise*. Portanto, as religiões de "amor" poderiam destacar alguns poucos exemplos da sua eficácia, religiões da "salvação" na verdade salvaram poucas pessoas. Quanto mais eu ia aprendendo sobre as religiões do mundo, mais respeito eu tinha pelos antigos costumes Dakota. *(Deloria, 1999, p. 273-275)* ∎

Nesse excerto de texto de *For this land*, Vine Deloria – um *sioux* de Standing Rock – revela os seus profundos elos pessoais com a religião de seus ancestrais, não diluída pelas opressões da teologia missionária cristã. Deloria está bem ciente de como as crenças tribais se intrometem na sensibilidade religiosa do seu pai e a colorem, apesar de ele ser um pastor episcopal. Também está ciente do fato que os ritos e costumes dos índios norte-americanos foram apropriados para uma geração de não-índios que buscava uma "mágica" da Nova Era. Para Deloria, as crenças espirituais dos índios são parte integrante da cultura americana nativa e ajudam a defini-la. Misturar essas crenças com as de outras religiões ou sistemas de pensamento ameaça diminuir a força da cultura.

A religião tem um papel importante na vida das pessoas e alguns tipos de práticas religiosas ficam evidentes em todas as sociedades. Isso torna a religião um **elemento cultural universal**, juntamente com outras práticas ou crenças comuns encontradas em todas as culturas, como a dança, o preparo de alimentos, a família e os nomes das pessoas. No momento, cerca de 4 bilhões de pessoas pertencem às várias fés religiosas do mundo (ver Figura 13-1).

Quando a influência da religião sobre outras instituições sociais diminui, diz-se que o processo de **secularização** está em andamento. Durante esse processo, a religião sobrevive na esfera privada da vida pessoal e familiar (como é o caso de várias famílias nativas norte-americanas); ela pode até florescer no âmbito pessoal. Porém, ao mesmo tempo, outras instituições sociais – como a economia, a política e a educação – mantêm o seu próprio conjunto de normas, independentemente da diretriz religiosa (Stark e Iannaccone, 1992).

Do mesmo modo que a religião, a educação é um elemento cultural universal. Como tal, é um aspecto importante da socialização – o processo de aprendizado de atitudes, valores e comportamento ao longo de toda a vida considerados apropriados para os membros de uma determinada cultura. Como vimos no Capítulo 4, a socialização pode ocorrer na sala de aula ou em casa, nas interações com pais, professores, amigos e até estranhos; a exposição a livros, filmes, televisão e outras formas de comunicação também a promove. Quando o aprendizado é explícito e formalizado – quando algumas pessoas ensinam conscientemente, enquanto outras adotam o papel de alunos –, o processo de socialização é denominado *educação*. Mas os alunos aprendem muito mais sobre a sua sociedade na escola do que está incluso no seu currículo escolar.

A que propósitos sociais a educação e a religião atendem? A religião ajuda a manter a sociedade unida ou promove mudanças sociais? Qual é o "currículo oculto" nas escolas norte-americanas? As escolas públicas oferecem a todos uma oportunidade de ascensão socioeconômica ou reforçam as divisões entre as classes sociais? Este capítulo se concentra nos sistemas formais de educação e religião que caracterizam as sociedades industriais modernas. Começaremos com uma breve descrição da abordagem sociológica da religião, que será seguida de uma visão geral das principais religiões do mundo. Depois vamos explorar o papel da religião na integração da sociedade, no apoio social, na mudança e no controle social. Examinaremos três dimensões importantes do comportamento religioso – crença, ritual e experiência –, bem como as formas básicas de organização religiosa, incluindo novos movimentos religiosos. Depois discutiremos três perspectivas teóricas da educação. Discutiremos as escolas como organizações formais – como burocracias e subculturas de professores e alunos. O capítulo é finalizado com uma discussão de política social da controvérsia sobre a religião nas escolas públicas.

DURKHEIM E A ABORDAGEM SOCIOLÓGICA DA RELIGIÃO

Se um grupo achar que está sendo dirigido por uma "visão de Deus", os sociólogos não irão tentar confirmar ou contestar essa revelação. Em vez disso, irão avaliar os efeitos da experiência religiosa sobre o grupo. Os sociólogos estão interessados no impacto social da religião sobre os indivíduos e as instituições (McGuire, 2002).

Émile Durkheim foi talvez o primeiro sociólogo a reconhecer a importância fundamental da religião nas sociedades humanas. Ele constatou o seu apelo para o indivíduo, porém, mais importante, enfatizou o impacto social da religião. Na opinião de Durkheim, a religião é um ato coletivo que inclui várias formas de comportamento das pessoas na sua interação com as outras. Como no seu trabalho sobre suicídio, Durkheim não estava tão interessado nas personalidades dos crentes religiosos, mas, sim, em entender o comportamento religioso em um contexto social.

Durkheim definiu **religião** como um "sistema unificado de crenças e práticas referentes a coisas sagradas". Na sua opinião, a religião envolve um conjunto de crenças e

FIGURA 13-1

Religiões do Mundo

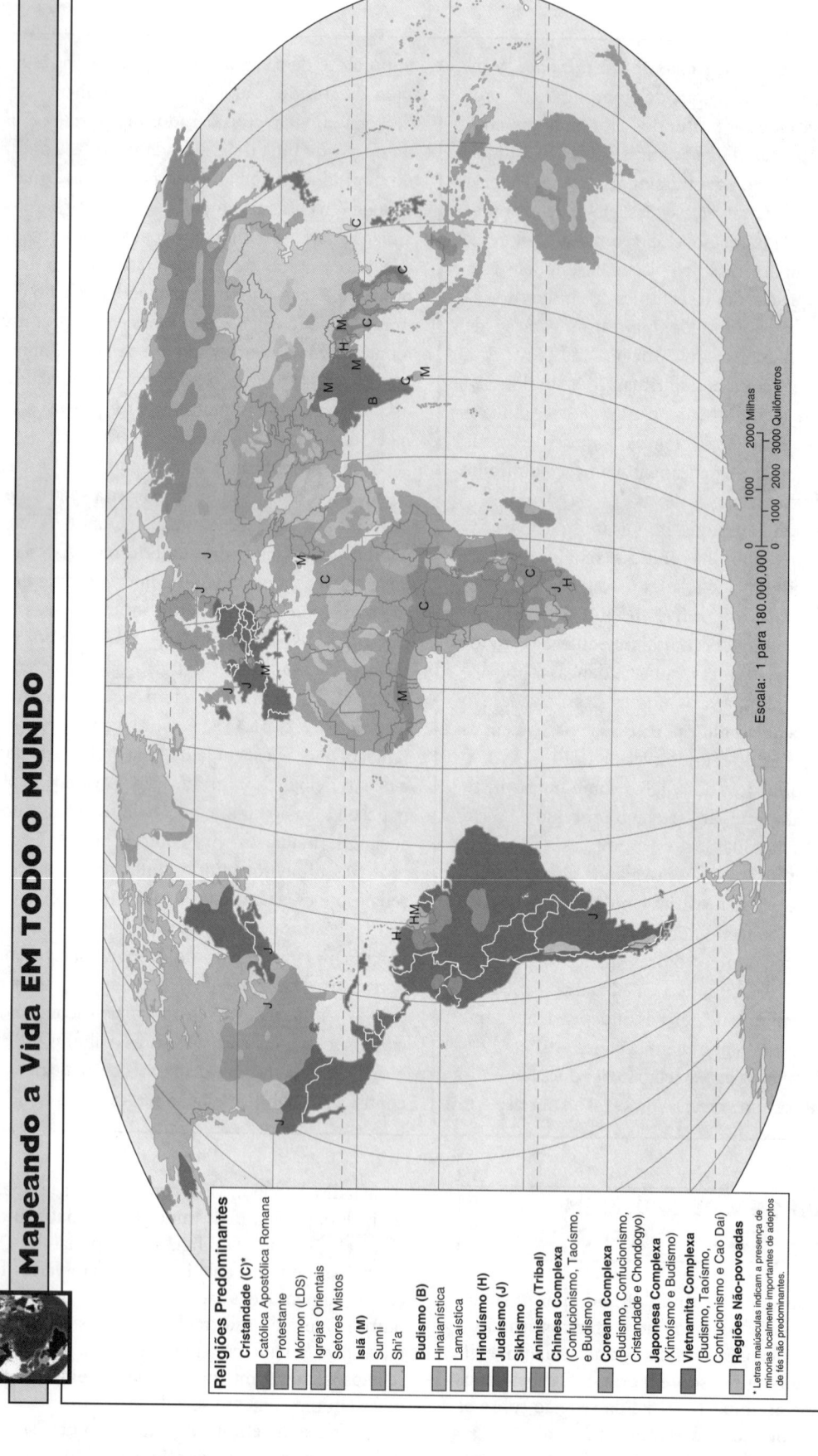

Mapeando a Vida EM TODO O MUNDO

Religiões Predominantes

Cristandade (C)*
Católica Apostólica Romana
Protestante
Mórmon (LDS)
Igrejas Orientais
Setores Mistos

Islã (M)
Sunni
Shi'a

Budismo (B)
Hinaianística
Lamaística

Hinduísmo (H)
Judaísmo (J)
Sikhismo
Animismo (Tribal)
Chinesa Complexa
(Confucionismo, Taoísmo, e Budismo)

Coreana Complexa
(Budismo, Confucionismo, Cristandade e Chondogyo)

Japonesa Complexa
(Xintoísmo e Budismo)

Vietnamita Complexa
(Budismo, Taoísmo, Confucionismo e Cao Dai)

Regiões Não-povoadas

* Letras maiúsculas indicam a presença de minorias localmente importantes de adeptos de fés não predominantes.

Escala: 1 para 180.000.000

0 1000 2000 Milhas
0 1000 2000 3000 Quilômetros

Obs.: Esta figura está disponível, colorida, na página do livro, no site da Editora: *www.mcgraw-hill.com.br*.

Fonte: J. Allen, 2003, p. 28.

práticas que são de sua propriedade exclusiva, ao contrário de outras instituições sociais e formas de raciocínio. Durkheim ([1912] 2001) argumentou que as crenças religiosas diferenciam determinados eventos transcendentais e o mundo cotidiano. Ele denominou esses reinos de *sagrado* e *profano*.

O **sagrado** engloba elementos além da vida cotidiana que inspiram temor religioso, respeito e até medo. As pessoas se tornam parte do reino do sagrado somente concluindo algum ritual, como uma prece ou um sacrifício. Como os crentes têm fé no sagrado, aceitam o que não conseguem entender. Por sua vez, o **profano** inclui o comum e o lugar-comum. Porém, esse conceito pode confundir, pois o mesmo objeto pode ser sacro ou profano, dependendo de como é visto. Uma mesa de jantar normal é profana, mas pode tornar-se sacra para alguns cristãos se tiver elementos da comunhão. Um candelabro se torna sagrado para judeus se for uma menorá. Para os confucionistas e taoístas, incensos não são meros itens decorativos, mas oferendas muito valorizadas para os deuses em cerimônias religiosas que marcam a lua nova e a lua cheia.

Seguindo a direção estipulada por Durkheim há quase um século, os sociólogos contemporâneos vêem as religiões de duas maneiras diferentes. Estudam as normas e os valores das crenças religiosas examinando as suas crenças essenciais. Por exemplo, é possível comparar até que ponto as expressões cristãs interpretam a Bíblia literalmente ou os grupos muçulmanos seguem o Alcorão, o livro sagrado do islamismo. Ao mesmo tempo, os sociólogos examinam as religiões em termos das funções sociais que executam, como dar apoio social ou reforçar normas sociais. Explorando as crenças e as funções da religião, podemos entender melhor o seu impacto sobre a pessoa, sobre grupos e sobre a sociedade como um todo.

AS RELIGIÕES DO MUNDO

Existe uma diversidade imensa de crenças e práticas religiosas. No geral, cerca de 85% da população mundial adere a alguma religião, somente cerca de 15% não é religiosa. A cristandade é a maior fé; a segunda maior é o Islamismo (ver Tabela 13-1). Embora novos eventos muitas vezes dêem origem a um conflito inerente entre cristãos e muçulmanos, as duas crenças são semelhantes em vários aspectos. Ambas são monoteístas (isto é, baseadas em uma única divindade); ambas incluem a crença em profetas, embora não como o filho de Deus. Na verdade, o Islã reconhece Jesus como profeta, embora não como o filho de Deus. Ambas impõem um código moral sobre os crentes, que varia de proscrições razoavelmente rígidas para fundamentalistas até diretrizes relativamente flexíveis para liberais (Barrett e Johnson, 2004).

Os seguidores do Islã, denominados *muçulmanos*, acham que as escrituras sagradas do Islã foram recebidas de Alá (Deus) pelo profeta Maomé há cerca de 1.400 anos. Vêem Maomé como o último de uma longa lista de profetas, precedido por Adão, Abraão, Moisés e Jesus. O islamismo é muito mais comunal na sua expressão do que a cristandade, particularmente as denominações protestantes mais individualistas. Portanto, nos países que são predominantemente muçulmanos, a separação entre religião e Estado não é considerada necessária ou mesmo desejável. Na verdade, os governos muçulmanos com freqüência reforçam as práticas islâmicas com suas leis. Os muçulmanos variam muito na sua interpretação de várias tradições, algumas das quais – como mulheres usarem véus – são mais culturais do que religiosas na sua origem.

Como a cristandade e o islamismo, o judaísmo é monoteísta. Os judeus acham que a verdadeira natureza de Deus é revelada na Torá, que os cristãos conhecem como os primeiros cinco livros do Velho Testamento. Segundo essas escrituras, Deus fez um acordo ou pacto com Abraão e Sara, os ancestrais das tribos de Israel. Mesmo

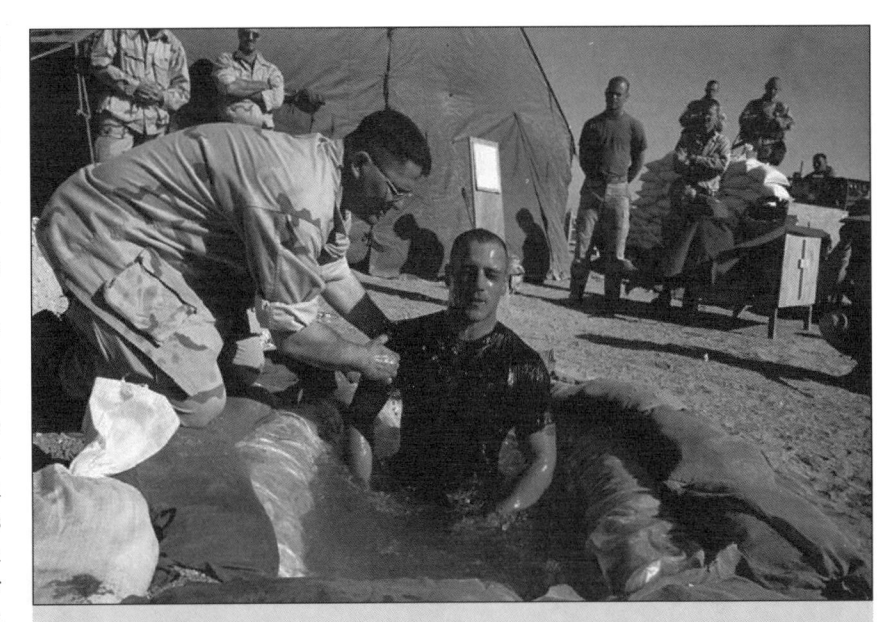

Um capelão militar batiza um fuzileiro naval norte-americano no deserto do Kuwait durante a guerra do Iraque em 2003. Os capelães transformam um espaço secular em espaço sagrado, trazendo consolo aos soldados que estão servindo longe de casa.

Por Que os Sociólogos Estudam a Religião?

Coroinha na Catedral Católica Apostólica Romana em Miami

Os sociólogos consideram a religião um objeto de estudo fascinante porque é um universal cultural cuja expressão coletiva pode ser manifestada de muitas maneiras. Por exemplo, os cristãos (acima) veneram um Deus e baseiam suas crenças e seus valores na vida e na obra de Jesus Cristo. Os muçulmanos (página seguinte, foto superior) também são monoteístas, mas baseiam suas crenças nas revelações sobre Deus no Alcorão. Os hindus (página seguinte, canto inferior esquerdo) consideram vários aspectos da vida sagrados e enfatizam a importância de ser bom nesta vida para avançar para a próxima. Os budistas (próxima página, canto inferior direito) se esforçam para superar os desejos mundanos para atingir um estado de esclarecimento.

Os sociólogos estão interessados na amplitude e na força dessas crenças e no que influencia as pessoas a adotar crenças religiosas. Estudam o impacto da família, das escolas, do Estado e da cultura predominante, entre outros fatores. Os sociólogos também estão interessados nas formas como as pessoas expressam a sua fé. Elas o fazem freqüentando serviços? Meditando privadamente? Realizando rituais? No âmbito social, eles analisam o impacto que as organizações religiosas têm sobre a sociedade e, opostamente, como uma determinada cultura afeta a prática da religião.

Muçulmanos rezando em Curdistão, Iraque

Homem santo hindu no Rio sagrado Ganges, Índia

Monges budistas recebendo alimentos em Laos

Resumindo

Tabela 13-1 — Principais Religiões do Mundo

Fé	Seguidores Atuais em Milhões (e Porcentagem da População Mundial)	Principais Localizações dos Seguidores Atualmente	Fundador (e Data Aproximada de Nascimento)	Textos Importantes (e Localidades Sagradas)
Budismo	364 (5,9%)	Sudeste da Ásia, Mongólia, Tibete	Gautama Sidarta (563 a.C.)	Triptaka (regiões do Nepal)
Cristianismo	2.039 (33%)	Europa, América do Norte, América do Sul	Jesus (6 d.C.)	Bíblia (Jerusalém, Roma)
Hinduísmo	828 (13,3%)	Índia, Comunidades indianas no exterior	Sem fundador específico (1500 d.C.)	Textos Sruti e Smrti (sete cidades sagradas, incluindo Varanasi)
Islamismo	1.226 (19,8%)	Oriente Médio, Ásia Central, África do Norte, Indonésia	Maomé (d.C. 570)	Alcorão (Meca, Medina, Jerusalém)
Judaísmo	14 (0,2%)	Israel, Estados Unidos, França, Rússia	Abraão (2000 a.C.)	Torá, Talmud (Jerusalém)

atualmente, os judeus acreditam que esse acordo os torna responsáveis pela vontade de Deus. Se seguirem a letra e o espírito da Torá, um Messias esperado há muito tempo um dia trará o paraíso à Terra. Embora o judaísmo tenha uma quantidade relativamente pequena de seguidores em comparação com as outras fés principais, ele forma a base histórica do cristianismo e do islamismo. É por isso que os judeus reverenciam muitos dos locais no Oriente Médio que os cristãos e muçulmanos também reverenciam.

Duas outras das maiores expressões religiosas se desenvolveram em uma parte diferente do mundo, a Índia. A mais antiga, o hinduísmo, teve sua origem em 1500 a.C. O hinduísmo difere do judaísmo, do cristianismo e do islamismo por adotar uma série de deuses e deuses menores, embora a maioria dos devotos se dedique basicamente a uma única divindade, como Shiva ou Vishnu. O hinduísmo também se distingue pela crença na reencarnação ou no renascimento perpétuo da alma após a morte. Ao contrário do judaísmo, do cristianismo e do islamismo, que se baseiam sobretudo nos textos sagrados, as crenças hindus vêm sendo preservadas em grande parte pela tradição oral.

Uma segunda religião, o budismo, foi criada no século VI a.C. como uma reação contra o hinduísmo. Essa fé se baseia nos ensinamentos de Sidarta (posteriormente chamado Buda, ou "o Iluminado"). Por meio da meditação, os seguidores do budismo lutam para superar desejos egoístas de prazeres físicos ou materiais, com o intuito de atingir um estado de esclarecimento, ou *nivarna*. Os budistas criaram as primeiras ordens monásticas, que são consideradas modelos para ordens monásticas em outras religiões, incluindo o cristianismo. Embora o budismo tenha surgido na Índia, os seus seguidores acabaram sendo expulsos do país pelos hindus. Hoje, é encontrado sobretudo em outras partes da Ásia (os adeptos contemporâneos do budismo na Índia são convertidos relativamente recentes).

Embora as diferenças entre as religiões sejam impressionantes, são menores do que as variações dentro das adesões religiosas. Pense nas diferenças dentro do cristianismo, de seitas mais liberais, tais como a presbiteriana ou a Igreja Unida de Cristo, até os mais conservadores mórmons e católicos ortodoxos gregos. Existem divisões semelhantes no hinduísmo, no islamismo e em outras religiões mundiais (Barrett e Johnson, 2001; David Levinson, 1996).

O PAPEL DA RELIGIÃO

Como a religião é um elemento cultural universal, não é de admirar que tenha um papel básico nas sociedades humanas. Em termos sociológicos, realiza funções manifestas e latentes. Entre as funções *manifestas* (abertas e declaradas), a religião define o mundo espiritual e dá significado ao divino. Explica eventos que aparentemente são difíceis de entender, como o que há além da sepultura. As funções *latentes* da religião são não-intencionais, veladas ou ocultas. Embora a função manifesta do serviço da igreja seja oferecer um fórum para a adoração religiosa, ele pode ao mesmo tempo exercer uma função social latente de um ponto de encontro para membros solteiros.

Tanto os teóricos funcionalistas quanto os do conflito avaliam o impacto da religião nas sociedades humanas. Vamos analisar uma visão funcionalista do papel da religião em integrar a sociedade, dar apoio social e promover mudanças sociais, e depois analisar a religião do ponto de vista da teoria do conflito, como meio de controle social. Note que, na maior parte, o impacto da religião é mais bem entendido de um ponto de vista macro, que é orientado para a sociedade maior. A sua função de apoio social é uma exceção: essa pode ser vista melhor no âmbito micro ou individual.

A Função de Integração da Religião

Émile Durkheim via a religião como uma força integradora na sociedade humana – uma perspectiva que é refletida na teoria funcionalista de hoje. Durkheim tentou responder à pergunta desconcertante: "Como as sociedades humanas podem ser mantidas unidas quando geralmente são compostas de pessoas e grupos sociais com interesses e aspirações diferentes?". Segundo ele, os elos religiosos freqüentemente transcendem essas forças pessoais e causam divergência. Durkheim reconheceu que a religião não é a única força integradora. O nacionalismo ou o patriotismo podem servir ao mesmo objetivo.

Como a religião fornece essa "cola social"? A religião, quer seja ela o budismo, islamismo ou judaísmo, dá sentido e objetivo às vidas das pessoas. Ela oferece certos valores fundamentais e fins para se ter em comum. Embora sejam subjetivos e nem sempre totalmente aceitos, esses valores acabam ajudando a sociedade a funcionar como um sistema social integrado. Por exemplo, funerais, casamentos, *bar* e *bat mitzvahs* e crismas servem para integrar as pessoas em comunidades maiores proporcionando crenças e valores compartilhados sobre as questões fundamentais da vida.

A religião serve também para unir as pessoas em tempos de crise e confusão. Logo após os ataques terroristas de 11 de setembro de 2001 na cidade de Nova York e em Washington, DC, a freqüência aos serviços religiosos nos Estados Unidos aumentou drasticamente. Clérigos muçulmanos, judeus e cristãos fizeram aparições conjuntas para homenagear os mortos e incentivaram os cidadãos a não fazerem retaliações àqueles que tinham uma aparência, se vestiam ou falavam de maneira diferente. Um ano depois, porém, os níveis de comparecimento aos serviços religiosos haviam retornado ao normal (D. Moore, 2002).

O poder de integração da religião também pode ser visto no papel que as igrejas, sinagogas e mesquitas têm desempenhado para grupos de imigrantes nos Estados Unidos. Por exemplo, os imigrantes católicos romanos podem instalar-se perto de uma igreja de uma paróquia que oferece serviços religiosos na sua língua materna, como polonês ou espanhol. Da mesma maneira, os imigrantes coreanos podem afiliar-se a uma igreja presbiteriana que tem vários membros norte-americanos de origem coreana e seguem práticas religiosas como as das igrejas na Coréia. Como outras organizações religiosas, essas igrejas católicas romanas e presbiterianas ajudam a integrar imigrantes na sua nova pátria.

Em alguns casos, as lealdades religiosas são *disfuncionais*, isto é, contribuem para a tensão e até conflitos entre grupos ou países. Durante a Segunda Guerra Mundial, os nazistas alemães tentaram exterminar o povo judeu. Aproximadamente 6 milhões de judeus europeus foram mortos. Nos tempos de hoje, países, como o Líbano (judeus *versus* muçulmanos), Israel (judeus *versus* muçulmanos, bem como judeus ortodoxos *versus* judeus seculares), Irlanda do Norte (católicos romanos *versus* protestantes) e Índia (hindus *versus* muçulmanos e, mais recentemente, os sikhs), foram divididos por choques que têm como base, em grande parte, a religião (ver o estudo de caso da p. 344 para uma discussão mais detalhada do conflito religioso na Índia).

O conflito religioso (embora em um nível menos violento) tem ficado cada vez mais evidente nos Estados Unidos também. O sociólogo James Davison Hunter (1991) se referiu à "guerra cultural" que está ocorrendo nos Estados Unidos. Em muitas comunidades, fundamentalistas cristãos, católicos conservadores e judeus ortodoxos juntaram forças contra as seitas liberais pelo controle da cultura secular. O campo de batalha é uma série de questões sociais familiares, entre elas o multiculturalismo, assistência à criança (Capítulo 4), aborto (Capítulo 11), educação em casa, direitos dos *gays*, censura dos ◀ p. 98, 293 meios de comunicação e financiamento das artes pelo governo.

Religião e Apoio Social

A maioria de nós acha difícil aceitar os eventos estressantes da vida – a morte de um ente querido, ferimentos graves, falência, divórcio etc. Isso é particularmente verdade quando acontece algo "sem sentido". Como podem a família e os amigos aceitar a morte de um aluno universitário que nem chegou aos 20 anos de idade?

Com a sua ênfase no divino e no sobrenatural, a religião nos permite "fazer alguma coisa" sobre as calamidades que enfrentamos. Em algumas expressões religiosas, os adeptos podem oferecer sacrifícios ou rezar para uma divindade na crença de que esses atos irão mudar a sua condição terrena. Em um nível mais básico, a religião nos incentiva a encarar as nossas desventuras como relativamente sem importância na perspectiva mais ampla da história humana – ou mesmo como parte de um desígnio divino não revelado. Os amigos e os parentes do falecido estudante universitário podem ver a sua morte como sendo "a vontade de Deus" ou como algum benefício definitivo que não podemos entender no momento. Essa perspectiva pode ser muito mais consoladora do que a sensação aterrorizante de que qualquer um de nós pode morrer bestamente a qualquer momento – e de que não há resposta divina para o porquê de uma pessoa viver uma vida longa e plena e outra morrer de maneira trágica relativamente cedo.

As organizações comunitárias baseadas na fé vêm assumindo cada vez mais responsabilidades na área de assistência social. Na verdade, o presidente George W. Bush criou o Departamento de Iniciativas Baseadas na Fé e Comunitárias para dar aos grupos religiosos socialmente ativos acesso a recursos do governo. O sociólogo William Julius Wilson (1999b) apontou organizações baseadas na fé em 40 comunidades da Califórnia até Massachusetts como modelos de reforma social. Essas organizações identificam líderes experientes e os reúnem em coalizões não-sectárias que se dedicam ao desenvolvimento da comunidade.

Religião e Mudança Social

A Teoria Weberiana

Quando alguém parece motivado a trabalhar e vencer, muitos lhe atribuem a ética de trabalho protestante. Esse termo vem dos escritos de Max Weber, que examinou detalhadamente a conexão entre a devoção religiosa e o desenvolvimento do capitalismo. Os seus resultados apareceram no trabalho pioneiro *The protestant ethic and the spirit of capitalism* (A ética protestante e o espírito do capitalismo) ([1904] 1958a).

Weber observou que, nos países europeus com cidadãos protestantes e católicos, uma quantidade enorme de líderes comerciais, donos de capital e trabalhadores especializados era protestante. Na sua opinião, esse fato não era mera coincidência. Ele assinalou que os seguidores de João Calvino (1509-1564), um líder da reforma protestante, enfatizavam uma ética de trabalho disciplinada, preocupações com os bens materiais e uma orientação racional da vida que ficou conhecida como a ***Ética protestante***. Uma derivação da ética protestante foi a motivação para acumular economias que poderiam ser utilizadas para melhorias futuras. Esse "espírito do capitalismo", para usar a frase de Weber, contrastava com horas de trabalho moderadas, hábitos de trabalho com lazer e a falta de ambição que ele via como típicos da sua época.

Poucos livros sobre a sociologia da religião provocaram tantos comentários e críticas quanto o de Weber. Ele foi saudado como os escritos teóricos mais importantes nessa área e um ótimo exemplo de análise no âmbito macro. Como Durkheim, Weber demonstrou que a religião não é apenas uma questão de crenças íntimas pessoais. Ele enfatizou que a natureza coletiva da religião tem conseqüências sociais para a população como um todo.

Weber deu uma descrição convincente das origens do capitalismo europeu. Mas esse sistema econômico foi adotado por não-calvinistas em várias partes do mundo, como se vê atualmente. Estudos recentes nos Estados Unidos mostram pouca ou nenhuma diferença quanto à orientação voltada para a vitória entre os católicos romanos e protestantes.

Os teóricos do conflito advertem que a teoria de Weber – mesmo se aceita – não deve ser vista como uma análise do capitalismo maduro, como refletido na ascensão das corporações multinacionais. Os marxistas discordariam de Weber não quanto à origem do capitalismo, mas quanto ao seu futuro. Ao contrário de Marx, Weber era de opinião que o capitalismo poderia resistir indefinidamente como sistema econômico. Ele, porém, acrescentou que o declínio da religião como uma força primordial na sociedade abriu o caminho para que os trabalhadores expressassem o seu descontentamento de uma maneira clamorosa (Collins, 1980).

A Teologia da Libertação

Às vezes o clero pode ser encontrado no primeiro plano das mudanças sociais. Muitos ativistas religiosos, principalmente na Igreja Católica Apostólica Romana da América Latina, apóiam a **teologia da libertação** – o uso da igreja no esforço político para eliminar a pobreza, a discriminação e outras formas de injustiça de uma sociedade secular. Os defensores desse movimento religioso às vezes se solidarizam com o marxismo. Muitos acham que uma mudança radical e não o desenvolvimento econômico em si é a única solução aceitável para o desespero das massas nos países pobres em desenvolvimento. Os ativistas associados à teologia da libertação consideram que a religião organizada tem a responsabilidade moral de assumir uma posição pública firme contra a opressão das minorias raciais e étnicas pobres e das mulheres (C. Smith, 1991).

A expressão *teologia da libertação* remonta à publicação de *Teologia da libertação*, livro escrito por um pastor peruano, Gustavo Gutiérrez, que vivia em uma região de favela de Lima no início da década de 1960. Após anos de exposição à grande pobreza ao seu redor, Gutiérrez concluiu que, "para atender aos pobres, as pessoas tinham que se envolver em atos políticos" (R. M. Brown, 1980, p. 23; G. Gutiérrez, 1990). Posteriormente, os teólogos latino-americanos politicamente comprometidos foram influenciados por cientistas sociais que encaravam o domínio do capitalismo e das corporações multinacionais como centrais para os problemas do hemisfério. Um dos resultados foi uma nova abordagem da teologia, que se baseava nas tradições culturais e religiosas da América Latina e não nos modelos desenvolvidos na Europa e nos Estados Unidos.

A teologia da libertação, no entanto, pode ser disfuncional. Alguns adeptos católicos romanos acreditaram

Desigualdade Social
13-1 O "TETO DE VIDRO"

Qual é o papel das mulheres na religião organizada? A maioria das expressões religiosas tem uma longa tradição de liderança espiritual exclusivamente masculina. Além disso, a maioria das religiões é patriarcal, portanto, tende a reforçar o domínio masculino em assuntos seculares e espirituais. As mulheres têm um papel essencial como voluntárias, *staff* e educadoras religiosas, porém, mesmo hoje em dia, a tomada de decisões e a liderança geralmente são atribuídas aos homens homens. Existem exceções a essa regra, como os shakers e os cientistas cristãos, bem como o hinduísmo com a sua longa tradição de deusas, mas elas são raras.

Nos Estados Unidos, as mulheres constituem apenas 14% do clero, embora tenham representado 31% dos alunos matriculados em instituições teológicas nas últimas duas décadas. As mulheres do clero geralmente têm carreiras mais curtas do que os homens, normalmente em áreas relacionadas como aconselhamento, que não envolvem liderança da congregação. Nas manifestações religiosas que restringem os cargos de liderança aos homens, as mulheres ainda servem extra-oficialmente. Por exemplo, cerca de 4% das congregações católicas roma-

> Um "teto de vidro" parece pairar sobre as mulheres do clero, o que limita sua mobilidade profissional.

nas são lideradas por mulheres que têm cargos pastorais não-ordenados – uma necessidade em uma igreja que enfrenta uma escassez de pastores homens.

Nos Estados Unidos, as congregações chefiadas por mulheres tendem a ser menores e mais pobres do que as lideradas por homens. Conseqüentemente, as mulheres que lideram igrejas têm muito menos probabilidade de contar com pessoal remunerado em tempo integral. Elas também têm mais probabilidade de começar e encerrar suas carreiras em posições que não levam a avanços nas suas seitas. Um "teto de vidro" parece pairar sobre as mulheres do clero, o que limita a sua mobilidade profissional.

Vamos Discutir

1. Alguma comunidade religiosa na sua cidade tem uma mulher como líder? Se sim, a sua nomeação foi motivo de controvérsia? Em sua opinião, quais são as perspectivas de essa líder avançar na carreira?
2. Do ponto de vista da sociedade, quais são os prós e os contras de admitir mulheres na liderança religiosa?

Fontes: Bureau of the Census, 2003a, p. 399; Chang, 1997; Konieczny e Chaves, 2000; Van Biema, 2004; Winseman, 2004.

---

que, concentrando-se na injustiça política e governamental, o clero não estaria mais tratando das suas necessidades pessoais e espirituais. Parcialmente como resultado desse desencanto, alguns católicos na América Latina estão se convertendo para as expressões protestantes ou para a religião Mórmon.

> **Use a Sua Imaginação Sociológica**
>
> O apoio social oferecido pelos grupos religiosos é repentinamente retirado da sua comunidade. Como a vida de todo mundo irá mudar? O que acontecerá se os grupos religiosos pararem de pressionar por mudanças sociais?

Religião e Controle Social: Teoria do Conflito

A teologia da libertação é um fenômeno relativamente recente que marca um rompimento com o papel tradicional das igrejas. Foi a esse papel tradicional que Karl Marx se opôs. Segundo ele, a religião *impedia* a mudança social ao incentivar pessoas oprimidas a se concentrarem em preocupações não-mundanas em vez de na sua pobreza imediata ou exploração. Marx descreveu a religião como um "ópio" particularmente pernicioso aos povos oprimidos. Ele sentia que a religião com freqüência drogava as massas para a submissão ao oferecer um prêmio de consolação pelas suas vidas duras na terra: a esperança de salvação em uma vida ideal após a morte. Por exemplo, durante o período da escravidão nos Estados Unidos, os amos brancos proibiam os negros de praticarem as religiões nativas africanas e os incentivavam a adotarem o cristianismo, que lhes ensinava que a obediência levaria à salvação e à felicidade eterna na vida após a morte. Do ponto de vista da teoria do conflito, o cristianismo pode ter pacificado alguns escravos e embotado a ira que normalmente instiga à rebelião.

Marx reconheceu que a religião tem um papel importante na manutenção da estrutura social existente. Os valores da religião, como mencionado, tendem a reforçar outras instituições sociais e a ordem social como um todo. Segundo Marx, porém, a promoção da estabilidade social pela religião apenas ajuda a perpetuar padrões de desigualdade social. Para ele, a religião dominante reforça os interesses de quem está no poder.

Por exemplo, o cristianismo contemporâneo reforça os padrões tradicionais de comportamento que exigem a subordinação dos menos poderosos. O papel das mulhe-

A expressão religiosa pode assumir várias formas. Os trajes desse clube cristão de motociclistas garantem que seus membros não serão confundidos com membros do grupo *Hell's Angels* (Anjos do Inferno), apesar do seu estilo de vida independente.

res na igreja é um exemplo dessa distribuição desigual do poder. As hipóteses sobre os papéis dos sexos deixam as mulheres em uma posição subserviente tanto nas igrejas cristãs quanto em casa. Na verdade, as mulheres acham difícil alcançar a cargos de liderança em várias igrejas e em grandes corporações. O texto do Quadro 13-1 descreve o "teto de vidro" que tende a tolher o avanço na carreira das mulheres no clero mesmo nas seitas mais liberais.

Como Marx, os teóricos do conflito argumentam que até o ponto no qual a religião influencia o comportamento social, ela reforça os padrões existentes de domínio e desigualdade. Na visão marxista, a religião impede que as pessoas vejam a sua vida e suas condições sociais em termos políticos – por exemplo, obscurecendo o significado primordial de interesses econômicos conflitantes. Os marxistas sugerem que, induzindo uma "falsa consciência" entre as pessoas carentes, a religião diminui a possibilidade de ação política coletiva capaz de terminar com a opressão capitalista e transformar a sociedade.

COMPORTAMENTO RELIGIOSO

Todas as religiões têm certos elementos em comum, porém esses elementos são expressos nas maneiras diferentes de cada crença. Esses padrões de comportamento, como outros padrões de comportamento social, são de grande interesse para os sociólogos – principalmente os interacionistas –, já que enfatizam a relação entre religião e sociedade.

As crenças religiosas, os ritos religiosos e a experiência religiosa ajudam a definir o que é sagrado e a diferenciar o sagrado do profano. Vamos examinar três dimensões de comportamento religioso da forma como são vistas pelos interacionistas.

Crença

Algumas pessoas acreditam na vida após a morte, em seres supremos com poderes ilimitados ou em forças sobrenaturais. *Crenças religiosas* são afirmações às quais os membros de uma determinada religião aderem. Essas opiniões variam drasticamente de uma religião para outra.

O relato da criação de Adão e Eva encontrado no Gênesis, o primeiro livro do Velho Testamento, é um exemplo de crença religiosa. Muita gente nos Estados Unidos mantém-se fiel a essa explicação bíblica da criação, e até insiste que seja ensinada nas escolas públicas. Essas pessoas, conhecidas como *criacionistas*, preocupam-se com a secularização da sociedade, e se opõem ao ensino que questiona direta ou indiretamente as escrituras bíblicas (a seção sobre política social no final deste capítulo analisa em profundidade a questão da religião nas escolas).

Como mostra a Figura 13-2, no mundo todo, a força das crenças religiosas varia bastante. Normalmente, a espiritualidade não é tão forte nos países industrializados quanto nos países em desenvolvimento. Os Estados Unidos são uma exceção à tendência de secularização, em parte porque o governo incentiva a expressão religiosa (sem apoiá-la explicitamente) ao permitir que grupos religiosos requeiram *status* de instituição de caridade e até recebam ajuda federal para atividades, como serviços educacionais. E, embora a crença em Deus seja relativamente fraca em países ex-comunistas, como a Rússia, pesquisas mostram um aumento da espiritualidade nos países comunistas nos últimos dez anos.

Ritual

Rituais religiosos são práticas exigidas ou esperadas dos membros de uma determinada expressão religiosa. Os rituais em geral homenageiam o(s) poder(es) divino(s) adorado(s) pelos crentes. Eles também lembram aos crentes os seus deveres e responsabilidades religiosos. Os rituais e as crenças podem ser interdependentes. Os rituais normalmente afirmam crenças, como em uma declaração pública ou privada confessando um pecado. Como qualquer outra instituição social, a religião cria normas distintas para estruturar o comportamento das pessoas. Além disso, as sanções estão associadas a rituais religiosos, quer recompensas (presentes de *bar mitzvah*) quer penalidades (expulsão de uma instituição religiosa por violação das regras).

Nos Estados Unidos, os rituais podem ser bem simples, como orar antes de uma refeição ou fazer um momento de silêncio para lembrar a morte de uma pessoa. Contudo, certos rituais, como o processo de canonização de um santo, são bastante complexos. A maioria dos rituais religiosos na nossa cultura se concentra nos serviços realizados em casas de adoração. Ir a um serviço religioso, fazer preces silenciosas e faladas, comunhão e cantar hinos e cantos religiosos são formas comuns de comportamento religioso que geralmente ocorrem em grupos. Do ponto de vista interacionista, esses rituais servem como encontros presenciais importantes nos quais as pessoas reforçam suas crenças religiosas e o seu compromisso com a sua fé.

Para os muçulmanos, um ritual muito importante é o *hajj*, uma peregrinação para a Grande Mesquita em Meca, na Arábia Saudita. Todo muçulmano em condições físicas e financeiras deve fazer essa viagem pelo menos uma vez. Todo ano, 2 milhões de peregrinos vão a Meca pelo período de uma semana indicado pelo calendário lunar islamita. Muçulmanos de todas as partes do mundo fazem o *hajj*, incluindo aqueles que moram nos Estados Unidos, onde vários *tours* são organizados para facilitar a viagem.

Experiência

No estudo sociológico da religião, a expressão **experiência religiosa** se refere à sensação ou percepção de estar em contato direto com a realidade primordial – um ser divino –, ou de estar tomado por emoção religiosa. Uma experiência religiosa pode ser bem leve, como a sensação de exaltação que uma pessoa desfruta ao ouvir um coro cantando, o "Aleluia" de Haendel. Porém, várias experiências religiosas

FIGURA 13-2

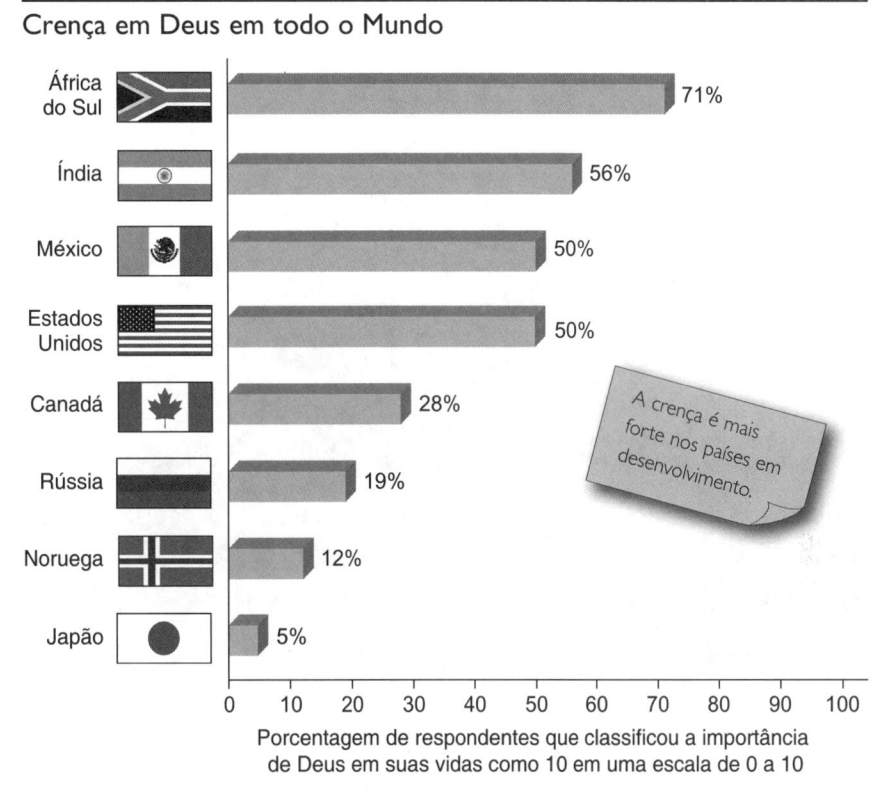

Crença em Deus em todo o Mundo

País	%
África do Sul	71%
Índia	56%
México	50%
Estados Unidos	50%
Canadá	28%
Rússia	19%
Noruega	12%
Japão	5%

Porcentagem de respondentes que classificou a importância de Deus em suas vidas como 10 em uma escala de 0 a 10

A crença é mais forte nos países em desenvolvimento.

Nota: Os dados são de levantamentos de Valores Mundiais de 1995–1998, exceto para o Canadá (1990–1991).
Fonte: Inglehart e Baker, 2000, p. 47.

Pense nisto
O Canadá e os Estados Unidos são semelhantes em vários pontos. Por que a fé em Deus seria menos importante para os canadenses do que para os norte-americanos?

são mais profundas, como a experiência muçulmana em um *hajj*. Na sua autobiografia, o falecido ativista afro-americano Malcolm X (1964, p. 338) escreveu sobre o seu *hajj* e o quanto se comoveu com a maneira como os muçulmanos em Meca transpunham as fronteiras da raça e da cor. Para Malcolm X, a desconsideração da cor pelo mundo muçulmano "me provou o poder de Um único Deus".

Outra experiência religiosa profunda para muitos cristãos é "nascer de novo" – ou seja, em um momento decisivo na vida, alguém assumir um compromisso pessoal com Jesus. De acordo com uma pesquisa de 2003 nos Estados Unidos, 42% da população tivera uma experiência cristã de renascimento em algum momento de sua vida. Uma pesquisa anterior descobriu que os batistas do sul (75%) eram os que tinham mais probabilidade de relatar esse tipo de experiência. Por sua vez, apenas 21% dos católicos e 24% dos episcopais declararam que haviam nascido de novo. A natureza coletiva da religião, como enfatizado por Durkheim, fica evidente nessas estatísticas. As crenças e os rituais de uma determinada fé

Peregrinos em *hajj* para a Grande Mesquita em Meca, Arábia Saudita. O Islã exige que todos os muçulmanos em condições façam uma peregrinação para a Terra Sagrada.

podem criar um clima amigável ou indiferente a esse tipo de experiência religiosa. Portanto, uma pessoa da religião batista seria incentivada a compartilhar essas experiências com os outros, enquanto os episcopais que dizem que nasceram novamente receberiam muito menos interesse (Newport, 2004).

A Tabela 13-2 resume os três pontos de vista mais importantes sobre a religião.

Use a Sua Imaginação Sociológica

Escolha uma tradição religiosa diferente da sua. Como suas crenças, experiência e seus rituais religiosos seriam diferentes se você tivesse sido criado nessa outra tradição?

ORGANIZAÇÃO RELIGIOSA

A natureza coletiva da religião levou a várias formas de associações religiosas. Nas sociedades modernas, a religião se tornou cada vez mais formal. Estruturas específicas, como igrejas e sinagogas, foram construídas para a adoração religiosa, pessoas foram treinadas para desempenhar papéis em várias áreas. Esses acontecimentos possibilitaram distinguir claramente a parte sagrada e a profana da vida de uma pessoa – uma distinção que não podia ser feita facilmente em outras épocas, quando a religião era, em grande parte, uma atividade familiar exercida em casa.

Os sociólogos consideram útil distinguir entre quatro formas básicas de organização: a igreja, a denominação, a seita e o novo movimento religioso, ou culto. Podemos ver as diferenças entre essas quatro formas de organização no seu tamanho, poder, grau de comprometimento esperado dos seus membros e laços históricos com outras fés.

Igrejas

Uma *igreja* é uma organização religiosa que afirma incluir a maioria ou todos os membros de uma sociedade e é reconhecida como a religião nacional ou oficial. Como praticamente todo mundo pertence àquela expressão religiosa, a associação a ela ocorre desde o nascimento e não por uma decisão consciente. Entre os exemplos de igrejas estão o islamismo na Arábia Saudita e o budismo na Tailândia. No entanto, existem diferenças significativas nessa categoria. No regime islâmico da Arábia Saudita, os líderes da igreja têm grande poder sobre os atos do

Resumindo

Tabela 13-2	Perspectivas Sociológicas sobre a Religião
Perspectiva Teórica	**Ênfase**
Funcionalista	A religião como fonte de integração social e unificação
	A religião como fonte de apoio social para as pessoas
Conflito	A religião como um possível obstáculo para a mudança social estrutural
	A religião como uma possível fonte de mudança social estrutural (por meio da Teologia da Libertação)
Interacionista	Expressão religiosa individual mediante crença, ritual e experiência

Estado. Opostamente, a igreja luterana na Suécia de hoje em dia não tem esse poder sobre o *Riksdag* (parlamento sueco) ou o primeiro-ministro.

Geralmente, as igrejas são conservadoras, no sentido de que não desafiam os líderes de um governo secular. Em uma sociedade com uma igreja, as instituições políticas e religiosas com freqüência atuam em harmonia e reforçam o poder de cada uma nas suas relativas áreas de influência. No mundo moderno, as igrejas estão perdendo poder.

Denominações (religiosas)

Uma *denominação* é uma religião grande e organizada que não está oficialmente associada ao Estado ou ao governo. Como uma igreja, ela tende a ter um conjunto explícito de crenças, um sistema definido de autoridade e uma posição respeitada na sociedade. As denominações dizem que têm como membros grandes segmentos da população. Em geral, as crianças aceitam a denominação de seus pais e não pensam em se associar a outras crenças. As denominações também se assemelham às igrejas por fazerem determinadas exigências a seus membros. No entanto, há uma diferença crucial entre essas duas formas de organização religiosa. Embora a denominação seja considerada respeitável e não seja encarada como um desafio ao governo secular, falta-lhe o reconhecimento oficial e o poder de uma igreja (Doress e Porter, 1977).

Os Estados Unidos abrigam uma grande quantidade de denominações (ver Figura 13-3). Essa diversidade é, em boa parte, resultado da herança dos imigrantes. Muitos colonizadores trouxeram com eles os compromissos religiosos de sua pátria natal. Algumas denominações cristãs nos Estados Unidos, como os católicos romanos, os episcopais e os luteranos, são frutos de igrejas estabelecidas na Europa. Também surgiram seitas de novos cristãos, como os mórmons e os cristãos cientistas. Na última geração, os imigrantes aumentaram a quantidade de muçulmanos, hindus e budistas que moram nos Estados Unidos.

Recentemente, surgiram várias denominações religiosas no Brasil, entre elas a Igreja Universal do Reino de Deus, que já conta com alguns milhões de fiéis; a Igreja Renascer, comandada por uma mulher, a bispa Sônia; a Igreja Deus é Amor, do bispo David Miranda, além de outras mais antigas, como a Assembléia de Deus. Há ainda aquelas denominações cuja origem resultou do fenômeno do sincretismo religioso, isto é, da mistura das crenças africanas com o cristianismo europeu dos colonizadores: a umbanda e o candomblé. Ressalte-se também a denominação Espiritismo, cujo grande líder e mentor foi Allan Kardec.

Embora a maior denominação nos Estados Unidos seja de longe o catolicismo apostólico romano, existem pelo menos outras 23 expressões cristãs com 1 milhão de membros ou mais. Os protestantes coletivamente representavam cerca de 49% da população adulta norte-americana em 2003, contra 24% de católicos romanos e 2% de judeus. Existem também 3 milhões de muçulmanos nos Estados Unidos e muitas pessoas aderem a expressões religiosas orientais, como o budismo (2 milhões) e o hinduísmo (1 milhão) (Lindner, 2004; Newport, 2004).

Seitas

Uma *seita* pode ser definida como um grupo religioso relativamente pequeno que rompeu com alguma outra organização religiosa para renovar o que considera a visão original da fé. Muitas seitas, como a que foi liderada por Martinho Lutero durante a Reforma, dizem que são a "verdadeira igreja", porque tentam limpar a fé estabelecida do que consideram crenças e rituais extrínsecos (Stark e Bainbridge, 1985). Max Weber ([1916], 1958b, p. 114) denominou a seita uma "igreja do crente", pois a afiliação se baseia na aceitação consciente de um determinado dogma religioso.

As seitas basicamente estão em conflito com a sociedade e não buscam tornarem-se religiões nacionais estabelecidas. Ao contrário das igrejas e das denominações, exigem compromissos e demonstrações de crença intensos por parte dos seus membros. Em parte por causa do seu posicionamento leigo, as seitas normalmente apresentam um grau de fervor e lealdade mais elevado do que os grupos religiosos mais estabelecidos. O seu recrutamento se baseia sobretudo nos adultos, e a aceitação vem mediante a conversão.

FIGURA 13-3

Os Maiores Grupos Religiosos nos Estados Unidos por Condado, 2000

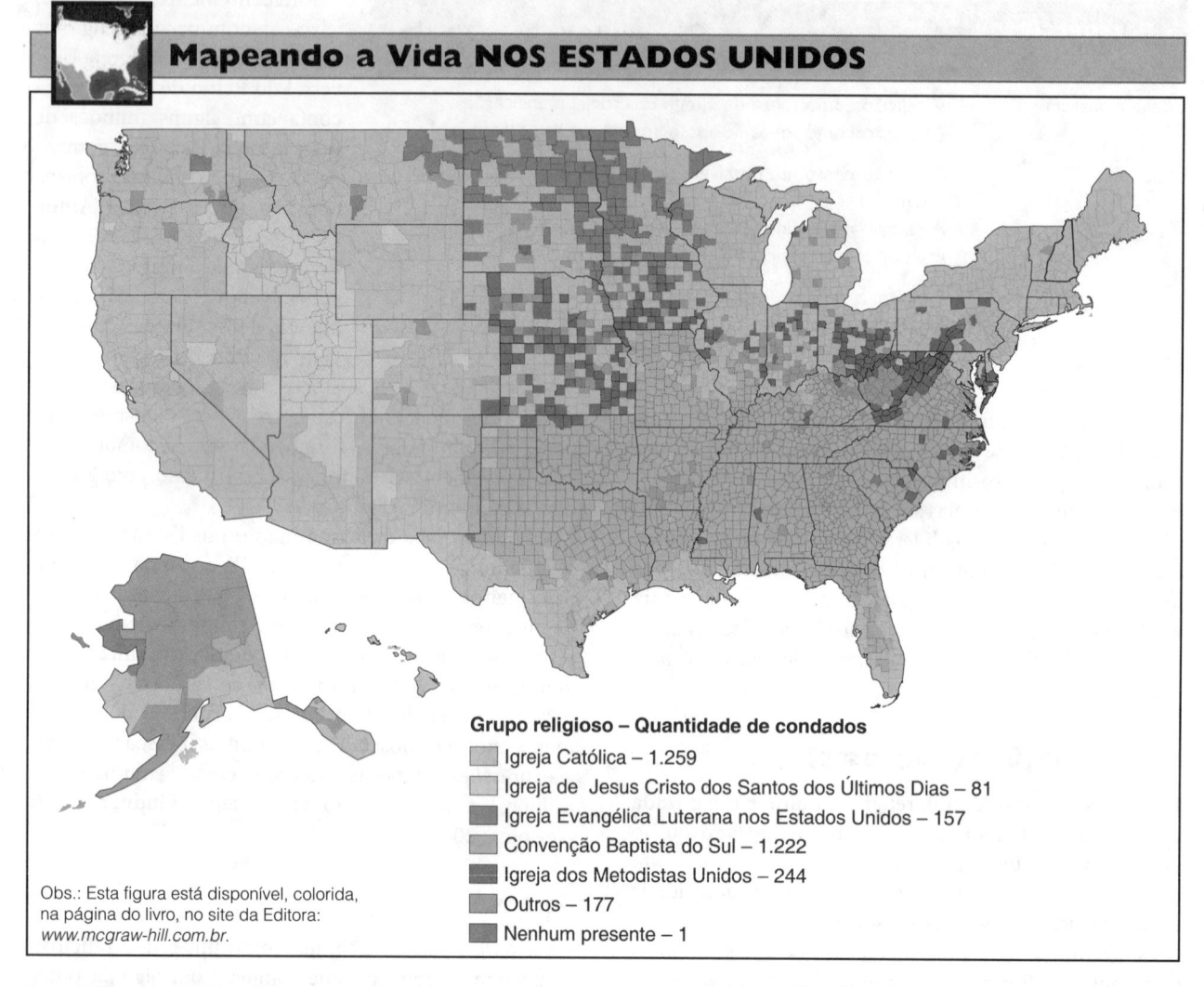

Mapeando a Vida NOS ESTADOS UNIDOS

Grupo religioso – Quantidade de condados
- Igreja Católica – 1.259
- Igreja de Jesus Cristo dos Santos dos Últimos Dias – 81
- Igreja Evangélica Luterana nos Estados Unidos – 157
- Convenção Baptista do Sul – 1.222
- Igreja dos Metodistas Unidos – 244
- Outros – 177
- Nenhum presente – 1

Obs.: Esta figura está disponível, colorida, na página do livro, no site da Editora: www.mcgraw-hill.com.br.

Fonte: D. Jones et al., 2002, p. 592.

Esse mapa, embora mostre apenas os maiores grupos religiosos participantes em cada condado, sugere que uma grande variedade de crenças é praticada nos Estados Unidos. Um total de 149 seitas religiosas relatou a quantidade de adeptos para o estudo no qual esse mapa se baseou.

As seitas via de regra têm vida curta. Aquelas que conseguem sobreviver podem tornar-se menos antagonistas da sociedade com o decorrer do tempo e começam a se parecer com as denominações. Em alguns poucos casos, as seitas conseguiram resistir por várias gerações e ao mesmo tempo se manter razoavelmente à parte da sociedade. O sociólogo J. Milton Yinger (1970, p. 226-273) utiliza a expressão **seita estabelecida** para descrever um grupo religioso que seja fruto de uma seita, porém continua isolado da sociedade. Os huterites, testemunhas de Jeová, adventistas do sétimo dia e os amish são exemplos contemporâneos de seitas estabelecidas nos Estados Unidos.

Novos Movimentos Religiosos ou Cultos

Em 1997, 38 membros do culto *Heaven's Gate* (Portões do Céu) foram encontrados mortos no sul da Califórnia após um suicídio coletivo programado para ocorrer com a aparição do cometa Hale-Bopp, pois eles achavam que esse cometa ocultava uma nave espacial na qual podiam pegar uma carona quando se tivessem libertado do seu "invólucro corporal".

Em parte por causa da notoriedade gerada por esse tipo de grupo, os meios de comunicação populares estigmatizaram a palavra *culto*, associando-a ao oculto e à

Resumindo

Tabela 13-3 — Características das Igrejas, Denominações, Seitas e dos Novos Movimentos Religiosos

Características	Igreja	Denominação	Seita	Novo Movimento Religioso (Culto)
Tamanho	Muito grande	Grande	Pequeno	Pequeno
Riqueza	Vasta	Vasta	Limitada	Variável
Serviços religiosos	Formais, pouca participação	Formais, pouca participação	Informais, emocionais	Variável
Doutrinas	Específicas, mas pode-se tolerar interpretações	Específicas, mas pode-se tolerar interpretações	Específicas, a pureza da doutrina é enfatizada	Inovadora, que abre caminhos
Clero	Bem treinado, período integral	Bem treinado, período integral	Treinado até certo ponto	Não-especializado
Associação	Em virtude de ser membro da sociedade	Aceitando a doutrina	Aceitando a doutrina	Mediante um compromisso emocional
Relação com o Estado	Reconhecida, estreitamente alinhada	Tolerada	Não incentivada	Ignorada ou questionada

Fonte: Adaptado de G. Vernon, 1962; ver também Chalfant et al., 1994.

utilização de técnicas de conversão intensas e poderosas. A estereotipagem dos cultos como uniformemente bizarros e não-éticos levou os sociólogos a abandonarem a expressão e se referirem a eles como *novos movimentos religiosos*. Embora alguns deles apresentem um comportamento estranho, muitos não o fazem. Eles atraem novos membros como qualquer outra religião e geralmente seguem ensinamentos semelhantes aos estabelecidos pelas seitas cristãs, embora com menos rituais.

É difícil diferenciar as seitas dos cultos. Um *novo movimento religioso* (NMR) ou *culto* é um grupo religioso pequeno discreto que representa uma nova religião ou uma grande inovação em uma expressão de fé já existente. Os NMRs se assemelham às seitas no sentido de que tendem a ser pequenos e considerados menos respeitáveis do que as fés mais estabelecidas. No entanto, ao contrário das seitas, os NRMs em geral não resultam de cismas ou rompimentos com igrejas ou seitas estabelecidas. Alguns cultos, como aqueles que se concentram na visão de Ovnis, podem não ter relação nenhuma com as crenças já existentes. Mesmo quando um culto aceita certos princípios fundamentais de uma fé dominante – a crença em Jesus como divino ou em Maomé como mensageiro de Deus, por exemplo –, oferece novas revelações ou *insights* para justificar a sua alegação de ser uma religião mais avançada (Stark e Bainbridge, 1979, 1985).

Como as seitas, os NMRs podem transformar-se, com o decorrer do tempo, em outros tipos de organizações religiosas. Um exemplo disso é a Igreja da Ciência Cristã, que começou como um novo movimento religioso sob a liderança de Mary Baker Eddy. Atualmente, essa igreja apresenta as características de uma seita. Na verdade, a maioria das principais religiões, incluindo o cristianismo, começou como culto. Os NMRs podem estar nos estágios iniciais da evolução para uma seita ou nova religião, ou podem facilmente desaparecer em razão da perda de membros ou de uma liderança fraca (J. Richardson e van Driel, 1997).

Comparando Formas de Organização Religiosa

De que modo podemos determinar se um grupo religioso se encaixa na categoria sociológica de igreja, denominação, seita ou NMR? Como vimos, esses tipos de organizações religiosas têm relações um pouco diferentes com a sociedade. As igrejas são reconhecidas como igrejas nacionais; as seitas, embora não sejam oficialmente aprovadas pelo Estado, são muito respeitadas. Opostamente, as seitas e os NMRs têm muito mais probabilidade de estarem em conflito com a cultura maior.

Mesmo assim, as igrejas, denominações (congregações) e seitas seriam mais bem classificadas como tipos ao longo de uma escala de entes relacionados do que como categorias mutuamente excludentes. A Tabela 13-3 resume algumas das características básicas desses tipos ideais. Como os Estados Unidos não têm igreja, os sociólogos que estudam as religiões desse país se concentram nas denominações e nas seitas. Essas formas de religião foram retratadas em cada uma das extremidades de uma escala de entes relacionados, com as denominações se adaptando ao mundo secular e as seitas protestando contra as religiões estabelecidas. Embora os NMRs tenham sido incluídos na Tabela 13-3, ficam fora dessa escala de relação porque geralmente se definem em termos de uma nova visão de vida e não em termos das expressões religiosas já existentes.

Os avanços das comunicações eletrônicas levaram ainda a outra forma de organização religiosa: a igreja eletrônica. Facilitados pela televisão a cabo e transmissões via satélite, os *televangelistas* (como são chamados) mandam suas mensagens a mais pessoas – principalmente nos Estados Unidos – do que as propagadas pelas seitas menores. Embora alguns televangelistas sejam afiliados a denominações religiosas, a maioria deles dá aos telespectadores a impressão de que não estão associados às crenças estabelecidas.

No final da década de 1990, a igreja eletrônica tinha assumido ainda uma outra dimensão: a Internet. Em um estudo os pesquisadores estimaram que, em um dia comum em 2000, cerca de 2 milhões de pessoas utilizavam a Internet para fins religiosos. Grande parte do conteúdo religioso na Internet está associada a denominações organizadas. As pessoas utilizam o espaço cibernético para saber mais sobre a sua fé ou apenas sobre as atividades do seu próprio local de adoração (Larsen, 2000).

ESTUDO DE CASO: A RELIGIÃO NA ÍNDIA

Do ponto de vista sociológico, a Índia é suficientemente grande e complexa para ser considerada um país por si só. Falam-se 400 línguas, 18 das quais são reconhecidas pelo governo. Além das duas religiões principais que tiveram sua origem na Índia – o hinduísmo e o budismo –, várias outras expressões religiosas animam essa sociedade. Demograficamente, a Índia é enorme, com uma população de mais de um bilhão de pessoas. Estima-se que esse país abundante irá superar a China como o país mais populoso do mundo em cerca de três décadas (Third World Institute, 2003; United Nations Population Information Network, 2003).

A TAPEÇARIA RELIGIOSA NA ÍNIDA

O hinduísmo e o islamismo, as duas religiões mais importantes na Índia, já foram descritas. O islamismo chegou à Índia no ano 1000 d.C., com a primeira das várias invasões muçulmanas. Floresceu ali durante o império Mogul (1526-1857), período no qual o Taj Mahal foi construído. Os muçulmanos representam 11% da população da Índia e os hindus, 83%.

Uma outra religião, a fé Sikh, teve sua origem no século XV d.C. com um hindu chamado Nanak, o primeiro de uma série de *gurus* (profetas). O sikhismo mostra a influência do islamismo na Índia, no sentido de que é monoteísta (baseado na crença de um único Deus e não em vários deuses). Ele é semelhante ao budismo na sua ênfase na meditação e transcendência espiritual do mundo mundano. Os *sikhs* (aqueles que aprendem) buscam a meta do esclarecimento espiritual por meio da meditação com a ajuda de um *guru*.

Os homens *sikhs* têm uma maneira típica de se vestir que torna fácil identificá-los. Não fazem a barba nem cortam o cabelo e usam turbante na cabeça (por causa da sua maneira peculiar de se vestir, os 400 mil *sikhs* que vivem nos Estados Unidos muitas vezes são confundidos com – e discriminados como – muçulmanos). Os *sikhs* são patrióticos. Embora os 20 milhões de membros sikhs sejam apenas 2% da população da Índia, eles representam 25% do exército indiano. A sua presença nas forças militares lhes dá uma voz muito mais poderosa no governo do país do que se esperaria, considerando-se a quantidade de adeptos (Fausset, 2003).

Uma outra fé que influenciou além da quantidade de adeptos na Índia é o jainismo. Essa religião foi fundada no século VI a. C. – aproximadamente na mesma época do budismo – por um jovem hindu chamado Mahavira. Ofendido com o sistema de castas, a rígida hierarquia social que reduz algumas pessoas ao *status* de rejeitadas baseando-se apenas no seu nascimento, e com as inúmeras divindades hindus, Mahavira abandonou sua família e sua riqueza para se tornar um monge mendigo. Seus ensinamentos atraíram vários seguidores e a fé cresceu e floresceu até as invasões muçulmanas do século XII d.C.

Segundo a fé Jain, não existe Deus, toda pessoa é responsável pelo seu próprio bem-estar espiritual. Seguindo um código de conduta rígido, os jains acreditam que podem liberar suas almas do ciclo interminável de morte e renascimento e atingir o nirvana (esclarecimento espiritual). Os jains têm de meditar, repudiam a mentira e o furto, limitam a sua riqueza pessoal e praticam autonegação, castidade e não-violência. Como não prejudicam conscientemente outros seres vivos, incluindo plantas e animais, os jains evitam carne, peixe ou até vegetais cuja colheita mate toda a planta, como cenoura e batatas. Não trabalham nas forças armadas, na agricultura ou na pesca ou na fabricação de álcool e drogas.

Embora os jains sejam um grupo relativamente pequeno (cerca de 4 milhões de pessoas), têm uma influência considerável na Índia em razão dos seus negócios e das suas contribuições para instituições de caridade. Com os cristãos e os budistas, os jains representam 4% da população da Índia (Embree, 2003).

A RELIGIÃO E O ESTADO NA ÍNDIA

A religião foi uma força impulsora da vontade de derrubar o colonialismo britânico. O grande Mohandas K. Gandhi (1869-1948) liderou a longa batalha para recuperar a soberania indiana, que culminou na sua independência em 1947. Proponente da resistência não-violenta, Ghandi persuadiu hindus e muçulmanos, velhos inimigos, a se juntarem para desafiar o domínio britânico. Mas a sua influência como pacificador não conseguiu anular a demanda muçulmana de um Estado próprio. Logo após a concessão da independência, a Índia foi dividida em dois Estados, o Paquistão para os muçulmanos e a Índia para os hindus. Esse novo arranjo provocou migrações em grande escala dos indianos, principalmente dos muçulmanos, de um país para outro, e incitou brigas nas fronteiras que continuam até hoje. Em muitas regiões, os muçulmanos foram obrigados a abandonar locais considerados sagrados. Nos meses caóticos que se seguiram, séculos de animosidade entre os dois grupos culminaram em motins e terminaram com o assassinato de Gandhi em janeiro de 1948.

Hoje em dia, a Índia é um Estado secular dominado pelos hindus (ver Figura 13-1). Embora o governo oficialmente tolere a minoria muçulmana, as tensões entre os hindus e os muçulmanos continuam elevadas em alguns estados. Há também conflito entre vários grupos hindus, dos fundamentalistas até os adeptos mais seculares e ecumênicos (Embree, 2003).

Muitos observadores vêem a religião como a força propulsora na sociedade indiana. Certamente, pode-se afirmar isso no tocante à política. Quando os partidos indianos se alinham ao longo de linhas religiosas, suas atitudes polarizam a população do país. Um em especial, o Partido Bharatiya Janata (BJP), é dominado por nacionalistas hindus. O BJP, um importante partido nacional, liderou a coalizão que controlou o governo indiano de 1998 a 2004. Os membros que conseguem se eleger para cargos locais tendem a tolerar a violência antimuçulmana. Em 2003, as vitórias eleitorais no Estado de Gujarat foram seguidas de mais de 2 mil mortes e o do deslocamento de 220 mil pessoas de suas casas. Muitos comentaristas vêem a divisão religiosa na Índia como sendo maior atualmente do em qualquer outra época após a divisão em Índia e Paquistão (*The Economist*, 2004b).

Use a Sua Imaginação Sociológica

Imagine que o cenário político nos Estados Unidos tenha mudado. Os dois partidos principais, que antigamente atraíam uma grande quantidade de eleitores, começaram a defender crenças religiosas específicas. Ao se preparar para dar o seu voto, quais são as suas preocupações, tanto pessoais quanto sociais? Pressupondo que um dos partidos apóie as suas teorias religiosas, você votaria no candidato dele baseando-se nisso? O que você faria se nenhum dos dois partidos apoiasse as suas crenças?

Esse templo hindu em Khajuraho foi construído no século XI d.C. A fé hindu tem grande influência na Índia, país onde vive a maioria dos hindus.

PERSPECTIVAS SOCIOLÓGICAS SOBRE EDUCAÇÃO

Além de ser um setor importante em países como Estados Unidos e Brasil, a educação é a instituição social que socializa formalmente os membros dessas sociedades. Nas últimas décadas, uma quantidade cada vez maior de pessoas vem obtendo diplomas de ensino médio, universitários e profissionais avançados. Nos Estados Unidos, por exemplo, a proporção de pessoas de 25 anos de idade ou mais com diploma de ensino médio aumentou de 41% em 1960 para mais de 84% em 2000. A quantidade de pessoas com diploma universitário aumentou de 8% em 1960 para cerca de 28% em 2000 (ver Figura 13-4, para comparações internacionais).

Dados do Inep (MEC/Inep/Seec, 2000) apontam o crescimento de mais de 200% no número de matrículas no ensino médio brasileiro no espaço de uma década: em 1990, foram efetuados 3,77 milhões de matrículas e em 2000, 8,398 milhões. O número de concluintes triplicou: 658.725 em 1990 e 1.836.130 em 2000. O número de estudantes universitários era, em 2003, de 3,5 milhões, inferior proporcionalmente aos números da Venezuela, do Peru, Mongólia e Azerbaijão. Mas o Programa Universidade para Todos (ProUni) deverá permitir o aumento considerável de estudantes com acesso aos cursos universitários no Brasil.

FIGURA 13-4

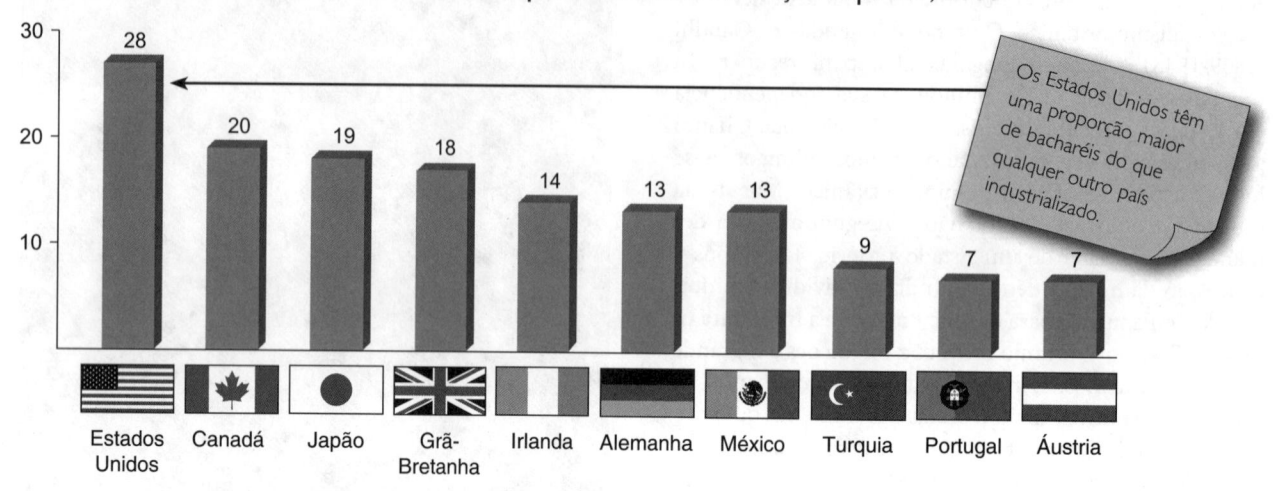

Porcentagem de Adultos de 25 a 64 Anos que Concluíram Educação Superior, 2000

País	%
Estados Unidos	28
Canadá	20
Japão	19
Grã-Bretanha	18
Irlanda	14
Alemanha	13
México	13
Turquia	9
Portugal	7
Áustria	7

Os Estados Unidos têm uma proporção maior de bacharéis do que qualquer outro país industrializado.

Fonte: Bureau of the Census, 2003a, p. 850.

No mundo todo, a educação se tornou uma instituição vasta e complexa que prepara os cidadãos para os papéis exigidos por outras instituições sociais, como a família, o governo e a economia. As teorias funcionalistas, do conflito e interacionistas apresentam visões diferentes da educação como instituição social.

A Visão Funcionalista

Como as outras instituições sociais, a educação tem funções manifestas (abertas, declaradas) e latentes (ocultas). A função *manifesta* mais básica da educação é a transmissão de conhecimentos. As escolas ensinam aos alunos a ler, falar línguas estrangeiras e consertar automóveis. Uma outra importante função manifesta é a concessão de *status*. Como muitos acreditam que essa função seja exercida de maneira desigual, vamos analisá-la mais à frente, na seção que aborda a visão da educação pelos teóricos do conflito.

Além dessas funções manifestas, as escolas exercem uma série de funções *latentes*: transmitir cultura, promover a integração social e política, manter o controle social e atuar como agente de mudança.

Transmissão de Cultura

Como uma instituição social, a educação exerce uma função bastante conservadora – transmitir a cultura dominante. A escola expõe cada geração de jovens a crenças, normas e valores existentes na sua cultura. Na nossa sociedade, aprendemos a respeitar o controle social e a reverenciar as instituições estabelecidas, como a religião, a família e a presidência. Evidentemente, essa afirmação é verdadeira para várias outras culturas também. Enquanto as crianças norte-americanas aprendem na escola sobre George Washington e Abraão Lincoln, as crianças inglesas aprendem sobre as várias contribuições da rainha Elizabeth I e Winston Churchill.

Na Grã-Bretanha, a transmissão da cultura dominante por meio das escolas vai muito além de aprender sobre monarcas e primeiros-ministros. Em 1996, o assessor-chefe de currículos escolares do governo – notando a necessidade de preencher um vazio deixado pela autoridade cada vez menor da Igreja da Inglaterra –, propôs que as escolas britânicas ensinassem aos alunos uma série de valores centrais. Essa lista incluía honestidade, respeito aos outros, cortesia, senso de eqüidade, perdão, pontualidade, comportamento não-violento, paciência, fidelidade e autodisciplina (Charter e Sherman, 1996).

Às vezes os países podem reavaliar a forma como transmitem cultura. Recentemente, os sul-coreanos começaram a questionar o conteúdo do seu currículo escolar. As escolas sul-coreanas ensinam valores confucianos tradicionais, concentrando-se na memorização mecânica. Enfatiza-se o acúmulo de fatos e não o raciocínio lógico. A entrada na universidade se dá fazendo uma prova competitiva que testa o conhecimento de fatos dos alunos. Uma vez na faculdade, os estudantes praticamente não têm oportunidade de mudar os seus programas educacionais e o seu aprendizado continua enfatizando a memorização. A combinação de uma crise econômica e uma quantidade cada vez maior de reclamações sobre o processo educacional fez que os representantes do governo reavaliassem a estrutura educacional do país. Além disso, o aumento da criminalidade entre os jovens, embora essa seja baixa de acordo com os nossos padrões, levou o governo a introduzir um novo programa cívico de educação que enfatiza a honestidade e a disciplina (Woodard, 1998).

Nas universidades nos Estados Unidos, a polêmica quanto à educação geral ou aos requisitos curriculares básicos tem aumentado. Os críticos dizem que os currículos acadêmicos padrão não conseguem transmitir as importantes contribuições das mulheres e das pessoas negras para a história, literatura e outras áreas de estudo. As questões levantadas por esse debate, que ainda têm de ser respondidas, são: que idéias e valores são essenciais para a instrução? Que cultura deve ser transmitida pelas escolas e faculdades norte-americanas?

Promoção da Integração Social e Política

Muitas instituições exigem que os alunos, nos seus dois primeiros anos de faculdade, morem no *campus* para promover um senso de comunidade entre grupos diferentes. A educação exerce as funções latentes de promover a integração social e política transformando a população composta de vários grupos raciais, étnicos e religiosos diferentes em uma sociedade cujos membros compartilham – até certo ponto – uma identidade comum. Historicamente, as escolas nos Estados Unidos vêm desempenhando um papel importante no que se refere a ensinar as normas, os valores e as crenças da cultura dominante aos filhos de imigrantes. Do ponto de vista funcionalista, a identidade comum e a integração social promovidas pela educação contribuíram para a estabilidade e o consenso social (Touraine, 1974).

No passado, a função integradora da educação era mais evidente na sua ênfase em promover uma língua comum. Esperava-se que os filhos de imigrantes aprendessem inglês. Em alguns casos eles eram até proibidos de falar sua língua materna na escola. Mais recentemente, o p. 73 bilingüismo vem sendo defendido tanto pelo seu valor educacional quanto como um meio de incentivar a diversidade cultural. No entanto, os críticos argumentam que o bilingüismo prejudica a integração social e política que a educação vem tradicionalmente promovendo.

Manutenção do Controle Social

Quando exerce a função manifesta de transmitir conhecimento, a escola vai muito além da função de ensinar matemática, ler e escrever. Como as outras instituições sociais, a família e a religião, por exemplo, a educação prepara os jovens para levar vidas produtivas e disciplinadas como adultos apresentando-lhes as normas, os valores e as sanções da sociedade maior.

Pelo exercício do controle social, as escolas ensinam aos alunos várias habilidades que são essenciais para os seus futuros cargos no mercado de trabalho. Eles aprendem pontualidade, disciplina, programação e hábitos profissionais responsáveis, bem como a negociar as complexidades de uma organização burocrática. Como instituição social, a educação reflete os interesses da família e de uma outra instituição social: a economia. Os alunos são treinados para o que está à frente, ou a linha de montagem ou o consultório médico. Na verdade, nesse momento as escolas servem como agente intermediário de controle social, preenchendo a lacuna entre os pais e os empregadores no ciclo de vida da maioria das pessoas (Bowles e Gintis, 1976; M. Cole, 1988).

A escola orienta e até restringe as aspirações dos alunos de uma maneira que reflete os valores e os preconceitos sociais. Os administradores de escolas podem alocar muitos fundos para programas de atletismo, mas dão um apoio muito menor a música, arte e dança. Os professores e orientadores educacionais podem incentivar os alunos homens a seguir carreira na área de ciências, mas orientam as alunas em carreiras de professoras de crianças. É possível ver essa orientação para papéis tradicionais dos sexos como uma forma de controle social.

Servir como Agente de Mudanças

Até o momento, estivemos concentrados nas funções conservadoras da educação – no seu papel de transmitir a cultura existente, promover a integração social e política e manter o controle social. Mas a educação também pode estimular ou provocar a mudança social desejada. As aulas de educação sexual foram introduzidas nas es-

Em resposta ao alto índice de gravidez entre jovens adolescentes, muitas escolas agora estão oferecendo cursos sobre educação sexual que defendem a abstinência. Quando as escolas tentam remediar tendências sociais negativas, atuam como agente de mudanças sociais.

colas públicas em resposta ao índice cada vez maior de gravidez entre adolescentes. Ações afirmativas no setor de admissões – dar prioridade às mulheres ou minorias – vêm sendo endossadas como meio de combater a discriminação racial e sexual. O projeto Head Start, um programa infantil que atende a mais de 905 mil crianças por ano, tenta compensar as desvantagens na prontidão das escolas vivenciadas pelas crianças provenientes de famílias de baixa renda (Bureau of the Census, 2002a, p. 357).

A educação também promove mudanças sociais atuando como um ponto de encontro em que crenças e tradições diferentes podem ser compartilhadas. Em 2002 havia 582.867 alunos estrangeiros nos Estados Unidos, dos quais 72% eram de países em desenvolvimento. Os intercâmbios culturais entre visitantes e cidadãos norte-americanos acabam ampliando as perspectivas tanto dos anfitriões quanto de seus hóspedes. O mesmo também é verdadeiro quando alunos norte-americanos freqüentam escolas na Europa, América Latina, África ou no Oriente Médio.

Vários estudos sociológicos revelaram que anos extras de escolaridade formal estão associados à abertura para novas idéias e pontos de vistas sociais e políticos mais liberais. O sociólogo Robin Williams diz que pessoas com maior escolaridade tendem a ter mais acesso a informações fatuais, opiniões mais diversas e a serem mais capazes de fazer distinções mais sutis em análises. A educação formal enfatiza a importância das declarações qualificadoras (no lugar das generalizações) e da necessidade de pelo menos questionar (em vez de simplesmente aceitar) verdades e práticas estabelecidas. O método científico, que se baseia no *teste* das hipóteses, reflete o espírito questionador que caracteriza a educação moderna (R. Williams et al., 1964).

A Visão da Teoria do Conflito

A teoria funcionalista retrata a educação contemporânea como basicamente uma instituição benigna. Por exemplo, diz que as escolas separam e selecionam racionalmente para cargos futuros de alto *status*, atendendo assim à necessidade da sociedade de pessoas talentosas e especializadas. Opostamente, a teoria do conflito vê a educação como um instrumento da elite dominante. Os teóricos do conflito ressaltam as grandes desigualdades que existem nas oportunidades educacionais disponíveis para grupos raciais e étnicos diferentes. Em 2004, os Estados Unidos comemoraram o 50º aniversário da decisão marcante da Suprema Corte no caso *Brown vs. Conselho de Educação*, que determinou que a segregação de escolas públicas era inconstitucional. Porém, hoje em dia os negros ainda têm 11% menos probabilidade do que os brancos, e os latinos, 36% menos, de concluir o ensino médio. Além disso, os alunos negros e latinos continuam tendo um desempenho inferior aos dos alunos brancos em testes nacionais padronizados (Hurn, 1985; National Center for Education Statistics, 2004).

No Brasil, ao contrário, aumenta a probabilidade de alunos negros concluírem o ensino médio. Dados do Exame Nacional de Ensino Médio (Enem) mostram que, no espaço de três anos, o número de negros que realizaram o exame cresceu de 1,9% em 1999 para 5,3% do total de alunos em 2001.

Os teóricos do conflito também argumentam que o sistema educacional informa os alunos sobre os valores ditados pelos poderosos, que as escolas sufocam o individualismo e a criatividade em nome da manutenção da ordem e que o grau de mudanças que promovem é relativamente insignificante. De acordo com a teoria do conflito, os efeitos inibidores da educação ficam mais evidentes no "currículo oculto" e na maneira diferente pela qual o *status* é concedido.

O Currículo Oculto

As escolas são organizações burocráticas, como veremos adiante. Muitos professores se baseiam em regras e regulamentos para manter a ordem. Infelizmente, a necessidade de controlar e disciplinar pode ter mais importância do que o processo de aprendizado. Os professores podem concentrar-se na obediência às regras como um fim em si, tornando-se tanto eles quanto os alunos vítimas do que Philip Jackson (1968) chamou de *currículo oculto* (ver também Margolis, 2001; B. Smith, 2004).

A expressão **currículo oculto** se refere aos padrões de comportamento considerados apropriados pela sociedade e ensinados sutilmente nas escolas. De acordo com esse currículo, as crianças só devem falar quando o professor lhes chamar e devem regular suas atividades de acordo com o relógio ou com a sineta. Devem concentrar-se no seu próprio trabalho e não ajudar outros alunos que aprendem mais lentamente. Existe um currículo oculto em todas as escolas do mundo. Por exemplo, as escolas japonesas oferecem sessões de orientação que visam melhorar a experiência em sala de aula e criar aptidões de vida saudáveis. Na verdade, essas sessões incutem valores que incentivam um comportamento útil no mundo dos negócios japonês, como autodisciplina e abertura para a resolução de problemas e tomada de decisões em grupo (Okano e Tsuchiya, 1999).

Em uma sala de aula que se concentra demasiadamente na obediência, valoriza-se o ato de agradar o professor e ficar quieto, e não o raciocínio criativo e o aprendizado acadêmico. A obediência habitual à autoridade pode resultar no comportamento penoso documentado por Stanley Milgram nos seus estudos clássicos sobre a obediência.

Credenciamento

Há 50 anos um diploma do ensino médio era a exigência mínima para se entrar na força de trabalho remunerada nos Estados Unidos. Atualmente, um diploma de faculdade é quase o requisito mínimo. Essa mudança reflete o processo de **credenciamento** – um termo utilizado para descrever um aumento no nível mínimo de educação necessário para se entrar em uma determinada área.

Nas últimas décadas, a quantidade de ocupações consideradas profissões aumentou. O credenciamento é um sintoma dessa tendência. Os empregadores e as associações ocupacionais em geral argumentam que essas mudanças são uma resposta lógica à complexidade cada vez maior de vários empregos. No entanto, em muitos casos, os empregadores elevam o grau de exigências para um cargo simplesmente porque todos os candidatos atingiram a credencial mínima existente (D. Brown, 2001; Hurn, 1985).

Os teóricos do conflito observam que o credenciamento pode reforçar a desigualdade social. Os candidatos de origem pobre e membros de minorias talvez sejam os que sofrem mais com a elevação das qualificações, já que não têm os recursos financeiros necessários para se obter um diploma após o outro. Além disso, elevar as credenciais atende aos interesses dos dois grupos mais responsáveis por essa tendência. As instituições educacionais lucram com o prolongamento do investimento de tempo e dinheiro que as pessoas fazem ficando na escola. Por sua vez, como sugeriu C. J. Hurn (1985), os atuais ocupantes dos cargos têm interesse em elevar as exigências profissionais, já que o credenciamento pode aumentar o *status* de uma profissão e levar à solicitação de uma remuneração mais alta. Max Weber antecipou essa possibilidade em 1916, concluindo que o "clamor universal pela criação de certificados educacionais em todas as áreas resulta na formação de uma camada privilegiada nos negócios e nos escritórios (Gerth e Mills, 1958, p. 240-241).

Use a Sua Imaginação Sociológica

Como você reagiria se o seu cargo ou o que você está planejando conseguir de repente exigisse um diploma de nível mais elevado? E se as exigências de repente baixassem de nível?

Concessão de Status

Tanto os teóricos do funcionalismo quanto os do conflito concordam que a educação exerce a importante função de conceder *status*. Como mencionamos anteriormente, uma quantidade cada vez maior de pessoas nos Estados Unidos está obtendo diplomas de ensino médio, diplomas universitários e títulos profissionais avançados. Do ponto de vista funcionalista, essa concessão mais ampla de *status* é benéfica não só para aqueles que recebem mas também para a sociedade como um todo. Segundo Kingsley Davis e Wilbert E. Moore (1945), a sociedade tem de distribuir os seus membros entre uma série de posições sociais. A educação pode contribuir para esse processo separando as pessoas nos níveis e estudos adequados que

[p. 210] irão prepará-las para cargos no mercado de trabalho.

Os teóricos do conflito criticam muito mais a forma *diferencial* pela qual a educação concede *status*. Enfatizam que as escolas selecionam alunos de acordo com a sua classe social. Embora o sistema educacional ajude certas crianças pobres a obter cargos profissionais de classe média, nega às crianças menos privilegiadas as mesmas oportunidades educacionais dadas aos filhos das pessoas ricas. Dessa maneira, as escolas tendem a preservar a desigualdade das classes sociais em cada nova geração (Giroux, 1988; Pinkerton, 2003).

Até mesmo uma única escola pode reforçar as diferenças sociais colocando os alunos em grupos. O termo **rastreamento** se refere à prática de colocar os alunos em determinados grupos de currículos com base nos resultados dos seus testes e outros critérios. O rastreamento começa bem cedo, geralmente nos grupos de leitura na primeira série. Pesquisas recentes sobre esse agrupamento de aptidões levantam questões quanto a sua eficácia, sobretudo para os alunos com pouca aptidão. Os grupos de currículos podem reforçar as desvantagens que as crianças de famílias menos ricas podem enfrentar se não forem expostas aos materiais de leitura, computadores e outras formas de estímulo educacional nos seus primeiros anos de infância. Estima-se que cerca de 60% das escolas de ensino fundamental e 80% das escolas de ensino médio utilizem alguma forma de rastreamento (Hallinan, 2003; Sadker e Sadker, 2003).

O rastreamento e o acesso diferencial à educação superior são evidentes em alguns países do mundo. O sistema educacional japonês ordena igualdade no financiamento escolar e insiste que todas as escolas utilizem os mesmos livros didáticos. Mesmo assim, somente as famílias japonesas mais ricas têm dinheiro para mandar seus filhos para os *juku*, ou escolas para estudos intensivos. Essas escolas vespertinas preparam os alunos do ensino

Estudos realizados desde 1987 sugerem que financiar a desigualdade entre os bairros mais ricos e mais pobres na verdade aumentou nos últimos anos.

Embora o governo chinês esteja tentando abordar as desigualdades educacionais, as meninas continuam recebendo menos educação do que os meninos – principalmente nas zonas rurais.

médio para exames que determinam a sua admissão em faculdades de prestígio (Efron, 1997).

Os teóricos do conflito argumentam que as desigualdades educacionais provocadas pelo rastreamento visam atender as necessidades das sociedades capitalistas modernas. Samuel Bowles e Herbert Gintis (1976) argumentaram que o capitalismo requer uma mão-de-obra especializada e disciplinada e que o sistema educacional norte-americano é estruturado com esse objetivo. Citando vários estudos, corroboram o que chamam de *princípio da correspondência*. De acordo com essa teoria, as escolas promovem os valores esperados das pessoas em cada classe social e perpetuam as divisões em classes sociais de uma geração para a outra. Portanto, os filhos da classe operária, que se pressupõe estejam destinados a cargos subordinados, provavelmente serão colocados nos grupos de currículos vocacionais e gerais do ensino médio que enfatizam a supervisão estreita e o agir de acordo com a autoridade. Já os filhos de famílias mais ricas talvez sejam direcionados para currículos universitários preparatórios, que enfatizam a liderança e a tomada de decisões – as aptidões que se espera necessitem como adultos.

O Tratamento das Mulheres na Educação

O sistema educacional norte-americano, como várias outras instituições sociais, há tempos se caracteriza pelo tratamento discriminatório das mulheres. Em 1833, o Oberlin College se tornou a primeira instituição de aprendizado superior a aceitar mulheres como alunas – cerca de 200 anos após a fundação da primeira faculdade para homens. Contudo, Oberlin achava que as mulheres deveriam aspirar a se tornarem esposas e mães, e não advogadas e intelectuais. Além de assistir às aulas, as alunas lavavam roupas dos homens, cuidavam dos seus quartos e os serviam nas refeições. Na década de 1840, Lucy Stone, na época aluna de Oberlin e posteriormente uma das líderes feministas mais contundentes do país, recusou-se a escrever um discurso de colação de grau porque ele seria lido para o público por um aluno.

No século XX, o sexismo na educação se revelou de várias maneiras – em livros didáticos com estereótipos negativos das mulheres, pressão dos orientadores sobre as alunas para que se preparassem para "trabalho de mulher" e financiamento desigual para programas esportivos femininos e masculinos. Porém, em nenhum outro lugar a discriminação educacional ficou mais evidente do que na contratação de professores. Os cargos de professores universitários e administradores de faculdades, que têm um *status* relativamente elevado nos Estados Unidos, eram ocupados por homens ao passo que os professores de escolas públicas, que ganham salários bem mais baixos, eram em grande parte mulheres.

As mulheres realizaram grandes avanços em uma área: a quantidade de mulheres que dá continuidade à sua educação. O acesso das mulheres à educação superior e aos cursos de medicina, odontologia e direito aumentou muito nas últimas décadas em virtude da Lei da Educação de 1972. O texto do Quadro 13-2 analisa os efeitos de longo alcance do Título IX, dessa lei, que trata da discriminação das mulheres na educação.

Nas culturas em que os papéis tradicionais dos sexos continuam sendo a norma, a educação das mulheres sofre consideravelmente. Desde 11 de setembro de 2001, a consciência cada vez maior da repressão das mulheres afegãs pelo Talibã tornou mais drásticas as disparidades entre os sexos na educação nos países em desenvolvimento. Pesquisas revelaram que as mulheres são essenciais para o desenvolvimento econômico e o bom governo, e que a educação é fundamental para prepará-las para esses papéis. Educar as mulheres, principalmente as jovens, proporciona altos retornos sociais ao baixar os índices de nascimento e melhorar a produtividade agrícola por meio de uma gestão melhor (I. Coleman, 2004).

A Visão Interacionista

Na peça *Pigmaleão*, de Bernard Shaw, que depois foi adaptada para o musical de sucesso da Broadway *My fair lady (Minha bela dama)*, a florista Eliza Doolitlle é trans-

Sociologia no *Campus*
13-2 O DEBATE SOBRE O TÍTULO IX

Poucas políticas federais norte-americanas tiveram um efeito tão visível na educação nos últimos 30 anos quanto o Título IX, que ordena igualdade entre os sexos na educação nas escolas com financiamento federal. As emendas do Congresso à Lei da Educação de 1972, juntamente com diretrizes para a sua implantação feitas pelo Departamento de Saúde, Educação e Bem-Estar em 1974-1975, provocaram mudanças significativas tanto para os homens quanto para as mulheres em todos os níveis de escolaridade. O Título IX eliminou as salas de aula com segregação dos sexos, proibiu a discriminação de sexo nas admissões e na ajuda financeira, e ordenou que as meninas recebessem mais oportunidades de praticar esportes, de maneira proporcional à sua matrícula e ao seu interesse.

Hoje em dia, o Título IX ainda é uma das tentativas mais polêmicas jamais feitas pelo governo federal de promover igualdade para todos os cidadãos. As suas conseqüências para o financiamento de programas esportivos escolares são debatidas calorosamente, enquanto os seus efeitos reais e duradouros nas admissões nas faculdades e nos empregos são freqüentemente esquecidos. Os críticos argumentam que as equipes masculinas sofreram com o financiamento proporcional das equipes femininas, já que as escolas com orçamentos esportivos apertados só podem ampliar as equipes femininas à custa das equipes masculinas. Até um certo ponto, as equipes masculinas que não dão lucros, como luta livre e golfe, aparentemente sofreram muito quando se acrescentavam equipes femininas. Mas os altos custos de alguns esportes masculinos, particularmente o futebol norte-americano, estariam além dos recursos de muitas escolas mesmo sem os gastos do Item IX. E os ganhos para as mulheres mais do que compensaram as perdas para os homens. Em 1971, quando havia poucas oportunidades para atletas mulheres nos *campi* universitários, somente 300 mil moças participavam em esportes no ensino médio. Em 2003, três décadas depois de o Título IX ter aberto o atletismo universitário para mulheres, o número era de 2,7 milhões.

Para as mulheres que pertencem a minorias, porém, os resultados foram menos satisfatórios. A maior parte dos

> *Os críticos argumentam que as equipes masculinas sofreram com o financiamento proporcional das equipes femininas.*

esportes femininos que se beneficiaram dos aumentos nas bolsas de estudo nos últimos 20 anos, como a canoagem e o vôlei, tradicionalmente não tem atraído as mulheres das minorias. Há 25 anos, somente 2% das atletas universitárias eram negras. Atualmente, essa porcentagem é um decepcionante 2,7%.

Os sociólogos também notaram que os efeitos sociais dos esportes nos *campi* universitários não são todos positivos. Michael A. Messner, professor de sociologia na University of Southern California, aponta alguns resultados preocupantes de uma pesquisa feita pela Women's Sport Foundation. O estudo mostra que as adolescentes que praticam esporte apenas para se divertir têm uma imagem mais positiva do seu corpo do que as meninas que não praticam esporte. Porém, aquelas que estão "muito envolvidas" em esportes têm mais probabilidade de tomar esteróides e se tornarem alcoólatras e correrem riscos. "Parece que todo mundo concordou tacitamente em encarar os esportes masculinos como o padrão pelo qual as mulheres deveriam lutar para ter o mesmo acesso", escreve Messner. "Falta no debate qualquer reconhecimento de que os esportes masculinos se tornaram fontes de grandes problemas nos *campi*; trapaças acadêmicas, violência sexual, abuso de álcool, uso de esteróides, lesões graves e outros problemas de saúde, para citar apenas alguns" (Messner, 2002, p. B9). Messner é cético quanto a um sistema que impulsiona alguns poucos atletas universitários sortudos todo ano e ao mesmo tempo deixa a maioria, em grande parte negra, sem uma carreira ou educação. Certamente, esse não era o tipo de igualdade de oportunidade que os legisladores imaginaram quando escreveram o Título IX.

Vamos Discutir

1. Você acha que o aumento da participação das mulheres nos esportes foi bom para a sociedade como um todo?
2. Os efeitos sociais negativos dos esportes masculinos são evidentes no seu *campus*? Se sim, que mudanças você recomendaria para abordar o problema?

Fonte: Federal Register, 4 jun. 1975; V. Gutierrez, 2002; H. Mason, 2003; Messner, 2002.

---

formada em uma "dama" pelo professor Henry Higgins, que muda a sua maneira de falar e lhe ensina a etiqueta da "alta sociedade". Ao ser apresentada à sociedade como uma aristocrata, Eliza é prontamente aceita. As pessoas a tratam como uma "dama" e ela responde como tal.

A abordagem do rótulo sugere que, se tratarmos as pessoas de uma determinada maneira, elas podem corresponder às expectativas. As crianças que são rotuladas como "criadoras de encrenca" podem vir a se considerar delinqüentes no futuro. Da mesma maneira, a estereotipagem de um grupo dominante contra as minorias raciais pode restringir as suas chances de fugir dos papéis esperados.

O processo de rotulagem pode funcionar na sala de aula? Por causa do seu foco no âmbito micro da dinâmica da sala de aula, os pesquisadores interacionistas têm-se

Resumindo

Tabela 13-4 — Perspectivas Sociológicas sobre Educação

Perspectiva Teórica	Ênfase
Funcionalista	Transmissão da cultura dominante
	Integração da sociedade
	Promoção das normas, dos valores e das sanções sociais
	Promoção das mudanças sociais desejáveis
Conflito	Domínio da elite pelo acesso desigual à escolaridade
	Currículo oculto
	Credenciamento
	Concessão de *status*
Interacionista	Efeito expectativa do professor

interessado particularmente por essa questão. Howard S. Becker (1952) estudou as escolas públicas nas regiões de baixa renda e nas mais ricas de Chicago. Observou que a administração esperava menos dos alunos das regiões pobres e se perguntou se os professores aceitavam as suas opiniões. Uma década depois, no livro *Pygmalion in the classroom*, o psicólogo Robert Rosenthal e a diretora de escola Lenore Jacobson (1968) documentaram o que chamaram de ***efeito das expectativas dos professores*** – o impacto que as expectativas de um professor quanto ao desempenho de um aluno pode ter nas realizações desse aluno. Tal efeito fica particularmente evidente nas três primeiras séries.

Nesse experimento, as crianças de uma escola de ensino fundamental de São Francisco passaram por um pré-teste verbal e de raciocínio. Rosenthal e Jacobson então selecionaram *aleatoriamente* 20% da amostra e classificou seus integrantes como "esforçados" – crianças das quais os professores poderiam esperar um desempenho superior. Em um teste verbal e de raciocínio posterior, observou-se que os esforçados obtiveram notas bem mais altas do que antes. Além disso, os professores os avaliaram como mais interessantes, mais curiosos e mais bem adaptados do que os seus colegas de classe. Os resultados foram surpreendentes. Aparentemente, as percepções dos professores de que os alunos eram excepcionais levaram a melhorias notáveis nos seus desempenhos.

Estudos realizados nos Estados Unidos revelaram que os professores esperam mais tempo por uma resposta de um aluno que eles consideram que seja bom e têm mais probabilidade de dar uma segunda chance a esses alunos. Em um experimento, mostrou-se que as expectativas dos professores tinham até um impacto sobre o desempenho dos alunos nos esportes. Os professores obtinham um desempenho atlético melhor – medido pela quantidade de flexões e abdominais feitos – dos alunos dos quais es-*peravam* uma quantidade maior (Babad e Taylor, 1992).

Apesar desses resultados, alguns pesquisadores continuam questionando a precisão do efeito expectativas do professor. Dizem que é muito difícil definir e medir as expectativas do professor. São necessários outros estudos para esclarecer a relação entre as expectativas do professor e o desempenho real do aluno. Mesmo assim, os interacionistas enfatizam que a aptidão por si só pode ser menos indicadora de êxito acadêmico do que se poderia imaginar (Brint, 1998).

A Tabela 13-4 resume as três principais perspectivas teóricas sobre a educação.

AS ESCOLAS COMO ORGANIZAÇÕES FORMAIS

Os educadores do século XIX ficariam abismados com a escala de escolas nos Estados Unidos no século XXI. Por exemplo, o sistema de escolas públicas da Califórnia, o maior do país, atualmente tem matriculados tantos alunos quanto havia nas escolas de ensino médio no país todo em 1950 (Bureau of the Census, 1975, p. 368; 2003a).

Em muitos aspectos, as escolas de hoje em dia, quando consideradas exemplo de organização formal, assemelham-se a fábricas, hospitais e firmas comerciais. Como essas organizações, as escolas não atuam autonomamente, são influenciadas pelo mercado de possíveis alunos. Essa afirmação é particularmente verdadeira no tocante às escolas particulares, mas pode ter um impacto maior se a aceitação de planos de garantia e outros programas de opção de escola aumentar. Os paralelos entre as escolas e outros tipos de organizações formais se tornam mais evidentes quando se analisam a natureza burocrática das escolas, o magistério como profissão e a subcultura dos alunos (K. Dougherty e Hammack, 1992).

A Burocratização das Escolas

É simplesmente impossível um único professor transmitir cultura e aptidões a crianças de várias idades que irão exercer várias profissões diferentes. A quantidade crescente de alunos atendidos por escolas e sistemas escolares individuais, bem como o maior grau de especialização exigido em uma sociedade tecnologicamente complexa, combinaram-se para burocratizar as escolas.

Max Weber observou cinco características, todas elas evidentes na grande maioria das escolas, ou de ensino fundamental, médio ou universitário.

1. **Divisão do trabalho**. Especialistas ensinam assuntos específicos para cada faixa etária. As escolas públicas de ensino fundamental e médio atualmente contratam professores cuja única responsabilidade é trabalhar com crianças com deficiência de aprendizado ou física.
2. **Hierarquia de autoridade**. Todo funcionário de um sistema escolar tem de se reportar a uma autoridade superior. Os professores têm de se reportar aos diretores e assistentes de diretores e também devem ser supervisionados pelos chefes de departamento. Os diretores têm de se reportar a um superintendente de ensino e esse superintendente é contratado e demitido por um conselho de educação.
3. **Normas e regulamentos escritos**. Professores e administradores devem agir de acordo com várias regras e regulamentos no cumprimento dos seus deveres. Esse traço burocrático pode tornar-se problemático: o tempo investido no preenchimento dos formulários exigidos poderia ser gasto na preparação de aulas ou em reuniões com os alunos.
4. **Impessoalidade**. À medida que o tamanho das salas de aula foi aumentando nas escolas e nas universidades, foi ficando cada vez mais difícil para os professores dar atenção pessoal a cada aluno. Na verdade, as normas burocráticas podem incentivar os professores a tratar todos os alunos da mesma maneira, apesar do fato de os estudantes terem personalidades e necessidades de aprendizado diferentes.
5. **Contratação baseada nas qualificações técnicas**. Pelo menos teoricamente, a contratação de professores se baseia na competência e na experiência profissional. As promoções normalmente são regulamentadas por políticas de pessoal. As pessoas que se destacarem podem receber estabilidade vitalícia no emprego.

Os funcionalistas em geral encaram a burocratização da educação de forma positiva. Os professores podem dominar as aptidões necessárias para trabalhar com uma clientela especializada, já que não se espera mais deles que cubram uma vasta gama de instrução. A cadeia de comando nas escolas é clara. Os alunos supostamente são tratados de uma maneira imparcial em razão de normas uniformemente aplicadas. Por fim, a estabilidade dos cargos protege os professores de demissões injustas. Portanto, os funcionalistas enfatizam que a burocratização da educação aumenta a probabilidade de alunos, professores e administradores serem tratados justamente – isto é, com base em critérios racionais e eqüitativos.

Opostamente, os teóricos do conflito argumentam que a tendência para uma educação mais centralizada tem conseqüências prejudiciais para os menos privilegiados. A padronização dos currículos escolares, incluindo os livros didáticos, reflete os valores, interesses e estilos de vida dos grupos poderosos da sociedade e pode ignorar os valores, interesses e estilos de vida das minorias étnicas. Além disso, as pessoas carentes, mais do que as ricas, acharão difícil se classificar por meio de burocracias educacionais complexas e organizar grupos lobistas eficazes. Conseqüentemente, na visão dos teóricos do conflito, os pais de baixa renda e membros de minorias terão ainda menos influência sobre os administradores educacionais municipais ou estaduais do que têm sobre administradores de escolas locais (Bowles e Gintis, 1976; M. Katz, 1971).

Às vezes as escolas podem parecer muito burocráticas, sufocando em vez de nutrir a curiosidade intelectual nos alunos. Essa preocupação levou muitos pais e elaboradores de política a pressionar por programas de opção de escolas, o que permite que os pais escolham as escolas que atendem às necessidades de seus filhos e força as escolas a competirem pelos seus "clientes".

Nos Estados Unidos, uma outra importante contratendência à burocratização das escolas é a disponibilidade de educação pela Internet. Cada vez mais, as faculdades e universidades estão se comunicando via Internet, oferecendo cursos inteiros e até diplomas de bacharel aos alunos no conforto de suas casas. Os currículos on-line dão flexibilidade para os alunos que trabalham e outros que podem ter dificuldade em assistir a aulas convencionais em razão da distância ou de deficiência física. Pesquisas sobre esse tipo de aprendizado estão apenas começando, portanto, a questão de saber se o contato professor-aluno pode florescer on-line ainda tem de ser resolvida. A educação mediada por computador também pode ter um impacto sobre o *status* dos professores como funcionários, o que discutiremos a seguir, bem como sobre as formas alternativas de educação, como a educação de adultos e a educação em casa.

> **Use a Sua Imaginação Sociológica**
>
> Como você tornaria a sua escola menos burocrática? Como ela seria?

Professores: Funcionários e Docentes Universitários

Quer ensinem crianças quer universitários, os professores são funcionários de organizações formais com estruturas burocráticas. Há um conflito inerente em trabalhar em uma burocracia. A organização segue os princípios da hierarquia e espera que suas regras sejam obedecidas, mas o profissionalismo requer a responsabilidade individual do trabalhador. Esse conflito é bem real para os professores, que vivenciam todas as conseqüências positivas e negativas de se trabalhar para burocracias (ver Tabela 6-2).

Um professor passa por vários estresses desconcertantes todos os dias. Embora as suas tarefas acadêmicas se tenham tornado mais especializadas, as demandas sobre o seu tempo continuam diversas e contraditórias. Existem conflitos inerentes ao fato de trabalhar como docente universitário, disciplinador e funcionário de um distrito educacional ao mesmo tempo. A exaustão por excesso de trabalho é um dos resultados desses estresses. Cerca de 40% a 50% dos novos professores deixam a profissão no período de cinco anos (G. Gordon, 2004).

Dadas essas dificuldades, ser professor continua uma profissão interessante nos Estados Unidos? Em 2003, 5,3% dos alunos do primeiro ano de faculdade indicavam que estavam interessados em se tornar professores do ensino fundamental, e 4,4%, professores do ensino médio. Esses números são muito mais baixos do que os 13% dos alunos e 38% das alunas do primeiro ano de faculdade que tinham essas aspirações profissionais em 1968 (Astin et. al, 1994; Sax et al., 2003, p. 30).

Indubitavelmente, os fatores econômicos são levados em consideração nos sentimentos dos alunos quanto à atratividade de ser professor. Em 2002, o salário médio de todos os professores de escolas públicas de ensino fundamental e médio nos Estados Unidos era de US$ 44.367, o que colocava os professores na média de todos os assalariados no país. Na maioria dos outros países industrializados, os salários dos professores são mais elevados em relação ao padrão geral de vida (F. H. Nelson e Drown, 2003).

O *status* de qualquer cargo reflete vários fatores, inclusive o nível de educação necessário, a remuneração e o respeito dado à profissão na sociedade. A profissão de professor (ver Tabela 9-2) está sofrendo pressão em todas essas três áreas. Primeiro, a escolaridade formal exigida para lecionar continua alta e o público começou a exigir novos testes de competência. Em segundo lugar, as estatísticas que acabamos de mencionar demonstram que os salários dos professores são consideravelmente mais baixos do que os de vários profissionais e trabalhadores especializados. Por fim, o prestígio geral da profissão de professor diminuiu na última década. Muitos professores se decepcionaram e se frustraram e abandonaram o mundo educacional para seguir carreira em outras profissões.

Subculturas dos Alunos

Uma importante função latente da educação está diretamente relacionada à vida do aluno: as escolas atendem às necessidades sociais e recreativas dos alunos. A educação ajuda os bebês e as crianças a desenvolver aptidões interpessoais que são fundamentais na adolescência e na idade adulta. No ensino médio e na faculdade, os alunos encontram os seus futuros maridos e esposas e criam amizades que duram a vida toda.

Quando as pessoas observam de fora escolas de ensino médio, faculdades comunitárias ou universidades, os alunos aparentemente formam um grupo coeso e uniforme. No entanto, a subcultura dos alunos na verdade é complexa e diversa. As panelinhas e os grupos sociais no ensino médio podem formar-se com base em raça, classe social, atração física, colocação nos cursos, habilidade esportiva e papéis de liderança na escola e na comunidade. No seu estudo clássico sobre a comunidade "Elmtown", August B. Hollingshead (1975) descobriu cerca de 259 panelinhas diferentes em uma única escola. As panelinhas, cujo tamanho médio era de cinco pessoas, concentravam-se na própria escola, nas atividades recreativas e nos grupos religiosos e comunitários.

Nessas panelinhas coesas e, muitas vezes, rigidamente segregadas, os alunos *gays* e lésbicas são particularmente vulneráveis. A pressão dos colegas para que ajam de acordo é intensa nessa idade. Embora aceitar a própria sexualidade seja difícil para todos os adolescentes, pode ser perigoso para aqueles cuja orientação sexual não esteja de acordo com as expectativas da sociedade. Segundo um estudo realizado pelo Massachusetts Department of Education de (2000), os alunos que se descrevem com *gays*, lésbicas ou bissexuais têm uma probabilidade muito maior de tentar suicídio, não irem à escola ou serem ameaçados ou feridos por outros alunos (ver Figura 13-5).

Professores e administradores estão tornando-se mais sensíveis a essas questões. Talvez mais importante, algumas escolas estão criando alianças entre *gays* e heterossexuais (GSAs), grupos de apoio patrocinados pela escola que reúnem adolescentes *gays* com colegas heterossexuais solidários. Iniciados em Los Angeles em 1984, em 2003 havia 1.623 programas desse tipo em todo o país, sendo a maioria deles fundada após o assassinato, em 1998, de Matthew Shepard, um estudante universitário *gay*. Em alguns distritos, os pais se opuseram a essas organizações, porém as mesmas decisões judiciais que protegem o direito de grupos bíblicos conservadores de se reunirem nas escolas também protegem os GSAs. Em 2003, o movimento *gay*-heterossexual atingiu um marco importante quando as escolas públicas da cidade de Nova York transferiram um programa para alunos *gays*, lésbicas e transexuais da escola para uma escola própria separada, a Harvey Milk High School, que recebeu esse nome em homenagem ao primeiro supervisor municipal abertamente *gay* de São Francisco, assassinado em 1978 (Gays, Lesbian and Straight Education Network, 2004).

Encontramos uma diversidade semelhante de grupos de alunos na faculdade. Burton Clark e Martin Trow (1966) e, mais recentemente, Helen Lefkowitz Horowitz (1987) identificaram quatro subculturas diferentes entre os estudantes universitários.

1. A subcultura do *colegiado* se concentra na diversão e socialização. Esses alunos definem o que é uma

quantidade "razoável" de trabalhos acadêmicos (e o que é uma quantidade "excessiva" e leva a ser rotulada como "labuta"). Os membros da subcultura do colegiado têm pouco compromisso com as atividades acadêmicas. Os atletas geralmente se encaixam nessa subcultura.

2. A subcultura *acadêmica* se identifica com as preocupações intelectuais do corpo docente e valoriza o conhecimento em si.
3. A subcultura *vocacional* se interessa basicamente pelas perspectivas profissionais e vê a faculdade como um meio de obter diplomas que são fundamentais para o progresso profissional.
4. Por fim, a cultura *não-conformista* é hostil ao ambiente universitário e busca idéias que podem ou não estar relacionadas aos estudos acadêmicos. Esse grupo pode encontrar escapes por meio de publicações no *campus* ou grupos voltados para questões.

Todo aluno universitário acaba sendo exposto a essas subculturas concorrentes e tem de decidir qual (se houver alguma) aparentemente está mais alinhada com os seus sentimentos ou interesses.

A tipologia utilizada pelos pesquisadores nos lembra que a escola é uma organização social complexa – quase como uma comunidade com vizinhanças diferentes. Evidentemente, essas quatro subculturas não são as únicas encontradas nos *campi* universitários nos Estados Unidos. Por exemplo, podemos encontrar subculturas de veteranos da guerra do Vietnã ou ex-donas de casa de período integral em faculdades comunitárias e instituições de intercâmbio de quatro anos.

O sociólogo Joe R. Feagin estudou uma subcultura universitária diferente: a de alunos negros em universidades predominantemente brancas. Os alunos têm de atuar acadêmica e socialmente em universidades onde há poucos membros negros no corpo docente ou administradores negros, o assédio de negros pela polícia do *campus* é comum, e os currículos dão pouca ênfase às contribuições dos negros. Feagin (1989, p. 11) sugere "que para os alunos de minorias a vida em uma faculdade ou universidade predominantemente branca significa um encontro de longo prazo com uma *brancura difundida*". Na opinião de Feagin, os alunos negros nessas instituições sofrem discriminação tanto descarada quanto sutil, o que tem um impacto cumulativo que pode prejudicar seriamente a sua confiança (ver também Feagin et al., 1996).

Educação Escolar em Casa

Quando a maioria das pessoas pensa em escola, imagina tijolos e argamassa e os professores, administradores e outros funcionários que ali trabalham. No entanto, para uma quantidade cada vez maior de alunos norte-americanos, a sua casa é a sala de aula e o professor é o pai ou a mãe. Mais de 1,6 milhão de alunos atualmente estão sendo educados em casa. Isso representa cerca de 4% da população escolar K-12 (do jardim à 12ª série). Para esses alunos, as questões de burocratização e estrutura social são menos significativas do que para os estudantes de escolas públicas (R. Cox, 2003, p. 27).

No século XVIII, após a criação das escolas públicas, as famílias que ensinavam os filhos em casa viviam em ambientes isolados ou tinham opiniões religiosas rígidas que conflitavam com o ambiente secular das escolas públicas. Atualmente, porém, educar os filhos em casa está atraindo uma quantidade maior de famílias que não estão necessariamente ligadas a religiões organizadas. A má qualidade do ensino, a pressão dos colegas e a violência nas escolas estão motivando muitos pais a ensinarem os filhos em casa. A publicidade recente dada aos tiroteios nas escolas aparentemente acelerou a mudança para a educação em casa.

FIGURA 13-5

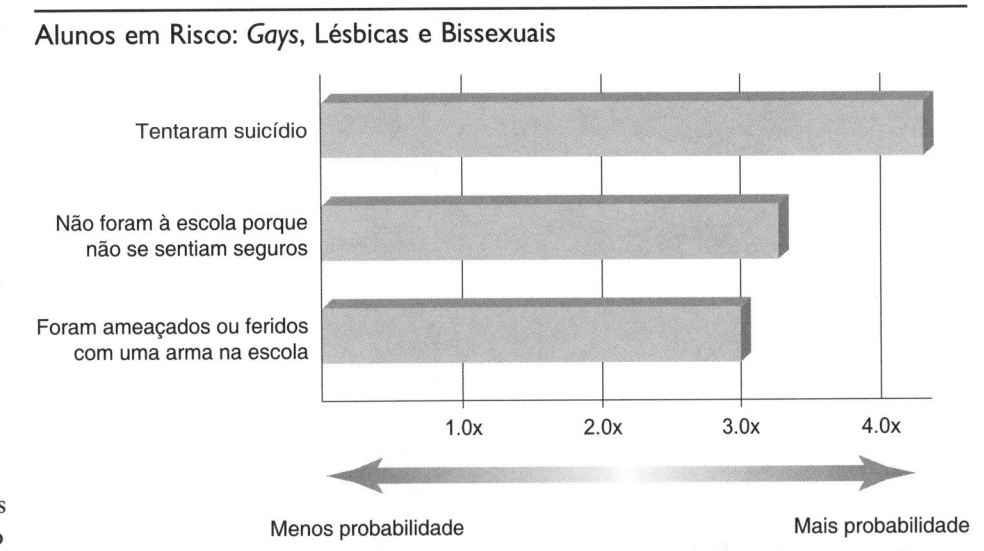

Alunos em Risco: *Gays*, Lésbicas e Bissexuais

Fonte: Massachusetts Department of Education, 2000.

Os alunos que se descrevem como *gays*, lésbicas ou bissexuais têm muito mais probabilidade do que seus colegas heterossexuais de tentar suicídio, não irem à escola ou serem ameaçados ou feridos na escola.

As subculturas dos alunos são mais diversificadas hoje em dia do que no passado. Muitos adultos estão voltando à faculdade para obter mais educação, progredir em suas carreiras ou mudar a sua linha de trabalho.

socialização. Mas os proponentes da educação em casa alegam que seus filhos se beneficiam do contato com pessoas fora da sua faixa etária. Também vêem a educação em casa como uma boa alternativa para as crianças que sofrem do distúrbio de déficit de atenção e distúrbio de aprendizado. Esses tipos de crianças se saem melhor em salas de aula menores, com menos distrações que atrapalhem a sua concentração (National Homeschool Association, 1999).

O controle de qualidade é um problema na educação em casa. Embora ela seja legal em todos os 50 estados norte-americanos, somente 37 estados regulamentam a educação em casa; 29 monitoram o progresso dos alunos por meio de testes ou avaliações. Apesar da falta de padrões uniformes, um estudo nacional financiado pela Home School Legal Defense Association relata que os alunos educados em casa obtêm uma pontuação mais alta do que os outros nos testes padronizados em todas as matérias e séries. Quase 25% dos alunos que participaram do estudo estavam trabalhando acima do nível da sua idade (Matthews, 1999; Paulson, 2000).

A educação escolar no lar não existe no Brasil como norma regulamentada, isto é, não é legalizada em nenhum Estado brasileiro. As crianças do ensino fundamental e os jovens do ensino médio devem obrigatoriamente freqüentar a escola, embora possam obter os diplomas correspondentes em cursos supletivos ou em cursos a distância do ensino médio – mas não do ensino fundamental – devidamente aprovados pelo Ministério da Educação.

Quem está educando seus filhos em casa? Geralmente são pessoas com renda e níveis educacionais acima da média. A maioria delas são famílias cujos pai, mãe e filhos vêem menos televisão do que a média – dois fatores que provavelmente contribuem para um desempenho educacional superior. Os mesmos alunos, com os mesmos tipos de famílias e o mesmo apoio de seus pais, talvez se saíssem igualmente bem nas escolas públicas. Como pesquisas revelaram, salas de aula pequenas são melhores do que as grandes e um forte envolvimento dos pais e da comunidade é fundamental (R. Cox, 2003, p. 28).

Embora os que apóiam a educação escolar em casa achem que seus filhos podem se sair tão bem ou melhor aprendendo em casa quanto nas escolas públicas, seus críticos argumentam que as crianças educadas em casa ficam isoladas da comunidade maior, e perdem uma oportunidade importante de melhorar suas aptidões de

POLÍTICA SOCIAL e RELIGIÃO — A Religião nas Escolas

O Tema

As escolas públicas deveriam poder patrocinar preces organizadas na sala de aula? E quanto a ler versículos da Bíblia ou apenas um momento coletivo de silêncio? Podem os atletas de escolas públicas oferecer uma prece em grupo em um encontro de equipe? Os alunos deveriam poder iniciar preces voluntárias em eventos escolares? Cada uma dessas situações tem sido objeto de grande discórdia entre aqueles que vêem um papel para a prece nas escolas e aqueles que querem manter uma separação rigorosa entre Igreja e Estado.

Outra controvérsia diz respeito ao ensino de teorias sobre a origem dos seres humanos e do universo. A corrente principal de pensamento científico diz que os seres humanos evoluíram, no decorrer de bilhões de anos, de organismos unicelulares e que o universo surgiu há 15 bilhões de anos como resultado de um *big bang*. Essas teorias são questionadas por pessoas que se atêm ao relato bíblico da criação dos seres humanos e do universo há cerca de 10 mil anos – uma teoria conhecida como **criacionismo**. Os criacionistas querem que a sua teoria seja ensinada nas escolas como a única ou pelo menos como uma alternativa para a teoria da evolução.

Quem tem o direito de decidir essas questões e qual é a decisão "certa"? A religião nas escolas é um dos assuntos mais espinhosos nas escolas públicas hoje em dia.

O Cenário

As questões que acabamos de descrever vão ao cerne das provisões da Primeira Emenda sobre liberdade religiosa. Por um lado, o governo tem de proteger o direito das pessoas de praticarem a sua religião, por outro, não pode tomar nenhuma medida que aparentemente "estipulasse" uma religião em detrimento de outra (separação entre Igreja e Estado).

No caso-chave de *Engle vs. Vitale*, a Suprema Corte determinou em 1962 que a utilização de preces não-sectárias nas escolas de Nova York era "totalmente incoerente" com a proibição da Primeira Emenda de estipulação de religião pelo governo. Ao decidir que a prece organizada nas escolas violava a Constituição – mesmo que não se exigisse que os alunos participassem –, o tribunal argumentou que, na verdade, promover a observância religiosa não era uma função legítima do governo ou da educação. Decisões subseqüentes da Corte permitiram prece *voluntária* pelos alunos, mas proibiram os administradores das escolas de patrocinar qualquer prece ou observância religiosa em eventos escolares. Apesar dessas determinações, muitas escolas públicas ainda conduzem regularmente seus alunos em recitação de preces ou leitura da Bíblia (D. Firestone, 1999).

A controvérsia sobre se o relato bíblico da criação deveria ser apresentado nos currículos escolares lembra o famoso "julgamento do macaco" de 1925. Nesse julgamento, o professor de biologia do ensino médio John T. Scopes foi condenado por violar uma lei do Tennessee tornando crime ensinar a teoria científica da evolução nas escolas públicas. Hoje em dia, os criacionistas foram além da adoção da doutrina religiosa fundamentalista, eles estão tentando reforçar a sua posição no tocante às origens da humanidade e do universo com dados quase científicos.

Em 1987, a Suprema Corte determinou que os estados não poderiam obrigar o ensino do criacionismo em escolas públicas se a finalidade básica fosse promover um ponto de vista religioso. Durante um certo tempo essa decisão deu prioridade à teoria da evolução na maioria dos distritos de escolas públicas. No entanto, principalmente no Sul e no Centro-Oeste, o criacionismo vem reduzindo o domínio da teoria da evolução nas salas de aula. Muitos distritos escolares atualmente exigem que os professores apresentem teorias alternativas para a evolução e a criação do universo, e algumas descartam totalmente a evolução.

Insights Sociológicos

Aqueles que defendem a prece nas escolas e o criacionismo acham que decisões rigorosas da Corte forçaram uma separação muito grande entre o que Émile Durkheim chamou de o *sagrado* e o *profano*. Eles insistem que o uso da prece não-sectária não pode de maneira nenhuma levar à criação de uma igreja nos Estados Unidos. Além disso, acham que a prece nas escolas – e o ensino do criacionismo – pode dar a orientação espiritual e a socialização que muitas crianças hoje em dia não recebem dos pais ou da ida regular à igreja. Muitas comunidades também acham que a escola deveria transmitir a cultura dominante nos Estados Unidos incentivando a prece.

Aqueles que se opõem à prece na escola e à teoria da criação argumentam que uma maioria religiosa em uma

Em uma decisão polêmica em 2003, o Nono Circuito dos Tribunais de Recursos norte-americanos declarou que a frase "sob Deus" nas escolas públicas durante o juramento à bandeira viola a Constituição dos Estados Unidos. A decisão, que está sob recurso, pode muito bem ser revertida.

comunidade poderia impor pontos de vistas religiosos específicos da sua fé à custa das minorias religiosas. Esses críticos questionam se a prece nas escolas pode permanecer realmente voluntária. Com base no ponto de vista interacionista e em pesquisas de pequenos grupos, sugerem que as crianças irão enfrentar enorme pressão social para agir de acordo com as crenças e as práticas de uma maioria religiosa.

Iniciativas Políticas

A educação escolar é basicamente uma questão local, portanto, a maior parte das iniciativas e da pressão política ocorreu em âmbito municipal ou estadual. Um afastamento significativo desse caráter local ocorreu em 2003, quando o presidente George W. Bush declarou que as escolas cujas políticas impediam a prece na escola protegida pela Constituição estavam arriscando-se a perder os seus recursos federais para a educação. Ao mesmo tempo, as cortes federais estavam adotando uma linha dura no tocante à religião nas escolas. Em uma decisão que tem pouca probabilidade de ser sustentada, um tribunal de recursos determinou que dizer a frase "sob Deus" no juramento à bandeira que inicia cada dia escolar viola a Constituição norte-americana (Religion News Service, 2003).

O ativismo dos fundamentalistas religiosos no sistema norte-americano de escolas públicas levanta uma questão mais geral: de quem seriam as idéias e os valores que merecem ser ouvidos nas salas de aula? Os críticos vêem essa campanha como um passo na direção do controle religioso sectário na educação pública. Eles se preocupam com o fato que, no futuro, os professores não irão poder utilizar livros ou fazer declarações que conflitem com as interpretações fundamentalistas da Bíblia. Para os defensores de uma educação liberal que estão comprometidos com a diversidade intelectual (e religiosa), essa é uma perspectiva genuinamente assustadora.

Vamos Discutir

1. Havia alguma prece organizada na escola que você freqüentou?
2. Você acha que promover a observância religiosa é uma função legítima da educação?
3. Como um teórico do conflito veria a questão da prece organizada nas escolas?

RECURSOS DO CAPÍTULO

Resumo

Religião e *educação* são elementos culturais universais encontrados de várias formas no mundo todo. Este capítulo examina as principais religiões do mundo, as funções e dimensões da religião e os quatro tipos básicos de organização religiosa. Ele leva em conta várias visões sociológicas da educação e analisa as escolas como um exemplo de organizações formais.

1. Émile Durkheim enfatizou o impacto social da religião na tentativa de entender o comportamento religioso individual no contexto da sociedade maior.
2. Oitenta e cinco por cento da população mundial é adepta de algum tipo de religião. Existe uma diversidade enorme nas crenças e práticas religiosas, que podem ser fortemente influenciadas pela cultura.
3. A religião ajuda a integrar uma sociedade heterogênea e dá apoio social em momentos de necessidade.
4. Max Weber viu uma conexão entre a fidelidade religiosa e o comportamento capitalista em uma orientação religiosa que denominou *ética protestante*.
5. Na *teologia da libertação*, os ensinamentos do cristianismo se tornam a base dos esforços políticos para mitigar a pobreza e a injustiça social.
6. Do ponto de vista marxista, a religião serve para reforçar o controle social feito por aqueles que estão no poder. Ela desestimula a ação política coletiva, que poderia acabar com a opressão capitalista e transformar a sociedade.
7. O comportamento religioso é expresso por meio de *crenças*, *rituais* e *experiência* religiosos.
8. Os sociólogos identificaram quatro tipos básicos de organização religiosa: a *igreja*, as *denominações*, a *seita* e o *novo movimento religioso* (NRM) ou *culto*.
9. Os avanços na comunicação levaram a um novo tipo de organização da igreja, a igreja eletrônica. Os televangélicos agora pregam para mais pessoas do que as que pertencem a várias seitas e quase 2 milhões de pessoas por dia utilizam a Internet para fins religiosos.

10. A Índia é um Estado secular dominado por uma maioria religiosa, os hindus. A criação de um país separado, o Paquistão, para uma minoria muçulmana após a independência da Índia em 1947 não pôs fim a um conflito de vários séculos entre os dois grupos, o que piorou com a sua polarização política.
11. A transmissão de conhecimento e a atribuição de *status* são funções manifestas da educação. Entre as funções latentes estão, transmitir cultura, promover a integração social e política, manter o controle social, e servir como agente de mudanças sociais.
12. Na visão dos teóricos do conflito, a educação atua como instrumento de domínio criando padrões para a obtenção de cargos, atribuindo *status* desiguais e subordinando o papel das mulheres.
13. As expectativas dos professores quanto ao desempenho do aluno às vezes podem ter um impacto sobre as verdadeiras realizações do estudante.
14. Hoje em dia, a maioria das escolas nos Estados Unidos está organizada de uma maneira burocrática. As cinco características da burocracia de Weber estão todas evidentes nas escolas.
15. A educação escolar em casa tornou-se uma alternativa viável às escolas tradicionais públicas e particulares. Estima-se que 1,6 milhão de crianças norte-americanas estão sendo educadas em casa no momento.
16. Hoje em dia, a questão de quanta religião, se é que alguma, deve-se permitir nas escolas públicas norte-americanas é motivo de intenso debate.

Questões de Pensamento Crítico

1. Política e religião se misturam?
2. Quais as funções e os problemas do rastreamento nas escolas? Da perspectiva interacionista, como o rastreamento dos alunos do ensino médio influencia as interações entre alunos e professores? De que maneira o rastreamento teria efeitos positivos e negativos sobre o autoconceito dos vários alunos?
3. As subculturas dos alunos identificadas neste texto são evidentes no seu *campus*? Que outras subculturas estão presentes? Que subculturas têm o *status* social mais elevado e mais baixo? Como os funcionalistas, teóricos do conflito e interacionistas vêem a existência de subculturas de alunos no *campus* universitário?

Termos-chave

Credenciamento A elevação do nível mais baixo de educação necessário para ingressar em uma área de trabalho. (p. 349).

Crença religiosa Uma afirmação à qual os membros de uma determinada religião aderem. (p. 338)

Criacionismo Uma interpretação literal da Bíblia no tocante à criação da humanidade e do universo, utilizada para argumentar que a evolução não deveria ser apresentada como um fato estabelecido. (p. 357)

Currículo oculto Padrões de comportamento considerados adequados pela sociedade e ensinados sutilmente nas escolas. (p. 348)

Denominação Religião grande e organizada que não está oficialmente ligada ao Estado ou ao governo. (p. 341)

Educação Um processo formal de aprendizado no qual algumas pessoas conscientemente ensinam enquanto outras adotam o papel social de alunos. (p. 329)

Efeito da expectativa do professor O impacto que as expectativas de um professor quanto ao desempenho de um aluno podem ter sobre o que o estudante realmente consegue realizar. (p. 352)

Elemento cultural universal Uma prática ou crença comum encontrada em todas as culturas. (p. 329).

Ética protestante A expressão de Max Weber para a ética de trabalho disciplinada, questões mundanas e orientação racional para a vida, enfatizada por João Calvino e seus seguidores. (p. 336)

Experiência religiosa A sensação ou percepção de estar em contato direto com a realidade definitiva, como um ser divino, ou de ser tomado por uma emoção religiosa. (p. 339)

Igreja Uma organização religiosa que alega incluir a maioria dos – ou todos os – membros de uma sociedade e é reconhecida como a religião nacional ou oficial. (p. 340)

Novo movimento religioso (NRM) ou **culto** Um pequeno e secreto grupo religioso que representa uma nova religião ou uma grande inovação de uma fé já existente. (p. 343)

Princípio da correspondência A tendência das escolas de promover os valores esperados das pessoas em cada classe social e preparar os alunos para o tipo de trabalho normalmente executado pelos membros da sua classe. (p. 350)

Profano Os elementos comuns da vida em oposição aos sagrados. (p. 331)

Rastreamento A prática de colocar alunos em grupos específicos de currículos com baseando-se nas suas pontuações nos testes e em outros critérios. (p. 349)

Religião Sistema unificado de crenças e práticas referentes às coisas sagradas. (p. 329)

Ritual religioso Uma prática exigida ou esperada dos membros de uma fé. (p. 338)

Sagrado Elementos além da vida cotidiana que inspiram temor religioso, respeito e até medo. (p. 331)

Secularização O processo pelo qual a influência da religião sobre outras instituições sociais diminui. (p. 329)

Seita Um grupo religioso relativamente pequeno que se separou de alguma outra organização religiosa para renovar o que considera a visão original da fé. (p. 341)

Seita estabelecida Grupo religioso que é o fruto de uma seita, porém permanece isolado da sociedade. (p. 342)

Teologia da libertação O uso da Igreja, basicamente, a católica romana, em um esforço político para eliminar a pobreza, discriminação e outras formas de injustiça de uma sociedade secular. (p. 336)

RECURSOS DA TECNOLOGIA

Conexão com a Internet*

Obs.: Embora os endereços dos sites relacionados a seguir tenham sido atualizados durante a edição deste livro, eles costumam mudar com grande freqüência em razão da natureza dinâmica da Internet.

1. No contexto da religião, objetos comuns podem assumir um significado extraordinário. O Material History of American Project catalogou dezenas de objetos religiosos interessantes e às vezes peculiares. Para visualizá-los, visite o site do projeto (*www.materialreligion.org*) e selecione "Objects".

2. Organizações humanitárias se preocupam com o acesso à educação nos países em desenvolvimento. Para saber mais sobre os esforços de caridade para melhorar a educação nos países mais pobres do mundo, visite o site da Oxfam (*www.oxfam.org.uk/what_we_do/issues/education/index.htm*) e explore a seção sobre educação.

---

* NE: Sites no idioma inglês.

capítulo

14
GOVERNO, ECONOMIA E MEIO AMBIENTE

Sistemas Econômicos

Estudo de Caso: Capitalismo na China

Poder e Autoridade

Comportamento Político nos Estados Unidos

Modelos da Estrutura de Poder nos Estados Unidos

Guerra e Paz

A Economia Mutante

O Meio Ambiente

Política Social e Economia: Ação Afirmativa

Quadros
 SOCIOLOGIA NA COMUNIDADE GLOBAL: Transferindo Serviços para o Exterior
 PESQUISA EM AÇÃO: Por Que os Jovens Não Votam?
 LEVANDO A SOCIOLOGIA PARA O TRABALHO: Richard J. Hawk, Vice-Presidente e Consultor Financeiro da Smith Barney

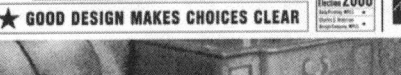

Esse pôster, patrocinado pelo American Institute of Graphic Arts, incita os cidadãos a superarem a sua apatia em relação à política e votarem. Nos Estados Unidos, a maioria das pessoas em condições de votar não está registrada ou não se dá ao trabalho de votar.

A elite do poder e o Congresso são mais heterogêneos hoje do que eram antes dos movimentos sociais que surgiram na década de 1960 exercendo pressões sobre as corporações, os políticos e o governo. Embora a elite do poder seja composta basicamente por homens brancos cristãos, atualmente há judeus, mulheres, negros, latinos e descendentes de asiáticos nas diretorias das maiores corporações norte-americanas, os gabinetes presidenciais são muito mais diversificados do que há 40 anos e os mais altos escalões militares não são mais ocupados apenas por homens brancos. No Congresso, a tendência para a diversidade é até maior para as mulheres e todos os grupos de minorias que estudamos...

Por fim, sugerimos que o aumento da heterogeneidade no topo contém várias ironias, e a mais importante delas está ligada ao que talvez seja a principal tensão não-resolvida na vida norte-americana entre o individualismo liberal e a estrutura de classes. A heterogeneidade na elite do poder tem sido celebrada, mas essa celebração ignora a continuação da importância da estrutura de classes. Os movimentos que levaram à heterogeneidade na elite do poder tiveram êxito até certo ponto, principalmente para as mulheres e as minorias de classes sociais privilegiadas, mas não causaram impacto na maneira como a elite do poder funciona ou na estrutura de classes em si...

A elite do poder fortaleceu-se porque a heterogeneidade foi conseguida principalmente pela seleção das mulheres e das minorias que compartilham as perspectivas dominantes e os valores daqueles que já estão no poder. A elite do poder não é "multicultural" em qualquer sentido pleno do conceito, mas só em termos de etnia ou origens raciais. O processo teve o auxílio daqueles que reivindicaram a inclusão das mulheres e das minorias sem levar em consideração qualquer outro critério que não fosse sexo, raça ou etnia. Como a demanda na Suprema Corte era estritamente por mulheres, o presidente Reagan pôde agir escolhendo uma advogada corporativa de classe alta, Sandra Day O'Connor. Quando a pressão aumentou para se ter mais juízes negros, o presidente Bush pôde responder nomeando Clarence Thomas, um republicano negro conservador formado em direito pela Yale University. É ainda outra ironia que as nomeações desse tipo serviram para prejudicar os movimentos sociais liberais que fizeram que elas acontecessem...

Nós, portanto, temos de concluir, baseando-nos nos resultados, que a diversificação da elite do poder não gerou nenhuma mudança no sistema de classes existente... Os valores do individualismo liberal embutidos na Declaração da Independência, na Declaração de Direitos e Garantias e na cultura cívica foram renovados por ativistas vigorosos e corajosos, porém, apesar dos seus esforços, a estrutura de classe continua sendo um grande obstáculo à realização pessoal para a grande maioria dos norte-americanos. Esse fato é mais do que uma ironia. É um dilema. Ele combina com o dilema da raça para criar uma nação que comemora a igualdade de oportunidades, mas, na verdade, é um baluarte de privilégio de classes e conservadorismo. *(Zweigenhaft e Domhoff, 1998, p. 176-177, 192, 194)* ∎

Há meio século, C. Wright Mills ([1956] 2000b), responsável pela origem da expressão *imaginação sociológica*, estudou o processo político nos Estados Unidos e articulou o conceito de elite do poder – um grupo de homens brancos que tomavam decisões e efetivamente comandavam o país. Quatro décadas depois, G. William Domhoff e o psicólogo Richard L. Zweigenhaft voltaram à questão de quem manda nos Estados Unidos. Como mostra a abertura com o trecho do seu livro *Diversity in the power elite* (1998), eles encontraram apenas modestas mudanças na estrutura do poder norte-americana. Atualmente, as mulheres privilegiadas ocupam cargos na elite do poder, mas a maior parte das decisões nos Estados Unidos ainda é tomada por homens, e quase todos eles são brancos.

A elite do poder atua dentro da estrutura do sistema político existente, ou municipal, estadual, federal ou internacional. Por **sistema político** os sociólogos entendem a instituição social que se baseia em um conjunto reconhecido de procedimentos para implantar e atingir os objetivos da sociedade, como a alocação de recursos valorizados. Como a religião e a família, o sistema político é um elemento cultural universal encontrado em todas as sociedades. Nos Estados Unidos, ele possui a responsabilidade de abordar as questões de política social analisadas neste livro: assistência às crianças, a crise da Aids, reforma do bem-estar social etc.

A expressão **sistema econômico** se refere à instituição social por meio da qual os bens e serviços são produzidos, distribuídos e consumidos. Da mesma forma que as instituições sociais como a família, a religião e o governo, o sistema econômico molda outros aspectos da ordem social, e é, por sua vez, influenciado por eles. Em todo o livro, foi lembrado o impacto da economia sobre o comportamento social – por exemplo, o comportamento individual e grupal nas fábricas e nos escritórios. Foram abordados os trabalhos de Karl Marx e Friedrich Engels, que enfatizaram o fato de o sistema econômico poder promover a desigualdade social. E afirmou-se que o investimento estrangeiro nos países em desenvolvimento pode intensificar a desigualdade entre os residentes.

É difícil imaginar duas instituições sociais mais interligadas do que o governo e a economia. O governo atua como o maior empregador do país e, além disso, todos os seus escalões regulam o comércio e a entrada em vários cargos. Ao mesmo tempo, a economia gera a renda que sustenta os serviços do governo. No entanto, essa relação estreita não se dá sem conflitos, pois os interesses das duas instituições com freqüência divergem. Os interesses concorrentes do governo e da economia podem ser vistos claramente, por exemplo, nos freqüentes desentendimentos quanto ao estado do meio ambiente. Os representantes do governo, cientes do seu dever de assegurar o bem-estar do público, vêm promulgando normas para proteger a água e o ar contra a poluição industrial. Os líderes empresariais argumentam que os padrões ambientais rigorosos do governo reduzem os seus lucros e retardam o crescimento econômico.

Este capítulo vai apresentar uma análise sociológica do governo, da economia e do meio ambiente. Como a elite do poder mantém o seu poder? A guerra é necessária para resolver divergências internacionais? Como as tendências de desindustrialização e a terceirização de serviços afetaram a nossa economia? Que impacto tem o desenvolvimento econômico sobre o meio ambiente? O capítulo começa com uma análise macro de dois tipos ideais de economia: o capitalismo e o socialismo. A discussão teórica é seguida de um estudo de caso da decisão da China de permitir atividade empresarial capitalista na sua economia socialista. Depois examinaremos algumas teorias gerais de poder e autoridade e veremos como os grupos efetivamente exercem poder no sistema político norte-americano. Discutir os custos da guerra e as formas de promover paz em um mundo ameaçado pelo terrorismo global. Na seção seguinte, analisaremos como a economia norte-americana está mudando em resposta à globalização. Por fim, iremos nos basear nas perspectivas funcionalista e do conflito para entender melhor os interesses conflitantes do governo e dos negócios no debate de questões ambientais. O capítulo encerra-se com uma seção de política social cujo tema é a controvérsia sobre a ação afirmativa, uma iniciativa para a igualdade de oportunidades que provocou muito conflito político.

SISTEMAS ECONÔMICOS

A abordagem de evolução sociocultural criada por Gerhard Lenski classifica as sociedades pré-industriais de acordo com a maneira como a economia é organizada. Os tipos principais de sociedades pré-industriais, para relembrar, são as sociedades de caçadores-recoletores, olericultura e agrárias.

Como observado no Capítulo 5, a *Revolução Industrial* – que ocorreu em grande parte na Inglaterra no período de 1760 a 1830 – provocou mudanças

No filme *Wall street – Poder e cobiça* (1987), os atores Charlie Sheen e Michael Douglas representaram o papel de especuladores vorazes envolvidos no uso de informações privilegiadas e manipulação dos preços das ações. A cultura popular em geral apresenta os capitalistas como pessoas egoístas que lucram injustamente com o trabalho dos outros – uma imagem que os recentes escândalos corporativos reforçaram.

na organização social do local de trabalho. As pessoas saíram das suas fazendas e começaram a trabalhar em locais centrais como fábricas. À medida que a Revolução Industrial prosseguia, uma nova forma de estrutura social emergiu: a **sociedade industrial**, que depende da mecanização para produzir seus bens e serviços.

Dois tipos básicos de sistemas econômicos distinguem as sociedades industriais contemporâneas: o capitalismo e o socialismo. Como descrito nas seções anteriores, o capitalismo e o socialismo atuam como tipos ideais de sistemas econômicos. Nenhum país se enquadra exatamente em um desses dois modelos. A economia de cada Estado representa uma mistura de capitalismo e socialismo, embora um tipo ou outro geralmente seja útil para descrever a estrutura econômica de uma sociedade.

Capitalismo

Nas sociedades pré-industriais, a terra funcionava como fonte de quase toda a riqueza. A Revolução Industrial mudou tudo isso. Ela exigiu que certas pessoas e instituições estivessem dispostas a correr riscos consideráveis para financiar novas invenções, máquinas e empresas. No fim, banqueiros, industriais e outros detentores de grandes somas de dinheiro substituíram os donos de terras como a força econômica mais poderosa. Essas pessoas investiram seus recursos financeiros na esperança de realizar lucros maiores e, conseqüentemente, se tornaram proprietários de terras e empresas.

A transição para a propriedade privada de negócios foi acompanhada do surgimento do sistema econômico capitalista. O **capitalismo** é um sistema econômico no qual os meios de produção estão na sua maior parte nas mãos de particulares e o principal incentivo para a atividade econômica é o acúmulo de lucro. Na prática, os sistemas capitalistas variam no grau em que o governo regulamenta a propriedade privada e a atividade econômica (D. Rosenberg, 1991).

Logo após a Revolução Industrial, a forma predominante de capitalismo era o que se chama de **laissez-faire** (deixar fazer). De acordo com o princípio do *laissez-faire*, da maneira exposta e endossada por Adam Smith (1723-1790), as pessoas podiam competir livremente com intervenção mínima do governo na economia. Os negócios detinham o direito de se auto-regularem e atuavam basicamente sem medo das regulações governamentais (Smelser, 1963).

Dois séculos depois, o capitalismo assumiu uma forma um pouco diferente. A propriedade privada e a maximização do lucro continuam sendo as características mais significativas dos sistemas econômicos capitalistas. Porém, ao contrário da era do *laissez-faire*, o capitalismo atualmente apresenta uma regulamentação extrema das relações econômicas por parte do governo. Sem restrições, as empresas podem enganar consumidores, colocar em risco a segurança dos seus trabalhadores e até defraudar os investidores da empresa – tudo na busca de lucros mais elevados. É por isso que o governo de um país capitalista geralmente monitora preços, estipula padrões de segurança e ambientais para as indústrias, protege os direitos do consumidor e regulamenta a negociação coletiva entre os sindicatos e a classe patronal. No entanto, de acordo com o capitalismo como um tipo ideal, o governo raramente assume a propriedade de toda uma indústria.

O capitalismo contemporâneo também difere do *laissez-faire* em um outro aspecto importante: tolera práticas monopolistas. Há um **monopólio** quando uma única empresa controla o mercado. O domínio de uma indústria permite que uma empresa controle efetivamente uma *commodity* ditando preço, padrões de qualidade e a oferta.

Os compradores não têm outra opção a não ser ceder às decisões da empresa; não há outro lugar para comprar o produto ou serviço. As práticas monopolistas violam o ideal da livre concorrência prezado por Adam Smith e outros partidários do capitalismo do tipo *laissez-faire*.

Alguns países capitalistas, como os Estados Unidos, declararam o monopólio ilegal por meio de uma legislação antitruste. Essas leis impedem que uma empresa assuma tanto da concorrência de um setor que passe a controlar o mercado. O governo federal só permite que existam monopólios em alguns casos excepcionais, como as indústrias de serviços públicos e transporte. Mesmo assim, os órgãos reguladores examinam minuciosamente esses monopólios aprovados oficialmente e protegem o público. A prolongada batalha legal entre o Departamento de Justiça norte-americano e a Microsoft, proprietária do sistema operacional dominante para computadores pessoais, ilustra a relação nervosa entre o governo e os monopólios particulares nos países capitalistas.

No Brasil existe uma legislação antitruste e a formação de cartéis é punida com rigor, sobretudo quando se trata da comercialização de bens de primeira necessidade, como a gasolina. Postos de gasolina são fechados quando se comprova a realização de acordo entre seus proprietários sobre o preço/litro a cobrar nas bombas.

Os teóricos do conflito assinalam que, embora os monopólios *puros* não sejam um elemento básico da economia norte-americana, a concorrência é muito menos limitada do que se poderia esperar no que se chama de um *sistema de livre empresa*. Em inúmeros setores industriais, algumas poucas indústrias dominam e impedem que novas empresas entrem no mercado.

Como vimos nos capítulos anteriores, a globalização e a ascensão de corporações multinacionais espalharam a busca capitalista de lucros pelo mundo todo. Principalmente nos países em desenvolvimento, os governos nem sempre estão preparados para lidar com o afluxo repentino de capital estrangeiro e seus efeitos sobre as suas economias. Um exemplo particularmente surpreendente de como o capitalismo desenfreado pode prejudicar países em desenvolvimento é a República Democrática do Congo (antigo Zaire). O Congo possui depósitos consideráveis de columbita-tantalita (abreviatura coltan) – utilizado na produção de placas de circuitos eletrônicos. Antes de o mercado de telefones celulares, *pagers* e *laptops* aquecer recentemente, os fabricantes norte-americanos obtinham a maior parte do seu coltan da Austrália, porém, no auge da demanda dos consumidores, eles se voltaram para os mineiros do Congo para aumentar a sua oferta.

Previsivelmente, o preço ascendente do metal – até US$ 400 por quilo a uma certa altura, ou mais de três vezes o salário anual médio – atraiu uma atenção indesejável. Logo os países vizinhos Ruanda, Uganda e Burundi, em guerra uns com os outros e desesperados por recursos para financiar o conflito, estavam atacando os

Um trabalhador garimpa para encontrar *coltan* com suor e um pedaço de pau. O aumento repentino na demanda do metal pelos fabricantes de computadores norte-americanos provocou incursões no Congo por parte dos países vizinhos famintos por capital para financiar uma guerra. Muitas vezes, a globalização pode ter conseqüências indesejáveis para a economia e o bem-estar social de um país.

parques nacionais do Congo, derrubando e queimando florestas para expor o coltan que estava debaixo das matas. Indiretamente, o aumento repentino na demanda de coltan estava financiando a guerra e a violação do meio ambiente. Os fabricantes norte-americanos passaram então a cortar as suas fontes no Congo, em um esforço para evitar ser cúmplices da destruição. Mas essa sua ação só penalizou os mineiros no país empobrecido (Austin, 2002; Delawala, 2002).

Socialismo

p. 12 A teoria socialista foi refinada nos escritos de Karl Marx e Friedrich Engels. Esses radicais europeus ficaram perturbados com a exploração da classe trabalhadora que surgiu durante a Revolução Industrial. Segundo eles, o capitalismo forçava grandes quantidades de pessoas a trocar a sua força de trabalho por salários baixos. Os donos de uma indústria lucram com a força de p. 207 trabalho dos trabalhadores porque lhes pagam menos do que o valor dos bens produzidos.

Como tipo ideal, um sistema econômico socialista tenta eliminar essa exploração econômica. No **socialismo**, os meios de produção e distribuição de uma sociedade são de propriedade coletiva e não privada. O objetivo básico do sistema econômico é atender às necessidades e não maximizar os lucros. O socialismo rejeita a filosofia do *laissez-faire* de que a livre concorrência beneficia o público em geral. Os adeptos dessa teoria entendem que o governo central, atuando como representante do povo, deveria tomar as decisões básicas. Conseqüentemente, a propriedade do governo de todas as principais indústrias – incluindo a produção de aço, a fabricação de automóveis e a agricultura – é uma característica básica do tipo ideal de socialismo.

Na prática, os sistemas econômicos socialistas variam de acordo com sua tolerância em relação à propriedade privada. Por exemplo, na Grã-Bretanha, um país com alguns aspectos tanto de uma economia socialista quanto capitalista, o atendimento aos passageiros da linha aérea está concentrado na empresa governamental British Airways.

As sociedades socialistas diferem dos países capitalistas no seu compromisso com os programas de assistência social. Por exemplo, o governo norte-americano fornece assistência médica e seguro-saúde aos idosos e aos pobres com os programas Medicare e Medicaid. Mas os países socialistas em geral oferecem assistência médica financiada pelo governo a *todos* os cidadãos. Teoricamente, a riqueza das pessoas como uma coletividade é usada para oferecer assistência médica, moradia, educação e outros serviços-chave para cada indivíduo e família.

Marx achava que cada Estado socialista acabaria desaparecendo e evoluindo para uma sociedade *comunista*. O tipo ideal de **comunismo** é um sistema econômico no qual toda propriedade é comum e não há distinções sociais com base na capacidade das pessoas de produzir. Nas últimas décadas, a União Soviética, a República Popular da China, o Vietnã, Cuba e os países na Europa Oriental eram popularmente considerados exemplos de sistemas econômicos comunistas. No entanto, esse uso é uma aplicação incorreta de um termo com conotações políticas delicadas. Todos os países conhecidos como comunistas no século XX na verdade estavam muito distante do tipo ideal.

No início da década 1990, os partidos comunistas já não comandavam os países da Europa Oriental. O primeiro grande desafio para o domínio comunista surgiu em 1980 quando o movimento polonês Solidariedade – comandado por Lech Walesa e apoiado por muitos trabalhadores – questionou as injustiças daquela sociedade. Embora uma lei marcial tenha forçado o Solidariedade a atuar clandestinamente, o movimento acabou negociando o fim do domínio do Partido Comunista em 1989. Nos dois anos subseqüentes, os partidos comunistas foram depostos por levantes populares na União Soviética e em toda a Europa Oriental. A antiga União Soviética, a Checoslováquia e a Iugoslávia foram então subdivididas de forma que acomodassem as diferenças étnicas, lingüísticas e religiosas nessas áreas.

Em 2003, China, Cuba e Vietnã continuavam sendo sociedades socialistas comandadas por partidos comunistas. Mas mesmo nesses países o capitalismo começou a fazer incursões. Na China, 25% da produção do país tinha sua origem no setor privado (ver o estudo de caso Capitalismo na China para uma discussão mais completa).

Como vimos, o capitalismo e o socialismo servem como tipos ideais de sistemas econômicos. Na verdade, a economia de cada sociedade industrial, incluindo os Estados Unidos, a União Européia e o Japão, tem certos elementos tanto do capitalismo quanto do socialismo. Quaisquer que sejam as diferenças – quer uma sociedade se enquadra mais no tipo ideal de capitalismo quer no de socialismo –, todas as sociedades industriais se baseiam principalmente na mecanização da produção de bens e serviços.

A Economia Informal

Em muitos países, um aspecto da economia desafia a descrição como capitalista ou socialista. Na *economia informal*, transferências de dinheiro, bens ou serviços ocorrem, mas não são relatadas ao governo. Entre os exemplos de economia informal estão: negociar serviços com alguém – digamos, um corte de cabelo por uma aula de computador; vender mercadorias na rua; ou envolver-se em transações ilegais, como jogos ou drogas. Aqueles que participam desse tipo de economia evitam impostos e normas governamentais.

Nos países em desenvolvimento, a economia informal representa uma parte significativa e freqüentemente não medida da atividade econômica total. No entanto, como esse setor depende em grande parte da força de trabalho das mulheres, o trabalho na economia informal é subvalorizado ou mesmo não-reconhecido no mundo todo. No Brasil, o mercado informal de trabalho é conseqüência do aumento das taxas de desemprego e inclui empregados sem carteira assinada e trabalhadores autônomos.

Os funcionalistas argumentam que as normas burocráticas às vezes contribuem para a ascensão de uma economia informal. Nos países em desenvolvimento, os governos criam normas comerciais pesadas que as burocracias sobrecarregadas têm de administrar. Quando os pedidos de licença e autorização se acumulam, atrasando os projetos comerciais, legítimos empreendedores acham que devem "operar clandestinamente" para conseguir fazer qualquer coisa. Apesar da sua aparente eficiência, esse tipo de economia informal é problemático para o bem-estar político e econômico geral de um país. Como as empresas informais costumam atuar em localidades remotas para evitar serem detectadas, elas não podem expandir-se com facilidade quando se tornam lucrativas. E dada a restrita proteção da sua propriedade e de seus direitos contratuais, os membros da economia informal têm menos probabilidade do que os outros de poupar e investir a sua renda.

Quaisquer que sejam as funções que a economia informal exerça, em alguns aspectos ela é problemática para os trabalhadores. As condições de trabalho nesses negócios ilegais são inseguras ou perigosas e os empregos raramente oferecem qualquer benefício para aqueles que ficam doentes ou não podem continuar trabalhando. Talvez mais importante, quanto mais tempo um trabalhador fica na economia informal, menos probabilidade ele tem de fazer a transição para a economia normal. Não importa quão eficiente ou produtivo seja um trabalhador, os empregadores esperam, em uma solicitação de emprego que o candidato apresente experiência na economia formal. Experiência como um camelô bem-sucedido ou de uma faxineira autônoma não tem muito peso em entrevistas.

Use a Sua Imaginação Sociológica

Alguns dos seus parentes trabalham em período integral na economia informal – por exemplo, como babás, cortando grama, limpando casas – e ganham a vida assim. Quais serão as conseqüências para eles em termos de estabilidade no emprego e assistência médica? Você tentará persuadi-los a procurar um emprego formal, independentemente de quanto dinheiro estejam ganhando?

ESTUDO DE CASO: CAPITALISMO NA CHINA

A China de hoje não é a China das gerações passadas. Em um país onde o Partido Comunista já dominou as vidas das pessoas, poucas atualmente seguem os trâmites do partido. Os chineses estão mais interessados em adquirir os bens de consumo mais recentes. Ironicamente, foi a decisão dos representantes do partido de abrir a economia da China para o capitalismo que reduziu a influência da instituição antes onipotente.

O CAMINHO PARA O CAPITALISMO

Quando os comunistas assumiram a liderança da China em 1949, eles se proclamavam como defensores dos trabalhadores e camponeses e inimigos daqueles que exploravam os trabalhadores, ou seja, dos donos de terras e capitalistas. O lucro foi declarado ilegal e aqueles que tentavam obtê-lo eram presos. Na década de 1960, a economia chinesa era dominada por empresas estatais grandes, como fábricas. Até mesmo as fazendas particulares foram transformadas em organizações comunitárias. Os camponeses basicamente trabalhavam para o governo e eram pagos em bens dependendo da sua contribuição para o coletivo. Além disso, podiam receber um pequeno pedaço de terra para produzir alimentos para as suas famílias ou para trocar com outras. Embora, aparentemente, a centralização da produção para o benefício de todos fizesse sentido ideologicamente, não funcionou a contento em termos econômicos.

Na década de 1980, o governo amenizou um pouco as restrições contra a empresa privada permitindo o funcionamento de pequenos negócios com no máximo sete funcionários. Os donos de negócios, porém, não podiam ter cargos que envolvessem a elaboração de políticas em qualquer escalão do partido. No final da década, os líderes do partido começaram a fazer reformas voltadas para o mercado, revisando as estruturas legais do país para promover negócios particulares. Pela primeira vez permitiu-se que empreendedores do setor privado concorressem com algumas estatais. Na metade dos anos 90, impressionados com o resultado do experimento, os representantes do partido começaram a ceder algumas empresas estatais com problemas para empreendedores do setor privado na esperança de que a situação pudesse ser revertida (Lynch, 2002; Pan, 2002).

A ECONOMIA CHINESA HOJE

Atualmente, os empreendedores que suportaram o assédio do governo durante os primeiros anos do Partido Comunista estão entre os capitalistas mais ricos do país. Alguns deles até têm cargos nos conselhos administrativos do governo. No entanto, a economia crescente de livre mercado que eles geraram trouxe uma desigualdade considerável para os trabalhadores chineses. Enquanto, por um lado, os salários aumentaram para milhões, por outro, o salário médio comprava menos em 2004 do que dez anos antes, considerando-se os aumentos nos preços. Os críticos marxistas condenaram os líderes chineses por reduzirem os trabalhadores chineses ao *status* de servos da economia global (Kahn, 2004a).

A transição de uma economia dominada por empresas estatais para uma economia na qual as empresas privadas podem florescer ocorreu de forma surpreendentemente rápida. Em 2004, nove anos após o governo começar a ceder empresas estatais com problemas para investidores particulares, apenas 35% dos trabalhadores urbanos estavam empregados em empresas estatais. No entanto, muitas empresas que foram privatizadas revelaram-se perdedoras de dinheiro – um desafio até para o mais empreendedor dos gerentes (*The Economist*, 2004d).

Os capitalistas chineses também tiveram de competir com corporações multinacionais, que agora podem atuar na China com mais facilidade, graças às reformas econômicas do governo. A General Motors (GM) se interessou pela China inicialmente em 1992, na esperança de utilizar a força de trabalho barata desse país para fabricar carros para os mercados estrangeiros. Entretanto, cada vez mais empresas de propriedade estrangeira, como a GM, estão vendendo para o mercado chinês. Em 2003, a GM produzia 110 mil automóveis por ano na China para consumidores chineses, com um lucro duas vezes maior do que nos Estados Unidos (Kahn, 2003a).

TRABALHADORES CHINESES NA NOVA ECONOMIA

Para os trabalhadores chineses, o afrouxamento do controle estatal sobre a economia significou um aumento na mobilidade profissional, que era rigidamente limitada no início do domínio do Partido Comunista. Os novos mercados criados pelos empreendedores particulares estão permitindo que trabalhadores ambiciosos avancem em suas carreiras ao mudarem de emprego ou até de cidade. Entretanto, muitos trabalhadores urbanos de meia-idade perderam seus empregos para migrantes rurais que buscavam salários mais altos. Além disso, as fábricas de propriedade privada que produzem cadeiras de jardim e ferramentas elétricas em série para corporações multinacionais oferecem oportunidades limitadas e jornadas muito longas. O salário médio é de apenas US$ 75 por mês – 1/6 do que os operários de fábrica ganham no México e 1/40 do salário dos trabalhadores norte-americanos. Em várias pequenas empresas, a segurança do trabalhador não é prioridade. Ao sul de Xangai, nas mais de 7 mil pequenas empresas privadas de ferragens da região, o índice extra-oficial de ferimentos é de 2,5 mil lesões graves por ano. Em toda a China, foram registradas 140 mil mortes no local de trabalho em 2002 – 30% a mais do que no ano anterior (Bradsher, 2004; Iritani e Dickerson, 2002; Kahn, 2003b).

Para o trabalhador médio, fazer parte do partido é menos importante hoje do que era no passado. Em vez disso, a capacidade de administrar e a experiência estão muito em demanda. O sociólogo Xiaowei Zang (2002), de Hong Kong, pesquisou 900 trabalhadores em uma cidade industrial-chave e descobriu que os membros do partido ainda tinham vantagem em empresas estatuais e

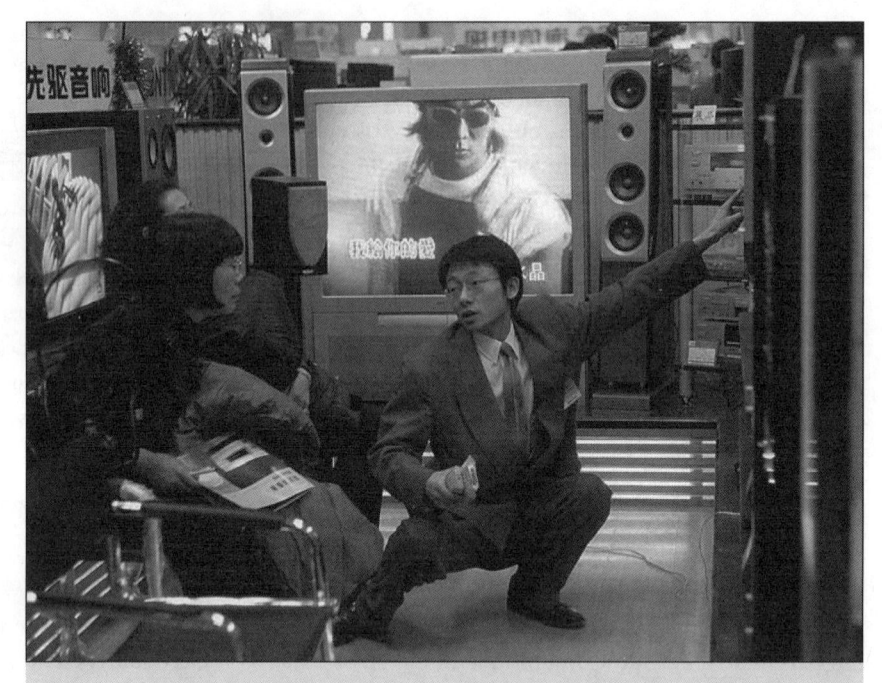

Uma consumidora chinesa compra uma televisão em Beijin. Embora as corporações multinacionais primeiro tenham transferido fábricas para a China para tirar proveito dos salários baixos nesse país, elas descobriram que também podem vender os seus produtos nesse país.

do governo, onde ganhavam salários mais altos do que os outros trabalhadores. Nas empresas particulares, porém, o que contava era o tempo no emprego e a experiência administrativa ou empresarial. Como era de esperar, ser homem e ter escolaridade também ajudava.

As mulheres foram mais lentas no seu avanço no local de trabalho do que os homens. Tradicionalmente, as mulheres chinesas foram relegadas a papéis subservientes na estrutura familiar patriarcal. O domínio do Partido Comunista lhes permitiu obter ganhos significativos em termos de emprego, renda e educação, embora não tão rapidamente quanto o prometido. Para as mulheres rurais na China, o crescimento de uma economia de mercado significou ter de optar entre trabalhar em uma fábrica ou em uma fazenda. Dadas as recentes mudanças econômicas, que foram enormes, os estudiosos estão esperando para ver se as mulheres chinesas irão manter o progresso que iniciaram sob o comunismo (Bian, 2002; Lu et al., 2002; Shu e Bian, 2003).

Os chineses que dirigem pequenas empresas familiares estão prosperando no novo clima econômico. Em uma pesquisa nacional de 3 mil famílias feita em 1996, o sociólogo Andrew Walder (2002) descobriu que, no geral, esses negócios familiares geravam muito mais renda do que outras formas de ganhar a vida. Mas em locais onde os trabalhadores tiveram a oportunidade de desertar da fazenda para fazer trabalho assalariado em fábricas e empresas, eles estavam se saindo tão bem quanto os empresários locais. Walder acha que, à medida que a economia chinesa continuar se desenvolvendo, a concorrência irá aumentar tanto dentro quanto fora da China, e as vantagens econômicas do espírito empreendedor irão diminuir.

PODER E AUTORIDADE

Em qualquer sociedade, alguém ou algum grupo toma decisões importantes sobre como utilizar os recursos e como alocar bens, quer seja o chefe de uma tribo, um parlamento quer seja um ditador. Um elemento cultural comum a todas as sociedades, portanto, é o exercício do poder e da autoridade. Inevitavelmente, a luta pelo poder e pela autoridade envolve *política*, que o cientista político Harold Lasswell (1936) definiu como "quem obtém o quê, quando e como". Nos seus estudos de política e governo, os sociólogos se preocupam com as interações sociais entre as pessoas e os grupos e o seu impacto sobre a ordem política e econômica maior.

Alan Greenspan, ex-presidente da diretoria do Federal Reserve, reúne-se com alguns dos outros membros. Essa diretoria, com 12 integrantes, é um órgão governamental que exerce poder econômico controlando as taxas de juros. As reuniões desse Conselho acontecem a portas fechadas, o que aumenta a influência desses tomadores de decisão de elite.

Poder

p. 208 O poder está no centro de um sistema político. Segundo Max Weber, o ***poder*** é a capacidade de uma pessoa impor sua vontade sobre a vontade das demais. As relações de poder podem envolver grandes organizações, pequenos grupos ou até pessoas em uma associação íntima.

Como Weber elaborou o seu conceito de poder no início da década de 1900, ele se concentrou basicamente no país-Estado e na sua esfera de influência. Hoje em dia, os estudiosos reconhecem que a tendência para a globalização trouxe novas oportunidades e, com elas, novas concentrações de poder: o poder como capacidade de impor a vontade de uma pessoa sobre a vontade dos outros em âmbito global e nacional, à medida que os países e as multinacionais competem para controlar o acesso a recursos e administrar a distribuição do capital (Sernau, 2001).

Existem três fontes básicas de poder em um sistema político: força, influência e autoridade. ***Força*** é o uso real ou a ameaça de coerção para impor a vontade de uma pessoa sobre as outras. Quando os líderes prendem ou até executam dissidentes políticos, estão aplicando força, assim como o fazem terroristas que atacam ou bombardeiam uma embaixada ou assassinam um líder político. A ***influência***, por outro lado, refere-se ao exercício do poder por meio de um processo de persuasão. Um cidadão pode mudar a sua opinião sobre uma pessoa nomeada para a

O carismático Nelson Mandela tornou-se o primeiro presidente eleito democraticamente na África do Sul. Ele presidiu de 1994 a 1999.

Suprema Corte em razão do editorial de um jornal, do testemunho do reitor de uma faculdade de direito perante o Comitê Judiciário do Senado ou de um discurso incitador de um ativista político em uma manifestação de protesto. Em cada um desses casos, os sociólogos consideram esses esforços para persuadir as pessoas como exemplos de influência. Agora vamos examinar uma terceira fonte de poder, a *autoridade*.

Tipos de Autoridade

O termo *autoridade* se refere ao poder institucionalizado, reconhecido pelas pessoas sobre as quais é exercido. Os sociólogos utilizam esse termo em relação àqueles que detêm poder legítimo mediante cargos eletivos ou reconhecidos publicamente. A autoridade de uma pessoa em geral é limitada. Assim, um árbitro tem autoridade para decidir se uma penalidade deve ser marcada em um jogo de futebol, mas não tem autoridade sobre o preço dos ingressos para a partida.

Max Weber ([1913] 1947) criou um sistema de classificação de autoridade que se tornou uma das contribuições mais úteis e citadas dos primórdios da sociologia. Ele identificou três tipos ideais de autoridade: a tradicional, a legal-racional e a carismática. Weber não insistiu que apenas um tipo se aplica a uma dada sociedade ou organização. Os três tipos podem estar presentes, mas sua importância relativa varia. Os sociólogos consideraram a tipologia de Weber valiosa para entender as diferentes manifestações de poder legítimo em uma sociedade.

Autoridade Tradicional

Até a metade do século passado, o Japão era comandado por um imperador reverenciado cujo poder absoluto transmitia-se de uma geração para a outra. Em um sistema político baseado na *autoridade tradicional*, o poder legítimo é conferido por costume ou prática aceita. Um rei ou uma rainha são aceitos como governantes de um país simplesmente por herança da coroa, um chefe de tribo comanda porque essa é a prática aceita.

O governante pode ser amado ou odiado, competente ou destrutivo, em termos de legitimidade isso não importa. Para o líder tradicional, a autoridade está no costume e não nas características pessoais, competência técnica ou nem mesmo na lei. As pessoas aceitam a autoridade do governante porque as coisas foram feitas sempre assim. A autoridade tradicional é absoluta quando o governante tem a capacidade de determinar leis e políticas.

Autoridade Legal-Racional

A constituição norte-americana delega ao Congresso e ao presidente a autoridade de elaborar e colocar em vigor leis e políticas. O poder tornado legítimo por lei é conhecido como *autoridade legal-racional*. Os líderes derivam a sua autoridade legal-racional das normas e regulamentações escritas dos sistemas políticos, como a Constituição. Em geral, nas sociedades baseadas na autoridade legal-racional, entende-se que os líderes têm áreas específicas de competência e autoridade, mas eles não são considerados dotados de inspiração divina, como em determinadas sociedades com formas tradicionais de autoridade.

Autoridade Carismática

Joana D'Arc era uma camponesa simples na França medieval, porém foi capaz de arregimentar o povo francês e liderá-lo em batalhas importantes contra os invasores britânicos. Como foi possível isso? Como observou Weber, o poder pode ser legitimado pelo carisma de uma pessoa. A expressão *autoridade carismática* refere-se ao poder tornado legítimo pela excepcional atração pessoal ou emocional exercida por um líder sobre os seus seguidores.

O carisma permite que uma pessoa lidere ou inspire sem se basear em um conjunto de regras ou na tradição. Na verdade, a autoridade carismática é derivada mais das crenças dos seguidores do que das qualidades reais dos líderes. Enquanto as pessoas *perceberem* o líder como alguém que tem qualidades que o distinguem dos cidadãos comuns, a autoridade desse líder será segura e, muitas vezes, inquestionável.

Ao contrário dos governantes tradicionais, os líderes carismáticos se tornam famosos por romper com as instituições estabelecidas e defender mudanças drásticas na estrutura social e no sistema econômico. O seu forte poder sobre os seus seguidores torna mais fácil criar movimentos de protesto que desafiem as normas dominantes de uma sociedade. Conseqüentemente, líderes carismáticos, como Jesus, Joana D'Arc, Gandhi, Malcolm X e Martin Luther King Jr., todos utilizaram o seu poder para pressionar por mudanças no comportamento social aceito. Mas o mesmo fez Adolf Hitler, cuja atração carismática conduziu as pessoas para fins violentos e destrutivos na Alemanha nazista.

Observando do ponto de vista interacionista, o sociólogo Carl Couch (1996) assinala que o crescimento do meio eletrônico facilitou a criação da autoridade carismática. Nas décadas de 1930 e 1940, os governantes dos Estados Unidos, da Grã-Bretanha e da Alemanha utilizaram o rádio para fazer apelos diretos aos cidadãos. Nas últimas décadas, a televisão permitiu que os líderes "visitassem" as casas das pessoas e se comunicassem com elas. Em Taiwan e na Coréia do Sul, no ano de 1996, líderes políticos angustiados enfrentando campanhas de reeleição falaram com freqüência para públicos nacionais e exageraram as ameaças militares dos países vizinhos China e Coréia do Norte, respectivamente.

Como mencionamos, Weber utilizou as autoridades tradicional, legal-racional e carismática como tipos ideais. Na verdade, determinados líderes e sistemas políticos combinam elementos de duas ou mais dessas formas. Os presidentes Franklin D. Roosevelt, John F. Kennedy e Ronald Reagan exerceram poder, em grande parte, por meio da base legal-racional da sua autoridade. Ao mesmo tempo, eram líderes carismáticos que comandavam a lealdade pessoal de um grande número de cidadãos.

Use a Sua Imaginação Sociológica

Como seria o seu governo se ele se baseasse na autoridade tradicional e não na legal-racional? Que diferença isso faria para o cidadão comum?

COMPORTAMENTO POLÍTICO NOS ESTADOS UNIDOS

Os cidadãos norte-americanos têm como certos vários aspectos do seu sistema político. Eles estão acostumados a viver em um país com uma Declaração de Direitos, dois partidos políticos principais, eleição por voto secreto, um presidente eleito, governos estaduais e municipais distintos do governo federal e assim por diante. No entanto, cada sociedade tem a sua própria maneira de governar e tomar decisões. Assim como os norte-americanos esperam que os candidatos democratas e republicanos concorram a cargos públicos, os cubanos e chineses estão acostumados ao domínio do Partido Comunista. Nesta seção analisaremos vários aspectos do comportamento político nos Estados Unidos.

Participação e Apatia

Teoricamente, uma democracia representativa funciona de maneira mais eficaz e justa se um eleitorado bem informado e ativo comunicar as suas opiniões aos líderes do governo. Infelizmente, isso nem sempre acontece nos Estados Unidos. Quase todos os cidadãos estão familiarizados com os elementos básicos do processo político e a maioria tende a se identificar até certo ponto com um partido político (ver Tabela 14-1), mas somente uma pequena minoria (em geral, membros das classes sociais mais altas) participa de organizações municipais ou federais. Pesquisas revelaram que apenas 8% pertenciam a um clube ou organização política. Não mais do que uma em cada cinco pessoas alguma vez foi contatada por um representante do governo federal, estadual ou municipal sobre uma questão ou problema político (Orum, 2001).

Na década de 1980 ficou claro que muitos norte-americanos estavam começando a se sentir desestimulados por partidos políticos, políticos e grande governo. A indicação mais forte dessa alienação crescente vem das estatísticas de voto. Atualmente, os eleitores de todas as idades e raças parecem menos entusiasmados quanto às eleições e mesmo quanto a disputas presidenciais. Por exemplo, nas eleições presidenciais de 1896, quase 80% dos eleitores foram às urnas. Entretanto, na eleição de 2000 esse índice havia caído para menos de 51% de todos os eleitores. É evidente que mesmo uma porcentagem modestamente mais alta poderia mudar bastante os resul-

Tabela 14-1	Preferências Políticas nos Estados Unidos
Identificação com o Partido	**Porcentagem da População**
Fortemente Democrata	15
Não muito fortemente Democrata	19
Independente, perto de Democrata	10
Independente	19
Independente, perto de Republicano	7
Não muito fortemente Republicano	17
Fortemente Republicano	12

Nota: Os dados são de 2002. Os números não somam 100% porque cerca de 1% indicou outros partidos.
Fonte: J. Davis et al., 2003.

Pense nisto
Por que tantos eleitores norte-americanos se identificam como independentes?

tados das eleições, como vimos na margem estreita que definiu a eleição presidencial de 2000.

No Brasil, o voto é obrigatório, e aqueles que não puderem votar têm de justificar o não-comparecimento às urnas, sob pena de não poderem prestar concursos públicos ou tirar passaporte, por exemplo. Só não são obrigados a votar os cidadãos acima de 65 anos e os jovens de 16 e 17 anos.

Embora alguns poucos países ainda tenham um alto índice de comparecimento de eleitores, está tornando-se cada vez mais comum ouvir líderes nacionais de outros países se queixarem da apatia dos eleitores. O Japão tinha um índice de 70% de comparecimento para as suas eleições para o Senado na metade da década de 1980, porém o índice de comparecimento em 2000 foi próximo de 59%. Em 2001, apenas 58% dos eleitores britânicos participaram das eleições gerais. Mais recentemente, apenas 49% dos eleitores suíços compareceram às urnas (Peck, 2002, p. 49).

No final, a participação torna o governo responsável perante os eleitores. Quando a participação diminui, o governo trabalha com menos senso de responsabilidade para com a sociedade. Essa questão é mais séria para as pessoas e os grupos menos poderosos nos Estados Unidos. O comparecimento dos eleitores tem sido particularmente baixo entre os membros das minorias raciais e étnicas. Nas pesquisas pós-eleições, menos negros e hispânicos do que brancos dizem que votaram. Muito mais possíveis eleitores não se registram para votar. Os pobres – que se concentram de maneira compreensível na sobrevivência – tradicionalmente são sub-representados entre os eleitores também. O baixo índice de comparecimento observado nesses grupos é explicado, pelo menos em parte, pelo seu sentimento comum de impotência. Porém, essas baixas estatísticas estimulam os líderes políticos a continuar ignorando os interesses dos menos ricos e das minorias norte-americanas. O segmento da população votante que tem demonstrado a maior apatia é o de jovens: ver Quadro 14-1 (Casper e Bass, 1998).

As Mulheres na Política

Nos Estados Unidos, as mulheres são bem pouco representadas no governo. Na metade de 2004, havia apenas 73 mulheres no Congresso. Elas representavam 59 dos 435 membros da Câmara de Deputados e 14 dos 100 membros do Senado. Somente oito estados tinham governadoras: Arizona, Delaware, Havaí, Kansas, Louisiana, Michigan, Montana e Utah (Center for American Women and Politics, 2004).

No Brasil, 20% das cadeiras do Congresso Nacional, das Assembléias Legislativas e das Câmaras Municipais são reservadas às mulheres, que, no entanto, não as têm ocupado totalmente. Mas há estados brasileiros nos quais mulheres foram eleitas prefeitas (em São Paulo, capital, duas vezes) e governadoras (Maranhão e Rio de Janeiro), por exemplo. Análises preliminares indicam que pode haver um retrocesso nas eleições de 2006.

◀ p. 279   O sexismo tem sido a barreira mais grave para as mulheres interessadas em cargos políticos. As mulheres norte-americanas só puderam votar nas eleições nacionais em 1920 (no Brasil, essa conquista se deu na década de 1930). As candidatas políticas tiveram de superar os preconceitos tanto dos homens quanto das próprias mulheres no tocante à sua adequação para liderar. Além disso, as mulheres geralmente encontram preconceitos, discriminação e abuso *depois* de serem eleitas. Apesar desses problemas, mais mulheres estão sendo eleitas para cargos políticos e uma quantidade maior delas está se identificando como feminista.

Mulheres políticas podem estar obtendo mais sucesso eleitoral hoje do que no passado, mas existem provas de que a cobertura dos meios de comunicação para elas é diferente daquela dispensada aos homens. Uma análise da cobertura dos jornais das recentes corridas aos governos estaduais nos Estados Unidos mostrou que os repórteres escreviam mais sobre a vida pessoal, a aparência ou personalidade de uma candidata do que de um candidato e menos sobre as suas posições políticas e seu histórico de votações. Além disso, quando eram levantadas questões políticas nos artigos de jornais, os repórteres as ilustravam mais com declarações feitas por candidatos do que por candidatas (Devitt, 1999).

Pesquisa em Ação
14-1 POR QUE OS JOVENS NÃO VOTAM?

Durante toda a década de 1960, os jovens norte-americanos participaram ativamente de uma série de questões políticas, dos direitos civis ao protesto contra a Guerra do Vietnã. Eles estavam particularmente perturbados com o fato de jovens moços não poderem votar, mas estarem sendo convocados para servir nas forças militares e estarem morrendo pelo seu país. Em resposta a essas preocupações, a 26ª Emenda da Constituição Norte-Americana foi ratificada em 1971, baixando a idade para votar de 21 para 18.

Hoje, mais de 30 anos depois, podemos analisar as pesquisas e ver o que aconteceu. Francamente, o notável é o que *não* aconteceu. Em primeiro lugar, os jovens (aqueles com idade entre 18 e 21 anos) não se uniram em nenhum sentimento político específico. Pode-se observar na maneira como os jovens votam as mesmas divisões de raça, etnia e sexo que são aparentes em faixas etárias mais velhas.

Em segundo lugar, embora o ímpeto para diminuir a idade para votar tivesse vindo dos *campi* universitários, a maioria dos jovens eleitores não era de alunos. Muitos já fazem parte do mercado de trabalho e/ou moravam com os pais ou já haviam estabelecido a própria casa.

Em terceiro lugar, e particularmente preocupante, é o seu baixo índice de comparecimento. Na concorrida eleição presidencial de 2000, apenas 32% dos jovens votaram. Comparado com os 52% da eleição de 1972 – a primeira na qual as pessoas com 18 anos puderam votar –, esse índice de comparecimento foi muito baixo.

O que está por trás dessa apatia dos eleitores jovens? A explicação popular é que as pessoas – principalmente os jovens – estão alienadas do sistema polí-

> *Embora o ímpeto para diminuir a idade para votar tivesse vindo dos campi universitários, a maioria dos jovens eleitores não era de alunos.*

tico, desestimuladas pela superficialidade e negatividade dos candidatos e das campanhas. Estudos documentaram que os eleitores jovens são suscetíveis ao cinismo e à falta de confiança, mas essas qualidades não são necessariamente associadas à apatia dos eleitores. Vários estudos mostram que a relação entre a forma como as pessoas percebem os candidatos e as questões e a sua probabilidade de votar é muito complexa. Os jovens votam à medida que vão amadurecendo. O desafeto pela cabine de votação não é, portanto, permanente.

Outras explicações para o índice de comparecimento mais baixo entre os jovens parecem mais plausíveis. Primeiro, os Estados Unidos estão quase sozinhos na exigência que os cidadãos votem, na realidade, duas vezes. Preliminarmente, eles têm de se *registrar* para votar, muitas vezes em um momento em que as questões ainda não estão em debate e os candidatos nem mesmo se declararam. Em segundo lugar, embora os cidadãos norte-americanos tendam a ser mais ativos que os de outros países em questões políticas e da comunidade, os jovens, muitas vezes, não se sensibilizam com questões locais, como o financiamento de escolas públicas.

Vamos Discutir

1. Com que freqüência você vota? Se não vota, qual a causa da sua apatia? Você está ocupado(a) demais para tirar seu título? As questões comunitárias lhe interessam?
2. Você acha que a apatia dos eleitores é um problema social grave? O que poderia ser feito para aumentar a participação dos eleitores da sua faixa etária e comunidade?

Fontes: Alwin, 2002; Clymer, 2000; A. Goldstein e Morin, 2002; Jamieson et al., 2002; Y. Rosenberg, 2004.

Apesar de a proporção de mulheres nas legislaturas nacionais ter aumentado nos Estados Unidos e em vários outros países, elas ainda não representam metade dos membros da legislatura de nenhuma nação. A República Africana de Ruanda é a que tem a maior proporção, 48,8% das cadeiras legislativas são ocupadas por mulheres. No geral, os Estados Unidos estavam em 57º lugar entre 135 países em termos de mulheres trabalhando como legisladoras nacionais em 2004. Para remediar essa situação, muitos países – incluindo a maior democracia do mundo, a Índia – têm uma reserva mínima de cadeiras legislativas para as mulheres.

Uma nova dimensão de mulheres e política surgiu no início da década de 1980. As pesquisas detectaram uma crescente "lacuna entre os sexos" nas preferências e atividades políticas de homens e mulheres. Especificamente, as mulheres tinham mais probabilidade de se registrarem como democratas do que como republicanas. Segundo analistas políticos, o apoio do partido democrata ao direito de optar por um aborto legal, à legislação referente às licenças familiares e médicas e a medidas do governo para exigir que as seguradoras cobrissem um mínimo de dois dias de internação no hospital para novas mães atraiu eleitoras.

A lacuna entre os sexos ainda era evidente na eleição presidencial de 2000. Os dados de boca-de-urna revelaram que o democrata Al Gore recebeu 54% dos votos das mulheres, contra 42% dos votos dos homens. A lacuna de 12% entre os sexos indica que o índice de comparecimento das eleitoras é fundamental para as vitórias dos democratas. Quando as mulheres não compareceram

FIGURA 14-1

Modelos de Elite do Poder

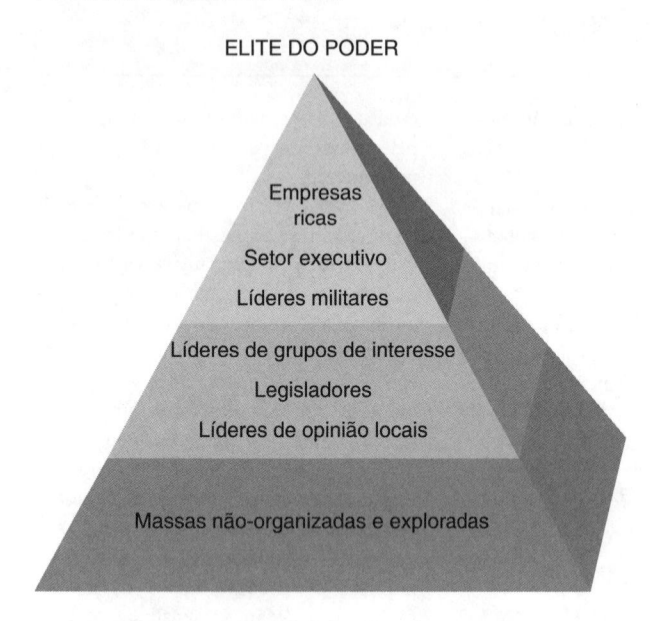

ELITE DO PODER

- Empresas ricas
- Setor executivo
- Líderes militares
- Líderes de grupos de interesse
- Legisladores
- Líderes de opinião locais
- Massas não-organizadas e exploradas

a. O modelo de C. Wright Mills, 1956

Fonte: Domhoff, 2001, p. 96.

A ELITE DO PODER
- Classe social superior
- Comunidade corporativa
- Organizações de formação políticas

b. O modelo de G. William Domhoff, 1998

---

nas eleições do Congresso em 1994, o apoio sólido dos eleitores homens foi um fator importante para o sucesso republicano (Voter News Service, 2000).

Use a Sua Imaginação Sociológica

Imagine um mundo no qual as mulheres, e não os homens, ocupassem a maioria dos cargos eletivos. Que tipo de mundo seria esse?

MODELOS DA ESTRUTURA DO PODER NOS ESTADOS UNIDOS

Quem realmente detém o poder nos Estados Unidos? O povo de fato dirige o país por intermédio dos representantes eleitos? Ou é verdade que nos bastidores uma pequena elite controla tanto o governo como o sistema econômico? É difícil determinar a localização do poder em uma sociedade tão complexa quanto a norte-americana. Explorando essa questão crítica, os cientistas sociais desenvolveram duas teorias sobre a estrutura do poder nos Estados Unidos: a elite do poder e os modelos pluralistas.

Modelos de Elite do Poder

Karl Marx considerava a democracia representativa do século XIX basicamente uma tapeação. Ele dizia que as sociedades industriais eram dominadas por uma quantidade relativamente pequena de pessoas que possuíam fábricas e controlavam os recursos naturais. Segundo Marx, os representantes do governo e os líderes militares eram basicamente escravos da classe capitalista e seguiam os seus desejos. Assim, toda decisão-chave tomada por políticos refletia os interesses da burguesia dominante. Como outros que têm um *modelo de elite* de relações de poder, Marx dizia que a sociedade é comandada por um pequeno grupo de pessoas que compartilham um conjunto comum de interesses políticos e econômicos.

O Modelo de Mills

O sociólogo C. Wright Mills, mencionado anteriormente neste capítulo, avançou esse modelo no seu trabalho pioneiro *The power elite* ([1956] 2000b). Mills descreveu um pequeno grupo de líderes militares, industriais e governamentais que controlavam a sorte dos Estados Unidos – a *elite do poder*. O poder estava nas mãos de uns poucos, tanto dentro quanto fora do governo.

Uma pirâmide ilustra a estrutura do poder norte-americano no modelo de Mills (ver Figura 14-1a). No topo estão as empresas ricas, os líderes do setor executivo do governo e os chefes militares (que Mills chamava de "senhores da guerra"). Logo abaixo encontram-se os líderes de opinião locais, os membros do Legislativo e os líderes dos grupos de interesse especial. Segundo Mills, essas pessoas e esses grupos seguiam basicamente os desejos da elite do poder dominante. Na parte inferior da pirâmide estão as massas não-organizadas e exploradas.

O modelo de elite do poder é, em muitos aspectos, semelhante ao trabalho de Karl Marx. A diferença mais impressionante é que Mills achava que os economicamente poderosos coordenam suas manobras com os estabelecimentos militares e políticos para atender aos seus interesses comuns. Porém, lembrando-se de Marx, Mills argumentou que as empresas ricas talvez fossem o elemento mais poderoso da elite do poder (primeiro entre "iguais"). E as massas indefesas na parte de baixo do modelo de elite do poder de Mills certamente trazem à mente o retrato dos trabalhadores oprimidos que "não têm nada a perder além das suas correntes".

Um elemento fundamental na tese de Mills é que a elite do poder não apenas inclui relativamente poucos membros, mas também funciona como uma unidade consciente de si mesma e coesa. Embora não seja necessariamente diabólica ou inescrupulosa, a elite é composta de tipos de pessoas semelhantes que interagem regularmente umas com as outras e têm basicamente os mesmos interesses políticos e econômicos. A elite do poder de Mills não é uma conspiração, mas, sim, uma comunidade de interesses e sentimentos entre uma pequena quantidade de pessoas influentes (A. Hacker, 1964).

Mills não conseguiu esclarecer quando a elite do poder se opõe a protestos e quando ela os tolera, e admitiu isso. Ele também não conseguiu fornecer estudos de casos detalhados que corroborassem as inter-relações entre os membros da elite do poder. Mesmo assim, suas teorias desafiadoras forçaram os estudiosos a analisar mais criticamente o sistema política democrático norte-americano.

Ao comentarem os escândalos que abalaram corporações importantes, como Enron e Arthur Andersen, na última década, os observadores notaram que os membros da elite do poder *estão* estreitamente interligados. Em um estudo dos membros das diretorias das 1.000 empresas da revista *Fortune*, os pesquisadores descobriram que cada diretor pode chegar a *cada uma* das outras diretorias com 3,7 passos, isto é, consultando conhecidos de conhecidos, cada um dos diretores pode contatar rapidamente alguém que está em cada uma das outras 999 diretorias. Além disso, o contato presencial que os diretores mantêm regularmente em suas reuniões de diretoria os torna uma elite coesa. Por fim, a elite corporativa não é só rica, poderosa e coesa. Ela é também esmagadoramente branca e masculina (G. Davis, 2003, 2004; Mizruchi, 1996; G. Strauss, 2002).

O Modelo de Domhoff

Nas últimas três décadas, o sociólogo G. William Domhoff (2001), co-autor do trecho de *Diversity of the power elite* na abertura do capítulo, concordou com Mills que uma elite do poder comanda os Estados Unidos. Ele acha que essa elite continua sendo formada em grande parte por homens brancos, como escreveu no seu livro com Richard L. Zweigenhaft (1998). Mas Domhoff enfatiza o papel desempenhado tanto pelas elites da comunidade empresarial como pelos líderes das organizações de formação de políticas, como as câmaras de comércio e os sindicatos de trabalhadores. Muitas das pessoas em ambos os grupos são também membros da alta classe social.

Embora esses grupos coincidam uns com os outros, como mostra a Figura 14-1b, não necessariamente concordam quanto a políticas específicas. Domhoff observa que, na arena eleitoral, duas situações diferentes exerceram influência. Uma *coalizão corporativa-conservadora* teve um papel importante em ambos os partidos, o que gerou apoio para determinados candidatos por meio de apelos via mala direta. Uma *coalizão liberal-trabalhista* é baseada em sindicatos, organizações ambientais, um segmento de uma comunidade, grupo de minoria, igrejas liberais e as comunidades universitária e das artes (Zweigenhaft e Domhoff, 1998).

O Modelo Pluralista

Vários cientistas sociais insistem que o poder nos Estados Unidos é compartilhado mais do que indicam os modelos de elite do poder. Segundo eles, um modelo pluralista descreve mais precisamente o sistema político norte-americano. Pelo **modelo pluralista**, vários grupos conflitantes na comunidade têm acesso ao governo, portanto, não há um único grupo que domine.

O modelo pluralista sugere que uma série de grupos tem um papel importante na tomada de decisões. Geralmente, os pluralistas utilizam estudos intensivos de casos ou estudos comunitários baseados em pesquisa de observação. Um dos mais famosos deles – uma investigação da tomada de decisões em New Haven, Connecticut – foi relatado por Robert Dahl (1961). Dahl descobriu que, embora a quantidade de pessoas envolvidas em qualquer decisão importante fosse pequena, o poder da comunidade mesmo assim era difuso. Poucos atos políticos exerciam poder de tomada de decisão em todas as situações. Uma pessoa ou um grupo pode ter influência em uma batalha sobre a renovação urbana, mas, ao mesmo tempo, tem pouco impacto sobre a política educacional.

O modelo pluralista, no entanto, não escapou de sérios questionamentos. Domhoff (1978, 2001) reexaminou o estudo de Dahl sobre a tomada de decisões em New Haven e argumentou que Dahl e outros pluralistas não conseguiram demonstrar como as elites que eram proeminentes na tomada de decisões constituíam parte de uma classe dominante maior. Além disso, estudos sobre o poder comunitário, como o trabalho de Dahl em New Haven, conseguem examinar a tomada de decisões somente no tocante a questões que se tornaram parte da ordem do dia. Eles não abordam o possível poder das elites de manter determinados assuntos fora do reino do debate governamental.

Dianne Pinderhughes (1987) criticou o modelo pluralista por não contabilizar a exclusão dos negros do processo político. Com base em seus estudos da política de Chicago, Pinderhughes ressalta que a segregação residencial e ocupacional dos negros e a sua longa falta de liberdade política violam a lógica do pluralismo – que afirmaria que uma minoria tão importante sempre deveria ter sido influente nas tomadas de decisões da comunidade. Essa crítica se aplica a várias cidades nos Estados Unidos, onde outras grandes minorias raciais e étnicas, entre elas norte-americanos de origens asiática, porto-riquenha e mexicana, não têm relativamente nenhum poder. Os problemas encontrados pelos eleitores negros na Flórida nas eleições de 2000 corroboram essa crítica do modelo pluralista (Berry, 2001).

Historicamente, os pluralistas enfatizaram maneiras pelas quais uma grande quantidade de pessoas pode participar das tomadas de decisões do governo ou influenciá-las. Novas tecnologias de comunicação, como a Internet, estão aumentando a oportunidade de se fazer ouvir, não só em países, como os Estados Unidos, mas em países em desenvolvimento no mundo todo. Porém, um ponto comum da elite e das teorias pluralistas se destaca: no sistema político dos Estados Unidos, o poder é distribuído desigualmente. Todos os cidadãos podem ser teoricamente iguais, mas aqueles que estão no topo da estrutura do poder são "mais iguais". As novas tecnologias de comunicação podem ou não mudar essa distribuição de poder.

Talvez o teste definitivo do poder, independentemente da estrutura de poder do país, seja a decisão de entrar em guerra. Como o pessoal que compõe qualquer exército com freqüência é recrutado das classes mais baixas – os grupos menos poderosos da sociedade –, essa decisão tem conseqüências de vida e morte para quem está longe do centro do poder. No longo prazo, se a população não se convencer de que a guerra é necessária, a ação militar terá pouca probabilidade de ser bem-sucedida. Portanto, a guerra é uma maneira arriscada de abordar um conflito entre países. Na seção a seguir iremos comparar a guerra e a paz como maneiras de abordar o conflito social e, mais recentemente, a ameaça de terrorismo.

GUERRA E PAZ

O conflito é um aspecto fundamental das relações sociais. Muitas vezes, ele se torna contínuo e violento, envolvendo

No Dia da Terra de 2004, os alunos ecologicamente conscientes da University of Wisconsin, Madison, subiram em suas bicicletas e se juntaram aos residentes locais na revendedora Hummer. Os manifestantes esperavam atrapalhar as vendas dos enormes veículos consumidores de gasolina bloqueando o tráfego. Quando grupos de interesses públicos tentam exercer o seu poder em protestos em massa, demonstram uma crença no modelo pluralista da estrutura de poder norte-americana.

tanto observadores inocentes como participantes intencionais. Os sociólogos Theodore Caplow e Louis Hicks (2002, p. 3) definiram *guerra* como um conflito entre organizações que têm forças de combate treinadas e equipadas com armas mortais. Essa definição é mais ampla do que a definição legal, que requer uma declaração formal de hostilidades.

Guerra

Os sociólogos abordam a guerra de três maneiras distintas. Os que adotam a visão global estudam como e por que dois ou mais países se envolvem em conflitos militares. Aqueles que adotam uma visão país-Estado enfatizam a interação das forças políticas internas, socioeconômicas e culturais. E aqueles que adotam uma perspectiva micro se concentram no impacto social da guerra sobre as pessoas e os grupos aos quais elas pertencem (Kiser, 1992).

O processo interno de tomada de decisões que levam à guerra vem sendo muito estudado. Na Guerra do Vietnã, os presidentes Johnson e Nixon enganaram o Congresso pintando um quadro falsamente otimista do provável resultado. Com base em suas distorções propositais, o Congresso liberou os fundos que os dois governos solicitaram, mas, em 1971, o *New York Times* publicou uma série de documentos confidenciais que hoje são conhecidos como os "Documentos do Pentágono", que revelavam as perspectivas reais da guerra. Dois anos de-

FIGURA 14-2

A Opinião Pública Norte-Americana sobre a Necessidade da Guerra, 1971–2004

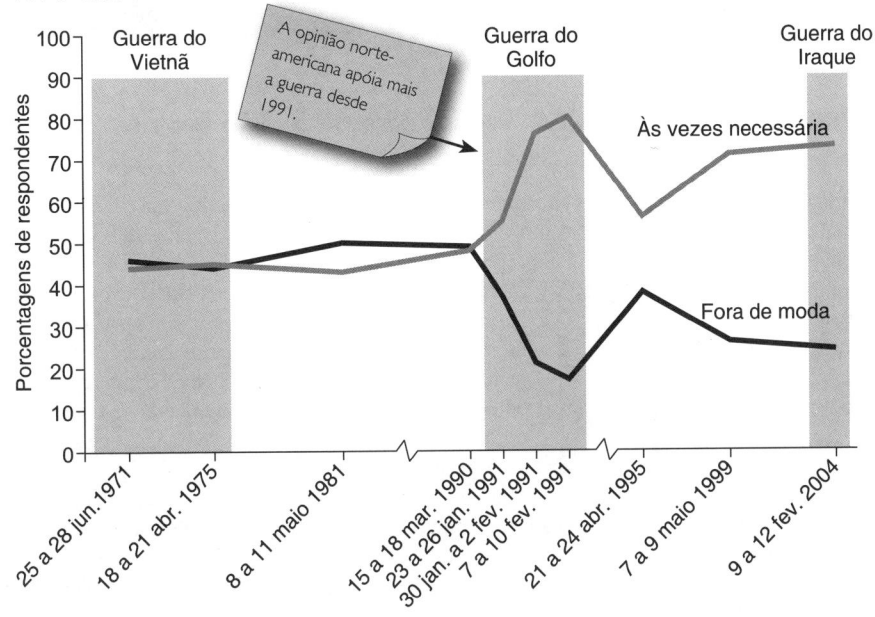

A opinião norte-americana apóia mais a guerra desde 1991.

Nota: Os pesquisados responderam à seguinte pergunta: "Algumas pessoas consideram a guerra uma maneira fora de moda de resolver as diferenças entre países. Outras entendem que a guerra às vezes é necessária para resolver diferenças. Com qual desses dois pontos de vista você concorda?"

Fonte: Arora, 2004.

pois – anulando o veto de Nixon –, o Congresso aprovou a Lei dos Poderes de Guerra, que requer que o presidente notifique o Congresso dos motivos para envolver tropas de combate em uma situação hostil (T. Patterson, 2003).

Embora a guerra seja uma decisão tomada pelos governos, a opinião pública tem um papel importante na sua execução. Em 1971, a quantidade de soldados norte-americanos mortos no Vietnã tinha passado de 50 mil e o sentimento antiguerra era forte. Pesquisas feitas na época mostraram que o público estava dividido mais ou menos igualmente no tocante à questão se a guerra era ou não uma maneira adequada de resolver diferenças entre países (ver Figura 14-2). Essa divisão na opinião pública norte-americana continuou até os Estados Unidos se envolverem na Guerra do Golfo após a invasão do Kuwait pelo Iraque em 1990. A partir de então, o sentimento norte-americano é mais de apoio à guerra como meio de resolver conflitos.

Historicamente, as forças militares norte-americanas não refletiram a sociedade à qual servem. Durante a Guerra do Vietnã, os membros das classes sociais mais baixas tinham mais probabilidade do que os outros de serem convocados. Hoje, porém, o exército dos Estados Unidos é constituído por voluntários e tende a ser mais representativo da população. Durante a guerra do Iraque, que começou em 2003, aproximadamente 40% das tropas norte-americanas na zona de combate eram de reservistas ou membros da Guarda Nacional – os assim chamados guerreiros de fim-de-semana. Como essas tropas representavam um amplo espectro da população, as baixas que sofreram podem ter fortalecido o sentimento antiguerra (Caplow e Hicks, 2002; Fallows, 2004; T. Wilson, 1995).

Uma outra indicação da mudança na composição das forças militares norte-americanas é a presença cada vez maior de mulheres. Mais de 212 mil mulheres, ou cerca de 15% das forças militares dos Estados Unidos, estão agora de uniforme, servindo não só como pessoal de apoio, mas também como parte integrante das unidades de combate. Na verdade, a primeira baixa da Guerra do Iraque foi a cabo Lori Piestewa, membro da tribo Hopi e descendente de colonizadores mexicanos no sudoeste (Department of Defense, 2003).

Do ponto de vista micro, a guerra pode fazer vir à tona o melhor e o pior das pessoas. Em 2004, imagens detalhadas de abuso dos prisioneiros iraquianos por parte dos soldados norte-americanos na prisão iraquiana de Abu Ghraib chocaram o mundo. Para os cientistas sociais, a deterioração do comportamento dos guardas fazia lembrar o experimento da falsa prisão de Philip Zimbardo de 1971. Embora os resultados desse experimento, que foram destacados no Capítulo 5, tenham sido aplicados basicamente a reformatórios civis, o estudo de Zimbardo na verdade foi financiado pelo Departamento de Pesquisas Navais. Em julho de 2004, as forças militares norte-americanas começaram a usar um filme documentário sobre o experimento no treinamento de interrogadores militares para evitar que prisioneiros fossem maltratados (Zarembo, 2004; Zimbardo, 2004)

Paz

Os sociólogos consideram *paz* tanto a ausência de guerra como o esforço proativo de cultivar relações de colaboração entre países. Embora nos concentremos aqui nas relações internacionais, devemos ressaltar que, na década de 1990, 90% dos conflitos armados ocorreram *nos* e não entre países. Freqüentemente, poderes externos se envolveram nesses conflitos internos, quer como partidários de determinadas facções, quer tentando servir como

Levando a Sociologia para o Trabalho

RICHARD J. HAWK Vice-Presidente e Consultor Financeiro da Smith Barney

Richard Hawk não tinha idéia do que queria fazer da sua vida quando entrou para a DePauw University em Indiana nem sabia o que era sociologia quando se matriculou para o seu primeiro curso. Mas logo percebeu que gostava do corpo docente do departamento de sociologia e da perspectiva que a matéria lhe dava sobre as outras disciplinas que estava estudando – economia, história e comunicações. No seu terceiro ano, ele fez um curso sobre casamento e família que o ajudou a ver o "efeito conta-gotas" das principais decisões econômicas sobre as pessoas e as comunidades.

Atualmente, Hawk credita à sociologia algo que lhe permitiu "ter um entendimento geral melhor das coisas" que ele utiliza diariamente. Quando pediram que se explicasse melhor, ele respondeu: "Você tem que perceber que todos são afetados de uma maneira ou de outra" pelas decisões econômicas e políticas. Hawk cita a Guerra do Iraque: "Metade das forças é de reservistas. Veja o impacto social e financeiro sobre a família, o impacto econômico sobre as empresas para as quais essas pessoas trabalham localmente, para não falar dos efeitos óbvios sobre o povo iraquiano". Ele vê esses efeitos nas vidas dos seus clientes, quer sejam médicos quer sejam operários deparando com uma aposentadoria antecipada. Quando elabora os seus planos financeiros, Hawk tem em mente o quadro geral.

Como consultor financeiro, Hawk se reúne com clientes, conferencia com administradores de dinheiro e analistas financeiros e prepara propostas para possíveis clientes. Aplica a mesma perspectiva analítica que utiliza com os clientes à economia e às questões comerciais atuais. "Os últimos anos não foram particularmente bondosos com os mercados de eqüidade", observa. "Nós estamos em uma bolha tecnológica e, conseqüentemente, vivenciamos mudanças drásticas nos métodos contábeis, questões de compensação e ética em geral."

Hawk aconselha aqueles que estão estudando sociologia pela primeira vez a abordarem a matéria com a mente aberta, a "estarem dispostos a analisar as questões de um ponto de vista diferente". Fazer isso, na sua opinião, irá resultar em alguns *insights* valiosos.

Vamos Discutir

1. Escolha uma questão ou decisão econômica que tenha sido pauta dos noticiários recentemente e mostre como ela poderia afetar a sua família.
2. Considere a mesma questão ou decisão e imagine como ela poderia afetar as pessoas com as quais você irá lidar em uma futura carreira.

---

intermediários de um acordo de paz. Em 28 países onde ocorreram conflitos desse tipo – nenhum deles considerado país central na análise mundial de sistemas –, pelo menos 10 mil pessoas morreram (Kriesberg, 1992; Dan Smith, 1999).

Os sociólogos e outros cientistas sociais que se baseiam na teoria e na pesquisa sociológica tentaram identificar condições que evitem a guerra. Uma das suas descobertas é que o comércio age como um elemento que evita o conflito armado. Quando os países trocam bens, pessoas e depois culturas, tornam-se mais integrados e menos propensos a ameaçar a segurança um do outro. Vistos desse ângulo, não só o comércio mas também a imigração e os programas de intercâmbio têm um efeito benéfico sobre as relações internacionais.

Outros meios de fomentar a paz é a atividade de instituições de caridade internacionais e grupos de ativistas denominados organizações não-governamentais (ONGs). A Cruz Vermelha e a Crescente Vermelha, Médicos sem Fronteiras e Anistia Internacional doam os seus serviços onde quer que sejam necessários sem levar em conta a nacionalidade. Especialmente na última década, essas organizações mundiais aumentaram em número, tamanho e escopo. Compartilhando as notícias sobre as condições locais e esclarecendo questões locais, elas, muitas vezes, impedem que os conflitos evoluam para violência e guerra. Algumas ONGs iniciaram cessar-fogo, chegaram a acordos e até encerraram guerras entre antigos adversários.

Por fim, muitos analistas enfatizam que os países não podem manter a segurança ameaçando com a violência. A paz, argumentam eles, pode ser mais bem mantida elaborando sólidos acordos de segurança mútua entre possíveis adversários (Etzioni, 1965; Shostak, 2002).

Nos últimos anos, os Estados Unidos começaram a reconhecer que a sua segurança pode ser ameaçada não só por países-Estados, mas também por grupos políticos que atuam fora dos limites da autoridade legítima. Na verdade, o terrorismo atualmente é considerado a ameaça principal à segurança dos Estados Unidos – uma ameaça que os militares norte-americanos não estão acostumados a combater.

Um representante da Sociedade Crescente Vermelha Internacional entrega um pacote de ajuda na cidade de Safwan no sul do Iraque. A Crescente Vermelha presta ajuda de emergência a vítimas de guerra e de catástrofes nas comunidades muçulmanas. Essas organizações não-governamentais (ONGs) ajudam a unir países, promovendo, assim, relações pacíficas.

Terrorismo

Atos de terrorismo, sejam praticados por poucas ou por muitas pessoas, podem ser uma poderosa força política. Definido formalmente, **terrorismo** é o uso ou a ameaça de violência contra alvos aleatórios ou simbólicos na busca de fins políticos. Para os terroristas, os fins justificam os meios. Eles consideram o *status quo* um opressor e medidas desesperadas são fundamentais para pôr fim ao sofrimento dos carentes. Convencidos de que trabalhar por meio do processo político formal não provocará a mudança política desejada, os terroristas insistem que atos ilegais – freqüentemente dirigidos a pessoas inocentes – são necessários. O que esperam é intimidar a sociedade e, dessa forma, criar uma nova ordem política.

Um aspecto fundamental do terrorismo contemporâneo envolve o uso dos meios de comunicação. Os terroristas podem desejar manter suas identidades individuais em segredo, mas querem que as suas mensagens políticas recebam o máximo de publicidade possível. Com base no enfoque dramatúrgico de Erving Goffman, o sociólogo Alfred McClung Lee comparou o terrorismo ao teatro, onde determinadas cenas são representadas de uma maneira previsível. Seja por meio de ligações para os meios de comunicação, manifestos anônimos ou outros meios, os terroristas geralmente admitem a responsabilidade por seus atos violentos e os defendem.

Desde 11 de setembro de 2001, os governos de todo o mundo renovaram os seus esforços para combater o terrorismo. Embora o público tenha considerado o aumento da vigilância e o controle social como um mal necessário, mesmo assim essas medidas levantaram questões de autoridade. Por exemplo, alguns cidadãos norte-americanos e em outras partes do mundo questionam se medidas, como o Ato Patriota de 2001 dos Estados Unidos, ameaçam a liberdade civil. Os cidadãos também se queixam do aumento da ansiedade criada pelos vagos alertas esporádicos feitos pelo governo federal. No mundo todo, a imigração e o processamento de refugiados foram reduzidos até quase paralisar, separando famílias e impedindo que os empregadores preenchessem vagas. Como esses esforços para combater a violência política ilustram, o termo *terrorismo* é adequado (R. Howard e Sawyer, 2003; A. Lee, 1983; R. Miller, 1988).

A ECONOMIA MUTANTE

Como os defensores do modelo da elite do poder assinalam, a tendência nas sociedades capitalistas é de concentrar a propriedade em corporações gigantes, principalmente
p. 224 multinacionais. Por exemplo, ocorreram 7.032 fusões só em 2002, envolvendo negócios de US$ 1,2 trilhão. A economia norte-americana está mudando de maneiras importantes, em parte porque está cada vez mais entrelaçada com a economia global e dela dependente. Em 2002, as companhias estrangeiras adquiriram 366 empresas norte-americanas avaliadas conjuntamente em US$ 68 bilhões (Bureau of the Census, 2003a, p. 571).

Nas próximas seções, analisaremos dois acontecimentos na economia que interessaram aos sociólogos: a mudança da face da força de trabalho e a desindustrialização. Como mostram essas tendências, qualquer mudança na economia tem inevitavelmente implicações sociais e políticas que logo se tornam uma preocupação para os elaboradores de política.

As Mudanças na Face da Força de Trabalho

A força de trabalho nos Estados Unidos passa por mudanças constantes. Durante a Segunda Guerra Mundial, quando os homens eram mobilizados para lutar no exterior, as mulheres entraram em grande número no mercado de trabalho. E, com a ascensão do movimento pelos direitos civis na década de 1960, as minorias encontraram várias oportunidades de empregos abertas para elas. O recrutamento ativo das mulheres e das minorias no local de trabalho, conhecido como *ação afirmativa*, é o assunto da seção sobre política social deste capítulo.

Ainda que as previsões nem sempre sejam confiáveis, os sociólogos e os especialistas em mão-de-obra prevêem uma força de trabalho composta cada vez mais de mulheres e de minorias étnicas e raciais. Em 1960 havia duas vezes mais homens no mercado de trabalho do que mulheres. No período de 1980 a 2020, espera-se que entrem três mulheres no mercado de trabalho para cada dois homens. É possível que em 2020 a força de trabalho feminina seja apenas 3% menor que a masculina. A dinâmica para os grupos de minorias é ainda mais significativa. A quantidade de trabalhadores negros, latinos e norte-americanos de origem asiática continua aumentando mais rapidamente do que a quantidade de trabalhadores brancos, como mostra a Figura 14-3 (Toossi, 2002, p. 24).

Cada vez mais a força de trabalho reflete a diversidade da população, à medida que as minorias étnicas entram no mercado de trabalho e os imigrantes e os seus filhos se mudam de empregos marginais na economia informal para cargos de maior visibilidade e responsabilidade. O impacto dessa mão-de-obra mutante não é meramente estatístico. Uma força de trabalho mais diversificada significa que as relações entre os trabalhadores têm mais probabilidade de transpor as barreiras do sexo, da raça e das etnias. Os interacionistas observam que as pessoas se verão supervisionando – e sendo supervisionadas por – pessoas bem diferentes delas. Em resposta a essas mudanças, 75% das empresas haviam instituído algum tipo de programa de treinamento sobre diversidade cultural em 2000 (Melia, 2000).

Desindustrialização

O que acontece quando uma empresa decide que é mais lucrativo transferir as suas operações de uma comunidade estabelecida de longa data para uma outra região do país ou para outro país? As pessoas perdem empregos, lojas perdem clientes, a base de cálculo do governo cai e este corta serviço. Esse processo devastador ocorreu várias vezes na última década.

O termo **desindustrialização** se refere à retirada sistemática e amplamente difundida dos investimentos em aspectos básicos da produtividade, como fábricas e usinas. Corporações gigantes que desindustrializam não estão necessariamente se recusando a investir em novas oportunidades econômicas. Em vez disso, os alvos e localidades de investimentos mudam e a necessidade de mão-de-obra diminui à medida que a tecnologia continua a automatizar a produção. Primeiro, pode haver uma mudança de fábricas das cidades centrais do país para os subúrbios. O próximo passo pode ser a mudança das regiões suburbanas do Nordeste e Centro-Oeste para os estados do sul, onde as leis trabalhistas impõem mais restrições aos sindicatos. Por fim, uma corporação pode simplesmente *mudar* dos Estados Unidos para um país com um índice de salários predominantemente mais baixo. A General Motors, por exemplo, decidiu construir uma fábrica de vários bilhões de dólares na China e não na Cidade do Kansas ou mesmo do México (Lynn, 2003).

No Brasil, isso também acontece. Há um processo de desconcentração industrial em marcha, como também investimentos industriais no estrangeiro, sobretudo na China. Quanto ao processo de desconcentração industrial, basta lembrar que as montadoras de automóveis dispersaram-se pelo território nacional e a região do ABC, na Grande São Paulo, perdeu investimentos de monta. Os estados da Bahia, de Minas Gerais, do Rio de Janeiro e do Paraná beneficiaram-se com a instalação de unidades produtivas da Ford, Fiat, Volkswagen, Peugeot e Renault. A Embraer e a Grendhene

FIGURA 14-3

Composição Racial e Étnica da Mão-de-Obra Norte-Americana, 1980 a 2020 (projeção)

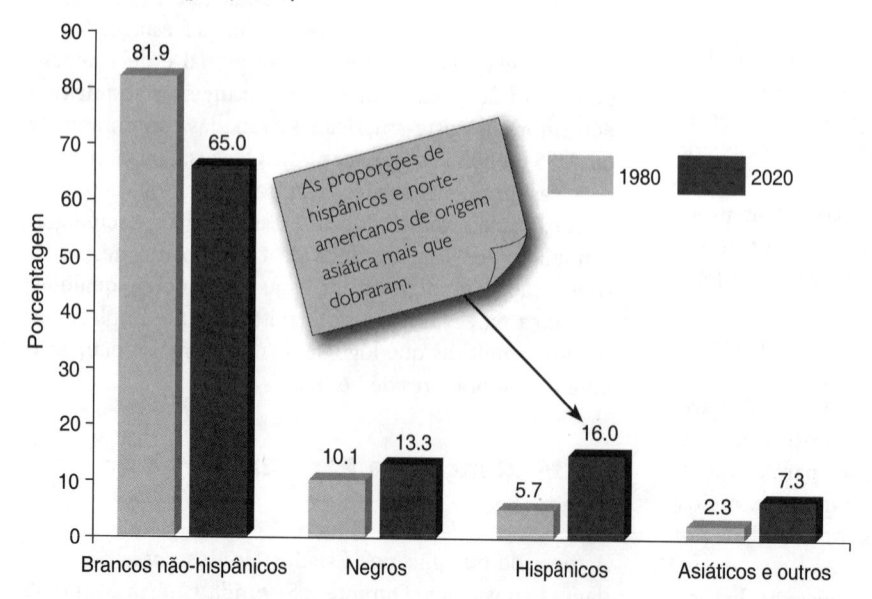

	1980	2020
Brancos não-hispânicos	81.9	65.0
Negros	10.1	13.3
Hispânicos	5.7	16.0
Asiáticos e outros	2.3	7.3

As proporções de hispânicos e norte-americanos de origem asiática mais que dobraram.

Fonte: Toossi, 2002, p. 24.

Sociologia na Comunidade Global
14-2 TRANSFERINDO SERVIÇOS PARA O EXTERIOR

Dez mil funcionários se reuniram em uma tenda para comemorar um marco da empresa: a Infosys Technologies atingiu US$ 1 bilhão de receita anual. Para aumentar a emoção, a empresa anunciou que iria distribuir US$ 23 milhões em bônus aos funcionários que merecessem. Essa cena não se passa no Vale do Silício, mas na cidade indiana de Bangalore – o epicentro de um avanço da terceirização fora dos Estados Unidos.

As empresas norte-americanas têm terceirizado determinados tipos de trabalho há gerações. Por exemplo, as empresas de porte médio como lojas de móveis e lavanderias comerciais contratam ou terceirizam os seus serviços de entrega para transportadoras locais há muito tempo. A nova tendência de *offshoring* (transferir para fora do país) leva essa prática um passo adiante transferindo o trabalho para empreiteiros estrangeiros. Atualmente, até empresas grandes estão recorrendo a companhias estrangeiras, muitas delas situadas em países em desenvolvimento. Transferir para o exterior tornou-se a tática mais recente na velha estratégia comercial de aumentar os lucros reduzindo custos.

Originalmente, as empresas transferiam as tarefas de fabricação para fábricas estrangeiras, nas quais os salários eram bem mais baixos. Porém, a transferência de trabalho de um país para outro não se limita mais ao setor de fabricação. Tarefas administrativas e de escritório também estão sendo exportadas graças às telecomunicações avançadas e ao aumento do contingente de mão-de-obra especializada que fala inglês nos países em desenvolvimento com salários relativamente baixos. Essa tendência inclui até aqueles trabalhos que requerem um treinamento considerável, como análise contábil e financeira, programação de computador, acertos de reclamações, telemarketing e reservas de hotel e de avião. Atualmente, quando se liga para um número de discagem gratuita, é provável que a pessoa que atenda ao telefone não esteja falando dos Estados Unidos.

Estima-se que, em 2015, cerca de 3,3 milhões de trabalhos de colarinho branco

Transferir para o exterior tornou-se a tática mais recente na velha estratégia comercial de aumentar os lucros reduzindo custos.

no valor estimado de uma folha de pagamento de US$ 136,4 bilhões terão mudado dos Estados Unidos. Evidentemente, essa é apenas uma pequena parte do setor de serviços. No entanto, cada vez mais o aumento na terceirização no exterior está sendo acompanhado de diminuição de empregos nos Estados Unidos. Os trabalhadores *e eleitores* de classe média estão alarmados com essa tendência. Embora transferir trabalhos de alta tecnologia para a Índia ajude a baixar custos, o impacto sobre os trabalhadores que foram demitidos é claramente devastador. Os economistas lutam por assistência aos trabalhadores demitidos, porém contra os esforços para bloquear a terceirização.

Para os estrangeiros também existe um lado negativo da transferência para o exterior. Embora a terceirização seja uma fonte considerável de emprego para a classe média alta da Índia, centenas de milhares de outros indianos não sofreram qualquer impacto positivo dessa tendência. A maioria dos domicílios da Índia não tem qualquer forma de alta tecnologia: apenas cerca de um em cada dez tem telefone e três em cada mil, computador. Em vez de melhorar a vida dessas pessoas, os novos centros comerciais desviam água e eletricidade daqueles que mais precisam. Mesmo os que trabalham com alta tecnologia estão sofrendo conseqüências negativas. Muitos têm problemas de estresse, como distúrbios estomacais e dificuldade para dormir, mais da metade abandona seus empregos antes do período de um ano.

Vamos Discutir

1. Como a quantidade de alunos estrangeiros que é educada nos Estados Unidos contribui para a tendência de transferir para o exterior? Ponderando, você considera que os lucros obtidos com o treinamento de alunos estrangeiros são maiores do que a perda dos empregos exportados?
2. Qual será o impacto político da tendência crescente de transferir serviços para o exterior?

Fontes: Brainard e Litan, 2004; Drezner, 2004; Mangan, 2004; Rajan, 2004; Scheiber, 2004; Waldman, 2004a, 2004b, 2004c.

---

têm unidades produtivas na China e a Gerdau tornou-se, ao lado da Petrobras, uma grande empresa multinacional. Esses processos de transferência geográfica de indústrias desestruturam os mercados de trabalho e prejudicam milhares de famílias de trabalhadores que perdem seus empregos.

Embora a desindustrialização geralmente envolva realocação, em alguns casos ela assume a forma de reestruturação, quando as empresas buscam reduzir custos em razão da concorrência mundial crescente. Quando essa reestruturação ocorre, o impacto sobre a hierarquia burocrática das organizações formais pode ser considerável. Uma grande corporação pode optar por vender ou abandonar totalmente divisões menos produtivas e eliminar camadas de gerência consideradas desnecessárias. Os salários podem ser congelados e os benefícios adicionais, cortados – tudo em nome da reestruturação. A dependência cada vez maior da automação também prenuncia o fim do trabalho da forma como o conhecemos.

O termo **downsizing** foi introduzido em 1987 para se referir às reduções na força de trabalho de uma empresa como parte da desindustrialização. Do ponto de vista da teoria do conflito, a atenção sem precedentes dada ao *downsizing* na metade da década de 1990 refletiu a importância contínua da classe social nos Estados Unidos. Os teóricos do conflito ressaltam que o desemprego há muito tempo vem sendo uma característica da desindustrialização entre os operários. Porém, quando grandes quantidades de gerentes de classe média e de outros funcionários de colarinho branco com uma renda considerável começaram a ser demitidas, os meios de comunicação de repente passaram a expressar grande preocupação com o *downsizing*. O Quadro 14-2 destaca a versão mais recente dessa questão, a terceirização dos serviços nas empresas norte-americanas para trabalhadores de países estrangeiros (Richtel, 2000; Safire, 1996; R. Samuelson, 1996a, 1996b).

Nunca se enfatiza demais os custos sociais da desindustrialização e *downsizing*. O fechamento de fábricas leva a um desemprego considerável em uma comunidade, o que pode ter um efeito devastador tanto no âmbito micro quanto macro. No âmbito micro, a pessoa desempregada e a sua família têm de se adaptar à perda do poder aquisitivo. Pintar ou reformar a casa, adquirir plano de saúde ou poupar para a aposentadoria, até mesmo pensar em ter outro filho, são planos que têm de ser colocados de lado. Com isso, tanto a felicidade conjugal quanto a coesão familiar podem ser abaladas. Embora muitos trabalhadores demitidos acabem reinserindo-se no mercado de trabalho remunerado, muitas vezes eles têm de aceitar cargos menos desejáveis com salários mais baixos e menos benefícios (De Palma, 2002). O desemprego e o subemprego estão ligados a muitos dos problemas sociais discutidos neste livro, entre os quais a necessidade de assistência à criança, a controvérsia quanto à assistência social e as questões de imigração.

p. 98, 233, 264

O MEIO AMBIENTE

As decisões tomadas no âmbito econômico e no político muitas vezes têm conseqüências ambientais. Encontramos sinais de espoliação em quase toda a parte. O nosso ar, a nossa água e a nossa terra estão sendo poluídos, quer moremos em St. Louis, na Cidade do México quer em Lagos, na Nigéria. Na América do Norte, em todos os verões há falta de energia ou apagões parciais em cidades com um calor sufocante quando o consumo de energia elétrica excede a oferta. Na próxima seção abordaremos esses problemas e o que os sociólogos têm a dizer a respeito.

Problemas Ambientais: Uma Visão Geral

Nas últimas décadas, o mundo testemunhou sérios desastres ambientais. Por exemplo, o Love Canal, perto das cataratas de Niagara no Estado de Nova York, foi declarado uma área de catástrofe em 1978 em decorrência da contaminação por produtos químicos. Nas décadas de 1940 e 1950, uma empresa havia descartado produtos químicos em um local onde posteriormente foram construídas casas e uma escola. Os tambores de metal que continham o lixo químico acabaram enferrujando e produtos químicos tóxicos com um odor nauseante começaram a invadir os quintais e os porões dos moradores. As subseqüentes investigações revelaram que a empresa de produtos químicos sabia desde 1958 que os produtos tóxicos estavam vazando para as casas e para o parquinho da escola. Após repetidos protestos no final da década de 1970, as 239 famílias que moravam no Love Canal foram transferidas.

Em 1986, uma série de explosões desencadeou um acidente catastrófico com o reator nuclear em Chernobyl, parte da Ucrânia (no que era a União Soviética na época). O acidente matou pelo menos 32 mil pessoas. Cerca de 300 mil moradores tiveram de ser evacuados e a região se tornou inabitável em um raio de 28,5 km em qualquer direção. Foram encontrados altos níveis de radiação na distância de até 45 km do local do reator e os níveis de radioatividade estavam bem acima do normal até na Suécia e no Japão. De acordo com uma estimativa, o acidente de Chernobyl e a conseqüente chuva radioativa podem resultar em 100 mil casos de câncer a mais no mundo todo (Shcherbak, 1996).

Embora o Love Canal, Chernobyl e outros desastres ambientais ganhem as manchetes, é a deterioração silenciosa e cotidiana do meio ambiente que representa uma ameaça devastadora à humanidade. Analisar os nossos problemas ambientais detalhadamente seria impossível, porém três grandes áreas de preocupação se destacam: a poluição do ar, a poluição da água e a contaminação da terra.

Poluição do Ar

Mais de 1 bilhão de pessoas no planeta estão expostas a níveis de poluição do ar que podem fazer mal à saúde. Infelizmente, nas cidades do mundo todo, os moradores passaram a aceitar a neblina urbana e o ar poluído como normais. A poluição do ar nas regiões urbanas é provocada principalmente pelas emissões dos carros, e em segundo lugar pelas emissões das usinas de energia elétrica e indústrias pesadas. A neblina urbana não só limita a visibilidade, mas também pode provocar problemas de saúde desconfortáveis, como irritação nos olhos, e letais, como o câncer de pulmão. Esses problemas são particularmente graves nos países em desenvolvimento. A Organização Mundial de Saúde estima que até 700 mil mortes prematuras *por ano* poderiam ser evitadas se os poluentes fossem reduzidos a patamares mais seguros (Carty, 1999; World Resources Institute, 1998).

As pessoas podem ser capazes de mudar o seu comportamento, mas também podem não estar dispostas a tornar tais mudanças permanentes. Nos jogos olímpicos de Los Angeles em 1984, pediu-se aos moradores que fizessem rodízio de carros e escalonassem o seu horário de trabalho para aliviar o congestionamento de trânsito e melhorar a qualidade do ar que os atletas iriam respirar. Essas mudanças resultaram em uma queda de notáveis 12% nos níveis de ozônio. No entanto, quando os atletas deixaram o país, as pessoas retomaram seu comportamento habitual e os níveis de ozônio voltaram a subir (McCright e Dunlap, 2003; Nussbaum, 1998).

Poluição da Água

Nos Estados Unidos, o descarte de lixo tanto pelas indústrias quanto pelos governos locais poluiu riachos, rios e lagos. Conseqüentemente, muitos leitos de água se tornaram inseguros para se beber, pescar e nadar. No mundo todo, a poluição dos oceanos é uma questão que preocupa cada vez mais. Essa poluição resulta do descarte de lixo e é piorada pelos vazamentos de combustível dos navios e derramamentos ocasionais de petróleo. Em um acidente ocorrido em 1989, o petroleiro *Exxon Valdez* encalhou em Prince William Sound, no Alasca. A carga de 11 milhões de galões de petróleo bruto vazou e foi para a margem, contaminando 2.000 km de costa litorânea. Cerca de 11 mil pessoas se reuniram em um esforço de limpeza que custou mais de US$ 2 bilhões de dólares. ◀ p. 43 Como vimos no Capítulo 2, a ExxonMobil continua lutando contra acordos ordenados pela Justiça que cobriram parcialmente o custo dessa limpeza.

Lembremo-nos dos acidentes provocados pelo vazamento de petróleo, quase todos de responsabilidade da Petrobras, como o da Baía de Guanabara nos anos 1990 e o de Vila Socó em Cubatão, quando morreram mais de 100 pessoas na década de 1980. Outro acidente foi o afundamento da Plataforma 36 da Petrobras na cidade de Campos, no qual morreram 11 pessoas. Além da devastação da natureza, a grande maioria dessas catástrofes provoca a morte de inúmeros trabalhadores e/ou doenças provenientes da contaminação dos lençóis freáticos e do solo.

Menos intensos do que os acidentes de grande escala ou catástrofes, no entanto mais comuns em várias partes do mundo, são os problemas com o fornecimento básico de água. No mundo todo, mais de 1 bilhão de pessoas não tem água potável segura e adequada e 2,4 bilhões não têm meios de saneamento aceitáveis – um problema que ameaça ainda mais a qualidade do abastecimento de água. Os custos de uma água imprópria para a saúde são inestimáveis (Nações Unidas, 2003).

Quais são as causas básicas dos nossos problemas ambientais cada vez maiores? Alguns observadores, como Paul Ehrlich e Anne Ehrlich, vêem a pressão do aumento da população mundial como um fator central na deterioração do meio ambiente. Eles argumentam que o controle da população é fundamental para evitar a fome difundida e a decadência do meio ambiente. Barry Commoner, um biólogo, rebate que o motivo básico para os males ambientais é o uso cada vez maior de inovações tecnológicas que destroem o meio ambiente – entre elas plásticos, detergentes, fibras sintéticas, pesticidas, herbicidas e fertilizantes químicos. Nas próximas seções, vamos comparar as teorias funcionalistas e do conflito com o estudo das questões ambientais (Commoner, 1971, 1990; Ehrlich, 1968; Ehrlich e Ehrlich, 1990; Ehrlich e Ellison, 2002).

O Funcionalismo e a Ecologia Humana

A *ecologia humana* é uma área de estudos que se preocupa com as inter-relações entre as pessoas e o seu meio ambiente. Para o ambientalista Barry Commoner (1971, p. 39) disse que "tudo está ligado a todo o resto". Os ecologistas humanos se concentram na forma como o ambiente físico molda a vida das pessoas e como as pessoas influenciam o meio ambiente ao seu redor.

Em uma aplicação da perspectiva da ecologia humana, Riley Dunlap et al. (2002) sugeriram que o meio

Em um centro de reciclagem improvisado, uma chinesa utiliza um martelo para abrir um tubo velho de raio de cátodo. Ela quer o cobre que está dentro dele, porém, durante o processo, irá liberar vários quilos de chumbo para o solo e para a água subterrânea. Cientistas descobriram níveis alarmantes elevados de metais pesados tóxicos nos rios que fluem por essas operações rurais de reciclagem.

ambiente natural exerce três funções básicas para os seres humanos, do mesmo modo que para várias espécies animais:

1. **O meio ambiente fornece os recursos básicos para a vida.** Entre esses estão o ar, a água e os materiais utilizados para criar abrigos, transporte e os produtos necessários. Se as sociedades humanas exaurirem esses recursos poluindo a água ou cortando florestas tropicais, por exemplo, as conseqüências podem ser terríveis.
2. **O meio ambiente serve como depósito de lixo.** Mais do que as outras espécies vivas, os seres humanos produzem uma quantidade e uma variedade enormes de lixo, como garrafas, caixas, papéis, esgoto, lixo etc. Vários tipos de poluição se tornaram mais comuns porque está sendo gerado mais lixo do que o meio ambiente pode absorver de forma segura.
3. **O meio ambiente "abriga" a nossa espécie.** Ele é o nosso lar, o espaço onde vivemos, o local onde residimos, trabalhamos e brincamos. Às vezes, damos esse truísmo como certo, mas não quando as condições de vida cotidianas se tornam desagradáveis e difíceis. Se o nosso ar está "pesado" demais, se a água da nossa torneira fica marrom, se produtos químicos tóxicos vazam na nossa vizinhança, lembramos por que é essencial viver em um ambiente saudável.

Férias em um paraíso intacto. As pessoas de países desenvolvidos estão voltando-se cada vez mais para o ecoturismo como uma maneira ambientalmente amigável de ver o mundo. Essa nova tendência conecta os interesses dos ambientalistas e dos homens e mulheres de negócios, sobretudo nos países em desenvolvimento. Esses observadores de pássaros estão em férias em Belize.

Dunlap assinala que essas três funções do ambiente na verdade competem umas com as outras. A utilização do meio ambiente pelos seres humanos para uma dessas funções geralmente prejudica a sua capacidade de exercer as outras duas. Por exemplo, com a população mundial continuando a aumentar, temos cada vez mais necessidade de destruir florestas e terras cultivadas e construir moradias. Porém, sempre que fazemos isso reduzimos a quantidade de terra que dá alimento ou madeira, e que serve de hábitat para a vida selvagem.

A tensão entre as três funções essenciais do meio ambiente nos remonta à teoria dos ecologistas humanos de que "tudo está ligado a todo o resto". Perante os desafios ambientais do século XXI, os elaboradores de política do governo e ambientalistas devem determinar como podem atender às necessidades prementes das sociedades humanas (por exemplo, de alimento, roupa e abrigo) e ao mesmo tempo preservar o meio ambiente como fonte de recursos, depósito de lixo e nossa casa.

A Visão dos Teóricos do Conflito das Questões Ambientais

No Capítulo 9, baseamo-nos na análise dos sistemas mundiais para mostrar como uma parcela cada vez maior de recursos humanos e naturais dos países em desenvolvimento está sendo redistribuída para os países industrializados mais importantes. Esse processo só intensifica a destruição dos recursos naturais nas regiões mais pobres do mundo. Do ponto de vista dos teóricos do conflito, os países menos ricos estão sendo forçados a explorar os seus depósitos minerais, suas florestas e a sua pesca para saldar suas dívidas. Os pobres recorrem ao único meio de sobrevivência disponível para eles: aram encostas de montanhas, queimam pedaços de terra em florestas tropicais e pastam excessivamente os prados (Livernash e Rodenburg, 1998).

O Brasil é um exemplo dessa ligação entre os problemas econômicos e a destruição ambiental. Todo ano, mais de 5,7 milhões de acres de floresta são devastados para safras agrícolas e gado. A eliminação da floresta tropical afeta os padrões mundiais de clima, aumentando o aquecimento gradual da Terra. Esses padrões socioeconômicos, com conseqüências ambientais nocivos, estão evidentes não só na América

Latina, mas também em várias regiões da África e da Ásia (*National Geographic*, 2002).

Os teóricos do conflito estão bem cientes das implicações ambientais das políticas de uso da terra no mundo em desenvolvimento, mas argumentam que essa concentração nos países pobres pode conter um elemento de etnocentrismo. Quem, perguntam eles, é mais culpado pela deterioração do meio ambiente: as populações "pobres e famintas por alimentos" do mundo ou os países industrializados "famintos por energia"? Esses teóricos assinalam que os países industrializados da América do Norte e da Europa têm apenas 12% da população do planeta, mas são responsáveis por 60% do consumo mundial. O dinheiro que seus moradores gastam em cruzeiros marítimos anualmente poderia fornecer água potável limpa para a população mundial. Os gastos com sorvete só na Europa poderiam ser usados para imunizar todas as crianças do mundo. Conseqüentemente, dizem os teóricos do conflito, a ameaça mais séria ao meio ambiente vem da classe consumidora mundial (G. Gardner et al., 2004).

Allan Schnaiberg (1994) refina ainda mais essa análise criticando o foco em consumidores ricos como a causa dos problemas ambientais. Na sua opinião, um sistema capitalista cria uma "esteira de produção" por causa da sua necessidade inerente de construir lucros cada vez maiores. Essa esteira necessita criar uma demanda cada vez maior de produtos, obter recursos naturais a um custo mínimo e fabricar produtos o mais rápido e barato possível – sem levar em conta as conseqüências ambientais no longo prazo.

Justiça Ambiental

Em um pedaço de terra ao longo do rio Mississipi na Louisiana, uma fábrica após a outra despeja o seu lixo industrial na água, aumentando, assim, a contagem de poluição a níveis perigosos. Não é por acaso que as pessoas que moram nas redondezas são negras. Pobres e carentes de influência política, as comunidades próximas a essas áreas industriais não são páreo para os poderosos interesses comerciais que os construíram (Bullard, 1993).

Observações como essas fizeram que surgisse a **justiça ambiental**, uma estratégia legal baseada em afirmações que as minorias raciais são sujeitas desproporcionalmente aos riscos ambientais. Essa abordagem obteve algum êxito. Em 1998, a Shintech uma companhia de produtos químicos, abandonou planos para criar uma fábrica de plásticos em uma comunidade negra pobre no Mississipi depois de seus opositores moverem uma queixa de direitos civis perante o Departamento de Proteção Ambiental Norte-Americano (EPA). A administradora do EPA Carol Browner elogiou a decisão da empresa: "Os princípios aplicados para se chegar a essa solução deveriam ser incorporados em todo projeto com questões de justiça ambiental nas comunidades em todos os Estados Unidos" (Associated Press, 1998, p. 18).

Depois dos relatórios do EPA e de outras organizações terem documentado a localização discriminatória das áreas de lixo perigoso, o presidente Bill Clinton promulgou uma ordem executiva em 1994 que requer que todos os órgãos governamentais assegurem que as comunidades de baixa renda e de minorias tenham acesso a melhores informações sobre o seu meio ambiente e oportunidade de participar na elaboração de políticas governamentais que afetem a sua saúde. Os esforços iniciais para implantar essa política provocaram grande oposição por causa dos atrasos que ela impõe na construção de novas áreas industriais. Alguns observadores questionam a sabedoria de uma ordem que diminui o desenvolvimento econômico em regiões que necessitam desesperadamente de oportunidades de emprego. Outros assinalam que essas empresas utilizam mão-de-obra menos especializada (ou não-especializada) e só tornam o meio ambiente menos habitável para aqueles que nele permanecem (Pellow, 2002).

Até o momento, a maior parte dos estudos sociológicos sobre o problema do lixo industrial se concentrou no caráter discriminatório do processo. Um novo estudo indica que essas instalações tendem a se fixar em comunidades de minorias pobres, mas também, com o decorrer do tempo, tendem a aumentar a segregação na região. Esse estudo, realizado no condado de Hillsborough, na Flórida, descobriu que, entre 1987 e 1999, os órgãos estudantis do ensino fundamental localizados próximos a depósitos de lixos perigosos estavam tornando-se cada vez mais negros e latinos, enquanto aquelas escolas situadas mais distantes se tornavam mais brancas. Uma combinação de pobreza e discriminação institucional pode evitar que os membros de grupos de minorias se mudem para longe desses locais, como se espera que os brancos façam. Os autores do estudo concluíram que, embora a instalação de lixões seja uma questão de política pública importante, a segregação racial e étnica que se segue pode ser tão ou mais importante (Stretesky e Lynch, 2002).

> **Use a Sua Imaginação Sociológica**
>
> Sua comunidade foi designada como um local para enterrar lixo tóxico. Qual será a sua reação? Vai organizar um protesto? Ou vai se certificar de que as autoridades executem o projeto de maneira segura? Como locais desse tipo podem ser escolhidos de maneira adequada?

POLÍTICA SOCIAL e ECONOMIA — Ação Afirmativa

O Tema

Jessie Sherrod começou a colher algodão nos campos de Mississipi aos oito anos, ganhando US$ 1,67 por uma jornada de 12 horas. Atualmente, ela é uma pediatra formada em Harvard especialista em doenças infecciosas. Porém, o caminho dos campos de algodão para a medicina não foi nada fácil. "Não se pode compensar por 400 anos de escravidão e maus-tratos e oportunidades desiguais em 20 anos", diz ela com raiva. "Tínhamos que viajar no ônibus escolar por 7,5 km (...) e passar por uma escola de brancos para chegar à nossa escola de negros. Os nossos livros eram usados. Os nossos professores não eram tão bons. Não tínhamos os equipamentos adequados. Como se compensa isso?" (Stolberg, 1995, p. A14). Algumas pessoas acham que isso deveria ser feito por meio de programas de ação afirmativa.

A expressão *ação afirmativa* apareceu pela primeira vez em uma ordem executiva promulgada pelo presidente John F. Kennedy em 1961. Essa ordem convocava os empreiteiros a "tomar ações afirmativas para assegurar que aqueles que estavam solicitando empregos fossem contratados e que os funcionários fossem tratados enquanto estão trabalhando sem se levar em conta sua raça, seu credo, sua cor ou nacionalidade". Em 1967, essa ordem foi aditada pelo presidente Lyndon Johnson para proibir discriminação com base no sexo também, mas ação afirmativa continuou um conceito vago. Atualmente, **ação afirmativa** se refere aos esforços positivos para recrutar membros de grupos de minoria ou mulheres para empregos, promoções e oportunidades educacionais. No entanto, muita gente acha que os programas de ação afirmativa são uma discriminação ao contrário de homens brancos qualificados. O governo tem a responsabilidade de compensar pela discriminação que ocorreu no passado? Se sim, até que ponto ele deve ir?

O Cenário

Uma série de decisões judiciais e declarações do Legislativo tornou ilegais determinadas formas de discriminação profissional com base na raça, no sexo ou em ambos, incluindo 1) recrutamento boca a boca entre forças de trabalho só de homens brancos, 2) recrutamento exclusivamente em escolas ou faculdades com alunos só de um sexo ou predominantemente brancos, 3) discriminação de mulheres casadas, ou saída forçada de mulheres grávidas, 4) colocação de anúncio classificado de ajudante em colunas de homens e mulheres quando o sexo do funcionário não é uma qualificação profissional legítima, e 5) qualificações e testes profissionais que não estão substancialmente relacionados ao cargo.

Além disso, a falta de funcionários de minorias (negros, asiáticos, descendentes de índios norte-americanos ou hispânicos) ou mulheres por si só é prova da exclusão ilegal (Comission on Civil Rights, 1981).

No final da década de 1970, uma série de casos asperamente discutidos sobre ação afirmativa chegou à Suprema Corte. Em 1978, no caso *Bakke*, por uma margem estreita de 5 votos a 4, a Suprema Corte ordenou que a Faculdade de Medicina da University of California em Davis admitisse Allen Bakke, um engenheiro branco que inicialmente havia tido a sua matrícula recusada. Os juízes decidiram que a escola havia violado os direitos constitucionais de Bakke ao estipular um sistema de cota fixa para estudantes das minorias. A Corte, porém, acrescentou que era constitucional o fato de as universidades adotarem programas de admissão flexíveis que incluíssem a raça como um fator na tomada de decisões.

Insights Sociológicos

Os sociólogos – e principalmente os teóricos do conflito – vêem a ação afirmativa como uma tentativa legislativa de reduzir a desigualdade embutida na estrutura social aumentando-se as oportunidades de grupos que foram privados no passado, como as mulheres e os negros. A lacuna no poder aquisitivo entre homens brancos e outros grupos (ver Figura 14-4) é uma indicação da desigualdade que precisa ser abordada. Porém, mesmo reconhecida a disparidade entre os ganhos dos brancos e dos outros, muita gente nos Estados Unidos duvida de que tudo o que é feito em nome da ação afirmativa seja desejável. Em uma pesquisa nacional de 2004, 60% dos respondentes eram a favor da ação afirmativa nos programas de admissão em faculdades. Havia diferenças raciais e sexuais claras nas respostas. Entre os negros, 87% eram a favor da ação afirmativa; entre os hispânicos, esse índice era de 77%. Enquanto 60% das mulheres brancas aprovavam esses programas, apenas 49% dos homens brancos eram a favor (Pew Research Center, 2004).

Alguns teóricos do conflito afirmam que a ênfase atual nas disparidades raciais e sexuais é demasiadamente estreita. Esses críticos argumentam que a falta de diversidade nos *campi* de faculdades de quatro anos se estende à ausência relativa de alunos de famílias de baixa renda, qualquer que seja sua raça ou seu sexo. Estudos mostram que os alunos oriundos de famílias menos ricas têm tanta probabilidade quanto os outros de se formarem na faculdade, porém, primeiro eles têm de ser aceitos e conseguir o apoio financeiro necessário.

Os alunos de baixa renda estão tendo cada vez mais dificuldade de pagar a faculdade (Kahlenberg, 2004; Schmidt, 2004).

Muito menos documentadas do que as desigualdades racial e econômica são as conseqüências sociais das políticas de ação afirmativa na vida cotidiana. Os interacionistas se concentram em situações nas quais algumas mulheres e minorias em profissões e escolas menos representadas são erroneamente consideradas produtos de ação afirmativa. Os colegas de escola e de trabalho podem estereotipá-las como menos qualificadas, vê-las como sendo preferidas em detrimento de homens brancos mais qualificados. Isso não é necessariamente o que acontece, mas essa rotulagem pode muito bem afetar as relações sociais. O sociólogo Orlando Patterson (1998) observou que o isolamento no local de trabalho vivenciado pelos trabalhadores pertencentes a minorias inibe a sua subida na escada corporativa. Porém, se os esforços para aumentar a sua representação forem obstruídos, os seus problemas para avançar persistirão.

FIGURA 14-4

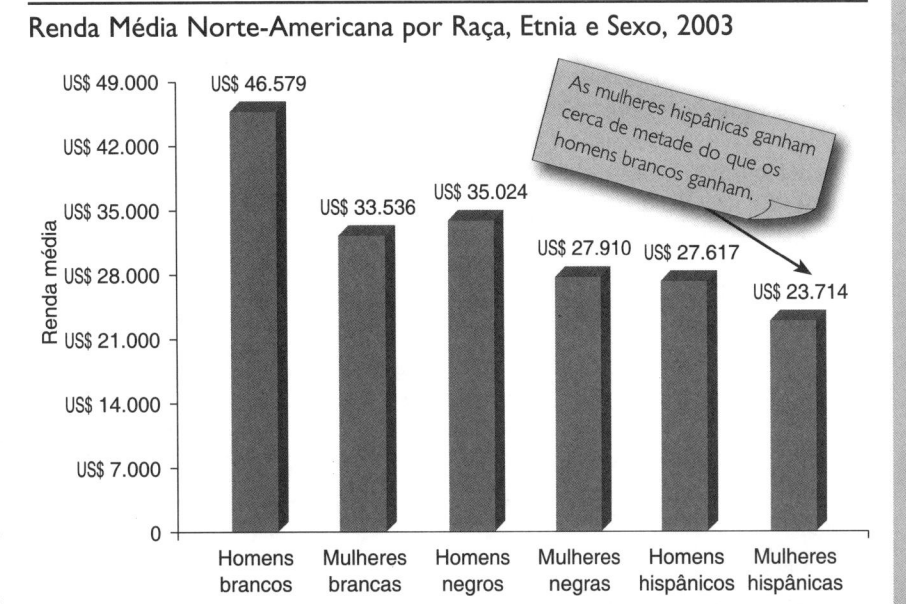

Renda Média Norte-Americana por Raça, Etnia e Sexo, 2003

- Homens brancos: US$ 46.579
- Mulheres brancas: US$ 33.536
- Homens negros: US$ 35.024
- Mulheres negras: US$ 27.910
- Homens hispânicos: US$ 27.617
- Mulheres hispânicas: US$ 23.714

As mulheres hispânicas ganham cerca de metade do que os homens brancos ganham.

Nota: A renda média inclui todas as fontes financeiras e está limitada a trabalhadores em tempo integral durante todo um ano, com mais de 25 anos. "Branco" se refere a não-hispânico.

Fonte: DeNavas-Walt et al., 2004.

Iniciativas Políticas

No início da década de 1990, a ação afirmativa surgiu como uma questão cada vez mais importante nas campanhas políticas estaduais e federais. Normalmente, as discussões se concentravam na utilização de cotas nas práticas de contratação. Aqueles que apóiam a ação afirmativa argumentam que as metas (ou alvos) de contratação estipulam um piso para a inclusão de minorias, mas não excluem candidatos realmente qualificados de qualquer grupo. Aqueles que se opõem a ela insistem que esses "alvos" são, na verdade, cotas que levam à discriminação inversa. Porém, a ação afirmativa resultou em bem poucas reclamações legais de discriminação inversa por parte dos brancos.

Nas eleições de 1996, os eleitores da Califórnia aprovaram, por uma margem de 54% a 46% a Iniciativa dos Direitos Civis na Califórnia, também conhecida como Proposta 209. A medida emenda a Constituição estadual de forma que essa *proíba* qualquer programa que dê preferência às mulheres e minorias nas admissões na faculdade, em contratações, promoções ou contratos governamentais. Em outras palavras, ela visa abolir programas de ação afirmativa. A Justiça a partir de então sustentou a medida. Em 1998, os eleitores do Estado de Washington aprovaram uma medida antiação afirmativa similar.

Em 2003, concentrando-se especificamente nas admissões universitárias em algumas decisões que envolviam políticas na University of Michigan, a Suprema Corte decidiu que as faculdades podem considerar a raça e a etnia como um fator em suas decisões de aceitar alunos. Mas não podem atribuir um valor específico em razão de um candidato pertencer a uma minoria de forma que a raça se torne o fator primordial em uma decisão. Isso permitiu que várias faculdades e universidades continuassem com suas políticas de ação afirmativa. Contudo, os seus críticos se queixaram que a decisão permitia um favoritismo descarado para os filhos de ex-alunos, que têm mais probabilidade do que os outros de serem brancos, enquanto sujeitava os programas favoráveis aos candidatos de minorias menos privilegiadas a um exame muito mais minucioso (University of Michigan, 2003).

Os Estados Unidos não estão sozinhos na sua luta para descobrir formas aceitáveis de compensar por gerações de desigualdade entre grupos raciais. Depois de desmantelar o sistema de *apartheid* que favorecia os brancos econômica e socialmente, a África do Sul agora está tentando nivelar o campo do jogo dando preferência aos negros em cargos de gerência. A Constituição malaia dá preferência aos malaios para neutralizar o legado do colonialismo, sob o qual os ingleses deram proteção especial aos chineses. Os detalhes específicos podem diferir de um país para outro, mas as preocupações sociais são familiares (*The Economist*, 2003a; Rohter, 2003a; Schaefer, 2004).

Vamos Discutir

1. Um teórico do conflito apoiaria a política de ação afirmativa? Por quê?
2. Você acha que as queixas de discriminação ao contrário têm alguma validade? Se sim, o que se deveria fazer a respeito?
3. Se você fosse elaborar uma legislação para apoiar ou abolir a ação afirmativa, que provisões ela incluiria?

RECURSOS DO CAPÍTULO

Resumo

Todas as sociedades possuem um *sistema econômico* e um *sistema político* que fornecem procedimentos reconhecidos para a alocação dos recursos valorizados. Esses dois sistemas estreitamente entrelaçados têm uma influência importante sobre o comportamento e as instituições sociais, bem como sobre o nosso bem-estar geral. Um exemplo dos efeitos de longo alcance é o impacto das decisões políticas e econômicas sobre o estado do meio ambiente.

1. Com a Revolução Industrial, surgiu uma nova forma de estrutura social: a *sociedade industrial*.
2. Os sistemas de *capitalismo* variam no tocante a quanto o governo regula a propriedade privada e a atividade econômica, mas todos eles enfatizam o lucro.
3. O objetivo básico do *socialismo* é eliminar a exploração econômica e atender às necessidades das pessoas.
4. Marx entendia que o *socialismo* evoluiria naturalmente para o *comunismo*.
5. A China, antes uma economia estritamente socialista, começou a transferir algumas das suas indústrias controladas pelo Estado para a iniciativa privada.
6. Existem três fontes básicas de *poder* em um sistema político: *força*, *influência* e *autoridade*.
7. Max Weber identificou três tipos ideais de autoridade: *tradicional*, *legal-racional* e *carismática*.
8. As mulheres continuam sendo mal representadas na política, mas obtêm cada vez mais êxito em vencer eleições para cargos públicos.
9. Os defensores do *modelo de elite* da estrutura de poder norte-americana vêem o país como sendo dirigido por um pequeno grupo de pessoas que compartilham interesses políticos e econômicos comuns (uma *elite do poder*), enquanto os defensores do *modelo pluralista* acham que o poder é compartilhado mais amplamente entre grupos conflitantes.
10. A *guerra* pode ser definida como o conflito entre organizações que têm forças de combate treinadas e equipadas com armas mortais – uma definição que inclui o conflito com organizações terroristas.
11. A natureza da economia norte-americana está mudando. Os sociólogos estão interessados na mudança na face da força de trabalho e nos efeitos da *desindustrialização*.
12. Três amplas áreas de preocupação ambiental são a poluição do ar, a poluição da água e a contaminação da terra.
13. Apoiando-se no ponto de vista da ecologia humana, o sociólogo Riley Dunlap sugere que o meio ambiente exerce três funções básicas: fornece os recursos básicos, serve de depósito de lixo e abriga a nossa espécie.
14. Os teóricos do conflito argumentam que a ameaça mais grave ao meio ambiente vem dos países industrializados ocidentais.
15. A *justiça ambiental* aborda a sujeição desproporcional das minorias aos riscos ambientais.
16. Apesar de inúmeros programas de *ação afirmativa*, os homens brancos continuam ocupando a maioria dos cargos de prestígio bem pagos nos Estados Unidos.

Questões de Raciocínio Crítico

1. Os Estados Unidos há muito tempo vêm sendo apontados como o modelo de uma sociedade capitalista. Com base no conteúdo apresentado nos capítulos anteriores, discuta os valores e as crenças que levaram os norte-americanos a apreciar uma economia capitalista do tipo *laissez-faire*. Até que ponto esses valores e crenças mudaram nos últimos cem anos? Que aspectos do socialismo estão evidentes hoje na economia norte-americana? Os valores e crenças dos Estados Unidos mudaram para apoiar determinados princípios associados a sociedades socialistas?

2. Quem realmente detém o poder na faculdade ou universidade que você está cursando? Descreva a distribuição do poder na sua escola baseando-se nos modelos de elite e pluralista quando for relevante.

3. Imagine que lhe pediram para estudar a questão da poluição do ar na maior cidade do seu Estado. Como você poderia basear-se em pesquisas, estudos de observação, experimentos e nas fontes existentes para estudar essa questão?

Termos-chave

Ação afirmativa Esforços positivos para recrutar membros de minorias ou mulheres para empregos, promoções e oportunidades educacionais. (p. 386)

Autoridade Poder institucionalizado que é reconhecido pelas pessoas sobre as quais ele é exercido. (p. 370)

Autoridade carismática Poder tornado legítimo pela excepcional atração pessoal ou emocional do líder sobre os seus seguidores. (p. 370).

Autoridade legal-racional Poder tornado legítimo pela lei. (p. 370)

Autoridade tradicional Poder legítimo concedido por costume e prática aceita. (p. 370)

Capitalismo Um sistema econômico no qual os meios de produção estão em grande parte nas mãos privadas e o principal incentivo para a atividade econômica é o acúmulo de lucro. (p. 364).

Comunismo Como tipo ideal, um sistema econômico no qual toda a propriedade é de todos e não se fazem distinções sociais com base na capacidade de produção das pessoas. (p. 366)

Desindustrialização A retirada sistemática e amplamente difundida do investimento nos aspectos básicos da produtividade, como fábricas e usinas. (p. 380)

Downsizing Reduções feitas na força de trabalho de uma empresa como parte da desindustrialização. (p. 381)

Ecologia humana Área de estudo preocupada com as inter-relações entre as pessoas e o seu meio ambiente. (p. 383)

Economia informal A transferência de dinheiro, bens ou serviços que não é relatada ao governo. (p. 366)

Elite do poder Um pequeno grupo de líderes militares, industriais e do governo que controlam o destino dos Estados Unidos. (p. 374)

Força O uso real ou a ameaça de uso de coerção para impor a vontade de uma pessoa sobre outras. (p. 369)

Guerra Conflito entre organizações que têm forças de combate treinadas equipadas com armas letais. (p. 376)

Influência O exercício de poder mediante um processo de persuasão. (p. 369)

Justiça ambiental Uma estratégia legal baseada na afirmação que as minorias raciais estão sujeitas de maneira desproporcional aos perigos ambientais. (p. 385)

Laissez-faire Uma forma de capitalismo na qual as pessoas competem livremente com mínima intervenção do governo na economia. (p. 364)

Modelo de elite Uma visão da sociedade como sendo dirigida por um grupo de pessoas que compartilham um conjunto comum de interesses políticos e econômicos. (p. 374)

Modelo pluralista Uma visão da sociedade na qual vários grupos concorrentes em uma comunidade têm acesso ao governo, de forma que nenhum grupo predomina. (p. 375)

Monopólio O controle de um mercado por uma única empresa. (p. 364)

Paz A ausência de guerra ou, mais amplamente, um esforço proativo para cultivar relações de colaboração entre países. (p. 377)

Poder A capacidade de uma pessoa de exercer a sua vontade sobre a vontade de outras. (p. 369)

Política Nas palavras de Harold Lasswell, "quem obtém o quê, quando e como". (p. 369)

Sistema econômico A instituição social por meio da qual os bens e serviços são produzidos, distribuídos e consumidos. (p. 363)

Sistema político A instituição social que se baseia em um conjunto reconhecido de procedimentos para implantar e atingir as metas da sociedade. (p. 363)

Socialismo Um sistema econômico no qual os meios de produção e distribuição são de propriedade coletiva. (p. 365)

Sociedade industrial Uma sociedade que depende da mecanização para produzir os seus bens e serviços. (p. 364)

Terrorismo O uso ou a ameaça de usar violência contra alvos aleatórios ou simbólicos na busca de fins políticos. (p. 379)

RECURSOS DA TECNOLOGIA

Conexão com a Internet*

Obs.: Embora os endereços dos sites relacionados a seguir tenham sido atualizados durante a edição deste livro, eles costumam mudar com grande freqüência em razão da natureza dinâmica da Internet.

1. O Center for American Women and Politics da Rutgers University é uma ótima fonte de informações sobre a participação política das mulheres em âmbito tanto federal quanto estadual. Para saber mais sobre tópicos, como a lacuna entre os sexos no índice de comparecimento dos eleitores, identificação com o partido e atitudes no tocante a questões de política pública, visite o *site* do Centro (*www.rci.rutgers.edu/~cawp*) e clique em "Facts and Finding" no topo da página.

2. O Earthwatch Institute luta para proteger o meio ambiente organizando voluntários para participar de pesquisas ambientais. Para saber mais sobre as questões que dizem respeito a esse grupo, visite o seu *site* (*www.earthwatch.org*) e selecione "Get Involved" no topo da página. Clique em "Join an Expedition" e leia algumas das oportunidades para voluntários.

---

* NE: Sites no idioma inglês.

capítulo 15
POPULAÇÃO, COMUNIDADES E SAÚDE

WELCOME TO AMERICA
the only industrialized country besides South Africa without national healthcare

○ cartaz protesta contra a falta de um programa nacional de assistência médica nos Estados Unidos. A referência à África do Sul foi particularmente destacada quando o pôster apareceu pela primeira vez em 1989 em razão de nesse país predominar o regime racista de *apartheid*.

Demografia: O Estudo da População

Padrões da População Mundial

Padrões de Fertilidade nos Estados Unidos

Como Surgiram as Comunidades?

Urbanização

Tipos de Comunidade

Perspectivas Sociológicas na Área de Saúde e Doenças

Epidemiologia Social e Saúde

Política Social e Saúde: Financiando a Assistência Médica em Todo o Mundo

Quadros
   SOCIOLOGIA NA COMUNIDADE GLOBAL:
   A Política Populacional na China
   PESQUISA EM AÇÃO: Guerra das Lojas
   LEVANDO A SOCIOLOGIA PARA O TRABALHO:
   Kelsie Lenor Wilson-Dorsett, Vice-Diretora do Departamento de Estatística do Governo das Bahamas

Não é difícil entender por que Hakim Hasan acabou vendo-se como uma figura pública. No início de uma manhã de julho, um funcionário de um serviço de entregas estacionou seu caminhão atrás da barraca de Hakim na Avenida Greenwich, perto da esquina com a 6ª Avenida, em Manhattan, e levou uma grande caixa de flores para ele.

"Você pode ficar com elas até a floricultura abrir?", perguntou o entregador.

"Sem problema", respondeu Hakim, enquanto continuava colocando os livros na barraca. "Coloque-as ali."

Quando a floricultura abriu, ele entregou as flores ao proprietário.

"Por que o homem lhe confiou as flores?", eu lhe perguntei posteriormente.

"Pessoas como eu são os olhos e os ouvidos da rua", explicou, reproduzindo as palavras de Jane Jacobs [socióloga]. "Sim, eu poderia pegar essas flores e vendê-las por algumas centenas de dólares, mas esse entregador me vê aqui todo dia. Eu sou tão confiável quanto qualquer dono de loja." (...)

Outro dia, eu estava na banca, quando uma policial de trânsito estava fazendo uma ronda para multar irregularidades.

"Algum desses carros é seu?", ela perguntou a Hakim.

"Sim, esse e aquele", respondeu Hakim apontando.

"Não entendi!"

"No primeiro dia em que nos conhecemos, discutimos", explicou ele. "Ela estava se preparando para multar o cara do outro lado da rua. Eu disse: 'Você não pode fazer isso!' Ela perguntou: 'Por que não?' Porque eu estou me preparando para ganhar uma moeda.' 'Você não pode fazer aquilo', ela disse. Acho que pela maneira como argumentei ela não deu a multa e dali em diante nós nos tornamos amigos. E quando ela faz a ronda pelo quarteirão me pergunta sobre cada carro que tem um sinal de violação: 'Esse carro é seu?' querendo dizer: é de algum conhecido seu? E, dependendo do que respondo, o carro recebe ou não a multa."

"Essas coisas fazem parte das suas funções como um camelô?" eu lhe perguntei certa vez.

"Vamos dizer o seguinte, Mitch", respondeu. "Eu encaro o que chamo de meu emprego na calçada como muito além de apenas tentar ganhar a vida vendendo livros. Isso às vezes até parece secundário. Com o decorrer do tempo, quando as pessoas o vêem, começa a nascer uma espécie de confiança. Elas o vêem há tanto tempo que se dirigem a você. Houve ocasiões em que tive de traduzir informações do espanhol para o francês para que a pessoa pudesse chegar a algum lugar."

Eu não vi Hakim dar apenas informações e assistência. Ele também diz muitas coisas às pessoas sobre livros – tanto que certa vez me disse que pretendia cobrar uma taxa das pessoas que freqüentam o seu espaço na calçada. *(Duneier, 1999, p. 17-18)* ■

Esse excerto de *Sidewalk*, do sociólogo Mitchell Duneier, descreve a posição social de Hakim Hasan, um camelô de livros no bairro de Greenwich Village, na cidade de Nova York. O autor, que por dois anos morou perto da banca de livros de Hasan, ficou tão fascinado pela vida das ruas no Village que decidiu fazer pesquisa de observação sobre ela. Como Duneier explica em seu livro, camelôs, como Hasan, são tão parte da vizinhança quanto os lojistas que ocupam as lojas atrás deles – mesmo que não tenham endereço para correspondência. Na verdade, a sua presença nas ruas todos os dias contribui para a segurança e a estabilidade da vizinhança (Duneier, 1999).

O trabalho de Duneier enfatiza a importância da comunidade em nossas vidas. Em termos sociológicos, uma **comunidade** pode ser definida como uma unidade geográfica ou política de organização social que dá às pessoas a sensação de fazerem parte dela. Essa sensação pode basear-se em uma residência compartilhada em uma determinada cidade ou vizinhança, como o bairro de Greenwich Village, ou em uma identidade comum, como as de camelô de rua, sem-teto ou de *gays* e lésbicas. Independentemente do que os membros tenham em comum, as comunidades dão às pessoas a sensação de que são parte de algo maior do que elas mesmas (Dotson, 1991; ver também Hillery, 1955).

As comunidades são profundamente afetadas por dois outros tópicos deste capítulo: a saúde e os padrões de população. Os padrões de população determinam quais comunidades irão crescer e prosperar e quais comunidades irão desaparecer. Eles também podem promover ou prejudicar a saúde daqueles que vivem em comunidades. Como a população mundial está mudando e que efeitos essas mudanças terão em nossas comunidades? No mundo todo, por que ter grandes comunidades que cresceram à custa de pequenas aldeias? Como a saúde e o bem-estar de uma população variam de uma comunidade para outra e de uma parte do mundo para outra?

Neste capítulo apresentaremos uma visão geral sociológica da população mundial e seus efeitos em nossas comunidades e saúde. Vamos começar com a análise polêmica de Robert Malthus das tendências populacionais e a resposta crítica de Karl Marx, seguida, por uma breve visão geral dos padrões da população mundial, com ênfase particular no problema atual da superpopulação. Depois iremos investigar a evolução das comunidades das suas origens antigas para pequenas associações de pessoas seminômades até o nascimento da megalópole moderna. Vamos considerar duas opiniões diferentes de urbanização, uma que enfatiza as suas funções e outra, suas disfunções. Por fim, veremos como os funcionalistas, os teóricos do conflito, os interacionistas e os teóricos do rótulo estudam questões de saúde. Vamos descobrir que a distribuição das doenças em uma população varia de acordo com a classe social, raça e etnia, sexo e idade. Na seção de política social que encerra o capítulo, iremos explorar a questão de como financiar a assistência médica em todo o mundo.

O sociólogo Mitchell Duneier (à direita) fez observação participativa enquanto estudava as barracas dos camelôs do bairro de Greenwich Village.

DEMOGRAFIA: O ESTUDO DA POPULAÇÃO

O estudo das questões populacionais atrai a atenção tanto dos cientistas naturais quanto dos sociais. Os biólogos exploram a natureza da reprodução esclarecendo, por meio dos fatores que afetam a *fertilidade*, o nível de reprodução em uma sociedade. O patologista médico examina e analisa tendências das *causas mortis*. Os geógrafos, historiadores e psicólogos também têm contribuições distintas a fazer para o nosso entendimento da população. Os sociólogos, mais do que esses outros pesquisadores, concentram-se nos fatores *sociais* que influenciam os índices e as tendências populacionais.

Em seus estudos de questões populacionais, os sociólogos estão cientes de que as normas, os valores e padrões sociais de uma sociedade afetam profundamente vários elementos da população, como a fertilidade, a *mortalidade* (a quantidade de mortes) e a migração. A fertilidade é influenciada pela idade em que as pessoas iniciam a vida sexual e pelo seu uso de contraceptivos – e ambos refletem os valores sociais e religiosos que orientam uma determinada cultura. A mortalidade é moldada pelo grau de nutrição de um país, pela aceitação da imunização e pelas provisões para saneamento, bem como pelo seu compromisso geral com os cuidados e a educação referentes à saúde. A migração de um país para outro pode depender dos laços conjugais e de parentesco, do grau relativo de tolerância racial e religiosa em várias sociedades e das avaliações das pessoas sobre as oportunidades de emprego.

Demografia é o estudo científico da população. Ela se baseia em vários componentes da população, incluindo seu tamanho, sua composição e sua distribuição territorial, para entender as conseqüências sociais das mudanças na população. Os demógrafos estudam as variações geográficas e as tendências históricas em seus esforços para fazer previsões sobre a população. Também analisam a estrutura de uma população – idade, sexo, raça e etnia dos seus membros. Uma figura-chave nessa análise foi Thomas Malthus.

A Teoria de Malthus e a Resposta de Marx

O reverendo Thomas Malthus (1766-1834), educado na Cambridge University, passou sua vida lecionando história e economia política. Criticou duramente duas importantes instituições da sua época – a Igreja e a escravidão –, porém seu legado mais significativo para os estudiosos contemporâneos foi sua obra ainda polêmica, *Ensaio sobre o princípio da população*, publicada em 1798.

Malthus defendia a teoria de que a população mundial estava aumentando mais rapidamente do que a oferta disponível de alimentos. Ele argumentava que a oferta

Já no final do século XVIII, o reverendo Thomas Robert Malthus sugeriu que a população mundial estava crescendo mais rapidamente do que a oferta disponível de alimentos.

de alimentos cresce em progressão aritmética (1, 2, 3, 4 e assim por diante), enquanto a população aumenta em progressão geométrica (1, 2, 4, 8 e assim sucessivamente). De acordo com sua análise, a lacuna entre a oferta de alimentos e a população vai continuar aumentando com o decorrer do tempo. Embora se estime que a oferta de alimentos aumente, ela não irá crescer o suficiente para atender as necessidades de uma população mundial em expansão.

Malthus defendia o controle da população para eliminar a lacuna existente entre a população crescente e a oferta de alimentos, embora fosse contra métodos artificiais contraceptivos por não serem aprovados pela religião. Para Malthus, uma maneira adequada de controlar a população era adiar o casamento. Ele argumentava que os casais deveriam assumir a responsabilidade pela quantidade de filhos que decidiram ter. Sem essa restrição, o mundo iria enfrentar fome, pobreza e miséria (Malthus et al. [1824] 1960; Petersen, 1979).

Karl Marx criticou duramente as opiniões de Malthus sobre a população. Marx apontou a natureza das relações econômicas nas sociedades industriais européias como o problema central. Não podia aceitar o conceito

Levando a Sociologia para o Trabalho

KELSIE LENOR WILSON-DORSETT Vice-Diretora do Departamento de Estatística do Governo das Bahamas

Kelsie Wilson-Dorsett nasceu nas Bahamas, onde recebeu sua educação primária e secundária. Bacharelou-se em sociologia e ciências sociais pela McMaster University em Hamilton, Ontário. Quando estudava para o mestrado em sociologia na University of Western Ontário, em Londres, especializou-se em demografia.

Atualmente, Wilson-Dorsett ocupa os cargos de vice-diretora do Departamento de Estatísticas e de chefe da Divisão de Estatística Social do governo das Bahamas, onde supervisiona o recenseamento do país, estatísticas vitais e outros tipos de pesquisa. Nesse cargo, ela é responsável pela realização do primeiro Levantamento de Condições de Vida (BLCS), que, quando concluída, irá permitir que o governo defina uma linha de pobreza e meça a incidência e a extensão da pobreza naquele país.

O estudo sociológico de Wilson-Dorsett está diretamente ligado ao seu cargo atual. Ela diz: "O estudo da sociologia me permitiu dar significado aos números que chegam ao meu escritório e me forneceu meios para interpretar esses números e definir o rumo de futuras coletas de dados. A análise dos dados de recenseamento, por exemplo, me permite ver onde o meu país estava há vários anos, onde está hoje e onde provavelmente estará nos próximos anos".

Vamos Discutir

1. Que desafios você acha que Wilson-Dorsett poderá encontrar quando supervisionar um recenseamento nacional em um país como as Bahamas?
2. Que outras áreas de especialização em sociologia são úteis para uma pessoa que esteja interpretando os resultados de um projeto como o Levantamento de Condições de Vida (BLCS)?

---

malthusiano de que a população mundial crescente e não o capitalismo era a causa dos males sociais. Na opinião de Marx, não havia uma relação especial entre a população mundial e a oferta de recursos (incluindo alimentos). Se a sociedade fosse bem ordenada, os aumentos das populações gerariam mais riqueza e não fome e miséria.

Evidentemente, Marx não achava que o capitalismo funcionava sob essas condições ideais. Ele sustentava que o capitalismo dedicava os seus recursos ao financiamento de prédios e ferramentas e não à distribuição eqüitativa de alimentos, moradia e outras necessidades vitais. A obra de Marx é importante para o estudo da população porque associa a superpopulação à distribuição desigual de recursos – um tópico que será retomado adiante, neste capítulo. A sua preocupação com a obra de Malthus também corrobora a importância da população nos assuntos políticos e econômicos.

Os *insights* de Malthus e Marx no tocante a questões populacionais foram reunidas no que se denominou *a visão neomalthusiana,* que é mais bem exemplificada pela obra de Paul Ehrlich (1968; Ehrlich e Ehrlich, 1990), autor de *The population bomb*. Os neomalthusianos concordam com Malthus que o aumento da população mundial está exaurindo os recursos. No entanto, ao contrário do teórico inglês, insistem que são necessárias medidas de controle de natalidade para regular a explosão demográfica. Mostrando uma inclinação marxista, os neomalthusianos condenam os países desenvolvidos, que, apesar de suas baixas taxas de natalidade, consomem uma parcela desproporcionalmente grande dos recursos mundiais. Embora sejam bastante pessimistas em relação ao futuro, esses teóricos enfatizam que o controle de natalidade e a utilização sensata dos recursos são respostas fundamentais ao aumento da população mundial (J. Tierney, 1990; Weeks, 2002).

Estudando a População Hoje

O equilíbrio relativo de nascimentos e óbitos não é menos importante hoje do que era na época em que Malthus e Marx viveram. O sofrimento de que Malthus falava certamente é uma realidade para muitas pessoas do mundo que estão com fome e são pobres. A desnutrição continua sendo o fator que mais contribui para as doenças e o óbito de crianças nos países em desenvolvimento. Quase 18% dessas crianças irão morrer antes dos cinco anos – um índice mais de 11 vezes superior ao dos países desenvolvidos. As operações militares e a migração em grande escala intensificam os problemas populacionais e de oferta de alimentos. Por exemplo, os conflitos recentes no Afeganistão, no Congo e no Iraque provocaram a má distribuição de alimentos, o que levou a preocupações no tocante à saúde. Combater a fome mundial pode requerer reduzir os nascimentos, aumentar drasticamente a oferta de alimentos ou talvez ambos ao mesmo tempo. O estudo de questões ligadas à população parece ser, assim, essencial nos dias de hoje.

Nos Estados Unidos e na maior parte dos outros países, o recenseamento é o principal mecanismo para coletar informações sobre a população. *Recenseamento* é a enumeração ou contagem de uma população. A Constituição norte-americana exige que seja feito um recenseamento a cada dez anos para determinar a representação no Congresso. Essa investigação periódica é complementada pelas *estatísticas vitais*, ou registros de nascimentos, óbitos e divórcios coletados por meio de um sistema de cadastro mantido pelas unidades governamentais. Além disso, outras pesquisas governamentais fornecem informações atualizadas sobre empreendimentos comerciais, tendências na educação, expansão industrial, práticas agrícolas e o *status* de grupos, como crianças, idosos, minorias raciais e pais e mães solteiros.

Ao administrar um recenseamento nacional ou realizar outros tipos de pesquisa, os demógrafos utilizam muitas das aptidões e técnicas descritas no Capítulo 2, como questionários, entrevistas e amostragens. A precisão das projeções populacionais depende da acuidade de uma série de estimativas que os demógrafos têm de fazer. Primeiro, eles precisam determinar tendências populacionais passadas e definir uma população-base atual. Depois, é necessário determinar as taxas de natalidade e de mortalidade, e fazer estimativas futuras de flutuação. Ao fazer projeções das tendências populacionais de um país, os demógrafos devem levar em consideração a migração, já que uma quantidade considerável de pessoas pode imigrar ou emigrar.

Elementos de Demografia

Os demógrafos transmitem fatos sobre a população com uma linguagem derivada dos elementos básicos da vida humana – nascimento e morte. A *taxa de natalidade* (ou, mais especificamente, a *taxa de natalidade bruta*) é a quantidade de nascidos vivos por população de mil pessoas em um determinado ano. Em 2002, por exemplo, houve 14 nascidos vivos por mil pessoas nos Estados Unidos. A taxa de natalidade fornece informações sobre os padrões reprodutivos reais de uma sociedade.

A utilização da *taxa total de fertilidade* (TTF) é uma das maneiras pelas quais os demógrafos podem projetar aumentos futuros em uma sociedade. A TTF é a quantidade média de crianças que nascem vivas de qualquer mulher, pressupondo-se que ela aja de acordo com as taxas de fertilidade atuais. A TTF observada nos Estados Unidos em 2002 foi de 2,0 nascidos vivos por mulher, contra mais de 8 nascidos vivos por mulher em um país em desenvolvimento, como a Nigéria (Hamilton, 2004).

A mortalidade, assim como a fertilidade, é medida de diversas maneiras. A *taxa de mortalidade* (também conhecida como *taxa de mortalidade bruta*) é a quantidade de óbitos por população de mil pessoas em um determinado ano. Em 2002, a taxa de mortalidade nos Estados Unidos foi de 8,5 por população de 1.000 habitantes. A *taxa de mortalidade infantil* é o número de óbitos de crianças abaixo de um ano por mil crianças nascidas vivas em determinado ano. Essa medida específica serve como um indicador importante do grau de assistência médica de uma sociedade. Reflete a nutrição pré-natal, os procedimentos de parto e as medidas de exame de crianças. A taxa de mortalidade infantil também funciona como um indicador útil do aumento futuro da população, já que as crianças que sobreviverem até a idade adulta irão contribuir para outros aumentos de população.

Uma medida geral da assistência médica utilizada pelos demógrafos é a de *expectativa de vida*, a quantidade média de anos que se pode esperar que uma pessoa viva sob as condições atuais de mortalidade. Geralmente, esse número é apresentado como expectativa de vida *no nascimento*. No momento, o Japão tem uma expectativa de vida no nascimento de 81 anos – uma taxa ligeiramente mais alta do que a de 77 anos nos Estados Unidos. Por sua vez, a expectativa de vida no nascimento é de menos de 45 anos em vários países em desenvolvimento, como Zâmbia, por exemplo.

A *taxa de crescimento* de uma sociedade é a diferença entre os nascimentos e as mortes, mais a diferença entre os *imigrantes* (aqueles que entram no país para fixar residência) e os *emigrantes* (aqueles que saem do país definitivamente) por população de mil pessoas. Para o mundo como um todo, a taxa de crescimento é a diferença entre nascimentos e óbitos por população de mil pessoas, já que a imigração e a emigração mundiais têm de ser necessariamente iguais. Em 2001, os Estados Unidos tiveram uma taxa de crescimento de 0,6%, contra uma estimativa de 1,3% para o mundo todo.

PADRÕES DA POPULAÇÃO MUNDIAL

Um aspecto importante do trabalho demográfico envolve o estudo do histórico da população. Mas como é possível fazer isso? Afinal de contas, recenseamentos nacionais oficiais eram relativamente raros antes de 1850. Os pesquisadores interessados nas primeiras populações precisam recorrer a fósseis arqueológicos, locais de enterro, registros de batismo e impostos e fontes de história oral. Na seção a seguir, veremos o que esse trabalho de detetive nos contou sobre as mudanças na população com o decorrer do tempo.

Tabela 15-1 — O Tempo Estimado de Cada Aumento Sucessivo de 1 Bilhão de Pessoas na População Mundial

Nível da População	Tempo para se Atingir o Novo Nível de População	Ano em que se Atingiu
Primeiro bilhão	História humana antes de 1800	1804
Segundo bilhão	123 anos	1927
Terceiro bilhão	32 anos	1959
Quarto bilhão	14 anos	1973
Quinto bilhão	14 anos	1987
Sexto bilhão	12 anos	1999
Sétimo bilhão	13 anos	2012
Oitavo bilhão	16 anos	2028
Nono bilhão	21 anos	2049

Fonte: Bureau of the Census, 2004d.

Transição Demográfica

No dia 13 de outubro de 1999, em uma maternidade de Saraievo, na Bósnia-Herzegovina, Helac Fatina deu à luz um filho que foi designado como a pessoa de número 6 bilhões desse planeta. Antes dos nossos tempos modernos, relativamente poucas pessoas viviam no mundo. Uma estimativa diz que a população mundial há um milhão de anos era de apenas 125.000 pessoas. Como indica a Tabela 15-1, nos últimos 200 anos a população explodiu (World Health Organization, 2000, p. 3).

O aumento fenomenal da população mundial nos últimos anos pode ser responsabilizado pela mudança nos padrões de nascimentos e óbitos. No final do século XVIII – e até a metade do século XX –, as taxas de mortalidade no norte e no oeste da Europa diminuíram gradativamente. As pessoas estavam começando a viver mais tempo por causa dos avanços na produção de alimentos, em saneamento, nutrição e saúde pública. No entanto, embora as taxas de mortalidade tenham diminuído, as taxas de natalidade continuaram altas. Como resultado, esse período da história européia trouxe um aumento de população sem precedentes. No final do século XIX, porém, em vários países europeus, começaram a cair tanto as taxas de natalidade como a taxa de crescimento da população.

As mudanças nas taxas de natalidade e de mortalidade na Europa do século XIX servem como um exemplo de *transição demográfica*. Os demógrafos utilizam a expressão **transição demográfica** para descrever mudanças nas taxas de natalidade e de mortalidade que ocorrem durante o desenvolvimento de uma nação, o que resulta em novos padrões de estatísticas vitais. Atualmente, em muitos países observa-se uma transição demográfica de altas taxas de natalidade e de mortalidade. Como mostra a Figura 15-1, esse processo geralmente ocorre em três etapas:

1. Etapa pré-transição: altas taxas de natalidade e de mortalidade com pouco aumento de população.
2. Etapa de transição: redução da taxa de mortalidade – basicamente como resultado da diminuição de mortes infantis – e fertilidade de alta a média, o que resulta em um aumento significativo da população.
3. Etapa pós-transição: baixas taxas de natalidade e de mortalidade com pouco aumento de população.

A transição demográfica deve ser vista não como uma "lei do crescimento da população", mas, sim, como uma generalização do histórico da população dos países industrializados. Esse conceito nos ajuda a entender melhor os problemas da

FIGURA 15-1

Transição Demográfica

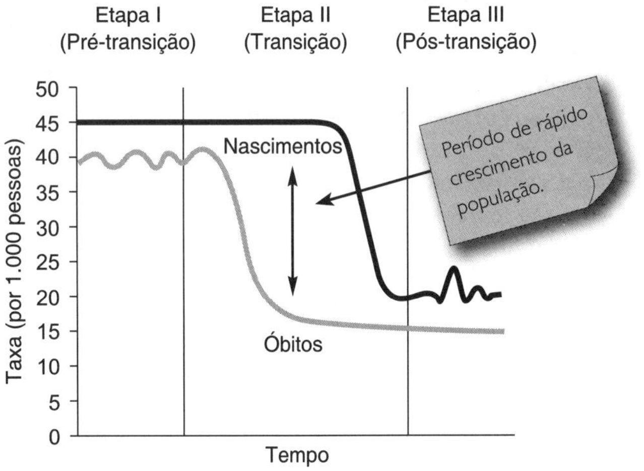

Os demógrafos utilizam o conceito de *transição demográfica* para descrever as mudanças nas taxas de natalidade e de mortalidade durante o desenvolvimento de um país. Esse gráfico mostra o padrão que ocorreu nos países atualmente desenvolvidos. Na primeira etapa, tanto a taxa de natalidade quanto a de mortalidade eram altas. Na segunda etapa, a taxa de natalidade continuou alta, e a taxa de mortalidade diminuiu bastante, o que provocou um crescimento rápido da população. Na última etapa, na qual muitos países em desenvolvimento ainda têm de ingressar, a taxa de natalidade diminuiu também, o que reduziu o crescimento da população.

população mundial. Cerca de dois terços dos países do mundo ainda têm de passar totalmente pela segunda etapa de transição demográfica. Mesmo se esses países fizerem grandes avanços no controle da fertilidade, suas populações irão aumentar de maneira extraordinária por causa da grande parcela de pessoas já na idade fértil.

O padrão de transição demográfica varia de um país para outro. Uma distinção particularmente útil é o contraste entre a transição rápida que está ocorrendo nos países em desenvolvimento – que incluem cerca de dois terços da população mundial – e a transição que ocorreu no decorrer de quase um século nos países mais industrializados. Nos países em desenvolvimento, a transição demográfica envolveu um rápido declínio nas taxas de mortalidade sem ajustes nas taxas de natalidade.

Especificamente no período pós-Segunda Guerra Mundial, as taxas de mortalidade nos países em desenvolvimento começaram a apresentar um grande declínio. A revolução no "controle da morte" foi desencadeada por antibióticos, imunização, inseticidas (como o DDT, utilizado para combater o mosquito transmissor da malária) e campanhas bem-sucedidas contra doenças fatais, como a varíola. Uma tecnologia médica e de saúde pública considerável foi importada quase de um dia para o outro dos países mais desenvolvidos. Conseqüentemente, a queda nas taxas de mortalidade, que levou um século na Europa, foi vista em detalhes em duas décadas em vários países em desenvolvimento.

As taxas de natalidade tiveram pouco tempo para se ajustar. As crenças culturais sobre o tamanho adequado das famílias não poderiam de maneira alguma mudar tão rapidamente quanto as taxas de mortalidade em queda. Por séculos, os casais vinham dando à luz oito ou mais filhos sabendo que talvez apenas dois ou três sobreviveriam até a idade adulta. As famílias estavam mais dispostas a aceitar os avanços tecnológicos que prolongavam a vida do que a abandonar os padrões de fertilidade que refletiam tradições e treinamento religioso de longa data. O resultado foi uma "explosão demográfica" astronômica que estava bem em andamento na metade do século XX. Durante a década de 1970, porém, os demógrafos observaram um ligeiro declínio na taxa de crescimento de vários países em desenvolvimento, à medida que os esforços de planejamento familiar começaram a ser implantados (Crenshaw et al., 2000; McFalls, 1998).

A Explosão Populacional

Fora a guerra, o crescimento rápido da população talvez tenha sido o problema social internacional dominante dos últimos 40 anos. Com freqüência essa questão é chamada emocionalmente de a "bomba populacional". Essa linguagem impressionante não é de surpreender, dados os chocantes aumentos na população mundial registrados no século XX (consulte a Tabela 15-1). A população do

FIGURA 15-2

A Estrutura Populacional no Afeganistão e nos Estados Unidos, 2005

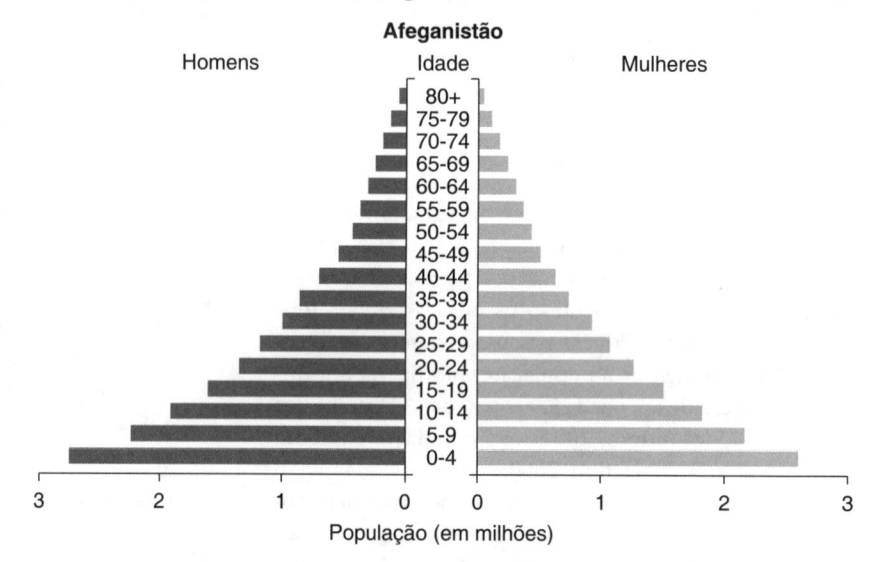

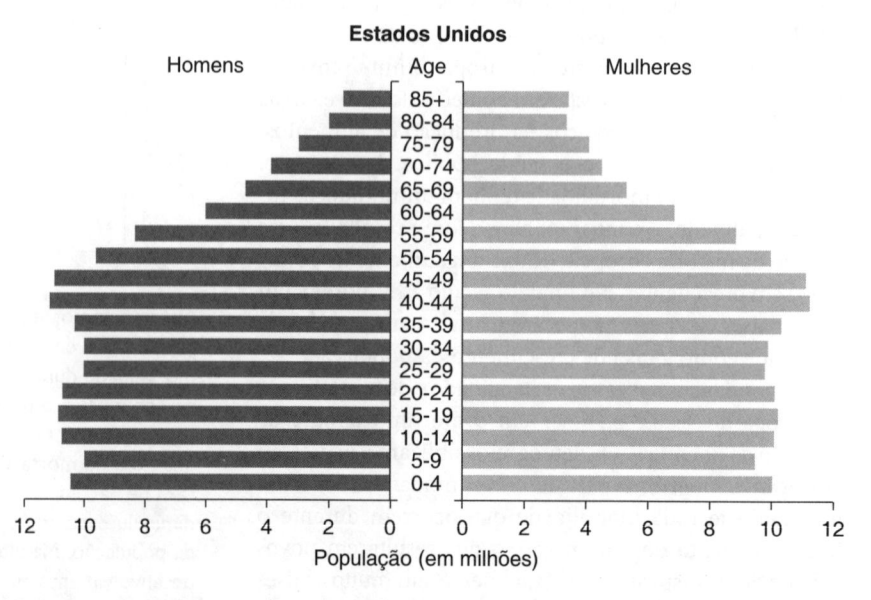

Fonte: Projeções do Bureau of the Census, 2004c.

Sociologia na Comunidade Global
15-1 A POLÍTICA POPULACIONAL NA CHINA

Em um distrito residencial de Xangai, um membro do comitê de planejamento familiar local bate à porta de um casal sem filhos. Por que, pergunta, eles não começaram uma família?

Uma pergunta desse tipo seria impensável em 1979, quando os agentes de planejamento familiar, em uma tentativa de evitar uma explosão populacional ameaçadora, começaram a recorrer à esterilização para fazer que fosse cumprida a norma governamental de um filho por família. A partir daí, o governo começou silenciosamente a fazer exceções à política de um único filho para adultos que fossem, eles mesmos, filhos únicos. Em 2002, ampliou esse privilégio a todas as famílias, porém a um preço. Uma nova lei de planejamento familiar impõe "taxas de compensação social" para cobrir os custos de mais um filho para a sociedade. Essa taxa, que é elevada, corresponde à renda de 20 anos de uma família da zona rural.

As famílias chinesas também são acossadas pelos resultados imprevisíveis das suas tentativas de burlar a política de um único filho. No passado, em um esforço para assegurar que seu único filho fosse um menino capaz de perpetuar a linha da família, muitos casais optaram por abortar fetos femininos ou permitir silenciosamente que meninas morressem por negligência. Conseqüentemente, entre as crianças de um a quatro anos, a razão entre os sexos (a razão de homens para mulheres) hoje é de 121 para 100 – bem acima da taxa normal de nascimento de 106 para 100. A diferença nas taxas de natalidade se traduz em menos 1,7 milhão de nascimentos de meninas por ano do que o normal – e para menos mulheres que possam gerar filhos do que o normal.

As mulheres chinesas arcavam com a maior parte não só da política popu-

> *Uma nova lei de planejamento familiar impõe "taxas de compensação social" que corresponde à renda de 20 anos de uma família da zona rural.*

lacional do governo, mas também do deslocamento econômico provocado pelas recentes reformas no mercado e pela redistribuição das terras agrícolas. Nas zonas rurais, lutam para sobreviver sem seus maridos, muitos dos quais foram trabalhar em fábricas na cidade. A taxa de suicídio de mulheres na China rural é no momento a mais alta do mundo. Os especialistas acham que essa estatística alarmante reflete uma falta básica de auto-estima entre as mulheres da zona rural. Os padrões sociais de séculos, ao contrário das taxas de natalidade, não podem ser mudados em uma geração.

Por fim, a política de um único filho provocou uma escassez não só de trabalhadores rurais, mas também de pessoas para cuidar dos idosos. Junto com os aumentos na longevidade, o declínio nos nascimentos de duração de uma geração aumentou a proporção de idosos dependentes para crianças sãs. A migração de jovens adultos para outras partes da China comprometeu ainda mais a sua capacidade de cuidar de seus idosos. Para piorar a crise, no máximo apenas um em cada quatro idosos chineses recebe qualquer pensão. Nenhum outro país no mundo está diante da perspectiva de cuidar de uma população tão grande de idosos com tão pouco apoio social disponível.

Vamos Discutir

1. Algum governo, não importa quão superpopuloso um país seja, tem o direito de esterilizar pessoas que não limitam voluntariamente o tamanho de suas famílias?
2. Em sua opinião, qual é a conseqüência mais drástica da política de um único filho?

Fontes: Glenn, 2004; Kahn, 2004b; *Migration News*, 2002b; N. Riley, 2004.

---

nosso planeta, que no início do século XIX era de 1 bilhão, aumentou para 4 bilhões em 2004.

A partir da década de 1960, os governos de determinados países em desenvolvimento passaram a patrocinar ou apoiar campanhas de incentivo do planejamento familiar. Boa parte em razão das campanhas de controle de natalidade patrocinadas pelo governo, a taxa total de natalidade da Tailândia caiu de 6,1 nascimentos por mulher, em 1970, para apenas 1,7 em 2002. Na China, a austera política de apenas um filho por casal produziu uma taxa de crescimento negativa em algumas regiões urbanas (ver Quadro 15-1). No entanto, mesmo se os esforços de planejamento familiar forem bem-sucedidos na tarefa de reduzir as taxas de fertilidade, o ímpeto de crescimento da população mundial estará bem estabelecido. Os países em desenvolvimento deparam com a perspectiva de um crescimento contínuo da população, já que uma parte considerável de seus habitantes está aproximando-se da idade fértil (ver a metade superior da Figura 15-2).

A **pirâmide populacional** é um tipo especial de gráfico de barras que mostra a distribuição de uma população por sexo e idade. Em geral ela é utilizada para ilustrar a estrutura populacional de uma sociedade. Como mostra a Figura 15-2, uma parte considerável da população afegã é composta de crianças com menos de 15 anos, cuja idade fértil ainda está por vir. Então, o ímpeto embutido para o aumento da população é muito maior no Afeganistão (e em muitos outros países em desenvolvimento em outras partes do mundo) do que na Europa Ocidental ou nos Estados Unidos.

Observe os dados populacionais da Índia, que em 2000 ultrapassou um bilhão de moradores. Em algum momento, entre 2040 e 2050, a população da Índia vai ser maior do que a da China. O considerável ímpeto para o crescimento que está embutido na estrutura etária da Índia significa que o país vai enfrentar um crescimento surpreendente nas próximas décadas, mesmo se a taxa de natalidade cair abruptamente (Population Reference Bureau, 2004).

O aumento da população não é um problema em todos os países. Hoje, várias nações estão até adotando políticas que incentivem o crescimento. Uma delas é o Japão, onde a taxa total de fertilidade caiu abruptamente. Mesmo assim, uma perspectiva global enfatiza as graves conseqüências de um aumento contínuo da população no geral.

Infelizmente, nos últimos 15 anos, a difusão da Aids, **p. 123** doença até então desconhecida, começou a restringir o aumento da população. No mundo todo, a epidemia de HIV/Aids matou mais de três milhões de pessoas só no ano de 2003 e estima-se que nesse mesmo ano mais de cinco milhões tenham contraído a doença. Cerca de 80% de todos os casos de Aids estão concentrados na África subsaariana e no sudeste da Ásia. Nos países africanos mais afetados, estima-se que a expectativa de vida caia dez anos nas próximas décadas e para abaixo dos 40 anos em pelo menos oito deles (Population Reference Bureau, 2004; Unaids, 2003).

Use a Sua Imaginação Sociológica

Você está morando em um país populoso; os recursos básicos, como alimento, água e espaço para morar, estão ficando escassos. O que você vai fazer? Como vai reagir à crise se for um planejador social do governo? Um político?

A Aids teve um impacto drástico nas taxas de mortalidade de muitos países em desenvolvimento, especialmente na África.

PADRÕES DE FERTILIDADE NOS ESTADOS UNIDOS

Nas últimas quatro décadas, os Estados Unidos e outros países industrializados passaram por dois padrões de crescimento de população – o primeiro, marcado por uma alta fertilidade e um rápido crescimento (fase II da teoria da transição demográfica) e o segundo, por um declínio na fertilidade e pouco crescimento (fase III). Os sociólogos estão cientes do impacto social desses padrões de fertilidade.

O *Baby Boom*

O período mais recente de alta fertilidade nos Estados Unidos ficou conhecido como *baby boom*. Durante a Segunda Guerra Mundial, inúmeros militares foram separados de suas esposas. Quando voltaram, a taxa anual de nascimentos começou a aumentar muito. Mesmo assim, o *baby boom* não foi um retorno às grandes famílias, que eram comuns no século XIX. Na verdade, houve apenas um pequeno aumento na proporção de casais que tiveram três ou mais filhos. Em vez disso, o *baby boom* foi resultado de uma redução surpreendente na quantidade de casamentos sem filhos e famílias com apenas um filho. Embora o pico tenha sido atingido em 1957, os Estados Unidos mantiveram uma taxa de natalidade relativamente alta de mais de 20 nascidos vivos por população de mil pessoas até 1964. Em 2002, a taxa de natalidade havia caído para 15 nascidos vivos por população de mil pessoas – 30% mais baixo do que em 1964 (Bureau of the Census, 1975; Haub, 2003).

Seria um erro atribuir o *baby boom* apenas à volta para casa de uma grande quantidade de soldados. Salários altos e prosperidade geral no período pós-guerra incentivaram vários casais a ter filhos e comprar casas. Além disso, vários sociólogos – bem como a escritora feminista Betty Friedan (1963) – observaram as fortes pressões sociais sobre as mulheres na década de 1950 para que se casassem e se tornassem mães e donas-de-casas (Bouvier, 1980).

Aumento Estável da População

Embora a taxa total de fertilidade dos Estados Unidos tenha permanecido baixa nas últimas duas décadas, esse país continua aumentando de tamanho em razão de dois fatores:

o ímpeto embutido na estrutura etária norte-americana pelo *boom* de população pós-guerra e as constantes altas taxas de imigração. Em decorrência da explosão de nascimentos iniciada na década de 1950, atualmente há mais pessoas em seus anos férteis do que nos grupos de idosos (nos quais a maioria das mortes ocorre). Esse aumento da população representa um "eco demográfico" da geração do *baby boom*, da qual muitos membros hoje são pai ou mãe. Como conseqüência, a quantidade de nascimentos anuais nos Estados Unidos continua superando a quantidade de óbitos. Além disso, os Estados Unidos permitem que um grande número de imigrantes entre no país todos os anos. Esses imigrantes representam entre um quarto e um terço do crescimento anual.

Apesar dessas tendências, alguns analistas da década de 1980 e início da de 1990 previram níveis de fertilidade relativamente baixos e moderada imigração líquida nas próximas décadas. Como resultado, parecia possível que os Estados Unidos atingissem um ***crescimento populacional zero***. Esse crescimento é o estado da população em que o número de nascimentos mais o de imigrantes é igual ao número de óbitos mais o de emigrantes. Em passado recente, embora alguns países tenham atingido esse crescimento populacional zero, ele teve vida relativamente curta. Atualmente, 65 países, 40 deles na Europa, estão apresentando um *declínio* na população (Haub, 2003; Longman, 2004).

O que seria uma sociedade com crescimento estável da população? Em termos demográficos, seria bem diferente dos Estados Unidos na década de 1990. Haveria uma quantidade relativamente igual de pessoas em cada faixa etária e a idade média da população talvez pudesse ser de 38 anos (contra 35 anos em 2000). Como decorrência, a pirâmide populacional norte-americana (como mostrado na Figura 15-2) se pareceria mais com um retângulo (Bureau of the Census, 2003a, p. 14-15).

Haveria uma proporção muito maior de pessoas mais idosas, principalmente com 75 anos de idade e mais. Esses cidadãos criariam uma demanda maior dos programas de serviços sociais e instituições de assistência médica. Em um tom mais positivo, a economia seria menos volátil no crescimento populacional zero, já que a quantidade de pessoas que ingressariam no mercado de trabalho permaneceria estável. O crescimento populacional zero também introduziria mudanças na vida familiar. Com as taxas de fertilidade diminuindo, as mulheres dedicariam menos anos à criação de filhos e aos papéis sociais da maternidade. A proporção de mulheres casadas que entrariam no mercado de trabalho continuaria aumentando (Spengler, 1978; Weeks, 2002).

Vimos como os padrões populacionais tendem a variar ao longo do tempo com o grau de desenvolvimento econômico de uma sociedade. Nas próximas cinco seções, estudaremos os efeitos dos avanços econômicos e tecnológicos nas comunidades. Vamos examinar não só as taxas de natalidade e de mortalidade de uma sociedade, mas todas as formas de mudança de vida à medida que a sua capacidade de utilizar a tecnologia vai-se desenvolvendo.

COMO SURGIRAM AS COMUNIDADES?

Como observamos na abertura do capítulo, uma *comunidade* é uma unidade espacial ou política de organização social que dá às pessoas a sensação de fazer parte dela. A natureza da comunidade mudou muito no decorrer da história – das primeiras sociedades de caçadores-recoletores às cidades pós-industriais modernas.

As Primeiras Comunidades

Durante a maior parte da história da humanidade, as pessoas utilizaram ferramentas e conhecimentos bem básicos para sobreviver. Satisfaziam as suas necessidades de comida com a caça, busca de frutas ou legumes, pesca e conduzindo rebanhos. Comparando com as sociedades industriais que surgiriam depois, as primeiras civilizações dependiam muito mais do meio ambiente físico e eram muito menos capazes de alterar esse meio ambiente a seu favor.

O surgimento das sociedades de olericultura, nas quais as pessoas cultivavam alimentos em vez de meramente colher frutas ou legumes, provocou várias mudanças drásticas na organização social humana. Não era mais necessário se deslocar de um lugar para outro em busca de alimento. Como as pessoas tinham de ficar em locais específicos para cultivar safras, começaram a se desenvolver comunidades mais estáveis e duradouras. À medida que as técnicas agrícolas iam tornando-se mais e mais sofisticadas, estabelecia-se uma divisão cooperativa da mão-de-obra envolvendo os membros da família e outras pessoas. As pessoas pouco a pouco começaram a produzir mais alimentos do que realmente precisavam para si. Podiam fornecer alimentos, talvez como parte de uma troca, para outros que pudessem estar envolvidos em mão-de-obra não-agrícola. Essa transição de subsistência para o superávit representou um passo fundamental para o surgimento das cidades.

Por fim, as pessoas passaram a produzir bens suficientes para atender tanto as suas necessidades quanto as das pessoas que não estavam envolvidas em tarefas agrícolas. Inicialmente, o superávit era limitado aos produtos agrícolas, mas gradativamente evoluiu de forma que incluísse todos os tipos de bens e serviços. Os moradores de uma cidade passaram a depender dos membros da comunidade que forneciam produtos artesanais e meios de transporte, coletavam informações etc. (Nolan e Lenski, 2004).

Com essas mudanças sociais surgiram divisões mais sofisticadas, bem como mais oportunidades para recompensas e privilégios diferenciados. Contanto que todos estivessem envolvidos nos mesmos trabalhos, a estratificação era limitada a fatores, como sexo, idade e, talvez à capacidade de executar alguma tarefa (um caçador habilidoso poderia obter um respeito extraordinário da comunidade). No entanto, o superávit permitiu a expansão dos bens e serviços, o que levou a uma diferenciação maior, a uma hierarquia de profissões e à desigualdade social. Conseqüentemente, o superávit era uma precondição não só para o estabelecimento das cidades, mas também para a divisão dos membros de uma comunidade em classes sociais (ver Capítulo 9). A capacidade de produzir bens para outras comunidades marcou uma mudança fundamental na organização social das pessoas.

Cidades Pré-Industriais

Estima-se que, por volta do ano 10000 a.C., surgiram povoados permanentes que não dependiam do cultivo de plantações. Porém, de acordo com os padrões atuais, essas primeiras comunidades mal se qualificariam como cidades. A **cidade pré-industrial**, como é chamada, em geral tinha apenas alguns milhares de residentes, e era caracterizada por um sistema de classes relativamente fechado e mobilidade limitada. Nessas primeiras cidades, o *status* costumava basear-se nas características atribuídas, como histórico familiar, e a educação era limitada aos membros da elite. Todos os moradores dependiam de talvez 100 mil agricultores e da sua própria agricultura de meio período para fornecerem o superávit agrícola necessário. A cidade mesopotâmica de Ur tinha uma população de cerca de 10 mil pessoas e era limitada a mais ou menos 200 acres de terra, incluindo os canais, o templo e o porto.

Por que essas primeiras cidades eram tão pequenas e, relativamente, em pequena quantidade? Vários fatores-chave restringiam a urbanização:

- **A dependência da potência animal (tanto das pessoas quanto dos animais de carga) como fonte de energia para a produção econômica.** Esse fator limitava a capacidade das pessoas de utilizar e alterar o meio ambiente físico.
- **Níveis modestos de superávits produzidos pelo setor agrícola.** Eram necessários de 50 a 90 agricultores para sustentar um morador da cidade (K. Davis [1949] 1995).
- **Problemas no transporte e no armazenamento de alimentos e outros bens.** Mesmo uma ótima safra poderia perder-se facilmente por causa dessas dificuldades.
- **Dificuldades de migração para a cidade.** Para muitos camponeses, a migração era física e economicamente impossível. Algumas poucas semanas de viagem estavam fora de questão sem técnicas de armazenamento de alimentos mais sofisticadas.
- **Perigos da vida na cidade.** Concentrar a população de uma sociedade em uma pequena área deixava-a aberta a ataques de forasteiros, bem como mais suscetível a grandes danos provenientes de pragas e incêndios.

Gideon Sjoberg (1960) analisou as informações disponíveis sobre os primeiros povoados urbanos na Europa medieval, Índia e China e identificou três precondições da vida urbana: tecnologia avançada tanto nas áreas agrícolas quanto nas não-agrícolas, um meio ambiente físico favorável e uma organização social bem desenvolvida.

Para Sjoberg, os critérios para se definir um meio ambiente físico "favorável" eram variáveis. A proximidade do carvão e do ferro ajuda apenas se uma sociedade souber como *utilizar* esses recursos naturais. Da mesma forma, a proximidade de um rio é particularmente benéfica apenas se uma cultura tiver meios que permitam transporte de água, de maneira eficiente, para a irrigação dos campos e para o consumo das cidades.

Uma organização social sofisticada também é uma precondição fundamental para a existência urbana. Papéis sociais especializados reúnem as pessoas de novas maneiras por meio da troca de bens e serviços. Uma organização social bem desenvolvida garante que essas relações sejam bem definidas e aceitáveis no geral por todas as partes. Certamente, a visão de Sjoberg da vida urbana é um tipo ideal, já que a desigualdade não desapareceu com o surgimento das comunidades urbanas.

Cidades Industriais e Pós-Industriais

Imagine como o aproveitamento da energia do ar, da água e de outros recursos naturais poderia mudar a sociedade. Os avanços na tecnologia agrícola levaram a mudanças drásticas na vida comunitária, mas o mesmo impacto teve o processo de industrialização. A *Revolução Industrial*, que começou na metade do século XVIII, concentrou-se na aplicação de fontes não-animais em tarefas. A industrialização teve uma vasta gama de impactos sobre os estilos de vida das pessoas e na estrutura das comunidades. Os povoados urbanos que surgiram se tornaram centros não só da indústria, mas também das transações bancárias, das finanças e da administração industrial.

O sistema de fábricas que surgiu durante a Revolução Industrial provocou uma divisão muito mais refinada da mão-de-obra do que aquela que ficou evidente nas cidades pré-industriais. As várias profissões criadas produziram um conjunto complexo de relações entre os trabalhadores. Assim, a **cidade industrial** não era meramente mais populosa do que as suas antecessoras, ela se baseava em princípios bem diferentes de organização social. Sjoberg esboçou as diferenças entre as cidades pré-industriais e as industriais (ver Tabela 15-2).

Resumindo

Tabela 15-2 — Comparando Tipos de Cidade

Cidades Pré-industriais (século XVIII)	Cidades Industriais (do século XVIII até a metade do século XX)	Cidades Pós-industriais (a partir do final do século XX)
Sistema de classes fechado – influência difundida da classe social por ocasião do nascimento	Sistema de classes aberto – a mobilidade se baseia nas características obtidas	A riqueza se baseia na capacidade de obter e utilizar informações
O reino econômico é dominado por corporações e algumas poucas famílias	Concorrência relativamente aberta	O poder corporativo predomina
Início da divisão da mão-de-obra na criação de bens	Especialização sofisticada na fabricação de bens	O senso de localidade vai desaparecendo, surgem redes transnacionais
Influência difundida da religião nas normas sociais	A influência da religião é restrita à medida que a sociedade vai tornando-se mais secularizada	A religião se torna mais fragmentada; mais abertura para novas fés religiosas
Pouca padronização de preços, pesos e medidas	A padronização é colocada em prática pelos costumes e pela lei	Visões conflitantes dos padrões predominantes
População em grande parte analfabeta, comunicação boca a boca	Surgimento da comunicação por meio de pôsteres, boletins e jornais	Surgimento de redes eletrônicas ampliadas
As escolas são restritas às elites e criadas para perpetuar o *status* privilegiado delas	A escolaridade formal é aberta às massas e vista como um meio de avançar na ordem social	O pessoal profissional, científico e técnico torna-se cada vez mais importante

Fontes: Baseado em E. Phillips, 1996, p. 132–135; Sjoberg, 1960, p. 323–328.

Na comparação com as cidades pré-industriais, as cidades industriais têm um sistema de classes mais aberto e mais mobilidade social. Após as iniciativas nas cidades industriais por parte dos grupos dos direitos das mulheres, sindicatos e outros ativistas políticos, a educação formal tornou-se gradativamente disponível para muitas crianças de famílias pobres e da classe operária. Embora características atribuídas, como sexo, raça e etnia, continuassem importantes, uma pessoa talentosa ou qualificada tinha mais oportunidade de melhorar a sua posição social. Nesse e em outros aspectos, a cidade industrial era genuinamente um mundo diferente da comunidade urbana pré-industrial.

Na última metade do século XX, surgiu um novo tipo de comunidade urbana. A ***cidade pós-industrial*** é uma cidade na qual as finanças globais e o fluxo eletrônico de informação dominam a economia. A produção é descentralizada e em geral ocorre fora dos centros urbanos, porém o controle é centralizado em corporações multinacionais cuja influência transcende as fronteiras urbanas e até nacionais. A mudança social é uma característica constante da cidade pós-industrial. A reestruturação econômica e a mudança espacial parecem ocorrer a cada década, se não mais freqüentemente. No mundo pós-industrial, as cidades são forçadas a aumentar a concorrência por oportunidades econômicas, o que agrava a situação difícil dos pobres (E. Phillips, 1996; D. A. Smith e Timberlake, 1993).

O sociólogo Louis Wirth (1928, 1938) argumentou que um povoado relativamente grande e permanente leva a padrões diferentes de comportamento, que chamou de **urbanismo**. Ele identificou três fatores importantes que contribuem para o urbanismo: o tamanho, a densidade e a heterogeneidade (variedade) da população. Um resultado freqüente do urbanismo, segundo Wirth, é que nos tornamos insensíveis aos acontecimentos ao nosso redor e restringimos a nossa atenção aos grupos primários a que estamos emocionalmente ligados.

A Tabela 15-2 resume as diferenças entre as cidades pré-industriais, industriais e pós-industriais.

Use a Sua Imaginação Sociológica

Como seria a cidade ideal do futuro? Descreva a sua arquitetura, transporte público, vizinhanças, escolas e locais de trabalho. Que tipos de pessoas morariam e trabalhariam nela?

URBANIZAÇÃO

O recenseamento de 1990 foi o primeiro a demonstrar que mais da metade da população norte-americana vivia em regiões urbanas de 1 milhão de habitantes ou mais. Só em três estados (Mississipi, Vermont e West Virgínia) mais da metade dos moradores vivem em zonas rurais. Evidentemente, a urbanização tornou-se um aspecto central da vida nos Estados Unidos (Bureau of the Census, 1991).

A urbanização pode ser observada no resto do mundo também. Em 1900, apenas 10% da população mundial vivia em regiões urbanas. Porém, essa proporção havia aumentado para cerca de 50% em 2000. Em 2025, a quantidade de habitantes de cidades pode chegar a 5 bilhões. No século XIX e início do século XX, ocorreu uma rápida urbanização, especialmente nas cidades européias e da América do Norte. Mas desde a Segunda Guerra Mundial houve uma explosão urbana nos países em desenvolvimento (Koolhaas et al., 2001, p. 3)

O Censo Demográfico de 2000, do IBGE, revela que a taxa de urbanização brasileira é de 81,23%, superior à de muitas nações européias, cuja média está em torno de 75%. Isso significa que pouco resta da sociedade rural que caracterizava o País em 1940, quando cerca de 70% da população brasileira vivia no campo.

Algumas áreas metropolitanas se espalharam tanto que se conectaram com outros centros urbanos. Essa região tão densamente povoada, contendo duas ou mais cidades e seus subúrbios, ficou conhecida como **megalópole**. Um exemplo disso é o corredor de aproximadamente 750 km que vai do sul de Boston a Washington DC – que inclui a cidade de Nova York, Filadélfia e Baltimore e representa um sexto da população total dos Estados Unidos. Mesmo quando a megalópole é dividida em jurisdições políticas autônomas, pode ser vista como uma única entidade econômica. A megalópole também é evidente na Grã-Bretanha, na Alemanha, Itália, no Egito, na Índia, no Japão e na China. A Grande São Paulo, constituída de 42 municípios, é a megalópole brasileira em extensão e população, tendo, pelo Censo demográfico de 2000, 18 milhões de habitantes.

Teoria Funcionalista: Ecologia Urbana

Como vimos no Capítulo 14, a *ecologia humana* se preocupa com as inter-relações das pessoas com o meio ambiente. Os ecologistas humanos há muito se interessam em saber como o meio ambiente físico molda a vida das pessoas (por exemplo, como os rios servem de barreira para a expansão residencial) e em como as pessoas influenciam o meio ambiente ao seu redor (por exemplo, como o ar-condicionado acelerou o crescimento das principais regiões metropolitanas no sudoeste dos Estados Unidos). A *ecologia urbana* se concentra nessas relações à medida que surgem nas regiões urbanas. Embora a abordagem da ecologia urbana foque nas mudanças sociais na cidade, ela é funcionalista na sua orientação porque enfatiza como diferentes elementos nas regiões urbanas contribuem para a estabilidade social.

Os primeiros ecologistas urbanos, como Robert Park (1916, 1936) e Ernest Burgess (1925), concentraram-se na vida na cidade, mas se basearam nas abordagens utilizadas pelos ecologistas que estudam as comunidades de plantas e animais. Com poucas exceções, os ecologistas urbanos remontam o seu trabalho à **teoria da zona concêntrica** elaborada por Burgess na década de 1920 (ver Figura 15-3a). Usando Chicago como exemplo, Burgess propôs uma teoria para descrever o uso da terra nas cidades industriais. No centro – ou no núcleo – dessa cidade está o bairro comercial central. Grandes lojas de departamento, hotéis, teatros e instituições financeiras ocupam esse terreno hipervalorizado. Ao redor desse

FIGURA 15-3

Teorias Ecológicas do Crescimento Urbano

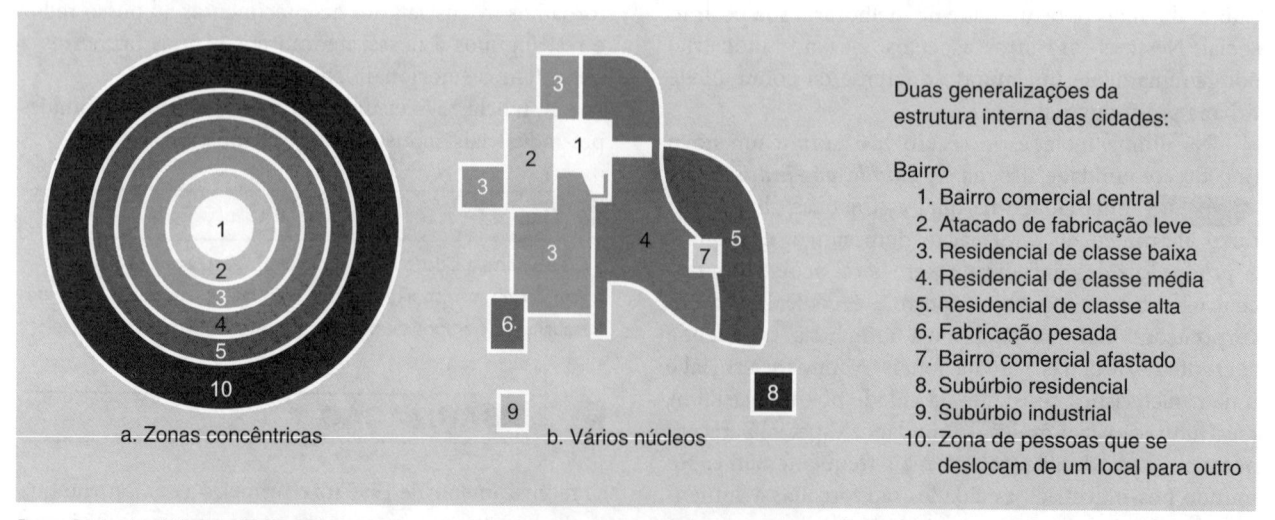

Duas generalizações da estrutura interna das cidades:

Bairro
1. Bairro comercial central
2. Atacado de fabricação leve
3. Residencial de classe baixa
4. Residencial de classe média
5. Residencial de classe alta
6. Fabricação pesada
7. Bairro comercial afastado
8. Subúrbio residencial
9. Subúrbio industrial
10. Zona de pessoas que se deslocam de um local para outro

a. Zonas concêntricas
b. Vários núcleos

Fonte: C. Harris e Ullmann, 1945, p. 13.

centro urbano estão as zonas dedicadas a outros tipos de uso da terra que ilustram o crescimento da zona urbana decorrerão longo do tempo.

Observe que a criação de zonas é um processo *social* e não apenas resultado da natureza. As famílias e empresas competem pelo pedaço de terra mais valioso. Aqueles que têm mais riqueza e poder em geral são os vencedores. A teoria da zona concêntrica proposta por Burgess representava um modelo dinâmico de crescimento urbano. À medida que o crescimento urbano ia ocorrendo, cada uma das zonas ia deslocando-se para cada vez mais longe do bairro comercial central.

Por causa da sua orientação funcionalista e da sua ênfase na estabilidade, a teoria da zona concêntrica tendia a minimizar ou ignorar determinadas tensões evidentes nas regiões metropolitanas. Por exemplo, o uso cada vez maior da terra por pessoas ricas nas regiões periféricas de uma cidade era aprovado de maneira irrestrita, ao passo que a chegada de negros nos bairros brancos na década de 1930 foi descrita por alguns sociólogos empregando termos como *invasão* e *sucessão*. Além disso, a perspectiva da ecologia urbana dispensava pouca atenção às desigualdades entre os sexos, como a criação de ligas de *softball* e golfe nos parques da cidade sem nenhum programa de esportes femininos. Conseqüentemente, a abordagem da ecologia urbana é criticada por não apreciar questões de gênero, raça e classe.

Na metade do século XX, as populações urbanas se espalharam para além dos limites tradicionais da cidade. Os ecologistas urbanos não podiam mais se concentrar exclusivamente no *crescimento* na cidade central, pois uma grande quantidade de moradores urbanos estava abandonando a cidade para viver nos subúrbios. Como resposta ao surgimento de mais de um ponto focal em algumas regiões metropolitanas, Chauncy D. Harris e Edward Ullman (1945) apresentaram a **teoria de vários núcleos** (ver Figura 15-3b). Na opinião deles, nem todo crescimento urbano se direciona para fora de um bairro comercial central. Em vez disso, uma região metropolitana pode ter vários centros de desenvolvimento, cada um deles refletindo uma determinada necessidade ou atividade urbana. Desse modo, uma cidade pode ter um bairro financeiro, uma zona de produção, uma região portuária, um centro de entretenimento e assim por diante. Determinados tipos de empresas e de moradias se agrupam naturalmente ao redor de cada núcleo diferente (Squires, 2002).

O crescimento de *shopping centers* nos subúrbios é um exemplo vivo do fenômeno de vários núcleos nas regiões metropolitanas. Inicialmente, todo o varejo importante nas regiões urbanas estava localizado no bairro comercial central. Cada bairro residencial tinha os seus próprios verdureiros, padeiros e açougueiros, mas as pessoas iam ao centro da cidade para fazer as compras principais em lojas de departamento. À medida, porém, que as regiões metropolitanas iam expandido-se e os subúrbios tornavam-se mais populosos, uma quantidade cada vez maior de pessoas começou a comprar perto de suas casas. Atualmente, o *shopping* do subúrbio é um centro social e de varejo importante nas comunidades norte-americanas.

Refinando a teoria dos vários núcleos, os ecologistas urbanos contemporâneos começaram a estudar o que o jornalista Joel Garreau (1991) chamou de "cidades periféricas". Essas comunidades, que cresceram na direção da periferia das principais regiões metropolitanas, são centros econômicos e sociais com identidade própria. De acordo com qualquer padrão de medida – altura dos edifícios, quantidade de escritórios, presença de instalações médicas, presença de locais de lazer e, obviamente, população –, as cidades periféricas se qualificam como cidades independentes e não como grandes subúrbios.

Quer as regiões metropolitanas incluam cidades periféricas ou de vários núcleos, uma quantidade cada vez maior delas está se caracterizando por desenvolvimento desordenado e crescimento sem fiscalização. Nos últimos anos, Las Vegas foi o exemplo mais importante. Com uma nova casa sendo construída a cada 20 minutos, em 2004 a cidade aumentou rapidamente de 57 km^2 para cerca de 352,5 km^2. As consequências sociais de um crescimento tão rápido também são enormes, variando da escassez de moradia pela qual as pessoas possam pagar e uma quantidade inadequada de despesas a um abastecimento de água precário, assistência médica ruim e um trânsito complicado. As cidades de hoje são muito diferentes das cidades pré-industriais de mil anos atrás (D. Murphy, 2004).

Teoria do Conflito: Nova Sociologia Urbana

Os sociólogos dizem que o crescimento metropolitano não é governado por hidrovias e ferrovias, como uma interpretação puramente ecológica poderia sugerir. Do ponto de vista da teoria do conflito, comunidades são criações humanas que refletem as necessidades, opções e decisões das pessoas – embora algumas pessoas tenham mais influência sobre essas decisões do que outras. Baseada na teoria do conflito, uma abordagem que veio a ser chamada de **nova sociologia urbana** leva em consideração a interação das forças locais, nacionais e mundiais e o seu impacto sobre o espaço local, com ênfase especial no impacto da atividade econômica mundial (Gottdiener e Hutchison, 2000).

Os novos sociólogos urbanos observaram que os proponentes das teorias ecológicas evitaram analisar as forças sociais, em grande parte de natureza econômica, que orientaram o crescimento urbano. Por exemplo, os bairros comerciais centrais podem ser valorizados ou abandonados, dependendo de os elaboradores de políticas urbanas concederem ou não isenção de impostos aos empresários de imóveis. A explosão dos subúrbios no período pós-Segunda Guerra Mundial foi alimentada pela construção de estradas e pelas políticas federais de habitação que canalizaram os investimentos de capital para a construção de casas para uma família em vez de construírem moradias com aluguel acessível nas cidades. Da mesma maneira, embora alguns observadores sugiram que o crescimento das cidades concentradas em áreas do sudoeste se deva a um "bom clima comercial", os novos sociólogos urbanos rebatem que esse termo na verdade é um eufemismo para um Estado caro e subsídios de governos locais e políticas antimão-de-obra que visam atrair fabricantes (Gottdiener e Feagin, 1988; M. Smith, 1988).

A nova sociologia urbana se baseia na teoria do conflito e mais especificamente na **análise dos sistemas mundiais** de Immanuel Wallerstein. Wallerstein argumenta p. 222 que determinados países industrializados (entre eles, Estados Unidos, Japão e Alemanha) têm uma posição predominante no *centro* do sistema econômico mundial. Ao mesmo tempo, os países pobres em desenvolvimento da Ásia, África e América Latina estão na *periferia* da economia mundial, controlados e explorados pelos países industrializados centrais. Utilizando a análise de sistemas mundiais, os novos sociólogos urbanos avaliam a urbanização do ponto de vista mundial. Vêem as novas cidades não como entidades independentes e autônomas, mas, sim, como o resultado de processos de tomada de decisões dirigidos ou orientados pelas classes dominantes da sociedade ou pelos países industrializados centrais. Os novos sociólogos urbanos observam que as cidades que crescem rapidamente nos países em desenvolvimento foram moldadas primeiro pelo colonialismo e depois por uma economia mundial controlada pelos países centrais e empresas multinacionais. O resultado não foi benéfico para os cidadãos mais pobres. Uma característica inconfundível de várias cidades nos países em desenvolvimento é a existência de grandes assentamentos próximos aos limites da cidade (Gottdiener e Feagin, 1988; D. A. Smith, 1995).

Os ecologistas urbanos das décadas de 1920 e 1930 estavam cientes do papel que a economia maior desempenhava na urbanização, porém suas teorias enfatizavam o impacto das forças locais e não das nacionais ou mundiais. Por sua vez, com a sua ênfase ampla e mundial p. 216, 224, 378 na desigualdade social e no conflito, os novos sociólogos urbanos se concentram em tópicos como a existência de uma subclasse, o poder das multinacionais, a desindustrialização, o problema dos sem-teto e a segregação residencial.

Por exemplo, incorporadores e construtores de imóveis e banqueiros de investimento não estão interessados no crescimento urbano quando isso significa dar moradia para pessoas de renda média ou baixa. A sua falta de interesse contribui para o problema dos sem-teto. Essas elites urbanas rebatem que não são responsáveis pela escassez nacional de moradia e pela situação difícil dos sem-teto e que não dispõem do capital necessário para construir e apoiar esse tipo de moradia. No entanto, as pessoas ricas *estão* interessadas no crescimento e *podem* de alguma maneira encontrar capital para construir novos *shopping centers*, torres de escritórios e estádios. Por que, então, essas pessoas não podem fornecer capital para moradia a um preço acessível? – perguntam os novos sociólogos urbanos.

Parte da resposta é que os construtores, banqueiros e outros poderosos investidores em imóveis encaram a questão da habitação de uma maneira bem diferente da dos inquilinos e proprietários de moradias. Para um inquilino, um apartamento é abrigo, moradia, lar; para os incorporadores, construtores e investidores – muitos deles grandes empresas, às vezes multinacionais –, um apartamento é um investimento em habitação. Esses financiadores e proprietários se preocupam principalmente em como maximizar lucros, e não em como resolver problemas sociais (Feagin, 1983; Gottdiener e Hutchison, 2000).

Como vimos no decorrer deste livro, quando se estudam questões tão variadas quanto devio, raça e etnia e envelhecimento, nenhuma teoria oferece necessariamente a única perspectiva de valor. De acordo com o ilustrado na Tabela 15-3, a ecologia urbana e a nova sociologia urbana apresentam maneiras bem diferentes de se ver a urbanização, as duas enriquecendo a nossa compreensão desse fenômeno complexo.

TIPOS DE COMUNIDADE

As comunidades variam de acordo com o grau em que seus membros se sentem ligados e compartilham de uma identidade comum. Ferdinand Tönnies ([1887] 1988) utilizou p. 118 o termo *Gemeinschaft* para descrever uma comunidade muito unida na qual a interação social das pessoas é íntima e familiar. Esse é o tipo de lugar onde as pessoas param de conversar em um café sempre que uma pessoa entra, porque têm certeza de que conhecem todos que o freqüentam. Um comprador de um pequeno mercado de uma cidade desse tipo espera conhecer todos os funcionários e talvez a maioria dos clientes. Opostamente, o tipo ideal de *Gesellschaft* descreve a vida urbana moderna, na qual as pessoas têm pouco em comum umas com as outras. As relações sociais em sua maioria resultam das interações concentradas nas tarefas imediatas, como a compra de um produto. Nos Estados Unidos, a vida urbana contemporânea em geral se assemelha a uma *Gesellschaft*.

As seções seguintes analisarão os diferentes tipos de comunidades encontrados nos Estados Unidos, concen-

Resumindo

Tabela 15-3 — Principais Teorias de Urbanização

	Ecologia Urbana	Nova Sociologia Urbana
Tipo de teoria	Funcionalista	Do Conflito
Foco principal	A relação entre as regiões urbanas e o seu espaço e meio ambiente físico	A relação entre as regiões urbanas e as forças mundiais, nacionais e locais
Fonte principal de mudança	Inovações tecnológicas, como novos métodos de transporte	Concorrência econômica e monopolização de poder
Iniciador de ações	Pessoas, vizinhanças, comunidades	Empresários imobiliários, bancos e outras instituições financeiras, empresas multinacionais
Disciplinas aliadas	Geografia, arquitetura	Ciência política, economia

trando-se nas características e nos problemas distintos de cidades centrais, subúrbios e comunidades rurais.

Cidades Centrais

Em termos de terra e população, os Estados Unidos são o quarto maior país do mundo. Porém, três quartos da população estão concentrados em meros 1,5% da área do país. Em 2000, cerca de 226 milhões de pessoas – representando 79% da população – moravam em regiões metropolitanas. Mesmo aquelas que vivem fora das cidades centrais, como os moradores de subúrbios e comunidades rurais, acham que os centros urbanos influenciam profundamente os seus estilos de vida (Bureau of the Census, 2003a, p. 34).

Habitantes de Cidades

Muitos moradores de cidade são descendentes de imigrantes europeus – irlandeses, italianos, judeus, poloneses e outros – que foram para os Estados Unidos no século XIX e no início do XX. As cidades ajustavam esses recém-chegados às normas, aos valores e à língua do seu novo país e lhes davam uma chance de subir na escada econômica. Além disso, no período pós-Segunda Guerra Mundial, uma quantidade considerável de negros e brancos de baixa renda abandonava as zonas rurais em sentido à cidade.

Mesmo atualmente, as cidades norte-americanas são o destino de imigrantes do mundo todo – incluindo México, Irlanda, Cuba, Vietnã e Haiti –, bem como dos migrantes de Porto Rico. No entanto, ao contrário daqueles que foram para os Estados Unidos há cem anos, os imigrantes de hoje estão chegando em uma época de decadência urbana crescente. Como resultado, têm mais dificuldade de encontrar emprego e moradia decente.

A vida urbana é digna de nota pela sua diversidade, portanto, seria um grande erro considerar todos os moradores de cidade como semelhantes. O sociólogo Herbert J. Gans (1991) distinguiu cinco tipos de pessoas que se encontram nas cidades:

1. **Cosmopolitas.** Esses moradores vivem nas cidades para tirar proveito dos seus benefícios culturais e intelectuais exclusivos. Escritores, artistas e estudiosos se enquadram nessa categoria.
2. **Pessoas não-casadas e sem filhos.** Essas pessoas optam por morar na cidade por causa da sua ativa vida noturna e das oportunidades variadas de lazer.
3. **Aldeões étnicos.** Esses moradores de cidade preferem viver em suas próprias comunidades muito unidas. Em geral, os grupos de imigrantes se isolam nessas vizinhanças para evitar o ressentimento de moradores urbanos bem estabelecidos.
4. **Carentes.** As pessoas e famílias muito pobres não têm muita opção a não ser morar em bairros de cidade com aluguel baixo e, muitas vezes, decadentes.
5. **Encurralados.** Alguns moradores de cidade querem sair dos centros urbanos, mas não podem fazê-lo em razão dos seus limitados recursos financeiros e perspectivas. Gans inclui nessa categoria os que "se movem para baixo" – pessoas que tinham posições sociais mais elevadas, mas que são forçadas a viver em bairros menos valorizados por causa da perda de um emprego, morte de um provedor ou idade avançada. Tanto os idosos que vivem sozinhos quanto as famílias podem sentir-se presos, em parte, porque se ressentem das mudanças em suas comunidades. O seu desejo de morar em outro lugar pode refletir o seu mal-estar em relação a grupos de imigrantes não-familiares que se tornaram seus vizinhos.

Essas categorias nos lembram que a cidade representa uma opção (ou mesmo um sonho) para determinadas pessoas e um pesadelo para outras.

A obra de Gans enfatiza a importância dos bairros na vida urbana contemporânea. Ernest Burgess, no seu estudo da vida em Chicago na década de 1920, dedicou atenção especial aos bairros étnicos dessa cidade. Muitas décadas depois, os moradores de regiões, como Chinatown ou Greektown, continuam apegados a suas comunidades étnicas e não à unidade maior de uma cidade. Mesmo fora dos enclaves étnicos, uma sensação especial de fazer parte pode ocorrer em uma vizinhança.

Em um estudo mais recente em Chicago, Gerald Suttles (1972) criou a expressão **bairro defendido** para se referir às definições que as pessoas têm das fronteiras da sua comunidade. Os bairros adquirem identidades peculiares porque seus moradores os vêem como separadas geograficamente – e socialmente diferentes – das regiões adjacentes. O bairro defendido na verdade se torna uma união sentimental de pessoas semelhantes. As listas telefônicas dos bairros, jornais comunitários, fronteiras escolares e paroquiais e propaganda de negócios, todos servem para definir uma região e diferenciá-la das comunidades próximas.

Problemas que as Cidades Enfrentam

As pessoas e os bairros variam muito em qualquer cidade norte-americana. No entanto, todos os moradores de uma cidade central – a despeito de classe social, diferenças raciais e étnicas – enfrentam certos problemas comuns. Criminalidade, poluição do ar, barulho, desemprego, escolas superlotadas, transporte público inadequado – essas realidades desagradáveis e muitas outras são uma característica cada vez mais comum da vida urbana contemporânea.

Talvez o reflexo mais notável dos males urbanos norte-americanos seja a morte aparente de bairros inteiros. Em algumas regiões urbanas, a atividade comercial parece praticamente inexistir. Os visitantes podem andar quarteirões e mais quarteirões e encontrar pouca coisa além de edifícios deteriorados, fechados com tábuas, abandonados e incendiados. Fábricas vazias marcam os locais de empresas que foram embora há uma geração. Essa devastação contribuiu muito para o problema cada vez maior dos sem-teto.

A segregação residencial também tem sido um problema persistente nas cidades norte-americanas. Ela é resultado das políticas das instituições financeiras, das práticas comerciais de agentes imobiliários, das ações dos vendedores de casas e até das iniciativas de planejamento urbano, como, por exemplo, decisões sobre onde construir casas populares. Os sociólogos Douglas Massey e Nancy Denton (1993) usaram a expressão *apartheid americano* para se referir a esses padrões residenciais. Na opinião deles, não percebemos a segregação como um problema, em vez disso, nós a aceitamos como uma característica da paisagem urbana. Para os grupos de minorias subordinadas à segregação, ela significa não só oportunidades limitadas de moradia, mas também um acesso reduzido a emprego, a postos de venda de varejo e a serviços médicos.

Outro problema importante para as cidades tem sido o transporte de massa. Desde 1950, a quantidade de carros nos Estados Unidos aumentou duas vezes mais rapidamente do que a de pessoas. O congestionamento cada vez maior do tráfego nas regiões metropolitanas levou muitas cidades a reconhecerem a necessidade de sistemas seguros, eficientes e baratos de transporte de massa. No entanto, o governo federal vem tradicionalmente dando muito mais assistência a programas de construção de estradas do que ao transporte público. Os teóricos do conflito observam que essa parcialidade favorece os mais ricos (donos de carros) e empresas como fabricantes de carros e pneus e companhias de petróleo. Enquanto isso, os moradores de baixa renda das regiões metropolitanas, que têm muito menos probabilidade de ter carro do que os membros das classes média e alta, deparam com tarifas mais altas no transporte público e serviços deteriorados (J. W. Mason, 1998).

Desenvolvimento Comunitário Baseado em Ativos

Nos Estados Unidos, *South Bronx, South Central Los Angeles* ou até *moradia popular* invocam uma série de

O "C" significa "congestionamento". Em 2003, para aliviar engarrafamentos, os agentes da cidade de Londres começaram a cobrar cerca de US$ 10 por dia dos veículos que entrassem nas zonas designadas de congestionamento. O resultado foi uma redução de 30% no tráfego, o que levou os planejadores urbanos do mundo todo a cogitarem adotar essa idéia.

Paroquianos urbanos se reúnem após um serviço religioso. As organizações religiosas são um dos muitos recursos que formam o alicerce do desenvolvimento comunitário baseado em ativos.

estereótipos e estigmas negativos. Como as comunidades – bairros ou cidades – rotuladas como guetos abordam os desafios que enfrentam? Com freqüência, os elaboradores de políticas vêm identificando os problemas, as necessidades ou as deficiências de uma região para depois tentar encontrar soluções. Na última década, porém, os líderes comunitários, elaboradores de política e sociólogos aplicados passaram a defender uma teoria denominada **desenvolvimento comunitário baseado em ativos** (*asset-based community development* – ABCD), na qual primeiro identificam os pontos fortes de uma comunidade para depois tentar mobilizar esses ativos.

Em uma comunidade de baixo nível socioeconômico, a teoria ABCD ajuda as pessoas a reconhecer os recursos humanos que de outra maneira poderiam ignorar. Entre os ativos de uma comunidade podem estar as aptidões de seus moradores, o poder das associações locais, os seus recursos institucionais – públicos, privados ou sem fins lucrativos, e qualquer recurso físico e econômico que possua. Identificando esses patrimônios, os planejadores podem ajudar a combater imagens negativas e reconstruir até as comunidades mais devastadas. O resultado esperado é o fortalecimento da capacidade da comunidade de ajudar a si mesma e a redução de sua dependência de organizações ou provedores externos (Asset-Based Community Development Institute, 2001; Kretzmann e McKnight, 1993; McKnight e Kretzmann, 1996).

De maneira trágica, os eventos de 11 de setembro de 2001 fizeram que várias comunidades, grandes e pequenas, reconhecessem as maneiras pelas quais vizinhos podem depender uns dos outros. Middletown, Nova Jersey, uma comunidade suburbana que perdeu 36 moradores no ataque terrorista ao World Trade Center, é um exemplo disso. Em resposta à catástrofe, um grupo dessa cidade fundou a Friends Assisting Victims of Terror para angariar fundos de todo proprietário de casa e empresa da comunidade em favor das famílias enlutadas, muitas das quais tinham perdido um provedor. No final do primeiro ano, o grupo havia arrecadado mais de US$ 700 mil, e doações de bens e serviços que variavam de encanamento, conserto de carro e remoção de árvores a corte de cabelo, aula de caratê e consultas com quiropráticos. A cidade também criou um fundo de bolsa de estudo para as 36 crianças que haviam perdido seus pais ou mães. Ao cuidar dos seus, as pessoas de Middletown descobriram a riqueza e a variedade de seus recursos (A. Jacobs, 2001a, 2001b, 2002; Sheehy, 2003).

Subúrbios

O termo *subúrbio* deriva do latim *sub urbe*, que significa "sob a cidade" ou "nas proximidades da cidade". Até recentemente, a maioria dos subúrbios era apenas isso – pequenas comunidades totalmente dependentes dos centros urbanos para empregos, lazer e até água.

Atualmente, o termo **subúrbio** desafia uma definição simples. Ele se refere a qualquer comunidade perto de uma cidade grande ou, como diria o Departamento de Recenseamento, qualquer território dentro de uma região metropolitana que não esteja incluída na cidade central. De acordo com essa definição, mais de 138 milhões de pessoas, ou cerca de 51% da população norte-americana, vivem nos subúrbios (Kleniewski, 2002).

Esses fatores sociais diferenciam os subúrbios das cidades, como se pode observar nos Estados Unidos. Primeiro, os subúrbios são menos densos do que as cidades. Nos subúrbios mais novos, um acre de terra não pode ser ocupado por mais do que duas casas. Em segundo lugar, os subúrbios são compostos quase exclusivamente de espaço privado. Na sua maior parte, os gramados ornamentais privados substituem as áreas comuns de parques. Em terceiro lugar, os subúrbios têm códigos de *design* de prédios mais precisos do que as cidades e esses códigos se tornaram cada vez mais definidos na última década.

Embora os subúrbios possam ter uma população diversa, os seus padrões de *design* dão a impressão de uniformidade.

Fazer a distinção entre os subúrbios e as áreas rurais também pode ser difícil. Determinados critérios definem subúrbios. A maior parte das pessoas tem empregos urbanos (em oposição a rurais) e os governos locais oferecem serviços, como abastecimento de água, esgoto e proteção contra incêndio. Nas zonas rurais, esses serviços são menos comuns e uma proporção cada vez maior dos residentes está empregada em atividades relacionadas à agricultura.

Expansão Suburbana

Qualquer que seja a definição exata de subúrbio, é evidente que os subúrbios se expandiram. Na verdade, a suburbanização foi uma das tendências populacionais mais contrastantes nos Estados Unidos durante todo o século XX. As regiões suburbanas cresceram primeiro ao longo das ferrovias, depois nos terminais dos trilhos de bondes e, na década de 1950, junto com a expansão dos sistemas de rodovias e vias expressas. A explosão suburbana tem se tornado evidente desde a Segunda Guerra Mundial.

Os proponentes da nova sociologia urbana nos Estados Unidos defendem que, inicialmente, as indústrias transferiam suas fábricas das cidades centrais para os subúrbios para diminuir o poder dos sindicatos. Depois, muitas comunidades suburbanas induziram as empresas a se mudarem para lá oferecendo subsídios e incentivos fiscais. Como observou o sociólogo William Julius Wilson (1996), as políticas de habitação federais contribuíram para a explosão suburbana retendo capital de hipoteca por bairros dentro da cidade, oferecendo hipotecas favoráveis a veteranos militares e ajudando no desenvolvimento rápido de enormes quantidades de moradias espaçosas a preços acessíveis nos subúrbios. Além disso, as políticas federais de estradas e transporte forneceram um financiamento considerável para os sistemas de vias expressas (o que tornou ir e voltar para a cidade muito mais fácil) e, ao mesmo tempo, prejudicaram as comunidades urbanas criando redes de estradas no centro das cidades.

Todos esses fatores contribuíram para a mudança da classe média (predominantemente branca) para fora das cidades centrais e, como veremos, para fora dos subúrbios também. Do ponto de vista da nova sociologia urbana, a expansão dos subúrbios está longe de ser um processo ecológico natural. Em vez disso, reflete as prioridades distintas de poderosos investidores econômicos e políticos.

No Brasil, são muitos os condomínios fechados nos municípios que compõem a Grande São Paulo, nos quais se refugiam a classe média e a classe média alta paulistas do estresse provocado pela agitação da cidade central, isto é, o Município de São Paulo. A construção e expansão do metrô na cidade de São Paulo constituem uma tentativa para desafogar o congestionamento do trânsito, aliados ao rodízio de veículos e à construção de corredores para ônibus nas áreas centrais.

A Diversidade nos Subúrbios

Nos Estados Unidos, raça e etnia continuam os fatores mais importantes que distinguem as cidades dos subúrbios. Mesmo assim, a pressuposição comum de que os subúrbios abrigam apenas brancos prósperos está longe de ser correta. Os últimos 20 anos testemunharam a diversificação dos subúrbios em termos de raça e etnia. Por exemplo, em 2000, 34% dos negros nos Estados Unidos, 46% dos latinos e 53% dos asiáticos viviam em subúrbios. Como o restante do país, os membros de minorias raciais e étnicas estão tornando-se moradores dos subúrbios (El Nasser, 2002; Frey, 2001).

Mas, estariam as regiões suburbanas recriando a segmentação racial das cidades centrais? Um padrão definitivo de agrupamento, se não de segregação completa, está emergindo. Um estudo dos padrões residenciais suburbanos em 11 regiões metropolitanas descobriu que norte-americanos de origem asiática e hispânica

Em Brandon, Flórida, o gado pasta em frente a um novo conjunto de apartamentos. Em todo os Estados Unidos, o crescimento suburbano está englobando rapidamente pequenas fazendas e campos abertos.

tendem a morar em áreas socioeconômicas equivalentes às dos brancos – isto é, hispânicos ricos moram na mesma área de brancos ricos, asiáticos pobres na mesma área de brancos pobres, e assim por diante. No caso dos negros, porém, a situação é bem diferente. Aqueles que moram em subúrbios moram em subúrbios mais pobres do que os dos brancos, mesmo depois de considerar as diferenças individuais de rendas educação e propriedade de casa.

Contrariando os estereótipos predominantes, os subúrbios abrigam uma quantidade significativa de pessoas de baixa renda de todas as origens – brancas, negras e hispânicas. A pobreza não é convencionalmente associada aos subúrbios, em parte porque os pobres do subúrbio tendem a se espalhar entre pessoas mais ricas. Em alguns casos, as comunidades suburbanas ocultam problemas sociais, como os sem-teto, para que possam manter uma "imagem respeitável". Os custos astronômicos da moradia contribuíram para a pobreza dos subúrbios, que está aumentando a uma velocidade mais rápida do que a pobreza urbana (Jargowsky, 2003).

Comunidades Rurais

Como já vimos, a maioria dos norte-americanos vive em regiões urbanas. Porém, de acordo com o recenseamento de 2000, 59 milhões, ou 21% da população, vivem em zonas rurais. Há uma grande variação na quantidade de moradores da zona rural de um estado para outro. Na Califórnia, menos de 6% dos moradores vivem em zonas rurais. Em Vermont, mais de 60% o fazem. Como no caso dos subúrbios, seria um erro ver essas comunidades rurais como se enquadrando em uma imagem fixa. Fazendas de peru, cidades de minas de carvão, ranchos de gado e postos de gasolina ao longo das estradas interestaduais, todos fazem parte da paisagem rural norte-americana (Bureau of the Census, 2003a, p. 34).

Hoje em dia, muitas zonas rurais enfrentam problemas que antes eram associados às cidades centrais e agora são evidentes nos subúrbios. O superdesenvolvimento, o armamento de gangues e o tráfico de drogas podem ser encontrados na agenda da elaboração de políticas bem fora das principais regiões metropolitanas. Apesar de o problema não ter a mesma magnitude que nas cidades centrais, os recursos rurais nem de longe se comparam aos que os prefeitos das cidades podem dispor na tentativa de solucionar males sociais (Graham, 2004; Osgood e Chambers, 2003).

A revolução pós-industrial não foi nem um pouco generosa com as comunidades rurais norte-americanas. Dos menos de 3 milhões de administradores de fazendas e ranchos nos Estados Unidos, um pouco mais de um terço considera a agricultura a sua principal ocupação. Os moradores de fazendas representam menos de 1% da população, contra 95% em 1790. O despovoamento das zonas rurais atingiu particularmente os habitantes mais jovens. Não é incomum, para as crianças da zona rural, viajarem 180 minutos para ir para a escola e voltar, comparados com menos de 50 minutos de viagem de ida e volta para os que trabalham na cidade (Department of Agriculture, 2004; Dillon, 2004).

Desesperados, os moradores das zonas rurais em depressão começaram a incentivar a construção de prisões, que antes desincentivavam, para trazer o indispensável desenvolvimento econômico. Por ironia, nas regiões onde a população carcerária diminuiu, as comunidades foram atingidas mais uma vez pela sua dependência de uma única indústria (Kilborn, 2001).

A construção de grandes empresas pode criar os seus próprios problemas, como descobriram as pequenas comunidades que vivenciaram a chegada de grandes lojas de desconto, como Wal-Mart, Target, Home Depot ou Costco. Muitos moradores ficam animados com as novas oportunidades de emprego e a conveniência de comprar em um lugar só, mas os comerciantes locais vêem seus negócios de família de longa data ameaçados por concorrentes grandiosos com fama nacional. Mesmo quando essas lojas de desconto impulsionam a economia de uma cidade (e nem sempre elas o fazem), podem prejudicar o seu senso de comunidade e identidade. O Quadro 15-2 é uma crônica da "guerra das lojas" que geralmente se segue.

As comunidades rurais que conseguem sobreviver podem sentir-se ameaçadas por outras mudanças que visam oferecer emprego, renda e segurança financeira. Por exemplo, a cidade de Postville, Iowa – com uma população de apenas 1.478 habitantes –, estava morrendo em 1987 quando um empreendedor da cidade de Nova York comprou uma fábrica decadente de preparo de carne. Essa fábrica foi transformada em um matadouro *kosher* e atualmente 150 moradores de Postville são judeus hassídicos devotos da seita Lubavitcher. Esses novos moradores ocupam cargos administrativos-chave no matadouro e os rabinos lubavitcher supervisionam o preparo *kosher* da carne para assegurar que ela seja aceitável de acordo com as leis judaicas de alimentação. No início, os moradores de longa data de Postville não confiavam nos seus novos vizinhos, porém, aos poucos os dois grupos perceberam que precisavam um do outro (Bloom, 2000; Mihalopoulos, 2003; Simon, 2001).

Em uma nota mais positiva, os avanços nas comunicações eletrônicas permitiram que algumas pessoas nos Estados Unidos trabalhassem onde quisessem. Para aqueles preocupados com as questões de qualidade de vida, trabalhar em casa em uma zona rural que tenha acesso a serviços com a alta tecnologia mais recente é o arranjo perfeito. Onde quer que as pessoas construam as suas casas – na cidade, nos subúrbios ou em uma aldeia do interior –, as mudanças econômicas e tecnológicas causarão impacto na sua qualidade de vida.

Pesquisa em Ação
15-2 GUERRA DAS LOJAS

Nenhuma organização existe no vácuo, especialmente uma corporação gigante. Os executivos da Wal-Mart sabem disso. Epítome da superloja, a Wal-Mart se tornou o centro de controvérsia nas cidades norte-americanas, apesar do familiar logotipo sorridente e de sua imagem corporativa vermelha, branca e azul. Motivo: uma nova Wal-Mart pode ter poderosos efeitos negativos na comunidade em seu entorno.

A Wal-Mart foi fundada em 1962 por Sam Walton, cuja estratégia era abrir novas lojas em comunidades rurais, onde a concorrência de outros varejistas era fraca e os sindicatos não eram organizados. Com o decorrer dos anos, à medida que a cadeia de lojas de desconto bem-sucedida foi expandindo-se e se tornando a maior empresa do mundo, a Wal-Mart começou a se mudar para as margens das regiões metropolitanas também. Porém, os moradores das comunidades para as quais a Wal-Mart se mudou nem sempre receberam bem o sua nova vizinha.

Em Ashland, Virgínia, uma comunidade de 7.200 pessoas, os moradores se preocupavam com o fato de a Wal-Mart poder destruir o clima de cidade pequena que valorizavam. O mercadinho aconchegante, conhecido pelo seu atendimento pessoal, sobreviveria à concorrência da loja de desconto gigante? A encantadora rua principal decairia? Os empregos de período integral com benefícios integrais dariam lugar a empregos de meio período? (Estudos mostram que as superlojas acabam *reduzindo* o emprego.) A oposição popular de Ashland à Wal-Mart, retratada no documentário *Store wars* da PBS, acabou perdendo a sua batalha por causa dos preços baixos e maiores deduções de impostos prometidos pela Wal-Mart. Mas cidadãos de várias outras comunidades venceram, pelo menos temporariamente.

Nas margens urbanas, os moradores também se mobilizaram para deter novas superlojas. Em Bangor, no estado do Maine, os ambientalistas fizeram alarde à proposta de uma superloja Wal-Mart que deveria instalar-se perto de um pântano que abrigava vida selvagem em perigo de extinção. Ativistas em Riverside, Califórnia, também desafiaram a Wal-Mart, novamente com argumentos ambientalistas.

No entanto, a questão é mais complicada nessas áreas porque as margens urbanas dificilmente deixam de ser afetadas pelo desenvolvimento econômico. O local proposto para instalar a Wal-Mart em Bangor, por exemplo, não é longe do *shopping*. E as enormes novas casas que pontilham as novas lojas ao redor dos subúrbios, construídas em lotes de terras de cultivo ou mata, provocaram por si só um impacto ambiental. Na verdade, a tendência das superlojas parece ocorrer paralelamente ao surgimento da megalópole, cujas fronteiras se expandem cada vez mais para fora, tomando espaço aberto nesse processo. Reconhecendo as inconveniências do crescimento urbano, alguns planejadores estão começando a defender o "crescimento inteligente" – restaurar a cidade central e os seus subúrbios mais antigos em vez de abandoná-los para os anéis externos.

Nem todas as comunidades rejeitam as superlojas. Em países como o México, onde a perspectiva econômica tem sido ruim recentemente, as pessoas receberam bem a Wal-Mart. Na verdade, de Tijuana a Cancún, a reação do público à chegada da cadeia norte-americana tem sido quase positiva. Os compradores mexicanos gostam da ampla seleção e dos preços baixos da Wal-Mart.

Os executivos da Wal-Mart não se desculpam pela rápida expansão da cadeia. Argumentam que a sua concorrência agressiva baixou os preços e elevou o padrão de vida dos trabalhadores. E dizem que retribuíram às comunidades onde suas lojas estão localizadas doando dinheiro para instituições educacionais e órgãos locais.

> *Em Ashland, Virgínia, uma comunidade de 7.200 pessoas, os moradores se preocupavam com o fato de a Wal-Mart poder destruir o clima de cidade pequena que valorizavam.*

Vamos Discutir

1. Há uma loja Wal-Mart, Home Depot ou outra superloja perto de você? Se sim, a sua abertura foi motivo de controvérsia na sua comunidade?
2. O que você acha do movimento "crescimento inteligente"? As comunidades deveriam tentar redirecionar os negócios e o desenvolvimento residencial ou os empresários imobiliários deveriam ser livres para construir onde e o que quisessem?

Fontes: Leaf, 2003; *Maine Times,* 2001; PBS, 2001; Saporito, 2003; Smart Growth, 2001; Wal-Mart, 2001; Wal-Mart Watch, 2003; Weiner, 2003.

Use a Sua Imaginação Sociológica

Você viajou para um futuro no qual não existem cidades centrais – apenas subúrbios crescendo e comunidades rurais isoladas. Quais são os efeitos econômicos e sociais do desaparecimento da região central?

PERSPECTIVAS SOCIOLÓGICAS NA ÁREA DE SAÚDE E DOENÇAS

As comunidades nas quais as pessoas vivem têm impacto na sua saúde. Em muitas zonas rurais, por exemplo, os moradores precisam viajar vários quilômetros para encontrar um médico. O hospital mais próximo pode ficar a centenas de quilômetros de distância. No entanto, quem vive no campo está imune de vários estresses e tensões que atormentam os moradores das cidades.

A cultura também contribui para diferenças na assistência médica e até mesmo na definição de saúde. No Japão, transplantes de órgãos são raros. Os japoneses em geral não são a favor da retirada de órgãos de doadores com morte cerebral. Pesquisadores mostraram que as doenças em si têm suas raízes nos significados compartilhados de determinadas culturas.

Se os fatores sociais contribuem para a avaliação de uma pessoa como "sadia" ou "doente", como podemos definir saúde? Podemos imaginar uma linha contínua com a saúde em uma extremidade e a morte na outra. No preâmbulo de sua constituição de 1946, a Organização Mundial de Saúde definia **saúde** como um "estado de bem-estar físico, mental e social completo e não apenas a ausência de doenças e enfermidades" (Leavell e Clark, 1965, p. 14).

Nessa definição, a extremidade "sadia" da linha contínua representa um ideal e não uma condição precisa. Ao longo da linha contínua, as pessoas se definem como sadias ou doentes com base nos critérios estipulados individualmente, por parentes, amigos, colegas de trabalho e médicos. Como a saúde é relativa, podemos vê-la em um contexto social e analisar a sua variação em situações ou culturas diferentes.

Por que você pode considerar-se doente ou bem de saúde quando os outros não concordam? Quem controla as definições de saúde ou doença na nossa sociedade e para que fins? Quais são as consequências de se ver (ou ser visto) como doente ou inválido? Com base em quatro perspectivas sociológicas – o funcionalismo, a teoria do conflito, o interacionismo e a teoria do rótulo –, podemos ter um *insight* maior do contexto social que molda definições de saúde e o tratamento de doenças.

Abordagem Funcionalista

A doença acarreta interrupções nas nossas interações sociais, tanto no trabalho quanto em casa. Do ponto de vista funcionalista, a doença deve ser controlada para que não se libere uma quantidade muito grande de pessoas de suas responsabilidades sociais em um mesmo momento. Os funcionalistas argumentam que uma definição demasiadamente ampla de doença perturbaria o funcionamento de uma sociedade.

A doença requer que uma pessoa assuma um papel social, mesmo que temporariamente. O **papel de doente** se refere às expectativas da sociedade em relação às atitudes e o comportamento de alguém visto como doente. O sociólogo Talcott Parsons (1951, 1975), famoso por suas contribuições à teoria funcionalista, esboçou o comportamento exigido das pessoas consideradas doentes. Elas são liberadas de suas responsabilidades cotidianas e em geral não são culpadas pela sua situação. Contudo, são obrigadas a tentar ficar boas, incluindo a busca de assistência profissional competente. Tentar se curar é particularmente importante nos países em desenvolvimento. As sociedades industriais automatizadas modernas podem absorver um grau maior de doenças ou invalidez do que as sociedades de olericultura ou agrícolas (Conrad, 2000).

De acordo com a teoria de Parsons, os médicos atuam como "guardiões" do papel de doente. Verificam o estado do paciente como de "doente" ou o designam como "recuperado". A pessoa doente se torna dependente do médico porque ele pode controlar recompensas valorizadas (não só o tratamento de doenças, mas também ausências justificadas do trabalho e da escola). Parsons sugere que a relação médico-paciente de certa maneira se assemelha à de pais e filhos. Como um pai ou uma mãe, o médico ajuda o paciente a in-

Judeus praticantes fazem oração no vestiário em uma fábrica de preparo de carne em Postville, Iowa. Quando a fábrica abriu, os cristãos rurais contratados para trabalhar nela não estavam familiarizados com a cultura e a fé judaicas, porém os membros de ambos os grupos aprenderam a trabalhar juntos.

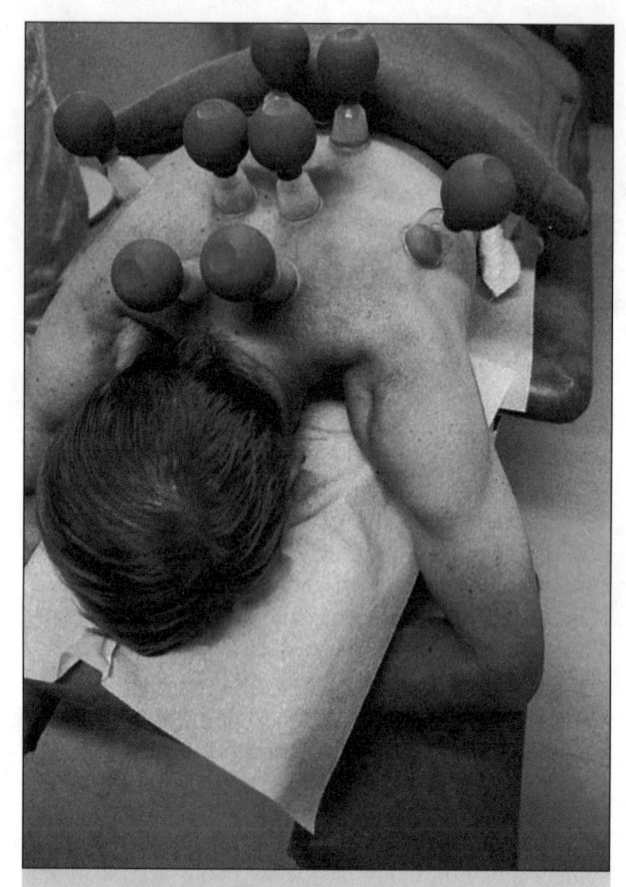

A assistência médica pode assumir várias formas no mundo todo. O *cupping* – uma prática tradicional utilizada nas antigas civilizações da China, Índia, Egito e Grécia – sobrevive na Finlândia moderna. Os fisioterapeutas finlandeses utilizam ventosas de sucção para tirar sangue para baixar a pressão dos pacientes, melhorar a sua circulação e aliviar dores musculares.

gressar na sociedade como um adulto completo e operante (A. Segall, 1976).

O conceito do papel de doente não deixa de ter as suas críticas. Primeiro, as opiniões dos pacientes no tocante ao seu próprio estado de saúde podem estar associadas a seu sexo, idade, classe social e grupo étnico. Por exemplo, os mais jovens podem não detectar sinais de uma doença perigosa, enquanto os idosos se concentram demais na menor enfermidade física. Em segundo lugar, o papel de doente pode ser mais aplicável às pessoas que passam por doenças de curto prazo do que àquelas com doenças recorrentes de longo prazo. Por fim, até os fatores simples, como se a pessoa está ou não empregada, parecem afetar a sua disposição de assumir o papel de doente – como também o impacto da adaptação a uma determinada profissão ou atividade. Por exemplo, desde a infância, os atletas aprendem a definir determinadas doenças como "lesões esportivas" e, conseqüentemente, não se vêem como "doentes". Mesmo assim, os sociólogos continuam baseando-se no modelo de Parsons para fazer uma análise funcionalista da relação entre a doença e as expectativas da sociedade em relação aos doentes (Curry, 1993).

Abordagem do Conflito

Os teóricos do conflito observam que a profissão médica assumiu uma preeminência que vai bem além de dispensar um aluno da escola ou um funcionário do trabalho. O sociólogo Eliot Freidson (1970, p. 5) comparou a posição atual da medicina à das religiões de Estado antigamente – ela tem um monopólio oficialmente aprovado do direito de definir saúde e doença e de tratar doenças. Os teóricos do conflito utilizam a expressão *medicalização da sociedade* para se referir ao papel cada vez maior da medicina como uma das principais instituições de controle social (Conrad e Schneider, 1992; McKinlay e McKinlay, 1977; Zola, 1972, 1983).

A Medicalização da Sociedade

O controle social envolve técnicas e estratégias para regulamentar o comportamento para colocar em prática normas e valores distintos de uma cultura. Geralmente, imaginamos o controle social informal como sendo exercido nas famílias e nos grupos de colegas, e o controle social formal, exercido por agentes autorizados, como policiais, juízes, diretores de escola e empregadores. Porém, do ponto de vista da teoria do conflito, a medicina não é apenas uma "profissão de cura", mas é também um mecanismo de regulamentação.

Como a medicina manifesta o seu controle social? Em primeiro lugar, a medicina ampliou muito o escopo da sua perícia nas últimas décadas. Os médicos atualmente examinam uma vasta gama de questões, como sexualidade, idade avançada, ansiedade, obesidade, desenvolvimento infantil, alcoolismo e abuso de drogas. A sociedade tolera essa ampliação das fronteiras da medicina porque espera que esses especialistas possam trazer "curas milagrosas" para problemas humanos complexos, uma vez que possuem o controle de determinadas doenças infecciosas.

A importância social dessa medicalização em expansão é que, quando um problema é visto utilizando-se um *modelo médico* – quando os especialistas médicos passam a ter influência na proposta e na avaliação de políticas públicas relevantes –, fica difícil, para as pessoas comuns, participar da discussão e influenciar a tomada de decisões. Também fica mais difícil ver essas questões como sendo moldadas por fatores sociais, culturais ou psicológicos em vez de simplesmente por fatores físicos ou médicos (Caplan, 1989; Conrad e Schneider, 1992; Starr, 1982).

A medicina atua, ainda, como agente de controle social detendo uma jurisdição absoluta sobre vários procedimentos de assistência médica. Ela até tentou preservar a sua jurisdição colocando profissionais da área de saúde como quiropráticos e enfermeiras-parteiras fora do reino da medicina aceitável. Apesar do fato de as parteiras serem as primeiras a trazer o profissionalismo para o parto de crianças, elas são retratadas como tendo invadido o campo da obstetrícia "legítima", tanto nos Estados Unidos quanto no México. As enfermeiras-parteiras vêm buscando o licenciamento como forma de obter a respeitabilidade profissional, mas os médicos continuam a exercer o seu poder para assegurar que a obstetrícia permaneça uma ocupação subordinada (Friedland, 2000).

Desigualdades na Área de Saúde

A medicalização da sociedade é uma das preocupações dos teóricos do conflito quando avaliam o funcionamento das instituições de saúde. Como vimos anteriormente, ao analisarem qualquer questão, os teóricos do conflito tentam determinar quem se beneficia, quem sofre e quem domina à custa dos outros. Do ponto de vista da teoria do conflito, existem desigualdades evidentes na área de saúde nos Estados Unidos. Por exemplo, as regiões pobres tendem a ser mal servidas porque os serviços médicos se concentram nas áreas dos ricos.

Da mesma maneira, do ponto de vista mundial, existem desigualdades óbvias na área de saúde. Atualmente, os Estados Unidos têm 25 médicos para cada mil pessoas, enquanto os países africanos têm menos de um para cada mil pessoas. Essa situação só piora com a *"fuga de cérebros" (evacuação de profissionais)* – a emigração para os Estados Unidos e outros países industrializados de trabalhadores especializados, profissionais e técnicos que são necessários em seus países natais. Como parte dessa "fuga de cérebros", médicos, enfermeiras e outros profissionais de saúde foram para os Estados Unidos saindo de países em desenvolvimento, como a Índia, o Paquistão e vários estados africanos. Os teóricos do conflito vêem essa emigração do Terceiro Mundo como mais uma maneira pela qual os países industrializados centrais do mundo melhoram a sua qualidade de vida à custa dos países em desenvolvimento. Uma das formas de sofrimento dos países em desenvolvimento é a expectativa menor de vida. Na África e em grande parte da América Latina e Ásia, a expectativa de vida é bem menor do que nos países industrializados (World Bank, 2003b, p. 112-113). No Brasil, ao contrário, a expectativa de vida subiu de 66 anos estimados em 1991 para 68,6 anos em 2000, segundo dados do IBGE.

Os teóricos do conflito enfatizam que as desigualdades na área de saúde têm conseqüências claras de vida e morte. Do ponto de vista da teoria do conflito, as diferenças na mortalidade infantil no mundo (ver Figura 15-4) refletem pelo menos em parte a distribuição desigual de recursos de saúde com base na riqueza ou pobreza de várias comunidades e países. Mesmo assim, apesar da riqueza dos Estados Unidos, pelo menos 31 países têm taxa

A tendência de medicalização da sociedade agora engloba a obesidade, principalmente entre os jovens. Na China, o governo criou "hospitais de redução de gordura" para tratar jovens acima do peso como esse da foto, que está prestes a ter o seu peso checado. Os médicos estão preocupados com a obesidade porque ela é precursora de doenças cardíacas e diabetes.

de mortalidade *menor*, entre eles Canadá, Grã-Bretanha e Japão. Os teóricos do conflito assinalam que, ao contrário dos Estados Unidos, esses países oferecem alguma forma de assistência médica financiada pelo governo para todos os cidadãos, o que geralmente leva a uma disponibilidade e ao uso maior de cuidados pré-natais.

Abordagem Interacionista

Do ponto de vista interacionista, os pacientes não são passivos, muitas vezes, buscam os serviços de um profissional da área de saúde. Quando se analisa a saúde, a doença e a medicina como uma instituição social, os interacionistas se envolvem em estudos no âmbito micro dos papéis desempenhados pelos profissionais da área de saúde e pelos pacientes. Os interacionistas estão interessados em saber como os médicos aprendem a desempenhar o seu papel profissional. Segundo Brenda L. Beagan (2001), a linguagem técnica que os alunos aprendem na

FIGURA 15-4

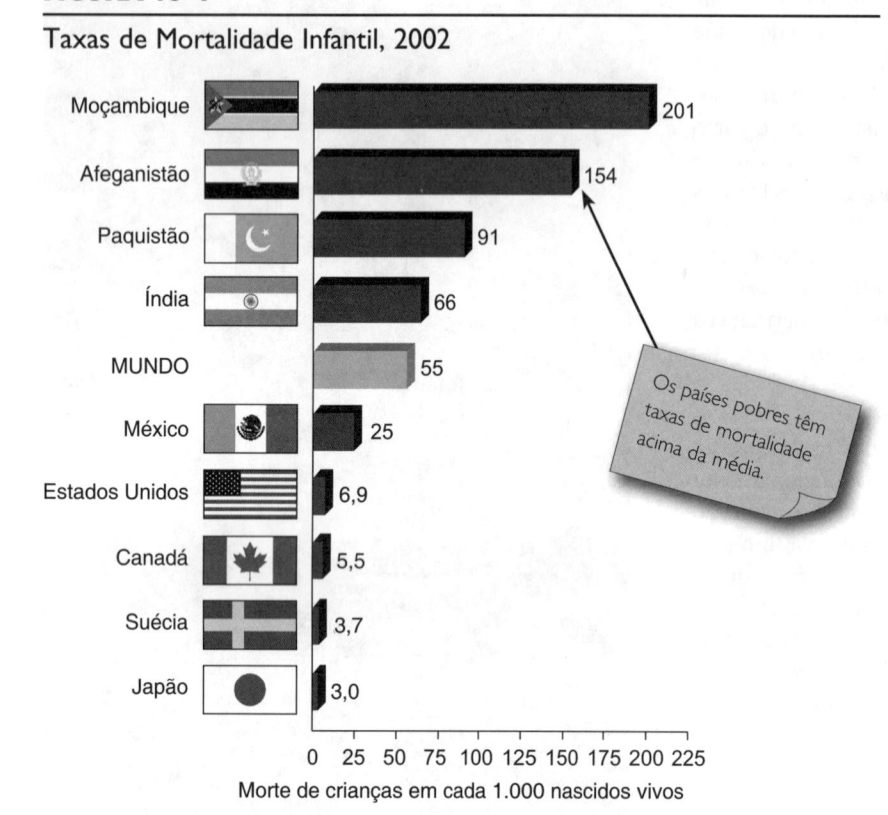

Taxas de Mortalidade Infantil, 2002

País	Mortes por 1.000 nascidos vivos
Moçambique	201
Afeganistão	154
Paquistão	91
Índia	66
MUNDO	55
México	25
Estados Unidos	6,9
Canadá	5,5
Suécia	3,7
Japão	3,0

Morte de crianças em cada 1.000 nascidos vivos

Os países pobres têm taxas de mortalidade acima da média.

Fonte: Haub, 2003.

Abordagem do Rótulo

A teoria do rótulo ajuda a entender por que algumas pessoas são *vistas* como diferentes, "gente má" ou criminosas, enquanto outras com comportamento semelhante não o são. Os teóricos do rótulo também sugerem que a designação "sadio" ou "doente" geralmente envolve a definição social por outros. Assim como policiais, juízes e outros regulamentadores do controle social têm o poder de definir determinadas pessoas como criminosas, os profissionais da área de saúde – especialmente os médicos – têm o poder de definir determinadas pessoas como doentes. Além disso, assim como os rótulos que definem não-conformidade ou criminalidade, os rótulos associados à doença remoldam a maneira como os outros nos tratam e como nos vemos. A nossa sociedade associa conseqüências graves a rótulos que sugerem saúde física ou mental menos que perfeita (Becker, 1963; C. Clark, 1983; Schwartz, 1987).

escola de medicina torna-se a base para o roteiro que seguem como médicos novatos. O familiar jaleco branco é a sua fantasia – que os ajuda a se sentirem confiantes e profissionais, ao mesmo tempo que os identifica como médicos aos pacientes e outros membros do *staff*. Beagan descobriu que muitos estudantes de medicina lutam para passar a imagem de competência que acham que o seu papel exige.

Às vezes, os pacientes desempenham um papel ativo na área de saúde *não* seguindo os conselhos do médico. Por exemplo, alguns pacientes param de tomar medicação muito antes do que deveriam. Alguns tomam uma dosagem incorreta de propósito e outros nem usam suas receitas. Essa falta de obediência é resultado da predominância da automedicação na sociedade. Muitas pessoas estão acostumadas a diagnosticar e tratar a si mesmas. O envolvimento ativo dos pacientes no seu tratamento de saúde às vezes pode ter conseqüências muito *positivas*. Alguns pacientes lêem livros sobre técnicas de medicina preventiva, tentam manter uma alimentação sadia e nutritiva, monitoram cuidadosamente todo efeito colateral da medicação e ajustam a dosagem com base nos efeitos colaterais percebidos. Por fim, os médicos podem mudar a sua abordagem de um paciente com base nos desejos destes.

Um exemplo histórico ilustra talvez o extremo ao rotular o comportamento social como doença. Quando a escravização de negros nos Estados Unidos tornou-se cada vez mais objeto de ataques no século XIX, as autoridades médicas ofereceram novas racionalizações para a prática opressora. Médicos famosos publicaram artigos afirmando que a cor da pele dos negros era um desvio da pele branca "sadia" porque os negros sofriam de lepra congênita. Além disso, os esforços constantes dos negros escravizados de fugir de seus amos brancos eram classificados como exemplo da "doença" de drapetomania (ou "loucura de fugitivos"). O renomado *New Orleans Medical and Surgical Journal* sugeriu que o remédio para essa "doença" era tratar os escravos com gentileza, como se tratariam crianças. Aparentemente, essas autoridades médicas não defendiam o ponto de vista de que era sadio e sensato fugir da escravidão ou participar de uma rebelião de escravos (Szasz, 1971).

No final da década de 1980, o poder de um determinado rótulo – "pessoa com Aids" – tornou-se bem evidente. Como vimos em nossa discussão do falecido Arthur Ashe, esse rótulo muitas vezes funciona como um *status*-mestre que ofusca todos os outros aspectos da vida de uma pessoa. Quando se diz a alguém que o seu teste de HIV, o vírus associado à Aids, deu positivo, ele é forçado a deparar com questões imediatas e difíceis: devo contar aos membros da minha família, meu(s) parceiro(s) sexual(is), meus amigos, meus colegas de trabalho, meu empregador? Como essas pessoas irão reagir? O grande temor dessa doença levou ao preconceito e à discriminação – até mesmo ao ostracismo social – daqueles que têm (ou que se suspeita que tenham) o vírus HIV. Uma pessoa aidética precisa lidar não só com as conseqüências graves da doença, mas também com as

◄ p. 123 conseqüências sociais angustiantes associadas a esse rótulo.

De acordo com os teóricos do rótulo, podemos ver ou não uma série de experiências de vida como doenças. Recentemente, a síndrome pré-menstrual, distúrbios pós-traumáticos e hiperatividade foram rotulados como problemas reconhecidos medicamente. Além disso, continua a discordância na comunidade médica se a síndrome da fadiga crônica é uma doença médica.

Provavelmente, o exemplo médico mais digno de nota do rótulo é o caso da homossexualidade. Por anos os psiquiatras classificaram o fato de ser *gay* ou lésbica não como um estilo de vida, mas, sim, como um distúrbio mental sujeito a tratamento. Essa sanção oficial por parte dos psiquiatras tornou-se o primeiro alvo do movimento crescente em favor dos direitos dos *gays* e lésbicas nos Estados Unidos. Em 1974, os membros da American Psychiatric Association votaram a favor de excluir a homossexualidade do manual padrão de doenças mentais (Adam, 1995; Monteiro, 1998).

As quatro abordagens sociológicas aqui descritas compartilham determinados temas comuns. Primeiro, a saúde ou doença de qualquer pessoa é mais do que um problema orgânico, já que está sujeita à interpretação dos outros. O impacto da cultura, da família, de amigos e dos médicos significa que a saúde e a doença não são ocorrências puramente biológicas, mas sociológicas também. Segundo, como os membros da sociedade – especialmente sociedades industriais – compartilham do mesmo sistema de saúde, a saúde é uma preocupação do grupo e da sociedade. Embora a saúde possa ser definida como o bem-estar completo da pessoa, também é resultado do seu ambiente social, como mostraremos na próxima seção (Cockerham, 1998).

EPIDEMIOLOGIA SOCIAL E SAÚDE

Epidemiologia social é o estudo da distribuição das doenças, deficiência e saúde geral em uma determinada população. A epidemiologia inicialmente se concentrava no estudo científico de epidemias, focando em saber como começavam e se disseminavam. A epidemiologia social contemporânea é muito mais ampla em escopo, preocupando-se não só com doenças epidêmicas, mas

Na África do Sul, o programa infantil de televisão *Vila Sésamo* apresenta um marionete HIV positivo chamado Kami, criado para apoiar uma cultura de aceitação das pessoas portadoras do vírus da Aids. No mundo todo, quem sofre de Aids tem de enfrentar preconceito, discriminação e até ostracismo social que resulta do rótulo negativo "pessoa aidética".

com doenças não-epidêmicas, lesões, abuso de droga e alcoolismo, suicídio e doença mental. Recentemente, os epidemiologistas assumiram o novo papel de rastrear o bioterrorismo. Em 2001, mobilizaram-se para rastrear o surto de antrax e se preparar para qualquer uso terrorista do micróbio de varíola ou de qualquer outro micróbio letal. Os epidemiologistas se baseiam no trabalho de uma grande variedade de cientistas e pesquisadores, entre eles médicos, sociólogos, agentes de saúde pública, biólogos, veterinários, demógrafos, antropólogos, psicólogos e meteorologistas.

Os pesquisadores de epidemiologia social geralmente utilizam dois conceitos: *incidência* e *prevalência*. **Incidência** se refere à quantidade de novos casos de um problema específico que ocorre em uma mesma população durante um determinado período, normalmente um ano. Por exemplo, a incidência de Aids nos Estados Unidos, em 2001, foi de 43.158 casos. Por sua vez, a ***prevalência*** se refere à quantidade total de casos de um problema específico que existe em um determinado período. A prevalência de Aids nos Estados Unidos, até dezembro de 2002, foi de cerca de 385 mil casos (Bureau of the Census, 2003a, p. 132; Centes for Disease Control and Prevention, 2003).

FIGURA 15-5

Porcentagem de Pessoas sem Seguro-Saúde, 2003

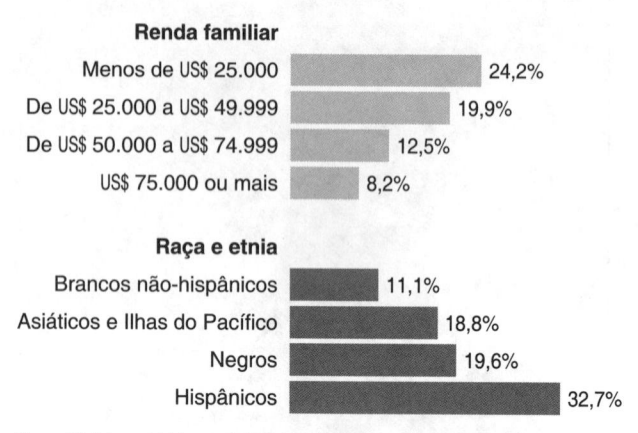

Renda familiar
- Menos de US$ 25.000: 24,2%
- De US$ 25.000 a US$ 49.999: 19,9%
- De US$ 50.000 a US$ 74.999: 12,5%
- US$ 75.000 ou mais: 8,2%

Raça e etnia
- Brancos não-hispânicos: 11,1%
- Asiáticos e Ilhas do Pacífico: 18,8%
- Negros: 19,6%
- Hispânicos: 32,7%

Fonte: DeNavas-Walt et al., 2004, p. 15.

Quando os números de incidência de doenças são apresentados como índices ou como o número de casos relatados por 100 mil, são chamados de **taxas de morbidade**. (A expressão **taxa de mortalidade** se refere à incidência de *morte* em uma determinada população.) Os sociólogos consideram as taxas de morbidade úteis porque revelam que uma determinada doença ocorre mais freqüentemente em um segmento da população do que em outro. Como veremos, a classe social, a raça, a etnia, o sexo e a idade podem afetar as taxas de morbidade de uma população. Em 1999, o Departamento de Saúde e Serviços Humanos norte-americano, reconhecendo a desigualdade inerente nas taxas de morbidade e mortalidade do país, lançou a Campanha para 100% de Acesso e Zero Disparidade de Saúde, um empreendimento ambicioso (Bureau of Primary Health Care, 1999).

Classe Social

A classe social está claramente ligada às diferenças inerentes nas taxas de morbidade e mortalidade. Estudos nos Estados Unidos e em outros países mostraram de forma consistente que as pessoas das classes mais baixas têm uma taxa de mortalidade e invalidez maior. Um desses estudos concluiu que os norte-americanos cuja renda familiar era menor do que US$ 10 mil por ano poderiam esperar morrer sete anos mais cedo do que os compatriotas com rendas de pelo menos US$ 25 mil (Pamuk et al., 1998).

Por que a classe social está associada à saúde? Viver em regiões superpovoadas, em moradia abaixo do padrão, com dieta ruim e estresse contribui para a má qualidade da saúde de várias pessoas de baixa renda nos Estados Unidos. Em alguns casos, uma má educação pode levar à falta de consciência das medidas necessárias para manter uma boa saúde. Problemas financeiros certamente são um fator importante na qualidade da saúde das pessoas menos ricas nos Estados Unidos.

Outro motivo para a associação entre classe social e saúde é que os pobres – muitos dos quais pertencem a minorias raciais e étnicas – têm menos recursos para pagar por assistência médica de qualidade. Como mostra a Figura 15-5, os ricos têm mais probabilidade de ter seguro-saúde, seja porque podem pagar ou porque têm empregos que o oferecem.

Outro fator na associação entre classe social e saúde está evidente no local de trabalho: as profissões das pessoas das classes trabalhadora e mais baixa norte-americanas tendem a ser mais perigosas do que as dos cidadãos mais ricos. Os mineiros, por exemplo, correm os riscos de lesões ou de morte decorrentes de explosões e desabamentos de galerias. Também são vulneráveis a doenças respiratórias, como pulmão negro. Os trabalhadores de tecelagens que ficam expostos a substâncias tóxicas podem contrair uma série de doenças, incluindo uma popularmente conhecida como *bissinose (doença de pulmão castanho)*. Nos últimos anos, os Estados Unidos ficaram sabendo dos perigos de envenenamento por amianto, uma grande preocupação para os trabalhadores do setor de construção (Hall, 1982).

Na opinião de Karl Marx e dos teóricos do conflito contemporâneos, as sociedades capitalistas, como a dos Estados Unidos, preocupam-se mais em maximizar lucros do que com a saúde e a segurança dos trabalhadores industriais. Os órgãos governamentais não tomam medidas enérgicas para regulamentar as condições do local de trabalho, responsáveis por inúmeras lesões e doenças relacionadas ao trabalho. As pesquisas também mostram que as classes mais baixas são mais vulneráveis à poluição ambiental do que os ricos, não só onde trabalham mas também onde moram (ver Capítulo 14).

Raça e Etnia

Os perfis de saúde de várias minorias raciais e étnicas refletem a desigualdade social evidente nos Estados Unidos. As más condições econômicas e ambientais de grupos, como os negros, hispânicos e descendentes de índios norte-americanos, se manifestam nas altas taxas de morbidade e mortalidade. É verdade que algumas doenças, como a anemia falciforme entre os negros, têm uma base genética clara. Porém, na maioria dos casos, os fatores ambientais contribuem para as diferenças nas taxas de doença e óbito.

Em vários aspectos, as taxas de mortalidade dos negros são angustiantes. Comparados com os brancos, os negros têm taxa de mortalidade mais alta proveniente de doenças cardíacas, pneumonia, diabetes e câncer. A taxa de óbitos por derrame é duas vezes maior entre os negros. Esses resultados epidemiológicos refletem parcialmente o fato de uma grande parte dos afro-americanos pertencer às classes mais baixas. De acordo com o Centro Nacional de Estatísticas de Saúde, os brancos têm uma expectativa de vida de 77,7 anos. A expectativa de vida dos negros, por sua vez, é de 72,2 anos (Arias, 2004).

Conforme observamos anteriormente, a mortalidade infantil é vista como um indicador básico da assistência médica. Existe uma lacuna considerável nos Estados Unidos entre as taxas de mortalidade infantil dos negros e dos brancos, a taxa de mortalidade infantil é mais do que o dobro entre os negros. Os negros são responsáveis por 15% de todos os nascidos vivos nos Estados Unidos, mas por 30% da mortalidade infantil. Os porto-riquenhos e descendentes de índios norte-americanos têm taxas de mortalidade infantil mais baixas do que os negros, mas mais altas do que as dos brancos (Mathews et al., 2002).

O estabelecimento médico não é isento de racismo. Os meios de comunicação, muitas vezes, concentram-se nas formas óbvias de racismo, como crimes de ódio, e, ao mesmo tempo, ignora formas mais insidiosas em instituições sociais como estabelecimentos médicos. Uma revisão de mais de cem estudos realizados na última década concluiu que as minorias recebem uma assistência inferior mesmo quando são seguradas. Apesar de terem acesso à assistência médica, os negros, latinos e norte-americanos descendentes de índios são tratados de maneira desigual como resultado do preconceito racial e das diferenças na qualidade de vários planos de saúde. Além disso, estudos clínicos nacionais mostraram que, mesmo levando-se em conta as diferenças na renda e na cobertura de saúde, as minorias raciais e étnicas têm menos probabilidade do que os outros grupos de receber tanto uma assistência médica padrão quanto um tratamento que salve vidas para doenças como infecção por HIV (Budrys, 2003; Caesar e Williams, 2002; Smedley et al., 2002).

Baseando-se na teoria do conflito, o sociólogo Howard Waitzkin (1986) sugere que as tensões raciais também contribuem para os problemas médicos dos negros. Na sua opinião, o estresse resultante do preconceito e da discriminação racial ajuda a explicar as taxas mais elevadas de hipertensão encontradas entre os negros (e hispânicos) em comparação com os brancos. Acredita-se que a hipertensão – duas vezes mais comum nos negros do que nos brancos – seja um fator essencial para as altas taxas de mortalidade decorrentes de doenças cardíacas, doenças renais e derrames (Morehouse Medical Treatment and Effectiveness Center, 1999).

Alguns norte-americanos de origem mexicana, bem como outros latinos, aderem às crenças culturais que os tornam menos suscetíveis a usar o sistema médico estabelecido. Podem interpretar as suas doenças de acordo com a medicina popular latina, ou o **curandeirismo** – uma forma holística de assistência médica e cura. O *curandeirismo* influencia a forma como a pessoa encara a assistência médica e até mesmo define doença. A maioria dos hispânicos provavelmente utiliza curandeiros populares, ou *curanderos*, com pouca freqüência, mas talvez 20% confiem em remédios caseiros. Alguns deles definem doenças, como *susto* (síndrome do pânico) e *atague* (ou ataque de briga), de acordo com as crenças populares. Como essas queixas, muitas vezes, têm bases biológicas, os médicos sensíveis têm de lidar com elas com cuidado e diagnosticar e tratar doenças com precisão (Council on Scientifc Affairs, 1999; Trotter e Chavira, 1997).

Um curandeiro popular mexicano, ou *curandero*, massageia os pés de um paciente. Cerca de 20% dos hispânicos confiam nos remédios caseiros que os curandeiros populares oferecem.

Gênero

Muitas pesquisas indicam que, em comparação com os homens, as mulheres têm mais prevalência de várias doenças, embora tendam a viver mais. Existem variações – por exemplo, os homens apresentam maior probabilidade de ter doenças parasitárias, enquanto as mulheres, de ficarem diabéticas, porém, como grupo, as mulheres parecem ter uma saúde pior do que a dos homens.

A aparente desigualdade entre a má saúde das mulheres e sua maior longevidade merece uma explicação e os pesquisadores desenvolveram uma teoria. A menor quantidade de fumantes (que reduz o risco de doenças cardíacas, câncer de pulmão e enfisema), o menor consumo de álcool (reduzindo o risco de acidentes de automóvel e cirrose hepática) e a menor taxa de emprego em profissões perigosas são alguns dos fatores que explicam cerca de um terço da maior longevidade das mulheres. Além disso, alguns estudos clínicos sugerem que as diferenças na morbidade podem, na verdade, ser menos pronunciadas do que os dados mostram. Os pesquisadores argumentam que as mulheres têm muito mais probabilidade que os homens de buscar tratamento, de ter uma doença diagnosticada como tendo uma doença e, portanto, ter suas doenças refletidas nos dados analisados pelos epidemiologistas.

Do ponto de vista da teoria do conflito, as mulheres vêm sendo particularmente vulneráveis à medicalização da sociedade, contudo, desde o nascimento até a beleza, sendo tratados em um contexto cada vez mais médico. Essa medicalização pode contribuir para as maiores taxas de morbidade das mulheres em comparação com as dos homens. Por ironia, embora as mulheres venham sendo mais afetadas pela medicalização, os pesquisadores médicos muitas vezes as excluíram dos estudos clínicos. Médicas e pesquisadoras argumentam que o sexismo está no cerne dessas práticas de pesquisa e insistem que há uma necessidade desesperada de estudos com mulheres (Bates, 1999; McDonald, 1999; Vidaver et al., 2000).

Idade

A saúde é a preocupação primordial dos idosos. A maioria dos idosos norte-americanos diz que tem pelo menos uma doença crônica, porém apenas algumas dessas doenças representam risco de morte ou requerem cuidados médicos. Ao mesmo tempo, os problemas de saúde podem afetar a qualidade de vida dos idosos de maneiras importantes. Quase metade dos idosos norte-americanos apresenta problema de artrite e pode ter deficiências visuais e auditivas capazes de interferir no desempenho das tarefas cotidianas.

Os idosos são particularmente vulneráveis a certos tipos de problema de saúde mental. Estima-se que a doença de Alzheimer, a principal causa de demência nos Estados Unidos, aflija cerca de 4 milhões de idosos. Embora alguns portadores de Alzheimer apresentem apenas sintomas leves, o risco de problemas graves resultantes dessa doença aumenta consideravelmente com a idade (Alzheimer's Association, 1999).

Portanto, não é de admirar que os idosos nos Estados Unidos (com 75 anos ou mais) tenham três vezes mais probabilidade de utilizar os serviços de saúde e ser hospitalizados do que os jovens (de 15 a 24 anos). O uso desproporcional do sistema de saúde norte-americano é um fator essencial em todas as discussões sobre os custos da assistência médica e as possíveis reformas do sistema de saúde (Bureau of the Census, 2002a).

Em suma, para atingir o objetivo de 100% de acesso e zero disparidades de saúde, os agentes federais de saúde precisam superar desigualdades que têm suas raízes não só na idade, mas também na classe social, raça e etnia e no sexo. Como se isso não bastasse, precisam lidar também com a disparidade geográfica nos recursos de assistência médica. Existem grandes diferenças na disponibilidade de médicos, hospitais e clínicas de repouso entre as zonas urbanas e rurais.

POLÍTICA SOCIAL e SAÚDE — Financiando a Assistência Médica em Todo o Mundo

O Tema

Embora a medicina moderna possa salvar e prolongar vidas que seriam perdidas há algumas décadas, os seus milagres têm um preço alto. Nos Estados Unidos, os empregadores pagam boa parte da conta patrocinando planos de seguro-saúde de grupo. Até recentemente, conseguiram repassar o custo aos clientes na forma de aumento de preços. O seguro-saúde dos funcionários acrescenta um montante alto ao preço dos produtos e serviços norte-americanos. Cerca de US$ 1.300 do preço de um carro de porte médio, por exemplo, vão para pagar pelo seguro-saúde dos funcionários.

Porém, essa abordagem "privatizada" do financiamento da assistência médica foi dificultada pela globalização da fabricação e dos produtos. Em alguns países estrangeiros, principalmente os industrializados, o governo fornece seguro-saúde. Nos países em desenvolvimento, os trabalhadores não recebem benefícios de saúde, do governo ou dos empregadores. Quando os fabricantes norte-americanos tentam vender seus produtos nesses países, o custo do seguro-saúde para os trabalhadores nos Estados Unidos torna-se um empecilho. Os produtos norte-americanos custam mais do que os produtos estrangeiros em grande parte por causa dos generosos benefícios que os funcionários estão acostumados a receber. Para diminuir essa desvantagem competitiva, as empresas dos Estados Unidos vêm transferindo as linhas de produção para o exterior e terceirizando seus serviços fora do país. Não é preciso dizer que essa estratégia reduz o emprego nos Estados Unidos, bem como a quantidade de trabalhadores norte-americanos que têm seguro-saúde (Clinton, 2004).

Enquanto isso, em vários países em desenvolvimento os governos lutam para atender as necessidades muito mais básicas de cuidados primários. As metas estabelecidas na Assembléia Mundial de Saúde da ONU, em 1981, foram modestas para os padrões norte-americanos: água segura em casa ou a uma distância de 15 minutos a pé; imunização contra as principais doenças infecciosas; disponibilidade dos remédios essenciais a uma caminhada ou viagem de uma hora; e a assistência de pessoal treinado nos casos de gravidez e parto. Embora algumas regiões tenham feito um progresso considerável no sentido de atingir essas metas, muitos países em desenvolvimento apresentaram pouca melhora. Em alguns locais, a assistência médica deteriorou (World Bank, 1997).

Porém, o foco dessa seção sobre política social são os países industrializados (ou países desenvolvidos) onde a *disponibilidade* de assistência médica não é problema. A questão é mais de acessibilidade e condições de pagar. Que medidas estão sendo tomadas para disponibilizar serviços acessíveis e com preços razoáveis?

O Cenário

Os Estados Unidos atualmente são a única democracia industrial ocidental que não trata a assistência médica como um direito básico. De acordo com o Bureau of the Census, em 2003, cerca de 45 milhões de pessoas nos Estados Unidos não tinham seguro-saúde o ano inteiro. Os não-segurados em geral são autônomos com renda limitada, imigrantes ilegais e mães solteiras e divorciadas que são as únicas provedoras de suas famílias. Como ilustrado na Figura 15-5, os negros, descendentes de asiáticos e hispânicos têm menos probabilidade do que os brancos de possuir um seguro-saúde particular. Uma quantidade considerável de pessoas de todos os níveis de renda – mas sobretudo as pessoas pobres – fica sem cobertura durante alguma ou a maior parte do ano (DeNavas-Walt et al., 2004, p. 15).

Seguro-saúde nacional é a expressão geral para as propostas legislativas que se concentram nas formas de oferecer serviços de assistência médica a toda a população. Inicialmente discutido pelos representantes do governo norte-americano na década de 1930, hoje passou a significar várias coisas diferentes que variam de pouca cobertura de seguro-saúde com mínimos subsídios federais até ampla cobertura com financiamento federal de grande escala.

Aqueles que se opõem ao seguro-saúde nacional insistem que ele seria custoso e levaria a aumentos consideráveis nos impostos. Mas quem o defende rebate que países, como a Grã-Bretanha e a Suécia, vêm mantendo uma ampla cobertura governamental de saúde há décadas. Por ironia, embora esses países ofereçam uma cobertura de saúde ampla para todos os cidadãos, os Estados Unidos têm custos de assistência médica mais elevados do que qualquer outra nação: um custo anual médio de US$ 4.499 por pessoa, comparado com US$ 2.058 no Canadá e apenas US$ 1.747 na Grã-Bretanha. Como mostra a Figura 15-6, a maioria dos países industrializados financia uma parte consideravelmente maior de custos de assistência médica por meio do governo do que os Estados Unidos (World Bank, 2003a, p. 92-94).

Insights Sociológicos

Como sugerem os teóricos do conflito, o sistema de saúde, como outras instituições sociais, resiste a mudanças básicas. Geralmente, aqueles que recebem uma riqueza e um poder consideráveis mediante o funcionamento de uma instituição existente terão um forte incentivo para manter as coisas como elas estão. Nesse caso, as companhias particulares de seguro estão beneficiando-se financeiramente com o sistema atual e têm um claro interesse em se opor a determinadas formas de seguro-saúde nacional. Além disso, a American Association Medical (AMA), um dos grupos lobistas mais poderosos de Washington, vem combatendo com sucesso o seguro-saúde nacional desde a década de 1930.

O sistema de saúde está passando por uma "corporativização", à medida que as empresas da assistência médica com fins lucrativos (muitas vezes, ligando seguradoras, hospitais e grupos de médicos) estão obtendo um domínio cada vez maior. Os teóricos do conflito

FIGURA 15-6

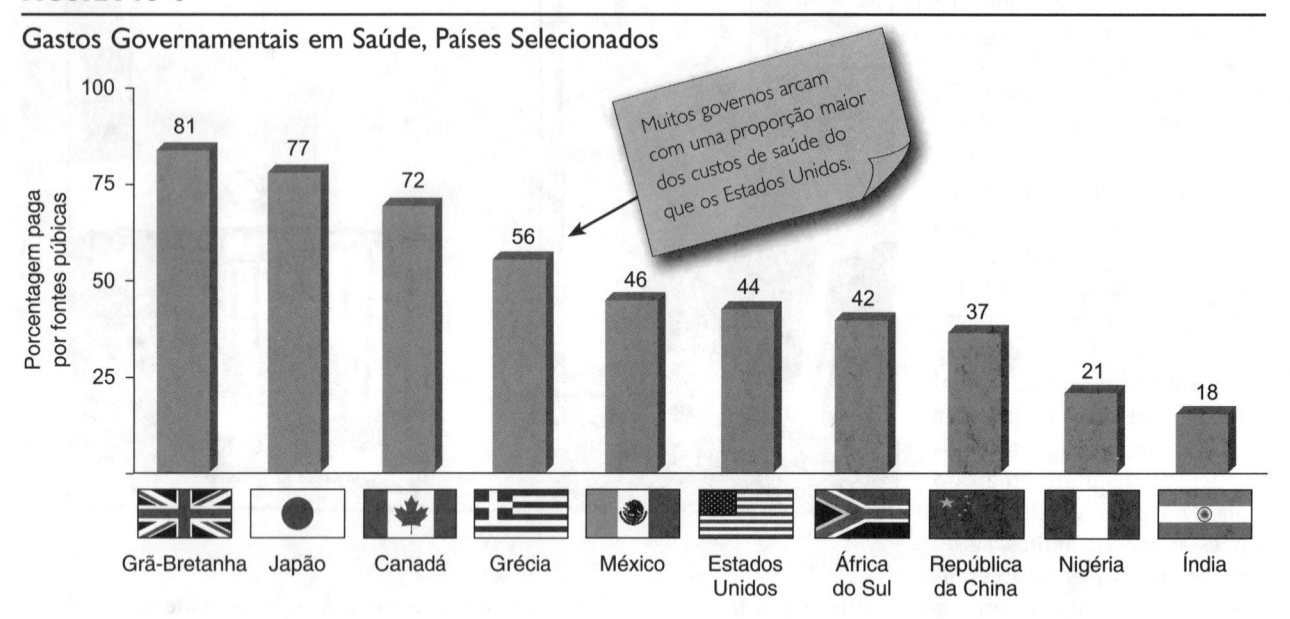

Gastos Governamentais em Saúde, Países Selecionados

País	Porcentagem paga por fontes públicas
Grã-Bretanha	81
Japão	77
Canadá	72
Grécia	56
México	46
Estados Unidos	44
África do Sul	42
República da China	37
Nigéria	21
Índia	18

Muitos governos arcam com uma proporção maior dos custos de saúde do que os Estados Unidos.

Fonte: World Bank, 2003a, p. 92-94.

---

argumentam há muito tempo que um aspecto básico e perturbador do capitalismo nos Estados Unidos é que a doença pode ser explorada para se obter lucro. Os críticos da corporativização da assistência médica se preocupam com o fato de as pressões crescentes dos médicos e outros profissionais da área de saúde para tomar decisões eficientes em termos de custo poderem levar a uma assistência inadequada ao paciente e até colocar em risco a vida dele (Sherrill, 1995).

Iniciativas Políticas

No início da década de 1990, o Congresso norte-americano descartou a idéia de qualquer tipo de seguro-saúde nacional. Embora quase todos concordassem que o sistema existente de taxa por serviço era muito custoso, um grande movimento para centralizar o financiamento e, portanto, o controle do sistema de saúde foi considerado inaceitável. No entanto, mesmo sem reformas legislativas, mudanças importantes vêm ocorrendo.

Atualmente, uma quantidade cada vez maior de pessoas faz parte de planos de saúde administrados, que limitam a escolha de médicos e tratamentos dos pacientes, mas cobrem a maioria dos custos médicos. As **Organizações de Manutenção de Saúde** (*Health Maintenance Organizations* – HMOs), que fornecem serviços médicos abrangentes por uma taxa preestabelecida, estão desempenhando um papel proeminente na área de assistência médica administrada.

Há uma preocupação crescente com a qualidade da assistência que as pessoas recebem dos planos de assistência médica administrada, como as HMOs, principalmente os idosos e as minorias, com menor possibilidade de pagar planos de saúde particulares. De acordo com uma pesquisa feita nos Estados Unidos, as pessoas com assistência médica administrada passam menos tempo com os médicos, têm mais dificuldade para consultar especialistas e com freqüência sentem que a qualidade geral da assistência médica deteriorou (Brubaker, 2001).

Muitos países industrializados estão dando mais atenção do que os Estados Unidos ao fornecimento de uma assistência médica desigual. No entanto, abordar esse problema pode criar dificuldades. A Grã-Bretanha, por exemplo, fechou instalações em Londres e outras regiões metropolitanas em uma tentativa de reorientar o pessoal médico para as regiões rurais atendidas precariamente. Além dessas preocupações com a qualidade e a disponibilidade da assistência médica, o Serviço Nacional de Saúde britânico continua com insuficiência de recursos (Christie, 2001).

Os serviços médicos no passado eram prestados de acordo com a possibilidade de pagar e a disponibilidade de instalações e pessoais. À medida que os governos do mundo todo vão assumindo uma responsabilidade maior pela assistência médica, e que ela fica cada vez mais cara, pode-se esperar que os governos dêem cada vez mais atenção ao controle dos gastos. Embora o governo federal norte-americano não se tenha envolvido tanto quanto o de outros países, a introdução amplamente difundida de planos de assistência médica administrada criou um grau de controle nunca antes conhecido nos Estados Unidos.

Também no Brasil se desenvolvem os convênios de seguro-saúde, embora apenas uma parcela da população possa pagá-los. O Estado brasileiro, por sua vez, garante assistência médica e hospitalar gratuita para todos, ainda que os serviços deixem muito a desejar em termos de eficiência.

Vamos Discutir

1. Você e sua família têm cobertura de um plano de saúde? Se não, qual é o motivo? Alguma vez alguém da sua família precisou de um procedimento médico pelo qual não pudesse pagar?
2. Você alguma vez fez parte de uma organização de manutenção de saúde? Se sim, quão satisfeito você ficou com os cuidados médicos que recebeu? Alguma vez lhe foi negado um tratamento específico porque era muito caro?
3. A assistência médica deveria ser um direito básico de todos os norte-americanos?

RECURSOS DO CAPÍTULO

Resumo

O tamanho, a composição e a distribuição da população têm uma influência importante nas **comunidades** nas quais as pessoas vivem e na **saúde** e no bem-estar da população também. Este capítulo analisa o problema atual da superpopulação e a possibilidade do **crescimento populacional zero**, o processo de urbanização e os seus efeitos nas comunidades urbanas e rurais, e várias perspectivas sociológicas sobre a saúde. Ele se encerra com uma discussão dos desafios de financiar a assistência médica.

1. Thomas Robert Malthus sugeriu que a população mundial estava crescendo mais rapidamente do que a oferta disponível de alimentos e que essa lacuna aumentaria com o decorrer do tempo. Porém, Karl Marx via o capitalismo e não a crescente população mundial como a verdadeira causa de todos os males sociais.
2. O mecanismo básico para se obter informações sobre a população nos Estados Unidos e na maioria dos outros países é o *recenseamento*.
3. Cerca de dois terços dos países do mundo ainda têm de passar totalmente pela segunda etapa da *transição demográfica*. Em conseqüência, continuam vivenciando um aumento considerável da população.
4. Os países em desenvolvimento estão diante da perspectiva de crescimento constante da população porque uma parte considerável da sua população está aproximando-se da idade fértil. Mas alguns países desenvolvidos começaram a estabilizar o seu crescimento populacional.
5. *Comunidades* estáveis começaram a surgir quando as pessoas passaram a se fixar em uma região para cultivar a terra. O superávit da produção permitiu que surgissem as cidades.
6. Gideon Sjoberg identificou três precondições da vida urbana: tecnologia avançada, um ambiente físico favorável e uma organização social bem desenvolvida.
7. Com o decorrer do tempo, as cidades foram mudando e se desenvolveram com a sua economia. Na Revolução Industrial, a *cidade pré-industrial* das sociedades agrícolas cedeu espaço à *cidade industrial*. O advento da era da informação trouxe consigo a *cidade pós-industrial*.
8. A urbanização é evidente não só nos Estados Unidos, mas também em todo o mundo. Em 2000, 50% da população mundial viviam em regiões urbanas.
9. A abordagem *urbana ecológica* é funcionalista porque enfatiza como elementos diferentes nas regiões urbanas contribuem para a estabilidade social. A *nova sociologia urbana* enfatiza a interação dos interesses políticos e econômicos de uma comunidade, bem como o impacto da economia global nas comunidades norte-americanas e de outros países.
10. Nas últimas três décadas, as cidades depararam com uma esmagadora variedade de problemas sociais e econômicos, incluindo crime, desemprego e a deterioração das escolas e dos sistemas públicos de transporte.
11. *Desenvolvimento comunitário baseado em ativos (ABCD)* é uma nova abordagem da revitalização

dos bairros com problemas nos quais os planejadores primeiro identificam os recursos de uma área e depois os mobilizam, canalizando a assistência para as agências locais situadas na comunidade.

12. A suburbanização foi a tendência populacional mais drástica nos Estados Unidos durante todo o século XX. Nas últimas décadas, os *subúrbios* se tornaram mais diversificados racial e etnicamente.

13. O impacto da cultura sobre a **saúde** pode ser visto nas diferenças culturais na assistência médica e na **incidência** e **prevalência** de determinadas doenças.

14. De acordo com a teoria funcionalista de Talcott Parsons, os médicos funcionam como "guardiões" do *papel de doente*, verificando o estado de uma pessoa como "doente" ou designando a pessoa como "recuperada".

15. Os teóricos usam a expressão *medicalização da sociedade* para se referir ao papel cada vez maior da medicina como uma instituição importante de controle social.

16. Os teóricos do rótulo sugerem que a classificação de uma pessoa como "sadia" ou "doente" geralmente envolve a definição social por outros. Essas definições afetam como os outros nos vêem e como nós nos vemos.

17. A *epidemiologia social* contemporânea se preocupa não só com as doenças epidêmicas, mas também com as doenças não-epidêmicas, lesões, abuso de drogas e alcoolismo, suicídio, doença mental e bioterrorismo.

18. Estudos mostram que as pessoas das classes mais baixas têm índices de invalidez e **taxas de mortalidade** mais elevados. As minorias raciais e étnicas têm **índices de** mortalidade e **morbidade** mais altos do que os brancos. As mulheres tendem a possuir uma saúde mais frágil do que a dos homens, mas vivem mais. Os idosos são particularmente vulneráveis a problemas de saúde mental, como a doença de Alzheimer.

19. No mundo desenvolvido, uma população que está envelhecendo e os avanços tecnológicos tornaram a assistência médica mais ampla e mais cara. Ao mesmo tempo, os países em desenvolvimento lutam para dar cuidados básicos para uma população que está florescendo.

Questões de Pensamento Crítico

1. Alguns países europeus estão vivenciando declínios na população. As suas taxas de mortalidade são baixas e as suas taxas de nascimento são ainda mais baixas do que na etapa III do modelo de transição demográfica. Esse padrão sugere que existe uma quarta etapa na transição demográfica. Quais são as implicações de um crescimento negativo de população para um país industrializado no século XXI?

2. Como a sua comunidade (cidade ou bairro) natal mudou nos anos em que você morou lá? Houve mudanças significativas na base econômica da comunidade ou no seu perfil racial e étnico? Os problemas sociais da comunidade se intensificaram ou diminuíram? O desemprego é atualmente um grande problema? Quais são as perspectivas futuras da comunidade?

Termos-chave

Análise dos sistemas mundiais A visão de Immanuel Wallerstein do sistema econômico mundial como sendo um só sistema dividido entre determinados países industrializados que controlam a riqueza e os países em desenvolvimento que são controlados e explorados. (p. 406)

Bairro defendido Um bairro em que os moradores se identificam por meio de fronteiras comunitárias definidas e tendo a percepção de que as áreas adjacentes são geograficamente separadas e socialmente diferentes. (p. 408)

Cidade industrial Uma cidade relativamente grande caracterizada pela concorrência aberta, um sistema aberto de classes e especialização elaborada na fabricação de bens. (p. 402)

Cidade pós-industrial Uma cidade na qual as finanças mundiais e o fluxo eletrônico de informações dominam a economia. (p. 403)

Cidade pré-industrial Uma cidade com apenas alguns milhares de pessoas caracterizada por um sistema de classes relativamente fechado e mobilidade limitada. (p. 402)

Comunidade Uma unidade política ou geográfica de organização social que dá às pessoas a sensação de fazer parte de um grupo com base em uma residência compartilhada em determinado local ou com base em uma identidade comum. (p. 393)

Crescimento populacional zero (ZPG) O estado de uma população no qual o número de nascimentos mais o de imigrantes é igual ao número de óbitos mais o de emigrantes. (p. 401)

Curandeirismo Medicina popular latina, que se constitui em uma forma holística de assistência médica e cura. (p. 419)

Demografia O estudo científico da população. (p. 394)

Desenvolvimento comunitário baseado em ativos (ABCD): Um enfoque do desenvolvimento comunitário no qual os planejadores primeiro identificam os pontos fortes de uma comunidade e depois tentam mobilizá-los. (p. 409)

Ecologia humana Área de estudo preocupada com as inter-relações entre das as pessoas e o seu meio ambiente. (p. 404)

Ecologia urbana Área de estudo que se concentra nas inter-relações entre as pessoas e o seu meio ambiente nas regiões urbanas. (p. 404)

Epidemiologia social O estudo da distribuição de doenças, deficiências e o estado geral da saúde em uma população. (p. 417)

Estatísticas vitais Registros de nascimentos, óbitos, casamentos e divórcios coletados por meio de um sistema de registro mantido pelas unidades governamentais. (p. 396)

Expectativa de vida O número médio de anos que se pode esperar que uma pessoa viva sob as condições atuais de mortalidade. (p. 396)

Fertilidade O grau de reprodução em uma sociedade. (p. 394)

Incidência A quantidade de novos casos de um problema específico que ocorre em uma mesma população em um determinado período. (p. 417)

Megalópole Uma região densamente povoada contendo duas ou mais cidades e os seus subúrbios vizinhos. (p. 404)

Nova sociologia urbana Uma abordagem da urbanização que leva em conta a interação das forças locais, nacionais e mundiais e seu impacto no espaço local, com ênfase especial no impacto da atividade econômica mundial. (p. 405)

Organização de Manutenção de Saúde (HMO) Uma organização que oferece serviços médicos abrangentes por uma taxa preestabelecida. (p. 422)

Papel de doente As expectativas da sociedade em relação às atitudes e ao comportamento de uma pessoa considerada doente. (p. 413)

"Fuga de cérebros" ou evacuação de profissionais A imigração para os Estados Unidos e para outros países industrializados de trabalhadores, profissionais e técnicos especializados que são necessários nos seus países de origem. (p. 415).

Pirâmide populacional Tipo especial de gráfico de barras que mostra a distribuição de uma população por sexo e idade. (p. 399)

Prevalência A quantidade total de casos de um problema específico existente em determinado período. (p. 417)

Recenseamento Uma enumeração ou contagem de uma população. (p. 396)

Saúde De acordo com a Organização Mundial de Saúde, um estado completo de bem-estar físico, mental e social e não meramente a ausência de doenças e enfermidades. (p. 413)

Subúrbio De acordo com o Bureau of the Census, todo território dentro de uma região metropolitana que não esteja incluído na cidade central. (p. 409)

Taxa de crescimento A diferença entre os nascimentos e as mortes mais a diferença entre imigrantes e emigrantes por população de 1.000 pessoas. (p. 396)

Taxa de morbidade A incidência de doenças em uma determinada população. (p. 418)

Taxa de mortalidade A quantidade de mortes por população de 1.000 pessoas em um determinado ano. Também conhecida como *taxa de mortalidade bruta*. A incidência de morte em uma determinada população. (p. 396, 418)

Taxa de mortalidade infantil A quantidade de mortes de crianças com menos de um ano de idade por 1.000 nascidos vivos em um determinado ano. (p. 396)

Taxa de natalidade A quantidade de nascimentos vivos por população de 1.000 pessoas em um determinado ano. Também conhecida como *taxa de natalidade bruta*. (p. 396)

Taxa total de fertilidade (TTF) A quantidade média de crianças que nascem vivas de qualquer mulher, pressupondo-se que esteja de acordo com as taxas de fertilidade atuais. (p. 396)

Teoria da zona concêntrica Teoria de crescimento urbano criada por Ernest Burgess que vê o crescimento em termos de uma série de círculos irradiando-se de um distrito comercial central. (p. 404)

Teoria de vários núcleos Teoria de crescimento urbano desenvolvida por Harris e Ullman que vê o crescimento surgindo de vários centros de desenvolvimento, cada um deles refletindo uma determinada necessidade ou atividade urbana. (p. 405)

Transição demográfica Um termo utilizado para descrever a mudança de altas taxas de natalidade e mortalidade para baixas taxas de natalidade e mortalidade que ocorre durante o desenvolvimento de um país. (p. 397)

Urbanismo Termo utilizado por Louis Wirth para descrever padrões distintos de comportamentos sociais evidentes entre os moradores de uma cidade. (p. 403)

RECURSOS TECNOLÓGICOS

Conexão com a Internet*

Obs.: Embora os endereços dos sites relacionados a seguir tenham sido atualizados durante a edição deste livro, eles costumam mudar com grande freqüência em razão da natureza dinâmica da Internet.

1. O Population Reference Bureau é uma organização que fornece informações sobre a ligação entre as questões demográficas e sociais. Para explorar esse tópico, visite o seu site muito informativo (*www.prb.org*) e selecione o *link* "DataFinder".

2. A University of Michigan abriga um instituto de pesquisas que se concentra nas desigualdades na área de saúde. Para visualizar alguns números esclarecedores que ilustram a ligação entre raça, classe social e saúde, visite o site do Michigan Center for the Study of Health Inequalities (*www.sph.umich.edu/miih/index2.html*) e acesse o *link* "Facts".

---

* NE: Sites no idioma inglês.

capítulo 16
MOVIMENTOS SOCIAIS, MUDANÇAS SOCIAIS E TECNOLOGIA

Movimentos Sociais

Teorias de Mudanças Sociais

Resistência às Mudanças Sociais

A Tecnologia e o Futuro

A Tecnologia e a Sociedade

Política Social e Tecnologia: Privacidade e Censura na Aldeia Global

Quadros
PESQUISA EM AÇÃO:
O Projeto Genoma Humano
SOCIOLOGIA NO *CAMPUS*:
Protestos Antiguerra

As mudanças tecnológicas são um desafio ético para a sociedade. Esse pôster foi encomendado pela Clonaid, uma empresa de biotecnologia que diz ter clonado seres humanos. Embora os cientistas duvidem da veracidade da afirmação da empresa, a maioria das pessoas considera perturbadora a idéia de que alguém possa tentar clonar seres humanos.

Em 20 de janeiro de 2001, o presidente das Filipinas, Joseph Estrada, tornou-se o primeiro chefe de Estado a perder o poder para uma máfia inteligente. Mais de 1 milhão de moradores de Manila se mobilizaram e, coordenados por ondas de mensagens de texto, reuniram-se no local da demonstração pacífica "Poder do Povo", de 1986, que derrubou o regime de Marcos. Dezenas de milhares de filipinos se reuniram na Avenida Epifanio de los Santos, conhecida como "Edsa", uma hora depois de a primeira mensagem dizer: "Vá para 2EDSA. Vista preto". Por quatro dias, mais de 1 milhão de cidadãos apareceram, a maioria usando preto. Estrada caiu. Nascia a lenda "Geração Txt".

Derrubar um governo sem disparar um tiro foi uma enorme erupção inicial do comportamento de máfia inteligente. No entanto, não foi o único.

- Em 30 de novembro de 1999, esquadrões autônomos — mas interligados — de manifestantes protestando contra a reunião da Wolrd Trade Organization utilizaram a tática de "se aglomerar", telefones celulares, sites da Internet e computadores portáteis para vencer a "Batalha de Seattle".
- Em setembro de 2000, milhares de cidadãos ingleses, furiosos com o aumento repentino nos preços da gasolina, utilizaram telefones celulares, SMS, e-mails de notebooks e rádios CB em táxis para coordenar grupos dispersos que bloquearam a entrega de combustível para postos de gasolina selecionados em um protesto político violento...
- Desde 1992, milhares de ciclistas ativistas vêm reunindo-se mensalmente para manifestações do tipo "Massa Crítica", andando pelas ruas de São Francisco em multidão. A Massa Crítica atua por meio de redes frouxas alertadas por telefones celulares e árvores de e-mail e se divide em grupos menores telecoordenados quando apropriado...

Organizadores sem fio de sensores de localização, redes sem fio e coletivos comunitários de supercomputadores, todos têm uma coisa em comum: permitem que as pessoas trabalhem juntas de novas maneiras em situações que anteriormente não era possível uma ação coletiva.

Como a denominação indica, as máfias inteligentes nem sempre são benéficas. As máfias de linchamento e as mafiocracias continuam praticando atrocidades. A mesma convergência de tecnologia que abre novas perspectivas de colaboração também possibilita uma economia de vigilância universal e dá poder tanto aos sedentos de sangue quanto aos altruístas. Como todo salto anterior no setor de poder tecnológico, a nova convergência de computação sem fio e comunicação social possibilitará às pessoas promover a sua vida e a sua liberdade de algumas maneiras e degradá-las de outras. A mesma tecnologia tem potencial para ser utilizada tanto como arma de controle social quanto como meio de resistência. Mesmo os efeitos benéficos têm efeitos colaterais. *(Rheingold, 2003, p. 157-158, viii)* ∎

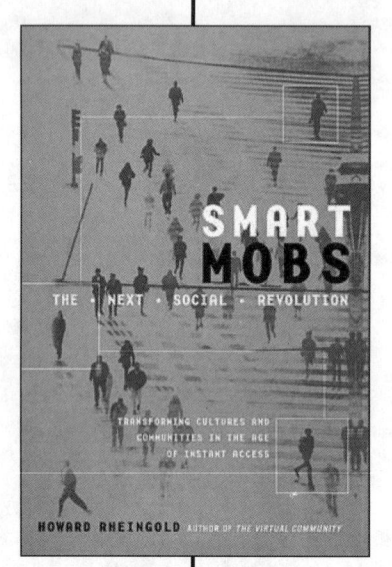

Nesse excerto de texto de *Smart mobs*, Howard Rheingold (2003) descreve um novo fenômeno no qual estranhos ligados por aparelhos de comunicação móvel convergem espontaneamente para atingir determinada meta. Rheingold, uma autoridade reconhecida no tocante às implicações sociais das novas tecnologias, identificou um comportamento social que está surgindo. Pode-se esperar esses efeitos não-previstos. Geralmente, as novas tecnologias não podem evitar a mudança da maneira como as pessoas vivem as suas vidas e, por extensão, a evolução da sua cultura e sociedade. A invenção do computador pessoal e a sua integração na vida cotidiana das pessoas são um outro exemplo da mudança social que em geral se segue à introdução de uma nova tecnologia.

A *mudança social* foi definida como uma alteração significativa nos padrões de comportamento e cultura, incluindo normas e valores (W. Moore, 1967). Mas o que é uma alteração "significativa"? Certamente, o aumento drástico na educação formal, documentado no Capítulo 13, representa uma mudança que teve conseqüências sociais profundas. Entre as outras mudanças sociais que provocaram conseqüências de longo prazo e importantes estão o surgimento da escravidão como um sistema de estratificação (Capítulo 9), a Revolução Industrial (Capítulos 5 e 14), a participação cada vez maior das mulheres no mercado de trabalho norte-americano e europeu (Capítulo 11) e a explosão da população mundial (Capítulo 15). Como veremos neste capítulo, os movimentos sociais desempenharam um papel importante na realização de mudanças sociais.

Como ocorre uma mudança social? O processo é imprevisível ou podemos fazer determinadas generalizações a seu respeito? Por que algumas pessoas resistem às mudanças sociais? Que mudanças poderão advir das tecnologias do futuro? E quais foram os efeitos negativos das mudanças tecnológicas radicais do século passado? Neste capítulo, examinaremos o processo de mudança social, com ênfase especial no impacto dos avanços tecnológicos. Começaremos com os movimentos sociais – esforços coletivos para efetuar mudanças sociais propositais. Depois, discutiremos a mudança social imprevista que ocorre quando inovações, como novas tecnologias, englobam a sociedade. Os esforços para explicar essas mudanças sociais de longo prazo levaram à elaboração de teorias sobre a mudança. Analisaremos as abordagens evolucionária, funcionalista e do conflito da mudança. Veremos como grupos interessados em manter o seu poder tentam bloquear mudanças que consideram ameaçadoras. Os vários aspectos do nosso futuro tecnológico, como a Internet e a biotecnologia, também serão analisados. Examinaremos os efeitos dos avanços tecnológicos sobre a cultura e a interação social, o controle social e a estratificação e a desigualdade social. Juntos, os impactos dessas mudanças tecnológicas podem estar aproximando-se de um grau de magnitude comparável ao da Revolução Industrial. Por fim, na seção de política social discutiremos as formas pelas quais as mudanças tecnológicas intensificaram as preocupações com a privacidade e a censura. ■

MOVIMENTOS SOCIAIS

Embora fatores como meio ambiente físico, população, tecnologia e desigualdade social sirvam como fontes de mudança, é o esforço *coletivo* das pessoas, organizado em movimentos sociais, que leva definitivamente a transformações. Os sociólogos utilizam a expressão **movimento social** para se referir às atividades coletivas organizadas para efetuar ou enfrentar as mudanças básicas em um grupo ou uma sociedade existente (Benford, 1992). Herbert Blumer (1955, p. 19) reconheceu a importância especial dos movimentos sociais quando os definiu como "empreendimentos coletivos para definir uma nova ordem de vida".

Em muitos países, incluindo os Estados Unidos, os movimentos sociais tiveram um impacto crucial sobre o curso da história e a evolução da estrutura social. Considere os atos dos abolicionistas, sufragistas, trabalhadores dos direitos civis e ativistas contra a guerra no Vietnã. Os membros de cada um desses movimentos sociais saíram dos canais tradicionais para provocar mudanças sociais, mas tiveram uma influência notável sobre a política pública. Esforços coletivos igualmente drásticos ajudaram a derrubar regimes comunistas de maneira, em grande parte, pacífica, em países que muitos observadores consideravam "imunes" a essas mudanças sociais (Ramet, 1991).

"Ei, Bush/ Quem luta as suas guerras?/ Só as minorias e os pobres!" Os alunos do ensino médio de Los Angeles protestam contra a guerra no Iraque fazendo uma demonstração de apoio aos trabalhadores em greve de um supermercado em Eagle Rock, Califórnia. Na sua demonstração contra a guerra e a favor de práticas trabalhistas justas, o grupo, denominado "As Animadoras de Torcida Adolescentes Radicais", ilustra a teoria da privação relativa dos movimentos sociais.

Embora os movimentos sociais pressuponham a existência de conflito, podemos analisar suas atividades do ponto de vista funcionalista. Mesmo quando não são bem-sucedidos, eles contribuem para a formação da opinião pública. Primeiro, as pessoas achavam que as idéias de Margaret Sanger e outras pioneiras defensoras do controle de natalidade eram radicais. Porém, hoje os contraceptivos estão amplamente disponíveis nos Estados Unidos. Além disso, os funcionalistas encaram os movimentos sociais como treinamento para os líderes da classe dirigente política. Chefes de Estado, como Fidel Castro, de Cuba, e Nelson Mandela, que presidiu a África do Sul, chegaram ao poder depois de atuarem como líderes de movimentos revolucionários. O polonês Lech Walesa, o russo Boris Yeltsin e o autor de teatro tcheco Vaclav Havel lideraram movimentos de protesto contra o domínio comunista e depois se tornaram líderes dos governos de seus países.

Como e por que surgem os movimentos sociais? Obviamente, as pessoas, muitas vezes, estão descontentes com a maneira como as coisas estão. Mas o que as faz se organizarem em determinado momento em um esforço coletivo de provocar mudanças? Os sociólogos se baseiam em duas explicações do motivo pelo qual as pessoas se mobilizam: as abordagens da relativa privação e da mobilização de recursos.

Privação Relativa

Os membros de uma sociedade que se sentem frustrados e descontentes com as condições sociais e econômicas não estão necessariamente, do ponto de vista objetivo, em uma situação ruim. Os cientistas sociais há tempos reconhecem que o mais importante é como as pessoas *percebem* a sua situação. Como assinalou Karl Marx, a miséria dos trabalhadores foi importante para que percebessem a opressão que sofriam, tendo em vista a sua posição *em relação* à classe capitalista dominante (Marx e Engels [1847] 1955).

A expressão **privação relativa** é definida como a sensação consciente de uma discrepância negativa entre as expectativas legítimas e a realidade presente (John Wilson, 1973). Em outras palavras, as coisas não vão tão bem quanto você esperava que fossem. Esse tipo de situação pode ser caracterizado por escassez e não por uma ausência completa das necessidades (como vimos na distinção entre pobreza absoluta e pobreza relativa no Capítulo 9). Uma pessoa relativamente carente está insatisfeita porque se sente oprimida em relação a algum grupo de referência adequado. Conseqüentemente, os operários que vivem em casas bifamiliares (geminadas) em pequenos pedaços de terra – embora não estejam na parte mais baixa da escala social – podem sentir-se privados em relação aos gerentes de empresas e aos profissionais que moram em casas suntuosas em subúrbios de elite.

Além da sensação de relativa privação, dois outros elementos têm de estar presentes antes de o descontentamento ser canalizado para um movimento social. As pessoas precisam sentir que têm *direito* a seus objetivos, que merecem coisa melhor do que aquilo que possuem. Por exemplo, a luta contra o colonialismo europeu na África se intensificou quando uma quantidade cada vez maior de africanos decidiu que era legítimo ter independência política e econômica. Ao mesmo tempo, o grupo menos favorecido tem de sentir que não pode atingir suas metas por meios convencionais. Essa crença pode ser ou não correta. Em ambos os casos, o grupo não irá mobilizar-se em um movimento social se não houver uma percepção compartilhada de que os seus membros só podem acabar com a sua privação por intermédio de uma ação coletiva (Morrison, 1971).

Os críticos dessa abordagem observaram que as pessoas não têm de se sentir privadas de algo para serem impelidas a agir. Além disso, essa abordagem não explica por que determinadas sensações de privações se transformam em movimentos sociais enquanto em outras sensações semelhantes não se faz um esforço coletivo para remodelar a sociedade. Como decorrência, nos últimos anos, os sociólogos vêm dando cada vez mais atenção às forças necessárias para provocar o surgimento de movimentos sociais (Alain, 1985; Finkel e Rule, 1987; Orum, 1989).

Mobilização de Recursos

É preciso mais do que desejo para dar início a um movimento social. Ter dinheiro, influência política, acesso aos meios de comunicação e pessoal ajuda. A expressão *mobilização de recursos* se refere às maneiras como um movimento social utiliza esses recursos. O êxito de um movimento por mudanças depende em grande parte de seus recursos e de quão eficazmente ele os utiliza (ver também Gamson, 1989; Staggenborg, 1989a, 1989b).

O sociólogo Anthony Oberschall (1973, p. 199) argumenta que, para sustentar um protesto ou uma resistência social, é preciso que haja "uma base organizada e continuidade de liderança". Quando as pessoas decidem participar de um movimento social, surgem regras que orientam o seu comportamento. Pode-se esperar que os membros do movimento participem de reuniões regulares de organizações, paguem taxas, recrutem novos participantes e boicotem produtos ou locutores do "inimigo". Um movimento social emergente pode fazer surgir uma linguagem especial ou novas palavras para termos/expressões familiares. Nos últimos anos, os movimentos sociais vêm sendo responsáveis por novos termos/expressões de auto-referência, como *negros* e *afro-americanos* (para substituir *crioulos*), *cidadãos seniores* (para substituir *idosos*), *gays* (para substituir *homossexuais*) e *pessoas portadoras de deficiências* (para substituir *deficientes*).

A liderança é o fator central na mobilização dos descontentes em movimentos sociais. Geralmente, um movimento é liderado por uma figura carismática, como o Dr. Martin Luther King Jr. Como descreveu Max Weber em 1904, *carisma* é aquela qualidade de alguém que o destaca das pessoas comuns. Evidentemente, o carisma pode desvanecer abruptamente, o que ajuda a explicar a fragilidade de determinados movimentos sociais (A. Morris, 2000).

Porém, muitos movimentos sociais persistem por longos períodos de tempo porque a sua liderança é bem organizada e contínua. Ironicamente, como observou Robert Michels (1915), os movimentos sociais que lutam por mudanças sociais acabam assumindo alguns dos aspectos da burocracia contra a qual se organizaram para protestar. Os líderes tendem a dominar o processo de tomada de decisões sem consultar seus seguidores. No entanto, a burocratização dos movimentos sociais não é inevitável. Movimentos mais radicais, que defendem importantes mudanças estruturais em uma sociedade e adotam ações de massa, tendem a não ser hierárquicos ou burocráticos (Fitzgerald e Rodgers, 2000).

Atualmente, o Movimento dos Sem-Terra (MST) é o movimento social mais radical no Brasil ao reivindicar uma ampla distribuição de terras em todo o território nacional. Seus métodos de ação são também radicais, pois os membros entram em conflito direto com fazendeiros, invadem propriedades, queimam e destroem benfeitorias e destroem as plantações, desrespeitando a instituição da propriedade privada e exigindo desapropriações mesmo de terras produtivas. A reforma agrária está em processo no País e seus resultados até agora não têm sido promissores, já que as famílias assentadas produzem muito pouco por falta de instrumentos de trabalho, insumos básicos e, muitas vezes, por falta de conhecimento porque o recrutamento dos membros do MST admite desempregados das cidades e não apenas aqueles com tradição no – ou originalmente do – trabalho rural.

Por que determinadas pessoas se associam a um movimento social e outras que estão em situação semelhante não o fazem? Algumas delas são recrutadas para fazer parte. Karl Marx reconheceu a importância do recrutamento quando convocou os trabalhadores a se *conscientizarem* do seu *status* de oprimidos e criarem uma consciência de classe. Como os teóricos da abordagem da mobilização de recursos, Marx argumentava que um movimento social (especificamente, a revolta do proletariado) iria requerer que os líderes aguçassem a consciência dos oprimidos. Eles teriam de ajudar os trabalhadores a superar a sensação de *falsa consciência*, ou atitudes que não refletem a sua posição objetiva, para organizar um movimento revolucionário. Da mesma maneira, um dos desafios enfrentados pelas atividades do movimento de liberação feminina do final da década de 1960 e início da de 1970 era convencer as mulheres de que estavam sendo privadas de seus direitos e de recursos sociais valorizados socialmente.

Mesmo em movimentos que surgem praticamente de um dia para o outro em resposta a eventos como uma guerra impopular, os recrutadores têm um papel importante. Durante a Guerra do Iraque em 2003, organizadores externos ajudaram a inflamar os protestos estudantis (ver Quadro 16-1).

O Sexo e os Movimentos Sociais

Os sociólogos destacam que o sexo é um elemento importante na compreensão dos movimentos sociais. Na nossa sociedade dominada pelos homens, as mulheres têm mais dificuldade do que eles de assumirem cargos

Sociologia no *Campus*
16-1 PROTESTOS ANTIGUERRA

Afixados nas calçadas e nas paredes fora das salas de aula, panfletos incitavam os alunos a participar do protesto. Logo grandes grupos se juntaram no local designado, externando a sua raiva contra o governo enquanto a polícia do *campus* os observava nervosamente. "Anos 60"? Poderia ter sido, mas era 2004. Em centenas de *campi* nos Estados Unidos, os alunos externavam a sua oposição à Guerra do Iraque.

Na maioria dos *campi*, esse ativismo estudantil era um acontecimento relativamente recente. Na década de 1990, observadores notaram a apatia política dos estudantes, exceto por questões locais, como a política de moradia no *campus* ou os requisitos para ajuda financeira. Gradativamente, no entanto, os alunos manifestaram seus sentimentos em protestos contra a exploração de mão-de-obra para fazer as camisas e os bonés que tinham o logotipo da escola. Quando os diplomatas norte-americanos começaram a criar uma coalizão de países dispostos a invadir o Iraque, os estudantes se organizaram com o intuito de questionar a base para essa ação.

Os protestos estudantis não eram tão numerosos nem tão duradouros como os que ocorreram durante a Guerra do Vietnã. E, ao contrário do que acontecera na década de 1960, não se originaram necessariamente com os alunos. Em vez disso, as convocações para fazer demonstrações e falar vieram primeiro de ativistas pacifistas de fora do *campus*. Para os ativistas da década de 1960 que estão ficando mais velhos, a velocidade com a qual as demonstrações foram organizadas é surpreendente. Utilizando *e-mail*, os estudantes tanto pró quanto contra a guerra puderam reunir-se em questão de horas – não de dias ou de semanas que os seus antecessores precisaram. E, independentemente de suas opiniões, conseguiram localizar on-line e rapidamente alunos que pensavam da mesma maneira.

Mais importante, os recentes protestos apresentaram algumas inversões de papéis sem precedentes. Muitos profes-

> *Utilizando e-mail, os estudantes tanto pró quanto contra a guerra puderam reunir-se em questão de horas.*

sores que haviam sido moldados quando eram estudantes pelo movimento contra a Guerra do Vietnã assumiram uma posição firme contra a Guerra do Iraque. Os seus alunos, ainda traumatizados pelos ataques terroristas de 11 de setembro de 2001, e não submetidos à convocação como a geração anterior havia sido, estavam menos aptos a protestar. Assim, nos *campi*, como Brandeis e Yale, algumas demonstrações eram pró-guerra.

Outra diferença em relação aos protestos da década de 1960 foi a reação dos policiais do *campus*. Na década de 1980, muitas universidades haviam criado "zonas de liberdade de expressão" para conter as demonstrações políticas e impedir que elas interrompessem as aulas. Na verdade, essas zonas tinham limitado o direito constitucional à liberdade de expressão a algumas pequenas áreas no *campus*, proibindo os alunos de falar em qualquer outro lugar. Mas, à medida que a quantidade de alunos manifestantes começou a se multiplicar em 2003, muitas faculdades aboliram as odiadas restrições, permitindo que os manifestantes prosseguissem sem ser incomodados pela polícia. Aparentemente, os administradores também aprenderam algumas lições da Guerra do Vietnã.

Vamos Discutir

1. Você alguma vez testemunhou um protesto liderado por estudantes na sua escola de ensino médio ou faculdade? Em caso afirmativo, que questões desencadearam o protesto e como reagiram os administradores da escola?
2. Suponha que em 2004 os administradores de faculdade tinham tentado proibir os alunos de se organizarem e se manifestarem contra a guerra. Como uma questão prática (não legal), poderia uma questão desse tipo ser implantada facilmente? Que circunstâncias podem tornar os movimentos de protestos atuais mais difíceis de ser contidos do que os movimentos de protesto do passado?

Fontes: Blandy, 2004; Colapinto, 2003; Frost, 2003; Sharp, 2002; Zernike, 2003.

---

de liderança em organizações de movimentos sociais. Embora, muitas vezes, as mulheres trabalhem desproporcionalmente como voluntárias nesses movimentos, o seu trabalho não é sempre reconhecido nem suas vozes são ouvidas com tanta facilidade quanto a dos homens. Além disso, a tendência sexual faz que a extensão real da influência das mulheres seja ignorada. A análise tradicional do sistema sociopolítico tende a se concentrar em corredores do poder dominados pelos homens, como as legislaturas e diretorias de empresas, em detrimento de domínios mais femininos, como casas, grupos comunitários e redes baseadas na fé. Porém, os esforços para influenciar valores familiares, a criação de filhos, a relação entre pais e escolas e os valores espirituais são claramente importantes para uma cultura e para a sociedade (Ferree e Merrill, 2000; Noonan, 1995).

Os estudiosos dos movimentos sociais hoje se dão conta de que o sexo pode afetar até a maneira como vemos os esforços organizados para provocar ou enfrentar as mudanças. Por exemplo, a ênfase na utilização da racionalidade e da lógica fria para atingir metas ajuda a obscurecer a importância da paixão e da emoção nos movimentos sociais bem-sucedidos. Seria difícil encontrar algum movimento – das lutas dos trabalhadores pelos direitos de votar aos embates pelos direitos dos animais – no qual a paixão não tenha sido parte da força criadora do consenso. Mas as convocações para um estudo mais sério do papel da emoção freqüentemente são vistas como aplicáveis apenas aos movimentos das mulheres, pois a emoção é tradicionalmente considerada algo feminino (Ferree e Merrill, 2000; Taylor, 1995).

Novos Movimentos Sociais

No final da década de 1960, os cientistas sociais europeus observaram uma mudança tanto na composição quanto nas metas dos movimentos sociais que estavam surgindo. Anteriormente, os movimentos sociais tradicionais se concentravam nas questões econômicas, e eram liderados por sindicatos ou por pessoas que tinham a mesma profissão. No entanto, muitos movimentos sociais que se tornaram ativos nas últimas décadas – incluindo o movimento contemporâneo das mulheres – não têm as raízes de classe social típicas dos protestos de trabalhadores nos Estados Unidos e na Europa no século passado (Tilly, 1993).

A expressão *novos movimentos sociais* se refere a atividades coletivas organizadas que abordam valores e identidades sociais, bem como melhorias na qualidade de vida. Esses movimentos podem estar envolvidos na criação de identidades coletivas. Muitos deles têm agendas complexas que vão além de uma única questão e às vezes até ultrapassam as fronteiras nacionais. Pessoas educadas de classe média são representadas de maneira significativa em alguns desses novos movimentos sociais, como o das mulheres e o movimento pelos direitos dos *gays* e lésbicas.

Os novos movimentos sociais geralmente não vêem o governo com um aliado na luta por uma sociedade melhor. Embora eles via de regra não tentem derrubar o governo, podem criticar, protestar ou importunar seus representantes. Os pesquisadores descobriram que os membros dos novos movimentos sociais apresentam pouca inclinação para aceitar a autoridade estabelecida, até mesmo a autoridade científica ou técnica. Essa característica está mais evidente nos movimentos ambientais e antienergia nuclear, cujos ativistas apresentam os seus próprios peritos para se oporem aos do governo ou das grandes empresas (Garner, 1996; Polletta e Jasper, 2001; A. Scott, 1990).

O movimento ambiental é um dos novos movimentos com um foco mundial. Em seus esforços para reduzir a poluição do ar e da água, reduzir o aquecimento global e proteger espécies animais em perigo de extinção, os ativistas ambientais perceberam que medidas regulamentadoras rígidas em um único país não são suficientes. Da mesma maneira, os líderes sindicais e defensores dos direitos humanos não podem abordar as condições de exploração das oficinas em um país em desenvolvimento se uma empresa multinacional é capaz de simplesmente transferir a fábrica para um outro país onde os trabalhadores ganham menos ainda. Enquanto as teorias tradicionais sobre os movimentos sociais tendiam a enfatizar a mobilização de recursos em âmbito local, a teoria do novo movimento social oferece uma perspectiva mais ampla e global sobre o ativismo social e político.

A Tabela 16-1 resume as abordagens sociológicas que contribuíram para a teoria do movimento social. Cada abordagem acrescentou algo ao nosso conhecimento do desenvolvimento dos movimentos sociais.

TEORIAS DE MUDANÇAS SOCIAIS

O novo milênio nos dá a chance de apresentar explicações para as *mudanças sociais*, que definimos como uma mudança significativa com o decorrer do tempo nos padrões de comportamento e na cultura. Essas explicações evidentemente são um desafio no mundo diversificado e complexo no qual vivemos. Mesmo assim, os teóricos de várias disciplinas vêm tentando analisar as mudanças sociais. Em alguns casos, analisaram acontecimentos históricos para entender melhor as mudanças contemporâneas. Vamos revisar três teorias sobre a mudança – a

Tabela 16-1 Contribuições para a Teoria do Movimento Social

Abordagem	Ênfase
Abordagem da privação relativa	Os movimentos sociais têm grande probabilidade de surgir quando as expectativas crescentes são frustradas.
Abordagem da mobilização de recursos	O êxito dos movimentos sociais depende de quais recursos estão disponíveis e de quão eficazmente são utilizados.
Teoria do novo movimento social	Os movimentos sociais surgem quando as pessoas estão motivadas por questões de valor e identidade social.

evolucionista, a funcionalista e a do conflito – e depois examinaremos as mudanças mundiais.

Teoria Evolucionista

O trabalho pioneiro de Charles Darwin (1809-1882) a respeito da evolução biológica contribuiu para as teorias sobre mudanças sociais do século XIX. A abordagem de Darwin enfatiza uma progressão contínua de formas de vida sucessivas. Por exemplo, os seres humanos apareceram depois dos répteis na evolução e representam uma forma de vida mais complexa. Na busca de uma analogia com esse modelo biológico, os teóricos sociais deram origem à *teoria evolucionista*, na qual a sociedade é vista como caminhando em uma direção definida. Os primeiros teóricos evolucionistas concordavam que a sociedade estava progredindo inevitavelmente para um estado mais elevado. Como era de se esperar, concluíram, à moda etnocêntrica, que seus próprios comportamento e cultura eram mais avançados do que das civilizações anteriores.

p. 10 Augusto Comte (1798-1857), um dos fundadores da sociologia, foi um teórico evolucionista das mudanças. Ele via as sociedades humanas como avançando da mitologia para o método científico na sua maneira de pensar. Da mesma maneira, Émile Durkheim ([1893] 1933) argumentou que a sociedade evoluía de formas simples para formas mais complexas de organização social.

As obras de Comte e Durkheim são exemplos da *teoria evolucionista unilinear*. Esta abordagem afirma que todas as sociedades passam pelas mesmas fases sucessivas de evolução e inevitavelmente atingem o mesmo fim. O sociólogo inglês Herbert Spencer (1820-1903) utilizou

p. 10 uma abordagem semelhante: igualou a sociedade a um corpo vivo cujas partes interligadas caminhavam para um destino comum. No entanto, os teóricos evolucionistas contemporâneos, como Gerhard Lenski, têm mais probabilidade de considerar as mudanças sociais como multilineares do que se basearem na perspectiva unilinear mais limitada. A *teoria evolucionista multilinear* defende que as mudanças podem ocorrer de várias maneiras e não levam inevitavelmente à mesma direção (Haines, 1988; J. Turner, 1985).

Os adeptos da teoria multilinear reconhecem que a cultura humana evoluiu ao longo de várias linhas. Por exemplo, a teoria da transição demográfica demonstra graficamente que a mudança na população nos países

p. 397 em desenvolvimento não seguiu necessariamente o modelo evidente nos países industrializados. Os sociólogos hoje argumentam que os acontecimentos não seguem uma ou mesmo várias linhas retas, em vez disso, estão sujeitos a rupturas – um tópico que analisaremos mais adiante na nossa discussão das mudanças sociais mundiais.

Teoria Funcionalista

Como os sociólogos funcionalistas se concentram naquilo que *mantém* um sistema e não no que o muda, aparentemente contribuem pouco para o estudo das mudanças sociais. Entretanto, como demonstra o trabalho do sociólogo Talcott Parsons, os funcionalistas fizeram uma contribuição singular para essa área da investigação sociológica.

Parsons (1902-1979), um dos principais proponentes da teoria funcionalista, via a sociedade como estando em

p. 14 um estado natural de equilíbrio. Com "equilíbrio" ele queria dizer que a sociedade tende para um estado de estabilidade. Parsons via até as greves prolongadas de trabalhadores ou motins civis como transtornos temporários no *status quo* e não como alterações significativas na estrutura social. Conseqüentemente, de acordo com o seu **modelo de equilíbrio**, à medida que ocorrem mudanças em uma parte da sociedade, é preciso fazer ajustes em outras partes. Se isso não acontecer, o equilíbrio da sociedade estará ameaçado e ocorrerão tensões.

Refletindo sobre a abordagem evolucionista, Parsons (1966) defendia que quatro processos de mudanças sociais são inevitáveis. O primeiro, a *diferenciação*, refere-se à complexidade cada vez maior da organização social. A transição do "homem de medicina" para médico, enfermeira e farmacêutico ilustra a diferenciação na área de saúde. Esse processo é acompanhado pelo de *atualização adaptativa*, no qual as instituições sociais se tornam mais especializadas em seus fins. A divisão dos médicos em obstetras, residentes, cirurgiões etc. é um exemplo de atualização adaptativa.

O terceiro processo que Parsons identificou é da *inclusão* de grupos excluídos anteriormente por causa de seu sexo, sua raça, etnia e seu histórico de classe social. As escolas de medicina praticaram a inclusão admitindo uma quantidade cada vez maior de mulheres e negros. Por fim, Parsons argumenta que as sociedades passam por uma *generalização de valores*, ou seja, a criação de novos valores que toleram e legitimam uma gama maior de atividades. A aceitação das medicinas preventivas e alternativas é um exemplo de generalização de valores: a sociedade ampliou a sua visão da área de saúde. Todos os quatro processos identificados por Parsons enfatizam o consenso – a concordância da sociedade quanto à natureza da organização social e dos valores (B. Johnson, 1975; Wallace e Wolf, 1980).

Embora a abordagem de Parsons incorpore explicitamente o conceito evolucionista do progresso contínuo, o tema dominante em seu modelo é o equilíbrio e a estabilidade. A sociedade pode mudar, mas continua estável mediante novas formas de integração. Por exemplo, no lugar dos elos de parentesco que propiciavam a coesão social no passado, as pessoas criaram leis, processos judiciais e novos sistemas de valores e de crenças.

Desde 1990, golfistas negros, como Tiger Woods, vêm sendo bem recebidos nos campos de golfe particulares mais exclusivos. A sua aceitação em enclaves antes exclusivamente de brancos, como o Augusta National Golf Club, sede do Torneio de Veteranos, ilustra o processo de *inclusão* descrito por Talcott Parsons. No entanto, esse processo está longe da conclusão. As mulheres ainda são impedidas de fazer parte do Augusta National e outros clubes de elite, independentemente de quão ricas ou bem-sucedidas sejam.

Os funcionalistas pressupõem que as instituições sociais só persistirão se continuarem a contribuir para a sociedade. Essa hipótese os leva a concluir que alterar drasticamente as instituições irá ameaçar o equilíbrio da sociedade. Os críticos observam que a abordagem funcionalista quase ignora o uso da coerção pelos poderosos para manter a ilusão de uma sociedade estável e bem integrada (Gouldner, 1960).

Teoria do Conflito

A perspectiva funcionalista minimiza a importância da mudança, enfatiza a persistência da vida social e vê a mudança como uma forma de manter o equilíbrio de uma sociedade. Opostamente, os teóricos do conflito argumentam que as instituições e práticas sociais persistem porque grupos poderosos têm a capacidade de manter o *status quo*. A mudança tem uma importância crucial, já que é necessária para corrigir injustiças e desigualdades sociais.

Karl Marx aceitou o argumento evolucionista de que as sociedades se desenvolvem ao longo de uma determinada trilha. Mas, ao contrário de Comte e Spencer, não via cada uma das etapas sucessivas como uma melhoria inevitável da anterior. A história, segundo Marx, segue em frente por uma série de etapas, cada uma delas explorando uma classe de pessoas. A sociedade antiga explorava os escravos; o sistema feudal explorava os servos, e a sociedade capitalista moderna explora a classe trabalhadora. No fim, com a revolução socialista liderada pelo proletariado, a sociedade humana irá caminhar para a etapa final de desenvolvimento: uma sociedade comunista sem classe ou "comunidade de indivíduos livres", como Marx a descrevia em *Das Kapital* (O capital) em 1867 (ver Bottomore e Rubel, 1956, p. 250).

Como vimos, Marx teve uma influência importante no desenvolvimento da sociologia. A sua maneira de pensar nos proporcionou *insights* sobre instituições, como economia, família, religião e governo. A visão marxista das mudanças sociais é atraente porque não restringe as pessoas ao papel passivo na reação aos ciclos inevitáveis ou às mudanças na cultura material. Em vez disso, a teoria marxista oferece uma ferramenta para aqueles que querem apoderar-se do controle do processo histórico e libertar-se da injustiça. Ao contrário da ênfase dos funcionalistas na estabilidade, Marx argumenta que o conflito é um aspecto normal e desejável da mudança social. Na verdade, a mudança precisa ser incentivada como um meio de eliminar a desigualdade social (Lauer, 1982).

Um teórico do conflito, Ralf Dahrendorf (1958), observou que o contraste entre a perspectiva funcionalista na estabilidade e o foco da teoria do conflito na mudança reflete a natureza contraditória da sociedade. As sociedades humanas são estáveis e duradouras, porém vivenciam graves conflitos. Dahrendorf descobriu que a abordagem funcionalista e a teoria do conflito no final eram compatíveis, apesar dos seus vários pontos de discordância. Na verdade, Parsons falou de novas funções que resultam das mudanças sociais e Marx reconheceu a necessidade de mudanças para que as sociedades pudessem atuar de uma maneira mais igualitária.

Mudanças Sociais Mundiais

Estamos em um momento realmente crucial da história para analisar as mudanças sociais. Maureen Hallinan (1997), em seu discurso presidencial para a American Sociological Association, pediu aos presentes que pensassem apenas em alguns poucos acontecimentos políticos recentes: o colapso do comunismo; o terrorismo em várias par-

A queda do regime totalitário de Saddam Hussein no Iraque, em 2003, foi uma das várias mudanças de regime que ocorreram no início do século XXI. Em uma sociedade global, essas mudanças afetam as pessoas no mundo todo e não em apenas um país.

tes do mundo, incluindo os Estados Unidos; as mudanças importantes de regimes e os problemas econômicos graves na África, no Oriente Médio e na Europa Oriental; a difusão da Aids; e a revolução do computador. Apenas alguns meses após suas observações, ocorreu a primeira clonagem de um animal complexo: a ovelha Dolly.

Nessa era de grandes transformações sociais, políticas e econômicas em escala mundial, é possível prever mudanças? Algumas mudanças tecnológicas parecem evidentes, mas a queda de governos comunistas na antiga União Soviética e na Europa Oriental no início da década de 1990 pegou todo mundo de surpresa. Contudo, antes da queda da União Soviética, o sociólogo Randall Collins (1986, 1995), um teórico do conflito, observou uma seqüência crucial de eventos que havia passado despercebida da maioria dos observadores.

Em seminários de 1980 e em um livro publicado em 1986, Collins havia argumentado que o expansionismo soviético resultara em uma superextensão de recursos, incluindo gastos desproporcionais com forças militares. Essa superextensão pressiona a estabilidade de um regime. Além disso, a teoria geopolítica sugere que os países no meio de uma região geográfica, como a União Soviética, tendem a se fragmentar em unidades menores com o decorrer do tempo. Collins previu que a coincidência das crises sociais em várias fronteiras iria precipitar o colapso da União Soviética.

E foi exatamente isso o que aconteceu. Em 1979, o êxito da revolução iraniana levou à explosão do fundamentalismo islâmico no vizinho Afeganistão, bem como nas repúblicas soviéticas com grandes populações muçulmanas. Ao mesmo tempo, a resistência ao domínio comunista aumentava em toda a Europa Oriental e dentro da própria União Soviética. Collins havia previsto que a ascensão de uma forma dissidente de comunismo dentro da União Soviética poderia facilitar o colapso do regime. No final dos anos 80, o líder soviético Mikhail Gorbachev optou por não utilizar forças militares e outros tipos de repressão para conter dissidentes na Europa Oriental. Em vez disso, apresentou planos para a democratização e reforma social da sociedade soviética e parecia disposto a remodelar a União Soviética em uma federação de estados mais ou menos independentes. Porém, em 1991, seis repúblicas da periferia ocidental declararam a sua independência e alguns meses depois toda a União Soviética havia formalmente se desintegrado na Rússia e em uma série de outros países independentes.

No seu discurso, Hallinan (1997) alertou que temos de ir além dos modelos restritivos da mudança social – a visão linear da teoria evolucionista e as hipóteses sobre o equilíbrio na teoria funcionalista. Ela e outros sociólogos recorreram à "teoria do caos" apresentada pelos matemáticos para entender os acontecimentos erráticos como parte da mudança. Hallinan observou que as grandes mudanças caóticas e revoluções ocorrem de fato e que os sociólogos precisam aprender a prever esses eventos, assim como Collins fez com a União Soviética. Por exemplo, imagine a impressionante mudança social não-linear que resultaria de inovações nas comunicações e na biotecnologia – tópicos que serão abordados neste capítulo.

RESISTÊNCIA ÀS MUDANÇAS SOCIAIS

Os esforços para realizar mudanças sociais provavelmente irão encontrar resistência. No meio de rápidas inovações científicas e tecnológicas, muitas pessoas se assustam com as demandas de uma sociedade em constante transformação. Além disso, determinados indivíduos e grupos têm interesse em manter o *status quo*.

O economista Thorstein Veblen (1857-1929) cunhou a expressão ***interesses investidos*** para se referir àquelas pessoas ou grupos que irão sofrer no caso de uma mudança social.

Por exemplo, a American Medical Association (AMA) assumiu posições firmes contra o seguro-saúde nacional [p. 415] e a profissionalização da obstetrícia. O seguro-saúde nacional poderia levar a limites nas rendas dos médicos e a elevação do *status* das parteiras poderia ameaçar a posição preeminente dos médicos como realizadores de partos. No geral, com uma parcela desproporcional da riqueza, do *status* e do poder da sociedade, esses membros da Associação Médica Norte-Americana têm interesse em preservar o *status quo* (Starr, 1982; Veblen, 1919).

Fatores Econômicos e Culturais

Os fatores econômicos têm um papel importante na resistência às mudanças sociais. Para exemplificar, pode ser caro, para os fabricantes, atender altos padrões de segurança para os produtos, os trabalhadores e para a proteção do meio ambiente. Os teóricos do conflito argumentam que, em um sistema econômico capitalista, muitas empresas não estão dispostas a pagar o preço para atender a padrões rígidos de segurança e ambientais. E podem resistir às mudanças sociais economizando ou pressionando o governo para amenizar as regulamentações.

As comunidades também defendem os seus interesses, muitas vezes em nome de "proteger valores de propriedade". A abreviação *NIMBY* significa "não no meu quintal", um grito ouvido muitas vezes quando as pessoas protestam contra aterros, prisões, instalações de usinas nucleares e até trilhas para bicicleta e casarios para pessoas portadoras de deficiências. A comunidade visada pode não questionar a necessidade das instalações, mas simplesmente insiste que sejam colocadas em outro lugar. A atitude do tipo "não no meu quintal" tornou-se tão comum que é quase impossível, para os elaboradores de política, encontrar locais para instalações como lixões de materiais perigosos (Jasper, 1997).

Como os fatores econômicos, os fatores culturais freqüentemente moldam a resistência às mudanças. William F. Ogburn (1922) fez uma diferenciação entre os aspectos materiais e imateriais da cultura. A *cultura material* inclui invenções, artefatos e tecnologia. A *cultura imaterial* [p. 60] engloba idéias, regras, comunicações e organização social. Ogburn assinalou que não é possível criar métodos para controlar e utilizar nova tecnologia antes da introdução de uma técnica. Desse modo, a cultura imaterial normalmente tem de reagir a mudanças na cultura material. Ogburn introduziu a expressão **hiato, atraso ou defasagem cultural** para se referir ao período de inadaptação, quando a cultura imaterial ainda está lutando para se ajustar a novas condições materiais. Um exemplo disso é a Internet. O seu rápido crescimento descontrolado levanta questões quanto a regulamentá-la ou não e, em caso positivo, a extensão dessa regulamentação (ver seção sobre política social no final deste capítulo).

Em certos casos, as mudanças na cultura material podem tensionar as relações entre as instituições sociais. Por exemplo, nas últimas décadas, foram criados novos meios de controle de natalidade. Famílias grandes não são mais economicamente necessárias nem comumente aprovadas pelas regras sociais. Determinadas crenças religiosas, porém – entre elas o catolicismo apostólico romano –, continuam incentivando grandes famílias e desaprovando métodos de controle da natalidade, como a contracepção e o aborto. Essa questão representa um hiato entre os aspectos da cultura material (tecnologia) e a cultura imaterial (crenças religiosas). Também podem surgir conflitos entre a religião e outra instituição social, como o governo e o sistema educacional, quanto à disseminação do controle de natalidade e de informações sobre o planejamento familiar (M. Riley et al., 1994a, 1994b).

Resistência à Tecnologia

Inovações tecnológicas são exemplos de mudanças na [p. 119] cultura material que provocam resistência. A *Revolução Industrial*, que ocorreu em grande parte

"Não no meu quintal" NIMBY, dizem esses manifestantes, opondo-se à colocação de um novo incinerador em uma região de Highland Park, Michigan. O fenômeno NIMBY tornou-se tão comum que é quase impossível os elaboradores de políticas encontrarem localidades aceitáveis para incineradores, aterros e lixões de materiais perigosos.

Em Londres, uma mulher de telefone celular caminha por uma linha de cabines telefônicas obsoletas recicladas como arte ambiental. No mundo todo, as mudanças tecnológicas derrubaram os canais de comunicação estabelecidos, alterando as interações sociais cotidianas das pessoas no processo.

Assim como os ludistas resistiram à revolução industrial, as pessoas em vários países resistiram às mudanças tecnológicas pós-industriais. O termo *neoludistas* se refere àqueles que desconfiam das inovações tecnológicas e que questionam a expansão incessante da industrialização, a destruição cada vez maior do mundo natural e agrário e a mentalidade de "jogar fora" do capitalismo moderno, com a sua resultante poluição do meio ambiente. Os neoludistas insistem que quaisquer que sejam os supostos benefícios da tecnologia industrial e pós-industrial, essa tecnologia tem custos sociais próprios e pode representar um perigo para o futuro da espécie humana e para o nosso planeta (Bauerlein, 1996; Rifkin, 1995b; Sale, 1996; Snyder, 1996).

na Inglaterra durante o período de 1760 a 1830, foi uma revolução científica que se concentrou na aplicação de fontes não-animais de energia em tarefas operárias. À medida que essa revolução foi evoluindo, as sociedades começaram a depender de novas invenções que facilitassem a produção agrícola e industrial e de novas fontes de energia, como o vapor. Em algumas indústrias, a introdução de máquinas movidas a energia elétrica reduziu a necessidade de trabalhadores nas fábricas e tornou mais fácil, para os patrões, cortar salários.

Surgiu uma forte resistência à Revolução Industrial em alguns países. Na Inglaterra, começando em 1811, artesãos mascarados tomaram medidas extremas: organizaram ataques noturnos às fábricas e destruíram alguns dos novos equipamentos. O governo caçou esses rebeldes, conhecidos como **luditas**, e os submeteu a expulsão ou enforcamento. Em um esforço semelhante na França, trabalhadores irados jogaram os seus tamancos (*sabots*) nas máquinas da fábrica para destruí-las, o que deu origem ao termo *sabotagem*. E, embora a resistência dos ludistas e dos trabalhadores franceses tenha tido curta duração e sido malsucedida, acabou simbolizando resistência à tecnologia.

Estamos agora em uma segunda Revolução Industrial com um grupo contemporâneo de ludistas empenhados em resistir? Muitos sociólogos acreditam que vivemos p. 120 em uma *sociedade pós-industrial*. É difícil apontar exatamente quando essa era começou. Em geral, ela é considerada como tendo início na década de 1950, quando pela primeira vez a maioria dos trabalhadores de sociedades industriais passou a se envolver também com serviços em vez de apenas na efetiva produção de bens (D. Bell, 1999; Fiala, 1992).

Vale a pena lembrar dessas preocupações quando nos voltarmos para o nosso futuro tecnológico e o seu possível impacto sobre as mudanças sociais.

A TECNOLOGIA E O FUTURO

Tecnologia é um conjunto de informações culturais sobre como utilizar os recursos materiais do meio ambiente para satisfazer as necessidades e os desejos humanos. Os avanços tecnológicos – o avião, o carro, a televisão, a bomba atômica e, mais recentemente, o computador, o fax e o telefone celular – provocaram mudanças extraordinárias em nossa cultura, nossos padrões de socialização, nossas instituições sociais e nossas interações sociais cotidianas. As inovações tecnológicas, na verdade, estão surgindo e sendo aceitas a uma velocidade incrível.

Nas seções a seguir, examinaremos os vários aspectos do nosso futuro tecnológico e analisaremos o seu impacto sobre as mudanças sociais, incluindo a pressão social que provocarão. Focaremos particularmente os desenvolvimentos recentes em informática e biotecnologia.

Informática

A década passada foi testemunha de uma explosão de informática nos Estados Unidos e em todo o mundo. Os seus efeitos são particularmente dignos de nota no tocante à Internet, a maior rede de computadores do mundo. Estimou-se que em 2005 a Internet atingiria 1,1 bilhão de usuários de computador, contra apenas 50 milhões em 1996 (Global Reach, 2004).

A Internet surgiu de um sistema de computador criado em 1962 pelo Department of Defense norte-americano para permitir que os estudiosos e pesquisadores militares continuassem o seu trabalho para o governo mesmo se parte do sistema de comunicações do país fosse destruído por um ataque nuclear. Até recentemente era difícil o acesso à Internet se não se tivesse um cargo em uma universidade ou em um laboratório de pesquisas do governo. Hoje, contudo, quase qualquer usuário pode acessar a Internet com uma linha telefônica, um computador e um *modem*. As pessoas compram e vendem carros, negociam ações, pesquisam novos medicamentos, votam, leiloam artigos e localizam amigos perdidos há muito tempo on-line – para citar apenas algumas poucas das inúmeras possibilidades (Reddick e King, 2000).

Infelizmente, nem todos podem trafegar na estrada das informações, principalmente os menos ricos. Além disso, esse padrão de desigualdade é mundial. Os países principais que Immanuel Wallerstein descreveu em sua *análise de sistemas mundiais* têm o monopólio virtual da tecnologia de informação. Os países periféricos da Ásia, África e América Latina dependem deles tanto para a tecnologia quanto para as informações que ela fornece. Por exemplo, a América do Norte, Europa e alguns poucos países industrializados em outras regiões têm quase todos os *hosts de Internet* – computadores que estão diretamente conectados à rede mundial – do planeta. O mesmo se aplica no tocante a jornais, telefones, televisões e até rádios. Os países periféricos de baixa renda possuem uma média de apenas 30 linhas de telefone por mil pessoas, contra 593 por mil nos países de alta renda. A disparidade é ainda maior no tocante aos telefones celulares: os países de baixa renda têm uma média de dez telefones celulares por mil pessoas, contra 609 por mil nos países de alta renda (World Bank, 2003b). No Brasil, em 2006, contavam-se mais de 90 milhões de celulares.

Biotecnologia

A escolha do sexo dos fetos, organismos criados geneticamente e a clonagem de ovelhas e vacas estiveram entre os avanços científicos polêmicos significativos no campo da biotecnologia nos últimos anos. O conceito de McDonaldização de George Ritzer se aplica a toda a área da biotecnologia. Assim como o conceito de *fast-food* se difundiu na sociedade, nenhuma fase da vida atualmente parece isenta de intervenção terapêutica ou médica. Na verdade, os sociólogos vêem muitos aspectos da biotecnologia como uma extensão da tendência de medicalização da sociedade, discutida no Capítulo 15. Com a manipulação genética, a profissão médica está expandindo ainda mais o seu campo (Clarke et al., 2003).

A biotecnologia hoje se apresenta como totalmente benéfica para os seres humanos, mas é necessário o seu monitoramento constante. Como veremos nas próximas seções, os avanços biotecnológicos levantaram muitas questões éticas e políticas difíceis (D. Weinstein e Weinstein, 1999).

Escolha do Sexo

Os avanços na tecnologia reprodutiva e nos exames na verdade se transformaram em técnicas para a escolha de sexo. Nos Estados Unidos, o teste pré-natal denominado amniocentese vem sendo utilizado há mais de 25 anos para apurar a presença de determinados defeitos que requerem atenção médica antes do parto. Esses testes, assim como os exames de ultra-som, também podem identificar o sexo do feto,. Esse produto teve implicações sociais profundas.

Em muitas sociedades, jovens casais que planejam ter apenas um filho vão querer assegurar que ele seja um menino porque a sua cultura premia um herdeiro homem. Nesses casos, os avanços nos testes fetais podem levar ao aborto do feto se for descoberto que se trata de uma menina. As clínicas de testes fetais no Canadá atualmente anunciam que podem dizer aos pais o sexo de um feto. Essa propaganda visa particularmente as comunidades asiáticas indianas do Canadá e dos Estados Unidos. Porém, nos Estados Unidos, a preferência por um filho homem não se restringe às pessoas da Índia. Em um estudo, quando se perguntou qual seria o sexo preferido para um único filho, 86% dos homens e 59% das mulheres responderam que queriam um menino. Além disso, por intermédio dos testes fetais, os casais ficam sabendo rotineiramente do sexo do seu bebê (M. Hall, 1993; Sohoni, 1994).

A escolha do sexo também é possível em relação a um procedimento que visa ajudar casais estéreis a conceber um filho, a chamada *fertilização in vitro*: um óvulo é fertilizado em um tubo de ensaio e depois implantado no útero da mãe. Os casais que utilizam esse procedimento caro agora podem obter uma análise do embrião antes de ele ser implantado. Embora a finalidade da análise seja confirmar que o embrião está livre de defeitos genéticos, os resultados também podem ser utilizados para selecionar um embrião do sexo desejado (Gezari, 2002).

Do ponto de vista funcionalista, podemos ver a escolha de sexo como uma adaptação da função familiar básica de regular a reprodução. Entretanto, os teóricos do conflito enfatizam que a seleção do sexo pode intensificar o domínio masculino da nossa sociedade e prejudicar os avanços que as mulheres fizeram em carreiras que antes eram restritas aos homens.

Engenharia Genética

Ainda mais grandiosa do que a escolha do sexo – e não necessariamente improvável – é a possibilidade de alterar o comportamento humano por meio da engenharia genética. Os genes de peixes e plantas já foram misturados para criar safras de batata e tomate resistentes à geada.

Mais recentemente, genes humanos foram implantados em porcos buscando-se criar rins semelhantes aos dos humanos para transplantes de órgãos.

Um dos avanços mais recentes na engenharia genética é a terapia de genes. Geneticistas que trabalhavam com fetos de ratos conseguiram desabilitar genes que portavam um traço indesejável e substituí-los por genes que portavam um traço desejável. Avanços desse tipo levantam possibilidades surpreendentes para alterar formas de vidas animais e humanas. Porém, a terapia de genes continua muito experimental e deve ser considerada algo bem distante (Kolata, 1999).

O debate sobre engenharia genética se intensificou em 1997, quando cientistas escoceses anunciaram que haviam clonado uma ovelha que ficou conhecida como Dolly. Depois de várias tentativas malsucedidas, eles conseguiram substituir o material genético do óvulo de uma ovelha com o DNA de uma ovelha adulta, criando uma ovelha que era o clone da adulta. Logo no ano seguinte, pesquisadores japoneses clonaram vacas com êxito. Esses avanços levantaram a possibilidade de que, em um futuro próximo, os cientistas poderão ser capazes de clonar seres humanos.

Em 1997, o presidente Bill Clinton proibiu qualquer apoio federal à clonagem humana e incitou os laboratórios particulares a declarar uma moratória voluntária até que as questões éticas pudessem ser cuidadosamente analisadas. Seis anos depois, nenhuma lei federal sobre a clonagem humana havia sido esboçada, muito menos aprovada. No entanto, as legislaturas estaduais estão às voltas com essa questão. Na metade de 2003, apenas o Estado da Califórnia permitiu especificamente a clonagem humana, enquanto os estados de Iowa e Dakota do Sul explicitamente a proibiram (Brainard, 2003).

William F. Ogburn provavelmente não poderia ter previsto esses avanços científicos quando, há 70 anos, escreveu sobre a lacuna cultural. No entanto, a clonagem bem-sucedida de uma ovelha ilustra mais uma vez quão rapidamente a cultura material pode mudar e como a cultura imaterial absorve de forma mais lenta tais mudanças.

Enquanto a clonagem ocupa as manchetes, a polêmica aumenta no tocante aos alimentos geneticamente modificados. Essa questão surgiu na Europa, mas a partir de então se espalhou para outras partes do mundo, incluindo os Estados Unidos. A idéia subjacente a essa tecnologia é aumentar a produção de alimentos e tornar a agricultura mais econômica. Mas os críticos usam o termo *Frankenfood* (como em "Frankenstein") para se referir a tudo – de cereais matinais feitos de grãos criados geneticamente a tomates "frescos" modificados geneticamente. Eles se opõem à interferência na natureza e estão preocupados com os possíveis efeitos dos alimentos geneticamente modificados sobre a saúde. Entre aqueles que apóiam os alimentos geneticamente modificados estão não só as empresas de biotecnologia, mas quem enxerga na tecnologia uma maneira de ajudar a alimentar as populações florescentes da África e da Ásia (Golden, 1999).

A polêmica é bastante acirrada no Brasil, que já modificou geneticamente a soja, uma *commodity* de exportação, ocupando os primeiros lugares na pauta de nossos produtos agropecuários. Recentemente, o governador do Estado do Paraná, Roberto Requião, tentou impedir a exportação da soja geneticamente modificada pelo porto de Paranaguá, mas foi vencido pelo governo federal.

Outra forma de biotecnologia com um impacto possivelmente de longo alcance é o Projeto Genoma Humano. Esse esforço envolve equipes de cientistas no mundo todo no seqüenciamento e mapeamento de todos os 30 mil a 40 mil genes humanos existentes, conhecidos coletivamente como *genoma humano*. Seus defensores dizem que o conhecimento daí resultante poderia

Na Espanha, os membros do Greenpeace protestam contra a aprovação proposta pela União Européia de um tipo de milho geneticamente modificado. O milho resistente a insetos produz uma substância tóxica para as larvas de insetos do milho e as minhocas, mas não para os seres humanos. Mesmo assim, aqueles que se opõem a esse tipo de biotecnologia têm levantado questões acerca de seus possíveis efeitos sobre a saúde. A sua oposição verbalizada tem atrapalhado o comércio internacional e provocado atrito entre os Estados Unidos e a Europa.

revolucionar a capacidade dos médicos de tratar e até prevenir doenças. Mas os sociólogos se preocupam com as implicações éticas dessa pesquisa. O Quadro 16-2 oferece uma visão geral das muitas questões que o projeto tem levantado. No Brasil está bastante avançada a pesquisa do genoma humano, sobretudo na Universidade de São Paulo (USP), cujo instituto de pesquisas biológicas é chefiado por uma mulher cientista.

Bioterrorismo

A biotecnologia tem sido vista, no geral, como um benefício para a sociedade, e por isso seus críticos se preocupam principalmente com a possibilidade de conseqüências negativas involuntárias. Porém, os cientistas há muito reconhecem que os agentes químicos e biológicos podem ser utilizados intencionalmente como armas de destruição em massa. Os combatentes da Primeira Guerra Mundial utilizaram gás mostarda, e o gás [nerve] foi utilizado pouco tempo depois. Hoje, 26 países aparentemente armazenaram armas químicas e outros dez criaram programas de armas biológicas.

Ainda mais perturbadora é a perspectiva de que os terroristas possam criar as suas próprias armas biológicas ou químicas, que não são difíceis ou caras para serem produzidas. As mortes que ocorreram em decorrência da contaminação por antrax dos correios norte-americanos em 2001, pouco tempo depois dos ataques ao Pentágono e o World Trade Center, puseram à mostra a relativa facilidade com que a biotecnologia pode ser utilizada para fins hostis. Na verdade, entre 1975 e agosto de 2000, os terroristas criaram 342 incidentes envolvendo agentes biológicos ou químicos. Apenas um terço desses eventos foi de ataques reais e a maioria deles provocou algumas poucas lesões e menos mortes ainda. Mas, como as armas químicas e biológicas são fáceis de usar, esses agentes, que ficaram conhecidos como a bomba atômica dos pobres, são fonte de uma preocupação cada vez maior para os governos no mundo todo (Henry L. Stimson Center, 2001; J. Miller et al., 2001; Mullins, 2001; White, 2002).

Um trabalhador da Hazardous Materials ensaca amostras de poeira retirada da sala de correspondência da Associated Press em outubro de 2001, depois que cartas contendo bactérias mortais de antrax foram enviadas às redações de jornais na Flórida e em Nova York. A ameaça de bioterrorismo tornou-se uma questão que preocupa cada vez mais os governos e as organizações do mundo todo.

Use a Sua Imaginação Sociológica

Tente imaginar o mundo daqui a cem anos. Ponderando, ele é um mundo no qual a tecnologia beneficia ou ameaça o bem-estar das pessoas? Explique?

A TECNOLOGIA E A SOCIEDADE

Um caixa eletrônico que identifica a pessoa pela sua estrutura facial, um pequeno dispositivo que seleciona centenas de odores para garantir a segurança de uma fábrica de produtos químicos, um telefone celular que reconhece a voz do seu dono – esses são exemplos da vida real de tecnologias que eram ficção científica há algumas poucas décadas. O chip de computador de hoje não apenas pensa, mas também vê, cheira e ouve (Salkever, 1999).

Esses avanços tecnológicos podem transformar a cultura material. O processador de textos, a calculadora de bolso, a fotocopiadora e o *CD player* eliminaram em grande parte a máquina de escrever, a máquina de calcular, o mimeógrafo e o toca-discos – que foram todos eles mesmos, em certa época, avanços tecnológicos.

Além disso, mudanças tecnológicas também podem remodelar a cultura *imaterial*. Nas seções a seguir, examinaremos os efeitos dos avanços tecnológicos na cultura e

Pesquisa em Ação
16-2 O PROJETO GENOMA HUMANO

Com geneticistas, patologistas e microbiólogos, o sociólogo Troy Duster, da New York University (NYU), está às voltas com as questões éticas, legais e sociais levantadas pelo Projeto Genoma Humano desde 1989. Membro original do comitê de fiscalização designado para lidar com esses assuntos, ele não espera que o seu trabalho seja realizado em um futuro próximo.

Pediu-se a Duster, que também é presidente da Associação Norte-Americana de Sociologia, que explicasse por que o seu comitê estava levando tanto tempo para concluir o trabalho. Em resposta, ele lista as várias questões levantadas pelo enorme projeto. Primeiro, Duster está preocupado com o fato de que os avanços médicos que o projeto possibilitou não vão beneficiar as pessoas da mesma maneira. Ele observa que as empresas de biotecnologia utilizaram os dados do projeto para criar um teste para fibrose cística em norte-americanos brancos, mas não para a mesma síndrome em índios zuni. As empresas de biotecnologia são empreendimentos com fins lucrativos e não organizações humanitárias. Portanto, enquanto os cientistas envolvidos no Projeto Genoma Humano esperam mapear os genes de todos os povos do mundo, nem todos poderão beneficiar-se de maneiras práticas com o projeto.

O comitê de Duster também tem lutado com a questão do consentimento informado – certificar-se de que todos que doam genes para o projeto o façam voluntariamente, depois de serem informados dos riscos e dos benefícios. Nas sociedades ocidentais, os cientistas geralmente obtêm esse consentimento das pessoas que participam da sua pesquisa. Porém, de acordo com Duster, muitas sociedades não-ocidentais não reconhecem o direito da pessoa de tomar tais decisões. Em vez disso, um líder decide pelo grupo como um todo. "Quando pesquisadores treinados no Ocidente penetram uma aldeia", pergunta Duster, "a quem eles devem recorrer para consentimento?" (Duster, 2002, p. 69). O que fazer se a resposta for não?

> *O poder econômico e político de um grupo ajuda a determinar que doenças os cientistas irão estudar.*

A raça também é um problema para o comitê de Duster. A análise de DNA mostra conclusivamente que não há diferença genética entre as raças. Dada essa análise, os geneticistas não querem investir mais tempo e esforços em diferenças raciais. Como sociólogo, Duster sabe que a raça é socialmente construída. Também estamos conscientes de que, para milhões de pessoas no mundo todo, a raça tem um efeito significativo sobre a sua saúde e o seu bem-estar. Indo mais diretamente ao assunto, ele sabe que o poder econômico e político de um grupo ajuda a determinar que doenças os cientistas irão estudar. "Nós podemos ser 99,9% iguais em termos de DNA", escreve Duster, "mas se esse fosse o final da história, poderíamos todos fazer as malas e ir para casa" (Duster, 2002, p. 70).

Troy Duster, sociólogo da NYU, também é professor e diretor do Centro Norte-Americano de Culturas na University of California, Berkeley.

Vamos Discutir

1. Que outros critérios, além do poder de um grupo racial e étnico, podem ser utilizados para determinar quanta pesquisa será feita sobre as doenças que afetam o grupo?
2. O que um pesquisador deve fazer se um líder tribal se recusar a permitir que os membros da sua tribo participem de um projeto de pesquisa?

Fonte: Duster, 2002.

---

nas interações sociais, no controle social e na estratificação e desigualdade.

Cultura e Interação Social

No Capítulo 3, enfatizamos que a língua é a base de todas as culturas. Do ponto de vista funcionalista, a língua pode unir membros de uma sociedade e promover a integração cultural. No entanto, do ponto de vista da teoria do conflito, o uso da língua pode intensificar as divisões entre os grupos e as sociedades – observe as lutas referentes à língua nos Estados Unidos, Canadá e em várias outras sociedades.

Como a interação social será transformada pela disponibilidade cada vez maior de formas eletrônicas de comunicação? As pessoas recorrerão a *e-mail*, sites da Internet e faxes em vez de conversas telefônicas e encontros presenciais? Certamente, a mudança tecnológica para o telefone reduziu a escrita de cartas como meio de manter laços de parentesco e amizade. Por esse motivo, algumas pessoas se preocupam com o fato de que os computadores e outras formas de comunicação eletrônica possam isolar socialmente. A socióloga Sherry Turkle (1999) alertou que algumas pessoas podem sentir-se tão satisfeitas com as suas vidas on-line que percam o contato com suas famílias, seus amigos e responsabilidades profissionais.

Porém, Turkle (1995, 1999) também encontrou efeitos positivos do uso da Internet. Durante um período de dez anos, ela fez visitas anônimas a salas de bate-papo e domínios de multiusuários (MUDs), que permitem que as pessoas assumam novas identidades em jogos de RPG. Também realizou entrevistas pessoalmente com mais de mil pessoas que se comunicam por *e-mail* e participam ativamente dos MUDs. Fazendo uma diferenciação entre as personas na tela e suas identidades reais, Turkle concluiu que muitas vidas dos usuários dos MUDs eram ampliadas pela oportunidade de se envolverem na representação de papéis e "se tornarem outra pessoa". Havia surgido um novo senso de *self*, escreveu ela, "descentralizado e múltiplo". Ao fazer essa observação, Turkle [p. 85] ampliou o conceito de *self* de George Herbert Mead (Nass e Moon, 2000).

Uma forma óbvia de representar papéis on-line é a troca de sexo. Em um estudo de 1999, os pesquisadores descobriram que 40% dos seus sujeitos tinham se apresentado como membros do sexo oposto. Mas a troca de sexo, aparentemente, não domina a comunicação on-line. Mesmo entre aqueles que trocam de sexo, a maioria dos sujeitos nesse estudo passava apenas 10% do seu tempo on-line disfarçada como do sexo oposto (L. Roberts e Parks, 1999).

Se a comunicação eletrônica pode facilitar a interação social em uma comunidade – se pode criar elos entre pessoas de comunidades ou até de países diferentes que se "reúnem" em salas de bate-papo ou MUDs – então ela criou um novo mundo interativo conhecido como espaço cibernético? A expressão *espaço cibernético* foi introduzida em 1984 por William Gibson, um escritor canadense de ficção científica. Ele a inventou depois de entrar em um fliperama e notar a intensidade dos jogadores curvados sobre suas telas. Gibson sentiu que os entusiastas do videogame "crêem que há um tipo de espaço real atrás da tela. Um lugar que não se pode ver, mas se sabe que está lá" (Elmer-DeWitt, 1995, p. 4; Turkle, 2004).

O surgimento do espaço cibernético pode ser visto como um outro passo além do conceito de Ferdinand Tönnies da *Gemeinschaft* familiar e íntima e na direção [p. 117] da comparativamente impessoal *Gesellschaft* – mais uma maneira pela qual a coesão social está implodindo na sociedade contemporânea. Os críticos da comunicação eletrônica questionam se a comunicação não-verbal, as inflexões de voz e outras formas de interação interpessoal se perderão com as pessoas recorrendo ao *e-mail* e às salas de bate-papo (P. Schaefer, 1995; Schellenberg, 1996).

No entanto, embora algumas pessoas pensem que, abrindo o mundo para a interação cibernética, podemos ter reduzido a interação presencial, outras chegaram a uma conclusão diferente. Pesquisadores visitaram mais de 2 mil domicílios em todo os Estados Unidos para avaliar o impacto da Internet na vida cotidiana dos usuários. Pais e mães relataram que, muitas vezes, navegavam na Internet com seus filhos e que a Internet havia provocado pouco impacto na interação destes com os amigos. Os pesquisadores concluíram que cerca de dois terços das pessoas nos Estados Unidos estão utilizando a Internet mais do que nunca, sem sacrificar as suas vidas sociais (Cha, 2000; P. Howard et al., 2001; Nie, 2001).

Controle Social

Um(a) digitador(a) de dados faz uma pausa para dizer "oi" a um colega. Um(a) caixa de supermercado pára um momento para brincar com um cliente. Um representante passa muito tempo ao telefone auxiliando as pessoas que ligam. Cada uma dessas situações está sujeita à vigilância do computador. Dada a ausência de uma legislação protetora rígida, os funcionários nos Estados Unidos estão sujeitos a uma supervisão cada vez maior e mais difundida pelo computador.

Os supervisores sempre escrutinam o desempenho dos trabalhadores. Mas com tanto trabalho no mundo atual sendo realizado eletronicamente, as possibilidades de vigilância aumentaram muito. De acordo com um estudo de 2001, um terço da força de trabalho on-line está sob constante vigilância eletrônica. Com o "Big Brother" observando e ouvindo cada vez mais, o perigo é que o monitoramento eletrônico se torne um substituto para uma administração eficaz ou, pior, leve a percepções de injustiça e invasão (T. Levin et al., 2002; Schulman, 2001).

Nos últimos anos, surgiu um novo tipo de vigilância empresarial. Muitos *sites* da Internet criticaram duramente as operações de várias empresas. No site McSpotlight encontravam-se ataques às práticas nutricionais do McDonald's e no Up Against the Wal podia-se estudar conselhos sobre como combater a abertura de uma nova loja Wal-Mart. Os sites da Internet desses "vigilantes antiempresariais" geralmente são protegidos pela Primeira Emenda da Constituição norte-americana, mas as empresas poderosas estão monitorando-os cuidadosamente em uma tentativa de contra-atacar as suas atividades (Neuborne, 1996).

Os avanços tecnológicos também criaram a possi- [p. 193] bilidade de um novo tipo de crime do colarinho branco: o crime pelo computador. Hoje é possível obter acesso a um computador sem sair de casa e dar um desfalque ou cometer fraude eletrônica sem deixar vestígios. Um relatório liberado em 2000 coloca as perdas cibernéticas pelas grandes empresas em US$ 10 bilhões só nos Estados Unidos. Geralmente, as discussões sobre

"Keystroke!... Keystroke!... Keystroke!"

os crimes pelo computador se concentram em roubos pelo computador e nos problemas causados pelos *hackers*. No entanto, o uso difundido dos computadores facilitou várias novas formas de participar de um comportamento anormal. Como conseqüência, podem ser necessários recursos bastante ampliados pela polícia para lidar com molestadores de crianças on-line, redes de prostituição, piratas de software, vigaristas e outros tipos de criminosos que agem via computador. Existe atualmente uma seção de Crime pelo Computador e Propriedade Intelectual no Departamento de Justiça norte-americano. O consenso dos chefes dessa seção é que esses tipos de casos estão aumentando e se tornando cada vez mais difíceis de serem resolvidos (Piller, 2000).

Nem todos os avanços tecnológicos relevantes para o controle social foram de natureza eletrônica. Os bancos de dados de DNA deram à polícia uma nova arma poderosa para solucionar crimes. Também abriram caminho para libertar cidadãos condenados indevidamente. De 1993 a maio de 2004, 15 condenados à morte foram libertados com base em exames de DNA. Estão sendo feitos esforços para tornar esses exames e outras formas de prova de DNA tão disponíveis quanto as impressões digitais. Embora seja necessário desenvolver salvaguardas apropriadas, a criação dos bancos de dados de DNA tem o potencial de revolucionar a aplicação da lei nos Estados Unidos – principalmente na acusação de crimes sexuais, para os quais as provas biológicas são reveladoras (Death Penalty Information Center, 2004b).

Outra ligação entre a tecnologia e o controle social é o uso de bancos de dados de computador e verificação eletrônica de documentos para reduzir a imigração ilegal para os Estados Unidos, sobretudo dos países muçulmanos. Embora estejam preocupados com a questão da entrada ilegal, muitos norte-americanos de origem árabe, hispânica e asiática acreditam que a *sua* privacidade e não a dos brancos tem mais probabilidade de ser infringida pelas autoridades governamentais. Na próxima seção, analisaremos mais detalhadamente como as mudanças tecnológicas podem intensificar a estratificação e a desigualdade com base na raça, etnia e em outros fatores.

Estratificação e Desigualdade

"Hoje em dia estamos à beira de nos tornarmos duas sociedades, uma em grande parte branca e plugada e a outra negra e desplugada." É assim que o historiador negro Henry Lewis Gates Jr. descreve cruamente a "divisão digital" atual (Gates, 1999, p. A 15). A estratificação é um tema constante na sociologia. Até o momento, existem poucas evidências de que a tecnologia irá reduzir a desigualdade. Na verdade, ela pode apenas intensificá-la. A tecnologia é cara, portanto, geralmente é impossível introduzi-la para todo mundo ao mesmo tempo. Quem obtém acesso primeiro? Os teóricos do conflito argumentam que, à medida que vamos ultrapassando cada vez mais a fronteira eletrônica por meio de avanços, como a telecomutação e a Internet, os pobres privados dessas tecnologias podem ser isolados da sociedade principal em um "gueto de informações", assim como as minorias raciais e étnicas foram tradicionalmente sujeitas à segregação residencial (DiMaggio et al., 2001).

Os dados disponíveis mostram diferenças claras no uso de computadores com base na classe social, raça e etnia. Um estudo nacional nos Estados Unidos veiculado em 2001 estimou que apenas 14% dos domicílios com renda inferior a US$ 15 mil tinham acesso à Internet, na comparação com 79% daquelas com renda de US$ 75 mil ou mais. Além disso, 56% dos domicílios de ásio-americanos e 46% dos de brancos usavam a Internet, contra 24% dos de hispânicos e negros (ver Figura 16-1).

Essa questão vai além dos interesses individuais ou da falta de interesse por computadores. O acesso é uma das principais preocupações. De acordo com um estudo realizado pela National Association for the Advancement of Colored People Consumer Federation of America (NAACP), o acesso às redes de computador por meio de

FIGURA 16-1

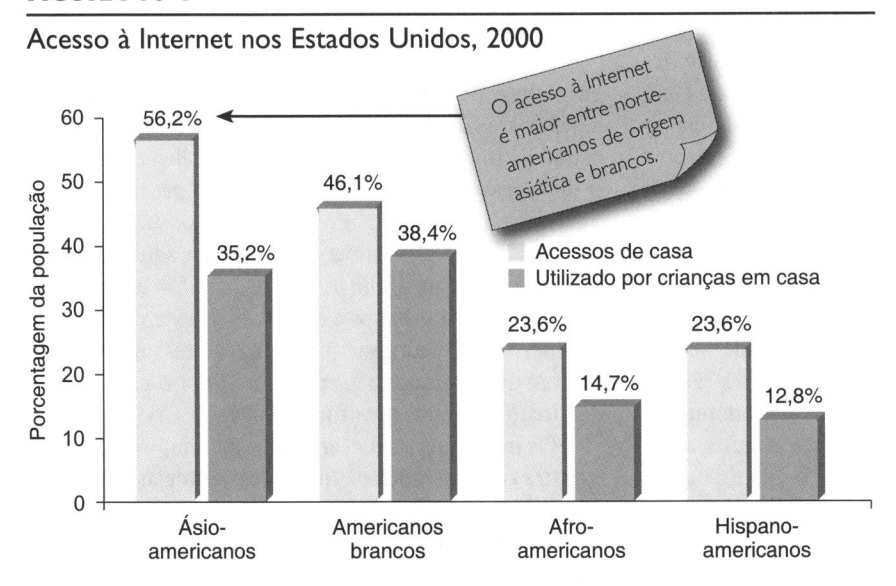

Acesso à Internet nos Estados Unidos, 2000

O acesso à Internet é maior entre norte-americanos de origem asiática e brancos.

- Ásio-americanos: 56,2% (Acessos de casa) / 35,2% (Utilizado por crianças em casa)
- Americanos brancos: 46,1% / 38,4%
- Afro-americanos: 23,6% / 14,7%
- Hispano-americanos: 23,6% / 12,8%

Fonte: Newburger, 2001, p. 3–4.

corredores de fibra óptica ("a superestrada das informações") pode desviar-se das regiões pobres e populações de minorias. Os pesquisadores concluíram que os planos das companhias telefônicas locais para essas redes de comunicação avançadas visam às regiões ricas e podem levar a uma "linha vermelha eletrônica" excludente que se assemelha à discriminação em áreas, como transações bancárias, imobiliária e securitária (Lieberman, 1999; Lohr, 1994).

Os executivos das indústrias rebatem que declararam repetidamente a sua intenção de estender a superestrada das informações para *todas* as regiões. O Congresso dos Estados Unidos propôs uma legislação regulamentadora para assegurar acesso igual a escolas, bibliotecas e hospitais. E várias comunidades, como Manchester, New Hampshire e Oakland, Califórnia, providenciaram a instalação de computadores em moradias construídas pelo governo para pessoas de baixa renda.

A questão de tecnologia e desigualdade é particularmente delicada quando analisada do ponto de vista de culturas distintas. Embora a industrialização tenha melhorado bastante o padrão de vida de muitos trabalhadores, ela permitiu que as elites acumulassem riquezas sem precedentes. Além disso, as atividades de empresas multinacionais aumentaram a desigualdade entre os principais países centrais industrializados, como Estados Unidos, Alemanha e Japão, e os países periféricos em desenvolvimento.

Use a Sua Imaginação Sociológica

Como a sociedade terá mudado daqui a cem anos? As pessoas serão tão livres como são hoje? As diferenças entre as classes sociais serão mais ou menos pronunciadas do que são hoje? E as diferenças entre as nações, raças, religiões e os grupos étnicos?

POLÍTICA SOCIAL e TECNOLOGIA
Privacidade e Censura na Aldeia Global

O Tema

Segundo o noticiário da BBC, o morador comum das cidades é visto cerca de 300 vezes por dia em uma TV de circuito fechado. Absurdo, você diria. Olhe ao seu redor. Nas estações de trem e nos saguões, nas esquinas e nos elevadores, o olho eletrônico está observando você. Em alguns locais, câmeras digitais podem estar tirando uma fotografia sua e enviando-a para um computador que a compara com fotos de criminosos conhecidos. Você pode não querer saber, mas os seus telefonemas, *e-mails*, compras com cartão de crédito e outras formas de comunicação eletrônica estão sendo monitorados de uma maneira ou de outra (Rheingold, 2003).

Nem todos esses meios de vigilância são utilizados para prevenir o crime. Grande parte dos dados que as organizações coletam a seu respeito é utilizada para fins de marketing ou compilada para revenda a outras organizações ou pessoas. Embora muita gente considere essas atividades uma invasão de privacidade, a essa altura, nos Estados Unidos, as leis referentes à privacidade têm tantas lacunas que muitas vezes é difícil distinguir entre os dados coletados legal e ilegalmente. O outro lado dessa moeda é a censura – o medo de que, em uma tentativa de proteger a privacidade dos cidadãos, o governo restrinja excessivamente o fluxo de informações eletrônicas. Nem todo mundo se preocupa com a censura. Porém, muita gente acha que o governo deveria poder proibir a pornografia na Internet.

O Cenário

O consumidor comum nos Estados Unidos está inserido em dezenas de bancos de dados de marketing. À primeira vista, essa lista pode parecer inocente. Importa realmente se as empresas podem comprar listas dos nossos nomes, endereços e números de telefone? Parte do problema é que a informática tornou cada vez mais fácil para qualquer pessoa, empresa ou órgão governamental recuperar e armazenar uma quantidade cada vez maior de informações sobre qualquer um de nós.

Para o cidadão norte-americano médio, a questão de quanta liberdade de expressão deveria ser permitida na Internet está ligada à pornografia. Os sites pornográficos proliferaram, principalmente depois que a Suprema Corte promulgou em 1997 uma legislação federal para regular palavras e imagens "indecentes". Parte do material proibido para menores é perfeitamente legal, embora inadequado para crianças. Alguns sites são claramente ilegais, como aqueles que atendem às necessidades dos pedófilos que fazem das crianças suas presas. Outros são moral e legalmente ambíguos, como os sites que apresentam imagens captadas por câmeras que focalizam, em locais públicos, por baixo das saias de mulheres sem causar suspeitas.

Em outros países, a censura da Internet é a questão principal. Por exemplo, a China proíbe a apresentação de relatórios independentes de discussões em grupo on-line que não são aprovados pelo governo. Também é proibida a discussão de assuntos delicados, como fracassos econômicos e anúncios na Internet que desafiem o Partido Comunista (Magnier, 2004).

Insights Sociológicos

Na era tecnológica, a questão complexa da privacidade *versus* censura pode ser considerada uma ilustração do hiato cultural. Como de costume, a cultura material (tecnologia) está mudando mais rapidamente do que a cultura imaterial (regras para controlar o uso da tecnologia).

Os funcionalistas apontam a função manifesta da Internet de facilitar a comunicação. Eles identificam a sua função latente como a de fornecer um meio para que grupos com poucos recursos se comuniquem com dezenas de milhões de pessoas. Nessa arena, grupos com pouco financiamento, que variam de organizações de ódio até grupos de interesses especiais, competem com interesses dos poderosos e com muito dinheiro. Os funcionalistas veriam, assim, a tecnologia como algo que fomenta a comunicação. A questão da censura depende de como a pessoa vê o conteúdo da mensagem; e a da privacidade, de como a informação é utilizada.

No entanto, do ponto de vista da teoria do conflito, há o perigo sempre presente de grupos mais poderosos da sociedade usarem os avanços tecnológicos para invadir a privacidade dos menos poderosos. No passado, os governos totalitários o fizeram rotineiramente em um esforço para abafar a dissidência e manter o controle político e social. Os defensores das liberdades civis nos lembram que os mesmos abusos podem ocorrer se os cidadãos não ficarem atentos à proteção do seu direito à privacidade.

Contudo, as pessoas parecem estar menos alertas hoje em termos de manter a sua privacidade do que estavam antes da era da informação. Os jovens que cresceram navegando na Internet parecem aceitar a existência dos *cookies* e dos *spyware* que possam porventura pegar enquanto estão navegando. Eles se acostumaram a ter suas conversas nas salas de bate-papo supervisionadas por adultos. Muitos deles não vêem nenhum risco em fornecer informações pessoais sobre si mesmos a estranhos que vêm a conhecer on-line. Não é de admirar que os professores universitários pensem que os alunos não apreciam a importância política do direito à privacidade (Turkle, 2004).

Os interacionistas vêem a questão da privacidade e censura como um debate que corresponde às preocupações que as pessoas têm em qualquer interação social. Assim como podemos desaprovar algumas associações que nossos parentes ou amigos têm com outras pessoas, expressamos preocupação em relação a sites polêmicos da Internet. Podemos tentar monitorar ambos. Evidentemente, a Internet facilita interações com uma vasta gama de pessoas, com probabilidade mínima de detecção em comparação com interações presenciais. Além disso, uma pessoa pode facilmente mudar um site de um país para outro, evitando, assim, não só a detecção, mas também ser responsabilizado.

Iniciativas Políticas

Em 1986, o governo dos Estados Unidos aprovou a Lei de Privacidade da Comunicação Eletrônica (Electronic Communications Privacy Act). A comunicação por meio de fios – definida com o uso da voz humana nas ligações telefônicas ou sem fio – é bem protegida. Ela não pode ser sujeita à vigilância a menos que um promotor obtenha autorização de um promotor público e um juiz federal. Opostamente, telegramas, faxes e *e-mails* podem ser monitorados com a aprovação de um juiz (Eckenwiler, 1995).

Em 1996, a Lei da Decência nas Comunicações (Communication Decency Act) tornou crime federal transmitir material "indecente" ou "claramente" ofensivo pela Internet sem manter um sistema de segurança que impeça crianças de vê-lo. Os *e-mails* particulares e as comunicações por salas de bate-papo com menores de 18 anos estão sujeitos ao mesmo padrão (Fernández, 1996; Lappin, 1996).

Os defensores das liberdades civis insistiram que tal ação governamental viola as comunicações particulares entre adultos de comum acordo e limita inevitavelmente a liberdade de expressão. Organizações, como a American Civil Liberties Union (ACLU), American Library Association, American Society of Newspaper Editors e o National Writers Union, apoiaram processos que desafiavam a constitucionalidade da Lei da Decência

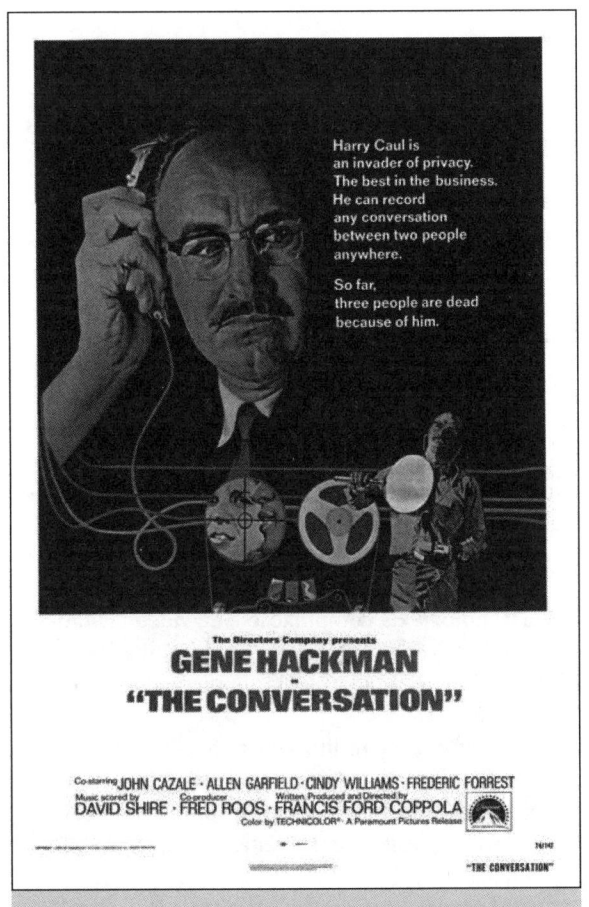

O filme *A conversação*, de 1974, no qual Gene Hackman escutava às escondidas as conversas dos outros personagens em suas casas e no parque, criou um alarme entre os espectadores preocupados com a sua privacidade. Uma geração depois, os cidadãos se perguntam quanto da sua comunicação eletrônica é monitorada e para que fins.

nas Comunicações. Em 1997, a Suprema Corte declarou inconstitucionais partes importantes dessa lei. Ela definiu as tentativas do governo de regular o conteúdo da Internet como um ataque à garantia de liberdade de expressão da Primeira Emenda da Constituição norte-americana (Fernández, 1996; Harmon, 1998).

Porém, um mês depois dos ataques terroristas de 11 de setembro de 2001, o Congresso norte-americano aprovou a Lei Patriota (*Patriot Law*), que dava às autoridades poder para agir rapidamente contra ameaças terroristas. Com isso, inspeções legais de vigilância por agentes da lei foram relaxadas. Os órgãos federais agora têm mais liberdade de coletar dados eletronicamente, incluindo recibos de cartão de crédito e registros bancários tanto de cidadãos quanto de residentes estrangeiros.

Tanto dentro quanto fora dos Estados Unidos, o governo norte-americano criou a fama de se opor aos esforços de proteger a privacidade das pessoas. Por exemplo, em 1998, o Center for Public Integrity, uma organização de pesquisas não-partidária, emitiu um relatório que criticava o governo por não aprovar uma legislação que protegesse a confidencialidade dos prontuários médicos. Em outro caso, um investigador da Marinha norte-americana convenceu a America Online a revelar a identidade do marinheiro que se apresentara como *gay* pela Internet. Em 1998, a Marinha e a America Online foram forçadas a chegar a um acordo por violar a privacidade do marinheiro. Ao mesmo tempo, os Estados Unidos estão se opondo aos esforços da União Européia de implantar uma nova lei severa que visa proteger os cidadãos de invasões de privacidade da era do computador. A indústria de tecnologia norte-americana não quer que o acesso a informações seja bloqueado, uma vez que elas são essenciais para o comércio mundial. Embora provavelmente se chegue a um acordo, esse caso ilustra a linha tênue entre proteger a privacidade e abafar o fluxo eletrônico das informações (Center for Public Integrity, 1998; Locy, 2004; Shenon, 1998).

O conflito em relação à privacidade e censura está longe de terminar. À medida que a tecnologia continua avançando no século XXI, certamente novas batalhas serão travadas.

Vamos Discutir

1. Quais são algumas das maneiras pelas quais as pessoas podem obter informações sobre você? Você sabe de algum banco de dados que contenha informações sobre a sua vida pessoal?
2. Você acha que as empresas e os empregadores têm o direito de monitorar os *e-mails* e os telefonemas dos seus funcionários? Por quê?
3. Você se preocupa mais com a censura das comunicações eletrônicas por parte do governo ou com a invasão desautorizada da sua privacidade? Como elaborador de política, de que modo você equilibraria essas preocupações?

RECURSOS DO CAPÍTULO

Resumo

Mudanças sociais são alterações significativas nos padrões de comportamento e cultura, incluindo regras e valores. Às vezes, as mudanças sociais são feitas por *movimentos sociais*, mas geralmente elas são um efeito indesejado dos avanços tecnológicos. Este capítulo analisa as teorias sociológicas sobre mudanças e movimentos sociais, resistência a mudanças e o impacto da *tecnologia* sobre o futuro da sociedade.

1. Um grupo não se mobiliza em um *movimento social* a menos que haja uma percepção compartilhada de que a sua *privação relativa* só pode terminar por meio de uma ação coletiva.
2. O êxito de um movimento social depende em boa parte de uma *mobilização de recursos* eficaz.
3. Os *novos movimentos sociais* tendem a se concentrar em outras itens além de questões econômicas, e freqüentemente cruzam as fronteiras nacionais.
4. Os primeiros defensores da *teoria evolucionista* das mudanças sociais achavam que a sociedade estava caminhando inevitavelmente para um estado mais elevado.
5. Talcott Parsons, um dos principais defensores da teoria funcionalista, via a sociedade como em um estado natural de equilíbrio.
6. Os teóricos do conflito vêem as mudanças como muito importantes, já que são necessárias para corrigir as injustiças e as desigualdades sociais.
7. Normalmente, aquelas pessoas que possuem uma parte desproporcional da riqueza, do *status* e do poder da sociedade têm *interesse investido* na preservação do *status quo* e vão resistir a mudanças.
8. O período de inadaptação, quando uma cultura imaterial ainda está lutando para se adaptar a novas condições materiais, é conhecido como *hiato, atraso ou defasagem cultural*.
9. Os principais países industrializados têm o monopólio virtual da tecnologia da informação, o que torna os países periféricos dependentes deles em relação tanto à tecnologia quanto às informações que ela fornece.
10. Os avanços na área da biotecnologia levantaram questões éticas difíceis em relação à engenharia genética e à escolha do sexo dos fetos.
11. A tecnologia da computação e de vídeo facilitou a supervisão, o controle e até o domínio dos trabalhadores e cidadãos pelos empregadores e pelo governo.
12. Os teóricos do conflito temem que os pobres possam ficar isolados da sociedade principal em um "gueto de informações", assim como as minorias raciais e étnicas foram sujeitas à segregação residencial.
13. A informática tornou cada vez mais fácil para uma pessoa, empresa ou órgão do governo progressivamente recuperar mais informações sobre qualquer um de nós, violando, portanto, a nossa privacidade. Quanto o governo deveria restringir o acesso a informações eletrônicas é uma questão de política pública importante.

Questões de Pensamento Crítico

1. Escolha um movimento social que esteja trabalhando atualmente para fazer mudanças nos Estados Unidos. Analise esse movimento baseando-se nos conceitos de privação relativa, mobilização de recursos e falsa consciência.
2. Nos últimos anos, testemunhamos um aumento extraordinário no uso de telefones celulares no mundo todo. Analise essa forma de cultura material em termos de hiato cultural. Leve em consideração o uso, as normas governamentais e as questões de privacidade.
3. Escolha um dos avanços tecnológicos discutidos na seção A Tecnologia e o Futuro. Analise essa nova tecnologia, concentrando-se em se é ou não provável que ela aumente ou diminua a desigualdade nas próximas décadas. Sempre que possível, aborde questões de sexo, raça, etnia e classe social, bem como a desigualdade entre os países.

Termos-chave

Falsa consciência Expressão utilizada por Karl Marx para descrever uma atitude tomada pelos membros de uma classe social que não reflete com precisão a sua posição objetiva. (p. 431)

Interesses investidos As pessoas ou os grupos que irão sofrer no caso de mudanças sociais e que têm interesse em manter o *status quo*. (p. 436)

Hiato, atraso ou defasagem cultural Período de inadaptação quando uma cultura imaterial ainda está lutando para se adaptar a novas condições materiais. (p. 437)

Luditas Trabalhadores artesanais rebeldes da Inglaterra do século XIX que destruíram máquinas novas das fábricas como parte da sua resistência à Revolução Industrial. (p. 438)

Mobilização de recursos Formas pelas quais um movimento social utiliza recursos, como dinheiro, influência política, acesso aos meios de comunicação e pessoal. (p. 431)

Modelo de equilíbrio A visão funcionalista de que a sociedade tende a um estado de estabilidade ou equilíbrio. (p. 434)

Movimento social Atividade coletiva organizada para efetuar ou enfrentar as mudanças fundamentais em um grupo ou uma sociedade existente. (p. 429)

Mudança social Uma alteração significativa, com o decorrer do tempo, nos padrões de comportamento e na cultura, incluindo regras e valores. (p. 429)

Novo movimento social Uma atividade coletiva organizada que aborda valores e identidades sociais, bem como melhorias na qualidade de vida. (p. 433)

Privação relativa A sensação consciente de uma discrepância relativa entre as expectativas legítimas e a realidade presente. (p. 430)

Tecnologia Conjunto de informações culturais sobre como utilizar recursos materiais do meio ambiente para satisfazer necessidades e desejos humanos. (p. 438)

Teoria evolucionista Teoria de mudança social segundo a qual a sociedade está caminhando em uma direção definida. (p. 434)

Teoria evolucionista multilinear Teoria de mudança social segundo a qual as mudanças podem ocorrer de várias maneiras e não levam inevitavelmente à mesma direção. (p. 434)

Teoria evolucionista unilinear Uma teoria sobre mudanças sociais que diz que todas as sociedades passam pelas mesmas fases sucessivas de evolução e atingem inevitavelmente o mesmo fim. (p. 434)

■ RECURSOS DA TECNOLOGIA

Conexão com a Internet*

Obs.: Embora os endereços dos sites relacionados a seguir tenham sido atualizados durante a edição deste livro, eles costumam mudar com grande freqüência em razão da natureza dinâmica da Internet.

1. Algumas pessoas se sentem assoladas pela ênfase que a nossa cultura dá ao consumismo. O Center for a New American Dream é um movimento social cuja finalidade, entre outras, é ajudar os norte-americanos a reduzirem o papel do consumismo em suas vidas. Para ver como os membros desse grupo visam mudar a sociedade, visite o site do centro (*www.newdream.org*).

2. A vida nos Estados Unidos mudou muito no último século. Para visualizar algumas dessas mudanças, visite o site da Biblioteca do Congresso (*lcweb2.loc.gov/wpaintro/wpahome.html*) e veja a seção "American Life Histories". Na seção é possível ler as entrevistas de centenas de norte-americanos sobre sua história de vida, todas reunidas nos anos 30 como parte do WPA Federal Writers' Project.

---

* NE: Sites no idioma inglês.

Glossário

Abordagem da reação da sociedade – Outra denominação para a *Teoria do Rótulo*.

Abordagem de dramaturgia – Uma visão da interação social popularizada por Erving Goffman em que as pessoas são vistas como atores de teatro.

Abordagem do curso da vida – Orientação de pesquisa em que os sociólogos e outros cientistas sociais observam de perto os fatores sociais que influenciam as pessoas durante toda a sua vida, do nascimento até a morte.

Abordagem do gerenciamento científico (ou teoria da gerência científica) – Outro nome para a *teoria clássica* das organizações formais.

Ação afirmativa – Esforços positivos para recrutar membros das minorias ou mulheres para empregos, promoções e oportunidades educacionais.

Administração da impressão – Expressão criada por Erving Goffman para se referir à alteração da apresentação do *self* para criar diferentes aparências e satisfazer audiências específicas.

Adoção – No sentido jurídico, processo que prevê a transferência dos direitos, responsabilidades e privilégios dos pais biológicos para os pais adotivos.

Alienação – A situação de estranhamento ou dissociação da sociedade ao redor.

Amostra – Seleção de uma população maior que é estatisticamente representativa daquela população.

Amostra aleatória – Amostra para a qual todos os membros de toda uma população têm a mesma chance de serem selecionados.

Análise de conteúdo – A codificação sistemática e o registro objetivo de dados, ditados por algum argumento racional.

Análise dos sistemas mundiais – Visão de Immanuel Wallerstein do sistema econômico global como um só dividido entre certas nações industrializadas que controlam a riqueza e os países em desenvolvimento que são controlados e explorados.

Análise secundária – Variedade de técnicas de pesquisa que fazem uso de informações e dados previamente coletados, acessíveis ao público.

Anomia – Termo empregado por Durkheim para se referir à perda de direção sentida em uma sociedade quando o controle social do comportamento individual se tornou ineficiente.

Anti-semitismo – Preconceito contra judeus.

Apartheid – Antiga política do governo sul-africano para manter a separação dos negros e outras populações não-brancas dos brancos dominantes.

Argot (Jargão, Gíria) – Linguagem especializada usada por membros de um grupo ou subcultura.

Assédio sexual – Comportamento que ocorre quando benefícios profissionais são condicionados a favores sexuais (como uma compensação), ou quando passadas de mão, comentários obscenos, ofensivos ou exibição de material pornográfico criam um "ambiente hostil" no local de trabalho.

Assimilação – O processo pelo qual uma pessoa abandona sua própria tradição cultural para se tornar parte de uma cultura diferente.

Assistência corporativa – Reduções tributárias, pagamentos diretos e subsídios que o governo dá às companhias.

Associação diferencial – Teoria de desvio proposta por Edwin Sutherland, segundo a qual a quebra das regras resulta da exposição a atitudes favoráveis a atos criminosos.

Associação voluntária – Organização estabelecida com base nos interesses comuns, cujos membros se oferecem voluntariamente ou até mesmo pagam para participar.

Autoridade – Poder institucionalizado que é reconhecido pelas pessoas sobre o qual é exercido.

Autoridade carismática – Expressão utilizada por Max Weber para referir-se ao poder tornado legítimo por um apelo excepcional pessoal ou emocional de um líder aos seus seguidores.

Autoridade legal-racional – Expressão de Max Weber para o poder legitimado pela lei.

Autoridade tradicional – Poder legítimo conferido pelos costumes e práticas aceitos.

Bairro defendido – Um bairro no qual os residentes identificam pelos limites definidos da comunidade e têm a percepção que as áreas adjacentes estão separadas em termos geográficos e são socialmente diferentes.

Bilingüismo – Uso de dois ou mais idiomas em um determinado contexto, como o local de trabalho ou a sala de aula, no qual todos os idiomas usados são igualmente legítimos.

Burguesia – Termo empregado por Karl Marx para a classe capitalista, incluindo os donos dos meios de produção.

Burocracia – Um componente de organização formal que usa regras e níveis hierárquicos para obter eficiência.

Burocratização – Processo pelo qual um grupo, organização ou movimento social se torna cada vez mais burocrático.

Capitalismo – Sistema econômico no qual os meios de produção são de propriedade de particulares e o principal incentivo da atividade econômica é o acúmulo de lucro.

Casta – Sistema hereditário, em geral imposto pela religião, que tende a ser fixo e imutável.

Cerimônia de degradação – Um aspecto do processo de socialização no interior de algumas instituições onde as pessoas são sujeitas a rituais de humilhação.

Choque cultural – Sensação de surpresa e desorientação que as pessoas experimentam quando deparam com práticas culturais diferentes das suas próprias.

Cidade industrial – Uma cidade relativamente grande caracterizada pela concorrência aberta, um sistema de classes aberto e com elaborada especialização na fabricação de mercadorias.

Cidade pós-industrial – Cidade onde as finanças globais e o fluxo eletrônico de informações dominam a economia.

Cidade pré-industrial – Cidade com apenas alguns milhares de habitantes que se caracteriza por um sistema de classes relativamente fechado e mobilidade limitada.

Ciência – O corpo de conhecimentos obtidos por métodos baseados na observação sistemática.

Ciência natural – Estudo das características físicas da natureza e das maneiras como elas interagem e mudam.

Ciência social – Estudo de características sociais dos seres humanos e as maneiras pelas quais eles interagem e mudam.

Classe – Um grupo de pessoas que têm um nível semelhante de riqueza e renda.

Coabitação – A prática de viver junto como um casal homem/mullher sem casar-se.

Coalizão – Aliança permanente ou temporária orientada para um objetivo comum.

Código de ética – Os padrões de comportamentos aceitáveis desenvolvidos pelos membros de uma profissão e para eles.

Colonialismo – A manutenção de um domínio político, social, econômico e cultural sobre as pessoas, por parte de um poder estrangeiro, durante um longo período.

Comunicação não-verbal – O envio de mensagens com o uso de gestos, expressões faciais e posturas.

Comunidade – Unidade política ou geográfica de organização social que dá às pessoas a sensação de pertencer ao grupo, baseada ou na residência compartilhada em um determinado lugar, ou em uma identidade comum.

Comunismo – Como um tipo ideal, um sistema econômico em que todas as propriedades pertencem a todos e não há distinções sociais com base na capacidade de produzir das pessoas.

Confiabilidade – A extensão em que uma medida produz resultados consistentes.

Conflito de papéis – Situação que ocorre quando expectativas incompatíveis surgem de uma ou mais posições sociais ocupadas pela mesma pessoa.

Conformidade – Agindo como agem os pares: outros indivíduos em situação igual à nossa que não têm direitos especiais para dirigir o nosso comportamento.

Consciência de classe – Do ponto de vista de Karl Marx, uma consciência subjetiva mantida pelos membros de uma classe a respeito dos seus interesses comuns e sua necessidade de ação política coletiva para provocar uma mudança social.

Contracultura – Uma subcultura que se opõe de forma deliberada a certos aspectos da cultura maior.

Controle social – Técnicas e estratégias para prevenir comportamento humano desviado em uma sociedade.

Controle social formal – Controle social que é feito por agentes autorizados, como oficiais da polícia, juízes, administradores de escola e funcionários.

Controle social informal – Controle social que é feito casualmente por pessoas comuns por meios, como a risada, o sorriso e a exposição ao ridículo.

Corporação multinacional – Organização comercial que tem a matriz em um país, mas faz negócios em todo o mundo.

Correlação – Uma relação entre duas variáveis em que uma mudança em uma coincide com uma mudança na outra.

Costumes – Normas consideradas altamente necessárias para o bem-estar de uma sociedade.

Credenciamento – Um aumento no nível mais baixo de educação exigido para se entrar em uma área.

Crença religiosa – Uma afirmação à qual os membros de uma determinada religião aderem.

Crescimento populacional zero – Estado de uma população em que o número de nascimentos mais o de imigrantes é igual ao número de óbitos mais o de emigrantes.

Criacionismo – Interpretação literal da Bíblia a respeito da criação da humanidade e do universo usada para argumentar que a evolução não deveria ser apresentada como um fato científico estabelecido.

Crime – Violação do direito penal para a qual uma autoridade governamental aplica penas formais.

Crime do colarinho branco – Atos ilegais cometidos por indivíduos ricos, "respeitáveis", durante suas atividades comerciais.

Crime organizado – O trabalho de um grupo que regula as relações entre os empreendimentos criminosos envolvidos em atividades ilegais, incluindo prostituição, jogo e contrabando, bem como venda de drogas ilícitas.

Crime sem vítima – Expressão empregada pelos sociólogos para descrever o desejo de troca entre os adultos por serviços e mercadorias muito desejados, mas ilegais.

Criminoso profissional – Uma pessoa que pratica crimes como ocupação diária, desenvolvendo boas técnicas e regozijando-se com certo grau de *status* entre outros criminosos.

Culto – Por causa dos estereótipos, esse termo foi abandonado pelos sociólogos e substituído por *novo movimento religioso*.

Cultura – A totalidade de todos os costumes, conhecimentos, objetos materiais e comportamentos aprendidos e transmitidos socialmente.

Cultura imaterial – Modos de usar objetos materiais, bem como costumes, crenças, filosofias, governos e padrões de comunicação.

Cultura material – Os aspectos físicos ou tecnológicos da nossa vida diária.

Curanderismo – Palavra de origem latina para medicina popular, uma forma holística de cuidar da saúde e de curar.

Currículo oculto – Padrões de comportamento considerados adequados pela sociedade e que são ensinados de maneira sutil nas escolas.

Definição operacional – Explicação de um conceito abstrato que é suficientemente específica para permitir que um pesquisador avalie o conceito.

Demografia – O estudo científico da população.

Denominação – Uma religião organizada, grande, que não é oficialmente ligada ao Estado ou ao governo.

Descendência bilateral – Sistema de parentesco no qual ambos os lados da família de uma pessoa são considerados igualmente importantes.

Descendência matrilinear – Sistema de parentesco em que apenas os parentes da mulher são importantes.

Descendência patrilinear – Sistema de parentesco em que apenas os parentes do pai são importantes.

Descoberta – Processo de tornar conhecida ou de compartilhar a existência de um aspecto da realidade.

Desenvolvimento comunitário baseado em ativos (ABCD) – Uma abordagem ao desenvolvimento da comunidade na qual os planejadores primeiro identificam os pontos ativos da comunidade e depois buscam mobilizá-los.

Desigualdade social – Uma condição em que os membros de uma sociedade têm diferentes quantidades de riqueza, prestígio ou poder.

Desindustrialização – Retirada sistemática e generalizada dos investimentos em aspectos básicos da produtividade, como fábricas e usinas.

Deslocamento de meta – Conformidade excessiva com normas oficiais de uma burocracia.

Desvio – Comportamento que viola os padrões de conduta ou as expectativas de um grupo ou sociedade.

Díade – Um grupo formado por duas pessoas.

Difusão – Processo pelo qual um item cultural se dissemina de um grupo para outro, ou de uma sociedade para outra.

Discriminação – A negação de oportunidades e direitos iguais a indivíduos e grupos por preconceito ou outras razões arbitrárias.

Discriminação institucional – A negação das oportunidades e de direitos iguais aos indivíduos ou grupos que resulta das operações normais de uma sociedade.

Disfunção – Elemento ou processo de uma sociedade que pode perturbar o sistema social ou reduzir sua estabilidade.

Disfunção narcotizante – O fenômeno em que os meios de comunicação fornecem volumes tão grandes de informação que a audiência fica adormecida e deixa de reagir à informação, independentemente do quanto ela seja forte.

Downsizing – Reduções feitas no número de funcionários das companhias como parte da desindustrialização.

Ecologia humana – Uma área de estudos preocupada com as inter-relações entre as pessoas e seu meio ambiente.

Ecologia urbana – Área de estudos que focaliza as inter-relações entre as pessoas e seu ambiente nas áreas urbanas.

Economia informal – Transferências de dinheiro, mercadorias ou serviços que não são informadas ao governo.

Educação formal – Processo formal de aprendizado no qual as pessoas ensinam conscientemente, enquanto outras adotam o papel social de aprendizes.

Efeito da expectativa do professor – Impacto que as expectativas do professor acerca do desempenho dos estudantes pode ter nas realizações destes.

Efeito Hawthorne – Influência não-intencional que os observadores de experimentos podem ter sobre seus participantes.

Elite do poder – Expressão empregada opor C. Wright Mills para referir-se a um pequeno grupo de líderes governamentais, industriais e militares que controlam o destino dos Estados Unidos.

Endogamia – A restrição de seleção de parceiros às pessoas do mesmo grupo.

Endogrupo (*in-group*) – Qualquer grupo ou categoria à qual as pessoas acham que pertencem.

Entrevista – Perguntas feitas pessoalmente ou por telefone a uma pessoa com o objetivo de coletar as informações desejadas.

Epidemiologia social – Estudo da distribuição das doenças, deficiências e do estado geral da saúde em uma população.

Escravidão – Sistema de servidão imposto, no qual algumas pessoas pertencem a outras.

Estatísticas vitais – Registros de nascimentos, óbitos, casamentos e divórcios que são guardados por meio de um sistema de anotações mantido por unidades governamentais.

Estereótipo – Generalização não-confiável sobre todos os membros de um grupo que não reconhece diferenças individuais dentro do grupo.

Estigma – Rótulo usado para desvalorizar os membros de determinados grupos sociais.

Estima – A reputação que uma determinada pessoa conquistou em sua ocupação.

Estratificação – Hierarquia estruturada de grupos inteiros de pessoas que perpetua recompensas econômicas desiguais e poder em uma sociedade.

Estrutura social – A maneira pela qual uma sociedade é organizada em relações previsíveis.

Ética protestante – Expressão utilizada por Max Weber para se referir a uma ética de trabalho disciplinada, preocupações mundanas e orientação racional da vida, enfatizadas por João Calvino e seus seguidores.

Etnia simbólica – Identidade étnica que enfatiza preocupações como alimentos étnicos ou assuntos políticos em vez de laços mais profundos para a herança ética da pessoa.

Etnocentrismo – Tendência de assumir que a sua própria cultura e maneira de viver representam a norma ou são superiores a todas as outras.

Etnografia – Estudo de todo um ambiente social pela observação extensiva e sistemática.

Evolução sociocultural – Processo de mudança e desenvolvimento nas sociedades humanas que resulta do crescimento acumulado em seus arquivos de informações culturais.

Exogamia – A exigência de que as pessoas selecionem seus parceiros fora de certos grupos.

Exogrupo (*out-group*) – Grupo ou categoria à qual as pessoas sentem que não pertencem.

Expectativa de vida – O número médio de anos que uma pessoa poderá viver de acordo com as condições atuais de mortalidade.

Experiência religiosa – A sensação ou percepção de estar diretamente em contato com a realidade última, como um ser divino, ou ser tomado por uma emoção religiosa.

Experimento – Uma situação criada artificialmente que permite a um pesquisador manipular as variáveis.

Expressividade – Termo empregado por Parsons e Bales para se referir à preocupação com a manutenção da harmonia e os assuntos emocionais internos de uma família.

Falsa consciência – Expressão empregada por Karl Marx para descrever a atitude dos membros de uma classe que não refletem com precisão sua posição objetiva.

Família – Um conjunto de pessoas com relação sangüínea, ou decorrente de casamento ou de alguma outra relação combinada, ou de adoção, que compartilham das responsabilidades primárias da reprodução e do cuidado dos membros da sociedade.

Família estendida – Uma família cujos parentes – como tios ou tias – vivem na mesma casa que os pais e seus filhos.

Família igualitária – Padrão de autoridade em que os cônjuges são considerados iguais.

Família nuclear – Um casal casado e seus filhos solteiros vivendo juntos.

Família só com o pai ou só com a mãe – Uma família na qual apenas um dos pais está presente para cuidar das crianças.

Familismo – Orgulho da família estendida expresso na manutenção de laços próximos e fortes obrigações em relação aos parentes fora da família substituta.

Fertilidade – O nível de reprodução em uma sociedade.

Força – O uso real ou ameaçado da coerção para impor a vontade de uma pessoa às outras.

Formador de opinião – Alguém que influencia as opiniões e decisões dos outros por meio de contatos pessoais e comunicações diárias.

"Fuga de cérebros" ou evacuação de profissionais – A imigração de trabalhadores, profissionais e técnicos qualificados para os Estados Unidos e outros países industrializados que são muito necessários em seus países de origem.

Função de vigilância – Coleta e distribuição de informações a respeito de eventos em um ambiente social.

Função latente – Uma função inconsciente ou não-proposital que pode refletir objetivos subjacentes.

Função manifesta – Uma função consciente, declarada e aberta.

Fusão – Processo pelo qual um grupo de maioria e um grupo de minoria se combinam para formar um novo grupo.

Gatekeeping – O processo pelo qual um grupo relativamente pequeno de pessoas na indústria dos meios de comunicação controla quais materiais chegam finalmente até a audiência.

Gemeinschaft – Termo usado por Ferdinand Tönnies para descrever uma comunidade fechada, geralmente em áreas rurais, onde fortes laços pessoais unem seus membros.

Genocídio – Matança deliberada e sistemática de um povo ou nação inteira.

Gerontologia – Estudo científico dos aspectos sociológicos e psicológicos do envelhecimento e dos problemas dos idosos.

Gesellschaft – Termo usado por Ferdinand Tönnies para descrever uma comunidade, em geral urbana, que é grande e impessoal, com pouco envolvimento com o grupo ou com um consenso de valores.

Globalização – A integração em todo o mundo das políticas governamentais, culturas, dos movimentos sociais e mercados financeiros por meio do comércio e da troca de idéias.

Grupo – Qualquer número de pessoas com normas, valores e expectativas semelhantes que interagem umas com as outras regularmente.

Grupo controle – Os participantes de uma experiência aos quais o pesquisador não apresenta a variável independente.

Grupo de discussão ou de foco – Grupo de 10 a 15 pessoas, formado por um pesquisador para discutir um tópico predeterminado e orientado por um moderador.

Grupo de referência – Qualquer grupo que os indivíduos usam como padrão para avaliar a si mesmos e ao seu próprio comportamento.

Grupo de *status* – Expressão usada por Max Weber para se referir a pessoas que têm o mesmo prestígio ou tipo de vida, independentemente de suas posições na classe.

Grupo étnico – Um grupo que é separado dos outros basicamente em decorrência da sua origem nacional ou de padrões culturais diferentes.

Grupo experimental – Os participantes do experimento que são expostos a uma variável independente pelo pesquisador.

Grupo minoritário – Grupo subordinado cujos membros têm, de forma significativa, menos controle ou poder sobre as suas próprias vidas do que os membros de um grupo dominante ou de uma maioria têm sobre as deles.

Grupo primário – Um pequeno grupo caracterizado por uma associação e cooperação pessoal e íntima.

Grupo racial – Grupo que é colocado separado dos demais por causa de diferenças físicas óbvias.

Grupo secundário – Grupo formal impessoal no qual existe pouca intimidade social ou entendimento mútuo.

Guerra – Conflito entre organizações que possuem forças de combate treinadas, equipadas com armas mortais.

Hiato, atraso ou defasagem cultural – Expressão empregada por Ogburn para se referir a um período de desajuste, quando a cultura imaterial ainda está lutando para se adaptar a novas condições materiais.

Hipótese – Afirmação especulativa sobre a relação entre duas ou mais variáveis.

Hipótese de contato – Perspectiva interacionista que diz que em circunstâncias de cooperação o contato inter-racial entre as pessoas de mesma situação reduz o preconceito.

Hipótese de Sapir-Whorf – Uma hipótese a respeito do papel da língua na formação da nossa interpretação da realidade. Ela afirma que a língua é determinada culturalmente.

Homofobia – Medo e preconceito em relação à homossexualidade.

Ideologia dominante – Um conjunto de práticas e crenças culturais que ajuda a manter poderosos interesses políticos, econômicos e sociais.

Igreja – Uma organização religiosa que diz incluir a maior parte de todos os membros de uma sociedade e é reconhecida como a religião oficial ou nacional.

Imaginação sociológica – Consciência da relação entre um indivíduo e a sociedade mais ampla.

Incapacidade treinada – Tendência dos trabalhadores em uma burocracia de se tornarem tão especializados que desenvolvem pontos cegos e deixam de notar problemas óbvios.

Incidência – A quantidade de novos casos de um problema específico que ocorre em uma mesma população durante determinado período..

Influência – O exercício do poder por meio do processo de persuasão.

Inovação – Processo de apresentar uma nova idéia ou objeto a uma cultura pela descoberta ou invenção.

Instituição social – Um padrão organizado de crenças e comportamento centrados nas necessidades sociais básicas.

Instituição total – Expressão criada por Erving Goffman para se referir a uma instituição – uma prisão, o exército, um hospital psiquiátrico ou um convento – que regula todos os aspectos da vida de uma pessoa sob uma única autoridade.

Instrumentalidade – Ênfase em tarefas, foco em metas mais distantes e preocupação com a relação externa entre a família de uma pessoa e outras instituições sociais.

Interação social – As maneiras pelas quais as pessoas respondem umas às outras.

Interesses próprios – Expressão empregada por Veblen para se referir a pessoas ou grupos que sofrerão no caso de uma mudança social, e que estão interessados em manter o *status quo*.

Invenção – A combinação de itens culturais existentes em uma forma que não existia antes.

Isseis – Imigrantes japoneses nos Estados Unidos.

Jornada dupla – A carga dupla – trabalho fora do lar seguido por cuidado das crianças e tarefas domésticas – que muitas mulheres enfrentam e alguns homens compartilham.

Justiça ambiental – Estratégia legal baseada na afirmação de que as minorias raciais estão sujeitas, em escala desproporcional, aos perigos ambientais.

Laissez-faire – Forma de capitalismo na qual as pessoas competem livremente, com uma intervenção mínima do governo na economia.

Lei – Controle social governamental.

Lei de ferro de oligarquia – Princípio da vida organizacional desenvolvido por Robert Michel de acordo com o qual mesmo as organizações democráticas se desenvolverão finalmente em burocracias regidas por alguns poucos indivíduos.

Levantamento – Estudo, quase sempre na forma de entrevista ou de questionário, que fornece informações aos pesquisadores sobre como as pessoas pensam e agem.

Levantamento de vitimação – Questionário ou entrevista feitos com uma amostra da população para determinar se as pessoas foram vítimas de algum crime.

Língua – Um sistema abstrato de palavras, significados e símbolos para todos os aspectos da cultura; inclui gestos e outras comunicações não-verbais.

Lógica causal – A relação entre uma condição ou variável e uma determinada conseqüência, em que um evento leva ao outro.

Ludistas (ou luditas) – Artesãos rebeldes do século XIX na Inglaterra, que destruíram máquinas novas das fábricas como parte de sua resistência à Revolução Industrial.

Machismo – Senso de virilidade, valor pessoal e orgulho da masculinidade de uma pessoa.

Macrossociologia – Investigação sociológica que se concentra nos fenômenos em grande escala ou em civilizações inteiras.

Matriarcado – Sociedade na qual as mulheres dominam na tomada das decisões da família.

McDonaldização – Processo pelo qual os princípios do restaurante de *fast-food* estão dominando cada vez mais os setores da sociedade norte-americana, bem como o resto do mundo.

Megalópole – Área densamente populosa contendo duas ou mais cidades e seus subúrbios.

Meios de comunicação de massa – Meios eletrônicos ou impressos de comunicação que transportam mensagens a audiências espalhadas.

Método científico – Uma série organizada e sistemática de passos que garantem máxima objetividade e consistência na pesquisa de um problema.

Método objetivo – Técnica empregada para medir a classe social que inclui os indivíduos em classes com base em critérios, como ocupação, educação, renda e local de residências.

Microssociologia – Investigação sociológica que enfatiza o estudo de pequenos grupos, geralmente por meios experimentais.

Mobilidade horizontal – Movimento de um indivíduo de uma posição social para outra no mesmo nível.

Mobilidade intergerações – Mudanças na posição social de crianças em relação aos seus pais.

Mobilidade intrageração – Mudanças na posição social dentro da vida adulta de uma pessoa.

Mobilidade social – Movimento dos indivíduos ou grupos de uma posição para outra dentro do sistema de estratificação de uma sociedade.

Mobilidade vertical – Movimento de um indivíduo de uma posição social para outra em nível diferente.

Mobilização de recurso – As maneiras como um movimento social usa recursos como dinheiro, influência política, acesso aos meios de comunicação e pessoal.

Modelo de elite – Uma visão da sociedade como regida por um pequeno grupo de indivíduos que compartilham um conjunto comum de interesses econômicos e políticos.

Modelo de equilíbrio – Visão funcionalista de Talcott Parsons, segundo a qual a sociedade tende para direção a um estado de estabilidade ou equilíbrio.

Modelo de minoria/minoria ideal – Um grupo que, apesar de antigos preconceitos e discriminação, tem sucesso econômico, social e educacional sem recorrer a confrontos com os brancos.

Modelo pluralista – Visão da sociedade segundo a qual vários grupos concorrentes dentro da comunidade têm acesso ao governo, de forma que nenhum dos grupos predomine.

Monogamia – Forma de casamento em que uma mulher e um homem se casam apenas um com o outro.

Monogamia serial – Forma de casamento em que uma pessoa pode ter diversos consortes durante sua vida, mas apenas um por vez.

Monopólio – Controle de um mercado por uma única companhia.

Movimento social – Uma atividade coletiva organizada para efetuar ou enfrentar as mudanças fundamentais em um grupo ou sociedade existente.

Mudança social – Alteração importante com o passar do tempo nos padrões de comportamento e na cultura, inclusive nas normas e nos valores.

Negociação – Tentativa de chegar a um acordo com outros a respeito de algum objetivo.

Neocolonialismo – Dependência continuada de colônias antigas em relação a países estrangeiros.

Neutralidade axiológica ou de valor – Expressão empregada por Max Weber para referir-se à objetividade dos sociólogos na interpretação de dados.

Nisseis – Crianças nascidas fora do Japão de pais isseis.

Norma – Um padrão estabelecido de comportamento mantido pela sociedade.

Norma formal – Norma escrita que especifica punições estritas para os transgressores.

Norma informal – Uma norma que em geral é compreendida, mas não necessariamente registrada por escrito.

Nova sociologia urbana – Abordagem da urbanização que considera a interação das forças locais, nacionais e internacionais, e seu impacto no espaço local, com ênfase especial no impacto da atividade econômica global.

Novo movimento religioso (NRM) ou culto – Grupo religioso pequeno, secreto, que representa ou uma nova religião, ou uma grande inovação em uma fé existente.

Novo movimento social – Atividade coletiva organizada que aborda valores e identidades sociais, bem como melhorias na qualidade de vida.

Obediência – Obediência às autoridades mais altas em uma estrutura hierárquica.

Observação – Técnica de pesquisa em que o investigador coleta as informações pela participação direta e/ou pela observação muito próxima de um grupo ou comunidade.

Oportunidades na vida – Expressão utilizada por Max Weber para as oportunidades das pessoas de obterem bens materiais, condições de vida positivas e experiências de vida favoráveis.

Ordem negociada – Estrutura social que deriva sua existência das interações sociais por meio das quais as pessoas definem e redefinem o seu caráter.

Organização da manutenção da saúde – Uma organização que fornece serviços médicos abrangentes por um honorário preestabelecido.

Organização formal – Um grupo projetado para um fim específico e estruturado para obter eficiência máxima.

Outro generalizado – Expressão criada por George Herbert Mead para se referir a atitudes, pontos de vista e expectativas da sociedade como um todo que uma criança leva em conta em seu comportamento.

Outro significante – Expressão criada por George Herbert Mead para se referir a um indivíduo que é mais importante no desenvolvimento do *self*, como um dos pais, um amigo ou professor.

Papéis dos sexos – Expectativas a respeito do comportamento, de atitudes e atividades adequados aos homens e às mulheres.

Papel de doente – Expectativas sociais sobre as atitudes e os comportamentos de uma pessoa considerada doente.

Papel social – Um conjunto de expectativas em relação a pessoas que ocupam uma determinada posição ou *status* social.

Parceria doméstica – Dois adultos que não são parentes e compartilham uma relação afetiva mútua, moram juntos e concordam em se responsabilizar por seus dependentes, pelas despesas com a subsistência e outras necessidades comuns.

Parentesco – O estado de ser parente de outros.

Patriarcado – Sociedade na qual os homens dominam na tomada das decisões da família.

Paz – A ausência de guerra ou, em um sentido mais amplo, um esforço proativo para desenvolver relações de cooperação entre as nações.

Pequeno grupo – Grupo suficientemente pequeno para que todos os membros interajam de modo simultâneo – ou seja, falar uns com os outros ou pelo menos ser conhecidos.

Perfil racial – Ação arbitrária iniciada por uma autoridade com base na raça, etnia ou origem nacional em vez de basear-se no comportamento de uma pessoa.

Personalidade – Os padrões típicos de uma pessoa em termos de atitudes, necessidades, características e comportamentos.

Perspectiva do conflito – Abordagem sociológica que assume que o comportamento social é mais bem entendido em termos de conflito ou tensão entre grupos competindo entre si.

Perspectiva funcionalista – Uma abordagem sociológica que enfatiza a forma pela qual as partes de uma sociedade são estruturadas para manter sua estabilidade.

Perspectiva interacionista – Abordagem sociológica que faz generalizações sobre as formas diárias de interação social para explicar a sociedade como um todo.

Perspectiva social-construtivista – Uma abordagem ao desvio que enfatiza o papel da cultura na criação de uma identidade desviada.

Pesquisa qualitativa – Pesquisa que se baseia mais no que é visto em campo, ou ambientes naturalistas, do que em dados estatísticos.

Pesquisa quantitativa – Pesquisa que coleta e informa dados basicamente de forma numérica.

Pirâmide populacional – Tipo especial de gráfico de barras que mostra a distribuição da população por sexo e idade.

Pluralismo – Respeito mútuo pela cultura de todos entre os vários grupos de uma sociedade, o que permite às minorias expressar suas próprias culturas sem encarar o preconceito.

Pobreza absoluta – Nível mínimo de subsistência abaixo do qual nenhuma família deveria viver.

Pobreza relativa – Um padrão flutuante de necessidades segundo o qual as pessoas na base da sociedade, seja qual for o seu estilo de vida, são vistas como estando em desvantagem *em comparação com a nação como um todo*.

Poder – A habilidade de impor a vontade de um sobre os outros.

Poder Negro – Filosofia política promovida por jovens negros na década de 1960 que apoiava a criação de instituições econômicas e políticas controladas pelos negros.

Poliandria – Forma de poligamia em que uma mulher pode ter mais de um marido por vez.

Poligamia – Forma de casamento em que cada indivíduo pode ter diversos maridos ou mulheres simultaneamente.

Poligenia – Forma de poligamia em que um homem pode ter mais do que uma esposa por vez.

Política – Nas palavras de Harold Lasswell, "quem obtém o que, quando e como".

Preconceito – Atitude negativa em relação a uma categoria inteira de pessoas, geralmente uma minoria racial ou étnica.

Preconceito de idade Expressão cunhada por Robert N. Butler para se referir a preconceito e discriminação com base na idade das pessoas.

Pressão do papel – Dificuldade que surge quando a mesma posição social impõe exigências e expectativas conflitantes.

Prestígio – Respeito e admiração que uma profissão goza na sociedade.

Prevalência – O número total de casos de um problema específico que existe em determinado período.

Princípio da correspondência – Expressão empregada por Bowles e Gintis para se referirem à tendência das escolas de promover os valores esperados dos indivíduos em cada classe social, e de preparar os estudantes para o tipo de emprego que os membros da sua classe têm.

Princípio de Peter – Princípio de vida organizacional criado por Laurence J. Peter de acordo com o qual todos os funcionários em uma hierarquia tendem a subir até atingirem o seu nível de incompetência.

Privação relativa – O sentimento consciente de uma discrepância negativa entre as expectativas legítimas e a realidade presente.

Profano – Os elementos comuns e ordinários da vida, diferente de sagrado.

Projeto de pesquisa – Um plano ou método detalhado para se obter informações cientificamente.

Proletariado – Termo de Karl Marx para a classe trabalhadora em uma sociedade capitalista.

Questionário – Formulário impresso ou escrito cujo objetivo é coletar informações de um participante da pesquisa.

Racismo – A crença de que uma raça é suprema e todas as outras são intrinsecamente inferiores.

Rastreamento – Prática de colocar estudantes em grupos curriculares específicos com base em suas notas e em outros critérios.

Recenseamento – Enumeração ou contagem de uma população.

Rede social – Uma série de relações sociais que ligam uma pessoa diretamente às outras e, por meio delas, a um número ainda maior de pessoas.

Região de fronteira – Área da fronteira entre o México e os Estados Unidos – a área de cultura comum ao longo da fronteira entre esses dois países.

Relativismo cultural – Visão do comportamento das pessoas da perspectiva da cultura delas próprias.

Religião – Segundo Émile Durkheim, um sistema unificado de crenças e práticas relativas às coisas sagradas.

Remessas (ou *migradólares*) – O dinheiro que os imigrantes remetem às suas famílias de origem.

Renda – Salários ou pagamentos semanais.

Ressocialização – O processo de se livrar de padrões de comportamento antigos e aceitar novos como parte de uma transição na vida de uma pessoa.

Riqueza – Termo abrangente que inclui todos os bens materiais de uma pessoa, como terras, ações e outros tipos de propriedade.

Rito de passagem – Ritual que faz a transição simbólica de uma posição social para outra.

Ritual religioso – Uma prática exigida ou esperada dos membros de uma fé.

Sagrado – Elementos além da vida cotidiana que inspiram deslumbramento, respeito e até mesmo medo.

Saída do papel (*role exit*) – O processo de desativação de um papel que é central para a identidade de uma pessoa a fim de que ela estabeleça um novo papel e identidade.

Sanção – Penalidade ou recompensa por conduta relativa a uma norma social.

Saúde – Como definida pela Organização Mundial de Saúde, um estado de bem-estar social, físico e mental completo, e não apenas a ausência de doenças e enfermidades.

Secularização – Processo pelo qual a influência de uma religião em outras instituições sociais diminui.

Segregação – A separação física de dois grupos de pessoas em termos de residência, local de trabalho e eventos sociais; geralmente imposta sobre uma minoria por um grupo dominante.

Seita – Grupo religioso relativamente pequeno que se separou de alguma outra organização religiosa para renovar o que considera a visão original da fé.

Seita estabelecida – Grupo religioso que é a expansão de uma seita, mas ainda permanece isolado da sociedade.

Self – Uma identidade distinta que se separa das outras.

***Self*-espelho** – Conceito utilizado por Charles Horton Cooley que enfatiza o *self* como produto das nossas interações sociais.

Sexismo – A ideologia de que um sexo é superior ao outro.

Símbolo – Gesto, objeto ou palavra que forma a base da comunicação humana.

Sindicato de trabalhadores – Trabalhadores organizados que compartilham as mesmas capacidades ou o mesmo empregador.

Sistema aberto – Sistema social em que a posição de cada indivíduo é influenciada pelo *status* que ele atingiu.

Sistema de classe – Uma hierarquia social baseada fundamentalmente na posição econômica, na qual características adquiridas podem influenciar a mobilidade social.

Sistema econômico – Expressão que se refere à instituição social por meio da qual os bens e serviços são produzidos, distribuídos e consumidos.

Sistema fechado – Sistema social em que há pouca ou nenhuma possibilidade de mobilidade social individual.

Sistema feudal – Um sistema de estratificação no qual os camponeses tinham de trabalhar a terra alugada a eles por nobres em troca de proteção militar e outros serviços. Também conhecido como *feudalismo*.

Sistema político – Instituição social fundada em um conjunto reconhecido de procedimentos para a implantação e realização das metas da sociedade.

Socialismo – Um sistema econômico no qual os meios de produção e distribuição são de propriedade da coletividade.

Socialização – O processo da vida inteira pelo qual as pessoas aprendem as atitudes, os valores e os comportamentos adequados para os membros de uma determinada cultura.

Socialização antecipatória – Processos de socialização nos quais uma pessoa "ensaia" futuras posições, ocupações e relacionamentos sociais.

Sociedade – Um número bastante grande de pessoas que vivem em um mesmo território, são relativamente independentes das pessoas de fora dela, e participam de uma cultura comum.

Sociedade agrária – A forma mais avançada tecnologicamente de sociedade pré-industrial. Os membros estão envolvidos em especial com a produção de alimentos, mas aumentam a produtividade de suas colheitas com inovações, como o arado.

Sociedade de caçadores-recoletores e acumuladora – Uma sociedade pré-industrial na qual as pessoas consomem quaisquer alimentos e fibras prontamente disponíveis para sobreviver.

Sociedade de olericultura – Uma sociedade pré-industrial em que as pessoas plantam sementes e safras em vez de garantirem a subsistência com os alimentos disponíveis.

Sociedade industrial – Uma sociedade que depende da mecanização para produzir seus bens e serviços.

Sociedade pós-industrial – Sociedade cujo sistema econômico está envolvido basicamente no processamento e controle das informações.

Sociedade pós-moderna – Sociedade tecnologicamente sofisticada que está preocupada com bens de consumo e imagens dos meios de comunicação.

Sociobiologia – Estudo sistemático de como a biologia afeta o comportamento social humano.

Sociologia – Estudo sistemático do comportamento humano e dos grupos humanos.

Solidariedade mecânica – Consciência coletiva que enfatiza a solidariedade grupal, uma característica de sociedades com divisão mínima de trabalho.

Solidariedade orgânica – Consciência coletiva que se baseia na interdependência mútua, característica das sociedades com uma complexa divisão de trabalho.

Status – Termo empregado pelos sociólogos para se referir a uma gama completa das posições definidas socialmente em um grande grupo ou sociedade.

***Status* alcançado** – Posição social que uma pessoa atinge basicamente graças aos seus próprios esforços.

***Status* atribuído** – Uma posição social atribuída a uma pessoa pela sociedade sem consideração por seus talentos ou suas características peculiares.

***Status*-mestre** – *Status* que domina os outros e assim determina a posição geral de uma pessoa na sociedade.

Subclasse – Pessoas que são pobres há muito tempo e que não têm escolaridade suficiente, nem qualificação.

Subcultura – Segmento da sociedade que compartilha um padrão distinto de pequenas transgressões, costumes e valores que são diferentes dos padrões da sociedade maior.

Subúrbio – Qualquer território em uma área metropolitana que não esteja incluída na cidade central.

Tabu do incesto – A proibição das relações sexuais entre certos parentes culturalmente especificados.

Taxa de crescimento – A diferença entre os nascimentos e os óbitos, mais a diferença entre imigrantes e emigrantes por grupo de mil habitantes.

Taxa de morbidade – Incidência de uma doença em determinada população.

Taxa de mortalidade – 1. O número de mortos por grupo de mil habitantes em determinado ano. 2. A incidência de óbitos em determinada população.

Taxa de mortalidade infantil – O número de óbitos de crianças com menos de um ano de idade a cada mil nascidos vivos em um determinado ano.

Taxa de natalidade – O número de nascimentos vivos por grupo de mil habitantes em um determinado ano.

Taxa total de fertilidade – A média das crianças nascidas vivas de qualquer mulher, pressupondo-se que ela esteja de acordo com as taxas atuais de fertilidade.

Tecnologia – Conjunto de informações culturais sobre como usar os recursos materiais do ambiente para satisfazer as necessidades e os desejos humanos.

Teologia da libertação – Uso de uma igreja, basicamente a Católica Apostólica Romana, em um esforço político para eliminar a pobreza, a discriminação e outras formas de injustiça de uma sociedade secular.

Teoria – Em sociologia, um conjunto de afirmações que busca explicar problemas, ações ou comportamentos.

Teoria clássica – Uma abordagem ao estudo das organizações formais que encara os trabalhadores como motivados de maneira quase exclusiva pelas recompensas econômicas.

Teoria cognitiva do desenvolvimento cognitivo – Teoria de Jean Piaget de que os pensamentos da criança progridem por meio de quatro estágios de desenvolvimento.

Teoria da atividade – Teoria interacionista de envelhecimento que sugere que as pessoas idosas que se mantêm ativas e envolvidas socialmente são mais bem ajustadas.

Teoria da dependência – Uma abordagem da estratificação que afirma que os países industrializados, em seu próprio proveito, continuam a explorar os países subdesenvolvidos.

Teoria da exploração – Teoria marxista que vê a subordinação racial nos Estados Unidos como uma manifestação do sistema de classes inerente ao capitalismo.

Teoria das relações humanas – Uma abordagem das organizações formais que enfatiza o papel das pessoas, a comunicação e a participação em uma burocracia e tende a se concentrar na estrutura informal da organização.

Teoria das zonas concêntricas – Teoria de crescimento urbano criada por Ernest Burgess que vê o crescimento em termos de uma série de círculos irradiando de um distrito comercial central.

Teoria de atividades rotineiras – A noção de que a vitimação criminosa aumenta quando agressores motivados e alvos adequados convergem.

Teoria de vários núcleos – Teoria de crescimento urbano desenvolvida por Harris e Ullman que vê o crescimento como emergente de vários centros de desenvolvimento, cada qual refletindo uma necessidade ou atividade urbana particular.

Teoria do controle – Visão de conformismo e desvio que sugere que nossa ligação com os membros da sociedade nos leva a agir sistematicamente em conformidade com as normas da sociedade.

Teoria do desligamento – Teoria funcionalista do envelhecimento introduzida por Cumming e Henry que sugere, de maneira implícita, que os indivíduos em fase de envelhecimento e a sociedade rompem mutuamente muitas de suas relações.

Teoria do desvio da anomia – Teoria do desvio de Robert Merton como uma adaptação das metas socialmente prescritas, ou do meio de governar sua realização, ou ambos.

Teoria do rótulo – Abordagem do desvio que tenta explicar por que certas pessoas são vistas como desviadas, ao contrário de outras com o mesmo comportamento.

Teoria evolucionária multilinear – Teoria de mudança social que afirma que a mudança pode ocorrer de várias maneiras, e que não leva necessariamente à mesma direção.

Teoria evolucionista unilinear – Teoria de mudança social que afirma que todas as sociedades passam pelos mesmos estágios sucessivos de evolução e inevitavelmente chegam ao mesmo fim.

Teoria evolutiva – A teoria da mudança social que afirma que a sociedade está se movendo em uma direção definida.

Terrorismo – Uso de ameaça de violência contra alvos simbólicos ou aleatórios na busca de objetivos políticos.

"Teto de vidro" (Glass ceiling) – Uma barreira invisível que bloqueia a promoção de um indivíduo qualificado no ambiente do trabalho por causa do seu sexo, sua raça ou etnia.

Tipo ideal – Conceito ou modelo para avaliar casos específicos.

Tomada do papel – O processo de assumir mentalmente a perspectiva de outro e reagir a partir daquele ponto de vista imaginado.

Trabalhador a distância – Empregado que trabalha período integral ou meio período em casa, em vez de no escritório, e que está ligado ao supervisor e colegas por meio de terminais de computador, telefone e fax.

Trabalho de face – Expressão adotada por Erving Goffman para se referir aos esforços que as pessoas fazem para manter uma imagem adequada e evitar embaraços em público.

Transição demográfica – Expressão usada para descrever a mudança de altas taxas de natalidade e mortalidade para baixas taxas de natalidade e mortalidade que ocorre durante o desenvolvimento de uma nação.

Transmissão cultural – Escola de criminologia que argumenta que o comportamento criminoso é aprendido na interação cultural.

Tríade – Grupo formado por três pessoas.

Universal cultural – Uma prática ou crença comum encontrada em todas as culturas.

Urbanismo – Termo usado por Louis Wirth para descrever padrões distintos de comportamentos sociais evidentes entre os moradores de uma cidade.

Validade – Grau em que uma medida ou escala reflete realmente o fenômeno estudado.

Valor – Concepção coletiva do que é considerado bom, desejável e adequado – ou mau, indesejável ou inadequado – em uma cultura.

Variável – Traço ou característica mensurável sujeitos a mudanças sob condições diferentes.

Variável de controle – Fator que é mantido constante para testar o impacto relativo de uma variável independente.

Variável dependente – A variável em uma relação causal que está sujeita à influência de outra variável.

Variável independente – A variável em uma relação causal que provoca ou influencia uma mudança em uma segunda variável.

Verstehen – Palavra de origem alemã cujo significado é compreensão e que é usada por Max Weber para realçar a necessidade de os sociólogos levarem em conta os significados subjetivos que as pessoas atribuem às suas ações.

Visão feminista – Abordagem sociológica que considera injusto ter o sexo como o ponto central de todos os comportamentos e organizações.

Xenocentrismo – A crença de que os produtos, estilos ou idéias de uma sociedade de uma pessoa são inferiores àqueles que procedem de outra.

Referências Bibliográficas

AARP. *Beyond 50* – A Report to the Nation on Economic Security. Washington, DC: AARP, 2001.

———. Home page. Acesso em 12 maio 2003 (www.aarp.org).

———. *Global Report on Aging.* Washington, DC: AARP, 2004.

ABC News/*Washington Post*. Same-Sex Marriage Opponents More Apt to Call It a Voting Issue. Acesso em 30 mar. 2004 (abcnews.go.com/sections/us/PollVault/PollVault.html).

ABERCROMBIE, Nicholas et al. (eds.) *Dominant Ideologies.* Cambridge, MA: Unwin Hyman, 1990.

ABERCROMBIE, Nicholas et al. *The Dominant Ideology Thesis.* Londres: George Allen and Unwin, 1980.

ABERLE, David E. et al. The Functional Prerequisites of a Society. *Ethics*, n. 60, jan. 1950. p. 100–111.

ABRAHAMS, Ray G. Reaching an Agreement over Bridewealth in Labwor, Northern Uganda: A Case Study. p. 202–215 in *Councils in Action*, editado por Audrey Richards and Adam Kuer. Cambridge: Cambridge University Press, 1968.

ABRAHAMSON, Mark. *Functionalism.* Englewood Cliffs, NJ: Prentice Hall, 1978.

ACOSTA, R. et al. Women in Intercollegiate Sport: A Longitudinal Study: 1977–1998. p. 302–308. In: *Sport in Contemporary Society*: An Anthology, 6. ed. Ed.Eitzen D. Stanley. Nova York: Worth, 2001.

ADAM, Barry D. *The Rise of a Gay and Lesbian Movement.* Ed. rev. Nova York: Twayne, 1995.

ADDAMS, Jane. *Twenty Years at Hull-House.* Nova York: Macmillan, 1910.

———. *The Second Twenty Years at Hull-House.* Nova York: Macmillan, 1930.

ADLER, Freda. *Sisters in Crime*: The Rise of the New Female Criminal. Nova York: McGraw-Hill, 1975.

ADLER, Freda et al. *Criminology and the Criminal Justice System.* 5. ed. Nova York: McGraw-Hill, 2004.

ADLER, Patricia; ADLER, Peter. The Promise and Pitfalls of Going into the Field. *Contexts*, primavera 2003, p. 41–47.

ADLER, Patricia et al. Street Corner Society Revisited. *Journal of Contemporary Ethnography*, v. 21, abr. 1992, p. 3–10.

AFL-CIO. *More Workers Are Choosing a Voice at Work.* Acesso em 18 abr. 2001 (www.aflcio.org/voiceatwork/morejoin/htm).

AIZCORBE, Ana M et al. Recent Changes in U.S. Family Finances: Evidence from the 1998 and 2001 Survey of Consumer Finances. *Federal Reserve Bulletin*, jan. 2003. p. 1–32.

ALAIN, Michel. An Empirical Validation of Relative Deprivation. *Human Relations*, v. 38, n. 8, 1985. p. 739–749.

ALBA, Richard D. *Ethnic Identity*: The Transformation of White America. New Haven, CT: Yale University Press, 1990.

ALBAS, Daniel; ALBAS, Cheryl. Aces and Bombers: The Post-Exam Impression Management Strategies of Students. *Symbolic Interaction*, v. 11, outono 1988. p. 289–302.

ALBINIAK, P. TV's Drug Deal. *Broadcasting and Cable*, 17 jan. 2000. p. 3, 148.

ALBRECHT, Gary L et al. *Handbook of Disabilities Study.* Thousand Oaks, CA: Sage, 2001.

ALEXANDER, Alison; HANSON, Janice (eds.). *Taking Sides*: Mass Media and Society. 6. ed. Nova York: McGraw-Hill/Dushkin, 2001.

ALFINO, Mark, et al. *McDonaldization Revisited*: Critical Essays on Consumer Culture. Westport, CT: Praeger, 1998.

AL JAZEERA. Political Disconnect Hinders US PR. News release, Acesso em 13 jan. 2004 (http:english.aljazeera.net).

ALLEN, Bern P. *Social Behavior*: Fact and Falsehood. Chicago: Nelson-Hall, 1978.

ALLEN, John L. *Student Atlas of World Geography.* 3. ed. Nova York: McGraw-Hill, 2003.

ALLPORT, Gordon W. *The Nature of Prejudice.* Edição de 25º aniversário. Reading, MA: Addison-Wesley, 1979.

ALWIN, Duane F. Generations X, Y, and Z: Are They Changing America? *Contexts*, outono/inverno 2002, p. 42–51.

ALZHEIMER'S Association. Statistics/Prevalence, 1999. Acesso em 10 jan. 2000 (www.alz.org/facts/stats.htm).

AMATO, Paul; BOOTH, Alan. *A Generation at Risk.* Cambridge, MA: Harvard University Press, 1997.

AMATO, Paul R. What Children Learn from Divorce. *Population Today*, jan. 2001, p. 1/4.

AMATO, Paul R.; SOBOLEWSKI, Juliana M. The Effects of Divorce and Marital Discord on Adult Children's Psychological Well-Being. *American Sociological Review*, v. 66, dez. 2001. p. 900–921.

AMERICAN Academy of Cosmetic Surgery. 2003 Estimates Total Number of Patients Treated by All U.S.-Based AACS Members. Acesso em 21 fev. 2004 (www.cosmeticsurgery.org/media_center/stats/statistics.html).

AMERICAN Association of University Women. *Gender Gaps*: Where Schools Still Fail Our Children. Washington, DC: AAUW, 1998.

AMERICAN Bar Association. Commission on Domestic Violence. 1999. Acesso em 20 jul. (www.abanet.org/domviol/stats.html).

AMERICAN Civil Liberties Union. State and Local Laws Protecting Lesbians and Gay Men against Workplace Discrimination. Acesso em 19 jan. 2000 (www.aclu.org/issues/gay/gaylaws.html).

AMERICAN Civil Liberties Union of Northern California. *Caught in the Backlash*: Stories from Northern California. San Francisco: ACLU of Northern California, 2002.

AMERICAN Jewish Committee. 2000 Annual Survey of American Jewish Opinion. Acesso em 25 out. 2001 (www.ajc.org/pre/survey 2000.htm).

AMERICAN Lung Association. Scenesmoking. Acesso em dez. 2003 (www.scenesmoking.org).

AMERICANS for Medical Rights. *The State of Medipot.* Washington: Marijuana Policy Project, 2003.

AMERICAN Sociological Association. *The Sociology Major as Preparation for Careers in Business and Organizations.* Washington, DC: American Sociological Association, 1993.

———. *The Sociological Advantage.* Washington, DC: American Sociological Association, 1995.

———. *Code of Ethics.* Washington, DC: American Sociological Association, 1997. Disponível em: www.asanet.org/members/ecoderev.html.

———. *Data Brief*: Profile of ASA Membership. Washington, DC: American Sociological Association, 2001.

———. *Careers in Sociology.* 6th ed. Washington, DC: American Sociological Association, 2002.

———. *Guide to Graduate Departments of Sociology, 2004.* Washington, DC: American Sociological Association, 2004.

AMWAY. Amway Asia Pacific Applauds China Commitment to Remove All Restrictions

on Direct Selling. News release, 9 abr. 1999. Acesso em 4 mar. 2003 (www.amway.com).
AMWAY. *Our Story*. Acesso em 4 mar. 2003 (www.amway.org).
ANDERSEN, Margaret. *Thinking about Women*: Sociological Perspectives on Sex and Gender. 4. ed. Boston: Allyn and Bacon, 1997.
ANDERSON, Craig A.; BUSHMAN, Brad J. Effects of Violent Video Games on Aggressive Behavior, Aggressive Cognition, Aggressive Affect, Physiological Arousal, and Prosocial Behavior: A Meta-Analytic Review of Scientific Literature. *Psychological Science*, v. 12, n. 5, 2001. p. 353–359.
ANDERSON, Elijah. *A Place on the Corner*. Chicago: University of Chicago Press, 1978.
———. *Streetwise*: Race, Class, and Change in an Urban Community. Chicago: University of Chicago Press, 1990.
———. *Code of the Streets*. Nova York: Norton, 1999.
ANDERSON, Elijah; MOORE, Molly. The Burden of Womanhood. *Washington Post National Weekly Edition*, n. 10, 22–28 mar. 1993. p. 6–7.
ANGIER, Natalie. Drugs, Sports, Body Image and G.I. Joe. *New York Times*, 22 dez. 1998, seção D, p. 1/3.
ANTI-DEFAMATION League. *ADL Audit of Anti-Semitic Incidents, 1982–2002 (National)*, 2003. (www.adl.org).
AOL Time Warner. *Factbook*. Nova York: AOL Time Warner, 2003.
ARGETSINGER, Amy; KRIM, Jonathan. Stopping the Music. *Washington Post National Weekly Edition*, n. 20, 2 dez. 2002. p. 20.
ARIAS, Elizabeth. United States Life Tables, 2001. *National Vital Statistics Report*, 18 fev. 2004.
ARMER, J. Michael; KATSILLIS, John. Modernization Theory. p. 1299–1304. In: *Encyclopedia of Sociology*, v. 4. Ed. Edgar F. Borgatta e Marie L. Borgatta. Nova York: Macmillan, 1992.
ARONOWITZ, Stanley; FAZIO, William Di. *The Jobless Future*: Sci-Tech and Dogma of Work. Minneapolis: University of Minneapolis, 1994.
ARONSON, Elliot. *The Social Animal*. 8. ed. Nova York: Worth, 1999.
ARORA, Raksha. Is War Still Necessary in the 21st Century? Gallup Poll Tuesday Briefing, 11 maio 2004 (www.gallup.com).
ASSET-BASED Community Development Institute. *Our Mission*. Acesso em 21 set. 2001 (www.northwestern.edu/IPR/abcd.html).
ASSOCIATED Press. Environmental Test Case Averted. *Christian Science Monitor*, 21 set. 1998. p. 18.
———. Member of the Dwindling Shaker Sect. *Chicago Tribune*, 20 jun. 2001. p. 11.
———. House Rejects Attempt to Block Sex-Study Grants. *Seattle Post-Intelligencer*, 11 jul. 2003. p. A13.
ASTIN, Alexander et al. *The American Freshman*: Thirty Year Trends. Los Angeles: Higher Education Research Institute, 1994.
ATCHLEY, Robert C. *The Social Forces in Later Life*: An Introduction to Social Gerontology. 4. ed. Belmont, CA: Wadsworth, 1985.

AUSTIN, April. Cellphones and Strife in Congo. *Christian Science Monitor*, 5 dez. 2002. p. 11.
AXTELL, Roger E. *Do's and Taboos around the World*. 2. ed. Nova York: John Wiley and Sons, 1990.
AZUMI, Koya; HAGE, Jerald. *Organizational Systems*. Lexington, MA: Heath, 1972.

BABAD, Elisha Y. et al. Transparency of Teacher Expectancies Across Language, Cultural Boundaries. *Journal of Educational Research*, v. 86, 1992. p. 20–125.
BAER, Douglas et al. *Has Voluntary Association Activity Declined? A Cross-National Perspective*. Paper Apresentado no encontro anual da American Sociological Association, Washington, DC, 2000.
BAINBRIDGE, William Sims. Cyberspace: Sociology's Natural Domain. *Contemporary Sociology*, v. 28, nov. 1999. p. 664–667.
BAKER, Therese L. *Doing Social Research*. 3. ed. Nova York: McGraw-Hill, 1999.
BARR, Cameron W. Top Arab TV Network to Hit US Market. *Christian Science Monitor*, 26 dez. 2002. p. 1/7.
BARRETT, David B.; JOHNSON, Todd M. Worldwide Adherents of Selected Religions by Six Continental Areas, Mid-2000. In *Britannica Book of the Year 2001*, p. 302. Chicago: Encyclopedia Britannica, 2001.
———. Worldwide Adherents of All Religions by Six Continental Areas, Mid-2003. p. 280 In: *Britannica Book of the Year 2004*, p. 280. Chicago, IL: Encyclopedia Britannica, 2004.
BARRON, Milton L. Minority Group Characteristics of the Aged in American Society. *Journal of Gerontology*, v. 8, 1953. p. 477–482.
BASSIOUNI, M. Cherif. Sexual Slavery Crosses Moral and National Boundaries. *Chicago Tribune*, 17 fev. 2002, seção 2, p. 1, 5.
BASSO, Keith H. Ice and Travel among the Fort Norman Slave: Folk Taxonomies and Cultural Rules. *Language in Society*, v. 1 mar. 1972, p. 31–49.
BATES, Colleen Dunn. Medicine's Gender Gap. *Shape*, out. 1999.
BAUERLEIN, Monika. The Luddites Are Back. *Utne Reader*, mar./abr. 1996. p. 24, 26.
BAUMAN, Kurt J. Extended Measures of Well-Being: Meeting Basic Needs. *Current Population Reports*, Ser. p. 70, n. 67. Washington, DC: U.S. Government Printing Office, 1999.
BAUMAN, Kurt J.; GRA, Nikki L. Education Attainment: 2000. *Census 2000 Brief*, n. C2KBR-24.Washington, DC: U.S. Government Printing Office, 2003.
BEAGAN, Brenda L. "Even If I Don't Know What I'm Doing I Can Make It Look Like I Know What I'm Doing": Becoming a Doctor in the 1990s. *Canadian Review of Sociology and Anthropology*, n. 38, p. 275–292.
BEAN, Frank et al. *The Latino Middle Class*: Myth, Reality and Potential. Claremont, CA: The Thomás Rivera Policy Institute, 2001.
BECERRA, Rosina M. The Mexican-American Family. p. 153–171. In: *Ethnic Families in America*: Patterns and Variations, 4. ed., editado por Charles H.Mindel, Robert W.Habenstein e Roosevelt Wright, Jr. Upper Saddle River, NJ: Prentice Hall.
BECKER, Howard S. Social Class Variations in the Teacher-Pupil Relationship. *Journal of Educational Sociology*, n. 25, abr. 1952. p. 451–465.
———. *The Outsiders*: Studies in the Sociology of Deviance. Nova York: Free Press, 1963.
———. (ed.) *The Other Side*: Perspectives on Deviance. Nova York: Free Press, 1964.
———. *The Outsiders*: Studies in the Sociology of Deviance. Ed. rev. Nova York: Free Press, 1973.
BEEGHLEY, Leonard. *Social Stratification in America*: A Critical Analysis of Theory and Research. Santa Monica, CA: Goodyear Publishing, 1978.
BELL, Daniel. Crime as an American Way of Life. *Antioch Review*, n. 13, verão 1953. p. 131–154.
———. *The Coming of Post-Industrial Society*: A Venture in Social Forecasting. With new foreword. Nova York: Basic Books, 1999.
BELL, Wendell. Modernization, p.186–187. In: *Encyclopedia of Sociology*. Guilford, CT: DPG Publishing, 1981.
BELLAFANTE, Ginia. Feminism: It's All about Me! *Time*, n. 151, 20 jun. 1998. p.54–62.
BELSIE, Laurent. Strange Webfellows. *Christian Science Monitor*, 2 mar. 2000. p. 15–16.
———. Rise of 'Home Alone' Crowd May Alter US Civic Life. *Christian Science Monitor*, 24 maio 2001. p. 1/ 2.
BENDICK, Marc, Jr. et al. *Employment Discrimination against Older Workers*: An Experimental Study of Hiring Practices. Washington, DC: Fair Employment Council of Greater Washington, 1993.
BENDIX, B. Reinhard. Max Weber, p. 493–502. In: *International Encyclopedia of the Social Sciences*. SILLS, David L. (ed.). Nova York: Macmillan, 1968.
BENFORD, Robert D. Social Movements, p. 1880–1887. In: *Encyclopedia of Sociology*, v. 4. Ed. Edgar F. Borgatta & Marie L. Borgatta. Nova York: Macmillan, 1992.
BENNER, Richard S.; HITCHCOCK, Susan Tyler. *Life after Liberal Arts*. Charlottesville: Office of Career Planning and Placement, University of Virginia, 1986.
BENNETT, Vivienne. Gender, Class, and Water: Women and the Politics of Water Service in Monterrey, Mexico. *Latin American Perspectives* 22 set. 1995. p. 76–99.
BERGER, Peter; LUCKMANN, Thomas. *The Social Construction of Reality*. Nova York: Doubleday, 1966.
BERKE, Richard L. An Older Electorate, Potent and Unpredictable. *New York Times*, 21 mar. 2001. p. D8.
BERKELEY Wellness Letter. The Nest Refilled. 6 fev. 1990. p. 1–2.
BERLIN, Brent; Kay, Paul. *Basic Color Terms*: Their Universality and Evolution. Berkeley, CA: University of California Press, 1991.
BERNSTEIN, Richard. An Aging Europe May Find Itself on the Sidelines. *New York Times*, 29 jun. 2003. p. 3.

BERRY, Mary Frances. 2001. Status Report on Probe of Election Practices in Florida During the 2000 Presidential Election. *Black Scholar*, v. 31, n. 2, p. 2–5.

BIAN, Yanjie. 2002. Chinese Social Stratification and Social Mobility, p. 91–116. In: *Annual Review of Sociology*. Ed. Karen S. Cook & John Hagan. Palo Alto, CA: Annual Reviews.

BIANCHI, Suzanne M.; SPAIN, Daphne. Women, Work, and Family in America. *Population Bulletin*, n. 51, dez. 1996.

BIELBY, Denise D.; BIELBY, William T. Hollywood Dreams, Harsh Realities: Writing for Film and Television. *Contexts*, n. 1, outono/inverno 2002. p. 21–25.

BIELBY, William T.; BIELBY, Denise D. I Will Follow Him: Family Ties, Gender-Role Beliefs, and Reluctance to Relocate for a Better Job. *American Journal of Sociology*, n. 97, mar. 1992. p. 1241–1267.

BILLSON, Janet Mancini; HUBER, Bettina J. *Embarking upon a Career with an Undergraduate Degree in Sociology*. 2. ed. Washington, DC: American Sociological Association, 1993.

BISHAW, Alemayehu; ICELAND, John. Poverty: 1999. *Census 2000 Brief* C2KBR-19. Washington, DC: U.S. Government Printing Office, 2003.

BISKUPIC, Joan. Abortion Debate Will Continue to Rage. *USA Today*, 29 jun. 2000. p. 9A.

BLACK, Donald. The Epistemology of Pure Sociology. *Law and Social Inquiry*, n. 20, verão 1995. p. 829–870.

BLANCHARD, Fletcher A. et al. Reducing the Expression of Racial Prejudice. *Psychological Science*, n. 2, mar. 1991. p. 101–105.

BLANDY, Richard. 300 Join Anti-War Protests. *The Sentinel*, Carlisle, PA, 21 mar. 2004.

BLAU, Peter M.; DUNCAN, Otis Dudley. *The American Occupational Structure*. Nova York: Wiley, 1967.

BLAU, Peter M.; MEYER, Marshall W. *Bureaucracy in Modern Society*. 3. ed. Nova York: Random House, 1987.

BLAUNER, Robert. *Racial Oppression in America*. Nova York: Harper and Row, 1972.

BLOOM, Stephen G. *Postville*: A Clash of Cultures in Heartland America. San Diego, CA: Harcourt Brace, 2000.

BLUMER, Herbert. Collective Behavior, p. 165–198. In: *Principles of Sociology*, 2. ed. LEE, Alfred McClung (ed.) Nova York: Barnes and Noble, 1955.

———. *Symbolic Interactionism*: Perspective and Method. Englewood Cliffs, NJ: Prentice Hall, 1969.

BOAZ, Rachel Floersheim. Early Withdrawal from the Labor Force. *Research on Aging*, n. 9 dez. 1987. p. 530–547.

BOK, Sissela. *Mayhem*: Violence as Public Entertainment. Reading, MA: Addison-Wesley, 1998.

BOND, James T. et al. *The 1997 National Study of the Changing Work Force*. Nova York: Families and Work Institute, 1998.

BOOTH, William. Has Our Can-Do Attitude Peaked?" *Washington Post National Weekly Edition*. n. 17, fev. 2000. p. 29.

BORNSCHIER, Volker et al. Cross-National Evidence of the Effects of Foreign Investment and Aid on Economic Growth and Inequality: A Survey of Findings and a Reanalysis. *American Journal of Sociology*, n. 84, nov. 1978. p. 651–683.

BOROSAGE, Robert L. Class Welfare: Bush Style. *American Prospect*, n. 14, mar. 2003. p. 15–18.

BOTTOMORE, Tom; RUBEL Maximilien (eds.) *Karl Marx*: Selected Writings in Sociology and Social Philosophy. Nova York: McGraw-Hill, 1956.

BOUDREAUX, Richard. Indian Rights Law Is Upheld in Mexico. *Los Angeles Times*, 7 set. 2002. p. A3.

BOUVIER, Leon F. America's Baby Boom Generation: The Fateful Bulge. *Population Bulletin*, n. 35, abr. 1980.

BOWLES, Samuel; GINTIS, Herbert. *Schooling in Capitalistic America*: Educational Reforms and the Contradictions of Economic Life. Nova York: Basic Books, 1976.

BOWLING, Michael et al. Background Checks for Firearm Transfers, 2003. *Bureau of Justice Statistics Bulletin*, set. 2003.

BRADSHER, Keith. Like Japan in the 1980's, China Poses Big Economic Challenge. *New York Times*, 2 mar. 2004. p. A1, C2.

BRADY Campaign. *Brady Campaign – Issue Briefs*. Acesso em 11 mar. 2003 (www.brady-campaign.org).

BRADY, David. Rethinking the Sociological Measurement of Poverty. *Social Forces*, n. 81, mar. 2003. p. 715–752.

BRAINARD, Jeffrey. Cloning Debate Moves to the States." *Chronicle of Higher Education*, n. 49, 28 mar. 2003. p. A22–A23.

BRAINARD, Lael; LITAN, Robert E. "Offshoring" Service Jobs: Bane or Boom – and What to Do? *Brookings Institute* Policy Brief, abr. 2004. p. 1–8.

BRANNIGAN, Augustine. Postmodernism, p. 1522–1525. In: *Encyclopedia of Sociology*, v. 3, Ed. Edgar F. Borgatta & Marie L. Borgatta. Nova York: Macmillan, 1992.

BRANNON, Robert. Ideology, Myth, and Reality: Sex Equality in Israel. *Sex Roles*, n. 6. p. 403–419.

BRAVERMAN, Amy. Open Door Sexuality. *University of Chicago Magazine*, n. 95, out. 2002. p. 20–21.

BRAXTON, Greg; CALVO, Dana. Networks Come Under the Gun as Watchdogs Aim for Diversity. *Chicago Tribune*, 4 jun. 2002, seção 5, p. 2.

BRAY, James H.; KELLY; John. *Stepfamilies*: Love, Marriage, and Parenting in the First Decade. Nova York: Broadway Books, 1999.

BREWER, Cynthia A.; SUCHAN, Trudy A. *Mapping Census 2000*: The Geography of U.S. Diversity. Washington, DC: U.S. Government Printing Office, 2001.

BRINT, Steven. *Schools and Societies*. Thousand Oaks, CA: Pine Forge Press, 1998.

BRISCHETTO, Robert R. The Hispanic Middle Class Comes of Age. *Hispanic Business*, n. 23, dez. 2001. p. 21–22, 26.

BRITTINGHAM, Angela; CRUZ, G. Patricia de la. *Ancestry*: 2000. *Census Brief* C2KBR-35. Washington, DC: U.S. Government Printing Office, 2004.

BROOKE, James. The Power of Film: A Bond That Unites Koreans. *New York Times*, 2 jan. 2003a.

BROWN, David K. The Social Sources of Educational Credentialism: Status Cultures, Labor Markets, and Organizations. *Sociology of Education*, n. 74, p. 19–34. Edição extra.

BROWN, Patricia Leigh. For Children of Gays, Marriage Brings Joy. *New York Times*, 19 mar. 2004. p. A13.

BROWN, Peter Harry; ABEL, Daniel G. *Outgunned*: Up Against the NRA. Nova York: The Free Press, 2002.

BROWN, Robert McAfee. *Gustavo Gutierrez*. Atlanta: John Knox, 1980.

BRUBAKER, Bill. A So-So Diagnosis. *Washington Post National Weekly Edition*, 10 set. 2001. p. 34.

BRYANT, Adam. American Pay Rattles Foreign Partners. *New York Times*, 17 jan. 1999, seção 6, p. 1, 4.

BUCKLEY, Stephen. Left behind Prosperity's Door. *Washington Post National Weekly Edition*, 24 mar. 1997. p. 8–9.

BUDIG, Michelle J. 2002. Male Advantage and the Gender Composition of Jobs: Who Rides the Glass Escalator? *Social Problems*, v. 49, n. 2, p. 258–277.

BUDRYS, Grace. *Unequal Health*: How Inequality Contributes to Health and Illness. Lanham, MD: Rowman and Littlefield, 2003.

BULLARD, Robert, D. *Dumping in Dixie*: Race, Class, and Environmentalist Quality. 2. ed. Boulder, CO: Westin Press, 1993.

BULLE, Wolfgang F. *Crossing Cultures? Southeast Asian Mainland*. Atlanta: Centers for Disease Control, 1987.

BUMILLER, Elisabeth. Resolute Adversary of Divorce. *New York Times*, 16 dez. 2000. p. A17, A19.

BUNZEL, John H. *Race Relations on Campus*: Stanford Students Speak. Stanford, CA: Portable Stanford, 1992.

BUREAU of Labor Statistics. Number of Jobs Held Labor Market Activity, and Earnings Growth Among Young Baby Boomers. News release de 27 ago. 2002 (www.bls.gov/nls).

———. Union Affiliation of Employed Wage and Salary Workers by Occupation and Industry. 2004a. Acesso em 26 jan. (www.bls.gov/cps/home.htm#annual).

———. Current Labor Statistics. 2004b. Acesso em 28 jan. (www.bls.gov/opub/mlr/mlrhome.htm).

———. *Union Members in 2002*. Acesso em 28 fev. 2003 (www.bls.gov).

BUREAU of Primary Health Care. Home Page, 1999. Acesso em 18 jan. 2000 (www.bphc.hrsa.gov/bphcfactsheet.htm).

BUREAU of the Census. *Historical Statistics of the United States, Colonial Times to 1970*. Washington, DC: U.S. Government Printing Office, 1975.

———. Half of the Nation's Population Lives in Large Metropolitan Areas. Press release, 21 fev. 1991.

———. *Statistical Abstract of the United States*, 1994. Washington, DC: U.S. Government Printing Office, 1994.

———. Race of Wife by Race of Husband. Release de Internet de 10 jun. 1998.

———. *Statistical Abstract of the United States, 2000*. Washington, DC: U.S. Government Printing Office, 2000a.

———. National Population Projections. Release de Internet de 13 jan. 2000b. Acesso em 11 maio (www.census.gov/population/www/projection/natsum-T3html).

———. *Statistical Abstract of the United States, 2001*. Washington, DC: U.S. Government Printing Office, 2001a.

———. *Hispanic 1997 Economic Census Survey of Minority-Owned Enterprises*. Series BC97CS-4.Washington, DC: U.S. Government Printing Office, 2001b.

———. *1997 Revenues for Women-Owned Businesses Show Continued Growth*. News release of April 4.Washington, DC: U.S. Government Printing Office, 2001c.

———. *Statistical Abstract of the United States, 2002*.Washington, DC: U.S. Government Printing Office, 2002.

———. *Statistical Abstract of the United States, 2003*. Washington, DC: U.S. Government Printing Office, 2003a.

———. *Census 2000*. Summary file 4, 2003b. (www.factfinder.census.gov).

———. *TM-PCT023 Percent of Persons of Arab Ancestry 2000*, 2003c. Acesso em 4 mar. 2004 (http://factfinder.census.gov).

———. *Summary Tables on Language Use and English Ability, 2000* (PHC-T-20), 2003d. Acesso em 14 jan. 2004 (www.census.gov/population/www/cen2000/phc-t20.html).

———. *Poverty in the United States*: 2002, 2003e. Acesso em 5 maio 2004 (www.census.gov).

———. *Statistical Abstract of the United States, 2003*. Washington, DC: U.S. Government Printing Office, 2004a.

———. *Interim Projections Consistent with Census 2000*, 2004b. Released mar. 2004. Acesso em 21 mar. (www.census.gov).

———. International Database Pyramids, 2004c. Atualizado em 30 abr. (www.census.gov/ipc/www/idbpyr.html).

———. Total Midyear Population for the World: 1950–2050, 2004d. Atualizado em 30 abr. (www.census.gov/ipc/www/worldpop.html.)

Burgess, Ernest W. The Growth of the City, p. 47–62. In: *The City*, PARK, Robert E. et al. Chicago: University of Chicago Press, 1925.

BURGHART, Tara. Rogovin remembers the "forgotten ones". *Chicago Tribune*, 30 jul. 2003, seção. 5, p. 6.

BURKETT, Elinor. *The Baby Boom*: How Family Friendly America Cheats the Childless. Nova York: Free Press, 2000.

BURNS, John R. Once Widowed in India, Twice Scorned. *New York Times*, March 29 mar. 1998. p. A1.

BUSHWAY, Shawn D.; PIEHL, Anne Mourison. Judging Judicial Discretion Legal Factors and Racial Discrimination Legal Factors and Racial Discrimination in Sentencing. *Law and Society Review*, v. 35, n. 4, 2001. p.733–764.

BUTLER, Daniel Allen. "*Unsinkable*": The Full Story. Mechanicsburg, PA: Stackpole Books, 1998.

BUTLER, Robert N. A Disease Called Ageism. *Journal of American Geriatrics Society*, n. 38, fev. 1990. p. 178–180.

CAESAR, Lena G.; WILLIAMS, David R. *The ASHA Leader Online*: Socioculture and the Delivery of Health Care: Who Gets What and Why. Acesso em 1º dez. 2002 (www.asha.org).

CAMPO-FLORES, Arian. Brown against Brown. *Newsweek*, n. 136, 18 set. 2000. p. 49–51.

CAMUS, Albert. *The Plague*. Nova York: Random House, 1948.

CAPLAN, Ronald L. The Commodification of American Health Care. *Social Science and Medicine*, v. 28, n. 11, 1989. p. 1139–1148.

CAPLOW, Theodore; HICKS, Louis. *Systems of War and Peace*. 2. ed. Lanham, MD: University Press of America, 2002.

CAREY, Anne R.; McLEAN, Elys A. Heard It Through the Grapevine? *USA Today*, 15 set. 1997. p. B1.

CARROLL, John. The Good Doctor. *American Way*, 15 jul. 2003. p.26–31.

CARTER, Bill; RUTENBERG, Jim. Shows' Creators Say Television Will Suffer in New Climate. *New York Times*, 3 jun. 2003. p. C1, C8.

CARTY, Win. Greater Dependence on Cars Leads to More Pollution in World's Cities. *Population Today*, n. 27, dez. 1999. p. 1–2.

CASPER, Lynne M.; BASS, Loretta E. Voting and Registration in the Election of November 1996. *Current Population Reports*, n. 504, 1998. Washington, DC: U.S. Government Printing Office, 1998.

CASTAÑEDA, Jorge G. Ferocious Differences. *Atlantic Monthly*, n. 276, jul. 1995. p. 68–69, 71–76.

CASTELLS, Manuel. *The Power of Identity*. V. 1 de *The Information Age*: Economy, Society and Culture. Londres: Blackwell, 1997.

———. *End of Millennium*. V. 3 de *The Information Age*: Economy, Society and Culture. Londres: Blackwell, 1998.

———. *The Information Age*: Economy, Society and Culture (3 v.). 2. ed. Oxford and Malden, MA: Blackwell, 2000.

———. *The Internet Galaxy*: Reflections on the Internet, Business, and Society. Nova York: Oxford University Press, 2001.

CBS News. Transcript of *Sixty Minutes* segment, I Was Only Following Orders. 31 mar. 1979. p. 2–8.

CENTER for Academic Integrity. *CAI Research*. Acesso em 14 jan. 2004 (www.academic integrity.org).

CENTER for American Women and Politics. *Fact Sheet*: Women in the U.S. Congress 2004 and Statewide Elective Women 2004. Rutgers, NJ: CAWP, 2004.

CENTER for Public Integrity. *Nothing Sacred*: The Politics of Privacy. Washington, DC: CPI, 1998.

CENTERS for Disease Control and Prevention. 2002. Need For Sustained HIV Prevention Among Men Who Have Sex With Men, 1998. Acesso em 23 jan. 2004 (www.cdc.gov/hiv/pubs/facts/msm.htm).

———. Divisions of HIV/AIDS Prevention: Basic Statistics, 2003a. Acesso em 17 maio 2004 (www.cdc.gov/hiv/stats/htm).

———. *A Glance at the HIV Epidemic*, 2003b. Acesso em 25 fev. (www.cdc.gov).

CERULO, Karen A. et al. Technological Ties that Bind: Media Generated Primary Groups. *Communication Research*, n. 19, p. 109–129.

CHA, Ariena Eunjung. Painting a Portrait of Dot-Camaraderie. *The Washington Post*, 26 out. 2000. p. E1, E10.

———. 2003. Wanted, but Safe In Russia. *Washington Post National Weekly Edition*, n. 20, 16 jun. 2000. p. 9–10.

CHALFANT, H. Paul et al. *Religion in Contemporary Society*. 3. ed. Itasca, IL: F. E. Peacock, 1994.

CHAMBLISS, Wilham. The Saints and the Roughnecks. *Society*, n. 11, nov./dez. 1973. p. 24–31.

CHANG, Leslie. Amway in China: Once Banned, Now Booming. *Wall Street Journal*, 12 mar. 2003. p. B1, B5.

CHANG, Patricia M. Y. Female Clergy in the Contemporary Protestant Church: A Current Assessment. *Journal for the Scientific Study of Religion*, n. 36, dez. 1997. p. 564–573.

CHARTER, David; SHERMAN, Jill. Schools Must Teach New Code of Values.' *London Times*, 15 jan. 1996. p. 1.

CHASE-DUNN, Christopher, Peter Grimes. World-Systems Analysis, p. 387–417. In: *Annual Review of Sociology, 1995*. Ed. John Hagan. Palo Alto, CA: Annual Reviews, 1995.

———, et al. Trade Globalization Since 1795: Waves of Integration in the World System. *American Sociological Review*, n. 65, fev. 2000. p. 77–95.

CHENG, Wei-yuan; LIAO, Lung-li. Women Managers in Taiwan, p. 143–159. In: *Competitive Frontiers*: Women Managers in a Global Economy, edited by Nancy J. Adler and Dafna N. Izraeli. Cambridge, MA: Blackwell Business, 1994.

CHERLIN, Andrew J. Should the Government Promote Marriage? *Contexts*, n. 2, outono 2003. p. 22–29.

CHERLIN, Andrew J. *Public and Private Families*: An Introduction. 4. ed. Nova York: McGraw-Hill, 2005.

CHESNEY-LIND, Meda. Girls' Crime and Woman's Place: Toward a Feminist Model of Female Delinquency. *Crime and Delinquency*, n. 35, 1989. p. 5–29.

CHESNEY-LIND, Meda; RODRIGUEZ, Noelie. Women under Lock and Key. *Prison Journal*, n. 63, p. 47–65.

CHILDREN Now. *The Local Television News Media's Picture of Children*. Oakland, CA: Children Now, 2001.

CHILDREN'S Bureau. *FY 1998, FY 1999, and FY 2000 Foster Care*: Entries, Exits and In Care on the Last Day, 2002. Acesso em 19 maio 2003 (www. acf.dhhs.gov/programs/cb/ dis/ tables/entry exit.htm).

———. The AFCARS Report, 2003. Acesso em 26 mar. 2004 (www.acf.hhs.gov/progress/ob/dis/ afcars/publications/afcars.htm).

CHIN, Ko-lin. *Chinatown Gangs*: Extortion, Enterprise, and Ethnicity. Nova York: Oxford University Press, 1996.

CHRISTENSEN, Kathleen. Bridges over Troubled Water: How Older Workers View the Labor Market, p. 175–207. In: *Bridges to Retirement*. DOERINGER, Peter B. Ithaca, NY: IRL Press, 1990.

CHRISTIE, Brigan. Sociological Medicine's Aches and Pains, p. 222–223. In: *Encyclopedia Britannica Yearbook 2001*. Chicago: Encyclopedia Britannica, 2001.

CIVIC Ventures. *The New Face of Retirement*: Older Americans, Civic Engagement, and the Longevity Revolution.Washington, DC: Peter D. Hart Research Associates, 1999.

CLARK, Burton; TROW, Martin. The Organizational Context, p. 17–70. In: *The Study of College Peer Groups*. NEWCOMB, Theodore M.; WILSON, Everett K. (ed.) Chicago: Aldine, 1966.

CLARK, Candace. Sickness and Social Control, p. 346–365. In: *Social Interaction*: Readings in Sociology, 2. ed. ROBBOY, Howard; CLARK, Candace (eds.). Nova York: St.Martin's, 1983.

CLARKE, Adele E. et al. Bio Medicalization: Technoscientific Transformations of Health, Illness, and U.S. Biomedicine. *American Sociological Review*, n. 68, abr. 2003. p. 161–194.

CLARKE, Lee. *Mission Improbable*: Using Fantasy Documents to Tame Disaster. Chicago: University of Chicago Press, 1999.

CLAUSEN, Christopher. To Have . . . or Not to Have. *Utne Reader*, jul.–ago. 2002. p. 66–70.

CLAWSON, Dan; CLAWSON, Mary Ann. What Has Happened to the U.S. Labor Movement? Union Decline and Renewal, p. 95–119. In: *Annual Review of Sociology 1999*. Ed. Karen S. Cook & John Hagan. Palo Alto, CA: Annual Reviews, 1999.

CLAWSON, Dan; GERSTEL, Naomi. Caring for Our Young: Child Care in Europe and the United States. *Contexts*, n. 1, outono/inverno 2002. p. 23–35.

CLINARD, Marshall B.; MILLER, Robert F. *Sociology of Deviant Behavior*. 10. ed. Fort Worth: Harcourt Brace, 1998.

CLINTON, Hillary Rodham. Now Can We Talk About Health Care? *New York Times Magazine*, 18 abr. 2004. p. 26–31, 56.

CLYMER, Adam. College Students Not Drawn to Voting or Politics, Poll Shows. *New York Times*. 2 jan. 2000. p. A14.

COCKBURN, Andrew. 21st Century Slaves. *National Geographic*, n. 203, set. 2003. p. 2–29.

COCKERHAM, William C. *Medical Sociology*. 7. ed. Upper Saddle River, NJ: Prentice Hall, 1998.

COHEN, David (ed.) *The Circle of Life*: Ritual from the Human Family Album. San Francisco: Harper, 1991.

COHEN, Lawrence E.; FELSON, Marcus. Social Change and Crime Rate Trends: A Routine Activities Approach. *American Sociological Review*, n. 44, 1979. p. 588–608.

COLAPINTO, John. 2003. The Young Hipublicans. *New York Times Magazine*, n. 25, p. 30–35, 58–59.

COLE, Elizabeth S. Adoption, History, Policy, and Program, p. 638–666. In: *A Handbook of Child Welfare*. LAIRD, John; HARTMAN, Ann (eds.). Nova York: Free Press, 1985.

COLE, Mike. *Bowles and Gintis Revisited*: Correspondence and Contradiction in Educational Theory. Filadélfia: Falmer, 1988.

COLEMAN, Isobel. The Payoff from Women's Rights. *Foreign Affairs*, n. 83, maio/jun. 2004. p. 80–95.

COLLINS, Randall. *Conflict Sociology*: Toward an Explanatory Sociology. Nova York: Academic, 1975.

———. Weber's Last Theory of Capitalism: A Systematization. *American Sociological Review*, n. 45, dez. 1980. p. 925–942.

———. *Weberian Sociological Theory*. Nova York: Cambridge University Press, 1986.

———. Prediction in Macrosociology: The Case of the Soviet Collapse. *American Journal of Sociology* n. l00, maio 1995. p. 1.552–1.593.

COLUMBIA Accident Investigation Board. *Columbia Accident Investigation Report Board Report*: V. I. Washington DC: CAIB, NASA, 2003.

COMMISSION on Civil Rights. *A Guide to Federal Laws and Regulations Prohibiting Sex Discrimination*. Washington, DC: U.S. Government Printing Office, 1976.

———. *Affirmative Action in the 1980s*: Dismantling the Process of Discrimination. Washington DC: U.S. Government Printing Office, 1981.

COMMONER, Barry. *The Closing Circle*. Nova York: Knopf, 1971.

———. *Making Peace with the Planet*. Nova York: Pantheon, 1990.

COMSTOCK, P; FOX, M. B. Employer Tactics and Labor Law Reform, p. 90–109. In: *Restoring the Promise of American Labor Law*, edited by S. Friedman, R.W. Hurd, R. A. Oswald, and R. L. Seeber. Ithaca, NY: ILR Press, 1994.

CONLIN, Michelle. The New Gender Gap. *Business Week*, 26 maio 2003. p. 74.

CONRAD, Peter (ed.) *The Sociology of Health and Illness*: Cultural Perspectives. 6. ed. Nova York: Worth, 2000.

CONRAD, Peter; SCHNEIDER, Joseph W. *Deviance and Medicalization*: From Badness to Sickness. Ed. ampl. Filadélfia: Temple University Press, 1992.

"CONTROL Room". A Magnolia Picture Release, 2004 (www.controlroommovie.com).

COOLEY, Charles. H. *Human Nature and the Social Order*. Nova York: Scribner, 1902.

CORNFIELD, Daniel B. The US Labor Movement: Its Development and Impact on Social Inequality and Politics. In: SCOTT, W. Richard; BLAKE, Judith (eds.) *Annual Review of Sociology 1991*. Palo Alto, CA: Annual Reviews, 1991.

CORSARO, William A. *The Sociology of Childhood*. Thousand Oaks, CA: Pine Forge Press, 1997.

CORTESE, Anthony J. *Provocateur*: Images of Women and Minorities in Advertising. Lanham, MD: Rowman and Littlefield, 1999.

COSER, Lewis A. *The Functions of Social Conflict*. Nova York: Free Press, 1956.

———. *Masters of Sociological Thought*: Ideas in Historical and Social Context. 2. ed. Nova York: Harcourt, Brace and Jovanovich, 1977.

COUCH, Carl J. *Information Technologies and Social Orders*. Editado com uma introdução de David R. Maines e Shing-Ling Chien. Nova York: Aldine de Gruyter, 1996.

COUNCIL on Scientific Affairs. Hispanic Health in the United States. *Journal of the American Medical Association*, n. 265, 25 jan. 1999. p. 248–252.

COX, Oliver C. *Caste, Class, and Race*: A Study in Social Dynamics. Detroit: Wayne State University Press, 1948.

COX, Rachel S. Home Schooling Debate. *CQ Researcher*, n. 13, 17 jan. 2003. p. 25–48.

CRENSHAW, Edward M. et al Demographic Transition in Ecological Focus. *American Sociological Review*, n. 65, jun. 2000. p. 371–391.

CRESSEY, Donald R. Epidemiology and Individual Contact: A Case from Criminology. *Pacific Sociological Review*, n. 3, outono 1960. p. 47–58.

CROMWELL, Paul F. et al. *Breaking and Entering*: An Ethnographic Analysis of Burglary. Newbury Park, CA: Sage, 1995.

CROSNOE, Robert; ELDER Jr., Glen H. Successful Adaptation in the Later Years: A Life Course Approach to Aging. *Social Psychology Quarterly*, n. 4, p. 309–328.

CROSS, Simon; BAGILHOLE, Barbara. "Girls" Jobs for the Boys? Men, Masculinity and Non-Traditional Occupations. *Gender, Work, and Organization*, n. 9, abr. 2002. p. 204–226.

CROTEAU, David; HOYNES, William. *The Business of the Media*: Corporate Media and the Public Interest. Thousand Oaks, CA: Pine Forge, 2001.

———. *Media/Society*: Industries, Images, and Audiences. 3. ed. Thousand Oaks, CA: Pine Forge, 2003.

CROUSE, Kelly. Sociology of the Titanic. *Teaching Sociology Listserv*, 24 maio 1999.
CUFF, E. C. et al. (eds.) *Perspectives in Sociology*. 3. ed. Boston: Unwin Hyman, 1990.
CULLEN, Francis T., Jr.; CULLEN, John B. *Toward a Paradigm of Labeling Theory*. Lincoln: University of Nebraska Studies, 1978.
CUMMING, Elaine; HENRY, William E. *Growing Old*: The Process of Disengagement. Nova York: Basic Books, 1961.
CURRIE, Elliot. *Confronting Crime*: An American Challenge. Nova York: Pantheon, 1985.
———. *Crime and Punishment in America*. Nova York: Metropolitan Books, 1998.
CURRY, Timothy Jon. A Little Pain Never Hurt Anyone: Athletic Career Socialization and the Normalization of Sports Injury. *Symbolic Interaction*, n. 26, outono 1993. p. 273–290.

DAHL, Robert A. *Who Governs?* New Haven, CT: Yale University Press, 1961.
DAHRENDORF, Ralf. 1958. Toward a Theory of Social Conflict. *Journal of Conflict Resolution*, n. 2, 1961. p. 170–183.
———. *Class and Class Conflict in Industrial Sociology*. Stanford, CA: Stanford University Press, 1959.
DALLA, Rochelle L.; GAMBLE, Wendy C. Teenage Mothering and the Navajo Reservation: An Examination of Intergovernmental Perceptions and Beliefs. *American Indian Culture and Research Journal*, v. 25, n. 1, 2001. p.1–19.
DANIELS, Arlene Kaplan. Invisible Work. *Social Problems*, n. 34, dez. 1987. p. 403–415.
———. *Invisible Careers*. Chicago: University of Chicago Press, 1988.
DANISZEWSKI, John. Al-Jazeera TV Draws Flak Outside – and Inside – the Arab World. *Los Angeles Times*, 5 jan. 2003. p. A1, A5.
DAO, James. 1995. New York's Highest Court Rules Unmarried Couples Can Adopt. *New York Times*, 3 nov. 2003. p. A1, B2.
DARWIN, Charles. *On the Origin of Species*. Londres: John Murray, 1859.
DAVIES, Christie. Goffman's Concept of the Total Institution: Criticisms and Revisions. *Human Studies*, n. 12, jun. 1989. p. 77–95.
DAVIS, Darren W. The Direction of Race of Interviewer Effects Among African-Americans: Donning the Black Mask. *American Journal of Political Science*, n. 41, jan. 1997. p. 309–322.
DAVIS, Donald B.; POLONKO, Karen A. *Telework America 2001 Summary*, 2001. Acesso em 3 mar. 2003 (www.workingfromanywhere.org/telework/twa2001htm).
DAVIS, Gerald. *America's Corporate Banks Are Separated by Just Four Handshakes*. Acesso em 7 mar. 2003 (www.bus.umich.edu/research/davis.html).
———. American Cronyism: How Executive Networks Inflated the Corporate Bubble. *Contexts*, verão 2004. p. 34–40.
DAVIS, James A. Up and Down Opportunity's Ladder. *Public Opinion*, n. 5, jun./jul. 1982. p.11–15, 48–51.

DAVIS, James A.; SMITH, Tom W. *General Social Surveys, 1972–2000*. Storrs, CT: The Roper Center, 2001.
DAVIS, James A. et al. *General Social Surveys, 1972–2002*: Cumulative Codebook. Chicago: National Opinion Research Center, 2003.
DAVIS, Kingsley. The Sociology of Prostitution. *American Sociological Review*, n. 2, out. 1937. p. 744–755.
———. Extreme Social Isolation of a Child. *American Journal of Sociology*, n. 45, jan. 1940. p. 554–565.
———. A Final Note on a Case of Extreme Isolation. *American Journal of Sociology*, n. 52, mar. 1947. p. 432–437.
———. *Human Society*. Reimpresso. Nova York: Macmillan, [1949] 1995.
DAVIS, Kingsley; MOORE, Wilbert E. Some Principles of Stratification. *American Sociological Review*, n. 10, abr. 1945. p. 242–249.
DAVIS, Nanette J. *Sociological Constructions of Deviance*: Perspectives and Issues in the Field. Dubuque, IA: Wm. C. Brown, 1975.
DEATH Penalty Information Center. *Black Defendant/White Victim*. Acesso em 19 dez. 2003 (www.deathpenaltyinfo.org).
———. Facts About the Death Penalty, January 30, 2004. Washington, DC: DPIC, 2004a.
———. Cases of Innocence 1973–Present, 2004b. Acesso em 31 maio (www.deathpenalty info.org/article.php?scid=6&did=109).
DEEGAN, Mary Jo (ed.) *Women in Sociology*: A Bio-Biographical Sourcebook. Westport, CT: Greenwood, 1991.
———. Textbooks the History of Sociology, and the Sociological Stock of Knowledge. *Sociological Theory*, n. 21, nov. 2003. p. 298–305.
DELAWALA, Imtyaz. What Is Coltran? 2002. Acesso em 21 jan. 2002 (www.abcnews.com).
DELLIOS, Hugh. Desperate Migrants Accept Risks. *New York Times*, 20 out. 2002. p. 1, 7.
DELORIA, Vine, Jr. *For This Land*: Writings on Religion in America. Nova York: Routledge, 1999.
DeNAVAS-WALT, Carmen; CLEVELAND, Robert W. Money Income in the United States: 2001. *Current Population Reports*, série P-60, n. 218. Washington, DC, 2002.
DeNAVAS-WALT, Carmen et al. Income, Poverty, and Health Insurance Coverage in the United States: 2003. *Current Population Reports*, série P-60, n. 226. Washington, DC: U.S. Government Printing Office, 2004.
DENNY, Charlotte. Migration Myths Hold No Fears. *Guardian Weekly*, 26 fev. 2004. p. 12.
DePALMA, Anthony. Racism? Mexico's in Denial. *New York Times*, 11 jun. 1995a. p. E4.
———. For Mexico Indians, New Voice but Few Gains. *New York Times*, 13 jan. 1996. p. B1, B2.
———. White-Collar Layoffs, Downsized Dreams. *New York Times*, 5 dez. 2002. p. A1, A38.
DEPARTMENT of Agriculture. *2002 Census of Agriculture*: Preliminary Report AC-02-A-PR. Washington, DC: U.S. Government Printing Office, 2004.

DEPARTMENT of Defense. Selected Manpower Statistics Fiscal Year 2002. Washington, DC: Department of Defense, 2003.
DEPARTMENT of Health and Human Services. 2004. Percent Change in AFDC/TANF Families and Receipts. Acesso em 22 fev. 2004 (www.acfhhs.gov).
DEPARTMENT of Justice. *The Civil Liberties Act of 1988*: Redress for Japanese Americans. 2000. Acesso em 29 jun. (http://www.usdoj.gov/crt/ora/main.html).
———. *Crime in the United States 2000. Uniform Crime Reports*. Washington, DC: U.S. Government Printing Office, 2001.
———. *Firearms and Crime Statistics*, 2002a. Acesso em 9 dez. (www.ojp.usdoj.gov/bjs/guns.htm).
DEPARTMENT of Justice. *Crime in the United States 2002*. Washington, DC: U.S. Government Printing Office, 2002b.
DEPARTMENT of Labor. *Good for Business*: Making Full Use of the Nation's Capital. Washington, DC: U.S. Government Printing Office, 1995a.
———. *A Solid Investment*: Making Full Use of the Nation's Human Capital. Washington, DC: U.S. Government Printing Office, 1995b.
———. Work and Elder Care: Facts for Caregivers and Their Employers. 1998. Acesso em 20 nov. (www.dol.gov/dol/wb/public/wb_pubs/elderc.htm).
———. Labor Force Statistics from the Current Population Survey. Acesso em 3 ago. (http://data.bls.gov/cgi-bin/surveymost).
DEPARTMENT of Justice. Hate Crime Statistics. 2002. Washington, DC: U.S. Government, 2003.
———. *A Chartbook of International Labor Comparisons*: United States, Europe, and Asia. Washington, DC: U.S. Government Printing Office, 2003b.
DEPARTMENT of Labor. Employment Statistics of the Civilian Population by Race, Sex, and Age. Acesso em 1º mar. 2004 (www.bls.gov).
DEPARTMENT of State. US Prepares to Beam Arabic Satellite TV Channel to Mideast. News release of January 29. Acesso em 2 fev. (www.usinfo.state.gov).
———. Immigrant Visas Issued to Orphans Coming to the U.S., 2004b. Acesso em 24 mar. (www.travel.state.gov/orphan_numbers.html).
DERRY, Charlotte. Migration Myths Should Hold No Fears. *Guardian Weekly*, 26 fev. 2004. p. 12.
DEVINE, Don. *Political Culture of the United States*: The Influence of Member Values on Regime Maintenance. Boston: Little, Brown, 1972.
DEVITT, James. *Framing Gender on the Campaign Trail*: Women's Executive Leadership and the Press. Nova York: Women's Leadership Conference, 1999.
DIGHTON, Daniel. Minority Overrepresentationin the Criminal and Juvenile Justice Systems. *The Compiler*, verão 2003. p. 1, 3–6.
DILLON, Sam. Sex Bias at Border Plants in Mexico Reported by U.S. *New York Times*, 13 jan. 1998. p. A6.

DILLON, Sam. Education Can Be Long, Hard Haul for Nations Rural Kids. *Chicago Tribune*, 28 maio 2004. p. 13.

DiMAGGIO, Paul et al. Social Implications of the Internet, p. 307–336. In: *Annual Review of Sociology, 2001*. COOK, Karen S.; HOGAN, John. Palo Alto, CA: Annual Reviews, 2001.

DIRECTORS Guild of America. *Diversity Hiring Special Report*. Los Angeles: DGA, 2002.

DODDS, Klaus. 2000. *Geopolitics in a Changing World*. Harlow, Inglaterra: Pearson Education.

DOERINGER, Peter B., ed. *Bridges to Retirement*: Older Workers in a Changing Labor Market. Ithaca, NY: ILR Press, 1990.

DOMHOFF, G. William. *Who Really Rules? New Haven and Community Power Reexamined*. New Brunswick, NJ: Transaction, 1978.

———. *Who Rules America?* 4. ed. Nova York: McGraw-Hill, 2001.

DOMINGUEZ, Silvia; WATKINS, Celeste. Creating Networks for Survival and Mobility: Social Capital Among African-American and Latin-American Low-Income Mothers. *Social Problems*, n. 50, fev. 2003. p. 111–135.

DOMINICK, Joseph R. *The Dynamics of Mass Communication*: Media in the Digital Age. 7. ed. Nova York: McGraw-Hill, 2002.

DORESS, Irwin; PORTER, Jack Nusan. *Kids in Cults*: Why They Join. Why They Stay, Why They Leave. Brookline, MA: Reconciliation Associates, 1977.

DOTSON, Floyd. Community, p. 55. In: *Encyclopedic Dictionary of Sociology*. 4. ed. Guilford, CT: Dushkin, 1991.

DOUGHERTY, John; HOLTHOUSE, David. Bordering on Exploitation. 1999. Acesso em 5 mar. (www.phoenixnewtime.com/issies/1998-07-09/feature.html).

DOUGHERTY, Kevin; HAMMACK, Floyd M. Education Organization, p. 535–541. In: *Encyclopedia of Sociology*, v. 2, Ed. Edgar F. Borgatta & Marie L. Borgatta. Nova York: Macmillan, 1992.

DOWD, James J. 1980. *Stratification among the Aged*. Monterey, CA: Brooks/Cole. DOWNIE, Andrew. Brazilian Girls Turn to a Doll More Like Them. *Christian Science Monitor*, 20 jan. 2000. Acesso em 20 jan. (www.csmonitor.com/durable/2000/01/20/fpls3-csm.shtml).

DOYLE, James A. *The Male Experience*. 3. ed. Dubuque, IA: Brown & Benchmark, 1995.

DOYLE, James A.; PALUDI, Michele A. *Sex and Gender*: The Human Experience. 4. ed. Nova York: McGraw-Hill, 1998.

DREZNER, Daniel W. The Outsourcing Bogeyman. *Foreign Affairs*, n. 3, maio/jun. 2004. p. 22–34.

DU BOIS, W. E. B. *The Negro American Family*. Atlanta University. Reimpresso em 1970. Cambridge, MA: MIT Press, 1909.

———. The Girl Nobody Loved. *Social News*, n. 2, nov. 1911. p. 3.

———. *Dusk of Dawn*. Nova York: Harcourt, Brace, 1940. Reimpresso em Nova York: Schocken Books, 1968.

DUGGER, Celia W. Massacres of Low-Born Touch Off a Crisis in India. *New York Times*, 15 mar. 1999. p. A3.

DUNDAS, Susan; KAUFMAN, Miriam. The Toronto Lesbian Family Study. *Journal of Homosexuality*, v. 40, n. 20, 2000. p. 5–79.

DUNEIER, Mitchell. On the Job, but Behind the Scenes. *Chicago Tribune*, 26 dez. 1994a. p. 1, 24.

———. Battling for Control. *Chicago Tribune*, 28 dez. 1994b. p. 1, 8.

———. *Sidewalk*. Nova York: Farrar, Straus and Giroux, 1999.

DUNLAP, Riley E. et al. Environmental Sociology: An Introduction, p. 1–32. In: *Handbook of Environmental Sociology*. DUNLAP, Riley E.; MICHELSON, William. Westport, CT: Greenwood Press, 2002.

DUNNE, Gillian A. Opting Into Motherhood: Lesbians Blurring the Boundaries and Transforming the Meaning of Parenthood and Kinship. *Gender and Society*, n. 14, fev. 2000. p. 11–35.

DURKHEIM, Émile. *The Elementary Forms of Religious Life*. Nova trad. de COSMAN, Carol. Nova York: Oxford University Press, [1912] 2001.

———. *Division of Labor in Society*. Trad. De SIMPSON, George. Reimpresso, Nova York: Free Press, [1893] 1933.

———. *Suicide*. SPAULDING, John (Trad.) A.; SIMPSON, George. Reimpresso, Nova York: Free Press, [1897] 1951.

———. *The Rules of Sociological Method*. SOLOVAY, Sarah A.; MUELLER, John H. (Trad.) Reimpresso, Nova York: Free Press, [1895] 1964.

DUSTER, Troy. Sociological Stranger in the Land of the Human Genome Project. *Contexts*, n. 1, outono 2002. p. 69–70.

———. *Backdoor to Eugenics*. 2. ed. Nova York: Routledge, 2003.

DWORSKY, Amy et al. *What Happens to Families Under W-2 in Milwaukee County, Wisconsin?* Chicago: Chapin Hall Center for Children, University of Chicago, 2003.

EBAUGH, Helen Rose Fuchs. *Becoming an Ex*: The Process of Role Exit. Chicago: University of Chicago Press, 1988.

ECKENWILER, Mark. In the Eyes of the Law. *Internet World*, ago. 1995. p. 74, 76–77.

THE ECONOMIST. Race in Brazil: Out of Eden. *The Economist*, 5 jul. 2003a. p. 31–32.

———. The One Where Pooh Goes to Sweden. *The Economist*, 5 abr. 2003b. p. 59.

———. Veil of Tears. *The Economist*, 15 jan. 2004a.

———. Indigenous People in South America: A Political Awakening. *The Economist*, 21 fev. 2004b. p. 35–37.

———. Battle on the Home Front. *The Economist*, 21 fev. 2004c. p. 8–10.

———. We Are the Champions. *The Economist*, 20 mar. 2004d. p. 13–15.

EDWARDS, Harry. *Sociology of Sport*. Homewood, IL: Dorsey Press, 1973.

EDWARDS, Tamala M. How Med Students Put Abortion Back in the Classroom. *Time*, n. 157, 7 maio 2001. p. 59–60.

EFRON, Sonni. In Japan, Even Tots Must Make the Grade. *Los Angeles Times*, 16 fev. 1997. p. A1, A17.

EHRENREICH, Barbara. *Nickel and Dimed*: On (Not) Getting By in America. Nova York: Metropolitan, 2001.

EHRENREICH, Barbara; PIVEN, Frances Fox. Without a Safety Net. *Mother Jones*, n. 27, maio/jun. 2002. p. 34–41.

EHRLICH, Paul R. *The Population Bomb*. Nova York: Ballantine, 1968.

EHRLICH, Paul R.; EHRLICH, Anne H. *The Population Explosion*. Nova York: Simon and Schuster, 1990.

EHRLICH, Paul R.; ELLISON, Katherine. A Looming Threat We Won't Face. *Los Angeles Times*. 20 jan. 2002. p. M6.

EITZEN, D. Stanley. *Fair and Foul*: Beyond the Myths and Paradoxes of Sport. 2. ed. Lanham, MD: Rowman and Littlefield, 2003.

EL-BADRY, Samira. The Arab-American Market. *American Demographics*, n. 16 jan. 1994. p.21–31.

ELLER, Claudia; MUÑOZ, Lorenza. The Plots Thicken in Foreign Markets. *Los Angeles Times*, 6 out. 2002. p. A1, A26, A27.

ELLINGWOOD, Ken. Results of Crackdown and Border Called Mixed. *Los Angeles Times*, 4 ago. 2001. p. B9.

ELLISON, Ralph. *Invisible Man*. Nova York: Random House, 1952.

ELMER-DeWITT, Philip. Welcome to Cyberspace. *Time*, n. 145, verão 1995. p. 4–11. Edição especial.

EL NASSER, Haya. Minorities Reshape Suburbs. *USA Today*, 9 jul. 2001. p. 1A.

ELY, Robin J. The Power of Demography: Women's Social Construction of Gender Identity at Work. *Academy of Management Journal*, v. 38, n. 3, 1995. p. 589–634.

EMBREE, Ainslie. Religion, p. 101–220. In: *Understanding Contemporary India*. GANGULY, Sumit; DeVOTTA, Neil (eds.). Boulder, CO: Lynne Rienner, 2003.

ENGELS, Friedrich. The Origin of the Family, Private Property, and the State, p. 392–394. Excerto in: *Marx and Engels*: Basic Writings on Politics and Philosophy. FEUER Lewis (ed.). Garden City, NY: Anchor, [1884] 1959.

ENGLAND, Paula. The Impact of Feminist Thought on Sociology. *Contemporary Sociology*, n. 28, maio 1999. p. 263–268.

ENGLISH-LUECK, J. A. *Cultures@SiliconValley*. Stanford, CA: Stanford University Press, 2002.

ENTINE, Jon; NICHOLS, Martha. Blowing the Whistle on Meaningless "Good Intentions". *Chicago Tribune*, 20 jun. 1996, seção 1, p. 21.

ERICSON, Nels. Substance Abuse: The Nation's Number One Health Problem. *OJJDP Fact Sheet* 17 maio 2001. p. 1–2.

ERIKSON, Kai. *Wayward Puritans*: A Study in the Sociology of Deviance. Nova York: Wiley, 1966.

ERIKSON, Kai. *A New Species of Trouble*: The Human Experience of Modern Disasters. Nova York: Norton, 1994.

ETAUGH, Claire. Witches, Mothers and Others: Females in Children's Books. *Hilltopics*, inverno 2003. p. 10–13.

ETZIONI, Amitai. *Modern Organization*. Englewood Cliffs, NJ: Prentice Hall, 1964.

———. *Political Unification*. Nova York: Holt, Rinehart, and Winston, 1965.

EVANS, Sara. *Personal Politics*: The Roots of Women's Liberation in the Civil Rights Movement and the New Left. Nova York: Vintage, 1980.

FAIR. 2001. "Fear and Favor 2000". Acesso em 29 dez. 2001 (www.FAIR.org).

FAIR US. Ed. comp. Acesso em 24 ago. 2003 (www.fairus.org/html/newsroom/html).

FALLOWS, James. The Hollow Army: James Fallows Reports. *The Atlantic* Monthly, 26 jun. 2004.

FALUDI, Susan. 1999. *Stiffed*: The Betrayal of the American Man. Nova York: William Morrow.

FARHI, Paul; ROSENFELD, Megan. Exporting America. *Washington Post National Weekly Edition*, n. 16, 30 nov. 1998. p. 6–7.

FARKAS, Steve et al. *Now That I'm Here*: What America's Immigrants Have to Say About Life in the U.S. Today. Nova York: Public Agenda, 2003.

FARLEY, Maggie. Indonesia's Chinese Fearful of Backlash. *Los Angeles Times*, 31 jan. 1998. p. A1, A8–A9.

———. U.N. Gay Policy is Assailed. *Los Angeles Times*, 9 abr. 2004. p. A3.

FARR, Grant M. 1999. *Modern Iran*. Nova York: McGraw-Hill.

FAUSSET, Richard. Sikhs Mark New Year, Fight Post-September 11 Bias. *Los Angeles Times*, 14 abr. 2003. p. B1, B7.

FEAGIN, Joe R. *The Urban Real Estate Game*: Playing Monopoly with Real Money. Englewood Cliffs, NJ: Prentice Hall, 1983.

———. *Minority Group Issues in Higher Education*: Learning from Qualitative Research. Norman, OK: Center for Research on Minority Education, University of Oklahoma, 1989.

———. Social Justice and Sociology: Agenda for the Twenty-First Century. *American Sociological Review*, n. 66, fev. 2001. p. 1–20.

FEAGIN, Joe R. et al. *The Agony of Education*: Black Students at White Colleges and Universities. Nova York: Routledge, 1996.

FEATHERMAN, David L.; HAUSER, Robert M. *Opportunity and Change*. Nova York: Aeodus, 1978.

FEDERAL Register, 4 jun. 1975.

FEKETEKUTY, Geza. Globalization – Why All the Fuss?, p. 191. In: *2001 Britannica Book of the Year*. Chicago: Encyclopedia Britannica, 2001.

FELSON, Marcus. *Crime and Everyday Life*. 3. ed. Thousand Oaks, CA: Pine Forge Press, 2002.

FERNÁNDEZ, Sandy. The Cyber Cops. *Ms.*, n. 6, Maio/jun. 1996. p. 22–23.

FERREE, Myra Marx; MERRILL, David A. Hot Movements, Cold Cognition: Thinking about Social Movements in Gendered Frames. *Contemporary Society*, n. 29, maio 2000. p. 454–462.

FERRELL, Tom. More Choose to Live outside Marriage. *New York Times*, 1º jul. 1979. p. E7.

FEUER, Lewis S. *Marx and Engels*: Basic Writings on Politics and Philosophy. Nova York: Anchor Books, 1989.

FIALA, Robert. Postindustrial Society. p. 1.512–1.522. In: *Encyclopedia of Sociology*, v. 3, Ed. Edgar F. Borgatta & Marie L. Borgatta. Nova York: Macmillan, 1992.

FIELDS, Jason. America's Families and Living Arrangements. *Current Population Reports*, série P-20, n. 537. Washington, DC: U.S. Government Printing Office, 2001.

———. Children's Living Arrangements and Characteristics: March 2002. *Current Population Reports*, série P-20, n. 547. Washington, DC: U.S. Government Printing Office, 2003.

FINDER, Alan. Despite Tough Laws, Sweatshops Flourish. *New York Times*, 6 jan. 1995. p. A1, B4.

FINE, Gary Alan. Negotiated Orders and Organizational Cultures, p. 239–262. In: *Annual Review of Sociology, 1984*. TURNER, Ralph (ed.). Palo Alto, CA: Annual Reviews, 1984.

———. *With the Boys*: Little League Baseball and Preadolescent Culture. Chicago: University of Chicago Press, 1987.

FINKEL, Steven E.; RULE, James B. Relative Deprivation and Related Psychological Theories of Civil Violence: A Critical Review. *Research in Social Movements*, n. 9, 1987. p. 47–69.

FIRESTONE, David. School Prayer Is Revived as an Issue in Alabama. *New York Times*, 15 jul. 1999. p. A14.

FIRESTONE, Shulamith. *The Dialectic of Sex*: The Case for Feminist Revolution. Nova York: Bantam, 1970.

FISHER, Allen P. Still 'Not Quite as Good as Having Your Own' Toward a Sociology of Adoption. p. 335–361. In: *Annual Review of Sociology 2003*. COOK, Karen S.; HOGAN, John (es). Palo Alto, CA: Annual Review, 2003.

FITZGERALD, Kathleen J.; Diane M. RODGERS. Radical Social Movement Organization: A Theoretical Model. *The Sociological Quarterly*, v. 41, n. 4, 2000. p. 573–592.

FIX, Michael et al. *The Integration of Immigrant Families in the United States*. Washington, DC: The Urban Institute, 2001.

FLACKS, Richard. *Youth and Social Change*. Chicago: Markham, 1971.

FLAVIN, Jeanne. Razing the Wall: A Feminist Critique of Sentencing Theory, Research, and Policy, p. 145–164. In: *Cutting the Edge*. ROSS, Jeffrey (ed.). Westport, CT: Praeger, 1998.

FLETCHER, Connie. On the Line: Women Cops Speak Out. *Chicago Tribune Magazine*, 19 fev. 1995. p. 14–19.

FOREMAN, Judy. The Evidence Speaks Well of Bilingualism's Effect on Kids. *Los Angeles Times*, 7 out. 2002. p. 51, 56.

FORM, William. Labor Movements and Unions, p. 1054–1060. In: *Encyclopedia of Sociology*, vol. 3. Ed. Edgar F. Borgatta & Marie L. Borgatta. Nova York: Macmillan, 1992.

FORTUNE. Fortune Global 500. *Fortune*, n. 148, 21 jul. 2003. p. 97–126.

FOX, Susannah; RAINIE, Lee. *Time Online*: Why Some People Use the Internet More Than Before and Why Some Use It Less. Washington, DC: Pew Internet and American Life Project, 2001.

FRANKLIN, John Hope; MOSS, Alfred A. *From Slavery to Freedom*: A History of African Americans. 8. ed. Upper Saddle River, NJ: Prentice Hall, 2000.

FREEMAN, Jo. The Origins of the Women's Liberation Movement. *American Journal of Sociology*, n. 78, jan. 1973. p. 792–811.

———. *The Politics of Women's Liberation*. Nova York: McKay, 1975.

FREIDSON, Eliot. *Profession of Medicine*. Nova York: Dodd, Mead, 1970.

FRENCH, Howard W. The Pretenders. *New York Times Magazine*, 3 dez. 2000. p. 86–88.

FREY, William H. *Melting Pot Suburbs*: A Census 2000 Study of Suburban Diversity. Washington, DC: The Brookings Institution, 2001.

FRIDLUND, Alan. J. et al. Facial Expressions of Emotion; Review of Literature 1970–1983, p. 143–224. In: *Nonverbal Behavior and Communication*. 2. ed. SEIGMAN, Aron W.; FELDSTEIN, Stanley (eds.) Hillsdale, NJ: Lawrence Erlbaum Associates, 1987.

FRIEDAN, Betty. *The Feminine Mystique*. Nova York: Dell, 1963.

FRIEDLAND, Jonathon. An American in Mexico Champions Midwifery as a Worthy Profession. *Wall Street Monitor*, 15 fev. 2000. p. A1, A12.

FROST, Greg. U.S. Anti-War Movement Breaks Ranks with the 60's. *Washington Post*, 31 mar. 2003.

FURSTENBERG, Frank; CHERLIN, Andrew. *Divided Families*: What Happens to Children When Parents Part. Cambridge, MA: Harvard University Press, 1991.

FURUKAWA, Stacy. The Diverse Living Arrangements of Children: Summer 1991. *Current Population Reports*, série. P-70., n. 38. Washington, DC: U.S. Government Printing Office, 1994.

GALE Group. *Associations Unlimited*. Acesso em 3 mar. 2003 (www.galegroup.com).

GALLUP. Poll Topics and Trends: Death Penalty. Acesso em 7 jun. 2002 (www.gallup.com).

———. The Gallup Poll of Baghdad. Acesso em 25 nov. 2003 (www.gallup.com).

GAMSON, Joshua. Silence, Death, and the Invisible Enemy: AIDS Activism and Social Movement "Newness". *Social Problems*, n. 36, Out. 1989. p. 351–367.

GANS, Herbert J. Symbolic Ethnicity: The Future of Ethnic Groups and Cultures in America. *Ethnic and Racial Studies*. 2 jan. 1979. p. 1–20.

———. *People, Plans, and Policies*: Essays on Poverty, Racism, and Other National Urban Problems. Nova York: Columbia University Press and Russell Sage Foundation, 1991.

GANS, Herbert J. *The War against the Poor*: The Underclass and Antipoverty Policy. Nova York: Basic Books, 1995.

GARDNER, Carol Brooks. Analyzing Gender in Public Places: Rethinking Goffman's Vision of Everyday Life. *American Sociologist*, n. 20, primavera 1989. p. 42-56.

———. Safe Conduct:Women, Crime, and Self in Public Places. *Social Problems*, n. 37, ago. 1990. p. 311-328.

———. *Passing By*: Gender and Public Harassment. Berkeley: University of California Press, 1995.

GARDNER, Gary et al. The State of Consumption Today, p. 3-21. In: *State of the World 2004*. HALWEIL, Brian; MASTNY, Lisa. Nova York: W.W. Norton, 2004.

GARDNER, Marilyn. Media's Eye on Moms. *Christian Science Monitor*, 30 maio 2001. p. 12-13.

———. This View of Seniors Just Doesn't 'Ad' Up. *Christian Science Monitor*, 15 jan. 2003. p. 15.

GARFINKEL, Harold. Conditions of Successful Degradation Ceremonies. *American Journal of Sociology*, n. 61, mar. 1956. p. 420-424.

GARNER, Roberta. *Contemporary Movementsand Ideologies*. Nova York: McGraw-Hill, 1996.

GARREAU, Joel. *Edge City*: Life on the New Frontier. Nova York: Doubleday, 1991.

GARZA, Melita Marie. The Cordi-Marian Annual Cotillion. *Chicago Tribune*, 7 maio 1993, seção. C, p. 1, 5.

GATES, Henry Louis, Jr. One Internet, Two Nations. *New York Times*, 31 out. 1999. p. A15.

GAY, Lesbian and Straight Education Network. About GLSEN. Acesso em 3 maio 2004. (www.glsen.org).

GEARTY, Robert. Beware of Pickpockets. *Chicago Daily News*, 19 nov. 1996. p. 5.

GECAS, Viktor. Socialization, p. 1.863-1.872. In: *Encyclopedia of Sociology*, v. 4. Ed. Edgar F. Borgatta & Marie L. Borgatta. Nova York: Macmillan, 1982.

GELLES, Richard J.; CORNELL, Claire Pedrick. *Intimate Violence in Families*. 2. ed. Newbury Park, CA: Sage, 1990.

GENERAL Accounting Office. *A New Look Through the Glass Ceiling*: Where Are the Women? Washington, DC: General Accounting Office, 2002.

GERTH, H. H.; MILLS, C.Wright. *From Max Weber*: Essays in Sociology. Nova York: Galaxy, 1958.

GEYH, Paul. Feminisme Fatale? *Chicago Tribune*, 26 jul. 1998, seção 13, p. 1, 6.

GEZZAI, Vanessa. Sex Testing Used to Call Girls. *Chicago Tribune*, 10 nov. 2002. p. 4.

GIDDENS, Anthony. *Modernity and Self-Identity*: Self and Society in the Late Modern Age. Cambridge, UK: Polity, 1991.

GIFFORD, Allen L. et al. Participation in Research and Access to Experimental Treatments by HIV-Infected Patients. *New England Journal of Medicine*, n. 346, maio 2002. p. 1.400-1.402.

GIORDANO, Peggy C. Relationships in Adolescence, p. 257-281. In: *Annual Review of Sociology, 2003*. Karen S. Cook & John Hogan (ed.) Palo Alto, CA: Annual Reviews, 2003.

GIORDANO, Peggy C. et al. The Family and Peer Relations of Black Adolescents. *Journal of Marriage and Family*, n. 55, maio 1993. p. 277-287.

GIROUX, Henry A. *Schooling and the Struggle for Public Life*: Critical Pedagogy in the Modern Age. Minneapolis: University of Minnesota Press, 1988.

GITLIN, Todd. *Media Unlimited*: How the Torrent of Images and Sounds Overwhelms Our Lives. Nova York: Henry Holt and Company, 2002.

GLAUBER, Bill. Youth Binge Drinking Varies Around World. *St. Louis Post-Dispatch*, 9 fev. 1998. p. E4.

GLAZE, Lauren. Probation and Parole in the United States, 2001. *Bureau of Justice Statistics Bulletin*, ago. 2002.

GLENN, David. A Dangerous Surplus of Sons? *Chronicle of Higher Education*, n. 50, 30 abr. 2004. p. A14-A16, A18.

GLOBAL Alliance for Workers and Communities. About Us. Acesso em 28 abr. 2003 (www.theglobalalliance.org).

GLOBAL Reach. *Global Internet Statistics (by Language)*. Acesso em 31 maio 2004 (www.global-reach.biz/globstats/erol.html).

GOFFMAN, Erving. *The Presentation of Self in Everyday Life*. Nova York: Doubleday, 1959.

———. *Asylums*: Essays on the Social Situation of Mental Patients and Other Inmates. Garden City, NY: Doubleday, 1961.

———. *Stigma*: Notes on Management of Spoiled Identity. Englewood Cliffs, NJ: Prentice Hall, 1963a.

———. *Behavior in Public Places*. Nova York: Free Press, 1963b.

———. *Relations in Public*. Nova York: Basic Books, 1971.

———. *Gender Advertisements*. Cambridge, MA: Harvard University Press, 1979.

GOLDBERG, Carey. Little Drop in College Binge Drinking. *New York Times*, 11 ago. 1998. p. A14.

GOLDEN, Frederic. Who's Afraid of Frankenfood? *Time*, 29 nov. p. 49-50.

GOLDSTEIN, Amy; MORIN, Richard. The Squeaky Wheel Gets the Grease. *Washington Post National Weekly Edition*, n. 20, 28 out. 2002. p. 34.

GOLDSTEIN, Melvyn C.; BEALL, Cynthia M. Modernization and Aging in the Third and Fourth World: Views from the Rural Hinterland in Nepal. *Human Organization*, n. 40, primavera 1981. p. 48-55.

GOLEMAN, Daniel. New Ways to Battle Bias: Fight Acts, Not Feelings. *New York Times*, 16 jul. 1991. p. C1, C8.

GONNUT, Jean Pierre. Interview. 18 jun. 2001.

GONZALES, John M. Relearning a Lost Language. *Los Angeles Times*, 26 maio 1997. p. A1.

GONZALEZ, David. Latin Sweatshops Pressed by U.S. Campus Power. *New York Times*, 4 abr. 2003. p. A3.

GONZALEZ-PANDO, Miguel. *The Cuban Americans*. Westport, CT: Greenwood Press, 1998.

GOODGAME, Dan. Welfare for the Well-Off. *Time*, n. 141, 22 fev. 1993. p. 36-38.

GORDON, Daniel T. (ed.) *Minority Achievement*. Harvard Education Letter Focus Series, n. 7. Cambridge, MA: Harvard Graduate School of Education, 2002.

GORDON, Gary. Teacher Retention Statistics with Great Principals. *Gallup Poll Tuesday Briefing*, February 17. Acesso em 18 mar. 2004 (www.gallup.com).

GORNICK, Janet C. Cancel the Funeral. *Dissent*, verão 2001. p. 13-18.

GORNICK, Vivian. "Introduction" to *Gender Advertisements*. Cambridge, MA: Harvard University Press, 1979.

GOTTDIENER, Mark; FEAGIN, Joe R. The Paradigm Shift in Urban Sociology. *Urban Affairs Quarterly*, n. 24, dez. 1988. p. 163-187.

GOTTDIENER, Mark; HUTCHISON, Ray. *The New Urban Sociology*. 2. ed. Nova York: McGraw-Hill, 2000.

GOTTFREDSON, Michael; HIRSCHI, Travis. *A General Theory of Crime*. Palo Alto, CA: Stanford University Press, 1990.

GOULDNER, Alvin. The Norm of Reciprocity. *American Sociological Review*, n. 25, abr. 1960. p. 161-177.

———. *The Coming Crisis of Western Sociology*. Nova York: Basic Books, 1970.

GRAHAM, Judith. Agencies Adapt to a Less-White Elderly. *Chicago Tribune*, 11 abr. 2002. p. 1, 16.

———. Most Perceive Shades of Gray in Abortion. *Chicago Tribune*, 20 jun. 2003. p. 1, 18.

———. Kids of Addicts Bear Scars as Meth Sweeps Rural Areas. *Chicago Tribune*, 7 mar. 2004. p. 1, 14.

GRAMSCI, Antonio. *Selections from the Prison Notebooks*. Antonio Gramsci. HOARE, Quintin; SMITH, Geoffrey Nowell (ed./trad.) Londres: Lawrence and Wishort, 1929.

GREELEY, Andrew M. Protestant and Catholic: Is the Analogical Imagination Extinct? *American Sociological Review*, n. 54, ago. 1989. p. 485-502.

GREEN, Dan S.; DRIVER, Edwin D. Introduction, p. 1-60. In: *W. E. B. DuBois on Sociology and the Black Community*.Dan S. GREEN; DRIVER, Edwin D. (eds.) Chicago: University of Chicago Press, 1978.

GREENE, Jay P. A Meta-Analysis of the Effectiveness of Bilingual Education. Ed.Toms River Policy Initiative. Acesso em 1º jul. 1998 (http://data.Fas.harvard.edu/pepg/biling.htm).

GREENHOUSE, Linda. High Court Ruling Says Harassment Includes Same Sex. *New York Times*, 5 mar. 1998. p. A1, A17.

GREENHOUSE, Steven. Report Faults Laws for Slowing Growth of Unions. *New York Times*, 24 out. 2000a. p. A14.

GRIECO, Elizabeth M.; CASSIDY, Rachel C. Overview of Race and Hispanic Origin. *Current Population Reports Series* CENBR/01–1. Washington, DC: U.S. Government Printing Office, 2001.

GROSSMAN, Lew. Busjocking for Grownups. *Time*, 4 nov. 2002. p. 80.

GROZA, Victor et al. *A Peacock or a Crow*: Stories, Interviews, and Commentaries on Romanian Adoptions. Euclid, OH: Williams Custom Publishing, 1999.

GUTERMAN, Lila. Why the 25-Year-Old Battle over Sociology Is More than Just "An Academic Sideshow". *Chronicle of Higher Education*, 7 jul. 2000. p. A17–A18.

GUTIÉRREZ, Gustavo. Theology and the Social Sciences. In: Paul E. Sigmund, *Liberation Theology at the Crossroads*: Democracy or Revolution? Nova York: Oxford University Press, 1990. p. 214–225.

GUTIERREZ, Valerie. Minority Women Get Left Behind by Title IX. *Los Angeles Times*, 23 jun. 2002. p. D1, D12.

GWYNNE, S. C.; John E. Dickerson. Lost in the E-Mail, *Time*, n. 149, 21 abr. 1997. p. 88–90.

HACKER, Andrew. Power to Do What?, p. 134–146. In: *The New Sociology*. HOROWITZ, Irving Louis. Nova York: Oxford University Press, 1964.

HACKER, Helen Mayer. Women as a Minority Group. *Social Forces*, n. 30, out. 1951. p. 60–69.

———. Women as a Minority Group, Twenty Years Later, p. 124–134. In: *Who Discriminates against Women?* DENMARK, Florence. Beverly Hills, CA: Sage, 1974.

HAINES, Valerie A. Is Spencer's Theory an Evolutionary Theory? *American Journal of Sociology*, n. 93, mar. 1988. p. 1.200–1.223.

HALL, Kay. Work from Here. *Computer User*, n. 18, nov. 1999. p. 32.

HALL, Mimi. Genetic-Sex-Testing a Medical Mine Field. *USA Today*, 20 dez. 1993. p. 6A.

HALL, Robert H. The Truth about Brown Lung. *Business and Society Review*, n. 40, inverno 1981–1982. p. 15–20.

HALLINAN, Maureen T. The Sociological Study of Social Change. *American Sociological Review*, n. 62, fev. 1997. p. 1–11.

———. Ability Grouping and Student Learning, p. 95–140. In: *Brookings Papers on Education Policy*. RAVITCH, Diane. Washington, DC: Brookings Institute Press, 2003.

HAMILTON, Brady E. Reproduction Rates for 1990–2002 and Intrinsic Rates for 2000–2001. *United States National Vital Statistics Reports*, n. 52, 18 mar. 2004.

HAMILTON, Brady E. et al. Revised Birth and Fertility Rates for the 1990s and New Rates for Hispanic Populations, 2000 and 2001: United States. *National Vital Statistics Reports*, n. 51, 4 ago. 2003.

HANI, Yoko. Hot Pots Wired to Help the Elderly. *Japan Times Weekly International Edition*, 13 abr. 1998. p. 16.

HANK, Karsten. Changes in Child Care Could Reduce Job Options for Eastern German Mothers. *Population Today*, n. 29, abr. 2001. p. 3, 6.

HANSEN, Brian. Globalization Backlash. *CQ Researcher*, n. 11, 28 set. 2001. p. 761–784.

———. Cyber-Crime. *CQ Researcher*, n. 12, 12 abr. 2002.

HANSON, Ralph E. *Mass Communication*: Living in a Media World. Nova York: McGraw Hill, 2005.

HARLOW, Harry F. *Learning to Love*. Nova York: Ballantine, 1971.

HARMON, Amy. The Law Where There Is No Land. *New York Times*, 16 mar. 1998. p. C1, C9.

———. Online Dating Sheds Its Stigma as Losers.com. *New York Times*, 29 jun. 2003. p. A1, A21.

HARRINGTON, Michael. The New Class and the Left, p. 123–138. In: *The New Class*. Ed. B. Bruce Briggs. Brunswick, NJ: Transaction, 1980.

HARRIS, Chauncy D.; ULLMAN, Edward. The Nature of Cities. *Annals of the American Academy of Political and Social Science*, n. 242, nov. 1945. p. 7–17.

HARRIS, David A. *Driving While Black*: Racial Profiling on Our Nation's Highways. Nova York: American Civil Liberties Union, 1999.

HARRIS, Judith Rich. *The Nurture Assumption*: Why Children Turn Out the Way They Do. Nova York: Free Press, 1998.

HARTMAN, Chris; MILLER, Jake. *Bail Outs That Work for Everyone*. Boston: United for a Fair Economy, 2001.

HAUB, Carl. *World Population Data Sheet, 2003*. Washington, DC: Population Reference Bureau, 2003.

HAVILAND, William A. *Cultural Anthropology*. 10. ed. Belmont, CA: Wadsworth, 2002.

HAVILAND, William A. et al. *Cultural Anthropology – The Human Challenge*. Nova York: McGraw-Hill, 2005.

HAWKINS, Darnell F. et al. Race, Ethnicity, and Serious and Violent Juvenile Offending. *Juvenile Justice Bulletin*, jun. 2000. p. 107.

HAYWARD, Mark D. et al. Changes in the Retirement Process. *Demography*, n. 25, ago. 1987. p. 371–386.

HEALEY, Jon. Music Industry Tries Fear as a Tactic to Stop Online Piracy. *Los Angeles Times*, 23 abr. 2003. p. A1, A21.

HEALTH Canada. *Gender and Violence in the Mass Media*. Ottawa, Canadá: Health Canada, 1993.

HECKERT, Druann; BEST, Amy. Ugly Duckling to Swan: Labeling Theory and the Stigmatization of Red Hair. *Symbolic Interaction*, v. 20, n. 4, 1997. p. 365–384.

HEDLEY, R. Alan. Industrialization in Less Developed Countries, p. 914–920. In: *Encyclopedia of Sociology*, v. 2, Ed. Edgar F. Borgatta & Marie L. Borgatta. Nova York: Macmillan, 1992.

HEILMAN, Madeline E. Description and Prescription: How Gender Stereotypes Prevent Women's Ascent up the Organizational Ladder. *Journal of Social Issues*, v. 57, n. 4, 2001. p. 657–674.

HEISE, Lori, M. et al. Ending Violence Against Women. *Population Reports*, série. L, n. 11. Baltimore: Johns Hopkins University School of Public Health, 1999.

HELLMICH, Nanci. TV's Reality: No Vast American Waistlines. *USA Today*, 8 out. 2001. p. 7D.

HENLY, Julia R. Challenges to Finding and Keeping Jobs in the Low-Skilled Labor Market. *Poverty Research News*, v. 3, n. 1, 1999. p. 3–5.

HENNEBERGER, Melinda. Muslims Continue to Feel Apprehensive. *New York Times*, 14 abr. 1995. p. B10.

HENRY L. Stimson Center. Frequently Asked Questions: Likelihood of Terrorists Acquiring and Using Chemical or Biological Weapons. 2001. Acesso em 28 dez. (www.stimson.org/cwc/acquse.htm#seek).

HERRMANN, Andrew. Survey Shows Increase in Hispanic Catholics. *Chicago Sun-Times*, 10 mar. 1994. p. 4.

HERSKOVITS, Melville J. *The Anthropometry of the American Negro*. Nova York: Columbia University Press, 1930.

HETHERINGTON, E. Mavis; KELLY, John. *For Better or For Worse*. Nova York: Norton, 2002.

HEWLETT, Sylvia Ann; WEST, Cornel. *The War Against Parents*. Boston: Houghton Mifflin, 1998.

HICKMAN, Jonathan. America's 50 Best Corporations for Minorities. *Fortune*, n. 146, 8 jul. 2002. p. 110–120.

HILL, Charles W. L. *International Business*: Competing in the Global Marketplace. 4. ed. Nova York: McGraw-Hill/Irwin, 2003.

HILL, Michael R.; HOECKER-DRYSDALE, Susan (eds.). *Harriet Martineau*: Theoretical and Methodological Perspectives. Nova York: Routledge, 2001.

HILLERY, George A. Definitions of Community: Areas of Agreement. *Rural Sociology*, n. 2, 1955. p. 111–123.

HIMES, Vristine L. Elderly Americans. *Population Bulletin*, n. 56, dez. 2001.

HIRSCHI, Travis. *Causes of Delinquency*. Berkeley: University of California Press, 1969.

HIRST, Paul; THOMPSON, Grahame. *Globalization in Question*: The International Economy and the Possibilities of Governance. Cambridge, UK: Polity Press, 1996.

HOCHSCHILD, Arlie Russell. The Second Shift: Employed Women Are Putting in Another Day of Work at Home. *Utne Reader*, n. 38, mar./abr. 1990. p. 66–73.

HOCHSCHILD, Arlie Russell com MACHUNG, Anne. *The Second Shift*: Working Parents and the Revolution at Home. Nova York: Viking Penguin, 1989.

HODGE, Robert W.; ROSSI, Peter H. Occupational Prestige in the United States, 1925–1963. *American Journal of Sociology*, n. 70, Nov. 1964. p. 286–302.

HOEBEL, E. Adamson. *Man in the Primitive World*: An Introduction to Anthropology. Nova York: McGraw-Hill, 1949.

HOFFMAN, Adonis. Through an Accurate Prism. *Los Angeles Times*, 8 ago. 1997. p. M1.

HOFFMAN, Lois Wladis. The Changing Genetics/Socialization Balance. *Journal of Social Issues*, n. 41, verão 1985. p. 127-148.

HOLDEN, Constance. Identical Twins Reared Apart. *Science*, n. 207, 21 mar. 1980. p. 1.323-1.328.

———. The Genetics of Personality. *Science*, n. 257, 7 ago. 1987. p. 598-601.

HOLLANDER, Jocelyn A. Resisting Vulnerability: The Social Reconstruction of Gender in Interaction. *Social Problems*, v. 49, n. 4, 2002. p. 474-496.

HOLLINGSHEAD, August B. *Elmtown's Youth and Elmtown Revisited*. Nova York: Wiley, 1975.

HOMANS, George C. Nature versus Nurture: A False Dichotomy. *Contemporary Sociology*, n. 8, maio 1979. p. 345-348.

HONDAGNEU-SOTELO, Pierette. *Domestica*: Immigrant Workers Cleaning and Caring in the Shadows of Affluence. Berkeley: University of California Press, 2001.

HOOVER, Eric. Binge Thinking. *Chronicle of Higher Education*, n. 49, 8 nov. 2002. p. A34-A37.

HORGAN, John. Eugenics Revisited. *Scientific American*, n. 268, jun. 1993. p. 122-128, 130-133.

HOROVITZ, Bruce. Smile! You're the Stars of the Super Ad Bowl. *USA Today*, 24 jan. 2003. p. B1, B2.

HOROWITZ, Helen Lefkowitz. *Campus Life*. Chicago: University of Chicago Press, 1987.

HOSOKAWA, William K. Nisei: *The Quiet Americans*. Nova York: Morrow, 1969.

HOUT, Michael. More Universalism, Less Structural Mobility: The American Occupational Structure in the 1980s. *American Journal of Sociology*, n. 91, maio 1988. p. 1358-1400.

HOWARD, Judith A. Border Crossings between Women's Studies and Sociology. *Contemporary Sociology*, n. 28 set. 1999. p. 525-528.

HOWARD, Michael C. *Contemporary Cultural Anthropology*. 3. ed. Glenview, IL: Scott, Foresman, 1989.

HOWARD, Philip E. et al. Days and Nights on the Internet. *American Behavioral Scientist*, n. 45, nov. 2001. p. 383-404.

HOWARD, Russell D.; SAWYER, Reid L. *Terrorism and Counterterrorism*: Understanding the New Security Environment. Guilford, CT: McGraw-Hill/Dushkin, 2003.

HUANG, Gary. Daily Addressing Ritual: A Cross-Cultural Study. Apresentado no encontro anual da American Sociological Association, Atlanta, 1988.

HUBER, Bettina J. *Employment Patterns in Sociology*: Recent Trends and Future Prospects. Washington, DC: American Sociological Association, 1985.

HUDDY, Leonie et al. The Effect of Interviewer Gender on the Survey Response. *Political Behavior*, n. 19, set. 1997. p. 197-220.

HUFFSTUTTER, P. J. See No Evil. *Los Angeles Times*, 12 jan. 2003. p. 12-15, 43-45.

HUGHES, Everett. Dilemmas and Contradictions of Status. *American Journal of Sociology*, n. 50, mar. 1945. p. 353-359.

HUIE, Stephanie A. Bond et al. Wealth, Race, and Morality. *Social Science Quarterly*, n. 84, set. 2003. p. 667-684.

HUMAN Rights Campaign. "Statewide Anti-Discrimination Laws and Policies" e "Statewide Discriminatory Marriage Laws". Acesso em 24 mar. 2004 (www.hrc.org).

HUNT, Darnell. *Screening the Los Angeles "Riots"*: Race, Seeing, and Resistance. Nova York: Cambridge University Press, 1997.

HUNTER, Herbert M. (ed.) *The Sociology of Oliver C. Cox*: New Perspectives: Research in Race and Ethnic Relations, v. 2. Stamford, CT: JAI Press, 2000.

HUNTER, James Davison. *Culture Wars*: The Struggle to Define America. Nova York: Basic Books, 1991.

HURH, Won Moo. *Korean Immigrants in America*: A Structural Analysis of Ethnic Confinement and Adhesive Adaptation. Rutherford, NJ: Fairleigh Dickinson University Press, 1994.

———. *The Korean Americans*. Westport, CT: Greenwood Press, 1998.

HURH, Won Moo; KIM, Kwang Chung. The "Success" Image of Asian Americans: Its Validity, and Its Practical and Theoretical Implications. *Ethnic and Racial Studies*, 12 out. 1998. p. 512-538.

HURN, Christopher J. *The Limits and Possibilities of Schooling*, 2. ed. Boston: Allyn and Bacon, 1985.

IMMIGRATION and Naturalization Service. *Legal Immigration, Fiscal Year 1998*. Washington, DC: U.S. Government Printing Office, 1999a.

———. *1997 Statistical Yearbook of the Immigration and Naturalization Service*. Washington, DC: U.S. Government Printing Office, 1999b.

INGLEHART, Ronald; BAKER, Wayne E. Modernization, Cultural Change, and the Persistence of Traditional Values. *American Sociological Review*, n. 65, fev. 2000. p. 19-51.

INSTITUTE of International Education. *Open Doors*: Foreign Student 2002/2003 and American Students Study Abroad. Acesso em 5 abr. 2004 (www.opendoors.iienetwork.org).

INTELLIGENCE Report. Hate Web Site List. *Intelligence Report* primavera 2003. p. 42-47.

INTERNATIONAL Crime Victim Survey. *Nationwide Surveys in the Industrialized Countries*. Acesso em 20 fev. 2004 (www.ruljis.leidenuniv.nl/group/jfcr/www/icvs).

INTERNATIONAL Monetary Fund. *World Economic Outlook*: Asset Prices and the Business Cycle. Washington, DC: International Monetary Fund, 2000.

INTER-PARLIAMENTARY Union. *Women in National Parliaments*. 31 maio 2003. Acesso em 6 ago. (www.ipu.org).

IRITANI, Evelyn; DICKERSON, Marla. People's Republic of Products. *Los Angeles Times*, 20 out. 2002. p. A1, A10.

JACKSON, Elton F. et al. Offense-Specific Models of the Differential Association Process. *Social Problems*, n. 33 abr. 1986. p. 335-356.

JACKSON, Philip W. *Life in Classrooms*. Nova York: Holt, 1968.

JACKSON, Shelly et al. *Batterer Intervention Programs. Where Do We Go From Here?* Washington, D.C.: National Institute of Justice, 2003.

JACOBS, Andrew. A Nation Challenged: Neighbors, Town, Shed Its Anonymity to Confront the Bereaved. *New York Times*, 14 out. 2001a.

———. A Suburb Pulls Together for Its Grieving Families. *New York Times*, 13 nov. 2001b. p. B1.

———. Emerging from a Cocoon of Grief. *New York Times*, 9 set. 2002. p. A23.

JACOBS, Jerry. Detours on the Road to Equality: Women, Work and Higher Education. *Contexts*, inverno 2003. p. 32-41.

JACOBSON, Jodi. Closing the Gender Gap in Development, p. 61-79. In: *State of the World*. Ed. Lester R. Brown. Nova York: Norton, 1993.

JAMIESON, Arnie et al. Voting and Registration in the Election of November 2000. *Current Population Reports*, série P-20, n. 542. Washington, DC: U.S. Government Printing Office, 2002.

JARGOWSKY, Paul A. *Stunning Progress, Hidden Problems*: The Dramatic Decline of Concentrated Poverty in the 1990s. Washington, DC: Brookings Institute, 2003.

JASPER, James M. *The Art of Moral Protest*: Culture, Biography, and Creativity in Social Movements. Chicago: University of Chicago Press, 1997.

JENKINS, Richard. Disability and Social Stratification. *British Journal of Sociology*, n. 42, dez. 1991. p. 557-580.

Jobtrak.com. 79% of College Students Find the Quality of an Employer's Website Important in Deciding Whether or Not to Apply for a Job. Acesso em 29 jun. 2000 (http://static.jobtrak.com/mediacenter/press_polls/polls_061200.html).

JOHNSON, Anne M. et al. *Sexual Attitudes and Lifestyles*. Oxford: Blackwell Scientific, 1994.

JOHNSON, Benton. *Functionalism in Modern Sociology*: Understanding Talcott Parsons. Morristown, NJ: General Learning, 1975.

JOHNSON, Dirk. Rural Life Gains New Appeal, Turning Back a Long Decline. *New York Times*, 23 set. 1996. p. A1, B6.

JOHNSON, Jeffrey et al. Television Viewing and Aggressive Behavior During Adolescence and Adulthood. *Science*, n. 295, 29 mar. 2002. p. 2.468-2.471.

JOHNSTON, David Cay. The Divine Write-Off. *New York Times*, 12 jan. 1996. p. D1, D6.

JOLIN, Annette. On the Backs of Working Prostitutes: Feminist Theory and Prostitution Policy. *Crime and Delinquency*, v. 40, n. 2, 1994. p. 69-83.

JONES, Dale E. et al. *Religious Congregations and Membership in the United States 2000*: An

Enumeration by Religion, State and Country Based on Data Reported by 149 Religious Bodies, Nashville, TN: Glenmary Research Center, 2002.

JONES, James T., IV. Harassment Is Too Often Part of the Job. *USA Today*, 8 ago. 1988. p. 5D.

JONES, Stephen R. G. Was There a Hawthorne Effect? *American Journal of Sociology*, n. 98, nov. 1992. p. 451–568.

JOST, Kenneth. Corporate Crime. *CQ Researcher*, n. 12, 11 out. 2002a.

———. School Vouchers Showdown. *CQ Researcher*, n. 12, 15 fev. 2002b. p. 121-144.

JOYNT, Jen; ANESHANANTHAN, Vasugi. Abortion Decisions. *Atlantic Monthly*, n. 291, abr. 2003. p. 38–39.

JUHASZ, Anne McCreary. Black Adolescents' Significant Others. *Social Behavior and Personality*, v. 17, n. 2, 1989. p. 211–214.

KAHLENBERG, Richard D. (ed.) *America's Untapped Resource*: Low-Income Students in Higher Education. Nova York: Century Fund, 2004.

KAHN, Joseph. Made in China, Bought in China. *New York Times*, 5 jan. 2003a. seção 3, p. 1, 10.

———. China's Workers Risk Limbs in Export Drive. *New York Times*, 7 abr. 2003b. p. A3.

———. "China's Leaders Manage Class Conflict Carefully." *New York Times*, 25 jan. 2004a, seção WK, p. 5.

———. The Most Populous Nation Faces a Population Crisis. *New York Times*, 30 maio, seção 4, p. 1.

KAISER Family Foundation. *Few Parents Use V-Chip to Block TV Sex and Violence*. Menlo Park: Kaiser Family Foundation, 2001.

———. *Sex on TV*: 2003. Santa Barbara, CA: Kaiser Family Foundation, 2003.

KAISER Family Foundation/*The San Jose Mercury News*. *Growing Up Wired*: Survey on Youth and the Internet in Silicon Valley, 2003. Acesso em 14 jan. 2004 (www.KFF.org).

KANELLOS, Nicholas. *The Hispanic Almanac*: From Columbus to Corporate America. Detroit: Visible Ink Press, 1994.

KATOVICH, Michael A. Correspondence. 1º jun. 1987.

KATZ, Michael. *Class, Bureaucracy, and the Schools*: The Illusion of Educational Change in America. Nova York: Praeger, 1971.

KERBO, Harold R. *Social Stratification and Inequality*: Class Conflict in Historical, Comparative, and Global Perspective. 5. ed. Nova York: McGraw-Hill, 2003.

KILBORN, Peter T. Rural Towns Turn to Prisons to Reignite Their Economies. *New York Times*, 1º ago. 2001. p. A1, A11.

KILBOURNE, Jean. *Can't Buy My Love*: How Advertising Changes the Way We Think and Feel. Nova York: Touchstone Book, Simon and Schuster, 2000a.

———. *Killing Us Softly* 3. Videorecording. Northampton, MA: Media Education Foundation, 2000b. (Cambridge Documentary Films)

KIM, Kwang Chung. *Koreans in the Hood*: Conflict with African Americans. Baltimore: Johns Hopkins University Press, 1999.

KING, Leslie. France Needs Children: Pronatalism, Nationalism, and Women's Equity. *Sociological Quarterly*, n. 39, inverno1998. p. 33–52.

KINKADE, Patrick T.; KATOVICH, Michael A. The Driver Adaptations and Identities in the Urban Worlds of Pizza Delivery Employees. *Journal of Contemporary Ethnography*, n. 25, jan. 1997. p. 421–448.

KINSELLA, Kevin; VELKOFF, Victoria A. An Aging World: 2001. *Current Population Reports*, série 95, n. 01-1. Washington, DC: U.S. Government Printing Office, 2001.

KINSEY, Alfred C. et al. *Sexual Behavior in the Human Male*. Filadélfia: Saunders, 1948.

KINSEY, Alfred C. et al. *Sexual Behavior in the Human Female*. Filadélfia: Saunders, 1953.

KISER, Edgar. War, p. 2243–2247. In: *Encyclopedia of Sociology*. Ed. Edgar F. Borgatta & Marie L. Borgatta. Nova York: Macmillan, 1992.

KITCHENER, Richard F. Jean Piaget: The Unknown Sociologist. *British Journal of Sociology*, n. 42, set. 1991. p. 421–442.

KLASS, Perri. This Side of Medicine. In: *This Side of Doctoring*: Reflection for Women in Medicine. CHIN, Eliza Lo (ed.). p. 319. Nova York: Oxford University Press, 2003.

KLEIN, Naomi. *No Logo*: Money, Marketing, and the Growing Anti-Corporate Movement. Nova York: Picador (St. Martin's Press), 1999.

KLEINER, Art. Are You In with the In Crowd? *Harvard Business Review*, n. 81, jul. 2003. p. 86–92.

KLEINKNECHT, William. *The New Ethnic Mobs*: The Changing Face of Organized Crime in America. Nova York: Free Press, 1996.

KLENIEWSKI, Nancy. *Cities, Change, and Conflict*: A Political Economy of Urban Life. 2. ed. Belmont, CA: Wadsworth, 2002.

KLINENBERG, Eric. 2002. *Heat Wave*: A Social Autopsy of Disaster in Chicago. Chicago: University of Chicago Press, 2002.

KLINGER, Scott et al. *Executive Excess 2002*: CEOs Cook the Books, Skewer the Rest of Us. Boston, MA: United for a Fair Economy, 2002.

KOHN, Melvin L. The Effects of Social Class on Parental Values and Practices, p. 45–68. In: *The American Family*: Dying or Developing. REISS, David; HOFFMAN, H. A. (eds.) Nova York: Plenum, 1970.

KOLATA, Gina. *Clone*: The Road to Dolly and the Path Beyond. Nova York: William Morrow, 1999.

KOMAROVSKY, Mirra. Some Reflections on the Feminist Scholarship in Sociology, p.1–25. In: *Annual Review of Sociology*. SCOTT, W. Richard; BLAKE, Judith (eds.) Palo Alto, CA: Annual Reviews, 1991.

KONIECZNY, May Ellen; CHAVES, Mark. Resources, Race, and Female-Headed Congregations in the United States. *Journal for the Scientific Study of Religion*, n. 39, set. 2000. p. 261–271.

KOOLHAAS, Rem et al. *Mutations*. Barcelona, Espanha: Actar, 2001.

KOPINAK, Kathryn. Gender as a Vehicle for the Subordination of Women Maquiladora Workers in Mexico. *Latin American Perspectives*, n. 22, inverno1995. p. 30–48.

KORCZYK, Sophie M. *Back to Which Future*: The U.S. Aging Crisis Revisited. Washington, DC: AARP, 2002.

KORNBLUM, Janet. Sons, Daughters and Caregivers. *USA Today*, 17 fev. 2004. p. 1D, 4D.

KOTTAK, Conrad. *Anthropology*: The Explanation of Human Diversity. Nova York: McGraw-Hill, 2004.

KRAUL, Chris. After Initial Boom, Mexico's Economy Goes Bust. *Los Angeles Times*. 2 jan. 2003. p. A71, A36, A37.

KRAUSS, Clifford. Quebec Seeking to End Its Old Cultural Divide. *New York Times*, 13 abr. 2003. p. A12.

KREIDER, Rose M.; FIELDS, Jason M. Number, Timing, and Duration of Marriages and Divorces: 1996. *Current Population Reports*, série P-70, n. 80. Washington, DC: U.S. Government Printing Office, 2002.

KRETZMANN, John P.; McKNIGHT, John L. *Building Communities from the Inside Out*: A Path Toward Finding and Mobilizing a Communities Assets. Evanston, IL: Institute for Policy Research, 1993.

KRIESBERG, Louis. Peace, p. 1.432–1.436. In: *Encyclopedia of Sociology*. Ed. Edgar F. Borgatta & Marie L. Borgatta. Nova York: Macmillan, 1992.

KRISTOF, Nicholas D. As Asian Economies Shrink, Women Are Squeezed Out. *New York Times*, 11 jun. 1998. p. A1, A12.

LABATON, Stephan. 10 Wall St. Firms Settle with U.S. in Analyst Inquiry. *New York Times*, 29 abr. 2003. p. A1, C4.

LADNER, Joyce. *The Death of White Sociology*. Nova York: Random Books, 1973.

LAMB, David. Viet Kieu: A Bridge Between Two Worlds. *Los Angeles Times*, 4 nov. 1997. p. A1, A8.

LANDTMAN, Gunnar. *The Origin of Inequality of the Social Class*. Nova York: Greenwood, [1938] 1968. (Edição original de 1938, Chicago: University of Chicago Press).

LANG, Eric. Hawthorne Effect, p. 793–794. In: *Encyclopedia of Sociology*, v. 2, Ed. Edgar F. Borgatta & Marie L. Borgatta. Nova York: Macmillan, 1992.

LAPPIN, Todd. Aux Armes, Netizens! *The Nation*, n. 262, 26 fev. 1996. p. 6–7.

LARSEN, Elena. *Wired Churches, Wired Temples*: Taking Congregations and Missions into Cyberspace. Washington, DC: Pew Internet and American Life Project, 2000.

LASN, Kalle. Ad Spending Predicted for Steady Decline. *Adbusters*, jan./fev. 2003.

LASSWELL, Harold D. *Politics*: Who Gets What, When, How. Nova York: McGraw-Hill, 1936.

LAUER, Robert H. *Perspectives on Social Change*. 3. ed. Boston: Allyn and Bacon, 1982.

LAUMANN, Edward O. et al. A Political History of the National Sex Survey of Adults. *Family Planning Perspectives*, n. 26, fev. 1994a. p. 34–38.

LAUMANN, Edward O. et al. *The Social Organization of Sexuality*: Sexual Practices in the United States. Chicago: University of Chicago Press, 1994b.

LAZARSFELD, Paul et al. *The People's Choice*. Nova York: Columbia University Press, 1948.

LAZARSFELD, Paul; MERTON, Robert K. Mass Communication, Popular Taste, and Organized Social Action, p. 95–118. In: *The Communication of Ideas*. BRYSON, Lymon (ed.). Nova York: Harper and Brothers, 1948.

LEAF, Nathan. Wal-topia. *The Capital Times* (Madison, WI), 3 maio 2003. p. 1A, 4A.

LEAVELL, Hugh R.; CLARK, E. Gurney. *Preventive Medicine for the Doctor in His Community*: An Epidemiologic Approach. 3. ed. Nova York: McGraw-Hill, 1965.

LEE, Alfred McClung. *Terrorism in Northern Ireland*. Bayside, NY: General Hall, 1983.

LEGRAIN, Philippe. Cultural Globalization Is Not Americanization. *Chronicle of Higher Education*, n. 49, 9 maio 2003. p. B7–B10.

LEHNE, Gregory K. Homophobia among Men: Supporting and Defining the Male Role, p. 325–336. In: *Men's Lives*. KIMMEL, Michael S.; MESSNER, Michael S. Boston: Allyn and Bacon, 1995.

LEINWAND, Donna. 20% Say They Used Drugs with Their Mom and Dad. *USA Today*, 24 ago. 2000. p. 1A, 2A.

———. Alcohol-Soaked Spring Break Lures Students Abroad. *USA Today*, 6 jan. 2003. p. A1, A2.

LEMANN, Nicholas. The Other Underclass. *Atlantic Monthly*, n. 268, dez. 1991. p. 96–102, 104, 107–108, 110.

LENGERMANN, Patricia Madoo; NIEBRUGGE-BRANTLEY, Jill. *The Women Founders*: Sociology and Social Theory, 1830–1930. Boston: McGraw-Hill, 1998.

LENSKI, Gerhard. *Power and Privilege*: A Theory of Social Stratification. Nova York: McGraw-Hill, 1966.

LENSKI, Gerhard et al. *Human Societies*: An Introduction to Macrosociology. 7. ed. Nova York: McGraw-Hill, 1995.

LEVIN, Jack; LEVIN, William C. *Ageism*. Belmont, CA: Wadsworth, 1980.

LEVIN, Thomas Y. et al. (eds.) *Ctrl Space*: Rhetorics of Surveillance from Bentham to Big Brother. Cambridge: MIT Press, 2002.

LEVINSON, David. *Religion*: A Cross-Cultural Encyclopedia. Nova York: Oxford University Press, 1996.

LEVY, Becca R. et al. Longevity Increased by Positive Self-Perceptions of Aging. *Journal of Personality and Social Psychology*, v. 83, n. 2, 2002. p. 261–270.

LEWIN, Tamar. Debate Centers on Definition of Harassment. *New York Times*, 22 mar. 1998. p. A1, A20.

———. Differences Found in Care with Stepmothers. *New York Times*, 17 ago. 2000. p. A16.

LEWIS, David Levering. *W. E. B. DuBois*: Biography of a Race, 1868–1919. Nova York: Holt, 1994.

———. *W. E. B. DuBois*: The Fight for Equality and the American Century, 1919–1963. Nova York: Holt, 2000.

LEWIS Mumford Center. *Ethnic Diversity Grows, Neighborhood Integration Is at a Standstill*. Albany, NY: Lewis Mumford Center, 2001.

LICHTER, Robert S. et al. *Hollywood Cleans Up Its Act*: Changing Rates of Sex and Violence in Entertainment Media. Washington DC: Center for Media and Public Affairs, 2002.

LIEBERMAN, David. On the Wrong Side of the Wires. *USA Today*, 11 out. 1999. p. B1, B2.

LIGHTBLAU, Eric. Bush Issues Racial Profiling Ban but Exempts Security Awareness. *New York Times*, 18 jun. 2003. p. A1, A14.

LIN, Nan. Social Networks and Status Attainment, p. 467–487. In: *Annual Review of Sociology 1999*. Karen S. Cook; John Hagen (ed.). Palo Alto, CA: Annual Reviews, 1999.

LIN, Nan; XIE, Wen. Occupational Prestige in Urban China. *American Journal of Sociology*, n. 93, jan. 1988. p. 793–832.

LINDNER, Eileen (ed.) *Yearbook of American and Canadian Churches, 1998*. Nashville: Abingdon Press, 1998.

LINDNER, Eileen (ed.) *Yearbook of American and Canadian Churches 2004*. Nashville: Abingden Press, 2004.

LINN, Susan; POUSSAINT, Alvin F. Watching Television: What Are Children Learning About Race and Ethnicity? *Child Care Information Exchange*, n. 128, jul. 1999. p. 50–52.

LIPSET, Seymour Martin. *American Exceptionalism*: A Double-Edged Sword. Nova York: Norton, 1996.

LIPSON, Karen. "Nell" Not Alone in the Wilds. *Los Angeles Times*, 19 dez. 1994. p. F1, F6.

LIPTAK, Adam. Bans on Interracial Unions Offer Perspective on Gay Ones. *New York Times*, 17 mar. 2004a. p. A16.

———. Study Revises Texas's Standing as a Death Penalty Leader. *New York Times*, 14 fev. 2004b. p. A8. Liska, Allen E.; MESSNER, Steven F. *Perspectives on Crime and Deviance*. 3. ed. Upper Saddle River, NJ: Prentice Hall, 1999.

LITTLE, Kenneth. The Role of Voluntary Associations in West African Urbanization, p. 211–230. In: *Anthropology for the Nineties*: *Introductory Readings*. COLE, Johnnetta B. (ed.) Nova York: Free Press, 1988.

LIVERNASH, Robert; RODENBURG, Eric. Population Change, Resources, and the Environment. *Population Bulletin*, n. 53, mar. 1998.

LOCY, Toni. Patriot Act Blurred in the Public Mind. *USA Today*, 26 fev. 2004. p. 5A.

LOFLAND, Lyn H. The "Thereness" of Women: A Selective Review of Urban Sociology, p. 144–170. In: *Another Voice*. MILLMAN, M.; KANTER, R. M. (eds.) Nova York: Anchor/Doubleday, 1975.

LOGAN, John R. From Many Shores: Asians in Census 2000. Acesso em 29 nov. 2001 (http://mumford1.dyndns:org/cen2000/Asianpop).

LOHR, Steve. Data Highway Ignoring Poor, Study Charges. *New York Times*, 24 maio 1994. p. A1, D3.

LONGMAN, Phillip, The Global Baby Bust. *Foreign Affairs*, n. 83, maio/jun. 2004. p. 64–79.

LORBER, Judith. *Paradoxes of Gender*. New Haven, CT: Yale University Press, 1994.

LU, Ming et al. Employment Restructuring During China's Economic Transition. *Monthly Labor Review*, ago. 2002. p. 25–31.

LUKACS, Georg. *History and Class Consciousness*. Londres: Merlin, 1923.

LUKER, Kristin. *Abortion and the Politics of Motherhood*. Berkeley: University of California Press, 1984.

LUM, Joann; KWONG, Peter. Surviving in America: The Trials of a Chinese Immigrant Woman. *Village Voice*, n. 34, 31out. 1989. p. 39–41.

LUMPE, Lora. Taking Aim at the Global Gun Trade. *Amnesty Now*, inverno 2003. p. 10–13.

LUSTER, Tom et al. The Relation between Parental Values and Parenting Behavior: A Test of the Kohn Hypothesis. *Journal of Marriage and the Family*, n. 51, fev. 1989. p. 139–147.

LYALL, Sarah. For Europeans, Love, Yes; Marriage, Maybe. *New York Times*, 24 mar. 2002. p. 1–8.

———. In Europe, Lovers New Purpose: Marry Me, a Little. *New York Times*, 15 fev. 2004. p. 3.

LYNCH, David J. China's New Attitude Toward Capitalists Too Late for Some. *USA Today*, 9 dez. 2002. p. B1, B2.

LYNN, Barry C. Trading with a Low-Wage Tiger. *The American Prospect*, n. 14, fev. 2003. p. 10–12.

LYOTARD, Jean François. *The Postmodern Explained*: Correspondence, 1982–1985. Minneapolis: University of Minnesota Press, 1993.

MACK, Raymond W.; BRADFORD, Calvin P. *Transforming America*: Patterns of Social Change. 2. ed. Nova York: Random House, 1979.

MAGNIER, Mark. Equality Evolving in Japan. *Los Angeles Times*, 30 ago. 1999. p. A1, A12.

———. China Clamps Down on Web News Discussion. *Los Angeles Times*, 26 fev. 2004. p. A4.

MAGUIRE, Brendan; RADOSH, Polly F. *Introduction to Criminology*. Belmont, CA: Wadsworth/Thomson Learning, 1999.

MAINE Times. Article on Wal-Mart's Plan to Build Near the Penja. 4 jan. 2001.

MAINES, David R. Social Organization and Social Structure in Symbolic Interactionist Thought, p. 235–259. In: *Annual Review of Sociology, 1977*. INKLES, Alex (ed.). Palo Alto, CA: Annual Reviews, 1977.

———. In Search of Mesostructure: Studies in the Negotiated Order. *Urban Life*, n. 11, jul. 1982. p. 267–279.

MALCOLM X, com HALEY, Alex. The *Autobiography of Malcolm X*. Nova York: Grove, 1964.

MALTHUS, Thomas Robert. *Essays on the Principle of Population*. Nova York: Augustus Kelly, Bookseller, [1798] 1965.

MALTHUS, Thomas Robert et al. *Three Essays on Population*. Reimpresso. Nova York: New American Library, [1824] 1960.

MANGAN, Katherine S. This Political Hot Potato Is a Course in Demand. *Chronicles of Higher Education*, n. 50, 14 maio 2004. p. A12–A13.

MANGUM, Garth L. et al. *The Persistence of Poverty in the United States*. Baltimore: Johns Hopkins University Press, 2003.

MARGOLIS, Eric (ed.) *The Hidden Curriculum in Higher Education*. Nova York: Routledge, 2001.

MARQUAND, Robert. Yule Trees on Buddhist Temples and Handle's Messiah in Beijing. *Christian Science Monitor*, 23 dez. 2002. p. 1, 10.

MARR, Phebe. Civics 101, Taught by Saddam Hussein: First, Join the Paramilitary. *New York Times*, 20 abr. 2003.

MARSHALL, Patrick. Gambling in America. *CQ Researcher*, n. 13, 7 mar. 2003. p. 201–224.

MARSHALL, Tyler. Kuwait's Klatch of the Titans. *Los Angeles Times*, 12 fev. 2003. p. A1, A5.

MARTELO, Emma Zapata. Modernization, Adjustment, and Peasant Production. *Latin American Perspectives*, n. 23, inverno 1996. p. 118–130.

MARTIN, Joyce A. et al. Births: Final Data for 2002. *National Vital Statistics Report*, n. 52, 17 dez. 2003.

MARTIN, Philip; MIDGLEY, Elizabeth. Immigrants to the United States. *Population Bulletin*, n. 54, jun. 1999. p. 1–42.

MARTIN, Susan E. Outsider Within the Station House: The Impact of Race and Gender on Black Women Politics. *Social Problems*, n. 41, ago. 1994. p. 383–400.

MARTINEAU, Harriet. *Society in America*. Editado, condensado, com um ensaio de introdução de Seymour Martin Lipset. Reimpresso. Garden City, NY: Doubleday, [1837] 1962.

———. *How to Observe Morals and Manners*. Filadélfia: Leal and Blanchard. Edição de Sesquicentenário, ed. M. R. Hill, Transaction Books, [1838] 1989.

MARX, Karl; ENGELS, Friedrich. *Selected Work in Two Volumes*. Reimpresso, Moscou: Foreign Languages Publishing House, [1847] 1955.

MASON, Heather. What Do American's See in Title IX's Future? *Gallup Poll Tuesday Briefing*, 2003. Acesso em 28 jan. 2003 (www.gallup.com.).

MASON, J. W. The Buses Don't Stop Here Anymore. *American Prospect*, n. 37, mar. 1998. p. 56–62.

MASSACHUSETTS Department of Education. *Learning Support Service Progress*: Safe Schools Program for Gay and Lesbian Students, 2000. Acesso em 19 jul. 2001 (www.doe.mass.edu/lss/ program/ssch.html).

MASSEY, Douglas S. March of Folly: U.S. Immigration Policy After NAFTA. The *American Prospect*, mar./abr. 1998. p. 22–23.

MASSEY, Douglas S.; DENTON, Nancy A. *American Apartheid*: Segregation and the Making of the Underclass. Cambridge, MA: Harvard University Press, 1993.

MATHEWS, T. J. et al. Infant Mortality Statistics from the 1999 Period Linked Birth/Infant Death Data Set. *National Vital Statistics Reports*, n. 50, 30 jan. 2002.

MATSUSHITA, Yoshiko. Japanese Kids Call for a Sympathetic Ear. *Christian Science Monitor*, 20 jan. 1999. p. 15.

MATTHEWS, Jay. A Home Run for Home Schooling. *Washington Post National Weekly Edition*, n. 16, 29 mar. 1999. p. 34.

MATTINGLY, Marybeth J.; BIANCHI, Suzanne M. Gender Differences in the Quantity and Quality of Free Time: The U.S. Experience. *Social Forces*, n. 81, mar. 2003. p. 999–1031.

MAUGH, Thomas H., II. Number of AIDS Diagnoses on the Rise Again in the United States. *Los Angeles Times*, 12 fev. 2003. p. A36.

MAYER, Karl Ulrich; SCHOEPFLIN, Urs. The State and the Life Course, p. 187–209. In: *Annual Review of Sociology, 1989*. SCOTT, W. Richard; BLAKE, Judith (eds.). Palo Alto, CA: Annual Reviews, 1989.

McCORMICK, John; KALB, Claudia. Dying for a Drink. *Newsweek*, 15 jun. 1998. p. 30–34.

McCREARY, D. The Male Role and Avoiding Femininity. *Sex Roles*, n. 31, 1994. p. 517–531.

McCRIGHT, Aaron M.; DUNLAP, Riley E. Defeating Kyoto: The Conservative Movement's Impact on U.S. Climate Change Policy, 2003. *Social Problems*, v. 50, n. 3, 2003. p. 348–373.

McDONALD, Kim A. Studies of Women's Health Produce a Wealth of Knowledge on the Biology of Gender Differences. *Chronicle of Higher Education*, n. 45, 25 jun. 1999. p. A19, A22.

McFALLS, Joseph A., Jr. Population: A Lively Introduction. *Population Bulletin*, n. 53, set. 1998.

———. Population: A Lively Introduction. 4. ed. *Population Bulletin*, n. 58. dez. 2003.

McGIVERING, Jill. *Activists Urge Caste Debate*, 2001. 28 ago. 2001. Acesso em 15 abr. 2003 (www.news.bbc.co.uk).

McGUE, Matt; BOUCHARD, Thomas J., Jr. Genetic and Environmental Influence on Human Behavioral Differences, p. 1–24. In: *Annual Review of Neurosciences*. Palo Alto, CA: Annual Reviews, 1998.

McGUIRE, Meredith B. *Religion*: The Social Context. 5. ed. Belmont, CA: Wadsworth, 2002.

McINTOSH, Peggy. White Privilege and Male Privilege: A Personal Account of Coming to See Correspondence Through Work and Women's Studies. Working Paper n. 189, Wellesley College Center for Research on Women, Wellesley, MA, 1988.

McKINLAY, John B.; MCKINLAY, Sonja M. The Questionable Contribution of Medical Measures to the Decline of Mortality in the United States in the Twentieth Century. *Milbank Memorial Fund Quarterly*, n. 55, verão 1977. p. 405–428.

McKINLEY, James C., Jr. In Cuba's New Dual Economy, Have-Nots Far Exceed Haves. *New York Times*, 11 fev. 1999. p. A1, A6.

McKINNON, Jesse. The Black Population in the United States: March 2002. *Current Population Reports*, série P-20, n. 541. Washington, DC: U.S. Government Printing Office, 2003.

McKNIGHT, John L.; KRETZMANN, John P. *Mapping Community Capacity*. Evanston, IL: Institute for Policy Research, 1996.

McLANE, Daisann. The Cuban-American Princess. *New York Times Magazine*, 26 fev. 1995. p. 42–43.

McLUHAN, Marshall. *Understanding Media*: The Extensions of Man. Nova York: New American Library, 1964.

McLUHAN, Marshall; FIORE, Quentin. *The Medium Is the Message*: An Inventory of Effects. Nova York: Bantam Books, 1967.

McNEIL, Jr., Donald G. H. O. Moves to Make AIDS Drugs More Accessible to Poor Worldwide. *New York Times*, 23 ago. 2002. p. D7.

———. Africans Outdo U.S. Patients in Following AIDS Therapy. *New York Times*, 3 set. 2003. p. A1, A5.

MEAD, George H. In *Mind, Self and Society*. MORRIS, Charles W. (ed.). Chicago: University of Chicago Press, 1934.

———. In *On Social Psychology*. STRAUSS, Anselm (ed.) Chicago: University of Chicago Press, 1964a.

———. The Genesis of the Self and Social Control. p. 267–293. In: *Selected Writings*: George Herbert Mead. RECK, Andrew J. (ed.) Indianapolis: Bobbs-Merrill, 1964b.

MEAD, Margaret. Does the World Belong to Men – Or to Women? *Redbook*, n. 141, out. 1973. p. 46–52.

———. *Sex and Temperament in Three Primitive Societies*. Nova York: Perennial, HarperCollins, [1935] 2001.

MEDIA Guardian. Censorship of News in Wartime Is Still Censorship. 15 out. 2001. Acesso em 25 jan. 2003 (http://media.guardian.co.uk/attack/story/0,1301,57445,00.html).

MELIA, Marilyn Kennedy. Changing Times. *Chicago Tribune*, 2 jan. 2000, seção 17, p. 12–15.

MENCIMER, Stephanie. Children Left Behind. *The American Prospect*, 30 dez. 2002. p. 29–31.

MENDEZ, Jennifer Bickman. Of Mops and Maids: Contradictions and Continuities in Bureaucratized Domestic Work. *Social Problems*, n. 45, fev. 1998. p. 114–135.

MENZEL, Peter. *Material World*. Berkeley: University of California Press, 1994.

MERTON, Robert. The Bearing of Empirical Research upon the Development of Social Theory. *American Sociological Review*, n. 13, out. 1948. p. 505–515.

———. *Social Theory and Social Structure*. Nova York: Free Press, 1968.

———. The Focused Interview and Focus Groups. *Public Opinion Quarterly*, n. 51, 1987. p. 550–566.

MERTON, Robert; KITT, Alice S. Contributions to the Theory of Reference Group Behavior, p. 40–105. In: *Continuities in Social Research*: Studies in the Scope and Methods of the American Soldier. MERTON, Robert K.; Paul L. LAZARSFELD (eds.) Nova York: Free Press, 1950.

MESSNER, Michael A. *Politics of Masculinities*: Men in Movements. Thousand Oaks, CA: Sage, 1997.

——. Gender Equity in College Sports: 6 Views. *Chronicle of Higher Education*, n. 49, 6 dez. 2002. p. B9–B10.

METROPOLITAN Community Churches. Fact Sheet. Acesso em 1º maio 2004 (www.mcc-church.org).

MEYERS, Thomas J. Factors Affecting the Decision to Leave the Old Order Amish. Apresentado no Encontro anual da American Sociological Association, Pittsburgh, 1992.

MICHELS, Robert. *Political Parties*. Glencoe, IL: Free Press, 1915. (Reimpresso em 1949).

MIGRATION News. Labor Unions. 8 abr. 2001. Acesso em 20 mar. (http://migration.ucdavis.edu).

——. China: Migrants, One-Child, Water. Set. 2002a. Disponível em (http://migration.ucdavis.edu).

——. Mexico: Bush, IDs, Remittances. Dez. 2002b. Disponível em (http://migration.ucdavis.edu).

——. China: Economy, Migrants. Jan. 2003b. Disponível em (http://migration.ucdavis.edu).

——. NAFTA at 10. *Migration News*, n. 11, jan. 2004. Disponível em (http://migration.ucdavis.edu).

MIHALOPOULOS, Dan. Melting Pot Often Heated. *Chicago Tribune*, 26 dez. 2004. p. 33.

MILGRAM, Stanley. Behavioral Study of Obedience. *Journal of Abnormal and Social Psychology*, n. 67, out. 1963. p. 371–378.

——. *Obedience to Authority*: An Experimental View. Nova York: Harper and Row, 1975.

MILLER, D. W. Sociology, Not Engineering May Explain Our Vulnerability to Technological Disaster. *Chronicle of Higher Education*, 15 out. 2000. p. A19–A20.

MILLER, David L.; DARLINGTON, JoAnne DeRoven. *Fearing for the Safety of Others*: Disasters and the Small World Problem. Trabalho apresentado no Midwest Sociological Society, Milwaukee, WI, 2002.

MILLER, Judith et al. *Germs*: Biological Weapons and America's Secret War. Nova York: Simon and Schuster, 2001.

MILLER, Reuben. The Literature of Terrorism. *Terrorism*, v. 11, n. 1, 1988. p. 63–87.

MILLS, C. Wright. *The Sociological Imagination. 40th Anniversary Edition: New Afterword by Todd Gitlin*. Nova York: Oxford University Press, [1959] 2000a.

——. *The Power Elite*. A New Edition. Afterword by Alan Wolfe. Nova York: Oxford University Press, [1956] 2000b.

MILLS, Robert J. Health Insurance Coverage: 2001. *Current Population Reports*, série P-60, n. 220. Washington, DC: U.S. Government Printing Office, 2002.

MILLS, Robert J.; BHANDARI, Shailesh. Health Insurance Coverage in the United States: 2002. *Current Population Reports*, série P-60, n. 223. Washington, DC: U.S. Government Printing Office, 2003.

MINNESOTA Twin Family Study. *What's Special About Twins to Science?*, 2004. Acesso em 17 jan. (www.psych.umn.edu/psylabs/mtgs/special.htm).

MIRAPAUL, Matthew. How the Net Is Documenting a Watershed Moment. *New York Times*, 15 out. 2001. p. E2.

MIZRUCHI, Mark S. What Do Interlocks Do? An Analysis, Critique, and Assessment of Research on Interlocking Directorates, p. 271–298. In: *Annual Review of Sociology, 1996*. Ed. Karen S. Cook & John Hagan. Palo Alto, CA: Annual Reviews, 1996.

MOELLER, Susan D. *Compassion Fatigue*. Londres: Routledge, 1999.

MOGELONSKY, Marcia. The Rocky Road to Adulthood. *American Demographics*, n. 18, maio 1996. p. 26–29, 32–35, 56.

MONAGHAN, Peter. Sociologist Jailed Because He "Wouldn't Snitch" Ponders the Way Research Ought to Be Done. *Chronicle of Higher Education*, n. 40, 1º set. 1993. p. A8, A9.

MONTEIRO, Lois A. Ill-Defined Illnesses and Medically Unexplained Symptoms Syndrome. *Footnotes*, n. 26, fev. 1998. p. 3, 6.

MOORE, David W. Americans' View of Influence of Religion Settling Back to Pre-September 11 Levels. *Gallup Poll Tuesday Briefing*, 31 dez. 2002.

MOORE, Wilbert E. *Order and Change*: Essays in Comparative Sociology. Nova York: Wiley,

——. Occupational Socialization, p. 861–883. In: *Handbook of Socialization Theory and Research*. GOSLIN, David A. (ed.) Chicago: Rand McNally, 1968.

MOREHOUSE Medical Treatment and Effectiveness Center. *A Synthesis of the Literature*: Racial and Ethnic Differences in Access to Medical Care. Menlo Park, CA: Henry J. Kaiser Family Foundation, 1999.

MORIN, Richard. Will Traditional Polls Go the Way of the Dinosaur? *Washington Post National Weekly Edition*, n. 17, 15 maio 2000. p. 34.

MORRIS, Aldon. Reflections on Social Movement Theory: Criticisms and Proposals. *Contemporary Sociology*, n. 29, maio 2000. p. 445–454.

MORRIS, Bonnie Rothman. You've Got Romance! Seeking Love on Line. *New York Times*, 26 ago. 1999. p. D1.

MORRISON, Denton E. Some Notes toward Theory on Relative Deprivation, Social Movements, and Social Change. *American Behavioral Scientist*, n. 14, maio/jun. 1971. p. 675–690.

MORSE, Arthur D. *While Six Million Died*: A Chronicle of American Apathy. Nova York: Ace, 1967.

MOSISA, Abraham T. The Role of Foreign-Born Workers in the U.S. Economy. *Monthly Labor Review*, maio 2002. p. 3–14.

MOSLEY, J.; E. THOMSON. In: *Fatherhood*: Contemporary Theory, Research and Social Policy, p. 148–165. MARSIGLO, W. (ed.). Thousand Oaks, CA: Sage, 1995.

MOSS, Michael; FESSENDEN, Ford. New Tools for Domestic Spying, and Qualms. *New York Times*, 10 dez. 2002. p. A1, A18.

MULLINS, Marcy E. Bioterrorism Impacts Few. *USA Today*, 18 out. 2001. p. 16A.

MUMOLA, Christopher J. *Incarcerated Parents and Their Children*. Washington, DC: U.S. Government Printing Office, 2000.

MURDOCK, George P. The Common Denominator of Cultures, p. 123–142. In: *The Science of Man in the World Crisis*. LINTON, Ralph (ed.) Nova York: Columbia University Press, 1945.

——. *Social Structure*. Nova York: Macmillan, 1949.

——. World Ethnographic Sample. *American Anthropologist*, n. 59, ago. 1957. p. 664–687.

MURPHY, Caryle. Putting Aside the Veil. *Washington Post National Weekly Edition*, n. 10, 12–18 abr. 1993. p. 10–11.

MURPHY, Dean E. A Victim of Sweden's Pursuit of Perfection. *Los Angeles Times*, 2 set. 1997. p. A1, A8.

——. Desert's Promised Land: Long Odds for Las Vegas Newcomers. *New York Times*, 30 maio 2004. p. A1, A16.

MURRAY, Velma McBride et al. The Half-Full Glass: Resilient African American Single Mothers and Their Children. *Family Focus*, jun. 2001. p. F4–F5.

NADER, Laura. The Subordination of Women in Comparative Perspective. *Urban Anthropology*, n. 15, outono/inverno 1986. p. 377–397.

NARAL Pro-Choice America. *Who Decides? A State-by-State Review of Abortion and Reproductive Rights*. Washington, DC: NARAL Pro-Choice America and NARAL Pro-Choice America Foundation, 2003.

NASH, Manning. Race and the Ideology of Race. *Current Anthropology*, n. 3, jun. 1962. p. 285–288.

NASS, Clifford; MOON, Youngme. Machines and Mindlessness: Social Responses to Computers. *Journal of Social Issues*, v. 56, v. 1, 2000. p. 81–103.

NATIONAL Advisory Commission on Criminal Justice. *Organized Crime*. Washington, DC: U.S. Government Printing Office, 1976.

NATIONAL Campaign on Dalit Human Rights. *Who Are Dalits?* Acesso em 28 abr. 2003 (www.dalits.org).

NATIONAL Center for Education Statistics. *The Condition of Education 2004*. Washington, DC: U.S. Government Printing Office, 2004.

NATIONAL Center for Health Statistics. *Health, United States, 2002*. Washington, DC: U.S. Government Printing Office, 2002.

NATIONAL Center on Women and Family Law. *Status of Marital Rape Exemption Statutes in the United States*. Nova York: National Center on Women and Family Law, 1996.

——. *National Geographic*. A World Transformed. *National Geographic*, set. 2002. map.

NATIONAL Homeschool Association. *Homeschooling Families*: Ready for the Next Decade, 1999. Acesso em 19 nov. 2000 (www.n-h-a.org/decade.htm).

NATIONAL Organization for Men Against Sexism. 2003. Home page. Acesso em 11 maio (www.nomas.org).
NATIONAL Rifle Association. NRAILA 2004 Firearms Facts. 2004. Acesso em 21 fev. (www.NRAILA.org).
NATIONAL Right to Work Legal Defense Foundation. 2004. *Right to Work States*. Acesso em 28 fev. (www.nrtw.org/rtws.htm).
NATIONAL *Vital Statistics Reports*. Births, Marriages, Divorces, and Deaths: Provisional Data for September 2003. *National Vital Statistics Reports*, n. 52, 13 fev. 2004.
NAVARRO, Mireya. Trying to Get Beyond the Role of the Maid. *New York Times*, 16 maio 2002. p. E1, E4.
NELSON, Emily. Goodbye, 'Friends'; Hello, New Reality. *Wall Street Journal*, 9 fev. 2004. p. B6, B10.
NELSON, F. Howard; DROWN, Rachel. *Survey and Analysis of Teacher Salary Trends 2002*. Washington, DC: American Federation of Teachers, 2003.
NELSON, Jack. The Internet, the Virtual Community, and Those with Disabilities. *Disability Studies Quarterly*, n. 15, primavera 1995. p. 15–20.
NEUBORNE, Ellen. Vigilantes Stir Firms' Ire with Cyber-antics. *USA Today*, 28 fev. 1996. p. A1, A2.
NEW York Times. 2 Gay Men Fight Town Hall for a Family Pool Pass Discount. 14 jul. 1998. p. B2.
NEWBURGER, Eric C. Home Computers and Internet Use in the United States: August 2000. *Current Population Reports*, série P-23, n. 207. Washington, DC: U.S. Government Printing Office, 2001.
NEWMAN, Katherine S. *No Shame in My Game*: The Working Poor in the Inner City. Nova York: Alfred A. Knopf and Russell Sage Foundation, 1999.
NEWMAN, William M. *American Pluralism*: A Study of Minority Groups and Social Theory. Nova York: Harper and Row, 1973.
NEWPORT, Frank. A Look at Americans and Religion. 2004. Acesso em 14 abr. (www.gallup.com).
NEWSDAY. Japan Sterilized 16,000 Women. 18 set. 1997. p. A19.
NI, Ching-Ching. Chinese Web Surfers Still Face a Backwash. *Los Angeles Times*, 13 set. 2002. p. A4.
NICHD. *Early Childhood Care*. 1998. Acesso em 19 out. 2000 (www.nichd.nih.gov/publications/pubs/early_child_care.htm).
NIE, Norman H. Sociability, Interpersonal Relations, and the Internet. *American Behavioral Scientist*, n. 45, nov. 2001. p. 420–435.
NIELSEN, Joyce McCarl et al. Gendered Heteronormativity: Empirical Illustrations in Everyday Life. *Sociological Quarterly*, v. 41, n. 2, p. 283–296.
NIXON, Howard L., II. *The Small Group*. Englewood Cliffs, NJ: Prentice Hall, 1979.
NOLAN, Patrick; LENSKI, Gerhard. *Human Societies*: An Introduction to Macrosociology. 9. ed. Boulder, CO: Paradigm Publishers, 2004.

NOONAN, Rita K. Women Against the State: Political Opportunities and Collective Action Frames in Chile's Transition to Democracy. *Sociological Forum*, n. 10, 1995. p. 81–111.
NOVELLI, William D. Common Sense: The Case for Age Discrimination Law. *Global Report on Aging*, p. 4, 7. Washington, DC: AARP, 2004.
NUSSBAUM, Daniel. Bad Air Days. *Los Angeles Times Magazine*, 19 jul. 1998. p. 20–21.

OBERSCHALL, Anthony. *Social Conflict and Social Movements*. Englewood Cliffs, NJ: Prentice Hall, 1973.
O'DONNELL, Jayne; WILLING, Richard. Prison Time Gets Harder for White-Collar Crooks. *USA Today*, 12 maio 2003. p. A1, A2.
O'DONNELL, Mike. *A New Introduction to Sociology*. Walton-on-Thames, United Kingdom: Thomas Nelson and Sons, 1992.
OFFICE of Justice Programs. Transnational Organized Crime. *NCJRS Catalog*, n. 49, nov./dez. 1999. p. 21.
OGBURN, William F. *Social Change with Respect to Culture and Original Nature*. Nova York: Huebsch, 1922. (Reimpresso em 1966, Nova York: Dell).
OGBURN, William F.; TIBBITS, Clark. The Family and Its Functions, p. 661–708. In: *Recent Social Trends in the United States*, editado por Research Committee on Social Trends. Nova York: McGraw-Hill, 1934.
O'HARE, William P.; WHITE, Brenda Curry. Is There a Rural Underclass? *Population Today*, n. 20, mar. 1992. p. 6–8.
OKAMOTO, Dina G.; SMITH-LOVIN, Lynn. Changing the Subject: Gender, Status, and the Dynamics of Topic Change. *American Sociological Review*, n. 66, dez. 2001. p. 852–873.
OKANO, Kaori; TSUCHIYA, Motonori. *Education in Contemporary Japan*: Inequality and Diversity. Cambridge: Cambridge University Press, 1999.
OLIVER, Melvin L.; SHAPIRO, Thomas M. *Black Wealth/White Wealth*: New Perspectives on Racial Inequality. Nova York: Routledge, 1995.
O'NEILL, Tom. Untouchable. *National Geographic*, n. 203, jun. 2004. p. 2–31.
ONISHI, Norimitso. Divorce in South Korea: Striking a New Attitude. *New York Times*, 21 set. 2003. p. 19.
ORUM, Anthony M. *Introduction to Political Sociology*: The Social Anatomy of the Body Politic. 3. ed. Englewood Cliffs, NJ: Prentice Hall, 1989.
———. *Introduction to Political Sociology*. 4. ed. Upper Saddle River, NJ: Prentice Hall, 2001.
OSGOOD, D. Wayne; CHAMBERS, Jeff M. Community Correlates of Rural Youth Violence. Juvenile Justice Bulletin, maio 2003. p. 1–9.
OUCHI, William, *Theory Z*: How American Businesses Can Meet the Japanese Challenge. Reading, MA: Addison-Wesley, 1981.
OVERLAND, Martha Ann. In India, Almost Everyone Wants to be Special. *Chronicle of Higher Education*, 13 fev. p. A40–A42.

PAGE, Charles H. Bureaucracy's Other Face. *Social Forces*, n. 25, out. 1946. p. 89–94.
PAGER, Devah. The Mark of a Criminal Record. *American Journal of Sociology*, n. 108, mar. 2003. p. 937–975.
PAIK, Haejung; COMSTOCK, George. The Effects of Television Violence on Anti-social Behavior: A Meta-analysis. *Communication Research*, n. 21, p. 516–546.
PAMUK, E., et al. *Health, United States 1998 with Socioeconomic Status and Health Chartbook*. Hyattsville, MD: National Center for Health Statistics, 1998.
PAN, Philip P. When the Employee-Owner Doesn't Work. *Washington Post National Weekly Edition*, n. 20, 9 dez. 2002. p. 16–17.
PARENTS Television Council. *TV Bloodbath*: Violence on Prime Time Broadcast TV. Los Angeles: PTC, 2003.
PARK, Robert E. The City: Suggestions for the Investigation of Human Behavior in the Urban Environment. *American Journal of Sociology*, n. 20, mar. 1916. p. 577–612.
———. *The Immigrant Press and Its Control*. Nova York: Harper, 1922.
———. Succession, an Ecological Concept. *American Sociological Review*, n. 1, abr. 1936. p. 171–179.
PARSONS, Talcott. *The Social System*. Nova York: Free Press, 1951.
———. *Societies*: Evolutionary and Comparative Perspectives. Englewood Cliffs, NJ: Prentice Hall, 1966.
———. The Sick Role and the Role of the Physician Reconsidered. *Milbank Medical Fund Quarterly Health and Society*, n. 53, verão 1975. p. 257–278.
PARK, Robert E.; Bales, Robert. *Family*: Socialization, and Interaction Process. Glencoe, IL: Free Press, 1955.
PASSERO, Kathy. Global Travel Expert Roger Axtell Explains Why. *Biography*. Jul. 2002. p. 70–73, 97–98.
PATTERSON, Orlando. Affirmative Action. *Brookings Review*, n. 16, primavera 1998. p. 17–23.
PATTERSON, Thomas E. *We the People*, 5. ed. Nova York: McGraw-Hill, 2003.
PATTILLO-McCOY, Mary. *Black Picket Fences*: Privilege and Peril among the Black Middle Class. Chicago: University of Chicago Press, 1999.
PAULSON, Amanda. Where the School Is Home. *Christian Science Monitor*, 10 out. 2000. p. 18–21.
PBS. Store Wars: When Wal-Mart Comes to Town. 2001. Acesso em 24 ago. 2001 (www.pbs.org).
PEAR, Robert. Now, the Archenemies Need Each Other. *New York Times*, 22 jun. 1997, seção 4, p. 1, 4.
PEARLSTEIN, Steven. Coming Soon (Maybe): Worldwide Recession. *Washington Post National Weekly Edition*, n. 19, 12 nov. 2001. p. 18.

PECK, Don. The Shrinking Electorate. *The Atlantic Monthly*, nov. 2002. p. 48–49.

PELLOW, David Naguib. *Garbage Wars*: The Struggle for Environmental Justice in Chicago. Cambridge, MA: MIT Press, 2002.

PELTON, Tom. Hawthorne Works' Glory Now Just So Much Rubble. *Chicago Tribune*, 18 abr. 1994. p. 1, 6. PERROW, Charles. *Complex Organizations*. 3. ed. Nova York: Random House, 1986.

———. *Normal Accidents*: Living with High Risk Technologies. Edição atualizada. New Brunswick, NJ: Rutgers University Press, 1999.

PETER, Laurence J.; HULL, Raymond. *The Peter Principle*. Nova York: Morrow, 1969.

PETERSEN, William. *Malthus*. Cambridge, MA: Harvard University Press, 1979.

PETERSON, Karen. S. Unmarried with Children: For Better or Worse. *USA Today*, 18 ago. 2003. p. 1A, 8A.

PEW Research Center. Conflicted Views of Affirmative Action. News release, May 14, 2004. Washington, DC: Pew Research Center, 2004.

PHILLIPS, E. Barbara. *City Lights*: Urban – Suburban Life in the Global Society. Nova York: Oxford University Press, 1996.

PHILLIPS, Susan A. *Wallbangin'*: Graffiti and Gangs in L.A. Chicago: University of Chicago Press, 1999.

PHOLKTALES. *You Know You're a Phishhead When* ... 2004. Acesso em 14 jan. (www.pholktales.com).

PIAGET, Jean. *The Construction of Reality in the Child*. Translated by Margaret Cook. Nova York: Basic Books, 1954.

PIERRE, Robert E. When Welfare Reform Stops Working. *Washington Post National Weekly Edition*, 13 jan. 2002. p. 29–30.

PILLER, Charles. Cyber-Crime Loss at Firms Doubles to $10 Billion. *Los Angeles Times*, 22 maio 2000. p. C1, C4.

PINDERHUGHES, Dianne. *Race and Ethnicity in Chicago Politics*: A Reexamination of Pluralist Theory. Urbana: University of Illinois Press, 1987.

PINKERTON, James P. Education: A Grand Compromise. *Atlantic Monthly*, n. 291, jan./fev. 2003. p. 115–116.

PLOMIN, Robert. Determinants of Behavior. *American Psychologist*, n. 44, fev. 1989. p. 105–111.

POLLAK, Michael. World's Dying Languages, Alive on the Web". *New York Times*, 19 out. 2000. p. D13.

POLLETTA, Francesca; Jasper, James M. Collective Identity and Social Movements, p. 283–305. In: *Annual Review of Sociology, 2001*. COOK, Karen S.; HOGAN, Leslie (ed.). Palo Alto, CA: Annual Review of Sociology, 2001.

PONIEWOZIK. What's Wrong with This Picture? *Time*, n. 157, 28 maio 2001. p. 80–81.

POPENOE, David; WHITEHEAD, Barbara Dafoe. *Should We Live Together? What Young Adults Need to Know About Cohabitation Before Marriage*. Rutgers, NJ: The National Marriage Project, 1999.

POPULATION Reference Bureau. Speaking Graphically. *Population Today*, n. 24, jun./jul. 1996. p. b.

POPULATION Reference Bureau. Transitions in World Population. *Population Bulletin*, n. 59, mar. 2004.

POWER, Carla. The New Islam. *Newsweek*, n. 131, 16 mar. 1998. p. 34–37.

POWER, Richard. *2002 CSI/FBI Computer Crime and Security Survey*. San Francisco, CA: Computer Security Institute, 2002.

POWERS, Mary G.; HOLMBERG, Joan J. Occupational Status Scores: Changes Introduced by the Inclusion of Women. *Demography*, n. 15, maio 1978. p. 183–204.

PROCTOR, Bernadette D.; DALAKER, Joseph. Poverty in the United States: 2001. *Current Population Reports*, série P-60, n. 219. Washington, DC: U.S. Government Printing Office, 2002.

———. Poverty in the United States: 2002. *Current Population Reports*, série P-60, n. 222. Washington, DC: U.S. Government Printing Office, 2003.

PUTNAM, Robert D. *Bowling Alone*: The Collapse and Revival of American Community. Nova York: Simon and Schuster, 2000.

PYLE, Amy. Opinions Vary on Studies That Back Bilingual Classes. *Los Angeles Times*, 2 mar. 1998. p. B1, B3.

QUADAGNO, Jill. *Aging and the Life Course*: An Introduction to Social Gerontology, 3. ed. Nova York: McGraw-Hill, 2005.

QUART, Alissa. *Branded*: The Buying and Selling of Teenagers. Nova York: Perseus, 2003.

QUINNEY, Richard. *The Social Reality of Crime*. Boston: Little, Brown, 1970.

———. *Criminal Justice in America*. Boston: Little, Brown, 1974.

———. *Criminology*. 2. ed. Boston: Little, Brown, 1979.

———. *Class, State and Crime*. 2. ed. Nova York: Longman, 1980.

RAINIE, Lee. The *Commons of the Tragedy*. Washington, DC: Pew Internet and American Life Project, 2001.

RAINIE, Lee; KOHUT, Andrew. *Tracking Online Life*: How Women Use the Internet to Cultivate Relationships with Family and Friends. Washington, DC: Pew Internet and American Life League, 2000.

RAJAGOPAL, Aruind. *Politics After Television*: Hindu Nationalism and the Reshaping of the Public in India. Cambridge, Inglaterra: Oxford University Press, 2001.

RAJAN, Sara. Prosperity and Its Perils. *Time*, n. 163, 1º mar. 2004. p. 34.

RAMET, Sabrina. *Social Currents in Eastern Europe*: The Source and Meaning of the Great Transformation. Durham, NC: Duke University Press, 1991.

RAMIREZ, Deborah et al. *A Resource Guide on Racial Profiling Data Collection Systems. Promising Practices and Lessons Learned*. Washington, DC: U.S. Government Printing Office, 2000.

RAMIREZ, Eddy. Ageism in the Media Is Seen as Harmful to Health of the Elderly. *Los Angeles Times*, 5 set. 2002. p. A20.

RAMIREZ, Roberta R.; CRUZ, G. Patricia de la. The Hispanic Population in the Current United States: March 2002. *Current Population Reports*, série P-20, n. 545. Washington, DC: U.S. Government Printing Office, 2003.

RAU, William; DURAND, Ann. The Academic Ethic and College Grades: Does Hard Work Help Students to 'Make the Grade'? *Sociology of Education*, n. 73, jan. 2000. p. 19–38.

REDDICK, Randy; KING, Elliot. *The Online Student*: Making the Grade on the Internet. Fort Worth: Harcourt Brace, 2000.

REEVES, Terrance; BENNETT, Claudette. The Asian and Pacific Islander Population in the United States: March 2002. *Current Population Reports*, série P-20, n. 540. Washington DC: U.S. Government Printing Office, 2003.

REINHARZ, Shulamit. *Feminist Methods in Social Research*. Nova York: Oxford University Press, 1992.

RELIGION News Service. New U.S. Guidelines on Prayer in Schools Get Mixed Reaction. *Los Angeles Times*, 15 fev. 2003. p. B24.

REMNICK, David. *King of the World*: Muhammed Ali and the Rise of an American Hero. Nova York: Random House, 1998a.

———. Bad Seeds. *New Yorker*, n. 74, 20 jul. 1998b. p. 28–33.

RENNISON, Callie Marie; RAND, Michael R. Criminal Victimization, 2002. Washington, DC: Bureau of Justice Statistics, 2003.

RENNISON, Callie Marie; WELCHANS, Sarah. *Intimate Partner Violence*. Washington, DC: U.S. Government Printing Office, 2000.

RHEINGOLD, Howard. *Smart Mobs*: The Next Social Revolution. Cambridge, MA: Perseus, 2003.

RICHARDSON, James T.; DRIEL, Barend van. Journalists' Attitudes toward New Religious Movements. *Review of Religious Research*, n. 39, dez. 1997. p. 116–136.

RICHARDSON, Laurel et al. (eds.) *Feminist Frontiers*. 6. ed. Nova York: McGraw-Hill, 2004.

RICHBURG, Keith B. Gay Marriage Now Routine for Dutch. *Chicago Tribune*, 24 set. 2003. p. 6.

RICHTEL, Matt. www.layoffs.com. *New York Times*, 22 jun. 2000. p. C1, C12.

RIDGEWAY, Cecilia L.; Lynn Smith-Lovin. The Gender System and Interaction, p. 191–216. In: *The Annual Review of Sociology 1999*. Ed. Karen S. Cook & John Hagan. Palo Alto, CA: Annual Review, 1999.

RIDING, Alan. Why "Titanic" Conquered the World. *New York Times*, 26 abr. 1998, seção 2, p. 1, 28, 29.

———. Espousing a New View of Accidents. *New York Times*, 26 dez. 2002., Arts Section, p. 1–2.

RIFKIN, Jeremy. Afterwork. *Utne Reader*, maio/jun. 1995. p. 52–62.

RILEY, Matilda White et al. *Age and Structural Lag*. Nova York: Wiley InterScience, 1994a.

RILEY, Matilda White et al. em co-autoria com MOCK, Karin A. Introduction: The Mismatch between People and Structures, p. 1–36. In: *Age and Structural Lag*. RILEY, Matilda White et al. (eds.) Nova York: Wiley InterScience, 1994b.

RILEY, Nancy E. China's Population: New Trends and Challenges. *Population Bulletin*, n. 59, jun. 2004.

RIMER, Sara. As Centenarians Thrive, "Old" Is Redefined. *New York Times*, 22 jun. 1998. p. A1, A14.

RITZER, George. *Modern Sociological Theory*. 4. ed. Nova York: McGraw-Hill, 1995.

———. *McDonaldization*: The Reader. Thousand Oaks, CA: Pine Forge Press, 2002.

———. *The McDonaldization of Society*. Thousand Oaks, CA: Pine Forge Press, 2004a.

———. *The Globalization of Nothing*. Thousand Oaks, CA: Pine Forge Press, 2004b.

ROBB, David. Hollywood Wars. *Brill's Content*, outono 2001. p. 134–151.

ROBERSON, Debi et al. Color Categories Are Not Universal: Replications and New Evidence From Stone Age Culture. *Journal of Experimental Psychology*, v. 129, n. 3, p. 369–398.

ROBERTS, D. F. The Dynamics of Racial Intermixture in the American Negro – Some Anthropological Considerations. *American Journal of Human Genetics*, n. 7, dez. 1975. p. 361–367.

ROBERTS, D. F. et al. Substance Abuse in Popular Movies and Music. Disponível em (www.whitehousedrugpolicy.gov/news/press/042899.html).Washington, DC: Office of Juvenile Justice, 1999.

ROBERTS, Lynne D. et al. The Social Geography of Gender-Switching in Virtual Environments on the Internet. *Information, Communication and Society*, n. 2, inverno 1999.

ROBERTSON, Roland. The Sociological Significance of Culture: Some General Considerations. *Theory, Culture, and Society*, n. 5, fev. 1988. p. 3–23.

ROBINSON, Thomas N. et al. Effects of Reducing Children's Television and Video Game Use on Aggressive Behavior. *Archives of Pediatric Adolescent Medicine*, n. 155, jan. 2001. p. 17–23.

ROBISON, Jennifer. Should Mothers Work? *Gallup Poll Tuesday Briefing*, Acesso em 17 ago. 2002 (www.gallup.com).

ROETHLISBERGER, Fritz J.; DICKSON, W. J. *Management and the Worker*. Cambridge, MA: Harvard University Press, 1939.

ROGOVIN, Milton. *Triptychs*: Buffalo's Lower West Side Revisited. Nova York: W. W.Norton and Co., 1994.

ROHTER, Larry. Racial Quotas in Brazil Touch Off Fierce Debate. *New York Times*, 5 abr. 2003a. p. A5.

ROLLINS, Karina. Boys Under Attack. *The American Enterprise*, n. 14, set. 2003. p. 44–45.

ROMERO, Mary. Chicanas Modernize Domestic Service. *Qualitative Sociology*, n. 11, 1988. p. 319–334.

ROMNEY, Lee. Latinos Get Down to Business. *Los Angeles Times*, 11 nov. 1998. p. A1, A20.

ROOSEVELT, Margot. A Setback for Medipot. *Time*, n. 157, 28 maio 2001. p. 50.

ROSE, Arnold. *The Roots of Prejudice*. Paris: UNESCO, 1951.

ROSE, Peter I. et al. In Controlled Environments: Four Cases of Intense Resocialization, p. 320–338. In: *Socialization and the Life Cycle*. ROSE, Peter I. (ed.) Nova York: St.Martin's, 1979.

ROSENBAUM, Lynn. Gynocentric Feminism: An Affirmation of Women's Values and Experiences Leading Us toward Radical Social Change. *SSSP Newsletter*, v. 27, n. 1, 1996. p. 4–7.

ROSENBERG, Douglas H. Capitalism, p. 33–34. In: *Encyclopedic Dictionary of Sociology*, 4. ed. Editado por Dushkin Publishing Group. Guilford, CT: Dushkin, 1991.

ROSENBERG, Howard. Snippets of the "Unique" Al Jazeera. *Los Angeles Times*, 4 abr. 2003. p. E1, E37.

ROSENBERG, Yuval. Lost Youth. *AmericanDemographics*, mar. 2004. p. 18–19.

ROSENTHAL, Elizabeth. College Entrance in China: "No" to the Handicapped. *New York Times*, 23 maio 2001. p. A3.

ROSENTHAL, Robert; JACOBSON, Lenore. *Pygmalion in the Classroom*. Nova York: Holt, 1968.

ROSMAN, Abraham; RUBEL, Paula G. *The Tapestry of Culture*: An Introduction to Cultural Anthropology. 5. ed. Cap. 1, Map. p. 35. Nova York: McGraw-Hill, 1994.

ROSSI, Alice S. Transition to Parenthood. *Journal of Marriage and the Family*, n. 30, fev. 1968. p. 26–39.

———. Gender and Parenthood. *American Sociological Review*, n. 49, fev. 1984. p. 1–19.

ROSSI, Peter H. No Good Applied Social Research Goes Unpunished. *Society*, n. 25, nov./dez. 1987. p. 73–79.

ROSSIDES, Daniel W. *Social Stratification*: The Interplay of Class, Race, and Gender. 2. ed. Upper Saddle River, NJ: Prentice Hall, 1997.

ROSZAK, Theodore. *The Making of a Counterculture*. Garden City, NY: Doubleday, 1969.

ROTER, Debra L. et al. Physician Gender Effects in Medical Communication: A Meta-analytic Review. *Journal of the American Medical Association*, n. 288, 14 ago. 2002. p. 756–764.

RUBIN, Alissa J. Pat-Down on the Way to Prayer. *Los Angeles Times*, 25 nov. 2003. p. A1, A5.

RUSSO, Nancy Felipe. The Motherhood Mandate. *Journal of Social Issues*, n. 32, 1976. p. 143–153.

RUTENBERG, Jim. Fewer Media Owners, More Media Choices. *New York Times*, 2 dez. 2002. p. C1, C11.

———. Coming Soon to Arab TV's: U.S. Answer to Al Jazeera, Production Values and All. *New York Times*, 17 dez. 2003. p. A22.

RYAN, William. *Blaming the Victim*. Ed. rev. Nova York: Random House, 1976.

SAAD, Lydia. What Form of Government for Iraq? 2003. Acesso em 26 set. (www.gallup.com).

———. Divorce Doesn't Last. *Gallup Poll Tuesday Briefing*, 2004. 30 mar. (www.gallup.com).

SAAD, Lydia; CARROLL, Joe. How Are Retirees Faring Financially? *Gallup Poll Tuesday* Briefing. 13 maio 2003 em www.gallup.com.

SABBATHDAY Lake. Interview by author with Sabbathday Lake Shaker Village. 28 jul. 2004.

SADKER, Myra Pollack; SADKER, David Miller. Sexism in the Schoolroom of the '80s. *Psychology Today*, n. 19, mar. 1985. p. 54–57.

———. *Teachers, Schools, and Sociology*. 6. ed. Nova York: McGraw-Hill, 2000.

———. *Teachers, Schools and Society*. 6. ed. Nova York: McGraw-Hill, 2003.

SAFIRE, William. Downsized. *New York Times Magazine*, 26 maio 1996. p. 12, 14.

SAGARIN, Edward; SANCHEZ, Jose. Ideology and Deviance: The Case of the Debate over the Biological Factor. *Deviant Behavior*, v. 9, n. 1, 1988. p. 87–99.

SALE, Kirkpatrick. *Rebels against the Future*: The Luddites and Their War on the Industrial Revolution (with a new preface by the author). Reading, MA: Addison-Wesley, 1996.

SALEM, Richard; GRABAREK, Stanislaus. Sociology B.A.s in a Corporate Setting: How Can They Get There and of What Value Are They? *Teaching Sociology*, n. 14, out. 1986. p. 273–275.

SALKEVER, Alex. Making Machines More Like Us. *Christian Science Monitor*, 20 dez. 1999 (Edição eletrônica.)

SAMUELSON, Paul A.; NORDHAUS, William D. *Economics*. 17. ed. Nova York: McGraw-Hill, 2001.

SAMUELSON, Robert J. Are Workers Disposable? *Newsweek*, n. 127, 12 fev. 1996a. p. 47.

———. Fashionable Statements. *Washington Post National Weekly Edition*, n. 13, 18 mar. 1996b. p. 5.

———. The Specter of Global Aging. *Washington Post National Weekly Edition*, n. 18, 11 mar. 2001. p. 27.

SANDBERG, Jared. Spinning a Web of Hate. *Newsweek*, n. 134, 19 jul. 1999. p. 28–29.

SAPORITO, Bill. Can Wal-Mart Get Any Bigger? *Time*, 13 jan. 2003. p. 38–43.

SAX, Linda J. et al. *The American Freshman*: National Norms for Fall 2003. Los Angeles: Higher Education Research Institute, University of California, 2003.

———. *The American Freshman*: National Norms for Fall 2002. Los Angeles: Higher Education Research Institute, UCLA, 2002.

SCARCE, Rik. (No) Trial (But) Tribulations: When Courts and Ethnography Conflict. *Journal of Contemporary Ethnography*, n. 23, Jul. 1994. p. 123–149.

———. Scholarly Ethics and Courtroom Antics: Where Researchers Stand in the Eyes of the Law. *American Sociologist*, n. 26, primavera 1995. p. 87–112.

SCHAEFER, Peter. Destroy Your Future. *Daily Northwestern*, 3 nov. 1995. p. 8.

SCHAEFER, Richard T. Differential Racial Mortality and the 1995 Chicago Heat Wave. Apresentação no encontro anual da American Sociological Association, August, San Francisco, 1998a.

———. *Alumni Survey*. Chicago, IL: Department of Sociology, DePaul University, 1998b.

———. *Racial and Ethnic Relations*. 9. ed. Upper Saddle River, NJ: Prentice Hall, 2004.

SCHARNBERG, Kirsten. Tattoo Unites WTC's Laborers. *Chicago Tribune*, 22 jul. 2002. p. 1, 18.

SCHEIBER, Noam. As a Center for Outsourcing India Could Be Losing Its Edge. *New York Times*, 9 maio 2004, seção BW, p. 3.

SCHELLENBERG, Kathryn (ed.) *Computers in Society*. 6. ed. Guilford, CT: Dushkin, 1996.

SCHMETZER, Uli. Modern India Remains Shackled to Caste System. *Chicago Tribune*, 25 dez. 1999. p. 23.

SCHMIDLEY, A. Dianne. The Foreign-Born Population in the United States: March 2002. *Current Population Reports*, série P-20, n. 539. Washington, DC: U.S. Government Printing Office, 2002.

SCHMIDLEY, A. Dianne; ROBINSON, J. Gregory. *Measuring the Foreign-Born Population in the United States with the Current Population Survey*: 1994–2002. Washington, DC: Population Division, Bureau of the Census, 2003.

SCHMIDT, Peter. Noted Higher-Education Research Urges Admissions Preference for the Poor." *Chronicle of Higher Education*, 16 abr. 2004. p. A26.

SCHNAIBERG, Allan. *Environment and Society*: The Enduring Conflict. Nova York: St. Martin's, 1994.

SCHULMAN, Andrew. *The Extent of Systematic Monitoring of Employee E-mail and Internet Users*. Denver, CO: Workplace Surveillance Project, Privacy Foundation, 2001.

SCHUR, Edwin M. *Crimes without Victims*: Deviant Behavior and Public Policy. Englewood Cliffs, NJ: Prentice Hall, 1965.

———. *Law and Society*: A Sociological View. Nova York: Random House, 1968.

———. "Crimes without Victims": A 20 Year Reassessment. Trabalho apresentado no encontro Annual da Society for the Study of Social Problems, 1985.

SCHWARTZ, Howard D. (ed.) *Dominant Issues in Medical Sociology*. 2. ed. Nova York: Random House, 1987.

SCOTT, Alan. *Ideology and the New Social Movements*. Londres: Unwin Hyman, 1990.

SCOTT, Gregory. Broken Windows behind Bars: Eradicating Prison Gangs through Ecological Hardening and Symbolic Cleansing. *Corrections Management Quarterly*, n. 5, Inverno 2001. p. 23–36.

SCOTT, Richard W. *Organizations*: Rational, Natural, and Open Systems. 5. ed. Upper Saddle River, NJ: Prentice Hall, 2003.

SEABROOK, Jeremy. *Class, Caste and Hierarchies*. Oxford, Inglaterra: New Internationalist Publications, 2002.

SEELYE, Katharine Q. When Hollywood's Big Guns Come Right from Source. *New York Times*, 10 jun. 2002. p. A1, A22.

SEGALL, Alexander. The Sick Role Concept: Understanding Illness Behavior. *Journal of Health and Social Behavior*, n. 17, jun. 1976. p. 163–170.

SEGALL, Rebecca. Sikh and Ye Shall Find. *Village Voice*, n. 43, 15 dez. 1998. p. 46–48, 53.

SEGERSTRÅLE, Ullica. *Defense of the Truth*: The Battle for Science in the Sociobiology Debate and Beyond. Nova York: Oxford University Press, 2000.

SEIDMAN, Steven. Heterosexism in America: Prejudice against Gay Men and Lesbians, p. 578–593. In: *Introduction to Social Problems*, Craig Calhoun and George Ritzer (ed.). Nova York: McGraw-Hill, 1994.

SENGUPTA, Somini. For Iraqi Girls, Changing Land Narrows Lines. *New York Times*, 27 jun. 2004. p. A1, A11.

SENIOR Action in a Gay Environment (SAGE). 2003. Home page. Acesso em 11 maio (www.sageusa.org).

SERNAU, Scott. *Worlds Apart*: Social Inequalities in a New Century. Thousand Oaks, CA: Pine Forge Press, 2001.

SHAHEEN, Jack G. Image and Identity: Screen Arabs and Muslims. In: *Cultural Diversity*: Curriculum, Classrooms, and Climate Issues, ADAMS, J. Q.; WELSCH, Janice R. Macomb, IL: Illinois Staff and Curriculum Development Association, 1999.

SHAPIRO, Joseph P. *No Pity*: People with Disabilities Forging a New Civil Rights Movement. Nova York: Times Books, 1993.

SHARP, Deborah. Peace Groups to Test National Clout. *USA Today*, 10 dez. 2002. p. 3A.

SHCHERBAK, Yuri M. Ten Years of the Chernobyl Era. *Scientific American*, n. 274, abr. 1996. p. 44–49.

SHEEHY, Gail. *Understanding Men's Passages*: Discovering the New Map of Men's Lives. Nova York: Ballantine Books, 1999.

———. *Middletown America*: One Town's Passage from Trauma to Hope. Nova York: Random House, 2003.

SHENON, Philip. New Zealand Seeks Causes of Suicides by Young. *New York Times*, 15 jul. 1995. p. 3.

———. Sailor Victorious in Gay Case on Internet Privacy. *New York Times*, 12 jun. 1998. p. A1, A14.

SHERMAN, Lawrence W. et al. Hot Spots of Predatory Crime: Routine Activities and the Criminology of Place. *Criminology*, 1989. p. 27:27–56.

SHERRILL, Robert. The Madness of the Market. *The Nation*, n. 260, 9–16 jan. 1995. p. 45–72.

SHIN, Hyon B.; BRUNO, Rosalind. Language Use and English-Speaking Ability: 2000. *Census 2000 Brief*, C2KBR-29. Washington, DC: U.S. Government Printing Office, 2003.

SHINKAI, Hiroguki; ZVEKIC, Ugljea. Punishment, p. 89–120. In: *Global Report on Crime and Justice*. NEWMAN, Graeme (ed.) Nova York: Oxford University Press, 1999.

SHORT, Kathleen et al. Experimental Poverty Measures: 1990 to 1997. *Current Population Reports*, série P-60, n. 205. Washington, DC: U.S. Government Printing Office, 1999.

SHOSTAK, Arthur B. Clinical Sociology and the Art of Peace Promotion: Earning a World Without War, p. 325–345, In: *Using Sociology*: An Introduction from the Applied and Clinical Perspectives, Roger A. Straus (ed.) Lanham, MD: Rowman and Littlefield, 2002.

SHU, Xialing; BIAN, Yanjie. Marketing Transition and Gender Gap in Earnings in Urban China. *Social Forces*, v. 81, n. 4, 2003. p. 1.107–1.145.

SHUPE, Anson D.; BROMLEY, David G. Walking a Tightrope. *Qualitative Sociology*, n. 2, 1980. p. 8–21.

SIGELMAN, Lee et al. Making Contact? Black-White Social Interaction in an Urban Setting. *American Journal of Sociology*, n. 5, mar. 1996. p. 1.306–1.332.

SILICON Valley Cultures Project. The Silicon Valley Cultures Project Website. 2003. Acesso em 8 set. 2003 (www2.sjsu.edu/depts/anthropology/svcp).

SILVER, Ira. Role Transitions, Objects, and Identity. *Symbolic Interaction*, v. 10, n. 1, 1996. p. 1–20.

SIMMEL, Georg. *Sociology of Georg Simmel*. Wolff, K. (Trad.). Glencoe, IL: Free Press, 1950 (originalmente escrito em 1902–1917).

SIMMONS, Ann M. Where Fat Is a Mark of Beauty. *Los Angeles Times*, 30 set. 1998. p. A1, A12.

SIMMONS, Tavia; O'CONNELL, Martin. Married-Couple and Unmarried-Partner Households: 2000. *Census 2000 Special Reports* CENBR-5. Washington, DC: U.S. Government Printing Office, 2003.

SIMON, Bernard. Canada Warms to Wal-Mart. *New York Times*, 1º nov. p. B1, B3.

SIMONS, Marlise. Child Care Sacred as France Cuts Back the Welfare State. *New York Times*, 31 dez. 1997. p. A1, A6.

SJOBERG, Gideon. *The Preindustrial City*: Past and Present. Glencoe, IL: Free Press, 1960.

SMALL, Macio Luis; NEWMAN, Katherine. Urban Poverty after 'The Truly Disadvantaged': The Rediscovery of the Family, the Neighborhood, and Culture, p. 23–45. In: *Annual Review of Sociology 2001*. Palo Alto, CA: Annual Reviews, 2001.

SMALLWOOD, Scott. American Women Surpass Men in Earning Doctorates. *Chronicle of Higher Education*, 12 dez. 2003. p. A10.

SMART, Barry. Modernity, Postmodernity, and the Present, p. 14–30. In: *Theories of Modernity and Postmodernity*, ed. Bryan S. Turner. Newbury Park, CA: Sage, 1990.

SMART Growth. About Smart Growth. 2001. Acesso em 24 ago. 2001 (www.smartgrowth.org).

SMEDLEY, Brian D. et al. (eds.) *Unequal Treatment*: Confronting Racial and Ethnic Disparities in Health Care. Washington, DC: Institutional Medicine, 2002.

SMEEDING, Timothy et al. United States Poverty in a Cross-National Context. *Focus*, n. 21, primavera 2001. p. 50–54.

SMELSER, Neil. *The Sociology of Economic Life*. Englewood Cliffs, NJ: Prentice Hall, 1963.

———. *Sociology*. Englewood Cliffs, NJ: Prentice Hall, 1981.

SMITH, Buffy. Leave No College Student Behind. *Multicultural Education*, primavera 2004. p. 48–49.

SMITH, Christian. *The Emergence of Liberation Theology*: Radical Religion and Social Movement Theory. Chicago: University of Chicago Press, 1991.

SMITH, Dan. *The State of the World Atlas*. 6. ed. Londres: Penguin, 1999.

SMITH, David A. The New Urban Sociology Meets the Old: Rereading Some Classical Human Ecology. *Urban Affairs Review*, n. 20, jan. 1995. p. 432–457.

SMITH, David A.; TIMBERLAKE, Michael. World Cities: A Political Economy/Global Network Approach, p. 181–207. In: *Urban Sociology in Transition*. Ed. Ray Hutchison. Greenwich, CT: JAI Press., 1993.

SMITH, David M.; GATES, Gary J. *Gay and Lesbian Families in the United States*: Same-Sex Unmarried Partner Households. Washington, D.C.: Human Rights Campaign, 2001.

SMITH, Denise. The Older Population in the United States: March 2002. *Current Population Reports*, série P-20, n. 546. Washington, DC: U.S. Government Printing Office, 2003.

SMITH, Denise; TILLIPMAN, Hava. The Older Population in the United States. *Current Population Reports*, série P-20, n. 532. Washington, DC: U.S. Government Printing Office, 2000.

SMITH, James F. Mexico's Forgotten Find Cause for New Hope. *Los Angeles Times*, 23 fev. 2001. p. A1, A12, A13.

SMITH, James P.; EDMONSTON, Barry (eds). *The New Americas*: Economic, Dempgraphic, and Fiscal Effects of Immigration. Washington, DC: National Academy Press, 1997.

SMITH, Kristin. Who's Minding the Kids? Child Care Arrangements. *Current Population Reports*, série. P-70, n. 70. Washington, DC: U.S. Government Printing Office, 2000.

SMITH, Michael Peter. *City, State, and Market*. Nova York: Basil Blackwell, 1988.

SMITH, Tom. *Estimating the Muslim Population in the United States*. Nova York: American Jewish Committee, 2001.

———. Coming of Age in 21st Century America: Public Attitudes Toward the Importance and Timing of Transition to Adulthood. Chicago: National Opinion Research Center, 2003.

SNYDER, Thomas D. *Digest of Education Statistics 1996*. Washington, DC: U.S. Government Printing Office, 1996.

SOHONI, Neera Kuckreja. Where Are the Girls? *Ms.* 5, jul./ago. 1994. p. 96.

SOMMERS, Christina Hoff. *The War Against Boys*. Nova York: Touchstone, 2000.

SORENSEN, Annemette. Women, Family and Class, p. 27–47. In: *Annual Review of Sociology*, 1994. Ed. John Hagan & Karen S. Cook. Palo Alto, CA: Annual Reviews, 1994.

SORIANO, Cesar G. Latino TV Roles Shrank in 2000, Report Finds. *USA Today*, 26 ago. 2001. p. 3D.

SOROKIN, Pitirim A. *Social and Cultural Mobility*. Nova York: Free Press, [1927] 1959.

SOUTHERN Poverty Law Center. Active Hate Groups in the United States in the Year 2002. *Southern Poverty Law Center*, primavera 2003. p. 36–37.

SPALTER-ROTH, Roberta M.; LEE, Sunhwa. Gender in the Early Stages of the Sociological Career. *Research Brief* (American Sociological Association), v.1, n. 2, p. 1–11.

SPALTER-ROTH, Roberta M. et al. New Doctorates in Sociology: Professions Inside and Outside the Academy. *Research Brief* (American Sociological Association), v. 1, n. 1, 2000. p. 1–9.

SPEAR, Allan. *Black Chicago*: The Making of a Negro Ghetto. Chicago, IL: University of Chicago Press, 1967.

SPENGLER, Joseph J. *Facing Zero Population Growth*: Reactions and Interpretations, Past and Present. Durham, NC: Duke University Press, 1978.

SPINDEL, Cheywa et al. *With an End in Sight*. Nova York: United Nations Development Fund for Women, 2000.

SPITZER, Steven. Toward a Marxian Theory of Deviance. *Social Problems*, n. 22, jun. 1975. p. 641–651.

SQUIRES, Gregory D. (ed.) *Urban Sprawl*: Causes, Consequences and Policy Responses. Washington: Urban Institute, 2002.

STACK, Megan K. For Arabs, It's Not Yet Mustsee TV. *Los Angeles Times*, 24 mar. 2004. p. A4.

STAGGENBORG, Suzanne. Stability and Innovation in the Women's Movement: A Comparison of Two Movement Organizations. *Social Problems*, n. 36, fev. 1989a. p. 75–92.

———. Organizational and Environmental Influences on the Development of the Pro-Choice Movement, *Social Forces*, n. 36, set. 1989b. p. 204–240.

STALKER, Peter. *Workers Without Frontiers*. Boulder, CO: Lynne Reinner, 2000.

STARK, Rodney; BAINBRIDGE, William Sims. Of Churches, Sects, and Cults: Preliminary Concepts for a Theory of Religious Movements. *Journal for the Scientific Study of Religion*, n. 18, jun. 1979. p. 117–131.

———. *The Future of Religion*. Berkeley: University of California Press, 1985.

STARK, Rodney; IANNACCONE, Laurence R. Sociology of Religion, p. 2.029–2.037. In: *Encyclopedia of Sociology*, v. 4, Ed. Edgar F. Borgatta & Marie L. Borgatta. Nova York: Macmillan, 1992.

STARR, Paul. *The Social Transformation of American Medicine*. Nova York: Basic Books, 1982.

STAVENHAGEN, Rodolfo. The Indian Resurgence in Mexico. *Cultural Survival Quarterly*, verão/outono 1994. p. 77–80.

STEFFENSMEIER, Darrell; DEMUTH, Stephen. Ethnicity and Sentencing Outcomes in U.S. Federal Courts: Who Is Punished More Harshly? *American Sociological Review*, n. 65, Out. 2000. p. 705–729.

STEINBERG, Jacques. Test Scores Rise, Surprising Critics of Bilingual Ban. *New York Times*, 20 ago. 2000. p. 1, 16.

STENNING, Derrick J. Household Viability among the Pastoral Fulani, p. 92–119. In: *The Developmental Cycle in Domestic Groups*. Ed. John R. Goody. Cambridge, Inglaterra: Cambridge University Press, 1958.

STEVENSON, David; SCHNEIDER, Barbara L. 1999. *The Ambitious Generation*: America's Teenagers, Motivated but Directionless. New Haven: Yale University Press.

STOLBERG, Sheryl. Affirmative Action Gains Often Come at a High Cost. *Los Angeles Times*, 29 mar. 1995. p. A1, A13–A16.

STOOPS, Nicole. Educational Attainment in the United States. 2003. *Population Reports* p. 20 No. 550. Washington, D.C.: U.S. Government Printing Office, 2004.

STRAUSS, Anselm. *Negotiations*: Varieties, Contexts, Processes, and Social Order. San Francisco: Jossey Bass, 1977.

STRAUSS, Gary. "Good Old Boys" Network Still Rules Corporate Boards. *USA Today*, 1º nov. 2002. p. B1, B2.

STRETESKY, Paul B.; LYNCH, Michael J. Environmental Hazards and School Segregation in Hillsborough County, Florida, 1987–1999. *Sociological Quarterly*, v. 43, n. 4, 2002. p. 553–573.

SUGIMOTO, Yoshio. *An Introduction to Japanese Society*. Cambridge, Inglaterra: Cambridge University Press, 1997.

SUID, Lawrence H. *Guts and Glory*: The Making of the American Military Image in Film. Lexington, KY: University of Kentucky Press, 2002.

SUITOR, J. Jill et al. "Did You See What I Saw?" Gender Differences in Perceptions of Avenues to Prestige Among Adolescents. *Sociological Inquiry*, n. 71, outono 2001. p. 437–454.

SULLIVAN, Harry Stack. *The Interpersonal Theory of Psychiatry*. Ed. Helen Swick Perry & Mary Ladd Gawel. Nova York: W.W. Norton, [1953] 1968.

SUMNER, William G. *Folkways*. Nova York: Ginn, 1906.

SUNSTEIN, Cass R. et al. (eds.) *Punitive Damages*: How Juries Decide. Chicago: University of Chicago Press, 2003.

SURO, Roberto; PASSEL, Jeffery S. *The Rise of the Second Generation*: Changing Patterns in Hispanic Population Growth. Washington, DC: Urban Institute, 2003.

SUTHERLAND, Edwin H. *The Professional Thief*. Chicago: University of Chicago Press, 1937.

———. White-Collar Criminality. *American Sociological Review*, n. 5, fev. 1940. p. 1–11.

———. *White Collar Crime*. Nova York: Dryden, 1949.

———. *White Collar Crime*: The Uncut Version. New Haven, CT: Yale University Press, 1983.

SUTHERLAND, Edwin H. et al. *Principles of Criminology*. 11. ed. Nova York: Rowman and Littlefield, 1992.

SUTTLES, Gerald D. *The Social Construction of Communities*. Chicago: University of Chicago Press, 1972.

SWANSON, Stevenson; KIRK, Jim. Satellite Outage Felt by Millions. *Chicago Tribune*, 21 maio 1998. p. 1, 26.

SWEET, Kimberly. Sex Sells a Second Time. *Chicago Journal*, n. 93, abr. p. 12-13.

SZASZ, Thomas S. The Same Slave: An Historical Note on the Use of Medical Diagnosis as Justificatory Rhetoric. *American Journal of Psychotherapy*, n. 25, abr. 1971. p. 228-239.

TALBOT, Margaret. Attachment Theory: The Ultimate Experiment. *New York Times Magazine*, 24 maio 1998. p. 4-30, 38, 46, 50, 54.

TANNEN, Deborah. *You Just Don't Understand*: Women and Men in Conversation. Nova York: Ballantine, 1990.

———. *Talking from 9 to 5*. Nova York: William Morris, 1994a.

———. *Gender and Discourse*. Nova York: Oxford University Press, 1994b.

TAYLOR, Verta. Watching for Vibes: Bringing Emotions into the Study of Feminist Organizations, p. 223-233. In: *Feminist Organizations*: Harvest of the New Women's Movement. Ed. Myra Marx Ferree & Patricia Yancy Martin. Filadélfia: Temple University Press, 1995.

TELSCH, Kathleen. New Study of Older Workers Finds They Can Become Good Investments. *New York Times*, 21 maio 1991. p. A16.

TERKEL, Studs. *Working*. Nova York: Pantheon, 1974.

TERRY, Sara. Whose Family? The Revolt of the Child-Free. *Christian Science Monitor*, 29 ago. 2000. p. 1, 4.

THERRIEN, Melissa; RAMIREZ, Roberto R. The Hispanic Population in the United States, March 2000. *Current Population Report*, série P-20, n. 535. Washington, DC: U.S. Government Printing Office, 2001.

THIRD World Institute. *The World Guide 2003-2004*. Oxford, Inglaterra. New Internationalist Publishers, 2003.

THOMAS, Gordon; WITTS, Max Morgan. *Voyage of the Damned*. Greenwich, CT: Fawcett Crest, 1974.

THOMAS, Jim. Some Aspects of Negotiating Order: Loose Coupling and Mesostructure in Maximum Security Prisons. *Symbolic Interaction*, n. 7, out. 1984. p. 213-231.

THOMAS, Pattie; OWENS, Erica A. Age Care!: The Business of Passing. Apresentado no Encontro anual da American Sociological Association, Washington, DC, 2000.

THOMAS, R. Murray. New Frontiers in Cheating. In: *Encyclopedia Britannica 2003 Book of the Year*. Chicago: Encyclopedia Britannica, 2003.

THOMAS, William I. *The Unadjusted Girl*. Boston: Little, Brown, 1923.

THOMPSON, Ginger. Chasing Mexico's Dream into Squalor. *New York Times*, 11 fev. 2001a. p. 1, 6.

———. Why Peace Eludes Mexico's Indians. *New York Times*, 11 mar. 2001b, seção WK, p. 16.

———. Mexican Rebels' Hopes Meet Hard Indian Reality. *New York Times*, 3 mar. 2001c. p. A4.

———. Money Sent Home by Mexicans Is Booming. *New York Times*, 28 out. 2003. p. A12.

THORNTON, Russell. *American Indians Holocaust and Survival*: A Population History Since 1492. Norman: University of Oklahoma Press, 1987.

TIERNEY, John. Betting the Planet. *New York Times Magazine*, 2 dez. 1990. p. 52-53, 71, 74, 76, 78, 80-81.

———. Iraqi Family Ties Complicate American Efforts for Change. *New York Times*, 28 set. 2003. p. A1, A22.

TILLY, Charles. *Popular Contention in Great Britain 1758-1834*. Cambridge, MA: Harvard University Press, 1993. TIME Warner. America Online and AOL International: Who We Are. Acesso em 6 fev. 2004 (www.timewarner.com).

TOLBERT, Kathryn. In Japan, Traveling Alone Begins at Age 6. *Washington Post National Weekly Edition*, n. 17, 15 maio 2000. p. 17.

TONKINSON, Robert. *The Mardudjara Aborigines*. Nova York: Holt, 1978.

TÖNNIES, Ferdinand. *Community and Society*. Rutgers, NJ: Transaction, [1887] 1988.

TOOSSI, Mitra. A Century of Change: The U.S. Labor Force, 1050-2050. *Monthly Labor Review*, maio 2002. p. 15-28.

TOURAINE, Alain. *The Academic System in American Society*. Nova York: McGraw-Hill, 1974.

TREIMAN, Donald J. *Occupational Prestige in Comparative Perspective*. Nova York: Academic Press, 1977.

TROTTER, III, Robert T.; CHAVIRA, Juan Antonio. *Curanderismo*: Mexican American Folk Healing. Athens, GA: University of Georgia Press, 1997.

TUCHMAN, Gaye. Feminist Theory, p. 695-704. In: *Encyclopedia of Sociology*, v. 2, Ed. Edgar F. Borgatta & Marie L. Borgatta. Nova York: Macmillan, 1992.

TUMIN, Melvin M. Some Principles of Stratification: A Critical Analysis. *American Sociological Review*, n. 18, ago. 1953. p. 387-394.

———. *Social Stratification*. 2. ed. Englewood Cliffs, NJ: Prentice Hall, 1985.

TUMULTY, Karen; NOVAK, Viveca. Dodging the Bullet. *Newsweek*, n. 160, 4 nov. 2002. p. 45.

TURE, Kwame; HAMILTON, Charles. *Black Power*: The Politics of Liberation. Ed. rev. Nova York: Vintage Books, 1992.

TURKLE, Sherry. *Life on the Screen*: Identity in the Age of the Internet. Nova York: Simon and Schuster, 1995.

———. Looking Toward Cyberspace: Beyond Grounded Sociology. *Contemporary Sociology*, n. 28, nov. 1999. p. 643-654.

———. How Computers Change the Way We Think. *Chronicle of Higher Education*, n. 50, 30 jan. 2004. p. B26-B28.

TURNER, Bryan S. (ed.) *Theories of Modernity and Postmodernity*. Newbury Park, CA: Sage, 1990.

TURNER, J. H. *Herbert Spencer*: A Renewed Application. Beverly Hills, CA: Sage, 1985.

TYRE, Peg; McGINN, Daniel. She Works, He Doesn't. *Newsweek*, n. 141, 12 maio 2003. p. 45-52.

UCHITELLE, Louis. Older Workers Are Thriving Despite Recent Hard Times. *New York Times*, 8 set. 2003. p. A1, A13.

UNAIDS. *AIDS Epidemic Update*, dez. 2003. Gênova: Suíça: UNAIDS.

UNITED Jewish Communities. *The National Jewish Population Survey 2000-2001*. Nova York: UJC, 2003.

UNITED Nations. *The World's Women 2000*: Trends and Statistics. Nova York: United Nations, 2000.

———. *Water For People, Water for Life*: Executive Summary. Nova York: United Nations World Water Assessment Programme, 2003.

UNITED Nations Development Programme. *Human Development Report 1995*. Nova York: Oxford University Press, 1995.

———. *Human Development Report 2001*. Making New Technologies Work for Human Development. Nova York: UNDP, 2001.

———. *Human Development Report 2002*: Deepening Democracy in a Fragmented World. Nova York: Oxford University Press, 2002.

UNITED Nations Population Division. *World Abortion Policies*. Nova York: Department of Economic and Social Affairs, UNPD, 1998.

———. *World Marriage Patterns 2000*. 2001a. Acesso em 13 set. 2002 (www.undp.org/popin/wdtrends/worldmarriage.patters2000.pdf).

UNITED Nations Population Information Network. *World Population Prospects*: The 2003 Revision. 2003. Acesso em 20 maio (www.un.org/popin.data.html).

UNIVERSITY of Michigan. *Information on Admissions Lawsuits*. 2003. Acesso em 8 ago. (www.umich.edu/~urel/admissions).

URBINA, Ian. Al Jazeera: Hits, Misses and Ricochets. *Asia Times*, 25 dez. 2002.

U.S. English. *Official English*: States with Official English Laws. 2004. Acesso em 14 jan. 2002 (www.us-english.org/inc/official/states.asp).

U.S. Surgeon General. *Youth Violence*: A Report of the Surgeon General. Washington, DC: U.S. Government Printing Office, 2001.

U.S. Trade Representative. *2002 Annual Report*. Washington, DC: U.S. Government Printing Office, 2003.

UTNE, Leif. We Are All Zapatistas. *Utne Reader*, nov.-dez. 2003. p. 36-37.

VALDEZ, Enrique. Using Hotlines to Deal with Domestic Violence: El Salvador, p. 139-142. In: *Too Close to Home*. Ed. Andrew R. Morrison & Maria Loreto Biehl. Washington, DC: Inter-American Development Bank, 1999.

VAN BIEMA, David. Rising above the stain-Glassed Ceiling, *Time*, n. 163, 28 jun. 2004. p. 58–61.

VAN DEN BERGHE, Pierre. *Race and Racism*: A Comparative Perspective. 2. ed. Nova York: Wiley, 1978.

VAN SLAMBROUCK, Paul. Netting a New Sense of Connection. *Christian Science Monitor*, 4 maio 1999. p. 1, 4. VAN VUCHT, Lieteke Tijssen. Women between Modernity and Postmodernity, p. 147–163. In: *Teories of Modernity and Postmodernity*. Ed. Bryan S. Turner. Londres: Sage, 1990.

VAUGHAN, Diane. *The Challenger Launch Decision*: Risky Technology, Culture, and Deviance at NASA. Chicago: University of Chicago Press, 1996.

———. The Dark Side of Organizations: Mistake, Misconduct, and Disaster, p. 271–305. In: *Annual Review of Sociology*. Ed. Karen J. Cook & John Hagen. Palo Alto, CA: Annual Reviews, 1999.

VEBLEN, Thorstein. *Theory of the Leisure Class*. Nova York: Macmillan. Nova York: Penguin. [1899] 1964.

———. *The Vested Interests and the State of the Industrial Arts*. Nova York: Huebsch, 1919.

VEGA, William A. The Study of Latino Families: A Point of Departure, p. 3–17. In: *Understanding Latino Families*: Scholarship, Policy, and Practice. Ed. Ruth E. Zambrana. Thousand Oaks, CA: Sage, 1995.

VENKATESH, Sudhir Alladi. *American Project*: The Rise and Fall of a Modern Ghetto. Cambridge, MA: Harvard University Press, 2000.

VENTURA, Stephanie J. et al. Revised Programming Rates, 1990–97, and New Rates for 1998–99: United States. *National Vital Statistics Reports*, n. 52, 31 out. 2003.

VERNON, Glenn. *Sociology and Religion*. Nova York: McGraw-Hill, 1962.

VERONIS Suhler Stevenson Communication. Veronis Suhler Stevenson Communication Industry Forecast and Report: 2003 edition. Nova York: Veronis Suhler Stevenson Communications, 2003.

VERONIS Suhler Stevenson Communication. Veronis Suhler Stevenson Communication Industry Forecast and Report: 2004 edition. Nova York: Veronis Suhler Stevenson Communications, 2004.

VIDAVER, R. M. et al. Women Subjects in NIH-Funded Clinical Research Literature: Lack of Progress in Both Representation and Analysis by Sex. *Journal of Women's Health Gender-Based Medicine*, n. 9, jun. 2000. p. 495–504.

VILLAROSA, Linda. New Skill for Future Ob-Gyns: Abortion Training. *New York Times*, 11 jun. 2002. p. D6.

VOTER News Service. Breaking Down the Electorate. *Time*, n. 156, 20 nov. 2000. p. 74.

WAGES for Housework Campaign. *Wages for Housework Campaign*. Circular. Los Angeles, 1999.

WAGLEY, Charles; HARRIS, Marvin. *Minorities in the New World*: Six Case Studies. Nova York: Columbia University Press, 1958.

WAITE, Linda. The Family as a Social Organization: Key Ideas for the Twentieth Century. *Contemporary Sociology*, n. 29, maio 2000. p. 463–469.

WAITZKIN, Howard. *The Second Sickness*: Contradictions of Capitalist Health Care. Chicago: University of Chicago Press, 1986.

WALDER, Andrew G. Markets and Income Inequality in Rural China: Political Advantage in an Expanding Economy. *American Sociological Review*, n. 67, abr. 2002. p. 231–253.

WALDMAN, Amy. India Takes Economic Spotlight, and Critics and Unkind. *New York Times*, 7 mar. 2004a. p. 3.

———. Low-Tech or High, Jobs Are Scarce in India's Boon. *New York Times*, 6 maio 2004b. p. A3.

———. What India's Upset Vote Reveals: The High Tech Is Skin Deep. *New York Times*, 15 maio 2004c. p. A5.

WALDROP, Judith; STERN, Sharon M. *Disability Status*: 2000. Census 2000 Brief C2KBR-17. Washington, DC: U.S. Government Printing Office, 2003.

WALLACE, Ruth A.; WOLF, Alison. *Contemporary Sociological Theory*. Englewood Cliffs, NJ: Prentice Hall, 1980.

WALLERSTEIN, Immanuel. *The Modern World System*. Nova York: Academic Press, 1974.

———. *Capitalist World Economy*. Cambridge, Inglaterra: Cambridge University Press, 1979a.

———. *The End of the World As We Know It*: Social Science for the Twenty-First Century. Minneapolis: University of Minnesota Press, 1979b.

———. *The Essential Wallerstein*. Nova York: The New Press, 2000.

WALLERSTEIN, Judith S. et al. *The Unexpected Legacy of Deviance*. Nova York: Hyperion, 2000.

WALLERSTEIN, Michael; WESTERN, Bruce. Unions in Decline? What Has Changed and Why, p. 355–377. In: *Annual Review of Political Science*. Ed. Nelson Polsby. Palo Alto, CA: Annual Reviews, 2000.

WAL-MART. Wal-Mart News: Our Commitment to Communities. Acesso em 24 ago. 2001 (www.walmartstores.com).

WAL-MART Watch. *Wal-Mart Watch*: Breaking News. 2003. Acesso em 14 jun. (www.walmart watch.com).

WALSH, Mary Williams. Reversing Decades-Long Trend, Americans Retiring Later in Life. *New York Times*, 16 nov. 2001. p. A1, A13.

WALZER, Susan. Thinking about the Baby: Gender and Divisions of Infant Care. *Social Problems*, n. 43, maio 1996. p. 219–234.

WAXMAN, Henry A. Politics and Science. 2003. Acesso em 8 jan. 2004 (www.house.gov/reform/min/politicsandscience).

WEBER, Max. *The Theory of Social and Economic Organization*. Trad. A. Henderson & T. Parsons. Nova York: Free Press, [1913–1922] 1947.

———. *Methodology of the Social Sciences*. Trad. Edward A. Shils & Henry A. Finch. Glencoe, IL: Free Press, [1904] 1949.

———. *The Protestant Ethic and the Spirit of Capitalism*. Trad. Talcott Parsons. Nova York: Scribner, [1904] 1958a.

———. *The Religion of India*: The Sociology of Hinduism and Buddhism. Nova York: Free Press, [1916] 1958b.

WECHSLER, Henry et al. Trends in College Binge Drinking During a Period of Increased Prevention Efforts: Findings from Four Harvard School of Public Health College Alcohol Surveys: 1993–2001. *Journal of American College* Health, v. 50, n. 5, p. 203–217.

WEEKS, John R. *Population*: An Introduction to Concepts and Issues. 8. ed. Belmont, CA: Wadsworth, 2002.

WEINER, Tim. Wal-Mart Invades, and Mexico Gladly Surrenders. *New York Times*, 6 dez. 2003. p. A1, A9.

WEINSTEIN, Deena; WEINSTEIN, Michael A. McDonaldization Enframed, p. 57–69. In: *Resisting McDonaldization*. Ed. Barry Smart. Londres: Sage, 1999.

WEINSTEIN, Henry. Airport Screener Curb Is Regretful. *Los Angeles Times*, 16 nov. 2002. p. B1, B14.

WEINSTEIN, Henry et al. Racial Profiling Gains Support as Search Tactic. *Los Angeles Times*, 24 set. 2001. p. A1, M9.

WEINSTEIN, Michael A.; WEINSTEIN, Deena. Hail to the Shrub. *American Behavioral Scientist*, n. 46, dez. 2002. p. 566–580.

WELLS-BARNETT, Ida B. *Crusade for Justice*: The Autobiography of Ida B. Wells. Ed. Alfreda M. Duster. Chicago: University of Chicago Press, 1970.

WEST, Candace; ZIMMERMAN, Don H. Small Insults: A Study of Interruptions in Cross Sex Conversations between Unacquainted Persons, p. 86–111. In: *Language, Gender, and Society*. Ed. Barrie Thorne, Cheris Kramarae & Nancy Henley. Rowley, MA: Newbury House, 1983.

———. Doing Gender. *Gender and Society*, n. 1, jun. 1987. p. 125–151.

WHITE, Jonathan R. *Terrorism*: An Introduction. Belmont, CA: Wadsworth, 2002.

WHYTE, William Foote. *Street Corner Society*: Social Structure of an Italian Slum. 3. ed. Chicago: University of Chicago Press, 1981.

WICKMAN, Peter M. Deviance, p. 85–87. In: *Encyclopedic Dictionary of Sociology*. 4. ed. Ed. Dushkin Publishing Group. Guilford, CT: Dushkin, 1991.

WILFORD, John Noble. New Clues Show Where People Made the Great Leap to Agriculture. *New York Times*, 18 nov. 1997. p. B9, B12.

WILLET, Jeffrey G.; DEEGAN, Mary Jo. Liminality? and Disability: The Symbolic Rite of Passage of Individuals with Disabilities. Presented at the annual meeting of the American Sociological Association, Washington, DC, 2000.

WILLIAMS, Carol J. Taking an Eager Step Back. *Los Angeles Times*, 3 jun. 1995. p. A1, A14.

———. *Statement on Meet the Needs of Older Youth in Foster Care by Carol W. Williams*. 1999. Acesso em 5 maio 2004 (www.hhs.gov/asl/testify/t990309a.html).

WILLIAMS, Christine L. The Glass Escalator: Hidden Advantages for Men in the 'Female' Professions. *Social Problems*, v. 39, n. 3, 1992. p. 253–267.

———. *Still a Man's World*: Men Who Do Women's Work. Berkeley: University of California Press, 1995.

WILLIAMS, David R.; COLLINS, Chiquita. Reparations. *American Behavioral Scientist*, n. 47, mar. 2004. p. 977–1.000.

WILLIAMS, Robin M., Jr. *American Society*. 3. ed. Nova York: Knopf, 1970.

WILLIAMS, Robin M., Jr., com DEAN, John P.; SUCHMAN, Edward A. *Strangers Next Door*: Ethnic Relations in American Communities. Englewood Cliffs, NJ: Prentice Hall, 1964.

WILLIAMS, Wendy M. Do Parents Matter? Scholars Need to Explain What Research Really Shows. *Chronicle of Higher Education*, n. 45, 11 dez. 1998. p. B6–B7.

WILLIE, Charles Vert; REDDICK, Reinhard J. *A New Look at Black Families*. 5. ed. Walnut Creek, CA: Alta Mira, 2003.

WILSON, Edward O. *Sociobiology*: The New Synthesis. Cambridge, MA: Harvard University Press, 1975.

———. *On Human Nature*. Cambridge, MA: Harvard University Press, 1978.

———. *Sociobiology*: The New Synthesis. Cambridge, MA: Belknap Press, Harvard University Press, 2000.

WILSON, John. *Introduction to Social Movements*. Nova York: Basic Books, 1973. WILSON, Jolin J. *Children as Victims*. Washington, DC: U.S. Government Printing Office, 2000. WILSON, Thomas C. Vietnam-Era Military Service: A Test of the Class-Bias Thesis. *Armed Forces and Society*, n. 21, primavera 1995. p. 461–471.

WILSON, Warner et al. Authoritarianism Left and Right. *Bulletin of the Psychonomic Society*, n. 7, mar. 1976. p. 271–274.

WILSON, William Julius. *The Declining Significance of Race*: Blacks and Changing American Institutions. 2. ed. Chicago: University of Chicago Press, 1980.

———. *The Truly Disadvantaged*: The Inner City, the Underclass and Public Policy. Chicago: University of Chicago Press, 1987.

——— (ed.) *The Ghetto Underclass*: Social Science Perspectives. Newbury Park, CA: Sage, 1989.

———. *When Work Disappears*: The World of the New Urban Poor. Nova York: Knopf, 1996.

———. Towards a Just and Livable City: The Issues of Race and Class. Address at the Social Science Centennial Conference, April 23. Chicago, IL: DePaul University, 1999a.

———. *The Bridge over the Racial Divide*: Rising Inequality and Coalition Politics. Berkeley: University of California Press, 1999b.

———. Introduction to the 2003 Edition. In: *Tally's Corner* by Elliot Liebow. Lanham, MD: Rowman and Littlefield, 2003a.

———. There Goes the Neighborhood. *New York Times*, 16 jun. 2003b. p. A23. WINSEMAN, Albert L. Women in the Clergy: Perceptions and Reality. *GPTB Commentary*. 2004. Acesso em 14 abr. (www.gallup.com).

WIRTH, Louis. *The Ghetto*. Chicago: University of Chicago Press, 1928.

———. Clinical Sociology. *American Journal of Sociology*, n. 37, jul. 1931. p. 49–60.

———. Urbanism as a Way of Life. *American Journal of Sociology*, n. 44, jul. 1938. p. 1–24.

WOLF, Naomi. *The Beauty Myth*: How Images of Beauty Are Used Against Women. Nova York: Anchor, 1992.

WOLFF, Edward N. *Top Heavy*. Edição atualizada. Nova York: New Press, 2002.

WOLRAICH, M. et al. Guidance for Effective Discipline. *Pediatrics*, n. 101, abr. 1998. p. 723–728.

WONACOTT, Peter. China Examines Retailers in Fight Against Scams. *Wall Street Journal*, 12 dez. 2001. p. A10.

WOOD, Daniel B. Minorities Hope TV Deals Don't Just Lead to "Tokenism". *Christian Science Monitor*, 19 jan. 2000.

WOOD, Julia T. *Gendered Lives*: Communication, Gender and Culture. Belmont, CA: Wadsworth, 1994.

WOODARD, Colin. When Rote Learning Fails against the Test of Global Economy. *Christian Science Monitor*, 15 abr. 1998. p. 7.

WOODARD, Emory H. *Media in the Home*. Filadélfia, PA: Amnesty Public Policy Center of the University of Pennsylvania, 2000.

WORLD Bank. *World Development Report 1997*: The State in a Changing World. Nova York: Oxford University Press, 1997.

———. *World Development Report 2002. Building Instructions for Markets*. Nova York: Oxford University Press, 2001.

———. *World Development Indicators 2002*. Washington, DC: World Bank, 2002.

———. *World Development Report 2003*: Sustainable Development in a Dynamic World. Washington, DC: World Bank, 2003a.

———. *Development Indicators 2003*. Washington, DC: World Bank, 2003b.

———. Foreign Investment, Remittances Outpace Debt as Sources of Finance for Developing Countries: World Bank – Middle East and North Africa. News release, 2 abr. 2003c. Acesso em 3 ago. (www.worldbank.org).

WORLD Development Forum. The Danger of Television, n. 8, 15 jul. 1990. p. 4.

WORLD Health Organization. *The World Health Report 2000. Health Systems*: Improving Performance. Gênova, Suíça: WHO, 2000.

———. *Global Report on Health and Violence*. Gênova: WHO, 2002.

WORLD Resources Institute. *1998–1999 World Resources*: A Guide to the Global Environment. Nova York: Oxford University Press, 1998.

WRIGHT, Charles R. *Mass Communication*: A Sociological Perspective. 3. ed. Nova York: Random House, 1986.

WRIGHT, Eric R. et al. Deinstitutionalization, Social Rejection, and the Self-Esteem of Former Mental Patients. *Journal of Health and Social Behavior*, mar. 2000.

WRIGHT, Erik Olin et al. The American Class Structure. *American Sociological Review*, n. 47, dez. 1982. p. 709–726.

YAMAGATA, Hisashi et al. Sex Segregation and Glass Ceilings: A Comparative Statistics Model of Women's Career Opportunities in the Federal Government over a Quarter Century. *American Journal of Sociology*, n. 103, nov. 1997. p. 566–632.

YAX, Laura K. National Population Projections. 1999. Acesso em 30 out. (www.census.gov/population/www/ projections/natprog.html).

YINGER, J. Milton. *The Scientific Study of Religion*. Nova York: Macmillan, 1970.

YOUNG, Alford A., Jr.; DESKINS, Donald R., Jr. Early Traditions of African-American Sociological Thought, p. 445–477. In: *Annual Review of Sociology, 2001*. Ed. Karen S. Cook & John Hagan. Palo Alto, CA: Annual Reviews, 2001.

YOUNG, Gay. Gender Inequality and Industrial Development: The Household Connection. *Journal of Comparative Family Studies*, n. 124, primavera 1993. p. 3–20.

ZANG, Xiaowei. Labor Market Segmentation and Income Inequality in Urban China. *Sociological Quarterly*, v. 43, n. 1, 2002. p. 27–44.

ZAREMBO, Alan. Funding Studies to Suit Need. *Los Angeles Times*, 7 dez. 2003. p. A1, A20.

———. A Theater of Inquiry and Evil. *Los Angeles Times*, 15 jul. 2004. p. A1, A24, A25.

ZELIZER, Gerald L. Internet Offers Only Fuzzy Cyberfaith, Not True Religious Expression. *USA Today*, 19 ago. 1999. p. 13A.

ZELLNER, William M. *Counter Cultures*: A Sociological Analysis. Nova York: St. Martin's Press, 1995.

———. *Extraordinary Groups*: An Examination of Unconventional Lifestyles. 7. ed. Nova York: Worth, 2001.

ZERNIKE, Kate. With Student Cheating on the Rise, More Colleges Are Turning to Honor Codes. *New York Times*, 2 nov. 2002. p. A10.

———. Professors Protest as Students Debate. *New York Times*, 4 abr. 2003.

ZIA, Helen. *Asian American Dreams*: The Emergence of an American People. Nova York: Farrar, Straus, and Giroux, 2000.

ZIMBARDO, Philip G. Pathology of Imprisonment. *Society*, n. 9, abr. 1972. p. 4, 6, 8.

———. Power turns good soldiers into "bad apples". Boston Globe, 9 maio 2004. Também disponível em (www.prisonexp.org).

ZIMBARDO, Philip G. et al. The Psychology of Imprisonments: Privation, Power, and Pathology. In *Doing Unto Others*: Joining, Molding, Conforming, Helping, and Loving. Ed. Zick

Rubin. Englewood Cliffs, NJ: Prentice Hall, 1974.

ZIMBARDO, Philip G. et al. *Psychology*: Core Concepts. 4 ed. Boston: Allyn and Bacon, 2003.

ZOLA, Irving K. Medicine as an Institution of Social Control. *Sociological Review*, n. 20, nov. 1972. p. 487–504.

———. *Socio-Medical Inquiries*. Filadélfia: Temple University Press, 1983.

ZWEIGENHAFT, Richard L.; DOMHOFF, G. William.

Diversity in the Power Elite: Have Women and Minorities Reached the Top? New Haven, CT: Yale University Press, 1998.

Agradecimentos

Capítulo 1

P. 2: Citação de Barbara Ehrenreich. 2001. *Nickel and Dimed*: On (Not) Getting By in America, p. 197–198. © 2001 de Barbara Ehrenreich. Reimpressa com permissão de Henry Holt and Company, LLC.

P. 7: Figura 1-1 NAACP Legal Defense Fund. 2004. *Death Row USA*, jan.2004. Usada com permissão da NAACP Legal Defense and Education Fund, Inc.

P. 22: Citação de Carol Brooks Gardner. Analyzing Gender in Public Places, *American Sociologist*, v. 20, primavera 1989, p. 42–56. Copyright © 1989 de Transaction Publishers. Reimpressa com permissão do Editor.

Capítulo 2

P. 28: Citação de Elijah Anderson. *Streetwise*: Race, Class, and Change in an Urban Community, 1990, p. 208, 220–221. Copyright 1990. Reimpressa com permissão da University of Chicago Press.

P. 33: Cartum © The New Yorker Collection 1980 James Stevenson de www.cartoonbank.com. Todos os direitos reservados.

P. 34: Tabela 2-1 Análise do autor de General Social Survey 2002, in: J. A. Davis et al., 2003. Usada com permissão de National Opinion Research Center.

P. 35: Figura 2-4 Análise do autor de General Social Survey 2002, in: J. A. Davis et al., 2003. Used by permission of National Opinion Research Center.

P. 35: Cartum, DOONESBURY © 1989 G. B. Trudeau. Reimpresso com permissão de UNIVERSAL PRESS SYNDICATE. Todos os direitos reservados.

P. 42: Figura do Quadro 2-2 de William Rau e Ann Durrand, 1990. The Academic Ethic and College Grades: Does Hard Work Help Students to 'Make the Grade'? *Sociology of Education*, 2000, v. 73, n. 26, 1990. Usada com permissão da American Sociological Association e dos autores.

P. 47: Figura 2-5 de Henry J. Kaiser Family Foundation, fev. 2003. Executive Summary of Sex on TV 3: 38, 40; a Biennial Report of the Kaiser Family Foundation (#3324). Esta informação foi reimpressa com autorização da Henry J. Kaiser Family Foundation. A Kaiser Family Foundation, situada em Menlo Park, CA, não tem fins lucrativos, é uma entidade filantrópica nacional independente na área da saúde e não tem nenhuma associação com a Kaiser Permanente ou Kaiser Industries.

Capítulo 3

P. 53: Excertos de J. A. English-Lueck, 2002. *cultures@siliconvalley*. Copyright © 2002 do Board of Trustees of the Leland Stanford Jr. University. Todos os direitos reservados. Usados com permissão da Stanford University Press, www.sup.org.

P. 62: Figura 3-1 de John L. Allen. 2003. *Student Atlas of World Geography*, 3. ed.. Copyright © 2003 de The McGraw-Hill Companies, Inc. Todos os direitos reservados. Reimpressa com permissão de McGraw-Hill/Dushkin Publishing.

P. 67: Figura 3-2 conforme relatado em Astin et al.,1994; Sax et al. 2003, p. 27. DeUCLA Higher Education Research Institute. 2003. *The American Freshman: National Norms for Fall '01*. Reimpressa com permissão da UCLA.

P. 69: Figura 3-3 Ilustração de Jim Willis. The Argot of Pickpockets, *New York Daily News*. 19 nov. 1996. p. 5. © New York Daily News, LP. Reimpressa com permissão.

P. 71: Cartum de Sidney Harris. © 2004 por Sidney Harris. Usado com permissão.

P. 74: Figura 3-4 de U. S. English website www.us-english.org. Copyright, U. S. English, Inc. Usada com permissão.

Capítulo 4

P. 79: Citação de Mary Pattillo-McCoy. *Black Picket Fences*: Privilege and Peril among the Black Middle Class, 1999., p.100–102. Copyright 1999. Reimpressa com permissão da University of Chicago Press.

P. 86: Citação de Daniel Albas and Cheryl Albas. Aces and Bombers: The Post-Exam Impression Management Strategies of Students. *Symbolic Interaction*, v. 11, outono1988. p. 289–302. © 1988 por JAI Press. Reimpressa com permissão da University of CA Press e dos autores. UC Press Journals, 2000 Center St., Suite 303, Berkeley, CA 94704-1223, (510) 642-6188.

P. 89: Tabela 4-2 de Tom Smith. Coming of Age in 21st Century America: Public Attitudes Towards the Importance and Timing of Transition to Adulthood, 2003..Baseada no 2002 General Social Survey of 1,398 people. Usada com permissão do National Opinion Research Center.

P. 94: Tabela 4-3 adaptada de Jill Suitor et al. Did You See What I Saw? Gender Difference in Perceptions of Avenues to Prestige Among Adolescents, *Sociological Inquiry*, v. 71, out. 2001, p. 445, Tabela 2. University of Texas Press. Reimpressa com permissão de Blackwell Publishing Ltd.

P. 95: Figura 4-1 de "Growing up Wired: Survey on Youth and the Internet in the Silicon Valley." (#3340), The Henry J. Kaiser Family Foundation and the *San Jose Mercury News*, maio2003. Esta informação foi reimpressa com autorização da Henry J. Kaiser Family Foundation. A Kaiser Family Foundation, situada em Menlo Park, CA, não tem fins lucrativos, é uma entidade filantrópica nacional independente na area da saúde e não tem nenhuma associação com a Kaiser Permanente ou Kaiser Industries.

Capítulo 5

P. 102: Citação de Philip G. Zimbardo. Pathology of Imprisonment, *Society*, v, 9, abr. 1972. p. 4. Copyright © 1972 por Transaction Publishers. Reimpressa com permissão de Transaction Publishers. E citação de Philip G. Zimbardo et al. The Psychology of Imprisonment: Privation, Power, and Pathology, 1974. In: Z. Rubin (Ed.), *Doing Unto Others*: Explorations in Social Behavior, p. 61–63. Usada com permissão de P. G. Zimbardo, Inc.

P. 112: Cartum de TOLES © The Buffalo News. Reimresso com permissão da UNIVERSAL PRESS SYNDICATE. Todos os direitos reservados.

P. 119: Cartum © The New Yorker Collection 1986 Dean Vietor de www.cartoonbank.com. Todos os direitos reservados.

P. 123: Figura 5-2 de UNAIDS. 2003. *AIDS Epidemic Update*, dez.2003, p. 37. Reimpressa com permissão da UNAIDS, World Health Organization, Genebra, Suíça.

Capítulo 6

P. 128, 130: Citação de George Ritzer. *The McDonaldization of Society*, 2004. Revisada por New Century Edition. 2004a, p. 1–4, 10–11. Copyright © 2004. Reimpressa com permissão de Pine Forge Press, uma Divisão da Sage Publications, Inc.

P. 131: Cartum © The New Yorker Collection 1979 Robert Weber de www.cartoonbank.com. Todos os direitos reservados.

P. 140: Figura 6-1 de James Allan Davis e Tom W. Smith. *General Social Surveys 2001*, 2001. p. 347. Publicada por Roper Center, Storrs, CT. Reimpressa com permissão do National Opinion Research Center.

Capítulo 7

P. 150, 151: Citação de Todd Gitlin. *Media Unlimited*: How the Torrent of Images and Sounds Overwhelms Our Lives, v. 5, 2002. p. 176–179. © 2002 de Todd Gitlin. Reimpressa com permissão de Henry Holt and Company, LLC.

P. 152: Figura 7-1 *The 2004 Communications Industry Forecast & Report*, Veronis Suhler Stevenson LLC. Usada com permissão.

P. 159: Citação de Todd Gitlin. *Media Unlimited*: How the Torrent of Images and Sounds Overwhelms Our Lives, 2002. p.176–179. © 2002 de Todd Gitlin. Reimpressa com permissão de Henry Holt and Company, LLC.

P. 166: Cartum de Kirk Anderson. Usado com permissão de Kirk Anderson www.kirktoons.com.

P. 167: Figura 7-3 baseada em dados do Apêndice Estatístico de "TV Bloodbath Violence on Prime Time Broadcast TV" realizado em 2003. Usada com permissão de Parents Television Council, Alexandria, VA.

Capítulo 8

P. 172: Citação de Susan A. Phillips. *Wall-bangin': Graffiti and Gangs in L.A.*, 1999. p. 21, 23, 134–35. Copyright 1999. Usada com permissão da University of Chicago Press.

P. 179: Figura de Henry Wechsler et al. 2002. Trends in College Binge Drinking During a Period of Increased Prevention Efforts, *Journal of American College Health*, 2002, p. 208. Copyright © 2002. Reimpressa com permissão da Helen Dwight Reid Educational Foundation. Publicada por Heldref Publications, 1319 18th St. NW, Washington, DC 20036-1802.

P. 181: Figura 8-2 de "How Stuff Works, American Registry for Internet Numbers, Times Research". *Los Angeles Times*, 30 abr. 2003, p. A21. Copyright 2003, Los Angeles Times. Todos os direitos reservados. Reimpressa com permissão.

P. 185: Tabela 8-1 de Robert K. Merton. 1968. *Social Theory and Social Structure*: 194. Copyright © 1967, 1968 de Robert K. Merton; copyright renovado em 1997 por Robert K. Merton. Adaptada com permissão de The Free Press, uma Divisão de Simon & Schuster Adult Publishing Group. Todos os direitos reservados.

P. 189: Figura baseada nos dados do Bureau of the Census 2003a, e dados de Death Penalty Information Center, "Facts About the Death Penalty", acessado em 30 jan. 2004 e www.deathpenaltyinfo.org. Usada com permissão.

P. 193: Cartum de Sidney Harris. © 2004 de Sidney Harris. Usado com permissão.

P. 197: Cartum de Dan Wasserman. Copyright, Tribune Media Services, Inc. Todos os direitos reservados. Reimpresso com permissão.

Capítulo 9

P. 201: Citação de Katherine S. Newman. 1999. *No Shame in My Game* 1999, p. 86-87. Knopf Publishing Group. Copyright © 1999 por Russell Sage Foundation. Usada com permissão de Alfred A. Knopf, uma Divisão da Random House, Inc.

P. 208: Figura 9-2 de Towers Perrin in Adam Bryant. Seção 4, p.1. American Pay Rattles Foreign Partners, *New York Times*, 17 jan. 1999. p. D1. The New York Times Graphics. Copyright © 1999. Reimpressa com permissão.

P. 212: Tabela 9-2 de James A. Davis et al. 2003. *General Social Surveys, 1972-2002*. Chicago: National Opinion Research Center. Usada com permissão do National Opinion Research Center.

P. 213: Figura 9-3 Dados de renda de 2003 de Carmen DeNavas-Walt, et al. 2004. *Income, Poverty, and Health Insurance Coverage in the United States: 2003*. Washington, DC: U.S. Government Printing Office. Dados sobre saúde de Edward N. Wolff. 2002. Recent Trends in the Distribution of Household Wealth Ownership. In: *Back to Shared Prosperity*: The Growing Inequality of Wealth and Income in America, ed. Ray Marshall. Nova York: M.E. Sharpe. Reimpressa com permissão do autor.

P. 215: Figura 9-4 de Timothy Smeeding et al.. United States Poverty in a Cross-National Context. *Focus*, newsletter of the Institute for Research on Poverty, v. 21, primavera 2001. p. 51. Usada com permissão do Institute for Research on Poverty.

P. 222: Figura 9-6 adaptada em parte de John R. Weeks. *Population: An Introduction to Concepts and Issues*, com InfoTrac 8. ed. p. 22-23. Belmont, CA: Wadsworth. © 2002. Reimpressa com permissão da Wadsworth, uma Divisão da Thomson Learning, www.thomsonrights.com. Fax (800) 730-2215. E adaptada em parte de Carl Haub. 2003. *World Population Data Sheet 2003*. Usada com permissão do Population Reference Bureau.

P. 225: Tabela 9-4 adaptada em parte de *Fortune*. Fortune's Global 500 Fortune, 21 jul. 2003. © 2003 Time Inc. All rights reserved. E adaptada em parte do United Nations Development Programme. 2002. *Human Development Report 2002: Deepening Democracy in a Fragmented World*: 190-193. Copyright © 2002 pela United Nations Development Programme. Usada com permissão da Oxford University Press, Inc.

P. 226: Cartum de Joel Pett. © Joel Pett, Lexington Herald-Leader. Todos os direitos reservados.Usado com permissão.

P. 227: Figura 9-8 baseada nos dados do World Bank, *2003 World Development Indicators*, 2003a. p. 64-66; Tabela 2-8. © World Bank 2003. International Bank for Reconstruction and Development/The World Bank. Usada com permissão.

P. 234: Cartum de Mike Konopacki, Huck/Kon-opacki Labor Cartoons. Usado com permissão.

Capítulo 10

P. 240: Citação de Helen Zia. 2000. *Asian American Dreams*: The Emergence of an American People. Copyright © 2000 por Helen Zia. Reimpressa com permissão de Farrar, Straus & Giroux, LLC.

P. 248: Figura 10-2 de Southern Poverty Law Center. Active Hate Groups in the United States *2003 Intelligence Report*, primavera 2003. p. 34-35. Reimpressa com permissão de Southern Poverty Law Center.

P. 259: Figura 10-4 de John R. Logan. 2001. *From Many Shores: Asians in Census 2000*. Acesso em 29 nov. 2001 em http://mumford1.dyndns.org/cen2000/AsianPop. Usada com permissão de Lewis Mumford Center for Comparative Urban and Regional Research, SUNY at Albany, NY (www.albany.edu/mumford).

Capítulo 11

P. 271: Citação de Naomi Wolf. *The Beauty Myth*. 1992, p. 9-10, 12. Usada com permissão de Abner Stein Literary Agency de Naomi Wolf.

P. 274: Tabela 11-1 de Joyce McCarl Nielsen, et al. 2000. Gendered Heteronormativity: Empirical Illustrations in Everyday Life, *Sociological Quarterly*, v. 41, n. 2, p. 287. © 2000 de Midwest Sociological Society. Reimpressa com permissão do autor e de UC Press Journals, 2000 Center St., Suite 303, Berkeley, CA 94704-1223, (510) 642-6188.

P. 282: Cartum de Ed Stein. Reimpresso com permissão de Rocky Mountain News.

P. 284: Figura 11-3 de James T. Bond et al. *The 1997 National Study of the Changing Work Force*. Nova York: Families and Work Institute, 1998. p. 40-41, 44-45. Copyright Families and Work Institute (www.familiesandwork.org). Reimpressa com permissão.

P. 295: Figura 11-6 de National Abortion and Reproductive Rights Action League Foundation. *Who Decides? A State-by-State Review of Abortion and Reproductive Rights*, 10. ed. Washington, DC: NARAL Foundation, 2001. p. 268. Usada com permissão de NARAL.

Capítulo 12

P. 301: Citação de Cornel West and Sylvia Ann Hewlett. *The War against Parents*, 1998. p. 21-22. Copyright © 1998 de Sylvia Ann Hewlett and Cornel West. Reimpressa com permissão da Houghton Mifflin Company. Todos os direitos reservados.

P. 303: Figura 12-1 em parte de Joseph A. McFalls, Jr. Population: A Lively Introduction. 4. ed. *Population Bulletin*, v. 58, dez. 2003. p. 23. Usada com permissão do Population Reference Bureau.

P. 309: Citação de Rebecca Segall. Sikh and Ye Shall Find, *Village Voice*, v. 43, 5 dez. 1998. p. 48; 53. Usada com permissão de Rebecca Segall.

P. 309: Figura 12-2 de United Nations Population Division. 2001a. *World Marriage Patterns 2000*. Acesso em 13 set. 2002 de www.undp.org/popin/wdtrends/worldmarriage.patterns2000.pdf. Usada com permissão da United Nations Population Division, Nova York.

P. 313: Cartum de Signe Wilkinson. Usado com permissão de Signe Wilkinson, Cartoonists & Writers Syndicate/www.cartoonweb.com.

P. 322: Figura 12-6 de Human Rights Campaign, acesso de www.hrc.org, "Statewide Anti-Discrimination Laws and Policies" e "Statewide Discriminatory Marriage Laws". Usada com permissão.

Capítulo 13

P. 328: Citação de Vine Deloria, Jr. *For This Land: Writings on Religion in America*, 1999. p. 273-275, 281. Copyright © 1998. Reproduzida com permissão de Routledge/Taylor & Francis Group Inc. e do autor.

P. 330: Figura 13-1 de John L. Allen. 2003. *Student Atlas of World Geography*, 3. ed. Copyright © 2003 de The McGraw-Hill Companies, Inc. Todos os direitos reservados. Reimpressa com permissão de McGraw-Hill/Dushkin Publishing.

P. 339: Figura 13-2 de Ronald Inglehart e Wayne Baker. "Modernization, Cultural Change, and the Persistence of Traditional Values", *American Sociological Review*, v. 65, fev. 2000. p. 19-51; Tabela 7, p. 47. Usada com permissão da American Sociological Association e dos autores.

P. 342: Figura 13-3 de D. Jones et al. 2002. Reimpressa com permissão de *Religious Congregations and Membership in the United States: 2000*. Nashville: Glenmary Research Center, 2002. © Association of Statisticians of American Religious Bodies. Todos os direitos reservados.

P. 349: Cartum de Kirk Anderson. Usado com permissão Kirk Anderson www.kirktoons.com.

P. 357: Cartum de Steve Breen. Usado com permissão de Copley News Service.

Capítulo 14

P. 362: Citação de Richard L. Zweigenhaft e G. William Domhoff. *Diversity in the Power Elite*, 1998. p. 176-77, 192, 194. Yale University Press. Copyright Richard L. Zweigenhaft. Reimpressa com permissão do autor.

P. 367: Cartum de Tony Auth. © 2002 The Philadelphia Inquirer. Reimpresso com permissão do UNIVERSAL PRESS SYNDICATE. Todos os direitos reservados.

P. 371: Cartum de Gary Varvel. Usado com permissão de Creators Syndicate.

P. 372: Tabela 14-1 de James Allan Davis and Tom W. Smith. 2003. *General Social Surveys, 1972-2002*. Storrs, CT: The Roper Center. Reimpressa com permissão do National Opinion Research Center.

P. 374: Figura 14-1 de G. William Domhoff. *Who Rules America*, 4. ed. 2001. p. 96. © 2001 de The McGraw-Hill Companies, Inc. Reproduzida com permissão do Editor.

P. 377: Figura 14-2 de 1971-2004 The Gallup Pole. Todos os direitos reservados. Reimpressa com permissão da The Gallup Organization.

P. 386: Citação de Sheryl Stolberg. Affirmative Action Gains Often Come at a High Cost, *Los Angeles Times*, 29 mar. 1995. p. A14. Copyright 1995 de Los Angeles Times. Reimpressa com permissão.

P. 387: Cartum de Mike Peters. © Reimpresso com permissão especial de King Features Syndicate.

Capítulo 15

P. 392: Citação de Mitchell Duneier. 1999. *Sidewalk*. Copyright © 1999 de Mitchell Deneier. Reproduzida com permissão de Farrar, Straus & Giroux, LLC.

P. 400: Cartum de Signe Wilkinson/Philadelphia Daily News. Usado com permissão de Cartumists & Writers Syndicate.

P. 403: Tabela 15-2 baseada em Gideon Sjoberg. *The Preindustrial City*: Past and Present, 1960. p. 323-328. Copyright © 1960 deThe Free Press; copyright renovado em 968 por Gideon Sjoberg. Adaptada com permissão de The Free Press, uma divisão do Simon & Schuster Adult Publishing Group. Todos os direitos reservados. E baseada em E. Barbara Phillips. 1996. *City Lights: Urban-Suburban Life in the Global Society*, 2.ed. p. 132-135. Copyright © 1981 de E. Barbara Phillips e Richard T. LeGates, 1996 de E. Barbara Phillips. Usada co, permissão da Oxford University Press, Inc.

P. 404: Figura 15-3 de Chauncy Harris and Edward Ullmann. The Nature of Cities, *Annals of the American Academy of Political and Social Science*, 242 nov.1945. p. 13. Reimpressa com permissão da American Academy of Political and Social Science, Filadélfia.

P. 416: Figura 15-4 de Carl Haub. 2003. *World Population Data Sheet 2003*. Usada com permissão do Population Reference Bureau.

P. 421: Cartum de Jim Borgman. © Reimpresso com permissão especial do King Features Syndicate.

P. 422: Figura 15-6 de World Bank. 2003. *World Development Indicators 2003*. Publicada pelo World Bank. Usada com permissão.

Capítulo 16

P. 424: Citação de Howard Rheingold. *Smart Mobs, The Next Social Revolution*: Transforming Cultures and Communities in the Age of Instant Access, 2003. p. 157, 158, viii. © 2003 de Howard Rheingold. Reimpressa com permissão de Perseus Books Publishers, da Perseus Books LLC.

P. 439: Cartum © 1985 Carol * Simpson. Reimpresso com permissão de Carol * Simpson Productions.

Créditos de Fotografias

Capítulo 1
p. 1: Foto © Barry Dawson, de Street Graphics India (Londres e Nova York: Thames & Hudson, 1999); p. 4: Image @2004 Peter Menzel/Material World; p. 5 – acima: Image @2004 Peter Menzel/Material World, abaixo: Image @2004 Peter Menzel/Material World; p. 8: James Marshall/The Image Works; p. 9: AP/Wide World Photos; p. 10: Richard Evans, "Harriet Martineau". Cortesia do National Portrait Gallery, Londres (NPG 1085); p. 11 – à esquerda: Bibliothèque Nationale de France, ao centro: The Granger Collection, Nova York; p. 11 – à direita: Archivo Iconografico, S.A./Corbis; p. 13: Jane Addams Memorial Collection (JAMC neg. 55), Coleção Especial do Departamento, The University Library University of Illinois de Chicago; p. 16: US Postal Service; p. 17: Coleção Especial do Departamento, The University Library, University of Illinois de Chicago; p. 18: Bill Publilano/Getty Images

Capítulo 2
p. 27: ©1990 Erika Rothenberg; p. 30: Van Bucher/Photo Researchers; p. 37: 2003 The Gallup Poll; p. 38: Cortesia de AT&T; p. 39: Everett Collection; p. 43: AP/Wide World Photos; p. 44: Joe Sohm/The Image Works; p. 45: Bob Daemmrich/The Image Works; p. 46: Coleção de Richard Schaefer; p. 49: AP/Wide World Photos

Capítulo 3
p. 52: ©2000 United Air Lines Inc. Todos os direitos reservados. Com permissão de Fallon Minneapolis. Fotografia de Kevin Peterson/Push, Inc. (à esquerda) and Matthew Phillips/PictureQuest (à direitas); p. 56: James Marshall/Corbis; p. 57 – acima: AP/Wide World Photos, abaixo: Patrick Zachmann/Magnum Photos; p. 58: AP/Wide World Photos; p. 63: Pacha/Corbis; p. 65: AP/Wide World Photos; p. 73: Photofest; p. 73: Bob Daemmrich/The Image Works

Capítulo 4
p. 78: Setagaya Volunteer Association, Tokyo Japan; p. 82: Nina Leen/Getty Images; p. 83: Tony Freeman/PhotoEdit, Inc.; p. 84: AP/Wide World Photos; p. 87: Thomas S. England/Photo Researchers; p. 88: AP/Wide World Photo; p. 90: A. Ramey/PhotoEdit, Inc.; p. 91: Fabian Falcon/Stock Boston; p. 96: Jim West/The Image Works; p. 97: Svenne Nordlov/Tio Photo

Capítulo 5
p. 101: interTREND Communications, Inc., Marketing Communications Firm Specializing in the Asian American Market; p. 104: Don Murray-Pool/Getty Images; p. 106: Vincent DeWitt/Stock Boston/Picture Quest; p. 108: Richard Lord/Photo Edit, Inc.; p. 109: Ann Clopet/Getty Images; p. 110: Scott Fischer/Woodfin Camp & Associates; p. 111 – acima: Spencer Ainsley/The Image Works, abaixo: Marilyn "Angel" Wynn /NativeStock.com; p. 115: AP/Wide World Photos; p. 116: Charles & Josette Lenars/Corbis; p. 117: Craig Lovell/Corbis; p. 120: Vladimir Sichov/SIPA Press

Capítulo 6
p. 127: Cortesia de MAGIC International; p. 132: Warner Bros/The Kobal Collection/Claudette Barius; p. 133: AP/Wide World Photos; p. 134: CBS Photo Archive; p. 135: AP/Wide World Photos; p. 139: Kenneth Jarecke/Woodfin Camp & Associates; p. 141: AP/Wide World Photos; p. 142: Peter Hvizdak/The Image Works; p. 143: Jeff Green-berg/PhotoEdit, Inc.

Capítulo 7
p. 149: Cortesia de Atlanta Film and Video Festival; p. 153: Universal Studios/Photofest; p. 154 – à esquerda: Getty Images, ao centro: PEOPLE Weekly © Time Inc. All Rights Reserved; 154 – à direita: Bettmann/Corbis; p. 156: Everett Collection; p. 157: Everett Collection; p. 159 – acima e abaixo: Photofest; p. 160: Everett Collection; p. 161: Reuters/Corbis; p. 163: Stevens Frederic/SIPA Press; p. 165: Jeffrey Aaronson/Network Aspen

Capítulo 8
p. 171: Cortesia de Bozell New York; p. 174: Jussi NukarI/Lehtikuva; p. 175: ©1965 de Stanley Milgram para o filme "Obedience", distribuído por Pennsylvania State University, PCR.; p. 182: Fred Ward/Stockphoto; p. 183 – acima: Jerry Alexander/Getty Images, abaixo: Bob Krist/Corbis; p. 185: AP/Wide World Photos; p. 187: Stock Montage, Inc.; p. 192: Cortesia de Tiffany Zapata-Mancilla; p. 196: Alliance Atlantis/Dog Eat Dog/United Broadcasting/The Kobal Collection

Capítulo 9
p. 200: Springer & Jacoby Werbung GmbH, Hamburg; direção de criação: Bettina Olf, Timm Weber; copywriter: Sven Keitel; diretora de arte: Claudia Tödt; fotografias: Jan Burwick; p. 203: Hampton University Museum; p. 206: Bettmann/Corbis; p. 209: Roger Ball/Corbis; p. 210: Paul A. Souders/Corbis; p. 217: Cortesia de William Julius Wilson, Harvard University; p. 218: AP/Wide World Photos; p. 220: Suzanne Opton; p. 224: Catherine Gupton/Woodfin Camp & Associates; p. 228: AP/Wide World Photos; p. 230: AP/Wide World Photos

Capítulo 10
p. 239: Cortesia do American Indian College Fund; p. 244: Mark Richards/PhotoEdit, Inc.; p. 250: Elliot Erwitt/Magnum Photos; p. 252: American Civil Liberties; p. 254: AP/Wide World Photos; p. 258: Spencer Grant/PhotoEdit, Inc.; p. 264: David Bohrer/Los Angeles Times

Capítulo 11
p. 270: Foto cortesia de www.guerrillagirls.com ©2002 de Guerrilla Girls, Inc.; p. 273: Foto providenciada por Harrison G. Pope, Jr., adaptada de THE ADONIS COMPLEX por Harrison G. Pope, Jr., Katherine Phillips, Roberto Olivardia. The Free Press, ©2000; p. 276: Steve McCurry/Magnum; p. 278: AP/Wide World Photos; p. 285: © Los Angeles Dodgers; p. 286: Robert Brenner/PhotoEdit, Inc.; p. 289: Catherine Karnow/Woodfin Camp & Associates; p. 293 – acima: Gabe Palmer/Corbis; abaixo: Richard Avery/Stock Boston

Capítulo 12
p. 300: Cortesia de Genetica DNA Laboratories Inc.; p. 304: Peter Arnold; p. 307: Richard Hutchings/Photo Researchers; p. 309: Diaphor Agency/Index Stock; p. 314: "Buffalo West End, 1973" de Milton Rogovin. Cortesia do artista, Coleçção do Library of Congress; p. 315 – acima e abaixo: "Buffalo West End, 1992" de Milton Rogovin. Cortesia do artista, Coleção da Library of Congress; p. 313: Blair Seitz/Photo Researchers; p. 321: Landov

Capítulo 13
p. 327: Thomas Coex/Agence France Presse/Getty Images; p. 331: Robert Nikelsberg/Getty Images; p. 332: Tony Savino/The Image Works; p. 333 – acima: Sebastian Bolesch/Peter Arnold, à esquerda, abaixo: Lindsay Hebberd/Corbis, à direita, abaixo: Jorgen Schytte/Peter Arnold; p. 338: Steve McCurry/Magnum Photos; p. 340: AP/Wide World Photos; p. 345: Lindsay Hebberd/Corbis; p. 347: Mary Kate Denny/PhotoEdit, Inc.; p. 350: Marc Riboud/Magnum Photos; p. 356: Bill Bachman/The Image Works

Capítulo 14
p. 361: Charles S. Anderson Design Company; p. 365: Pana Press; p. 368: AFP/Getty Images; p. 369: Cortesia do Escritório de Governo do Federal Reserve System; p. 370: Paul Velasco/Corbis; p. 376: The Daily Cardinal/Jaron Berman Photography; p. 379: Reuters/Yannis Behrakis/Landov; p. 383: Basel Action Network; p. 384: Macduff Everton/Corbis

Capítulo 15
p. 391: New York Public Library/Art Resource, NY; p. 393: Ovie Carter; p. 394: Haileybury Collection; p. 408: AP/Wide World Photos; p. 409: David Young-Wolf/PhotoEdit, Inc.; p. 410: Jeff Greenberg/The Image Works; p. 413: Harry Baumert/©1995 The Des Moines Register and Tribune Company. Reimpresso com permissão; p. 414: Stephanie Maze/Woodfin Camp & Associates; p. 415: Goh Chai Hin/Getty Images; p. 417: Sesame Street Workshop; p. 419: Reuters/Corbis

Capítulo 16

p. 427: Stuart Isett/Polaris; p. 430: Los Angeles Times Photo by Lawrence K. Ho; p. 435 – acima: Reuters/Corbis, abaixo: AP/Wide World Photos; p. 436: Getty Images; p. 437: Jim West; p. 438: AP/Wide World Photos; p. 441: AP/Wide World Photos; p. 442: Troy Duster

Sumário

Capítulo 1 – Spencer Ainsley/The Image Works
Capítulo 2 – 2003 The Gallup Poll
Capítulo 3 – @2004 Peter Menzel/Material World
Capítulo 4 – AP/Wide World Photos
Capítulo 5 – AP/Wide World Photos
Capítulo 6– AP/Wide World Photos
Capítulo 7 – Stevens Frederic/SIPA Press
Capítulo 8 – AP/Wide World Photos
Capítulo 9 – AP/Wide World Photos
Capítulo 10 – Courtesy of American Indian College Fund
Capítulo 11 – Jerry Alexander/Getty Images
Capítulo 12 – Mark Richards/PhotoEdit, Inc.
Capítulo 13 – Lindsay Hebberd/Corbis
Capítulo 14 – Basel Action Network
Capítulo 15 – Jeff Greenberg/The Image Works
Capítulo 16 – AP/Wide World Photos

Índice Onomástico

Números de páginas seguidos pela letra *f* referem-se a figuras e números de páginas seguidos pela letra *t* referem-se a tabelas.

A

Abel, Daniel G., 197
Abercrombie, Nicholas, 67, 210
Aberle, David F., 114
Abrahams, Ray, 105
Abrahamson, Mark, 184
Acosta, R. Vivian, 20
Adam, Barry D., 417
Addams, Jane, 13, 44
Adler, Freda, 190
Adler, Patricia, 38
Adler, Peter, 38
Afari, Kwabena, 221
Ahmed, Karuna Chanana, 227
Alain, Michel, 431
Alba, Richard D., 264
Albas, Cheryl, 86
Albas, Daniel, 86
Albiniak, P., 153
Albrecht, Gary L., 107
Alda, Alan, 254
Alexander, Alison, 168
Alfino, Mark, 60
Ali, Muhammad, 104, 154t
Allen, Bern, 176
Allen, John L., 62
Allport, Gordon W., 252
Alwin, Duane F., 373
Amato, Paul R., 318
Andersen, Margaret, 278
Anderson, Craig, 167
Anderson, Elijah, 28, 29, 36, 38, 227
Anderson, Pamela, 150
Angier, Natalie, 273
Annan, Kofi, 278
Anniston, Jennifer, 154t
Anthony, Susan B., 285
Argenti, Paul, 143
Argetsinger, Amy, 68
Arias, Elizabeth, 419
Aristóteles, 7
Aronson, Elliot, 173
Arora, Raksha, 377
Ashe, Arthur, 106
Astin, Alexander, 67, 354
Atchley, Robert C., 290
Austen, Jane, 55

Axtell, Roger, 84
Azumi, Koya, 134

B

Babad, Elisha Y., 352
Baer, Douglas, 140
Bagilhole, Barbara, 275, 283
Bainbridge, William Sims, 46
Baker, Therese L., 39
Baker, Wayne E., 339
Bales, Robert, 277–278
Barr, Cameron W., 164
Barron, Milton L., 287
Bass, Loretta E., 372
Basso, Keith H., 61
Bates, Colleen Dunn, 420
Bauerlein, Monika, 438
Bauman, Kurt J., 214, 257
Beagan, Brenda L., 416
Beall, Cynthia M., 286
Bean, Frank, 263
Becerra, Rosina M., 311
Becker, Howard S., 188, 352, 416
Beeghley, Leonard, 206
Bell, Daniel, 120, 192, 438
Bellafante, Ginia, 286
Bendick, Marc, Jr., 293
Bendix, B. Reinhard, 44
Benford, Robert D., 429, 430
Benner, Richard S., 25
Bennett, Claudette, 257
Bennett, Vivienne, 230
Berger, Peter, 103, 116
Berke, Richard L., 291
Berlin, Brent, 63
Bernstein, Richard, 288
Berry, Halle, 154t
Berry, Mary Frances, 376
Best, Amy, 180
Bian, Yanjie, 369
Bielby, Denise D., 305
Bielby, William T., 158, 304
Billson, Janet Mancini, 25
Biskupic, Joan, 296
Black, Donald, 177
Blair, Tony, 161
Blanchard, Fletcher, 174, 175
Blandy, Richard, 432
Blau, Peter M., 137, 220
Blauner, Robert, 251
Bloom, Stephen G., 411

Blumer, Herbert, 103, 429
Boaz, Rachel Floersheim, 287
Bogart, Humphrey, 154
Bok, Sissela, 168
Bond, James T., 284
Booth, Alan, 318
Bornschier, Volker, 227
Bottomore, Tom, 435
Bouchard, Thomas J., 82
Boudreaux, Richard, 229
Bouvier, Leon F., 400
Bowles, Samuel, 93, 350, 353
Bradford, Calvin, 114
Bradsher, Keith, 368
Brady, David, 215
Brady, James, 196
Brainard, Lael, 381, 440
Brannon, Robert, 275
Braverman, Amy, 49
Braxton, Greg, 158
Bray, James H., 307
Brewer, Cynthia, 256
Brischetto, Robert R., 263
Brittingham, Angela, 242, 263
Bromley, David, 38
Brooke, James, 157
Brown, Peter Harry, 197
Browner, Carol, 385
Brubaker, Bill, 422
Bruno, Rosalind, 73
Bryant, Adam, 208
Buckley, Stephen, 221
Budig, Michelle, 284
Budrys, Grace, 419
Bullard, Robert D., 385
Bulle, Wolfgang F., 64
Bunzel, John H., 245
Burgess, Ernest, 404, 407
Burns, John R., 281
Bush, George H.W., 154t
Bush, George W., 37, 154t, 161, 252, 320, 358
Bushman, Brad J., 167
Bushway, Shawn D., 189
Butler, Daniel Allen, 218
Butler, Robert, 290, 290–291

C

Caesar, Lena G., 419
Calvin, John, 336
Calvo, Dana, 158
Campo-Flores, Arian, 263

Camus, Albert, 122
Caplan, Ronald L., 414
Caplow, Theodore, 376, 377
Cardoso, Fernando Henrique, 16
Carey, Anne R., 113
Caroline, Princesa de Mônaco, 154t
Carpenter, Linda Jean, 19
Carroll, Diahann, 154t
Carroll, Joe, 290
Carroll, John, 280
Carter, Bill, 163
Carter, Jimmy, 154t
Carty, Winn, 382
Casper, Lynne M., 372
Cassidy, Rachel C., 242, 243, 244, 258
Castells, Manuel, 114, 165
Casteñeda, Jorge, 229, 230
Castro, Fidel, 262, 430
Cerulo, Karen A., 160
Cha, Ariena Eunjung, 193, 443
Chalfant, H. Paul, 344
Chambers, Jeff, 411
Chambliss, William, 187–188
Chang, Leslie, 138
Chase-Dunn, Christopher, 58, 223, 226
Chaves, Mark, 338
Chavira, Juan Antonio, 419
Cheng, Wei-yuan, 21
Cher, 154t
Cherlin, Andrew J., 26, 307, 316
Chesney-Lind, Meda, 17
Cheung, 73
Chin, Ko-lin, 192
Christensen, Kathleen, 288
Christensen, Matthew, 288
Christie, Brigan, 422
Churchill, Winston, 346
Clark, Burton, 354
Clark, Candace, 416
Clark, E. Gurney, 413
Clarke, Adele E., 439
Clawson, Dan, 98
Clay, Cassius, 104
Cleveland, Robert W., 32
Clinard, Marshall B., 186
Clinton, Bill, 154t, 385, 440
Clinton, Hillary Rodham, 420
Clooney, George, 132
Clymer, Adam, 373
Cockburn, Andrew, 203
Cockerham, William C., 417
Cohen, Lawrence E., 187
Colapinto, John, 432
Collins, Chiquita, 255
Collins, Randall, 210, 211, 436
Commoner, Barry, 383
Comstock, George, 167
Comte, Augusto, 434
Conlin, Michelle, 275
Conrad, Peter, 413, 414
Cooley, Charles Horton, 13, 18, 83, 87, 88, 91, 129
Cornell, Claire Pedrick, 306
Corsaro, William A., 91
Cortese, Anthony J., 159
Cosby, Bill, 154t
Coser, Lewis, 12, 211

Couch, Carl, 371
Cox, Oliver, 251
Cox, Rachel S., 355
Crenshaw, Edward M., 398
Cressey, Donald R., 187
Cromwell, Paul F., 187
Crosnoe, Robert, 290
Cross, Simon, 275, 283
Croteau, David, 163, 165
Crouse, Kelly, 218
Cuff, E. C., 210
Cullen, Francis T., Jr., 188
Cullen, John B., 188
Currie, Elliot, 195
Curry, Timothy Jon, 414
Curry-White, Brenda, 216

D

D'Abuzzo, Alphonso (Alan Alda), 254
Dahl, Robert, 375
Dahrendorf, Ralf, 15, 210, 435
Dalaker, Joseph, 262
Dalla, Rochelle L., 311
Daniels, Arlene Kaplan, 140
Daniszewski, John, 164
Darlington, JoAnne DeRoven, 152
Darwin, Charles, 10, 60, 434
Davies, Christie, 90
Davies, J., 372
Davis, Darren W., 36
Davis, Gerald, 375
Davis, James A., 34, 35, 212, 221
Davis, Kingsley, 15, 81, 209, 349
Davis, Nanette J., 184, 188
Davis, Sammy, Jr., 154t
Beauvoir, Simone de, 287
De la Cruz, G. Patricia, 242, 261, 262, 263
Deegan, Mary Jo, 10, 13, 107
Dellios, Hugh, 232
Deloria, Vine, Jr., 328–329
Demuth, Stephen, 189
DeNavas-Walt, Carmen, 32, 205, 214, 257, 259, 261
Denny, Charlotte, 266
Denton, Nancy, 255, 408
DePalma, Anthony, 230, 382
Deskins, Donald R., Jr., 16
Devine, Don, 66
Devitt, James, 374
Diana, Princesa, 154t
Diaz, Cameron, 153
Dickerson, Marla, 368
Dickson, W. J., 139
Dighton, Daniel, 189
Dillon, Sam, 232, 411
DiMaggio, Paul, 444
Dixon, Margaret, 294
Dodds, Klaus, 59
Dodge, Hiroko, 247
Doeringer, Peter B., 288
Domhoff, G. William, 362–363, 374–375, 375
Dominguez, Silvia, 113
Dominick, Joseph R., 162
Dotson, Floyd, 393

Dougherty, John, 232
Dougherty, Kevin, 352
Douglas, Michael, 364
Dowd, James J., 290
Downie, Andrew, 59
Doyle, James A., 275
Drezner, Daniel W., 381
Driver, Edwin D., 257
Drown, 353
Du Bois, W. E. B., 15, 15–16, 18, 21, 44, 255, 313
Duffet, Ann, 264
Dugger, Celia W., 204
Duncan, Otis Dudley, 220
Duneier, Mitchell, 116, 392–393
Dunlap, Riley, 383–384
Durand, Ann, 42
Durkheim, Emile, 3, 8–9, 11, 12, 14, 18, 40, 44, 116, 117, 121, 173, 184, 331
Duster, Troy, 442
Dworsky, Amy, 234

E

Eason, Yla, 91
Ebaugh, Helen Rose Fuchs, 109
Eberbach, Dave, 46
Ebert, Roger, 63
Eckenwiler, Mark, 446
Edmonston, Barry, 265
Edwards, Tamala M., 296
Ehrenreich, Barbara, 2–3, 6, 215, 234
Eisenhower, Dwight D., 154t
Eitzen, D. Stanley, 20
El-Badry, Samira, 246
El Nasser, Haya, 410
Elder, Glen H., Jr., 290
Elizabeth I, Rainha da Inglaterra, 346
Eller, Claudia, 157
Ellingwood, Ken, 231
Ellison, Ralph, 255, 383
Elmer-DeWitt, Philip, 443
Ely, Robin J., 135
Engels, Friedrich, 12, 16, 58, 135, 363
England, Paula, 17
English-Lueck, Jan A., 54–55
Entine, Jon, 226
Ericson, Nels, 153
Erikson, Kai, 184
Erlich, Anne, 383, 395
Erlich, Paul, 383, 395
Estrada, Joseph, 428
Etaugh, Claire, 274
Etzioni, Amitai, 134, 379
Evans, Sara, 285

F

Fallows, James, 377
Faludi, Susan, 275
Farhi, Paul, 157
Farkas, Steve, 265
Farley, Maggie, 74
Farr, Grant M., 304
Feagin, Joe, 21

Feagin, Joe R., 355, 406
Featherman, David L., 220-221
Feketekuty, Guza, 61, 224
Fellini, Federico, 168
Felson, Marcus, 187
Fernandes, Florestan, 16
Fernandez, Sandy, 446
Ferree, Myra Marx, 433
Ferrell, Tom, 319
Fessenden, Ford, 177
Feuer, Lewis S., 12, 58, 135, 224, 278
Fiala, Robert, 438
Fields, Jason, 97, 303
Finder, Alan, 260
Fine, Gary Alan, 19, 104
Finkel, Steven E., 431
Fiore, Quentin, 164
Firestone, D., 285
Firestone, Shulamith, 285
Fitzgerald, Kathleen J., 431
Fix, Michael, 265
Flacks, Richard, 70
Flavin, Jeanne, 194
Fletcher, Connie, 108
Foster, Jodie, 80, 168
Fox, Susannah, 160
Franklin, John Hope, 256
Freeman, Jo, 285
French, Howard W., 86
Freud, Sigmund, 87-88
Frey, William H., 410
Fridlund, Alan J., 63
Friedan, Betty, 284, 400
Friedson, Eliot, 414
Frost, Greg, 432
Furstenberg, Frank, 307

G

Gagnon, John, 48
Gamble, Wendy C., 311
Gamson, Joshua, 431
Ganeshananthan, Vasugi, 297
Gans, Herbert J., 217, 407
Gardner, Carol Brooks, 21
Gardner, Gary, 385
Gardner, Marilyn, 97, 292
Garfinkel, Harold, 91
Garner, Roberta, 433
Garreau, Joel, 405
Garza, Melita Marie, 88
Gates, Henry Lewis, Jr., 444
Gearty, Robert, 69
Gecas, Viktor, 90
Gelles, Richard J., 306
Gerstel, Naomi, 98
Gerth, H. H., 11, 218
Geyh, Paul, 286
Gezari, Vanessa, 439
Ghandi, Mohandas K., 345, 370
Gibson, William, 443
Gintis, Herbert, 93, 347, 350
Giordano, Peggy C., 85, 94
Gitlin, Todd, 150-151, 164
Glauber, Bill, 178

Glaze, Lauren, 176
Glenn, David, 399
Goffman, Erving, 18, 21, 40, 85, 88, 90, 107, 112, 159, 180
Goldberg, Carey, 178
Golden, Frederic, 440
Goldstein, Amy, 373
Goldstein, Melvyn C., 286
Goleman, Daniel, 71
Gonnut, Jean Pierre, 296
Gonzalez, David, 226
Gonzalez-Pando, Miguel, 262
Goodgame, Dan, 233
Gorbachev, Mikhail, 436
Gordon, Gary, 354
Gore, Al, 373
Gornick, Janet C., 234
Gornick, Vivian, 159
Gose, 204
Gottdiener, Mark, 405, 406
Gottfredson, Michael, 179
Gouldner, Alvin, 44, 435
Grabarek, Stanislaus, 25
Graf, Nikki L., 257
Graham, Judith, 291, 411
Gramsci, Antonio, 67
Green, Dan S., 258
Greenhouse, L., 280
Greenspan, Alan, 369
Grieco, Elizabeth M, 242, 243, 244, 258
Grimes, Peter, 223, 226
Grinnell College, 46
Grossman, Lew, 167
Guterman, Lila, 61
Gutierrez, Gustavo, 336

H

Hacker, Andrew, 375
Hacker, Helen Mayer, 277
Hackman, Gene, 447
Hage, Jerald, 134
Haines, Valerie A., 434
Hall, Mimi, 439
Hall, Robert H, 418
Hallinan, Maureen, 435-436
Hamilton, Brady E.,
Hamilton, Charles, 257
Hammack, Floyd M., 352
Handel, George Frederic, 58
Hani, Yoko, 288
Hank, Karsten, 98
Hannis, Prudence, 252
Hansen, Brian, 59, 193
Hanson, Janice, 168
Hanson, Ralph E., 156
Haring, Keith, 173
Harlow, Harry, 81-82
Harmon, Amy, 306, 447
Harrington, Michael, 120
Harris, Chauncy D., 404
Harris, David A., 252
Harris, Judith Rich, 91
Harris, Marvin, 241, 287
Hartman, Chris, 234

Hasan, Hakim, 393
Haub, Carl, 223, 288, 400
Hauser, Robert M., 220-221
Havel, Vaclav, 430
Haviland, William A., 302
Hawk, Richard J., 363
Hawkins, Darnell F., 189
Hayward, Mark D, 288
Healey, Jon, 181
Heckert, Druann, 180
Heilman, Madeline E., 221
Heise, Lori M., 306
Hellmich, Nanci, 156
Helms, Jesse, 48
Heloísa Helena, 279
Henly, Julia R., 113
Henneberger, Melinda, 246
Hepburn, Katherine, 154
Herrmann, Andrew, 262
Hetherington, Mavis E., 318
Hewlett, Sylvia Ann, 301-302
Hicks, Louis, 376, 377
Hill, Charles W. L., 138
Hill, Stephen, 10
Hillery, George A., 393
Himes, Cristine L., 289, 290, 292
Hinckley, John, 196
Hirschi, Travis, 179
Hirshfeld, Marc, 158, 159
Hirst, Paul, 59
Hitchcock, Susan Tyler, 25
Hitler, Adolf, 371
Hochschild, Arlie, 283, 307
Hodge, Robert W., 212
Hoebel, E. Adamson, 251
Hoecker-Drysdale, Susan, 10
Hoffman, Adonis, 158
Hoffman, Lois Wladis, 60
Holden, Constance, 82
Hollander, Jocelyn A., 279
Hollingshead, August B., 354
Holmberg, Joan, 212
Holthouse, David, 232
Homans, George C., 80
Hondagneu-Sotelo, Pierette, 113
Hoover, Eric, 178
Horgan, John, 83
Horne, Lena, 154t
Horovitz, Bruce, 154
Horowitz, Helen Lefkowitz, 354
Hosokawa, William K., 260
Houston, Whitney, 154t
Howard, Judith A., 278
Howard, Philip E., 443
Howard, Russell D., 379
Hoynes, William, 162, 165
Huang, Gary, 107
Huber, Bettina J., 25, 26
Huddy, Leonie, 36
Huffstutter, P. J., 160
Hughes, Everett, 106
Huie, Stephanie A. Bond, 219
Hunt, Darnell, 162
Hunter, Herbert M., 251
Hunter, James Davison, 335
Hurh, Won Mu, 261

Hurn, Christopher J., 348
Hussein, Saddam, 36, 37, 93, 276
Hutchinson, Ray, 405, 406

I

Ianni, Octávio, 16
Inglehart, Ronald, 339
Iritani, Evelyn, 368
Isabelle, 81

J

Jackson, Elton F., 187
Jackson, Janet, 154t
Jackson, Michael, 154t
Jackson, Philip, 348
Jackson, Shelly, 39
Jacobs, Andrew, 409
Jacobs, Jerry, 284
Jacobson, Jodi, 282
Jacobson, Lenore, 352
Jamieson, Arnie, 373
Jargowsky, Paul A., 216, 411
Jasper, James M., 433, 437
Jenkins, Richard, 205
Jesus Christ, 154t, 332, 370
Joan of Arc, 370
Johnson, Benton, 434
Johnson, Jeffrey, 167
Johnson, Lyndon B., 154t
Johnston, David Cay, 233
Jolin, Annette, 194
Jones, Dale F., 342
Jones, James T., 280
Jones, Stephen R. G., 39
Joplin, Scott, 55
Jost, Kenneth, 193
Joynt, Jen, 297
Juhasz, Anne McCreary, 85
Jung, Andrea, 220

K

Kahlenberg, Richard D., 387
Kahn, Joseph, 368, 399
Kalb, Claudia, 178
Kanellos, Nicholas, 262
Kardec, Alan, 341
Katovich, Michael A., 130, 176
Kay, Paul, 63
Kaye, Judith, 312
Kelly, John, 307, 318
Kennedy, John F., 154t, 207, 371, 386
Kennedy, Robert, 196
Kerbo, Harold R., 210, 226, 227
Kidman, Nicole, 157
Kilborn, Peter T., 411
Kilbourne, Jean, 159
Kim, Kwang Chung, 261
King, Elliot, 438
King, Leslie, 98
King, Martin Luther, Jr., 196, 253, 256, 371, 431

Kinkade, Patrick T., 130
Kinsella, Kevin, 288
Kinsey, Alfred, 47
Kiser, Edgar, 376
Kitchener, Richard F., 87
Kitt, Alice S., 132
Klass, Perri, 280
Klein, Naomi, 164
Kleiner, Art, 139
Kleinknecht, William, 192
Kleniewski, Nancy, 409
Klinenberg, Eric, 289
Kohn, Melvin L., 310
Kohut, Andrew, 160
Kolata, Gina, 440
Komarovsky, Mirra, 17
Konieczny, May Ellen, 337
Koolhaas, Rem, 404
Kopinak, Kathryn, 230
Korczyk, Sophie M., 289
Kornblum, Janet, 284
Kottak, Conrad, 302
Kraul, Chris, 229
Krauss, Clifford, 74
Kretzmann, John P., 409
Kriesberg, Louis, 378
Krim, Jonathan, 68
Kristof, Nicholas D., 227
Kroc, Ray, 128
Krueger, Scott, 178
Kurosawa, Akira, 55
Kwong, Peter, 260

L

Labaton, Stephan, 193
Laden, Osama bin, 136
Ladner, Joyce, 44–45
Lamb, David, 260
Landtman, Gunnar, 208–209, 209–210
Lang, Eric, 39
Lappin, Todd, 446
Lasn, Kalle, 154
Lasswell, Harold, 369
Lauer, Robert H., 435
Laumann, Edward, 48
Lazarsfeld, Paul, 155
Leaf, Nathan, 412
Leavell, Hugh R., 413
Lee, Alfred McClung Lee, 379
Lee, Spike, 261
Lee, Sunhwa, 25
Legrain, Philippe, 59
Lehne, Gregory K., 274
Leiberman, David, 445
Leinwand, Donna, 93, 178
Lemann, Nicholas, 262
Lengermann, Patricia, 13
Lennon, John, 196
Lenski, Gerhard, 60, 118–119, 211–212,
Levin, Jack, 287
Levin, Thomas Y., 443
Levin, William C., 287
Levy, Becca R., 292
Lewin, Tamar, 280

Lewis, David Levering, 16
Liao, Youlian, 21
Lichter, Robert S., 167
Lightblau, Eric, 252
Lilly, Terri, 174
Lin, Nan, 212
Lincoln, Abraham, 346–347
Lindner, Eileen, 246
Linn, Susan, 92
Lipset, Seymour Martin, 214
Lipson, Karen, 80
Liptak, Adam, 189
Liska, Allen E., 188
Litan, Robert E., 381
Little, Kenneth, 140
Livernash, Robert, 384
Loeb, S., 97
Lofland, John, 39
Lohr, Steve, 445
Lopez, Jennifer, 219
Lorber, Judith, 273
Lu, Ming, 369
Luckmann, Thomas, 103, 116
Lukacs, Georg, 67
Luker, Kristin, 295
Lum, Joann, 260
Lumpe, Lora, 192, 197
Luster, Tom, 310
Lynch, David J., 367
Lynch, Michael J., 385
Lynn, Barry C., 380
Lyotard, Jean Francois, 120

M

McCormick, John, 178
McCreary, D., 275
McCright, Aaron M., 383
McDonald, Kim A., 420
McFalls, Joseph A., Jr., 303, 398
McGinn, Daniel, 307
McGivering, Jill, 204
McGue, Matt, 82
McIntosh, Peggy, 249
McKinlay, John B., 414
McKinlay, Sonja M., 414
McKinnon, Jesse, 257
McKnight, John L., 409
Mack, Raymond, 114
McLane, Daisann, 88
McLean, Elys A., 113
McLuhan, Marshall, 150, 164
McNeil, Donald, G., Jr., 123, 124
Madonna, 154t
Magnier, Mark, 166, 446
Mahavira, 344
Maines, David R., 105
Malcolm X, 106, 371
Malthus, Thomas Robert, 394
Mancilla, Tiffany Zapata, 192
Mandela, Nelson, 371, 430
Mangan, Katherine S., 381
Mangum, Garth L., 217
Manson, Charles, 253
Marcum, John P., 342

Marquand, Robert, 58
Marr, Phebe, 93
Marshall, Patrick, 258
Marshall, Tyler, 112
Martelo, Emma Zapata, 230
Martin, Philip, 266
Martin, Susan E., 108
Martineau, Harriet, 9-10
Marx, Karl, 3, 11, 12, 16, 19, 58, 67, 135, 202, 210-211, 223, 277, 305, 337, 363, 374, 375, 394-395, 418, 430, 435
Mason, J. W., 409
Massey, Douglas S., 232, 255,
Mathews, T. J., 419
Matsushita, Yoshiko, 94
Matthews, Jay, 356
Maugh, Thomas H., 122
Mayer, Karl Ulrich, 96
Mead, George Herbert, 17-18, 19, 83-86, 87, 88, 443
Mead, Margaret, 66, 275-276, 277
Melia, Marilyn Kennedy, 380
Mencimer, Stephanie, 98
Mendez, Jennifer Bickman, 137
Menzel, Peter, 4-5
Merrill, David A., 432
Merton, Robert, 13, 19, 131, 132, 136, 155, 185-186
Messner, Michael A., 351
Messner, Steven F., 188, 276
Meyer, Marshall W., 137
Meyers, Thomas J., 92
Michael, Robert, 48
Michaels, Stuart, 48
Michels, Robert, 137, 431
Midgley, Elizabeth, 266
Mihalopoulos, Dan, 411
Milgram, Stanley, 175, 176, 348
Mill, John Stuart, 278
Miller, David L., 152
Miller, Jake, 234
Miller, Judith, 441
Miller, Robert F., 186, 379
Millett, Kate, 284
Mills, C. Wright, 3, 6, 11, 156-157, 218, 374
Mills, Robert J., 219
Miranda, David (bispo), 341
Mirapaul, Matthew, 152
Mizruchi, Mark S., 375
Moeller, Susan D., 155
Mohammad, 331
Monaghan, Peter, 43
Monteiro, Lois A., 417
Moon, Youngme, 443
Moore, Demi, 160
Moore, Michael, 196
Moore, Molly, 227
Moore, Wilbert E., 95, 209, 350, 429
Morin, Richard, 46
Morris, Aldon, 431
Morris, Bonnie Rothman, 308
Morrison, Denton E., 431
Morse, Arthur D., 265
Moses, 331
Mosisa, Abraham T., 266
Mosley, J., 307

Moss, Alfred A., 256
Moss, Michael, 177
Mott, Lucretia, 285
Mullins, Marcy E., 441
Mumola, Christopher J., 93
Muñoz, Lorenza, 157
Murdoch, Rupert, 163
Murdock, George, 55, 303
Murphy, Caryle, 228
Murphy, Dean E., 107, 405
Murray, Velma McBride, 307

N

Nader, Laura, 282
Naipaul, V. S., 55
Nanak, 345
Nass, Clifford, 443
Navarro, Mireya, 158
Nelson, Emily, 151
Nelson, F. Howard, 353
Neuborne, Ellen, 443
Newburger, Eric C., 444f
Newman, Katherine S., 201-202, 217
Newman, William M., 253, 254
Ng, Kim, 284-285
Ni, Ching-Ching, 156
Nichols, Martha, 226
Nie, Norman H., 443
Niebrugge-Brantley, Jill, 13
Nielsen, Joyce McCarl, 274
Nixon, Howard L., 134
Nixon, Richard M., 154t
Nolan, Patrick, 60, 118-119, 401
Nordhaus, William D., 214
Novak, Viveca, 197
Novelli, William D., 292
Nussbaum, Daniel, 383

O

Oberschall, Anthony, 431
O'Connor, Sandra Day, 279, 362
O'Donnell, Jayne, 193
O'Donnell, Mike, 213
Ogburn, William F., 60, 96, 305, 432, 437
O'Hare, William P., 216
Okamoto, Dina, 279
Oliver, Melvin L., 214, 221
Onassis, Jackie, 154t
O'Neill, Tom, 205
Ontiverus, Lupe, 158
Orum, Anthony, 371
Osgood, D. Wayne, 407
Ousmane, Sembene, 59
Overland, Martha Ann, 204
Owens, Erica A., 272

P

Page, Charles, 139
Pager, Devah, 246
Paik, Haejung, 167

Paludi, Michele A., 275
Pamuk, E. D., 418
Park, Robert, 152, 404
Parks, Malcolm R., 443
Parsons, Talcott, 14, 18, 66, 276-277, 413-414, 434
Passel, Jeffery S., 263
Passero, Kathy, 64
Patterson, Orlando, 387
Patterson, Thomas E., 377
Pattillo-McCoy, Mary, 79-80, 92
Paulson, Amanda, 356
Pear, Robert, 134
Pearlstein, Steven, 224
Peck, Don, 372
Pellow, David Naguib, 385
Pelton, Tom, 39
Peter, Laurence J., 137
Petersen, William, 394
Phillips, E. Barbara, 403
Phillips, Susan A., 173-174, 186
Piaget, Jean, 87-88,
Piehl, Anne Morrison, 189
Pierre, Robert E., 233
Piller, Charles, 444
Pinderhughes, Dianne, 375
Piven, Frances Fox, 234
Plomin, Robert, 83
Poitier, Sidney, 154t
Poussaint, Alvin F., 92
Power, Richard, 246
Powers, Mary, 213
Proctor, Bernadette D., 262, 311
Pitágoras, 7

Q

Quadagno, Jill, 290, 294
Quart, Alissa, 154
Quinney, Richard, 189, 188

R

Rainie, Lee, 152, 160
Rajagopal, Aruind, 152
Rajan, Sara, 381
Ramet, Sabrina, 429
Ramirez, Deborah, 252
Ramirez, Eddy, 292
Ramirez, Roberta R., 242, 261, 263
Rand, Michael R., 195, 219
Rau, William, 42
Reagan, Ronald, 154t, 196,
Reddick, Reinhard J., 310, 439
Reeves, Terrance, 257
Reinharz, Shulamit, 39, 44-45
Remnick, David, 92, 104
Rennison, Callie Marie, 195, 219, 306
Requião, Roberto, 440
Rheingold, Howard, 428-429, 445
Richardson, Laurel, 307
Richtel, Matt, 382
Rideout, Victoria J., 94
Ridgeway, Cecilia L., 279
Riding, Alan, 218

Rifkin, Jeremy, 438
Riley, Matilda White, 437
Riley, Nancy E., 399
Rimer, Sara, 290
Ritzer, George, 60, 121, 128-129,
Robb, David, 157
Roberts, D. F., 153
Roberts, Julia, 154t, 168
Roberts, Lynne D, 443
Robertson, Roland, 67, 210
Robinson, J. Gregory, 265, 267
Robinson, Thomas N., 167
Robison, Jennifer, 275
Rodenberg, Eric, 384
Rodgers, Diana M., 431
Rodriguez, Noelie, 16
Roethlisberger, Fritz J., 139
Rogovin, Milton, 313-314
Rohter, Larry, 388
Rollins, Karina, 275
Romero, J. Horatio,
Romero, Mary, 113
Romney, Lee, 263
Roosevelt, Franklin D., 371
Rose, Arnold, 251
Rose, Peter, 90
Rosenbaum, Lynn, 273
Rosenberg, D. H., 206
Rosenberg, Howard, 164
Rosenberg, Yuval, 374
Rosenfeld, Megan, 157
Rosenthal, Elizabeth, 107
Rosenthal, Robert, 352
Rosman, Abraham, 21
Rossi, Alice, 311
Rossi, Peter H., 44, 45, 212
Rossides, Daniel W., 205
Roszak, Theodore, 70
Rowley, Colleen, 135
Rubel, Maximilien, 435
Rubel, Paula G., 21
Rubin, Alissa J., 65
Rubinson, Richard,
Rule, James B., 431
Russo, Nancy Felipe, 275
Rutenberg, Jim, 163

S

Saad, Lydia, 37, 291
Sadker, David, 93
Sadker, Myra, 93
Saenz, Victor B.,
Safire, William, 382
Sagarin, Edward, 184
Sale, Kirkpatrick, 121, 438
Salem, Richard, 25
Salkever, Alex, 441
Samuelson, Paul A., 214
Samuelson, Robert J., 288, 382
Sanchez, Jose, 184
Sandberg, Jared, 245
Sanger, Margaret, 429
Saporito, Bill, 412
Sawyer, Reid L., 379

Sax, Linda J., 7, 354
Scarce, Rik, 43
Schaefer, Lenore, 290
Schaefer, Peter, 438
Schaefer, Richard T., 245, 247, 252, 258, 289, 388
Scharnberg, Kirsten, 18
Scheiber, Noam, 381
Schellenberg, Kathryn, 444
Schmetzer, Uli, 204
Schmidley, A. Dianne, 265, 267
Schmidt, Peter, 387
Schnaiberg, Allan, 385
Schneider, Barbara, 131-132
Schneider, Joseph W., 414
Schoepflin, Urs, 96
Schulman, Andrew, 443
Schur, Edwin M., 177, 194
Schwartz, Howard D., 416
Scopes, John T., 357
Scott, Alan, 433
Scott, Gregory, 15
Seabrook, Jeremy, 204
Seelye, Katharine Q., 157
Segall, Alexander, 414
Segall, Rebecca, 310
Segerstrale, Ullica, 61
Seidman, Steven, 274
Sengupta, Somini, 277
Sernau, Scott, 59, 221, 367
Shaheen, Jack G., 246
Shapiro, Joseph P., 107
Shapiro, Thomas M., 214, 221
Sharp, Deborah, 432
Shaw, George Bernard,
Sheehy, Gail, 275, 409
Sheen, Charlie, 364
Shenon, Philip, 9
Shepard, Matthew, 352
Sherman, Lawrence W., 187
Sherrill, Robert, 422
Sherrod, Jessie, 386
Shin, Hyon B., 73
Shinkai, Hiroguki, 195
Short, Kathleen, 215
Shostak, Arthur B., 378
Shu, Xialing, 369
Shue, Elizabeth, 168
Shupe, Anson, 38
Sidarta, 334
Sigelman, Lee, 252
Silver, Ira, 109
Simmel, Georg, 133
Simmons, Ann M., 180
Simon, Bernard, 411
Simons, Marlise, 233
Sjoberg, Gideon, 402
Slavin, 73
Small, Macio Luis, 217
Smallwood, Scott, 275
Smart, Barry, 121
Smedley, Brian D., 419
Smeeding, Timothy, 215
Smelser, Neil, 364
Smith, Adam, 364
Smith, Dan, 378
Smith, David A., 403

Smith, David M., 140
Smith, Denise, 291
Smith, James F., 229
Smith, James P., 265
Smith, Kristin, 97
Smith-Lovin, Lynn, 279
Smith, Michael Peter, 406
Smith, Tom, 89, 246
Snyder, Thomas D., 438
Sobolewski, Juliana M., 318
Sohoni, Neera Kuckreja, 439
Sommers, Christina Hoff, 275
Soriano, Cesar G., 158
Sorokin, Pitirim, 220
Spain, Daphne, 317
Spalter-Roth, Roberta M., 25, 26
Spear, Allan, 217
Spears, Britney, 59
Spencer, Herbert, 10, 434
Spengler, Joseph J., 401
Spindel, Cheywa, 306
Spitzer, Steven, 188
Squires, Gregory D., 405
Stack, Megan K., 164
Staggenborg, Suzanne, 431
Stalker, Peter, 265
Starr, Paul, 414
Stavenhagen, Rodolfo, 230
Steffensmeier, Darrell, 189
Stenning, Derrick J., 286
Stephan, Walter, 71
Stern, Sharon M., 107
Stevenson, David, 131-132
Stohr, Oskar, 82
Stolberg, Sheryl, 386
Stone, Lucy, 350-351
Stoops, Nicole, 257
Strauss, Anselm, 104, 105
Strauss, Gary, 283, 375
Stretesky, Paul B., 385
Suchan, Trudy, 256
Sugimoto, Yoshio, 94
Suid, Lawrence H., 157
Suitor, J. Jill, 94
Sullivan, Harry Stack, 85
Sumner, William Graham, 70
Sunstein, Cass R., 44
Suro, Roberto, 263
Sutherland, Edwin, 186-187, 191, 193
Suttles, Gerald, 408
Sweet, Kimberly, 49

T

Tannen, Deborah, 279
Taylor, Elizabeth, 154t
Taylor, P.J., 352
Taylor, Richard H., 352
Taylor, Verta, 352
Tedeschi, B., 114
Telsch, Kathleen, 293
Therrien, Melissa, 242
Thomas, Gordon, 265
Thomas, Jim, 105
Thomas Pattie, 272

Thomas, R. Murray, 68
Thomas, William I., 104, 244
Thompson, E., 307
Thompson, Ginger, 229, 231, 232
Thompson, Grahame, 59
Thornton, Russell, 243
Tibbits, Clark, 96, 305
Tierney, John, 71, 395
Tillipman, Hava, 291
Tilly, Charles, 433
Timberlake, Michael, 403
Tolbert, Kathryn, 91
Tonkinson, Robert, 286
Tönnies, Ferdinand, 116, 121, 406,
Toossi, Mitra, 380
Travolta, John, 154t
Trotter, Robert T., III, 419
Trow, Martin, 354
Tuchman, Gaye, 17, 278
Tumin, Melvin M., 210
Tumulty, Karen, 197
Ture, Kwame, 257
Turkle, Sherry, 443, 446
Turner, Byran S., 121, 210
Turner, J. H., 434
Tyler, Michael,
Tyre, Peg, 307

U

Uchitelle, Louis, 292
Ullman, Edward, 404
Utne, Leif, 230

V

Valdez, Enrique, 307
Van Biema, David, 337
Van den Berghe, Pierre, 60
Van Slambrouck, Paul,
Van Vucht Tijssen, Lieteke, 121
Vaughn, Leigh Ann, 174
Veblen, Thorstein, 208, 436
Vega, William A., 311
Velkoff, Victoria, 288
Venkatesh, Sudhir Alladi, 133
Vermeer, Johannes, 55
Vernon, Glenn, 343

Victoria, Princess of Sweden, 153
Vidaver, R. M., 420
Villarosa, Linda,
Vitow, Ruth, 288, 288–289

W

Wagley, Charles, 241, 287
Waite, Linda, 160
Waitzkin, Howard, 419
Walder, Andrew, 369
Waldman, Amy, 381
Waldrop, Judith, 107
Walesa, Lech, 366, 430
Wallace, Ruth A., 434
Wallerstein, Immanuel, 222–223, 225, 226, 232,
Walton, Sam, 412
Walzer, Susan, 285
Washington, George, 346–347
Watkins, Celeste, 113
Waxman, Henry A., 49
Weber, Max, 11–12, 14, 44, 45, 47, 135, 137, 202, 207, 341, 349, 369, 431
Wechsler, Henry, 178
Weeks, John R., 222, 395, 401
Weiner, Tim, 412
Weinstein, Deena, 160
Weinstein, Henry, 246, 250
Weinstein, Michael A., 160
Welchans, Sarah, 306
Wells-Barnett, Ida, 13, 16, 19,
West, Candace, 273,
West, Cornel, 301–302
White, Jonathan R., 441
Whyte, William Foote, 38
Wickman, Peter M., 179
Wiggins, James Russell, 288
Wilford, John Noble, 119
Willet, Jeffrey G., 107
Williams, Christine L., 284, 308
Williams, David R., 255, 419
Williams, Robin, 66, 348
Williams, Wendy M., 91
Willie, Charles Vert, 310
Willing, Richard, 193
Wilson-Dorsett, Helsie, 391, 395
Wilson, Edward O., 60, 61
Wilson, J. J., 306
Wilson, Thomas C., 377

Wilson, Warner, 72
Wilson, William Julius, 134, 216, 217, 221, 252, 310, 336, 410
Winseman, Albert L., 337
Wirth, Louis, 403
Witts, Max Morgan, 265
Wolf, Alison, 434
Wolf, Naomi, 179, 271–272
Wolff, Edward N., 214
Wollstonecraft, Mary, 278
Wolraich, M., 176
Wonacott, Peter, 138
Wood, Daniel B., 158
Wood, Julia T., 159
Woodard, Emory H., 94
Woods, Tiger, 244, 435
Wright, Charles R., 162
Wright, Eric R., 188
Wright, Erik Olin, 210

X

Xie, Wen, 212

Y

Yamagata, Hisashi, 247
Yelsin, Boris, 430
Yinger, Milton J., 342
Young, Alford A., Jr., 16
Young, Gay, 230
Yufe, Jack, 82

Z

Zang, Xiaowei, 368
Zapata, Emiliano, 229
Zarembo, Alan, 44, 377
Zellner, William M., 70, 92
Zellweger, Renee, 39
Zernike, Kate, 68, 431
Zia, Helen, 240–241, 254
Zimbardo, Philip, 102–103, 104, 108, 377
Zimmerman, Don H., 274, 279
Zola, Irving K., 414
Zvekic, Ugljea, 195
Zweigenhaft, Richard L., 362–363, 375

Índice Remissivo

Números de páginas seguidos pela letra *f* referem-se às figuras e números de páginas seguidos pela letra *t* referem-se às tabelas.

A

A conversação (filme), 447
A Paixão de Cristo (filme), 7
AARP (American Association of Retired Persons), 139, 291, 292-294
Abandono do papel, 109, 125
ABC (American Broadcasting Corporation), 163, 272
Abordagem da reação da sociedade, desvio, 188, 198
Abordagem das relações humanas, para, 138, 139, 147
Abordagem de gerenciamento científico, para organizações formais, 135, 147
Abordagem do curso da vida, 88-90
Abordagem do gerenciamento científico, 138, 139, 147
Aborto com nascimento parcial, 296
Aborto, 49, 294-297
    divisão global, 296f
    fundos para aborto, por Estado, 295f
    ilegal, 297
Abuso de drogas, 122, 153, 194
Abuso de prisioneiros, na prisão de Abu-Gheaib, 377
Abuso de uso de drogas, na mídia, 153
Academial Naval Americana, 68
Ação afirmativa, 380, 389
    iniciação, 386-388
Acidentes nucleares, 382
Administração de impressão, 85, 99, 112
    por estudantes, 86
Adoção, 302, 312, 320, 325
Adolescentes
    como mães solteiras, 316
    e suicídio, 9, 258
    emprego depois do horário escolar, 96
    no shopping, 111
Adolescentes. *Ver* Estudantes
Adventistas do Sétimo Dia, 342
Afeganistão
    colocação na economia mundial, 223f
    estrutura populacional, 398, 398f, 399-400
    fundamentalismo islâmico, 436
    guerra no, 379
    mortalidade infantil, 396
    mulheres na, 350

    renda nacional bruta, *per capita*, 222f
    taxas de mortalidade infantil, 416f
AFL-CIO (American Federation of Labor – Congress of Industrial Organizations), 143
África do Sul
    ação afirmativa na, 388
    Aids, 416
    Apartheid, 254
    crença em Deus, 339f
    cuidados com a saúde 420,
    distribuição de renda, 227
    gastos em saúde, 422f
    penetração da mídia, 166t
África
    ação afirmativa na, 250, 268, 388
    Aids na, 122, 123f, 400
    as mulheres na política, 372
    Congo, 88
    corporações multinacionais na, 365
    distribuição de renda, 228
    economia global, 221
    expectativa de vida, 396
    legalização do aborto na, 297
    povo bororo, 276
    questões ambientais, 384-385
African Queen, The (filme), 154
Afro-americanos, 38, 44, 255-256
    acesso à Internet, 445f
    alunos, 355
    classe média, 79-80, 257
    coabitação, 319
    como eleitores, 372
    como militantes sociais, 74, 256, 257
    como participantes da pesquisa, 16
    como sociólogos, 13, 15-16
    e a pena de morte, 7, 189
        ambiental, 385
        discriminação, 245, 246, 249, 256, 257, 435
        por profissionais da medicina, 419
    e AARP, 292
    e o poder político, 376
    e urbanização,
    em política, 257
    estereótipos, 310
    expectativa de vida
    famílias só com os pais ou só com as mães, 313-316
        aumento com o tempo, 311f
    idosos, 290-291
    interação com os brancos, 28-29
    mobilidade social, 220
    mulheres, 280

    na escravidão, 416
    na mídia, 156, 157
    na pobreza, 214-217, 233, 255, 257, 291
    na população dos Estados Unidos, 242t, 243, 243f
    nos subúrbios, 410-411
    porcentagem da mão-de-obra, 380f
    posição econômica relativa, 257t
    posição econômica, 213
    relações familiares, 307, 310, 319
    renda média, 387f
    saúde e doença, 418-419
    socialização, 85, 91, 92
    status social, e redefinição da realidade social, 104
    taxa de mortalidade infantil, 419
    vítimas de crimes
Ageism (preconceito de idade), 291-292
Agência de Inteligência de Defesa, 136
Agência de Notícias Reuters, 164
Agência Nacional de Segurança, 136
Aids, 47, 49, 122-124
    e população, 400, 401
    estigma social, 416
    meios de transmissão, 122
    na África, 417
    nos Estados Unidos, 417
    pessoas vivendo com, no mundo, 123f
    tratamento médico para, 122, 123
Ajuda econômica na companhia aéreas, pós-11 de Setembro, 234
Alá, 331
Alabama
    coabitação no, 317f
    educação bilíngüe no, 73
    fundos para o aborto, 295f
    nível educacional, 32
    população árabe norte-americana, 247
    população idosa, projetada, 292f
    renda familiar, 32
    uso medicinal da maconha, 177f
Alasca
    coabitação em, 317f
    educação bilíngüe, 73-74
    fundos para o aborto, 295f
    leis sobre o casamento *gay*, 322f
    nível educacional, 32
    população árabe norte-americana, 247
    população idosa, projetada, 292f
    renda familiar, 32
    uso medicinal da maconha, 177f
Albânia
    renda nacional bruta, *per capita*, 222f

Alcoolismo, 180
Alcorão, 246, 331
Alemães norte-americanos, 260, 264
Alemanha nazista, 82, 253, 263, 264, 335, 370-371
Alemanha
　colocação na economia global, 223f
　direitos de aborto na, 296
　média salarial de um CEO, 208f
　parcerias registradas entre pessoas do mesmo sexo, 323
　pobreza absoluta, 215f
　políticas de bem-estar social, 214
　porcentagem de bacharéis, 346f
　renda nacional bruta, *per capita*, 222f
　urbanização, 403, 405
Alianças entre *gays* e heterossexuais (GSAs), 354
Alienação, 135, 147
Alimentação e cultura, 55-56
All my children (novela de televisão), 60
Alpinismo, 110
Al-Qaeda, 136
AltaVista (ferramenta de pesquisa), 156
Alzheimer´s Association, 420
Amalgamação, de grupos raciais, 253, 268
Amamentação, 56
América de "cabelos brancos", 290-291
América Latina
　Aids em, 123f
　direitos de aborto na, 297
　questões ambientais, 384-385
　religião na, 336-337
America Online (AOL), 447
American Academy of Pediatrics, 154, 176
American Apartheid (Denton e Massey), 255
American Association of Aardvark Aficionados, 140
American Association of Retired Persons, 293, 293-294
American Association of University Women, 93
American Bar Association, 306
American Civil Liberties Union (ACLU), 246, 446
American Indian College Found, 239
American Institute of Graphic Arts, 361
American Library Association, 446
American Lung Association, 41
American Medical Association (AMA), 421, 437
American Psychiatric Association (APA), 153, 417
American Society of Newspaper Editors, 446
American Sociological Association, 21, 25, 26, 217, 435
　Código de Ética, 41, 43, 48
American Sociological Society, 13
Amigos da Assistência às Vítimas do Terror (FAVOR)
Amish, 91, 92, 342
Amnesty International, 378
Amostra aleatória, 31, 50
Amostra, 31, 50
Análise de conteúdo, 140-141, 150
Análise dos sistemas, 221, 223, 232, 233
　colocação das nações na, 223
　e acesso à internet, 434-445
　e urbanização, 406
Análise secundária, 40-41, 50
Anemia Falciforme, 16
Angola
　renda nacional bruta, *per capita*, 222f
Animais e privação social, 81-82
Animismo, tribal, 330f
Anomia, 11, 24, 184
Anti-semitismo, 263, 268
Antrax, 417, 441
Antropologia, estudo da, 6
AOL Time Warner, 163
Aparência, física, e sexo, 179, 180
Apartheid americano, 408
Apartheid, 254-255, 268
　americano, 408
Apatia dos eleitores, 371-372, 373
Apollo 13 (filme), 160
Árabes, norte-americanos de origem árabe, 6
　discriminação, 444
　estereótipos, depois de 11 de setembro, 246-247
　perfil racial, 188
　população dos Estados Unidos, por Estado, 247
Arábia Saudita, 63
　Meca, 339, 340
Argélia
　renda nacional bruta, *per capita*, 222f
Argot (jargão, gíria), 69, 75
Arizona, 372
　coabitação no, 319f
　educação bilíngüe no, 75
　fundos para o aborto, 295f
　nível educacional no, 32
　população árabe norte-americana, 247
　população idosa, projetada, 292f
　renda familiar, 32
　uso medicinal da maconha, 178
Arkansas
　coabitação no, 319f
　leis sobre o casamento *gay*, 322f
　nível educacional, 32
　população idosa projetada, 292f
　renda familiar, 32
　uso medicinal da maconha, 177f
Armas biológicas, 242-243
Armas, químicas e biológicas, 441
Artefatos culturais, 54, 60, 437
Arunta (tribo australiana), 11
As Casas Florence Crittenden, 313
As formas elementares da vida religiosa (Durkheim), 11
Ásia. *Ver também* Direitos do aborto por países na, 296
　Aids na, 123, 400
　questões ambientais, 383, 384
Ásio-americanos, 240-241, 259-261, 291
　acesso à Internet, 445f
　chineses, 234, 259f, 260
　coabitação, 319
　como porcentagem de mão-de-obra, 380f
　como vítimas de crime, 245
　famílias só com os pais ou só com as mães, aumento com o tempo, 311f
　idosos, 289, 291
　japoneses, 259f, 260
　na população norte-americana, 242t, 243
　projetada, 243f
　nos meios de comunicação, 156

porcentagem sem seguro-saúde, 418f
posição relativa econômica, 2577
relações familiares, 310
Assédio sexual, 22, 279, 280, 298
Assembléia Mundial de Saúde das Nações Unidas, 421
Asset-Based Community Development Institute, 409
Assimilação, 72-73, 253-254, 268
Assistência corporativa, 234, 237, 447
Assistência pública. *Ver* Sistema de previdência
　locais públicos, acesso a, e sexo, 22
　porto-riquenhos, 244-245, 262
　taxa de mortalidade infantil, 418
Assistentes sociais, em sindicatos, 145
Associação Corpo da Paz, 140
Associação Cristã de Moços, 140
Associação diferencial, 186, 191t, 198
Associação voluntária, 139-140
　nos Estados Unidos, membros, 139-140
Associação William Shatner, 140
Associated Press, 49, 441
Ataque em Pearl Harbor, 260
Até o Limite da Honra (filme), 160
Ativismo ambiental, 433
Ativismo ecológico, 376
Ativistas sociais, 13-17, 21, 39
　adolescentes, 430
　afro-americanos, 15-16
　e sociobiologia, 60
　ecológicos, 376
　idosos, 293-294
　mulheres como, 13, 16, 230-231, 252, 278-279, 431-432
Audiência, mídia, 161-162
Augusta National Golf Club, 435
Austin Powers: O agente "bond" cama (filme), 155
Austrália
　Aids, 123
　cultura, 60, 63
　índice de criminalidade, 195
　pobreza absoluta, 215t
　porcentagem de pessoas casadas pelo menos uma vez, entre 20-24 anos, 309f
Áustria
　cultura, 63
　direitos do aborto, 296
　porcentagem de bacharéis, 346f
　renda nacional bruta, *per capita*, 222f
Auto-estima, e estigma social, 180
Autoridade carismática, 370, 389
Autoridade legal-racional, 370
Autoridade tradicional, 370, 389
Autoridade, 175, 176, 389
　obediência, 175, 176
　tipos de, 370-371
Avós como pais (grupo de apoio), 312
Avós, papel na família dos, 312

B

Baby boom, 400
Bachelor, The (programa de televisão), 157
Bahamas, 395
Bairro defendido, 408, 424

Bali, briga de galos, 6, 65
Bangladesh
    distribuição de renda, 222f
    renda nacional bruta, *per capita*, 222f
Banglore, Índia, 381
Barbie, boneca, 59, 273
Bart Simpson, 150
Battle Royale (filme), 166
BBC, noticiário da, 164, 445
Beauty myth, The [O mito da beleza] (Wolf), 271-272
Bebedeiras, 179
Bélgica
    direitos do aborto, 296
    parcerias registradas entre pessoas do mesmo sexo, 323
    renda nacional bruta, *per capita*, 222f
Belize, 384
Bell versus Maryland, 263
Berkeley Wellness Letter, 312
Beverly Hills 90210, 161
Bíblia, 173, 331, 357
Biblioteca do Congresso, 152
Bielorrússia
    renda nacional bruta, *per capita*
Bilingüismo, 72-75, 261
Biologia e comportamento social, 60-61
    teorias do desvio, 184
Biotecnologia, 439-441
Bioterrorismo, 441
Black Entertainment Television (BET), 158, 163
Black Picket Fences (Pasttilo-McCoy), 80-81
Blogs, 156
Bob Esponja (desenho animado), 162
"Bode expiatório", 233
Bolívia
    colocação na economia global, 223f
Bombeiros, nos sindicatos, 145
Boneca Susie, 59
Bósnia-Herzegovina, 397
Botsawana
    portadores de deficiência, 107
    renda nacional bruta, *per capita*, 227f
Bowling for Columbine (documentário)
BP (British Petroleum), 225t
Brady Handgun Violence Protection Act (Lei), 196
Brancos
    acesso à Internet, 445f
    como grupo dominante, 248-249
    étnico, 264
    expectativa de vida, 418-419
    famílias só com o pai ou só com a mãe, 311f
    na população norte-americana, 242t projetado, 243
    porcentagem da mão-de-obra, 380f
    porcentagem sem seguro-saúde, 418t
    posição econômica relativa, 257t
    socialização, 85
    taxa de mortalidade infantil, 415
Brand casting (técnicas de marketing)
Brandeis University, 432
Brasil
    cultura nativa, 302
    cultura, 59
    distribuição de renda, 227f
    renda nacional bruta, *per capita*, 222f

    salário médio dos CEOs, 208f
Briga de galos, 6, 65
British Airways, 366
British Broadcasting Company (BBC), 103, 445
Britsh Elastic Rope Sports Association, 140
Brown versus Conselho de Educação, 256, 348
Budismo, budistas, 334
    cultura, 64
    monges, 333
    na Índia, 344
    no mundo, 330
    nos Estados Unidos, 341
Bulgária
    renda nacional bruta, *per capita*, 222f
Bureau of Indian Affairs (BIA), 258
Bureau of Labor Statistics, 96
Burguesia, 206, 236
Burocracia, 147
    características, 135-137, 136t
    definição, 135
    e cultura organizacional, 138-143, 352-353
    no sistema educacional
    ônibus espacial Columbia, 141-142
Burocratização, processo de, 137
Burundi, 365
    renda nacional bruta, *per capita*, 222f
Butão, 165, 182

C

Caixas eletrônicos, 441
Califórnia
    clonagem na, 440
    coabitação na, 319f
    desenvolvimento imobiliário, 407
    distribuição populacional, 411
    fundos para o aborto, 295f
    leis sobre o casamento *gay*, 322f
    nível educacional, 32
    população árabe norte-americana, 247
    população idosa, projetada, 291f
    renda familiar, 32
    uso medicinal da maconha, 177f
    Wal-Mart na, 412
Calvinismo, 336
Camarões, renda nacional bruta, *per capita*, 222f
Cambridge University, 394
Campanha para 100% de Acesso e Zero Disparidade de Saúde, 418
Campos de evacuação, para japoneses norte-americanos, 260
Campos de evacuação, para japoneses norte-americanos, 260
Canadá
    bilingüismo, 74
    colocação na economia global, 223f
    crença em Deus, 339f
    distribuição de rendas, 227f
    gastos em saúde, 421, 422f
    número de imigrantes nos Estados Unidos, 266f
    parcerias registradas entre pessoas do mesmo sexo, 323
    penetração dos meios de comunicação, 166
    pobreza absoluta, 215f

    porcentagem de bacharéis, 346f
    porcentagem de pessoas casadas pelo menos uma vez, entre 20 e 24 anos, 309f
    programas sociais, 233
    renda nacional bruta, *per capita*, 222f
    taxa de mortalidade infantil, 416f
Capitalismo, 206, 209-210, 236, 364-365
    definição, 364
    e assistência médica, 418
    na China, 368
Caribe, Aids no, 123f
Carisma, 431
Carolina do Norte
    coabitação na, 319f
    educação bilíngüe na, 73
    fundos para aborto, 295f
    leis sobre o casamento *gay*, 322f
    nível educacional, 32
    população árabe norte-americana, 247
    população idosa, projetada, 291f
    renda familiar, 32
    uso medicinal da maconha, 177f
Carolina do Sul
    coabitação na, 319f
    educação bilíngüe na, 73
    fundos para aborto, 295f
    leis sobre o casamento *gay*, 322f
    nível educacional, 32
    população árabe-americana,
    população idosa, projetada, 291f
    renda familiar, 32
    uso medicinal da maconha, 177f
Carreiras em Sociologia, 25-26, 378
    assistência jurídica às vítimas, 192
    ativistas comunitários, 252
    coordenador de pesquisas, 46
    demógrafo, 396
Casa Del Mar Hotel, México, 228
Casamento arranjado, 308, 309
Casamento
    alternativas ao, 318, 319-320
    apoio governamental para, 319-320
    coabitação, 319-320
    e divórcio, 317-318
    formas de, 303
    gay, 321-323
        leis discriminatórias, por Estado, 322f
    inter-racial, 308, 309
    permanecendo solteiro, 320
    seleção de parceiros, 307-308
    sem filhos, 320
Casamentos inter-raciais, 308, 309,
Caso *Bakke*, Suprema Corte, 386
Católicos ortodoxos gregos, 334
Caucus for Producers, Writers and Directors, 158
Cazaquistão
    renda nacional bruta, *per capita*, 222f
CBS Records, 163
Censura e tecnologia, 445-447
Center for American Women and Politics, 279, 372
Center for Disease Control and Prevention (CDC), 417
Center for Public Integrity, 447
Centro da Integridade Acadêmica, 68
Centro Espacial Kennedy, 141

Cerimônia de degradação, 90, 99
Cerimônia *Quinceanera*, 88
Chade
    colocação na economia global, 223f
Checoslováquia, 366
    renda nacional bruta, *per capita*, 222f
Chernobil, acidente nuclear, 382
Chicago, 217
Chicago Bulls, 161
Chicago Coalition for the Homeless, 44, 45
Chicago School, 17
Chief Executive Officer (CEO), média salarial, por país, 207, 208f
Children Now 2002, 158
Chile
    renda nacional bruta, *per capita*, 222f
China, 49
    Amway na, 138
    área de saúde na, 415
    bilingüismo na, 74
    censura na, 446
    colocação na economia global, 223f
    cultura, 70
    e cultura ocidental, 61
    educação na, 350
    esterilização involuntária, 107, 399
    gastos em saúde, 422f
    infanticídio feminino, 222
    medieval, 402
    meios de comunicação na, 165
    mulher na força de trabalho, 369
    número de imigrantes nos Estados Unidos, 266f
    planejamento familiar, 398, 399
    reciclagem na, 383
    sexualidade na, 49
    sistema econômico da, 366
        capitalismo na, 367-369
        e trabalho terceirizado, 381
    sistema político, 371
Chinese Exclusion Act, 260
Chineses norte-americanos, 243, 259f, 260
Choque cultural, 70, 76
Churchill, Winston, 346
CIA (Agência Central de Inteligência), 136
Cidade de Nova York, Greenwich Village, 393
Cidades centrais, 407-409
Cidades industriais, 402, 403t, 424
Cidades periféricas, 402
Cidades pós-industriais, 402, 403t, 424
Cidades pré-industriais, 402, 403, 403t, 405
Cidades
    centrais, 407
    industriais, 403
    população, 406-407
    pré-industriais, 402
    problemas nas, 408
Ciências Naturais, 6, 24
Ciências sociais, definição, 6, 24
Ciências, definição, 6, 24
Cinema New Line, 162
Cinemas IMAX, 163
Cingapura
    controle social em, 176
    renda nacional bruta, *per capita*, 222f
Cirurgia plástica, 180, 181

Citigroup, 225t
Classe dos trabalhadores, 205-206
Classe social. *Ver* Social, classe
Classe, social, 80, 236
    e acesso à Internet, 444-445
    e educação, 349
    e família, 310
    e saúde, 418
    impacto na velhice, 290
    sistema de medidas, 211-213
        método objetivo, 211-212
Clonagem, 427, 436, 440
Clonaid, 427
Clube Kiwanis, 140
CNN (TV a cabo), 163
Coabitação, 319, 325
    parcerias domésticas, por Estado, 319f
Coalizão, 147
Coalizão corporativa, 375
Coalizão liberal-trabalhista, 375
Coalizões, entre grupos, 134
Coca-cola, 164
Code of the Streets (Anderson), 29
Código de ética, 50
Colômbia
    distribuição de renda, 227f
    renda nacional bruta, *per capita*, 222f
Colonialismo, 223, 236, 388, 406
Colorado
    coabitação no, 319f
    fundos para abortos, 295f
    leis sobre o casamento *gay*, 322f
    nível educacional, 32
    população árabe norte-americana, 247
    população idosa, projetada, 291f
    renda familiar, 32
    uso medicinal da maconha, 178
Columbia Pictures, 163
Columbia University, 30-31
Columbine High School, 131, 196
Comissão de Oportunidades Igualitárias de Trabalho, 292
Comissão Federal do Glass Ceiling, 247, 259, 269
Comitê de Justiça do Senado, 135, 370
Comitê Judaico Norte-americano, 262-263
Commission on Civil Rights, 249, 282, 386
Communication Decency Act, 446
Companhia Amway, 138
Companhia Disney, 163
Companhia Exxon, 43-44
Companhia Walt Disney, 163
Comportamento "móvel", 428, 429
Comportamento nas eleições, 36
Comportamento político, 371-374
Comportamento religioso
    crenças, 339
    rituais, 338-339
Computadores. *Ver também* Uso de
    desenvolvimento de, 438-439
    em pesquisa, 45, 46
    no lugar de trabalho, 142-143
Comunicação não-verbal, 17, 24, 28-29, 63, 143
Comunicação
    diferenças entre os sexos, 280
    eletrônica. *Ver também* Internet, uso de em 11 de setembro, 2001, 143-144, 152

    entre os sexos, 279
    não-verbais, 17, 28-29, 72
    verbais, 58, 279
Comunidade global, sociologia em
    Amway na China, 138
    envelhecimento no mundo, 288
    jovens amish, 92
    mulheres em lugares públicos, 22
    política populacional, China, 399
    Rede Al Jazeera, 164-165
    sistema de castas, na Índia, 204
    transferindo serviços para o exterior, 381
    vida na aldeia global, 59
    violência doméstica, 306
Comunidade, definição, 393, 424
Comunidades, 401-402
    antigas, 401
    tipos de, 406-411
        cidades centrais, 407-409
        rurais, 411
        subúrbios, 409-410
Comunidades Judaicas, 264
Comunidades rurais, 411
Comunismo, 366, 389
    colapso do, 436
Confecção Gap, 226
Confidência, em pesquisa, 43
Conflito de classes, 12
Conflito de papéis, 108, 125
    entre membros do sindicato, 145
Conflitos raciais, 162
Conflitos, raça, 162
Conformidade, 174, 175, 198
    em preconceito, 174, 181
    na Teoria da Anomia de Merton, 185
Congo, 88, 365
    renda nacional bruta, *per capita*, 222f
    ritos de passagem, 88
Congresso dos Judeus Americanos, 140
Connecticut
    coabitação em, 319f
    educação bilíngüe em, 74
    fundos para abortos, 295f
    leis sobre o casamento *gay*, 322f
    população árabe norte-americana, 247
    população idosa, projetada, 291f
    renda familiar, 32
    uso medicinal da maconha, 178
Consciência coletiva, do idoso, 293-294
Consciência de classes, 206, 236
Conselho de Investigação de Acidentes, da Columbia, 141-142
Constituição dos Estados Unidos, 285, 357, 373, 443, 447
Constituição, Estados Unidos, 285, 357, 358, 373, 396, 443, 447
Consumer Federaltion of America, 444
Consumo alcoólico, nas universidades, 42
Consumo de álcool
    entre universitários, 42
    na mídia, 153
Consumo, conspícuo, 208, 209, 385
    na mídia, 153-154
Contato visual, 28-29, 72
Contracepção. *Ver* Controle de natalidade
Contracultura, 70, 71, 76

Controle de armas de fogo, 193-194
Controle de natalidade, 430
    e mudanças sociais, 437
    e pílula do "dia seguinte", 295
    em países em desenvolvimento, 399
Controle social formal, 198
Controle social informal, 198
Controle social, 198
    definição, 178
    e medicina, 414-415
    e tecnologia, 441-442
    formal *versus* informal, 176-177
    formal, 198
        leis, 177-178
    informal, 198
    perspectiva funcionalista, 174
    teoria do controle, 198
Convenção Baptista do Sul, 342f
Coreanos norte-americanos, 259f, 260-261
Coréia do Norte
    meios de comunicação, 164
    renda nacional bruta, *per capita*, 222f
Coréia do Sul
    divórcio, 317
    e cultura, 158
    escola na, 346
    média salarial de um CEO, 208f
    números de imigrantes nos Estados Unidos de, 267f
    renda nacional bruta, *per capita*, 222f
Coréia
    idosos em, 286
    sindicatos de trabalhadores, 143
Cornell University, 95
Corporações multinacionais, 224
    colocação em economia global, 223f
    movimentos sociais, 428
Corporações multinacionais, 224-226, 236, 365
    perspectiva do conflito, 226, 405-406
    perspectiva funcionalista, 225-226
    terceirização de serviços, 381, 420
Correlação, 31, 51
Cosby Show (programa de TV), 158
Cosmopolitan, revista, 157, 158
Costa do Marfim
    renda nacional bruta, *per capita*, 222f
Costa Rica
    renda nacional bruta, *per capita*, 222f
Costumes, 64, 76
Cotas, minorias, 387
Council on Scientific Affairs, 419
Credenciamento, 348-349, 359
Crescimento populacional, 383, 396-397
    aumento com o tempo, 397t
    nos países desenvolvidos, 397
Crescimento populacional zero, 401, 418, 420, 423
Criacionismo, 357, 359
Crime corporativo, 193, 194
Crime de ódio, 245
Crime do colarinho branco, 193-194
Crime organizado, 191-192, 198
Crime, 191, 195, 198
    baseado em tecnologia, 193
    com vítimas, 17
    definição, 190

    do colarinho branco, 193, 194, 443
    e sexo, 191
    organizado, 192, 193
    profissional, 191, 192
    sem vítimas, 194
Crimes pelo computador, 444
Crimes sem vítimas, 191, 194, 199
Criminoso profissional,191, 192, 198
Cristãos cientistas, 341
Cristianismo, 331, 334
    denominações, 341, 342f
Crítica literária, 31
Croácia
    renda nacional bruta, *per capita*, 222f
Cruz Vermelha Internacional, 378
Cuba, 366
    mídia em, 165
    número de imigrantes nos Estados Unidos, 266f
    sistema político, 371
Cubanos norte-americanos, 68, 244-245, 261f, 262-263
Cuidados com a criança, 96-98, 234, 284-285
Cuidados com os idosos, 284
Cuidados médicos para pacientes com Aids, 122, 123
Culto *Heaven's Gate*, 342
Cultos religiosos, 341, 343, 343t
Cultura egípcia, 88
Cultura imaterial, 60, 76, 437, 441, 446
Cultura islâmica, casamento na, 309
Cultura material, 60, 76, 437, 441, 446
Cultura muçulmana, 65, 84
Cultura organizacional, 141-143
    na Nasa, 141
Cultura, 52-77
    definição, 54, 76
    desenvolvimento, 55-61
    difusão, 58
    e ideologia dominante, 67, 157
    e comida, 56-58
    e contracultura, 70
    e subculturas, 69-70, 71, 76
    elementos, 61-67
        comunicação não-verbal, 63
        linguagem, 61-63
        normas, 64-65, 66
        sanções, 65-66
        valores, 66-67
    material *versus* imaterial, 60, 411, 413, 437, 441-442, 446
    organização, 138-143
    transmissão de, 129, 198, 346-347
    xenocentrismo, 71, 76
Cultures@Silicon *Valley* (English-Lueck), 53-54
Cupping, 414
Curandeiro, curandeirismo, 419, 424
Currículo oculto, 348

D

Da divisão do trabalho social (Durkheim), 11, 118
Dados
    fontes existentes, 40
    análises secundárias de, 40

DaimlerCrysler, 225t
Dakota do Norte
    coabitação em, 319f
    educação bilíngüe em, 73
    fundos para aborto, 295f
    leis sobre o casamento *gay*, 322f
    nível educacional, 32
    população árabe-americana, 247
    população idosa, projetada, 291f
    renda familiar, 32
    uso medicinal da maconha, 177f
Dakota do Sul
    clonagem proibida em, 440
    coabitação em, 319f
    educação bilíngüe em, 73
    fundos para aborto, 295f
    leis sobre o casamento *gay*, 322f
    nível educacional, 32
    população árabe norte-americana, 247
    população idosa, projetada, 291f
    renda familiar, 32
    uso medicinal da maconha, 177f
Dalit (intocáveis), 203, 204
Darmouth College, 143
Das kapital [O capital] (Marx), 11
Dawson's Creek (programa de TV)
Death of White Sociology (Ladner), 44
Death Penalty Information Center, 8, 44, 189, 439
Décima Emenda, Constituição dos Estados Unidos, 285
Decisões tomadas coletivamente, 142
Declaração da Independência, 282, 362
Declaração de Direitos, 371
Definição operacional, 30, 51
Delaware, 279, 372
    coabitação, 319f
    educação bilíngüe em, 74
    fundos para aborto, 295f
    leis sobre o casamento *gay*, 422f
    nível educacional, 32
    população árabe norte-americana, 247
    população idosa, projetada, 291f
    renda familiar, 32
    uso medicinal da maconha, 177f
Demografia, 394, 396, 424
    elementos, 396
Denominações, 343t, 359
Departamento de Pesquisas Navais, 377
Departamento de Saúde e Serviços Humanos, 418
Departamento de Segurança da Pátria, 145
Departamento Nacional de Reconhecimento, 136
Department of Agriculture, 411
Department of Defense, 377, 439
Department of Justice, 191, 245, 365
    crimes pelo computador e propriedade intelectual, seção de, 444
Department of Labor, 248
DePauw University, 378
Derramamento de Óleo, *Exxon Valdez*, 43-44, 383
Desastres e reação da comunidade, 7, 9
Descendência bilateral, 304, 325
Descendência matrilinear, 304, 325
Descendência patrilinear, 304, 325
Descoberta, 55, 76
Desemprego, 381-382

e pobreza, 217
Desenvolvimento comunitário baseado em ativos (ABCD), 409, 410, 425
Desigualdade, social. *Ver* Desigualdade social, 125
Desigualdades sociais, 2-3, 21, 24 236
    definição, 202
    e acesso à Internet, 444-445
    e meios de comunicação de massa, 157
Desindustrialização, 380-382, 389
    definição, 380
Desinstitucionalização, do doente mental, 218
Deslocamento de meta, na burocracia, 136-137
Desmatamento, 384
Despedida em Las Vegas (filme), 168
Desvio, 171, 198
    abordagem de reação da sociedade, 188
    como estrutura social, 182
    definição, 198
    e estigma social, 180-181
    e sexo, 190
    e tecnologia, 181, 184, 444
    explicação, 14, 184, 188
        abordagem, 191t
        escola da transmissão cultural, 185-186, 191
        perspectiva do conflito, 191t
        teoria da anomia, 184-185, 191t
        teorias biológicas, 184
    funcionalista, 184-185, 191t
    perspectiva
    perspectiva feminina, 190, 191t
    perspectiva interacionista, 186-187, 191t
    perspectiva social-construtivista, 188, 191
    teoria de atividades rotineiras, 187, 191t
    teoria do rótulo, 187-188, 191t
Dharma and Greg (programa de TV), 158
Dia da Terra, 376
Díade, 133, 147
Diário de Bridget Jones, O (filme), 39
Die another Day (filme)
Diferenças nos sexos
    e comunicação, 280
    e natureza *versus* criação, 276
    no cuidado com a criança, 284-285, 284f
    no uso da Internet, 161
Difusão, cultural, 58, 76
Dinamarca
    casamento entre pessoas do mesmo sexo, 322
    direitos de aborto na, 296
    índice de suicídios, 81
    renda nacional bruta, *per capita*, 222f
Dinheiro, como símbolo social, 185
Direção alcoolizada, 194
Direitos civis, pós-11 de Setembro, 176, 447
Direitos de reprodução, 107. *Ver também* Aborto
Discípulos de Lubavitch, 411, 412
Discriminação institucional, 249, 268, 279-280, 298
Discriminação, 245-248, 268. *Ver também* Preconceito; racismo
    e ação afirmativa, 250, 386-388
    e o deficiente, 107
    e preferência sexual, 321-323
    e sistema de castas, 204
    idade, 291-292
    institucional, 249-250, 257
    perspectiva do conflito, 251-252

    perspectiva feminista, 249
    perspectiva funcionalista, 251
    perspectiva interacionista, 252
    por profissionais da medicina, 419
    racial, 245, 246, 247-248, 434
    em educação, 355
    sexo, 247-248, 350, 434
    no mundo, 227, 232
Disfunção, 15, 24
Disfunção narcotizante, dos meios de comunicação de massa, 155, 169,
Distrito de Colúmbia
    coabitação, 319f
    fundos para aborto, 295f
    leis sobre o casamento *gay*, 322f
    nível educacional, 32
    população idosa, projetada, 291f
    renda familiar, 32
    uso medicinal da maconha, 177f
Distúrbio de aprendizado, 356
Distúrbio de déficit de atenção, 356
Distúrbios alimentares, 271, 272
Diversity in the power elite (Domhoff e Zweigenhaft), 362, 375
Divisão de trabalho (especialização), 135
Divisão Digital, e acesso da Internet, 219
Divórcio, 6, 29-30, 317
Diwaniyas, 112
Doctors Without Borders, 378
Documentos do Pentágono no, 376
"Documentos do Pentágono" (*New York Times*), 376
Doenças sexualmente transmissíveis, 47. *Ver também* Aids
Doenças. *Ver também* Saúde e medicina
    incidência de, 417-418, 425
    prevalência de, 417, 425
Dolly, a ovelha clonada, 436, 440
Dominação cultural, 59-60, 67
    e definição da realidade social, 103-104
    e linguagem, 72-75
Dominação, masculina, 279, 304
    na religião, 337
Domínio cultural. *Ver* Dominação cultural
Downsizing nas empresas, 381-382
Downsizing, empresas, 381-382, 389
Driving While Black (DWB) (perfil racial), 188, 253
DSTs (doenças sexualmente transmissíveis), 47. *Ver também* Aids
Dupla jornada (ou segundo turno), 284, 298, 307

E

E. T.: O extraterrestre (filme), 154
EBay (Internet), 156
Ecologia humana, 383-384, 389, 404-405
Ecologia urbana, 404-405, 425
Economia e sociedade (Weber), 11
Economia informal, 366
Economia, estudos de, 6
Economist, The, 84, 154, 345, 368
Ecoturismo, 384
    Equador, renda nacional bruta, *per capita*, 222f

Educação bilíngüe, 72, 262
    leis, por Estado, 74
Educação escolar em casa, 355-356
Educação. *Ver também* Escolas
    bilingüal/bicultural, 72-75
    e classe, 349
    e notas, 42
    e sexo, 350
    e *status*, 349
    impacto na mobilidade social, 220
    na China, 350
    no Afeganistão, 350
    on-line, 353
    perspectivas teóricas
        do conflito, 348-350
        funcionalista, 346-348
        interacionista, 350-352
Efeito das expectativas dos professores, 352, 359,
Efeito Hawthorne, 39-40, 51
Effectiveness Center, 419
Egito
    colocação na economia global, 223f
    porcentagem de pessoas casadas pelo menos uma vez, entre 20 e 24 anos, 309f
    renda nacional bruta, *per capita*, 222f
    urbanização, 403, 404
Eighteenth Amendment (prohibition) – Oitava Emenda (proibição), 177-178
El Salvador
    renda nacional bruta, *per capita*, 222f
    violência doméstica em, 306
Eleições, política, 371-374
Elemento cultural universal, 55, 76, 329, 359, 369
Elite do poder, 362, 374, 389
E-mail, 112, 114, 143, 443
Emenda 26, 373
Emenda Hyde, 295
Emprego, e *status*, 201
Empregos terceirizados no exterior, 381, 420
Empresa multinacional. *Ver* Corporações multinacionais
Empresas que exploram os funcionários, 201, 260
Encontro de Amor (filme), 219
Endogamia, 308, 325
Endogrupo, 131
Endogrupo e exogrupo, 131-132, 147
Enfermeiras-parteiras, 415
Enfermidade mental como desvio, 180
Enfoque dramatúrgico, 18, 24, 85, 99,
    e terrorismo, 379
Engenharia genética, 439-441
Engle vs. Vitale, 357
Ensaio sobre o princípio da população (Malthus), 394
Entregadores de pizza, 130
Entrevistas, pesquisa, 36, 37, 41, 51
Envelhecimento. *Ver também* Idosos,
    no mundo, 288
Environmental Protection Agency (EPA), 385
Epidemiologia social, 417-418, 425
Equipes, local de trabalho, 142
Escada de vidro, 284
Escola da transmissão cultural e teoria do desvio, 186, 187, 191t
Escolas. *Ver também* Educação
    como agentes de mudança, 346-347

como agentes de socialização, 345-350
   e burocratização, 352-353
   e controle social, 347
   e integração social, 347
   transmissão cultural, e, 346-347
como organizações formais, 352-353
currículo oculto, 348
esportes nas, 352
na Coréia do Sul, 346
na Grã-Bretanha, 346
religião na, 356-358
Escravidão, 202, 203, 236
   história da, nos Estados Unidos, 416
   seqüela da, Estados Unidos,
Espaço cibernético, 443
Espanha
   direitos de aborto, 296
   plantações com produtos geneticamente modificados, oposição, 440
   renda nacional bruta, *per capita*, 222f
Especialista em testemunhos de vítimas, 192
Espiritualidade, importância de, 7
Esportes
   na escola, 351
   perspectivas teóricas em, 20
Estados Unidos
   Aids nos, 123t, 417, 418
   associações voluntárias nos, 140
   bens domésticos, 4
   castigos corporais nos, 176
   colocação na economia global, 223f
   crença em Deus, 339f
   cuidados com a criança nos, 97, 98
   cultura materialista dos, 185
   despesas com a saúde, 422f
   distribuição da renda, 227f
   domicílios por tipo de família, 303f
   e o portador de deficiência, 107
   educação bilíngüe nos, 74, 76
   escolha do sexo nos, 439
   estrutura populacional, 398f
   filiação a sindicatos nos, 144
   grupos étnicos e raciais, 242t
   grupos minoritários, população por região, 256
   maiores grupos religiosos, por condados, 342f
   mão-de-obra, composição da, 380f
   média salarial de um CEO, 207, 208f
   medidas sociais (*status*), 201
   mobilidade social nos, 219-221
   mulher na força de trabalho, 282-285
      por ocupação, 283t
      viés de gênero, 282-284
   obesidade nos, 179
   penetração dos meios de comunicação, 166f
   pobres nos, 216t
   pobreza absoluta, 216t
   pobreza nos, 216-217
   população idosa, atual e projetada, 290-291, 291f
   população idosa, projetada por Estado, 291f
   porcentagem de bacharéis, 346f
   porcentagem de pessoas casadas pelo menos uma vez, entre 20 e 24 anos, 309f
   preferências políticas, 371-372
   registros de ofensas sexuais, 180
   renda doméstica, 205f
   renda média, por raça, etnia e sexo, 387f
   renda nacional bruta, *per capita*, 222f
   riqueza e renda, desigualdade, 213, 213t
   Saúde, cuidados com a, nos, 421, 422
   sindicatos de trabalhadores nos, 143-145
   sistema correcional nos, 176
   Sistema de Bem-Estar Social, 216, 233-235
      gastos em saúde, e, 233
   Suprema Corte, 43
   taxa de criminalidade, 195
   taxa de mortalidade infantil, 416f
   taxa de suicídio, 9
   urbanização, 403-404
   uso medicinal da maconha, por Estado, 177f
Estatísticas criminais, 194, 195
Estatísticas vitais, 395, 425
Estereótipos, criando estereótipos, 169, 268
   do idoso, 286
   e língua, 63
   gênero, 273-274
      na mídia, 156, 157, 159
   racial, 244
      de afro-americanos, 310, 316
      de chineses, 240-241
      de muçulmanos e árabes norte-americanos, 177, 246
      em meios de comunicação de massa, 244
      hispânicos, 158
Esterilização, involuntária, 107
Estigma social, 198
   crimes do colarinho branco, 193
   e Aids, 122, 416
   e desvio, 179-180
Estilo de gerenciamento japonês, 142
Estilo de vida sem filhos, 320
Estima, 236
   e classe social, grau de ocupação, 222t
Estônia
   renda nacional bruta, *per capita*, 222f
Estratificação social. *Ver* Estratificação, social
Estratificação, definição, 202
Estratificação, social, 236
   e acesso à Internet, 444-445
   e poder, 207
   entre nações, 221-226
      e teoria da dependência, 224
   entre nações, 227-232
   perspectiva interacionista, 208
   perspectivas teóricas
      conflito, 210-211, 211t
      funcionalista, 209, 211
      interacionista, 207, 208, 211t
      marxista, 206, 207
   ponto de vista de Lenski, 211-212
   por idade
      perspectiva do conflito, 290
      perspectiva funcionalista, 287, 288
      perspectiva interacionista, 207, 209, 288-290
   por sexo, 227, 270-286
      e a família, 304
      perspectiva do conflito, 277, 278
      perspectiva feminista, 278
      perspectiva funcionalista, 277, 278
      perspectiva interacionista, 278-279
   sistema de, 202-206
      aberta *versus* fechada, 219-220
      casta, 203, 204
      classe, 203, 204
      escravidão, 202, 203
      estados, 203, 204
      universalidade de, 208-210, 211-212
      visão de Weber, 207
Estrutura social, 103
   criando, 104-105
   elementos da, 105-106, 112
   grupos, 109-112
Estudantes contrários à direção alcoolizada (SADD), 194
Estudantes universitários
   administração de impressões, 86
   como ativistas sociais, 376
   comportamento com bebidas, 42, 178
   e religião, 78
   fraude acadêmica (ou plágio), 66-67, 68
   metas de vida, 67
Estudos da "atividade do olho", 28-29
Estudos de gêmeos, 82-83
Estudos de primatas, privações sociais, 81
Estudos sobre a obediência, de Milgram, 175-176, 348
Estudos sobre Hawthorne, 38, 139
Estupro, 22, 190, 195
Etapa de jogos, na socialização, 84-85
Ethnograph (software), 45
Ética da pesquisa, 39
Ética protestante e o espírito do capitalismo, A (Weber), 11, 336
Ética protestante, 336, 359
Ética, e a Internet, 60
Ética, pesquisa, 39, 41, 42, 43-45
   e fundos para, 43-44
Etnia simbólica, 264, 267
Etnias, 244-245
   e renda média, norte-americana, 387f
Etnocentrismo, 70, 76, 245
Etnografia, 36, 36-39, 41, 51
Europa oriental, 366
Europa
   Aids na, 123
   Índice de criminalidade, 195
   Medieval, 402
   população, declínio, 401
   programas sociais na, 234-235
Evolução sociocultural, 125
Evolução sociocultural, estágios, 118-121, 121t
Exército de Libertação Zapatista Nacional, 230
Exogamia, 308, 325
Exogrupo e endogrupo, 131-132, 147
Expectativa de vida, 393, 425
   por raça, 415
Experiência de choque elétrico, de Milgram, 175-176
Experiência religiosa, 339, 359
Experiment, The (programa de TV), 103
Experimento da prisão, de Zimbardo, 102-103, 104, 108, 377
Experimentos, 39, 41, 51
Expressividade, 277, 298
Expulsão, de grupos minoritários, 253
Extreme Makeover (programa de TV), 272

Exxon Valdez, 43-44, 383
ExxonMobil, 383

F

Faça a coisa certa (filme), 260
FAIR, 154
Fairfield University, 8
Falsa consciência, 207, 236, 431, 449
   de mulheres, 285
Família, 325
   como agente de socialização, 174
   composição, 302-303, 303f
   definição, 302
   duas rendas, 307, 313
   e classe social, 310
   e divórcio, 6, 301-302
   estendida, 302-303
   famílias substitutas, 26
   igualitária, 304-305
   nuclear, 302
   padrões de autoridade, 304-305
   perspectiva do conflito, 305-306
   perspectiva feminista, 307
   perspectiva funcionalista, 305
   perspectiva interacionista, 306-307
   perspectivas teóricas, 308t
   vida, 4-5
Família estendida, 302-303, 325
Família igualitária, 304-305, 325
Família Kennedy, 310
Família nuclear, 302, 325
Família Rockefeller, 310
Famílias de duas rendas, 313
Famílias só com os pais ou só com as mães solteiras, 311f
Famílias substitutas, 26, 316-317
Familismo, 311, 325
Favelas, 216, 386
FBI (Federal Bureau of Investigation), 67, 136, 137, 177, 191
Federal Bureau of Narcotics, 187
Federal Communications Commission, 163
Federal Register, 351
Federal Reserve Board, 260
Federal Reserve, diretoria, 369
Feminine mystique, The (Friedan), 285
Feminismo, 285-286
Feminização da pobreza, 216, 281-282, 310
Fertilidade, 394, 396, 425
   padrões, nos Estados Unidos, 400-401
Fertilização *in vitro*, 439
Filhos
   famílias adotadas, 26
   impacto do divórcio, 317, 318
Filipinas
   renda nacional bruta, *per capita*, 222f
Finlândia
   cuidados com a saúde, 414
   porcentagem de pessoas casadas pelo menos uma vez, entre 20 e 24 anos, 309f
   probreza absoluta, 215
   sistema correcional na, 174
Floresta tropical, 384
Flórida
   coabitação na, 319f
   educação bilíngüe na, 74
   leis sobre o casamento *gay*, 322f
   nível educacional, 32
   população árabe norte-americana, 247
   população idosa, 291
   População idosa, projetada, 291f
   renda familiar, 32
   uso medicinal da maconha, 177t
For this land (Deloria), 328-329
Força, como fonte de poder, 369-370, 389
Ford Motor Company, 225t
Formadores de opinião, 162-163, 169,
Fortune, 1.000 empresas, 283
Fotos de família do Lower West Side, 314-315
Fox News, 163
França
   colocação na economia global, 223f
   cultura, 54
   direitos de aborto, 296
   mães solteiras, 319
   média salarial de CEO, 208f
   parcerias registradas entre pessoas do mesmo sexo, 323
   pobreza absoluta, 215f
   renda nacional bruta, *per capita*, 222f
   taxa de suicídio, 8
Frankenfood, 440
Fraternidades, 178
Fraude acadêmica (ou plágio), 67-68
Friends (programa de TV), 156, 244
"Fuga de cérebros" ou evacuação de profissionais, 415, 425
Fumar, 177, 180
   na mídia, 39, 41, 153
Função da vigilância, dos meios de comunicação, 154-155, 169
Função latente, 15, 24
   da Internet, 446
   da religião, 334-335
Função latente *versus* manifesta, 346
Funções manifestas *versus* latentes, 346
Funções manifestas, 15, 24
   da Internet, 446
   da religião, 334-335
Fundamentalismo islâmico, 436
Fundo Monetário Internacional, 223
Fundos de pesquisa, 43-44, 47-48, 48-49
   governo, 48-49
Futebol, 6

G

G. I. Joe, 273
Gana
   e economia global, 221-222
Gangues, e grafite, 171-173
Gás mostarda, 441
Gays, 273-274
   casamentos para, 320, 321-323
      leis discriminatórias, por Estado, 322f
   como pais, 312
   e Aids, 122
   e novos movimentos sociais, 433
   e parcerias domésticas, 321
   e suicídio, 9
   no ensino médio, 354
Gays, Lesbian and Straight Education Network, 354
Gemeinschaft, 117-18, 125, 140, 406, 443
   comparações com *gesellschaft*, 118t
   e trabalho a distância, 142
   e urbanização, 313
Gêmeos idênticos, 82-83
General Accounting Office, 283
General Electric Corporation, 139, 225t
General Motors, 225t, 368, 380
General Social Survey (GSS), 33, 34, 47, 89
Genetica Corporation, 300
Genocídio, 253, 269
Geórgia
   coabitação na, 319f
   educação bilíngüe na, 74,
   leis sobre o casamento *gay*, 322f
   nível educacional, 32
   população árabe norte-americana, 247
   população idosa, projetada, 291f
   renda familiar, 32
   uso medicinal da maconha, 177f
Gerontologia, 298
Gesellschaft, 117-118, 125, 140, 406, 443
   comparação com *gemeinschaft*, 118t
   e trabalho a distância, 142
Gíria. Ver Argot
Glass ceiling ("teto de vidro"), 247, 259, 269, 283, 298
   e religião, 337
Global Alliance for Workers and Communities, 226
Global Reach, 439
Globalização, 54, 55, 58, 60, 75, 237. *Ver também*
   Análises dos sistemas mundiais, 58, 76
   cultural, 58-60, 158, 159
      e dominação cultural, 59-60
   da mídia do entretenimento, 159, 160, 164, 166
   das festas ocidentais, 55, 58
   de alta tecnologia, e sistema de castas na Índia, 204
   definição, 224
   e a aldeia global, 59, 164-165
   e a Internet, 224, 438-439
   e a McDonaldização, 58, 60
   e as corporações multinacionais, 224-226
   e crise da dívida global, 221-224
   e cultura do Silicon Valley, 53-54
   e cultura organizacional, 138
   e exploração, 227-228, 230-232, 365
      ambiental, 384-385
   e guerra, 379
   e meios de comunicação de massa, 151
   e os efeitos do ataque de 11 de Setembro, 58
   e religião, na Internet, 153
   e sindicatos de trabalhadores, 144
   e tecnologia, 60
   e terceirização de trabalho, 381
   efeito na indústria no México, 227-232
   Marx e Engels na, 58
   nas sociedades pós-modernas, 120
      e sindicatos de trabalhadores, 144
Golf Cable Channel, 162
Google (ferramenta de pesquisa), 67, 156

Gordon´s Gin, 154
Governadoras, 279
Grã-Bretanha
 colocação na economia global, 223f
 comparecimento dos eleitores na, 372
 direitos de aborto na, 296
 distribuição de renda, 227f
 escolas, 346
 gastos em saúde pública, 421, 422f
 gestão do tráfego, 408o
 mães solteiras, 319
 média salarial de um CEO, 208f
 pluralismo na, 255
 pobreza absoluta, 215f
 políticas de bem-estar social, 214
 porcentagem de bacharéis, 346f
 renda nacional bruta, *per capita*, 222f
 Serviço Nacional de Saúde, 422
 sindicatos de trabalhadores, 143
 socialismo na, 366
 taxa de criminalidade, 195
 urbanização, 403
Grafite, 172-173
Grand Theft Auto III (videogame), 166
Grande Mesquita, Meca, 339
Grandes redes, oposição a, 443
Grateful Dead, 69
Grécia
 direitos de aborto na, 296
 gastos em saúde pública, 422f
 renda nacional bruta, *per capita*, 222f
Greenpeace, 440
Greenwich Village, Nova York, 392-393
Grinnell College, 46
Grupo controle, 39
Grupo de Estudos de Gatos em Selo, 140
Grupo étnico, definição, 241, 269
Grupo experimental, 39, 51
Grupo primário, 129, 130, 131, 147
Grupo racial, definição, 241, 242, 269
Grupo secundário, 130-131, 147
Grupo, definição, 109, 125
Grupos de auto-ajuda, e Aids, 122
Grupos de discussão, 132, 147
Grupos de foco. *Ver* Grupos de discussão
Grupos de milícias, 186
Grupos de ódio ativos, nos Estados Unidos, 248f
Grupos de referência, 132-133, 147
Grupos de *status*, 207, 237
Grupos dominantes, privilégios de, 248-249, 250
Grupos étnicos, 261-264
 brancos, 242t, 264
Grupos minoritários, 241-242
 acesso à Internet, 219
 definição, 241
 e Aids, 122
 e discriminação, 245, 246-248
 e justiça ambiental, 385
 e poder político, 375
 em pobreza, 215-216
 modelo ou ideal, 260
 na mão-de-obra, 380
 população, Estados Unidos, 256
 projetada, 291-292
 relações entre grupos. *Ver* Grupos raciais e étnicos, relações entre grupos

status
 e redefinição da realidade social, 104
Grupos raciais e étnicos
 Estados Unidos, 242
 projetado, 243f
 posições econômicas relativas, 257t
 relações intergrupais, 252-255
 expulsão, 253
 genocídio, 253
 pluralismo, 255
Grupos racistas neoconfederados, 248f
Grupos racistas neonazistas, 248f, 263
Grupos racistas separatistas negros nos Estados Unidos, 248f
Grupos racistas *skinhead*, nos Estados Unidos, 248f
Grupos religiosos, os maiores nos Estados Unidos por país, 342f
Grupos, sociais, 109-110, 127-134, 147
 definição, 129
 estudos, 133-134
 pequenos, 133-134
 tipos de, 129, 130-132
Guatemala
 renda nacional bruta, *per capita*, 222f
Guerra, 376-377, 389
 definição, 376
 e globalização, 376-377
 opinião pública, 377f
Guerra do Golfo, 377f
Guerra do Iraque, 377, 377f
 apoio à, 432
 e mortalidade infantil,
 nos meios de comunicação de massa, 152
 protestos, 430, 431, 432
Guerra do Vietnã, 373, 377, 377f, 432
Guerrilla, Girls, 270
Guilda dos Diretores Americanos, 158
Guiné-Bissau
 renda nacional bruta, *per capita*, 222f

H

Haiti
 colocação na economia global, 223f
 renda nacional bruta, *per capita*, 222t
Hajj, 339, 340
Handgun Control (organização), 197
Harley-Davidson, 164
Harris (pesquisa política), 36
Harvard University, 14, 16, 202, 207, 217
 Olin Center for Law, 44
Harvey Milk High School, 354
Havaí, 279, 372
 coabitação no, 319f,
 educação bilíngüe no, 73
 leis sobre o casamento *gay*, 322f
 nível educacional, 32
 população árabe norte-americana, 247
 população idosa, projetada, 291f
 uso medicinal da maconha, 177f
HBO (TV a cabo), 163-164
Head Start, 348
Henry L. Stimson Center, 441
Hereditariedade *versus* meio ambiente, 80, 82-83
Hiato, atraso ou defasagem cultural, 70, 76, 437,

448, 449
Hierarquia da autoridade, em burocracia, 136
 Ajuda em profissões, em sindicatos, 145
Hindus, hinduísmo, 281, 333-334
 casamento, 309
 na Índia, 344-345
 na Internet, 152
 no mundo, 330f
 nos Estados Unidos, 341
Hipótese de Sapir-Whorf, 61
Hipótese do contato, relações raciais, 252, 269
Hipótese, 31, 51
 Formulação, 31
 Sustentação, 34
Hispânicos, 244-245, 261-264, 291-292
 acesso à Internet, 445f
 classe média, 387f
 como eleitores, 372
 como porcentagem de mão-de-obra, 380f
 discriminação, 444
 em pobreza, 216-217, 233, 291
 em população nos Estados Unidos, 242t
 projetada, 243f
 famílias só com os pais ou só com as mães, aumento com o tempo, 311f
 grupos importantes, 261f
 idosos, 289
 meios de comunicação, 156
 nos subúrbios, 409-411
 porcentagem sem seguro-saúde, 418f
 posição relativa econômica, 257t
 práticas de saúde, 419
 relações familiares, 310-311
 renda média, norte-americana, 262, 387f
História, estudos de, 6
HMOs (Organizações de Manutenção de Saúde), 422, 425
Holanda
 direitos do aborto na, 296
 parcerias registradas entre pessoas do mesmo sexo, 323
 renda nacional bruta, *per capita*, 222f
Holocausto, 263, 335
Home Depot, 411, 412
Home School Legal Defense Association, 356
Homem aranha, O (filme), 168
Homens e prestígio ocupacional, 212
 e mobilidade social, 220-221
 e preferências políticas, 374
 e socialização, 90, 91-92
Homofobia, 273, 298
Homossexuais, 273
 casamentos, 321-323
 como pais, 312
 e Aids, 122
 e novos movimentos sociais, 433
 e parcerias domésticas, 322
 e suicídio, 9
 no nível médio, 354
Homossexualidade, medicalização da, 417
Honduras
 renda nacional bruta, *per capita*, 222f
Hong Kong
 média salarial de um CEO, 208f
 renda nacional bruta, *per capita*, 222f
Hotline Amigos da Família, São Salvador, 306

Hull House, 13
Hummer, 376
Hungria
	renda nacional bruta, *per capita*, 222f
Huteritas, 342

I

Ianomami, tribo, 302
Idade adulta, transição para, um marco, 89
Idade, estratificação por
	nos Estados Unidos, 290-294
	perspectiva do conflito, 290, 290t
	perspectiva funcional, 287, 288, 290t
	perspectiva interacionista, 288-290, 290t
Idaho
	coabitação em, 319f
	educação bilíngüe em, 74
	fundos para aborto, 295f
	leis sobre o casamento *gay*, 322f
	nível educacional, 32
	população árabe norte-americana, 247
	população idosa, projetada, 291f
	renda familiar, 32
	uso medicinal da maconha, 177f
Identidade dos grupos de ódio, nos Estados Unidos, 248f
Ideologia dominante, 67, 76, 157, 109, 210, 237
	e comunicação de massa, 156-157
Idosos
	coabitação, 319
	como militantes sociais, 293-294
	como moradores de cidades, 407
	como voluntários, 289
	cuidados com a saúde, 419
	na força de trabalho, 287-288, 292-293
	nos meios de comunicação, 292
	população, Estados Unidos, 290
		real e projetada, 291f
	status, e redefinindo a realidade social, 106
	velhos-velhos, 290
Iêmen
	renda nacional bruta, *per capita*, 222f
Igreja Católica, 262, 332, 342f
Igreja Católica Apostólica Romana, 262, 341, 437
	no mundo, 330f
Igreja de Jesus Cristo dos Santos dos Últimos Dias, 342
Igreja dos Metodistas Unidos, 342f
Igreja e Estado, separação do, 356-357
Igreja Evangélica Luterana, 342f
Igrejas orientais, 330f
Igrejas, 340-341, 343t
Ijime, 94
Ikebukuro Honcho, 288
Ilhas do Pacífico
	famílias só com pais ou só com mães, aumento com o tempo, 311f
	porcentagem sem seguro-saúde, 418f
Illinois
	educação bilíngüe em, 74
	leis sobre o casamento *gay*, 322f
	nível educacional, 32
	população árabe norte-americana, 247
	renda familiar, 32

uso medicinal da maconha, 177f
Imaginação sociológica, 3-6, 24
	desenvolvimento, 19
Imaginação, sociológica, 3-6
Imigração, 265-267
	perspectiva do conflito, 265-267
	perspectiva funcionalista, 266
Imigração global, 265-267
Imigração, de 1820 até 1990, 266f
Imigrantes, Estados Unidos, 260
	assimilação cultural, 72-73
	chinês, 260
	coreano, 260-261
	cubano, 407
	e casamento, 309
	em crime organizado, 191-192
	europeu, 407
	haitiano, 407-408
	hindus orientais, 53-54, 309
	ilegal, 265, 266
		e vigilância na Internet, 443
	irlandês, 407
	italiano, 407
	japonês, 260
	judeu, 407
	mexicano, 227-228, 230-232, 265, 266, 407
	muçulmano, 309
	polonês, 407
	população, por nacionalidade, 267f
	porto-riquenhos, 407-408
	socialização de, 152
	vietnamitas, 407-408
Impessoalidade, em burocracia, 137
Incapacidade treinada, 135, 136, 147
Incidência, 417
Índia
	casamento na, 303, 309
	colocação em economia global, 223f
	crença em Deus, 339f
	cultura, 1, 3, 72, 76
	e o Estado, 344-345
	e terceirização de empresas, 381
	escolha do sexo, 439
	gastos em saúde, 422f
	infanticídio feminino, 227
	Islã na, 247, 331
	língua na, 74
	medieval, 492
	mulheres na, 281, 373
	número de imigrantes nos Estado Unidos, 267f
	população, 399
	relações familiares, 311
	religião na, 334, 344-345
	renda nacional bruta, *per capita*, 222f
	sistema de castas, 203, 204
	sistema político, 373
	taxa de mortalidade infantil, urbanização, 403-404
Indiana
	fundos para aborto, 295f
Índios Norte-americanos. *Ver* Nativos norte-americanos
Indolink.com, 309
Indonésia
	MTV na, 158
	renda nacional bruta, *per capita*, 222f

Indústria do cinema, sexismo, 270
Infanticídio feminino, 303
Infanticídio, feminino, 227, 399, 303
Influência, como fonte de poder, 369-370, 389
Infosys Technologies, 381
Inglaterra. *Ver* Grã-Bretanha
Iniciativa de assuntos das minorias, 292, 294
"Iniciativa do Casamento Saudável", 320
Iniciativa dos Direitos Civis na Califórnia, 387
Inovação, 55, 76
Inovador na Teoria da Anomia de Merton, 185, 185t
Instituições sociais, 125
	conflito de perspectiva, 115-116
	perspectiva funcionalista, 114-115
	perspectiva interacionista, 116
Instituições totais, 90, 99
Instituto Militar da Virgínia, 88
Instrumentalidade, 277, 298
Intelligence Report, 245
Interação social, 103-105
Intercâmbio de estudantes, 348
interesses investidos, 220, 237, 436-437, 449
International Red Crescent Society, 378, 379
International Women Count Network, 213
Internet
	acesso à
		por pobres, 219, 376, 438-439
		por raça, 445f
	blogs, 156
	como novas fontes, 165-166
	comportamento fora dos diferenças de outros, 161
	e censura, 445-447
	e crime, 443-444
	e difusão cultural, 58
	e ferramentas de pesquisa, 46
	e globalização, 224
	e grupos, 112
	e *hosts*, 439
	e interação social, 67, 443
	e pirataria de música, 68
	e política, 376
	e pornografia, 446
	e religião, 344
	e terceirização de trabalho, 381
	e vigilância dos funcionários, 443
	ética no uso, 60
	fonte de pesquisa, 45, 46
	movimentos sociais, 429-430
	namoro, 308
	padrões, 180-181, 182
	salas de bate-papo, 443, 446
	trabalho a distância, 142
	uso na educação da, 353
Inter-Parliamentary Union, 230
InterSurvey, 46
Intocáveis, no sistema de castas, 203, 204
Invenção, 55
Invisible man (Ellison), 255
Iowa
	clonagem proibida, 440
	coabitação em, 319f
	fundos para aborto, 295f
	população árabe norte-americana, 247
	população idosa, projetada, 291f

renda familiar, 32
    uso medicinal da maconha, 177f
Irã
    estrutura familiar, 304
    renda nacional bruta, *per capita*, 222f
Iraque, 94
    cultura, 54, 72
    invasão do Kuwait, 377
    meios de comunicação de massa no, 165
    papéis dos sexos, 276
    protestos no, 37, 430, 431, 432
    renda nacional bruta, *per capita*, 222f
Irlanda
    colocação na economia global, 323f
    direitos de aborto na, 296
    porcentagem de bacharéis, 346f
    programas sociais, 233
    renda nacional bruta, *per capita*, 222f
Irlandeses norte-americanos, 264
Iron Chef (programa de TV), 157
Islã, 331. *Ver também* Árabes; árabes norte-americanos; muçulmanos
    costumes religiosos, 339
    Meca, 339
    na Índia, 204, 344
    no mundo, 330f
Islândia
    família, fotos, 5
    mães solteiras, 319
Isolamento, 85
Isolamento, impacto na socialização, 80-82
Israel
    porcentagem de pessoas casadas pelo menos uma vez, entre 20 e 24 anos, 309f
    renda nacional bruta, *per capita*, 222f
Isseis, 260, 269
Itália
    parcerias registradas entre pessoas do mesmo sexo, 323
    política de bem-estar social, 214
    renda nacional bruta, *per capita*, 222f
    taxa de criminalidade, 195
    urbanização, 403-404
Italianos norte-americanos, 260, 264
Iugoslávia, 366
    renda nacional bruta, *per capita*, 222f

J

Jainismo, 344
Jamaica
    distribuição de renda, 227
James Bond, 59, 157
Japão
    colocação na economia global, 223f
    comparecimento dos eleitores, 372
    crença em Deus, 339f
    cuidados com a saúde em, 413
    cultura, 54, 76, 159
    distribuição de renda, 227f
    educação no, 349-350
    gastos em saúde, 422f
    idosos no, 288
    penetração dos meios de comunicação, 166f
    população, 399
    porcentagem de bacharéis, 346f
    renda nacional bruta, *per capita*, 222f
    salário médio de um CEO, 208f
    sindicatos de trabalhadores, 143
    taxa de mortalidade infantil, 416f
    urbanização, 403-444, 405
Japoneses norte-americanos, 243, 259f
    campos de evacuação, 260
Jargão. *Ver Argot*
Jogo, 194
    compulsivo, 180
Jogos Olímpicos, Los Angeles, 1984, 382-383
Johns Hopkins University, 73
Jordânia
    renda nacional bruta, *per capita*, 222f
Jovens, como eleitores, 373
Judaísmo, 331-332. *Ver também* Judeus-americanos
    no mundo, 330f
Judeus hassídicos, 411
Judeus norte-americanos, 262-263, 407, 411, 412
    casamentos, 309-310
Juku, 349
Juramento à bandeira, 357
Justiça ambiental, 385, 389
Juventude Hitlerista, 82

K

Kaiser Family Foundation, 47, 95, 168
Kansas, 279, 370
    coabitação no, 319f
    educação bilíngüe no, 74
    fundos para aborto, 295f
    leis sobre o casamento *gay*, 322f
    nível educacional, 32
    população idosa, projetada, 291f
    uso medicinal da maconha, 177f
Kentucky
    educação bilíngüe em, 74
    nível educacional, 32
    população árabe norte-americana, 247
    renda familiar, 32
    uso medicinal da maconha, 177f
King of the Hill (programa de TV), 158
Kinsey Report, 47
Kiss (grupo de rock), 171
Kmart, 196
Ku Klux Klan, 245, 248, 255
Kuwait
    grupos sociais, 112
    invasão, pelo Iraque, 377
    renda nacional bruta, *per capita*, 222f

L

Laissez-faire, capitalismo, 364, 389
Laos
    renda nacional bruta, *per capita*, 222f
Latinas, na mídia, 158
Latinos. *Ver* Hispânicos
Lazer conspícuo, 208, 209
Lei da Defesa do Casamento, 323
Lei da Educação de 1972, 350, 351
Lei da Imigração, 1965, 260
Lei da Reconciliação entre Responsabilidade Pessoal e Oportunidade de Trabalho, 233
Lei da Reforma e Controle da Imigração de 1986, 266
Lei das Estatísticas de Crime de Ódio, 245
Lei de Ferro da Oligarquia, 137, 147
Lei de Privacidade da Comunicação Eletrônica, 446
Lei do Ensino Primário e Secundário (ESEA), 74
Lei dos Americanos Portadores de Deficiência, 142
Lei dos Poderes da Guerra, 377
Lei Patriota (*Patriot Act*), dos Estados Unidos, 67, 379, 447
Lei, definição, 177, 198
Leis das Liberdades Civis, 260
Leis do direito ao trabalho, 145, 146
Leis dos Direitos Civis, 250
Leis Jim Crow, 255
Leis, 64, 66, 74, 103
Lesbianismo, medicalização do, 417
Lésbicas, 273
    casamento para, 321-323
    como pais, 312
    e novos movimentos sociais, 433
    e parcerias domésticas, 321
    no ensino médio, 354
Levantamentos, 36, 51
    on-line, 46
Levantamentos de vitimação, 195, 199
Líbano
    renda nacional bruta, *per capita*, 222f
libertado, 444
Liga Antidifamação (ADL), 263
Liga Comunista, 12
Liga de Mulheres Votantes, 140
Língua,
    bilingüismo, 72-75
    definição, 76
    e cultura, 55, 61
    e educação bilíngüe, 72
    e estereótipos, 63
    e subculturas, 69
    mobilização de recursos, 431
Línguas árabes, 61
Línguas, mundo, 62
Lions Club, 140
Local de trabalho
    como agente de socialização, 95-96
    estilos de gerenciamento, 141-143
    exploração, 201
    monitorando empregados, 143
    mulheres no, 281-286
        China, 368
    vigilância pelo computador, 443-444
Lógica causal, 31, 33, 51
Lojas Costco, 411
Lojas de Vídeo Blockbuster, 163
Lojas Target, 411
Los Angeles, 386
    revoltas raciais, 162
Louisiana State University, 94
Louisiana, 372
    coabitação na, 319f
    educação bilíngüe na, 74

fundos para aborto, 295f
leis sobre o casamento *gay*, 322f
população árabe norte-americana, 247
população idosa, projetada, 291f
renda familiar, 32
uso medicinal da maconha, 177f
Love Canal, 382
Ludistas (ou luditas), 438, 449
Luther College, 274

M

Macedônia
renda nacional bruta, *per capita*, 222f
Machismo, 311, 325
Maconha, uso medicinal da, Estados Unidos, 177f
Macrossociologia, 14, 23, 24, 250, 279
e desemprego, 382
e público dos meios de comunicação, 162
Madagáscar
cultura, 302
renda nacional bruta, *per capita*, 222f
Mães Contra Dirigir Alcoolizado (Mothers Against Drunk Driving – MADD), 194
Mães solteiras, 216, 307, 310, 319. *Ver* Mães, solteiras, afro-americanas, 313-314
Maine Times, 412
Maine
coabitação no, 32, 319f
educação bilíngüe no, 74
fundos para aborto, 295f
leis sobre o casamento *gay*, 322f
nível educacional, 32
população árabe norte-americana, 247
população idosa, projetada, 291f
renda familiar, 32
uso medicinal da maconha, 77f
Wal-Mart no, 412
Malagaxe
mulheres malagaxes, 22
Malásia, 388
renda nacional bruta, *per capita*, 222f
Malawi
renda nacional bruta, *per capita*, 222f
Mali
família, fotos, 5,
Malta
leis de aborto em, 296
Manifesto do Partido Comunista (Engels e Marx), 11, 12, 58, 135
Maquiladoras, 231, 232
Marrocos
renda nacional bruta, *per capita*, 222f
Maryland
coabitação em, 319f
fundos para aborto, 295f
leis sobre o casamento *gay*, 322f
nível educacional, 32
renda familiar, 32
uso medicinal da maconha, 177f
Massachusetts Department of Education, 355
Massachusetts
casamento *gay* em, 319, 321, 322f
coabitação em, 319f
educação bilíngüe em, 74

fundos para aborto, 295f
nível educacional, 32
população árabe norte-americana, 247
população idosa, projetada, 291f
renda familiar, 32
uso medicinal da maconha, 177f
Material World: A Global Family Portrait (Menzel), 4-5
Matriarcal, 304, 325
Matrix Reloaded (filme), 163
Mauritânia
renda nacional bruta, *per capita*, 222f
McCafe, 60
McDonald´s, restaurantes, 128, 201
McDonaldização, 58, 60, 128-130, 147, 439
McDonaldization of Society (Ritzer), 128, 129
McSpotlight (site), 443
Meca, Arábia Saudita, 339, 340
Mediação (*gatekeeping*), nos meios de comunicação de massa, 155-156, 170
MediaGuardian, 164
Medicaid, 366
e fundos para aborto, 295f
Medicalização da sociedade, 410-411, 439
Medicare, 366
Medicina tradicional, 419
Médicos, como guardiões, 413
Medidas de estatísticas, de classes sociais, 213-214
Megalópole, 404, 425
Meio ambiente, o, 382-385
e poluição industrial, 385, 437-438
perspectiva do conflito, 384-385
perspectiva funcionalista, 383-384
Meios de comunicação de massa, definição, 151, 170
Meios de comunicação
como agente da socialização, 94-95, 152
concentração, por conglomerados, 163-164
conteúdo sexual na, 47
disfunção narcotizante, 155
e autoridade carismática, 370-371
e estereótipos raciais, 244
e globalização, 150-151
e política, 151
e religião, 344
estereótipos nos
gênero, 274
racial, 157
função da vigilância, 154-155
idosos na, 292
indústria, 162, 163
meios de comunicação de massa, definidos, 151
papel na socialização, 152-154, 274
perspectiva feminista, 160-161
público, 162-163
Reality show, 47
retratação da mulher, 40
visão funcionalista, 151-153
visão interacionista, 160-161
Melting pot, 253
Messias (Haendel), 58, 339
Método científico, 29-30, 348, 434
Método objetivo, 211, 237
Métodos de amostragem, 31, 33, 37, 46

Métodos de compilação de dados, 35-41
análise secundária, 40, 50
entrevistas, 36
experimentos, 39
observação, 36, 38-39
observação do participante, 2-3
questionários, 36, 51
Métodos de pesquisa. *Ver também* Métodos científicos
e tecnologia, 45, 46
grupo de discussão ou de foco, 132
importância da compreensão, 29-30
Mexicanos norte-americanos, 244-245, 261, 261f, 311
práticas de saúde, 419
México
crença em Deus, 339f
cultura, 159
distribuição de renda, 227, 228
economia, 228-229
colocação, na globalização, 223f
estratificação em, 227-233
e gênero, 230-231
e raça, 229-230
fronteira, com os Estados Unidos, 230-231
gastos em saúde, 422f
imigrantes ilegais, 228, 229
média salarial de um CEO, 208f
número de imigrantes nos Estados Unidos, 269t
porcentagem de bacharéis, 346f
porcentagem de pessoas casadas, pelo menos uma vez, entre 20-24 anos, 309f
renda nacional bruta, *per capita*, 222f
sindicatos dos trabalhadores no, 143
superlojas no, 412
taxa de mortalidade infantil, 412f
Michigan, 279, 372
coabitação em, 319f
fundos para aborto, 295f
leis sobre o casamento *gay*, 322f
população idosa, projetada, 291f
renda familiar, 32
uso medicinal da maconha, 177f
Microsoft, processo antitruste, 143, 365
Microssociologia, 14, 19, 24, 279
e audiências na mídia, 161
e desemprego, 382
Middletown, Nova Jérsey, 409
Mídias Sem Limite: Como Torrentes de Imagens e Sons Dominam Nossas Vidas (Gitlin), 151-152
Migradólares, 232
Migration News, 232
Mikes da América, 140
Militância social. *Ver* Movimentos sociais
Militantes, sociais. *Ver* Militantes sociais
Militares, Estados Unidos, 376-377
Mínima hierarquia, local de trabalho, 142
Ministério da Saúde chinês, 49
Minnesota Twin Family Study, 82
Minnesota
coabitação em, 319f
educação bilíngüe em, 74
fundos para aborto, 295f
leis sobre o casamento *gay*, 322f
nível educacional, 32

população árabe norte-americana, 247
população idosa, projetada, 291f
renda familiar, 32
uso medicinal da maconha, 177f
Minoria ideal ou grupo-modelo, 259, 269
Minoria-modelo, 259, 260, 268
Minorias. *Ver também* Afro-americanos; árabes; árabe-americanos; ásio-americanos; hispânicos
  como eleitores, 372
  como porcentagem da mão-de-obra, 380f
  e acesso a espaços públicos, 22
  mulheres, 351
Mississipi, 295f
  coabitação no, 319f
  educação bilíngüe no, 74
  fundos para aborto, 295f
  leis sobre o casamento *gay*, 322f
  nível educacional, 32
  população idosa, projetada, 291f
  renda familiar, 32
  uso medicinal de maconha, 177f
Missouri
  coabitação em, 319f
  educação bilíngüe em, 74
  fundos para aborto, 295f
  leis sobre o casamento *gay*, 322f
  nível educacional, 32
  população árabe norte-americano, 247
  população idosa, projetada, 291f
  renda familiar, 32
  uso medicinal de maconha, 177f
MIT (Massachusetts Institute of Technology), 178
Mito de beleza, 180
Mobilidade horizontal, 220, 237
Mobilidade intergeracional, 220, 237
Mobilidade intrageracional, 220, 237
Mobilidade ocupacional, 220-221
Mobilidade social. *Ver* Social, mobilidade
Mobilidade vertical, 220, 237
Mobilidade, social, 204, 219-221, 237
  e educação, 221
  e gênero, 221
  e raça, 221
  nos Estados Unidos, 219-220
  tipos de, 220
Mobilização de recursos, 449
Moçambique
  renda nacional bruta, *per capita*, 222f
  taxa de mortalidade infantil, 416f
Modelo de elite, em relações de poder, 374, 389
  de Domhoff, 375
  de Mills, 374-375
  marxista, 374
Modelo de equilíbrio, de mudança social, 434
Modelo dos direitos civis, portadores de deficiências, 167
Modelo médico, 107
  de deficiência, 107
  de problemas sociais, 415
Modelo pluralista, das relações de poder, 375-376, 389
Modelos de elite do poder 374-375, 374f,
Modernização, 223
Monogamia em série, 303, 325
Monogamia, 303, 325

Monopólio, 364-365, 389
Monoteísmo, 331
Montana, 279, 372
  coabitação em, 319f
  educação bilíngüe em, 74
  fundos para aborto, 295f
  leis sobre o casamento *gay*, 322f
  nível educacional, 32
  população árabe norte-americana, 247
  população idosa, projetada, 291f
  renda familiar, 32
  uso medicinal de maconha, 177f
Morehouse Medical Treatment, 420
Mórmons, mormonismo, 334, 341, 342f
  no mundo, 330f
Mortalidade infantil, 396
Mortes, relacionadas com calor, 289
Moulin Rouge (filme), 157
Movimento dos direitos civis, 256-257, 285, 386, 387
Movimento Social, definição, 429
Movimentos sociais, 428-433, 449
  e a Internet, 428-429
  e mobilização de recursos, 431, 433t
  e privação relativa, 430-431, 433
  e teoria do novo movimento social, 433, 433t
  perspectiva marxista, 431
MTV (TV a Cabo), 158
Muçulmanos, 6, 281, 331, 333, 334
  casamento, 309
  como imigrantes, 444
  comportamentos religiosos, 339, 340
  estereótipos, depois do 11 de Setembro
  Índia, 344, 345
  nos Estados Unidos, 341
  setembro, 2001, 177, 246, 247, 266-267
Mudança social, 429, 449
  global, 435-436
  resistência à, 436-437
    tecnológica, 437-438
  teorias
    evolucionista, 434
    perspectiva do conflito, 435
    perspectiva funcionalista, 434-435
MUDs (domínios de multiusuários), 443
Mulheres de minorias, 283, 284
Mulheres
  como ativistas sociais, 431-432
  como eleitoras, 372
  como sociólogas, 13, 17
  discriminação. *Ver* Gênero, discriminação; sexismo
  e acesso ao espaço público, 22
  e Aids, 122
  e assédio sexual, 22
  e crime, 17
  e mito de beleza, 179
  e religião, 337-338
  e trabalho não-remunerado, 139-140, 284-285
  em países desenvolvidos, 22, 227, 230, 280
  minorias, 351
  na mídia, 158
  na força de trabalho, 379-380
  na força de trabalho assalariada
    Estados Unidos, tendências de aumento com o tempo, 282f,

por país, 281f
na mídia, 40
na pobreza, 216, 280-281
na política, 372-374
nas sociedades muçulmanas, 281
no oeste da África, 22
renda média, norte-americana, 387f
  entre militares, 377
status de, 135
  e redefinição da realidade social, 104
  no mundo, 280-282
Múltiplas tarefas, 95
My fair lady (musical), 350-351

N

NAACP (National Association for the Advancement of Colored People), 16, 256-257
Nações centrais, e nações periféricas. *Ver* Análise dos sistemas mundiais
Nações periféricas, e Nações centrais. *Ver* Análise dos sistemas mundiais
Nações Unidas, 280, 323, 383
  conferência sobre mulheres, 230
Nafta (Acordo de Livre-Comércio da América do Norte), 228, 232
Namíbia, distribuição de renda, 227
NARAL (National Abortion Rights Action League), 295f
Nasa (National Aeronautics and Space Administration), 141
National Advisory Commission on Criminal Justice, 191, 193
National Association for the Advancement of Colored People, 444
National Association of Home Builders, 233
National Center for Education Statistics, 348
National Center on Women and Family Law, 190
National Commeettee to Preserve Social Security and Medicare, 294
National Crime Victimization Survey, 195, 219
National Geographic Society, 46
National Health and Social Life Survey (NHSLS), 48, 321
National Home School Association, 356
National Institute of Child Health and Human Development, 48, 97
National Opinion Research Center (NORC), 33
National Organization for Men Against Sexism (Nomas), 276
National Rifle Association (NRA), 196, 197
National Science Foundation, 44
National Writers Union, 446
Nativos norte-americanos, 17, 215, 258-259
  crenças religiosas, 328-329
  discriminação, por profissionais da saúde, 419
  educação, 418
  entre militares, 377
  estrutura familiar, 304
  na população dos Estados Unidos, 242t, 243
    projetada, 243f
  nos meios de comunicação, 157
  posição econômica relativa, 257t
  powwow, 110
  relações familiares, 310

saúde e doença, taxa de mortalidade infantil, 418, 419
Natureza *versus* criação, 80, 276, 276, 277
    e diferenças de gênero, 276-277
Nayars, da Índia, 311
NBA (Associação Nacional de Basquetebol), 161
Nebraska
    coabitação em, 319f
    educação bilíngüe em, 74
    leis sobre o casamento *gay*, 322f
    nível educacional, 32
    população árabe norte-americana, 247
    população idosa, projetada, 291f
    renda familiar, 32
    uso medicinal da maconha, 177f
Negociação, 125
Negócios com franquias, 128
Nell (filme), 80-81
Neocolonialismo, 223, 237
Neoludistas (ou neoluditas), 438
Nepal
    idosos no, 296
    renda nacional bruta, *per capita*, 222f
Neutralidade axiológica ou de valor, 44, 51
    e fontes de fundos, 47-48
    e relativismo cultural, 71
    na pesquisa, 44-45
Nevada
    coabitação em, 319f
    educação bilíngüe em, 74
    fundos para aborto, 295f
    população árabe norte-americana, 247
    população idosa, projetada, 291f
    renda familiar, 32
    uso medicinal da maconha, 177f
New Hampshire
    coabitação em, 319f
    educação bilíngüe em, 74
    fundos para aborto, 295f
    leis sobre o casamento *gay*, 322f
    nível educacional, 32
    população árabe norte-americana, 247
    população idosa, projetada, 291f
    renda familiar, 32
    uso medicinal da maconha, 177f
New York Corset Club, 140
New York Times, 321
New York University, 442
News Corporation of Australia, 163
Nicarágua
    renda nacional bruta, *per capita*, 222f
NICHD (National Institute of Child Heath and Development), 97
Nickel and Dimed: On (Not) Getting by in America [Miséria à Americana] (Ehrenreich), 2-3, 215
Nickelodeon (TV a Cabo), 163
Nigéria, 396
    distribuição de renda, 227
    gastos em saúde, 422f
    mito de beleza, 179
Nike, 226
NIMBY (Não no meu quintal), 437
Nippon Telephone and Tegraph, 225t
Nirvana, 334
Nissei, 260, 269

Nível educacional, 32
    leis sobre o casamento *gay*, 322f
    população idosa, projetada, 291f
    renda familiar, 32
    uso medicinal da maconha, 177f
Nível educacional, por renda, 34, 35
No Kidding (grupo de apoio), 320
No Shame in my Game (Newman, Katherine), 201-202
Noites de Cabiria (filme), 168
NORC (National Opinion Research Center), 33
Normas, 64-65, 76, 173-174
    aceitação, 64-65
    burocráticas, 136
    desvios de. *Ver* Desvios
    e interação social, 163
    internalização, 180
    reafirmação das, 153
Normas dos sexos, experimentos em violação dos, 274-275
Normas formais, 64, 76, 173
Normas informais, 64, 76, 173, 174
Noruega
    crença em Deus, 339f
    direitos de aborto, 296
    mães solteiras, 319
    penetração da mídia, 166f
    pobreza absoluta, 215f
    renda nacional bruta, *per capita*, 222f
Nova Guiné, 63
    cultura, 54
    estratificação, 208-209
    papéis sexuais, 276
Nova Jérsey
    coabitação em, 319f
    educação bilíngüe em, 73
    fundos para aborto, 295f
    leis sobre o casamento *gay*, 322f
    perdas, no 11 de Setembro, 409
    população árabe norte-americana, 247
    população idosa, projetada
    renda familiar, 32
Nova sociologia urbana, 405, 425
Nova York
    coabitação em, 319f
    fundos para aborto, 295f
    leis sobre o casamento *gay*, 322f
    nível educacional, 32
    população árabe norte-americana, 247
    população idosa, projetada, 291f
    renda familiar, 32
    uso medicinal da maconha, 177f
Nova Zelândia
    renda nacional bruta, *per capita*, 222f
    taxa de criminalidade, 195
    taxa de suicídio, 9
Novo México
    coabitação no, 319f
    educação bilíngüe no, 73
    fundos para aborto, 295f
    leis sobre o casamento *gay*, 322f
    nível educacional, 32
    população árabe norte-americana, 247
    população idosa, projetada
    renda familiar, 32
    uso medicinal da maconha, 177f

Novos movimentos religiosos, 342-343, 343t, 359
Novos movimentos sociais, 433, 449
NRA (National Rifle Association), 196, 197
NUD*IST, 45
Número de imigrantes nos Estados Unidos, 266f

O

Obediência, 174, 198
Oberlin College, 350
Obesidade, 156
Observação participante, 2-3, 28-29, 38
Observação, para coleta de dados, 38, 41, 51
Ocupação, classificada por prestígio, 212t
Oeste da África
    mulheres no, 21
    povo bororo, 276
Oeste da Virgínia
    coabitação no, 319f
    educação bilíngüe no, 73
    fundos para aborto, 295f
    leis sobre o casamento *gay*, 322f
    nível educacional, 32
    população árabe norte-americana, 247
    população idosa, 291-292
    população idosa, projetada, 292f
    renda familiar, 32
    uso medicinal da maconha, 177f
Office of Justice Programs, 192
Ohio
    coabitação em, 319f
    educação bilíngüe em, 73
    leis sobre o casamento *gay*, 322f
    nível educacional, 32
    população árabe norte-americana, 247
    população idosa, projetada, 291f
    renda familiar, 32
    uso medicinal da maconha, 177f
Oklahoma
    coabitação em, 319f
    educação bilíngüe em, 73
    fundos para aborto, 295f
    leis sobre o casamento *gay*, 322f
    nível educacional, 32
    população árabe norte-americana, 247
    população idosa, projetada, 291f
    renda familiar, 32
    uso medicinal da maconha, 177f
Oligarquia, 137
    e sindicatos de trabalhadores, 145
Olin Center for Law, Harvard University, 44
Omã
    renda nacional bruta, *per capita*, 222f
ONGs (Organizações Não-Governamentais), 378
Ônibus espacial Challenger, 141, 142
Ônibus espacial Columbia, 137, 141-142
11 de setembro de 2001, 61, 67, 379
    comunicação no, 152
    conseqüências econômicas, 234
    e comportamento coletivo, 9,
    e globalização, 58, 164
    e muçulmanos e árabes norte-americanos, 246, 247
        estereótipos, 245
        freqüência aos serviços religiosos, 335

reação, 432
    e direitos civis, 178, 446
    e imigração, 232, 266
    segurança nacional, segurança, 136
    tatuagens, 17
Operation Pipeline, 251
Oportunidades na vida, 237, 258
Oprah Winfrey Show, 163
Oral History Society, 51
Ordem negociada, 104-105, 125
Oregon
    coabitação no, 319f
    educação bilíngüe no, 73
    fundos para aborto, 295f
    leis sobre o casamento *gay*, 322f
    nível educacional, 32
    população árabe norte-americana, 247
    população idosa, projetada, 291f
    renda familiar, 32
    uso medicinal da maconha, 177f
Organização de manutenção de saúde, 422, 425
Organizações formais, 134-145, 147
    definição, 134
    escolas como, 352-355
Organizações Não-Governamentais (ONGs), 378
Organizações religiosas, 340-343
    comparando formas, 343-344
    cultos, 342, 343
    denominações, 341
    igreja, 340-341
    seitas, 341-342
Organizações, formais, 134-143
    definição, 134
Oriente Médio, 61, 63. *Ver também* Irã; Iraque
    Aids no, 123f
    guerra no, 430. *Ver também* Guerra do Iraque
    mulheres no, 22
    sexo no, 22
Origin of the family, private property, and the state (Engels), 278
OTAN (Organização do Tratado do Atlântico Norte), 93
Other América, The (Harrignton), 120
Outra face da burocracia, 139
Outro generalizado, 85, 99
Outros significantes, 85, 99

P

Padrão de criação de filhos, 311-313, 316-317
Padrões de parentesco, 303-304
Padrões de peso, para mulheres, 179
Pais, papel dos, 311-312
Países em desenvolvimento, 395, 396, 397
    acesso à tecnologia da comunicação, 438-439
    cuidados com a saúde, 419-420
    e direitos de aborto, 294-295
    e economias informais, 366
    e teoria da dependência, 224
    e trabalho infantil, 200
    expectativa de vida, 396, 415
    exploração, na economia global, 226, 231-232, 365, 405
    mulheres nos, 21, 227, 230, 281
    planejamento familiar, 398, 399

taxa de mortalidade, 396
Países muçulmanos, 61, 377, 378
Pan Arab Research Center, 37
Panamá
    colocação na economia global, 223f
    renda nacional bruta, *per capita*, 222f
Panelinhas, 354
Panteras Cinza, 106
Papéis dos sexos, 92-93, 99, 273-276, 298
Papéis sociais, 125
Papéis, sociais, 108-109, 125
Papel de doente, 413-414, 424, 425
Papua-Nova Guiné
    renda nacional bruta, *per capita*, 222f
Paquera, on-line, 307-308
Paquistão
    colocação na economia global, 223f
    mulheres no, 227
    renda nacional bruta, *per capita*, 222f
    taxa de mortalidade infantil, 416f
Paramount Pictures, 163
Parceiros do mesmo sexo. *Ver* Parcerias domésticas; *Gays*, casamentos para
Parceria doméstica, 321, 323, 325
Parentesco, 325
Pares, como agentes de socialização, 173, 174
Partido Bharatiya Janata, 345
Partido Comunista, 195, 207, 368, 371, 446
Partido Democrata, 140, 373
Partido Socialista Baath, 93
Partido Trabalhista, Grã-Bretanha, 146
Patriarcal, 304, 325
Patriot Act (Lei Patriota), 67, 177, 379, 447
Patriot Act (Lei Patriota), dos Estados Unidos, 67, 379, 447
Paz, 377-378, 389
PDAs (assistentes digitais pessoais), 162
Pena capital. *Ver* Pena de morte
Pena de morte, 6-7, 176
    condenado indevidamente,
    e raça, 7, 189
Pensilvânia
    coabitação na, 319f
    educação bilíngüe na, 73
    fundos para aborto, 295f
    leis sobre o casamento *gay*, 322f
    nível educacional, 32
    população árabe norte-americana, 247
    população idosa, projetada, 291f
    renda familiar, 32
    uso medicinal da maconha, 177f
People Magazine, 153, 154t
Pequenos grupos, 1333-134
Perfil racial, 246, 269
    definição, 251
    e a Internet, 443-444
Personalidade, 80, 99
Perspectiva do conflito, 12, 15-17, 19, 24. *Ver também* Perspectiva marxista
    e ideologia dominante, 67
    em Aids, 122
    em crime sem vítimas, 194
    em desvio, 188, 191
    em discriminação, 251, 252
    em estratificação por idade, 290-291
    em imigração, 265

em saúde e doença, 417
em sociedades pós-industriais, 120
em sociobiologia, 60-61
em urbanização, 403-404, 404t, 404-405
em voluntarismo, 140
na ação afirmativa, 386
na educação, 346-348, 348-350
na educação bilíngüe, 73
na comunicação de massas, 155-156
na escolha do sexo, 439
na estratificação, 209-210, 211t, 232
na família, 305-306
na Internet, 446
na pobreza, 215
na reforma do bem-estar social, 233-234
na religião, 337-338
na variação cultural, 69, 72
na visão afro-americana, 15-16
nas instituições sociais, 116-117
nas mudanças sociais, 115-116, 436
no controle de armas, 197
no *downsizing* nas empresas, 381-382
no meio ambiente, 385
no sistema penal, 194
nos cuidados com a criança, 98-99
nos esportes, 20
nos movimentos sociais, 431
nos sindicatos, 145
por gênero, em estratificação, 278-279
Perspectiva feminista, 16
    cuidados com a criança, 98
    e a ideologia dominante, 67
    e neutralidade axiológica ou de valor, 44-45
    e perspectiva de conflito, 17
    em crimes sem vítimas, 194
    em desvio, 188, 190, 190t
    em discriminação, 249
    em estratificação por gênero, 277-278
    em etnografia, 36-39
    em locais públicos, 22
    em prestígio ocupacional, 212
    em voluntarismo, 140
    mito de beleza, 179, 180
    na família, 307
    nas sociedades pós-modernas, 121
    nos meios de comunicação de massa, 160-161
Perspectiva funcionalista, 14-15, 19, 24
    em Aids, 122
    em controle social, 174
    em corporações multinacionais, 224
    em desvio, 184-185, 191t
    em educação bilíngüe, 74
    em esportes, 18
    em estratificação, 211, 211t
    em estratificação por gênero, 286-287
    em estratificação por idade, 286, 287
    em imigração, 265
    em instituições sociais, 114-115
    em pobreza, 217-218
    em preconceito e discriminação, 250-251
    em saúde e educação, 413-414
    em sindicatos, 145
    em sociedades pós-industriais, 120
    em sociobiologia, 61
    em variação cultural, 69
    na educação, 346-347

na escolha do sexo, 439
na família, 305
na Internet, 446
na mudança social, 434-435
no meio ambiente, 383-384
nos meios de comunicação, 151-153, 154
nos movimentos sociais, 430, 434-435
Perspectiva interacionista simbólica. *Ver* Perspectiva interacionista
Perspectiva interacionista, 17-18, 24
   e conceito do ego, 83-85
   e pesquisa, 133
   em Aids, 122, 123
   em burocracia, 138, 139
   em cuidados com a criança, 97
   em desvio, 185-186, 191t
   em discriminação, 252
   em estratificação, 207, 208-209, 211t
   em estratificação por gênero, 278
   em estratificação por idade, 288-290
   em mães adolescentes, 316
   na autoridade, 371
   na construção social da raça, 243, 244
   na educação, 351-352
   na família, 306-307
   na realidade social, 103, 104
   na sociobiologia, 60, 61
   nas instituições sociais, 115, 116
   nas relações raciais, 28-29
   nos esportes, 20
   nos meios de comunicação de massa, 161, 162
Perspectiva social construtivista, 188, 191t, 198
Perspectivas teóricas, 14-19
   comparando, 19
   escolhendo entre, 19, 20
   nos esportes, 20,
   principais, 14-17, 19
Peru
   renda nacional bruta, *per capita,* 222f
Pesquisa
   fundos governamentais, 47-48
   interpretação de resultados, 44-45
   software para, 45
Pesquisa da observação, 36, 38-39
Pesquisa em ação
   comunicação, médicos, e, 280
   desemprego, 217
   divórcio, 318
   eleição em Bagdá, 37
   eleição, e jovem adultos, 373
   entregadores de pizza, 130
   esportes, 20
   oposição à superlojas, 412
   preconceito, contra árabes norte-americanos, 246-247
   Projeto do Genoma Humano, 442
   rede de ajuda social entre mulheres de baixa renda, 113
Pesquisa Gallup, 36, 37
Pesquisa Internacional das vítimas de crimes, 195
Pesquisa médica e afro-americanos, 16
Pesquisa qualitativa, 36, 51
Pesquisa quantitativa, 36, 51
Pesquisa social, em ação, 442
Pesquisas políticas, 33, 36
   em Bagdá, Iraque, 37

Pessoas obesas, fora dos padrões, 180
Pessoas pobres. *Ver também* Pobreza
   e direitos de aborto, 295
   nos subúrbios, 409-410
   trabalho, 202
Peste, A (Camus), 122
Pew Research Center, 386
Phish (banda), 69
Pigmaleão (Shaw), 350-351
Pirâmide populacional, 399, 400, 425
Pirataria musical, 68, 181, 184
   pegando ladrões de música, 181f
Pirataria na Internet, 68, 181, 184, 443-444
Place on the Corner, A (Anderson), 29
Planejamento familiar, 398. *Ver também* controle de natalidade
Plantão Médico (programa de TV), 153
Pluralismo, racial e étnico, 255, 268
Pobreza absoluta, 214, 215t, 237
Pobreza relativa, 215
Pobreza urbana e estudo da vida familiar, 217
Pobreza, 214-219
   absoluta *versus* relativa, 214-215
   cuidados com a saúde, 218-219
   desempregos, 217
   e acesso à Internet, 219
   e oportunidades na vida, 218-219
   e os idosos, 291, 294
   e saúde e doença, 416
   explicações, 217-218
      perspectiva do conflito, 226
   feminização da, 216, 281-282, 310
   minorias, 219
   perspectiva funcionalista, 225-227
   raça, 233
   visão de Weber, 218
Poder Negro, 256-257, 269
Poder social, dominação cultural e estratificação, 207
Poder, 369-370, 389
Poliandria, 303, 325
Polícia, em sindicatos, 145
Poligamia, 303, 325
Poliginia, 303, 325
Politeísmo, 334
Política social, 21
   ação afirmativa, 250, 385-388
   Aids (síndrome da imunodeficiência adquirida), 122
   bilingüismo, 72-75
Política, 389
   definição, 369
   e os meios de comunicação de massa, 151, 157
Políticas sociais
   controle de armas de fogo, 195-196
   cuidados com a criança, 97-98
   e casamento *gay*, 321-323
   e tecnologia, 445-447
   e violência nos meios de comunicação, 166-167
   financiamento dos cuidados da saúde no mundo, 420-423
   imigração global, 265-267
   privacidade e censura, globalmente, 445-447
   religião nas escolas, 356-358

   sindicatos, 143-145
   sistema de bem-estar social, 233-235
Poloneses norte-americanos, 264, 407
Polônia
   Movimento Solidariedade, 366
   porcentagem de pessoas casadas pelo menos uma vez, entre 20 e 24 anos, 309f
   renda nacional bruta, *per capita,* 222f
Poluição, 382-383
Poluição da água, 383
Poluição do ar, 382-383
População árabe norte-americana, 247
   coabitação em, 319f
População, estabilidade, nos Estados Unidos, 400, 401
População, estudo da, 394
Popularidade, em adolescência, 94
Population Bomb, The (Ehrlich e Ehrlich), 395
Population Reference Bureau, 400
Pornografia, 160-161
   Internet, 446
Portadores de deficiências, 215
   e acesso aos espaços públicos, 22
   no local de trabalho, 142
   status, 107, 205
   e redefinição da realidade social, 104
Porto Rico
   renda nacional bruta, *per capita,* 222f
Portugal
   parcerias registradas entre pessoas do mesmo sexo, 323
   porcentagem de bacharéis, 346f
   renda nacional bruta, *per capita,* 222f
Povo arapesh, 276
Povo betsileo, de Madagáscar, 302
Povo bororo, África Ocidental, 276
Povo kota, 88
Povos birraciais, 242-243
Povos multirraciais, 243-244
Power elite, The (Mills), 374
Prece, escola, 356-358
Preconceito. *Ver também* Discriminação: Racismo, 245
   conformidade, 174-175
   contra o idoso,
   definição, 245
   racial, 240-241
   religioso, 262, 263
Prestígio, 237
   e classe social, 211-212
Prestígio ocupacional, e gênero, 212, 220-221
Previdência Social, 291
Primeira Emenda, 357, 443, 447
Primeira Guerra Mundial, 441
Princípio da correspondência, 350, 359
Princípio de Peter, 137, 147
Privação relativa, e movimentos sociais, 449
Privacidade
   pós-11 de Setembro, 2001,
   valor da, 67
   violação, e tecnologia, 445-447
Produtos geneticamente modificados, 440
Profano *versus* sagrado, 331, 338, 357, 359, 360
Profissão do professor, 353-354
   e sindicatos de trabalhadores, 145
Profissão médica

e controle social, 414-415
e racismo, 419
justificativa para escravidão, 414-415
resistência à mudança, 437
Program, The (filme), 168
Programa de desenvolvimento das Nações Unidas, 213
Programas sociais, 366
no mundo, 233-234
para os ricos, 233-234
Proibição (a Oitava Emenda), 177-178
Projeto Genoma Humano, 440, 442
Projeto Head Start, 348
Projetos de cultura do Silicon Valley, 95
Projetos de pesquisa, 35, 51
comparação de, 41,
levantamento, 35-36
Proletariado, 206, 237
Proletariat, 12,
Prostituição, 15, 194
retrato na mídia, 167
Protestantismo
denominações, 341, 342f
no mundo, 330f
Protestos antiguerra, 430, 431, 432
Protor and Gamble Corporation, 139
Publicidade, 153, 154, 155, 327
e globalização, 164-165
Punição Corporal, 177
Pygmalion in the Classroom (Rosenthal), 352

Q

Qualificações técnicas, para emprego
na burocracia, 137
Québécois, 74
Quênia
defeituosos, 107
mulher no, 228
renda nacional bruta, *per capita*, 222f
Questionários, 33, 36, 41, 51

R

Raça
como construção social, 243-244
Discriminação, 245, 246, 247
e socialização, 91-92
e *status*, 205
impacto na mobilidade social, 220
importância biológica, 243
interação, e, 28-29
renda média, e, 387f
saúde e doença, e, 415-416
Racismo, 18, 245, 269
e conformidade, 174-175
e linguagem, 63
entre profissionais da saúde,
no México, 229-230
no sistema penal, 7, 189
Rastreamento, educacional, 349, 359
Realidade social, definir, 103-105
Reality Show na TV, 47

Rebelde, na Teoria da Anomia de Merton, 184, 185
Recenseamento, 396, 425
Recursos naturais, em países desenvolvidos, 365
Red Crescent Society (Sociedade do Crescente Vermelho), 378
Red Cross International, 378
Rede de informações sobre populações da ONU, 344, 421
Rede UPN, 158, 159, 163
Rede WB, 158, 163
Redes de apoio, sociais, 112, 113-114
Redes sociais, 113-114, 125
Reebok, 226
Reese´s Pieces, 154
Reestruturação organizacional, 141-143
Refugiados, 379
Região de fronteira, entre Estados Unidos e México, 230-231, 237
Regra de uma Gota, 243-244
Regras e regulamentos, escritos, em burocracia, 136
Reino Unido. *Ver* Grã-Bretanha
Relativismo cultural, 71-72, 76
Religião, 33, 51, 334-344, 359
crença em Deus, no mundo, 339f
definição de Durkheim, 329-330
e a mulher, 337-338
e mudança social, 336
teologia da libertação, 336-337
teoria weberiana, 336
e preconceito, 262, 263
importância de, 7, 8
importância, do estudo de, 332-333
nas escolas, 356-358
papel da, 229, 334-335
apoio social, 262, 335-336, 410
funções de integração, 335
Religiões chinesas complexas, no mundo, 330f
Religiões coreanas complexas, no mundo, 330f
Religiões hinaianísticas, 330f
Religiões, no mundo, 330f, 331-334
nativos norte-americanos, 328-329
Remessas, 232, 237
Renda mínima, trabalhadores, redes, 113
Renda nacional bruta, *per capita*, no mundo, 222f
Renda *versus* riqueza, 213-214
Renda, 237
e saúde e doença, 418
média norte-americana, por raça, etnia e gênero, 387f
no mundo
distribuição, entre nações, 227f
per capita, 222f
por nível educacional, 34-35
versus riqueza, 202, 213-214
Renda, familiar, 202
acesso à Internet, 444-445
dois provedores, 307, 313
média por raça ou etnia, 257t
por nível educacional, 32
Reparações
japoneses norte-americanos, 260
para afro-americanos, 255
República Democrática do Congo, 365
República Dominicana
colocação na economia global, 225t

número de imigrantes nos Estados Unidos, 266f
renda nacional bruta, *per capita*, 222f
República Popular da China. *Ver* China
Republicanos, 233, 362, 372
Residentes urbanos, 407
Ressocialização, 90, 99
Retraído na Teoria da Anomia de Merton, o, 186
Revista Fortune, 248, 293
Revista Fortune, 500 empresas, 293
Revista Time, 154, 156, 163, 164
Revolução Industrial, 143, 402, 438
Rhode Island
coabitação em,
educação bilíngüe em, 73
fundos para aborto, 295f
leis sobre o casamento *gay*, 322f
nível educacional, 32
população árabe norte-americana, 247
população idosa, projetada, 291f
renda familiar, 32
uso medicinal da maconha, 177f
Riqueza, 233. *Ver também* Pobreza *versus* renda, 202, 212-214
como símbolo social, 185
Ritos de passagem, 88-89, 99
Rituais religiosos, 338-339
Rituais religiosos, 338-339, 360
Ritualista, na Teoria de Anomia em Merton, 185t, 186
Roe versus Wade, 294
Romênia
Bilingüismo NA,
MTV NA, 156
orfanatos, 81
renda nacional bruta, *per capita*, 222f
Royal Dutch/Shell Group, 225t
RU 486 pílula, 295
Ruanda, 365, 373
Rússia. *Ver também* ex-União Soviética
crença em Deus, 339f
penetração da mídia, 166t
renda nacional bruta, *per capita*,
taxa de criminalidade, 195

S

Sabotagem, 438
SAGE (Senior Action in a Gay Environment), 293, 294
Sagrado *versus* profano, 331, 338, 357, 359, 360
Sala de bate-papo, Internet, 443
"Sala de engorda", na Nigéria, 180
San José Mercury News, 45
Sanções, 65-66, 174, 198
Saraievo, Bósnia-Herzegovina, 397
Saúde e medicina, 422-423
abordagem do conflito, 414
abordagem funcionalista, 413-414
abordagem interacionista, 415-416
avanços em, e países em desenvolvimento, 397-398
e cultura, 413
e epidemiologia social,
classe, 418

gênero, 419
idade, 420
o pobre, 218-219
raça, 418-419
gastos em saúde, por país, 422f
saúde, nacionalizada, 421, 437
Saúde, definição, 413, 425
Secularização, 329, 360
Securities and Exchange Commission (SEC), 134
Segregação racial, 250, 253, 254-255, 256, 269
ilegal, nos Estados Unidos, 254, 256
residencial, 407
subúrbios, 409-410
Segunda Guerra Mundial, 260, 263
Segundo sexo, O (de Beauvoir), 285
Seguro, saúde, porcentagem de pessoas sem, por raça e renda, 418f
Seguro-saúde
custo, 420, 421
porcentagem de pessoas sem, por raça e por renda, 418f
Seguro-saúde nacional, 421, 437
Seita estabelecida, 342, 360
Seitas religiosas, 341-342, 343t, 360
Seleção natural, 10, 60
Seleções, 157, 158
Self, 99
conceito de, 83-87
apresentação do, 85-86
Estágios de desenvolvimento de Mead, 83-85
na Internet, 441-443
Self, desenvolvimento de, 85, 86, 88
abordagens psicológicas, 86-88
abordagens teóricas, 88
e papel dos sexos, 274-276
Self-espelho, 83-87, 89
Sem-tetos, 405-406, 408
Sem-tetos, como fora dos padrões, 408
Senso comum, e sociologia, 7-8
"Ser velho", *status* fundamental, 286,
Serviço de Imigração e Naturalização, 266f
Settlement houses (assentamentos), 13
Sex and Temperament (Mead), 276-277
Sexismo, 298
definição, 279
e linguagem, 64
em educação, 350, 351
em política, 371-372
Sexo pré-marital, 48
Sexo seguro, 122
Sexo
como construção social, 272-277
consumo alcoólico na universidade, 178
discriminação, 247-248, 282-285, 434
e ação afirmativa, 386
e escolha do sexo, 439
e acesso a locais públicos, 22
e associações voluntárias, 140
e desvio, 188, 190
e educação, 350
e estratificação, 270-286
e mobilidade social, 220
e movimentos sociais, 431-433
e preferências políticas, 372-374
e prestígio ocupacional, 212-213

e problemas de peso, 180
e rede de apoio, 110, 113
e renda média, norte-americana, 387f
e saúde e doença, 419-420
e socialização, 90, 91-92
Sexo, atitudes sobre, 48
Sexual Politics (Millet), 285
Sexualidade
na mídia, 49
pesquisa, 47-49
na China, 49
Sherpas tibetanos, 286
Sherpas, do Tibete, 286
Shi'a, 330f
Shintech companhia, 385
Shopping Centers, 405-406
Sidewalk (Duneier), 392-393
Sikhs, Sikhism, 309
na Índia, 344
no mundo, 330f
Silicon Valley, 53-54
Símbolo, definição, 100
Símbolos, 84
estigma, 180
significado, 17
Símbolos de estigma, 180
Simon and Schuster Editora, 163
Sindicatos, 12, 140, 143-145, 147
conflito de papéis, para membros, 145
declínio de membros, 144-144
e economia global, 225-226
na Europa, 145
pós-11 de Setembro, 145
racismo e sexismo em, 144, 145
Sindicatos, trabalhadores. Ver Sindicatos de trabalhadores
Sistema aberto, 219
Sistema correcional. *Ver* Sistema penal, 194
Cingapura, 176
Estados Unidos, 176
Finlândia, 176
Sistema de Bem-Estar Social
e a riqueza, 233-234
Sistema de castas, estratificação de, 203, 204, 236
Sistema de classes, estratificação de, 236-237
visão marxista, 206-207
Sistema de Justiça Criminal. *Ver também* Sistema correcional
pena de morte. *Ver* Pena de morte
racismo no, 7
Sistema de livre empresa, 365
Sistema de saúde, no mundo
desigualdades, 415
financiamento, 420-421
Sistema fechado, 237
Sistema feudal, estratificação do, 204, 235, 237
Sistema político, 363, 389
Sistemas econômicos, 363, 363-366
capitalismo, 364-365
definição, 363
economias informais, 366
socialismo, 365-366
Smart Growth, 412
Smart mobs (Rheingold), 428, 429
Sobre a origem das espécies (Darwin), 10
Socialismo, 365-366, 389

Socialização antecipatória, 90-91, 99
Socialização, 100
agentes da
família, 91
meios de comunicação de massa, 94-95
pares de grupos, 93-94
antecipatória, 90, 100
e hereditariedade *versus* meio ambiente, 80, 82-83
e o curso da vida, 88, 89-90
e o *self*, 83-87
e os meios de comunicação, 151-153, 154
escolas, 92
impacto da isolação, 80-83
internalização de normas sociais, 178
local de trabalho, 95-96
o Estado, 96
papéis dos sexos, 92, 273-274
raça, 91-92
ressocialização, 90
sexo, 91, 92-93
teorias psicológicas, 86-87
Sociedade, 76
definição, 55
medicalização, 414-415
Sociedades agrárias, 119, 121t, 125
Sociedades de caçadores-recoletores, 119, 121t, 125
Sociedades de olericultura, 119, 121t, 125, 401
Sociedades industriais, 119-120, 121t, 389
Sociedades muçulmanas, mulheres nas, 281
Sociedades pós-industriais, 120-121, 121t, 125, 438
e sindicatos de trabalhadores, 143-145
Sociedades pós-modernas, 120-121, 121t, 125
e comunicação, 164-166
e sindicatos de trabalhadores, 143-147
Sociedades pré-industriais, 119
Society for the Psychological Study of Social Issues, 61
Society for the Study of Social Problems, 13
Sociobiologia, 60-61, 76
teorias do desvio, 184
Sociologia,
carreiras em. *Ver* Carreiras em sociologia
definição, 3, 24
e senso comum, 7
estudo de, 6-7
Sociólogos, pioneiros
alemão, 11-12
americano, 12-13
como militantes sociais, 12-13
francês, 10
inglês, 10-11
Software, para pesquisa, 45
Solidariedade mecânica, 117, 126
Solidariedade orgânica, 117, 125
Somália
renda nacional bruta, *per capita*, 222f
Sonho ásio-americano (Zia), 240-241
Southeastern Louisiana University, 94
Southern Christian Leadership Conference (SCLC), 256
Sri Lanka
bilingüismo, 72
renda nacional bruta, *per capita*, 222f

St. Louis (navio), 265
Stanford University (prisão experimental), 102-103, 104, 108
Starbucks, 226
State Farm Insurance Companies, 42
State University of New York de Albany, 94
State University of New York de Stone Brook, 94
Status, 105-106, 126
    alcançado *versus* atribuído, 105
    e renda familiar, 205
    alcançado, 203
    atribuído, 203
    e educação, 349
    e sexo, 230-231
        mulheres, no mundo, 280-281
    medidas, 201
Status alcançado, 203, 236
    e classe social, 106-107, 204, 205
Status atribuído, 105-106, 126, 135, 203
    e classes sociais, 204, 205
Status-mestre, 106, 126
    portador de HIV como, 122
    velhice como, 286, 287
Store Wars (documentário da PBS), 412
Street Corner Society (Whyte), 38
Streetwise (Anderson), 29
Subclasse, 216, 235, 237, 406
Subculturas, 68, 69-70, 76
    estudante, 354-355
Subjection of women, The (Mill), 278
Substance Abuse and Mental Health Services Administration (SAMHSA), 51
Subúrbios, 405, 409-410, 425
    diversidade em, 410-411
    minorias em, 410-411
Sudeste da Ásia, 65
    Aids, 400
Suécia
    cuidados com a criança, 96
    cultura, 98
        e globalização, 157
    distribuição de renda, 227f
    esterilização involuntária, 107
    gastos com cuidados da saúde, 421
    lei do aborto na, 296
    pobreza absoluta, 215t
    renda nacional bruta, *per capita*, 222f
    taxa de mortalidade infantil, 416f
Sufrágio da mulher, 285
Suíça
    comparecimento dos eleitores na, 372
    pluralismo na, 255
    programas sociais, 233
    renda nacional bruta, *per capita*, 222f
Suicídio, 8-9
    adolescente, 9
    gay, 354
    nativos norte-americanos, 258
Suicídio, O (Durkheim), 8, 11
SuitableMatch.com, 309
Sunoo (agência matrimonial coreana), 317
Suprema Corte, 43, 280, 290, 294, 348
    Caso Bakke, 43, 386, 445-447
Suprema Corte de Massachusetts, 322
Surfistas prateados, 289
Surgeon General, 167

T

Tabu do incesto, 308, 325
Tailândia
    planejamento familiar, 398
    tribo Kayan, 182
Tanzânia
    mulheres na, 228
    renda nacional bruta, *per capita*, 222f
Tasmânia, 114-115
Tatuagens, simbolismo das, 17, 104
Taxa de crescimento, 396, 425
Taxa de morbidade, 418, 425
Taxa de mortalidade, 396, 397
    em países desenvolvidos, 397-398
Taxa de mortalidade infantil, 396, 425
    em países desenvolvidos, 395
    no mundo, 416f
    por país, 416f
    por raça, 418
Taxa de natalidade, 396, 425, 437
Taxa total de fertilidade (TTF), 396, 425
Taxas de criminalidade, 195
    internacional, 195
Taxas de mortalidade, 418
Taxas de vitimação, 195t
Taxi Driver (filme), 168
TBS (canal de TV a cabo), 163
Tecnologia reprodutiva, 439
Tecnologia, 126
    biológica, 439
    como agente de socialização, 94-95
    definição, 60, 76, 438, 449
    definição de Lenski, 118
    desenvolvimento do computador, 438-439
    e a economia global, 221, 223
    e a Revolução Industrial, 402
    e controle social, 443-444
    e crime, 193-194
    e desigualdade social, 444-445
    e interação social, 442-443
    e métodos de pesquisa, 45, 46
    e movimentos sociais, 112, 113-114, 428-429
    e mudança social, 436-439
    e políticas sociais, 445-447
    nas sociedades pós-modernas, 120, 121
    reprodutiva, 300
    resistência à, 437-438
Telefones celulares, 438
Telemundo, 158
Televangélicos, 358
Televisão
    papel, na socialização, 94
    redes, 158, 159, 163, 168
    violência, 167-168
Tempo na frente da televisão, 151
Tennessee,
    educação bilíngüe no, 74
    leis sobre o casamento *gay*, 322f
    nível educacional, 32
    população idosa, projetada, 291f
    renda familiar, 32
    uso medicinal da maconha, 177f

Tensão do papel, 108, 126
Teologia da libertação, 336-337, 360
Teoria clássica da organização formal, 138, 147
Teoria da atividade, no processo de envelhecimento, 288-290, 290t, 298
Teoria da dependência, 224, 237
Teoria da exploração, 251, 269
Teoria das atividades rotineiras, de desvio, 187, 195t, 198
Teoria das zonas concêntricas, da urbanização, 404, 425
Teoria do caos, 436
Teoria do controle, 178, 198
Teoria do desenvolvimento cognitivo, 97
Teoria do desligamento, do envelhecimento, 287-288, 289, 290t, 298
Teoria do desvio e da anomia, 184, 185, 197
    modos de adaptação social, 185
Teoria do rótulo, 187-189, 191t, 194, 198
    e educação, 351, 352
    e saúde e doença, 416-417
Teoria dos vários núcleos, de urbanismo, 403, 425
Teoria evolucionista multilinear, 434, 439
Teoria evolucionista unilinear, 449
Teoria evolucionista, 10, 60, 434
    na mudança social, 434, 449
Teoria geopolítica, 436
Teoria marxista de classes, 251
Teoria marxista. *Ver também* Perspectiva de conflito
Teoria, definição, 8, 24
Teorias ecológicas do crescimento urbano, 404-406
Terceirização de serviços, 381, 420
Terceiro Mundo. *Ver* Países em desenvolvimento
Terrorismo. 379, 389. *Ver também* 11 de setembro de 2001
    biológico, 441
    definição, 379
    11 de setembro de 2001, 6
Teste de DNA
    e resolução de crimes, 444
    paternidade, 300
Teste de paternidade, 300
Testemunhas de Jeová, 342
"Teto de vidro", 337,
Texas
    coabitação no, 319f
    educação bilíngüe no, 74
    família, fotos, 4
    fundos para aborto, 295f
    leis sobre o casamento *gay*, 322f
    nível educacional, 32
    população árabe norte-americana, 247
    renda familiar, 32
    uso medicinal da maconha, 177f
Texting, 114
Tibete, 74
    casamento no, 302
Tigre e o Dragão, O (filme), 69
Time Warner (Cabo), 163
Tipo ideal, 12, 24, 135
Titanic (filme), 257, 162
Titanic (transatlântico), 218
Título IX, 351

Todas da Índia, 303
Tomada do papel, 84, 99
Tonight Show, 290
Torá, 331
Touradas, 182
Toyota, 225t
Trabalhadores pobres, 202, 214-215
Trabalho a distância, trabalhadores, 142, 148
Trabalho de face, 85, 88, 100
    e apresentação do eu, 99
Trabalho doméstico, 284
Trabalho infantil, 200
Trabalho voluntário, 287
Trabalho, não remunerado, 139-140, 289
Transexuais, 354
Transgressores do comportamento sexual, registros, 181
    escolha do sexo, 439
Transição demográfica, 396-397, 425
Transmissão cultural, 447
Transplante de órgãos, 413
Travelers Corporation, 293
Tríades, 133-134, 148
Troca de sexo, sala de bate-papo na Internet, 443
Turquia
    e União Européia, 266
    mulheres na, 22
    porcentagem de bacharéis, 346f
    renda nacional bruta, *per capita*, 222f

U

UCLA (Higher Education Research Institute), 67
Ucrânia
    renda nacional bruta, *per capita*, 222f
Uganda, 365
    renda nacional bruta, *per capita*, 222f
UNESCO (Organização das Nações Unidas para a Educação, a Ciência e a Cultura), 158
União dos Trabalhadores Rurais, 140
União Européia, 366
União Soviética, antiga, 207, 366
    desintegração da, 436
UNICEF, 200
University New Hampshire, 94
University of California, em Davis, 386
University of Chicago, 18
University of Colorado, 274
University of Georgia, 94, 307
University of Michigan, 13, 387-388
University of Southern California, 351
University of Wisconsin, 81, 376
Univision, 158
Up Against the Wall (site), 443
Ur (cidade da Mesopotâmia), 402-403
Urbanismo, 403, 425
Urbanização, 403-406
    principais perspectivas teóricas, 407t
Uruguai
    renda nacional bruta, *per capita*, 222f
USA Today, 161
Usos, 64, 76
Utah
    coabitação em, 319f
    fundos para aborto, 295f

    leis sobre o casamento *gay*, 322f
    população árabe norte-americana, 247
    renda familiar, 32
    uso medicinal da maconha, 177f
Uzbequistão
    casamento no, 308
    renda nacional bruta, *per capita*, 222f

V

Validade, 33, 51
Valores, 66-67, 76
    definição, 66
    e interação social, 103
Variação cultural, 68, 69-72
Variáveis, 31, 34, 51
    Centro de Televisão do Vaticano, 58
    controle, 34, 51
    dependente, 31
    independente, 31
    operacionalização, 30-31
Variável de controle, 34, 51
Variável dependente, 31, 51
Variável independente, 31, 51
Venezuela
    culturas nativas, 302
Ver Mórmons
Vermont
    coabitação em, 319f
    distribuição da população, 404, 411
    educação bilíngüe em, 74
    fundos para aborto, 295f
    leis sobre o casamento *gay*, 322f
    nível educacional, 32
    população árabe norte-americana, 247
    população idosa, projetada, 291f
    renda familiar, 32
    uso medicinal da maconha, 177f
Verstehen, 11, 24
VH-1, 161
Viacom Television, 163
Videogames, violentos, 168
Viet Kieus, 259
Vietnã, 58, 366
    colocação na economia global, 223f
    número de imigrantes nos Estados Unidos, 266t
Vietnamita complexa, religião, no mundo, 330f
Vietnamitas norte-americanos, 259, 259t
Vigilância
    leis, pós-11 de Setembro, 447
    local de trabalho, 443-444
    pública, 446
Vila Sésamo (programa de TV), 417
Vindication of the Rights of Women (Wollstonecraft), 278
20th Century Fox, 163
Violência doméstica, 195, 278, 306
    estupro, 190
Violência
    doméstica. *Ver* Violência doméstica
    meios de comunicação de massa, 166-168
    na escola, 354
Virgínia
    leis sobre o casamento *gay*, 322f

    nível educacional, 32
    população árabe-americana, 247
    população idosa, projetada, 291f
    renda familiar, 32
    uso medicinal da maconha, 177f
    Wal-Mart na, 412
Visão marxista, 15
    na estratificação social,
    na estratificação, 208-211
    na mudança social, 436
    na religião, 337-338
    no crescimento populacional,
    nos movimentos sociais, 433
    nos sindicatos trabalhistas, 145
Visão neomalthusiana, em população, 395
Vítimas, culpa, 259
Viúvas, na Índia, 281
Volkswagen, 327
Voluntarismo, definição, 104
Voter News Service, 321, 374

W

Wages for Housework Campaign, 213
Wall Street (filme), 364
Wallbangin: Graffiti and Gangs in L.A. (Phillips), 172-173
Wal-Mart Watch, 412
Wal-Mart, 225f, 226
    Oposição da comunidade, 443
War Against Parents, The (Hewlett e West), 301-302
Warner Brothers, 163
Washington State University, 43
Washington, Estado de
    coabitação em, 319f
    educação bilíngüe em, 73
    fundos para o aborto, 295f
    leis sobre o casamento *gay*, 322f
    nível educacional, 32
    população árabe norte-americana, 247
    população idosa, projetada, 292f
    renda familiar, 32
    uso medicinal da maconha, 177f
Weblogs, 156
West Wing (programa de TV), 158
West Wing, The, 158
Western Electric Company, 39
Wheelmen, The, 133
Who Wants to Be a Millionaire? (programa de TV), 157
Will and Grace (programa de TV), 158
Wisconsin
    coabitação em, 319f
    educação bilíngüe em, 73
    fundos para o aborto, 295f
    leis sobre o casamento *gay*, 322f
    nível educacional, 32
    população árabe norte-americana, 247
    população idosa, projetada, 292f
    renda familiar, 32
    uso medicinal da maconha, 177f
Women's Sport Foundation, 351
Woodlawn (vizinhança de Chicago), 217
World Bank, 156, 227, 299, 368, 421, 422f, 439

World Development Forum, 59
World Health Organization (WHO), 8, 397
World Resources Institute, 382
World Trade Organization, 428
World Wide Web. *Ver* Internet
Wyoming
    coabitação em, 319f
    educação bilíngüe em, 73
    fundos para o aborto, 295f
    leis sobre o casamento *gay*, 322f
    nível educacional, 32
    população árabe norte-americana, 247
    população idosa, projetada, 292f
    renda familiar, 32
    uso medicinal da maconha, 177f

X

Xenocentrismo, 71-72, 76

Y

Yale University, 175-176, 362, 432

Z

Zaire. Ver Congo
Zâmbia, 396